이패스코리아

소방설비 기사 필기

전기분야

저자 김진수 이재훈

- ✓ 출제경향에 딱 맞는 이론서
- ✓ CBT복원 기출문제 & 해설 수록
- ✓ 한눈에 이해하는 CAD 이미지 자료

소방설비기사,
처음이라면
입문강좌 무료

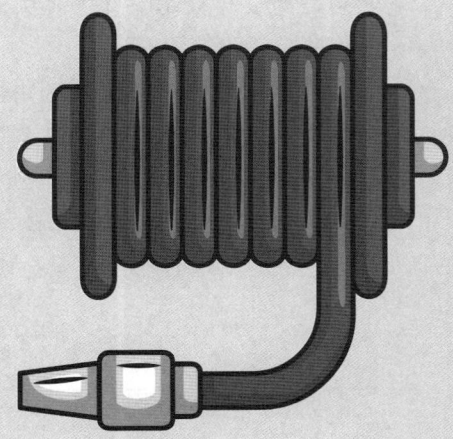

epasskorea

머리말

안녕하세요. 소방설비기사 전기분야 필기 교재는 개정된 법령과 화재안전기술기준 및 성능기준을 고려하여 집필하였습니다. 특히 파트 4는 수험생들이 어려워하는 전기분야의 설비기준을 아주 명쾌하게 해결할 수 있도록 심혈을 기울였습니다. 본 교재로 많은 수험생 분들이 합격하는데 도움이 되길 바라며 각 파트에 대한 내용을 짤막하게 소개해 드리고자 합니다.

우선 파트 1은 소방원론으로 기본적인 내용을 바탕으로 하였고, 고득점을 목표로 할 수 있도록 내용에 충실하였습니다. 특히 각각의 내용마다 그림을 삽입하여 내용을 보다 쉽게 이해하도록 하는데 신경을 썼고, 그렇게 함으로서 고득점을 받을 수 있도록 집필하였습니다. 또한 각 챕터 마지막에는 연습문제를 삽입하여 이론을 문제에 접목시킬 수 있게 하였습니다. 이론을 잘 정리해도 문제의 적용을 하지 못하면 안되기 때문입니다.

다음으로 파트 3은 소방관계법규로 수험생 분들이 약간 꺼려하는 과목이라 생각하는데 이유는 암기를 해야하는 과목으로 생각하기 때문입니다. 그러나 제가 생각하는 법규는 이해를 해야하는 과목이라 생각합니다. 이해를 잘 하기 위해선 법규의 해석이 중요하다고 봅니다. 그러한 이유로 법규를 집필할 때 어떻게 하면 수험생들에게 조금 더 친밀하게 법규를 공부할 수 있게 할까 라는 생각으로 조문의 내용을 이해 위주로 편집하여 수험생들에게 조금이나마 평균에 가까이 갈 수 있는 내용으로 집필하였습니다. 또한 2024년에 개정된 법령을 반영하여 2025년을 잘 대비하도록 하였습니다. 그리고 소방원론과 마찬가지로 각 챕터 마지막에는 연습문제를 삽입하여 문제를 해결하는 능력을 키우고자 하였습니다.

대부분 시중에 나온 소방 설비 기사(전기 분야)의 필기 서적은 그 목적이 시험에 있어, 기출 문제에 비중을 두고 작성되어 있다. 필자는 수험생일 때부터 현재까지 책에는 담겨 있지 않은 설명들이 아쉬움으로 잔존해 있었다. 따라서 자격 시험 합격과 더불어 업무에서도 배운 내용이 확실한 기억이 되었으면 하는 바람이 있었고 이런 책의 구색을 갖추는 것을 목표로 집필하고자 노력하였다.

하지만 쉬운 일이 아니었다. 가벼움을 피하고자 노력하면서 동시에 역으로 너무 상세히 설명하면 시작의 의미를 지닌 책의 본분을 잃을 수 있다고도 생각했다. 그래서 시험의 합격과 기초의 학습에 초점을 두고 본분에 충실한 책을 쓰기로 하였다. (만약, 소방 관련 업무에 대해 관리 이상의 방향을 추구한다면 강의도 함께 듣는 것을 추천한다.)

필자는 현재도 꾸준히 수많은 도전을 하고 있다. 최근에는 마라톤도 완주했고, 개인적으로 오랜 기간 품어온 성취도 거두었다. 이토록 오랜 기간 도전하는 삶을 영위하기 위해서 항상 중용의 한 구절은 마음에 품고 있다.

"무엇이든 네가 원하는 것이 있다면 정성을 다하라. 그리하면 이루어진다."

이 구절에서 중요한 건 끝에 '이루어진다.'라는 답이 아니다. '정성을 다하라.'는 것이다. 어떤 시험이든 경험과 기호에 따라 누군가에겐 쉬울 수도 있고, 누군가에겐 어려울 수도 있다. 하지만 그건 시험에서 요구하는 중요한 요소가 아니다. 지식을 갖추었는지를 묻고 싶은 것이다. 그렇기에 당장의 성패에 집중하기보다 우리가 스스로에게 정성을 다하고 있다는 것에 주목하기 바란다. 이제 시작한다. 정성을 다해주길 바란다.

2025년 11월
저자 김진수, 이재훈

이 책의 특징

1. 이 책은 기본서로 탁월하다.

이 책의 목적은 시험의 합격이다. 하지만 동시에 전문가가 되기 위한 첫걸음이다. 그래서 단순하게 기출만을 풀어서 시험의 합격만을 목표로 하기보다는 체계적인 흐름 속에서 기반을 다지고 이 기반에서 튼튼하고 강력한 지식을 쌓아 올리기를 희망하였다.
그래야 다음의 도전에서도 수월할 수 있을 테니 말이다.
멋진 건물을 짓기 위해선 튼튼한 기초를 만들어야 한다. 이 책을 선택하는 독자는 이 시작을 기반하여 더 크게 성장할 거라고 믿었다. 이를 필자는 존중해주고 싶었다.

2. 이 책의 암기법은 오랜 기간 기억된다.

암기법은 사실 편법이다. 하지만 그 암기법이 억지가 아니라면 그것은 하나의 지식이 될 것이다. 이 세상의 만물은 의미가 생기면 이름을 지을 수 있기 때문이다.

필자는 억지로 말도 안되는 단어 조합으로는 암기법을 만들지 않았다. 간단한 조합보다 그 속에 의미를 담고자 했고, 그 내용과 단원의 연관성을 찾고자 노력했다. 시험에, 업무에 중요할 것이라 판단되면 몇 시간씩 암기법을 고민하여 작성했다.

3. 이 책은 현실적이다.

가장 합리적인 공부는 필요한 것을 많이 하는 공부이다. 필요한 것을 늘리기 위해선 불필요한 것을 제거하는 과정도 필요하다. 이 책은 필요한 것을 강조하기도 하지만, 동시에 덜 중요한 부분(궁금한 부분은 긁어줄 수 있어 담겨진 내용)에는 덜 중요하다는 표기를 함께 하였다.

4. 이 책은 수험생들의 자신감이다.

수험생들이 자신 있게 만점을 맞을 수 있도록 알찬 내용과 이해를 도울 수 있는 그림을 첨부하여 수험생들의 이해도와 자신감을 가질 수 있도록 하였습니다.
이론 문제는 물론 계산 문제까지도 완벽하게 대처할 수 있도록 기출에서 주로 출제되던 부분의 내용과 문제들로 구성하였습니다. 또한 파트3 부분에서 암기 보단 이해를 우선으로 하여 법규에서도 고득점을 받을 수 있는 해설을 하였습니다. 최근 개정 법령을 반영하여 수험생들이 마음 편히 공부에 집중할 수 있도록 하였습니다.

출제경향분석

구분 항목	PART1				PART2				PART3					PART4		
	연소 이론	화재 이론	위험물	소방 안전	전기 회로 기초	직류 회로	교류 회로	제어 회로	소방 기본법	화재의 예방 및 안전관리에 관한 법률	소방시설 설치 및 관리에 관한 법률	소방시설 공사업법	위험물 안전 관리법	경보 설비	피난 구조 설비	소화 활동 설비
2022	18	15	12	15	6	8	22	24	12	12	12	12	12	36	10	14
2023	15	15	12	18	2	9	24	25	12	12	15	12	9	40	10	10
2024	15	18	15	12	6	15	21	18	12	9	12	12	15	33	13	14
2025	28	13	8	11	17	14	16	13	18	12	6	15	9	28	12	20
계	76	61	47	56	31	46	83	80	54	45	45	51	45	137	45	58
출제 비중	7.9%	6.3%	4.8%	5.8%	3.2%	4.7%	8.6%	8.3%	5.6%	4.6%	4.6%	5.3%	4.6%	14.2%	4.6%	6.0%

1. PART1은 소방시험의 가장 기본인 파트로 각 챕터마다 고르게 출제되는 경향으로 기본에 충실하면 고득점을 받을 수 있다. 연소이론, 화재현상, 소방안전 이렇게 세 파트의 기본을 충실히 하면 고득점을 받을 수 있다.

2. PART3은 기존출제 경향과 마찬가지로 각 챕터마다 고르게 출제되는 경향이 있고, 개정 법령 중심으로 학습을 하여야 고득점을 받을 수 있다. 법규는 어느 챕터에 중심을 두기보단 고르게 각 챕터를 준비하는 것이 고득점에 유리하다.

3. PART 2, 4에서 별도 분류하지 않은 부분이 존재한다. 해당 부분은 반복이 많은 단순 암기에 해당하는 요소이다. 기출을 여러 차례 풀면서 익히기를 바란다.

좀 더 자세한 내용 및 수험정보 등은 당사 홈페이지(www.epasskorea.com) 참조

출제기준[필기]

직무 분야	안전관리	중직무 분야	안전관리	자격 종목	소방설비기사(전기분야)	적용 기간	2026.01.01.～2027.12.31.
○ **직무내용** : 소방시설(전기)의 설계, 공사, 감리 및 점검업체 등에서 설계 도서류를 작성하거나, 소방설비 도서류를 바탕으로 공사 관련 업무를 수행하고, 완공된 소방설비의 점검 및 유지관리업무와 수방계획수립을 통해 소화, 화재통보 및 피난 등의 훈련을 실시하는 소방안전관리자로서의 주요사항을 수행하는 직무이다.							
필기검정방법		객관식		문제수	80	시험시간	2시간

필기 과목명	문제수	주요항목	세부항목	세세항목
소방원론	20	1. 연소이론	1. 연소 및 연소현상	1. 연소의 원리와 성상 2. 연소생성물과 특성 3. 열 및 연기의 유동의 특성 4. 열에너지원과 특성 5. 연소물질의 성상 6. LPG, LNG의 성상과 특성
		2. 화재현상	1. 화재 및 화재현상	1. 화재의 정의, 화재의 원인과 영향 2. 화재의 종류, 유형 및 특성 3. 화재 진행의 제요소와 과정
			2. 건축물의 화재현상	1. 건축물의 종류 및 화재현상 2. 건축물의 내화성상 3. 건축구조와 건축내장재의 연소 특성 4. 방화구획 5. 피난공간 및 동선계획 6. 연기확산과 대책
		3. 위험물	1. 위험물 안전관리	1. 위험물의 종류 및 성상 2. 위험물의 연소특성 3. 위험물의 방호계획
		4. 소방안전	1. 소방안전관리	1. 가연물·위험물의 안전관리 2. 화재시 소방 및 피난계획 3. 소방시설물의 관리유지 4. 소방안전관리계획 5. 소방시설물 관리
			2. 소화론	1. 소화원리 및 방식 2. 소화부산물의 특성과 영향 3. 소화설비의 작동원리 및 점검

필기 과목명	문제수	주요항목	세부항목	세세항목
			3. 소화약제	1. 소화약제이론 2. 소화약제 종류와 특성 및 적응성 3. 약제유지관리
소방전기 일반	20	1. 전기회로	1. 직류회로	1. 전압과 전류 2. 전력과 열량 3. 전기저항 4. 전류의 열작용과 화학작용
			2. 정전용량과 자기회로	1. 콘덴서와 정전용량 2. 전계와 자계 3. 자기회로 4. 전자력과 전자유도 5. 전자파
			3. 교류회로	1. 단상 교류회로 2. 3상 교류회로
		2. 전기기기	1. 전기기기	1. 직류기 2. 변압기 3. 유도기 4. 동기기 5. 소형교류전동기, 교류정류기 6. 전력용 반도체에 의한 전기기기제어
			2. 전기계측	1. 전기계측기기의 구조 및 원리 2. 전기요소의 측정
		3. 제어회로	1. 자동제어의 기초	1. 자동제어의 개요 2. 제어계의 요소 및 구성 3. 블록선도 4. 전달함수
			2. 시퀀스 제어회로	1. 불대수의 기본정리 및 응용 2. 무 접점논리회로 3. 유 접점회로
			3. 제어기기 및 응용	1. 제어기기의 구성요소 2. 제어의 종류 및 특성
		4. 전자회로	1. 전자회로	1. 전자현상 및 전자소자 2. 정전압 전원회로 및 정류회로 3. 증폭회로 및 발진회로 4. 전자회로의 응용

출제기준

필기 과목명	문제수	주요항목	세부항목	세세항목
소방관계 법규	20	1. 소방기본법	1. 소방기본법, 시행령, 시행규칙	1. 소방기본법 2. 소방기본법 시행령 3. 소방기본법 시행규칙
		2. 화재의 예방 및 안전관리에 관한 법	1. 화재의 예방 및 안전관리에 관한 법, 시행령, 시행규칙	1. 화재의 예방 및 안전관리에 관한 법률 2. 화재의 예방 및 안전관리에 관한 시행령 3. 화재의 예방 및 안전관리에 관한 시행규칙
		3. 소방시설 설치 및 관리에 관한 법	1. 소방시설 설치 및 관리에 관한법, 시행령, 시행규칙	1. 소방시설 설치 및 관리에 관한 법률 2. 소방시설 설치 및 관리에 관한 시행령 3 소방시설 설치 및 관리에 관한 시행규칙
		4. 소방시설 공사업법	1. 소방시설공사업법, 시행령, 시행규칙	1. 소방시설공사업법 2. 소방시설공사업법 시행령 3. 소방시설공사업법 시행규칙
		5. 위험물안전관리법	1. 위험물안전관리법, 시행령, 시행규칙	1. 위험물안전관리법 2. 위험물안전관리법 시행령 3. 위험물안전관리법 시행규칙
소방전기 시설의 구조 및 원리	20	1. 소방전기시설 및 화재안전성능기준·화재안전기술기준	1. 비상경보설비 및 단독경보형감지기	1. 설치대상과 기준, 종류, 특징, 동작원리, 배선 2. 화재안전성능기준·화재안전기술기준 등 기타 관련사항
			2. 비상방송설비	1. 설치대상과 기준, 구성, 기능, 동작원리, 배선 2. 화재안전성능기준·화재안전기술기준 등 기타 관련사항
			3. 자동화재탐지설비 및 시각경보장치	1. 설치대상, 경계구역, 비화재보 원인과 대책, 각 구성기기의 종류 및 특징, 2. 화재안전성능기준·화재안전기술기준 등 기타 관련사항
			4. 자동화재속보설비	1. 설치대상과 기준, 구성과 종류 2. 화재안전성능기준·화재안전기술기준 등 기타 관련사항
			5. 누전경보기	1. 설치대상과 기준, 종류, 구성, 특징, 동작원리, 변류기 설치와 결선 2. 화재안전성능기준·화재안전기술기준 등 기타 관련사항

필기 과목명	문제수	주요항목	세부항목	세세항목
			6. 유도등 및 유도표지	1. 설치대상과 기준, 구성, 기능, 동작원리, 전원, 배선 시험 2. 화재안전성능기준·화재안전기술기준 등 기타 관련사항
			7. 비상조명등	1. 설치대상과 기준, 구성, 전원, 배선, 시험 2. 화재안전성능기준·화재안전기술기준 등 기타 관련사항
			8. 비상콘센트	1. 설치대상과 기준, 구조, 기능, 비상콘센트 설비의 전원 및 보호함, 배선 2. 화재안전성능기준·화재안전기술기준 등 기타 관련사항
			9. 무선통신보조설비	1. 설치대상과 기준, 구조, 기능, 사용방법, 누설동축케이블 2. 화재안전성능기준·화재안전기술기준 등 기타 관련사항
			10. 기타 소방전기시설	1. 화재안전성능기준·화재안전기술기준 등 기타 관련사항

학습전략

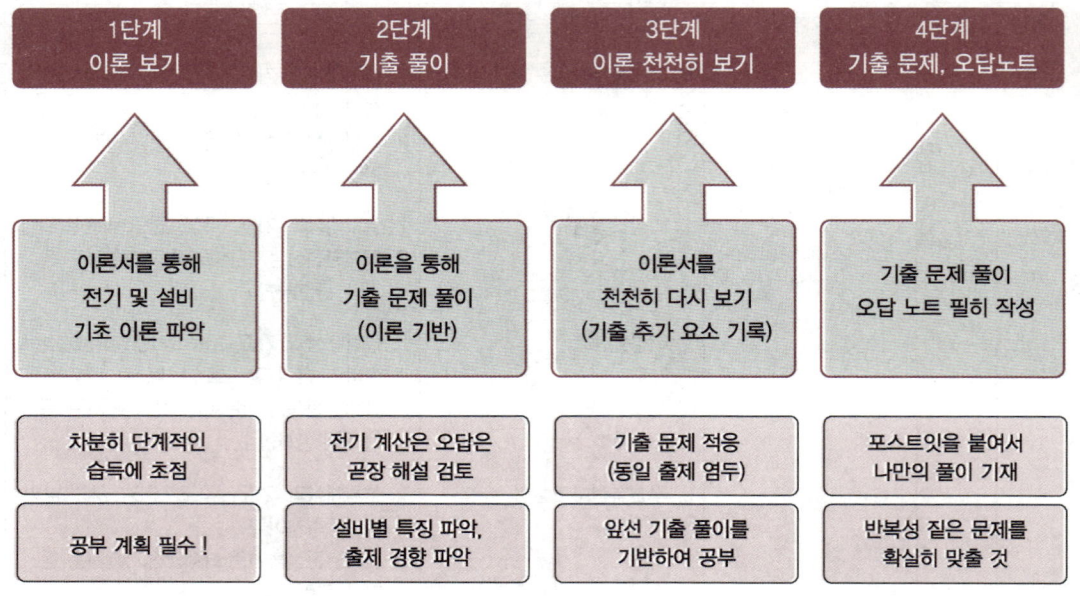

1단계. 이론 보기
➡ 이론서를 천천히 읽고 이론에 대한 착실한 이해를 하도록 한다.
➡ 가급적 앞서 배운 내용과 연결하여 습득하고, 고민을 충분히 해보되, 계획을 세워 쳐지지 않도록 주의한다.

2단계. 기출 풀이
➡ 기출을 풀되, 틀렸을 때 곧장 하부의 해설을 보고 내용을 이해하도록 하자.

3단계. 이론서 천천히 보기
➡ 기출에서 문제 풀이와 암기가 있었다면 해당 부분을 이론서로 가져와서 검토해보자.
➡ 확실한 내용 이해가 초점이 되어야 한다.

4단계. 오답 노트 정리
➡ 틀린 문제의 소속을 목차 내에서 선별하여 책에 기재하고, 동시에 포스트잇을 활용하여 풀기 위해 스스로 고민한 풀이법을 기재한다.

좀 더 자세한 내용 및 수험정보 등은 당사 홈페이지(www.epasskorea.com) 참조

차례

PART 01　소방원론

Chapter 01　연소이론
01절 연소 및 연소현상 ··· 18
02절 열 및 연기의 유동의 특성 ·· 37
■ 출제예상문제 ·· 48

Chapter 02　화재이론
01절 화재의 정의 및 분류 ··· 51
02절 건물화재의 성상 ·· 60
■ 출제예상문제 ·· 64

Chapter 03　위험물
01절 제1류 위험물(산화성 고체) ··· 68
02절 제2류 위험물(가연성 고체) ··· 71
03절 제3류 위험물(자연발화성 및 금수성 물질) ··································· 73
04절 제4류 위험물(인화성 액체) ··· 75
05절 제5류 위험물(자기반응성 물질) ·· 79
06절 제6류 위험물(산화성 액체) ··· 81
■ 출제예상문제 ·· 83

Chapter 04　소방안전
01절 소화원리 ·· 86
02절 소화약제 ·· 88
03절 소방시설 ·· 95
■ 출제예상문제 ·· 110

contents

PART 02 소방전기일반

Chapter 01 전기회로 기초

01절 전기회로 기초 ·· 116
■ 출제예상문제 ··· 120

Chapter 02 직류회로

01절 직류회로 ·· 124
02절 정전계 ·· 131
■ 출제예상문제 ··· 140

Chapter 03 교류회로

01절 교류회로 ·· 146
■ 출제예상문제 ··· 156

Chapter 04 제어회로

01절 논리회로 ·· 161
■ 출제예상문제 ··· 165

PART 03 소방관계법규

Chapter 01 소방기본법

01절 총칙 ·· 174
02절 소방장비 및 소방용수시설 등 ·· 177
03절 소방활동 등 ··· 181
04절 한국소방안전원 ·· 192
05절 보칙 및 벌칙 ··· 193
■ 출제예상문제 ·· 197

Chapter 02 화재의 예방 및 안전관리에 관한 법률

01절 총칙 ·· 201
02절 화재안전조사 ·· 202
03절 화재의 예방조치 등 ·· 204
04절 소방대상물의 소방안전관리 ··· 211
05절 특별관리시설물의 소방안전관리 ··· 216
06절 보칙 및 벌칙 ··· 218
■ 출제예상문제 ·· 221

Chapter 03 소방시설 설치 및 관리에 관한 법률(약칭 : 소방시설법)

01절 총칙 ·· 225
02절 소방시설등의 설치,관리 및 방염 ·· 233
03절 소방시설등의 자체점검 ·· 249
04절 소방시설관리사 및 소방시설관리업 ··· 254
05절 소방용품의 품질관리 ·· 258
06절 보칙 및 벌칙 ··· 260
■ 출제예상문제 ·· 264

Chapter 04 소방시설공사업법

01절 총칙 ·· 268
02절 소방시설업 ·· 269
03절 소방시설공사 등 ·· 276
04절 소방기술자 ·· 294
05절 보칙 및 벌칙 ··· 296
■ 출제예상문제 ·· 299

Chapter 05 위험물안전관리법

- 01절 총칙 ·· 303
- 02절 위험물시설의 설치 및 변경 ··· 307
- 03절 위험물시설의 안전관리 ··· 311
- 04절 위험물의 운반 등 ··· 317
- 05절 감독 및 조치명령 ··· 319
- 06절 보칙 및 벌칙 ··· 323
- ■ 출제예상문제 ·· 329

PART 04 소방전기시설의 구조 및 원리

Chapter 01 경보 설비

- 01절 비상 경보 설비 ·· 336
- 02절 비상 방송 설비 ·· 341
- 03절 자동 화재 탐지 설비 ·· 346
- 04절 자동화재속보설비 ··· 361
- 05절 누전 경보기 ··· 363
- ■ 출제예상문제 ·· 366

Chapter 02 피난 구조 설비

- 01절 유도등 및 유도 표지 ·· 370
- 02절 비상 조명등 ··· 378
- ■ 출제예상문제 ·· 381

Chapter 03 소화 활동 설비

- 01절 비상 전원 및 비상 콘센트 ·· 386
- 02절 무선통신 보조 설비 ·· 389
- ■ 출제예상문제 ·· 394

PART 05　과년도 기출문제

- 2023년 1회 소방설비기사(전기분야) CBT 복원 ·········· 400
- 2023년 2회 소방설비기사(전기분야) CBT 복원 ·········· 442
- 2023년 4회 소방설비기사(전기분야) CBT 복원 ·········· 478
- 2024년 1회 소방설비기사(전기분야) CBT 복원 ·········· 513
- 2024년 2회 소방설비기사(전기분야) CBT 복원 ·········· 549
- 2024년 3회 소방설비기사(전기분야) CBT 복원 ·········· 583
- 2025년 1회 소방설비기사(전기분야) CBT 복원 ·········· 619
- 2025년 2회 소방설비기사(전기분야) CBT 복원 ·········· 659
- 2025년 3회 소방설비기사(전기분야) CBT 복원 ·········· 704

Part 01

소방원론

Chapter 01. 연소이론
Chapter 02. 화재이론
Chapter 03. 위험물
Chapter 04. 소방안전

Chapter 01 연소이론

01절 연소 및 연소현상

1. 연소의 정의

- 산소와 화합하는 **산화반응**과 그 반응에 있어 **빛**과 **열**을 동반하는 반응을 말한다.
- 발광과 발열을 수반하는 급격한 **산화반응**을 말한다.

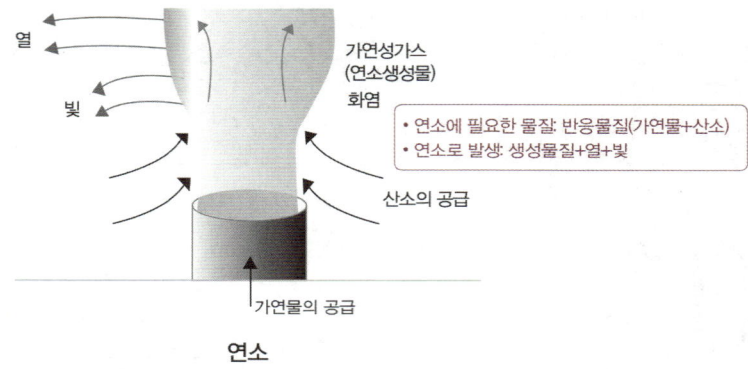

2. 연소의 필요 요소

(1) 연소의 3요소

　① 가연물(연료) + ② 산소공급원 + ③ 점화원

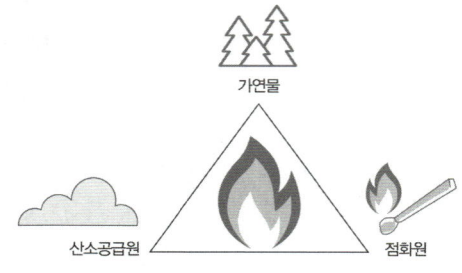

연소의 3요소 : 화재의 시작

(2) 연소의 4요소

① 가연물(연료) + ② 산소공급원 + ③ 점화원 + ④ 순조로운 **연쇄반응**

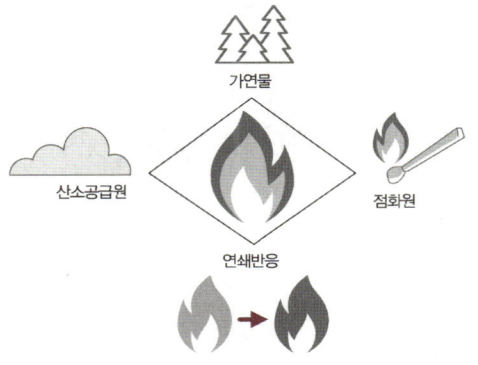

연소의 4요소: 화재의 지속, 화염의 발생

(3) 가연물(가연성 물질, combustible)

불에 탈 수 있는 물질로 산화 반응 시 발열 반응을 할 수 있는 물질이다. 하지만 반응열이 적어 반응 속도가 느린 것은 가연물이 되기 어렵다.

① 가연물의 구비 조건
- **열전도율이 작아야** 한다.
- **활성화 에너지(점화 에너지)가 작아야** 한다.
- 발열량이 커야한다.
- 산소와 친화력이 커야한다.
- 표면적이 넓어야 한다.
- 활성도가 커야한다.

② 가연물이 될 수 없는 물질
- 산소와 더 이상 반응 할 수 없는 물질(반응종결물질)

  CO_2(이산화탄소), H_2O(물,수증기), P_2O_5(오산화린), SO_3(삼산화황), SiO_2(규조토) 등

- 불활성 기체(원소주기율표에서 0족원소)

  He(헬륨), Ne(네온), Ar(아르곤), Kr(크립톤), Xe(크세논), Rn(라돈)

- 산소와 화합은 하지만 **흡열** 반응하는 화합물 : 질소(N_2)

  $N_2 + O_2 \rightarrow 2NO - 43.2[kcal]$

(4) 산소 공급원(Source of oxygen supply)

가연물이 산화 반응을 하기 위해서는 산소가 필요하다. 이때 산소를 공급해 줄 수 있는 물질을 산소 공급원이라 하며 가연물의 연소를 도와준다고 해서 조연성 물질 또는 지연성 물질이라고 한다.

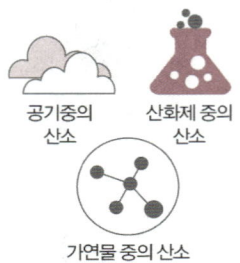

① 공기

연소에 필요한 **산소(O_2)는 공기 중에 약 21% 정도** (체적비 : 약 21V%)로 존재한다.

② 조연성 가스(지연성 가스)

불소(F_2), 염소(Cl_2)의 할로겐 원소, 오존(O_3) 등

③ **산화제**

• 제1류 위험물(산화성 고체) • 제6류 위험물(산화성 액체)

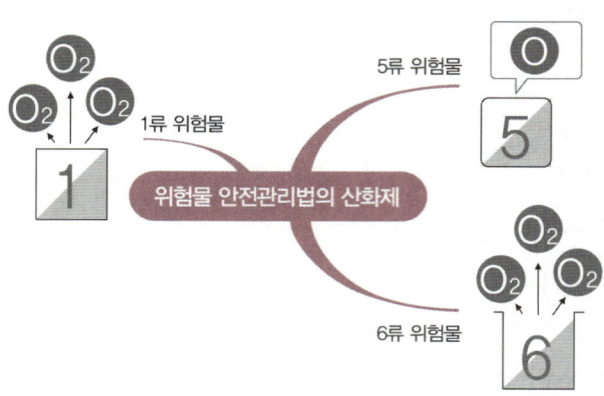

④ 자기연소성 물질(자기 반응성 물질) – 제5류 위험물

(5) 점화원 (활성화 에너지(점화 에너지), activation energy)

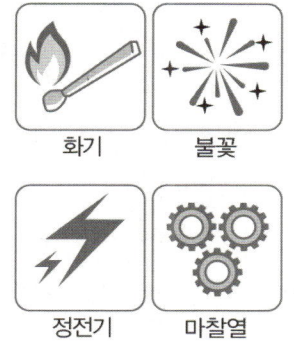

① 열에너지 원(Heat Energy Sources)의 종류
- 화학적 에너지 (Chemical Heat Energy)
  - 연소열
  - 자연발열
  - 분해열
  - 용해열
- 물리적 에너지 (Physical Heat Energy)
  - 전기적 에너지 (Electrical Heat Energy) : **저항열**, 유도열, 유전열, 아크열, 정전기열, 낙뢰에 의한 열
  - 기계적 에너지 (Mechanical Heat Energy) : 마찰열, 마찰스파크, 단열압축열, 충격열

(6) 연쇄반응

연쇄 반응의 경우 연소의 3요소 외에 계속적인 가연성 기체의 공급이 필요하며, 발생된 가연성 기체는 지속적이고 순조로운 산화 반응을 할 수 있어야 하는데 이러한 반응을 순조로운 연쇄반응이라 한다.

$$H \xrightarrow{+O_2} OH + O$$
$$\xrightarrow{+H_2} OH + H$$
$$\xrightarrow{+H_2} H_2O + H$$
$$\xrightarrow{+H_2} H_2O + H$$

$$H + O_2 + 3H_2 \longrightarrow 2H_2O + 3H$$

3. 연소의 형태

(1) 가연물 상태별 연소의 종류

① 기체 가연물의 연소

- **확산연소**

  가연성 기체가 대기 중으로 확산 되면서 공기와 혼합 기체를 형성하며 연소하는 형태이다. 안정하게 연소하며 역화의 위험이 없다.

- **예혼합 연소**

  가연성 기체가 미리 산소와 혼합한 상태로 연소하는 형태이다. 불안정하게 연소할 수 있으며 역화의 위험이 있다.

- **폭발연소**

  가연성 기체와 공기의 혼합가스가 밀폐 공간 안에 있을 때 점화원에 의해 폭발하면서 연소되는 현상을 말한다. 즉, 다량의 가연성 기체와 산소가 혼합되어 일시에 폭발적인 연소를 일으키는 비정상연소를 말한다.

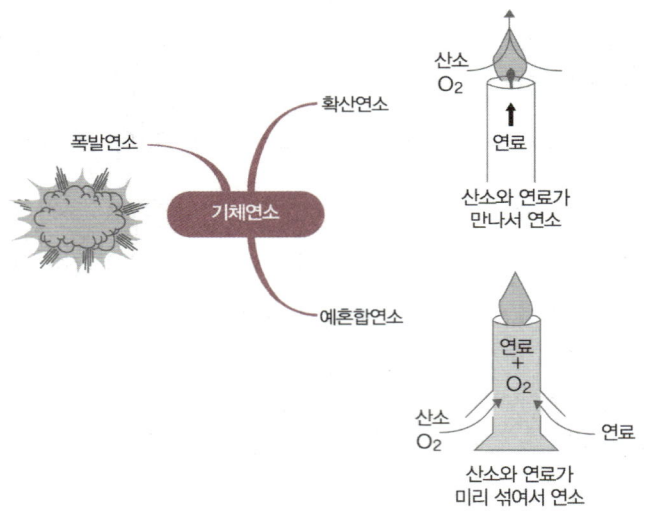

② 액체 가연물의 연소

- **증발연소**

  액체 가연물은 액체로부터 발생된 가연성 기체가 연소하는 형태이다.

- **분해연소**

  비점이 높아 쉽게 증발이 어려운 액체 가연물에 계속 열을 가하면 복잡한 경로의 열분해 과정을 거쳐 탄소수가 적은 저급 탄화수소가 되어 연소하는 형태이다.

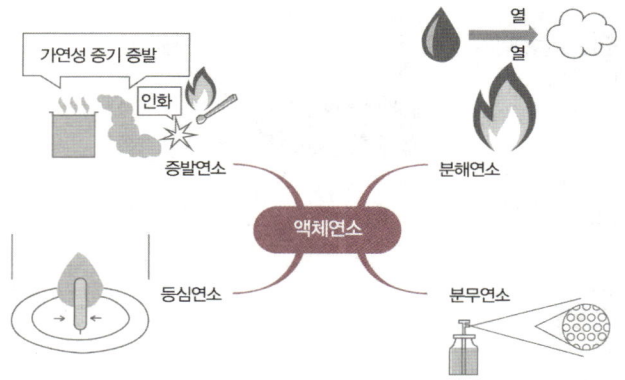

③ 고체 가연물의 연소
- 분해연소

    고체 가연물에 가열을 통한 열분해로 생성된 다양한 가연성 가스(기체)가 연소하는 형태이다.

    ex) **목재, 종이, 섬유, 플라스틱** 등 고분자물질 등이 이에 속한다.

- 표면연소

    고체의 표면에서 가연성 기체가 발생되지 않아 고체 표면에서 불꽃을 내지 않고 연소하는 형태이다. 불꽃연소에 비해 연소열량이 적고 연소속도가 느려 화재에 대한 위험성은 크지 않다.

    ex) **코크스, 금속분, 숯** 등이 이에 속한다.

- 증발연소

    고체 가연물을 가열 할 때 열분해를 하지 않고 그대로 승화하여 연소하거나 액화 후 발생하는 가연성 증기가 연소하는 형태이다. 열분해 온도보다 융점온도가 더 낮은 물질의 경우에 해당한다.

    ex) **유황, 나프탈렌, 파라핀(양초)** 등이 이에 속한다.

- 자기연소

    가연물 이면서 그 분자 내에 연소에 필요한 충분한 양의 산소 공급원을 함유하고 있는 물질의 연소형태이다.

    ex) **질산에스터류**, 유기과산화물, 나이트로화합물류 등 제5류 위험물이 이에 속한다.

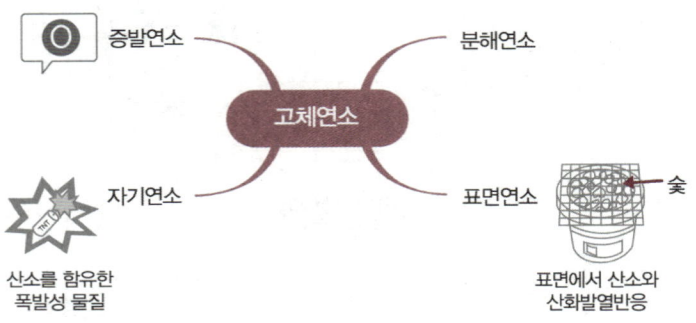

(2) 연소의 유형에 의한 분류

구 분	표면연소 (Surface Combustion)	불꽃연소 (Flaming Combustion)
정 의	가연물의 표면에서 직접 공기와의 산화반응을 통해 연소하는 형태	가연성 기체와 공기가 혼합 기체를 형성하며 연소하는 가장 일반적인 연소 형태로써 연료의 표면에서 불꽃을 발생하며 연소하는 형태
연소의 필요요소	연소의 3요소	연소의 4요소
화 재	무염성 표면화재, 심부화재	유염성 표면화재, 표면화재
에너지의 크기	낮다	높다
물질의 종류	숯, 코크스, 담배, 향, 금속분류 등	메탄, 에탄, 프로판, 휘발유, 경유 등

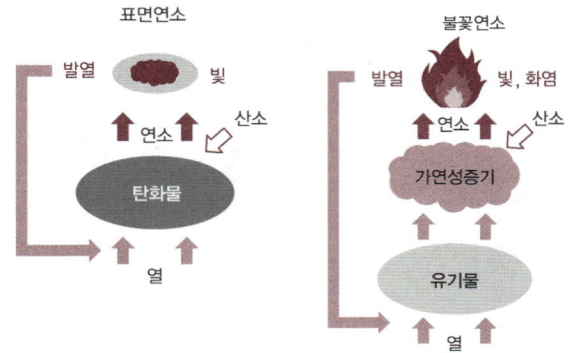

4. 연소 시 발생되는 여러 가지 이상 현상

정상연소   리프팅(선화)   백화이어(역화)   블로우 오프

(1) 역화 (백화이어, Back fire)

가연성 기체의 분출 속도가 연소 속도보다 느리면 불꽃이 버너의 염공 속으로 진입하는 현상

 분출 속도 < 연소 속도

(2) 선화 (리프트(Lift), 리프팅(Lifting))

가연성 기체의 분출 속도가 연소 속도보다 빠르면 불꽃이 버너의 염공에 붙지 못하고 일정한 간격을 두고 연소하는 현상

  분출 속도 > 연소 속도

(3) 블로우오프 (Blow off)

가연성 기체의 분출 속도가 빠르거나 화염 주변에 공기의 유동이 심하여 불꽃이 버너의 염공에 정착하지 못하고 떨어지면서 꺼지는 현상

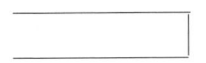 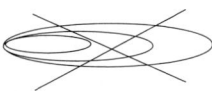 ① 분출 속도 ≫ 연소 속도
② 공기의 유동이 심한 경우

5. 인화점, 연소점, 발화점

(1) 인화점(유도발화점, Flash Point)

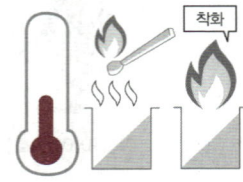

가연성 기체와 공기가 혼합된 상태에서 **외부의 직접적인 점화원에 의해 순간적으로 연소가 일어날 수 있는 최저온도**를 인화점 또는 유도 발화점이라 한다. 특히 휘발성 물질의 경우 점화원을 접하여 발화될 수 있는 최저온도를 말하며 인화성 액체의 위험성을 나타내는 척도이다.

(2) 연소점(Fire Point)

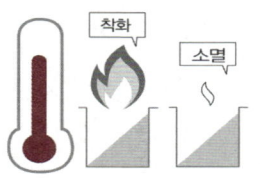 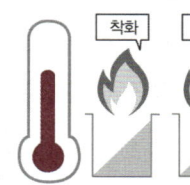 

인화점 이후 점화원을 제거한 후에도 지속적으로 연소상태를 유지시킬 수 있는 최저온도를 연 소점이라 한다. 특히 고체가연물의 경우 인화점에 도달 하여도 점화원을 제거하면 연소상태가 그칠 수 있다. 하지만 인화점보다 약간 높은 온도에서는 연소상태를 유지할 수 있다. 이는 인화점 보다는 약 10℃정도 높은 온도이며 5~10초 이상 연소를 지속할 수 있는 상태이다.

(3) 발화점(착화점, Ignition Point)

외부의 직접적인 점화원 접촉 없이 연소가 일어나기 시작할 때의 최저온도를 자동발화점 또

는 착화점 이라한다. 즉, 공기 중에서 가연물을 가열할 경우 가열된 열만을 가지고 스스로 연소가 시작되는 최저온도를 말하며, 화재 시 발생하는 복사열로 인해 인접 가연물에 발화가 되는 경우나 화재 진압 후에도 계속해서 주수를 하는 이유도 바로 주위온도를 발화점 이하로 낮추어 가연물 의 재 발화를 방지하기 위함이다.

(4) 온도의 대소 관계 : 발화점 > 연소점 > 인화점

> ● 주의
>
> * 온도의 상관관계
> 가연물끼리의 온도를 비교할 때 "인화점이 높은 물질은 연소점도 높다." 라는 말은 맞는 말이다. 하지만 절대로 "인화점이 낮다고 해서 발화점도 낮다." 라고 생각해서는 안된다. 왜냐하면 인화점은 낮지만 발화점은 높을 수도 있기 때문이다.
>
> 예 휘발유의 인화점(-43~-20℃)은 경유의 인화점(50~70℃)보다 낮지만 휘발유의 발화점(약300℃)은 경유의 발화점(약260℃)보다 높다.

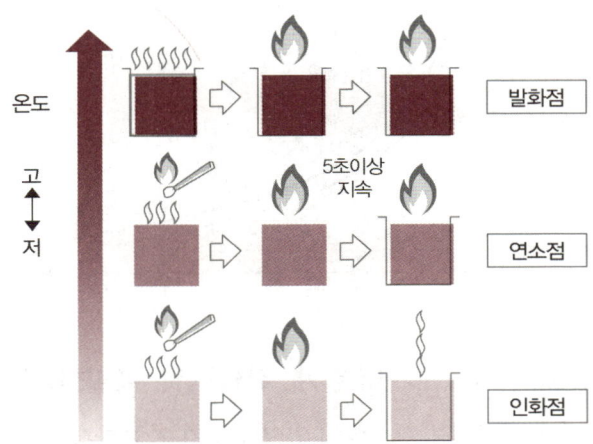

인화점, 연소점, 발화점의 개념

(5) 최소발화(착화)에너지(Minimum Ignition Energy)

① 정의 : 연소범위 내에 있는 가스 등을 발화시키는데 필요한 최소한의 에너지를 말한다. 이는 온도, 압력, 산소농도, 연소속도 등에 따라 영향을 받는다.

② 측정방법은 구형의 안전용기 내에 가연성가스와 공기를 혼합시킨 상태에서 콘덴서를 두고 그 사이에 방전(전기적 에너지)을 일으켜 다음의 식에 의해 구한다.

$$MIE = \frac{1}{2}CV^2$$

MIE : 최소발화에너지[J]   C : 콘덴서 용량[F]   V : 전압[V]

③ 최소발화에너지에 영향을 주는 인자
- 온도, 압력이 높을수록 MIE가 작아진다.
- 산소농도가 높을수록 MIE가 작아진다.
- 연소속도가 클수록 MIE가 작아진다.
- 가스농도가 많을수록 MIE가 작아진다.
- 가연성가스의 조성이 화학적양론 농도(완전연소 농도)에서 MIE가 최저가 된다.

④ 최소점화에너지와 산소농도, 압력과의 관계

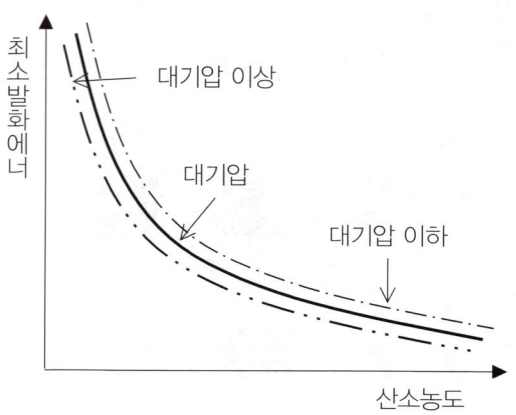

6. 연소범위(Flammability Limit, 연소한계, 폭발범위, 폭발한계)

가연성 가스와 공기가 혼합기체를 형성함에 있어 **연소가 가능하게 만드는 가연성 가스의 농도 범위를 연소범위(연소한계)**라고 하고, **용량%(V%)로 표현**한다.

이 때, 연소를 가능하게 만드는 농도의 가장 낮은 값을 연소하한계(Lower Flammability Limit, LFL)라 하며, 가장 높은 값을 연소상한계(Upper Flammability Limit, UFL)라 한다. 또한 연소하한계는 그 물질의 인화점에서의 값을 의미한다. 연소범위를 벗어난 농도 범위에서는 연소가 일어나지 않는다.

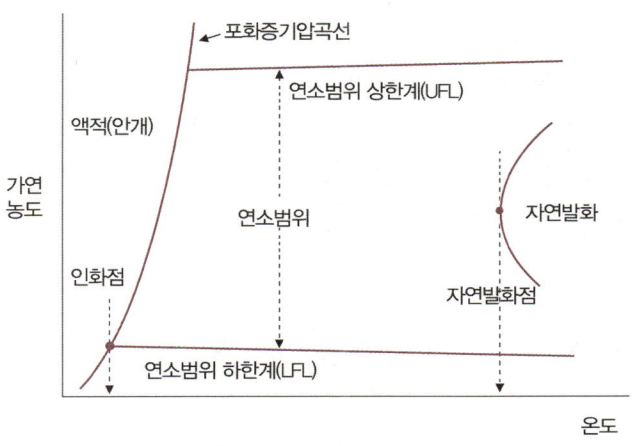

연소범위

가연성물질	연소범위(V%)		위험도(H)	가연성물질	연소범위(V%)		위험도(H)
	하한계	상한계	(U−L)/L		하한계	상한계	(U−L)/L
아세틸렌	2.5	81	31.4	메테인	5	15	2
산화에틸렌	3	80	25.7	에테인	3	12.4	3.1
수소	4	75	17.8	프로페인	2.1	9.5	3.5
(디에틸)에터	1.9	48	24.3	부테인	1.8	8.4	3.7
이황화탄소	1.2	44	35.7	가솔린	1.4	7.6	4.4

(1) **연소범위에 영향을 줄 수 있는 인자 및 특성**

연소범위는 주위의 온도, 압력, 산소의 농도, 불활성 가스의 투입여부 등에 따라 영향을 받을 수 있다.

① **온도** : 온도가 증가할수록 연소범위는 넓어진다.
(연소하한계 : 약간감소, 연소상한계 : 상승 (100℃마다 8%증가))

② **압력** : 압력이 증가할수록 연소범위는 넓어진다.
(연소하한계 : 불변, 연소상한계 : 상승)
(예외) 일산화탄소(CO)는 압력이 증가할수록 연소범위가 좁아진다.

③ **산소의 농도** : 산소의 농도가 증가할수록 연소범위는 넓어진다.
(연소하한계 : 불변, 연소상한계 : 상승)

④ **불활성 가스의 투입** : 불활성 가스를 투입하면 연소범위는 좁아진다.

(2) 연소범위의 특성

① 연소범위가 넓을수록 위험성은 증가한다.
② 연소상한계가 증가할수록 연소범위도 증가하여 위험성도 증가한다.
③ 연소하한계가 감소할수록 연소범위도 증가하여 위험성도 증가한다.
④ 연소범위가 좁아지면 위험성은 감소한다.

(3) 위험도(Hazard)

연소범위를 이용하여 가연물의 위험성을 갈음할 수 있는 계산 값으로 **위험도가 클수록 연소 위험성이 크다.**

$$H = \frac{U-L}{L} \qquad \begin{array}{l} H : 위험도 \\ U : 연소상한계(\%) \\ L : 연소하한계(\%) \end{array}$$

(4) 혼합가스의 연소하한계 계산 (르샤틀리에의 법칙)

2가지 이상의 가연성 가스가 혼합되어 있을 때 연소하한계를 구하는 식

$$L = \frac{V_1 + V_2 + V_3 + \cdots}{\frac{V_1}{L_1} + \frac{V_2}{L_2} + \frac{V_3}{L_3} + \cdots}$$

L : 혼합가스의 연소하한계(%)
V_1, V_2, V_3 : 각 가연성 가스의 농도(%)
L_1, L_2, L_3 : 각 가연성 가스의 연소하한계(%)

7. 물질의 특성

(1) 비중(Specific Gravity)

기준물질에 대한 상대물질의 무게비 또는 밀도비 라고 한다. 액체, 고체에서의 기준물질은 물이며, 기체에서의 기준물질은 공기이고 기체의 비중은 증기비중이라고 한다. 무게비를 측정할 때는 반드시 동일한 체적의 해당하는 무게를 가지고 비교한다. 위험성을 판단하는데 중요한 요소이다.

$$비중(S) = \frac{상대물질의}{기준물질에\ 대한} 무게비$$

① 기체의 비중(증기비중)

$$증기비중(S) = \frac{상대물질(기체)의 분자량}{공기의 분자량}$$

공기의 분자량 : 28.84(약 29)

참고사항

구 분	LNG(Liquefied Natural Gas)	LPG(Liquefied Petroleum Gas)
주성분	메탄	프로판, 부탄
정 의	자연적으로 발생하는 천연가스를 액화시킨 것	석유의 분별증류를 통하여 비점이 낮은 가스부터 액화시킨 것
성 질	상온에서 기체, 액화시키기 어려움	상온에서 기체, 액화가 용이
비 점	메탄(-162[℃])	프로판(-42.1[℃]), 부탄(-0.5[℃])
기화 시 체적변화	600배 증가	250배 증가
비 중	1. 액체 : 물보다 가볍다. 2. 기체 : 공기보다 0.6배 가볍다.	1. 액체 : 물보다 가볍다. 2. 기체 : 공기보다 1.5~2배 무겁다.
특 징	• 무색, 무취, 무미 • 누출 시 감지할 수 있도록 부취제를 첨가한다. • 복사열이 높다. • 급격히 연소하는 특성이 있다. • 불꽃이 깨끗하다. 부취제(付臭·Odorization) : 어떤 물질에 첨가되어 냄새로 인지할 수 있도록 냄새 강도가 높은 화학물질(주로 황화합물)을 첨가하는 것을 말한다.	• 무색, 무취, 무미 • 누출 시 감지할 수 있도록 부취제를 첨가한다. • 연소하한이 낮고, 연소범위가 좁다. • 가솔린과 같은 유기 용매에 용해되기 쉽다. • 누출 시에는 가스가 배출되지 않고 잔류될 수가 있어서 폭발 우려가 있다.
연소속도	빠르다.	늦다.
발열량	작다(10,000[kcal/N·㎥]).	크다(14,000[kcal/N·㎥]).
연소한계	메탄(5~15[%])	프로판(2.1~9.5[%]), 부탄(1.8~8.4[%])
용 도	1. 도시가스용 2. 산업용 연료	1. 프로판 : 가정용, 식당용 2. 부탄 : 자동차, 산업용, 난방용
가스공급	배관을 통해 공급되므로 가스의 공급이 중단될 일이 거의 없어 안정적이고, 별도의 공간을 마련할 필요가 없다.	저장용기로 공급되므로 공급이 중단될 우려가 있어 안전성이 낮고, 저장용기를 비치해야 할 장소가 필요하다.
이미지		

Chapter 01. 연소이론

(2) 비점(Boiling Point, 비등점, 끓는점)

어떤 물질의 증기압이 대기압과 같아질 때의 온도를 비점이라 하며 이는 물질의 물리적인 특성값으로 고유한 값을 가진다. 물의 비점이 100[℃]인 것은 주변압력이 표준대기압(1[atm])일 때로, 압력이 변하면 비점 또한 변하게 된다. 가연물의 **비점이 낮으면** 기체로 되기 쉬워 연소성이 커지므로 **위험성도 크다**고 볼 수 있다.

(3) 융점(Melting Point, 녹는점)

고체가 액체로 될 수 있는 최저온도를 말한다. 물의 경우는 0[℃]이다. **융점이 낮다는 것**은 고체가 액체로 되기 쉬워 **위험성이 더 크다**고 볼 수 있다.

(4) 온도

① 섭씨온도([℃], 셀시우스)

1기압 하에서 얼음의 융점(또는 물의 빙점)을 0[℃], 물의 비점을 100[℃]로 하여 그 사이를 100등분한 것을 1[℃]의 크기로 정한 온도

② 화씨온도([℉], 파렌하이트)

1기압 하에서 얼음의 융점(또는 물의 빙점)을 32[℉], 물의 비점을 212[℉]로 하여 그 사이를 180등분한 것을 1[℉]의 크기로 정한 온도

$$[℉] = \frac{9}{5} \times [℃] + 32$$

③ 캘빈온도([K], 켈빈)

온도차만을 말할 때는 섭씨와 같다. 분자 운동의 관점에서 볼 때 분자 운동이 정지하여 운동 에너지가 0이 될 때의 온도를 0[K]으로 삼은 온도가 절대 온도이다. 온도를 표시할 때는 약 -273.15[℃]를 0[K]으로 하여 절대영도라고 부른다. 섭씨온도와의 관계는 아래 식과 같다.

$$[K] = [℃] + 273.15$$

8. 기체에 적용되는 법칙

(1) 보일(Boyle)의 법칙 – 등온법칙

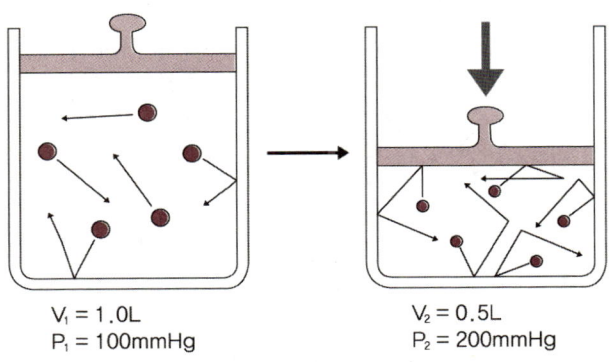

부피가 감소하면 벽에 충돌하는 분자수가 증가

온도가 일정할 때 기체의 체적은 압력에 반비례한다.

$$T = 일정, \quad P \propto \frac{1}{V}$$
$$P_1V_1 = P_2V_2 \quad (P : 압력[atm], V : 기체체적[L])$$

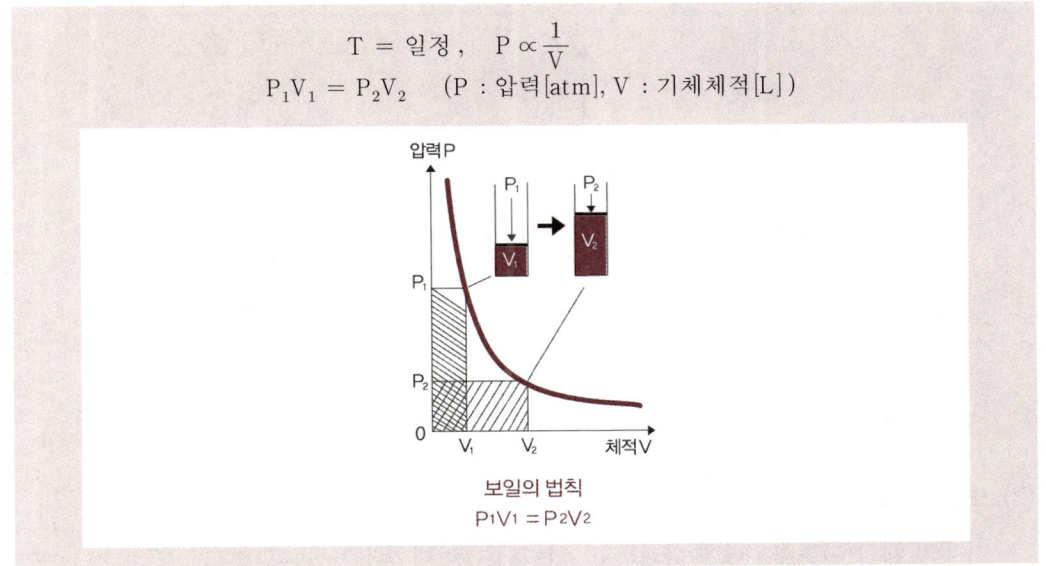

보일의 법칙
$P_1V_1 = P_2V_2$

(2) 샤를(Charles)의 법칙 – 등압법칙

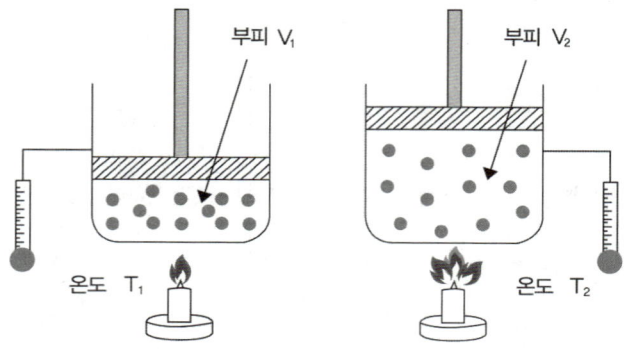

압력이 일정할 때 기체의 체적은 절대온도에 비례한다.

$$P = 일정, \quad T \propto V$$
$$\frac{V_1}{T_1} = \frac{V_2}{T_2} \quad (T : 절대온도[K], \ V : 기체체적[L])$$

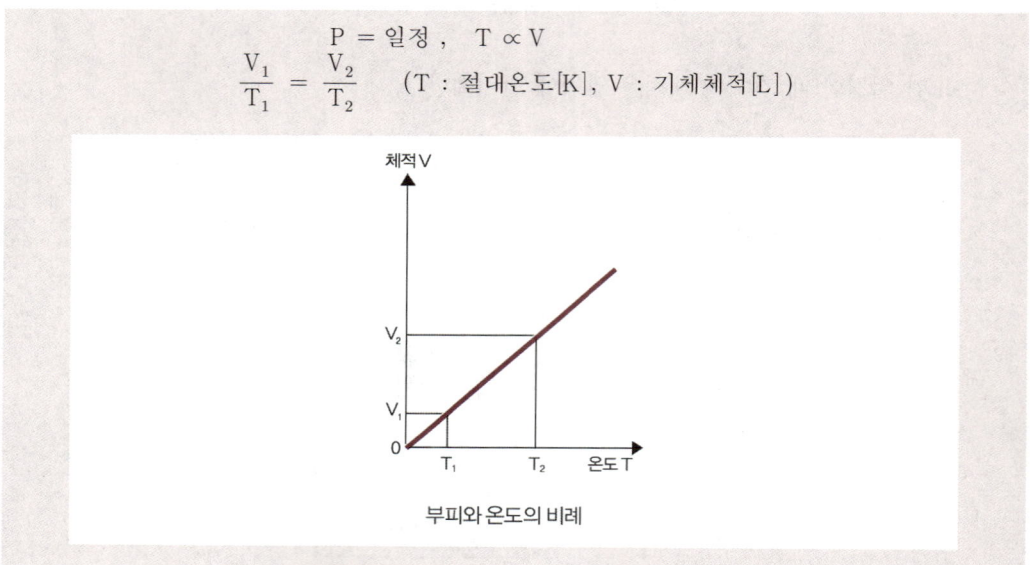

부피와 온도의 비례

(3) 보일–샤를(Boyle–Charles)의 법칙

기체의 체적은 절대온도에 비례하고, 압력에 반비례한다.

$$\frac{P_1 V_1}{T_1} = \frac{P_2 V_2}{T_2}$$

$(P : 압력[MPa], \ T : 절대온도[K], \ V : 기체 체적[m^3])$

(4) 이상기체 상태방정식

모든 기체의 상태(체적, 온도, 압력, 무게, 밀도 등)를 계산할 때 사용하는 방정식이다.

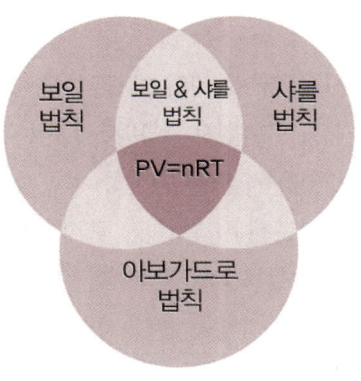

P: 압력 / V: 부피 / n: 몰수 /
R: 기체 상수 / T: 절대 온도

$PV = nRT$

$$PV = nRT$$
$$PV = \frac{W}{M}RT \quad (n = \frac{W}{M})$$

P : 압력[atm]　　V : 체적[L]　　n : 몰수[mol]　　W : 질량[g]
M : 분자량[g]　　T : 절대온도[K]　　R : 기체상수[atm·L/mol·K](R = 0.082)

9. 자연발화(自然發火, spontaneous ignition)

물질이 공기 중에서 외부의 인위적인 에너지 공급 없이 발화점보다 낮은 온도에서 물질 스스로 서서히 발열하여 장기간 열을 축적해 발화점에 이르게 되면 발화하는 현상

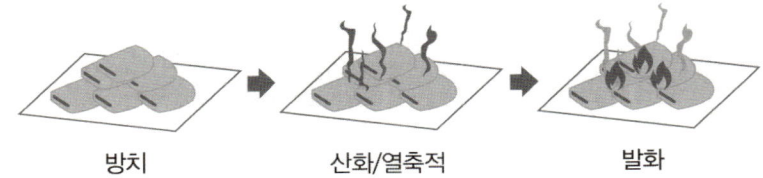

방치　　　　　산화/열축적　　　　　발화

(1) 자연발화의 조건

① 주위의 온도가 높아야 한다.(고온)
② 발열량이 커야 한다.
③ 표면적이 넓어야 한다.
④ 열전도율이 적어야 한다.
⑤ 공기의 유통이 적어야 한다.
⑥ 적당량의 수분이 있으면 좋다.(다습)

(2) 자연발화의 형태와 물질

① **산화열**에 의한 자연발화 (산화반응에 의한 발열 → 축적 → 발화)

물질 : 유지류[건성유(들기름, 아마인유, 해바라기유 등), 반건성유(참기름, 콩기름 등)], 석탄분, 원면, 고무조각, 금속분류, **기름걸레** 등

② **분해열**에 의한 자연발화 (자연분해 시 발열 → 축적 → 발화)

물질 : 셀룰로이드, **나이트로셀룰로오스**(질화면), 나이트로글리세린, 산화에틸렌 등

③ **흡착열**에 의한 자연발화 (주위의 기체를 흡착 시 발열 → 축적 → 발화)

물질 : 활성탄, 목탄분말, 유연탄 등

④ **발효열**에 의한 자연발화 (미생물의 발효열 → 축적 → 발화)

물질 : **퇴비**, 먼지 등

⑤ **중합열**에 의한 자연발화 (중합 반응열 → 축적 → 발화)

물질 : **액화시안화수소**, 산화에틸렌 등

(3) 자연발화 방지대책

① 주위의 온도를 낮춘다.(저온)
② 통풍을 잘 시킨다.
③ 열의 축적을 방지한다.
④ 습도가 높은 것을 피한다.
⑤ 황린은 물 속에 보관하고, Na·K 등은 석유류 속에 보관한다.

(4) 자연발화에 영향을 주는 인자

공기의 유통, 열의 축적, 열전도율, 발열량, 습도(수분), 퇴적방법 등

02절 열 및 연기의 유동의 특성

1. 연소생성물

화재 시 발생하는 생성물을 연소생성물이라 한다. **불꽃, 열, 연기, 연소가스**의 4가지로 분류한다. 이는 모두 시각적, 심리적, 생리적으로 사람에게 해를 끼치는 생성물이다.

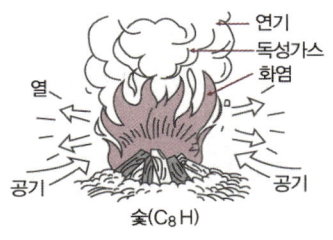

연소생성물

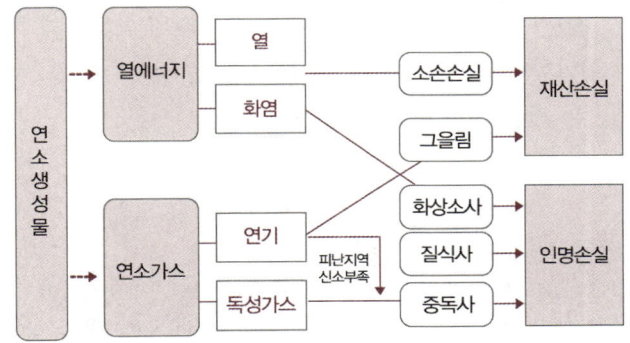

(1) 불꽃(화염)

① 불꽃은 일명 화염이라 하는데 연소 시 증발 또는 분해 과정에서 발생하는 가연성 가스로 인해 나타난다.

② 온도에 따른 불꽃의 색상(**담 → 암 → 적 → 휘 → 황 → 백 → 휘**)

온도 (℃)	520	700	850	950	1,100	1,300	1,500 이상
색 상	담암적색	암적색	적색	휘적색 (주황색)	황적색	백적색 (백색)	휘백색

(2) 열

① 전열현상

- 전도(Conduction)

    주로 고체의 열전달로서 열에너지가 물질(매개체)의 이동 없이 고온체와 저온체의 직접적인 접촉에 의해서 열이 고온에서 저온으로 이동하는 현상을 말한다. 일반적으로 **화재의 초기단계에서 열의 전달**은 전도에 기인한다.

    [퓨리에(Fourier) 법칙]
    $$Q = \frac{K A \Delta T}{L}$$
    Q : 전도에 의한 이동 열량 [W]
    K : 각 물질의 열전도도(열전도율) [W/m·℃]   A : 접촉된 단면적[m²]
    ΔT : 물체의 온도 차[℃](고온 - 저온)   L : 매질의 두께[m]

- 대류(Convection)

    유체(액체, 기체)의 열전달로서 고온체와 저온체 간의 온도차에 의한 밀도차로 열이 전달되는 현상을 말한다. 화재 시 연기가 위로 향하는 것이나 **화로(火爐)에 의해 실내의 공기가 따뜻해지는 것**은 대류에 의한 현상이다.

    [뉴톤(Newton)의 냉각 법칙]
    $$Q = h A (T_H - T_L)$$
    Q : 단위 시간당 대류에 의한 이동 열량 [W]
    h : 대류열전달계수 [W/m²·℃]   A : 물체의 표면적[m²]
    T_H : 고온유체(물체)의 온도[℃] T_L : 저온유체(주변 유체)의 온도 [℃]

- 복사(Radiation)

    물체의 원자 내부의 전자는 열을 받거나 **빼앗길 때 전자파를 방출 또는 흡수**하는데, 이 전자파에 의해 열이 매질을 통하지 않고 고온체에서 저온체로 직접 전달되는 현상을 말한다.

    [스테판-볼츠만의 법칙(Stefan-Boltzmann's Law)]
    $$Q = \epsilon \sigma A T^4$$
    Q : 복사에너지[W]   ε : 방사율   σ : 스테판-볼츠만 상수[W/m²·K⁴]
    A : 물체의 표면적[m²]   T : 복사체의 절대온도[K]

    즉, 복사에너지는 물체 **표면적에 비례**하고, **절대온도의 4승에 비례**한다.

② 비열

- 어떤 물질 1[g]을 1[℃] 또는 1[lb]를 1[℉] 만큼 높이는데 필요한 열량을 말한다.
- 단위는 [J/g·℃], [cal/g·℃], [kcal/kg·℃], [BTU/lb·℉] 등이 있다.
- 물의 비열은 1[cal/g·℃]로서 가장 큰 값을 갖는다.

③ 물질의 상태변화에 따른 용어정리

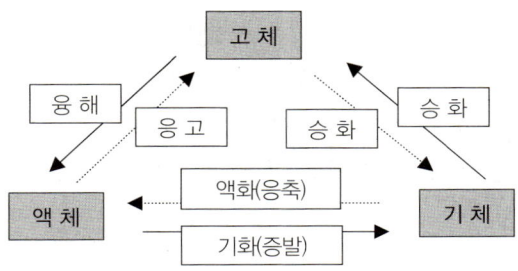

④ 현열(Sensible Heat)

상태의 변화 없이 온도 변화에만 필요한 열량을 말한다.

예 • 20[℃] 물 → 90[℃] 물이 될 때 필요한 열량
 • 0[℃] 물 → 100[℃] 물이 될 때 필요한 열량

$$Q = mC\Delta T$$

Q : 현열량[kcal]   m : 질량[kg]   C : 비열[kcal/kg·℃]
ΔT : 온도차[℃] {나중온도(T_2) − 처음온도(T_1)}
• 물의 비열 : 1[kcal/kg·℃]   • 얼음의 비열 : 0.5[kcal/kg·℃]

⑤ 잠열(Latent Heat)

온도의 변화 없이 상태 변화에만 필요한 열량을 말한다.

예 • 0[℃] 얼음 → 0[℃] 물로 변할 때 필요한 열량
 • 100[℃] 물 → 100[℃] 수증기로 변할 때 필요한 열량

$$Q = m\gamma$$

Q : 잠열량[kcal]   m : 질량[kg] γ : 잠열[kcal/kg]
• 얼음의 융해잠열 : 80[kcal/kg]   • 물의 기화잠열 : 539[kcal/kg]

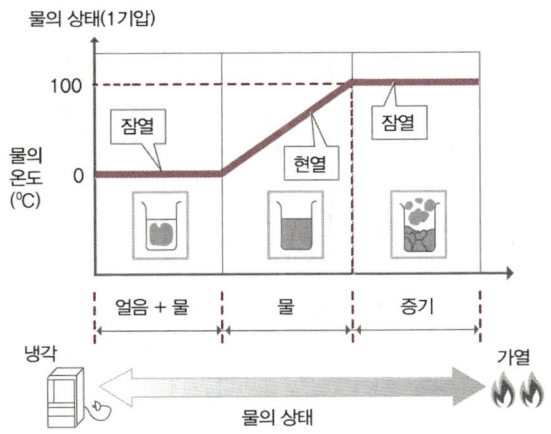

(3) 연기

① 연기의 정의

가연물의 열분해 및 연소의 과정에서 발생하는 다양한 생성물과 그 주변에 잔존하는 **기체, 액체, 고체 미립자들의 혼합물**을 말한다. 연기는 수증기, 이산화탄소, 일산화탄소, 알데히드, 탄소입자 등이 포함되어 있으며, 불완전연소의 경우 완전연소에 비해 농연과 독성가스가 많이 발생된다.

② 연기의 유동속도
- 수평방향 : 0.5 ~ 1 [m/sec]
- 수직방향 : 2 ~ 3 [m/sec]
- 계단실내 : 3 ~ 5 [m/sec]

③ **연돌현상 (굴뚝현상, Stack Effect)**

건축물 실내와 실외의 온도차에 의한 밀도차로 연기(공기)가 상승하거나 하강하는 현상을 말한다.

- **굴뚝효과 : 건축물 실내의 온도가 실외보다 높으면 실내의 더운 공기가 상부로 올라가는 효과**
- 역굴뚝효과 : 건축물 실내의 온도가 실외보다 낮으면 실내의 찬 공기는 하부로 내려가는 효과
- 영향인자는 다음과 같다.
    - 화재실의 온도
    - 건물의 높이
    - 건축물 내·외의 온도차
    - 외벽의 기밀도
    - 층간 공기누설 등

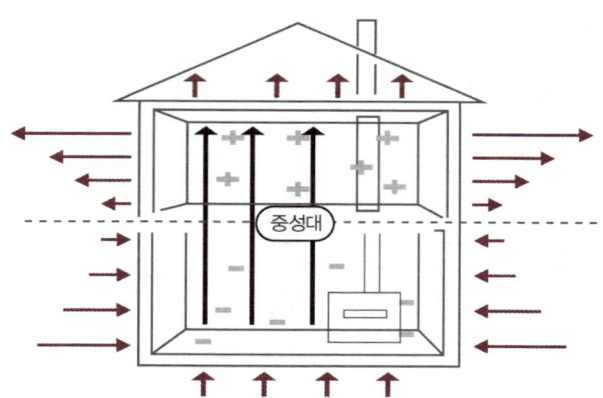

연돌효과

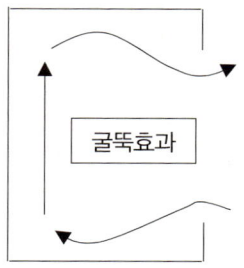
실내온도 : T_1
실외온도 : T_2
겨울철 : $T_1 > T_2$

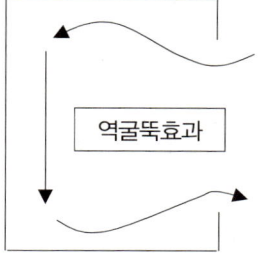
실내온도 : T_1
실외온도 : T_2
여름철 : $T_1 < T_2$

④ **중성대**(Neutral Zone, Neutral Plane)

건축물에서 화재가 발생하면 실내온도가 상승하여 부력에 의해 고온의 기체가 상부에 축적 되어 실내 상부의 압력은 실외의 압력보다 높아지고 실내 하부의 압력은 실외의 압력보다 낮아진다. 따라서 실내의 상부와 하부 사이의 어느 지점에 **실내의 압력과 실외의 압력이 같아지는 면**이 생기는데 이를 중성대라고 한다. 그러므로 중성대의 위쪽은 기체가 외부로 유출(배기)되고, 중성대의 아래쪽은 내부로 유입(급기)된다.

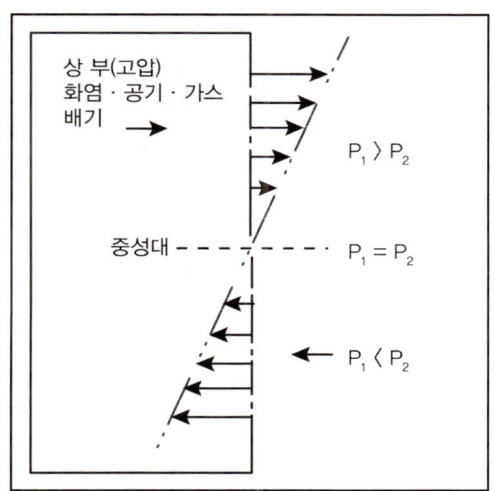

P_1 : 실내 압력, P_2 : 실외 압력

⑤ 연기 이동 요인
- 굴뚝효과(실내·외의 온도차)
- 화재에 의한 부력
- 온도에 의한 가스의 팽창
- 건축물 내의 강제적인 공기 이동(공조 설비)
- 외부에서의 바람의 영향(풍압차)

⑥ 연기의 농도표시법

농도표시법		측정방법
절대농도	중량농도법	단위체적당 연기입자의 중량을 측정한 것 [mg/m³]
	입자농도법	단위체적당 연기입자의 개수를 측정한 것 [개/m³]
상대농도	감광계수법	연기 속을 빛이 투과하는데 저하되는 빛의 비율을 측정하여 계수로 나타낸 것[1/m]
	산란광농도법	빛이 연기 입자에 부딪쳐서 산란하는 정도를 측정하여 나타낸 것

【감광계수와 가시거리의 관계】

감광계수(Cs) [m⁻¹]	가시거리 [m]	상 황
0.1	20 ~ 30	• 연기감지기가 작동할 정도의 농도 • 건물구조에 익숙하지 않은 사람이 피난에 지장을 받을 수 있는 농도
0.3	5	• 건물구조에 익숙한 사람이 피난에 지장을 받을 수 있는 농도
0.5	3	• 약간 어두운 정도(어두침침함 정도)의 농도
1.0	1 ~ 2	• 전방이 보이지 않을 정도의 농도
10	0.2 ~ 0.5	• 최성기 때의 연기농도 • 유도등이 보이지 않을 정도의 농도
30	—	• 출화실에서 연기가 분출될 때의 농도

⑦ 연기 제어 방법

- 희석(Dilution)

  다량의 신선한 공기를 유입시켜 연기 또는 가연성 연소생성물의 농도를 위험수준 이하로 희석시키는 것이다.

- 배기(Exhaust)

  연기를 실외로 배출시키는 것을 말한다.

- 차단(Confinement)
  - 연기가 개구부를 통하여 화재 실 외로 나오지 않도록 방화문
  - 방화셔터 등의 차단장치를 이용하여 연기를 차단하는 방법
  - 피난 가능한 실내에 급기설비를 하여 압력차의 원리를 이용한 차단방법

(4) 연소가스

① 연소가스의 종류

- **일산화탄소(CO)**
  - 탄소를 함유한 가연물의 불완전연소 시 발생하며 무색, 무취, 무미의 **가연성 가스**이다.
  - 혈액 중 **헤모글로빈은 일산화탄소와의 결합력이 산소보다 약 210~250배 정도 크다.**
  - 산소 운반 저해하여 사람을 질식, 사망에 이르게 한다.

【일산화탄소 농도에 따른 인체의 증상】

CO 농도 (%)	인체 증상
0.02	2~3 시간 정도 - 가벼운 두통
0.07	1시간 정도 경과되면 두통, 구토, 현기증 등의 중독증세가 나타남
0.16	2시간 이상이면 현기증, 실신
0.2	1시간 호흡으로 위험해질 수 있는 상태
0.4	1시간 이내 호흡으로 사망할 가능성이 있는 상태
0.64	15~30분 호흡으로 사망
1.0	1~3분 호흡으로 사망할 가능성이 있는 상태

- **이산화탄소(CO_2)**
  - 탄소를 함유한 가연물의 완전연소 시 발생하며 무색, 무취, 무미의 **불연성 가스**이다.
  - 일산화탄소(CO)처럼 인체에 대한 **직접적인 독성은 없으나** 화재 시 다량 발생 하여 공기 중의 산소 부족에 따른 질식 및 호흡속도의 증가를 가져와 다른 유독가스의 흡입을 촉진시킨다.

이산화탄소 농도에 따른 반응

【이산화탄소 농도에 따른 인체의 증상】

CO_2 농도 (%)	인체 증상
1	공중위생에서의 상한선
3	호흡수 및 호흡량 증가
4	두통, 이명, 흥분, 혈압상승, 현기증 등과 같은 국소적 지각현상
6	스스로 느낄 정도로 호흡수가 현저히 증가
8	심한 호흡곤란 증상과 팔, 다리 마비증상
10	1분 정도 노출 시 의식상실, 호흡 정지
20	10분~20분 내에 사망

- 황화수소(H_2S, 유화수소)
  - 황을 함유한 가연물의 불완전연소 시 발생하며 무색의 가스이다.
  - **달걀 썩는 냄새가 나고**, 후각을 마비시킨다.
  - 독성허용농도는 10ppm이다.

- 아황산가스(SO_2, 이산화황)
  - 황을 함유한 가연물의 완전연소 시 발생하며 무색의 가스이다. 공기보다 2배 무겁다.
  - 눈이나 호흡기 계통에 자극이 크며 점막을 상하게 하고 금속에 대한 부식성이 있다.
  - 독성허용농도는 5ppm이다.

- 시안화수소(HCN)
  - 질소를 함유한 가연물의 불완전연소 시 발생하는 가스로 **청산가스**라고 한다.
  - 폴리우레탄(polyurethane)의 불완전연소 시에도 극미량 발생하는 가스이다.
  - 독성허용농도는 10ppm이다.

- 이산화질소(NO_2)
  - 질산셀룰로오스 등의 불완전연소 시 또는 질산염계통 연소 시 발생하는 적갈색을 띤 유독가스이다.
  - 독성허용농도는 1ppm이다.

- 암모니아(NH_2)
  - 질소와 수소 화합물의 연소 시 발생하는 무색의 가스이다.
  - 눈, 코, 인후, 폐에 자극이 크다. **산업용 냉동시설의 냉매**로 쓰인다.
  - 독성허용농도는 25ppm이다.

- 염화수소(HCl)
  - 폴리염화비닐(PVC)과 같은 염소를 함유한 수지류가 연소할 때 발생하며 무색의 가스이다.
  - 금속에 대한 강한 부식성이 있다.
  - 독성허용농도는 5ppm이다.

- 포스겐($COCl_2$)
  - 염소를 함유한 가연물의 연소 시 발생하는 맹독성 가스이다.
  - 소화약제인 **할론104(사염화탄소, CCl_4)를 이용하여 소화 시에도 발생**한다.
  - 독성허용농도는 0.1ppm이다.

- 아크로레인(CH_2CHCHO)
  - **석유제품, 유지류 등이 연소할 때 발생되는 맹독성 가스이다.**
  - 아크릴알데히드라고도 하며, 점막을 침해하고 10ppm이상 이면 사람을 치사시킨다.
  - 독성허용농도는 0.1ppm이다.

2. 열전달 방식

열이 이동하는 것을 전열 또는 열전달이라 한다. 가연물의 착화 및 화재의 확산방지에 있어 전열현상을 이해하는 것은 매우 중요하다. 전열현상은 전도, 대류, 복사의 복합적인 과정을 거쳐 열의 전달이 이루어진다.

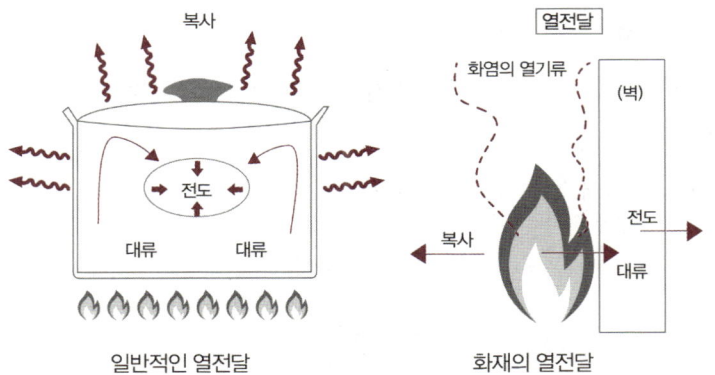

일반적인 열전달 / 화재의 열전달

(1) 전도(Conduction)

열에너지가 매질(분자)의 이동 없이 고온체와 저온체의 **직접적인 접촉**에 의해서 열이 고온에서 저온으로 이동하는 현상을 말한다. 기체나 액체의 열전도는 분자간의 충돌이나 확산에 의해 일어나고, 고체는 **분자의 진동**에 의해 일어나는데 금속과 비금속 중 금속의 열전도가 빠른 이유는 자유전자의 이동이 있기 때문이다. 일반적으로 **화재의 초기단계에서 열의 전달은 전도에 기인**한다.

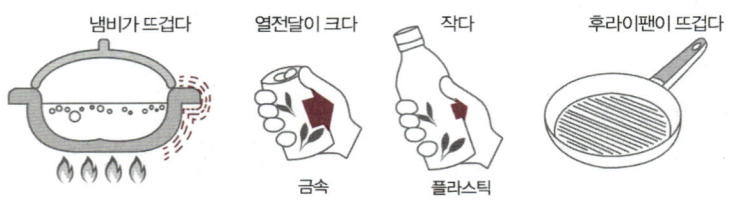

전도의 예

① [퓨리에(Fourier) 법칙]

$$\dot{q} = \frac{K}{\ell} A(T_2 - T_1)$$

$\dot{q}$: 전도에 의한 이동 열량 [W]　　K : 각 물질의 열전도율 [W/m·K]
A : 접촉된 단면적 [m²]　　　　　　ℓ : 물체의 두께 [m]
T_2 : 고온[K]　　　　　　　　　　T_1 : 저온[K]

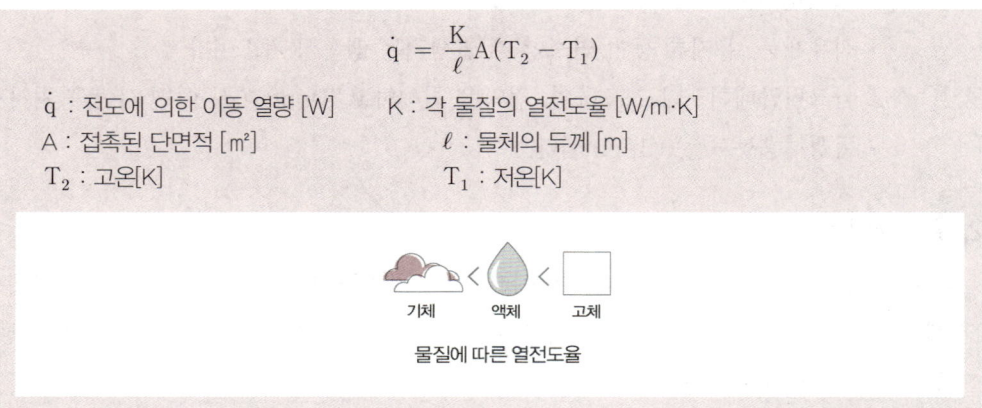

물질에 따른 열전도율

(2) 대류(Convection)

유체(기체, 액체)에서 고온체와 저온체 간의 **유체 분자의 온도차에 의한 밀도차**로 열이 전달되는 현상을 말한다. 실내 공기의 유동 및 물을 가열하는 것은 주로 대류에 의해 이루어진다.

예 난로를 피우면 실내의 온도가 따뜻해지는 현상

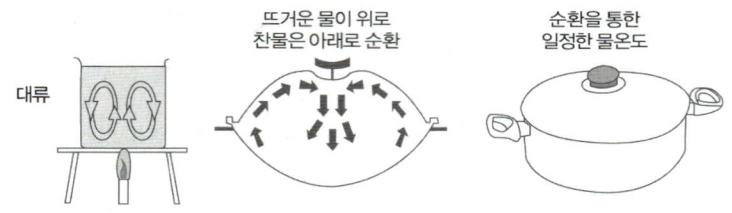

대류의 예

① [뉴톤(Newton)의 냉각 법칙]

$$\dot{q} = hA(T_2 - T_1)$$

$\dot{q}$: 대류에 의한 이동 열량 [W]   h : 대류 열전달계수 [W/m²·K]
A : 물체의 표면적 [m²] T_2 : 고온[K] T_1 : 저온[K]

(3) 복사(Radiation)

물체의 원자 내부의 전자는 열을 받거나 빼앗길 때 원래의 에너지 준위에서 벗어나 다른 에너지 준위로 전이할 때 **전자파**를 방출 또는 흡수하는데, 이 전자파에 의해 열이 **매질을 통하지 않고** 고온체에서 저온체로 직접 전달되는 현상을 말한다.

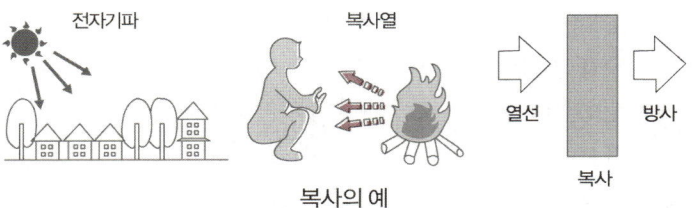

복사의 예

① 스테판-볼츠만의 법칙(Stefan-Boltzmann's Law)

$$q = \epsilon \sigma A(T_2^4 - T_1^4)$$

q : 복사량 [W] ϵ : 방사율

σ : 스테판-볼츠만상수 (5.6703×10^{-8} [W/m²· K⁴])

A : 물체 표면적 [m²] T_2 : 고온[K] T_1 : 저온[K]

즉, 복사에너지는 물체 **표면적에 비례**하고, **절대온도의 4승(4제곱)에 비례**한다.

【공기온도와 생존한계시간과의 관계】

공기온도(℃)	생존한계시간(분)
65	60
100	25
120	15
143	5

Chapter 01. 연소이론

출제예상문제

01 연소의 정의는 어느 것인가?
① 빛과 열을 수반하는 산화반응이다.
② 가연물이 타서 기체상태로 되는 것이다.
③ 전도, 대류, 복사의 과정을 거치는 반응이다.
④ 탄소와 수소가 화합하는 것이다.

> 산소와 화합하는 산화반응과 발열반응을 통한 빛과 열을 발생시켜야 한다.

02 연소 시 가연물질이 구비하여야 할 조건은 어느 것인가?
① 연소반응의 활성화에너지가 작아야 한다.
② 산소와의 결합력이 약한 물질이어야 한다.
③ 산소와 결합할 때 발열량이 작아야 한다.
④ 열전도율이 커야 한다.

> 가연물의 구비조건
> - 발열량이 클수록
> - 활성화에너지가 작을수록
> - 산소와의 친화력이 클수록
> - 표면적이 넓을수록
> - 열전도율이 작을수록

03 질소(N_2)가 불에 타지 않는 이유는?
① 질소는 어떠한 물질과도 화합하지 아니하므로
② 질소는 산소와 화합하는 흡열반응을 하기 때문에
③ 질소는 산소와 산화반응을 하므로
④ 질소는 산소와 같이 공기성분으로 산소와 화합할 수 없기 때문에

> 질소는 산화반응이면서 흡열반응 한다.

04 "압력이 일정할 때 기체의 부피는 온도에 비례하여 변화한다."라는 법칙과 관계가 있는 것은?
① 보일의 법칙   ② 샤를의 법칙
③ 보일-샤를의 법칙   ④ 뉴턴의 제1법칙

> 이상기체에 적용되는 식 중 "샤를의 법칙"

정답 01.① 02.① 03.② 04.②

05 가연성 기체 또는 액체의 연소범위에 대한 설명으로 옳지 못한 것은?

① 하한이 낮을수록 발화위험이 높다.
② 연소범위가 넓을수록 발화위험이 크다.
③ 상한이 높을수록 발화위험이 작다.
④ 연소범위는 주위 온도에 관계가 깊다.

하한이 낮을수록, 상한이 높을수록, 연소범위가 넓을수록 발화위험은 크다.

06 다음의 가연성 물질 중 위험도가 가장 높은 것은?

구분	수소	에틸렌	디에틸에테르	산화에틸렌
연소범위	4~75%	3~36%	1.9~48	3~80

① 수소
② 에틸렌
③ 디에틸에테르
④ 산화에틸렌

위험도(H)
$$H = \frac{UFL - LFL}{LFL}$$
여기서, UFL: 연소상한계[%], LFL: 연소하한계[%]

- 수소의 위험도 $H = \frac{75-4}{4} = 17.8$
- 에틸렌의 위험도 $H = \frac{36-3}{3} = 11$
- 디에틸에테르의 위험도 $H = \frac{48-1.9}{1.9} = 24.3$
- 산화에틸렌의 위험도 $H = \frac{80-3}{3} = 25.7$

07 자연발화를 방지하고자 한다. 이에 대한 설명으로 옳지 않은 것은?

① 습도가 높은 것을 피한다.
② 저장실의 온도를 높인다.
③ 통풍을 잘 시킨다.
④ 열이 쌓이지 않게 퇴적방법에 주의한다.

자연발화방지법
- 습도를 낮춘다.
- 저장실 온도를 낮춘다.
- 통풍을 잘 시킨다.
- 열의 축적을 방지한다.

정답 05.③ 06.④ 07.②

Chapter 01. 연소이론

출제예상문제

08 연소의 주요 생성물을 분류하면 크게 4종류로 구분할 수 있다. 이에 해당되는 것은?

① 연소가스, 불꽃, 열, 연기
② 연기, 불꽃, 열, 산소
③ 연소가스, 불꽃, 연기, 암모니아
④ 연소가스, 일산화탄소, 불꽃, 열

연소생성물 : 열, 연기, 연소가스, 불꽃

09 화재 시 발생되는 독성가스 중에서 달걀 썩는 냄새가 나는 특징이 있는 가스는?

① 황화수소(H_2S)
② 염화수소(HCl)
③ 시안화수소(HCN)
④ 이산화황(SO_2)

황 함유물 연소 시 불완전연소하면 황화수소(H2S)가 발생하는데, 매우 자극적인 달걀썩는 냄새를 유발한다.

10 건물내부의 화재 시 발생한 연기의 농도가 감광계수로 10일 때 상황을 알맞게 설명한 것은?

① 화재 최성기 때의 농도
② 어두운 것을 느낄 정도의 농도
③ 연기감지기가 작동할 때의 농도
④ 출화실에서 연기가 분출할 때의 농도

감광계수와 가시거리는 반비례한다. 감광계수가 10일 때는 최성기 때이다.

정답 08.① 09.① 10.①

Chapter 02 화재이론

01절 화재의 정의 및 분류

1. 화재의 정의

"화재"란 사람의 의도에 반하거나 고의에 의해 발생하는 연소 현상으로서 소화설비 등을 사용하여 소화할 필요가 있거나 또는 사람의 의도에 반해 발생하거나 확인된 화학적인 폭발현상을 말한다.

> 화재의 3요소
> ① 사람의 의도에 반하거나 고의에 의해 발생한 불
> ② 연소의 확대로 소화할 필요성이 있다고 느껴지는 연소현상
> ③ 소화시설 등을 이용하여 소화할 필요가 있어 소화한 불

소화의 필요가 있는 연소현상

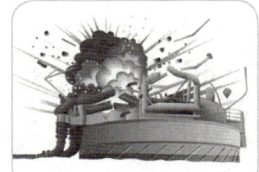
화학적인 폭발현상

2. 가연물의 종류 및 성질에 따른 분류

종류	급수	표시색	내용
일반화재	A급화재	백색	나무, 섬유, 종이, 고무, 플라스틱류와 같은 일반 가연물이 타고 나서 재가 남는 화재
유류화재	B급화재	황색	인화성 액체, 가연성 액체, 석유 그리스, 타르, 오일, 유성도료, 솔벤트, 래커, 알코올 및 인화성 가스와 같은 유류가 타고 나서 재가 남지 않는 화재
전기화재	C급화재	청색	전류가 흐르고 있는 전기기기, 배선과 관련된 화재
금속화재	D급화재	무색	가연성이 강한 금속류의 화재
주방화재	K급화재	무색	주방에서 동·식물유를 취급하는 조리기구에서 일어나는 화재
가스화재	E급화재	황색	LNG, LPG 등 가스누설로 인한 연소·폭발

(1) 일반화재(보통화재) – A급, 백색

일반화재

① 가연물의 종류

목재, 종이, 섬유류, 합성수지류, 특수가연물 등 보통가연물의 화재로 보통화재라고도 한다.

② 특징
- 연기의 색은 백색이며, **연소 후 재를 남긴다.**
- 고체 상태이므로 **기체 또는 액체에 비해 착화에너지가 많이 필요**하다.
- 다량의 물을 이용한 **냉각소화가 효과적**이다.

③ 기타 일반화재
- 섬유류 화재
  - 천연 섬유 – 식물성 섬유 – 면(주성분 : 셀룰로오즈), 발화점(400[℃] 정도), 연소시키기 쉽고 연소속도 빠르고 소화하기 어렵다.
  - 동물성 섬유 – 모(주성분 : 단백질), 발화점(600[℃] 정도), 연소시키기 어렵고, 연소속도가 느리며, 소화하기 쉽다.

  > 식물성 섬유(면)는 동물성 섬유(모)보다 연소시키기 쉽고, 연소속도가 빠르다. 이런 이유로 소화시키기는 어렵다.

  - 합성 섬유 – 나일론, 폴리에스테르 등, 발화점(400~600[℃] 정도)
  - 방염 섬유 – **한계산소지수(LOI)가 클수록 방염 성능이 좋은 섬유**이다.

  > ↳ **한계산소지수(Limited Oxygen Index)[vol%]**
  > 가연물을 수직으로 놓고 가장 윗부분에 점화하여 계속하여 연소를 유지할 수 있는 산소의 최저 농도를 말하며, 섬유류의 연소지속 가능성을 판단하는 척도이다.
  > $$\text{LOI} = \frac{O_2}{O_2 + N_2} \times 100$$

- 플라스틱 화재
  - **열가소성 수지**
    - 가열하면 용융되어 액체로 되고 식으면 다시 굳는 수지로 **화재 위험성이 크다.**
    - 종류 : 폴리에틸렌, 폴리프로필렌, 폴리스티렌, **폴리염화비닐(PVC)**, 아크릴 등

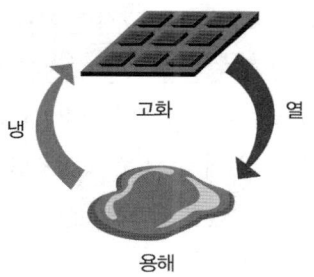

액체로 연소속도가 증가

- 열경화성 수지
  ▸ 가열하여도 용융되지 않고 바로 분해되는 수지로 **열가소성**에 비해 화재 위험성이 적다.
  ▸ 종류 : **페놀수지, 요소수지, 멜라민수지, 에폭시수지** 등

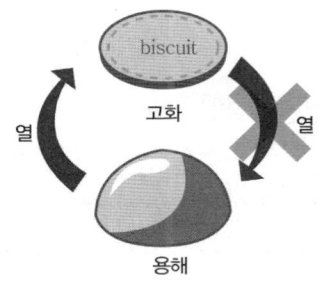

고체로 탄화되면서 연소속도가 감소

(2) 유류화재 - B급, 황색(우리나라는 가스화재도 B급으로 표시한다.)

유류화재

① 가연물의 종류
  - 상온에서 액체 상태인 특수인화물류, 석유류, 알코올류 등 제4류 위험물과 같은 인화성 액체

Chapter 02. 화재이론   53

② 특징
- 연기는 주로 흑색이며, **연소 후 재를 남기지 않는다.**
- 액체이므로 용기에서 누설될 경우 연소면이 급격히 확대된다.
- 대부분 물에 녹지 않고 **물보다 가벼워 주수소화 시 연소면이 확대**된다.
- 연소속도가 일반화재(A급 화재)에 비해 빠르고 착화에너지가 적다.
- 전기의 부도체이므로 **정전기로 인한 착화의 우려가 있다.**
- 포를 이용한 **질식소화가 효과적**이다.

③ 정전기 방지대책
- 공기를 이온화한다.
- 공기 중 상대습도를 70% 이상으로 한다.
- 전기의 도체를 사용한다.
- 접지 또는 본딩한다.
- 유류수송배관의 유속을 제한한다.(1m/sec 이하)
- 이물질을 제거한다.
- 유체의 분출을 방지한다.

④ 유류저장탱크 연소 시 발생될 수 있는 현상
- 보일오버(Boil over)
  유류저장탱크 화재 시 상부에 **열유층을 형성**하고 장시간 연소 시 열유층이 점차 하부로 내려가 탱크 바닥에 도달되면 **탱크 저부의 물 또는 에멀젼**[물과 기름이 함께하는 상태, 유화(乳化)]이 비점 이상으로 되면 **수증기로 부피가 팽창**(약 1,650 ~ 1,700배)하면서 **유류를 탱크 밖으로 분출시켜 화재를 확대시키는 현상**

  > ➤ 보일-오버 발생조건
  > ① 상부 개방 탱크
  > ② 고점도와 불균일한 비점을 갖는 유류일수록
  > ③ 장시간 연소해야 한다.
  > ④ 탱크 바닥에 물이 있어야 한다.

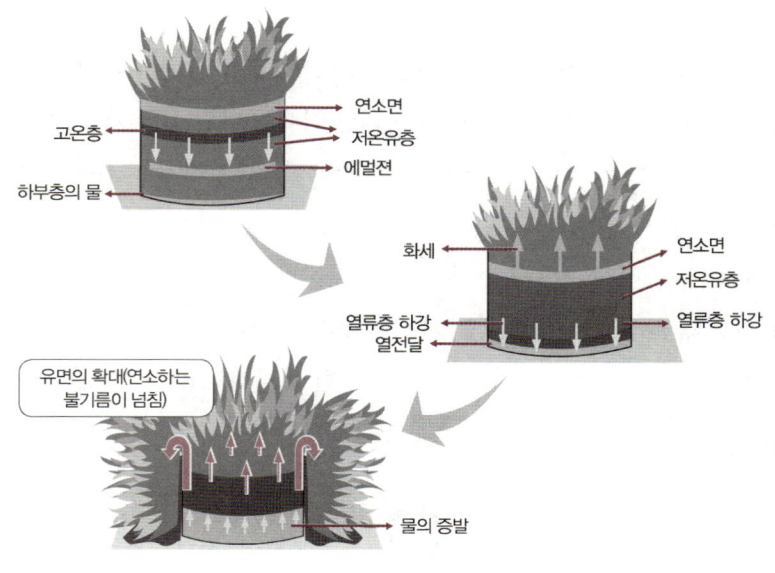

진행과정

- 슬롭오버(Slop over)

    유류화재 시 화재의 계속 진행에 의해 **유류 표면이** 가열된 상태에서 **물이 포함된 소화약제**를 방사할 경우 고온에 의해 물이 튀면서 **수증기로 부피가 팽창**하며 유류를 탱크 밖으로 비산시켜 화재를 확대시키는 현상

화재 시 주수로 인한 팽창

소화수가 불 붙은
유류를 밀어냄

- 프로스오버(Froth over)

    화재를 수반하지 않고 유류를 탱크 밖으로 분출시키는 현상으로 점도가 높은 유류를 저장하는 탱크 내의 수분이 어떤 원인에 의해 **수증기로 부피가 팽창**하면서 유류를 분출시키는 현상

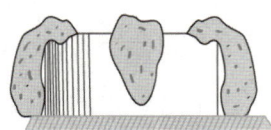

- 링파이어(Ring fire, 윤화)

  일반적으로 **부상식 지붕방식(Floating roof)**의 화재 시 포를 방출하는 경우 가열된 벽면 부분에서 포가 열화되어 안정성이 저하되면 이때 증발된 유류 가스가 거품층을 뚫고 상승하면서 재발화 되는 현상으로 마치 불길이 링(Ring)처럼 보인다 하여 링파이어라고 한다.

- 오일오버(Oil over)

  탱크 내의 유류가 50% 미만으로 저장된 경우 화재로 인한 탱크 내부의 압력 상승으로 탱크가 폭발하는 현상을 말한다. 가장 격렬한 현상이라고 할 수 있다.

(3) 전기화재 – C급, 청색

전기화재

① 가연물의 종류

   통전 중인 전기기기 및 전기설비 등(전기장판, 코드접촉부 등)이 점화원의 기능을 하여 연소를 일으켜 일반 및 유류화재로 전이되는 것이다.

② 전기화재 발생원인

   단락, 과부하, 누전, 지락, 절연불량, 정전기, 낙뢰에 의한 화재가 발생하여 일반화재 및 유류화재로 전환되는 특징이 있다. 질식소화로 효과를 본다.

   - **단락(합선)에 의한 발화(발생빈도가 가장 큼)**
   - 과전류(과부하)에 의한 발화
   - 누전에 의한 발화
   - 지락에 의한 발화
   - 절연불량에 의한 발화
   - 정전기에 의한 발화
   - 낙뢰에 의한 발화

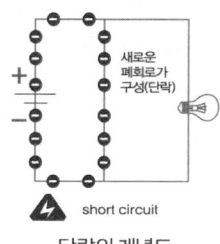
단락의 개념도

단락과 지락

낙뢰의 발생원리

(4) 금속화재 – D급, 무색(없음)

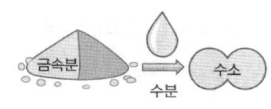
금속화재

① 가연물의 종류
- 나트륨(Na), 칼륨(K), 마그네슘(Mg) 등 가연성이 강한 금속류

② 특징
- 분말 상태로 공기 중에 부유 시 분진폭발의 우려가 있다.
- 물과 반응하여 심한 발열과 함께 많은 **가연성 가스**를 발생시킨다.
- 초기화재 때는 마른모래의 질식·피복소화가 효과적이나 **팽창질석·팽창진주암**의 소화제가 더욱 **효과적**이다.

(5) 주방화재 – K급, 무색

주방화재

① 가연물의 종류
- 주방에서 사용하는 동·식물유

② 특징
- 동물성기름 또는 식물성기름을 사용하여 대량의 음식을 조리하는 식당 또는 식품가공공장 등에서 예상치 못하게 화재가 발생하는 경우가 있다.

- 인화성 또는 가연성액체 화재에 사용되는 소화기를 주방화재에도 사용하고 있다. 하지만 주방화재를 진압하고 재발화를 방지하는 데는 부족하다. 따라서 주방화재를 소화하기 위하여 비누화 반응이 일어나는 물질을 사용한다.
- 주방화재용 소화약제를 사용하여 **기름의 표면온도를 낮추는 냉각효과**와 비누화 반응에 의한 질식효과를 이용하여 소화를 한다.

(6) 가스화재 – E급, 황색

① 연소상태에 따른 분류
- 가연성 가스
  연소범위(폭발범위)에 있어서 연소하한값이 10% 이하 또는 연소상한값과 연소하한값의 차가 20% 이상인 가스를 말한다.
- 조연성 가스(지연성 가스)
  자신은 연소되지 않지만 가연물이 연소하도록 도와주는 가스를 말한다. [산소(O_2), 염소(Cl_2), 불소(F_2) 등]
- 불연성 가스
  - 화학적으로 안정적이고, 산소와 반응을 하지 않으며, 반응을 한다 하여도 흡열반응을 하는 가스를 말한다.
  - He(헬륨), Ne(네온), Ar(아르곤), Kr(크립톤), Xe(크세논), Rn(라돈), CO_2(이산화탄소), H_2O(물, 수증기), P_2O_5(오산화린), SO_3(삼산화황), SiO_2(이산화규소), 질소(N_2) 등

② 저장상태에 따른 분류
- 압축가스
  상온에서 압축하여도 액화하기 어려운 가스를 말한다. 고압에 의해 기체 상태로 저장한다. (산소, 수소, 질소, 메탄, 아르곤, 헬륨 등)
- 액화가스
  압축하여 액화 저장 취급 가능한 가스를 말한다. 용기 내에서 액체와 기체가 평형 상태를 유지하고 있다. [이산화탄소(CO_2), LPG 등]
- 용해가스
  압축하면 분해 또는 폭발하기 쉬운 가스를 고압용기 내에 다공성 물질을 넣고 용제에 용해시켜 저장 취급하는 가스를 말한다.
  - 용해가스 : 아세틸렌
  - 다공성 물질 : 목탄, 활성탄, 석면, 실리카겔 등
  - 용제 : 아세톤 또는 디메틸포름아미드(DMF)

대상물의 종류에 따른 화재

임야·선박·건축·항공·가스제조소·위험물·구조물·자동차·철도차량·산림화재 등이 있다.
특히 산림화재는 다음과 같이 구분한다.

① 임목화재
- 수간화 : 수목이 타는 것이다. 즉 나무의 줄기가 타는 것으로 고목 혹은 나무기둥에 크게 구멍이 뚫려 있는 오래된 나무에서 발생하기 쉽다.
- 수관화 : 나무의 가지나 잎이 무성한 부분이 타는 것이다. 습도가 50% 이하일 때 발생하기 쉬우며, 소나무, 삼나무 등 침엽수림에서 많이 발생한다.

② 임지화재
- 지표화 : 지면을 덮고 있는 낙엽, 가지, 관목 등이 연소하는 것을 말한다.
- 지중화 : 땅속의 썩은 나무의 유기질층, 갈탄층 등이 타는 것이다. 진화가 어렵다. 북아프리카에서 볼 수 있다.

02절 건물화재의 성상

1. 건물 화재 시 현상

(1) 플래시 오버(Flash Over, F·O)현상

① 정의 : 순간적인 착화현상(폭발적인 착화현상)
② 원인 : **열의 공급**에 의해 발생한다.(발생 시 실내의 온도가 800~900[℃]정도 상승)
③ 발생시기 : 화재의 진행 단계 중 플래시 오버(F·O)는 성장기에서 발생한다.(**최성기 직전**)
④ 폭풍력 : **충격파는 발생하지 않는다.**
⑤ 플래시 오버 발생 시간을 Flash Over Time 라고 하며 이는 피난허용시간을 의미한다.
⑥ 플래시 오버 발생 시간(F·O·T)에 영향을 주는 요소
  • 내장재의 종류, 열전도율 및 불연화 순서
    • 종류 : 불연재료, 준불연재료
    • 열전도율이 큰 재료일수록 지연된다.
    • 불연화 순서 : **천장 → 벽 → 바닥** 순으로 불연화 한다.
  • 개구부의 크기(개구율)
    • 개구율이 작을수록 산소 부족으로 연소가 원활하게 일어나지 않으므로 실내의 열의 공급이 적어 플래시 오버가 지연될 수 있다.
    • 개구율이 클수록 실내에 축적되는 열보다 외부로 유출되는 열이 많으므로 실내의 열의 공급이 적어 플래시 오버가 지연될 수 있다.
  • 화원의 위치와 크기 : 화원의 크기가 소형일수록 지연된다.
⑦ 플래시 오버의 징후
  • 자유연소와 계속적인 열 집적(열 축적)
  • 두껍고 뜨거운 진한 연기가 아래로 쌓인다.
  • 열로 인해 낮은 자세를 유지해야 할 때

(2) 백 드래프트(Back Draft, B·D) 현상

① 정의 : 밀폐된 실내에서 불꽃 없이 연소하다가 새로운 산소의 공급에 의해 폭발과 함께 재 발화 되는 현상
② 원인 : **산소의 공급**에 의해 발생한다.
③ 발생시기 : 화재의 진행 단계 중 **감쇠기에서 주로 발생**한다.(최성기 후)
④ 폭풍력 : **충격파를 발생한다.**

⑤ 백 드래프트의 징후
- **화염이 없는 상태**에서 창문이나 문이 뜨거운 경우
- 실내의 연기가 소용돌이 치고 있는 경우
- 연기가 작은 틈 등으로 특이한 소리를 내며 빨려 들어가는 경우
- 문이나 손잡이를 잡았을 때 굉장히 뜨거운 경우
- **훈소 상태**에 있는 경우
    (훈소란 가연물이 불꽃 없이 불기운이나 열기만으로 타 들어가는 연소현상)

2. 목조 건물의 화재

(1) 목조 건물의 화재 진행 (30~40분)

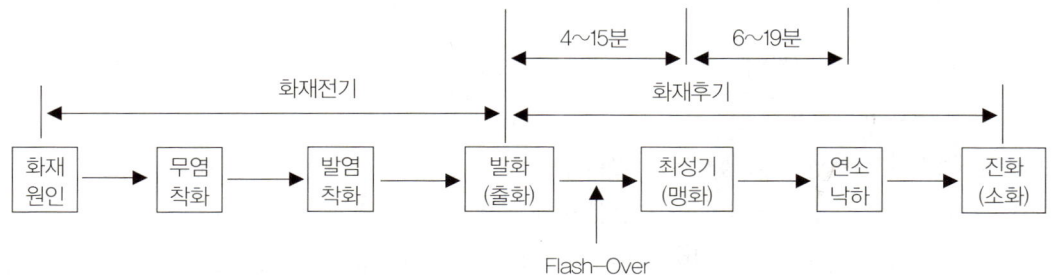

① 무염착화

가연물이 연소하면서 재로 덮인 숯불모양으로 **불꽃 없이 착화되는 현상**

② 발화(출화)
- **발화단계에서 플래시 오버(F·O)현상이 발생하는 시기**
- **옥외출화**
    - 건축물 외부의 **지붕, 추녀 밑, 벽** 등에 **발염착화** 된 시기
    - **창, 출입구** 등의 개구부에 **발염착화** 된 시기

③ 최성기
- 출화와 동시에 불꽃이 실 전체로 급속히 확대되며 **연기도 백색에서 흑색**으로 변한다.
- 실내의 최고온도는 1,300[℃]에 이른다.
- **화재의 특징은 고온단기형**이다.
- 비화현상이 발생할 수 있다.

3. 내화 건축물의 화재

(1) 내화 건축물의 화재 진행 (2~3 시간)

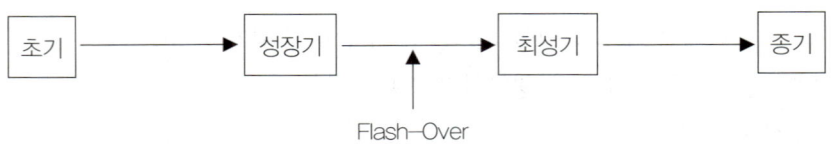

① 초기
- 목조에 비해 기밀성(기밀도)이 우수하여 완만한 연소 상태를 띤다.
- **산소량의 감소로 불완전연소**의 형태를 띤다.
- 다량의 연기가 실내를 채운다.

② 성장기
- 화세가 점차 성장하여 실내의 온도가 상승하고(약 800[℃]정도) 개구부가 파괴 되는 시기이다.
- **연기가 백색에서 흑색**으로 변한다.
- **개구부로부터 검은색의 연기가 분출**하고, 연기의 농도가 진하다.
- 실내에 순간적으로 화염이 충만 하는 **플래시 오버(F·O)가 발생하는 시기**

③ 최성기
- 화재실의 최고온도가 약 1,000[℃]정도에 이른다.
- 연기의 발생은 감소하지만, 화염의 분출은 많아진다.
- **강한 복사열의 발생**으로 이웃한 건물로의 연소위험이 많아진다.
- 건축 구조물이 무너져 내린다.(콘크리트 폭열현상 발생) 건물이 도괴될 수 있다.
- **화재의 특징은 목조에 비해 저온장기형**이다.(내화구조 자체의 화재의 특징은 고온장기형이다.)

4. 화재 용어

(1) 화재하중(Fire Load)

화재하중이란 가연물(내부마감재와 실내장식물을 포함)의 총량(무게)을 목재로 환산 후 그 구역의 바닥면적으로 나누어 나온 값을 말한다. 이는 화재 시 발생하는 에너지의 총량을 알 수 있으며, 화재하중이 크면 화재지속시간이 길다는 것을 알 수 있다. 또한 화재하중은 주수시간(량)을 결정하는 중요 인자이다. **화재하중은 화재의 양적개념**이다. 따라서, 내장재 또는 실내장식의 불연화 및 가연성 물질을 보관할 때 불연재의 용기에 보관하는 것이 화재하중을 감소하는 대책에 해당한다.

$$Q = \frac{\Sigma(G_t \times H_t)}{H \times A} = \frac{\Sigma Q_t}{4,500 \times A}$$

Q : 화재하중[kg/m²], G_t : 가연물의 양[kg], H_t : 가연물의 단위 발열량[kcal/kg]

Q_t : 가연물의 전체 발열량[kcal], H : 목재 단위 발열량(4,500[kcal/kg]), A : 화재실 바닥면적[m²]

(2) 화재강도(Fire Intensity)

구획실내 화재 시 화재 최성기의 최고온도로서 **화재의 질적개념**에 해당하고, 열방출속도(Heat Release Rate)를 말하며 화염의 크기를 나타내는 화재위험도의 가장 중요한 척도이다. 영향인자로는 가연물의 연소열, 가연물의 비표면적 및 구조, 가연물의 배열상태, 화재하중, 공기의 공급량, 화재실의 단열성 및 밀폐성, 건물의 구조, 연소속도 등이 있다.

(3) 화재가혹도(Fire Severity)

화재발생으로 당해 건물과 내부 수용재산 등을 파괴하거나 손상을 입히는 정도를 말한다. **최고온도(화재강도) × 화재지속시간**의 개념으로 판단하며, **최고온도는** 화재가혹도의 **질적 개념**으로 화재강도와 관련이 있고, **지속시간은** 화재가혹도의 **양적 개념**으로 화재하중과 관련이 있다. 화재가혹도에 영향을 미치는 **환기요소는 개구부 면적에 비례하고 개구부 높이의 제곱근에 비례한다.**

$$H_0 = A\sqrt{H}$$

H_0 : 환기요소   A : 개구부면적   H : 개구부 높이

출제예상문제

01 화재를 수반하지 않고 나타나는 현상으로 유류탱크 내에 존재하던 물이 뜨거워진 기름에 의해 비등하여 유류를 탱크 밖으로 흘러넘치게 하는 현상을 무엇이라 하는가?

① 보일 오버 ② 슬롭 오버
③ 프로스 오버 ④ 오일 오버

> **프로스 오버(Froth-Over)**
> 화재를 수반하지 않고 유류를 탱크 밖으로 분출시키는 현상으로 점도가 높은 유류를 저장하는 탱크 내의 수분이 어떤 원인에 의해 수증기로 부피가 팽창하면서 유류를 분출시키는 현상

02 상부가 개방된 다양한 비점을 가진 유류탱크에서 화재 시 열류층을 형성하고 열이 탱크 저부에 있는 물에 도달되어 물이 비등하면서 상부의 기름을 탱크 밖으로 흘러넘치게 하는 현상은?

① 보일 오버 ② 슬롭 오버
③ 프로스 오버 ④ 오일 오버

> **보일오버(Boil-Over)**
> 유류저장탱크 화재 시 상부에 열유층을 형성하고 장시간 연소 시 열유층이 점차 하부로 내려가 탱크 바닥에 도달되면 탱크 저부의 물 또는 에멀전(물과 기름이 함께하는 상태, 유화[乳化])이 비점 이상으로 되면 수증기로 부피가 팽창하면서 유류를 탱크 밖으로 분출시켜 화재를 확대 시키는 현상
> - 보일-오버 발생조건
>   ㉮ 뚜껑이 없는 탱크로 장시간 연소해야 한다.
>   ㉯ 고점도와 불균일한 비점을 갖는 유류일수록 크다.
>   ㉰ 탱크 바닥에 물이 있어야 한다.

03 유류화재 시 물이 포함된 소화약제를 방사하면 급격한 비등으로 수증기로의 부피 팽창에 의해 불붙은 유류를 탱크외부로 분출시키는 화재를 확대시키는 현상을 무엇이라 하는가?

① 보일 오버 ② 슬롭 오버
③ 프로스 오버 ④ 오일 오버

> **슬롭오버(Slop-Over)**
> 유류 화재 시 화재의 계속 진행에 의해 액표면이 가열된 상태에서 물이 포함된 소화약제를 방사할 경우 고온에 의해 물이 튀면서 수증기로 변하며 유류를 탱크 밖으로 비산시켜 화재를 확대 시키는 현상

정답 01.③ 02.① 03.②

04 정전기발생 방지대책으로 잘못된 것은?

① 접지시설을 한다.
② 공기를 이온화시킨다.
③ 도체의 사용한다.
④ 상대습도를 70% 이하로 유지한다.

> **정전기 방지대책**
> ① 공기를 이온화한다.   ② 공기 중 상대습도를 70%이상으로 한다.
> ③ 전기의 도체를 사용한다.   ④ 접지 또는 본딩 한다.
> ⑤ 이물질을 제거한다.   ⑥ 유류수송배관의 유속을 제한 한다.(1m/sec이하)

05 통전중인 전기시설물에서 발생한 화재로 단락(합선)등의 원인과 관련이 있는 화재는?

① A급 화재
② B급 화재
③ C급 화재
④ D급 화재

> **화재의 분류**
>
> | 종 류 | 급 수 | 표시색 | 내 용 |
> |---|---|---|---|
> | 일반화재 | A급화재 | 백 색 | 나무, 섬유, 종이, 고무, 플라스틱류와 같은 일반 가연물이 타고 나서 재가 남는 화재 |
> | 유류화재 | B급화재 | 황 색 | 인화성 액체, 가연성 액체, 석유 그리스, 타르, 오일, 유성도료, 솔벤트, 래커, 알코올 및 인화성 가스와 같은 유류가 타고 나서 재가 남지 않는 화재 |
> | 전기화재 | C급화재 | 청 색 | 전류가 흐르고 있는 전기기기, 배선과 관련된 화재 |
> | 금속화재 | D급화재 | 무 색 | 가연성이 강한 금속류의 화재 |
> | 주방화재 | K급화재 | 무 색 | 주방에서 동·식물유를 취급하는 조리기구에서 일어나는 화재 |
> | 가스화재 | E급화재 | 황 색 | LNG, LPG 등 가스누설로 인한 연소·폭발 |
>
> * 우리나라의 경우 B급과 E급은 같이 취급하여 B급으로 표시한다.

06 내화구조 건축물의 화재 진행 사항으로 바르게 된 것은?

① 초기 - 플래시오버 - 성장기 - 최성기 - 종기
② 초기 - 성장기 - 최성기 - 플래시오버 - 종기
③ 초기 - 성장기 - 플래시오버 - 최성기 - 종기
④ 초기 - 플래시오버 - 최성기 - 성장기 - 종기

> **내화구조 건축물의 화재 진행 사항**
> • 초기 → 성장기 → 플래시오버 → 최성기 → 종기

정답 04.④ 05.③ 06.③

출제예상문제

07 건축물 실내 화재 시 지속적인 열의 공급에 의해 순간적으로 착화가 일어나는 현상을 무엇이라 하는가?

① 보일 오버
② 플래시 오버
③ 프로스 오버
④ 백드래프트

플래시 오버(Flash Over, F·O) 현상
- 열의 공급에 의해 발생한다.(발생 시 실내의 온도가 800~900[℃]정도 상승)
- 순간적인 착화현상이다.
- 화재의 진행 단계 중 플래시 오버(F·O)는 성장기에서 발생한다.(최성기 직전)
- 충격파는 발생하지 않는다.
- 플래시 오버 발생 시간을 F·O·T 라고 하며 이는 피난허용시간을 의미한다.

08 플래시 오버 지연대책으로 잘못된 것은?

① 내장재를 불연화하는 순서는 천정, 벽, 바닥 순이다.
② 열전도율이 작은 내장재료를 사용한다.
③ 개구율을 작게 할수록 지연된다
④ 개구율을 아주 크게 할수록 지연시킬 수 있다.

플래시 오버 지연대책
- 내장재의 종류는 불연재로 하고 천장, 벽, 바닥 순으로 한다.
- 열전도율이 클수록 지연된다.
- 개구율이 작을수록 또는 아주 클수록 지연된다.
- 화원의 크기는 소형일수록 지연된다.

09 화재로 인하여 밀폐된 실내의 상층부는 고열의 기체가 축적되고 산소가 부족한 상태에서 연소가 계속 진행 되는 도중 새로운 산소가 유입되면 축적되어 있던 고열가스가 폭발적으로 연소하는 현상을 무엇이라 하는가?

① 플래시 오버
② 백드래프트
③ 보일 오버
④ 증기운 폭발

백드래프트
화재로 인하여 밀폐된 실내의 상층부는 고열의 기체가 축적되고 산소가 부족한 상태에서 연소가 계속 진행 되는 도중 새로운 산소가 유입되면 축적되어 있던 고열가스가 폭발적으로 연소하는 현상을 말한다. 이는 급격한 압력 상승으로 건물이 붕괴될 수 있다.
- 산소의 공급에 의해 발생한다.
- 화재의 진행 단계 중 백 드래프트(B·D)는 감쇠기에서 주로 발생한다.(최성기 후)
- 충격파를 발생한다.

정답 07.② 08.② 09.②

10 구획실의 크기가 가로 10,000 mm, 세로 8,000 mm, 높이 3,000 mm이며 가연물 A와 가연물 B가 놓여 있는 상태를 나타낸다.
다음과 같은 조건일 때 구획실의 화재하중[kg/m²]은? (단, 주어지지 않은 조건은 무시하고, 소수점 셋째 자리에서 반올림한다.)

	단위발열량[kcal/kg]	질량[kg]
목 재	4,500	
가연물 A	3,000	300
가연물 B	8,000	200

① 3.47　　　　　　　　　　② 5.24
③ 6.94　　　　　　　　　　④ 7.22

화재하중(Fuel Load)

$$Q = \frac{\Sigma(G_t \times H_t)}{H \times A} = \frac{\Sigma Q_t}{4,500 \times A}$$

Q : 화재하중[kg/m²],　　G_t : 가연물의 양[kg],　　H_t : 가연물의 단위 발열량[kcal/kg]
Q_t : 가연물의 전체 발열량[kcal], H : 목재 단위 발열량(4,500[kcal/kg]), A : 화재실 바닥면적[m²]

$$Q = \frac{(300 \times 3,000) + (200 \times 8,000)}{4,500 \times (10 \times 8)} = 6.944 ≒ 6.94 [kg/m^2]$$

정답 10.③

Chapter 03 위험물

01절 제1류 위험물(산화성 고체)

(1) 지정수량 및 품명

유별	성질	위험물 품명	지정수량
제1류 위험물	산화성 고체	1. 아염소산염류	50킬로그램
		2. 염소산염류	50킬로그램
		3. 과염소산염류	50킬로그램
		4. 무기과산화물	50킬로그램
		5. 브로민산염류	300킬로그램
		6. 질산염류	300킬로그램
		7. 아이오딘산염류	300킬로그램
		8. 과망가니즈산염류	1,000킬로그램
		9. 다이크로뮴산염류	1,000킬로그램
		10. 그 밖에 행정안전부령으로 정하는 것 　1. 과아이오딘산염류 　2. 과아이오딘산 　3. 크로뮴, 납 또는 아이오딘의 산화물 　4. 아질산염류 　5. 차아염소산염류 　6. 염소화아이소사이아누르산 　7. 퍼옥소이황산염류 　8. 퍼옥소붕산염류	50킬로그램, 300킬로그램 또는 1,000킬로그램
		11. 제1호부터 제10호까지의 어느 하나에 해당하는 위험물을 하나 이상 함유한 것	

(2) 제1류 위험물 특성

① 정의

"산화성 고체"는 고체[액체(1기압 및 섭씨 20도에서 액상인 것 또는 섭씨 20도 초과 섭씨 40도 이하에서 액상인 것을 말한다. 이하 같다) 또는 기체(1기압 및 섭씨 20도에서 기상인 것을 말한다)외의 것을 말한다. 이하 같다]로서 산화력의 잠재적인 위험성 또는 충격에 대한 민감성을 판단하기 위하여 소방청장이 정하여 고시(이하 "고시"라 한다)하는 시험에서 고시로 정하는 성질과 상태를 나타내는 것을 말한다. 이 경우 "액상"이라 함은 수직으로 된 시험관(안지름 30밀리미터, 높이 120밀리미터의 원통형 유리관을 말한다)에 시료를 55밀리미터까지 채운 다음 당해 시험관을 수평으로 하였을 때 시료액면의 선단이 30밀리미터를 이동하는 데 걸리는 시간이 90초 이내에 있는 것을 말한다.

② 제1류 위험물의 일반적인 성질
- **대부분 무기화합물**로서 대부분 무색 결정 또는 백색분말의 **산화성 고체**이다.
- 강산화성 물질이며 **불연성 고체**이다.
- **가열, 충격, 마찰, 타격으로 분해하여 산소를 방출**하여 가연물의 연소를 도와준다.
- 비중은 1보다 크며 물에 녹는 것도 있다.
- 가열, 충격, 마찰, 타격 등 약간의 분해반응이 개시된다.
- 가열하여 용융된 진한 용액은 가연성 물질과 접촉 시 혼촉 발화의 위험이 있다.

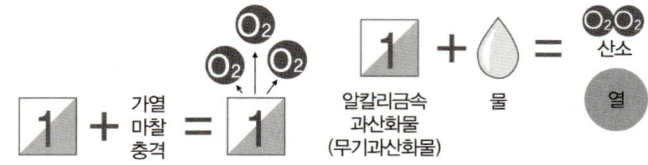

③ 제1류 위험물의 위험성
- 가열 또는 **제6류 위험물과 혼합하면 산화성이 증대**된다.
- 질산암모늄(NH_4NO_3), 염소산암모늄(HN_4ClO_3)은 가연물과 접촉·혼합으로 분해 폭발한다.
- **무기과산화물은 물과 반응하여 산소를 방출하고 심하게 발열한다.**
- 유기물과 혼합하면 폭발의 위험이 있다.
- 삼산화크로뮴(CrO_3)은 물과 반응하여 강산이 되며 심하게 발열한다.

④ 제1류 위험물의 저장 및 취급방법
- 가열, 마찰, 충격 등을 피한다.
- 환원제인 **제2류 위험물과의 접촉을 피한다.**

- 조해성 물질은 방습하고 수분과의 접촉을 피한다.
- 무기과산화물은 공기나 물과의 접촉을 피한다.
- 분해를 촉진하는 물질과의 접촉을 피한다.
- 무기과산화물은 분말약제를 사용하여 질식소화한다.
- 용기를 옮길 때에는 밀봉용기를 사용한다.

⑤ 소화방법
- 물에 의한 냉각소화
- 알칼리금속의 과산화물 : 마른모래, 탄산수소염류 분말약제, 팽창질석, 팽창진주암에 의한 질식소화

02절 제2류 위험물(가연성 고체)

(1) 지정수량 및 품명

유별	성질	위험물 품명	지정수량
제2류 위험물	가연성 고체	1. 황화인	100킬로그램
		2. 적린	100킬로그램
		3. 황	100킬로그램
		4. 철분	500킬로그램
		5. 금속분	500킬로그램
		6. 마그네슘	500킬로그램
		7. 그 밖에 행정안전부령으로 정하는 것	100킬로그램 또는 500킬로그램
		8. 제1호부터 제7호까지의 어느 하나에 해당하는 위험물을 하나 이상 함유한 것	
		9. 인화성고체	1,000킬로그램

(2) 제2류 위험물의 특성

① 정의
- "가연성 고체"라 함은 고체로서 화염에 의한 발화의 위험성 또는 인화의 위험성을 판단하기 위하여 고시로 정하는 시험에서 고시로 정하는 성질과 상태를 나타내는 것을 말한다.
- "황"은 순도가 60중량퍼센트 이상인 것을 말한다. 이 경우 순도측정에 있어서 불순물은 활석 등 불연성 물질과 수분에 한한다.
- "철분"이라 함은 철의 분말로서 53마이크로미터의 표준체를 통과하는 것이 50중량퍼센트 미만인 것은 제외한다.
- "금속분"이라 함은 알칼리금속·알칼리토류금속·철 및 마그네슘 외의 금속의 분말을 말하고, 구리분·니켈분 및 150마이크로미터의 체를 통과하는 것이 50중량퍼센트 미만인 것은 제외한다.
- 마그네슘 및 마그네슘을 함유한 것에 있어서는 다음 각 목의 1에 해당하는 것은 제외한다.
  - 2밀리미터의 체를 통과하지 아니하는 덩어리 상태의 것
  - 지름 2밀리미터 이상의 막대 모양의 것
- 황화인·적린·황 및 철분은 제2호에 따른 성질과 상태가 있는 것으로 본다.
- "인화성 고체"라 함은 고형알코올, 그 밖에 1기압에서 인화점이 섭씨 40도 미만인 고체를 말한다.

② 제2류 위험물의 일반적인 성질
- 가연성 고체로서 비교적 낮은 온도에서 착화하기 쉬운 **이연성, 속연성 물질**이다.
- **비중은 1보다 크고, 물에 불용성**이며, 산소를 함유하지 않기 때문에 **강력한 환원성 물질**이다.
- 산소와 결합이 용이하여 산화되기 쉽고 연소속도가 빠르다.
- 연소 시 연소열이 크고 연소온도가 높다.

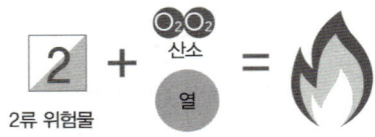

③ 제2류 위험물의 위험성
- **착화 온도가 낮아 저온에서 발화가 용이**하다.
- 연소속도가 빠르고 연소 시 다량의 빛과 열을 발생한다.
- 수분과 접촉하면 자연발화하고 금속분은 산, 할로겐원소, 황화수소와 접촉하면 발열·발화한다.
- **산화제(제1류와 제6류 위험물)와 혼합**한 것은 가열·충격·마찰에 의해 **발화 폭발위험**이 있다.

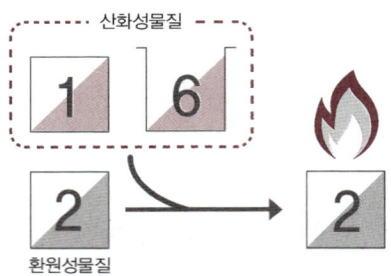

④ 제2류 위험물의 저장 및 취급방법
- 화기를 피하고 불티, 불꽃, 고온체와의 접촉을 피한다.
- **산화제(제1류와 제6류 위험물)와의 혼합 또는 접촉을 피한다.**
- **철분, 마그네슘, 금속분은 물, 습기, 산과의 접촉을 피하여 저장**한다.
- 통풍이 잘되는 냉암소에 보관, 저장한다.

⑤ 소화방법
- 물에 의한 냉각소화
- 황화인, 철분, 금속분, 마그네슘 등은 건조사에 의한 질식소화

03절 제3류 위험물(자연발화성 및 금수성 물질)

(1) 지정수량 및 품명

유별	성질	위험물 품명	지정수량
제3류 위험물	자연발화성 및 금수성 물질	1. 칼륨	10킬로그램
		2. 나트륨	10킬로그램
		3. 알킬알루미늄	10킬로그램
		4. 알킬리튬	10킬로그램
		5. 황린	20킬로그램
		6. 알칼리금속(칼륨 및 나트륨을 제외한다) 및 알칼리토금속	50킬로그램
		7. 유기금속화합물(알킬알루미늄 및 알킬리튬을 제외한다)	50킬로그램
		8. 금속의 수소화물	300킬로그램
		9. 금속의 인화물	300킬로그램
		10. 칼슘 또는 알루미늄의 탄화물	300킬로그램
		11. 그 밖에 행정안전부령으로 정하는 것 　　염소화규소화합물	10킬로그램, 20킬로그램, 50킬로그램 또는 300킬로그램
		12. 제1호 내지 제11호의 1에 해당하는 어느 하나 이상을 함유한 것	

(2) 제3류 위험물의 특성

① 정의
- "자연발화성 물질 및 금수성 물질"이라 함은 고체 또는 액체로서 공기 중에서 발화의 위험성이 있거나 물과 접촉하여 발화하거나 가연성 가스를 발생하는 위험성이 있는 것을 말한다.
- 칼륨·나트륨·알킬알루미늄·알킬리튬 및 황린은 위 규정에 의한 성상이 있는 것으로 본다.

② 제3류 위험물의 일반적인 성질
- 대부분 무기화합물이며, 고체 또는 액체이다.
- 칼륨(K), 나트륨(Na), 알킬알루미늄, 알킬리튬은 물보다 가볍고 나머지는 물보다 무겁다.
- 칼륨, 나트륨, 황린, 알킬알루미늄은 연소하고 나머지는 연소하지 않는다.

③ 제3류 위험물의 위험성
- 황린을 제외한 금수성 물질은 물과 반응하여 가연성 가스(수소, 아세틸렌 등)를 발생하고 발열한다.
- 자연발화성 물질은 물 또는 공기와 접촉하면 폭발적으로 연소하여 가연성 가스(메탄, 에탄, 포스핀 등)를 발생한다.
- 일부 품목은 물과 접촉에 의해 발화한다.
- 가열, 강산화성 물질 또는 강산류와 접촉에 의해 위험성이 증가한다.

④ 제3류 위험물의 저장 및 취급방법
- 저장용기는 공기와의 접촉을 방지하고 수분과의 접촉을 피한다.
- K, Na 및 알칼리금속은 산소가 함유되지 않은 석유류에 저장하고, 황린은 물속에 저장한다.

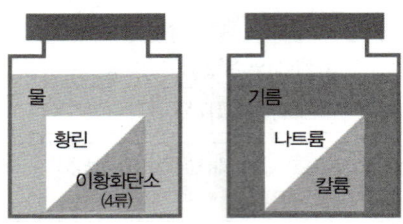

황린과 이황화탄소는 물속에 보관하고,
나트륨과 칼륨은 석유류속에 보관한다.

- 자연발화성 물질의 경우는 불티, 불꽃 또는 고온체와 접근을 방지한다.
- 황린은 주수소화가 가능하나 나머지는 물에 의한 냉각소화는 절대 불가능하다.

⑤ 소화방법
- 황린은 물에 의한 냉각소화
- 나머지는 마른모래, 탄산수소염류, 팽창질석, 팽창진주암에 의한 질식소화

04절 제4류 위험물(인화성 액체)

(1) 지정수량 및 품명

유별	성질	위험물 품명		지정수량
제4류 위험물	인화성 액체	1. 특수인화물(디에틸에테르, 이황화탄소 등)		50리터
		2. 제1석유류 (휘발유, 아세톤 등)	비수용성액체	200리터
			수용성액체	400리터
		3. 알코올류		400리터
		4. 제2석유류 (등유, 초산 등)	비수용성액체	1,000리터
			수용성액체	2,000리터
		5. 제3석유류 (중유, 글리세린 등)	비수용성액체	2,000리터
			수용성액체	4,000리터
		6. 제4석유류(기어유, 실린더유 등)		6,000리터
		7. 동식물유류(건성유, 반건성유, 불건성유)		10,000리터

(2) 제4류 위험물의 특성

① 분류
- "인화성 액체"라 함은 액체(제3석유류, 제4석유류 및 동식물유류의 경우 1기압과 섭씨 20도에서 액체인 것만 해당한다)로서 인화의 위험성이 있는 것을 말한다. 다만, 다음 각 목의 어느 하나에 해당하는 것을 법 제20조제1항의 중요기준과 세부기준에 따른 운반용기를 사용하여 운반하거나 저장(진열 및 판매를 포함한다)하는 경우는 제외한다.

  가. 「화장품법」 제2조제1호에 따른 화장품 중 인화성 액체를 포함하고 있는 것

  나. 「약사법」 제2조제4호에 따른 의약품 중 인화성 액체를 포함하고 있는 것

  다. 「약사법」 제2조제7호에 따른 의약외품(알코올류에 해당하는 것은 제외한다) 중 수용성인 인화성 액체를 50부피퍼센트 이하로 포함하고 있는 것

  라. 「의료기기법」에 따른 체외진단용 의료기기 중 인화성 액체를 포함하고 있는 것

  마. 「생활화학제품 및 살생물제의 안전관리에 관한 법률」 제3조제4호에 따른 안전확인 대상 생활화학제품(알코올류에 해당하는 것은 제외한다) 중 수용성인 인화성 액체를 50부피퍼센트 이하로 포함하고 있는 것

- "**특수인화물**"이라 함은 **이황화탄소, 디에틸에터**, 그 밖에 1기압에서 발화점이 섭씨 100도 이하인 것 또는 인화점이 섭씨 영하 20도 이하이고 비점이 섭씨 40도 이하인 것을 말한다.
  - 종류 : 이황화탄소, 디에틸에테르, 아세트알데히드, 산화프로필렌, 이소프렌, 이소펜탄
- "**제1석유류**"라 함은 **아세톤, 휘발유**, 그 밖에 1기압에서 **인화점이 섭씨 21도 미만인 것**을 말한다.
  - 종류
    - ㉠ 비수용성 : 휘발유, 벤젠, 톨루엔, 메틸에틸케톤(MEK) 등
    - ㉡ 수용성 : 아세톤, 피리딘 등
      ※ 수용성 액체 : 20[℃], 1기압에서 동일한 양의 증류수와 완만하게 혼합하여 혼합액의 유동이 멈춘 후 해당 혼합액이 균일한 외관을 유지하는 것.
- "**알코올류**"라 함은 **1분자를 구성하는 탄소원자의 수가 1개부터 3개까지인 포화1가 알코올**(변성알코올을 포함한다)을 말한다. 다만, **다음 각 목의 1에 해당하는 것은 제외한다**.
  가. 1분자를 구성하는 탄소원자의 수가 1개 내지 3개의 포화1가 알코올의 함유량이 60중량퍼센트 미만인 수용액
  나. 가연성 액체량이 60중량퍼센트 미만이고 인화점 및 연소점(태그개방식인화점측정기에 의한 연소점을 말한다. 이하 같다)이 에틸알코올 60중량퍼센트 수용액의 인화점 및 연소점을 초과하는 것
- "**제2석유류**"라 함은 **등유, 경유**, 그 밖에 **1기압에서 인화점이 섭씨 21도 이상 70도 미만인 것**을 말한다. 다만, 도료류, 그 밖의 물품에 있어서 가연성 액체량이 40중량퍼센트 이하이면서 인화점이 섭씨 40도 이상인 동시에 연소점이 섭씨 60도 이상인 것은 제외한다.
  - 종류
    - ㉠ 비수용성 : 등유, 경유, 크실렌, 클로로벤젠, 스틸렌 등
    - ㉡ 수용성 : 초산, 의산, 아크릴산, 메틸셀로솔브, 에틸셀로솔브, 히드라진 등
- "**제3석유류**"라 함은 **중유, 크레오소트유**, 그 밖에 **1기압에서 인화점이 섭씨 70도 이상 섭씨 200도 미만인 것**을 말한다. 다만, 도료류, 그 밖의 물품은 가연성 액체량이 40중량퍼센트 이하인 것은 제외한다.
  - 종류
    - ㉠ 비수용성 : 중유, 크레오소트유, 나이트로벤젠, 메타크레졸 등
    - ㉡ 수용성 : 글리세린, 에틸렌글리콜 등

- "제4석유류"라 함은 기어유, 실린더유, 그 밖에 1기압에서 인화점이 섭씨 200도 이상 섭씨 250도 미만의 것을 말한다. 다만 도료류, 그 밖의 물품은 가연성 액체량이 40중량 퍼센트 이하인 것은 제외한다.
  - 종류
    - ㉠ 윤활유 : 기어유, 실린더유, 스핀들유, 터빈유, 절삭유, 엔진오일, 컴프레셔오일 등
    - ㉡ 가소제 : DOP(Dioctylphthalate), DNP, DINP, DBS, DOS, TCP, TOP 등

- "동식물유류"라 함은 동물의 지육(枝肉 : 머리, 내장, 다리를 잘라 내고 아직 부위별로 나누지 않은 고기를 말한다) 등 또는 식물의 종자나 과육으로부터 추출한 것으로서 1기압에서 인화점이 섭씨 250도 미만인 것을 말한다. 다만, 법 제20조제1항의 규정에 의하여 행정안전부령으로 정하는 용기기준과 수납·저장기준에 따라 수납되어 저장·보관되고 용기의 외부에 물품의 통칭명, 수량 및 화기엄금(화기엄금과 동일한 의미를 갖는 표시를 포함한다)의 표시가 있는 경우를 제외한다.

구분	아이오딘값	자연발화성	불포화도	종류
건성유	130 이상	크다	크다	해바라기유, 동유, 아마인유, 정어리기름, 들기름
반건성유	100~130	중간	중간	채종유, 목화씨기름, 참기름, 콩기름
불건성유	100 미만	적다	적다	야자유, 올리브유, 피마자유, 동백유

② 제4류 위험물의 일반적인 성질
- 대단히 인화하기 쉽다.
- 물보다 가볍고 물에 녹지 않는다.
- 증기비중은 공기보다 무겁기 때문에 낮은 곳에 체류하여 연소, 폭발의 위험이 있다.
- 연소범위의 하한이 낮기 때문에 공기 중 소량 누설되어도 연소한다.

  - 증기비중 = $\dfrac{증기의\ 분자량}{29}$
  - 증기밀도 = $\dfrac{증기의\ 분자량}{22.4\ \ell}$ (표준상태)

③ 제4류 위험물의 위험성
- 인화위험이 높아 화기의 접근을 피해야 한다.
- 증기는 공기와 약간만 혼합되어도 연소한다.

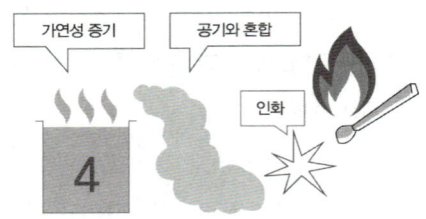

가연성 증기를 발생시켜 점화원만 공급되면 인화되는 액체

- 연소범위의 하한이 낮다.
- 발화점이 낮다.(특수인화물)
- 자연발화의 위험성이 있다.(동·식물 유류)
- 전기부도체이므로 정전기 발생에 주의한다.

④ 제4류 위험물의 저장 및 취급방법
- 누출방지를 위하여 밀폐용기를 사용하여야 한다.
- 점화원을 제거한다.
- 환기시설을 갖춘다.

⑤ 소화방법
- 포, 이산화탄소, 할로겐화합물, 분말소화약제로 질식소화한다.
- 수용성 위험물은 내알코올포 소화약제로 질식소화하거나 다량주수로 희석소화한다.

05절 제5류 위험물(자기반응성 물질)

(1) 지정수량 및 품명

유별	위험물 성질	위험물 품명	지정수량

제5류 위험물	자기반응성 물질	1. 유기과산화물
		2. 질산에스터류
		3. 나이트로화합물
		4. 나이트로소화합물
		5. 아조화합물
		6. 다이아조화합물
		7. 하이드라진 유도체
		8. 하이드록실아민
		9. 하이드록실아민염류
		10. 그 밖에 행정안전부령으로 정하는 것
		   1. 금속의 아지화합물
		   2. 질산구아니딘
		11. 제1호부터 제10호까지의 어느 하나에 해당하는 위험물을 하나 이상 함유한 것
			제1종 : 10킬로그램
			제2종 : 100킬로그램

(2) 제5류 위험물의 특성

① 정의

"자기반응성물질"이란 고체 또는 액체로서 폭발의 위험성 또는 가열분해의 격렬함을 판단하기 위하여 고시로 정하는 시험에서 고시로 정하는 성질과 상태를 나타내는 것을 말하며, 위험성 유무와 등급에 따라 제1종 또는 제2종으로 분류한다.

- 제5류제11호의 물품에 있어서는 유기과산화물을 함유하는 것 중에서 불활성고체를 함유하는 것으로서 다음 각목의 1에 해당하는 것은 제외한다.

  가. 과산화벤조일의 함유량이 35.5중량퍼센트 미만인 것으로서 전분가루, 황산칼슘2수화물 또는 인산수소칼슘2수화물과의 혼합물

  나. 비스(4-클로로벤조일)퍼옥사이드의 함유량이 30중량퍼센트 미만인 것으로서 불활성고체와의 혼합물

  다. 과산화다이쿠밀의 함유량이 40중량퍼센트 미만인 것으로서 불활성고체와의 혼합물

　　라. 1·4비스(2-터셔리뷰틸퍼옥시아이소프로필)벤젠의 함유량이 40중량퍼센트 미만인 것으로서 불활성고체와의 혼합물

　　마. 사이클로헥산온퍼옥사이드의 함유량이 30중량퍼센트 미만인 것으로서 불활성고체와의 혼합물

② 제5류 위험물의 일반적인 성질
- 물질 자체에 산소를 함유하고 있어 외부로부터 산소의 공급 없이도 가열, 충격 등에 의해 연소폭발을 일으킬 수 있는 **자기반응성 물질(자기연소성 물질)**이다.
- **하이드라진유도체를 제외하고는 유기화합물**이다.
- **유기과산화물을 제외하고는 질소를 함유한 유기질소화합물**이다.
- 모두 가연성의 액체 또는 고체물질이고, 연소할 때는 다량의 가스를 발생한다.
- 시간의 경과에 따라 **자연발화의 위험성이 있다**.

③ 제5류 위험물의 위험성
- 물질 자체에 산소를 함유하고 있어 **외부의 산소공급 없이도 자기연소하므로 연소속도가 빠르고 폭발적**이다.
- 아조화합물류, 다이아조화합물류, 하이드라진유도체류는 고농도인 경우 충격에 민감하며 연소 시 순간적인 폭발로 이어진다.
- **나이트로화합물은 화기, 가열, 충격, 마찰에 민감하여 폭발위험**이 있다.
- 강산화제, 강산류와 혼합한 것은 발화를 촉진시키고 위험성도 증가한다.

④ 제5류 위험물의 저장 및 취급방법
- 화염, 불꽃 등 **점화원의 엄금, 가열, 충격, 마찰, 타격 등을 피한다**.
- 강산화제, 강산류, 기타 물질이 혼입되지 않도록 한다.
- 소분하여 저장하고 용기의 파손 및 위험물의 누출을 방지한다.

⑤ 소화방법
- 물질자체에 산소를 함유하고 있어 이산화탄소 소화약제, 분말, 할론, 포 등에 의한 **질식소화는 효과가 없다**.
- **다량 주수에 의한 냉각소화가 효과적**이다.
- 분말로 일시적인 소화효과는 있으나 **재착화의 위험이 있으므로 물로 냉각소화 하여야** 한다.

06절 제6류 위험물(산화성 액체)

(1) 지정수량 및 품명

유별	성질	위험물 품명	지정수량
제6류 위험물	산화성 액체	1. 과염소산	300킬로그램
		2. 과산화수소	300킬로그램
		3. 질산	300킬로그램
		4. 그 밖에 행정안전부령으로 정하는 것 할로젠간화합물	300킬로그램
		5. 제1호 내지 제4호의 1에 해당하는 어느 하나 이상을 함유한 것	

(2) 제6류 위험물의 특성

① 정의

"산화성 액체"라 함은 액체로서 산화력의 잠재적인 위험성을 판단하기 위하여 고시로 정하는 시험에서 고시로 정하는 성질과 상태를 나타내는 것을 말한다.

- 과산화수소는 그 농도가 36중량퍼센트 이상인 것에 한하며, 산화성 액체의 성상이 있는 것으로 본다.
- 질산은 그 비중이 1.49 이상인 것에 한하며, 산화성 액체의 성상이 있는 것으로 본다.

② 제6류 위험물의 일반적인 성질

- 산화성 액체이며, 무기화합물로 이루어져 형성된다.
- 무색, 투명하며 비중은 1보다 크고, 표준상태에서는 모두가 액체이다.
- 과산화수소를 제외하고 강산성 물질이며, 모두 물에 녹기 쉽다.
- 불연성 물질이며, 가연물, 유기물 등과의 혼합으로 발화한다.
- 증기는 유독하며 피부와 접촉시 점막을 부식시킨다.

③ 제6류 위험물의 위험성

- 자신은 불연성 물질이지만 산화성이 커 다른 물질의 연소를 돕는다.
- 강환원제, 일반 가연물과 혼합한 것은 접촉발화하거나 가열 등에 의해 위험한 상태로 된다.
- 과산화수소를 제외하고 물과 접촉하면 심하게 발열한다.

④ 제6류 위험물의 저장 및 취급방법
- 염, 물과의 접촉을 피한다.
- 직사광선 차단, **강환원제**, 유기물질, 가연성 위험물과 **접촉을 피한다.**
- 가열에 의한 유독성 가스의 발생을 방지시킨다.
- 저장용기는 **내산성 용기**를 사용하여야 한다.(과산화 수소는 구멍이 있는 마개사용)

⑤ 소화방법
- 다량주수에 의한 냉각소화
- 과산화수소는 다량주수에 의한 희석소화
- 질산, 과염소산
  - 소량존재 시 : 다량주수에 의한 냉각소화
  - 다량존재 시 : 건조사, 팽창질석, 이산화탄소 소화약제에 의한 질식소화

출제예상문제

01 제1석유류의 성상에 해당하는 것은?

① 산화성 고체
② 인화성 액체
③ 인화성 고체
④ 자연발화성 물질

> 제1석유류는 제4류 위험물에 속하며 성상은 인화성 액체이다. 제1석유류에는 아세톤, 가솔린, BTX(벤젠, 톨루엔, 크실렌) 등이 있고, 인화점이 21[℃] 미만인 것이다.

02 다음 중 특수인화물류에 속하는 것은?

① 이황화탄소
② 휘발유
③ 경유
④ 메틸알코올

> **특수인화물류**
> - 1기압에서 발화점이 100[℃] 이하인 것.
> - 인화점이 영하 20[℃] 이하이고, 비점이 40[℃] 이하인 것.
> - 이황화탄소, 디에틸에테르, 아세트알데히드, 산화프로필렌, 이소프렌, 이소펜탄 등

03 다음 중 산화성인 것으로 짝지어진 것은?

① 제2류 위험물과 제4류 위험물
② 제3류 위험물과 제5류 위험물
③ 제1류 위험물과 제6류 위험물
④ 제2류 위험물과 제5류 위험물

> **위험물의 성상**
> - 제1류 위험물 : 산화성 고체
> - 제2류 위험물 : 가연성 고체
> - 제3류 위험물 : 자연발화성 및 금수성
> - 제4류 위험물 : 인화성 액체
> - 제5류 위험물 : 자기반응성(연소성)
> - 제6류 위험물 : 산화성 액체

04 위험물의 성상에 따른 소화방법으로 잘못된 것은?

① 인화성 액체 - 질식소화
② 가연성 고체 - 냉각소화
③ 자기반응성 물질 - 냉각소화
④ 산화성 고체 - 질식소화

> 산화성 고체인 제1류 위험물의 화재 시 소화방법은 물에 의한 냉각소화가 가장 적합하다. (단, 알칼리금속의 과산화물은 금수성 이므로 주수소화는 위험성을 초래한다. 따라서 건조사에 의한 질식소화가 적합하다.)

정답 01.② 02.① 03.③ 04.④

출제예상문제

05 제3류 위험물의 화재 시 가장 적당한 소화약제는 무엇인가?

① 물
② 사염화탄소
③ 팽창질석
④ 탄산가스

> **소화대책**
> - 물에 의한 냉각소화는 절대적으로 불가능하다.
> - 건조사, 팽창질석, 팽창진주암 등을 사용한다.

06 제4류 위험물의 분류는 다음 어떤 성질에 따라 분류하는가?

① 비등점
② 연소점
③ 발화점
④ 인화점

> 제4류 위험물의 분류 기준은 인화점이다.
> - 특수인화물류 : 1기압에서 발화점이 100[℃] 이하인 것 인화점이 영하 20[℃] 이하이고, 비점이 40[℃] 이하인 것(이황화탄소, 디에틸에테르 등)
> - 제1석유류 : 1기압에서 인화점이 21℃ 미만인 것(아세톤, 휘발유 등)
> - 제2석유류 : 1기압에서 인화점이 21℃ 이상 70℃ 미만인 것(등유, 경유 등)
> - 제3석유류 : 1기압에서 인화점이 70℃ 이상 200℃ 미만인 것(중유, 클레오소트유 등)
> - 제4석유류 : 1기압에서 인화점이 200℃ 이상 250℃ 미만인 것(기어유, 실린더유, 절삭유 등)

07 다음 중 자기반응성(자기연소성) 물질인 것은?

① 황린
② 아염소산염류
③ 유기과산화물
④ 특수인화물류

> 제5류 위험물의 성질은 자기반응성(자기연소성) 물질이다. 외부로부터 산소의 공급 없이도 가열, 충격 등에 의해 연소, 폭발을 일으킬 수 있는 물질이다.

제5류 위험물 (자기반응성 물질)	유기과산화물, 질산에스터류 등	제1종 : 10kg
	하이드록실아민, 하이드록실아민염류	제2종 : 100kg
	하이드라진유도체, 나이트로화합물, 나이트로소화합물, 아조화합물, 다이아조화합물	

08 위험물 유별 성질이 바르게 연결되지 않은 것은?

① 제1류 위험물 - 강산화성 고체
② 제2류 위험물 - 가연성 고체
③ 제4류 위험물 - 인화성 액체
④ 제5류 위험물 - 자연발화성 물질

정답 05.③ 06.④ 07.③ 08.④

> **위험물 성상**
> - 제1류 위험물 : (강)산화성 고체
> - 제3류 위험물 : 자연발화성 및 금수성
> - 제5류 위험물 : 자기반응성(연소성)
> - 제2류 위험물 : 가연성 고체(강환원성)
> - 제4류 위험물 : 인화성 액체
> - 제6류 위험물 : 강산화성 액체

09 다음 중 제4류 위험물을 취급할 때 주의사항으로 잘못된 것은?

① 통풍이 잘 되는 찬 곳에 저장한다.
② 증기는 낮은 곳에 체류하므로 환기에 주의하여야 한다.
③ 석유류는 전도성이 좋으므로 정전기에 주의하여야 한다.
④ 사용한 저장용기에도 증기가 남아있으므로 취급에 주의하여야 한다.

> **제4류 위험물의 위험성 및 예방대책**
> - 인화위험이 높다.
> - 연소범위의 하한이 낮다.
> - 대부분 물에 용해되지 않는다.
> - 누출방지(밀폐용기 사용)
> - 증기는 공기보다 무겁다.
> - 액체의 비중은 1보다 작다.
> - 점화원을 제거한다.
> - 환기를 철저히 한다.

10 인화성 또는 가연성 물질의 취급 장소에 대한 화재와 폭발의 방지방법이 아닌 것은?

① 발화원을 없앤다.
② 취급 장소 주위의 공기대신 불활성 기체로 바꾼다.
③ 밀폐된 용기 내에 보관한다.
④ 환기시설을 갖추지 않는다.

> 인화성. 가연성 물질의 취급 시에는 반드시 환기를 해야한다.

정답 09.③ 10.④

Chapter 04 소방안전

01절 소화원리

(1) 제거소화

연소의 3요소 중 **가연물을 다른 곳으로 이동 또는 제거하여 소화하는 방법**을 말한다.

① 산불화재 시 진행방향의 **나무를 벌목하는 방법(방화선 구축)**
② **촛불을 입으로 불어 소화**하는 방법
③ **유전화재 시 질소폭탄을 투하**하는 방법

(2) 질식소화

연소의 3요소 중 **산소공급원을 차단하여 소화하거나 산소농도를 15% 이하로 낮추어 소화하는 방법**을 말한다.

① 식용유 화재 시 **뚜껑을 덮어 소화**하는 방법
② **이불로 덮어 소화**하는 방법
③ **이산화탄소(CO_2)를 방사하여 소화**하는 방법
④ **포(Foam) 소화약제를 이용하여 소화**하는 방법

(3) 냉각소화

연소의 3요소 중 점화원과 관련된 소화방법으로 **가연물질의 인화점 또는 발화점 이하로 낮추어 소화하는 방법**을 말한다.

① **물을 방사하여 소화**하는 방법
② **물을 주성분으로 하는 소화약제를 이용하여 소화**하는 방법

(4) 부촉매 소화

연소의 4요소 중 **순조로운 연쇄반응을 억제하여 소화하는 방법**을 말한다.

① **할론 소화약제를 이용하여 소화**하는 방법

② 할로겐화합물(할론약제 제외) 소화약제를 이용하여 소화하는 방법
③ 분말 소화약제를 이용하여 소화하는 방법

(5) 그 밖의 소화

① **희석소화**

수용성이며 가연성 액체의 화재(알코올 등) 시 다량의 물을 주수하여 **가연물질 농도를 묽게 하여 소화하는 방법**을 말한다.

② **피복소화**

이산화탄소(CO_2)등 공기보다 무거운 기체를 방사 하여 가연물을 피복하여 소화하는 방법을 말한다.

③ **유화(乳化)소화**

중유탱크 화재 시 고압의 분무상 주수로 유화막을 형성하여 산소의 공급을 차단하여 소화하는 방법을 말한다.

④ **방진소화**

인산암모늄이 주성분인 **분말약제(제3종 분말소화약제)**를 이용하여 열분해로 발생된 **메타인산(HPO_3)**에 의해 산소의 접촉을 차단하여 소화하는 방법을 말한다.

⑤ **탈수효과**

인산암모늄이 주성분인 **분말약제(제3종 분말소화약제)**를 이용하여 열분해로 발생된 **올트인산(H_3PO_4)**에 의해 라디칼(H^+, OH^-)을 결합시켜 연쇄반응을 줄이는 **효과**와 그 때 생성된 **수분(H_2O)**에 의한 **냉각효과**로 소화하는 방법을 말한다.

02절 소화약제

1. 물 소화약제

물은 다른 소화약제에 비해 쉽게 구할 수 있으며 가격도 저렴하고 사용 시 안전함은 물론 일반 가연물 화재에 뛰어난 소화효과를 가지므로 **냉각소화용으로 가장 많이 쓰이는 소화약제**이다. 하지만 겨울철 및 한랭지역에서는 동결의 우려가 있어 동결방지조치를 강구해야하는 단점이 있다.

(1) 소화원리

① **냉각소화**
② 질식소화
③ 희석소화
④ 유화(乳化)소화

(2) 주수형태(방사형태)

① **봉상주수**

물을 방사 시 옥내소화전, 옥외소화전 설비와 같이 노즐에 의해 **물줄기와 같은 모양으로 방사되는 형태**를 말한다. 다량주수가 가능한 형태이다.

② **적상주수**

스프링클러 설비의 헤드를 통한 방사와 같이 **물방울(빗방울)모양으로 방사하는 형태**를 말한다. 우상주수라고도 한다.

③ **무상주수**

물분무 소화설비 헤드를 통한 방사와 같이 **물입자를 안개 모양으로 미세하게 방사하는 형태**를 말한다. 분무주수의 물입자는 매우 미세하기 때문에 **냉각효과 및 질식효과가 뛰어나며 전기절연성도 우수하여 전기화재에도 사용 가능**하다.

2. 포(Foam) 소화약제

화재 면에 거품을 방사하여 가연물의 표면을 불연성의 **거품으로 피복하여 공기와의 접촉을 차단하는 질식효과**와 **수분의 증발에 의한 냉각효과**를 기대할 수 있는 소화약제이다. 특히 물을 사용할 수 없는 **유류화재의 소화에 우수한 소화효과**가 있다.

(1) 소화원리
   ① 질식소화
   ② 냉각소화
   ③ 유화(乳化)소화
   ④ 희석소화

(2) 포 소화약제의 종류
   ① 화학포 소화약제 (화학포의 포핵은 이산화탄소(CO_2)이다.)
   탄산수소나트륨(A제, $NaHCO_3$) 과 황산알루미늄 수용액(B제, $Al_2(SO_4)_3 \cdot 18H_2O$)에 포안정제(카세인, 젤라틴, 샤포닝 등)를 첨가하여 화학반응에 의해 거품을 생성한다.

   $$6NaHCO_3 + Al_2(SO_4)_3 \cdot 18H_2O \rightarrow 3Na_2SO_4 + 2Al(OH)_3 + 6CO_2 + 18H_2O$$

   ② 기계포(공기포) 소화약제 (기계포(공기포)의 포핵은 공기이다.)
   - 단백포 소화약제 (3%, 6%형 - 저발포)
     동·식물성 단백질을 추출하고 이를 가수분해를 통해 아미노산을 얻는 공정으로 제조된다. 포안정제(제일철염)를 첨가하여 **내화성과 내유성은 우수하나 부패·변질의 우려가 있어 보관성이 떨어진다. 유동시간이 길어 소화시간이 오래 걸린다.** 또한 동결의 우려가 있어 보온조치가 필요하다.

   - 합성계면활성제포 소화약제 (3%, 6%형 - 저발포와 1%, 1.5%, 2%형 - 고발포)
     가장 오래된 기계포 소화약제이다. **다양한 발포배율이 가능하다.**(저발포, 고발포) **차고, 주차장 및 일반 유류화재에 적합하다.** 또한 고팽창포로 사용 시 화학플랜트화재, 지하가, 저유탱크 등의 화재에 적합하다.

   - 수성막포 소화약제 (3%, 6%형 - 저발포)
     불소계 계면활성제가 주성분으로 AFFF(Aqueous Flim Foaming Foam)라고 부른다.(불소계 계면 활성제포 라고도 부른다.) 내유성, 내화성은 강하나 내열성은 조금 약하다. 유류표면에 수성막을 형성하여 액체의 증발을 억제함으로써 **다른 포에 비해 소화성능이 우수하다.** 수성막포 소화약제는 일명 Lighting Water라고도 하며, 단백포에 비해 약 5배정도의 소화 능력을 가지고있으며, 또한 CDC분말(드라이케미컬)과 혼합하여 사용하면 약 7~8배 정도의 소화능력을 가질 수 있다. 유류저장탱크, 비행기격납고 등에 적합하다. 고정포 방출방식 중 표면하 주입방식이 가능하다.

- 불화단백포 소화약제 (3%, 6%형 – 저발포)

  불소계 계면활성제를 단백포에 첨가하여 제조한 소화약제로 안정도가 높고 열에 잘견디는 내구력이 강한 소화 약제이다. 가격이 비싸 잘 사용하지 않는다. **고정포 방출방식 중 표면하 주입방식이 가능**하다.

- 내알콜포 소화약제 (3%, 6%형 – 저발포)

  알코올과 같은 **수용성 액체가연물의 화재에 사용이 가능**하다. 일반적으로 포의 주성분은 물이므로 수용성 액체가연물의 경우 포가 소멸되어 소화 기능을 상실하기 때문에 이러한 **소포성(파포성)을 방지하기 위해 만들어진 포 소화약제**이다.

(3) 포의 팽창비

$$팽창비 = \frac{\text{발포후 포의 체적}[L]}{\text{발포전 포수용액(물+원액)의 체적}[L]} = \frac{\text{발포후 포의 체적}[L]}{\dfrac{\text{포 소화약제의 체적}[L]}{\text{원액의 농도}}}$$

① **저발포 : 팽창비가 6배 이상 20배 이하인 포**

② 고발포 : 팽창비가 80배 이상 1,000배 미만인 포
  - 제1종 기계포 : 팽창비가 80배 이상 250배 미만인 포
  - **제2종 기계포 : 팽창비가 250배 이상 500배 미만인 포**
  - 제3종 기계포 : 팽창비가 500배 이상 1,000배 미만인 포

3. 이산화탄소(CO_2) 소화약제

이산화탄소는 무색, 무취, 무독성의 안정한 기체로서 공기보다 약 1.52배 정도 무거운 불연성 기체이다. 이산화탄소를 방사하면 공기 중의 산소 농도를 저하시켜 질식효과를 얻을 수 있는 소화약제이다.

(1) 소화원리

① 질식소화

② 냉각소화

③ 피복소화

(2) 이산화탄소의 특성

① 무색, 무취, 무독성의 기체로 소화 후 잔유물이 없고 증거보존 및 화재조사가 용이하다.

② 불연성이며 공기보다 약 1.52배 무겁다.

③ 약제의 변질이 없어 **영구보존이 가능**하다.
④ **유류화재(B급 화재)에 적합**하고, 전기의 부도체이므로 **전기화재(C급 화재)에도 적합**하다.
⑤ 임계온도가 높아 액체 상태로 저장·취급한다.(**임계온도 : 31.25[℃]**)
⑥ 고압의 자체 압력을 가지고 있으므로 **다른 압력원이 필요 없다.**
⑦ 방사 시 **운무현상이 발생**한다.(고체탄산=드라이아이스)
⑧ **방사 시 소음이 크다.**(고압)
⑨ **동상의 우려**가 있다.
⑩ 산소 농도 저하에 따른 **질식의 우려**가 있다.
⑪ **지하층, 무창층** 또는 **거실로서 바닥면적이 20[m^2] 미만인 장소는 설치를 제외** 한다.

(3) 이산화탄소 충전비

① 충전비 = $\dfrac{용기의\ 내용적(\ell)}{병당\ 약제량(kg)}$

② 충전방식
- **고압식(충전비 : 1.5이상 1.9이하)**
- 저압식(충전비 : 1.1이상 1.4이하)

(4) 이산화탄소 소화약제 농도계산(무유출 기준)

$$이산화탄소(CO_2)\ 소화농도\ (\%) = \dfrac{21 - O_2}{21} \times 100$$

4. 할로겐화합물 및 불활성기체 소화약제

할로겐화합물 및 불활성기체로서 전기적으로 비전도성이며, 휘발성이 있거나 증발 후 잔여물을 남기지 않고, 환경문제도 없게 제조된 소화약제를 말한다. 할로겐족 원소를 이용하여 만든 할로겐화합물 소화약제 와 헬륨, 네온, 아르곤, 질소를 기본성분으로 하는 불활성기체 소화약제로 나뉜다.

(1) 소화원리

① 할로겐화합물 소화약제
- 부촉매소화
- 질식소화
- 냉각소화

② 불활성기체 소화약제
- 질식소화
- 냉각소화

(2) 소화약제 구비조건

① **오존층파괴지수(ODP)가 0일 것**
② 지구온난화지수(GWP)가 낮을 것
③ 가격이 저렴할 것
④ **소화능력이 우수할 것**
⑤ **독성이 낮을 것**
⑥ 오랜 기간(장기간) 저장이 가능할 것
⑦ 피연소물에 대해 변화를 주지 않을 것
⑧ 소화 후 잔여물을 남기지 않고 깨끗한 약제로 증거보존이 가능할 것
⑨ 자체압력으로 방사가 가능할 것

5. 분말 소화약제

분말 소화약제는 1, 2, 3, 4종으로 구분하며 건물 내에서 흔히 볼 수 있는 분말 소화기는 대부분 제3종 분말소화약제가 들어있다. **제3종 분말 소화약제는 일반화재(A급), 유류화재(B급), 전기화재(C급)에 사용이 가능**하며 **일반화재의 대표적인 차고·주차장에 적합**하다. 반면 제4종 분말 소화약제는 소화효과는 가장 좋으나 비싸기 때문에 사용을 하고 있지 않는 실정이다.

(1) 분말 소화약제의 종류 및 소화원리 등

구 분	화학식 (주성분)	소화원리	적응화재	착 색
제1종 분말 소화약제	$NaHCO_3$ (탄산수소나트륨, 중탄산나트륨, 중조)	부촉매, 질식, 냉각	B급, C급	백 색
제2종 분말 소화약제	$KHCO_3$ (탄산수소칼륨, 중탄산칼륨)	부촉매, 질식, 냉각	B급, C급	담회색 (담자색)
제3종 분말 소화약제	$NH_4H_2PO_4$ (제1인산암모늄)	부촉매, 질식, 냉각, 방진, 탈수	A급, B급, C급	**담홍색** (또는 황색)
제4종 분말 소화약제	$KHCO_3 + (NH_2)_2CO$ (탄산수소칼륨 + 요소)	부촉매, 질식, 냉각	B급, C급	회 색

6. 할론 소화약제

알칸(alkane)계 탄화수소에 할로겐족(원소주기율표의 7족)원소인 불소(F), 염소(Cl), 브로민(Br, 취소), 아이오딘(I, 옥소)를 부분적으로 치환하여 만든 할로겐화합물을 주성분으로 하며, 부촉매 효과가 뛰어나 적은 양의 약제로도 충분한 소화능력을 발휘할 수 있는 소화약제이다.

Halogen족	소화 강도	안정도
F (불소, 플루오르)	4위	1위
Cl (염소, 클로라이드)	3위	2위
Br (취소, 브로민)	2위	3위
I (옥소, 아이오딘)	1위	4위

(1) 할론 소화약제의 소화효과

① 부촉매효과

연소과정에서 발생된 수소기(H)와 수산기(OH)가 연쇄반응을 지배한다. 따라서 이 라디칼 상태의 물질들을 제거하게 되면 **연소반응이 지속적으로 일어나지 못하게 되는데 이것을 부촉매효과**라 한다.

② 냉각효과

고압의 할론 약제가 방사되면 주위의 온도가 급격히 떨어지고, 또한 약제의 반응에 필요한 열을 흡수하여(흡열반응) 온도를 낮추어 소화하는 효과가 있다.

③ 질식효과

방사 시 상대적으로 산소의 농도를 떨어뜨려 연소반응을 저해하는 효과가 있다.

(2) 할론 소화약제의 특성

① 약제의 변질 및 분해가 없어 자기보존이 가능하다.
② 전기의 부도체이므로 전기화재(C급)에 우수한 효과가 있고, 유류화재(B급)에도 적합하다.
③ 금속에 대한 부식성이 적다.
④ 오존층을 파괴하고, 지구를 온난화시키는 환경문제가 발생한다.

㉠ 오존파괴지수(ODP, Ozone Depletion Potential)

$$ODP = \frac{어떤\ 물질\ 1[kg]이\ 파괴하는\ 오존량}{CFC-11의\ 1[kg]이\ 파괴하는\ 오존량}$$

㉡ 지구온난화지수(GWP, Global Warming Potential)

$$GWP = \frac{어떤\ 물질\ 1[kg]이\ 기여하는\ 온난화\ 정도}{CO_2의\ 1[kg]이\ 기여하는\ 온난화\ 정도}$$

약제명	분자식	소화능력	오존층 파괴지수
할론 1301	CF_3Br	100%	14.1
할론 1211	CF_2ClBr	46%	2.4
할론 2402	$C_2F_4Br_2$	57%	6.6
분말(제1종)	$NaHCO_3$	66%	0
이산화탄소	CO_2	33%	0

(3) 할론 소화약제의 명명법

Halon — C의 수 — F의 수 — Cl의 수 — Br의 수

① 할론 1301 의 분자식 : CF_3Br (1취화3불화메테인)
② 할론 1211 의 분자식 : CF_2ClBr (1취화1염화2불화메테인)
③ 할론 1011 의 분자식 : CH_2ClBr (1취화1염화메테인)
④ 할론 104 의 분자식 : CCl_4 (4염화탄소)
⑤ 할론 2402 의 분자식 : $C_2F_4Br_2$ (2취화4불화에테인)

(4) 할론 소화약제의 종류별 특성

① **할론 1301(CF_3Br) : 할론 소화약제 중 독성이 가장 적고, 소화성능이 가장 우수하나, 오존 파괴지수(ODP)가 가장 높다.**
② 할론 1211(CF_2ClBr) : 할론 소화약제 중 오존파괴지수(ODP)가 가장 낮다. 소화기용 소화 약제로 사용 시 일반화재(A급), 유류화재(B급), 전기화재(C급), 가스화재(E급)에 적응되는 유일한 소화약제이다.
③ 할론 2402($C_2F_4Br_2$) : 할론 소화약제 중 유일한 에탄의 유도체로 무색, 투명한 액체이며 독성은 할론 1301, 할론 1211보다 높다.
④ 할론 1011(CH_2ClBr) : 무색, 투명하며 물에 녹지 않고 알코올, 에테르 등의 유기용매에 잘 녹으며 금속 부식력이 강하다.
⑤ 할론 104(CCl_4) : 무색, 투명하고 특이한 냄새가 있는 불연성 액체로 증기 자체에도 독성이 있으며 반응에 의해서도 맹독성 가스인 포스겐($COCl_2$)을 만든다.
⑥ 지하층, 무창층, 거실로서 바닥면적 20[m^2] 미만인 장소는 설치 제외 장소이다.(할론 1301 제외)

03절 소방시설

1. 펌프에서 발생되는 이상현상

(1) 공동현상(Cavitation)

펌프의 흡입측 배관 내의 수온상승으로 물이 증발하여 증기가 발생되어 물이 펌프로 흡입되지 않는 현상을 말한다.

① 공동현상(Cavitation)의 발생원인
- 펌프의 흡입측 관경이 적을 때
- 펌프의 흡입측 마찰손실이 클 때
- 펌프의 회전속도가 클 때(임펠러속도가 클 때)
- 펌프의 흡입측 수두가 클 때
- 펌프의 설치위치가 수원보다 높을 때
- 유체(물)가 고온일 때
- 펌프의 흡입압력이 유체(물)의 증기압보다 낮을 때

② 공동현상(Cavitation)에 의한 문제점(발생현상)
- 증기가 물방울로 변할 때 체적의 감소로 물의 흐름이 증가하여 관내를 부식시킨다.
- 관벽에 손실을 주고, 소음 및 진동을 유발한다.
- 물의 흐름이 불규칙하므로 펌프의 토출량과 양정 등 펌프의 성능이 급격하게 저하되는 현상이 발생한다.
- 펌프의 임펠러의 손상으로 기계적 약화 및 축의 마모 등을 일으킨다.

③ 공동현상(Cavitation)의 방지대책
- 펌프의 **흡입측 관경을 크게** 한다.
- 펌프의 **흡입측 마찰손실을 적게** 한다.
- 펌프의 **회전속도를 적게** 한다.(임펠러속도를 적게 한다)
- 펌프의 **흡입측 수두를 적게** 한다.
- 펌프의 **설치위치를 수원보다 낮게** 한다.
- **유체(물)의 온도를 낮춘다.**
- 펌프의 **흡입압력을 유체(물)의 증기압보다 높게** 한다.

(2) 수격현상(Water Hammering)

배관 내를 흐르던 유체가 밸브의 갑작스런 차단이나 관로의 변경에 의해 운동 에너지가 압력 에너지로 변해 유체내의 고압이 발생하여 벽면을 타격하는 현상을 말한다.

① 수격현상(Water Hammering)의 발생원인
- 펌프를 갑자기 정지시킬 때
- 정상운전일 때 유체의 압력변동이 생길 때
- 밸브를 급격히 개폐할 때
- 관로가 갑자기 변경될 때

② 수격현상(Water Hammering)의 방지대책
- 관경을 크게 한다.
- 관내 유체의 유속을 낮게 한다.
- 펌프의 급격한 속도 변화를 방지하기 위해 플라이 휠(fly wheel)을 설치한다.
- 수격방지기(Water Hammer Cusion, WHC)를 설치한다.
- 관로에 서지탱크(Surge tank)를 설치한다.

(3) 맥동현상(서징현상, Sursing)

펌프의 입구와 출구에 부착된 진공계와 압력계의 지침이 흔들리고 동시에 토출유량의 변화를 가져오는 현상을 서징 현상 또는 맥동현상이라고 하며 펌프, 송풍기 등이 어느 특정범위에서 운전 중에 압력이 주기적으로 변동하여 운전상태가 매우 불안정하게 되는 현상을 말한다.

2. 옥내소화전설비의 수원

① 수원의 저수량 = 옥내소화전 설치개수(N) × 2.6[m^3] 이상

옥내소화전 설치개수(N)는 가장 많이 설치된 층의 설치개수를 기준으로 한다. 단, 설치개수가 2개 이상 설치된 경우에는 2개로 한다.

3. 옥외소화전설비의 수원

① 수원의 저수량 = 옥외소화전 설치개수(N) × 7[m^3] 이상

옥외소화전 설치개수(N)는 옥외소화전이 2개 이상 설치된 경우에는 2개로 한다.

4. 스프링클러설비

① "습식 스프링클러설비"란 가압송수장치에서 폐쇄형 스프링클러헤드까지 **배관 내에 항상**

물이 가압되어 있다가 화재로 인한 열로 **폐쇄형 스프링클러헤드**가 개방되면 배관 내에 유수가 발생하여 습식유수검지장치가 작동하게 되는 스프링클러설비를 말한다.

② "**건식 스프링클러설비**"라 함은 건식유수검지장치 **2차측에 압축공기 또는 질소 등의 기체로 충전**된 배관에 **폐쇄형 스프링클러헤드**가 부착된 스프링클러설비로서, 폐쇄형 스프링클러헤드가 개방되어 배관내의 압축공기 등이 방출되면 건식유수검지장치 1차측의 수압에 의하여 건식유수검지장치가 작동하게 되는 스프링클러설비를 말한다.

③ "**준비작동식 스프링클러설비**"란 가압송수장치에서 준비작동식유수검지장치 1차측까지 배관 내에 항상 물이 가압되어 있고, **2차측에서 폐쇄형 스프링클러헤드까지 대기압 또는 저압**으로 있다가 화재발생시 감지기의 작동으로 준비작동식유수검지장치가 작동하여 폐쇄형 스프링클러헤드까지 소화용수가 송수되어 **폐쇄형 스프링클러헤드가 열에 따라 개방**되는 방식의 스프링클러설비를 말한다.

④ "**일제살수식 스프링클러설비**"라 함은 가압송수장치에서 일제개방밸브 1차측까지 배관내에 항상 물이 가압되어 있고, **2차측에서 개방형 스프링클러헤드까지 대기압**으로 있다가 화재발생시 **자동감지장치 또는 수동식 기동장치**의 작동으로 **일제개방밸브가 개방**되면 스프링클러헤드까지 소화용수가 송수되는 방식의 스프링클러설비를 말한다.

⑤ "**부압식 스프링클러설비**"란 가압송수장치에서 준비작동식유수검지장치의 1차측까지는 항상 정압의 물이 가압되고, **2차측 폐쇄형 스프링클러헤드까지는 소화수가 부압으로 되어 있**다가 화재 시 **감지기의 작동에 의해** 정압으로 변하여 유수가 발생하면 작동하는 스프링클러설비를 말한다.

⑥ 각 스프링클러설비의 비교

스프링클러설비 종류	1차측 상태	2차측 상태	헤드 종류	감지기 유무	기타 설비
습식 스프링클러설비	가압수	가압수	폐쇄형	×	리타팅 챔버
건식 스프링클러설비		압축공기 또는 질소	폐쇄형	×	급속개방기구 (익져스터, 엑셀레이터)
준비작동식 스프링클러설비		대기압 또는 저압	폐쇄형	○	슈퍼비조리판넬
일제살수식 스프링클러설비		대기압	개방형	○	〃
부압식 스프링클러설비		소화수(부압수) (=진공압의 물)	폐쇄형	○	〃

⑦ 스프링클러설비의 유수검지장치 설치기준
- 폐쇄형 스프링클러헤드를 사용하는 설비의 방호구역유수검지장치는 다음의 기준에 적합하여야 한다.
    - 하나의 방호구역의 바닥면적은 3,000m²를 초과하지 아니하여야 한다.
    - 하나의 방호구역에는 1개 이상의 유수검지장치를 설치하되, 화재발생시 접근이 쉽고 점검하기 편리한 장소에 설치하여야 한다.
    - 하나의 방호구역은 2개 층에 미치지 아니하여야 한다. 다만, 1개 층에 설치되는 스프링클러헤드의 수가 10개 이하인 경우와 복층형구조의 공동주택에는 3개 층 이내로 할 수 있다.

⑧ 스프링클러설비의 수원
- 수원의 저수량 산정
    - 폐쇄형 스프링클러헤드를 사용하는 경우 저수량
    수원의 저수량 = 다음 [표]의 설치장소별 기준개수(N) × 1.6[m³] 이상
    (단, 스프링클러헤드가 가장 많이 설치된 층(아파트는 설치개수가 가장 많은 세대)을 기준으로 하며, 기준개수보다 작을 경우에는 그 설치개수로 한다.)

스프링클러설비 설치장소			기준개수(N)
지하층을 제외한 층수가 10층 이하인 특정소방대상물	공장	특수가연물을 저장·취급하는 것	30
		그 밖의 것	20
	근린생활시설·판매시설 및 운수시설 또는 복합건축물	판매시설 또는 복합건축물(판매시설이 설치되는 복합건축물을 말한다)	30
		그 밖의 것	20
	그 밖의 것	헤드의 부착높이가 8m 이상인 것	20
		헤드의 부착높이가 8m 미만인 것	10
지하층을 제외한 층수가 11층 이상인 소방대상물·지하가 또는 지하역사			30

[비고] 하나의 소방대상물이 2 이상의 "스프링클러헤드의 기준개수"란에 해당하는 때에는 기준개수가 많은 란을 기준으로 한다. 다만, 각 기준개수에 해당하는 수원을 별도로 설치하는 경우에는 그렇지 않다.

5. 물분무 소화설비의 수원

(1) 수원의 저수량

소방대상물	수원의 저수량
특수가연물을 저장·취급하는 특정소방대상물	바닥면적(최대 방수구역의 바닥면적을 기준으로 하며, 50m^2 이하인 경우에는 50m^2) 1m^2에 대하여 10L/min로 20분간 방사할 수 있는 양 이상
차고·주차장	바닥면적(최대 방수구역의 바닥면적을 기준으로 하며, 50m^2 이하인 경우에는 50m^2) 1m^2에 대하여 20L/min로 20분간 방사할 수 있는 양 이상
절연유 봉입 변압기	바닥면적을 제외한 표면적을 합한 면적 1m^2에 대하여 10L/min로 20분간 방사할 수 있는 양 이상
케이블트레이, 케이블덕트	투영된 바닥면적 1m^2에 대하여 12L/min로 20분간 방사할 수 있는 양 이상
콘베이어 벨트	벨트부분의 바닥면적 1m^2에 대하여 10L/min로 20분간 방사할 수 있는 양 이상

(2) 물분무소화설비 헤드

① 물분무헤드는 표준방사량으로 해당 방호대상물의 화재를 유효하게 소화하는데 필요한 수를 적정한 위치에 설치하여야 한다.

② 고압의 전기기기가 있는 장소에 전기의 절연을 위하여 전기기기와 물분무헤드 사이에 다음 [표]에 따른 거리를 두어야 한다.

전 압(kV)	거 리(cm)	전 압(kV)	거 리(cm)
66 이하	70 이상	154 초과 181 이하	180 이상
66 초과 77 이하	80 이상	181 초과 220 이하	210 이상
77 초과 110 이하	110 이상	220 초과 275 이하	260 이상
110 초과 154 이하	150 이상		

6. 포 소화약제 혼합장치

포 소화약제의 혼합장치는 포 소화약제의 사용농도에 적합한 수용액으로 혼합할 수 있도록 다음의 방식에 따라 제품검사에 합격한 것으로 설치하여야 한다.

포소화약제 혼합방식 종류	포소화약제 혼합방식 설명
펌프 푸로포셔너방식 (Pump Proportioner) (펌프 혼합방식)	펌프의 토출관과 흡입관 사이의 배관 도중에 설치한 흡입기에 펌프에서 토출된 물의 일부를 보내고, 농도 조절밸브에서 조정된 포 소화약제의 필요량을 포 소화약제 탱크에서 펌프 흡입측으로 보내어 이를 혼합하는 방식

포소화약제 혼합방식 종류	포소화약제 혼합방식 설명
라인 푸로포셔너방식 (Line Proportioner) (관로 혼합방식)	펌프와 발포기의 중간에 설치된 벤츄리관의 벤츄리작용에 따라 포 소화약제를 흡입·혼합하는 방식
프레져 푸로포셔너방식 (Pressure Proportioner) (차압 혼합방식)	펌프와 발포기의 중간에 설치된 벤츄리관의 벤츄리작용과 펌프 가압수의 포 소화약제 저장탱크에 대한 압력에 따라 포 소화약제를 흡입·혼합하는 방식
프레져사이드 푸로포셔너방식 (Pressure Side Proportioner) (압입 혼합방식)	펌프의 토출관에 압입기를 설치하여 포 소화약제 압입용펌프로 포 소화약제를 압입시켜 혼합하는 방식
압축공기포혼합방식	포수용액에 가압원으로 압축된 공기 또는 질소를 일정비율로 혼합하는 방식

7. 이산화탄소 소화설비

(1) 이산화탄소(CO_2) 소화설비의 종류

① 저장방식에 의한 분류

- **고압 저장방식(고압식)**

  상온에서 이산화탄소를 액화시켜 **고압용기에 저장하는 방식**으로서 20℃에서 **6MPa의 압력**이 되며, 온도가 올라가면 액화압력도 더 높아진다. 저장용기 충전비는 **1.5 이상 1.9 이하**로 한다. 대부분은 고압식을 사용한다.

- 저압 저장방식(저압식)

  저장용기에 자동 냉동기를 설치하여 −18℃ 이하에서 2.1MPa 이하의 압력으로 액화이산화탄소를 저압용기에 저장하는 방식으로 충전비는 1.1 이상 1.4 이하로 한다. 많은 양의 이산화탄소 소화약제가 필요한 대규모 대상물에 적합한 방식이다.

② 방출방식에 위한 분류

- **전역방출방식** : **고정식** 이산화탄소 공급장치에 배관 및 분사헤드를 고정 설치하여 **밀폐 방호구역 내에 이산화탄소를 방출**하는 설비를 말한다.
- **국소방출방식** : 고정식 이산화탄소 공급장치에 배관 및 분사헤드를 고정 설치하여 **직접 화점에 이산화탄소를 방출**하는 설비로 화재발생부분에만 집중적으로 소화약제를 방출하도록 설치하는 방식을 말한다.
- **호스릴방식** : 분사헤드가 배관에 고정되어 있지 않고 **소화약제 저장용기에 호스를 연결**하여 **사람이 직접 화점에 소화약제를 방출**하는 이동식 소화설비를 말한다.

(2) 이산화탄소(CO_2) 소화약제 저장용기 설치장소 기준

① 방호구역외의 장소에 설치하여야 한다. 다만, 방호구역내에 설치할 경우에는 피난 및 조작이 용이하도록 피난구부근에 설치하여야 한다.
② 온도가 40℃ 이하이고, 온도변화가 적은 곳에 설치하여야 한다.
③ 직사광선 및 빗물이 침투할 우려가 없는 곳에 설치하여야 한다.
④ 방화문으로 구획된 실에 설치하여야 한다.
⑤ 용기의 설치장소에는 당해 용기가 설치된 곳임을 표시하는 표지를 하여야 한다.
⑥ 용기간의 간격은 점검에 지장이 없도록 3cm 이상의 간격을 유지하여야 한다.
⑦ 저장용기와 집합관을 연결하는 연결배관에는 체크밸브를 설치하여야 한다. 다만, 저장용기가 하나의 방호구역만을 담당하는 경우에는 그러하지 아니하다.

(3) 이산화탄소(CO_2) 소화설비의 분사헤드 설치 제외장소

① 방재실·제어실 등 사람이 상시 근무하는 장소
② 니트로셀룰로스·셀룰로이드제품 등 자기연소성물질을 저장·취급하는 장소
③ 나트륨·칼륨·칼슘 등 활성금속물질을 저장·취급하는 장소
④ 전시장 등의 관람을 위하여 다수인이 출입·통행하는 통로 및 전시실 등

8. 할로겐화합물 및 불활성기체 소화설비

(1) 개요

할론 소화약제의 환경성 문제로 인한 대체소화약제로 제조된 소화약제를 용기에 저장해 두었다가 화재 발생 시 수동조작 또는 자동 작동으로 배관을 통해 화재 발생 장소에 방사하여 여러 가지 소화효과를 이용하여 화재를 소화하는 설비를 말한다. 소화약제의 종류에는 할로겐족 원소인 불소(F), 염소(Cl), 브롬(Br)또는 옥소(I) 중 하나 이상의 원소를 포함하고 있는 유기화합물을 기본성분으로 하는 할로겐화합물 소화약제와 헬륨(He), 네온(Ne), 아르곤(Ar) 또는 질소(N_2)가스 중 하나 이상의 원소를 기본성분으로 하는 불활성기체 소화약제로 나뉜다.

① 용어의 정의
- "할로겐화합물 및 불활성기체 소화약제"란 할로겐화합물(할론 1301, 할론 1211, 할론 2402 제외) 및 불활성기체로서 전기적으로 비전도성이며 휘발성이 있거나 증발 후 잔여물을 남기지 않는 소화약제를 말한다.
- "할로겐화합물 소화약제"란 불소(F), 염소(Cl), 브롬(Br)또는 옥소(I) 중 하나 이상의 원소를 포함하고 있는 유기화합물을 기본성분으로 하는 소화약제를 말한다.

- "불활성기체 소화약제"란 헬륨(He), 네온(Ne), 아르곤(Ar) 또는 질소(N_2)가스 중 하나 이상의 원소를 기본성분으로 하는 소화약제를 말한다.

(2) 저장용기 설치장소 기준
① 방호구역외의 장소에 설치하여야 한다. 다만, 방호구역내에 설치할 경우에는 피난 및 조작이 용이하도록 피난구부근에 설치하여야 한다.
② 온도가 55℃ 이하이고, 온도변화가 적은 곳에 설치하여야 한다.
③ 직사광선 및 빗물이 침투할 우려가 없는 곳에 설치하여야 한다.
④ 방화문으로 구획된 실에 설치하여야 한다.
⑤ 용기의 설치장소에는 당해 용기가 설치된 곳임을 표시하는 표지를 하여야 한다.
⑥ 용기간의 간격은 점검에 지장이 없도록 3cm 이상의 간격을 유지하여야 한다.
⑦ 저장용기와 집합관을 연결하는 연결배관에는 체크밸브를 설치하여야 한다. 다만, 저장용기가 하나의 방호구역만을 담당하는 경우에는 그러하지 아니하다.

9. 분말 소화설비

(1) 저장용기 설치장소 기준(이산화탄소(CO_2) 소화약제 저장용기 설치장소 기준과 동일)
① 방호구역외의 장소에 설치하여야 한다. 다만, 방호구역내에 설치할 경우에는 피난 및 조작이 용이하도록 피난구부근에 설치하여야 한다.
② 온도가 40℃ 이하이고, 온도변화가 적은 곳에 설치하여야 한다.
③ 직사광선 및 빗물이 침투할 우려가 없는 곳에 설치하여야 한다.
④ 방화문으로 구획된 실에 설치하여야 한다.
⑤ 용기의 설치장소에는 당해 용기가 설치된 곳임을 표시하는 표지를 하여야 한다.
⑥ 용기간의 간격은 점검에 지장이 없도록 3cm 이상의 간격을 유지하여야 한다.
⑦ 저장용기와 집합관을 연결하는 연결배관에는 체크밸브를 설치하여야 한다. 다만, 저장용기가 하나의 방호구역만을 담당하는 경우에는 그러하지 아니하다.

(2) 분말소화약제의 저장용기 기준
① 저장용기의 내용적

소화약제의 종별	소화약제 1kg당 저장용기의 내용적
제1종 분말(탄산수소나트륨을 주성분으로 한 분말)	0.8L
제2종 분말(탄산수소칼륨을 주성분으로 한 분말)	1.0L
제3종 분말(인산염을 주성분으로 한 분말)	1.0L
제4종 분말(탄산수소칼륨과 요소가 화합된 분말)	1.25L

② 저장용기의 충전비는 0.8 이상으로 하여야 한다.
③ 저장용기에는 **저장용기의 내부 압력이 설정압력으로 되었을 때 주밸브를 개방하는 정압 작동장치**를 **설치**하여야 한다.

> **정압작동장치**
> 분말은 유동성이 없으므로 스스로 방사가 곤란하다. 그래서 가압용 가스가 필요하고 설정압력이 필요한건 원하는 가압용 가스와 분말 약제가 따로 분리되는 것을 방지하기 위함이다.
>
> • **작동방식**
>   ① 압력스위치 방식
>   가압용 가스가 분말 약제 탱크 내로 유입되면 가스압력에 의하여 설정된 압력이 되고 분말 탱크에 있는 압력스위치가 상승하여 접점이 붙어서 전기적 신호를 통해 전자밸브(솔레노이드 밸브)를 구동시켜 주밸브를 개방시키는 방식을 말한다.
>   ② 기계적 방식
>   가압용 가스가 분말 약제 탱크 내로 유입되면 가스압력에 의하여 기계적으로 밸브의 레버를 당겨 가스의 통로를 개방하면 가압용 가스의 가스가 주밸브로 보내져 개방시키는 방식을 말한다.
>   ③ 시한릴레이 방식(타이머 방식)
>   가압용 가스가 분말 약제 탱크 내로 유입되면 설정 압력에 도달하는 시간을 미리 시한릴레이(타이머)에 입력시켰다가 그 시간에 도달하면 시한릴레이(타이머)의 동작에 의하여 전기적 신호를 통해 전자밸브(솔레노이드 밸브)를 구동시켜 주밸브를 개방시키는 방식을 말한다.

④ 저장용기 및 배관에는 잔류소화약제를 처리할 수 있는 청소장치를 설치하여야 한다.

10. 자동화재탐지설비

(1) 개요

화재 초기에 발생되는 열·연기 또는 불꽃 등을 자동으로 감지하여 벨 또는 사이렌 등의 음향장치를 작동시켜 조기피난을 가능하게 하며, 초기 소화를 가능하게 하는 설비를 말한다.

① 용어의 정의
- "경계구역"이란 특정소방대상물중 화재신호를 발신하고 그 신호를 수신 및 유효하게 제어할 수 있는 구역을 말한다.
- "수신기"란 감지기나 발신기에서 발하는 화재신호를 직접 수신하거나 중계기를 통하여 수신하여 화재의 발생을 표시 및 경보하여 주는 장치를 말한다.
- "중계기"란 감지기·발신기 또는 전기적접점 등의 작동에 따른 신호를 받아 이를 수신기의 제어반에 전송하는 장치를 말한다.
- "감지기"란 화재 시 발생하는 열, 연기, 불꽃 또는 연소생성물을 자동적으로 감지하여 수신기에 발신하는 장치를 말한다.
- "발신기"란 화재발생 신호를 수신기에 수동으로 발신하는 장치를 말한다.

(2) 자동화재탐지설비의 경계구역 설정기준

① 수평 경계구역
- 하나의 경계구역이 2개 이상의 건축물에 미치지 아니하도록 하여야 한다.
- 하나의 경계구역이 2개 이상의 층에 미치지 아니하도록 하여야 한다. 다만, $500m^2$ 이하의 범위안에서는 2개의 층을 하나의 경계구역으로 할 수 있다.
- 하나의 경계구역의 면적은 $600m^2$ 이하로 하고 한변의 길이는 50m 이하로 하여야 한다. 다만, 해당 특정소방대상물의 주된 출입구에서 그 내부 전체가 보이는 것에 있어서는 한 변의 길이가 50m의 범위 내에서 $1,000m^2$ 이하로 할 수 있다.

② 수직 경계구역

계단(직통계단외의 것에 있어서는 떨어져 있는 상하계단의 상호간의 수평거리가 5m 이하로서 서로 간에 구획되지 아니한 것에 한한다. 이하 같다)·경사로(에스컬레이터경사로 포함)·엘리베이터 승강로(권상기실이 있는 경우에는 권상기실)·린넨슈트·파이프 피트 및 덕트 기타 이와 유사한 부분에 대하여는 별도로 경계구역을 설정하되, 하나의 경계구역은 높이 45m 이하(계단 및 경사로에 한한다)로 하고, 지하층의 계단 및 경사로(지하층의 층수가 1일 경우는 제외한다)는 별도로 하나의 경계구역으로 하여야 한다.

(3) 자동화재탐지설비의 수신기 및 감지기

① 수신기 종류 및 구조

항목	P형 수신기		R형 수신기
	1급 수신기	2급 수신기	
구조와 기능	• 화재표시 작동 시험 장치. • 외부배선 도통시험 장치 (수신기와 감지기 사이의 도통 시험 장치) • 상용전원과 예비전원 자동 절환 장치 • 예비전원 양부시험 장치 • 전화연락장치	• 화재 표시 작동시험 장치 • 상용전원과 예비전원 자동 절환 장치 • 예비전원 양부 시험 장치	• 기록장치, 지구등 또는 적당한 표시장치 • 화재표시 작동시험 장치 • 외부배선(수신기와 중계기 사이의) 단락, 단선, 도통 시험 장치 • 상용전원과 예비전원 자동 절환 장치 • 예비전원 양부 시험 장치.
특징	회로수가 비교적 적을때 사용하는 수신기(아날로그형)	회로수가 아주적어 주로 주택이나 소규모 건물에 사용하는 수신기 (아날로그형)	• 선로수가 적어 경제적이다. • 증설 또는 이설 용이하다. • 신호전달이 확실하다. • 발생 지구를 숫자로 선명하게 표시 가능하다.

신호전달방식 (전송)	개별신호방식(공통신호)	다중전송방식(고유신호)
배관배선공사	복잡하다.(선로수가 많다.)	간단하다. (선로수가 적다.)
유지관리	유지관리가 어렵다.	유지관리가 쉽다.
적용	중·소형	다수동·대형 및 대단위단지
중계기	불필요하다.	반드시 필요하다.
도통시험	수신기와 말단사이	• 수신기와 중계기 사이 • 수신기와 말단감지기 사이 • 중계기와 말단감지기 사이
신뢰성	수신반 고장 시 시스템이 마비된다.	특정 중계기가 고장나도 다른 중계기는 정상 동작하므로 시스템은 정상 가동된다.
수신반가격	가격이 저렴하다.	가격이 비싸다.

② 감지기 종류

열 감지기	차동식	주위온도가 일정상승률 이상이 되는 경우에 작동하는 것	넓은 범위 내에서의 열효과의 누적에 의하여 작동되는 것	분포형	• 공기관식 • 열전대식 • 열반도체식
			일국소에서의 열효과에 의하여 작동되는 것	스포트형	• 공기팽창에 의한 것 • 열기전력에 의한 것 • 반도체를 이용한 것
	정온식	일국소의 주위온도가 일정한 온도이상으로 되었을 때 작동하는 것	외관이 전선으로 되어 있는 것	감지선형	
			외관이 전선으로 되어 있지 아니한 것	스포트형	
	보상식	차동식 스포트형과 정온식 스포트형 감지기의 성능을 겸비한 것으로서 둘 중 어느 한 기능이 작동되면 신호를 발하는 것		스포트형	
연기 감지기	이온화식	공기가 일정한 농도의 연기를 포함하게 되는 경우에 작동하는 것으로서 일국소의 연기에 의하여 이온전류가 변화하여 작동하는 것(방사선물질 : 아메리슘241)			
	광전식	공기가 일정한 농도의 연기를 포함하게 되는 경우에 작동하는 것으로서 일국소의 연기에 의하여 광전소자에 접하는 광량의 변화로 작동하는 것			

③ 연기감지기 설치장소
- 계단·경사로 및 에스컬레이터 경사로
- **복도(30m 미만의 것을 제외한다)**
- 엘리베이터 승강로(권상기실이 있는 경우에는 권상기실)·린넨슈트·파이프 피트 및 덕

Chapter 04. 소방안전

트 기타 이와 유사한 장소
- 천장 또는 반자의 높이가 15m 이상 20m 미만인 장소

④ 감지기 설치 제외장소
- 천장 또는 반자의 높이가 20m 이상인 장소. 다만, 부착높이에 따라 적응성이 있는 장소는 제외한다.
- 헛간 등 외부와 기류가 통하는 장소로서 감지기에 따라 화재발생을 유효하게 감지할 수 없는 장소
- 부식성가스가 체류하고 있는 장소
- 고온도 및 저온도로서 감지기의 기능이 정지되기 쉽거나 감지기의 유지·관리가 어려운 장소
- 목욕실·욕조나 샤워시설이 있는 화장실·기타 이와 유사한 장소
- 파이프 덕트 등 그 밖의 이와 비슷한 것으로서 2개층 마다 방화구획된 것이나 수평단면적이 5m² 이하인 것
- 먼지·가루 또는 수증기가 다량으로 체류하는 장소 또는 주방 등 평시에 연기가 발생하는 장소(연기감지기에 한한다)
- 프레스공장·주조공장 등 화재발생의 위험이 적은 장소로서 감지기의 유지·관리가 어려운 장소

11. 인명구조기구

(1) 개요

화재 발생 시 열, 연기, 연소가스 등에 대하여 인명의 안전한 피난을 위한 기구로서 방열복, 공기호흡기 및 인공소생기를 말한다.

① 용어의 정의
- "방열복"이란 고온의 복사열에 가까이 접근하여 소방활동을 수행할 수 있는 내열피복을 말한다.
- "공기호흡기"란 소화활동 시에 화재로 인하여 발생하는 각종 유독가스 중에서 일정시간 사용할 수 있도록 제조된 압축공기식 개인호흡장비를 말한다.
- "인공소생기"란 호흡 부전 상태인 사람에게 인공호흡을 시켜 환자를 보호하거나 구급하는 기구를 말한다.
- "방화복"이란 화재진압 등의 소방활동을 수행할 수 있는 피복을 말한다.

② 인명구조기구의 종류
- 방열복, 방화복(헬멧, 보호장갑 및 안전화를 포함한다)
- 공기호흡기
- 인공소생기

12. 유도등

(1) 피난구유도등(녹색바탕에 백색문자)

① 피난구유도등의 설치기준

피난구유도등은 피난구의 **바닥으로부터 높이 1.5m 이상**의 곳에 설치하여야 한다.

(2) 통로유도등(백색바탕에 녹색문자)

① 복도통로유도등의 설치기준
- 복도에 설치하여야 한다.
- 구부러진 모퉁이 및 보행거리 20m마다 설치하여야 한다.
- 바닥으로부터 높이 1m 이하의 위치에 설치하여야 한다.
- 바닥에 설치하는 통로유도등은 하중에 따라 파괴되지 아니하는 강도의 것으로 하여야 한다.

② 거실통로유도등의 설치기준
- 거실의 통로에 설치하여야 한다.
- 구부러진 모퉁이 및 보행거리 20m마다 설치하여야 한다.
- 바닥으로부터 높이 1.5m 이상의 위치에 설치하여야 한다.

③ 계단통로유도등의 설치기준
- **각층의 경사로참 또는 계단참마다**(1개층에 경사로 참 또는 계단참이 2 이상 있는 경우에는 2개의 계단참마다) 설치하여야 한다.
- 바닥으로부터 높이 1m 이하의 위치에 설치하여야 한다.

(3) 객석유도등

① 객석유도등의 설치기준
- 객석유도등은 객석의 통로, 바닥 또는 벽에 설치하여야 한다.
- 객석내의 통로가 경사로 또는 수평로로 되어 있는 부분은 다음의 식에 따라 산출한 수(소수점 이하의 수는 1로 본다)의 유도등을 설치하여야 한다.

$$\text{설치개수} = \frac{\text{객석의 통로의 직선부분의 길이[m]}}{4} - 1$$

- 객석내의 통로가 옥외 또는 이와 유사한 부분에 있는 경우에는 해당 통로 전체에 미칠 수 있는 수의 유도등을 설치하여야 한다.

13. 제연설비

(1) 제연설비의 종류

① 밀폐 제연(방연)방식

화재 발생 시 벽이나 문 등으로 연기를 밀폐하여 연기의 유출 및 외부의 신선한 공기의 유입을 막아 제연하는 방식을 말한다. 주택, 호텔 등 소규모 구획을 하는 건축물에 적합하다.

② 자연 제연방식

화재 발생 시 실내의 온도 상승에 따른 부력이나 외부 공기의 흡출효과에 의해 실 상부에 설치된 창 또는 전용의 배연구로부터 연기를 옥외로 배출하는 방식을 말한다. 무동력이므로 전원이 필요 없다. 하지만 화염이 상층부로 확대되는 문제점이 있다.

③ 스모크 타워 제연방식

화재 발생 시 열에 의한 온도 상승으로 실내와 실외의 온도차가 발생 하는데 이를 건물 꼭 대기에 설치된 루프모니터 등의 외부 공기에 대한 흡인력에 의해 연기를 배출시키는 방식을 말한다. 장치가 간단하고, 고층건물에 적합하다.

④ 기계제연방식

- 제1종 기계 제연방식

  화재 실에 대하여 배출기를 이용하고 동시에 복도나 계단을 통하여 송풍기를 이용하는 방식을 말한다. 급기량은 배기량보다 적어야하고 화재 발생 장소의 부압을 유지하며 연기의 누출을 방지해야 한다.

- 제2종 기계 제연방식

  화재 발생 시 복도, 계단 및 부속실 등 피난통로에 송풍기를 이용하여 공기를 유입시키고 화재 실과의 차압을 두어 연기의 침입을 방지하는 방식을 말한다.

- 제3종 기계 제연방식

  화재 발생 시 발생한 실내의 연기를 실의 상부로 배출기를 이용하여 외부로 유출시키는 방식을 말한다. 이는 화재실 내의 압력을 낮추는 효과가 있어 다른 구획으로의 연기 확산을 방지할 수 있어 많이 이용되고 있는 방식이다.

(2) 제연구역의 구획

제연구역은 보, 제연경계벽(제연경계), 벽(가동벽·셔터·방화문 포함)으로 구획한다.

① 제연설비의 설치장소의 제연구획의 기준
- 하나의 제연구역의 면적은 1,000㎡이내로 하여야 한다.
- 거실과 통로(복도를 포함한다. 이하 같다)는 상호 제연구획 하여야 한다.
- 통로상의 제연구역은 보행중심선의 길이가 60m를 초과하지 아니하여야 한다.
- 하나의 제연구역은 직경 60m 원내에 들어갈 수 있어야 한다.
- 하나의 제연구역은 2개 이상 층에 미치지 아니하도록 하여야 한다. 다만, 층의 구분이 불분명한 부분은 그 부분을 다른 부분과 별도로 제연구획 하여야 한다.

출제예상문제

01 다음 중 소화원리에 관한 설명으로 틀린 것은?

① 질식소화 ② 흡입소화
③ 제거소화 ④ 냉각소화

> 소화방법(원리) : 제거소화, 질식소화, 냉각소화, 부촉매소화

02 소화원리 중 제거소화에 해당하지 않는 것은?

① 산불이 발생하면 화재의 진행방향을 앞질러 벌목한다.
② 방안에서 화재가 발생하면 이불이나 담요로 덮는다.
③ 액체연료에 화재가 발생하면 밸브를 잠궈 연료의 공급을 차단한다.
④ 불타고 있는 장작더미 속에서 아직 타지 않은 것은 안전한 곳으로 운반한다.

> 가연물질을 제거하거나 가연성 액체 또는 가연성 증기의 농도를 희석시켜 연소하한계 이하로 하여 연소를 저지시키는 소화방법을 말한다.

03 포 소화약제로 연소물을 감싸거나 불연성 물질 등으로 연소를 감싸 산소의 공급을 차단하는 소화방법은?

① 질식소화 ② 냉각소화
③ 희석소화 ④ 제거소화

> 질식소화 : 산소공급을 차단하거나 산소의 농도를 낮추어 소화하는 원리를 말한다.

04 화재 발생 시 소화 작업에 주로 물을 이용한다. 물을 이용하는 주된 목적은 무엇 때문인가?

① 가연물질을 제거하기 위해서
② 물의 증발잠열이 크기 때문에
③ 공기 중의 산소공급을 차단하기 위해서
④ 물의 현열을 이용하기 위해서

> 물의 증발잠열은 539[kcal/kg]으로 다른 물질보다 커서 냉각효과가 우수하기 때문이다.

정답 01.② 02.② 03.① 04.②

05 유전지대의 화재는 질소폭약을 투하해서 소화하였다. 이러한 소화방법의 효과는?
① 제거효과
② 부촉매효과
③ 냉각효과
④ 질식효과

유전지대의 화재 시에는 질소폭약을 이용하여 가연성 가스를 제거시켜 소화한다.

06 변압기실 화재의 소화약제로 적당하지 않은 것은?
① 이산화탄소 소화약제
② 수성막포 소화약제
③ 분말 소화약제
④ 할로겐화합물 소화약제

변압기실과 같은 전기시설물을 사용하는 곳의 화재는 전기화재이므로 물 성분은 사용할 수 없다.

07 이산화탄소 소화약제의 소화효과와 관계가 없는 것은?
① 질식소화
② 냉각소화
③ 피복소화
④ 유화소화

이산화탄소의 소화효과
㉮ 질식효과
　이산화탄소 소화약제의 방사 시 공기 중 산소 농도를 15[%] 이하로 낮추어 소화할 수 있다.
㉯ 냉각효과
　고압의 탄산가스를 방출 시 주위의 온도가 급격히 낮아져 드라이아이스를 생성하게 되어 화재실의 온도를 낮추어 소화할 수 있다.
㉰ 피복효과
　이산화탄소는 공기보다 약 1.52배 정도 무겁기 때문에 가연물을 피복하여 공기와의 접촉을 차단하여 소화할 수 있다.

08 분말소화약제의 주된 소화원리는 무엇인가?
① 냉각소화
② 질식작용
③ 화염 억제작용
④ 가연물 제거작용

할로겐화합물 소화약제와 분말 소화약제는 연쇄반응을 차단하는 억제소화이다.

정답　05.① 06.② 07.④ 08.③

Chapter 04. 소방안전

출제예상문제

09 소화방법에 관한 설명으로 옳은 것만을 〈보기〉에서 있는 대로 고른 것은?

> ㄱ. 산림화재 시 화재 진행방향의 나무를 벌목하는 것은 제거소화의 방법 중 하나이다.
> ㄴ. 물은 비열, 증발잠열의 값이 작아서 주로 냉각소화에 사용된다.
> ㄷ. 부촉매 소화는 화학적 소화에 해당한다.
> ㄹ. 유류화재는 포 소화약제를 방사하여 유류 표면에 얇은 층을 형성함으로써 공기 공급을 차단해 소화한다.
> ㅁ. 물에 침투제를 첨가하는 이유는 표면장력을 증가시켜 소화능력을 향상하기 위함이다.

① ㄱ, ㄷ, ㄹ
② ㄴ, ㄹ, ㅁ
③ ㄱ, ㄴ, ㄷ, ㄹ
④ ㄱ, ㄷ, ㄹ, ㅁ

- 물은 비열, 증발잠열의 값이 커서 주로 냉각소화에 사용된다.
- 물에 침투제를 첨가하는 이유는 표면장력을 감소시켜 침투성을 강화해 소화능력을 향상하기 위함이다.

10 소화약제원액 12L를 사용하여 3%의 수성막포소화약제 수용액을 만들었다. 이 수용액을 모두 사용하여 발생시킨 포의 총 부피가 $4m^3$ 일 때 포의 팽창비는 얼마인가?

① 5
② 8
③ 10
④ 14

팽창비 : 최종 발생한 포의 체적[L]을 발포전의 포 수용액의 체적[L]으로 나눈 값을 말한다.

$$팽창비 = \frac{발포 후 포의 체적[L]}{발포 전 포 수용액(물 + 원액)의 체적[L]} = \frac{발포 후 포의 체적[L]}{\frac{포 소화약제의 체적[L]}{원액의 농도}}$$

$$팽창비 = \frac{4,000[L]}{\frac{12[L]}{0.03}} = \frac{4,000 \times 0.03}{12} = 10$$

정답 09.① 10.③

Part 02

소방전기일반

Chapter 01. 전기회로 기초
Chapter 02. 직류회로
Chapter 03. 교류회로
Chapter 04. 제어회로

Chapter 01 전기회로 기초

01절 전기회로 기초

1. 전류의 이해

(1) 전류의 사전적 의미
- 전류의 사전적인 의미는 전하의 흐름을 말한다. 이를 수식으로 정리하면 아래와 같다.

$$I = \frac{dQ}{dt} \, (I: 전류, Q: 전하, t: 시간)$$

흐름의 양을 측정하기 위해 시간이라는 제한된 단위를 사용하였다.

(2) 전류의 표현
- 전류의 기호는 [I]이고, 단위는 [A]이고 '암페어'라고 한다.
- 1[A]는 1초에 1C의 전자들이 이동하였음을 의미한다. (1[C]의 경우는 6.24×10^{18}[개])

(3) 전자란?
- 전자는 음전하를 가지고 있는 기본 입자이다. 물질을 아주 잘게 쪼개는, 세분화 과정은 아래와 같다.

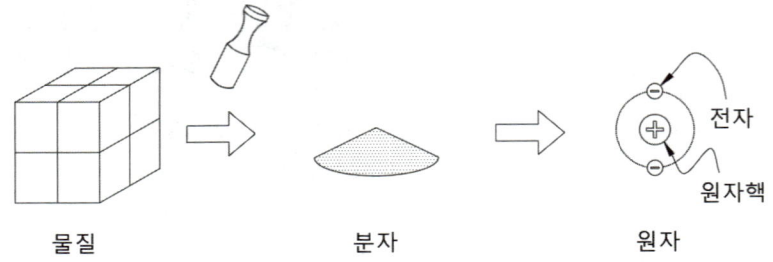

물질   분자   원자

- 가루가 된 물질은 곧 분자라고 할 수 있고, 이 알갱이를 더 이상 쪼갤 수 없을 때까지 나눴을 때 '원자(原(근원 원)子)'가 된다.

- 원자는 다시 중심에 '원자핵'과 껍데기에 '전자'로 이루어져 있고, 원자핵은 다시 '양성자'와 '중성자'로 이루어져 있다.

(4) 전하
- 전하는 물질의 구조에 해당하는 것이 아닌 물질의 기본적인 특성을 의미한다.
- 하지만 이러한 특성은 물질의 구조와 관련된다.
- 양(+)전하라는 의미는 '전하를 잃었음.'을 의미하고, 음(-)전하의 의미는 '전하를 얻었음.'을 의미하기 때문
- 풍선과 머리카락을 비볐을 때 풍선이 전하를 가져오게 되고 풍선은 음전하 상태가 되고, 머리카락은 전하를 잃게 되어 양전하 상태가 되는 것은 전하를 이해하는 좋은 예이다.

(5) 전하량
- 전하량이란, '어떤 물체 또는 입자가 띠고 있는 전기의 양'을 의미한다.
- 전하의 기호는 [Q]이고, 단위는 [C]이고 '쿨롱(Coulomb)'이라고 한다.
- 1[C]의 경우는 6.24×10^{18}[개]의 전자를 의미한다. **암기팁** 전자 시계에서 6시를 24시간으로 바꾸면 18시

(6) 전류의 이동 방향
- 전류의 방향 : (+) 극 → (-) 극 (전자의 방향 : (-) 극 → (+) 극)
- 전자는 (-)를 띠는 '음전하'이므로 (+)극을 향하게 된다.
- 전류는 전위가 높은 (+)극에서 (-)극으로 향하는 것을 의미한다.
- 이러한 방향의 반대는 전자의 방향이 밝혀진 이후에 기존의 학설을 뒤집지 않았기 때문이며, 전위가 높은 곳에서 낮은 곳으로 전류의 방향을 본다고 생각하자.

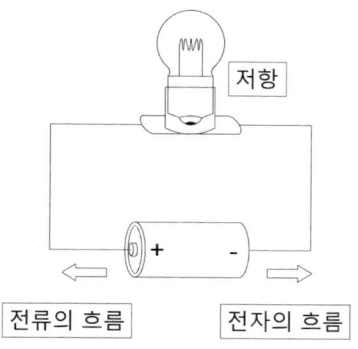

2. 전압의 이해

(1) 전압의 사전적 의미
- 도체 내 두 점 사이의 전기적인 위치 에너지의 차이를 '전위'라고 하며, 대지 전위를 '0'으로 볼 때의 해당 물질의 전위를 '전압'이라 한다. (*위치 에너지 = Potential Energy)

(2) 전압의 표현
- 전류의 기호는 [V]이고, 단위는 [V]이고 '볼트(Volt)'라고 한다.
- 1[V]는 1[C]의 전하가 두 점 사이를 1[J]의 에너지를 얻거나 잃으면서 이동할 때 두 점 사이 전위차를 1[V]라고 한다.

$$V = \frac{W[J]}{Q[C]}$$

- 위 식에 따르면 5개의 일을 1명이 하는 경우와 10개의 일을 2명이 하는 경우는 같다.

3. 저항의 이해

(1) 저항의 사전적 의미
- 전류의 사전적인 의미는 '전자가 이동할 때 흐름을 방해하는 물질'을 말한다. 이를 수식으로 정리하면 아래와 같다.

$$R[\Omega] = \rho \frac{l}{A} = \rho \frac{l}{\pi r^2}$$

($\rho[\Omega \cdot m]$: 고유저항, $l[m]$: 길이, $A[m^2]$: 단면적)

(2) 저항의 표현
- 저항의 기호는 [R]이고, 단위는 [Ω]이고 '옴'이라고 한다.

(3) 저항의 크기 비교(계산형)
- 앞서 확인한 저항의 사전적인 의미에 따르면 길이가 크고, 단면적이 좁을수록 저항의 값이 커진다.

  암기팁 키가 크고, 마른 사람의 몸매를 높게 평가하던 과거의 가치관과 유사하다.

구분	A저항	B 저항
그림		
길이	5[m]	10[m]
단면적	10[m²]	5[m²]
저항값	$\frac{5}{10}=0.5[\Omega]$	$\frac{10}{5}=2[\Omega]$

※ 균일한 체적으로 길이를 늘이거나 좁혔을 때 단면적 또한 영향을 받는 것을 명심하자.

(4) 저항의 합성(계산형)

- 저항을 일렬로 배치하는 것을 직렬, 가로로 배치하는 것을 병렬이라고 한다.
- 여러 개의 저항에 대해서 기본형은 아래와 같다. 병렬일 경우에 면적이 증가하는 것과 유사하고, 직렬일 경우에 길이가 증가하는 것과 유사함으로 이를 이해의 기준으로 보고 기억하자

구분	병렬 연결	직렬 연결
그림		
합성 저항	$R_t = \dfrac{1}{\dfrac{1}{A}+\dfrac{1}{B}} = \dfrac{AB}{A+B}$	$R_t = \dfrac{\dfrac{A}{1}+\dfrac{B}{1}}{1} = A+B$

출제예상문제

01 다음 ( )안의 알맞은 내용으로 옳은 것은?

> 회로에 흐르는 전류의 크기는 저항에 (A)하고, 가해진 전압에 (B)한다.

① A 비례, B 비례 ② A 비례, B 반비례
③ A 반비례, B 비례 ④ A 반비례, B 반비례

- 옴의 법칙에 대한 설명을 묻고 있다.
- 매우 중요하면서도 동시에 비례식을 생각해야 한다.
- 전류는 저항에 반비례하고, 전압에는 비례한다.

02 그림과 같은 회로의 저항값이 $R_1 > R_2 > R_3 > R_4$일 때 전류가 최소로 흐르는 저항은?

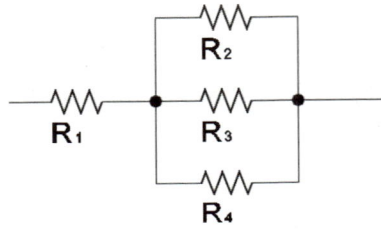

① R_1 ② R_2
③ R_3 ④ R_4

1) 키르히호프1법칙(이론참조)을 활용하여 볼 때 R_2, R_3, R_4에 흐르는 전류를 각각 I_2, I_3, I_4라고 할 때 모두 합한 값이 R_1에 흐른다.
2) 이후 저항이 크면 전류는 작은 옴의 법칙을 생각하여볼 때 R_2가 가장 큰 전류를 갖는다.

03 10[Ω]의 저항에 2[A]의 전류가 흐를 때 저항의 단자전압은 얼마인가?

① 5[V] ② 10[V]
③ 15[V] ④ 20[V]

옴의 법칙에 따라서 단자 전압을 구하기 위해서 저항과 전류를 곱하여 산출한다.
$V = IR$
$V[V] = 10 \times 2$

정답 01.③ 02.② 03.④

04 C접점과 D접점 간 전압을 100[V]로 할 경우 A접점과 B접점 간의 단자 전압은?

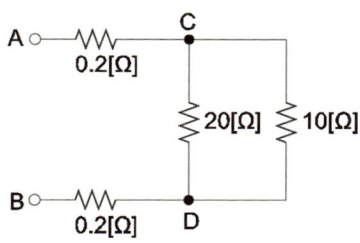

① 100[V]   ② 102[V]   ③ 104[V]   ④ 106[V]

1) $I = \dfrac{100}{20} + \dfrac{100}{10} = 15[A]$

$V = 15 \times 0.2 + 100 + 15 \times 0.2 = 106[V]$

05 아래 회로의 합성 저항은?

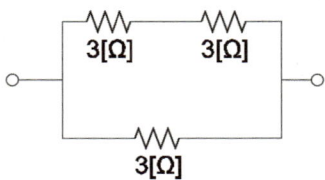

① 1[Ω]   ② 2[Ω]   ③ 3[Ω]   ④ 6[Ω]

- $3 + 3 = 6[\Omega]$ (직렬)
- $\dfrac{1}{\frac{1}{6} + \frac{1}{3}} = \dfrac{6}{3} = 2[\Omega]$ (병렬)

06 직류회로에서 도체를 균일한 체적으로 길이를 3배 늘이면 도체의 저항은 몇 배가 되는가?(단, 도체의 전체 체적은 변함이 없다)

① 9   ② 21   ③ 100   ④ 120

1) 길이를 3배 늘이면 면적은 1/3배로 줄어든다.

$R = \rho \dfrac{l}{A} = \rho \dfrac{l}{\pi r^2}, \quad R' = \rho \dfrac{3l}{\frac{1}{3}A} = \rho \dfrac{9l}{\pi r^2} = 9R$

정답   04.④   05.②   06.①

07 그림과 같은 회로에서 총 저항은?

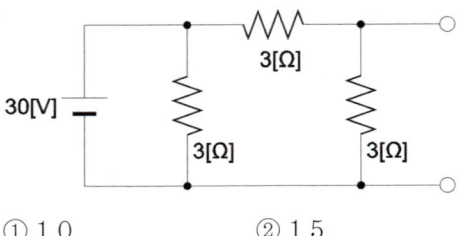

① 1.0 　　② 1.5 　　③ 2.0 　　④ 2.5

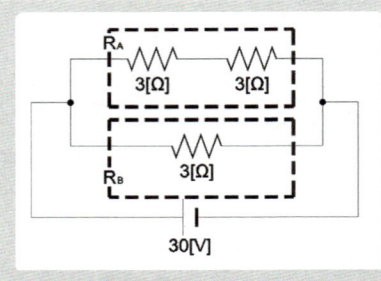

- 식을 아래와 같이 변경할 수 있다.
  $R_A = 3+3 = 6[\Omega]$, $R_B = 3[\Omega]$
  $R_t = \dfrac{R_A R_B}{R_A + R_B} = \dfrac{6 \cdot 3}{6+3} = 2.0[A]$

08 회로에서 a, b 사이의 합성저항은 몇 Ω인가?

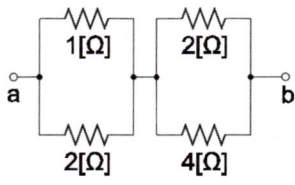

① 2.0 　　② 2.5 　　③ 3.0 　　④ 3.5

- $\dfrac{1 \times 2}{1+2} + \dfrac{2 \times 4}{2+4} = 2.0[\Omega]$

09 20[V], 400[W]의 전열선 2개를 같은 전압에서 직렬로 접속한 경우와 병렬로 접속한 경우에 각 전열선에서 소비되는 전력은 각각 몇 [W]인가?

① 직렬 : 200, 병렬 : 800　　② 직렬 : 200, 병렬 : 1000
③ 직렬 : 250, 병렬 : 800　　④ 직렬 : 250, 병렬 : 1000

정답　07.③　08.①　09.②

1) 저항의 산출

$P = VI = \dfrac{V^2}{R}$, $R = \dfrac{V^2}{P}$

$R = \dfrac{V^2}{P} = \dfrac{20^2}{400} = 1[\Omega]$

2) 직렬 연결

$P = \dfrac{20^2}{1+1} = 200[W]$

3) 병렬 연결

$P = \dfrac{20^2}{\dfrac{1 \times 1}{1+1}} = 20^2 \times 2 = 800[W]$

10 그림의 회로에서 a-b 간에 $V_{ab}[V]$를 인가했을 때 c-d 간의 전압이 300V이었다. 이 때 a-b 간에 인가한 전압 V_{ab}는 몇 [V]인가?

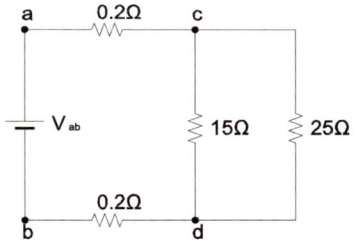

① 312.8[V]   ② 315[V]   ③ 306.4[V]   ④ 302.8[V]

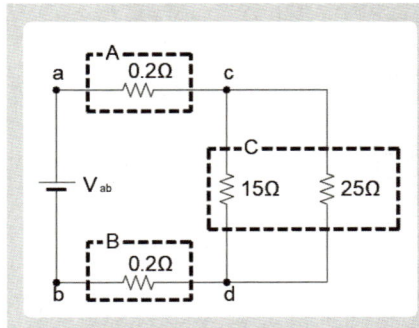

A, B, C에 흐르는 전류를 산출하면 아래와 같다.

c-d간에 흐르는 전압이 300V였으므로 C지점에서의 전류를 산출할 수 있다.

$I = \dfrac{300[V]}{\dfrac{15 \times 25}{15+25}} = \dfrac{300 \times (15+25)}{15 \times 25} = 32[A]$

흐르는 전류는 통합된 저항에 동일하게 흐른다.

$R_A, R_B = 0.2[\Omega]$ $R_B = \dfrac{15 \times 25}{15+25} = 9.375$

$32(0.4 + 9.375) = 312.8[V]$

정답 10.①

Chapter 02 직류회로

01절 직류회로

1. 가볍게 읽는 전류의 이해

(1) 전류의 사전적 의미
- 전류의 사전적인 의미는 전하의 흐름을 말한다. 이를 수식으로 정리하면 아래와 같다.

$$I = \frac{dQ}{dt} \quad (I: 전류, Q: 전하, t: 시간)$$

- 흐름의 양을 측정하기 위해 시간이라는 제한된 단위를 사용하였다.

(2) 전류의 표현
- 전류의 기호는 [I]이고, 단위는 [A]이고 '암페어'라고 한다.
- 1[A]는 1초에 1C의 전자들이 이동하였음을 의미한다. (1[C]의 경우는 6.24×10^{18}[개])

(3) 전자란?
- 전자는 음전하를 가지고 있는 기본 입자이다. 물질을 아주 잘게 쪼개는, 세분화 과정은 아래와 같다.

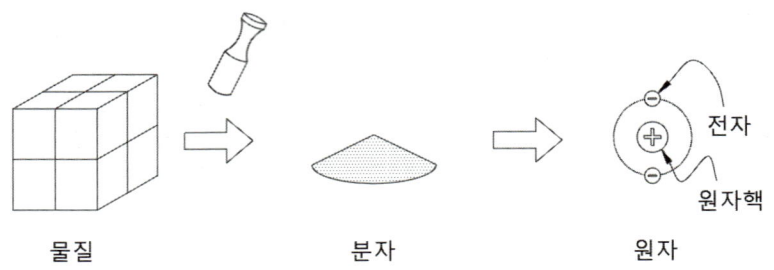

물질   분자   원자

- 가루가 된 물질은 곧 분자라고 할 수 있고, 이 알갱이를 더 이상 쪼갤 수 없을 때까지 나눴을 때 '원자(原(근원 원)子)'가 된다.

- 원자는 다시 중심에 '원자핵'과 껍데기에 '전자'로 이루어져 있고, 원자핵은 다시 '양성자'와 '중성자'로 이루어져 있다.

(4) 전하

- 전하는 물질의 구조에 해당하는 것이 아닌 물질의 기본적인 특성을 의미한다. 하지만 이러한 특성은 물질의 구조와 관련된다.
- 양(+)전하라는 의미는 '전하를 잃었음.'을 의미하고, 음(-)전하의 의미는 '전하를 얻었음.'을 의미하기 때문
- 풍선과 머리카락을 비볐을 때 풍선이 전하를 가져오게 되고 풍선은 음전하 상태가 되고, 머리카락은 전하를 잃게 되어 양전하 상태가 되는 것은 전하를 이해하는 좋은 예이다.

(5) 전하량

- 전하량이란, '어떤 물체 또는 입자가 띠고 있는 전기의 양'을 의미한다.
- 전하의 기호는 [Q]이고, 단위는 [C]이고 '쿨롱(Coulomb)'이라고 한다.
- 1[C]의 경우는 6.24×10^{18}[개]의 전자를 의미한다. **암기팁** 전자 시계에서 6시를 24시간으로 바꾸면 18시

(6) 전류의 이동 방향

- 전류의 방향 : (+) 극 → (-) 극 (전자의 방향 : (-) 극 → (+) 극)
- 전자는 (-)를 띠는 '음전하'이므로 (+)극을 향하게 된다.
- 전류는 전위가 높은 (+)극에서 (-)극으로 향하는 것을 의미한다.

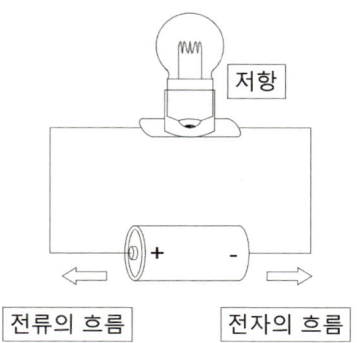

2. 전압의 이해

(1) 전압의 사전적 의미

- 도체 내 두 점 사이의 전기적인 위치 에너지의 차이를 '전위'라고 하며, 대지 전위를 '0'으로 볼 때의 해당 물질의 전위를 '전압'이라 한다.(*위치 에너지 = Potential Energy)

Chapter 02. 직류회로

(2) 전압의 표현

- 전류의 기호는 [V]이고, 단위는 [V]이고 '볼트(Volt)'라고 한다.
- 1[V]는 1[C]의 전하가 두 점 사이를 1[J]의 에너지를 얻거나 잃으면서 이동할 때 두 점 사이 전위차를 1[V]라고 한다.

$$V = \frac{W[J]}{Q[C]}$$

- 위 식에 따르면 5개의 일을 1명이 하는 경우와 10개의 일을 2명이 하는 경우는 같다.

3. 저항의 이해

(1) 저항의 사전적 의미

- 전류의 사전적인 의미는 '전자가 이동할 때 흐름을 방해하는 물질'을 말한다. 이를 수식으로 정리하면 아래와 같다.

$$R[\Omega] = \rho \frac{l}{A} = \rho \frac{l}{\pi r^2}$$

($\rho[\Omega \cdot m]$: 고유 저항, $l[m]$: 길이, $A[m^2]$: 단면적)

(2) 저항의 표현

- 저항의 기호는 [R]이고, 단위는 [Ω]이고 '옴'이라고 한다.

(3) 저항의 크기 비교(계산형)

- 앞서 확인한 저항의 사전적인 의미에 따르면 길이가 크고, 단면적이 좁을수록 저항의 값이 커진다. **암기팁** 키가 크고, 마른 사람의 몸매를 높게 평가하던 과거의 가치관과 유사하다.

구분	A저항	B 저항
그림	(5[m], 10[m²])	(10[m], 5[m²])
길이	5[m]	10[m]
단면적	10[m²]	5[m²]
저항값	$\frac{5}{10} = 0.5[\Omega]$	$\frac{10}{5} = 2[\Omega]$

※ 균일한 체적으로 길이를 늘이거나 좁혔을 때 단면적 또한 영향을 받는 것을 명심하자

(4) 저항의 합성(계산형/기출)

- 저항을 일렬로 배치하는 것을 직렬, 가로로 배치하는 것을 병렬이라고 한다.
- 여러 개의 저항에 대해서 기본형은 아래와 같다. 병렬일 경우에 면적이 증가하는 것과 유사하고, 직렬일 경우에 길이가 증가하는 것과 유사함으로 이를 이해의 기준으로 보고 기억하자.

구분	병렬 연결	직렬 연결
그림	A[Ω], B[Ω]	A[Ω], B[Ω]
합성 저항	$R_t = \dfrac{1}{\dfrac{1}{A}+\dfrac{1}{B}} = \dfrac{AB}{A+B}$	$R_t = \dfrac{\dfrac{A}{1}+\dfrac{B}{1}}{1} = A+B$
합성 저항 유도	$R_a = \rho\dfrac{l}{A_a}, R_b = \rho\dfrac{l}{A_b}$ $A_a = \rho\dfrac{l}{R_a}, A_b = \rho\dfrac{l}{R_b}$ $R_t = R_a + R_b = \rho\dfrac{l}{\rho l(\dfrac{1}{R_a}+\dfrac{1}{R_b})} = \dfrac{R_a R_b}{R_a + R_b}$	$R_a = \rho\dfrac{l_a}{A}, R_b = \rho\dfrac{l_b}{A}$ $R_t = \rho\dfrac{l_a + l_b}{A} = \rho\dfrac{l_a}{A} + \rho\dfrac{l_b}{A}$ $= R_a + R_b$

4. 옴의 법칙

(1) 앞선 내용을 이해하기 위한 옴의 법칙

- 옴의 법칙은 아래 3가지로 한정할 수 있다.

전압	전류	저항
$V = I \cdot R$	$I = \dfrac{V}{R}$	$R = \dfrac{V}{I}$

- 물체의 움직임을 표현하는 거리, 속도, 시간의 관계식과 연관하여 살펴보자.

거리, 속도, 시간의 관계식	전압, 전류, 저항의 관계식
거리 = 속도 × 시간	전압 = 전류 × 저항

수력학에서 압력은 곧 물의 최대 높이를 의미하는 수두로 표현이 되는데, 전기에서의 압력도 거리로 표현된다.

거리, 속도, 시간의 관계식	전압, 전류, 저항의 관계식
속도 = $\dfrac{거리}{시간}$	전류 = $\dfrac{전압}{저항}$
단위 시간에 대한 거리값으로 전기에서는 전류로 표현된다. 예를 들어서 걷는 것과 자전거를 타고 가는 것의 속도를 비교하기 위해서 단위 시간을 정하고 최대한 간 거리를 측정하여 비교할 수 있다.	
시간 = $\dfrac{거리}{속도}$	저항 = $\dfrac{전압}{전류}$
높은 저항은 굉장히 얇거나 혹은 많은 길이를 응축한 것으로 볼 수 있다. 많은 길이를 응축했다고 볼 때 그 거리는 보여지는 거리보다 훨씬 더 많은 거리가 포함되어 있을 것이다.	

5. 키르히호프의 법칙

(1) 키르히호프의 법칙

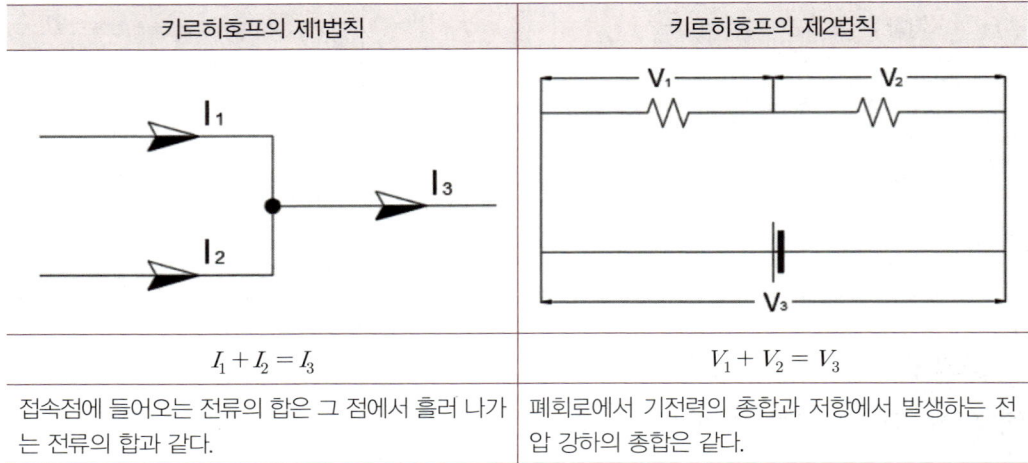

키르히호프의 제1법칙	키르히호프의 제2법칙
$I_1 + I_2 = I_3$	$V_1 + V_2 = V_3$
접속점에 들어오는 전류의 합은 그 점에서 흘러 나가는 전류의 합과 같다.	폐회로에서 기전력의 총합과 저항에서 발생하는 전압 강하의 총합은 같다.

암기팁 1법칙의 1은 I(전류)와 유사하고, V는 손으로 2개를 의미하는 V 포즈를 하는 것과 유사하다.

6. 전력

(1) 전력

- 단위 시간당 전기 에너지의 양을 말한다.
- 주로 제품의 구동 시에 사용 전력을 표현할 때 사용한다.

$$P : V = I : 1$$
$$P : I = V : 1$$

(2) 전력의 표현
- 전력의 기호는 [P]이고, 단위는 [W]이고 '와트'라고 한다.

$$P = V \cdot I = I^2 \cdot R = \frac{V^2}{R} [W]$$

(3) 전력량
- 일정 시간 동안 사용한 전력의 양을 말한다.
- 배터리 용량을 표현하거나 사용량을 확인할 때 사용한다.

(4) 전력량의 표현
- 전력량의 기호는 [W]이고, 단위는 [Wh]이다.

$$W = V \cdot I \cdot t = I^2 \cdot R \cdot t = \frac{V^2 \cdot t}{R} [Wh]$$

7. 측정

(1) 휘스톤 브릿지
- 주로 고장 회로를 찾기 위해서 사용하고 있으며, 대각선으로 마주 보는 두 저항의 곱이 서로 같다.

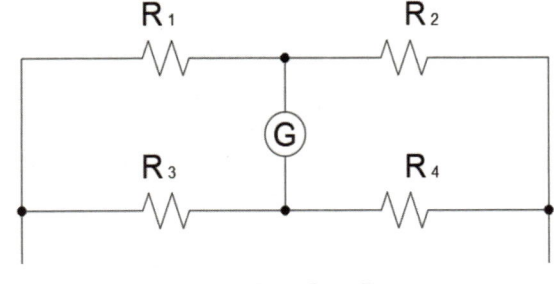

$$R_1 \times R_4 = R_2 \times R_3$$

〈휘스톤 브릿지 회로〉

(2) 전류와 전압의 측정
- 전압계는 부하에 병렬로 연결하고, 전류계는 부하에 직렬로 연결한다.
- 전류계, 전압계, 분배기, 배율기 배치

측정	전류의 측정	전압의 측정
배치	(전류계 A가 부하에 직렬, R 분배기 저항이 병렬로 연결된 회로)	(전압계 V가 부하 R에 병렬, R 배율기 저항이 직렬로 연결된 회로)
측정기	전류계는 부하에 직렬로 설치한다. (전류는 직렬에서 일정하다.)	전압계는 부하에 병렬로 설치한다. (전압은 병렬에서 일정하다.)
측정 크기	$I_{\max} = \left(\dfrac{R_m}{R_a + R_m}\right) \cdot I_0$ ($I_{\max}$: 전류계의 최대 눈금, I_0 : 측정 전류) (R_A : 전류계 내부 저항, R_m : 분류기 저항)	$V_{\max} = \left(\dfrac{R_V}{R_m + R_V}\right) \cdot V_0$ ($V_{\max}$: 전압계의 최대 눈금, V_0 : 측정 전압) (R_V : 전압계 내부 저항, R_m : 배율기 저항)
조정기	분류기는 전류계에 병렬로 설치한다. (분류기는 전류를 조정해야 하므로 병렬)	배율기는 전압계에 직렬로 설치한다. (배율기는 전압을 조정해야 하므로 직렬)
조정 크기	분류기의 크기 $R_m : R_A = 1 : (m-1)$ $R_m = \dfrac{R_A}{(m-1)}$ (R_A : 전류계 내부 저항, R_m : 분류기 저항)	배율기의 크기 $R_m : R_V = (m-1) : 1$ $R_m = \dfrac{(m-1)}{1} \cdot R_v$ (R_V : 전압계 내부 저항, R_m : 배율기 저항)

암기팁 분류기는 전류기에 쓴다. 모두 류가 들어간다.

02절 정전계

1. 정전 유도 현상

(1) 정전 유도 현상

- 전류가 0[A]일 경우에 전력은 0[W]가 된다.
- 이를 통해 전류가 있을 때만 전자 제품, 전기기기 등이 동작함을 알 수 있다.
- 정전 유도는 대전된 도체에 의해 다른 도체에 전하가 나타나는 현상을 말한다.

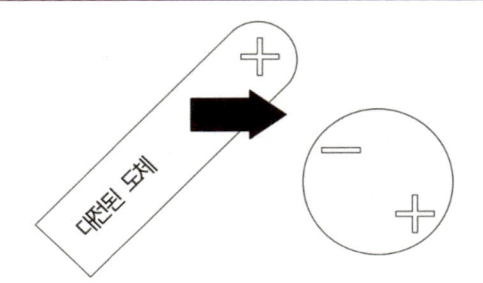

① (+)로 대전된 도체를 가져간다.
② 일반 도체 중 도체에 가까운 쪽이 (−)극으로 대전되고, 반대로 먼쪽은 (+)극으로 대전된다.

(2) 정전력(전기력)

- 이때 도체의 (−)는 흡인력이 작용하고, 도체의 (+)는 반발력이 작용한다.
- 이와 같이 흡인력과 반발력과 같은 힘을 정전력이라 한다.

2. 정전 용량

(1) 정전 용량

- '단위 전압에 대한 전하량'을 말한다. 어떤 물체의 전하를 축적할 수 있는 능력을 나타낸다.

$$C = \frac{Q}{V}, \ Q = C \cdot V [F]$$

(C: 정전 용량[F], Q: 전하량[C], V: 전압[V])

(2) 정전 용량의 표현

- 정전 용량의 기호는 [C]이고, 단위는 [F]이고 '패럿'이라고 한다.

3. 콘덴서

(1) 콘덴서

- 전하를 축적하는 장치를 의미한다.

(2) 콘덴서의 정전용량

- 콘덴서가 전하를 얼마나 축적할 수 있는지는 아래 식에서 확인할 수 있다.

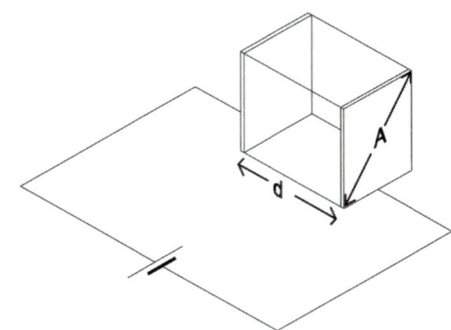

$$C = \frac{\varepsilon A}{d} = \frac{\varepsilon_0 \varepsilon_s A}{d} [F]$$

(C : 정전용량[F], ϵ_0 : 진공 유전율, ϵ_s : 비유전율, d : 유전체에서 간격)

- '유전율'이란?
  유전체가 외부 전기장에 반응하여 만드는 편극의 크기를 나타내는 물질 상수이다.

(3) 정전 에너지

- 콘덴서에 전하가 축적될 때, 축적되는 에너지를 말하며, W로 표기하고, 단위는 [J]을 쓴다.

$$W = \frac{1}{2}QV = \frac{1}{2}CV^2 = \frac{Q^2}{2C} [J]$$

(4) 콘덴서의 연결

구분	병렬 연결	직렬 연결
그림1		
합성 용량	$C_t = \dfrac{\dfrac{A}{D} + \dfrac{A}{D}}{1} = \dfrac{2A}{D}$	$C_t = \dfrac{1}{\dfrac{1}{\dfrac{A}{D}} + \dfrac{1}{\dfrac{A}{D}}} = \dfrac{1}{2}\dfrac{A}{D}$

- 물론, 유전률을 산출하여 보다 정밀한 계산을 하는 것이 맞다. 출제 예상 문항을 통해 이해해보자.

4. 전계

(1) 전계
- '전계'란, 전기력이 미치는 공간을 말하며, '전기장'이라고도 한다.

※ 당 시험에서는 다른 파트와 비교하여 강조하고 있는 요소가 아니므로 가볍게 이해하는 정도로 확인하도록 한다.

(2) 쿨롱의 법칙과 전계의 세기
① 쿨롱의 법칙 : 두 전하 사이에 작용하는 힘에 대한 법칙이다.

② 두 전하 사이에 작용하는 힘의 종류(쿨롱의 법칙)

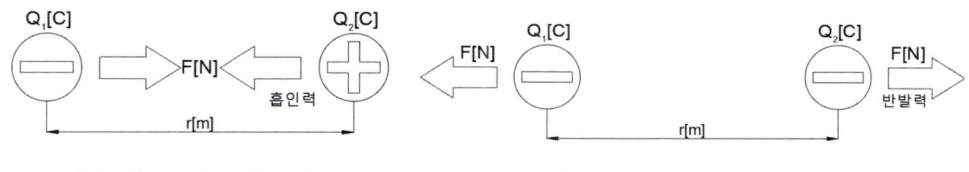

〈흡인력〉: 극성이 다른 경우   〈반발력〉: 극성이 같은 경우

③ 두 전하 사이에 작용하는 힘(쿨롱의 법칙)

$$F = \frac{Q_1 Q_2}{4\pi\varepsilon_0 r^2} = 9 \times 10^9 \times \frac{Q_1 Q_2}{r^2} [N]$$

④ 전계의 세기는 전기장 내 1[C]의 전하를 놓을 때 작용하는 정전력을 그 점의 '전계의 세기'라 한다.

암기팁 사파이어와 큐빅으로 기억하자. 4파이,이, 얼 제곱과 Q(큐빅)

$$E = \frac{Q_1 \cdot 1}{4\pi\varepsilon_0 r^2} = 9 \times 10^9 \times \frac{Q_1 \cdot 1}{r^2} [V/m]$$

(3) 전기력선과 전속, 전속 밀도, 전위
① '전기력선'이란, '전하 주위의 전기장을 나타내기 위한 가상의 선'을 말한다.

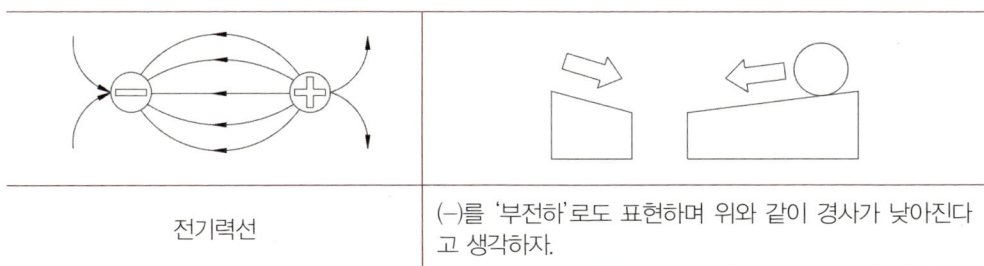

| 전기력선 | (−)를 '부전하'로도 표현하며 위와 같이 경사가 낮아진다고 생각하자. |

② 전기력선의 성질

> - 정전하에서 시작하여 부전하에서 끝난다.
> - 전위가 높은 점에서 낮은 점으로 향한다.
> - 전기력선의 접선 방향은 그 접점에서의 전계 방향과 일치한다.
> - 전기력선은 서로 교차하지 않는다.
> - 그 자신만으로는 폐곡선이 안 된다.
> - 단위 전하 1[C]에서는 $1/\epsilon_0$개의 전기력선이 출입한다.
> - 전기력선은 도체 표면(등전위면*)과 수직이다.
> - 전하가 없는 곳에서는 전기력선의 발생, 소멸이 없고, 연속적이다.
> - 도체 내부에는 전기력선이 없다.

③ 전속
- 전속은 전기력선의 묶음을 말한다.
- 전속의 기호는 ψ이고, 단위는 [C]이다.

④ 가우스의 정리
- 폐곡면 내에 전체 전하량 Q[C]이 있을 때 이 폐곡면을 통해서 나오는 전기력선의 수는 Q/ε개다.

⑤ 전속 밀도
- 밀도는 면적을 기준으로 내부의 채워진 정도를 의미한다.
- 전속 밀도는 그에 따라 단위 면적당 전속을 의미한다.
- 전속 밀도의 기호는 D이고, 단위는 [C/㎡]에 해당한다.

⑥ 전위
- '전위'란, 단위 정전하를 무한 원점에서 임의의 지점까지 가져올 때 필요한 일의 양을 말한다.
- '등전위면'이란, 전기력선의 전위가 같은 점을 연거하여 만들어지는 면을 의미한다.

(4) 전계, 전속 밀도, 전위의 관계식

구분	전계	전속 밀도	전위
일반식	$E = \dfrac{Q_1 \cdot 1}{4\pi\varepsilon_0 r^2} [V/m]$	$D = \dfrac{Q_1 \cdot 1}{4\pi r^2} [C/m^2]$	$V = \dfrac{Q_1 \cdot 1}{4\pi\varepsilon_0 r} [V]$
관계식	$E = \dfrac{V}{r}$	$D = \dfrac{E}{Q}$	$V = E \cdot r$

5. 자계

(1) 자계

① '자계'란, 자극 주위나 전류가 흐르는 도선 주위에 생기는 자기력이 작용하는 공간을 말하며, '자기장'이라 불린다.
② 전계와 마찬가지로 힘이 작용하는 공간이 있으며, 이를 말한다. 또한 동일한 부분으로 거기에서 생겨나는 힘의 관계 등을 습득해야 한다.
③ 자계의 세기는 H로 나타내고 단위는 [AT/m]이다.

$$H = \dfrac{m \cdot 1}{4\pi\mu_0 r^2} = 6.33 \times 10^4 \times \dfrac{m \cdot 1}{r^2} [AT/m]$$

$$\left(F(\text{자기력}) = \dfrac{m_1 \cdot m_2}{4\pi\mu_0 r^2} [N]\right)$$

(2) 자기력선과 자속, 자속 밀도

① '자기력선'이란, 자성체에 작용하는 자기력을 가상으로 그린 선을 말한다.
② 여기서 자성체란, 외부 자기장을 가했을 때 자화되는 성질을 가진 물질을 말하며 정도에 따라 강자성체, 상자성체, 반자성체로 나눠진다.

강자성체	상자성체	반자성체
$\mu_s \gg 1$	$\mu_s > 1$	$\mu_s < 1$
강하게 자화된다.	약하게 자화된다.	반대로 자화된다.

암기팁 반자성체는 반항하고 있다고 생각하자. 뿌리치는 듯한 형태

③ '자속'이란, 자기력선의 묶음을 자속이라고 한다. 기호는 B로 표시하고, 단위는 [wb/m²]이다.
④ 자속 밀도'란, 단위 면적당 자속의 수를 말한다.

(3) 자계, 자속 밀도의 관계식

구분	자계	자속 밀도
일반식	$H = \dfrac{m \cdot 1}{4\pi\mu_0 r^2}[AT/m]$	$B = \dfrac{m}{4\pi r^2}[\text{Wb}/m^2]$
관계식	H	$B = \mu H = \dfrac{\emptyset}{A}$

(4) 전류에 의한 자기 현상

① 암페어의 오른 나사의 법칙

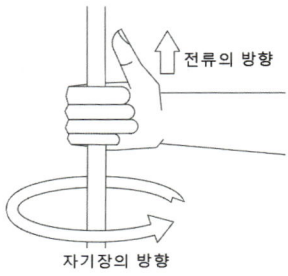

- 전류에 의한 자기장의 발생과 방향을 나타내는 법칙이다.
- 전류가 흐르는 도체 주위에 자기력선이 생기고 그 밀도는 도선에 가까울수록 높다.

② 암페어의 주회 적분의 법칙

$$\sum Hl = N \cdot I [AT]$$
$$H = \frac{N \cdot I}{l}[AT/m]$$

- 선 하나에 1[A]가 흐른다고 가정하자.

③ 비오-사바르의 법칙

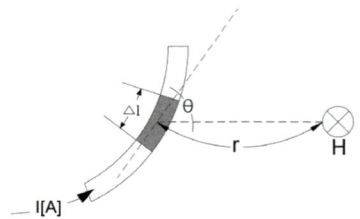

$$\triangle H = \frac{I \triangle l}{4\pi r^2}\sin\theta [AT/m]$$

△H : H점의 미소 자기장 세기[AT/m],
△l : 도체의 미소 길이[m],
θ : △l과 H를 연결하는 방향이 △l과 이루는 각

(5) 여러 가지 도체 모양에 따른 자계 세기

① 환상 솔레노이드의 자계 세기

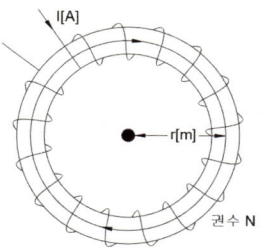

- 내부 자계

  $\sum Hl = H \cdot 2\pi r = N \cdot I$

  $\therefore H = \dfrac{N \cdot I}{2\pi r} [AT/m]$

- 외부 자계

  $H = 0$

② 선로(무한 직선)의 자계 세기

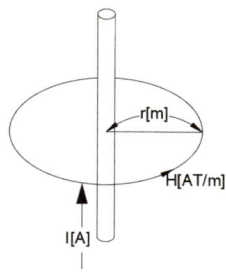

$\sum Hl = H \cdot 2\pi r = I$

$\therefore H = \dfrac{I}{2\pi r} [AT/m]$

H : 자기장 세기[AT/m]

l : 자계가 회전하는 코일의 길이[m]

③ 원형 코일의 자계 세기

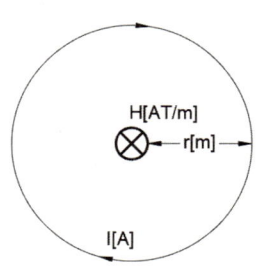

$H = \dfrac{N \cdot I}{2r} [AT/m]$

④ 무한장 솔레노이드의 자계 세기

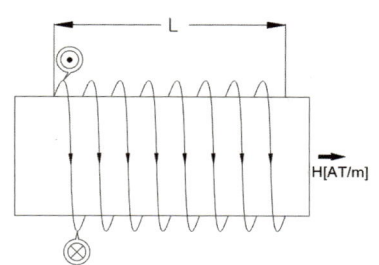

- 내부 자계

  $Hl = N \cdot I$

  $H = \dfrac{N \cdot I}{l}$

  $\therefore H = n_0 \cdot I [AT/m]$

- 외부 자계

  $H = 0$

6. 자기 회로

(1) '자기 회로'란, 강자성체를 이용하여 자속이 일주하도록 만든 회로를 의미한다.

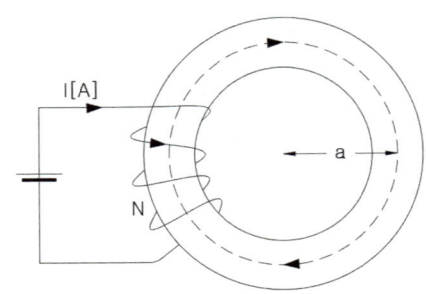

① $F = N \cdot I = \emptyset \cdot R_m$

② $R_m = \dfrac{l}{\mu A} = \dfrac{N \cdot I}{\emptyset} [AT/Wb]$

(2) 전기 회로와 자기 회로

① 성분 비교

전기 회로		자기 회로	
기전력	$V[V]$	기자력	$F[AT]$
전계	$E[V/m]$	자계	$H[AT/m]$
전류	$I[A]$	자속	$\emptyset[Wb]$
전류 밀도	$I[A/m^2]$	자속 밀도	$B[Wb/m^2]$
전기 저항	$R[\Omega]$	자기 저항	$R_m[AT/Wb]$

② 옴의 법칙과 자기 회로 식

전기 회로		자기 회로	
전기 저항	$R = \rho \dfrac{l}{A} [\Omega]$	자기 저항	$R_m = \dfrac{l}{\mu A} [AT/Wb]$
전압	$V = I \cdot R [V]$	자력	$F = N \cdot I [AT]$
전류	$I = \dfrac{V}{R} [A]$	자속	$\emptyset = \dfrac{F}{R_m} [Wb]$
전속 밀도	$D = \dfrac{\psi}{A} [C/m^2]$	자속 밀도	$B = \dfrac{\emptyset}{A} [Wb/m^2]$
에너지 밀도	$W_0 = \dfrac{1}{2} ED = \dfrac{1}{2} \varepsilon E^2$	자화 에너지	$W = \dfrac{1}{2} HB = \dfrac{1}{2} \mu H^2$

(3) 자기 회로와 전기 회로가 갖는 차이점 – 히스테리시스 특성

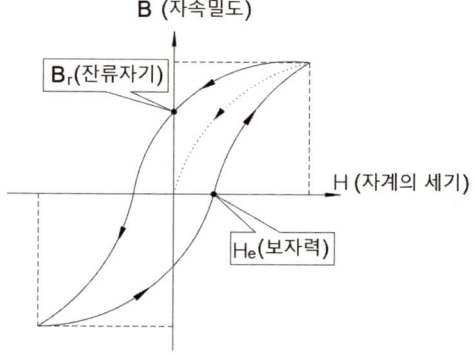

자계의 세기 변화에 따른 자속 밀도 곡선
① $B = \mu H$
  X축에 자계의 세기와 Y축에 자속 밀도를 두면서 기울기는 μ(투자율)을 적용한다.
② $P_h = \eta_h f B_m^{1.6 \sim 2.0} [W/㎥]$
  면적은 히스테리시스 손실이다.
③ $W = \dfrac{1}{2} HB = \dfrac{1}{2} \mu H^2 [N/㎡]$
  자화에 필요한 에너지는 다음과 같다.

출제예상문제

01 그림과 같은 회로에서 A-B 단자에 나타나는 전압은 몇 [V]인가?

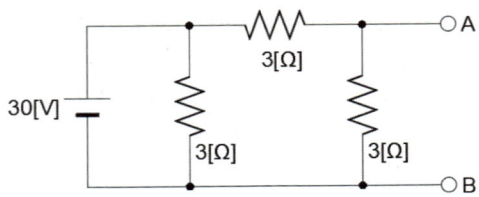

① 15　　　　　　　　　　　② 20
③ 25　　　　　　　　　　　④ 30

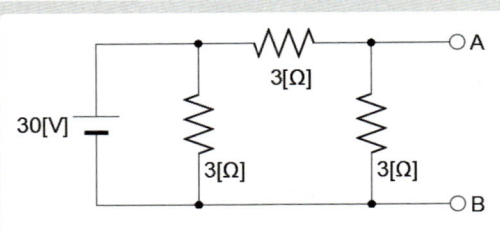

1) 식을 아래와 같이 변경할 수 있다.
$R_A = 3+3 = 6[\Omega], R_B = 3[\Omega]$

$R_t = \dfrac{R_A R_B}{R_A + R_B} = \dfrac{6 \cdot 3}{6+3} = 2.0[A]$

2) 전류 산출
$I = \dfrac{V}{R} = \dfrac{30}{2} = 15[A]$

3) 전류 분배
$I_A = \dfrac{I_t}{R_A} R_t = \dfrac{15}{6} \cdot 2 = 10[A]$

4) 3[Ω]에 흐르는 전압
(중략)
$V_3 = 3 \cdot 10 = 30[V]$

정답　01.④

02 그림의 회로에서 a-b 간에 $V_{ab}[V]$를 인가했을 때 c-d 간의 전압이 300V이었다. 이 때 a-b 간에 인가한 전압 V_{ab}는 몇 [V]인가?

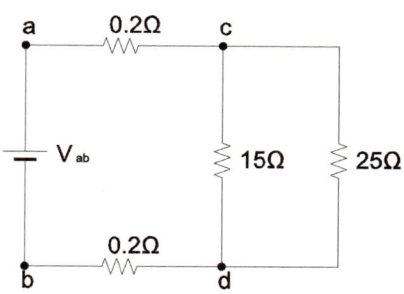

① 312.8[V]
② 315[V]
③ 306.4[V]
④ 302.8[V]

A, B, C에 흐르는 전류를 산출하면 아래와 같다.
c-d간에 흐르는 전압이 300V였으므로 B지점에서의 전류를 산출할 수 있다.
$$I = \frac{300[V]}{\frac{15 \times 25}{15+25}} = \frac{300 \times (15+25)}{15 \times 25} = 32[A]$$
흐르는 전류는 통합된 저항에 동일하게 흐른다.
$R_A, R_B = 0.2[\Omega]$ $R_B = \frac{1525}{15+25} = 9.375$
$32(0.4 + 9.375) = 312.8[V]$

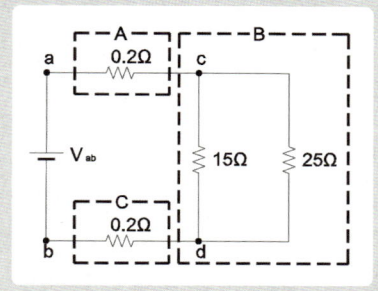

03 회로에서 a와 b 사이의 합성저항(Ω)은?

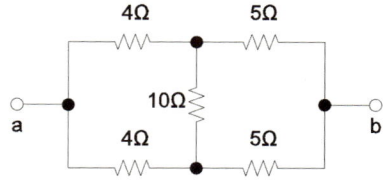

① 4.5
② 7.5
③ 15
④ 30

정답 02.① 03.③

출제예상문제

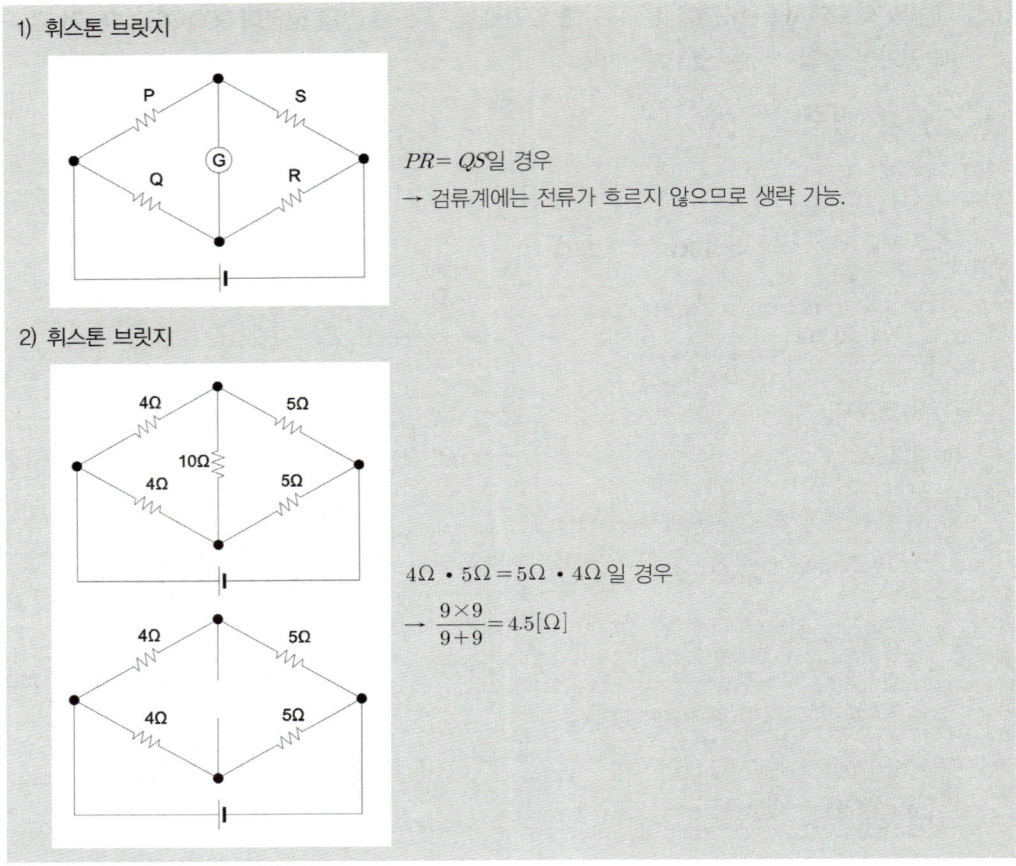

04 그림과 같은 회로에서 분류기의 배율은? (단, 전류계 A의 내부저항은 RA이며 RS는 분류기 저항이다.)

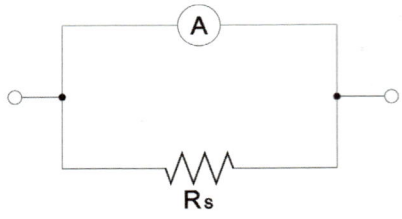

① $\dfrac{R_A}{R_A + R_S}$　　　　② $\dfrac{R_S}{R_A + R_S}$

③ $\dfrac{R_A + R_S}{R_S}$　　　　④ $\dfrac{R_A + R_S}{R_A}$

정답 04.③

1) $I_1 : I_2 = \dfrac{1}{R_A} : \dfrac{R_A + R_s}{R_A R_s}$

$I_2 \dfrac{1}{R_A} = I_1 \dfrac{R_A + R_s}{R_A R_s}$

$\dfrac{I_2}{I_1} = a = \dfrac{R_A + R_s}{R_s}$

05 직류회로에서 도체를 균일한 체적으로 길이를 3배 늘이면 도체의 저항은 몇 배가 되는가?(단, 도체의 전체 체적은 변함이 없다)

① 9 ② 21
③ 100 ④ 120

1) 길이를 3배로 늘리면 면적은 1/3배로 줄어든다.
$R = \rho \dfrac{l}{A} = \rho \dfrac{l}{\pi r^2}$, $R' = \rho \dfrac{3l}{\frac{1}{3}A} = \rho \dfrac{9l}{\pi r^2} = 9R$

06 공기 중에 2[m]의 거리에 20[μC], 40[μC]의 두 점전하가 존재할 때 이 두 전하 사이에 작용하는 정전력은 약 몇 [N]인가?

① 0.45 ② 0.9 ③ 1.8 ④ 3.6

- $F = \dfrac{Q_1 Q_2}{4\pi \varepsilon_s \varepsilon_0 r^2}$ (쿨롱의 법칙)

  $F = \dfrac{(20 \times 10^{-6})(40 \times 10^{-6})}{4\pi \times 1 \times (8.855 \times 10^{-12}) \times (2)^2} \fallingdotseq 1.8[N]$

07 직류 전압계의 내부 저항이 $400[\Omega]$, 최대 눈금이 $30[V]$라면 이 전압계에 $2[\text{k}\Omega]$의 배율기를 접속하여 전압을 측정할 때 최대 측정치는 몇 [V]인가?

① 150[V] ② 180[V] ③ 200[V] ④ 240[V]

정답 05.① 06.③ 07.②

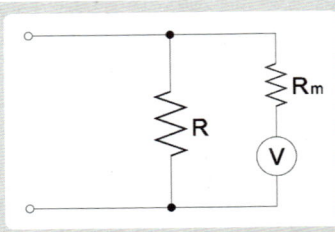

$V_{전} : V_{후} = R_V : R_t$ (R_V : (배율기×)전압계저항, R_t : (배율기)전압계저항)

$V_{후} R_V = \dfrac{V_{전} R_t}{R_V}$

$R_t = 400 + 2000 = 2400[\Omega]$

$V_{전} : V_{후} = 400 : 2400$

$V_{후} = \dfrac{30 \cdot 2400}{400} = 180 V$

08 동일한 전류가 흐르는 두 평행 도선 사이에 작용하는 힘이 F_1이다. 두 도선 사이의 거리를 2.5배로 늘였을 때 두 도선 사이 작용하는 힘 F_2는?

① $F_2 = \dfrac{1}{2.5} F_1$ ② $F_2 = \dfrac{1}{2.5^2} F_1$

③ $F_2 = 2.5 F_1$ ④ $F_2 = 6.25 F_1$

1) 두 평행도선에 작용하는 힘

$F = \dfrac{\mu_0 I_1 I_2}{2\pi r}$

2) 위 식을 고려하면 아래 식을 구할 수 있다.

$\dfrac{F_2}{F_1} = \dfrac{\frac{1}{2.5r}}{\frac{1}{r}} = \dfrac{1}{2.5}$

09 평행한 왕복 전선에 10A의 전류가 흐를 때 전선 사이에 작용하는 전자력[N/m]은? (단, 전선의 간격은 50cm이다.)

① 4×10^{-5} N/m, 서로 반발하는 힘
② 4×10^{-5} N/m, 서로 흡인하는 힘
③ 5×10^{-5} N/m, 서로 반발하는 힘
④ 5×10^{-5} N/m, 서로 흡인하는 힘

정답 08.① 09.①

1) $F = \dfrac{\mu_0 I_1 I_2}{2\pi r}[N/m]$ (평행도체 사이에 작용하는 힘)

  (μ_0 : 진공의 투자율($4\pi \times 10^{-7}$[H/m], F : 평행 전류의 힘[N/m], r : 거리[m])

  $F = \dfrac{4\pi \times 10^{-7} \times 10 \times 10}{2\pi \times 0.5}[N/m] = 4 \times 10^{-5}[N/m]$

2) 앙페르의 오른 나사의 법칙에 따라 반발력이 생긴다.

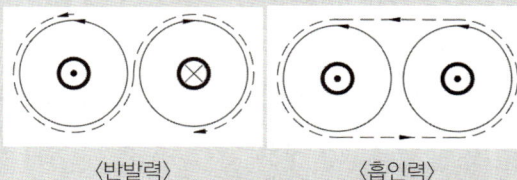

〈반발력〉　　〈흡인력〉

10 반지름 50cm, 권수 50회인 원형코일에 2A의 전류를 흘려주었을 때 코일 중심에서 자계(자기장)의 세기[AT/m]는?

① 70　　　　　　　　　　　② 100
③ 125　　　　　　　　　　　④ 250

$H = \dfrac{NI}{2a}[AT/m]$ 원형 코일의 중심 자계 (a : 반지름, N : 코일의 권수, H : 자계의 세기[AT/m])

$H = \dfrac{50 \times 2}{2 \times 0.5} = 100[AT/m]$

정답　10.②

Chapter 03 교류회로

01절 교류회로

1. 가볍게 읽는 교류의 이해

(1) 교류와 직류 비교
- 교류는 시간에 따라 크기와 방향이 주기적으로 바뀌어 흐르는 전압과 전류를 말한다. 반면에 직류는 일정한 방향성과 크기를 갖는다.
- 시간–전류 그래프에서 시간을 각도로 기준으로 표현한다. 시계의 한 회전(360도)을 12시간이 흐른 것으로 보듯이 한 회전을 1주기로 해석한다.

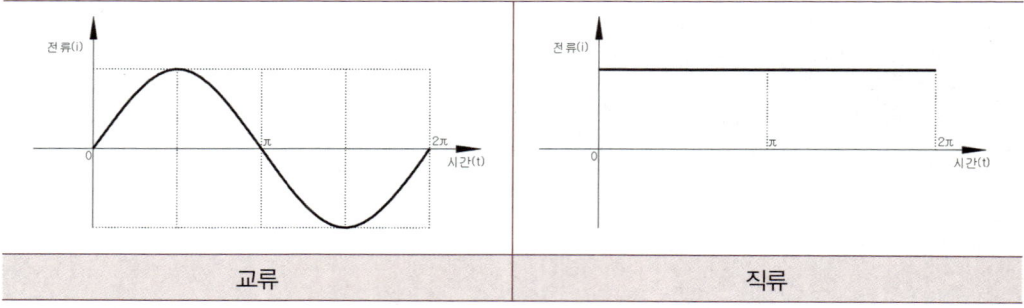

(2) 교류의 표현

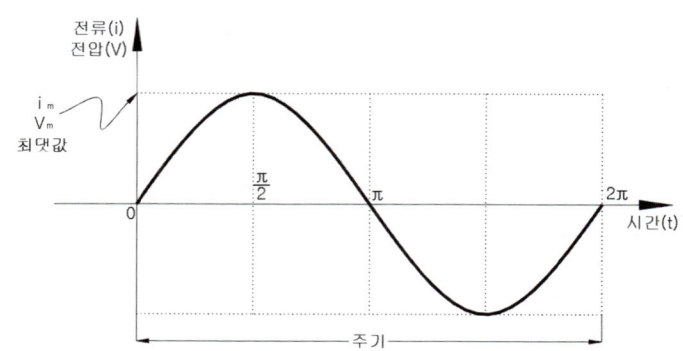

교류의 표현(순싯값을 기준)	w : 각속도
$v = V_m \sin wt = \sqrt{2} V_s \sin wt$ $i = I_m \sin wt = \sqrt{2} I_s \sin wt$	i, v : 순싯값 i_m, v_m : 최댓값 i_r, v_r : 실횻값

암기팁 sin의 최댓값은 $\sin \frac{\pi}{2} = 1$이다. 그래프상으로 최댓값은 V_m이다.

(3) 교류의 표현 이해 – 각속도, 주기, 주파수

① '각속도'란, 단위 시간당 회전한 각도를 의미한다. $w = \frac{\theta}{t}$ 로 표현하는데 이를 교류의 표현식에 넣을 경우 $v = V_m \sin \theta$로 표현된다.

② 한 주기는 2π였으므로 하나의 주기를 단위 시간으로 설정하면 $w = \frac{2\pi}{1T}$가 된다.

③ 주기는 곧 주파수와의 관계성을 갖는다. $1f = \frac{1}{1T}$

(주파수가 1초에 N회 반복된다면 $N[Hz]$로 표현된다. 주기는 $\frac{1}{N}[s]$가 된다.)

(4) 교류의 표현 이해 – 최댓값, 실효값, 평균값

① 최댓값
  - 교류의 순싯값의 최대를 의미한다.

② 실횻값
  - 교류를 직류처럼 사용하도록 변형한 값에 해당한다.

③ 평균값
  - 순시값에 대한 반주기 동안의 평균적인 값

(5) 교류 파형에 따른 최댓값, 실효값, 평균값의 관계

종류	파형	실횻값	평균값
정현파		$V_m = \sqrt{2} v_r$	$V_m = \frac{\pi}{2} V_a$
정현반파		$V_m = 2v_r$	$V_m = \pi V_a$
구형파		$V_m = v_r$	$V_m = V_a$

종류	파형	실횻값	평균값
구형반파		$V_m = \sqrt{2}\,v_r$	$V_m = 2V_a$
삼각파		$V_m = \sqrt{3}\,v_r$	$V_m = 2V_a$

암기팁 곡선일 경우에만 π가 들어간다. 반파에 대한 부분은 $\sqrt{2}$ 배를 해주면 된다.

(6) 파고율과 파형률

① 파고율 $= \dfrac{\text{최댓값}}{\text{실횻값}} = \dfrac{V_m}{V_r}$

(각종 파형의 날카로움 정도를 표현한다.)

② 파형률 $= \dfrac{\text{실횻값}}{\text{평균값}} = \dfrac{V_r}{V_a}$

(파형의 기울기 정도를 표현한다.)

암기팁

파고율 $= \dfrac{M}{R}$

파형률 $= \dfrac{R}{A}$

2. 교류회로

(1) 회로 구성 요소(성분 단독 회로)

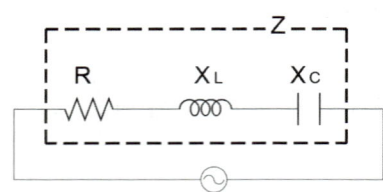

① 임피던스(Z로 표현)
- 교류회로에서 전류가 흐르기 어려운 정도를 표현하며, 저항과 인덕턴스, 커패시턴스를 포함한다.

$$Z = R + jX_L - jX_C\,[\Omega]$$

② 인덕턴스 (유도성 리액턴스로 작용)

$jX_L = jwL = X_L\angle 90°\,[\Omega]$

$i = \dfrac{v}{Z} = \dfrac{V_m \sin wt}{X_L \angle 90°} = \dfrac{V_m}{X_L}\sin(wt - 90°)$ (지상 : 전류는 전압보다 위상이 90도 뒤진다.)

③ 커패시턴스 (용량성 리엑턴스로 작용)

$$jX_C = \frac{1}{jwC} = -j\frac{1}{wC} = X_C \angle -90° \,[\Omega]$$

$$i = \frac{v}{Z} = \frac{V_m \sin wt}{X_L \angle 90°} = \frac{V_m}{X_L}\sin(wt - 90°)$$ (진(進)상 : 전류는 전압보다 위상이 90도 앞선다.)
(進(나아갈 진))

암기팁 $j \Rightarrow \angle 90°$ 로 변환할 수 있다. 의미는 곧 jwL이 $X_L \angle 90°$ 를 의미한다. 저항이 90도 앞서기에 전류는 90도가 늦는다.)

④ 어드미턴스(Y로 표현)

교류회로에서 전류가 흐르기 **쉬운** 정도를 표현하며, 컨덕턴스와 서셉턴스로 이루어져 있다.

$$Y = G + jB \,[\mho]$$

- 컨덕턴스
  - 저항의 역수를 의미한다.

$$G = \frac{1}{R}$$

- 서셉턴스
  - 리엑턴스의 역수를 의미한다.

$$B = \frac{1}{X}$$

3. 교류 전력

(1) 전력 삼각형

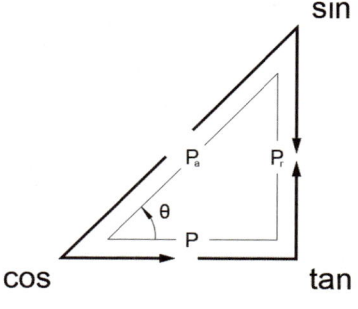

① $P_a = V \cdot I \,[VA]$ (피상전력)
② $P = V \cdot I \cdot \cos\theta \,[W]$ (유효전력)
③ $P_r = V \cdot I \cdot \sin\theta \,[Var]$ (무효전력)

(2) 전력 삼각형의 이해

① 피상전력 : 전원 측에 공급되는 전력을 의미하며, 변압기 등의 용량을 산정할 때 사용한다.

$$P_a = V \cdot I \, [VA]$$

② 유효전력 : 부하 측에서 소비하는 전력을 의미한다.

$$P = V \cdot I \cdot \cos\theta \, [W]$$

③ 무효전력 : 부하 측에서 포함된 L성분, C성분 소모 전력을 의미한다.

$$P_r = V \cdot I \cdot \sin\theta \, [Var]$$

④ 역률 : 피상 전력을 기준으로 한 유효전력비를 말한다. $\cos\theta$으로 표현한다.

$$\cos\theta = \frac{P}{P_a}$$

⑤ 무효율 : 무효전력과 피상전력과의 비를 의미한다. $\sin\theta$으로 표현한다.

$$\sin\theta = \frac{P_r}{P_a}$$

(3) 교류 전력의 조정

① 최대 전력 전달 조건

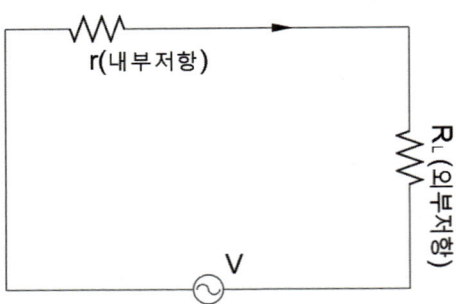

내부 저항과 외부 저항이 같을 때 최대 전력을 전송한다.

$R_L = r$

$$P = I^2 \cdot R_L = \left(\frac{V}{r + R_L}\right)^2 \cdot R_L = \frac{V^2}{4R_L} \, [W]$$

② 전력용 콘덴서의 용량 선정

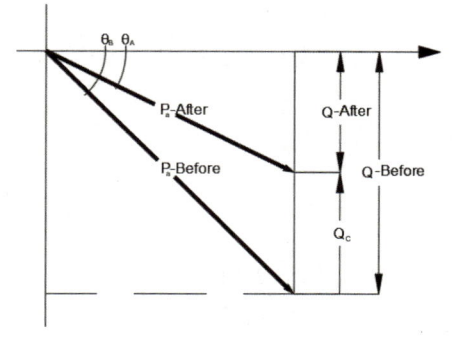

$$Q_C = P_{a-Before}\sin\theta_B - P_{a-after}\sin\theta_A$$
$$= P(\frac{\sin\theta_B}{\cos\theta_B} - \frac{\sin\theta_A}{\cos\theta_A})(\because P = P_a\cos\theta)$$
$$= P(\tan\theta_B - \tan\theta_A)[kVA]$$

4. 3상 교류

(1) 3상 교류 종류

① Y결선

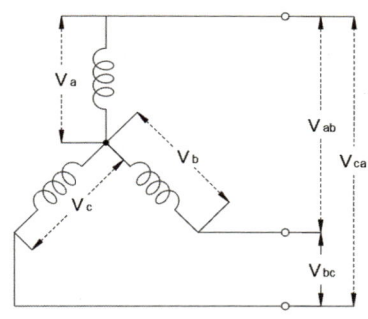

선간 전압과 상전압 관계
- $V_L = \sqrt{3}\,V_P \angle 30°$
  - 선간 전압이 상전압보다 30°를 앞선다.
  - 선간 전압이 상전압보다 $\sqrt{3}$배 크다.

선간 전류와 상전류의 관계
- $I_L = I_P$

② △결선

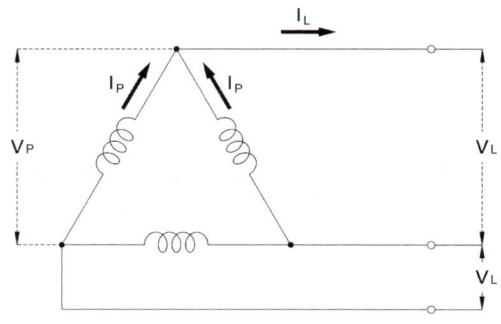

선간 전압과 상전압 관계
- $V_L = V_P$

선간 전류와 상전류의 관계
- $I_L = \sqrt{3}\,I_P \angle -30°$
  - 선간 전류이 상전류보다 30°를 늦는다.
  - 선간 전류이 상전류보다 $\sqrt{3}$배 크다.

③ V결선

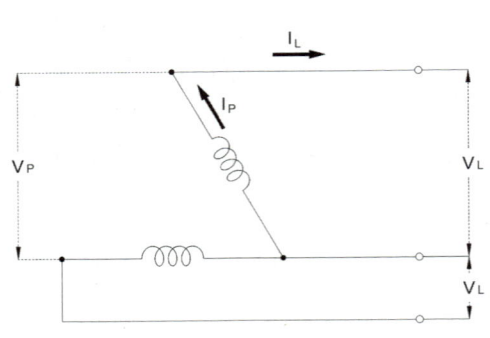

'V결선'이란?
△결선 기동 중 1상 고장 시에 2개 상으로 3상 부하를 공급하는 결선 방법이다.

출력
- $P_V = \sqrt{3}\,P_1\,[W]$

  P_V : V결선의 출력, P_1 : 단상의 출력

출력비와 이용률
- '출력비'란, △에서의 출력과의 비.

  출력비 $= \dfrac{\sqrt{3}\,VI}{3\,VI} \times 100 = 57.7\,[\%]$

- '이용률'란, 2대를 이용하는 비.

  이용률 $= \dfrac{\sqrt{3}\,VI}{2\,VI} \times 100 = 86.6\,[\%]$

암기팁 단어의 의미를 파악하고, 항상 기준인 P_V가 분자에 온다는 점을 명심하자

(2) Y 결선 ↔ △ 결선

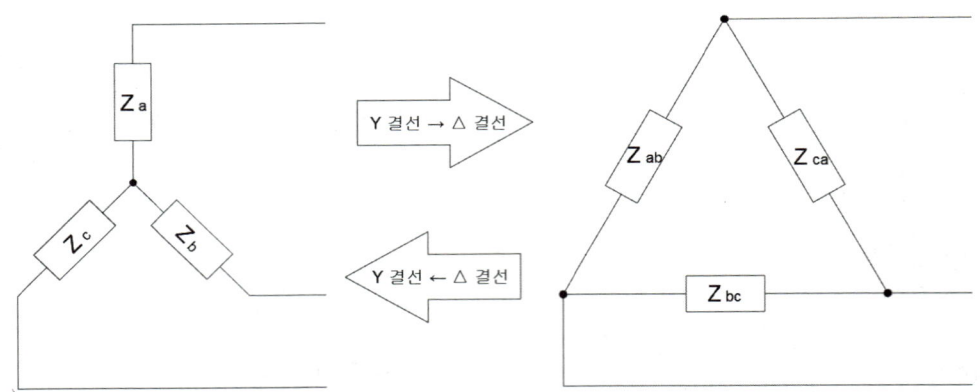

- Y 결선 → △ 결선 변환

$$Z_{ab} = \dfrac{Z_a Z_b + Z_b Z_c + Z_c Z_a}{Z_c}\,[\Omega] \qquad Z_{bc} = \dfrac{Z_a Z_b + Z_b Z_c + Z_c Z_a}{Z_a}\,[\Omega] \qquad Z_{ca} = \dfrac{Z_a Z_b + Z_b Z_c + Z_c Z_a}{Z_b}\,[\Omega]$$

- Y 결선 ← △ 결선 변환

$$Z_a = \dfrac{Z_{ca} \times Z_{ab}}{Z_{ab} + Z_{bc} + Z_{ca}}\,[\Omega] \qquad Z_b = \dfrac{Z_{ab} \times Z_{bc}}{Z_{ab} + Z_{bc} + Z_{ca}}\,[\Omega] \qquad Z_c = \dfrac{Z_{bc} \times Z_{ca}}{Z_{ab} + Z_{bc} + Z_{ca}}\,[\Omega]$$

(3) 3상 교류 전력

① 피상전력

$$P_a = 3V_pI_p = \sqrt{3}\,V_lI_l\,[VA]$$

② 유효전력

$$P = 3V_pI_p\cos\theta = \sqrt{3}\,V_lI_l\cos\theta\,[W]$$

③ 무효전력

$$P = 3V_pI_p\sin\theta = \sqrt{3}\,V_lI_l\sin\theta\,[Var]$$

5. 회로 해석 기법 종류

(1) 해석 기초

① 전압원
- 전원의 전압을 알고 있음을 전제하며, 일정한 전압을 유지하여 공급하는 장치이다.
- 회로 해석 시에 전압원은 단락시켜 해석한다.

② 전류원
- 전원의 전류를 알고 있음을 전제하며, 일정한 전류를 유지하여 공급하는 장치이다.
- 회로 해석 시에 전류원은 개방하여 해석한다.

(2) 중첩의 원리

① 전원이 중첩된 경우 각각의 전원을 나눠서 전류를 산출 후에 이를 합산하는 방식이다.
② 산출 형태

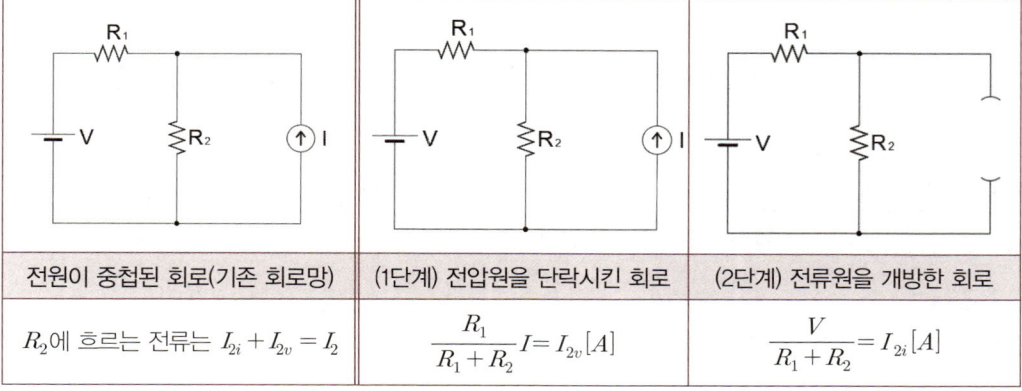

전원이 중첩된 회로(기존 회로망)	(1단계) 전압원을 단락시킨 회로	(2단계) 전류원을 개방한 회로
R_2에 흐르는 전류는 $I_{2i} + I_{2v} = I_2$	$\dfrac{R_1}{R_1+R_2}I = I_{2v}\,[A]$	$\dfrac{V}{R_1+R_2} = I_{2i}\,[A]$

I_{2i} : 전류원을 개방한 회로에서 산출한 R_2에 흐르는 전류
I_{2v} : 전압원을 단락한 회로에서 산출한 R_2에 흐르는 전류

암기팁 분배 법칙을 활용할 때는 비례식을 활용하는 것이 가장 좋다.

(3) 테브난의 정리

① 부하를 제거한 상태로 테브난 값을 산출하는 방식이다.

② 산출 형태

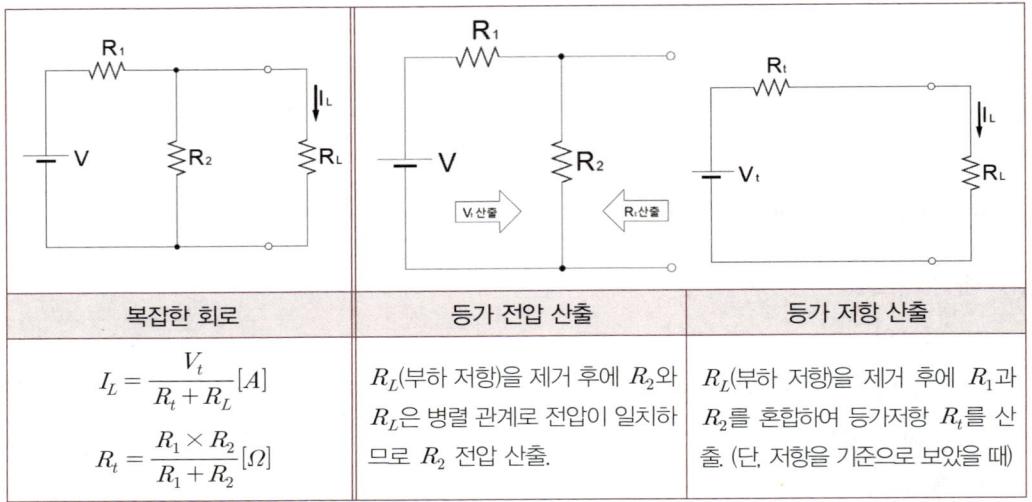

복잡한 회로	등가 전압 산출	등가 저항 산출
$I_L = \dfrac{V_t}{R_t + R_L}[A]$ $R_t = \dfrac{R_1 \times R_2}{R_1 + R_2}[\Omega]$	R_L(부하 저항)을 제거 후에 R_2와 R_L은 병렬 관계로 전압이 일치하므로 R_2 전압 산출.	R_L(부하 저항)을 제거 후에 R_1과 R_2를 혼합하여 등가저항 R_t를 산출. (단, 저항을 기준으로 보았을 때)

(4) 노튼의 정리

- 테브난 정리와 유사한 방식으로 산출할 수 있으나, 주로 테브난을 전환하여 활용한다. 이를 적절히 교차 적용하여 복잡한 회로를 더 단순하게 만들 수 있다.

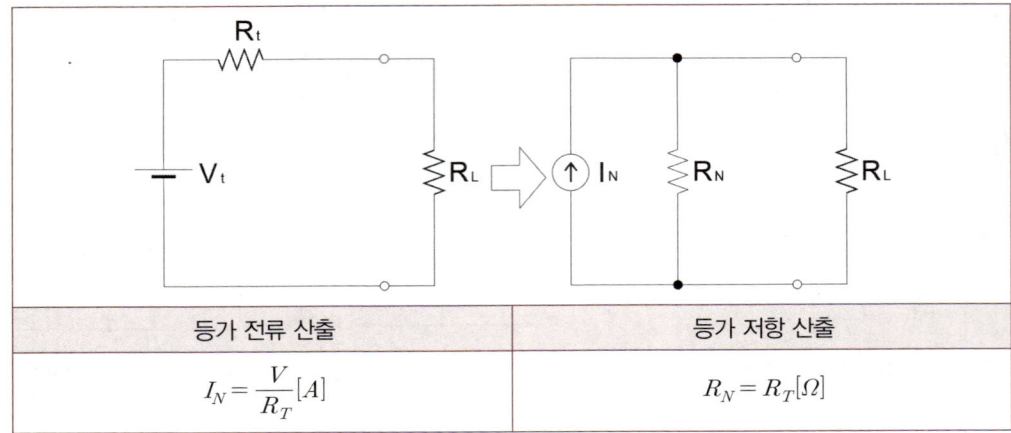

등가 전류 산출	등가 저항 산출
$I_N = \dfrac{V}{R_T}[A]$	$R_N = R_T[\Omega]$

(5) 밀만의 정리

• 회로 내 여러 개의 전압원이 병렬로 나열 될 때 회로를 해석하는 방법이다.

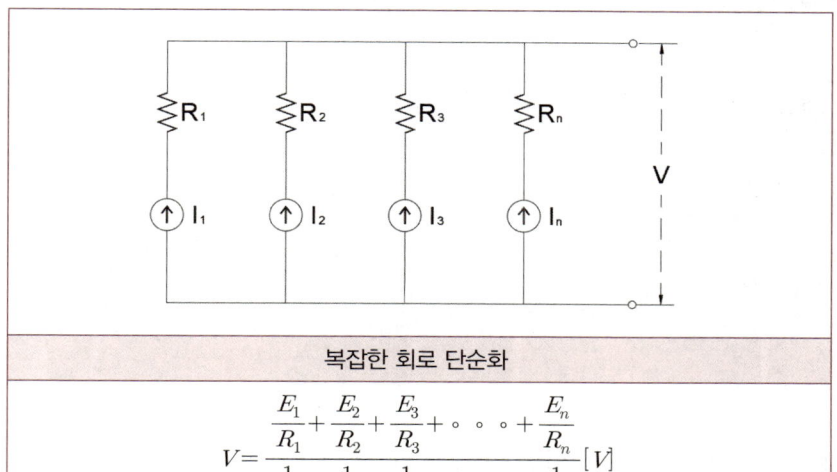

복잡한 회로 단순화

$$V = \frac{\frac{E_1}{R_1} + \frac{E_2}{R_2} + \frac{E_3}{R_3} + \circ \circ \circ + \frac{E_n}{R_n}}{\frac{1}{R_1} + \frac{1}{R_2} + \frac{1}{R_3} + \circ \circ \circ + \frac{1}{R_n}} [V]$$

출제예상문제

01 역률 80%, 유효전력 8[kW]일 때, 무효전력 [kVar]은?

① 1.0　　　　　　　　　　② 1.6
③ 6.0　　　　　　　　　　④ 6.4

> 1) $P = VI\cos\theta$(유효전력)이며,
> $P_r = VI\sin\theta$(무효전력)이다.
> $P_r = VI\cos\theta \times \dfrac{\sin\theta}{\cos\theta}$, $\sin\theta = \sqrt{1-\cos^2\theta}$
> 2) $\sin\theta = \sqrt{1-0.8^2} = 0.6$
> $P_r = 8 \times 10^3 \times \dfrac{0.6}{0.8} = 6000[Var] = 6[kVar]$

02 어떤 회로에 $v(t) = 150\sin wt\,[V]$ 의 전압을 가하니 $i(t) = 6\sin(wt - 30°)[A]$ 의 전류가 흘렀다. 이 회로의 소비전력(유효전력)은 약 몇 [W]인가?

① 390　　　　　　　　　　② 450
③ 780　　　　　　　　　　④ 900

> 1) 삼각함수의 변환
>
>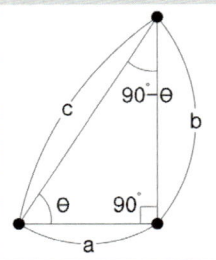
>
> $Sin(\dfrac{\pi}{2} \pm \theta) = \cos\theta$
>
> $v(t) = 150\sin wt = 150\cos(wt + 90°)$
> $i(t) = 6\cos(wt + 60°)$
>
> 2) $V = \dfrac{V_m}{\sqrt{2}} = \dfrac{150}{\sqrt{2}}$, $I = \dfrac{I_m}{\sqrt{2}} = \dfrac{6}{\sqrt{2}}$
>
> 3) $P = VI\cos\theta$
> $P = VI\cos\theta = \dfrac{150}{\sqrt{2}} \dfrac{6}{\sqrt{2}} \cos(90° - 60°) = 390[W]$

정답 01.③ 02.①

03. 어떤 회로에 $V(t) = 120\sin\omega t$의 전압을 가하니 $I(t) = 12\sin(\omega t - 30°)$의 전류가 흘렀다. 이 회로의 소비전력(유효 전력)은 약 몇 [W]인가?

① 481   ② 624   ③ 523   ④ 638

1) sin → cos전환
   이를 위해선 $\sin 0° = \cos 90° = 1$을 활용한다.
   $V(t) = 120\cos(\omega t - 90°)$, $I(t) = 12\cos(\omega t - 120°)$
2) $P = VI\cos\theta$
   $P = \dfrac{120}{\sqrt{2}} \dfrac{12}{\sqrt{2}} \cos(-90 + 120)$
   $P = \dfrac{120}{\sqrt{2}} \dfrac{12}{\sqrt{2}} \cos 30° = 623.538 \fallingdotseq 624[W]$

04. 100[V]의 교류전압에서 60[A]의 전류가 흐르는 부하가 4.8[kW]의 유효전력을 소비하고 있을 때 이 부하의 리액턴스[Ω]는?

① 1.0   ② 1.2   ③ 2.0   ④ 2.2

1) $P_a = \sqrt{P^2 + P_r^2}$, $P_r = \sqrt{P_a^2 - P^2}$
   $P_a = VI = 100 \cdot 60 = 6000[VA]$
   $P_r = \sqrt{6000^2 - 4800^2} = 3600[Var]$
2) $P_r = I^2 X$, $X = \dfrac{P_r}{I^2} = \dfrac{3600}{60^2} = 1[\Omega]$

05. 테브난의 정리를 이용하여 그림 (a)의 회로를 그림 (b)와 같은 등가회로로 만들고자 할 때 $V_{th}[V]$와 $R_{th}[\Omega]$은?

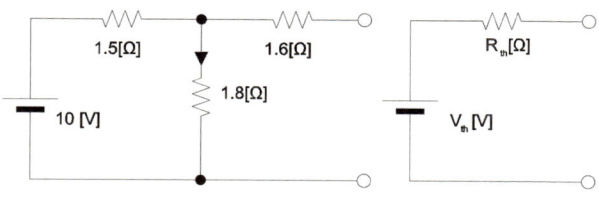

① $5.35[V], 2.62[\Omega]$ ② $5.45[V], 2.42[\Omega]$
③ $5.45[V], 2.62[\Omega]$ ④ $5.35[V], 2.42[\Omega]$

정답   03.②   04.①   05.②

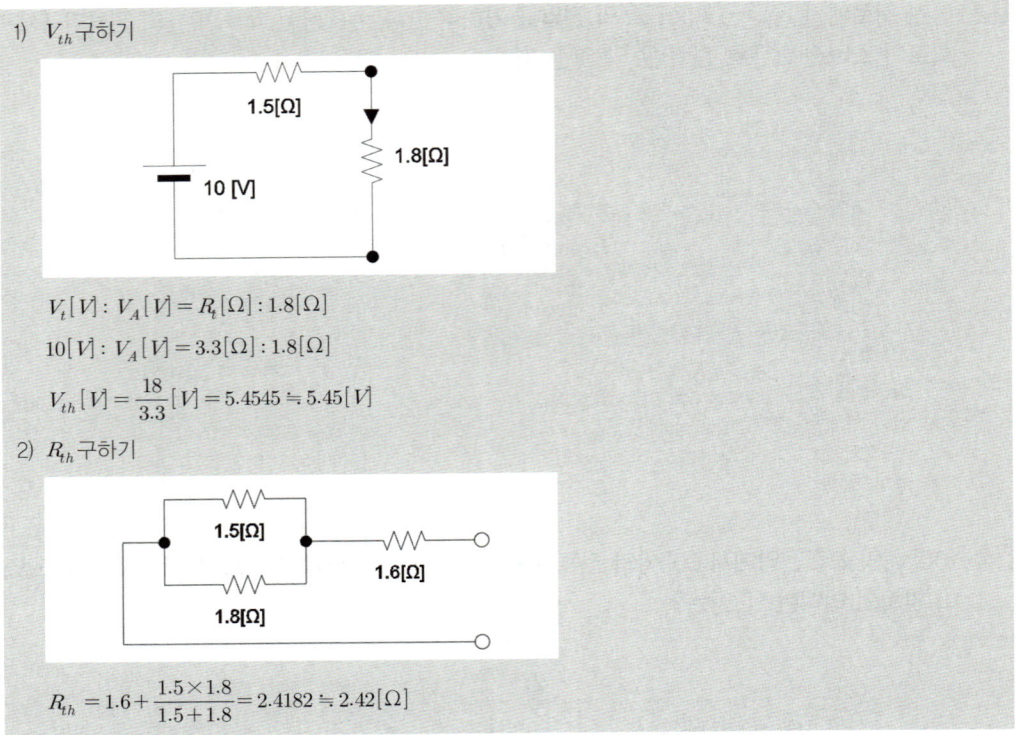

06 자기 인덕턴스 L_1, L_2가 각각 4mH, 25mH인 두 코일이 이상적인 결합이 되었다면 상호 인덕턴스는 몇 mH인가?

① 4
② 6
③ 8
④ 10

- 상호 인덕턴스에 관련된 요소이다.
  이상적인 결합에 대해선 결합계수는 '1'에 해당한다.
  $M = K\sqrt{L_1 L_2} = 1\sqrt{4 \times 25} = 10[mH]$

정답 06.④

07 회로에서 전류 I는 약 몇 [A]인가?

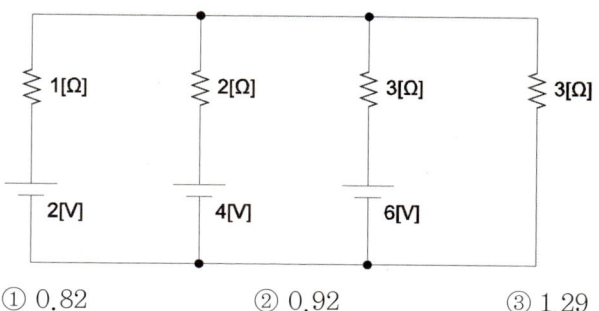

① 0.82　　② 0.92　　③ 1.29　　④ 1.38

1) 밀만의 정리를 통해서 풀 수 있다.

$$V_{3\Omega} = \frac{\frac{V_1}{R_1} + \frac{V_2}{R_2} + \frac{V_3}{R_3}}{\frac{1}{R_1} + \frac{1}{R_2} + \frac{1}{R_3}}$$

$$V_{3\Omega} = \frac{\frac{2}{1} + \frac{4}{2} + \frac{6}{3}}{\frac{1}{1} + \frac{1}{2} + \frac{1}{3}} = 3.27[V]$$

2) 3[Ω]에 주어지는 단자 전압을 산출하였다.
저항은 별도로 합산하여 밀만 저항을 산출한다.

$$R_{3\Omega} = \frac{1}{\frac{1}{1} + \frac{1}{2} + \frac{1}{3}} = 0.545[\Omega]$$

3) 최종 전류 산출

$$I = \frac{3.27}{0.545 + 3} = 0.92[A]$$

08 회로에서 저항 20[Ω]에 흐르는 전류(A)는?

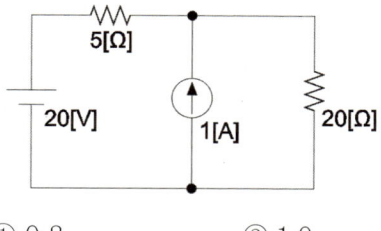

① 0.8　　② 1.0　　③ 1.8　　④ 2.8

정답　07.②　08.②

출제예상문제

[중첩의 정리]에 해당한다. (아래 순으로 산출된다.)
1) 전압원을 단락하고 전류원을 중심으로 회로를 구성한다. 전압을 단락하였을 때 1[A]는 5[Ω]과 20[Ω]에 나눠서 분배 된다.

$$1-x : x = \frac{1}{5} : \frac{1}{20}$$, 산출 시에 20[Ω]에는 1/5[A]

2) 전류원을 개방하고 전압원을 중심으로 회로를 구성한다. 전류원을 개방하였을 때 20[V]가 직렬로 20[Ω]에 전달된다. 이에 따라서

$$\frac{20[V]}{25[\Omega]} = \frac{4}{5}[A]$$

3) 두 과정을 통한 전류값을 합산하여 산출한다.

: 합산하면 $\frac{1}{5} + \frac{4}{5} = 1[A]$

09 각 상의 임피던스가 Z = 6 + j8[Ω]인 △결선의 평형 3상 부하에 선간전압이 220[V]인 대칭 3상 전압을 가했을 때 이 부하로 흐르는 선전류의 크기는 약 몇 [A]인가?

① 13
② 22
③ 38
④ 66

△결선의 경우 아래와 같다.

$$I_p = \frac{V_p}{Z}(V_p = V_l, \triangle \text{이므로})\ ,\ I_p = \frac{1}{\sqrt{3}} I_l$$

$$\frac{\sqrt{3} \times 220}{6 + j8} \fallingdotseq 38[A]$$

10 단상변압기 3대를 △결선하여 부하에 전력을 공급하고 있는 중 변압기 1대가 고장 나서 V결선으로 바꾼 경우에 고장 전과 비교하여 몇 % 출력을 낼 수 있는가?

① 57.7
② 60.6
③ 70.7
④ 86.6

$$\frac{P_V}{P_\triangle} = \frac{\sqrt{3}\ VIcos\theta}{3\ VIcos\theta} = 57.7[\%]$$

정답 09.③ 10.①

Chapter 04 제어회로

01절 논리회로

1. 논리식과 논리회로

(1) 논리식과 논리회로의 종류

회로 종류	논리식	논리 기호
OR 회로	$X = A + B$	
AND 회로	$X = A \cdot B$	
NOT 회로	$X = \overline{A}$	
XOR 회로	$X = \overline{A}B + A\overline{B}$	
NOR 회로	$X = \overline{A + B}$	
NAND 회로	$X = \overline{AB}$	

(2) 유접점 회로의 종류

OR 회로	AND 회로	NOT 회로	XOR 회로	NOR 회로	NAND 회로

2. 진리표

- 진리표에서는 얻어지는 결과에 주목해야 한다. LED를 기준으로 1은 켜는 것이고, 0은 끄는 것이다.
- 결과적으로 75% 확률로 켜는 확률을 갖기 위해서 OR회로를 적용한다.
- XOR회로는 50%확률로 켜거나 끄기 위한 회로를 구성하기 위한 것이다.

OR 회로			AND 회로			NOT 회로			XOR 회로			NOR 회로			NAND 회로		
A	B	X	A	B	X	A	B	X	A	B	X	A	B	X	A	B	X
0	0	0	0	0	0	0		1	0	0	0	0	0	1	0	0	1
1	0	1	1	0	0	1		0	1	0	1	1	0	0	1	0	1
0	1	1	0	1	0				0	1	1	0	1	0	0	1	1
1	1	1	1	1	1				1	1	0	1	1	0	1	1	0

3. 회로의 종류

(1) 자기 유지 회로

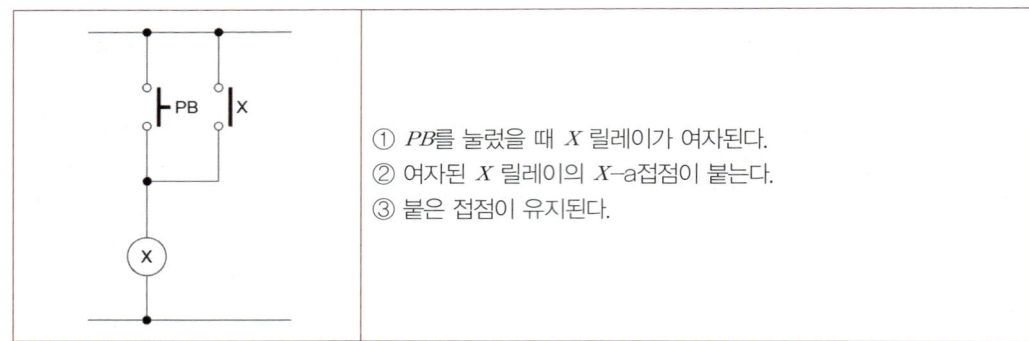

① PB를 눌렀을 때 X 릴레이가 여자된다.
② 여자된 X 릴레이의 X–a접점이 붙는다.
③ 붙은 접점이 유지된다.

(2) 인터록 회로

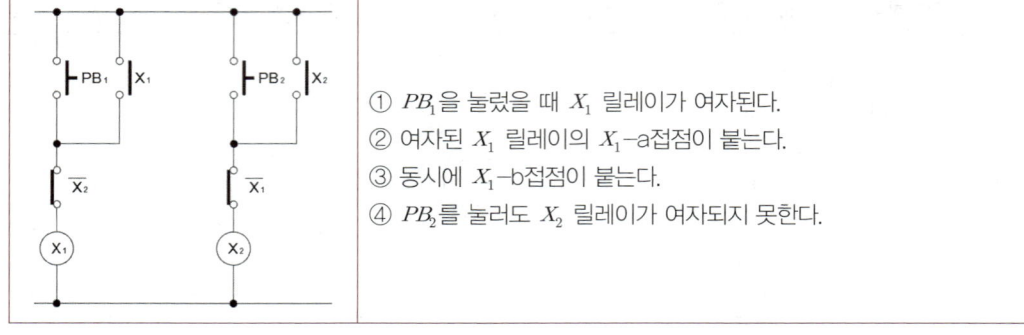

① PB_1을 눌렀을 때 X_1 릴레이가 여자된다.
② 여자된 X_1 릴레이의 X_1–a접점이 붙는다.
③ 동시에 X_1–b접점이 붙는다.
④ PB_2를 눌러도 X_2 릴레이가 여자되지 못한다.

(3) 신규 신호 우선 회로

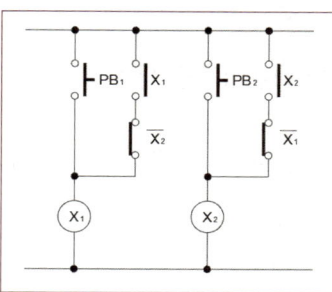

① PB_1을 눌렀을 때 X_1 릴레이가 여자된다.
② 여자된 X_1 릴레이의 X_1-a접점이 붙는다.
③ 동시에 X_1-b접점이 붙는다.
④ PB_2를 누르면 X_2 릴레이가 여자된다.
⑤ 동시에 X_2-b접점이 여자되며, X_1은 소자된다.

4. 시한 회로와 타이머 회로

(1) 여러 가지 접점 기호

- a접점은 릴레이가 동작 시에 접점이 붙어 회로가 붙는다.(단락은 고장에 쓰이는 용어이므로 혼용주의)
- b접점은 릴레이가 동작 시에 접점이 떨어져 회로가 개방된다.
- 타이머 릴레이를 통해 설정된 시간만큼 동작과 복귀 시점을 조정할 수 있다.

접점 명칭	a접점 기호	b접점 기호	설명
한시 동작 순시 복귀 접점	▶X	▶X	천천히 동작하고, 빠르게 복귀한다.
순시 동작 한시 복귀 접점	◀X	◀X	빠르게 동작하고, 천천히 복귀한다.

암기팁 화살표 방향으로 조금 더 밀었을 때 〈한시 동작 순시 복귀 접점〉의 경우 동작을 위한 거리가 길어진다.

(2) 시한 회로

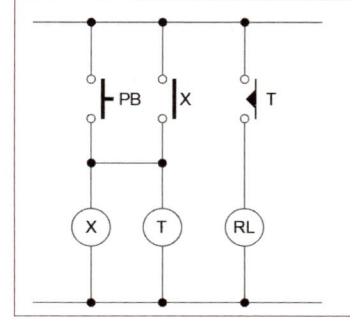

① PB을 눌렀을 때 X와 T릴레이가 여자된다.
② T릴레이가 여자되어 T-a 순시접점이 붙는다.
③ $RL(Red\,Lamp)$가 동작한다.
④ 타이머 정정 시간 이후 T-a 접점이 복귀한다.

5. 불 대수의 기본 법칙

(1) 불 대수의 법칙

- 벤다이어그램을 통해 각각의 의미하는 바를 파악하여 암기보다 이해를 할 수 있도록 하자.

불 대수 종류	합	곱
항등 법칙	$A+1=1$ $A+0=A$	$A \cdot 1 = A$ $A \cdot 0 = 0$
동일 법칙	$A+A=A$	$A \cdot A = A$
교환 법칙	$A+B=B+A$	$A \cdot B = B \cdot A$
결합 법칙	$A+(B+C)=(A+B)+C$	$A(B \cdot C)=(A \cdot B)C$
분배 법칙	$A(B+C)=AB+AC$	
흡수 법칙	$A+A \cdot B = A$	$A \cdot (A+B) = A$

출제예상문제

01 그림과 같은 논리회로의 출력 Y는?

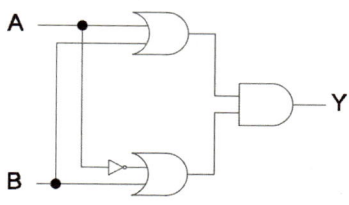

① AB
② A + B
③ A
④ B

1) 단순히 식을 정리한다.
   $(A+B)(\overline{A}+B)$
2) 식을 풀어 계산하면 아래와 같다.
   $A\overline{A}+AB+B\overline{A}+BB$
   $=AB+B+B\overline{A}$
   $=B(A+1)+B\overline{A}$
   $=B(1+\overline{A})$
   $=B$

02 논리식 $\overline{X}+XY$를 간략화 한 것은?

① $\overline{X}+Y$
② $\overline{Y}+X$
③ $\overline{X}\,Y$
④ $\overline{Y}\,X$

$\overline{X}+XY=\overline{X}+Y$
벤다이어그램을 그려서 이해하기 바란다.

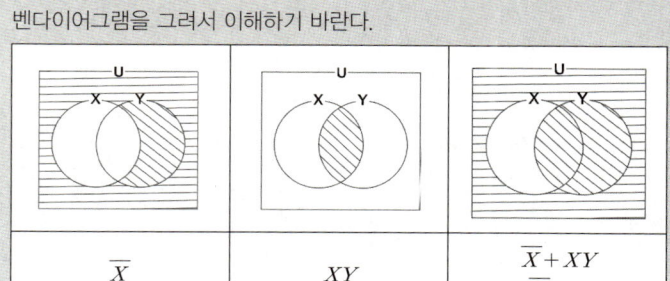

| $\overline{X}$ | XY | $\overline{X}+XY$ $\overline{X}+Y$ |

정답 01.④ 02.①

출제예상문제

03 그림의 논리회로와 등가인 논리 게이트는?

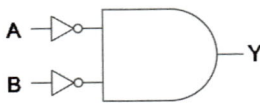

① NOR ② NAND
③ NOT ④ OR

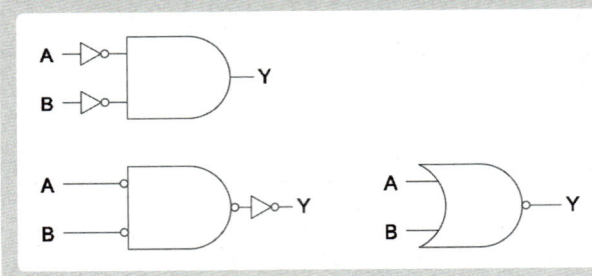

NOT은 서로 상쇄되며 아래는 모두 같은 논리회로에 해당한다.

04 그림과 같은 논리회로의 출력 Y는?

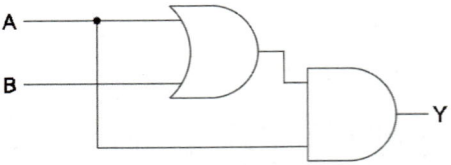

① AB ② A+B
③ A   ④ B

1) 단순히 식을 정리한다.
   $A(A+B)$
2) 식을 풀어 계산하면 아래와 같다.
   $AA + AB$
   $= A + AB$
   $= A(1+B)$
   $= A$

정답 03.① 04.③

05 논리식 $A(A+B)$를 간단히 표현하면?

① A   ② B
③ A · B   ④ A+B

$A \cap (A \cup B)$를 떠올리면 손쉽게 A임을 알 수 있다.

06 다음의 논리식 중 틀린 것은?

① $(\overline{B}+A)(A+B) = A$
② $\overline{A}(A+B) = B\overline{A}$
③ $\overline{AB+AC}+\overline{A} = \overline{A}+\overline{BC}$
④ $\overline{(\overline{A}+B)+CD} = A\overline{B}(C+D)$

①의 경우 $\overline{B}(A+B)+A(A+B)$
$= A\overline{B}+B\overline{B}+AA+AB$
$= A\overline{B}+A+AB$
$= A(1+B+\overline{B})$
$= A$

②의 경우 $\overline{A}(A+B)$
$= A\overline{A}+B\overline{A}$
$= B\overline{A}$

③의 경우 $\overline{AB+AC}+\overline{A}$
$= \overline{AB} \cdot \overline{AC}+\overline{A}$
$= (\overline{A}+\overline{B})(\overline{A}+\overline{C})+\overline{A}$
$= \overline{A}\overline{A}+\overline{A}\overline{C}+\overline{B}\overline{A}+\overline{B}\overline{C}+\overline{A}$
$= \overline{A}+\overline{A}\overline{C}+\overline{B}\overline{A}+\overline{B}\overline{C}+\overline{A}$
$= \overline{A}(1+\overline{C})+\overline{A}\overline{B}+\overline{B}\overline{C}$
$= \overline{A}(1+\overline{B})+\overline{B}\overline{C}$
$= \overline{A}+\overline{B}\overline{C}$

④의 경우 $\overline{(\overline{A}+B)+CD}$
$= \overline{(\overline{A}+B)} \cdot \overline{(CD)}$
$= \overline{\overline{A}} \cdot \overline{B}(\overline{C}+\overline{D})$
$= A\overline{B}(\overline{C}+\overline{D})$

정답 05.① 06.④

출제예상문제

07 그림의 시퀀스(계전기 접점) 회로를 논리식으로 표현하면?

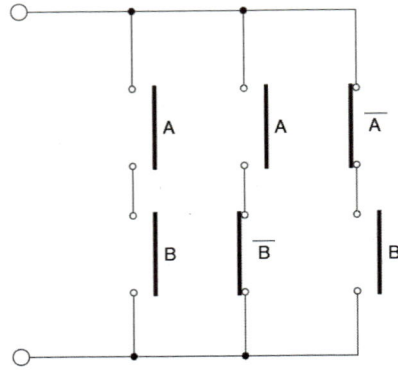

① $A+B$
② $AB+(A\overline{B})(\overline{A}B)$
③ $(A+B)(A+\overline{B})(\overline{A}+B)$
④ AB

$AB+A\overline{B}+\overline{A}B$
$=A(B+\overline{B})+\overline{A}B$
$=A+\overline{A}B$
$=A+B$

08 두 개의 입력 신호 중 한 개의 입력만이 1일 때 출력 신호가 1이 되는 논리 게이트는?

① EXCLUSIVE NOR
② NAND
③ EXCLUSIVE OR
④ AND

진리표에서 결과를 중심으로 이해했듯이 해당 부분은 XOR(EXCLUSIVE OR)을 의미한다.

정답 07.① 08.③

09 논리회로를 변환하였다. 같은 회로를 고르시오.

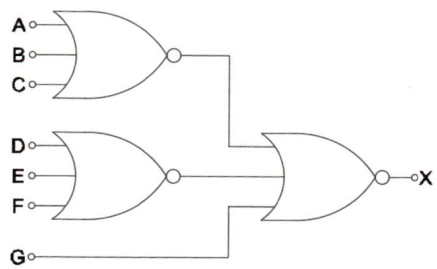

① 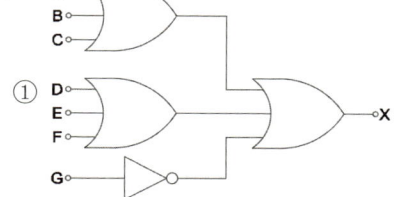 ②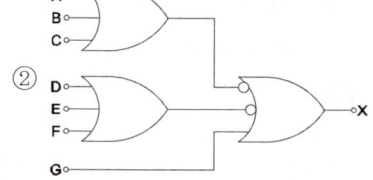

③ 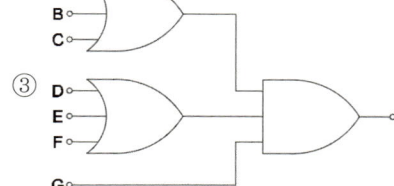 ④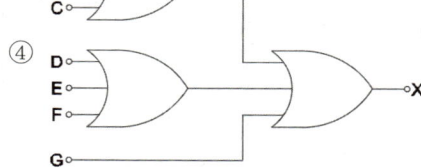

1) 식 변환

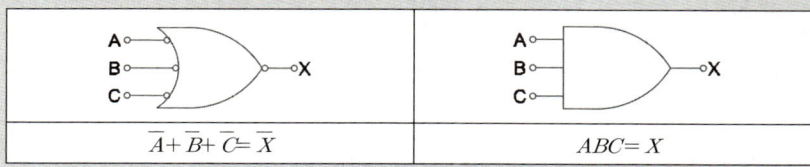

$\overline{A} + \overline{B} + \overline{C} = \overline{X}$	$ABC = X$

→ $\overline{A} + \overline{B} + \overline{C} = \overline{X}$에 대해 양측을 모두 부정할 경우 $ABC = X$가 된다.

2) 적용하기

$\overline{\overline{A+B+C} + \overline{D+E+F} + G} = \overline{X}$

$\overline{\overline{A+B+C} + \overline{D+E+F} + G} = X$

$\overline{\overline{A+B+\overline{CD}+E+F}\,G} = X$

$(A+B+C)(D+E+F)\overline{G} = X$

정답 09.①

출제예상문제

10 논리회로를 논리식으로 변환한 것을 고르면?

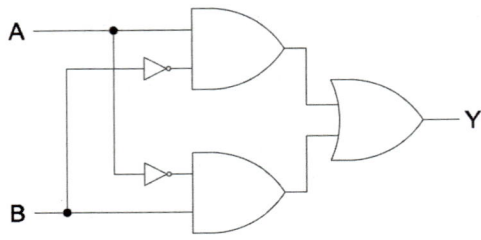

① $Y = \overline{A}\,B + A\,\overline{B}$
② $Y = \overline{A}\,B + A\,B$
③ $Y = (\overline{A} + B)(A + \overline{B})$
④ $Y = \overline{A\,B}$

해당 부분은 XOR(EXCLUSIVE OR)에 대한 논리식이다.
XOR에 대해선 아래와 같은 벤다이어그램도 확인해야 한다.

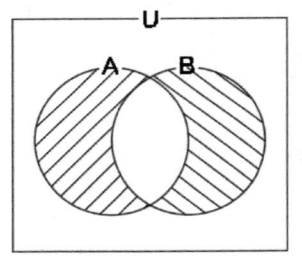

정답 10.①

Part 03

소방관계법규

Chapter 01. 소방기본법
Chapter 02. 화재의 예방 및 안전관리에 관한 법률
Chapter 03. 소방시설 설치 및 관리에 관한 법률
Chapter 04. 소방시설공사업법
Chapter 05. 위험물안전관리법

Chapter 01 소방기본법

01절 총칙

1. 목적

소방기본법은 화재를 예방·경계하거나 진압하고 화재, 재난·재해, 그 밖의 위급한 상황에서의 구조·구급 활동 등을 통하여 국민의 생명·신체 및 재산을 보호함으로써 공공의 안녕 및 질서 유지와 복리증진에 이바지함을 목적으로 한다(법 제1조).

2. 용어의 정의

이 법에서 사용하는 용어의 뜻은 다음과 같다(법 제2조).

소방대상물	건축물, 차량, 선박(「선박법」 제1조의2 제1항에 따른 선박으로서 항구에 매어둔 선박만 해당), 선박 건조 구조물, 산림, 그 밖의 인공 구조물 또는 물건
관계지역	소방대상물이 있는 장소 및 그 이웃 지역으로서 화재의 예방·경계·진압, 구조·구급 등의 활동에 필요한 지역
관계인	소방대상물의 소유자·관리자 또는 점유자
소방본부장	특별시·광역시·특별자치시·도 또는 특별자치도(이하 "시·도")에서 화재의 예방·경계·진압·조사 및 구조·구급 등의 업무를 담당하는 부서의 장
소방대 (消防隊)	화재를 진압하고 화재, 재난·재해, 그 밖의 위급한 상황에서 구조·구급 활동 등을 하기 위하여 다음의 사람으로 구성된 조직체 • 「소방공무원법」에 따른 소방공무원 • 「의무소방대설치법」 제3조에 따라 임용된 의무소방원(義務消防員) • 「의용소방대 설치 및 운영에 관한 법률」에 따른 의용소방대원(義勇消防隊員)
소방대장 (消防隊長)	소방본부장 또는 소방서장 등 화재, 재난·재해, 그 밖의 위급한 상황이 발생한 현장에서 소방대를 지휘하는 사람

(1) 소방체험관

① 시·도지사는 소방의 역사와 안전문화를 발전시키고 국민의 안전의식을 높이기 위하여 소방체험관(화재 현장에서의 피난 등을 체험할 수 있는 체험관)을 설립하여 운영할 수 있는바(법 제5조 제1항)

② 소방체험관은 다음의 기능을 수행한다(소방기본법 시행규칙 제4조의2).

> 1. 재난 및 안전사고 유형에 따른 예방, 대처, 대응 등에 관한 체험교육의 제공
> 2. 체험교육 프로그램의 개발 및 국민 안전의식 향상을 위한 홍보·전시
> 3. 체험교육 인력의 양성 및 유관기관·단체 등과의 협력
> 4. 그 밖에 체험교육을 위하여 시·도지사가 필요하다고 인정하는 사업의 수행

3. 119종합상황실

(1) 설치기관 및 기능

① 소방청장, 소방본부장 및 소방서장은 화재, 재난·재해, 그 밖에 구조·구급이 필요한 상황이 발생하였을 때에 신속한 소방활동(소방업무를 위한 모든 활동)을 위한 정보의 수집·분석과 판단·전파, 상황관리, 현장 지휘 및 조정·통제 등의 업무를 수행하기 위하여 119종합상황실을 설치·운영하여야 한다(법 제4조 제1항).

② 종합상황실은 소방청과 특별시·광역시·특별자치시·도 또는 특별자치도(이하 "시·도")의 소방본부 및 소방서에 각각 설치·운영한다(시행규칙 제2조 제1항).

③ 119종합상황실의 설치·운영에 필요한 사항은 행정안전부령으로 정한다(법 제4조 제3항).

(2) 종합상황실장의 업무 등

① 종합상황실의 실장은 다음의 어느 하나에 해당하는 상황이 발생하는 때에는 그 사실을 지체 없이 별지 제1호 서식에 따라 서면·팩스 또는 컴퓨터통신 등으로 소방서의 종합상황실의 경우는 소방본부의 종합상황실에, 소방본부의 종합상황실의 경우는 소방청의 종합상황실에 각각 보고해야 한다(제3조 제2항).

> 1. 다음에 해당하는 화재
>   가. 사망자가 5인 이상 발생하거나 사상자가 10인 이상 발생한 화재
>   나. 이재민이 100인 이상 발생한 화재
>   다. 재산피해액이 50억원 이상 발생한 화재
>   라. 관공서·학교·정부미도정공장·문화재·지하철 또는 지하구의 화재
>   마. 관광호텔 층수(「건축법 시행령」 제119조 제1항 제9호의 규정에 의하여 산정한 층수)가 11층 이상인 건축물, 지하상가, 시장, 백화점 「위험물안전관리법」 제2조 제2항의 규정에 의한 지정수량의 3천배 이상의 위험물의 제조소·저장소·취급소, 층수가 5층 이상이거나 객실이 30실 이상인 숙박시설, 층수가 5층 이상이거나 병상이 30개 이상인 종합병원·정신병원·한방병원·요양소, 연면적 1만5천 제곱미터 이상인 공장 또는 「화재의 예방 및 안전관리에 관한 법률」 제18조 제1항 각 목에 따른 화재예방강화지구에서 발생한 화재
>   바. 철도차량, 항구에 매어둔 총 톤수가 1천톤 이상인 선박, 항공기, 발전소 또는 변전소에서 발생한 화재

　　사. 가스 및 화약류의 폭발에 의한 화재
　　아. 「다중이용업소의 안전관리에 관한 특별법」제2조에 따른 다중이용업소의 화재
　2. 「긴급구조대응활동 및 현장지휘에 관한 규칙」에 의한 통제단장의 현장지휘가 필요한 재난상황
　3. 언론에 보도된 재난상황
　4. 그 밖에 소방청장이 정하는 재난상황

4. 소방박물관

(1) 설치

① 소방의 역사와 안전문화를 발전시키고 국민의 안전의식을 높이기 위하여 소방청장은 소방박물관을 설립하여 운영할 수 있다(법 제5조 제1항).

② 소방박물관의 설립과 운영에 필요한 사항은 행정안전부령으로 정한다(제2항).

(2) 조직과 운영

① 소방청장은 소방박물관을 설립·운영하는 경우에는 소방박물관에 소방박물관장 1인과 부관장 1인을 두되, 소방박물관장은 소방공무원 중에서 소방청장이 임명한다(시행규칙 제4조 제1항).

② 소방박물관에는 그 운영에 관한 중요한 사항을 심의하기 위하여 7인 이내의 위원으로 구성된 운영위원회를 둔다(제3항).

③ 소방박물관은 국내·외의 소방의 역사, 소방공무원의 복장 및 소방장비 등의 변천 및 발전에 관한 자료를 수집·보관 및 전시한다(제2항).

④ 그 밖에 소방박물관의 관광업무·조직·운영위원회의 구성 등에 관하여 필요한 사항은 소방청장이 정한다(제4항).

5. 소방의 날 제정과 운영

① 국민의 안전의식과 화재에 대한 경각심을 높이고 안전문화를 정착시키기 위하여 매년 11월 9일을 소방의 날로 정하여 기념행사를 한다(법 제7조 제1항).

② 소방의 날 행사에 관하여 필요한 사항은 소방청장 또는 시·도지사가 따로 정하여 시행할 수 있다(제2항).

02절 소방장비 및 소방용수시설 등

1. 소방력의 기준

① 소방기관이 소방업무를 수행하는 데에 필요한 인력과 장비 등[이하 "소방력"(消防力)이라 함]에 관한 기준은 행정안전부령으로 정한다(법 제8조 제1항).

② 시·도지사는 제1항에 따른 소방력의 기준에 따라 관할구역의 소방력을 확충하기 위하여 필요한 계획을 수립하여 시행하여야 한다(법 제8조 제2항).

③ 소방자동차 등 소방장비의 분류·표준화와 그 관리 등에 필요한 사항은 따로 법률에서 정한다(법 제8조 제3항).

2. 소방장비 등에 대한 국고보조

① 국가는 소방장비의 구입 등 시·도의 소방업무에 필요한 경비의 일부를 보조한다(법 제9조 제1항).

② 이에 따른 보조 대상사업의 범위와 기준보조율은 대통령령으로 정한다(제2항).

(1) 국고보조 대상사업의 범위

① 법 제9조 제2항에 따른 국고보조 대상사업의 범위는 다음 각 호와 같다(시행령 제2조 제1항).

> 1. 다음의 소방활동장비와 설비의 구입 및 설치
>   가. 소방자동차
>   나. 소방헬리콥터 및 소방정
>   다. 소방전용통신설비 및 전산설비
>   라. 그 밖에 방화복 등 소방활동에 필요한 소방장비
> 2. 소방관서용 청사의 건축[「건축법」 제2조 제1항 제8호에 따른 건축(* "건축물을 신축·증축·개축·재축하거나 건축물을 이전하는 것")]

(2) 기준가격과 기준보조율

① 시행령 제2조 제2항의 규정에 의한 국고보조산정을 위한 기준가격은 다음과 같다(시행규칙 제5조 제2항).

> 1. 국내조달품 : 정부고시가격
> 2. 수입물품 : 조달청에서 조사한 해외시장의 시가
> 3. 정부고시가격 또는 조달청에서 조사한 해외시장의 시가가 없는 물품 : 2 이상의 공신력 있는 물가조사기관에서 조사한 가격의 평균가격

② 국고보조 대상사업의 기준보조율은 「보조금 관리에 관한 법률 시행령」에서 정하는 바에 따른다(시행령 제2조 제3항).

3. 소방용수시설의 설치 및 관리 등

(1) 설치·관리자

시·도지사는 소방활동에 필요한 소화전(消火栓)·급수탑(給水塔)·저수조(貯水槽)(이하 "소방용수시설")를 설치하고 유지·관리하여야 한다. 다만, 「수도법」 제45조에 따라 소화전을 설치하는 일반수도사업자는 관할 소방서장과 사전협의를 거친 후 소화전을 설치하여야 하며, 설치 사실을 관할 소방서장에게 통지하고, 그 소화전을 유지·관리하여야 한다(법 제10조 제2항).

(2) 소방용수표지

시·도지사는 설치된 소방용수시설에 대하여 소방용수표지를 보기 쉬운 곳에 설치하여야 한다(시행규칙 제6조 제1항).

소방용수표지 (시행규칙 [별표 2])

1. **지하에 설치하는** 소화전 또는 저수조의 경우 소방용수표지는 다음의 기준에 따라 설치한다.
   - 가. 맨홀 뚜껑은 지름 648밀리미터 이상의 것으로 할 것. 다만, 승하강식 소화전의 경우에는 이를 적용하지 않는다.
   - 나. 맨홀 뚜껑에는 "소화전·주정차금지" 또는 "저수조·주정차금지"의 표시를 할 것
   - 다. 맨홀뚜껑 부근에는 노란색 반사도료로 폭 15센티미터의 선을 그 둘레를 따라 칠할 것

2. **지상에 설치하는** 소화전, 저수조 및 급수탑의 경우 소방용수표지는 다음의 기준에 따라 설치한다.
   - 가. 규격 ☞ 오른쪽 그림
   - 나. 안쪽 문자는 흰색, 바깥쪽 문자는 노란색으로, 안쪽 바탕은 붉은색, 바깥쪽 바탕은 파란색으로 하고, 반사재료를 사용해야 한다.
   - 다. 가목의 규격에 따른 소방용수표지를 세우는 것이 매우 어렵거나 부적당한 경우에는 그 규격 등을 다르게 할 수 있다.

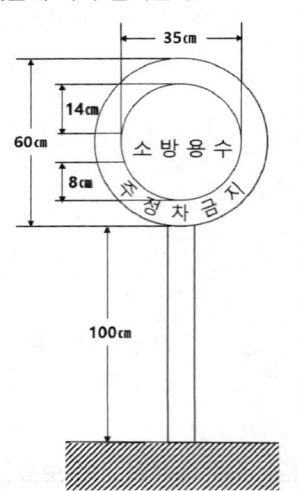

(3) 설치기준

소방용수시설의 설치기준은 [별표 3]과 같다(시행규칙 제6조 제3항).

> **소방용수시설의 설치기준** (시행규칙 [별표 3])
>
> 1. 공통기준
>   가. 국토의 계획 및 이용에 관한 법률 제36조 제1항 제1호의 규정에 의한 주거지역·상업지역 및 공업지역에 설치하는 경우 : 소방대상물과의 수평거리를 100미터 이하가 되도록 할 것
>   나. 가목 외의 지역에 설치하는 경우 : 소방대상물과의 수평거리를 140미터 이하가 되도록 할 것
> 2. 소방용수시설별 설치기준
>   가. 소화전의 설치기준 : 상수도와 연결하여 지하식 또는 지상식의 구조로 하고, 소방용호스와 연결하는 소화전의 연결금속구의 구경은 65밀리미터로 할 것
>   나. 급수탑의 설치기준 : 급수배관의 구경은 100밀리미터 이상으로 하고, 개폐밸브는 지상에서 1.5미터 이상 1.7미터 이하의 위치에 설치하도록 할 것
>   다. 저수조의 설치기준
>   (1) 지면으로부터의 낙차가 4.5미터 이하일 것
>   (2) 흡수부분의 수심이 0.5미터 이상일 것
>   (3) 소방펌프자동차가 쉽게 접근할 수 있도록 할 것
>   (4) 흡수에 지장이 없도록 토사 및 쓰레기 등을 제거할 수 있는 설비를 갖출 것
>   (5) 흡수관의 투입구가 사각형의 경우에는 한 변의 길이가 60센티미터 이상, 원형의 경우에는 지름이 60센티미터 이상일 것
>   (6) 저수조에 물을 공급하는 방법은 상수도에 연결하여 자동으로 급수되는 구조일 것

(4) 소방용수시설 및 지리조사

① 소방본부장 또는 소방서장은 원활한 소방활동을 위하여 다음 각 호의 조사를 월 1회 이상 실시하여야 한다(시행규칙 제7조 제1항).

② 그 조사결과를 2년간 보관하여야 한다(제3항).

> 1. 법 제10조의 규정에 의하여 설치된 소방용수시설에 대한 조사
> 2. 소방대상물에 인접한 도로의 폭·교통상황, 도로주변의 토지의 고저·건축물의 개황 그 밖의 소방활동에 필요한 지리에 대한 조사

③ 위 조사결과는 전자적 처리가 불가능한 특별한 사유가 없으면 전자적 처리가 가능한 방법으로 작성·관리하여야 한다(제2항).

4. 소방업무의 응원

(1) 개요

① 소방본부장이나 소방서장은 소방활동을 할 때에 긴급한 경우에는 이웃한 소방본부장 또는 소방서장에게 소방업무의 응원(應援)을 요청할 수 있다(법 제11조 제1항).

② 소방업무의 응원 요청을 받은 소방본부장 또는 소방서장은 정당한 사유 없이 그 요청을 거절하여서는 아니 된다(제2항).

③ 소방업무의 응원을 위하여 파견된 소방대원은 응원을 요청한 소방본부장 또는 소방서장의 지휘에 따라야 한다(제3항).

(2) 소방업무의 상호응원협정

① 시·도지사는 소방업무의 응원을 요청하는 경우를 대비하여 출동 대상지역 및 규모와 필요한 경비의 부담 등에 관하여 필요한 사항을 행정안전부령으로 정하는 바에 따라 이웃하는 시·도지사와 협의하여 미리 규약(規約)으로 정하여야 한다(법 제11조 제4항).

5. 소방력의 동원

(1) 개요

① 소방청장은 해당 시·도의 소방력만으로는 소방활동을 효율적으로 수행하기 어려운 화재, 재난·재해, 그 밖의 구조·구급이 필요한 상황이 발생하거나 특별히 국가적 차원에서 소방활동을 수행할 필요가 인정될 때에는 각 시·도지사에게 행정안전부령으로 정하는 바에 따라 소방력을 동원할 것을 요청할 수 있다(법 제11조의2 제1항).

② 동원 요청을 받은 시·도지사는 정당한 사유 없이 요청을 거절하여서는 아니 된다(제2항).

③ 소방청장은 시·도지사에게 동원된 소방력을 화재, 재난·재해 등이 발생한 지역에 지원·파견하여 줄 것을 요청하거나 필요한 경우 직접 소방대를 편성하여 화재진압 및 인명구조 등 소방에 필요한 활동을 하게 할 수 있다(제3항).

④ 동원된 소방대원이 다른 시·도에 파견·지원되어 소방활동을 수행할 때에는 특별한 사정이 없으면 화재, 재난·재해 등이 발생한 지역을 관할하는 소방본부장 또는 소방서장의 지휘에 따라야 한다. 다만, 소방청장이 직접 소방대를 편성하여 소방활동을 하게 하는 경우에는 소방청장의 지휘에 따라야 한다(제4항).

03절 소방활동 등

1. 소방활동

① 소방청장, 소방본부장 또는 소방서장은 화재, 재난·재해, 그 밖의 위급한 상황이 발생하였을 때에는 소방대를 현장에 신속하게 출동시켜 화재진압과 인명구조·구급 등 소방에 필요한 활동(이하 "소방활동")을 하게 하여야 한다(법 제16조 제1항).

② 누구든지 정당한 사유 없이 출동한 소방대의 소방활동을 방해하여서는 아니 된다(제2항).

⇨ 〈제2항 위반 시 벌칙〉 5년 이하의 징역 또는 5천만원 이하의 벌금

2. 소방지원활동

(1) 소방지원활동의 내용

① 소방청장·소방본부장 또는 소방서장은 공공의 안녕질서 유지 또는 복리증진을 위하여 필요한 경우 소방대로 하여금 소방활동 외에 다음의 활동(이하 "소방지원활동")을 하게 할 수 있다(제16조의2 제1항).

> 1. 산불에 대한 예방·진압 등 지원활동
> 2. 자연재해에 따른 급수·배수 및 제설 등 지원활동
> 3. 집회·공연 등 각종 행사 시 사고에 대비한 근접대기 등 지원활동
> 4. 화재, 재난·재해로 인한 피해복구 지원활동
> 5. 그 밖에 행정안전부령으로 정하는 다음의 활동
>   • 군·경찰 등 유관기관에서 실시하는 훈련지원 활동
>   • 소방시설 오작동 신고에 따른 조치활동
>   • 방송제작 또는 촬영 관련 지원활동

② 소방지원활동은 제16조의 소방활동 수행에 지장을 주지 아니하는 범위에서 할 수 있다(제2항).

3. 생활안전활동

① 소방청장·소방본부장 또는 소방서장은 신고가 접수된 생활안전 및 위험제거 활동(화재, 재난·재해, 그 밖의 위급한 상황에 해당하는 것은 제외)에 대응하기 위하여 소방대를 출동시켜 다음 각 호의 활동(이하 "생활안전활동")을 하게 하여야 한다(법 제16조의3 제1항).

> 1. 붕괴, 낙하 등이 우려되는 고드름, 나무, 위험 구조물 등의 제거활동
> 2. 위해동물, 벌 등의 포획 및 퇴치 활동
> 3. 끼임, 고립 등에 따른 위험제거 및 구출 활동

> 4. 단전사고 시 비상전원 또는 조명의 공급
> 5. 그 밖에 방치하면 급박해질 우려가 있는 위험을 예방하기 위한 활동

② 누구든지 정당한 사유 없이 출동하는 소방대의 생활안전활동을 방해하여서는 아니 된다(제2항). ⇨ 〈제2항 위반 시 벌칙〉 **100만원 이하의 벌금**

4. 소방지원활동 등의 기록관리

① 소방대원은 소방지원활동 및 생활안전활동(이하 "소방지원활동등")을 한 경우 별지 제3호의2 서식의 소방지원활동등 기록지에 해당 활동상황을 상세히 기록하고, 소속 소방관서에 3년간 보관해야 한다(시행규칙 제8조의5 제1항).

② 소방본부장은 소방지원활동등의 상황을 종합하여 연 2회 소방청장에게 보고해야 한다(제2항).

5. 소방교육·훈련

(1) 개요

① 소방청장, 소방본부장 또는 소방서장은 소방업무를 전문적이고 효과적으로 수행하기 위하여 소방대원에게 필요한 교육·훈련을 실시하여야 한다(법 제17조 제1항).

② 이에 따른 교육·훈련의 종류 및 대상자, 그 밖에 교육·훈련의 실시에 필요한 사항은 행정안전부령으로 정한다(제4항).

③ 소방청장, 소방본부장 또는 소방서장은 화재를 예방하고 화재 발생 시 인명과 재산피해를 최소화하기 위하여 다음에 해당하는 사람을 대상으로 행정안전부령으로 정하는 바에 따라 소방안전에 관한 교육과 훈련(이하 "소방안전교육훈련")을 실시할 수 있다. 이 경우 소방청장, 소방본부장 또는 소방서장은 해당 어린이집·유치원·학교·장애인복지시설·아동복지시설의 장 또는 노인복지시설의 장과 교육일정 등에 관하여 협의하여야 한다(제2항).

> 1. 「영유아보육법」 제2조에 따른 어린이집의 영유아
> 2. 「유아교육법」 제2조에 따른 유치원의 유아
> 3. 「초·중등교육법」 제2조에 따른 학교의 학생
> 4. 「장애인복지법」 제58조에 따른 장애인복지시설에 거주하거나 해당 시설을 이용하는 장애인
> 5. 「아동복지법」 제52조에 따른 아동복지시설에 거주하거나 해당 시설을 이용하는 아동
> 6. 「노인복지법」 제31조에 따른 노인복지시설에 거주하거나 해당 시설을 이용하는 노인

6. 소방안전교육사

(1) 의의

① 소방청장은 법 제17조 제2항에 따른 소방안전교육을 위하여 **소방청장이 실시하는 시험에 합격한 사람**에게 소방안전교육사 자격을 부여한다(법 제17조의2 제1항).
② 소방안전교육사는 소방안전교육의 **기획·진행·분석·평가 및 교수업무를 수행**한다(제2항).

(2) 소방안전교육사 시험

소방안전교육사 시험의 실시에 필요한 사항은 **대통령령**으로 정한다(제3항). 그 내용은 다음과 같다.

소방안전교육훈련의 시설, 장비, 강사자격 및 교육방법 등의 기준 (시행규칙 [별표 3의3])

1. 응시자격
- 소방공무원으로서 다음의 어느 하나에 해당하는 사람
  - 소방공무원으로 3년 이상 근무한 경력이 있는 사람
  - 중앙소방학교 또는 지방소방학교에서 2주 이상의 소방안전교육사 관련 전문교육과정을 이수한 사람
- 「초·중등교육법」 제21조에 따라 교원의 자격을 취득한 사람
- 「유아교육법」 제22조에 따라 교원의 자격을 취득한 사람
- 「영유아보육법」 제21조에 따라 어린이집의 원장 또는 보육교사의 자격을 취득한 사람(보육교사 자격을 취득한 사람은 보육교사 자격을 취득한 후 3년 이상의 보육업무 경력이 있는 사람만 해당)
- 다음 각 목의 어느 하나에 해당하는 기관에서 교육학과, 응급구조학과, 의학과, 간호학과 또는 소방안전 관련 학과 등 소방청장이 고시하는 학과에 개설된 교과목 중 소방안전교육과 관련하여 소방청장이 정하여 고시하는 교과목을 총 6학점 이상 이수한 사람
  - 「고등교육법」 제2조 제1호부터 제6호까지의 규정의 어느 하나에 해당하는 학교
  - 「학점인정 등에 관한 법률」 제3조에 따라 학습과정의 평가인정을 받은 교육훈련기관
- 「국가기술자격법」 제2조 제3호에 따른 국가기술자격의 직무분야 중 안전관리 분야(국가기술자격의 직무분야 및 국가기술자격의 종목 중 중직무분야의 안전관리)의 기술사 자격을 취득한 사람
- 「소방시설 설치 및 관리에 관한 법률」 제25조에 따른 소방시설관리사 자격을 취득한 사람
- 「국가기술자격법」 제2조 제3호에 따른 국가기술자격의 직무분야 중 안전관리 분야의 기사 자격을 취득한 후 안전관리 분야에 1년 이상 종사한 사람
- 「국가기술자격법」 제2조 제3호에 따른 국가기술자격의 직무분야 중 안전관리 분야의 산업기사 자격을 취득한 후 안전관리 분야에 3년 이상 종사한 사람
- 「간호법」 제4조에 따라 간호사 면허를 취득한 후 간호업무 분야에 1년 이상 종사한 사람
- 「응급의료에 관한 법률」 제36조 제2항에 따라 1급 응급구조사 자격을 취득한 후 응급의료 업무 분야에 1년 이상 종사한 사람
- 「응급의료에 관한 법률」 제36조 제3항에 따라 2급 응급구조사 자격을 취득한 후 응급의료 업무 분야에 3년 이상 종사한 사람
- 특급 소방안전관리자 자격을 갖춘 사람

- 1급 소방안전관리자 자격을 갖춘 후 소방안전관리대상물의 소방안전관리에 관한 실무경력이 1년 이상 있는 사람
- 2급 소방안전관리자 자격을 갖춘 후 소방안전관리대상물의 소방안전관리에 관한 실무경력이 3년 이상 있는 사람
- 「의용소방대 설치 및 운영에 관한 법률」 제3조에 따라 의용소방대원으로 임명된 후 5년 이상 의용소방대 활동을 한 경력이 있는 사람
- 「국가기술자격법」 제2조 제3호에 따른 국가기술자격의 직무분야 중 위험물 중직무분야의 기능장 자격을 취득한 사람

※ 경력 필요자 정리

1년	안전관리 분야 기사, 간호사, 1급 응급구조사, 1급 소방안전관리자
3년	소방공무원, 보육교사, 안전관리 분야 산업기사, 2급 응급구조사, 2급 소방안전관리자
5년	의용소방대원

(3) 소방안전교육사의 결격사유

다음의 어느 하나에 해당하는 사람은 소방안전교육사가 될 수 없다(법 제17조의3).

1. 피성년후견인
2. 금고 이상의 실형을 선고받고 그 집행이 끝나거나(집행이 끝난 것으로 보는 경우를 포함) 집행이 면제된 날부터 2년이 지나지 아니한 사람
3. 금고 이상의 형의 집행유예를 선고받고 그 유예기간 중에 있는 사람
4. 법원의 판결 또는 다른 법률에 따라 자격이 정지되거나 상실된 사람

(4) 소방안전교육사의 배치

① 소방안전교육사를 소방청, 소방본부 또는 소방서, 그 밖에 대통령령으로 정하는 대상(*한국소방안전원, 한국소방산업기술원)에 배치할 수 있다(제17조의5 제1항).
② 소방안전교육사의 배치대상 및 배치기준, 그 밖에 필요한 사항은 대통령령으로 정한다(제2항).

소방안전교육사의 배치대상별 배치기준 (시행령 [별표 2의3])

배치대상	배치기준(단위 : 명)
소방청	2 이상
소방본부	2 이상
소방서	1 이상
한국소방안전원	본회 : 2 이상, 시·도지부 : 1 이상
한국소방산업기술원	2 이상

7. 소방신호

① 화재예방, 소방활동 또는 소방훈련을 위하여 사용되는 소방신호의 종류와 방법은 행정안전부령으로 정한다(법 제18조).

② 소방신호의 종류는 다음과 같다(시행규칙 제10조 제1항).

> 1. **경계신호** : 화재예방상 필요하다고 인정되거나 「화재의 예방 및 안전관리에 관한 법률」 제20조의 규정에 의한 화재위험경보시 발령
> 2. **발화신호** : 화재가 발생한 때 발령
> 3. **해제신호** : 소화활동이 필요없다고 인정되는 때 발령
> 4. **훈련신호** : 훈련상 필요하다고 인정되는 때 발령

③ 소방신호의 종류별 소방신호의 방법은 다음의 [별표 4]와 같다(제2항).

소방신호의 방법 (시행규칙 [별표 4])

신호방법 종별	타종신호	싸이렌신호	그 밖의 신호
경계신호	1타와 연2타를 반복	5초 간격을 두고 30초씩 3회	"통풍대" "게시판" 화재경보발령중 (적색/백색)
발화신호	난타	5초 간격을 두고 5초씩 3회	
해제신호	상당한 간격을 두고 1타씩 반복	1분간 1회	"기" (적색/백색)
훈련신호	연3타 반복	10초 간격을 두고 1분씩 3회	

• 비고
1. 소방신호의 방법은 그 전부 또는 일부를 함께 사용할 수 있다.
2. 게시판을 철거하거나 통풍대 또는 기를 내리는 것으로 소방활동이 해제되었음을 알린다.
3. 소방대의 비상소집을 하는 경우에는 훈련신호를 사용할 수 있다.

8. 화재 등의 통지

① 화재 현장 또는 구조·구급이 필요한 사고 현장을 발견한 사람은 그 현장의 상황을 소방본부, 소방서 또는 관계 행정기관에 지체 없이 알려야 한다(법 제19조 제1항).

⇨ 〈화재 현장 또는 구조·구급이 필요한 상황을 거짓으로 알린 자의 벌칙〉 **500만원 이하의 과태료**

② 다음의 어느 하나에 해당하는 지역 또는 장소에서 화재로 오인할 만한 우려가 있는 불을 피우거나 연막(煙幕) 소독을 하려는 자는 시·도의 조례로 정하는 바에 따라 관할 소방본부장 또는 소방서장에게 신고하여야 한다(제2항). ▷ 〈신고를 하지 아니하여 소방자동차를 출동하게 한 자의 벌칙〉 **20만원 이하의 과태료**

> 1. 시장지역
> 2. 공장·창고가 밀집한 지역
> 3. 목조건물이 밀집한 지역
> 4. 위험물의 저장 및 처리시설이 밀집한 지역
> 5. 석유화학제품을 생산하는 공장이 있는 지역
> 6. 그 밖에 시·도의 조례로 정하는 지역 또는 장소

9. 관계인의 소방활동 등

① 관계인(* 소방대상물의 소유자·관리자 또는 점유자)은 소방대상물에 화재, 재난·재해, 그 밖의 위급한 상황이 발생한 경우에는 소방대가 현장에 도착할 때까지 경보를 울리거나 대피를 유도하는 등의 방법으로 사람을 구출하는 조치 또는 불을 끄거나 불이 번지지 아니하도록 필요한 조치를 하여야 한다(법 제20조 제1항). ▷ 〈불이행 시 벌칙〉 **100만원 이하의 벌금**

② 관계인은 소방대상물에 화재, 재난·재해, 그 밖의 위급한 상황이 발생한 경우에는 이를 소방본부, 소방서 또는 관계 행정기관에 지체 없이 알려야 한다(제2항).

▷ 〈통지 불이행 시 벌칙〉 **500만원 이하의 과태료**

10. 소방자동차의 우선 통행 등

① 모든 차와 사람은 소방자동차(지휘를 위한 자동차와 구조·구급차를 포함)가 화재진압 및 구조·구급 활동을 위하여 출동을 할 때에는 이를 방해하여서는 아니 된다(법 제21조 제1항). ▷ 〈방해 시 벌칙〉 **5년 이하의 징역 또는 5천만원 이하의 벌금**

② 소방자동차가 화재진압 및 구조·구급 활동을 위하여 출동하거나 훈련을 위하여 필요할 때에는 사이렌을 사용할 수 있다(제2항).

③ 모든 차와 사람은 소방자동차가 화재진압 및 구조·구급 활동을 위하여 제2항에 따라 사이렌을 사용하여 출동하는 경우에는 다음의 행위를 하여서는 아니 된다(제3항).

▷ 〈위반 시 벌칙〉 **200만원 이하의 과태료**

> 1. 소방자동차에 진로를 양보하지 아니하는 행위
> 2. 소방자동차 앞에 끼어들거나 소방자동차를 가로막는 행위
> 3. 그 밖에 소방자동차의 출동에 지장을 주는 행위

④ 제3항의 경우를 제외하고 소방자동차의 우선 통행에 관하여는 「도로교통법」에서 정하는 바에 따른다(제4항).

11. 소방자동차 전용구역 등

(1) 의의

① 「건축법」 제2조 제2항 제2호에 따른 공동주택 중 대통령령으로 정하는 공동주택의 건축주는 제16조 제1항에 따른 소방활동의 원활한 수행을 위하여 공동주택에 소방자동차 전용구역을 설치하여야 한다(법 제21조의2 제1항).

② 누구든지 전용구역에 차를 주차하거나 전용구역에의 진입을 가로막는 등의 방해행위를 하여서는 아니 된다(제2항). ⇨ 〈위반 시 벌칙〉 100만원 이하의 과태료

③ 방해행위의 기준은 다음과 같다(시행령 제7조의14).

> 1. 전용구역에 물건 등을 쌓거나 주차하는 행위
> 2. 전용구역의 앞면, 뒷면 또는 양 측면에 물건 등을 쌓거나 주차하는 행위. 다만, 「주차장법」 제19조에 따른 부설주차장의 주차구획 내에 주차하는 경우는 제외한다.
> 3. 전용구역 진입로에 물건 등을 쌓거나 주차하여 전용구역으로의 진입을 가로막는 행위
> 4. 전용구역 노면표지를 지우거나 훼손하는 행위
> 5. 그 밖의 방법으로 소방자동차가 전용구역에 주차하는 것을 방해하거나 전용구역으로 진입하는 것을 방해하는 행위

(2) 전용구역 설치 대상

법 제21조의2 제1항에서 "대통령령으로 정하는 공동주택"이란 다음 각 호의 주택을 말한다. 다만, 하나의 대지에 하나의 동(棟)으로 구성되고 「도로교통법」 제32조 또는 제33조에 따라 정차 또는 주차가 금지된 편도 2차선 이상의 도로에 직접 접하여 소방자동차가 도로에서 직접 소방활동이 가능한 공동주택은 제외한다(시행령 제7조의12).

> 1. 「건축법 시행령」 [별표 1] 제2호 가목(주택으로 쓰는 층수가 5개 층 이상)의 아파트 중 세대수가 100세대 이상인 아파트
> 2. 「건축법 시행령」 [별표 1] 제2호 라목의 기숙사 중 3층 이상의 기숙사

(3) 전용구역의 설치 기준·방법

① 시행령 제7조의12 각 호 외의 부분 본문에 따른 공동주택의 건축주는 소방자동차가 접근하기 쉽고 소방활동이 원활하게 수행될 수 있도록 각 동별 전면 또는 후면에 소방자동차 전용구역을 1개소 이상 설치해야 한다. 다만, 하나의 전용구역에서 여러 동에 접근하여

소방활동이 가능한 경우로서 소방청장이 정하는 경우에는 각 동별로 설치하지 않을 수 있다(시행령 제7조의13 제1항).

② 전용구역의 설치 방법은 다음의 [별표 2의5]와 같다(제2항).

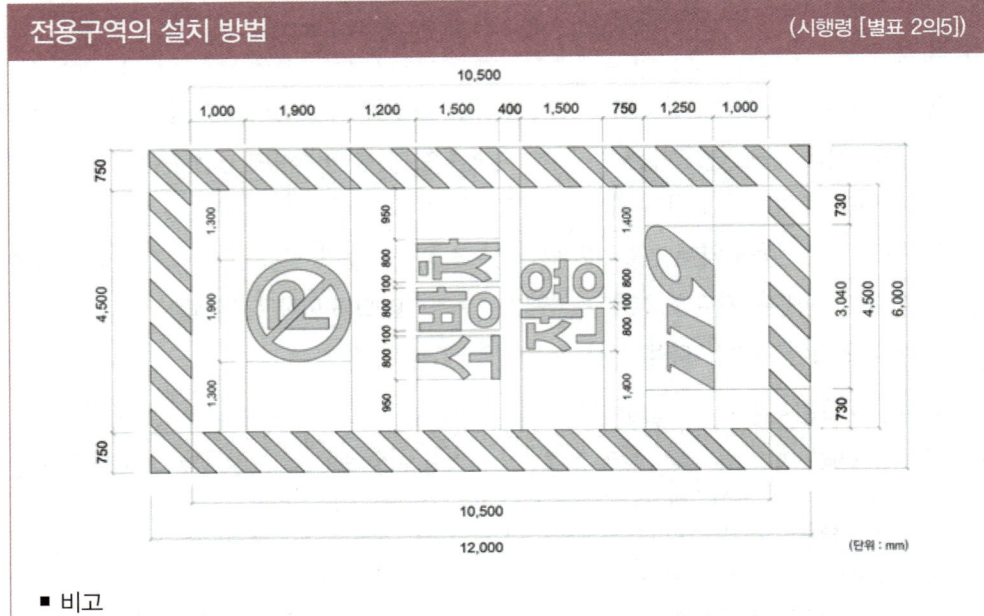

- 비고
  1. 전용구역 노면표지의 외곽선은 빗금무늬로 표시하되, 빗금은 두께를 30센티미터로 하여 50센티미터 간격으로 표시한다.
  2. 전용구역 노면표지 도료의 색채는 황색을 기본으로 하되, 문자(P, 소방차 전용)는 백색으로 표시한다.

12. 소방자동차 교통안전 분석 시스템 구축·운영

(1) 의의

① 소방청장 또는 소방본부장은 대통령령으로 정하는 소방자동차에 행정안전부령으로 정하는 기준에 적합한 "운행기록장치"를 장착하고 운용하여야 한다(법 제21조의3 제1항).

※ "대통령령으로 정하는 소방자동차" : 「소방장비관리법 시행령」 제6조 및 별표 1 제1호 가목에 따른 다음 각 호의 소방자동차

1. 소방펌프차
2. 소방물탱크차
3. 소방화학차
4. 소방고가차(消防高架車)
5. 무인방수차
6. 구조차
7. 그 밖에 소방청장이 소방자동차의 안전한 운행 및 교통사고 예방을 위하여 운행기록장치 장착이 필요하다고 인정하여 정하는 소방자동차

② 소방청장은 소방자동차의 안전한 운행 및 교통사고 예방을 위하여 운행기록장치 데이터의 수집·저장·통합·분석 등의 업무를 전자적으로 처리하기 위한 시스템("소방자동차 교통안전 분석 시스템")을 구축·운영할 수 있다(제2항).
③ 소방청장, 소방본부장 및 소방서장은 소방자동차 교통안전 분석 시스템으로 처리된 자료("전산자료")를 이용하여 소방자동차의 장비운용자 등에게 어떠한 불리한 제재나 처벌을 하여서는 아니 된다(제3항).

13. 소방활동구역의 설정

(1) 의의

① 소방대장은 화재, 재난·재해, 그 밖의 위급한 상황이 발생한 현장에 소방활동구역을 정하여 소방활동에 필요한 사람으로서 대통령령으로 정하는 사람 외에는 그 구역에 출입하는 것을 제한할 수 있다(법 제23조 제1항). ⇨ 〈위반하여 출입 시 벌칙〉 **200만원 이하의 과태료**
② 경찰공무원은 소방대가 소방활동구역에 있지 아니하거나 소방대장의 요청이 있을 때에는 제1항에 따른 조치를 할 수 있다(법 제23조 제2항).

(2) 소방활동구역의 출입자

"대통령령으로 정하는 사람"이란 다음의 사람을 말한다(시행령 제8조).

1. 소방활동구역 안에 있는 소방대상물의 소유자·관리자 또는 점유자
2. 전기·가스·수도·통신·교통의 업무에 종사하는 사람으로서 원활한 소방활동을 위하여 필요한 사람
3. 의사·간호사 그 밖의 구조·구급업무에 종사하는 사람
4. 취재인력 등 보도업무에 종사하는 사람
5. 수사업무에 종사하는 사람
6. 그 밖에 소방대장이 소방활동을 위하여 출입을 허가한 사람

14. 소방활동 종사 명령

(1) 의의

소방본부장, 소방서장 또는 소방대장은 화재, 재난·재해, 그 밖의 위급한 상황이 발생한 현장에서 소방활동을 위하여 필요할 때에는 그 관할구역에 사는 사람 또는 그 현장에 있는 사람으로 하여금 사람을 구출하는 일 또는 불을 끄거나 불이 번지지 아니하도록 하는 일을 하게 할 수 있다. 이 경우 소방본부장, 소방서장 또는 소방대장은 소방활동에 필요한 보호장구를 지급하는 등 안전을 위한 조치를 하여야 한다(법 제24조 제1항).
⇨ 〈제24조 제1항에 따른 사람을 구출하는 일 또는 불을 끄거나 불이 번지지 아니하도록 하는 일을 방해한 사람의 벌칙〉 **5년 이하의 징역 또는 5천만원 이하의 벌금**

(2) 소방활동의 비용 지급

소방활동에 종사한 사람은 시·도지사로부터 소방활동의 비용을 지급받을 수 있다. 다만, 다음 각 호의 어느 하나에 해당하는 사람의 경우에는 그러하지 아니하다(제3항).

> 1. 소방대상물에 화재, 재난·재해, 그 밖의 위급한 상황이 발생한 경우 그 관계인
> 2. 고의 또는 과실로 화재 또는 구조·구급 활동이 필요한 상황을 발생시킨 사람
> 3. 화재 또는 구조·구급 현장에서 물건을 가져간 사람

15. 강제처분 등

(1) 소방대상물 및 토지의 사용 또는 사용제한 처분

① 소방본부장, 소방서장 또는 소방대장은 사람을 구출하거나 불이 번지는 것을 막기 위하여 필요할 때에는 화재가 발생하거나 불이 번질 우려가 있는 소방대상물 및 토지를 일시적으로 사용하거나 그 사용의 제한 또는 소방활동에 필요한 처분을 할 수 있다(법 제25조 제1항).
  ⇨ 〈제25조 제1항에 따른 처분을 방해한 자 또는 정당한 사유 없이 그 처분에 따르지 아니한 자의 벌칙〉 3년 이하의 징역 또는 3천만원 이하의 벌금

② 소방본부장, 소방서장 또는 소방대장은 사람을 구출하거나 불이 번지는 것을 막기 위하여 긴급하다고 인정할 때에는 제1항에 따른 소방대상물 또는 토지 외의 소방대상물과 토지에 대하여 제1항에 따른 처분을 할 수 있다(제2항).
  ⇨ 〈제25조 제2항에 따른 처분을 방해한 자 또는 정당한 사유 없이 그 처분에 따르지 아니한 자의 벌칙〉 300만원 이하의 벌금

(2) 차량 및 물건 등의 제거 또는 이동

① 소방본부장, 소방서장 또는 소방대장은 소방활동을 위하여 긴급하게 출동할 때에는 소방자동차의 통행과 소방활동에 방해가 되는 주차 또는 정차된 차량 및 물건 등을 제거하거나 이동시킬 수 있다(제25조 제3항). ⇨ 〈제25조 제3항에 따른 처분을 방해한 자 또는 정당한 사유 없이 그 처분에 따르지 아니한 자의 벌칙〉 300만원 이하의 벌금

② 이 경우 소방본부장, 소방서장 또는 소방대장은 관할 지방자치단체 등 관련 기관에 견인차량과 인력 등에 대한 지원을 요청할 수 있고, 요청을 받은 관련 기관의 장은 정당한 사유가 없으면 이에 협조하여야 한다(제4항).

③ 시·도지사는 견인차량과 인력 등을 지원한 자에게 시·도의 조례로 정하는 바에 따라 비용을 지급할 수 있다(제5항).

16. 소방용수시설 또는 비상소화장치의 사용금지 등

누구든지 다음의 어느 하나에 해당하는 행위를 하여서는 아니 된다(법 제28조).

⇨ 〈위반 시 벌칙〉 **5년 이하의 징역 또는 5천만원 이하의 벌금**

1. 정당한 사유 없이 소방용수시설 또는 비상소화장치를 사용하는 행위
2. 정당한 사유 없이 손상·파괴, 철거 또는 그 밖의 방법으로 소방용수시설 또는 비상소화장치의 효용(效用)을 해치는 행위
3. 소방용수시설 또는 비상소화장치의 정당한 사용을 방해하는 행위

04절 한국소방안전원

1. 개요

① 소방기술과 안전관리기술의 향상 및 홍보, 그 밖의 교육·훈련 등 행정기관이 위탁하는 업무의 수행과 소방 관계 종사자의 기술 향상을 위하여 한국소방안전원(이하 "안전원"이라 한다)을 소방청장의 인가를 받아 설립한다.
② 제1항에 따라 설립되는 안전원은 법인으로 한다.
③ 안전원에 관하여 이 법에 규정된 것을 제외하고는 「민법」 중 재단법인에 관한 규정을 준용한다.

2. 안전원의 조직과 운영

(1) 안전원의 조직체계

① 안전원에 임원으로 원장 1명을 포함한 9명 이내의 이사와 1명의 감사를 둔다(법 제44조의 2 제1항).
② 원장과 감사는 소방청장이 임명한다(제2항).

(2) 안전원의 업무

안전원은 다음의 업무를 수행한다(법 제41조).

1. 소방기술과 안전관리에 관한 교육 및 조사·연구
2. 소방기술과 안전관리에 관한 각종 간행물 발간
3. 화재 예방과 안전관리의식 고취를 위한 대국민 홍보
4. 소방업무에 관하여 행정기관이 위탁하는 업무
   ※ 벌칙 적용에서 공무원 의제 : 이 경우 위탁받은 업무에 종사하는 안전원의 임직원은 「형법」 제129조부터 제132조까지(* 수뢰, 사전수뢰, 제3자뇌물제공, 수뢰후부정처사, 사후수뢰, 알선수뢰)를 적용할 때에는 공무원으로 본다(법 제49조의3).
5. 소방안전에 관한 국제협력
6. 그 밖에 회원에 대한 기술지원 등 정관으로 정하는 사항

05절 보칙 및 벌칙

1. 손실보상

(1) 손실보상의 대상

소방청장 또는 시·도지사는 다음의 어느 하나에 해당하는 자에게 손실보상심의위원회의 심사·의결에 따라 정당한 보상을 하여야 한다(법 제49조의2 제1항).

> 1. 제16조의3 제1항(* 생활안전활동)에 따른 조치로 인하여 손실을 입은 자
> 2. 제24조 제1항 전단(* 소방활동 종사 명령)에 따른 소방활동 종사로 인하여 사망하거나 부상을 입은 자
> 3. 제25조 제2항 또는 제3항(* 강제처분)에 따른 처분으로 인하여 손실을 입은 자. 다만, 같은 조 제3항 (* 소방자동차의 통행과 소방활동에 방해가 되는 주차 또는 정차)에 해당하는 경우로서 법령을 위반하여 소방자동차의 통행과 소방활동에 방해가 된 경우는 제외한다.
> 4. 제27조 제1항 또는 제2항(* 위험시설 등에 대한 긴급조치)에 따른 조치로 인하여 손실을 입은 자
> 5. 그 밖에 소방기관 또는 소방대의 적법한 소방업무 또는 소방활동으로 인하여 손실을 입은 자

(2) 손실보상의 소멸시효

손실보상을 청구할 수 있는 권리는 손실이 있음을 안 날부터 3년, 손실이 발생한 날부터 5년간 행사하지 아니하면 시효의 완성으로 소멸한다(제2항).

(3) 손실보상의 지급절차

① 소방기관 또는 소방대의 적법한 소방업무 또는 소방활동으로 인하여 발생한 손실을 보상받으려는 자는 행정안전부령으로 정하는 보상금 지급 청구서에 손실내용과 손실금액을 증명할 수 있는 서류를 첨부하여 소방청장 또는 시·도지사에게 제출하여야 한다. 이 경우 소방청장등은 손실보상금의 산정을 위하여 필요하면 손실보상을 청구한 자에게 증빙·보완 자료의 제출을 요구할 수 있다(시행령 제12조 제1항).

② 소방청장등은 손실보상심의위원회의 심사·의결을 거쳐 특별한 사유가 없으면 보상금 지급 청구서를 받은 날부터 60일 이내에 보상금 지급 여부 및 보상금액을 결정하여야 한다(제2항).

③ 소방청장 등은 제2항 또는 제3항에 따른 결정일부터 10일 이내에 행정안전부령으로 정하는 바에 따라 결정 내용을 청구인에게 통지하고, 보상금을 지급하기로 결정한 경우에는 특별한 사유가 없으면 통지한 날부터 30일 이내에 보상금을 지급하여야 한다(제4항).

(4) 손실보상심의위원회

① 소방청장 또는 시·도지사(이하 "소방청장등")는 손실보상청구 사건을 심사·의결하기 위하여 필요한 경우 각각 손실보상심의위원회를 구성·운영할 수 있다(법 제49조의2 제3항, 시행령 제13조 제1항).

② 손실보상의 기준, 보상금액, 지급절차 및 방법, 손실보상심의위원회의 구성 및 운영, 그 밖에 필요한 사항은 대통령령으로 정한다(법 제49조의2 제5항).

③ 위원회의 설치 및 구성
   보상위원회는 위원장 1명을 포함하여 5명 이상 7명 이하의 위원으로 구성한다. 다만, 청구금액이 100만원 이하인 사건에 대해서는 제3항 제1호(* 소속 소방공무원)에 해당하는 위원 3명으로만 구성할 수 있다(제2항).

④ 보상위원회의 위원은 다음 각 호의 어느 하나에 해당하는 사람 중에서 소방청장등이 위촉하거나 임명한다. 이 경우 제2항 본문에 따라 보상위원회를 구성할 때에는 위원의 과반수는 성별을 고려하여 소방공무원이 아닌 사람으로 하여야 한다(제3항).

> 1. 소속 소방공무원
> 2. 판사·검사 또는 변호사로 5년 이상 근무한 사람
> 3. 「고등교육법」 제2조에 따른 학교에서 법학 또는 행정학을 가르치는 부교수 이상으로 5년 이상 재직한 사람
> 4. 「보험업법」 제186조에 따른 손해사정사
> 5. 소방안전 또는 의학 분야에 관한 학식과 경험이 풍부한 사람

⑤ 위촉되는 위원의 임기는 2년으로 한다. 다만, 법 제49조의2 제4항에 따라 보상위원회가 해산되는 경우에는 그 해산되는 때에 임기가 만료되는 것으로 한다(제4항).

⑥ 위원회의 사무를 처리하기 위하여 보상위원회에 간사 1명을 두되, 간사는 소속 소방공무원 중에서 소방청장등이 지명한다(제5항).

⑦ 위원회의 위원장
   - 제13조 제3항 제1호에 따른 위원(* 소속 소방공무원) 중에서 소방청장등이 지명한다(제14조 제1항).
   - 보상위원장은 위원회를 대표하며, 위원회의 업무를 총괄한다(제2항).
   - 만약 보상위원장이 부득이한 사유로 직무를 수행할 수 없는 때에는 보상위원장이 미리 지명한 위원이 그 직무를 대행한다(제3항).

⑧ 손실보상심의위원회의 해산
   - 소방청장등은 손실보상심의위원회의 구성 목적을 달성하였다고 인정하는 경우에는 손실보상심의위원회를 해산할 수 있다(법 제49조의2 제4항).

2. 형벌

(1) 5년 이하의 징역 또는 5천만원 이하의 벌금 (법 제50조)

1. 제16조 제2항을 위반하여 다음의 어느 하나에 해당하는 행위를 한 사람
   가. 위력(威力)을 사용하여 출동한 소방대의 화재진압·인명구조 또는 구급활동을 방해하는 행위
   나. 소방대가 화재진압·인명구조 또는 구급활동을 위하여 현장에 출동하거나 현장에 출입하는 것을 고의로 방해하는 행위
   다. 출동한 소방대원에게 폭행 또는 협박을 행사하여 화재진압·인명구조 또는 구급활동을 방해하는 행위
   라. 출동한 소방대의 소방장비를 파손하거나 그 효용을 해하여 화재진압·인명구조 또는 구급활동을 방해하는 행위
2. 제21조 제1항을 위반하여 소방자동차의 출동을 방해한 사람
3. 제24조 제1항에 따른 사람을 구출하는 일 또는 불을 끄거나 불이 번지지 아니하도록 하는 일을 방해한 사람
4. 제28조를 위반하여 정당한 사유 없이 소방용수시설 또는 비상소화장치를 사용하거나 소방용수시설 또는 비상소화장치의 효용을 해치거나 그 정당한 사용을 방해한 사람

(2) 3년 이하의 징역 또는 3천만원 이하의 벌금 (법 제51조)

제25조 제1항(* 소방대상물 및 토지의 일시적 사용 또는 사용제한)에 따른 처분을 방해한 자 또는 정당한 사유 없이 그 처분에 따르지 아니한 자

(3) 300만원 이하의 벌금 (법 제52조)

제25조 제2항(* 제1항 이외의 소방대상물 및 토지의 일시적 사용 또는 사용제한) 및 제3항(* 소방활동에 방해가 되는 주차 또는 정차된 차량 및 물건 등의 제거 또는 이동)에 따른 처분을 방해한 자 또는 정당한 사유 없이 그 처분에 따르지 아니한 자

(4) 100만원 이하의 벌금 (법 제54조)

1. 제16조의3 제2항을 위반하여 정당한 사유 없이 소방대의 생활안전활동을 방해한 자
2. 제20조 제1항을 위반하여 정당한 사유 없이 소방대가 현장에 도착할 때까지 사람을 구출하는 조치 또는 불을 끄거나 불이 번지지 아니하도록 하는 조치를 하지 아니한 사람
3. 제26조 제1항(* 화재, 재난·재해, 그 밖의 위급한 상황이 발생하여 사람의 생명을 위험하게 할 것으로 인정할 때에는 일정한 구역을 지정하여 그 구역에 있는 사람에게 그 구역 밖으로 피난할 것을 명령)에 따른 피난 명령을 위반한 사람
4. 제27조 제1항을 위반하여 정당한 사유 없이 물의 사용이나 수도의 개폐장치의 사용 또는 조작을 하지 못하게 하거나 방해한 자

5. 제27조 제2항(* 가스·전기 또는 유류 등의 시설에 대하여 위험물질의 공급을 차단)에 따른 조치를 정당한 사유 없이 방해한 자

3. 과태료

(1) 500만원 이하의 과태료 (법 제56조 제1항)

1. 제19조 제1항을 위반하여 화재 또는 구조·구급이 필요한 상황을 거짓으로 알린 사람
2. 정당한 사유 없이 제20조 제2항을 위반하여 화재, 재난·재해, 그 밖의 위급한 상황을 소방본부, 소방서 또는 관계 행정기관에 알리지 아니한 관계인

(2) 200만원 이하의 과태료 (법 제56조 제2항)

1. 제17조의6 제5항을 위반하여 한국119청소년단 또는 이와 유사한 명칭을 사용한 자
2. 제21조 제3항을 위반하여 소방자동차의 출동에 지장을 준 자
3. 제23조 제1항을 위반하여 소방활동구역을 출입한 사람
4. 제44조의3을 위반하여 한국소방안전원 또는 이와 유사한 명칭을 사용한 자

(3) 100만원 이하의 과태료 (법 제56조 제3항)

제21조의2 제2항을 위반하여 전용구역에 차를 주차하거나 전용구역에의 진입을 가로막는 등의 방해행위를 한 자

※ 위 과태료는 대통령령으로 정하는 바에 따라 관할 시·도지사, 소방본부장 또는 소방서장이 부과·징수한다.

(4) 20만원 이하의 과태료 (법 제57조)

제19조 제2항(* 화재 등의 통지)에 따른 신고를 하지 아니하여 소방자동차를 출동하게 한 자

※ 위 과태료는 조례로 정하는 바에 따라 관할 소방본부장 또는 소방서장이 부과·징수한다.

출제예상문제

01 「소방기본법」상 소방대의 구성원으로 옳은 것은?

> ㄱ. 소방안전관리자 ㄴ. 의무소방원 ㄷ. 자체소방대원
> ㄹ. 의용소방대원 ㅁ. 자위소방대원

① ㄱ, ㄷ ② ㄴ, ㄹ
③ ㄴ, ㅁ ④ ㄷ, ㅁ

소방대는 화재를 진압하고 화재, 재난·재해, 그 밖의 위급한 상황에서 구조·구급 활동 등을 하기 위하여 소방공무원, 의무소방원, 의용소방대원으로 구성된 조직체이다(법 제2조).

02 「소방기본법」상 소방업무에 관한 종합계획의 수립·시행 등에 대한 설명이다. ( ) 안에 들어갈 내용으로 옳은 것은?

> (가)은 화재, 재난·재해, 그 밖의 위급한 상황으로부터 국민의 생명·신체 및 재산을 보호하기 위하여 소방업무에 관한 종합계획을 (나)마다 수립·시행 하여야 하고, 이에 필요한 재원을 확보하도록 노력하여야 한다.

	(가)	(나)		(가)	(나)
①	소방청장	3년	②	소방청장	5년
③	행정안전부장관	3년	④	행정안전부장관	5년

소방기본법 제6조 제1항에 규정된 내용이다.

03 「소방기본법」상 시·도지사가 소방활동에 필요하여 설치하고 유지·관리하는 소방용수시설로 옳지 않은 것은?

① 소화전 ② 저수조
③ 급수탑 ④ 상수도소화용수설비

시·도지사는 소방활동에 필요한 소화전(消火栓)·급수탑(給水塔)·저수조(貯水槽)(이하 "소방용수시설")를 설치하고 유지·관리하여야 한다(법 제10조 제2항 본문).

정답 01.② 02.② 03.④

출제예상문제

04 「소방기본법」 및 같은 법 시행령상 비상소화장치 설치대상 지역을 있는 대로 모두 고른 것은?

> ㄱ. 위험물의 저장 및 처리 시설이 밀집한 지역
> ㄴ. 석유화학제품을 생산하는 공장이 있는 지역
> ㄷ. 소방시설·소방용수시설 또는 소방출동로가 없는 지역
> ㄹ. 시·도지사가 비상소화장치의 설치가 필요하다고 인정하는 지역

① ㄱ, ㄴ
② ㄷ, ㄹ
③ ㄱ, ㄴ, ㄷ
④ ㄱ, ㄴ, ㄷ, ㄹ

모두 화재예방강화지구에 속해서 비상소화장치를 설치할 수 있다(시행령 제2조의2).

05 「소방기본법」 및 같은 법 시행규칙상 소방지원활동으로 옳지 않은 것은?

① 소방시설 오작동 신고에 따른 조치활동
② 낙하 등이 우려되는 고드름 등의 제거활동
③ 자연재해에 따른 제설 등 지원활동
④ 공연 등 각종 행사 시 사고에 대비한 근접대기 등 지원활동

낙하 등이 우려되는 고드름 등의 제거활동은 생활안전활동이다(법 제16조의3 제1항).

06 「소방기본법 시행규칙」상 현장지휘훈련을 받아야 할 소방공무원의 계급으로 옳은 것은?

① 소방장
② 소방위
③ 소방준감
④ 소방총감

현장지휘훈련을 받아야 할 소방공무원의 계급은 소방정, 소방령, 소방경, 소방위이다(시행규칙 [별표 3의2]).

정답 04.④ 05.② 06.②

07 「소방기본법」 및 같은 법 시행령상 소방안전교육사와 관련된 규정의 내용으로 옳지 않은 것은?

① 소방안전교육사는 소방안전교육의 기획·진행·분석·평가 및 교수업무를 수행한다.
② 금고 이상의 형의 집행유예를 선고받고 그 유예기간 중에 있는 사람은 소방안전교육사가 될 수 없다.
③ 초등학교 등 교육기관에는 소방안전교육사를 1명 이상 배치하여야 한다.
④ 「유아교육법」에 따라 교원의 자격을 취득한 사람은 소방안전교육사 시험에 응시할 수 있다.

소방안전교육사의 배치대상별 배치기준(시행령 [별표 2의3])에는 초등학교 등 교육기관에는 소방안전교육사 배치 기준이 없다.

08 「소방기본법」상 소방대가 현장에 도착할 때까지 관계인의 소방활동 조치에 해당하지 않는 것은?

① 사람을 구출하는 조치
② 소방활동구역을 설정하는 조치
③ 경보를 울리거나 대피를 유도하는 조치
④ 불을 끄거나 불이 번지지 않도록 하는 조치

관계인은 소방대상물에 화재, 재난·재해, 그 밖의 위급한 상황이 발생한 경우에는 소방대가 현장에 도착할 때까지 경보를 울리거나 대피를 유도하는 등의 방법으로 사람을 구출하는 조치 또는 불을 끄거나 불이 번지지 아니하도록 필요한 조치를 하여야 한다(법 제20조 제1항).

09 「소방기본법」 및 같은 법 시행령상 소방자동차 전용구역 등에 대한 내용으로 옳지 않은 것은?

① 소방자동차 전용구역의 설치 기준·방법, 방해행위의 기준, 그 밖에 필요한 사항은 대통령령으로 정한다.
② 전용구역에 주차하거나 전용구역에의 진입을 가로막는 등의 방해행위를 한 자에게는 200만원 이하의 과태료를 부과한다.
③ 「건축법 시행령」 별표 1 제2호 가목의 아파트 중 세대수가 100세대 이상인 아파트의 건축주는 소방활동의 원활한 수행을 위하여 공동주택에 소방자동차 전용구역을 설치하여야 한다.
④ 「건축법 시행령」 별표 1 제2호 라목의 기숙사 중 3층인 기숙사가 하나의 대지에 하나의 동(棟)으로 구성되고, 「도로교통법」 제32조 또는 제33조에 따라 정차 또는 주차가 금지된 편도 2차선 이상의 도로에 직접 접하여 소방자동차가 도로에서 직접 소방활동이 가능한 경우 소방자동차 전용구역 설치대상에서 제외한다.

전용구역에 차를 주차하거나 전용구역에의 진입을 가로막는 등의 방해행위를 한 자에게는 100만원 이하의 과태료를 부과한다.

정답 07.③ 08.② 09.②

출제예상문제

10 「소방기본법」 및 같은 법 시행령상 손실보상에 관한 설명 중 ( ) 안에 들어갈 숫자로 옳은 것은?

> - 손실보상을 청구할 수 있는 권리는 손실이 있음을 안 날부터 (가)년, 손실이 발생한 날부터 (나)년간 행사하지 아니하면 시효의 완성으로 소멸한다.
> - 소방청장등은 손실보상심의위원회의 심사·의결을 거쳐 특별한 사유가 없으면 보상금 지급 청구서를 받은 날부터 (다)일 이내에 보상금 지급 여부 및 보상금액을 결정하여야 한다.
> - 소방청장등은 결정일부터 (라)일 이내에 행정안전부령으로 정하는 바에 따라 결정 내용을 청구인에게 통지하고, 보상금을 지급하기로 결정한 경우에는 특별한 사유가 없으면 통지한 날부터 (마)일 이내에 보상금을 지급하여야 한다.

	(가)	(나)	(다)	(라)	(마)
①	3	5	60	10	30
②	5	3	60	12	20
③	3	5	50	12	30
④	5	3	50	10	20

법 제49조의2 제2항, 시행령 제12조 제2항·제4항에 규정된 내용이다.

정답 10.①

Chapter 02 화재의 예방 및 안전관리에 관한 법률

01절 총칙

1. 목적

화재의 예방과 안전관리에 필요한 사항을 규정함으로써 화재로부터 국민의 생명·신체 및 재산을 보호하고 공공의 안전과 복리 증진에 이바지함을 목적으로 한다(법 제1조).

2. 용어의 정의

이 법에서 사용하는 용어의 뜻은 다음과 같다(법 제2조 제1항).

예방	화재의 위험으로부터 사람의 생명·신체 및 재산을 보호하기 위하여 화재발생을 사전에 제거하거나 방지하기 위한 모든 활동
안전관리	화재로 인한 피해를 최소화하기 위한 예방, 대비, 대응 등의 활동
화재안전조사	소방청장, 소방본부장 또는 소방서장(이하 "소방관서장")이 소방대상물, 관계지역 또는 관계인에 대하여 소방시설등(「소방시설 설치 및 관리에 관한 법률」 제2조 제1항 제2호에 따른 소방시설등)이 소방 관계 법령에 적합하게 설치·관리되고 있는지, 소방대상물에 화재의 발생 위험이 있는지 등을 확인하기 위하여 실시하는 현장조사·문서열람·보고요구 등을 하는 활동
화재예방강화지구	특별시장·광역시장·특별자치시장·도지사 또는 특별자치도지사(이하 "시·도지사")가 화재발생 우려가 크거나 화재가 발생할 경우 피해가 클 것으로 예상되는 지역에 대하여 화재의 예방 및 안전관리를 강화하기 위해 지정·관리하는 지역
화재예방안전진단	화재가 발생할 경우 사회·경제적으로 피해 규모가 클 것으로 예상되는 소방대상물에 대하여 화재위험요인을 조사하고 그 위험성을 평가하여 개선대책을 수립하는 것

02절 화재안전조사

1. 개요

소방관서장은 다음의 어느 하나에 해당하는 경우 화재안전조사를 실시할 수 있다. 다만, 개인의 주거(실제 주거용도로 사용되는 경우에 한정)에 대한 화재안전조사는 관계인의 승낙이 있거나 화재발생의 우려가 뚜렷하여 긴급한 필요가 있는 때에 한정한다(법 제7조 제1항).

1. 「소방시설 설치 및 관리에 관한 법률」 제22조에 따른 자체점검이 불성실하거나 불완전하다고 인정되는 경우
2. 화재예방강화지구 등 법령에서 화재안전조사를 하도록 규정되어 있는 경우
3. 화재예방안전진단이 불성실하거나 불완전하다고 인정되는 경우
4. 국가적 행사 등 주요 행사가 개최되는 장소 및 그 주변의 관계 지역에 대하여 소방안전관리 실태를 조사할 필요가 있는 경우
5. 화재가 자주 발생하였거나 발생할 우려가 뚜렷한 곳에 대한 조사가 필요한 경우
6. 재난예측정보, 기상예보 등을 분석한 결과 소방대상물에 화재의 발생 위험이 크다고 판단되는 경우
7. 제1호부터 제6호까지에서 규정한 경우 외에 화재, 그 밖의 긴급한 상황이 발생할 경우 인명 또는 재산 피해의 우려가 현저하다고 판단되는 경우

⇨ 〈제7조 제1항에 따른 화재안전조사를 정당한 사유 없이 거부·방해 또는 기피한 자의 벌칙〉 **300만원 이하의 벌금**

2. 합동조사반

소방관서장은 화재안전조사를 효율적으로 실시하기 위하여 필요한 경우 다음 각 호의 기관의 장과 합동으로 조사반을 편성하여 화재안전조사를 할 수 있다(시행령 제8조 제5항).

1. 관계 중앙행정기관 또는 지방자치단체
2. 「소방기본법」 제40조에 따른 한국소방안전원(이하 "안전원")
3. 「소방산업의 진흥에 관한 법률」 제14조에 따른 한국소방산업기술원(이하 "기술원")
4. 「화재로 인한 재해보상과 보험가입에 관한 법률」 제11조에 따른 한국화재보험협회(이하 "화재보험협회")
5. 「고압가스 안전관리법」 제28조에 따른 한국가스안전공사(이하 "가스안전공사")
6. 「전기안전관리법」 제30조에 따른 한국전기안전공사(이하 "전기안전공사")
7. 그 밖에 소방청장이 정하여 고시하는 소방 관련 법인 또는 단체

3. 화재안전조사위원회

(1) 의의

소방관서장은 화재안전조사의 대상을 객관적이고 공정하게 선정하기 위하여 필요한 경우 화재안전조사위원회를 구성하여 화재안전조사의 대상을 선정할 수 있다(법 제10조 제1항).

(2) 화재안전조사위원회의 구성

① 화재안전조사위원회(이하 "위원회")는 위원장 1명을 포함하여 7명 이내의 위원으로 성별을 고려하여 구성한다(시행령 제11조 제1항).

② 위원회의 위원장은 소방관서장이 된다(제2항).

③ 위원회의 위원은 다음의 어느 하나에 해당하는 사람 중에서 소방관서장이 임명하거나 위촉한다(제3항).

> 1. 과장급 직위 이상의 소방공무원
> 2. 소방기술사
> 3. 소방시설관리사
> 4. 소방 관련 분야의 석사 이상 학위를 취득한 사람
> 5. 소방 관련 법인 또는 단체에서 소방 관련 업무에 5년 이상 종사한 사람
> 6. 「소방공무원 교육훈련규정」 제3조 제2항에 따른 소방공무원 교육훈련기관, 「고등교육법」 제2조의 학교 또는 연구소에서 소방과 관련한 교육 또는 연구에 5년 이상 종사한 사람

④ 위촉위원의 임기는 2년으로 하며, 한 차례만 연임할 수 있다(제4항).

4. 손실보상

(1) 손실보상의 방법과 절차

① 소방청장 또는 시·도지사는 법 제14조 제1항에 따른 명령으로 인하여 손실을 입은 자가 있는 경우에는 대통령령으로 정하는 바에 따라 보상하여야 한다(법 제15조).

② 대통령령이 정하는 손실보상의 구체적 내용은 다음과 같다(시행령 제14조).

> 1. 소방청장 또는 시·도지사가 손실을 보상하는 경우에는 시가(時價)로 보상해야 한다.
> 2. 손실보상에 관하여는 소방청장 또는 시·도지사와 손실을 입은 자가 협의해야 한다.
> 3. 소방청장 또는 시·도지사는 보상금액에 관한 협의가 성립되지 않은 경우에는 그 보상금액을 지급하거나 공탁하고 이를 상대방에게 알려야 한다.
> 4. 위의 보상금 지급 또는 공탁의 통지에 불복하는 자는 지급 또는 공탁의 통지를 받은 날부터 30일 이내에 「공익사업을 위한 토지 등의 취득 및 보상에 관한 법률」 제49조에 따른 중앙토지수용위원회 또는 관할 지방토지수용위원회에 재결(裁決)을 신청할 수 있다.

03절 화재의 예방조치 등

1. 행위 금지와 예외

(1) 행위 금지

누구든지 화재예방강화지구 및 이에 준하는 대통령령으로 정하는 장소에서는 다음의 어느 하나에 해당하는 행위를 하여서는 아니 된다(법 제17조 제1항 본문).

※ "대통령령으로 정하는 장소": ① 제조소등, ②「고압가스 안전관리법」제3조 제1호에 따른 저장소, ③「액화석유가스의 안전관리 및 사업법」제2조 제1호에 따른 액화석유가스의 저장소·판매소, ④「수소경제 육성 및 수소 안전관리에 관한 법률」제2조 제7호에 따른 수소연료공급시설 및 같은 조 제9호에 따른 수소연료사용시설, ⑤「총포·도검·화약류 등의 안전관리에 관한 법률」제2조 제3항에 따른 화약류를 저장하는 장소(시행령 제16조 제1항)

> 1. 모닥불, 흡연 등 화기의 취급
> 2. 풍등 등 소형열기구 날리기
> 3. 용접·용단 등 불꽃을 발생시키는 행위
> 4. 그 밖에 대통령령으로 정하는 화재 발생 위험이 있는 다음의 행위
>   • 「위험물안전관리법」제2조 제1항 제1호에 따른 위험물(* 인화성 또는 발화성 등의 성질을 가지는 것으로서 대통령령이 정하는 물품)을 방치하는 행위

⇨ 〈정당한 사유 없이 제17조 제1항 각 호의 어느 하나에 해당하는 행위를 한 자의 벌칙〉 **300만원 이하의 과태료**

2. 행위 당사자 및 관계인에 대한 명령

① 소방관서장은 화재 발생 위험이 크거나 소화 활동에 지장을 줄 수 있다고 인정되는 행위나 물건에 대하여 행위 당사자나 그 물건의 소유자, 관리자 또는 점유자에게 다음 각 호의 명령을 할 수 있다. 다만, 제2호 및 제3호에 해당하는 물건의 소유자, 관리자 또는 점유자를 알 수 없는 경우 소속 공무원으로 하여금 그 물건을 옮기거나 보관하는 등 필요한 조치를 하게 할 수 있다(법 제17조 제2항).

> 1. 제1항 각 호의 어느 하나에 해당하는 행위의 금지 또는 제한
> 2. 목재, 플라스틱 등 가연성이 큰 물건의 제거, 이격, 적재 금지 등
> 3. 소방차량의 통행이나 소화 활동에 지장을 줄 수 있는 물건의 이동

⇨ 〈제17조 제2항 각 호의 어느 하나에 따른 명령을 정당한 사유 없이 따르지 아니하거나 방해한 자의 벌칙〉 300만원 이하의 벌금

② 옮긴 물건 등에 대한 보관기간 및 보관기간 경과 후 처리 등에 필요한 사항은 대통령령으로 정한다. 이에 따라 시행령 제17조는 다음과 같이 정하고 있다.

> 1. 소방관서장은 옮긴 물건 등을 보관하는 경우에는 그날부터 14일 동안 해당 소방관서의 인터넷 홈페이지에 그 사실을 공고해야 한다.
> 2. 옮긴 물건 등의 보관기간은 위의 공고기간의 종료일 다음 날부터 7일까지로 한다.
> 3. 소방관서장은 보관기간이 종료된 때에는 보관하고 있는 옮긴 물건 등을 매각해야 한다. 다만, 보관하고 있는 옮긴 물건 등이 부패·파손 또는 이와 유사한 사유로 정해진 용도로 계속 사용할 수 없는 경우에는 폐기할 수 있다.
> 4. 소방관서장은 보관하던 옮긴 물건 등을 매각한 경우에는 지체 없이 「국가재정법」에 따라 세입조치를 해야 한다.
> 5. 소방관서장은 매각되거나 폐기된 옮긴 물건 등의 소유자가 보상을 요구하는 경우에는 보상금액에 대하여 소유자와의 협의를 거쳐 이를 보상해야 한다.
> 6. 위 5.의 손실보상의 방법 및 절차 등에 관하여는 시행령 제14조를 준용한다.

3. 불을 사용하는 설비의 관리기준 등

보일러, 난로, 건조설비, 가스·전기시설, 그 밖에 화재 발생 우려가 있는 대통령령으로 정하는 설비 또는 기구 등(* ① 보일러, ② 난로, ③ 건조설비, ④ 가스·전기시설, ⑤ 불꽃을 사용하는 용접·용단 기구, ⑥ 노(爐)·화덕설비, ⑦ 음식조리를 위하여 설치하는 설비)의 위치·구조 및 관리와 화재 예방을 위하여 불을 사용할 때 지켜야 하는 사항은 대통령령으로 정한다(법 제17조 제4항).

> **보일러 등의 설비 또는 기구 등의 위치·구조 및 관리와 화재예방을 위하여 불을 사용할 때 지켜야 하는 사항** (시행령 [별표 1])
>
> 1. 보일러
>   가. 가연성 벽·바닥 또는 천장과 접촉하는 증기기관 또는 연통의 부분은 규조토 등 난연성 또는 불연성 단열재로 덮어씌워야 한다.
>   나. 경유·등유 등 액체연료를 사용할 때에는 다음 사항을 지켜야 한다.
>   1) 연료탱크는 보일러 본체로부터 수평거리 1미터 이상의 간격을 두어 설치할 것
>   2) 연료탱크에는 화재 등 긴급상황이 발생하는 경우 연료를 차단할 수 있는 개폐밸브를 연료탱크로부터 0.5미터 이내에 설치할 것
>   3) 연료탱크 또는 보일러 등에 연료를 공급하는 배관에는 여과장치를 설치할 것
>   4) 사용이 허용된 연료 외의 것을 사용하지 않을 것
>   5) 연료탱크가 넘어지지 않도록 받침대를 설치하고, 연료탱크 및 연료탱크 받침대는 「건축법 시행령」 제2조 제10호에 따른 불연재료(이하 "불연재료"라 한다)로 할 것

    다. 기체연료를 사용할 때에는 다음 사항을 지켜야 한다.
        1) 보일러를 설치하는 장소에는 환기구를 설치하는 등 가연성 가스가 머무르지 않도록 할 것
        2) 연료를 공급하는 배관은 금속관으로 할 것
        3) 화재 등 긴급 시 연료를 차단할 수 있는 개폐밸브를 연료용기 등으로부터 0.5미터 이내에 설치할 것
        4) 보일러가 설치된 장소에는 가스누설경보기를 설치할 것
    라. 화목(火木) 등 고체연료를 사용할 때에는 다음 사항을 지켜야 한다.
        1) 고체연료는 보일러 본체와 수평거리 2미터 이상 간격을 두어 보관하거나 불연재료로 된 별도의 구획된 공간에 보관할 것
        2) 연통은 천장으로부터 0.6미터 떨어지고, 연통의 배출구는 건물 밖으로 0.6미터 이상 나오도록 설치할 것
        3) 연통의 배출구는 보일러 본체보다 2미터 이상 높게 설치할 것
        4) 연통이 관통하는 벽면, 지붕 등은 불연재료로 처리할 것
        5) 연통재질은 불연재료로 사용하고 연결부에 청소구를 설치할 것
    마. 보일러 본체와 벽·천장 사이의 거리는 0.6미터 이상이어야 한다.
    바. 보일러를 실내에 설치하는 경우에는 콘크리트바닥 또는 금속 외의 불연재료로 된 바닥 위에 설치해야 한다.

2. 난로
    가. 연통은 천장으로부터 0.6미터 이상 떨어지고, 연통의 배출구는 건물 밖으로 0.6미터 이상 나오게 설치해야 한다.
    나. 가연성 벽·바닥 또는 천장과 접촉하는 연통의 부분은 규조토 등 난연성 또는 불연성의 단열재로 덮어씌워야 한다.

3. 건조설비
    가. 건조설비와 벽·천장 사이의 거리는 0.5미터 이상이어야 한다.
    나. 건조물품이 열원과 직접 접촉하지 않도록 해야 한다.
    다. 실내에 설치하는 경우에 벽·천장 및 바닥은 불연재료로 해야 한다.

4. 가스·전기시설
    가. 가스시설의 경우「고압가스 안전관리법」,「도시가스사업법」및「액화석유가스의 안전관리 및 사업법」에서 정하는 바에 따른다.
    나. 전기시설의 경우「전기사업법」및「전기안전관리법」에서 정하는 바에 따른다.

5. 불꽃을 사용하는 용접·용단 기구
    용접 또는 용단 작업장에서는 다음 각 목의 사항을 지켜야 한다. 다만,「산업안전보건법」제38조의 적용을 받는 사업장에는 적용하지 않는다.
    가. 용접 또는 용단 작업장 주변 반경 5미터 이내에 소화기를 갖추어 둘 것
    나. 용접 또는 용단 작업장 주변 반경 10미터 이내에는 가연물을 쌓아두거나 놓아두지 말 것. 다만, 가연물의 제거가 곤란하여 방화포 등으로 방호조치를 한 경우는 제외한다.

6. 노·화덕설비
    가. 실내에 설치하는 경우에는 흙바닥 또는 금속 외의 불연재료로 된 바닥에 설치해야 한다.
    나. 노 또는 화덕을 설치하는 장소의 벽·천장은 불연재료로 된 것이어야 한다.

다. 노 또는 화덕의 주위에는 녹는 물질이 확산되지 않도록 높이 0.1미터 이상의 턱을 설치해야 한다.
라. 시간당 열량이 30만킬로칼로리 이상인 노를 설치하는 경우에는 다음의 사항을 지켜야 한다.
    1)「건축법」제2조 제1항 제7호에 따른 주요구조부(이하 "주요구조부"라 한다)는 불연재료 이상으로 할 것
    2) 창문과 출입구는「건축법 시행령」제64조에 따른 60분+ 방화문 또는 60분 방화문으로 설치할 것
    3) 노 주위에는 1미터 이상 공간을 확보할 것

7. 음식조리를 위하여 설치하는 설비

「식품위생법 시행령」제21조 제8호에 따른 식품접객업 중 일반음식점 주방에서 조리를 위하여 불을 사용하는 설비를 설치하는 경우에는 다음 각 목의 사항을 지켜야 한다.
가. 주방설비에 부속된 배출덕트(공기 배출통로)는 0.5밀리미터 이상의 아연도금강판 또는 이와 같거나 그 이상의 내식성 불연재료로 설치할 것
나. 주방시설에는 동물 또는 식물의 기름을 제거할 수 있는 필터 등을 설치할 것
다. 열을 발생하는 조리기구는 반자 또는 선반으로부터 0.6미터 이상 떨어지게 할 것
라. 열을 발생하는 조리기구로부터 0.15미터 이내의 거리에 있는 가연성 주요구조부는 단열성이 있는 불연재료로 덮어 씌울 것

■ 비고
1. "보일러"란 사업장 또는 영업장 등에서 사용하는 것을 말하며, 주택에서 사용하는 가정용 보일러는 제외한다.
2. "건조설비"란 산업용 건조설비를 말하며, 주택에서 사용하는 건조설비는 제외한다.
3. "노·화덕설비"란 제조업·가공업에서 사용되는 것을 말하며, 주택에서 조리용도로 사용되는 화덕은 제외한다.
4. 보일러, 난로, 건조설비, 불꽃을 사용하는 용접·용단기구 및 노·화덕설비가 설치된 장소에는 소화기 1개 이상을 갖추어 두어야 한다.

4. 화재의 확대가 빠른 특수가연물의 취급 등

① 화재가 발생하는 경우 불길이 빠르게 번지는 고무류·플라스틱류·석탄 및 목탄 등 대통령령으로 정하는 특수가연물(特殊可燃物)의 저장 및 취급 기준은 대통령령으로 정한다(법 제17조 제5항).

② 위에서 "고무류·플라스틱류·석탄 및 목탄 등 대통령령으로 정하는 특수가연물"이란 [별표 2]에서 정하는 품명별 수량 이상의 가연물을 말한다(시행령 제19조 제1항).

특수가연물 (시행령 [별표 2])

품명		수량
면화류		200킬로그램 이상
나무껍질 및 대팻밥		400킬로그램 이상
넝마 및 종이부스러기		1,000킬로그램 이상
사류(絲類)		1,000킬로그램 이상
볏짚류		1,000킬로그램 이상
가연성 고체류		3,000킬로그램 이상
석탄·목탄류		10,000킬로그램 이상
가연성 액체류		2세제곱미터 이상
목재가공품 및 나무부스러기		10세제곱미터 이상
고무류·플라스틱류	발포시킨 것	20세제곱미터 이상
	그 밖의 것	3,000킬로그램 이상

③ 그리고 특수가연물의 저장 및 취급 기준은 아래의 [별표 3]과 같다(시행령 제19조 제2항).

특수가연물의 저장 및 취급 기준 (시행령 [별표 3])

1. **특수가연물의 저장·취급 기준**

    특수가연물은 다음 각 목의 기준에 따라 쌓아 저장해야 한다. 다만, 석탄·목탄류를 발전용(發電用)으로 저장하는 경우는 제외한다.

    가. 품명별로 구분하여 쌓을 것
    나. 다음의 기준에 맞게 쌓을 것

구분	살수설비를 설치하거나 방사능력 범위에 해당 특수가연물이 포함되도록 대형수동식소화기를 설치하는 경우	그 밖의 경우
높이	15미터 이하	10미터 이하
쌓는 부분의 바닥면적	200제곱미터(석탄·목탄류의 경우에는 300제곱미터) 이하	50제곱미터(석탄·목탄류의 경우에는 200제곱미터) 이하

    다. 실외에 쌓아 저장하는 경우 쌓는 부분이 대지경계선, 도로 및 인접 건축물과 최소 6미터 이상 간격을 둘 것. 다만, 쌓는 높이보다 0.9미터 이상 높은 「건축법 시행령」 제2조 제7호에 따른 내화구조(이하 "내화구조"라 한다) 벽체를 설치한 경우는 그렇지 않다.
    라. 실내에 쌓아 저장하는 경우 주요구조부는 내화구조이면서 불연재료여야 하고, 다른 종류의 특수가연물과 같은 공간에 보관하지 않을 것. 다만, 내화구조의 벽으로 분리하는 경우는 그렇지 않다.
    마. 쌓는 부분 바닥면적의 사이는 실내의 경우 1.2미터 또는 쌓는 높이의 1/2 중 큰 값 이상으로 간격을 두어야 하며, 실외의 경우 3미터 또는 쌓는 높이 중 큰 값 이상으로 간격을 둘 것

2. 특수가연물 표지

가. 특수가연물을 저장 또는 취급하는 장소에는 품명, 최대저장수량, 단위부피당 질량 또는 단위체적당 질량, 관리책임자 성명·직책, 연락처 및 화기취급의 금지표시가 포함된 특수가연물 표지를 설치해야 한다.

나. 특수가연물 표지의 규격은 다음과 같다.

특수가연물	
화기엄금	
품 명	합성수지류
최대저장수량(배수)	OOO톤(OO배)
단위부피당 질량 (단위체적당 질량)	OOOkg/m³
관리책임자(직책)	홍길동 팀장
연락처	02-OOO-OOOO

1) 특수가연물 표지는 한 변의 길이가 0.3미터 이상, 다른 한 변의 길이가 0.6미터 이상인 직사각형으로 할 것
2) 특수가연물 표지의 바탕은 흰색으로, 문자는 검은색으로 할 것. 다만, "화기엄금" 표시 부분은 제외한다.
3) 특수가연물 표지 중 화기엄금 표시 부분의 바탕은 붉은색으로, 문자는 백색으로 할 것

다. 특수가연물 표지는 특수가연물을 저장하거나 취급하는 장소 중 보기 쉬운 곳에 설치해야 한다.

⇨ 〈특수가연물의 저장 및 취급 기준을 위반한 자의 벌칙〉 **200만원 이하의 과태료**

5. 화재예방강화지구 지정 등

(1) 화재예방강화지구 지정 대상지역

시·도지사는 다음의 어느 하나에 해당하는 지역을 화재예방강화지구로 지정하여 관리할 수 있다(법 제18조 제1항).

1. 시장지역
2. 공장·창고가 밀집한 지역
3. 목조건물이 밀집한 지역
4. 노후·불량건축물이 밀집한 지역
5. 위험물의 저장 및 처리 시설이 밀집한 지역

6. 석유화학제품을 생산하는 공장이 있는 지역
7. 「산업입지 및 개발에 관한 법률」 제2조 제8호에 따른 산업단지(* 국가산업단지, 일반산업단지, 도시첨단산업단지, 농공단지)
8. 소방시설·소방용수시설 또는 소방출동로가 없는 지역
9. 「물류시설의 개발 및 운영에 관한 법률」 제2조 제6호에 따른 **물류단지**(* 도시첨단물류단지, 일반물류단지)
10. 그 밖에 제1호부터 제9호까지에 준하는 지역으로서 소방관서장이 화재예방강화지구로 지정할 필요가 있다고 인정하는 지역

(2) 화재안전조사

① 소방관서장은 대통령령으로 정하는 바에 따라 화재예방강화지구 안의 소방대상물의 위치·구조 및 설비 등에 대하여 화재안전조사를 하여야 한다(법 제18조 제3항).
② 소방관서장은 화재안전조사를 연 1회 이상 실시해야 한다(시행령 제20조 제1항).
③ 소방관서장은 화재안전조사를 한 결과 화재의 예방강화를 위하여 필요하다고 인정할 때에는 관계인에게 소화기구, 소방용수시설 또는 그 밖에 소방에 필요한 설비(이하 "소방설비등")의 설치(보수, 보강을 포함)를 명할 수 있다(법 제18조 제4항).
⇨ 〈명령을 정당한 사유 없이 따르지 아니한 자의 벌칙〉 **200만원 이하의 과태료**

(3) 훈련 및 교육 실시

① 소방관서장은 화재예방강화지구 안의 관계인에 대하여 대통령령으로 정하는 바에 따라 소방에 필요한 훈련 및 교육을 실시할 수 있다(법 제18조 제5항).
② 소방관서장은 소방에 필요한 훈련 및 교육을 연 1회 이상 실시할 수 있으며(시행령 제20조 제2항), 훈련 및 교육을 실시하려는 경우에는 화재예방강화지구 안의 관계인에게 훈련 또는 교육 10일 전까지 그 사실을 통보해야 한다(제3항).

04절 소방대상물의 소방안전관리

1. 소방안전관리자 및 소방안전관리보조자의 선임

특정소방대상물 중 전문적인 안전관리가 요구되는 대통령령으로 정하는 특정소방대상물(이하 "소방안전관리대상물")의 관계인은 소방안전관리업무를 수행하기 위하여 제30조 제1항에 따른 소방안전관리자 자격증을 발급받은 사람을 소방안전관리자로 선임하여야 한다. 이 경우 소방안전관리자의 업무에 대하여 보조가 필요한 대통령령으로 정하는 소방안전관리대상물의 경우에는 소방안전관리자 외에 소방안전관리보조자를 추가로 선임하여야 한다(법 제24조 제1항).

2. 다른 안전관리자의 겸직 금지

다른 안전관리자(다른 법령에 따라 전기·가스·위험물 등의 안전관리 업무에 종사하는 자)는 소방안전관리대상물 중 소방안전관리업무의 전담이 필요한 대통령령으로 정하는 소방안전관리대상물의 소방안전관리자를 겸할 수 없다. 다만, 다른 법령에 특별한 규정이 있는 경우에는 그러하지 아니하다(법 제24조 제2항)

※ "대통령령으로 정하는 소방안전관리대상물" : ① [별표 4] 제1호에 따른 특급 소방안전관리대상물, ② [별표 4] 제2호에 따른 1급 소방안전관리대상물
  ⇨ 〈제24조 제2항을 위반하여 소방안전관리자를 겸한 자의 벌칙〉 **300만원 이하의 과태료**

3. 업무대행감독 소방안전관리자 선임

법 제25조 제1항에 따른 소방안전관리대상물의 관계인(* 후술하는 '02 소방안전관리업무의 대행' 참고)은 소방안전관리업무를 대행하는 관리업자(「소방시설 설치 및 관리에 관한 법률」 제29조 제1항에 따른 소방시설관리업의 등록을 한 자)를 감독할 수 있는 사람을 지정하여 소방안전관리자로 선임할 수 있다. 이 경우 소방안전관리자로 선임된 자는 선임된 날부터 3개월 이내에 제34조에 따른 교육(* 소방안전관리자 등에 대한 교육)을 받아야 한다(법 제24조 제3항).
  ⇨ 〈제24조 제1항·제3항을 위반하여 소방안전관리자, 소방안전관리보조자를 선임하지 아니한 자의 벌칙〉
  300만원 이하의 벌금

4. 관계인과 소방안전관리자의 수행 업무

특정소방대상물(소방안전관리대상물은 제외)의 관계인과 소방안전관리대상물의 소방안전관리자는 다음의 업무를 수행한다. 다만, 제1호·제2호·제5호 및 제7호의 업무는 소방안전관리대상물의 경우에만 해당한다(법 제24조 제5항).

1. 제36조에 따른 피난계획에 관한 사항과 대통령령으로 정하는 사항이 포함된 소방계획서의 작성 및 시행
2. 자위소방대(自衛消防隊) 및 초기대응체계의 구성, 운영 및 교육
3. 「소방시설 설치 및 관리에 관한 법률」 제16조에 따른 피난시설, 방화구획 및 방화시설의 관리
4. 소방시설이나 그 밖의 소방 관련 시설의 관리
5. 제37조에 따른 **소방훈련 및 교육**(* 소방안전관리대상물 근무자 및 거주자 등에 대한 소방훈련 등)
6. 화기(火氣) 취급의 감독
7. 행정안전부령으로 정하는 바에 따른 소방안전관리에 관한 업무수행에 관한 기록·유지(제3호·제4호 및 제6호의 업무)
8. 화재발생 시 초기대응
9. 그 밖에 소방안전관리에 필요한 업무

5. 소방안전관리자 선임명령 등

소방본부장 또는 소방서장은 법 제24조 제1항에 따른 소방안전관리자 또는 소방안전관리보조자를 선임하지 아니한 소방안전관리대상물의 관계인에게 소방안전관리자 또는 소방안전관리보조자를 선임하도록 명할 수 있다(법 제28조 제1항).

소방본부장 또는 소방서장은 제24조 제5항에 따른 업무를 다하지 아니하는 특정소방대상물의 관계인 또는 소방안전관리자에게 그 업무의 이행을 명할 수 있다(제2항).

▷ 〈제1항 및 제2항에 따른 명령을 정당한 사유 없이 위반한 자의 벌칙〉 **3년 이하의 징역 또는 3천만원 이하의 벌금**

6. 소방안전관리업무의 대행

소방안전관리대상물 중 연면적 등이 일정규모 미만인 대통령령으로 정하는 소방안전관리대상물의 관계인은 법 제24조 제1항에도 불구하고 관리업자로 하여금 같은 조 제5항에 따른 소방안전관리업무 중 대통령령으로 정하는 업무를 대행하게 할 수 있다. 이 경우 법 제24조 제3항에 따라 선임된 소방안전관리자는 관리업자의 대행업무 수행을 감독하고 대행업무 외의 소방안전관리업무는 직접 수행하여야 한다(법 제25조 제1항).

※ "대통령령으로 정하는 소방안전관리대상물": ① [별표 4] 제2호 가목3)에 따른 지상층의 **층수가 11층 이상인 1급 소방안전관리대상물**(연면적 1만5천제곱미터 이상인 특정소방대상물과 아파트는 제외), ② [별표 4] 제3호에 따른 **2급 소방안전관리대상물**, ③ [별표 4] 제4호에 따른 **3급 소방안전관리대상물**(시행령 제28조 제1항)

※ "대통령령으로 정하는 업무": ① 법 제24조 제5항 제3호에 따른 **피난시설, 방화구획 및 방화시설의 관리**, ② 법 제24조 제5항 제4호에 따른 소방시설이나 그 밖의 소방 관련 시설

의 관리(시행령 제28조 제2항)

7. 선임신고 및 게시

소방안전관리대상물의 관계인이 법 제24조에 따라 소방안전관리자 또는 소방안전관리보조자를 선임한 경우에는 행정안전부령으로 정하는 바에 따라 선임한 날부터 14일 이내에 소방본부장 또는 소방서장에게 신고하고, 소방안전관리대상물의 출입자가 쉽게 알 수 있도록 소방안전관리자의 성명과 그 밖에 행정안전부령으로 정하는 사항[* ① 소방안전관리대상물의 명칭 및 등급, ② 소방안전관리자의 성명 및 선임일자, ③ 소방안전관리자의 연락처, ④ 소방안전관리자의 근무 위치(화재 수신기 또는 종합방재실)]을 게시하여야 한다(법 제26조 제1항).

⇨ 〈제1항을 위반하여 기간 내에 선임신고를 하지 아니하거나 소방안전관리자의 성명 등을 게시하지 아니한 자의 벌칙〉 **200만원 이하의 과태료**

8. 공사시공자의 건설현장 소방안전관리자 선임신고 의무

「소방시설 설치 및 관리에 관한 법률」 제15조 제1항에 따른 공사시공자(*「건설산업기본법」 제2조 제4호에 따른 건설공사를 하는 자)가 화재발생 및 화재피해의 우려가 큰 대통령령으로 정하는 특정소방대상물(이하 "건설현장 소방안전관리대상물")을 신축·증축·개축·재축·이전·용도변경 또는 대수선 하는 경우에는 제24조 제1항에 따른 소방안전관리자로서 제34조에 따른 교육을 받은 사람을 소방시설공사 착공 신고일부터 건축물 사용승인일(「건축법」 제22조에 따라 건축물을 사용할 수 있게 된 날)까지 소방안전관리자로 선임하고 행정안전부령으로 정하는 바에 따라 소방본부장 또는 소방서장에게 신고하여야 한다(법 제29조 제1항).

⇨ 〈제1항을 위반하여 소방안전관리자를 선임하지 아니한 자의 벌칙〉 **300만원 이하의 벌금**, 〈제1항을 위반하여 기간 내에 선임신고를 하지 아니한 자의 벌칙〉 **200만원 이하의 과태료**

※ "대통령령으로 정하는 특정소방대상물" : 다음의 어느 하나에 해당하는 특정소방대상물

> 1. 신축·증축·개축·재축·이전·용도변경 또는 대수선을 하려는 부분의 연면적의 합계가 1만5천제곱미터 이상인 것
> 2. 신축·증축·개축·재축·이전·용도변경 또는 대수선을 하려는 부분의 연면적이 5천제곱미터 이상인 것으로서 다음 각 목의 어느 하나에 해당하는 것
>   가. 지하층의 층수가 2개 층 이상인 것
>   나. 지상층의 층수가 11층 이상인 것
>   다. 냉동창고, 냉장창고 또는 냉동·냉장창고

9. 소방안전관리자 등에 대한 교육

(1) 교육 대상자

소방안전관리자가 되려고 하는 사람 또는 소방안전관리자(소방안전관리보조자를 포함)로 선임된 사람은 소방안전관리업무에 관한 능력의 습득 또는 향상을 위하여 행정안전부령으로 정하는 바에 따라 소방청장이 실시하는 다음의 강습교육 또는 실무교육을 받아야 한다(법 제34조 제1항).

> 1. 강습교육
>   가. 소방안전관리자의 자격을 인정받으려는 사람으로서 대통령령으로 정하는 다음의 사람
>   - 특급 소방안전관리대상물의 소방안전관리자가 되려는 사람
>   - 1급 소방안전관리대상물의 소방안전관리자가 되려는 사람
>   - 2급 소방안전관리대상물의 소방안전관리자가 되려는 사람
>   - 3급 소방안전관리대상물의 소방안전관리자가 되려는 사람
>   - 「공공기관의 소방안전관리에 관한 규정」 제2조에 따른 공공기관(* 국가 및 지방자치단체, 국공립학교, 「공공기관의 운영에 관한 법률」 제4조에 따른 공공기관, 「지방공기업법」 제49조에 따라 설립된 지방공사 또는 같은 법 제76조에 따라 설립된 지방공단, 「사립학교법」 제2조 제1항에 따른 사립학교)의 소방안전관리자가 되려는 사람
>   나. 제24조 제3항에 따른 소방안전관리자로 선임되고자 하는 사람
>   다. 제29조에 따른 소방안전관리자로 선임되고자 하는 사람
> 2. 실무교육
>   가. 제24조 제1항에 따라 선임된 소방안전관리자 및 소방안전관리보조자
>   나. 제24조 제3항에 따라 선임된 소방안전관리자

⇨ 〈실무교육을 받지 아니한 소방안전관리자 및 소방안전관리보조자의 벌칙〉 **100만원 이하의 과태료**

(2) 강습교육

① 강습교육의 실시

소방청장은 강습교육의 대상·일정·횟수 등을 포함한 강습교육의 실시계획을 매년 수립·시행해야 하며(시행규칙 제25조 제1항), 강습교육을 실시하려는 경우에는 강습교육 실시 20일 전까지 일시·장소, 그 밖에 강습교육 실시에 필요한 사항을 인터넷 홈페이지에 공고해야 한다(제2항).

(3) 실무교육

① 소방청장은 실무교육의 대상·일정·횟수 등을 포함한 실무교육의 실시 계획을 매년 수립·시행해야 하며(시행규칙 제29조 제1항), 실무교육을 실시하려는 경우에는 실무교육 실시 30일 전까지 일시·장소, 그 밖에 실무교육 실시에 필요한 사항을 인터넷 홈페이지에 공고

하고 교육대상자에게 통보해야 한다(제2항).

② 소방안전관리자는 소방안전관리자로 선임된 날부터 6개월 이내에 실무교육을 받아야 하며, 그 이후에는 2년마다(최초 실무교육을 받은 날을 기준일로 하여 매 2년이 되는 해의 기준일과 같은 날 전까지를 말함) 1회 이상 실무교육을 받아야 한다. 다만, 소방안전관리 강습교육 또는 실무교육을 받은 후 1년 이내에 소방안전관리자로 선임된 사람은 해당 강습교육 또는 실무교육을 수료한 날을 실무교육을 받은 날로 본다(제3항).

③ 소방안전관리보조자는 그 선임된 날부터 6개월(영 [별표 5] 제2호 마목에 따라 소방안전관리보조자로 지정된 사람의 경우는 3개월) 이내에 실무교육을 받아야 하며, 그 이후에는 2년마다(최초 실무교육을 받은 날을 기준일로 하여 매 2년이 되는 해의 기준일과 같은 날 전까지를 말함) 1회 이상 실무교육을 받아야 한다. 다만, 소방안전관리자 강습교육 또는 실무교육이나 소방안전관리보조자 실무교육을 받은 후 1년 이내에 소방안전관리보조자로 선임된 사람은 해당 강습교육 또는 실무교육을 수료한 날을 실무교육을 받은 날로 본다(제4항).

05절 특별관리시설물의 소방안전관리

1. 소방안전 특별관리시설물의 범위

"소방안전 특별관리시설물"이란 화재 등 재난이 발생할 경우 사회·경제적으로 피해가 큰 시설물을 말한다. 소방청장은 다음의 소방안전 특별관리시설물에 대하여 소방안전 특별관리를 하여야 한다(법 제40조 제1항).

1. 「공항시설법」 제2조 제7호의 공항시설(* 항공기의 이륙·착륙 및 항행을 위한 시설과 그 부대시설 및 지원시설, 항공 여객 및 화물의 운송을 위한 시설과 그 부대시설 및 지원시설)
2. 「철도산업발전기본법」 제3조 제2호의 철도시설(예 철도의 선로, 역시설, 철도운영을 위한 건축물·건축설비)
3. 「도시철도법」 제2조 제3호의 도시철도시설(예 도시철도의 선로, 역사, 역 시설)
4. 「항만법」 제2조 제5호의 항만시설(* 기본시설, 기능시설, 지원시설, 항만친수시설, 항만배후단지)
5. 「문화유산의 보존 및 활용에 관한 법률」 제2조 제3항의 지정문화유산 및 「자연유산의 보존 및 활용에 관한 법률」 제2조 제5호에 따른 천연기념물등인 시설(시설이 아닌 지정문화유산 및 천연기념물등을 보호하거나 소장하고 있는 시설을 포함한다)
6. 「산업기술단지 지원에 관한 특례법」 제2조 제1호의 산업기술단지(* 기업·대학·연구소·지방자치단체 등이 공동으로 인적자원개발, 과학시술발전 등의 사업을 수행하는 지역혁신의 거점이 되는 토지·건물·시설 등의 집합체)
7. 「산업입지 및 개발에 관한 법률」 제2조 제8호의 산업단지(* 국가산업단지, 일반산업단지, 도시첨단산업단지, 농공단지)
8. 「초고층 및 지하연계 복합건축물 재난관리에 관한 특별법」 제2조 제1호·제2호의 초고층 건축물 및 지하연계 복합건축물
9. 「영화 및 비디오물의 진흥에 관한 법률」 제2조 제10호의 영화상영관(* 영리를 목적으로 영화를 상영하는 장소 또는 시설) 중 수용인원 1천명 이상인 영화상영관
10. 전력용 및 통신용 지하구
11. 「한국석유공사법」 제10조 제1항 제3호의 석유비축시설
12. 「한국가스공사법」 제11조 제1항 제2호의 천연가스 인수기지 및 공급망
13. 「전통시장 및 상점가 육성을 위한 특별법」 제2조 제1호의 전통시장(* 자연발생적으로 또는 사회적·경제적 필요에 의하여 조성되고, 상품이나 용역의 거래가 상호신뢰에 기초하여 주로 전통적 방식으로 이루어지는 장소)으로서 대통령령으로 정하는 전통시장(* 점포가 500개 이상)
14. 그 밖에 대통령령으로 정하는 다음의 시설물
    - 「전기사업법」 제2조 제4호에 따른 발전사업자가 가동 중인 발전소(「발전소주변지역 지원에 관한 법률 시행령」 제2조 제2항에 따른 발전소는 제외)
    - 「물류시설의 개발 및 운영에 관한 법률」 제2조 제5호의2에 따른 물류창고(* 화물의 저장·관리, 집화·배송 및 수급조정 등을 위한 보관시설·보관장소 등)로서 연면적 10만제곱미터 이상인 것
    - 「도시가스사업법」 제2조 제5호에 따른 가스공급시설(* 가스제조시설, 가스배관시설, 가스충전시설, 나프타부생가스·바이오가스제조시설 및 합성천연가스제조시설)

2. 화재예방안전진단

"화재예방안전진단"이란 화재가 발생할 경우 사회·경제적으로 피해 규모가 클 것으로 예상되는 소방대상물에 대하여 화재위험요인을 조사하고 그 위험성을 평가하여 개선대책을 수립하는 것을 말한다.

대통령령으로 정하는 소방안전 특별관리시설물의 관계인은 화재의 예방 및 안전관리를 체계적·효율적으로 수행하기 위하여 대통령령으로 정하는 바에 따라 「소방기본법」 제40조에 따른 한국소방안전원 또는 소방청장이 지정하는 화재예방안전진단기관으로부터 정기적으로 화재예방안전진단을 받아야 한다(법 제41조 제1항).

⇨ 〈진단기관으로부터 화재예방안전진단을 받지 아니한 자의 벌칙〉 1년 이하의 징역 또는 1천만원 이하의 벌금

※ "대통령령으로 정하는 소방안전 특별관리시설물"(시행령 제43조)

> 1. 법 제40조 제1항 제1호에 따른 공항시설 중 여객터미널의 연면적이 1천제곱미터 이상인 공항시설
> 2. 법 제40조 제1항 제2호에 따른 철도시설 중 역 시설의 연면적이 5천제곱미터 이상인 철도시설
> 3. 법 제40조 제1항 제3호에 따른 도시철도시설 중 역사 및 역 시설의 연면적이 5천제곱미터 이상인 도시철도시설
> 4. 법 제40조 제1항 제4호에 따른 항만시설 중 여객이용시설 및 지원시설의 연면적이 5천제곱미터 이상인 항만시설
> 5. 법 제40조 제1항 제10호에 따른 전력용 및 통신용 지하구 중 「국토의 계획 및 이용에 관한 법률」 제2조 제9호에 따른 공동구
> 6. 법 제40조 제1항 제12호에 따른 천연가스 인수기지 및 공급망 중 「소방시설 설치 및 관리에 관한 법률 시행령」 [별표 2] 제17호 나목에 따른 가스시설
> 7. 제41조 제2항 제1호에 따른 발전소 중 연면적이 5천제곱미터 이상인 발전소
> 8. 제41조 제2항 제3호에 따른 가스공급시설 중 가연성 가스 탱크의 저장용량의 합계가 100톤 이상이거나 저장용량이 30톤 이상인 가연성 가스 탱크가 있는 가스공급시설

3. 화재예방안전진단 결과 제출

화재예방안전진단을 실시한 안전원 또는 진단기관은 법 제41조 제4항에 따라 화재예방안전진단이 완료된 날부터 60일 이내에 소방본부장 또는 소방서장, 관계인에게 별지 제34호서식의 화재예방안전진단 결과 보고서(전자문서를 포함)에 다음의 서류(전자문서를 포함)을 첨부하여 제출해야 한다(시행규칙 제42조 제1항).

> 1. 화재예방안전진단 결과 세부 보고서
> 2. 화재예방안전진단기관 지정서

06절 보칙 및 벌칙

1. 우수 소방대상물 관계인에 대한 포상 등

(1) 의의

소방청장은 소방대상물의 자율적인 안전관리를 유도하기 위하여 안전관리 상태가 우수한 소방대상물을 선정하여 우수 소방대상물 표지를 발급하고, 소방대상물의 관계인을 포상할 수 있다(법 제44조 제1항).

소방청장은 우수 소방대상물의 선정 및 관계인에 대한 포상을 위하여 우수 소방대상물의 선정 방법, 평가 대상물의 범위 및 평가 절차 등에 관한 내용이 포함된 시행계획을 매년 수립·시행해야 한다(시행규칙 제47조 제1항).

2. 청문

소방청장 또는 시·도지사는 다음의 어느 하나에 해당하는 처분을 하려면 청문을 하여야 한다(법 제46조).

> 1. 제31조 제1항에 따른 소방안전관리자의 자격 취소
> 2. 제42조 제2항에 따른 진단기관의 지정 취소

3. 형벌

(1) 3년 이하의 징역 또는 3천만원 이하의 벌금 (법 제50조 제1항)

> 1. 제14조 제1항 및 제2항(* 화재안전조사 결과에 따른 조치명령)에 따른 조치명령을 정당한 사유 없이 위반한 자
> 2. 제28조 제1항(* 관계인에 대한 소방안전관리자 선임명령) 및 제2항(* 관계인 또는 소방안전관리자에 대한 업무이행 명령)에 따른 명령을 정당한 사유 없이 위반한 자
> 3. 제41조 제5항(* 화재예방안전진단에 따른 관계인에 대한 보수·보강 명령)에 따른 보수·보강 등의 조치명령을 정당한 사유 없이 위반한 자
> 4. 거짓이나 그 밖의 부정한 방법으로 제42조 제1항에 따른 진단기관으로 지정을 받은 자

(2) 1년 이하의 징역 또는 1천만원 이하의 벌금 (법 제50조 제2항)

> 1. 제12조 제2항(* 화재안전조사 업무를 수행하는 관계 공무원 및 관계 전문가의 의무)을 위반하여 관계인의 정당한 업무를 방해하거나, 조사업무를 수행하면서 취득한 자료나 알게 된 비밀을 다른 사람 또

는 기관에게 제공 또는 누설하거나 목적 외의 용도로 사용한 자
2. 제30조 제4항을 위반하여 자격증(* 소방안전관리자 자격증)을 다른 사람에게 빌려 주거나 빌리거나 이를 알선한 자
3. 제41조 제1항을 위반하여 진단기관으로부터 화재예방안전진단을 받지 아니한 자

(3) 300만원 이하의 벌금 (법 제50조 제3항)

1. 제7조 제1항에 따른 화재안전조사를 정당한 사유 없이 거부·방해 또는 기피한 자
2. 제17조 제2항 각 호(* 화재의 예방조치 등)의 어느 하나에 따른 명령을 정당한 사유 없이 따르지 아니하거나 방해한 자
3. 제24조 제1항·제3항, 제29조 제1항 및 제35조 제1항·제2항을 위반하여 소방안전관리자, 총괄소방안전관리자 또는 소방안전관리보조자를 선임하지 아니한 자
4. 제27조 제3항을 위반하여 소방시설·피난시설·방화시설 및 방화구획 등이 법령에 위반된 것을 발견하였음에도 필요한 조치를 할 것을 요구하지 아니한 소방안전관리자
5. 제27조 제4항을 위반하여 소방안전관리자에게 불이익한 처우(* 소방안전관리자를 해임하거나 보수(報酬)의 지급을 거부하는 등)를 한 관계인
6. 제41조 제6항(* 화재예방안전진단 업무에 종사하고 있거나 종사하였던 사람) 및 제48조 제3항(* 위탁받은 업무에 종사하고 있거나 종사하였던 사람)을 위반하여 업무를 수행하면서 알게 된 비밀을 이 법에서 정한 목적 외의 용도로 사용하거나 다른 사람 또는 기관에 제공하거나 누설한 자

4. 과태료

(1) 300만원 이하의 과태료 (법 제52조 제1항)

1. 정당한 사유 없이 제17조 제1항 각 호(* 화재예방강화지구 등에서의 행위 금지 의무)의 어느 하나에 해당하는 행위를 한 자
2. 제24조 제2항(* 다른 법령에 따라 전기·가스·위험물 등의 안전관리 업무에 종사하는 자의 의무)을 위반하여 소방안전관리자를 겸한 자
3. 제24조 제5항에 따른 소방안전관리업무를 하지 아니한 특정소방대상물의 관계인 또는 소방안전관리대상물의 소방안전관리자
4. 제27조 제2항(* 소방안전관리대상물의 관계인의 의무)을 위반하여 소방안전관리업무의 지도·감독을 하지 아니한 자
5. 제29조 제2항에 따른 건설현장 소방안전관리대상물의 소방안전관리자의 업무를 하지 아니한 소방안전관리자
6. 제36조 제3항(* 관계인이 근무자 또는 거주자에게 정기적으로 제공할 의무)을 위반하여 피난유도 안내정보를 제공하지 아니한 자
7. 제37조 제1항(* 소방안전관리대상물 근무자 및 거주자 등에 대한 소방훈련 등)을 위반하여 소방훈련 및 교육을 하지 아니한 자

> 8. 제41조 제4항(* 안전원 또는 진단기관의 의무)을 위반하여 화재예방안전진단 결과를 제출하지 아니한 자

(2) 200만원 이하의 과태료 (법 제52조 제2항)

> 1. 제17조 제4항에 따른 불을 사용할 때 지켜야 하는 사항 및 같은 조 제5항에 따른 특수가연물의 저장 및 취급 기준을 위반한 자
> 2. 제18조 제4항(* 화재예방강화지구 안에서 화재의 예방강화를 위하여 필요한 경우)에 따른 소방설비 등의 설치 명령을 정당한 사유 없이 따르지 아니한 자
> 3. 제26조 제1항을 위반하여 기간 내에 선임신고를 하지 아니하거나 소방안전관리자의 성명 등을 게시하지 아니한 자
> 4. 제29조 제1항(* 건설현장 소방안전관리)을 위반하여 기간 내에 선임신고를 하지 아니한 자
> 5. 제37조 제2항(* 소방안전관리대상물 근무자 및 거주자 등에 대한 소방훈련 등)을 위반하여 기간 내에 소방훈련 및 교육 결과를 제출하지 아니한 자

(3) 100만원 이하의 과태료 (법 제52조 제3항)

> 제34조 제1항 제2호를 위반하여 실무교육을 받지 아니한 소방안전관리자 및 소방안전관리보조자

※ 위 과태료는 대통령령으로 정하는 바에 따라 소방청장, 시·도지사, 소방본부장 또는 소방서장이 부과·징수한다(법 제52조 제4항).

출제예상문제

01 「화재의 예방 및 안전관리에 관한 법률」 및 같은 법 시행령상 화재안전조사 결과에 따른 조치명령과 손실보상에 관한 설명으로 옳지 않은 것은?

① 시·도지사가 손실을 보상하는 경우에는 원가로 보상하여야 한다.
② 손실보상에 관하여는 시·도지사와 손실을 입은 자가 협의하여야 한다.
③ 보상금액에 관한 협의가 성립되지 아니한 경우에는 시·도지사는 그 보상금액을 지급하거나 공탁하고 이를 상대방에게 알려야 한다.
④ 보상금의 지급 또는 공탁의 통지에 불복하는 자는 지급 또는 공탁의 통지를 받은 날부터 30일 이내에 관할 토지수용위원회에 재결을 신청할 수 있다.

> 소방청장 또는 시·도지사가 손실을 보상하는 경우에는 시가(時價)로 보상해야 한다(시행령 제14조).

02 「화재의 예방 및 안전관리에 관한 법률 시행령」상 보일러 등의 위치·구조 및 관리와 화재예방을 위하여 불의 사용에 있어서 지켜야 하는 사항으로 틀린 것은?

① 연료탱크는 보일러 본체로부터 수평거리 1미터 이상의 간격을 두어 설치해야 한다.
② 「공연법」 제2조 제4호의 규정에 의한 공연장에서 이동식 난로는 절대 사용하여서는 아니 된다.
③ 건조설비와 벽·천장 사이의 거리는 0.5미터 이상이어야 한다.
④ 노 또는 화덕의 주위에는 녹는 물질이 확산되지 않도록 높이 0.1미터 이상의 턱을 설치해야 한다.

> 난로가 쓰러지지 않도록 받침대를 두어 고정시키거나 쓰러지는 경우 즉시 소화되고 연료의 누출을 차단할 수 있는 장치가 부착된 경우에는 공연장에서도 사용할 수 있다(시행령 [별표 1]).

03 「화재의 예방 및 안전관리에 관한 법률 시행령」상 불을 사용하는 설비의 관리기준에 관한 내용으로 옳은 것은?

① 경유·등유 등 액체 연료탱크는 보일러 본체로부터 수평거리 0.5미터 이상의 간격을 두어 설치한다.
② 화목(火木) 등 고체연료를 사용하는 연통의 배출구는 보일러 본체보다 1미터 이상 높게 설치한다.
③ 음식조리를 위하여 설치하는 설비의 경우, 열을 발생하는 조리기구로부터 0.15미터 이내의 거리에 있는 가연성 주요구조부는 단열성이 있는 불연재료로 덮어 씌운다.
④ 대통령령에서 규정한 사항 외에 화재 발생 우려가 있는 설비 또는 기구의 종류, 해당 설비 또는 기구의 위치·구조 및 관리와 화재 예방을 위하여 불을 사용할 때 지켜야 하는 사항은 행정안전부령으로 정한다.

> ① 1미터 이상의 간격, ② 2미터 이상, ④ 시·도의 조례로 정한다.

정답 01.① 02.② 03.③

출제예상문제

04 「화재의 예방 및 안전관리에 관한 법률 시행령」상 화재가 발생하는 경우 불길이 빠르게 번지는 고무류·면화류 등 대통령령으로 정하는 특수가연물의 저장 및 취급기준 중 다음 (   ) 안에 들어갈 숫자로 옳은 것은? (단, 석탄·목탄류의 경우는 제외한다.)

> 살수설비를 설치하거나, 방사능력 범위에 해당 특수 가연물이 포함되도록 대형수동식소화기를 설치하는 경우에는 쌓는 높이를 (가)미터 이하, 쌓는 부분의 바닥면적을 (나)제곱미터 이하로 할 수 있다.

	(가)	(나)		(가)	(나)
①	10	200	②	10	300
③	15	200	④	15	300

> 시행령 [별표 3]에 규정된 내용이다.

05 「화재의 예방 및 안전관리에 관한 법률」상 특정소방대상물(소방안전관리대상물은 제외한다) 관계인의 업무로 옳지 않은 것은?

① 소방계획서의 작성 및 시행
② 화기(火氣) 취급의 감독
③ 소방시설이나 그 밖의 소방 관련 시설의 유지·관리
④ 피난시설, 방화구획 및 방화시설의 유지·관리

> 소방계획서의 작성 및 시행은 소방안전관리대상물의 소방안전관리자만의 업무이다. ②·③·④는 특정소방대상물의 관계인도 할 수 있다(법 제24조 제5항).

06 「화재의 예방 및 안전관리에 관한 법률 시행령」상 소방공무원으로 9년간 근무한 경력자가 발급받을 수 있는 최상위의 소방안전관리자 자격으로 선임할 수 있는 소방안전관리대상물로 옳은 것은?

① 가연성 가스를 1천 톤 이상 저장·취급하는 시설
② 지상으로부터 높이가 200미터 이상인 아파트
③ 지상으로부터 높이가 120미터 이상인 업무시설
④ 연면적이 10만 제곱미터 이상인 의료시설

> 1급 소방안전관리대상물에 선임해야 하는 소방안전관리자의 자격 가운데 '소방공무원으로 7년 이상 근무한 경력이 있는 사람'이 포함된다. 그리고 1급 소방안전관리대상물의 범위에 '가연성 가스를 1천 톤 이상 저장·취급하는 시설'이 있다(시행령 [별표 4]). 특급 소방안전관리대상물에 선임해야 하는 소방안전관리자의 자격은 '소방공무원으로 20년 이상 근무한 경력이 있는 사람'이다.

정답 04.③ 05.① 06.①

07 「화재의 예방 및 안전관리에 관한 법률 시행령」상 1급 소방안전관리대상물로 옳은 것은?

① 지하구
② 동·식물원
③ 가연성 가스를 1천톤 이상 저장·취급하는 시설
④ 철강 등 불연성 물품을 저장·취급하는 창고

> 동·식물원, 철강 등 불연성 물품을 저장·취급하는 창고, 위험물 저장 및 처리 시설 중 제조소등과 지하구는 특급 소방안전관리대상물 및 1급 소방안전관리대상물에서 제외한다(시행령 [별표 4] 비고).

08 「화재의 예방 및 안전관리에 관한 법률」상 건설현장 소방안전관리대상물의 소방안전관리자의 업무에 관한 내용으로 옳지 않은 것은?

① 건설현장의 소방계획서의 작성
② 화기취급의 감독, 화재위험작업의 허가 및 관리
③ 공사진행 단계별 피난안전구역, 피난로 등의 확보와 관리
④ 건설현장 작업자를 제외한 책임자에 대한 소방안전 교육 및 훈련

> 건설현장의 작업자에 대한 소방안전 교육 및 훈련이다(법 제29조 제2항).

09 「화재의 예방 및 안전관리에 관한 법률」 및 같은 법 시행령, 시행규칙상 소방안전관리대상물 근무자 및 거주자 등에 대한 소방훈련 등에 관한 내용으로 옳지 않은 것은?

① 소방안전관리대상물의 관계인은 소방훈련과 교육을 연 1회 이상 실시해야 한다.
② 1급 소방안전관리대상물의 관계인은 소방훈련 및 교육을 한 날부터 30일 이내에 소방훈련 및 교육 결과를 행정안전부령으로 정하는 바에 따라 소방본부장 또는 소방서장에게 제출해야 한다.
③ 소방서장은 특급 소방안전관리대상물의 관계인으로 하여금 소방훈련과 교육을 소방기관과 합동으로 실시하게 할 수 있다.
④ 소방안전관리대상물의 관계인은 소방훈련과 교육을 실시했을 때에는 그 실시 결과를 소방훈련·교육 실시 결과 기록부에 기록하고, 이를 소방훈련 및 교육을 실시한 날부터 1년간 보관해야 한다.

> ④ 2년간 보관해야 한다(시행규칙 제36조 제4항).

정답 07.③ 08.④ 09.④

출제예상문제

10 「화재의 예방 및 안전관리에 관한 법률 시행령」상 화재예방안전진단 대상의 시설기준으로 옳지 않은 것은?

① 발전소 중 연면적이 5천 제곱미터 이상인 발전소
② 항만시설 중 여객이용시설 및 지원시설의 연면적이 5천 제곱미터 이상인 항만시설
③ 철도시설 중 역 시설의 연면적이 5천 제곱미터 이상인 철도시설
④ 가스공급시설 중 가연성 가스 탱크의 저장용량의 합계가 30톤 이상이거나 저장용량이 10톤 이상인 가연성 가스 탱크가 있는 가스공급시설

> 가스공급시설 중 가연성 가스 탱크의 저장용량의 합계가 100톤 이상이거나 저장용량이 30톤 이상인 가연성 가스 탱크가 있는 가스공급시설

정답 10.④

Chapter 03 소방시설 설치 및 관리에 관한 법률(약칭 : 소방시설법)

01절 총칙

1. 목적

특정소방대상물 등에 설치하여야 하는 소방시설등의 설치·관리와 소방용품 성능관리에 필요한 사항을 규정함으로써 국민의 생명·신체 및 재산을 보호하고 공공의 안전과 복리 증진에 이바지함을 목적으로 한다(법 제1조).

2. 용어의 정의

(1) 「소방시설 설치 및 관리에 관한 법률」 제2조 제1항

소방시설	소화설비, 경보설비, 피난구조설비, 소화용수설비, 그 밖에 소화활동설비로서 대통령령으로 정하는 것 ※ "대통령령으로 정하는 것" : 시행령 [별표 1]의 설비
소방시설등	소방시설과 비상구(非常口), 그 밖에 소방 관련 시설로서 대통령령으로 정하는 것 ※ "대통령령으로 정하는 것" : 방화문 및 자동방화셔터
특정소방대상물	건축물 등의 규모·용도 및 수용인원 등을 고려하여 소방시설을 설치하여야 하는 소방대상물로서 대통령령으로 정하는 것 ※ "대통령령으로 정하는 것" : 시행령 [별표 2]의 소방대상물
화재안전성능	화재를 예방하고 화재발생 시 피해를 최소화하기 위하여 소방대상물의 재료, 공간 및 설비 등에 요구되는 안전성능
성능위주설계	건축물 등의 재료, 공간, 이용자, 화재 특성 등을 종합적으로 고려하여 공학적 방법으로 화재 위험성을 평가하고 그 결과에 따라 화재안전성능이 확보될 수 있도록 특정소방대상물을 설계하는 것
화재안전기준	소방시설 설치 및 관리를 위한 다음 각 기준을 말한다. • 성능기준 : 화재안전 확보를 위하여 재료, 공간 및 설비 등에 요구되는 안전성능으로서 소방청장이 고시로 정하는 기준(예 가스누설경보기의 화재안전성능기준) • 기술기준 : 위의 성능기준을 충족하는 상세한 규격, 특정한 수치 및 시험방법 등에 관한 기준으로서 행정안전부령(* 시행규칙 제2조)으로 정하는 절차에 따라 소방청장의 승인을 받은 기준

소방용품	소방시설등을 구성하거나 소방용으로 사용되는 제품 또는 기기로서 대통령령으로 정하는 것 ※ "대통령령으로 정하는 것": 시행령 [별표 3]의 제품 또는 기기

(2) 「소방시설 설치 및 관리에 관한 법률 시행령」 제2조

무창층 (無窓層)	지상층 중 다음의 요건을 모두 갖춘 개구부(건축물에서 채광·환기·통풍 또는 출입 등을 위하여 만든 창·출입구, 그 밖에 이와 비슷한 것을 말함)의 면적의 합계가 해당 층의 바닥면적(「건축법 시행령」 제119조 제1항 제3호에 따라 산정된 면적)의 **30분의 1 이하**가 되는 층을 말한다. • 크기는 **지름 50센티미터 이상의 원**이 통과할 수 있을 것 • 해당 층의 바닥면으로부터 개구부 밑부분까지의 높이가 **1.2미터 이내**일 것 • 도로 또는 차량이 진입할 수 있는 **빈터**를 향할 것 • 화재 시 건축물로부터 쉽게 피난할 수 있도록 창살이나 그 밖의 **장애물이 설치되지 않을 것** • 내부 또는 외부에서 **쉽게 부수거나 열 수 있을 것**
피난층	곧바로 **지상으로 갈 수 있는 출입구**가 있는 층

소방시설 (시행령 [별표 1])

1. **소화설비**: 물 또는 그 밖의 소화약제를 사용하여 소화하는 기계·기구 또는 설비로서 다음 각 목의 것
    가. 소화기구
        1) 소화기
        2) 간이소화용구: 에어로졸식 소화용구, 투척용 소화용구, 소공간용 소화용구 및 소화약제 외의 것을 이용한 간이소화용구
        3) 자동확산소화기
    나. 자동소화장치
        1) 주거용 주방자동소화장치
        2) 상업용 주방자동소화장치
        3) 캐비닛형 자동소화장치
        4) 가스자동소화장치
        5) 분말자동소화장치
        6) 고체에어로졸자동소화장치
    다. 옥내소화전설비[호스릴(hose reel) 옥내소화전설비를 포함]
    라. 스프링클러설비등
        1) 스프링클러설비
        2) 간이스프링클러설비(캐비닛형 간이스프링클러설비를 포함)
        3) 화재조기진압용 스프링클러설비
    마. 물분무등소화설비
        1) 물분무소화설비
        2) 미분무소화설비

3) 포소화설비
4) 이산화탄소소화설비
5) 할론소화설비
6) 할로겐화합물 및 불활성기체(다른 원소와 화학반응을 일으키기 어려운 기체) 소화설비
7) 분말소화설비
8) 강화액소화설비
9) 고체에어로졸소화설비
바. 옥외소화전설비

2. **경보설비** : 화재발생 사실을 통보하는 기계·기구 또는 설비로서 다음 각 목의 것
   가. 단독경보형 감지기
   나. 비상경보설비
      1) 비상벨설비
      2) 자동식사이렌설비
   다. 자동화재탐지설비
   라. 시각경보기
   마. 화재알림설비
   바. 비상방송설비
   사. 자동화재속보설비
   아. 통합감시시설
   자. 누전경보기
   차. 가스누설경보기

3. **피난구조설비** : 화재가 발생할 경우 피난하기 위하여 사용하는 기구 또는 설비로서 다음 각 목의 것
   가. 피난기구
      1) 피난사다리
      2) 구조대
      3) 완강기
      4) 간이완강기
      5) 그 밖에 화재안전기준으로 정하는 것
   나. 인명구조기구
      1) 방열복, 방화복(안전모, 보호장갑 및 안전화를 포함)
      2) 공기호흡기
      3) 인공소생기
   다. 유도등
      1) 피난유도선
      2) 피난구유도등
      3) 통로유도등
      4) 객석유도등
      5) 유도표지
   라. 비상조명등 및 휴대용비상조명등

4. **소화용수설비** : 화재를 진압하는 데 필요한 물을 공급하거나 저장하는 설비로서 다음 각 목의 것
   가. 상수도소화용수설비
   나. 소화수조·저수조, 그 밖의 소화용수설비

5. **소화활동설비** : 화재를 진압하거나 인명구조활동을 위하여 사용하는 설비로서 다음 각 목의 것
   가. 제연설비
   나. 연결송수관설비
   다. 연결살수설비
   라. 비상콘센트설비
   마. 무선통신보조설비
   바. 연소방지설비

특정소방대상물 (시행령 [별표 2])

1. **공동주택**
   가. 아파트등 : 주택으로 쓰는 층수가 5층 이상인 주택
   나. 연립주택 : 주택으로 쓰는 1개 동의 바닥면적(2개 이상의 동을 지하주차장으로 연결하는 경우에는 각각의 동으로 본다) 합계가 660㎡를 초과하고, 층수가 4개 층 이하인 주택
   다. 다세대주택 : 주택으로 쓰는 1개 동의 바닥면적(2개 이상의 동을 지하주차장으로 연결하는 경우에는 각각의 동으로 본다) 합계가 660㎡ 이하이고, 층수가 4개 층 이하인 주택
   라. 기숙사 : 학교 또는 공장 등의 학생 또는 종업원 등을 위하여 쓰는 것으로서 1개 동의 공동취사시설 이용 세대 수가 전체의 50퍼센트 이상인 것(「교육기본법」 제27조 제2항에 따른 학생복지주택 및 「공공주택 특별법」 제2조 제1호의3에 따른 공공매입임대주택 중 독립된 주거의 형태를 갖추지 않은 것을 포함)

2. **근린생활시설**
   가. 슈퍼마켓과 일용품(식품, 잡화, 의류, 완구, 서적, 건축자재, 의약품, 의료기기 등) 등의 소매점으로서 같은 건축물(하나의 대지에 두 동 이상의 건축물이 있는 경우에는 이를 같은 건축물로 본다)에 해당 용도로 쓰는 바닥면적의 합계가 1천㎡ 미만인 것
   나. 휴게음식점, 제과점, 일반음식점, 기원(棋院), 노래연습장 및 단란주점(단란주점은 같은 건축물에 해당 용도로 쓰는 바닥면적의 합계가 150㎡ 미만인 것만 해당)
   다. 이용원, 미용원, 목욕장 및 세탁소(공장에 부설된 것과 「대기환경보전법」, 「물환경보전법」 또는 「소음·진동관리법」에 따른 배출시설의 설치허가 또는 신고의 대상인 것은 제외)
   라. 의원, 치과의원, 한의원, 침술원, 접골원(接骨院), 조산원, 산후조리원 및 안마원(「의료법」 제82조 제4항에 따른 안마시술소를 포함)
   마. 탁구장, 테니스장, 체육도장, 체력단련장, 에어로빅장, 볼링장, 당구장, 실내낚시터, 골프연습장, 물놀이형 시설(「관광진흥법」 제33조에 따른 안전성검사의 대상이 되는 물놀이형 시설을 말한다. 이하 같다), 그 밖에 이와 비슷한 것으로서 같은 건축물에 해당 용도로 쓰는 바닥면적의 합계가 500㎡ 미만인 것
   바. 공연장(극장, 영화상영관, 연예장, 음악당, 서커스장, 「영화 및 비디오물의 진흥에 관한 법률」 제2조 제16호가목에 따른 비디오물감상실업의 시설, 같은 호 나목에 따른 비디오물소극장업의 시설, 그 밖에 이와 비슷한 것을 말한다. 이하 같다) 또는 종교집회장[교회, 성당, 사찰, 기도원,

수도원, 수녀원, 제실(祭室), 사당, 그 밖에 이와 비슷한 것을 말한다. 이하 같다]으로서 같은 건축물에 해당 용도로 쓰는 바닥면적의 합계가 300㎡ 미만인 것
사. 금융업소, 사무소, 부동산중개사무소, 결혼상담소 등 소개업소, 출판사, 서점, 그 밖에 이와 비슷한 것으로서 같은 건축물에 해당 용도로 쓰는 바닥면적의 합계가 500㎡ 미만인 것
아. 제조업소, 수리점, 그 밖에 이와 비슷한 것으로서 같은 건축물에 해당 용도로 쓰는 바닥면적의 합계가 500㎡ 미만인 것(「대기환경보전법」, 「물환경보전법」 또는 「소음·진동관리법」에 따른 배출시설의 설치허가 또는 신고의 대상인 것은 제외)
자. 「게임산업진흥에 관한 법률」 제2조 제6호의2에 따른 청소년게임제공업 및 일반게임제공업의 시설, 같은 조 제7호에 따른 인터넷컴퓨터게임시설제공업의 시설 및 같은 조 제8호에 따른 복합유통게임제공업의 시설로서 같은 건축물에 해당 용도로 쓰는 바닥면적의 합계가 500㎡ 미만인 것
차. 사진관, 표구점, 학원(같은 건축물에 해당 용도로 쓰는 바닥면적의 합계가 500㎡ 미만인 것만 해당하며, 자동차학원 및 무도학원은 제외), 독서실, 고시원(「다중이용업소의 안전관리에 관한 특별법」에 따른 다중이용업 중 고시원업의 시설로서 독립된 주거의 형태를 갖추지 않은 것으로서 같은 건축물에 해당 용도로 쓰는 바닥면적의 합계가 500㎡ 미만인 것을 말한다), 장의사, 동물병원, 총포판매사, 그 밖에 이와 비슷한 것
카. 의약품 판매소, 의료기기 판매소 및 자동차영업소로서 같은 건축물에 해당 용도로 쓰는 바닥면적의 합계가 1천㎡ 미만인 것

3. 문화 및 집회시설
가. 공연장으로서 근린생활시설에 해당하지 않는 것
나. 집회장 : 예식장, 공회당, 회의장, 마권(馬券) 장외 발매소, 마권 전화투표소, 그 밖에 이와 비슷한 것으로서 근린생활시설에 해당하지 않는 것
다. 관람장 : 경마장, 경륜장, 경정장, 자동차 경기장, 그 밖에 이와 비슷한 것과 체육관 및 운동장으로서 관람석의 바닥면적의 합계가 1천㎡ 이상인 것
라. 전시장 : 박물관, 미술관, 과학관, 문화관, 체험관, 기념관, 산업전시장, 박람회장, 견본주택, 그 밖에 이와 비슷한 것
마. 동·식물원 : 동물원, 식물원, 수족관, 그 밖에 이와 비슷한 것

4. 종교시설
가. 종교집회장으로서 근린생활시설에 해당하지 않는 것
나. 가목의 종교집회장에 설치하는 봉안당(奉安堂)

5. 판매시설
가. 도매시장 : 「농수산물 유통 및 가격안정에 관한 법률」 제2조 제2호에 따른 농수산물도매시장, 같은 조 제5호에 따른 농수산물공판장, 그 밖에 이와 비슷한 것(그 안에 있는 근린생활시설을 포함)
나. 소매시장 : 시장, 「유통산업발전법」 제2조 제3호에 따른 대규모점포, 그 밖에 이와 비슷한 것(그 안에 있는 근린생활시설을 포함)
다. 전통시장 : 「전통시장 및 상점가 육성을 위한 특별법」 제2조 제1호에 따른 전통시장(그 안에 있는 근린생활시설을 포함하며, 노점형시장은 제외)
라. 상점 : 다음의 어느 하나에 해당하는 것(그 안에 있는 근린생활시설을 포함)
  1) 제2호 가목에 해당하는 용도로서 같은 건축물에 해당 용도로 쓰는 바닥면적 합계가 1천㎡ 이상인 것

2) 제2호 자목에 해당하는 용도로서 같은 건축물에 해당 용도로 쓰는 바닥면적 합계가 500㎡ 이상인 것

6. 운수시설
   가. 여객자동차터미널
   나. 철도 및 도시철도 시설[정비창(整備廠) 등 관련 시설을 포함한다]
   다. 공항시설(항공관제탑을 포함)
   라. 항만시설 및 종합여객시설

7. 의료시설
   가. 병원 : 종합병원, 병원, 치과병원, 한방병원, 요양병원
   나. 격리병원 : 전염병원, 마약진료소, 그 밖에 이와 비슷한 것
   다. 정신의료기관
   라. 「장애인복지법」 제58조 제1항 제4호에 따른 장애인 의료재활시설

8. 교육연구시설
   가. 학교
      1) 초등학교, 중학교, 고등학교, 특수학교, 그 밖에 이에 준하는 학교 : 「학교시설사업 촉진법」 제2조 제1호 나목의 교사(校舍)(교실·도서실 등 교수·학습활동에 직접 또는 간접적으로 필요한 시설물을 말하되, 병설유치원으로 사용되는 부분은 제외한다. 이하 같다), 체육관, 「학교급식법」 제6조에 따른 급식시설, 합숙소(학교의 운동부, 기능선수 등이 집단으로 숙식하는 장소)
      2) 대학, 대학교, 그 밖에 이에 준하는 각종 학교 : 교사 및 합숙소
   나. 교육원(연수원, 그 밖에 이와 비슷한 것을 포함)
   다. 직업훈련소
   라. 학원(근린생활시설에 해당하는 것과 자동차운전학원·정비학원 및 무도학원은 제외)
   마. 연구소(연구소에 준하는 시험소와 계량계측소를 포함)
   바. 도서관

9. 노유자 시설
   가. 노인 관련 시설 : 「노인복지법」에 따른 노인주거복지시설, 노인의료복지시설, 노인여가복지시설, 주·야간보호서비스나 단기보호서비스를 제공하는 재가노인복지시설(「노인장기요양보험법」에 따른 장기요양기관을 포함), 노인보호전문기관, 노인일자리지원기관, 학대피해노인 전용쉼터, 그 밖에 이와 비슷한 것
   나. 아동 관련 시설 : 「아동복지법」에 따른 아동복지시설, 「영유아보육법」에 따른 어린이집, 「유아교육법」에 따른 유치원[제8호가목1)에 따른 학교의 교사 중 병설유치원으로 사용되는 부분을 포함], 그 밖에 이와 비슷한 것
   다. 장애인 관련 시설 : 「장애인복지법」에 따른 장애인 거주시설, 장애인 지역사회재활시설(장애인 심부름센터, 한국수어통역센터, 점자도서 및 녹음서 출판시설 등 장애인이 직접 그 시설 자체를 이용하는 것을 주된 목적으로 하지 않는 시설은 제외), 장애인 직업재활시설, 그 밖에 이와 비슷한 것
   라. 정신질환자 관련 시설 : 「정신건강증진 및 정신질환자 복지서비스 지원에 관한 법률」에 따른 정신재활시설(생산품판매시설은 제외), 정신요양시설, 그 밖에 이와 비슷한 것

마. 노숙인 관련 시설 : 「노숙인 등의 복지 및 자립지원에 관한 법률」 제2조 제2호에 따른 노숙인복지시설(노숙인일시보호시설, 노숙인자활시설, 노숙인재활시설, 노숙인요양시설 및 쪽방상담소만 해당), 노숙인종합지원센터 및 그 밖에 이와 비슷한 것

바. 가목부터 마목까지에서 규정한 것 외에 「사회복지사업법」에 따른 사회복지시설 중 결핵환자 또는 한센인 요양시설 등 다른 용도로 분류되지 않는 것

10. 수련시설

가. 생활권 수련시설 : 「청소년활동 진흥법」에 따른 청소년수련관, 청소년문화의집, 청소년특화시설, 그 밖에 이와 비슷한 것

나. 자연권 수련시설 : 「청소년활동 진흥법」에 따른 청소년수련원, 청소년야영장, 그 밖에 이와 비슷한 것

다. 「청소년활동 진흥법」에 따른 유스호스텔

11. 운동시설

가. 탁구장, 체육도장, 테니스장, 체력단련장, 에어로빅장, 볼링장, 당구장, 실내낚시터, 골프연습장, 물놀이형 시설, 그 밖에 이와 비슷한 것으로서 근린생활시설에 해당하지 않는 것

나. 체육관으로서 관람석이 없거나 관람석의 바닥면적이 1천m^2 미만인 것

다. 운동장 : 육상장, 구기장, 볼링장, 수영장, 스케이트장, 롤러스케이트장, 승마장, 사격장, 궁도장, 골프장 등과 이에 딸린 건축물로서 관람석이 없거나 관람석의 바닥면적이 1천m^2 미만인 것

12. 업무시설

가. 공공업무시설 : 국가 또는 지방자치단체의 청사와 외국공관의 건축물로서 근린생활시설에 해당하지 않는 것

나. 일반업무시설 : 금융업소, 사무소, 신문사, 오피스텔[업무를 주로 하며, 분양하거나 임대하는 구획 중 일부의 구획에서 숙식을 할 수 있도록 한 건축물로서 「건축법 시행령」 [별표 1] 제14호 나목 2)에 따라 국토교통부장관이 고시하는 기준에 적합한 것을 말한다], 그 밖에 이와 비슷한 것으로서 근린생활시설에 해당하지 않는 것

다. 주민자치센터(동사무소), 경찰서, 지구대, 파출소, 소방서, 119안전센터, 우체국, 보건소, 공공도서관, 국민건강보험공단, 그 밖에 이와 비슷한 용도로 사용하는 것

라. 마을회관, 마을공동작업소, 마을공동구판장, 그 밖에 이와 유사한 용도로 사용되는 것

마. 변전소, 양수장, 정수장, 대피소, 공중화장실, 그 밖에 이와 유사한 용도로 사용되는 것

13. 숙박시설

가. 일반형 숙박시설 : 「공중위생관리법 시행령」 제4조 제1호에 따른 숙박업의 시설

나. 생활형 숙박시설 : 「공중위생관리법 시행령」 제4조 제2호에 따른 숙박업의 시설

다. 고시원(근린생활시설에 해당하지 않는 것을 말한다)

라. 그 밖에 가목부터 다목까지의 시설과 비슷한 것

14. 위락시설

가. 단란주점으로서 근린생활시설에 해당하지 않는 것

나. 유흥주점, 그 밖에 이와 비슷한 것

다. 「관광진흥법」에 따른 테마파크업의 시설, 그 밖에 이와 비슷한 시설(근린생활시설에 해당하는 것은 제외)

라. 무도장 및 무도학원
마. 카지노영업소

소방용품 (시행령 [별표 3])

1. 소화설비를 구성하는 제품 또는 기기
   가. 별표 1 제1호 가목의 소화기구(소화약제 외의 것을 이용한 간이소화용구는 제외)
   나. 별표 1 제1호 나목의 자동소화장치
   다. 소화설비를 구성하는 소화전, 관창(菅槍), 소방호스, 스프링클러헤드, 기동용 수압개폐장치, 유수제어밸브 및 가스관선택밸브

2. 경보설비를 구성하는 제품 또는 기기
   가. 누전경보기 및 가스누설경보기
   나. 경보설비를 구성하는 발신기, 수신기, 중계기, 감지기 및 음향장치(경종만 해당)

3. 피난구조설비를 구성하는 제품 또는 기기
   가. 피난사다리, 구조대, 완강기(지지대를 포함) 및 간이완강기(지지대를 포함)
   나. 공기호흡기(충전기를 포함)
   다. 피난구유도등, 통로유도등, 객석유도등 및 예비 전원이 내장된 비상조명등

4. 소화용으로 사용하는 제품 또는 기기
   가. 소화약제[별표 1 제1호 나목2) 및 3)의 자동소화장치와 같은 호 마목3)부터 9)까지의 소화설비용만 해당]
   나. 방염제(방염액·방염도료 및 방염성물질을 말한다)

5. 그 밖에 행정안전부령으로 정하는 소방 관련 제품 또는 기기

02절 소방시설등의 설치·관리 및 방염

1. 건축허가등의 동의 등

(1) 의의

건축물 등의 신축·증축·개축·재축(再築)·이전·용도변경 또는 대수선(大修繕)의 허가·협의 및 사용승인[「주택법」 제15조에 따른 승인(* 사업계획승인) 및 같은 법 제49조에 따른 사용검사, 「학교시설사업 촉진법」 제4조에 따른 승인(* 학교시설사업 시행계획승인) 및 같은 법 제13조에 따른 사용승인을 포함하며, 이하 "건축허가등"이라 함]의 권한이 있는 행정기관은 건축허가등을 할 때 미리 그 건축물 등의 시공지(施工地) 또는 소재지를 관할하는 소방본부장이나 소방서장의 동의를 받아야 한다(법 제6조 제1항).

(2) 건축허가등의 동의대상물의 범위

건축허가등을 할 때 미리 소방본부장 또는 소방서장의 동의를 받아야 하는 건축물 등의 범위는 대통령령으로 정한다(법 제6조 제7항). 그 범위는 다음 각 호와 같다(시행령 제7조 제1항).

1. 연면적(「건축법 시행령」 제119조 제1항 제4호에 따라 산정된 면적)이 400제곱미터 이상인 건축물이나 시설. 다만, 다음 각 목의 어느 하나에 해당하는 건축물이나 시설은 해당 목에서 정한 기준 이상인 건축물이나 시설로 한다.
   가. 「학교시설사업 촉진법」 제5조의2 제1항에 따라 건축등을 하려는 학교시설 : 100제곱미터
   나. 별표 2의 특정소방대상물 중 노유자(老幼者) 시설 및 수련시설 : 200제곱미터
   다. 「정신건강증진 및 정신질환자 복지서비스 지원에 관한 법률」 제3조 제5호에 따른 정신의료기관(입원실이 없는 정신건강의학과 의원은 제외) : 300제곱미터
   라. 「장애인복지법」 제58조 제1항 제4호에 따른 장애인 의료재활시설(이하 "의료재활시설"이라 한다) : 300제곱미터
2. 지하층 또는 무창층이 있는 건축물로서 바닥면적이 150제곱미터(공연장의 경우에는 100제곱미터) 이상인 층이 있는 것
3. 차고·주차장 또는 주차 용도로 사용되는 시설로서 다음 각 목의 어느 하나에 해당하는 것
   가. 차고·주차장으로 사용되는 바닥면적이 200제곱미터 이상인 층이 있는 건축물이나 주차시설
   나. 승강기 등 기계장치에 의한 주차시설로서 자동차 20대 이상을 주차할 수 있는 시설
4. 층수(「건축법 시행령」 제119조 제1항 제9호에 따라 산정된 층수)가 6층 이상인 건축물
5. 항공기 격납고, 관망탑, 항공관제탑, 방송용 송수신탑
6. 별표 2의 특정소방대상물 중 공동주택, 의원(입원실 또는 인공신장실이 있는 것으로 한정)·조산원·산후조리원, 숙박시설, 위험물 저장 및 처리 시설, 발전시설 중 풍력발전소·전기저장시설, 지하구(地下溝)
7. 제1호 나목에 해당하지 않는 노유자 시설 중 다음의 어느 하나에 해당하는 시설. 다만, 가목2) 및 나목부터 바목까지의 시설 중 「건축법 시행령」 [별표 1]의 단독주택 또는 공동주택에 설치되는 시설은 제외한다.

> 가. [별표 2] 제9호 가목에 따른 노인 관련 시설 중 다음의 어느 하나에 해당하는 시설
>   1) 「노인복지법」 제31조 제1호에 따른 노인주거복지시설, 같은 조 제2호에 따른 노인의료복지시설 및 같은 조 제4호에 따른 재가노인복지시설
>   2) 「노인복지법」 제31조 제7호에 따른 학대피해노인 전용쉼터
> 나. 「아동복지법」 제52조에 따른 아동복지시설(아동상담소, 아동전용시설 및 지역아동센터는 제외)
> 다. 「장애인복지법」 제58조 제1항 제1호에 따른 장애인 거주시설
> 라. 정신질환자 관련 시설(「정신건강증진 및 정신질환자 복지서비스 지원에 관한 법률」 제27조 제1항 제2호에 따른 공동생활가정을 제외한 재활훈련시설과 같은 법 시행령 제16조 제3호에 따른 종합시설 중 24시간 주거를 제공하지 않는 시설은 제외)
> 마. 별표 2 제9호 마목에 따른 노숙인 관련 시설 중 노숙인자활시설, 노숙인재활시설 및 노숙인요양시설
> 바. 결핵환자나 한센인이 24시간 생활하는 노유자 시설
> 8. 「의료법」 제3조 제2항 제3호 라목에 따른 **요양병원**(이하 "요양병원"이라 한다). 다만, 의료재활시설은 제외한다.
> 9. [별표 2]의 특정소방대상물 중 공장 또는 창고시설로서 「화재의 예방 및 안전관리에 관한 법률 시행령」 별표 2에서 정하는 수량의 **750배 이상의 특수가연물을 저장·취급**하는 것
> 10. [별표 2] 제17호 나목에 따른 가스시설로서 지상에 노출된 탱크의 **저장용량의 합계가 100톤 이상**인 것

2. 소방시설의 내진설계기준

(1) 의의

「지진·화산재해대책법」 제14조 제1항 각 호의 시설 중 대통령령으로 정하는 특정소방대상물에 대통령령으로 정하는 소방시설을 설치하려는 자는 지진이 발생할 경우 소방시설이 정상적으로 작동될 수 있도록 소방청장이 정하는 내진설계기준에 맞게 소방시설을 설치하여야 한다(법 제7조).

(2) 소방시설

법 제7조에서 "대통령령으로 정하는 소방시설"이란 소방시설 중 옥내소화전설비, 스프링클러설비 및 물분무등소화설비를 말한다.

3. 성능위주설계

(1) 개요

"성능위주설계"란 건축물 등의 재료, 공간, 이용자, 화재 특성 등을 종합적으로 고려하여 공학적 방법으로 화재 위험성을 평가하고 그 결과에 따라 화재안전성능이 확보될 수 있도록 특정소방대상물을 설계하는 것을 말한다.

연면적·높이·층수 등이 일정 규모 이상인 대통령령으로 정하는 특정소방대상물(신축하는 것만 해당)에 소방시설을 설치하려는 자는 성능위주설계를 하여야 한다(법 제8조 제1항).

(2) 성능위주설계 대상

법 제8조 제1항에서 "대통령령으로 정하는 특정소방대상물"이란 다음의 어느 하나에 해당하는 특정소방대상물(신축하는 것만 해당)을 말한다(시행령 제9조).

> 1. 연면적 20만제곱미터 이상인 특정소방대상물. 다만, 별표 2 제1호 가목에 따른 아파트등(이하 "아파트등")은 제외한다.
> 2. 50층 이상(지하층은 제외)이거나 지상으로부터 높이가 200미터 이상인 아파트등
> 3. 30층 이상(지하층을 포함)이거나 지상으로부터 높이가 120미터 이상인 특정소방대상물(아파트등은 제외)
> 4. 연면적 3만제곱미터 이상인 특정소방대상물로서 다음 각 목의 어느 하나에 해당하는 특정소방대상물
>   가. [별표 2](* 특정소방대상물) 제6호 나목의 철도 및 도시철도 시설
>   나. [별표 2] 제6호 다목의 공항시설
> 5. [별표 2] 제16호의 창고시설 중 연면적 10만제곱미터 이상인 것 또는 지하층의 층수가 2개 층 이상이고 지하층의 바닥면적의 합계가 3만제곱미터 이상인 것
> 6. 하나의 건축물에 「영화 및 비디오물의 진흥에 관한 법률」 제2조 제10호에 따른 영화상영관이 10개 이상인 특정소방대상물
> 7. 「초고층 및 지하연계 복합건축물 재난관리에 관한 특별법」 제2조 제2호에 따른 지하연계 복합건축물에 해당하는 특정소방대상물
> 8. [별표 2] 제27호의 터널 중 수저(水底)터널 또는 길이가 5천미터 이상인 것

4. 주택에 설치하는 소방시설

다음의 주택 소유자는 소화기 등 대통령령으로 정하는 소방시설(이하 "주택용소방시설")을 설치하여야 한다(법 제10조 제1항).

※ "대통령령으로 정하는 소방시설": 소화기 및 단독경보형 감지기(시행령 제10조)

> 1. 「건축법」 제2조 제2항 제1호의 단독주택
> 2. 「건축법」 제2조 제2항 제2호의 공동주택(아파트 및 기숙사는 제외)

5. 자동차에 설치 또는 비치하는 소화기

「자동차관리법」 제3조 제1항에 따른 자동차 중 다음의 어느 하나에 해당하는 자동차를 제작·조립·수입·판매하려는 자 또는 해당 자동차의 소유자는 차량용 소화기를 설치하거나 비치하여야 한다(법 제11조 제1항).

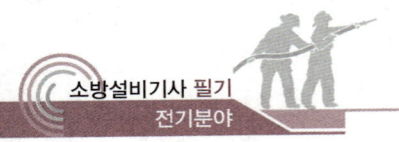

> 1. 5인승 이상의 승용자동차
> 2. 승합자동차
> 3. 화물자동차
> 4. 특수자동차

국토교통부장관은 「자동차관리법」 제43조 제1항에 따른 자동차검사 시 차량용 소화기의 설치 또는 비치 여부 등을 확인하여야 하며, 그 결과를 매년 12월 31일까지 소방청장에게 통보하여야 한다(제3항).

차량용 소화기의 설치 또는 비치 기준은 [별표 2]와 같다(시행규칙 제14조).

차량용 소화기의 설치 또는 비치 기준 (시행규칙 [별표 2])

자동차에는 법 제37조 제5항에 따라 형식승인을 받은 차량용 소화기를 다음 각 호의 기준에 따라 설치 또는 비치해야 한다.

1. 승용자동차
   법 제37조 제5항에 따른 능력단위(이하 "능력단위"라 한다) 1 이상의 소화기 1개 이상을 사용하기 쉬운 곳에 설치 또는 비치한다.

6. 특정소방대상물에 설치하는 소방시설의 관리 등

(1) 소방시설의 설치·관리 의무

특정소방대상물의 관계인은 대통령령으로 정하는 소방시설(* 시행령 [별표 4])을 화재안전기준에 따라 설치·관리하여야 한다(법 제12조 제1항). ⇨ 〈제12조 제1항을 위반하여 소방시설을 화재안전기준에 따라 설치·관리하지 아니한 자의 벌칙〉 **300만원 이하의 과태료**

소방본부장이나 소방서장은 제1항에 따른 소방시설이 화재안전기준에 따라 설치·관리되고 있지 아니할 때에는 해당 특정소방대상물의 관계인에게 필요한 조치를 명할 수 있다(제2항). ⇨ 〈제2항에 따른 명령을 정당한 사유 없이 위반한 자의 벌칙〉 **3년 이하의 징역 또는 3천만원 이하의 벌금**

특정소방대상물의 관계인이 특정소방대상물에 설치·관리해야 하는 소방시설의 종류 (시행령 [별표 4])

1. 소화설비
   가. 화재안전기준에 따라 소화기구를 설치해야 하는 특정소방대상물은 다음의 어느 하나에 해당하는 것으로 한다.
      1) 연면적 33㎡ 이상인 것. 다만, 노유자 시설의 경우에는 투척용 소화용구 등을 화재안전기준에 따라 산정된 소화기 수량의 2분의 1 이상으로 설치할 수 있다.

2) 1)에 해당하지 않는 시설로서 가스시설, 발전시설 중 전기저장시설 및 국가유산
3) 터널
4) 지하구

다. 옥내소화전설비를 설치해야 하는 특정소방대상물은 다음의 어느 하나에 해당하는 것으로 한다. 다만, 위험물 저장 및 처리 시설 중 가스시설, 지하구 및 업무시설 중 무인변전소(방재실 등에서 스프링클러설비 또는 물분무등소화설비를 원격으로 조정할 수 있는 무인변전소로 한정)은 제외한다.
1) 다음의 어느 하나에 해당하는 경우에는 모든 층
  가) 연면적 3천㎡ 이상인 것(터널은 제외)
  나) 지하층·무창층(축사는 제외)으로서 바닥면적이 600㎡ 이상인 층이 있는 것
  다) 층수가 4층 이상인 것 중 바닥면적이 600㎡ 이상인 층이 있는 것
2) 1)에 해당하지 않는 근린생활시설, 판매시설, 운수시설, 의료시설, 노유자 시설, 업무시설, 숙박시설, 위락시설, 공장, 창고시설, 항공기 및 자동차 관련 시설, 교정 및 군사시설 중 국방·군사시설, 방송통신시설, 발전시설, 장례시설 또는 복합건축물로서 다음의 어느 하나에 해당하는 경우에는 모든 층
  가) 연면적 1천5백㎡ 이상인 것
  나) 지하층·무창층으로서 바닥면적이 300㎡ 이상인 층이 있는 것
  다) 층수가 4층 이상인 것 중 바닥면적이 300㎡ 이상인 층이 있는 것
3) 건축물의 옥상에 설치된 차고·주차장으로서 사용되는 면적이 200㎡ 이상인 경우 해당 부분
4) 다음의 어느 하나에 해당하는 터널
  가) 길이가 1천m 이상인 터널
  나) 예상교통량, 경사도 등 터널의 특성을 고려하여 행정안전부령으로 정하는 터널
    ※ "행정안전부령으로 정하는 터널" : 「도로의 구조·시설 기준에 관한 규칙」 제48조에 따라 국토교통부장관이 정하는 도로의 구조 및 시설에 관한 세부 기준에 따라 옥내소화전설비를 설치해야 하는 터널(시행규칙 제16조 제1항)
5) 1) 및 2)에 해당하지 않는 공장 또는 창고시설로서 「화재의 예방 및 안전관리에 관한 법률 시행령」 별표 2에서 정하는 수량의 750배 이상의 특수가연물을 저장·취급하는 것

사. 옥외소화전설비를 설치해야 하는 특정소방대상물(아파트등, 위험물 저장 및 처리 시설 중 가스시설, 지하구 및 터널은 제외)은 다음의 어느 하나에 해당하는 것으로 한다.
1) 지상 1층 및 2층의 바닥면적의 합계가 9천㎡ 이상인 것. 이 경우 같은 구(區) 내의 둘 이상의 특정소방대상물이 행정안전부령으로 정하는 연소(延燒) 우려가 있는 구조인 경우에는 이를 하나의 특정소방대상물로 본다.
  ※ "행정안전부령으로 정하는 연소 우려가 있는 구조" : 다음의 기준에 모두 해당하는 구조 (시행규칙 제17조)

> 1. 건축물대장의 건축물 현황도에 표시된 대지경계선 안에 둘 이상의 건축물이 있는 경우
> 2. 각각의 건축물이 다른 건축물의 외벽으로부터 수평거리가 1층의 경우에는 6미터 이하, 2층 이상의 층의 경우에는 10미터 이하인 경우
> 3. 개구부(영 제2조 제1호 각 목 외의 부분에 따른 개구부를 말한다)가 다른 건축물을 향하여 설치되어 있는 경우

2) 문화유산 중 「문화유산의 보존 및 활용에 관한 법률」 제23조에 따라 보물 또는 국보로 지정된 목조건축물
3) 1)에 해당하지 않는 공장 또는 창고시설로서 「화재의 예방 및 안전관리에 관한 법률 시행령」 별표 2에서 정하는 수량의 750배 이상의 특수가연물을 저장·취급하는 것

2. 경보설비

가. 단독경보형 감지기를 설치해야 하는 특정소방대상물은 다음의 어느 하나에 해당하는 것으로 한다. 이 경우 5)의 연립주택 및 다세대주택에 설치하는 단독경보형 감지기는 연동형으로 설치해야 한다.
  1) 교육연구시설 내에 있는 기숙사 또는 합숙소로서 연면적 2천㎡ 미만인 것
  2) 수련시설 내에 있는 기숙사 또는 합숙소로서 연면적 2천㎡ 미만인 것
  3) 다목7)에 해당하지 않는 수련시설(숙박시설이 있는 것만 해당)
  4) 연면적 400㎡ 미만의 유치원
  5) 공동주택 중 연립주택 및 다세대주택

나. 비상경보설비를 설치해야 하는 특정소방대상물(모래·석재 등 불연재료 공장 및 창고시설, 위험물 저장 및 처리 시설 중 가스시설, 사람이 거주하지 않거나 벽이 없는 축사 등 동물 및 식물 관련 시설 및 지하구는 제외)은 다음의 어느 하나에 해당하는 것으로 한다.
  1) 연면적 400㎡ 이상인 것은 모든 층
  2) 지하층 또는 무창층의 바닥면적이 150㎡(공연장의 경우 100㎡) 이상인 것은 모든 층
  3) 터널로서 길이가 500m 이상인 것
  4) 50명 이상의 근로자가 작업하는 옥내 작업장

다. 자동화재탐지설비를 설치해야 하는 특정소방대상물은 다음의 어느 하나에 해당하는 것으로 한다.
  1) 공동주택 중 아파트등·기숙사 및 숙박시설의 경우에는 모든 층
  2) 층수가 6층 이상인 건축물의 경우에는 모든 층
  3) 근린생활시설(목욕장은 제외), 의료시설(정신의료기관 및 요양병원은 제외), 위락시설, 장례시설 및 복합건축물로서 연면적 600㎡ 이상인 경우에는 모든 층
  4) 근린생활시설 중 목욕장, 문화 및 집회시설, 종교시설, 판매시설, 운수시설, 운동시설, 업무시설, 공장, 창고시설, 위험물 저장 및 처리 시설, 항공기 및 자동차 관련 시설, 교정 및 군사시설 중 국방·군사시설, 방송통신시설, 발전시설, 관광 휴게시설, 지하상가로서 연면적 1천㎡ 이상인 경우에는 모든 층
  5) 교육연구시설(교육시설 내에 있는 기숙사 및 합숙소를 포함), 수련시설(수련시설 내에 있는 기숙사 및 합숙소를 포함하며, 숙박시설이 있는 수련시설은 제외), 동물 및 식물 관련 시설(기둥과 지붕만으로 구성되어 외부와 기류가 통하는 장소는 제외), 자원순환 관련 시설, 교정 및 군사시설(국방·군사시설은 제외) 또는 묘지 관련 시설로서 연면적 2천㎡ 이상인 경우에는 모든 층
  6) 노유자 생활시설의 경우에는 모든 층
  7) 6)에 해당하지 않는 노유자 시설로서 연면적 400㎡ 이상인 노유자 시설 및 숙박시설이 있는 수련시설로서 수용인원 100명 이상인 경우에는 모든 층
  8) 의료시설 중 정신의료기관 또는 요양병원으로서 다음의 어느 하나에 해당하는 시설
    가) 요양병원(의료재활시설은 제외)
    나) 정신의료기관 또는 의료재활시설로 사용되는 바닥면적의 합계가 300㎡ 이상인 시설
    다) 정신의료기관 또는 의료재활시설로 사용되는 바닥면적의 합계가 300㎡ 미만이고, 창살

(철재·플라스틱 또는 목재 등으로 사람의 탈출 등을 막기 위하여 설치한 것을 말하며, 화재 시 자동으로 열리는 구조로 되어 있는 창살은 제외)이 설치된 시설
9) 판매시설 중 전통시장
10) 터널로서 길이가 1천m 이상인 것
11) 지하구
12) 3)에 해당하지 않는 근린생활시설 중 조산원 및 산후조리원
13) 4)에 해당하지 않는 공장 및 창고시설로서 「화재의 예방 및 안전관리에 관한 법률 시행령」 별표 2에서 정하는 수량의 500배 이상의 특수가연물을 저장·취급하는 것
14) 4)에 해당하지 않는 발전시설 중 전기저장시설

마. 화재알림설비를 설치해야 하는 특정소방대상물은 판매시설 중 전통시장으로 한다.
바. 비상방송설비를 설치해야 하는 특정소방대상물(위험물 저장 및 처리 시설 중 가스시설, 사람이 거주하지 않거나 벽이 없는 축사 등 동물 및 식물 관련 시설, 터널 및 지하구는 제외)은 다음의 어느 하나에 해당하는 것으로 한다.
1) 연면적 3천5백㎡ 이상인 것은 모든 층
2) 층수가 11층 이상인 것은 모든 층
3) 지하층의 층수가 3층 이상인 것은 모든 층

사. 자동화재속보설비를 설치해야 하는 특정소방대상물은 다음의 어느 하나에 해당하는 것으로 한다. 다만, 방재실 등 화재 수신기가 설치된 장소에 24시간 화재를 감시할 수 있는 사람이 근무하고 있는 경우에는 자동화재속보설비를 설치하지 않을 수 있다.
1) 노유자 생활시설
2) 노유자 시설로서 바닥면적이 500㎡ 이상인 층이 있는 것
3) 수련시설(숙박시설이 있는 것만 해당)로서 바닥면적이 500㎡ 이상인 층이 있는 것
4) 문화유산 중 「문화유산의 보존 및 활용에 관한 법률」 제23조에 따라 보물 또는 국보로 지정된 목조건축물
5) 근린생활시설 중 다음의 어느 하나에 해당하는 시설
  가) 의원, 치과의원 및 한의원으로서 입원실이 있는 시설
  나) 조산원 및 산후조리원
6) 의료시설 중 다음의 어느 하나에 해당하는 것
  가) 종합병원, 병원, 치과병원, 한방병원 및 요양병원(의료재활시설은 제외)
  나) 정신병원 및 의료재활시설로 사용되는 바닥면적의 합계가 500㎡ 이상인 층이 있는 것
7) 판매시설 중 전통시장

3. 피난구조설비
가. 피난기구는 특정소방대상물의 모든 층에 화재안전기준에 적합한 것으로 설치해야 한다. 다만, 피난층, 지상 1층, 지상 2층(노유자 시설 중 피난층이 아닌 지상 1층과 피난층이 아닌 지상 2층은 제외), 층수가 11층 이상인 층과 위험물 저장 및 처리시설 중 가스시설, 터널 및 지하구의 경우에는 그렇지 않다.
나. 인명구조기구를 설치해야 하는 특정소방대상물은 다음의 어느 하나에 해당하는 것으로 한다.
1) 방열복 또는 방화복(안전모, 보호장갑 및 안전화를 포함), 인공소생기 및 공기호흡기를 설치해야 하는 특정소방대상물 : 지하층을 포함하는 층수가 7층 이상인 것 중 관광호텔 용도로 사용하는 층

2) 방열복 또는 방화복(안전모, 보호장갑 및 안전화를 포함) 및 공기호흡기를 설치해야 하는 특정소방대상물 : 지하층을 포함하는 층수가 5층 이상인 것 중 병원 용도로 사용하는 층
3) 공기호흡기를 설치해야 하는 특정소방대상물은 다음의 어느 하나에 해당하는 것으로 한다.
    가) 수용인원 100명 이상인 문화 및 집회시설 중 영화상영관
    나) 판매시설 중 대규모점포
    다) 운수시설 중 지하역사
    라) 지하상가
    마) 제1호바목 및 화재안전기준에 따라 이산화탄소소화설비(호스릴이산화탄소소화설비는 제외)를 설치해야 하는 특정소방대상물
마. 휴대용비상조명등을 설치해야 하는 특정소방대상물은 다음의 어느 하나에 해당하는 것으로 한다.
    1) 숙박시설
    2) 수용인원 100명 이상의 영화상영관, 판매시설 중 대규모점포, 철도 및 도시철도 시설 중 지하역사, 지하상가

4. 소화용수설비

상수도소화용수설비를 설치해야 하는 특정소방대상물은 다음 각 목의 어느 하나에 해당하는 것으로 한다. 다만, 상수도소화용수설비를 설치해야 하는 특정소방대상물의 대지 경계선으로부터 180m 이내에 지름 75㎜ 이상인 상수도용 배수관이 설치되지 않은 지역의 경우에는 화재안전기준에 따른 소화수조 또는 저수조를 설치해야 한다.
가. 연면적 5천㎡ 이상인 것. 다만, 위험물 저장 및 처리 시설 중 가스시설, 터널 또는 지하구의 경우에는 제외한다.
나. 가스시설로서 지상에 노출된 탱크의 저장용량의 합계가 100톤 이상인 것
다. 자원순환 관련 시설 중 폐기물재활용시설 및 폐기물처분시설

5. 소화활동설비

가. 제연설비를 설치해야 하는 특정소방대상물은 다음의 어느 하나에 해당하는 것으로 한다.
    1) 문화 및 집회시설, 종교시설, 운동시설 중 무대부의 바닥면적이 200㎡ 이상인 경우에는 해당 무대부
    2) 문화 및 집회시설 중 영화상영관으로서 수용인원 100명 이상인 경우에는 해당 영화상영관
    3) 지하층이나 무창층에 설치된 근린생활시설, 판매시설, 운수시설, 숙박시설, 위락시설, 의료시설, 노유자 시설 또는 창고시설(물류터미널로 한정)로서 해당 용도로 사용되는 바닥면적의 합계가 1천㎡ 이상인 경우 해당 부분
    4) 운수시설 중 시외버스정류장, 철도 및 도시철도 시설, 공항시설 및 항만시설의 대기실 또는 휴게시설로서 지하층 또는 무창층의 바닥면적이 1천㎡ 이상인 경우에는 모든 층
    5) 지하상가로서 연면적 1천㎡ 이상인 것
    6) 교통량, 경사도 등 터널의 특성을 고려하여 행정안전부령으로 정하는 터널
        ※ "행정안전부령으로 정하는 터널" : 「도로의 구조·시설 기준에 관한 규칙」 제48조에 따라 국토교통부장관이 정하는 도로의 구조 및 시설에 관한 세부 기준에 따라 제연설비를 설치해야 하는 터널(시행규칙 제16조 제3항)
    7) 특정소방대상물(갓복도형 아파트등은 제외)에 부설된 특별피난계단, 비상용 승강기의 승강장 또는 피난용 승강기의 승강장

라. 비상콘센트설비를 설치해야 하는 특정소방대상물(위험물 저장 및 처리 시설 중 가스시설 및 지하구는 제외)은 다음의 어느 하나에 해당하는 것으로 한다.
   1) 층수가 11층 이상인 특정소방대상물의 경우에는 11층 이상의 층
   2) 지하층의 층수가 3층 이상이고 지하층의 바닥면적의 합계가 1천㎡ 이상인 것은 지하층의 모든 층
   3) 터널로서 길이가 500m 이상인 것
마. 무선통신보조설비를 설치해야 하는 특정소방대상물(위험물 저장 및 처리 시설 중 가스시설은 제외)은 다음의 어느 하나에 해당하는 것으로 한다.
   1) 지하상가로서 연면적 1천㎡ 이상인 것
   2) 지하층의 바닥면적의 합계가 3천㎡ 이상인 것 또는 지하층의 층수가 3층 이상이고 지하층의 바닥면적의 합계가 1천㎡ 이상인 것은 지하층의 모든 층
   3) 터널로서 길이가 500m 이상인 것
   4) 지하구 중 공동구
   5) 층수가 30층 이상인 것으로서 16층 이상 부분의 모든 층

(2) 관계인의 금지 사항

특정소방대상물의 관계인은 제1항에 따라 소방시설을 설치·관리하는 경우 화재 시 소방시설의 기능과 성능에 지장을 줄 수 있는 폐쇄(잠금을 포함)·차단 등의 행위를 하여서는 아니 된다. 다만, 소방시설의 점검·정비를 위하여 필요한 경우 폐쇄·차단은 할 수 있다(법 제12조 제3항).

⇨ 〈제3항 본문을 위반하여 소방시설에 폐쇄·차단 등의 행위를 한 자의 벌칙〉 **5년 이하의 징역 또는 5천만원 이하의 벌금**, 〈제3항 본문을 위반하여 소방시설에 폐쇄·차단 등의 행위를 하여 사람을 상해에 이르게 한 때의 벌칙〉 **7년 이하의 징역 또는 7천만원 이하의 벌금**, 〈제3항 본문을 위반하여 소방시설에 폐쇄·차단 등의 행위를 하여 사람을 사망에 이르게 한 때의 벌칙〉 **10년 이하의 징역 또는 1억원 이하의 벌금**

소방청장은 제3항 단서에 따라 특정소방대상물의 관계인이 소방시설의 점검·정비를 위하여 폐쇄·차단을 하는 경우 안전을 확보하기 위하여 필요한 행동요령에 관한 지침을 마련하여 고시하여야 한다(제4항).

7. 소방시설기준 적용의 특례

(1) 화재안전기준의 강화 시 적용기준

소방본부장이나 소방서장은 법 제12조 제1항 전단(* 특정소방대상물에 설치하는 소방시설의 관리)에 따른 대통령령 또는 화재안전기준이 변경되어 그 기준이 강화되는 경우 기존의 특정소방대상물(건축물의 신축·개축·재축·이전 및 대수선 중인 특정소방대상물을 포함)의 소방시설에 대하여는 변경 전의 대통령령 또는 화재안전기준을 적용한다. 다만, 다음의 어느 하나에 해당하는 소방시설의 경우에는 대통령령 또는 화재안전기준의 변경으로 강화된 기준을 적용할 수 있다(법 제13조 제1항).

1. 다음 각 목의 소방시설 중 대통령령 또는 화재안전기준으로 정하는 것
   가. 소화기구
   나. 비상경보설비
   다. 자동화재탐지설비
   라. 자동화재속보설비
   마. 피난구조설비
2. 다음 각 목의 특정소방대상물에 설치하는 소방시설 중 대통령령 또는 화재안전기준으로 정하는 것
   가. 「국토의 계획 및 이용에 관한 법률」 제2조 제9호에 따른 **공동구**
      ※ "공동구" : 전기·가스·수도 등의 공급설비, 통신시설, 하수도시설 등 지하매설물을 공동 수용함으로써 미관의 개선, 도로구조의 보전 및 교통의 원활한 소통을 위하여 지하에 설치하는 시설물
   나. **전력 및 통신사업용 지하구**
   다. **노유자(老幼者) 시설**
   라. 의료시설
      ※ 제2호의 "대통령령 또는 화재안전기준으로 정하는 것"

> 1. 「국토의 계획 및 이용에 관한 법률」 제2조 제9호에 따른 **공동구에 설치**하는 소화기, 자동소화장치, 자동화재탐지설비, 통합감시시설, 유도등 및 연소방지설비
> 2. **전력 및 통신사업용 지하구에 설치**하는 소화기, 자동소화장치, 자동화재탐지설비, 통합감시시설, 유도등 및 연소방지설비
> 3. 노유자 시설에 설치하는 간이스프링클러설비, 자동화재탐지설비 및 단독경보형 감지기
> 4. 의료시설에 설치하는 스프링클러설비, 간이스프링클러설비, 자동화재탐지설비 및 자동화재속보설비

8. 특정소방대상물별로 설치하여야 하는 소방시설의 정비 등

(1) 수용인원 등을 고려한 소방시설 규정

법 제12조 제1항에 따라 대통령령으로 소방시설을 정할 때에는 특정소방대상물의 규모·용도·수용인원 및 이용자 특성 등을 고려하여야 한다(법 제14조 제1항). 이 가운데 특정소방대상물의 수용인원은 [별표 7]에 따라 산정한다(시행령 제17조).

수용인원의 산정 방법 (시행령 [별표 7])

1. 숙박시설이 있는 특정소방대상물
   가. 침대가 있는 숙박시설 : 해당 특정소방대상물의 종사자 수에 침대 수(2인용 침대는 2개로 산정)를 합한 수
   나. 침대가 없는 숙박시설 : 해당 특정소방대상물의 종사자 수에 숙박시설 바닥면적의 합계를 3㎡로 나누어 얻은 수를 합한 수

2. 제1호 외의 특정소방대상물
  가. 강의실·교무실·상담실·실습실·휴게실 용도로 쓰는 특정소방대상물 : 해당 용도로 사용하는 바닥면적의 합계를 1.9㎡로 나누어 얻은 수
  나. 강당, 문화 및 집회시설, 운동시설, 종교시설 : 해당 용도로 사용하는 바닥면적의 합계를 4.6㎡로 나누어 얻은 수(관람석이 있는 경우 고정식 의자를 설치한 부분은 그 부분의 의자 수로 하고, 긴 의자의 경우에는 의자의 정면너비를 0.45m로 나누어 얻은 수로 함)
  다. 그 밖의 특정소방대상물 : 해당 용도로 사용하는 바닥면적의 합계를 3㎡로 나누어 얻은 수

■ 비고
  1. 위 표에서 바닥면적을 산정할 때에는 복도(「건축법 시행령」 제2조 제11호에 따른 준불연재료 이상의 것을 사용하여 바닥에서 천장까지 벽으로 구획한 것), 계단 및 화장실의 바닥면적을 포함하지 않는다.
  2. 계산 결과 소수점 이하의 수는 반올림한다.

(2) 소방시설 규정의 정비

소방청장은 건축 환경 및 화재위험특성 변화사항을 효과적으로 반영할 수 있도록 제1항에 따른 소방시설 규정을 3년에 1회 이상 정비하여야 한다(법 제14조 제2항).

소방청장은 건축 환경 및 화재위험특성 변화 추세를 체계적으로 연구하여 제2항에 따른 정비를 위한 개선방안을 마련하여야 한다(제3항).

9. 건설현장의 임시소방시설 설치 및 관리

(1) 개요

「건설산업기본법」 제2조 제4호에 따른 건설공사를 하는 자(이하 "공사시공자")는 특정소방대상물의 신축·증축·개축·재축·이전·용도변경·대수선 또는 설비 설치 등을 위한 공사 현장에서 인화성(引火性) 물품을 취급하는 작업 등 대통령령으로 정하는 작업(이하 "화재위험작업")을 하기 전에 설치 및 철거가 쉬운 화재대비시설(이하 "임시소방시설")을 설치하고 관리하여야 한다(법 제15조 제1항).

⇨ 〈공사 현장에 임시소방시설을 설치·관리하지 아니한 자의 벌칙〉 **300만원 이하의 과태료**

(2) 화재위험작업

법 제15조 제1항에서 임시소방시설을 설치해야 하는 "인화성(引火性) 물품을 취급하는 작업 등 대통령령으로 정하는 작업"이란 다음의 어느 하나에 해당하는 작업을 말한다(시행령 제18조 제1항).

1. 인화성·가연성·폭발성 물질을 취급하거나 가연성 가스를 발생시키는 작업
2. 용접·용단(금속·유리·플라스틱 따위를 녹여서 절단하는 일) 등 불꽃을 발생시키거나 화기(火氣)를 취급하는 작업
3. 전열기구, 가열전선 등 열을 발생시키는 기구를 취급하는 작업
4. 알루미늄, 마그네슘 등을 취급하여 폭발성 부유분진(공기 중에 떠다니는 미세한 입자를 말한다)을 발생시킬 수 있는 작업
5. 그 밖에 제1호부터 제4호까지와 비슷한 작업으로 소방청장이 정하여 고시하는 작업

(3) 임시소방시설의 종류와 설치기준

임시소방시설의 종류와 임시소방시설을 설치해야 하는 공사의 종류 및 규모는 [별표 8] 제1호 및 제2호와 같다(시행령 제18조 제2항).

그리고 법 제15조 제2항에 따른 임시소방시설과 기능 및 성능이 유사한 소방시설은 [별표 8] 제3호와 같다(제3항).

임시소방시설의 종류와 설치기준 등 (시행령 [별표 8])

1. 임시소방시설의 종류
   가. 소화기
   나. 간이소화장치 : 물을 방사(放射)하여 화재를 진화할 수 있는 장치로서 소방청장이 정하는 성능을 갖추고 있을 것
   다. 비상경보장치 : 화재가 발생한 경우 주변에 있는 작업자에게 화재사실을 알릴 수 있는 장치로서 소방청장이 정하는 성능을 갖추고 있을 것
   라. 가스누설경보기 : 가연성 가스가 누설되거나 발생된 경우 이를 탐지하여 경보하는 장치로서 법 제37조에 따른 형식승인 및 제품검사를 받은 것
   마. 간이피난유도선 : 화재가 발생한 경우 피난구 방향을 안내할 수 있는 장치로서 소방청장이 정하는 성능을 갖추고 있을 것
   바. 비상조명등 : 화재가 발생한 경우 안전하고 원활한 피난활동을 할 수 있도록 자동 점등되는 조명장치로서 소방청장이 정하는 성능을 갖추고 있을 것
   사. 방화포 : 용접·용단 등의 작업 시 발생하는 불티로부터 가연물이 점화되는 것을 방지해주는 천 또는 불연성 물품으로서 소방청장이 정하는 성능을 갖추고 있을 것

10. 피난시설, 방화구획 및 방화시설의 관리

특정소방대상물의 관계인은 「건축법」 제49조에 따른 피난시설, 방화구획 및 방화시설에 대하여 정당한 사유가 없는 한 다음의 행위를 하여서는 아니 된다(법 제16조 제1항).

1. 피난시설, 방화구획 및 방화시설을 폐쇄하거나 훼손하는 등의 행위
2. 피난시설, 방화구획 및 방화시설의 주위에 물건을 쌓아두거나 장애물을 설치하는 행위
3. 피난시설, 방화구획 및 방화시설의 용도에 장애를 주거나「소방기본법」제16조에 따른 소방활동(* 소방대가 현장에 출동하여 화재진압과 인명구조·구급 등)에 지장을 주는 행위
4. 그 밖에 피난시설, 방화구획 및 방화시설을 변경하는 행위

⇨ 〈제16조 제1항을 위반한 자의 벌칙〉 300만원 이하의 과태료

소방본부장이나 소방서장은 특정소방대상물의 관계인이 제1항 각 호의 어느 하나에 해당하는 행위를 한 경우에는 피난시설, 방화구획 및 방화시설의 관리를 위하여 필요한 조치를 명할 수 있다(제2항).

⇨ 〈제2항에 따른 명령을 정당한 사유 없이 위반한 자의 벌칙〉 3년 이하의 징역 또는 3천만원 이하의 벌금

11. 소방용품의 내용연수 등

특정소방대상물의 관계인은 내용연수가 경과한 소방용품을 교체하여야 한다. 이 경우 내용연수를 설정하여야 하는 소방용품의 종류 및 그 내용연수 연한에 필요한 사항은 대통령령으로 정한다(법 제17조 제1항).

※ 내용연수 설정대상 소방용품 : 내용연수를 설정해야 하는 소방용품은 분말형태의 소화약제를 사용하는 소화기로 하며, 내용연수는 10년으로 한다(시행령 제19조).

12. 소방기술심의위원회

(1) 중앙소방기술심의위원회와 지방소방기술심의위원회의 심의사항

다음의 사항을 심의하기 위하여 소방청에 중앙소방기술심의위원회(이하 "중앙위원회")를 둔다(법 제18조 제1항).

1. 화재안전기준에 관한 사항
2. 소방시설의 구조 및 원리 등에서 공법이 특수한 설계 및 시공에 관한 사항
3. 소방시설의 설계 및 공사감리의 방법에 관한 사항
4. 소방시설공사의 하자를 판단하는 기준에 관한 사항
5. 제8조 제5항 단서에 따라 신기술·신공법 등 검토·평가에 고도의 기술이 필요한 경우로서 중앙위원회에 심의를 요청한 사항
6. 그 밖에 소방기술 등에 관하여 대통령령으로 정하는 다음의 사항
   • 연면적 10만제곱미터 이상의 특정소방대상물에 설치된 소방시설의 설계·시공·감리의 하자 유무에 관한 사항
   • 새로운 소방시설과 소방용품 등의 도입 여부에 관한 사항
   • 그 밖에 소방기술과 관련하여 소방청장이 소방기술심의위원회의 심의에 부치는 사항

다음의 사항을 심의하기 위하여 시·도에 지방소방기술심의위원회(이하 "지방위원회")를 둔다(제2항).

> 1. 소방시설에 하자가 있는지의 판단에 관한 사항
> 2. 그 밖에 소방기술 등에 관하여 대통령령으로 정하는 다음의 사항
>   - 연면적 10만제곱미터 미만의 특정소방대상물에 설치된 소방시설의 설계·시공·감리의 하자 유무에 관한 사항
>   - 소방본부장 또는 소방서장이 「위험물안전관리법」 제2조 제1항 제6호에 따른 제조소등의 시설기준 또는 화재안전기준의 적용에 관하여 기술검토를 요청하는 사항
>   - 그 밖에 소방기술과 관련하여 특별시장·광역시장·특별자치시장·도지사 또는 특별자치도지사가 소방기술심의위원회의 심의에 부치는 사항

(2) 소방기술심의위원회의 구성 등

중앙위원회는 위원장을 포함하여 60명 이내의 위원으로 성별을 고려하여 구성하며(시행령 제21조 제1항), 지방위원회는 위원장을 포함하여 5명 이상 9명 이하의 위원으로 구성한다(제2항).

중앙위원회의 회의는 위원장과 위원장이 회의마다 지정하는 6명 이상 12명 이하의 위원으로 구성하며(제3항), 중앙위원회는 분야별 소위원회를 구성·운영할 수 있다(제4항).

(3) 위원의 임명·위촉

중앙위원회의 위원은 과장급 직위 이상의 소방공무원과 다음의 어느 하나에 해당하는 사람 중에서 소방청장이 임명하거나 성별을 고려하여 위촉한다(시행령 제22조 제1항).

> 1. 소방기술사
> 2. 석사 이상의 소방 관련 학위를 소지한 사람
> 3. 소방시설관리사
> 4. 소방 관련 법인·단체에서 소방 관련 업무에 5년 이상 종사한 사람
> 5. 소방공무원 교육기관, 대학교 또는 연구소에서 소방과 관련된 교육이나 연구에 5년 이상 종사한 사람

지방위원회의 위원은 해당 시·도 소속 소방공무원과 제1항 각 호의 어느 하나에 해당하는 사람 중에서 시·도지사가 임명하거나 성별을 고려하여 위촉한다(제2항).

중앙위원회의 위원장은 소방청장이 해당 위원 중에서 위촉하고, 지방위원회의 위원장은 시·도지사가 해당 위원 중에서 위촉한다(제3항).

중앙위원회 및 지방위원회의 위원 중 위촉위원의 임기는 2년으로 하되, 한 차례만 연임할 수 있다(제4항).

13. 특정소방대상물의 방염 등

(1) 개요

대통령령으로 정하는 특정소방대상물에 실내장식 등의 목적으로 설치 또는 부착하는 물품으로서 대통령령으로 정하는 물품(이하 "방염대상물품")은 방염성능기준 이상의 것으로 설치하여야 한다(법 제20조 제1항).

⇨ 〈방염대상물품을 방염성능기준 이상으로 설치하지 아니한 자의 벌칙〉 **300만원 이하의 과태료**

소방본부장 또는 소방서장은 방염대상물품이 제1항에 따른 방염성능기준에 미치지 못하거나 제21조 제1항에 따른 방염성능검사를 받지 아니한 것이면 특정소방대상물의 관계인에게 방염대상물품을 제거하도록 하거나 방염성능검사를 받도록 하는 등 필요한 조치를 명할 수 있다(제2항).

⇨ 〈제2항에 따른 명령을 정당한 사유 없이 위반한 자의 벌칙〉 **3년 이하의 징역 또는 3천만원 이하의 벌금**

제1항에 따른 방염성능기준은 대통령령으로 정한다(제3항).

(2) 방염성능기준 이상의 실내장식물 등을 설치해야 하는 특정소방대상물

법 제20조 제1항에서 "대통령령으로 정하는 특정소방대상물"이란 다음의 것을 말한다(시행령 제30조 제1항).

1. 근린생활시설 중 의원, 치과의원, 한의원, 조산원, 산후조리원, 체력단련장, 공연장 및 종교집회장
2. 건축물의 옥내에 있는 다음 각 목의 시설
    가. 문화 및 집회시설
    나. 종교시설
    다. 운동시설(수영장은 제외)
3. 의료시설
4. 교육연구시설 중 합숙소
5. 노유자 시설
6. 숙박이 가능한 수련시설
7. 숙박시설
8. 방송통신시설 중 방송국 및 촬영소
9. 「다중이용업소의 안전관리에 관한 특별법」 제2조 제1항 제1호에 따른 다중이용업의 영업소
    ※ "다중이용업": 불특정 다수인이 이용하는 영업 중 화재 등 재난 발생 시 생명·신체·재산상의 피해가 발생할 우려가 높은 것으로서 대통령령으로 정하는 영업
10. 제1호부터 제9호까지의 시설에 해당하지 않는 것으로서 층수가 11층 이상인 것(아파트등은 제외)

(3) 방염대상물품

법 제20조 제1항에서 "대통령령으로 정하는 물품"이란 다음의 것을 말한다(시행령 제31조 제1항).

> 1. 제조 또는 가공 공정에서 방염처리를 한 다음 각 목의 물품
>   가. 창문에 설치하는 커튼류(블라인드를 포함)
>   나. 카펫
>   다. 벽지류(두께가 2밀리미터 미만인 종이벽지는 제외)
>   라. 전시용 합판·목재 또는 섬유판, 무대용 합판·목재 또는 섬유판(합판·목재류의 경우 불가피하게 설치 현장에서 방염처리한 것을 포함)
>   마. 암막·무대막(「영화 및 비디오물의 진흥에 관한 법률」 제2조 제10호에 따른 영화상영관에 설치하는 스크린과 「다중이용업소의 안전관리에 관한 특별법 시행령」 제2조 제7호의4에 따른 가상체험 체육시설업에 설치하는 스크린을 포함)
>   바. 섬유류 또는 합성수지류 등을 원료로 하여 제작된 소파·의자(「다중이용업소의 안전관리에 관한 특별법 시행령」 제2조 제1호 나목 및 같은 조 제6호에 따른 단란주점영업, 유흥주점영업 및 노래연습장업의 영업장에 설치하는 것으로 한정)

(4) 방염성능기준

법 제20조 제3항에 따른 방염성능기준은 다음의 기준에 따르되, 방염대상물품의 종류에 따른 구체적인 방염성능기준은 다음의 기준의 범위에서 소방청장이 정하여 고시하는 바에 따른다(시행령 제31조 제2항). ☞ 소방청고시 「방염성능기준」

> 1. 버너의 불꽃을 제거한 때부터 불꽃을 올리며 연소하는 상태가 그칠 때까지 시간은 20초 이내일 것
> 2. 버너의 불꽃을 제거한 때부터 불꽃을 올리지 않고 연소하는 상태가 그칠 때까지 시간은 30초 이내일 것
> 3. 탄화(炭化)한 면적은 50제곱센티미터 이내, 탄화한 길이는 20센티미터 이내일 것
> 4. 불꽃에 의하여 완전히 녹을 때까지 불꽃의 접촉 횟수는 3회 이상일 것
> 5. 소방청장이 정하여 고시한 방법으로 발연량(發煙量)을 측정하는 경우 최대연기밀도는 400 이하일 것

03절 소방시설등의 자체점검

1. 개요

특정소방대상물의 관계인은 그 대상물에 설치되어 있는 소방시설등이 이 법이나 이 법에 따른 명령 등에 적합하게 설치·관리되고 있는지에 대하여 다음의 구분에 따른 기간 내에 스스로 점검하거나 제34조에 따른 점검능력 평가를 받은 관리업자 또는 행정안전부령으로 정하는 기술자격자(이하 "관리업자등")로 하여금 정기적으로 점검(이하 "자체점검")하게 하여야 한다. 이 경우 관리업자등이 점검한 경우에는 그 점검 결과를 행정안전부령으로 정하는 바에 따라 관계인에게 제출하여야 한다(법 제22조 제1항).

※ "행정안전부령으로 정하는 기술자격자" : 「화재의 예방 및 안전관리에 관한 법률」 제24조 제1항 전단에 따라 소방안전관리자로 선임된 소방시설관리사 및 소방기술사(시행규칙 제19조)

> 1. 해당 특정소방대상물의 소방시설등이 신설된 경우 : 「건축법」 제22조에 따라 건축물을 사용할 수 있게 된 날부터 60일
> 2. 제1호 외의 경우 : 행정안전부령으로 정하는 기간

⇨ 〈제22조 제1항을 위반하여 소방시설등에 대하여 스스로 점검을 하지 아니하거나 관리업자등으로 하여금 정기적으로 점검하게 하지 아니한 자의 벌칙〉 **1년 이하의 징역 또는 1천만원 이하의 벌금**, 〈제22조 제1항 전단을 위반하여 점검능력 평가를 받지 아니하고 점검을 한 관리업자의 벌칙〉 **300만원 이하의 과태료**, 〈제22조 제1항 후단을 위반하여 관계인에게 점검 결과를 제출하지 아니한 관리업자등의 벌칙〉 **300만원 이하의 과태료**

자체점검의 구분 및 대상, 점검인력의 배치기준, 점검자의 자격, 점검 장비, 점검 방법 및 횟수 등 자체점검 시 준수하여야 할 사항은 행정안전부령으로 정한다(법 제22조 제2항).

⇨ 〈점검인력의 배치기준 등 자체점검 시 준수사항을 위반한 자의 벌칙〉 **300만원 이하의 과태료**

2. 소방시설등 자체점검의 구분 및 대상 등

자체점검의 구분 및 대상, 점검자의 자격, 점검 장비, 점검 방법 및 횟수 등 자체점검 시 준수해야 할 사항은 [별표 3]과 같고, 점검인력의 배치기준은 [별표 4]와 같다(시행규칙 제20조 제1항).

소방시설관리업을 등록한 자는 자체점검을 실시하는 경우 점검 대상과 점검 인력 배치상황을 점검인력을 배치한 날 이후 자체점검이 끝난 날부터 5일 이내에 법 제50조 제5항에 따라 관리업자에 대한 점검능력 평가 등에 관한 업무를 위탁받은 법인 또는 단체에 통보해야 한다(제2항).

소방시설등 자체점검의 구분 및 대상, 점검자의 자격, 점검 장비, 점검 방법 및 횟수 등 자체점검 시 준수해야할 사항

(시행규칙 [별표 3])

1. 소방시설등에 대한 자체점검은 다음과 같이 구분한다.
   가. 작동점검 : 소방시설등을 인위적으로 조작하여 소방시설이 정상적으로 작동하는지를 소방청장이 정하여 고시하는 소방시설등 작동점검표에 따라 점검하는 것을 말한다.
   나. 종합점검 : 소방시설등의 작동점검을 포함하여 소방시설등의 설비별 주요 구성 부품의 구조기준이 화재안전기준과 「건축법」 등 관련 법령에서 정하는 기준에 적합한 지 여부를 소방청장이 정하여 고시하는 소방시설등 종합점검표에 따라 점검하는 것을 말하며, 다음과 같이 구분한다.
      1) 최초점검 : 법 제22조 제1항 제1호에 따라 소방시설이 새로 설치되는 경우 「건축법」 제22조에 따라 건축물을 사용할 수 있게 된 날부터 60일 이내 점검하는 것을 말한다.
      2) 그 밖의 종합점검 : 최초점검을 제외한 종합점검을 말한다.

2. 작동점검은 다음의 구분에 따라 실시한다.
   가. 작동점검은 시행령 제5조에 따른 특정소방대상물을 대상으로 한다. 다만, 다음의 어느 하나에 해당하는 특정소방대상물은 제외한다.
      1) 특정소방대상물 중 「화재의 예방 및 안전관리에 관한 법률」 제24조 제1항에 해당하지 않는 특정소방대상물(소방안전관리자를 선임하지 않는 대상을 말한다)
      2) 「위험물안전관리법」 제2조 제6호에 따른 제조소등(이하 "제조소등"이라 한다)
      3) 「화재의 예방 및 안전관리에 관한 법률 시행령」 별표 4 제1호 가목의 특급소방안전관리대상물
   나. 작동점검은 다음의 분류에 따른 기술인력이 점검할 수 있다. 이 경우 별표 4에 따른 점검인력 배치기준을 준수해야 한다.
      1) 영 별표 4 제1호 마목의 간이스프링클러설비(주택전용 간이스프링클러설비는 제외) 또는 같은 표 제2호 다목의 자동화재탐지설비가 설치된 특정소방대상물
         가) 관계인
         나) 관리업에 등록된 기술인력 중 소방시설관리사
         다) 「소방시설공사업법 시행규칙」 별표 4의2에 따른 특급점검자
         라) 소방안전관리자로 선임된 소방시설관리사 및 소방기술사
      2) 1)에 해당하지 않는 특정소방대상물
         가) 관리업에 등록된 소방시설관리사
         나) 소방안전관리자로 선임된 소방시설관리사 및 소방기술사
   다. 작동점검은 연 1회 이상 실시한다.

3. 종합점검은 다음의 구분에 따라 실시한다.
   가. 종합점검은 다음의 어느 하나에 해당하는 특정소방대상물을 대상으로 한다.
      1) 법 제22조 제1항 제1호에 해당하는 특정소방대상물
      2) 스프링클러설비가 설치된 특정소방대상물
      3) 물분무등소화설비[호스릴(hose reel) 방식의 물분무등소화설비만을 설치한 경우는 제외]가 설치된 연면적 5,000㎡ 이상인 특정소방대상물(제조소등은 제외)
      4) 「다중이용업소의 안전관리에 관한 특별법 시행령」 제2조 제1호 나목, 같은 조 제2호(비디오물소극장업은 제외)·제6호·제7호·제7호의2 및 제7호의5의 다중이용업의 영업장이 설치된 특정소방대상물로서 연면적이 2,000㎡ 이상인 것

          5) 제연설비가 설치된 터널
          6) 「공공기관의 소방안전관리에 관한 규정」 제2조에 따른 **공공기관 중 연면적**(터널·지하구의 경우 그 길이와 평균 폭을 곱하여 계산된 값을 말한다)이 **1,000㎡ 이상**인 것으로서 **옥내소화전설비 또는 자동화재탐지설비**가 설치된 것. 다만, 「소방기본법」 제2조 제5호에 따른 소방대가 근무하는 공공기관은 제외한다.
    나. 종합점검은 다음 어느 하나에 해당하는 기술인력이 점검할 수 있다. 이 경우 별표 4에 따른 점검인력 배치기준을 준수해야 한다.
        1) 관리업에 등록된 소방시설관리사
        2) 소방안전관리자로 선임된 소방시설관리사 및 소방기술사
    다. 종합점검의 점검 횟수는 다음과 같다.
        1) 연 1회 이상(「화재의 예방 및 안전에 관한 법률 시행령」 별표 4 제1호 가목의 특급 소방안전관리대상물은 반기에 1회 이상) 실시한다.
        2) 1)에도 불구하고 소방본부장 또는 소방서장은 소방청장이 소방안전관리가 우수하다고 인정한 특정소방대상물에 대해서는 3년의 범위에서 소방청장이 고시하거나 정한 기간 동안 종합점검을 면제할 수 있다. 다만, 면제기간 중 화재가 발생한 경우는 제외한다.

3. 소방시설등의 자체점검 결과의 조치 등

(1) 중대위반사항에 대한 조치

특정소방대상물의 관계인은 자체점검 결과 소화펌프 고장 등 대통령령으로 정하는 **중대위반사항이 발견된 경우에는 지체 없이 수리 등 필요한 조치를 하여야 한다**(법 제23조 제1항).

※ "대통령령으로 정하는 중대위반사항"(시행령 제34조)

> 1. 소화펌프(가압송수장치를 포함), 동력·감시 제어반 또는 소방시설용 전원(비상전원을 포함)의 고장으로 소방시설이 작동되지 않는 경우
> 2. 화재 수신기의 고장으로 화재경보음이 자동으로 울리지 않거나 화재 수신기와 연동된 소방시설의 작동이 불가능한 경우
> 3. 소화배관 등이 폐쇄·차단되어 소화수(消火水) 또는 소화약제가 자동 방출되지 않는 경우
> 4. 방화문 또는 자동방화셔터가 훼손되거나 철거되어 본래의 기능을 못하는 경우

관리업자등은 자체점검 결과 중대위반사항을 발견한 경우 즉시 관계인에게 알려야 한다. 이 경우 관계인은 **지체 없이 수리 등 필요한 조치를 하여야 한다**(제2항).

⇨ 〈제23조 제1항 및 제2항을 위반하여 필요한 조치를 하지 아니한 관계인 또는 관계인에게 중대위반사항을 알리지 아니한 관리업자등의 벌칙〉 **300만원 이하의 벌금**

(2) 자체점검 결과의 보고

특정소방대상물의 관계인은 자체점검을 한 경우에는 **그 점검 결과를** 행정안전부령으로 정하는 바에 따라 소방시설등에 대한 수리·교체·정비에 관한 이행계획(중대위반사항에 대한 조치

사항을 포함)을 첨부하여 **소방본부장 또는 소방서장에게 보고하여야 한다**. 이 경우 소방본부장 또는 소방서장은 점검 결과 및 이행계획이 적합하지 아니하다고 인정되는 경우에는 관계인에게 보완을 요구할 수 있다(법 제23조 제3항).

⇨ 〈제3항을 위반하여 점검 결과를 보고하지 아니하거나 거짓으로 보고한 자의 벌칙〉 **300만원 이하의 과태료**

다음은 자체점검 결과의 보고절차에 관한 구체적인 내용이다(시행규칙 제23조 제1항~제5항).

> 1. 관리업자 또는 소방안전관리자로 선임된 소방시설관리사 및 소방기술사(이하 "관리업자등")는 자체점검을 실시한 경우에는 그 점검이 끝난 날부터 10일 이내에 별지 제9호 서식의 소방시설등 **자체점검 실시결과 보고서**(전자문서로 된 보고서를 포함)에 소방청장이 정하여 고시하는 소방시설등점검표를 첨부하여 관계인에게 제출해야 한다.
> 2. 자체점검 실시결과 보고서를 제출받거나 스스로 자체점검을 실시한 관계인은 자체점검이 끝난 날부터 15일 이내에 별지 제9호 서식의 소방시설등 자체점검 실시결과 보고서(전자문서로 된 보고서를 포함)에 다음의 서류를 첨부하여 소방본부장 또는 소방서장에게 서면이나 소방청장이 지정하는 전산망을 통하여 **보고해야 한다**.
>   • 점검인력 배치확인서(관리업자가 점검한 경우만 해당)
>   • 별지 제10호 서식의 소방시설등의 **자체점검 결과 이행계획서**
> 3. 위에서 자체점검 실시결과의 보고기간에는 공휴일 및 토요일은 산입하지 않는다.
> 4. 소방본부장 또는 소방서장에게 자체점검 실시결과 보고를 마친 관계인은 소방시설등 자체점검 실시결과 보고서(소방시설등점검표를 포함)를 점검이 끝난 날부터 2년간 자체 보관해야 한다.
> 5. 소방시설등의 자체점검 결과 이행계획서를 보고받은 소방본부장 또는 소방서장은 다음의 구분에 따라 이행계획의 완료 기간을 정하여 관계인에게 통보해야 한다. 다만, 소방시설등에 대한 수리·교체·정비의 규모 또는 절차가 복잡하여 다음의 기간 내에 이행을 완료하기가 어려운 경우에는 그 기간을 달리 정할 수 있다.
>   • 소방시설등을 구성하고 있는 기계·기구를 수리하거나 정비하는 경우 : **보고일부터 10일 이내**
>   • 소방시설등의 전부 또는 일부를 철거하고 새로 교체하는 경우 : **보고일부터 20일 이내**

(3) 이행계획 완료 결과의 보고

특정소방대상물의 관계인은 법 제23조 제3항에 따른 이행계획을 행정안전부령으로 정하는 바에 따라 기간 내에 완료하고, 소방본부장 또는 소방서장에게 이행계획 완료 결과를 보고하여야 한다(법 제23조 제4항 전단). 즉, 관계인은 이행을 완료한 날부터 10일 이내에 별지 제11호 서식의 소방시설등의 **자체점검 결과 이행완료 보고서**(전자문서로 된 보고서를 포함)에 다음의 서류(전자문서를 포함)를 첨부하여 소방본부장 또는 소방서장에게 보고해야 한다(시행규칙 제23조 제6항).

> 1. 이행계획 건별 전·후 사진 증명자료
> 2. 소방시설공사 계약서

이 경우 소방본부장 또는 소방서장은 이행계획 완료 결과가 거짓 또는 허위로 작성되었다고 판단되는 경우에는 해당 특정소방대상물을 방문하여 그 이행계획 완료 여부를 확인할 수 있다(법 제23조 제4항).

⇨ 〈제23조 제4항을 위반하여 이행계획을 기간 내에 완료하지 아니한 자 또는 이행계획 완료 결과를 보고하지 아니하거나 거짓으로 보고한 자의 벌칙〉 **300만원 이하의 과태료**

소방본부장 또는 소방서장은 관계인이 제4항에 따라 이행계획을 완료하지 아니한 경우에는 필요한 조치의 이행을 명할 수 있고, 관계인은 이에 따라야 한다(제6항).

⇨ 〈제6항에 따른 명령을 정당한 사유 없이 위반한 자의 벌칙〉 **3년 이하의 징역 또는 3천만원 이하의 벌금**

04절 소방시설관리사 및 소방시설관리업

1. 소방관리사

(1) 소방관리사 시험

① 개요

소방시설관리사(이하 "관리사")가 되려는 사람은 **소방청장이 실시하는 관리사시험에 합격하여야 하며**(법 제25조 제1항), 관리사시험의 응시자격, 시험방법, 시험과목, 시험위원, 그 밖에 관리사시험에 필요한 사항은 대통령령으로 정한다(제2항).

관리사시험의 최종 합격자 발표일을 기준으로 법 제27조의 결격사유에 해당하는 사람은 관리사 시험에 응시할 수 없다(제3항).

소방기술사 등 대통령령으로 정하는 사람에 대하여는 대통령령으로 정하는 바에 따라 제2항에 따른 관리사시험 과목 가운데 일부를 면제할 수 있다(제4항).

② 소방시설관리사시험의 응시자격

관리사시험에 응시할 수 있는 사람은 다음 각 호와 같다(시행령 제37조).

> 1. 소방기술사·건축사·건축기계설비기술사·건축전기설비기술사 또는 공조냉동기계기술사
> 2. 위험물기능장
> 3. 소방설비기사
> 4. 「국가과학기술 경쟁력 강화를 위한 이공계지원 특별법」 제2조 제1호에 따른 **이공계 분야의 박사학위를 취득한 사람**
>   ※ "이공계인력" : 이학(理學)·공학(工學) 분야와 이와 관련되는 학제(學際) 간 융합 분야를 전공한 사람으로서 대통령령으로 정하는 사람(동법 제2조)
> 5. 소방청장이 정하여 고시(*「소방안전 관련 교과목·소방안전 관련 학과 및 소방관련 학과 등에 관한 기준」)하는 소방안전 관련 분야의 석사 이상의 학위를 취득한 사람
> 6. 소방설비산업기사 또는 소방공무원 등 소방청장이 정하여 고시(*「소방실무경력 인정범위에 관한 기준 고시」)하는 사람 중 소방에 관한 실무경력(자격 취득 후의 실무경력으로 한정)이 3년 이상인 사람

③ 시험의 시행 및 공고

관리사시험은 **매년 1회 시행**하는 것을 원칙으로 하되, 소방청장이 필요하다고 인정하는 경우에는 그 횟수를 늘리거나 줄일 수 있다(시행령 제42조 제1항).

소방청장은 관리사시험을 시행하려면 응시자격, 시험 과목, 일시·장소 및 응시절차 등을 모든 응시 희망자가 알 수 있도록 관리사시험 **시행일 90일 전까지 인터넷 홈페이지에 공**

고해야 한다(제2항).

④ 시험의 합격자 결정 등

제1차시험에서는 과목당 100점을 만점으로 하여 모든 과목의 점수가 40점 이상이고, 전 과목 평균 점수가 60점 이상인 사람을 합격자로 한다(시행령 제44조 제1항).

제2차시험에서는 과목당 100점을 만점으로 하되, 시험위원의 채점점수 중 최고점수와 최저점수를 제외한 점수가 모든 과목에서 40점 이상, 전 과목에서 평균 60점 이상인 사람을 합격자로 한다(제2항).

소방청장은 제1항과 제2항에 따라 관리사시험 합격자를 결정했을 때에는 이를 인터넷 홈페이지에 공고해야 한다(제3항).

(2) 소방시설관리사의 의무

관리사는 발급 또는 재발급받은 소방시설관리사증을 다른 사람에게 빌려주거나 빌려서는 아니 되며, 이를 알선하여서도 아니 된다(법 제25조 제7항).

⇨ 〈위반 시 벌칙〉 1년 이하의 징역 또는 1천만원 이하의 벌금

관리사는 동시에 둘 이상의 업체에 취업하여서는 아니 된다(제8항). ⇨ 〈위반 시 벌칙〉 1년 이하의 징역 또는 1천만원 이하의 벌금

법 제22조 제1항에 따른 기술자격자(* 소방안전관리자로 선임된 소방시설관리사 및 소방기술사) 및 제29조 제2항에 따라 관리업의 기술인력으로 등록된 관리사는 이 법과 이 법에 따른 명령에 따라 성실하게 자체점검 업무를 수행하여야 한다(제9항).

(3) 관리사의 결격사유

다음의 어느 하나에 해당하는 사람은 관리사가 될 수 없다(법 제27조).

1. 피성년후견인
2. 이 법, 「소방기본법」, 「화재의 예방 및 안전관리에 관한 법률」, 「소방시설공사업법」 또는 「위험물안전관리법」을 위반하여 금고 이상의 실형을 선고받고 그 집행이 끝나거나(집행이 끝난 것으로 보는 경우를 포함) 집행이 면제된 날부터 2년이 지나지 아니한 사람
3. 이 법, 「소방기본법」, 「화재의 예방 및 안전관리에 관한 법률」, 「소방시설공사업법」 또는 「위험물안전관리법」을 위반하여 금고 이상의 형의 집행유예를 선고받고 그 유예기간 중에 있는 사람
4. 법 제28조에 따라 자격이 취소(이 조 제1호에 해당하여 자격이 취소된 경우는 제외)된 날부터 2년이 지나지 아니한 사람

2. 소방시설관리업

(1) 소방시설관리업의 등록

① 개요

소방시설등의 점검 및 관리를 업으로 하려는 자 또는 「화재의 예방 및 안전관리에 관한 법률」 제25조에 따른 소방안전관리업무의 대행을 하려는 자는 대통령령으로 정하는 업종별로 시·도지사에게 소방시설관리업(이하 "관리업") 등록을 하여야 한다(법 제29조 제1항).

⇨ 〈관리업의 등록을 하지 아니하고 영업을 한 자의 벌칙〉 **3년 이하의 징역 또는 3천만원 이하의 벌금**

② 소방시설관리업의 등록기준 등

소방시설관리업의 업종별 등록기준 및 영업범위는 [별표 9]와 같다(시행령 제45조 제1항).

소방시설관리업의 업종별 등록기준 및 영업범위 (시행령 [별표 9])

기술인력 등 업종별	기술인력	영업범위

전문
소방시설관리업
	가. 주된 기술인력
	  1) 소방시설관리사 자격을 취득한 후 소방 관련 실무경력이 5년 이상인 사람 1명 이상
	  2) 소방시설관리사 자격을 취득한 후 소방 관련 실무경력이 3년 이상인 사람 1명 이상
	나. 보조 기술인력
	  1) 고급점검자 이상의 기술인력 : 2명 이상
	  2) 중급점검자 이상의 기술인력 : 2명 이상
	  3) 초급점검자 이상의 기술인력 : 2명 이상
		모든 특정소방대상물

일반
소방시설관리업
	가. 주된 기술인력 : 소방시설관리사 자격을 취득한 후 소방 관련 실무경력이 1년 이상인 사람 1명 이상
	나. 보조 기술인력
	  1) 중급점검자 이상의 기술인력 : 1명 이상
	  2) 초급점검자 이상의 기술인력 : 1명 이상
		특정소방대상물 중 「화재의 예방 및 안전관리에 관한 법률 시행령」 별표 4에 따른 1급, 2급, 3급 소방안전관리대상물

■ 비고
1. "소방 관련 실무경력"이란 「소방시설공사업법」 제28조 제3항에 따른 소방기술과 관련된 경력을 말한다.
2. 보조 기술인력의 종류별 자격은 「소방시설공사업법」 제28조 제3항에 따라 소방기술과 관련된 자격·학력 및 경력을 가진 사람 중에서 행정안전부령으로 정한다.
※ 위에서 보조 기술인력의 종류별 자격은 「소방시설공사업법 시행규칙」 [별표 4의2]에서 정하는 기준에 따른다(시행규칙 제31조 제4항).

③ 등록의 결격사유

다음의 어느 하나에 해당하는 자는 관리업의 등록을 할 수 없다(법 제30조).

> 1. 피성년후견인
> 2. 이 법, 「소방기본법」, 「화재의 예방 및 안전관리에 관한 법률」, 「소방시설공사업법」 또는 「위험물안전관리법」을 위반하여 금고 이상의 실형을 선고받고 그 집행이 끝나거나(집행이 끝난 것으로 보는 경우를 포함) 집행이 면제된 날부터 2년이 지나지 아니한 사람
> 3. 이 법, 「소방기본법」, 「화재의 예방 및 안전관리에 관한 법률」, 「소방시설공사업법」 또는 「위험물안전관리법」을 위반하여 금고 이상의 형의 집행유예를 선고받고 그 유예기간 중에 있는 사람
> 4. 제35조 제1항에 따라 관리업의 등록이 취소(제1호에 해당하여 등록이 취소된 경우는 제외)된 날부터 2년이 지나지 아니한 자
> 5. 임원 중에 제1호부터 제4호까지의 어느 하나에 해당하는 사람이 있는 법인

(2) 관리업의 운영

① 관계인에 대한 통보 의무

관리업자는 다음의 어느 하나에 해당하는 경우에는 「화재의 예방 및 안전관리에 관한 법률」 제25조에 따라 소방안전관리업무를 대행하게 하거나 제22조 제1항에 따라 소방시설등의 점검업무를 수행하게 한 특정소방대상물의 관계인에게 지체 없이 그 사실을 알려야 한다(법 제33조 제3항).

> 1. 제32조에 따라 관리업자의 지위를 승계한 경우
> 2. 제35조 제1항에 따라 관리업의 등록취소 또는 영업정지 처분을 받은 경우
> 3. 휴업 또는 폐업을 한 경우

⇨ 〈지위승계, 행정처분 또는 휴업·폐업의 사실을 특정소방대상물의 관계인에게 알리지 아니하거나 거짓으로 알린 관리업자의 벌칙〉 **300만원 이하의 과태료**

② 등록취소 또는 영업정지 처분을 받은 관리업자의 행위 금지

제35조 제1항에 따라 등록취소 또는 영업정지 처분을 받은 관리업자는 그 날부터 소방안전관리업무를 대행하거나 소방시설등에 대한 점검을 하여서는 아니 된다. 다만, 영업정지 처분의 경우 도급계약이 해지되지 아니한 때에는 대행 또는 점검 중에 있는 특정소방대상물의 소방안전관리업무 대행과 자체점검은 할 수 있다(법 제33조 제5항).

(3) 과징금처분

시·도지사는 제35조 제1항에 따라 영업정지를 명하는 경우로서 그 영업정지가 이용자에게 불편을 주거나 그 밖에 공익을 해칠 우려가 있을 때에는 영업정지처분을 갈음하여 3천만원 이하의 과징금을 부과할 수 있다(법 제36조 제1항).

05절 소방용품의 품질관리

1. 소방용품의 형식승인 등

(1) 개요

대통령령으로 정하는 소방용품을 제조하거나 수입하려는 자는 소방청장의 형식승인을 받아야 한다. 다만, 연구개발 목적으로 제조하거나 수입하는 소방용품은 그러하지 아니하다(법 제37조 제1항).

※ "대통령령으로 정하는 소방용품": 시행령 [별표 3](* 앞의 '총칙'에서 기재하였음)의 소방용품을 말한다. 다만, 같은 표 제1호 나목의 자동소화장치 중 상업용 주방자동소화장치는 제외한다(시행령 제46조).

> 1. 소화설비를 구성하는 제품 또는 기기
>   가. 별표 1 제1호 가목의 소화기구(소화약제 외의 것을 이용한 간이소화용구는 제외)
>   나. 별표 1 제1호 나목의 자동소화장치(상업용 주방자동소화장치는 제외)
>   다. 소화설비를 구성하는 소화전, 관창(菅槍), 소방호스, 스프링클러헤드, 기동용 수압개폐장치, 유수제어밸브 및 가스관선택밸브
> 2. 경보설비를 구성하는 제품 또는 기기
>   가. 누전경보기 및 가스누설경보기
>   나. 경보설비를 구성하는 발신기, 수신기, 중계기, 감지기 및 음향장치(경종만 해당)
> 3. 피난구조설비를 구성하는 제품 또는 기기
>   가. 피난사다리, 구조대, 완강기(지지대를 포함) 및 간이완강기(지지대를 포함)
>   나. 공기호흡기(충전기를 포함)
>   다. 피난구유도등, 통로유도등, 객석유도등 및 예비 전원이 내장된 비상조명등
> 4. 소화용으로 사용하는 제품 또는 기기
>   가. 소화약제[별표 1 제1호 나목2) 및 3)의 자동소화장치와 같은 호 마목3)부터 9)까지의 소화설비용만 해당]
>   나. 방염제(방염액·방염도료 및 방염성물질을 말한다)
> 5. 그 밖에 행정안전부령으로 정하는 소방 관련 제품 또는 기기

2. 소방용품의 성능인증 등

소방청장은 제조자 또는 수입자 등의 요청이 있는 경우 소방용품에 대하여 성능인증을 할 수 있다(법 제40조 제1항).

성능인증을 받은 자는 그 소방용품에 대하여 소방청장의 제품검사를 받아야 한다(제2항).

⇨ 〈제1항 및 제2항을 위반하여 거짓이나 그 밖의 부정한 방법으로 성능인증 또는 제품검사를 받은 자의 벌칙〉
3년 이하의 징역 또는 3천만원 이하의 벌금

제2항에 따른 제품검사에 합격하지 아니한 소방용품에는 성능인증을 받았다는 표시를 하거나 제품검사에 합격하였다는 표시를 하여서는 아니 되며, 제품검사를 받지 아니하거나 합격표시를 하지 아니한 소방용품을 판매 또는 판매 목적으로 진열하거나 소방시설공사에 사용하여서는 아니 된다(제5항).

⇨ 〈제품검사를 받지 아니하거나 합격표시를 하지 아니한 소방용품을 판매·진열하거나 소방시설공사에 사용한 자의 벌칙〉 3년 이하의 징역 또는 3천만원 이하의 벌금, 〈제품검사에 합격하지 아니한 소방용품에 성능인증을 받았다는 표시 또는 제품검사에 합격하였다는 표시를 하거나 성능인증을 받았다는 표시 또는 제품검사에 합격하였다는 표시를 위조 또는 변조하여 사용한 자의 벌칙〉 1년 이하의 징역 또는 1천만원 이하의 벌금

3. 우수품질 제품에 대한 인증

소방청장은 형식승인의 대상이 되는 소방용품 중 품질이 우수하다고 인정하는 소방용품에 대하여 인증(이하 "우수품질인증")을 할 수 있으며(법 제43조 제1항), 우수품질인증을 받은 소방용품에는 우수품질인증 표시를 할 수 있다(제3항).

⇨ 〈우수품질인증을 받지 아니한 제품에 우수품질인증 표시를 하거나 우수품질인증 표시를 위조하거나 변조하여 사용한 자의 벌칙〉 1년 이하의 징역 또는 1천만원 이하의 벌금

우수품질인증을 받으려는 자는 행정안전부령으로 정하는 바에 따라 소방청장에게 신청하여야 한다(제2항).

우수품질인증의 유효기간은 5년의 범위에서 행정안전부령(* 발급한 날부터 3년)으로 정한다(제4항).

4. 소방용품의 수집검사 등

(1) 수집검사의 사유

소방청장은 소방용품의 품질관리를 위하여 필요하다고 인정할 때에는 유통 중인 소방용품을 수집하여 검사할 수 있는바(법 제45조 제1항), 다음의 어느 하나에 해당하는 경우에는 유통 중인 소방용품을 수집하여 검사할 수 있다(소방용품의 품질관리 등에 관한 규칙 제40조 제1항).

1. 소방용품에 대한 형식승인을 취소하거나 제품검사의 중지를 명한 경우
2. 성능인증을 취소하거나 제품검사의 중지를 명한 경우
3. 제품검사기관이 수집검사를 요청한 경우
4. 그 밖에 품질관리 등을 위하여 소방청장이 필요하다고 인정하는 경우

06절 보칙 및 벌칙

1. 보칙

(1) 청문

소방청장 또는 시·도지사는 다음의 어느 하나에 해당하는 처분을 하려면 청문을 하여야 한다(법 제49조).

> 1. 제28조에 따른 관리사 자격의 취소 및 정지
> 2. 제35조 제1항에 따른 관리업의 등록취소 및 영업정지
> 3. 제39조에 따른 소방용품의 형식승인 취소 및 제품검사 중지
> 4. 제42조에 따른 성능인증의 취소
> 5. 제43조 제5항에 따른 우수품질인증의 취소
> 6. 제47조에 따른 전문기관의 지정취소 및 업무정지

(2) 위반행위의 신고 및 신고포상금의 지급

누구든지 소방본부장 또는 소방서장에게 다음 각 호의 어느 하나에 해당하는 행위를 한 자를 신고할 수 있다(법 제55조 제1항).

> 1. 제12조 제1항(* 특정소방대상물의 관계인은 소방시설을 화재안전기준에 따라 설치·관리)을 위반하여 소방시설을 설치 또는 관리한 자
> 2. 제12조 제3항(* 화재 시 소방시설의 기능과 성능에 지장을 줄 수 있는 폐쇄·차단 등의 행위 금지)을 위반하여 폐쇄·차단 등의 행위를 한 자
> 3. 제16조 제1항 각 호(* 피난시설, 방화구획 및 방화시설에 대한 금지 행위)의 어느 하나에 해당하는 행위를 한 자

소방본부장 또는 소방서장은 신고를 받은 경우 신고 내용을 확인하여 이를 신속하게 처리하고, 그 처리결과를 행정안전부령으로 정하는 방법 및 절차에 따라 신고자에게 통지하여야 한다(제2항).

※ "행정안전부령으로 정하는 방법 및 절차" : 처리한 날부터 10일 이내에 우편, 팩스, 정보통신망, 전자우편 또는 휴대전화 문자메시지 등의 방법으로 할 수 있다(시행규칙 제43조).

소방본부장 또는 소방서장은 신고를 한 사람에게 예산의 범위에서 포상금을 지급할 수 있다(제3항).

신고포상금의 지급대상, 지급기준, 지급절차 등에 필요한 사항은 시·도의 조례(예 충청북도 비상구 폐쇄 등 불법행위 신고포상제 운영 조례)로 정한다(제4항).

2. 벌칙

(1) 형벌

① 5년 이하의 징역 또는 5천만원 이하의 벌금 (법 제56조 제1항)

> 제12조 제3항 본문(* 화재 시 소방시설의 기능과 성능에 지장을 줄 수 있는 폐쇄(잠금 포함)·차단 등의 행위 금지)을 위반하여 소방시설에 폐쇄·차단 등의 행위를 한 자

※ 위 죄를 범하여 사람을 상해에 이르게 한 때에는 7년 이하의 징역 또는 7천만원 이하의 벌금에 처하며, 사망에 이르게 한 때에는 10년 이하의 징역 또는 1억원 이하의 벌금에 처한다(제2항).

② 3년 이하의 징역 또는 3천만원 이하의 벌금 (법 제57조)

> 1. 제12조 제2항(* 소방시설이 화재안전기준에 따라 설치·관리되고 있지 아니할 때의 조치명령), 제15조 제3항(* 건설현장의 임시소방시설 설치 및 관리), 제16조 제2항(* 피난시설, 방화구획 및 방화시설의 관리), 제20조 제2항(* 방염대상물품이 방염성능기준에 미치지 못하는 경우 등), 제23조 제6항(* 소방시설등의 자체점검 결과의 조치), 제37조 제7항(* 미승인소방용품의 판매 등) 또는 제45조 제2항(* 수집검사 후 회수·교환·폐기 또는 판매중지 명령)에 따른 명령을 정당한 사유 없이 위반한 자
> 2. 제29조 제1항을 위반하여 관리업의 등록을 하지 아니하고 영업을 한 자
> 3. 제37조 제1항, 제2항 및 제10항을 위반하여 소방용품의 형식승인을 받지 아니하고 소방용품을 제조하거나 수입한 자 또는 거짓이나 그 밖의 부정한 방법으로 형식승인을 받은 자
> 4. 제37조 제3항을 위반하여 제품검사를 받지 아니한 자 또는 거짓이나 그 밖의 부정한 방법으로 제품검사를 받은 자
> 5. 제37조 제6항(* 미승인소방용품)을 위반하여 소방용품을 판매·진열하거나 소방시설공사에 사용한 자
> 6. 제40조 제1항 및 제2항을 위반하여 거짓이나 그 밖의 부정한 방법으로 성능인증 또는 제품검사를 받은 자
> 7. 제40조 제5항을 위반하여 제품검사를 받지 아니하거나 합격표시를 하지 아니한 소방용품을 판매·진열하거나 소방시설공사에 사용한 자
> 8. 제45조 제3항(* 소방용품의 회수·교환·폐기 또는 판매중지 명령 후 조치)을 위반하여 구매자에게 명령을 받은 사실을 알리지 아니하거나 필요한 조치를 하지 아니한 자
> 9. 거짓이나 그 밖의 부정한 방법으로 제46조 제1항에 따른 제품검사 전문기관으로 지정을 받은 자

③ 1년 이하의 징역 또는 1천만원 이하의 벌금 (법 제58조)

> 1. 제22조 제1항을 위반하여 소방시설등에 대하여 스스로 점검을 하지 아니하거나 관리업자등으로 하여금 정기적으로 점검하게 하지 아니한 자
> 2. 제25조 제7항을 위반하여 소방시설관리사증을 다른 사람에게 빌려주거나 빌리거나 이를 알선 한 자

> 3. 제25조 제8항(* 소방시설관리사의 의무)을 위반하여 동시에 둘 이상의 업체에 취업한 자
> 4. 제28조에 따라 자격정지처분을 받고 그 자격정지기간 중에 관리사의 업무를 한 자
> 5. 제33조 제2항을 위반하여 관리업의 등록증이나 등록수첩을 다른 자에게 빌려주거나 빌리거나 이를 알선한 자
> 6. 제35조 제1항에 따라 영업정지처분을 받고 그 영업정지기간 중에 관리업의 업무를 한 자
> 7. 제37조 제3항에 따른 제품검사에 합격하지 아니한 제품에 합격표시를 하거나 합격표시를 위조 또는 변조하여 사용한 자
> 8. 제38조 제1항을 위반하여 형식승인의 변경승인을 받지 아니한 자
> 9. 제40조 제5항을 위반하여 제품검사에 합격하지 아니한 소방용품에 성능인증을 받았다는 표시 또는 제품검사에 합격하였다는 표시를 하거나 성능인증을 받았다는 표시 또는 제품검사에 합격하였다는 표시를 위조 또는 변조하여 사용한 자
> 10. 제41조 제1항을 위반하여 성능인증의 변경인증을 받지 아니한 자
> 11. 제43조 제1항에 따른 우수품질인증을 받지 아니한 제품에 우수품질인증 표시를 하거나 우수품질인증 표시를 위조하거나 변조하여 사용한 자
> 12. 제52조 제3항을 위반하여 관계인의 정당한 업무를 방해하거나 출입·검사 업무를 수행하면서 알게 된 비밀을 다른 사람에게 누설한 자

④ 300만원 이하의 벌금 (법 제59조)

> 1. 제9조 제2항(* 성능위주설계평가단) 및 제50조 제7항(* 권한 또는 업무의 수임·수탁자)을 위반하여 업무를 수행하면서 알게 된 비밀을 이 법에서 정한 목적 외의 용도로 사용하거나 다른 사람 또는 기관에 제공하거나 누설한 자
> 2. 제21조를 위반하여 방염성능검사에 합격하지 아니한 물품에 합격표시를 하거나 합격표시를 위조하거나 변조하여 사용한 자
> 3. 제21조 제2항(* 방염성능검사)을 위반하여 거짓 시료를 제출한 자
> 4. 제23조 제1항 및 제2항(* 자체점검 결과 소화펌프 고장 등 대통령령으로 정하는 중대위반사항 발견시 필요조치)을 위반하여 필요한 조치를 하지 아니한 관계인 또는 관계인에게 중대위반사항을 알리지 아니한 관리업자등

(2) 과태료

다음의 어느 하나에 해당하는 자에게는 300만원 이하의 과태료를 부과한다(법 제61조 제1항).

> 1. 제12조 제1항을 위반하여 소방시설을 화재안전기준에 따라 설치·관리하지 아니한 자
> 2. 제15조 제1항을 위반하여 공사 현장에 임시소방시설을 설치·관리하지 아니한 자
> 3. 제16조 제1항을 위반하여 피난시설, 방화구획 또는 방화시설의 폐쇄·훼손·변경 등의 행위를 한 자
> 4. 제20조 제1항을 위반하여 방염대상물품을 방염성능기준 이상으로 설치하지 아니한 자
> 5. 제22조 제1항 전단을 위반하여 점검능력 평가를 받지 아니하고 점검을 한 관리업자
> 6. 제22조 제1항 후단을 위반하여 관계인에게 점검 결과를 제출하지 아니한 관리업자등

7. 제22조 제2항에 따른 점검인력의 배치기준 등 자체점검 시 준수사항을 위반한 자
8. 제23조 제3항을 위반하여 점검 결과를 보고하지 아니하거나 거짓으로 보고한 자
9. 제23조 제4항을 위반하여 이행계획을 기간 내에 완료하지 아니한 자 또는 이행계획 완료 결과를 보고하지 아니하거나 거짓으로 보고한 자
10. 제24조 제1항을 위반하여 점검기록표를 기록하지 아니하거나 특정소방대상물의 출입자가 쉽게 볼 수 있는 장소에 게시하지 아니한 관계인
11. 제31조(* 관리업자의 등록사항 변경신고) 또는 제32조 제3항(* 관리업자의 지위승계신고)을 위반하여 신고를 하지 아니하거나 거짓으로 신고한 자
12. 제33조 제3항을 위반하여 지위승계, 행정처분 또는 휴업·폐업의 사실을 특정소방대상물의 관계인에게 알리지 아니하거나 거짓으로 알린 관리업자
13. 제33조 제4항을 위반하여 소속 기술인력의 참여 없이 자체점검을 한 관리업자
14. 제34조 제2항(* 점검능력 평가를 신청하려는 관리업자)에 따른 점검실적을 증명하는 서류 등을 거짓으로 제출한 자
15. 제52조 제1항에 따른 명령을 위반하여 보고 또는 자료제출을 하지 아니하거나 거짓으로 보고 또는 자료제출을 한 자 또는 정당한 사유 없이 관계 공무원의 출입 또는 검사를 거부·방해 또는 기피한 자

위의 과태료는 대통령령으로 정하는 바에 따라 소방청장, 시·도지사, 소방본부장 또는 소방서장이 부과·징수한다(제2항).

출제예상문제

01 다음은 「소방시설 설치 및 관리에 관한 법률 시행령」상 무창층(無窓層)에 대한 설명이다. ( ) 안에 들어갈 내용으로 옳은 것은?

> 가. 지상층 중 개구부(건축물에서 채광·환기·통풍 또는 출입 등을 위하여 만든 창·출입구, 그 밖에 이와 비슷한 것을 말한다)의 면적의 합계가 해당 층의 바닥면적의 (㉠)가/이 되는 층을 말한다.
> 나. 개구부의 크기는 지름 (㉡) 이상의 원이 내접(內接)할 수 있는 크기이어야 한다.
> 다. 해당 층의 바닥면으로부터 개구부 밑부분까지의 높이가 (㉢) 이내이어야 한다.

	㉠	㉡	㉢
①	30분의 1 이하	50센티미터	1.2미터
②	30분의 1 이하	60센티미터	1.4미터
③	30분의 1 이상	50센티미터	1.2미터
④	30분의 1 이상	60센티미터	1.4미터

> 시행령 제2조에 규정된 내용이다.

02 「소방시설 설치 및 관리에 관한 법률」 및 같은 법 시행령상 건축허가등의 동의 등에 대한 설명으로 옳지 않은 것은?

① 건축허가등의 권한이 있는 행정기관은 건축허가등을 할 때 미리 그 건축물 등의 시공지 또는 소재지를 관할하는 소방본부장이나 소방서장의 동의를 받아야 한다.
② 건축허가등을 할 때에 소방본부장이나 소방서장의 동의를 받아야 하는 건축물 등의 범위는 행정안전부령으로 정한다.
③ 성능위주설계를 한 특정소방대상물은 소방본부장 또는 소방서장의 건축허가등의 동의대상에서 제외된다.
④ 관할 소방본부장이나 소방서장에게 건축허가등을 하거나 신고를 수리할 때 건축물의 내부구조를 알 수 있는 설계도면을 제출하여야 한다.

> 건축허가등을 할 때 미리 소방본부장 또는 소방서장의 동의를 받아야 하는 건축물 등의 범위는 대통령령으로 정한다(법 제6조 제7항).

정답 01.① 02.②

03 「소방시설 설치 및 관리에 관한 법률」제7조에 따라 특정소방대상물에 지진이 발생할 경우 소방시설이 정상적으로 작동될 수 있도록 소방청장이 정하는 내진설계기준에 맞게 설치하여야 하는 소방시설의 종류로 옳지 않은 것은?

① 물분무등소화설비
② 스프링클러설비
③ 옥내소화전설비
④ 연결송수관설

옥내소화전설비, 스프링클러설비 및 물분무등소화설비를 말한다.

04 「소방시설 설치 및 관리에 관한 법률 시행령」상 스프링클러설비를 설치해야 하는 특정소방대상물에 해당하는 것만을 고른 것은?

> ㄱ. 수련시설 내에 있는 학생 수용을 위한 기숙사로서 연면적 5천㎡인 경우
> ㄴ. 교육연구시설 내에 있는 합숙소로서 연면적 100㎡인 경우
> ㄷ. 숙박시설로 사용되는 바닥면적의 합계가 500㎡인 경우
> ㄹ. 영화상영관의 용도로 쓰는 4층의 바닥면적이 1천㎡인 경우

① ㄱ, ㄴ
② ㄱ, ㄹ
③ ㄴ, ㄷ
④ ㄷ, ㄹ

ㄱ. (O) 기숙사(교육연구시설·수련시설 내에 있는 학생 수용을 위한 것) 또는 복합건축물로서 연면적 5천㎡ 이상인 경우에는 모든 층
ㄴ. (×) 교육연구시설 내에 합숙소로서 연면적 100㎡ 이상인 경우에는 모든 층 ☞ 간이스프링클러설비
ㄷ. (×) 숙박시설로 사용되는 바닥면적의 합계가 300㎡ 이상 600㎡ 미만인 시설 ☞ 간이스프링클러설비
ㄹ. (O) 영화상영관의 용도로 쓰는 층의 바닥면적이 지하층 또는 무창층인 경우에는 500㎡ 이상, 그 밖의 층의 경우에는 1천㎡ 이상인 것

정답 03.④ 04.②

출제예상문제

05 「소방시설 설치 및 관리에 관한 법률 시행령」상 특정소방대상물이 증축되는 경우, 원칙적으로 소방시설기준 적용에 관한 설명으로 옳은 것은?

① 기존 부분을 포함한 특정소방대상물의 전체에 대하여 증축 전 소방시설의 설치에 관한 대통령령 또는 화재안전기준을 적용하여야 한다.
② 기존 부분은 증축 전에 적용되던 소방시설의 설치에 관한 대통령령 또는 화재안전기준을 적용하고 증축 부분은 증축 당시의 소방시설의 설치에 관한 대통령령 또는 화재안전기준을 적용하여야 한다.
③ 증축 부분은 증축 전에 적용되던 소방시설의 설치에 관한 대통령령 또는 화재안전기준을 적용하고 기존 부분은 증축 당시의 소방시설의 설치에 관한 대통령령 또는 화재안전기준을 적용하여야 한다.
④ 기존 부분을 포함한 특정소방대상물의 전체에 대하여 증축 당시의 소방시설의 설치에 관한 대통령령 또는 화재안전기준을 적용하여야 한다.

> ④의 내용이 시행령 제15조 제1항 본문으로서 타당하다. 다만, 기존 부분에 대해서는 증축 당시의 소방시설의 설치에 관한 대통령령 또는 화재안전기준을 적용하지 않는다는 몇 가지 예외가 있다.

06 연면적 2,500㎡인 신축공사 작업현장의 바닥면적 200㎡인 지하층에서 용접작업을 하려고 한다. 「소방시설 설치 및 관리에 관한 법률 시행령」상 해당 작업현장에 설치하여야 할 임시소방시설로 옳지 않은 것은?

① 소화기　　② 간이소화장치　　③ 비상경보장치　　④ 간이피난유도선

> 간이소화장치는 ① 연면적 3천㎡ 이상이거나 ② 지하층, 무창층 또는 4층 이상의 층(이 경우 해당 층의 바닥면적이 600㎡ 이상인 경우만 해당)의 어느 하나에 해당하는 공사의 화재위험작업현장에 설치한다(시행령 [별표 8]).

07 「소방시설 설치 및 관리에 관한 법률 시행령」상 방염성능기준으로 옳지 않은 것은?

① 불꽃에 의하여 완전히 녹을 때까지 불꽃의 접촉 횟수는 3회 이상일 것
② 탄화(炭化)한 면적은 50제곱센티미터 이내, 탄화한 길이는 20센티미터 이내일 것
③ 소방청장이 정하여 고시한 방법으로 발연량(發煙量)을 측정하는 경우 최대연기밀도는 500 이하일 것
④ 버너의 불꽃을 제거한 때부터 불꽃을 올리며 연소하는 상태가 그칠 때까지 시간은 20초 이내이며, 버너의 불꽃을 제거한 때부터 불꽃을 올리지 아니하고 연소하는 상태가 그칠 때까지 시간은 30초 이내일 것

> 소방청장이 정하여 고시한 방법으로 발연량을 측정하는 경우 최대연기밀도는 400 이하일 것(시행령 제31조 제2항)

정답　05.④　06.②　07.③

08 「소방시설 설치 및 관리에 관한 법률 시행령」상 소화펌프 고장 등 대통령령으로 정하는 중대위반사항으로 옳지 않은 것은?

① 화재수신기의 고장으로 화재경보음이 자동으로 울리지 않거나 화재수신기와 연동된 소방시설의 작동이 불가능한 경우
② 소화배관 등이 폐쇄·차단되어 소화수(消火水) 또는 소화약제가 자동 방출되지 않는 경우
③ 소화용수설비 주변 불법 주정차로 인하여 화재를 진압하는 데 필요한 물을 공급하기 어려운 경우
④ 방화문 또는 자동방화셔터가 훼손되거나 철거되어 본래의 기능을 못 하는 경우

> 시행령 제34조는 "중대위반사항"으로 ①, ②, ④ 이외에 '소화펌프(가압송수장치를 포함한다), 동력·감시 제어반 또는 소방시설용 전원(비상전원을 포함한다)의 고장으로 소방시설이 작동되지 않는 경우'를 규정하고 있다.

09 「소방시설 설치 및 관리에 관한 법률 시행규칙」상 행정처분 시 감경사유로 옳지 않은 것은?

① 경미한 위반사항으로, 유도등이 일시적으로 점등되지 않는 경우
② 경미한 위반사항으로, 스프링클러설비 헤드가 살수반경에 미치지 못하는 경우
③ 위반행위가 사소한 부주의나 오류가 아닌 고의에 의한 것으로 인정되는 경우
④ 위반 행위자가 처음 해당 위반행위를 한 경우로서 5년 이상 소방시설관리사의 업무, 소방시설관리업 등을 모범적으로 해 온 사실이 인정되는 경우

> 위반행위가 사소한 부주의나 오류 등 과실로 인한 것으로 인정되는 경우이다(시행규칙 [별표 8]).

10 「소방시설 설치 및 관리에 관한 법률」상 방염성능검사에 합격하지 아니한 물품에 합격표시를 하거나 합격표시를 위조하거나 변조하여 사용한 자에 대한 벌칙의 기준으로 옳은 것은?

① 300만원 이하의 벌금
② 1천만원 이하의 벌금
③ 1년 이하의 징역 또는 1천만원 이하의 벌금
④ 3년 이하의 징역 또는 3천만원 이하의 벌금

> 법 제59조 제2호에 규정된 내용이다.

정답 08.③ 09.③ 10.①

Chapter 04 소방시설공사업법

01절 총칙

1. 목적

소방시설공사 및 소방기술의 관리에 필요한 사항을 규정함으로써 소방시설업을 건전하게 발전시키고 소방기술을 진흥시켜 화재로부터 공공의 안전을 확보하고 국민경제에 이바지함을 목적으로 한다(법 제1조).

2. 용어의 정의

이 법에서 사용하는 용어의 뜻은 다음과 같다(법 제2조 제1항).

소방시설업	소방시설설계업	소방시설공사에 기본이 되는 공사계획, 설계도면, 설계 설명서, 기술계산서 및 이와 관련된 서류(이하 "설계도서")를 작성(이하 "설계")하는 영업
	소방시설공사업	설계도서에 따라 소방시설을 신설, 증설, 개설, 이전 및 정비(이하 "시공")하는 영업
	소방공사감리업	소방시설공사에 관한 발주자의 권한을 대행하여 소방시설공사가 설계도서와 관계 법령에 따라 적법하게 시공되는지를 확인하고, 품질·시공 관리에 대한 기술지도를 하는(이하 "감리") 영업
	방염처리업	「소방시설 설치 및 관리에 관한 법률」 제20조 제1항에 따른 방염대상물품에 대하여 방염처리(이하 "방염")하는 영업
소방시설업자		소방시설업을 경영하기 위하여 법 제4조에 따라 소방시설업을 등록한 자
감리원		소방공사감리업자에 소속된 소방기술자로서 해당 소방시설공사를 감리하는 사람
소방기술자		법 제28조에 따라 소방기술 경력 등을 인정받은 사람과 다음의 어느 하나에 해당하는 사람으로서 소방시설업과 「소방시설 설치 및 관리에 관한 법률」에 따른 소방시설관리업의 기술인력으로 등록된 사람 • 「소방시설 설치 및 관리에 관한 법률」에 따른 소방시설관리사 • 국가기술자격 법령에 따른 소방기술사, 소방설비기사, 소방설비산업기사, 위험물기능장, 위험물산업기사, 위험물기능사
발주자		소방시설의 설계, 시공, 감리 및 방염(이하 "소방시설공사등")을 소방시설업자에게 도급하는 자(다만, 수급인으로서 도급받은 공사를 하도급하는 자는 제외)

02절 소방시설업

1. 소방시설업의 등록

(1) 등록의무 및 등록기준

① 특정소방대상물의 소방시설공사등을 하려는 자는 업종별로 **자본금**(개인인 경우에는 자산평가액), 기술인력 등 대통령령으로 정하는 요건을 갖추어 특별시장·광역시장·특별자치시장·도지사 또는 특별자치도지사에게 소방시설업을 등록하여야 한다(법 제4조 제1항).

⇨ 〈등록을 하지 아니하고 영업을 한 자의 벌칙〉 **3년 이하의 징역 또는 3천만원 이하의 벌금**

② 소방시설업의 업종별 등록기준 및 영업범위는 [별표 1]과 같다(시행령 제2조 제1항).

소방시설업의 업종별 등록기준 및 영업범위 (시행령 [별표 1])

1. 소방시설설계업

업종별 \ 항목		기술인력	영업범위
전문 소방시설 설계업		가. 주된 기술인력 : 소방기술사 1명 이상 나. 보조기술인력 : 1명 이상	모든 특정소방대상물에 설치되는 소방시설의 설계
일반 소방시설 설계업	기계 분야	가. 주된 기술인력 : 소방기술사 또는 기계분야 소방설비기사 1명 이상 나. 보조기술인력 : 1명 이상	가. 아파트에 설치되는 기계분야 소방시설(제연설비는 제외)의 설계 나. 연면적 3만제곱미터(공장의 경우에는 1만제곱미터) 미만의 특정소방대상물(제연설비가 설치되는 특정소방대상물은 제외)에 설치되는 기계분야 소방시설의 설계 다. 위험물제조소등에 설치되는 기계분야 소방시설의 설계
	전기 분야	가. 주된 기술인력 : 소방기술사 또는 전기분야 소방설비기사 1명 이상 나. 보조기술인력 : 1명 이상	가. 아파트에 설치되는 전기분야 소방시설의 설계 나. 연면적 3만제곱미터(공장의 경우에는 1만제곱미터) 미만의 특정소방대상물에 설치되는 전기분야 소방시설의 설계 다. 위험물제조소등에 설치되는 전기분야 소방시설의 설계

2. 소방시설공사업

업종별 \ 항목	기술인력	자본금 (자산평가액)	영업범위
전문 소방시설 공사업	가. 주된 기술인력 : **소방기술사 또는 기계분야와 전기분야의 소방설비기사 각 1명**(기계분야 및 전기분야의 자격을 함께 취득한 사람 1명) **이상** 나. 보조기술인력 : **2명 이상**	가. 법인 : **1억원 이상** 나. 개인 : **자산평가액 1억원 이상**	특정소방대상물에 설치되는 기계분야 및 전기분야 소방시설의 공사·개설·이전 및 정비
일반 소방시설 공사업 / 기계분야	가. 주된 기술인력 : **소방기술사 또는 기계분야 소방설비기사 1명 이상** 나. 보조기술인력 : **1명 이상**	가. 법인 : **1억원 이상** 나. 개인 : **자산평가액 1억원 이상**	가. **연면적 1만제곱미터 미만**의 특정소방대상물에 설치되는 기계분야 소방시설의 공사·개설·이전 및 정비 나. **위험물제조소등**에 설치되는 기계분야 소방시설의 공사·개설·이전 및 정비
일반 소방시설 공사업 / 전기분야	가. 주된 기술인력 : **소방기술사 또는 전기분야 소방설비 기사 1명 이상** 나. 보조기술인력 : **1명 이상**	가. 법인 : **1억원 이상** 나. 개인 : **자산평가액 1억원 이상**	가. **연면적 1만제곱미터 미만**의 특정소방대상물에 설치되는 전기분야 소방시설의 공사·개설·이전·정비 나. **위험물제조소등**에 설치되는 전기분야 소방시설의 공사·개설·이전·정비

3. 소방공사감리업

업종별 \ 항목	기술인력	영업범위
전문 소방공사 감리업	가. **소방기술사 1명 이상** 나. 기계분야 및 전기분야의 **특급 감리원 각 1명**(기계분야 및 전기분야의 자격을 함께 가지고 있는 사람이 있는 경우에는 그에 해당하는 사람 1명. 이하 다목부터 마목까지에서 같다) **이상** 다. 기계분야 및 전기분야의 **고급 감리원 이상의 감리원 각 1명 이상** 라. 기계분야 및 전기분야의 **중급 감리원 이상의 감리원 각 1명 이상** 마. 기계분야 및 전기분야의 **초급 감리원 이상의 감리원 각 1명 이상**	모든 특정소방대상물에 설치되는 소방시설공사 감리

일반 소방 공사 감리업	기계 분야	가. 기계분야 **특급 감리원 1명 이상** 나. 기계분야 고급 감리원 또는 중급 감리원 이상의 감리원 1명 이상 다. 기계분야 초급 감리원 이상의 감리원 1명 이상	가. **연면적 3만제곱미터**(공장의 경우에는 1만제곱미터) 미만의 특정소방대상물(제연설비가 설치되는 특정소방대상물은 제외)에 설치되는 기계분야 소방시설의 감리 나. **아파트**에 설치되는 기계분야 소방시설(제연설비는 제외)의 감리 다. **위험물제조소등**에 설치되는 기계분야 소방시설의 감리
	전기 분야	가. 전기분야 **특급 감리원 1명 이상** 나. 전기분야 고급 감리원 또는 중급 감리원 이상의 감리원 1명 이상 다. 전기분야 초급 감리원 이상의 감리원 1명 이상	가. **연면적 3만제곱미터**(공장의 경우에는 1만제곱미터) 미만의 특정소방대상물에 설치되는 전기분야 소방시설의 감리 나. **아파트**에 설치되는 전기분야 소방시설의 감리 다. **위험물제조소등**에 설치되는 전기분야 소방시설의 감리

(2) 등록 제외 사유

시·도지사는 등록신청이 다음의 어느 하나에 해당되는 경우를 제외하고는 등록을 해주어야 한다(시행령 제2조 제3항).

1. 시행령 제2조 제1항에 따른 등록기준을 갖추지 못한 경우
2. 시행령 제2조 제2항에 따른 확인서를 제출하지 아니한 경우
3. 다음의 등록 결격사유에 해당하는 경우(* 법 제5조)

   ① 피성년후견인
   ② 이 법, 「소방기본법」, 「화재의 예방 및 안전관리에 관한 법률」, 「소방시설 설치 및 관리에 관한 법률」 또는 「위험물안전관리법」에 따른 금고 이상의 실형을 선고받고 그 집행이 끝나거나(집행이 끝난 것으로 보는 경우를 포함) 면제된 날부터 **2년**이 지나지 아니한 사람
   ③ 이 법, 「소방기본법」, 「화재의 예방 및 안전관리에 관한 법률」, 「소방시설 설치 및 관리에 관한 법률」 또는 「위험물안전관리법」에 따른 금고 이상의 형의 집행유예를 선고받고 **그 유예기간 중에 있는 사람**
   ④ 등록하려는 소방시설업 등록이 취소(①에 해당하여 등록이 취소된 경우는 제외)된 날부터 **2년**이 지나지 아니한 자
   ⑤ 법인의 대표자가 ①~④에 해당하는 경우 그 법인
   ⑥ 법인의 임원이 ②~④에 해당하는 경우 그 법인

4. 그 밖에 이 법, 이 영 또는 다른 법령에 따른 제한에 위반되는 경우

2. 소방시설업 등록사항의 변경신고

(1) 대상

① 소방시설업자는 법 제4조에 따라 등록한 사항 중 행정안전부령으로 정하는 중요 사항을 변경할 때에는 행정안전부령으로 정하는 바에 따라 시·도지사에게 신고하여야 한다(법 제6조). ⇨ 〈신고를 하지 아니하거나 거짓으로 신고한 자의 벌칙〉 **200만원 이하의 과태료**

② 위에서 "행정안전부령으로 정하는 중요 사항"이란 다음의 어느 하나에 해당하는 사항을 말한다(시행규칙 제5조).

> 1. 상호(명칭) 또는 영업소 소재지
> 2. 대표자
> 3. 기술인력

3. 휴업·폐업 신고 등

① 소방시설업자는 소방시설업을 휴업·폐업 또는 재개업하는 때에는 행정안전부령으로 정하는 바에 따라 시·도지사에게 신고하여야 한다(법 제6조의2 제1항).
⇨ 〈신고를 하지 아니하거나 거짓으로 신고한 자의 벌칙〉 **200만원 이하의 과태료**

② 폐업신고를 받은 시·도지사는 소방시설업 등록을 말소하고 그 사실을 행정안전부령으로 정하는 바에 따라 공고하여야 한다(제2항).

③ 폐업신고를 한 자가 소방시설업 등록이 말소된 후 6개월 이내에 같은 업종의 소방시설업을 다시 법 제4조에 따라 등록한 경우 해당 소방시설업자는 폐업신고 전 소방시설업자의 지위를 승계한다(제3항).

④ 소방시설업자의 지위를 승계한 자에 대해서는 폐업신고 전의 소방시설업자에 대한 행정처분의 효과가 승계된다(제4항).

4. 소방시설업자의 지위승계

(1) 지위승계 사유

① 상속 또는 합병

다음의 어느 하나에 해당하는 자가 종전의 소방시설업자의 지위를 승계하려는 경우에는 그 상속일, 양수일 또는 합병일부터 30일 이내에 행정안전부령으로 정하는 바에 따라 그 사실을 시·도지사에게 신고하여야 한다(법 제7조 제1항).
⇨ 〈신고를 하지 아니하거나 거짓으로 신고한 자의 벌칙〉 **200만원 이하의 과태료**

1. 소방시설업자가 사망한 경우 그 **상속인**
2. 소방시설업자가 그 영업을 양도한 경우 그 **양수인**
3. 법인인 소방시설업자가 다른 법인과 합병한 경우 합병 후 존속하는 **법인**이나 합병으로 설립되는 **법인**

② 소방시설의 인수

다음의 어느 하나에 해당하는 절차에 따라 소방시설업자의 소방시설의 전부를 인수한 자가 종전의 소방시설업자의 지위를 승계하려는 경우에는 그 인수일부터 30일 이내에 행정안전부령으로 정하는 바에 따라 그 사실을 시·도지사에게 신고하여야 한다(제2항).

⇨ 〈신고를 하지 아니하거나 거짓으로 신고한 자의 벌칙〉 **200만원 이하의 과태료**

1. 「민사집행법」에 따른 **경매**
2. 「채무자 회생 및 파산에 관한 법률」에 따른 **환가**(換價)
3. 「국세징수법」, 「관세법」 또는 「지방세징수법」에 따른 압류재산의 **매각**
4. 그 밖에 제1호부터 제3호까지의 규정에 준하는 절차

(2) 지위승계 신고의 수리 여부

① 시·도지사는 지위승계 사실을 신고받은 경우 그 내용을 검토하여 이 법에 적합하면 신고를 수리하여야 한다(법 제7조 제3항).

② 지위승계에 관하여는 제5조(* 등록의 결격사유)를 준용한다. 다만, 상속인이 제5조 각 호의 어느 하나에 해당하는 경우 상속받은 날부터 3개월 동안은 그러하지 아니하다(제4항).

(3) 지위승계 신고 수리의 효과

신고가 수리된 경우에는 제1항 각 호에 해당하는 자 또는 소방시설업자의 소방시설의 전부를 인수한 자는 그 상속일, 양수일, 합병일 또는 인수일부터 종전의 소방시설업자의 지위를 승계한다(법 제7조 제5항).

5. 지위승계 신고의 절차

소방시설업자 지위의 승계를 신고하는 절차와 처리 절차는 다음과 같다(시행규칙 제7조).

1. **지위승계신고서 등 서류의 제출**
   소방시설업자 지위 승계를 신고하려는 자는 그 상속일, 양수일, 합병일 또는 인수일부터 30일 이내에 다음의 구분에 따른 서류(전자문서를 포함)를 협회에 제출해야 한다.

> 2. 협회의 서류 확인과 보고
>   ① 신고서를 제출받은 협회는 「전자정부법」 제36조 제1항에 따라 행정정보의 공동이용을 통하여 다음의 서류를 확인하여야 하며, 신고인이 사업자등록증, 외국인등록 사실증명, 국민연금가입자 증명서(또는 건강보험자격취득 확인서)의 확인에 동의하지 아니하는 경우에는 해당 서류를 첨부하게 하여야 한다.
>   • 법인등기사항 전부증명서(지위승계인이 법인인 경우에만 해당)
>   • 사업자등록증(지위승계인이 개인인 경우에만 해당)
>   • 「출입국관리법」 제88조 제2항에 따른 외국인등록 사실증명(지위승계인이 외국인인 경우에만 해당)
>   • 국민연금가입자 증명서 또는 건강보험자격취득 확인서
>   ② 협회는 접수일부터 7일 이내에 지위를 승계한 사실을 확인한 후 그 결과를 시·도지사에게 보고하여야 한다.
> 3. 등록증 및 등록수첩 발급 등
>   ① 시·도지사는 소방시설업의 지위승계 신고의 확인 사실을 보고받은 날부터 3일 이내에 협회를 경유하여 지위승계인에게 등록증 및 등록수첩을 발급하여야 한다.
>   ② 협회는 별지 제5호 서식에 따른 소방시설업 등록대장에 지위승계에 관한 사항을 작성하여 관리(전자문서를 포함)하여야 한다.

6. 소방시설업 운영 시 등록 등의 대여 금지

소방시설업자는 다른 자에게 자기의 성명이나 상호를 사용하여 소방시설공사등을 수급 또는 시공하게 하거나 소방시설업의 등록증 또는 등록수첩을 빌려 주어서는 아니 된다(법 제8조 제1항). ⇨ 〈위반 시 벌칙〉 **300만원 이하의 벌금**

7. 소방시설업 영업정지처분 또는 등록취소처분 시의 시설공사 금지

법 제9조 제1항에 따라 영업정지처분이나 등록취소처분을 받은 소방시설업자는 그 날부터 소방시설공사등을 하여서는 아니 된다. 다만, 소방시설의 착공신고가 수리(受理)되어 공사를 하고 있는 자로서 도급계약이 해지되지 아니한 소방시설공사업자 또는 소방공사감리업자가 그 공사를 하는 동안이나 제4조 제1항에 따라 방염처리업을 등록한 자(이하 "방염처리업자")가 도급을 받아 방염 중인 것으로서 도급계약이 해지되지 아니한 상태에서 그 방염을 하는 동안에는 그러하지 아니하다(법 제8조 제2항).

8. 소방시설업 운영 시 특정소방대상물의 관계인에 대한 통지

소방시설업자는 다음의 어느 하나에 해당하는 경우에는 소방시설공사등을 맡긴 특정소방대상물의 관계인에게 지체 없이 그 사실을 알려야 한다(법 제8조 제3항).

1. 법 제7조에 따라 소방시설업자의 지위를 승계한 경우
2. 법 제9조 제1항에 따라 소방시설업의 등록취소처분 또는 영업정지처분을 받은 경우
3. 휴업하거나 폐업한 경우

⇨ 〈지위승계, 행정처분 또는 휴업·폐업의 사실을 거짓으로 알린 자의 벌칙〉 **200만원 이하의 과태료**

9. 과징금 부과처분

시·도지사는 법 제9조 제1항 각 호의 어느 하나에 해당하는 경우로서 영업정지가 그 이용자에게 불편을 주거나 그 밖에 공익을 해칠 우려가 있을 때에는 영업정지처분을 갈음하여 2억원 이하의 과징금을 부과할 수 있다(법 제10조 제1항).

03절 소방시설공사 등

I 설계

1. 법규 및 화재안전기준에 따른 설계

소방시설설계업을 등록한 자(이하 "설계업자")는 이 법이나 이 법에 따른 명령과 화재안전기준에 맞게 소방시설을 설계하여야 한다. 다만, 「소방시설 설치 및 관리에 관한 법률」 제18조 제1항에 따른 중앙소방기술심의위원회의 심의를 거쳐 소방시설의 구조와 원리 등에서 특수한 설계로 인정된 경우는 화재안전기준을 따르지 아니할 수 있다(법 제11조 제1항).

2. 성능위주설계

① 법 제11조 제1항 본문에도 불구하고 「소방시설 설치 및 관리에 관한 법률」 제8조 제1항에 따른 특정소방대상물(신축하는 것만 해당)에 대해서는 그 용도, 위치, 구조, 수용 인원, 가연물(可燃物)의 종류 및 양 등을 고려하여 설계(이하 "성능위주설계")하여야 한다(법 제11조 제2항).

② 성능위주설계를 할 수 있는 자의 자격, 기술인력 및 자격에 따른 설계의 범위와 그 밖에 필요한 사항은 대통령령으로 정한다(제3항).

성능위주설계를 할 수 있는 자의 자격·기술인력 및 자격에 따른 설계범위
(시행령 [별표 1의2])

성능위주설계자의 자격	기술인력	설계범위
1. 법 제4조에 따라 전문 소방시설설계업을 등록한 자 2. 전문 소방시설설계업 등록기준에 따른 기술인력을 갖춘 자로서 소방청장이 정하여 고시하는 연구기관 또는 단체	소방기술사 2명 이상	「소방시설 설치 및 관리에 관한 법률 시행령」 제9조에 따라 성능위주설계를 하여야 하는 특정소방대상물

⇨ 〈제11조를 위반하여 설계를 한 자의 벌칙〉 1년 이하의 징역 또는 1천만원 이하의 벌금

II 시공

1. 법규 및 화재안전기준에 따른 시공

소방시설공사업을 등록한 자(이하 "공사업자")는 이 법이나 이 법에 따른 명령과 화재안전기준에 맞게 시공하여야 한다(법 제12조 제1항 1문). 다만, 「소방시설 설치 및 관리에 관한 법률」

제18조 제1항에 따른 중앙소방기술심의위원회의 심의를 거쳐 소방시설의 구조와 원리 등에서 그 공법이 특수한 시공의 경우는 화재안전기준을 따르지 아니할 수 있다(제1항 2문).
⇨ 〈제12조 제1항을 위반하여 시공을 한 자의 벌칙〉 **1년 이하의 징역 또는 1천만원 이하의 벌금**

2. 소방기술자의 공사 현장 배치

① 공사업자는 소방시설공사의 책임시공 및 기술관리를 위하여 대통령령으로 정하는 바에 따라 소속 소방기술자를 공사 현장에 배치하여야 한다(법 제12조 제2항).
⇨ 〈소방기술자를 공사 현장에 배치하지 아니한 자의 벌칙〉 **200만원 이하의 과태료**

② 이에 따른 소방기술자의 배치기준 및 배치기간은 다음의 [별표 2]와 같다(시행령 제3조).

소방기술자의 배치기준 및 배치기간 (시행령 [별표 2])

1. 소방기술자의 배치기준

소방기술자의 배치기준	소방시설공사 현장의 기준
가. 행정안전부령으로 정하는 **특급기술자**인 소방기술자(기계분야 및 전기분야)	1) **연면적 20만제곱미터 이상**인 특정소방대상물의 공사 현장 2) 지하층을 포함한 층수가 **40층 이상**인 특정소방대상물의 공사 현장
나. 행정안전부령으로 정하는 **고급기술자** 이상의 소방기술자(기계분야 및 전기분야)	1) **연면적 3만제곱미터 이상 20만제곱미터 미만**인 특정소방대상물(아파트는 제외)의 공사 현장 2) 지하층을 포함한 층수가 **16층 이상 40층 미만**인 특정소방대상물의 공사 현장
다. 행정안전부령으로 정하는 **중급기술자** 이상의 소방기술자(기계분야 및 전기분야)	1) **물분무등소화설비**(호스릴 방식의 소화설비는 제외) 또는 **제연설비**가 설치되는 특정소방대상물의 공사 현장 2) **연면적 5천제곱미터 이상 3만제곱미터 미만**인 특정소방대상물(아파트는 제외)의 공사 현장 3) **연면적 1만제곱미터 이상 20만제곱미터 미만**인 아파트의 공사 현장
라. 행정안전부령으로 정하는 **초급기술자** 이상의 소방기술자(기계분야 및 전기분야)	1) **연면적 1천제곱미터 이상 5천제곱미터 미만**인 특정소방대상물(아파트는 제외)의 공사 현장 2) **연면적 1천제곱미터 이상 1만제곱미터 미만**인 아파트의 공사현장 3) **지하구**(地下溝)의 공사 현장
마. 법 제28조 제2항에 따라 자격수첩을 발급받은 소방기술자	연면적 1천제곱미터 미만인 특정소방대상물의 공사 현장

Chapter 04. 소방시설공사업법

3. 착공신고

(1) 의의

공사업자는 대통령령으로 정하는 소방시설공사를 하려면 행정안전부령으로 정하는 바에 따라 그 공사의 내용, 시공 장소, 그 밖에 필요한 사항을 소방본부장이나 소방서장에게 신고하여야 한다(법 제13조 제1항).

⇨ 〈신고를 하지 아니하거나 거짓으로 신고한 자의 벌칙〉 **200만원 이하의 과태료**

(2) 착공신고 대상

법 제13조 제1항에서 "대통령령으로 정하는 소방시설공사"란 다음의 어느 하나에 해당하는 소방시설공사를 말한다. 다만, 「위험물안전관리법」 제2조 제1항 제6호에 따른 제조소등 또는 「다중이용업소의 안전관리에 관한 특별법」 제2조 제1항 제4호에 따른 다중이용업소에서의 소방시설공사는 제외한다(시행령 제4조).

> 1. 특정소방대상물에 다음 각 목의 어느 하나에 해당하는 설비를 신설하는 공사
>   가. 옥내소화전설비(호스릴옥내소화전설비를 포함한다. 이하 같다), 스프링클러설비등(「소방시설 설치 및 관리에 관한 법률 시행령」 별표 1 제1호라목에 따른 스프링클러설비등을 말한다. 이하 같다), 물분무등소화설비(「소방시설 설치 및 관리에 관한 법률 시행령」 별표 1 제1호마목에 따른 물분무등소화설비를 말한다. 이하 같다), 옥외소화전설비, 소화용수설비(소화용수설비를 「건설산업기본법 시행령」 별표 1에 따른 기계설비·가스공사업자 또는 상·하수도설비공사업자가 공사하는 경우는 제외한다), 제연설비(소방용 외의 용도와 겸용되는 제연설비를 「건설산업기본법 시행령」 별표 1에 따른 기계설비·가스공사업자가 공사하는 경우는 제외한다), 연결송수관설비, 연결살수설비 또는 연소방지설비
>   나. 비상경보설비, 자동화재탐지설비, 화재알림설비(소방용 외의 용도와 겸용되는 비상방송설비를 「정보통신공사업법」에 따른 정보통신공사업자가 공사하는 경우는 제외), 비상콘센트설비(비상콘센트설비를 「전기공사업법」에 따른 전기공사업자가 공사하는 경우는 제외) 또는 무선통신보조설비(소방용 외의 용도와 겸용되는 무선통신보조설비를 「정보통신공사업법」에 따른 정보통신공사업자가 공사하는 경우는 제외)
> 2. 특정소방대상물에 다음의 어느 하나에 해당하는 설비 또는 구역 등을 증설하는 공사
>   가. 옥내·옥외소화전설비
>   나. 스프링클러설비 등 또는 물분무등소화설비의 방호·방수구역, 자동화재탐지설비 또는 화재알림설비의 경계구역, 제연설비의 제연구역(소방용 외의 용도와 겸용되는 제연설비를 「건설산업기본법 시행령」 [별표 1]에 따른 기계설비·가스공사업자가 공사하는 경우는 제외), 연결송수관설비의 송수구역, 연결살수설비의 살수구역, 비상콘센트설비의 전용회로, 연소방지설비의 살수구역
> 3. 특정소방대상물에 설치된 소방시설등을 구성하는 다음의 어느 하나에 해당하는 것의 전부 또는 일부를 개설(改設), 이전(移轉) 또는 정비(整備)하는 공사. 다만, 고장 또는 파손 등으로 인하여 작동시킬 수 없는 소방시설을 긴급히 교체하거나 보수하여야 하는 경우에는 신고하지 않을 수 있다.

가. 수신반(受信盤)
나. 소화펌프
다. 동력제어반
라. 감시제어반

(3) 착공신고 절차

소방시설공사업을 등록한 자는 소방시설공사를 하려면 해당 소방시설공사의 착공 전까지 별지 제14호 서식의 소방시설공사 착공(변경)신고서[전자문서로 된 소방시설공사 착공(변경)신고서를 포함]에 다음의 서류(전자문서를 포함)를 첨부하여 소방본부장 또는 소방서장에게 신고해야 한다.

(4) 변경신고

① 공사업자가 착공신고한 사항 가운데 행정안전부령으로 정하는 중요한 사항을 변경하였을 때에는 행정안전부령으로 정하는 바에 따라 변경신고를 하여야 한다(법 제13조 제2항 1문).
⇨ 〈신고를 하지 아니하거나 거짓으로 신고한 자의 벌칙〉 200만원 이하의 과태료
※ 행정안전부령으로 정하는 중요한 사항은 다음과 같다.

1. 시공자
2. 설치되는 소방시설의 종류
3. 책임시공 및 기술관리 소방기술자

② 공사업자는 변경일부터 30일 이내에 별지 제14호 서식의 소방시설공사 착공(변경)신고서[전자문서로 된 소방시설공사 착공(변경)신고서를 포함]에 착공신고 서류(전자문서를 포함) 중 변경된 해당 서류를 첨부하여 소방본부장 또는 소방서장에게 신고하여야 한다(시행규칙 제12조 제3항).

③ 이 경우 중요한 사항에 해당하지 아니하는 변경 사항은 다음의 어느 하나에 해당하는 서류에 포함하여 소방본부장이나 소방서장에게 보고하여야 한다(법 제13조 제2항 2문).

1. 제14조 제1항 또는 제2항에 따른 완공검사 또는 부분완공검사를 신청하는 서류
2. 제20조에 따른 공사감리 결과보고서

(5) 신고의 수리 여부 통지

① 소방본부장 또는 소방서장은 착공신고 또는 변경신고에 대한 수리 여부를 신고인에게 통지하여야 한다(법 제13조 제3항).

② 착공신고 또는 변경신고를 받은 경우에는 2일 이내에 처리하고 그 결과를 신고인에게 통보하며, 소방시설공사현장에 배치되는 소방기술자의 성명, 자격증 번호·등급, 시공현장의 명칭·소재지·면적 및 현장 배치기간을 법 제26조의3 제1항에 따른 소방시설업 종합정보시스템에 입력해야 한다. 이 경우 소방본부장 또는 소방서장은 별지 제15호 서식의 소방시설 착공 및 완공대장에 필요한 사항을 기록하여 관리하여야 한다(시행규칙 제12조 제4항).

③ 소방본부장 또는 소방서장이 위의 기간(2일) 내에 신고수리 여부 또는 민원 처리 관련 법령에 따른 처리기간의 연장을 신고인에게 통지하지 아니하면 그 기간(민원처리 관련 법령에 따라 처리기간이 연장 또는 재연장된 경우에는 해당 처리기간)이 끝난 날의 다음 날에 신고를 수리한 것으로 본다(법 제13조 제4항).

4. 완공검사

(1) 완공검사의 방식

① 공사업자는 소방시설공사를 완공하면 소방본부장 또는 소방서장의 완공검사를 받아야 한다.
  ▷ 〈완공검사를 받지 아니한 자의 벌칙〉 **200만원 이하의 과태료**
  다만, 법 제17조 제1항에 따라 공사감리자가 지정되어 있는 경우에는 공사감리 결과보고서로 완공검사를 갈음하되, 대통령령으로 정하는 특정소방대상물의 경우에는 소방본부장이나 소방서장이 소방시설공사가 공사감리 결과보고서대로 완공되었는지를 현장에서 확인할 수 있다(법 제14조 제1항).

② 완공검사를 위한 현장확인 대상인 "대통령령으로 정하는 특정소방대상물"의 범위는 다음과 같다(시행령 제5조).

> 1. 문화 및 집회시설, 종교시설, 판매시설, 노유자(老幼者)시설, 수련시설, 운동시설, 숙박시설, 창고시설, 지하상가 및 「다중이용업소의 안전관리에 관한 특별법」에 따른 다중이용업소
> 2. 다음의 어느 하나에 해당하는 설비가 설치되는 특정소방대상물
>   • 스프링클러설비등
>   • 물분무등소화설비(호스릴 방식의 소화설비는 제외)
> 3. 연면적 1만제곱미터 이상이거나 11층 이상인 특정소방대상물(아파트는 제외)
> 4. 가연성가스를 제조·저장 또는 취급하는 시설 중 지상에 노출된 가연성가스탱크의 저장용량 합계가 1천톤 이상인 시설

(2) 완공검사증명서 발급

소방시설 완공검사신청 또는 부분완공검사신청을 받은 소방본부장 또는 소방서장은 현장 확인 결과 또는 감리 결과보고서를 검토한 결과 해당 소방시설공사가 법령과 화재안전기준에

적합하다고 인정하면 별지 제19호 서식의 소방시설 완공검사증명서 또는 별지 제20호 서식의 소방시설 부분완공검사증명서를 공사업자에게 발급하여야 한다(시행규칙 제13조 제2항).

5. 공사의 하자보수 등

(1) 하자보수 의무 및 보증기간

① 공사업자는 소방시설공사 결과 자동화재탐지설비 등 대통령령으로 정하는 소방시설에 하자가 있을 때에는 대통령령으로 정하는 기간 동안 그 하자를 보수하여야 한다(법 제15조 제1항).

② 이에 따라 하자를 보수하여야 하는 소방시설과 소방시설별 하자보수 보증기간은 다음의 구분과 같다(시행령 제6조).

> 1. 비상경보설비, 비상방송설비, 피난기구, 유도등, 비상조명등 및 무선통신보조설비: 2년
> 2. 자동소화장치, 옥내소화전설비, 스프링클러설비등, 물분무등소화설비, 옥외소화전설비, 자동화재탐지설비, 화재알림설비, 소화용수설비 및 소화활동설비(무선통신보조설비는 제외한다): 3년

(2) 하자 발생의 통보

관계인은 위 보증기간에 소방시설의 하자가 발생하였을 때에는 공사업자에게 그 사실을 알려야 하며, 통보를 받은 공사업자는 3일 이내에 하자를 보수하거나 보수 일정을 기록한 하자보수계획을 관계인에게 서면으로 알려야 한다(법 제15조 제3항).

⇨ 〈3일 이내에 하자를 보수하지 아니하거나 하자보수계획을 관계인에게 거짓으로 알린 자의 벌칙〉 **200만원 이하의 과태료**

(3) 하자보수의 불이행 등

① 관계인은 공사업자가 다음의 어느 하나에 해당하는 경우에는 소방본부장이나 소방서장에게 그 사실을 알릴 수 있다(법 제15조 제4항).

> 1. 제3항에 따른 기간에 하자보수를 이행하지 아니한 경우
> 2. 제3항에 따른 기간에 하자보수계획을 서면으로 알리지 아니한 경우
> 3. 하자보수계획이 불합리하다고 인정되는 경우

② 소방본부장이나 소방서장은 제4항에 따른 통보를 받았을 때에는 「소방시설 설치 및 관리에 관한 법률」 제18조 제2항에 따른 지방소방기술심의위원회에 심의를 요청하여야 하며, 그 심의 결과 제4항 각 호의 어느 하나에 해당하는 것으로 인정할 때에는 시공자에게 기간을 정하여 하자보수를 명하여야 한다(제5항).

Ⅲ 감리

1. 개요

(1) 감리업자의 수행 업무

소방공사감리업을 등록한 자(이하 "감리업자")는 소방공사를 감리할 때 다음의 업무를 수행하여야 한다(법 제16조 제1항).

1. 소방시설등의 설치계획표의 적법성 검토
2. 소방시설등 설계도서의 적합성(적법성과 기술상의 합리성) 검토
3. 소방시설등 설계 변경 사항의 적합성 검토
4. 「소방시설 설치 및 관리에 관한 법률」제2조 제1항 제7호의 소방용품의 위치·규격 및 사용 자재의 적합성 검토
5. 공사업자가 한 소방시설등의 시공이 설계도서와 화재안전기준에 맞는지에 대한 지도·감독
6. 완공된 소방시설등의 성능시험
7. 공사업자가 작성한 시공 상세 도면의 적합성 검토
8. 피난시설 및 방화시설의 적법성 검토
9. 실내장식물의 불연화(不燃化)와 방염 물품의 적법성 검토

⇨ 〈제16조 제1항을 위반하여 감리를 하거나 거짓으로 감리한 자의 벌칙〉 **1년 이하의 징역 또는 1천만원 이하의 벌금**

2. 소방공사 감리의 종류 등

소방공사감리의 종류, 방법 및 대상은 다음의 [별표 3]과 같다(시행령 제9조).

소방공사 감리의 종류, 방법 및 대상 (시행령 [별표 3])

종류	대상	방법
상주 공사 감리	1. 연면적 3만제곱미터 이상의 특정소방대상물(아파트는 제외)에 대한 소방시설의 공사 2. 지하층을 포함한 층수가 16층 이상으로서 500세대 이상인 아파트에 대한 소방시설의 공사	1. 감리원은 행정안전부령으로 정하는 기간 동안 공사 현장에 상주하여 법 제16조 제1항 각 호에 따른 업무를 수행하고 감리일지에 기록해야 한다. 다만, 법 제16조 제1항 제9호에 따른 업무는 행정안전부령으로 정하는 기간 동안 공사가 이루어지는 경우만 해당한다. 2. 감리원이 행정안전부령으로 정하는 기간 중 부득이한 사유로 1일 이상 현장을 이탈하는 경우에는 감리일지 등에 기록하여 발주청 또는 발주자의 확인을 받아야 한다. 이 경우 감리업자는 감리원의 업무를 대행할 사람을 감리현장에 배치하여 감리업무에 지장이 없도록 해야 한다. 3. 감리업자는 감리원이 행정안전부령으로 정하는 기간 중 법에 따른 교육이나 「민방위기본법」 또는 「예비군법」에 따른 교육을 받는 경

		우나 「근로기준법」에 따른 유급휴가로 현장을 이탈하게 되는 경우에는 감리업무에 지장이 없도록 감리원의 업무를 대행할 사람을 감리현장에 배치해야 한다. 이 경우 감리원은 새로 배치되는 업무 대행자에게 업무 인수·인계 등의 필요한 조치를 해야 한다. ※ 위 1~3에서 "행정안전부령으로 정하는 기간"이란 소방시설용 배관을 설치하거나 매립하는 때부터 소방시설 완공검사증명서를 발급받을 때까지를 말한다.
일반 공사 감리	상주 공사감리에 해당하지 않는 소방시설의 공사	1. 감리원은 공사 현장에 배치되어 법 제16조 제1항 각 호에 따른 업무를 수행한다. 다만, 법 제16조 제1항 제9호에 따른 업무는 행정안전부령으로 정하는 기간 동안 공사가 이루어지는 경우만 해당한다. 2. 감리원은 행정안전부령으로 정하는 기간 중에는 **주 1회 이상 공사 현장에 배치**되어 제1호의 업무를 수행하고 감리일지에 기록해야 한다. 3. 감리업자는 감리원이 부득이한 사유로 **14일 이내의 범위**에서 제2호의 **업무를 수행할 수 없는 경우에는 업무대행자를 지정**하여 그 업무를 수행하게 해야 한다. 4. 제3호에 따라 **지정된 업무대행자는 주 2회 이상 공사 현장에 배치**되어 제1호의 업무를 수행하며, 그 업무수행 내용을 감리원에게 통보하고 감리일지에 기록해야 한다. ※ 위 1~2에서 "행정안전부령으로 정하는 기간"이란 아래의 [별표 3]에 따른 기간을 말한다.

■ 비고
감리업자는 제연설비 등 소방시설의 공사 감리를 위해 소방시설 성능시험(확인, 측정 및 조정을 포함)에 관한 전문성을 갖춘 기관·단체 또는 업체에 성능시험을 의뢰할 수 있다. 이 경우 해당 소방시설공사의 감리를 위해 [별표 4]에 따라 배치된 감리원(책임감리원을 배치해야 하는 소방시설공사의 경우에는 책임감리원)은 성능시험 현장에 참석하여 성능시험이 적정하게 실시되는지 확인해야 한다.

3. 공사감리자의 지정 등

(1) 공사감리자의 지정

대통령령으로 정하는 특정소방대상물의 관계인이 특정소방대상물에 대하여 자동화재탐지설비, 옥내소화전설비 등 대통령령으로 정하는 소방시설을 시공할 때에는 소방시설공사의 감리를 위하여 감리업자를 공사감리자로 지정하여야 한다. 다만, 제26조의2 제2항(* 주택건설공사에서 소방시설공사의 감리)에 따라 시·도지사가 감리업자를 선정한 경우에는 그 감리업자를 공사감리자로 지정한다(법 제17조 제1항).

⇨ 〈제17조 제1항을 위반하여 공사감리자를 지정하지 아니한 자의 벌칙〉 **1년 이하의 징역 또는 1천만원 이하의 벌금**

(2) 공사감리자 지정대상 특정소방대상물의 범위

① 법 제17조 제1항에서 "대통령령으로 정하는 특정소방대상물"이란 「소방시설 설치 및 관리에 관한 법률」 제2조 제1항 제3호의 특정소방대상물을 말한다(시행령 제10조 제1항).

② 법 제17조 제1항에서 "자동화재탐지설비, 옥내소화전설비 등 대통령령으로 정하는 소방시설을 시공할 때"란 다음의 어느 하나에 해당하는 소방시설을 시공할 때를 말한다(제2항).

> 1. 옥내소화전설비를 신설·개설 또는 증설할 때
> 2. 스프링클러설비등(캐비닛형 간이스프링클러설비는 제외)을 신설·개설하거나 방호·방수 구역을 증설할 때
> 3. 물분무등소화설비(호스릴 방식의 소화설비는 제외)를 신설·개설하거나 방호·방수 구역을 증설할 때
> 4. 옥외소화전설비를 신설·개설 또는 증설할 때
> 5. 자동화재탐지설비를 신설 또는 개설할 때
> 5의2. 화재알림설비를 신설 또는 개설할 때
> 5의3. 비상방송설비를 신설 또는 개설할 때
> 6. 통합감시시설을 신설 또는 개설할 때
> 7. 소화용수설비를 신설 또는 개설할 때
> 8. 다음 각 목에 따른 소화활동설비에 대하여 각 목에 따른 시공을 할 때
>   가. 제연설비를 신설·개설하거나 제연구역을 증설할 때
>   나. 연결송수관설비를 신설 또는 개설할 때
>   다. 연결살수설비를 신설·개설하거나 송수구역을 증설할 때
>   라. 비상콘센트설비를 신설·개설하거나 전용회로를 증설할 때
>   마. 무선통신보조설비를 신설 또는 개설할 때
>   바. 연소방지설비를 신설·개설하거나 살수구역을 증설할 때

(3) 공사감리자의 지정(변경) 신고

① 관계인은 공사감리자를 지정하였을 때에는 행정안전부령으로 정하는 바에 따라 소방본부장이나 소방서장에게 신고하여야 한다. 공사감리자를 변경하였을 때에도 또한 같다(법 제17조 제2항). ⇨ 〈신고를 하지 아니하거나 거짓으로 신고한 자의 벌칙〉 **200만원 이하의 과태료**

② 행정안전부령이 정하는 신고절차는 다음과 같다(시행규칙 제15조 제1항).

> 1. 특정소방대상물의 관계인은 공사감리자를 지정한 경우에는 해당 소방시설공사의 착공 전까지 별지 제21호 서식의 소방공사감리자 지정신고서에 다음의 서류(전자문서를 포함)를 첨부하여 소방본부장 또는 소방서장에게 제출해야 한다. 다만, 「전자정부법」 제36조 제1항에 따른 행정정보의 공동이용을 통하여 첨부서류에 대한 정보를 확인할 수 있는 경우에는 그 확인으로 첨부서류를 갈음할 수 있다.

2. 특정소방대상물의 관계인은 공사감리자가 변경된 경우에는 법 제17조 제2항 후단에 따라 변경일부터 30일 이내에 별지 제23호 서식의 소방공사감리자 변경신고서(전자문서로 된 소방공사감리자 변경신고서를 포함)에 위 1.의 서류(전자문서를 포함)를 첨부하여 소방본부장 또는 소방서장에게 제출하여야 한다. 다만, 「전자정부법」 제36조 제1항에 따른 행정정보의 공동이용을 통하여 첨부서류에 대한 정보를 확인할 수 있는 경우에는 그 확인으로 첨부서류를 갈음할 수 있다.

③ 관계인이 공사감리자를 변경하였을 때에는 새로 지정된 공사감리자와 종전의 공사감리자는 감리 업무 수행에 관한 사항과 관계 서류를 인수·인계하여야 한다(법 제17조 제3항).
⇨ 〈위반 시 벌칙〉 **200만원 이하의 과태료**

④ 소방본부장 또는 소방서장은 공사감리자 지정신고 또는 변경신고를 받은 날부터 2일 이내에 신고수리 여부를 신고인에게 통지하여야 한다(제4항). 만약 소방본부장 또는 소방서장이 정한 기간(2일) 내에 신고수리 여부 또는 민원 처리 관련 법령에 따른 처리기간의 연장을 신고인에게 통지하지 아니하면 그 기간(민원처리 관련 법령에 따라 처리기간이 연장 또는 재연장된 경우에는 해당 처리기간)이 끝난 날의 다음 날에 신고를 수리한 것으로 본다(제5항).

4. 감리원의 배치

(1) 감리원 배치 의무

① 감리업자는 소방시설공사의 감리를 위하여 소속 감리원을 대통령령으로 정하는 바에 따라 소방시설공사 현장에 배치하여야 한다(법 제18조 제1항).

② 감리업자는 법 제16조 제1항 각 호의 업무를 수행할 때에는 대통령령으로 정하는 감리의 종류 및 대상에 따라 공사기간 동안 소방시설공사 현장에 소속 감리원을 배치하고 업무수행 내용을 감리일지에 기록하는 등 대통령령으로 정하는 감리의 방법에 따라야 한다(법 제16조 제3항). ⇨ 〈소방시설공사 현장에 감리원을 배치하지 아니한 자의 벌칙〉 **300만원 이하의 벌금**

(2) 감리원의 배치기준 및 배치기간

감리업자는 다음의 배치기준 및 배치기간에 맞게 소속 감리원을 소방시설공사 현장에 배치하여야 한다(시행령 제11조).

소방공사 감리원의 배치기준 및 배치기간 (시행령 [별표 4])

1. 소방공사 감리원의 배치기준

감리원의 배치기준		소방시설공사 현장의 기준
책임감리원	보조감리원	
가. 행정안전부령으로 정하는 **특급감리원 중 소방기술사**	행정안전부령으로 정하는 **초급감리원 이상**의 소방공사 감리원(기계분야 및 전기분야)	1) **연면적 20만제곱미터 이상**인 특정소방대상물의 공사 현장 2) 지하층을 포함한 층수가 **40층 이상**인 특정소방대상물의 공사 현장
나. 행정안전부령으로 정하는 **특급감리원 이상**의 소방공사 감리원(기계분야 및 전기분야)	행정안전부령으로 정하는 **초급감리원 이상**의 소방공사 감리원(기계분야 및 전기분야)	1) **연면적 3만제곱미터 이상 20만제곱미터 미만**인 특정소방대상물(아파트는 제외)의 공사 현장 2) 지하층을 포함한 층수가 **16층 이상 40층 미만**인 특정소방대상물의 공사 현장
다. 행정안전부령으로 정하는 **고급감리원 이상**의 소방공사 감리원(기계분야 및 전기분야)	행정안전부령으로 정하는 **초급감리원 이상**의 소방공사 감리원(기계분야 및 전기분야)	1) **물분무등소화설비**(호스릴 방식의 소화설비는 제외) 또는 **제연설비**가 설치되는 특정소방대상물의 공사 현장 2) **연면적 3만제곱미터 이상 20만제곱미터 미만**인 **아파트**의 공사 현장
라. 행정안전부령으로 정하는 **중급감리원 이상**의 소방공사 감리원(기계분야 및 전기분야)		연면적 **5천제곱미터 이상 3만제곱미터미만**인 특정소방대상물의 공사 현장
마. 행정안전부령으로 정하는 **초급감리원 이상**의 소방공사 감리원(기계분야 및 전기분야)		1) **연면적 5천제곱미터 미만**인 특정소방대상물의 공사 현장 2) **지하구**의 공사 현장

(3) 감리원의 세부 배치 기준 등

법 제18조 제3항에 따른 감리원의 세부적인 배치 기준은 다음의 구분에 따른다(시행규칙 제16조 제1항).

> 1. 시행령 [별표 3]에 따른 상주 공사감리 대상인 경우
>   가. 기계분야의 감리원 자격을 취득한 사람과 전기분야의 감리원 자격을 취득한 사람 각 1명 이상을 감리원으로 배치할 것. 다만, 기계분야 및 전기분야의 감리원 자격을 함께 취득한 사람이 있는 경우에는 그에 해당하는 사람 1명 이상을 배치할 수 있다.
>   나. 소방시설용 배관(전선관을 포함)을 설치하거나 매립하는 때부터 소방시설 완공검사증명서를 발급받을 때까지 소방공사감리현장에 감리원을 배치할 것
> 2. 시행령 [별표 3]에 따른 일반 공사감리 대상인 경우
>   가. 기계분야의 감리원 자격을 취득한 사람과 전기분야의 감리원 자격을 취득한 사람 각 1명 이상을 감리원으로 배치할 것. 다만, 기계분야 및 전기분야의 감리원 자격을 함께 취득한 사람이 있는 경우에는 그에 해당하는 사람 1명 이상을 배치할 수 있다.

나. [별표 3]에 따른 기간 동안 감리원을 배치할 것
다. 감리원은 주 1회 이상 소방공사감리현장에 배치되어 감리할 것
라. 1명의 감리원이 담당하는 소방공사감리현장은 5개 이하(자동화재탐지설비 또는 옥내소화전설비 중 어느 하나만 설치하는 2개의 소방공사감리현장이 최단 차량주행거리로 30킬로미터 이내에 있는 경우에는 1개의 소방공사감리현장으로 봄)로서 감리현장 연면적의 총 합계가 10만제곱미터 이하일 것 다만, 일반 공사감리 대상인 아파트의 경우에는 연면적의 합계에 관계없이 1명의 감리원이 5개 이내의 공사현장을 감리할 수 있다.

(4) 감리원 배치통보 등

① 감리업자는 소속 감리원을 배치하였을 때에는 행정안전부령으로 정하는 바에 따라 소방본부장이나 소방서장에게 통보하여야 한다. 감리원의 배치를 변경하였을 때에도 또한 같다(제18조 제2항).

⇨ 〈배치통보 및 변경통보를 하지 아니하거나 거짓으로 통보한 자의 벌칙〉 **200만원 이하의 과태료**

② 소방공사감리업자는 법 제18조 제2항에 따라 감리원을 소방공사감리현장에 배치하는 경우에는 별지 제24호 서식의 소방공사감리원 배치통보서(전자문서로 된 소방공사감리원 배치통보서를 포함)에, 배치한 감리원이 변경된 경우에는 별지 제25호 서식의 소방공사감리원 배치변경통보서(전자문서로 된 소방공사감리원 배치변경통보서를 포함)에 다음의 구분에 따른 해당 서류(전자문서를 포함)를 첨부하여 감리원 배치일부터 7일 이내에 소방본부장 또는 소방서장에게 알려야 한다. 이 경우 소방본부장 또는 소방서장은 배치되는 감리원의 성명, 자격증 번호·등급, 감리현장의 명칭·소재지·면적 및 현장 배치기간을 법 제26조의3 제1항에 따른 소방시설업 종합정보시스템에 입력해야 한다(시행규칙 제17조).

5. 위반사항에 대한 조치

(1) 위반사항의 보고 등

감리업자는 감리를 할 때 소방시설공사가 설계도서나 화재안전기준에 맞지 아니할 때에는 관계인에게 알리고, 공사업자에게 그 공사의 시정 또는 보완 등을 요구하여야 한다(법 제19조 제1항).

(2) 공사업자와 관계인의 의무

① 공사업자가 제1항에 따른 요구를 받았을 때에는 그 요구에 따라야 한다(제2항).

⇨ 〈감리업자의 보완 요구에 따르지 아니한 자의 벌칙〉 **300만원 이하의 벌금**

② 만약 공사업자가 제1항에 따른 요구를 이행하지 아니하고 그 공사를 계속할 때에는 감리업자는 행정안전부령으로 정하는 바에 따라 소방본부장이나 소방서장에게 그 사실을 보고하여야 한다(제3항).

⇨ 〈보고를 거짓으로 한 자의 벌칙〉 1년 이하의 징역 또는 1천만원 이하의 벌금

※ 행정안전부령으로 정하는 사항은 다음과 같다.

> 소방공사감리업자는 공사업자에게 해당 공사의 시정 또는 보완을 요구하였으나 이행하지 아니하고 그 공사를 계속할 때에는 시정 또는 보완을 이행하지 아니하고 공사를 계속하는 날부터 3일 이내에 별지 제28호 서식의 소방시설공사 위반사항보고서(전자문서로 된 소방시설공사 위반사항보고서를 포함)를 소방본부장 또는 소방서장에게 제출하여야 한다.

6. 공사감리 결과의 통보 등

감리업자는 소방공사의 감리를 마쳤을 때에는 행정안전부령으로 정하는 바에 따라 그 감리 결과를 그 특정소방대상물의 관계인, 소방시설공사의 도급인, 그 특정소방대상물의 공사를 감리한 건축사에게 서면으로 알리고, 소방본부장이나 소방서장에게 공사감리 결과보고서를 제출하여야 한다(법 제20조).

⇨ 〈공사감리 결과의 통보 또는 공사감리 결과보고서의 제출을 거짓으로 한 자의 벌칙〉 1년 이하의 징역 또는 1천만원 이하의 벌금

※ 행정안전부령으로 정하는 사항은 다음과 같다.

> 감리업자가 소방공사의 감리를 마쳤을 때에는 별지 제29호 서식의 소방공사감리 결과보고(통보)서[전자문서로 된 소방공사감리 결과보고(통보)서를 포함]에 다음의 서류(전자문서를 포함)를 첨부하여 공사가 완료된 날부터 7일 이내에 특정소방대상물의 관계인, 소방시설공사의 도급인 및 특정소방대상물의 공사를 감리한 건축사에게 알리고, 소방본부장 또는 소방서장에게 보고해야 한다(시행규칙 제19조).

Ⅳ 도급

1. 개요

(1) 수급인

특정소방대상물의 관계인 또는 발주자는 소방시설공사등(* 소방시설의 설계, 시공, 감리 및 방염)을 도급할 때에는 해당 소방시설업자에게 도급하여야 한다(법 제21조 제1항).

⇨ 〈소방시설업자가 아닌 자에게 소방시설공사등을 도급한 자의 벌칙〉 1년 이하의 징역 또는 1천만원 이하의 벌금

(2) 분리 도급과 예외

① 소방시설공사는 다른 업종의 공사와 분리하여 도급하여야 한다. 다만, 공사의 성질상 또는 기술관리상 분리하여 도급하는 것이 곤란한 경우로서 대통령령으로 정하는 경우에는 다른 업종의 공사와 분리하지 아니하고 도급할 수 있다(법 제21조 제2항).

⇨ 〈제2항 1문을 위반하여 소방시설공사를 다른 업종의 공사와 분리하여 도급하지 아니한 자의 벌칙〉
300만원 이하의 벌금

② 위에서 "대통령령으로 정하는 경우"란 다음의 어느 하나에 해당하는 경우를 말한다(시행령 제11조의2).

1. 「재난 및 안전관리 기본법」 제3조 제1호에 따른 재난(* 자연재난, 사회재난)의 발생으로 긴급하게 착공해야 하는 공사인 경우
2. 국방 및 국가안보 등과 관련하여 기밀을 유지해야 하는 공사인 경우
3. 시행령 제4조 각 호에 따른 소방시설공사에 해당하지 않는 공사인 경우
4. 연면적이 1천제곱미터 이하인 특정소방대상물에 비상경보설비를 설치하는 공사인 경우
5. 다음 각 목의 어느 하나에 해당하는 입찰로 시행되는 공사인 경우
   가. 「국가를 당사자로 하는 계약에 관한 법률 시행령」 제79조 제1항 제4호 또는 제5호 및 「지방자치단체를 당사자로 하는 계약에 관한 법률 시행령」 제95조 제4호 또는 제5호에 따른 대안입찰 또는 일괄입찰
   ※ '대안입찰'이란 원안입찰과 함께 입찰자의 의사에 따라 대안이 허용된 공사의 입찰로서, 원안입찰자와 채택된 대안을 제출한 자 중에서 낙찰자를 결정한다. '일괄입찰'(Turn-key 입찰)이란 정부가 제시하는 공사일괄입찰기본계획 및 지침에 따라 입찰시에 그 공사의 설계서 기타 시공에 필요한 도면 및 서류를 작성하여 입찰서와 함께 제출하는 설계·시공일괄입찰로서, 기본설계입찰을 실시하여 실시설계적격자로 선정된 자에 한해 실시설계서를 제출하도록 하고 설계심의 등 절차를 거쳐 낙찰차를 결정한다.
   나. 「국가를 당사자로 하는 계약에 관한 법률 시행령」 제98조 제2호 또는 제3호 및 「지방자치단체를 당사자로 하는 계약에 관한 법률 시행령」 제127조 제2호 또는 제3호에 따른 실시설계 기술제안입찰 또는 기본설계 기술제안입찰
   ※ '기술제안입찰'이란 입찰자가 발주기관이 교부한 기본·실시설계서 및 입찰안내서에 따라 공사비 절감방안, 공기단축방안, 공사관리방안 등을 포함한 기술제안서를 작성하여 입찰서와 함께 제출하면, 해당 공사에 가장 적합하다고 정한 방법으로 낙찰자를 결정하는 방식이다.
5의 2. 「국가첨단전략산업 경쟁력 강화 및 보호에 관한 특별조치법」 제2조제1호에 따른 국가첨단전략기술 관련 연구시설·개발시설 또는 그 기술을 이용하여 제품을 생산하는 시설 공사인 경우
6. 그 밖에 **국가유산수리 및 재개발·재건축 등의 공사**로서 공사의 성질상 분리하여 도급하는 것이 곤란하다고 소방청장이 인정하는 경우

2. 공사대금의 지급보증 등

(1) 계약의 이행보증 및 공사대금의 지급보증

수급인이 국가, 지방자치단체 또는 대통령령으로 정하는 공공기관 외의 자가 발주하는 공사를 도급받은 경우로서 수급인이 발주자에게 계약의 이행을 보증하는 때에는 발주자도 수급인에게 공사대금의 지급을 보증하거나 담보를 제공하여야 한다. 다만, 발주자는 공사대금의 지급보증 또는 담보 제공을 하기 곤란한 경우에는 수급인이 그에 상응하는 보험 또는 공제에 가입할 수 있도록 계약의 이행보증을 받은 날부터 30일 이내에 보험료 또는 공제료(이하 "보험료등")를 지급하여야 한다(법 제21조의4 제1항).

⇨ 〈제1항에 따른 공사대금의 지급보증, 담보의 제공 또는 보험료등의 지급을 정당한 사유 없이 이행하지 아니한 자의 벌칙〉 **200만원 이하의 과태료**

(2) 지급보증 등의 예외

발주자 및 수급인은 소규모공사 등 대통령령으로 정하는 소방시설공사의 경우 제1항에 따른 계약이행의 보증이나 공사대금의 지급보증, 담보의 제공 또는 보험료등의 지급을 아니할 수 있다(법 제21조의4 제2항).

※ 소규모공사 등 대통령령으로 정하는 소방시설공사

> 1. 공사 1건의 도급금액이 1천만원 미만인 소규모 소방시설공사
> 2. 공사기간이 3개월 이내인 단기의 소방시설공사

(3) 이행촉구의 통지 등

① 발주자가 공사대금의 지급보증, 담보의 제공 또는 보험료등의 지급을 하지 아니한 때에는 수급인은 10일 이내 기간을 정하여 발주자에게 그 이행을 촉구하고 공사를 중지할 수 있다(법 제21조의4 제3항 제1문).

② 발주자가 촉구한 기간 내에 그 이행을 하지 아니한 때에는 수급인은 도급계약을 해지할 수 있다(법 제21조의4 제3항 제2문).

③ 수급인이 공사를 중지하거나 도급계약을 해지한 경우에는 발주자는 수급인에게 공사 중지나 도급계약의 해지에 따라 발생하는 손해배상을 청구하지 못한다(제4항).

3. 부정한 청탁에 의한 재물 등의 취득 및 제공 금지

(1) 발주자·수급인·하수급인 또는 이해관계인의 의무

발주자·수급인·하수급인(발주자, 수급인 또는 하수급인이 법인인 경우 해당 법인의 임원 또는 직원을 포함) 또는 이해관계인은 도급계약의 체결 또는 소방시설공사등의 시공 및 수행과 관련하여 부정한 청탁을 받고 재물 또는 재산상의 이익을 취득하거나 부정한 청탁을 하면서 재물 또는 재산상의 이익을 제공하여서는 아니 된다(법 제21조의5 제1항).

4. 하도급

(1) 하도급의 제한

① 제21조(* 소방시설공사등의 도급)에 따라 도급을 받은 자는 소방시설의 설계, 시공, 감리를 제3자에게 하도급할 수 없다. 다만, 시공의 경우에는 아래와 같이 대통령령으로 정하는 바에 따라 도급받은 소방시설공사의 일부를 다른 공사업자에게 하도급할 수 있다(법 제22조 제1항).

⇨ 〈제22조 제1항 1문을 위반하여 도급받은 소방시설의 설계, 시공, 감리를 하도급한 자의 벌칙〉 1년 이하의 징역 또는 1천만원 이하의 벌금

② 소방시설공사업과 다음 각 호의 어느 하나에 해당하는 사업을 함께 하는 공사업자가 소방시설공사와 해당 사업의 공사를 함께 도급받은 경우에는 도급받은 소방시설공사의 일부를 다른 공사업자에게 하도급할 수 있다(시행령 제12조 제1항).

> 1. 「주택법」 제4조에 따른 주택건설사업
> 2. 「건설산업기본법」 제9조에 따른 건설업
> 3. 「전기공사업법」 제4조에 따른 전기공사업
> 4. 「정보통신공사업법」 제14조에 따른 정보통신공사업

③ 위에서 공사업자가 다른 공사업자에게 그 일부를 하도급할 수 있는 소방시설공사는 시행령 제4조 제1호 각 목(* 착공신고 대상 중 설비를 신설하는 공사)의 소방설비 중 하나 이상의 소방설비를 설치하는 공사로 한다(시행령 제12조 제2항). 시행령 제4조 제1호는 다음과 같다.

> 1. 특정소방대상물에 다음 각 목의 어느 하나에 해당하는 설비를 신설하는 공사
>   가. 옥내소화전설비(호스릴옥내소화전설비를 포함한다. 이하 같다), 스프링클러설비등(「소방시설 설치 및 관리에 관한 법률 시행령」 별표 1 제1호라목에 따른 스프링클러설비등을 말한다. 이하 같다), 물분무등소화설비(「소방시설 설치 및 관리에 관한 법률 시행령」 별표 1 제1

　　　호마목에 따른 물분무등소화설비를 말한다. 이하 같다), 옥외소화전설비, 소화용수설비(소화용수설비를 「건설산업기본법 시행령」 별표 1에 따른 기계설비・가스공사업자 또는 상・하수도설비공사업자가 공사하는 경우는 제외한다), 제연설비(소방용 외의 용도와 겸용되는 제연설비를 「건설산업기본법 시행령」 별표 1에 따른 기계설비・가스공사업자가 공사하는 경우는 제외한다), 연결송수관설비, 연결살수설비 또는 연소방지설비

　　나. 비상경보설비, 자동화재탐지설비, 화재알림설비, 비상방송설비(소방용 외의 용도와 겸용되는 비상방송설비를 「정보통신공사업법」에 따른 정보통신공사업자가 공사하는 경우는 제외한다), 비상콘센트설비(비상콘센트설비를 「전기공사업법」에 따른 전기공사업자가 공사하는 경우는 제외한다) 또는 무선통신보조설비(소방용 외의 용도와 겸용되는 무선통신보조설비를 「정보통신공사업법」에 따른 정보통신공사업자가 공사하는 경우는 제외한다)

　④ 하수급인은 법 제22조 제1항 단서에 따라 하도급받은 소방시설공사를 제3자에게 다시 하도급할 수 없다(법 제 22조 제2항). ⇨ 〈위반 시 벌칙〉 1년 이하의 징역 또는 1천만원 이하의 벌금

(2) 하도급대금의 지급 등

　① 하도급대금 지급

　　수급인은 발주자로부터 도급받은 소방시설공사등에 대한 준공금(竣工金)을 받은 경우에는 하도급대금의 전부를, 기성금(旣成金)을 받은 경우에는 하수급인이 시공하거나 수행한 부분에 상당한 금액을 각각 지급받은 날(수급인이 발주자로부터 대금을 어음으로 받은 경우에는 그 어음만기일)부터 15일 이내에 하수급인에게 현금으로 지급하여야 한다(법 제22조의3 제1항).

5. 도급계약의 해지

특정소방대상물의 관계인 또는 발주자는 해당 도급계약의 수급인이 다음의 어느 하나에 해당하는 경우에는 도급계약을 해지할 수 있다(법 제23조).

1. 소방시설업이 등록취소되거나 영업정지된 경우
2. 소방시설업을 휴업하거나 폐업한 경우
3. 정당한 사유 없이 30일 이상 소방시설공사를 계속하지 아니하는 경우
4. 제22조의2 제2항(* 수급인에게 하수급인 또는 하도급계약 내용의 변경을 요구)에 따른 요구에 정당한 사유 없이 따르지 아니하는 경우

6. 공사업자의 감리 제한

다음의 어느 하나에 해당되면 동일한 특정소방대상물의 소방시설에 대한 시공과 감리를 함께 할 수 없다(법 제24조).

> 1. 공사업자(법인인 경우 법인의 대표자 또는 임원)와 감리업자(법인인 경우 법인의 대표자 또는 임원)가 같은 자인 경우
> 2. 「독점규제 및 공정거래에 관한 법률」 제2조 제11호에 따른 기업집단의 관계인 경우
>   ※ "기업집단" : 동일인이 대통령령으로 정하는 기준에 따라 사실상 그 사업내용을 지배하는 회사의 집단
> 3. 법인과 그 법인의 임직원의 관계인 경우
> 4. 공사업자와 감리업자가 「민법」 제777조에 따른 친족관계인 경우
>   ※ 친족의 범위 : 8촌 이내의 혈족, 4촌 이내의 인척, 배우자

7. 시공능력 평가 및 공시

(1) 개요

① 소방청장은 관계인 또는 발주자가 적절한 공사업자를 선정할 수 있도록 하기 위하여 공사업자의 신청이 있으면 그 공사업자의 소방시설공사 실적, 자본금 등에 따라 **시공능력을 평가하여 공시**할 수 있다(법 제26조 제1항).

② 시공능력 평가를 받으려는 공사업자는 전년도 소방시설공사 실적, 자본금, 그 밖에 행정안전부령으로 정하는 사항을 소방청장에게 제출하여야 한다(제2항).

⇨ 〈시공능력 평가에 관한 서류를 거짓으로 제출한 자의 벌칙〉 **200만원 이하의 과태료**

04절 소방기술자

1. 소방기술자의 의무

① 소방기술자는 이 법과 이 법에 따른 명령과 「소방시설 설치 및 관리에 관한 법률」 및 같은 법에 따른 명령에 따라 업무를 수행하여야 한다(법 제27조 제1항).
⇨ 〈위반 시 벌칙〉 **1년 이하의 징역 또는 1천만원 이하의 벌금**

② 소방기술자는 다른 사람에게 자격증[제28조에 따라 소방기술 경력 등을 인정받은 사람의 경우에는 소방기술 인정 자격수첩(이하 "자격수첩")과 소방기술자 경력수첩(이하 "경력수첩")]을 빌려 주어서는 아니 된다(제2항). ⇨ 〈위반 시 벌칙〉 **300만원 이하의 벌금**

③ 소방기술자는 동시에 둘 이상의 업체에 취업하여서는 아니 된다. 다만, 제1항에 따른 소방기술자 업무에 영향을 미치지 아니하는 범위에서 근무시간 외에 소방시설업이 아닌 다른 업종에 종사하는 경우는 제외한다(제3항). ⇨ 〈위반 시 벌칙〉 **300만원 이하의 벌금**

2. 소방기술 경력 등의 인정 등

① 소방청장은 소방기술의 효율적인 활용과 소방기술의 향상을 위하여 소방기술과 관련된 자격·학력 및 경력을 가진 사람을 소방기술자로 인정할 수 있다(법 제28조 제1항).

② 소방청장은 제1항에 따라 자격·학력 및 경력을 인정받은 사람에게 소방기술 인정 자격수첩과 경력수첩을 발급할 수 있다(제2항).

③ 소방기술과 관련된 자격·학력 및 경력의 인정 범위와 제2항에 따른 자격수첩 및 경력수첩의 발급 절차 등에 관하여 필요한 사항은 행정안전부령으로 정한다(제3항).

3. 소방기술자 자격의 정지 및 취소

① 소방청장은 자격수첩 또는 경력수첩을 발급받은 사람이 다음의 어느 하나에 해당하는 경우에는 행정안전부령으로 정하는 바에 따라 그 자격을 취소하거나 6개월 이상 2년 이하의 기간을 정하여 그 자격을 정지시킬 수 있다. 다만, 제1호와 제2호에 해당하는 경우에는 그 자격을 취소하여야 한다(법 제28조 제4항).

> 1. 거짓이나 그 밖의 부정한 방법으로 자격수첩 또는 경력수첩을 발급받은 경우
> 2. 제27조 제2항을 위반하여 자격수첩 또는 경력수첩을 다른 사람에게 빌려준 경우
> 3. 제27조 제3항을 위반하여 동시에 둘 이상의 업체에 취업한 경우
> 4. 이 법 또는 이 법에 따른 명령을 위반한 경우

② 자격이 취소된 사람은 취소된 날부터 2년간 자격수첩 또는 경력수첩을 발급받을 수 없다(제5항).

4. 소방기술자의 실무교육

① 화재 예방, 안전관리의 효율화, 새로운 기술 등 소방에 관한 지식의 보급을 위하여 소방시설업 또는 「소방시설 설치 및 관리에 관한 법률」 제29조에 따른 소방시설관리업의 기술인력으로 등록된 소방기술자는 행정안전부령으로 정하는 바에 따라 실무교육을 받아야 한다(법 제29조 제1항).

② 소방기술자가 정하여진 교육을 받지 아니하면 그 교육을 이수할 때까지 그 소방기술자는 소방시설업 또는 「소방시설 설치 및 관리에 관한 법률」 제29조에 따른 소방시설관리업의 기술인력으로 등록된 사람으로 보지 아니한다(제2항).

5. 실무교육의 실시와 관리

(1) 교육주기 등

① 소방기술자는 실무교육을 2년마다 1회 이상 받아야 한다. 다만, 실무교육을 받아야 할 기간 내에 소방기술자 양성·인정 교육훈련을 받은 경우에는 해당 실무교육을 받은 것으로 본다(시행규칙 제26조 제1항).

② 소방기술자 실무교육에 관한 업무를 위탁받은 실무교육기관 또는 「소방기본법」 제40조에 따른 한국소방안전원의 장(이하 "실무교육기관등의 장")은 소방기술자에 대한 실무교육을 실시하려면 교육일정 등 교육에 필요한 계획을 수립하여 소방청장에게 보고한 후 교육 10일 전까지 교육대상자에게 알려야 한다(제2항).

05절 보칙 및 벌칙

1. 감독

① 시·도지사, 소방본부장 또는 소방서장은 소방시설업의 감독을 위하여 필요할 때에는 소방시설업자나 관계인에게 필요한 보고나 자료 제출을 명할 수 있고, 관계 공무원으로 하여금 소방시설업체나 특정소방대상물에 출입하여 관계 서류와 시설 등을 검사하거나 소방시설업자 및 관계인에게 질문하게 할 수 있다(법 제31조 제1항).

⇨ 〈보고 또는 자료 제출을 하지 아니하거나 거짓으로 보고 또는 자료 제출을 한 자의 벌칙〉 **200만원 이하의 과태료**

2. 청문

제9조 제1항에 따른 소방시설업 등록취소처분이나 영업정지처분 또는 제28조 제4항에 따른 소방기술 인정 자격취소처분을 하려면 청문을 하여야 한다(법 제32조).

3. 형벌

(1) 3년 이하의 징역 또는 3천만원 이하의 벌금 (법 제35조)

1. 제4조 제1항을 위반하여 소방시설업 등록을 하지 아니하고 영업을 한 자
2. 제21조의5를 위반하여 부정한 청탁을 받고 재물 또는 재산상의 이익을 취득하거나 부정한 청탁을 하면서 재물 또는 재산상의 이익을 제공한 자

(2) 1년 이하의 징역 또는 1천만원 이하의 벌금 (법 제36조)

1. 제9조 제1항을 위반(예 다른 자에게 자기의 성명이나 상호를 사용하여 소방시설공사등을 수급 또는 시공하게 함)하여 영업정지처분을 받고 그 영업정지 기간에 영업을 한 자
2. 제11조나 제12조 제1항을 위반(예 화재안전기준에 맞게 소방시설을 설계하지 아니함)하여 설계나 시공을 한 자
3. 제16조 제1항을 위반하여 감리를 하거나 거짓으로 감리한 자
4. 제17조 제1항을 위반하여 공사감리자를 지정하지 아니한 자
5. 제19조 제3항(* 공사업자가 요구를 이행하지 아니하고 공사를 계속할 때에 감리업자의 보고)에 따른 보고를 거짓으로 한 자
6. 제20조에 따른 공사감리 결과의 통보 또는 공사감리 결과보고서의 제출을 거짓으로 한 자
7. 제21조 제1항을 위반하여 해당 소방시설업자가 아닌 자에게 소방시설공사등을 도급한 자
8. 제22조 제1항 본문을 위반하여 도급받은 소방시설의 설계, 시공, 감리를 하도급한 자

9. 제22조 제2항을 위반하여 하도급받은 소방시설공사를 다시 하도급한 자
10. 제27조 제1항(* 소방기술자의 의무)을 위반하여 같은 항에 따른 법 또는 명령을 따르지 아니하고 업무를 수행한 자

(3) 300만원 이하의 벌금 (법 제37조)

1. 제8조 제1항을 위반하여 다른 자에게 자기의 성명이나 상호를 사용하여 소방시설공사등을 수급 또는 시공하게 하거나 소방시설업의 등록증이나 등록수첩을 빌려준 자
2. 제18조 제1항을 위반하여 소방시설공사 현장에 감리원을 배치하지 아니한 자
3. 제19조 제2항을 위반하여 감리업자의 보완 요구에 따르지 아니한 자
4. 제19조 제4항(* 관계인이 감리업자가 소방본부장이나 소방서장에게 보고한 것을 이유로 불이익 조치 금지)을 위반하여 공사감리 계약을 해지하거나 대가 지급을 거부하거나 지연시키거나 불이익을 준 자
5. 제21조 제2항 본문을 위반하여 소방시설공사를 다른 업종의 공사와 분리하여 도급하지 아니한 자
6. 제27조 제2항을 위반하여 자격수첩 또는 경력수첩을 빌려 준 사람
7. 제27조 제3항(* 소방기술자의 의무)을 위반하여 동시에 둘 이상의 업체에 취업한 사람
8. 제31조 제4항(* 출입·검사업무를 수행하는 관계 공무원의 의무)을 위반하여 관계인의 정당한 업무를 방해하거나 업무상 알게 된 비밀을 누설한 사람

(4) 100만원 이하의 벌금 (법 제38조)

1. 제31조 제2항에 따른 명령(* 한국소방안전원, 협회, 법인 또는 단체에 필요한 보고나 자료 제출을 명령)을 위반하여 보고 또는 자료 제출을 하지 아니하거나 거짓으로 한 자
2. 제31조 제1항 및 제2항을 위반하여 정당한 사유 없이 관계 공무원의 출입 또는 검사·조사를 거부·방해 또는 기피한 자

4. 과태료

200만원 이하의 과태료(법 제40조 제1항).

1. 제6조(* 등록사항 변경신고), 제6조의2 제1항(휴업·폐업·재개업 신고), 제7조 제1항 및 제2항(* 지위승계신고), 제13조 제1항 및 제2항 전단(* 착공신고와 변경신고), 제17조 제2항(* 공사감리자 지정신고)을 위반하여 신고를 하지 아니하거나 거짓으로 신고한 자
2. 제8조 제3항을 위반하여 관계인에게 지위승계, 행정처분 또는 휴업·폐업의 사실을 거짓으로 알린 자
3. 제8조 제4항(* 하자보수 보증기간 동안 보관)을 위반하여 관계 서류를 보관하지 아니한 자
4. 제12조 제2항을 위반하여 소방기술자를 공사 현장에 배치하지 아니한 자
5. 제14조 제1항을 위반하여 완공검사를 받지 아니한 자
6. 제15조 제3항을 위반하여 3일 이내에 하자를 보수하지 아니하거나 하자보수계획을 관계인에게 거짓

으로 알린 자
7. 제17조 제3항(* 공사감리자 변경 시 새로 지정된 공사감리자와 종전의 공사감리자 간의 의무)을 위반하여 감리 관계 서류를 인수·인계하지 아니한 자
8. 제18조 제2항(* 감리원의 배치)에 따른 배치통보 및 변경통보를 하지 아니하거나 거짓으로 통보한 자
9. 제20조의2를 위반하여 방염성능기준 미만으로 방염을 한 자
10. 제20조의3 제2항에 따른 방염처리능력 평가에 관한 서류를 거짓으로 제출한 자
11. 제21조의3 제2항(* 도급·하도급 계약시 계약내용의 명백화)에 따른 도급계약 체결 시 의무를 이행하지 아니한 자(하도급 계약의 경우에는 하도급 받은 소방시설업자는 제외)
12. 제21조의3 제4항에 따른 하도급 등의 통지를 하지 아니한 자
13. 제21조의4 제1항에 따른 공사대금의 지급보증, 담보의 제공 또는 보험료등의 지급을 정당한 사유 없이 이행하지 아니한 자
14. 제26조 제2항에 따른 시공능력 평가에 관한 서류를 거짓으로 제출한 자
15. 제26조의2 제1항 후단에 따른 사업수행능력 평가에 관한 서류를 위조하거나 변조하는 등 거짓이나 그 밖의 부정한 방법으로 입찰에 참여한 자
16. 제31조 제1항에 따른 명령(* 소방시설업의 감독을 위하여 필요할 때 소방시설업자나 관계인에게 필요한 보고나 자료 제출 명령)을 위반하여 보고 또는 자료 제출을 하지 아니하거나 거짓으로 보고 또는 자료 제출을 한 자

※ 위 과태료는 대통령령으로 정하는 바에 따라 관할 시·도지사, 소방본부장 또는 소방서장이 부과·징수한다(제2항).

출제예상문제

01 「소방시설공사업법」상 소방시설업의 등록, 휴·폐업과 소방시설업자의 지위승계에 대한 내용으로 옳지 않은 것은?

① 특정소방대상물의 소방시설공사등을 하려는 자는 업종별로 자본금, 기술인력 등 행정안전부령으로 정하는 요건을 갖추어 시·도지사에게 소방시설업을 등록하여야 한다.
② 소방시설업자가 사망하여 그 상속인이 종전의 소방시설업자의 지위를 승계하려는 경우에는 그 상속일, 양수일 또는 합병일부터 30일 이내에 행정안전부령으로 정하는 바에 따라 그 사실을 시·도지사에게 신고하여야 한다.
③ 소방시설업자는 소방시설업을 폐업하는 때에는 행정안전부령으로 정하는 바에 따라 시·도지사에게 신고 하여야 하고 폐업신고를 받은 시·도지사는 소방시설업 등록을 말소하고 그 사실을 행정안전부령으로 정하는 바에 따라 공고하여야 한다.
④ 「민사집행법」에 따른 경매에 따라 소방시설업자의 소방시설의 전부를 인수한 자가 종전의 소방시설업자의 지위를 승계하려는 경우에는 그 인수일부터 30일 이내에 행정안전부령으로 정하는 바에 따라 그 사실을 시·도지사에게 신고하여야 한다.

①에서 대통령령으로 정하는 요건을 갖추어 시·도지사에게 소방시설업을 등록하여야 한다(법 제4조 제1항).

02 「소방시설공사업법」상 ( ) 안에 들어갈 내용으로 옳은 것은?

> 시·도지사는 소방시설공사업자가 소방시설 공사현장에 감리원 배치기준을 위반한 경우로서 영업정지가 그 이용자에게 불편을 주거나 그 밖에 공익을 해칠 우려가 있을 때에는 영업정지처분을 갈음하여 ( ) 이하의 과징금을 부과할 수 있다

① 2,000만원 ② 3,000만원 ③ 1억원 ④ 2억원

법 제10조에 규정된 내용이다. 소방시설공사업법은 영업정지를 대체하는 과징금의 상한액을 3천만원에서 2억원으로 대폭 상향 조정하였다(2020.6.9.).

03 「소방시설공사업법 시행령」상 완공검사를 위한 현장확인 대상 특정소방대상물의 범위로 옳지 않은 것은?

① 스프링클러설비등이 설치되는 특정소방대상물
② 지하상가 및 「다중이용업소의 안전관리에 관한 특별법」에 따른 다중이용업소
③ 물분무등소화설비(호스릴 방식의 소화설비 제외)가 설치되는 특정소방대상물
④ 연면적 5천 제곱미터 이상이거나 10층 이상인 특정소방대상물(아파트는 제외)

연면적 1만제곱미터 이상이거나 11층 이상인 특정소방대상물(아파트는 제외한다)

정답 01.① 02.④ 03.④

출제예상문제

04 「소방시설공사업법」상 소방공사감리업자의 업무범위로 옳지 않은 것은?

① 완공된 소방시설등의 성능시험
② 소방시설등의 설치계획표의 적법성 검토
③ 소방시설등 설계 변경 사항의 적합성 검토
④ 설계업자가 작성한 시공 상세 도면의 적합성 검토

> 공사업자가 작성한 시공 상세 도면의 적합성 검토(법 제16조 제1항)

05 「소방시설공사업법 시행령」 별표 4 소방공사 감리원의 배치기준 및 배치기간에 따라 복합건축물(지하 5층, 지상 35층 규모)인 특정소방대상물 소방시설 공사현장의 소방공사 책임감리원으로 옳은 것은?

① 특급감리원 중 소방기술사
② 특급감리원 이상의 소방공사 감리원(기계분야 및 전기분야)
③ 고급감리원 이상의 소방공사 감리원(기계분야 및 전기분야)
④ 중급감리원 이상의 소방공사 감리원(기계분야 및 전기분야)

> 지하층을 포함한 층수가 40층 이상인 특정소방대상물의 공사 현장의 소방공사 책임감리원은 특급감리원 중 소방기술사

06 「소방시설공사업법」상 감리업자가 감리를 할 때 위반 사항에 대하여 조치하여야 할 사항이다. ( ) 안에 들어갈 용어로 옳은 것은?

> 감리업자는 감리를 할 때 소방시설공사가 설계도서나 화재안전기준에 맞지 아니할 때에는 (가)에게 알리고, (나)에게 그 공사의 시정 또는 보완 등을 요구하여야 한다.

	(가)	(나)		(가)	(나)
①	관계인	공사업자	②	관계인	소방서장
③	소방본부장	공사업자	④	소방본부장	소방서장

> 소방시설공사업법 제19조 제1항에 규정된 내용이다.

정답 04.④ 05.① 06.①

07 「소방시설공사업법 시행령」상 하자보수 대상 소방시설 중 하자보수 보증기간이 다른 것은?

① 비상조명등
② 비상방송설비
③ 비상콘센트설비
④ 무선통신보조설비

> 1. 비상경보설비, 비상방송설비, 피난기구, 유도등, 비상조명등 및 무선통신보조설비: 2년
> 2. 자동소화장치, 옥내소화전설비, 스프링클러설비등, 물분무등소화설비, 옥외소화전설비, 자동화재탐지설비, 화재알림설비, 소화용수설비 및 소화활동설비(무선통신보조설비는 제외한다): 3년
>   (시행령 제6조).

08 「소방시설공사업법」상 공사의 도급에 관한 사항으로 옳지 않은 것은?

① 특정소방대상물의 관계인 또는 발주자는 소방시설공사 등을 도급할 때에는 해당 소방시설 업자에게 도급하여야 한다.
② 공사업자가 도급받은 소방시설공사의 도급금액 중 그 공사(하도급한 공사를 포함한다)의 근로자에게 지급하여야 할 노임(勞賃)에 해당하는 금액은 압류할 수 없다.
③ 도급을 받은 자는 소방시설공사의 전부를 한 번만 제3자에게 하도급할 수 있다.
④ 도급을 받은 자가 해당 소방시설공사 등을 하도급할 때에는 행정안전부령으로 정하는 바에 따라 미리 관계인과 발주자에게 알려야 한다.

> ④ 도급을 받은 자는 소방시설의 설계, 시공, 감리를 제3자에게 하도급할 수 없다. 다만, 시공의 경우에는 대통령령으로 정하는 바에 따라 도급받은 소방시설공사의 일부를 다른 공사업자에게 하도급할 수 있다(법 제22조 제1항).

09 「소방시설공사업법」상 소방기술 경력 등의 인정 등에 관한 내용으로 옳은 것은?

① 소방본부장, 소방서장은 소방기술의 효율적인 활용과 소방기술의 향상을 위하여 소방기술과 관련된 자격·학력 및 경력을 가진 사람을 소방기술자로 인정할 수 있다.
② 소방본부장, 소방서장은 소방기술과 관련된 자격·학력 및 경력을 인정받은 사람에게 소방기술 인정 자격수첩과 경력수첩을 발급할 수 있다.
③ 소방기술과 관련된 자격·학력 및 경력의 인정 범위와 자격수첩 및 경력수첩의 발급 절차 등에 관하여 필요한 사항은 대통령령으로 정한다.
④ 소방청장은 자격수첩 또는 경력수첩을 발급받은 사람이 거짓이나 그 밖의 부정한 방법으로 자격수첩 또는 경력수첩을 발급받은 경우에 그 자격을 취소하여야 한다.

> ①은 소방청장의 권한이고(법 제28조 제1항), ②도 소방청장의 권한이며(제2항), ③은 행정안전부령으로 정한다(제3항).

정답 07.③ 08.④ 09.④

출제예상문제

10 「소방시설공사업법」상 벌칙 중 1년 이하의 징역 또는 1천만원 이하의 벌금에 해당하는 자로 옳지 않은 것은?

① 소방시설업 등록을 하지 아니하고 영업을 한 자
② 영업정지처분을 받고 그 영업정지 기간에 영업을 한 자
③ 소방시설업자가 아닌 자에게 소방시설공사등을 도급한 자
④ 공사감리 결과의 통보 또는 공사감리 결과보고서의 제출을 거짓으로 한 자

> 소방시설업 등록을 하지 아니하고 영업을 한 자는 3년 이하의 징역 또는 3천만원 이하의 벌금(법 제35조)

정답 10.①

Chapter 05 위험물안전관리법

01절 총칙

1. 목적

위험물의 저장·취급 및 운반과 이에 따른 안전관리에 관한 사항을 규정함으로써 위험물로 인한 위해를 방지하여 공공의 안전을 확보함을 목적으로 한다(법 제1조).

2. 용어의 정의

이 법에서 사용하는 용어의 정의는 다음과 같다(법 제2조 제1항).

위험물	인화성 또는 발화성 등의 성질을 가지는 것으로서 대통령령(* 시행령 [별표 1])이 정하는 물품
지정수량	위험물의 종류별로 위험성을 고려하여 대통령령(* 시행령 [별표 1])이 정하는 수량으로서 제6호("제조소등")의 규정에 의한 제조소등의 설치허가 등에 있어서 최저의 기준이 되는 수량
제조소	위험물을 제조할 목적으로 지정수량 이상의 위험물을 취급하기 위하여 제6조 제1항의 규정에 따른 허가(동조 제3항의 규정에 따라 허가가 면제된 경우 및 제7조 제2항의 규정에 따라 협의로써 허가를 받은 것으로 보는 경우를 포함한다. 이하 "저장소"와 "취급소"에서 같다)를 받은 장소
저장소	지정수량 이상의 위험물을 저장하기 위한 대통령령(* 시행령 [별표 2])이 정하는 장소로서 제6조 제1항의 규정에 따른 허가를 받은 장소
취급소	지정수량 이상의 위험물을 제조외의 목적으로 취급하기 위한 대통령령(* 시행령 [별표 3])이 정하는 장소로서 제6조 제1항의 규정에 따른 허가를 받은 장소
제조소등	제조소·저장소 및 취급소

위험물 및 지정수량

(시행령 [별표 1])

유별	성질	위험물 품명	지정수량
제1류	산화성 고체	1. 아염소산염류	50킬로그램
		2. 염소산염류	50킬로그램
		3. 과염소산염류	50킬로그램
		4. 무기과산화물	50킬로그램

유별	위험물 성질	위험물 품명	지정수량
제1류	산화성 고체	5. 브로민산염류	300킬로그램
		6. 질산염류	300킬로그램
		7. 아이오딘산염류	300킬로그램
		8. 과망가니즈산염류	1,000킬로그램
		9. 다이크로뮴산염류	1,000킬로그램
		10. 그 밖에 행정안전부령으로 정하는 다음의 것 ※ 1. 과아이오딘산염류, 2. 과아이오딘산, 3. 크로뮴, 납 또는 아이오딘의 산화물, 4. 아질산염류, 5. 차아염소산염류, 6. 염소화아이소사이아누르산, 7. 퍼옥소이황산염류, 8. 퍼옥소붕산염류	50킬로그램, 300킬로그램 또는 1,000킬로그램
		11. 제1호부터 제10호까지의 어느 하나에 해당하는 위험물을 하나 이상 함유한 것	
제2류	가연성 고체	1. 황화인	100킬로그램
		2. 적린	100킬로그램
		3. 황	100킬로그램
		4. 철분	500킬로그램
		5. 금속분	500킬로그램
		6. 마그네슘	500킬로그램
		7. 그 밖에 행정안전부령으로 정하는 것 8. 제1호부터 제7호까지의 어느 하나에 해당하는 위험물을 하나 이상 함유한 것	100킬로그램 또는 500킬로그램
		9. 인화성고체	1,000킬로그램
제3류	자연 발화성 물질 및 금수성 물질	1. 칼륨	10킬로그램
		2. 나트륨	10킬로그램
		3. 알킬알루미늄	10킬로그램
		4. 알킬리튬	10킬로그램
		5. 황린	20킬로그램
		6. 알칼리금속(칼륨 및 나트륨을 제외) 및 알칼리토금속	50킬로그램
		7. 유기금속화합물(알킬알루미늄 및 알킬리튬을 제외)	50킬로그램
		8. 금속의 수소화물	300킬로그램
		9. 금속의 인화물	300킬로그램
		10. 칼슘 또는 알루미늄의 탄화물	300킬로그램
		11. 그 밖에 행정안전부령으로 정하는 것(* 염소화규소화합물) 12. 제1호 내지 제11호의 1에 해당하는 어느 하나 이상을 함유한 것	10킬로그램, 20킬로그램, 50킬로그램 또는 300킬로그램

위험물				지정수량
유별	성질	품명		
제4류	인화성 액체	1. 특수인화물		50리터
		2. 제1석유류	비수용성액체	200리터
			수용성액체	400리터
		3. 알코올류		400리터
		4. 제2석유류	비수용성액체	1,000리터
			수용성액체	2,000리터
		5. 제3석유류	비수용성액체	2,000리터
			수용성액체	4,000리터
		6. 제4석유류		6,000리터
		7. 동식물유류		10,000리터
제5류	자기 반응성 물질	1. 유기과산화물		제1종 : 10킬로그램 제2종 : 100킬로그램
		2. 질산에스터류		
		3. 나이트로화합물		
		4. 나이트로소화합물		
		5. 아조화합물		
		6. 다이아조화합물		
		7. 하이드라진 유도체		
		8. 하이드록실아민		
		9. 하이드록실아민염류		
		10. 그 밖에 행정안전부령으로 정하는 다음의 것 ※ 1. 금속의 아지화합물, 2. 질산구아니딘		
		11. 제1호부터 제10호까지의 어느 하나에 해당하는 위험물을 하나 이상 함유한 것		
제6류	산화성 액체	1. 과염소산		300킬로그램
		2. 과산화수소		300킬로그램
		3. 질산		300킬로그램
		4. 그 밖에 행정안전부령으로 정하는 것(* 할로젠간화합물)		300킬로그램
		5. 제1호 내지 제4호의 1에 해당하는 어느 하나 이상을 함유한 것		300킬로그램

3. 적용제외

이 법은 항공기·선박(선박법 제1조의2 제1항의 규정에 따른 선박 ☞ 기선·범선·부선)·철도 및 궤도에 의한 위험물의 저장·취급 및 운반에 있어서는 이를 적용하지 아니한다(법 제3조).

4. 지정수량 미만인 위험물의 저장·취급

지정수량 미만인 위험물의 저장 또는 취급에 관한 기술상의 기준은 특별시·광역시·특별자치시·도 및 특별자치도(이하 "시·도")의 조례(예 부산광역시 위험물 안전관리 조례)로 정한다(법 제4조). ⇨ 이 경우 조례에는 **200만원 이하**의 **과태료**를 정할 수 있다(법 제39조 제6항).

5. 위험물의 저장 및 취급의 제한

(1) 원칙

지정수량 이상의 위험물을 저장소가 아닌 장소에서 저장하거나 제조소등이 아닌 장소에서 취급하여서는 아니 되며(법 제5조 제1항), 이에 따른 제조소등의 위치·구조 및 설비의 기술기준은 행정안전부령으로 정한다(제4항).

(2) 예외

법 제5조 제1항의 규정에 불구하고 다음의 어느 하나에 해당하는 경우에는 제조소등이 아닌 장소에서 지정수량 이상의 위험물을 취급할 수 있다. 이 경우 임시로 저장 또는 취급하는 장소에서의 저장 또는 취급의 기준과 임시로 저장 또는 취급하는 장소의 위치·구조 및 설비의 기준은 시·도의 조례로 정한다(법 제5조 제2항).

> 1. 시·도의 조례가 정하는 바에 따라 관할소방서장의 승인을 받아 지정수량 이상의 위험물을 90일 이내의 기간동안 임시로 저장 또는 취급하는 경우
> 2. 군부대가 지정수량 이상의 위험물을 군사목적으로 임시로 저장 또는 취급하는 경우

⇨ 〈제5조 제2항 제1호에 따른 승인을 받지 아니한 자의 벌칙〉 **500만원 이하**의 **과태료**

⇨ 제5조 제2항 각호 외의 부분 후단의 규정에 따른 조례에는 **200만원 이하**의 **과태료**를 정할 수 있다(법 제39조 제6항).

02절 위험물시설의 설치 및 변경

1. 허가와 신고

(1) 설치(변경) 허가

제조소등을 설치하고자 하는 자는 대통령령이 정하는 바에 따라 그 설치장소를 관할하는 특별시장·광역시장·특별자치시장·도지사 또는 특별자치도지사(이하 "시·도지사")의 허가를 받아야 한다. 제조소등의 위치·구조 또는 설비 가운데 행정안전부령이 정하는 사항을 변경하고자 하는 때에도 또한 같다(법 제6조 제1항).

⇨ 〈제조소등의 설치허가를 받지 아니하고 제조소등을 설치한 자의 벌칙〉 **5년 이하의 징역 또는 1억원 이하의 벌금**

⇨ 〈제조소등 또는 제6조 제1항에 따른 허가를 받지 않고 지정수량 이상의 위험물을 저장 또는 취급하는 장소에서 위험물을 유출·방출 또는 확산시켜 사람의 생명·신체 또는 재산에 대하여 위험을 발생시킨 자의 벌칙〉 **1년 이상 10년 이하의 징역**

⇨ 제조소등 또는 제6조 제1항에 따른 허가를 받지 않고 지정수량 이상의 위험물을 저장 또는 취급하는 장소에서 위험물을 유출·방출 또는 확산시켜 사람을 상해(傷害)에 이르게 한 때에는 **무기 또는 3년 이상의 징역**, 사망에 이르게 한 때에는 **무기 또는 5년 이상의 징역**

⇨ 〈변경허가를 받지 아니하고 제조소등을 변경한 자의 벌칙〉 **1천500만원 이하의 벌금**

(2) 신고

제조소등의 위치·구조 또는 설비의 변경없이 당해 제조소등에서 저장하거나 취급하는 위험물의 품명·수량 또는 지정수량의 배수를 변경하고자 하는 자는 변경하고자 하는 날의 1일 전까지 행정안전부령이 정하는 바에 따라 시·도지사에게 신고하여야 한다(법 제6조 제2항).

⇨ 〈변경신고를 기간 이내에 하지 아니하거나 허위로 한 자의 벌칙〉 **500만원 이하의 과태료**

(3) 허가 또는 신고의 면제

법 제6조 제1항 및 제2항의 규정에 불구하고 다음 각 호의 어느 하나에 해당하는 제조소등의 경우에는 허가를 받지 아니하고 당해 제조소등을 설치하거나 그 위치·구조 또는 설비를 변경할 수 있으며, 신고를 하지 아니하고 위험물의 품명·수량 또는 지정수량의 배수를 변경할 수 있다(법 제6조 제3항).

> 1. 주택의 난방시설(공동주택의 중앙난방시설을 제외)을 위한 저장소 또는 취급소
> 2. 농예용·축산용 또는 수산용으로 필요한 난방시설 또는 건조시설을 위한 지정수량 20배 이하의 저장소

2. 탱크안전성능검사

(1) 개요

위험물을 저장 또는 취급하는 탱크로서 대통령령이 정하는 탱크(이하 "위험물탱크")가 있는 제조소등의 설치 또는 그 위치·구조 또는 설비의 변경에 관하여 법 제6조 제1항의 규정에 따른 허가를 받은 자가 위험물탱크의 설치 또는 그 위치·구조 또는 설비의 변경공사를 하는 때에는 제9조 제1항의 규정에 따른 완공검사를 받기 전에 제5조 제4항의 규정에 따른 기술기준에 적합한지의 여부를 확인하기 위하여 시·도지사가 실시하는 탱크안전성능검사를 받아야 한다.

(2) 탱크안전성능검사의 대상

법 제8조 제1항 전단에 따라 탱크안전성능검사를 받아야 하는 위험물탱크는 탱크안전성능검사별로 다음의 어느 하나에 해당하는 탱크로 한다(시행령 제8조 제1항).

1. 기초·지반검사 : 옥외탱크저장소의 액체위험물탱크 중 그 용량이 100만리터 이상인 탱크
2. 충수(充水)·수압검사 : 액체위험물을 저장 또는 취급하는 탱크. 다만, 다음 각 목의 어느 하나에 해당하는 탱크는 제외한다.
    가. 제조소 또는 일반취급소에 설치된 탱크로서 용량이 지정수량 미만인 것
    나. 「고압가스 안전관리법」 제17조 제1항에 따른 특정설비에 관한 검사에 합격한 탱크
    다. 「산업안전보건법」 제84조 제1항에 따른 안전인증을 받은 탱크
3. 용접부검사 : 제1호에 따른 탱크. 다만, 탱크의 저부에 관계된 변경공사(탱크의 옆판과 관련되는 공사를 포함하는 것을 제외)시에 행하여진 법 제18조 제3항에 따른 정기검사에 의하여 용접부에 관한 사항이 행정안전부령으로 정하는 기준에 적합하다고 인정된 탱크를 제외한다.
4. 암반탱크검사 : 액체위험물을 저장 또는 취급하는 암반내의 공간을 이용한 탱크

(3) 탱크안전성능검사의 면제

법 제8조 제1항 후단의 규정에 의하여 시·도지사가 면제할 수 있는 탱크안전성능검사는 제8조 제2항 및 [별표 4]의 규정에 의한 충수·수압검사로 한다(시행령 제9조 제1항).

3. 완공검사

(1) 개요

법 제6조 제1항의 규정에 따른 허가를 받은 자가 제조소등의 설치를 마쳤거나 그 위치·구조 또는 설비의 변경을 마친 때에는 당해 제조소등마다 시·도지사가 행하는 완공검사를 받아 제5조 제4항의 규정에 따른 기술기준에 적합하다고 인정받은 후가 아니면 이를 사용하여서는 아니된다.

⇨ 〈제조소등의 완공검사를 받지 아니하고 위험물을 저장·취급한 자의 벌칙〉 **1천500만원 이하의 벌금**

(2) 완공검사의 신청시기

제조소등의 완공검사 신청시기는 다음 각 호의 구분에 따른다(시행규칙 제20조).

> 1. 지하탱크가 있는 제조소등의 경우 : 당해 지하탱크를 매설하기 전
> 2. 이동탱크저장소의 경우 : 이동저장탱크를 완공하고 상시 설치 장소를 확보한 후
> 3. 이송취급소의 경우 : 이송배관 공사의 전체 또는 일부를 완료한 후. 다만, 지하·하천 등에 매설하는 이송배관의 공사의 경우에는 이송배관을 매설하기 전
> 4. 전체 공사가 완료된 후에는 완공검사를 실시하기 곤란한 경우 : 다음 각목에서 정하는 시기
>   가. 위험물설비 또는 배관의 설치가 완료되어 기밀시험 또는 내압시험을 실시하는 시기
>   나. 배관을 지하에 설치하는 경우에는 시·도지사, 소방서장 또는 기술원이 지정하는 부분을 매몰하기 직전
>   다. 기술원이 지정하는 부분의 비파괴시험을 실시하는 시기
> 5. 제1호 내지 제4호에 해당하지 아니하는 제조소등의 경우 : 제조소등의 공사를 완료한 후

4. 제조소등 설치자의 지위승계

(1) 지위승계자

제조소등의 설치자(법 제6조 제1항의 규정에 따라 허가를 받아 제조소등을 설치한 자)가 사망하거나 그 제조소등을 양도·인도한 때 또는 법인인 제조소등의 설치자의 합병이 있는 때에는 그 상속인, 제조소등을 양수·인수한 자 또는 합병후 존속하는 법인이나 합병에 의하여 설립되는 법인은 그 설치자의 지위를 승계한다(법 제10조 제1항).

민사집행법에 의한 경매, 「채무자 회생 및 파산에 관한 법률」에 의한 환가, 국세징수법·관세법 또는 「지방세징수법」에 따른 압류재산의 매각과 그 밖에 이에 준하는 절차에 따라 제조소등의 시설의 전부를 인수한 자는 그 설치자의 지위를 승계한다(제2항).

(2) 지위승계 사실의 신고

제1항 또는 제2항의 규정에 따라 제조소등의 설치자의 지위를 승계한 자는 행정안전부령이 정하는 바에 따라 승계한 날부터 30일 이내에 시·도지사에게 그 사실을 신고하여야 한다(법 제10조 제3항).

⇨ 〈지위승계신고를 기간 이내에 하지 아니하거나 허위로 한 자의 벌칙〉 **500만원 이하의 과태료**

5. 제조소등 설치허가의 취소와 사용정지 등

시·도지사는 제조소등의 관계인이 다음의 어느 하나에 해당하는 때에는 행정안전부령이 정하는 바에 따라 제6조 제1항에 따른 허가를 취소하거나 6월 이내의 기간을 정하여 제조소등의 전부 또는 일부의 사용정지를 명할 수 있다(법 제12조).

1. 제6조 제1항 후단의 규정에 따른 변경허가를 받지 아니하고 제조소등의 위치·구조 또는 설비를 변경한 때
2. 제9조의 규정에 따른 완공검사를 받지 아니하고 제조소등을 사용한 때
2의2. 제11조의2 제3항에 따른 안전조치 이행명령을 따르지 아니한 때
3. 제14조 제2항의 규정에 따른 수리·개조 또는 이전의 명령을 위반한 때
4. 제15조 제1항 및 제2항의 규정에 따른 위험물안전관리자를 선임하지 아니한 때
5. 제15조 제5항(* 위험물안전관리자)을 위반하여 대리자를 지정하지 아니한 때
6. 제18조 제1항의 규정에 따른 정기점검을 하지 아니한 때
7. 제18조 제3항에 따른 정기검사를 받지 아니한 때
8. 제26조의 규정에 따른 저장·취급기준 준수명령을 위반한 때

⇨ 〈제조소등의 사용정지명령을 위반한 자의 벌칙〉 **1천500만원 이하의 벌금**

03절 위험물시설의 안전관리

1. 위험물시설의 유지·관리

제조소등의 관계인은 당해 제조소등의 위치·구조 및 설비가 법 제5조 제4항의 규정에 따른 기술기준에 적합하도록 유지·관리하여야 한다(법 제14조 제1항).

시·도지사, 소방본부장 또는 소방서장은 제1항의 규정에 따른 유지·관리의 상황이 기술기준에 부적합하다고 인정하는 때에는 그 기술기준에 적합하도록 제조소등의 위치·구조 및 설비의 수리·개조 또는 이전을 명할 수 있다(제2항).

⇨ 〈수리·개조 또는 이전의 명령에 따르지 아니한 자의 벌칙〉 **1천500만원 이하의 벌금**

2. 위험물안전관리자

(1) 위험물안전관리자의 선임 등

제조소등[법 제6조 제3항의 규정에 따라 허가를 받지 아니하는 제조소등과 이동탱크저장소(차량에 고정된 탱크에 위험물을 저장 또는 취급하는 저장소)를 제외]의 관계인은 위험물의 안전관리에 관한 직무를 수행하게 하기 위하여 제조소등마다 대통령령이 정하는 위험물의 취급에 관한 자격이 있는 자(이하 "위험물취급자격자")를 위험물안전관리자(이하 "안전관리자")로 선임하여야 한다(법 제15조 제1항).

위험물취급자격자의 자격	(시행령 [별표 5])
위험물취급자격자의 구분	**취급할 수 있는 위험물**
1. 「국가기술자격법」에 따라 위험물기능장, 위험물산업기사, 위험물기능사의 자격을 취득한 사람	[별표 1]의 모든 위험물 * [별표 1]은 본서 Part 06의 앞부분 참고
2. 안전관리자교육이수자(법 28조 제1항에 따라 소방청장이 실시하는 안전관리자교육을 이수한 자를 말한다. 이하 별표 6에서 같다)	[별표 1]의 위험물 중 제4류 위험물
3. 소방공무원 경력자(소방공무원으로 근무한 경력이 3년 이상인 자를 말한다. 이하 별표 6에서 같다)	[별표 1]의 위험물 중 제4류 위험물

제1항의 규정에 따라 안전관리자를 선임한 제조소등의 관계인은 그 안전관리자를 해임하거나 안전관리자가 퇴직한 때에는 해임하거나 퇴직한 날부터 30일 이내에 다시 안전관리자를 선임하여야 한다(제2항).

⇨ 〈제15조 제1항 또는 제2항의 규정을 위반하여 안전관리자를 선임하지 아니한 관계인으로서 제6조 제1항의 규정에 따른 허가를 받은 자의 벌칙〉 **1천500만원 이하의 벌금**

제조소등의 관계인은 제1항 및 제2항에 따라 안전관리자를 선임한 경우에는 선임한 날부터 14일 이내에 행정안전부령으로 정하는 바에 따라 소방본부장 또는 소방서장에게 신고하여야 한다(제3항).

⇨ 〈안전관리자의 선임신고를 기간 이내에 하지 아니하거나 허위로 한 자의 벌칙〉 **500만원 이하의 과태료**

제조소등의 관계인이 안전관리자를 해임하거나 안전관리자가 퇴직한 경우 그 관계인 또는 안전관리자는 소방본부장이나 소방서장에게 그 사실을 알려 해임되거나 퇴직한 사실을 확인받을 수 있다(제4항).

(2) 안전관리자의 대리자

제1항의 규정에 따라 안전관리자를 선임한 제조소등의 관계인은 안전관리자가 여행·질병 그 밖의 사유로 인하여 일시적으로 직무를 수행할 수 없거나 안전관리자의 해임 또는 퇴직과 동시에 다른 안전관리자를 선임하지 못하는 경우에는 국가기술자격법에 따른 위험물의 취급에 관한 자격취득자 또는 위험물안전에 관한 기본지식과 경험이 있는 자로서 행정안전부령이 정하는 자를 대리자(代理者)로 지정하여 그 직무를 대행하게 하여야 한다. 이 경우 대리자가 안전관리자의 직무를 대행하는 기간은 30일을 초과할 수 없다(법 제15조 제5항).

※ "행정안전부령이 정하는 자"(시행규칙 제54조)

> 1. 법 제28조 제1항에 따른 안전교육을 받은 자
> 2. 제조소등의 위험물 안전관리업무에 있어서 안전관리자를 지휘·감독하는 직위에 있는 자

⇨ 〈대리자를 지정하지 아니한 관계인으로서 제6조 제1항의 규정에 따른 허가를 받은 자의 벌칙〉 **1천500만원 이하의 벌금**

(3) 1인의 안전관리자 중복 선임

다수의 제조소등을 동일인이 설치한 경우에는 제1항의 규정에 불구하고 관계인은 대통령령이 정하는 바에 따라 1인의 안전관리자를 중복하여 선임할 수 있다. 이 경우 대통령령이 정하는 제조소등의 관계인은 제5항에 따른 대리자의 자격이 있는 자를 각 제조소등 별로 지정하여 안전관리자를 보조하게 하여야 한다(법 제15조 제8항).

1인의 안전관리자를 중복하여 선임할 수 있는 경우 (시행령 제12조 제1항)

1. 보일러·버너 또는 이와 비슷한 것으로서 위험물을 소비하는 장치로 이루어진 7개 이하의 일반취급소와 그 일반취급소에 공급하기 위한 위험물을 저장하는 저장소[일반취급소 및 저장소가 모두 동일구내(같은 건물 안 또는 같은 울 안)에 있는 경우에 한함]를 동일인이 설치한 경우

2. 위험물을 차량에 고정된 탱크 또는 운반용기에 옮겨 담기 위한 5개 이하의 일반취급소[일반취급소 간의 거리(보행거리)가 300미터 이내인 경우에 한함]와 그 일반취급소에 공급하기 위한 위험물을 저장하는 저장소를 동일인이 설치한 경우
3. 동일구내에 있거나 상호 100미터 이내의 거리에 있는 저장소로서 저장소의 규모, 저장하는 위험물의 종류 등을 고려하여 행정안전부령이 정하는 저장소를 동일인이 설치한 경우
   ※ "행정안전부령이 정하는 저장소"(시행규칙 제56조 제1항)

   > 1. 10개 이하의 옥내저장소
   > 2. 30개 이하의 옥외탱크저장소
   > 3. 옥내탱크저장소
   > 4. 지하탱크저장소
   > 5. 간이탱크저장소
   > 6. 10개 이하의 옥외저장소
   > 7. 10개 이하의 암반탱크저장소

4. 다음의 기준에 모두 적합한 5개 이하의 제조소등을 동일인이 설치한 경우
   가. 각 제조소등이 동일구내에 위치하거나 상호 100미터 이내의 거리에 있을 것
   나. 각 제조소등에서 저장 또는 취급하는 위험물의 최대수량이 지정수량의 3천배 미만일 것. 다만, 저장소의 경우에는 그러하지 아니하다.
5. 그 밖에 제1호 또는 제2호의 규정에 의한 제조소등과 비슷한 것으로서 행정안전부령이 정하는 제조소등을 동일인이 설치한 경우
   ※ "행정안전부령이 정하는 제조소등" : 선박주유취급소의 고정주유설비에 공급하기 위한 위험물을 저장하는 저장소와 당해 선박주유취급소(시행규칙 제56조 제2항)

대리자의 자격이 있는 자를 각 제조소등별로 지정하여 안전관리자를 보조하게 하는 경우
(시행령 제12조 제2항)

1. 제조소
2. 이송취급소
3. 일반취급소. 다만, 인화점이 38도 이상인 제4류 위험물만을 지정수량의 30배 이하로 취급하는 일반취급소로서 다음 각목의 1에 해당하는 일반취급소를 제외한다.
   가. 보일러·버너 또는 이와 비슷한 것으로서 위험물을 소비하는 장치로 이루어진 일반취급소
   나. 위험물을 용기에 옮겨 담거나 차량에 고정된 탱크에 주입하는 일반취급소

3. 탱크안전성능시험자

시·도지사 또는 제조소등의 관계인은 안전관리업무를 전문적이고 효율적으로 수행하기 위하여 탱크안전성능시험자(이하 "탱크시험자")로 하여금 이 법에 의한 검사 또는 점검의 일부를 실시하게 할 수 있다(법 제16조 제1항).

탱크시험자가 되고자 하는 자는 대통령령이 정하는 기술능력·시설 및 장비를 갖추어 시·도지사에게 등록하여야 한다(제2항).

⇨ 〈탱크시험자로 등록하지 아니하고 탱크시험자의 업무를 한 자의 벌칙〉 1년 이하의 징역 또는 1천만원 이하의 벌금

4. 예방규정

(1) 개요

대통령령으로 정하는 제조소등의 관계인은 해당 제조소등의 화재예방과 화재 등 재해발생시의 비상조치를 위하여 행정안전부령으로 정하는 바에 따라 예방규정을 정하여 해당 제조소등의 사용을 시작하기 전에 시·도지사에게 제출하여야 한다. 예방규정을 변경한 때에도 또한 같다(법 제17조 제1항).

⇨ 〈변경한 예방규정을 제출하지 아니한 관계인으로서 제6조 제1항의 규정에 따른 허가를 받은 자의 벌칙〉 1천만원 이하의 벌금

(2) 예방규정을 정하여야 하는 제조소등

법 제17조 제1항에서 "대통령령이 정하는 제조소등"이라 함은 다음 각호의 1에 해당하는 제조소등을 말한다(시행령 제15조).

> 1. 지정수량의 10배 이상의 위험물을 취급하는 제조소
> 2. 지정수량의 100배 이상의 위험물을 저장하는 옥외저장소
> 3. 지정수량의 150배 이상의 위험물을 저장하는 옥내저장소
> 4. 지정수량의 200배 이상의 위험물을 저장하는 옥외탱크저장소
> 5. 암반탱크저장소
> 6. 이송취급소
> 7. 지정수량의 10배 이상의 위험물을 취급하는 일반취급소. 다만, 제4류 위험물(특수인화물을 제외)만을 지정수량의 50배 이하로 취급하는 일반취급소(제1석유류·알코올류의 취급량이 지정수량의 10배 이하인 경우에 한함)로서 다음 각목의 어느 하나에 해당하는 것을 제외한다.
>   가. 보일러·버너 또는 이와 비슷한 것으로서 위험물을 소비하는 장치로 이루어진 일반취급소
>   나. 위험물을 용기에 옮겨 담거나 차량에 고정된 탱크에 주입하는 일반취급소

5. 정기점검 및 정기검사

(1) 정기점검

대통령령이 정하는 제조소등의 관계인은 그 제조소등에 대하여 행정안전부령이 정하는 바에 따라 법 제5조 제4항의 규정에 따른 기술기준에 적합한지의 여부를 정기적으로 점검하고 점

검결과를 기록하여 보존하여야 한다(법 제18조 제1항).

※ 정기점검 대상(시행령 제16조)

> 1. 시행령 제15조 각호의 1(* 관계인이 예방규정을 정하여야 하는 제조소등)에 해당하는 제조소등
> 2. 지하탱크저장소
> 3. 이동탱크저장소
> 4. 위험물을 취급하는 탱크로서 지하에 매설된 탱크가 있는 제조소·주유취급소 또는 일반취급소

⇨ 〈점검결과를 기록·보존하지 아니한 자의 벌칙〉 **500만원 이하의 과태료**, 〈정기점검을 하지 아니하거나 점검기록을 허위로 작성한 관계인으로서 제6조 제1항의 규정에 따른 허가를 받은 자의 벌칙〉 **1년 이하의 징역 또는 1천만원 이하의 벌금**

법 제18조 제1항의 규정에 의하여 제조소등의 관계인은 당해 제조소등에 대하여 **연 1회 이상 정기점검**을 실시하여야 하며(시행규칙 제64조), 정기점검을 한 제조소등의 관계인은 **점검을 한 날부터 30일 이내에 점검결과를 시·도지사에게 제출하여야 한다**(법 제18조 제2항).

⇨ 〈기간 이내에 점검결과를 제출하지 아니한 자의 벌칙〉 **500만원 이하의 과태료**

(2) 정기검사

정기점검의 대상이 되는 제조소등의 관계인 가운데 **대통령령으로 정하는 제조소등의 관계인**은 행정안전부령으로 정하는 바에 따라 소방본부장 또는 소방서장으로부터 해당 제조소등이 법 제5조 제4항에 따른 기술기준에 적합하게 유지되고 있는지의 여부에 대하여 **정기적으로 검사를 받아야 한다**(법 제18조 제3항).

※ 정기검사 대상 : 액체위험물을 저장 또는 취급하는 50만리터 이상의 옥외탱크저장소(시행령 제17조)

⇨ 〈정기검사를 받지 아니한 관계인으로서 제6조 제1항에 따른 허가를 받은 자의 벌칙〉 **1년 이하의 징역 또는 1천만원 이하의 벌금**

6. 자체소방대

(1) 의의

다량의 위험물을 저장·취급하는 제조소등으로서 **대통령령이 정하는 제조소등이 있는 동일한 사업소**에서 대통령령이 정하는 수량 이상의 위험물을 저장 또는 취급하는 경우 당해 사업소의 관계인은 대통령령이 정하는 바에 따라 당해 사업소에 자체소방대를 설치하여야 한다(법 제19조).

⇨ 〈자체소방대를 두지 아니한 관계인으로서 제6조 제1항의 규정에 따른 허가를 받은 자의 벌칙〉 **1년 이하의 징역 또는 1천만원 이하의 벌금**

(2) 자체소방대를 설치하여야 하는 사업소

법 제19조에서 "대통령령이 정하는 제조소등"이란 다음의 어느 하나에 해당하는 제조소등을 말한다(시행령 제18조 제1항).

> 1. 제4류 위험물을 취급하는 제조소 또는 일반취급소. 다만, 보일러로 위험물을 소비하는 일반취급소 등 행정안전부령으로 정하는 일반취급소는 제외한다.
>   ※ "행정안전부령으로 정하는 일반취급소"(시행규칙 제73조)
>   > 1. 보일러, 버너 그 밖에 이와 유사한 장치로 위험물을 소비하는 일반취급소
>   > 2. 이동저장탱크 그 밖에 이와 유사한 것에 위험물을 주입하는 일반취급소
>   > 3. 용기에 위험물을 옮겨 담는 일반취급소
>   > 4. 유압장치, 윤활유순환장치 그 밖에 이와 유사한 장치로 위험물을 취급하는 일반취급소
>   > 5. 「광산안전법」의 적용을 받는 일반취급소
> 2. 제4류 위험물을 저장하는 옥외탱크저장소

법 제19조에서 "대통령령이 정하는 수량 이상"이란 다음의 구분에 따른 수량을 말한다(시행령 제18조 제2항).

> 1. 제1항 제1호에 해당하는 경우 : 제조소 또는 일반취급소에서 취급하는 제4류 위험물의 최대수량의 합이 지정수량의 3천배 이상
> 2. 제1항 제2호에 해당하는 경우 : 옥외탱크저장소에 저장하는 제4류 위험물의 최대수량이 지정수량의 50만배 이상

04절 위험물의 운반 등

1. 위험물의 운반

위험물의 운반은 그 용기·적재방법 및 운반방법에 관한 다음의 **중요기준과 세부기준에 따라 행하여야 한다**(법 제20조 제1항).

> 1. 중요기준 : 화재 등 위해의 예방과 응급조치에 있어서 큰 영향을 미치거나 그 기준을 위반하는 경우 직접적으로 화재를 일으킬 가능성이 큰 기준으로서 행정안전부령이 정하는 기준
> 2. 세부기준 : 화재 등 위해의 예방과 응급조치에 있어서 중요기준보다 상대적으로 적은 영향을 미치거나 그 기준을 위반하는 경우 간접적으로 화재를 일으킬 수 있는 기준 및 위험물의 안전관리에 필요한 표시와 서류·기구 등의 비치에 관한 기준으로서 행정안전부령이 정하는 기준

⇨ 〈위의 중요기준에 따르지 아니한 자의 벌칙〉 **1천만원 이하의 벌금**, 〈위의 세부기준을 위반한 자의 벌칙〉 **500만원 이하의 과태료**

제1항에 따라 운반용기에 수납된 위험물을 지정수량 이상으로 차량에 적재하여 운반하는 차량의 운전자(이하 "위험물운반자")는 다음의 어느 하나에 해당하는 요건을 갖추어야 한다(제2항).

> 1. 「국가기술자격법」에 따른 위험물 분야의 자격을 취득할 것
> 2. 제28조 제1항(* 안전교육)에 따른 교육을 수료할 것

⇨ 〈위의 요건을 갖추지 아니한 위험물운반자의 벌칙〉 **1천만원 이하의 벌금**

유별을 달리하는 위험물의 혼재기준 (시행규칙 [별표 19] 관련)

위험물의 구분	제1류	제2류	제3류	제4류	제5류	제6류
제1류		×	×	×	×	○
제2류	×		×	○	○	×
제3류	×	×		○	×	×
제4류	×	○	○		○	×
제5류	×	○	×	○		×
제6류	○	×	×	×	×	

■ 비고
1. "×"표시는 혼재할 수 없음을 표시한다.
2. "○"표시는 혼재할 수 있음을 표시한다.
3. 이 표는 지정수량의 1/10 이하의 위험물에 대하여는 적용하지 아니한다.

2. 위험물의 운송

이동탱크저장소에 의하여 위험물을 운송하는 자(운송책임자 및 이동탱크저장소운전자를 말하며, 이하 "위험물운송자")는 제20조 제2항(* 위험물운반자의 요건) 각 호의 어느 하나에 해당하는 요건을 갖추어야 한다(법 제21조 제1항).

대통령령이 정하는 위험물의 운송에 있어서는 운송책임자(위험물 운송의 감독 또는 지원을 하는 자)의 감독 또는 지원을 받아 이를 운송하여야 한다. 운송책임자의 범위, 감독 또는 지원의 방법 등에 관한 구체적인 기준은 행정안전부령으로 정한다(제2항).

※ "대통령령이 정하는 위험물"(시행령 제19조)

> 1. 알킬알루미늄
> 2. 알킬리튬
> 3. 제1호 또는 제2호의 물질을 함유하는 위험물

⇨ 〈위 제1항 또는 제2항을 위반한 위험물운송자의 벌칙〉 **1천만원 이하의 벌금**

3. 위험물의 운송기준

법 제21조 제2항의 규정에 의한 위험물 운송책임자는 다음 각호의 1에 해당하는 자로 한다(시행규칙 제52조 제1항).

> 1. 당해 위험물의 취급에 관한 국가기술자격을 취득하고 관련 업무에 1년 이상 종사한 경력이 있는 자
> 2. 법 제28조 제1항의 규정에 의한 위험물의 운송에 관한 안전교육을 수료하고 관련 업무에 2년 이상 종사한 경력이 있는 자

05절 감독 및 조치명령

1. 출입·검사 등

(1) 위험물 저장·취급 장소의 관계인에 대한 감독

소방청장(중앙119구조본부장 및 그 소속 기관의 장을 포함), 시·도지사, 소방본부장 또는 소방서장은 위험물의 저장 또는 취급에 따른 화재의 예방 또는 진압대책을 위하여 필요한 때에는 위험물을 저장 또는 취급하고 있다고 인정되는 장소의 관계인에 대하여 필요한 보고 또는 자료제출을 명할 수 있으며, 관계공무원으로 하여금 당해 장소에 출입하여 그 장소의 위치·구조·설비 및 위험물의 저장·취급상황에 대하여 검사하게 하거나 관계인에게 질문하게 하고 시험에 필요한 최소한의 위험물 또는 위험물로 의심되는 물품을 수거하게 할 수 있다. 다만, 개인의 주거는 관계인의 승낙을 얻은 경우 또는 화재발생의 우려가 커서 긴급한 필요가 있는 경우가 아니면 출입할 수 없다(법 제22조 제1항).

⇨ 〈위 명령을 위반하여 보고 또는 자료제출을 하지 아니하거나 허위의 보고 또는 자료제출을 한 자 또는 관계공무원의 출입·검사 또는 수거를 거부·방해 또는 기피한 자의 벌칙〉 **1년 이하의 징역 또는 1천만원 이하의 벌금**

(2) 주행 중인 위험물 운반 차량 또는 이동탱크저장소의 운반자 등에 대한 감독

소방공무원 또는 경찰공무원은 위험물운반자 또는 위험물운송자의 요건을 확인하기 위하여 필요하다고 인정하는 경우에는 주행 중인 위험물 운반 차량 또는 이동탱크저장소를 정지시켜 해당 위험물운반자 또는 위험물운송자에게 그 자격을 증명할 수 있는 국가기술자격증 또는 교육수료증의 제시를 요구할 수 있으며, 이를 제시하지 아니한 경우에는 주민등록증, 여권, 운전면허증 등 신원확인을 위한 증명서를 제시할 것을 요구하거나 신원확인을 위한 질문을 할 수 있다. 이 직무를 수행하는 경우에 있어서 소방공무원과 경찰공무원은 긴밀히 협력하여야 한다(법 제22조 제2항).

⇨ 〈정지지시를 거부하거나 국가기술자격증, 교육수료증·신원확인을 위한 증명서의 제시 요구 또는 신원확인을 위한 질문에 응하지 아니한 사람의 벌칙〉 **1천500만원 이하의 벌금**

(3) 탱크시험자에 대한 감독

시·도지사, 소방본부장 또는 소방서장은 탱크시험자에게 탱크시험자의 등록 또는 그 업무에 관하여 필요한 보고 또는 자료제출을 명하거나 관계공무원으로 하여금 당해 사무소에 출입하여 업무의 상황·시험기구·장부·서류와 그 밖의 물건을 검사하게 하거나 관계인에게 질문하게 할 수 있다(법 제22조 제5항).

⇨ 〈명령을 위반하여 보고 또는 자료제출을 하지 아니하거나 허위의 보고 또는 자료제출을 한 자 및 관계공무원의 출입 또는 조사·검사를 거부·방해 또는 기피한 자의 벌칙〉 **1천500만원 이하의 벌금**

2. 출입·검사 시의 준수사항

제1항의 규정에 따른 출입·검사 등은 그 장소의 공개시간이나 근무시간내 또는 해가 뜬 후부터 해가 지기 전까지의 시간내에 행하여야 한다. 다만, 건축물 그 밖의 공작물의 관계인의 승낙을 얻은 경우 또는 화재발생의 우려가 커서 긴급한 필요가 있는 경우에는 그러하지 아니하다(법 제22조 제3항).

제1항 및 제2항의 규정에 의하여 출입·검사 등을 행하는 관계공무원은 관계인의 정당한 업무를 방해하거나 출입·검사 등을 수행하면서 알게 된 비밀을 다른 자에게 누설하여서는 아니된다(제4항). ⇨ 〈위반한 자의 벌칙〉 **1천만원 이하의 벌금**

제1항·제2항 및 제5항의 규정에 따라 출입·검사 등을 하는 관계공무원은 그 권한을 표시하는 증표를 지니고 관계인에게 이를 내보여야 한다(제6항).

3. 위험물 누출 등의 사고 조사

소방청장, 소방본부장 또는 소방서장은 위험물의 누출·화재·폭발 등의 사고가 발생한 경우 사고의 원인 및 피해 등을 조사하여야 하며(법 제22조의2 제1항), 이러한 조사에 관하여는 제22조 제1항·제3항·제4항 및 제6항을 준용한다(제2항).

⇨ 〈사고 조사 시 보고 또는 자료제출을 하지 아니하거나 허위의 보고 또는 자료제출을 한 자 또는 관계공무원의 출입·검사 또는 수거를 거부·방해 또는 기피한 자의 벌칙〉 **1년 이하의 징역 또는 1천만원 이하의 벌금**

4. 사고조사위원회의 구성 등

법 제22조의2 제3항에 따른 사고조사위원회(이하 "위원회")는 위원장 1명을 포함하여 7명 이내의 위원으로 구성한다(시행령 제19조의2 제1항).

위원회의 위원은 다음의 어느 하나에 해당하는 사람 중에서 소방청장, 소방본부장 또는 소방서장이 임명하거나 위촉하고, 위원장은 위원 중에서 소방청장, 소방본부장 또는 소방서장이 임명하거나 위촉한다(제2항).

1. 소속 소방공무원
2. 기술원의 임직원 중 위험물 안전관리 관련 업무에 5년 이상 종사한 사람
3. 「소방기본법」 제40조에 따른 한국소방안전원의 임직원 중 위험물 안전관리 관련 업무에 5년 이상 종사한 사람

> 4. 위험물로 인한 사고의 원인·피해 조사 및 위험물 안전관리 관련 업무 등에 관한 학식과 경험이 풍부한 사람

5. 조치명령

(1) 탱크시험자에 대한 명령

시·도지사, 소방본부장 또는 소방서장은 탱크시험자에 대하여 당해 업무를 적정하게 실시하게 하기 위하여 필요하다고 인정하는 때에는 감독상 필요한 명령을 할 수 있다(법 제23조).

⇨ 〈명령에 따르지 아니한 자의 벌칙〉 1천500만원 이하의 벌금

(2) 무허가장소의 위험물에 대한 조치명령

시·도지사, 소방본부장 또는 소방서장은 위험물에 의한 재해를 방지하기 위하여 제6조 제1항의 규정에 따른 허가를 받지 아니하고 지정수량 이상의 위험물을 저장 또는 취급하는 자(제6조 제3항의 규정에 따라 허가를 받지 아니하는 자를 제외)에 대하여 그 위험물 및 시설의 제거 등 필요한 조치를 명할 수 있다(법 제24조).

⇨ 〈조치명령에 따르지 아니한 자의 벌칙〉 1천500만원 이하의 벌금

(3) 제조소등에 대한 긴급 사용정지명령 등

시·도지사, 소방본부장 또는 소방서장은 공공의 안전을 유지하거나 재해의 발생을 방지하기 위하여 긴급한 필요가 있다고 인정하는 때에는 제조소등의 관계인에 대하여 당해 제조소등의 사용을 일시정지하거나 그 사용을 제한할 것을 명할 수 있다(법 제25조).

⇨ 〈긴급 사용정지·제한명령을 위반한 자의 벌칙〉 1년 이하의 징역 또는 1천만원 이하의 벌금

(4) 저장·취급기준 준수명령 등

시·도지사, 소방본부장 또는 소방서장은 제조소등에서의 위험물의 저장 또는 취급이 제5조 제3항(* 위험물의 저장 또는 취급에 관한 중요기준 및 세부기준)의 규정에 위반된다고 인정하는 때에는 당해 제조소등의 관계인에 대하여 동항의 기준에 따라 위험물을 저장 또는 취급하도록 명할 수 있다(법 제26조 제1항).

시·도지사, 소방본부장 또는 소방서장은 관할하는 구역에 있는 이동탱크저장소에서의 위험물의 저장 또는 취급이 제5조 제3항의 규정에 위반된다고 인정하는 때에는 당해 이동탱크저장소의 관계인에 대하여 동항의 기준에 따라 위험물을 저장 또는 취급하도록 명할 수 있다(제2항). ⇨ 〈제1항·제2항에 따른 저장·취급기준 준수명령을 위반한 자의 벌칙〉 1천500만원 이하의 벌금

(5) 응급조치·통보 및 조치명령

제조소등의 관계인은 당해 제조소등에서 위험물의 유출 그 밖의 사고가 발생한 때에는 즉시 그리고 지속적으로 위험물의 유출 및 확산의 방지, 유출된 위험물의 제거 그 밖에 재해의 발생방지를 위한 응급조치를 강구하여야 한다(법 제27조 제1항).

제1항의 사태를 발견한 자는 즉시 그 사실을 소방서, 경찰서 또는 그 밖의 관계기관에 통보하여야 한다(제2항).

소방본부장 또는 소방서장은 제조소등의 관계인이 제1항의 응급조치를 강구하지 아니하였다고 인정하는 때에는 제1항의 응급조치를 강구하도록 명할 수 있다(제3항).

⇨ 〈응급조치명령을 위반한 자의 벌칙〉 **1천500만원 이하의 벌금**

소방본부장 또는 소방서장은 그 관할하는 구역에 있는 이동탱크저장소의 관계인에 대하여 제3항의 규정의 예에 따라 제1항의 응급조치를 강구하도록 명할 수 있다(제4항).

06절 보칙 및 벌칙

1. 보칙

(1) 안전교육

안전관리자·탱크시험자·위험물운반자·위험물운송자 등 위험물의 안전관리와 관련된 업무를 수행하는 자로서 대통령령이 정하는 자는 해당 업무에 관한 능력의 습득 또는 향상을 위하여 소방청장이 실시하는 교육을 받아야 한다(법 제28조 제1항).

※ "대통령령이 정하는 자"

> 1. 안전관리자로 선임된 자
> 2. 탱크시험자의 기술인력으로 종사하는 자
> 3. 법 제20조 제2항에 따른 위험물운반자로 종사하는 자
> 4. 법 제21조 제1항에 따른 위험물운송자로 종사하는 자

제조소등의 관계인은 제1항의 규정에 따른 교육대상자에 대하여 필요한 안전교육을 받게 하여야 한다(제2항).

안전교육의 과정·기간과 그 밖의 교육의 실시에 관한 사항 등 (시행규칙 [별표 24])

1. 교육과정·교육대상자·교육시간·교육시기 및 교육기관

과정	교육대상자	교육시간	교육시기	교육기관
강습 교육	안전관리자가 되려는 사람	24시간	최초 선임되기 전	안전원
	위험물운반자가 되려는 사람	8시간	최초 종사하기 전	안전원
	위험물운송자가 되려는 사람	16시간	최초 종사하기 전	안전원
실무 교육	안전관리자	8시간 이내	가. 제조소등의 안전관리자로 선임된 날부터 6개월 이내 나. 가목에 따른 교육을 받은 후 2년마다 1회	안전원
	위험물운반자	4시간	가. 위험물운반자로 종사한 날부터 6개월 이내 나. 가목에 따른 교육을 받은 후 3년마다 1회	안전원
	위험물운송자	8시간 이내	가. 이동탱크저장소의 위험물운송자로 종사한 날부터 6개월 이내 나. 가목에 따른 교육을 받은 후 3년마다 1회	안전원

	탱크시험자의 기술인력	8시간 이내	가. 탱크시험자의 기술인력으로 등록한 날부터 6개월 이내 나. 가목에 따른 교육을 받은 후 2년마다 1회	기술원

2. 교육계획의 공고 등
   가. 안전원의 원장은 강습교육을 하고자 하는 때에는 매년 1월 5일까지 일시, 장소, 그 밖에 강습의 실시에 관한 사항을 공고할 것
   나. 기술원 또는 안전원은 실무교육을 하고자 하는 때에는 교육실시 10일 전까지 교육대상자에게 그 내용을 통보할 것

(2) 청문

시·도지사, 소방본부장 또는 소방서장은 다음의 어느 하나에 해당하는 처분을 하고자 하는 경우에는 청문을 실시하여야 한다(법 제29조).

> 1. 제12조의 규정에 따른 제조소등 설치허가의 취소
> 2. 제16조 제5항의 규정에 따른 탱크시험자의 등록취소

(3) 위험물 안전관리에 관한 협회 [시행일 : 2025. 2. 21.]

① 설립

제조소등의 관계인, 위험물운송자, 탱크시험자 및 안전관리자의 업무를 위탁받아 수행할 수 있는 안전관리대행기관으로 소방청장의 지정을 받은 자는 위험물의 안전관리, 사고 예방을 위한 안전기술 개발, 그 밖에 위험물 안전관리의 건전한 발전을 도모하기 위하여 위험물 안전관리에 관한 협회를 설립할 수 있다(법 제29조의2 제1항).

협회는 법인으로 하며(법 제29조의2 제2항), 소방청장의 인가를 받아 주된 사무소의 소재지에 설립등기를 함으로써 성립한다(제3항).

② 세부사항

협회의 설립인가 절차 및 정관의 기재사항 등에 관하여 필요한 사항은 대통령령으로 정하며(제4항), 협회의 업무는 정관으로 정한다(제5항).

협회에 관하여 이 법에서 규정한 것 외에는 「민법」 중 사단법인에 관한 규정을 준용한다(제6항).

• 법 제29조의2제1항에 따라 위험물 안전관리에 관한 협회(이하 "협회"라 한다)를 설립하려면 다음 각 호의 자 10명 이상이 발기인이 되어 정관을 작성한 후 창립총회의 의결을 거쳐 소방청장에게 인가를 신청해야 한다.(시행령 제20조의2 제1항)

1. 제조소등의 관계인
2. 위험물운송자
3. 탱크시험자
4. 안전관리자의 업무를 위탁받아 수행할 수 있는 안전관리대행기관으로 소방청장의 지정을 받은 자

- 소방청장은 제1항에 따른 인가를 하였을 때에는 그 사실을 공고해야 한다.(시행령 제20조의2 제2항)

2. 벌칙

(1) 형벌

① 1년 이상 10년 이하의 징역 (법 제33조 제1항)

> 제조소등 또는 제6조 제1항에 따른 허가를 받지 않고 지정수량 이상의 위험물을 저장 또는 취급하는 장소에서 위험물을 유출·방출 또는 확산시켜 사람의 생명·신체 또는 재산에 대하여 위험을 발생시킨 자

※ 제1항의 규정에 따른 죄를 범하여 사람을 상해(傷害)에 이르게 한 때에는 무기 또는 3년 이상의 징역에 처하며, 사망에 이르게 한 때에는 무기 또는 5년 이상의 징역에 처한다(제2항).

② 7년 이하의 금고 또는 7천만원 이하의 벌금 (법 제34조 제1항)

> 업무상 과실로 제33조 제1항의 죄를 범한 자

※ 제1항의 죄를 범하여 사람을 사상(死傷)에 이르게 한 자는 10년 이하의 징역 또는 금고나 1억원 이하의 벌금에 처한다(제2항).

③ 5년 이하의 징역 또는 1억원 이하의 벌금 (법 제34조의2)

> 제6조 제1항 전단을 위반하여 제조소등의 설치허가를 받지 아니하고 제조소등을 설치한 자

④ 3년 이하의 징역 또는 3천만원 이하의 벌금 (법 제34조의3)

> 제5조 제1항을 위반하여 저장소 또는 제조소등이 아닌 장소에서 지정수량 이상의 위험물을 저장 또는 취급한 자

⑤ 1년 이하의 징역 또는 1천만원 이하의 벌금 (법 제35조)

1. 삭제 〈2017. 3. 21.〉 * 제5조 제1항의 규정을 위반하여 저장소 또는 제조소등이 아닌 장소에서 지정수량 이상의 위험물을 저장 또는 취급한 자 ☞ 상향 조정
2. 삭제 〈2017. 3. 21.〉 * 제6조 제1항 전단의 규정을 위반하여 제조소등의 설치허가를 받지 아니하고 제조소등을 설치한 자 ☞ 상향 조정
3. 제16조 제2항의 규정에 따른 탱크시험자로 등록하지 아니하고 탱크시험자의 업무를 한 자
4. 제18조 제1항의 규정을 위반하여 정기점검을 하지 아니하거나 점검기록을 허위로 작성한 관계인으로서 제6조 제1항의 규정에 따른 허가(제6조 제3항의 규정에 따라 허가가 면제된 경우 및 제7조 제2항의 규정에 따라 협의로써 허가를 받은 것으로 보는 경우를 포함한다. 이하 제5호·제6호, 제36조 제6호·제7호·제10호 및 제37조 제3호에서 같다)를 받은 자
5. 제18조 제3항을 위반하여 정기검사를 받지 아니한 관계인으로서 제6조 제1항에 따른 허가를 받은 자
6. 제19조의 규정을 위반하여 자체소방대를 두지 아니한 관계인으로서 제6조 제1항의 규정에 따른 허가를 받은 자
7. 제20조 제3항 단서를 위반하여 운반용기에 대한 검사를 받지 아니하고 운반용기를 사용하거나 유통시킨 자
8. 제22조 제1항(제22조의2 제2항에서 준용하는 경우를 포함)의 규정에 따른 명령을 위반하여 보고 또는 자료제출을 하지 아니하거나 허위의 보고 또는 자료제출을 한 자 또는 관계공무원의 출입·검사 또는 수거를 거부·방해 또는 기피한 자
9. 제25조의 규정에 따른 제조소등에 대한 긴급 사용정지·제한명령을 위반한 자

⑥ 1천500만원 이하의 벌금 (법 제36조)

1. 제5조 제3항 제1호의 규정에 따른 위험물의 저장 또는 취급에 관한 중요기준에 따르지 아니한 자
2. 제6조 제1항 후단의 규정을 위반하여 변경허가를 받지 아니하고 제조소등을 변경한 자
3. 제9조 제1항의 규정을 위반하여 제조소등의 완공검사를 받지 아니하고 위험물을 저장·취급한 자
3의2. 제11조의2 제3항에 따른 안전조치 이행명령을 따르지 아니한 자
4. 제12조의 규정에 따른 제조소등의 사용정지명령을 위반한 자
5. 제14조 제2항의 규정에 따른 수리·개조 또는 이전의 명령에 따르지 아니한 자
6. 제15조 제1항 또는 제2항의 규정을 위반하여 안전관리자를 선임하지 아니한 관계인으로서 제6조 제1항의 규정에 따른 허가를 받은 자
7. 제15조 제5항을 위반하여 대리자를 지정하지 아니한 관계인으로서 제6조 제1항의 규정에 따른 허가를 받은 자
8. 제16조 제5항(* 탱크시험자의 등록 등)의 규정에 따른 업무정지명령을 위반한 자
9. 제16조 제6항의 규정을 위반하여 탱크안전성능시험 또는 점검에 관한 업무를 허위로 하거나 그 결과를 증명하는 서류를 허위로 교부한 자
10. 제17조 제1항 전단의 규정을 위반하여 예방규정을 제출하지 아니하거나 동조 제2항의 규정에 따른 변경명령을 위반한 관계인으로서 제6조 제1항의 규정에 따른 허가를 받은 자
11. 제22조 제2항에 따른 정지지시를 거부하거나 국가기술자격증, 교육수료증·신원확인을 위한 증

명서의 제시 요구 또는 신원확인을 위한 질문에 응하지 아니한 사람
12. 제22조 제5항의 규정에 따른 명령을 위반하여 보고 또는 자료제출을 하지 아니하거나 허위의 보고 또는 자료제출을 한 자 및 관계공무원의 출입 또는 조사·검사를 거부·방해 또는 기피한 자
13. 제23조의 규정에 따른 탱크시험자에 대한 감독상 명령에 따르지 아니한 자
14. 제24조의 규정에 따른 무허가장소의 위험물에 대한 조치명령에 따르지 아니한 자
15. 제26조 제1항·제2항 또는 제27조의 규정에 따른 저장·취급기준 준수명령 또는 응급조치명령을 위반한 자

⑦ 1천만원 이하의 벌금 (법 제37조)

1. 제15조 제6항을 위반하여 위험물의 취급에 관한 안전관리와 감독을 하지 아니한 자
2. 제15조 제7항을 위반하여 안전관리자 또는 그 대리자가 참여하지 아니한 상태에서 위험물을 취급한 자
3. 제17조 제1항 후단의 규정을 위반하여 변경한 예방규정을 제출하지 아니한 관계인으로서 제6조 제1항의 규정에 따른 허가를 받은 자
4. 제20조 제1항 제1호의 규정을 위반하여 위험물의 운반에 관한 중요기준에 따르지 아니한 자
4의2. 제20조 제2항을 위반하여 요건을 갖추지 아니한 위험물운반자
5. 제21조 제1항 또는 제2항의 규정을 위반한 위험물운송자
6. 제22조 제4항(제22조의2 제2항에서 준용하는 경우를 포함)의 규정을 위반하여 관계인의 정당한 업무를 방해하거나 출입·검사 등을 수행하면서 알게 된 비밀을 누설한 자

(2) 과태료

① 500만원 이하의 과태료 (법 제39조 제1항)

1. 제5조 제2항 제1호(* 시·도의 조례가 정하는 바에 따라 관할소방서장의 승인을 받아 지정수량 이상의 위험물을 90일 이내의 기간동안 임시로 저장 또는 취급하는 경우)의 규정에 따른 승인을 받지 아니한 자
2. 제5조 제3항 제2호의 규정에 따른 위험물의 저장 또는 취급에 관한 세부기준을 위반한 자
3. 제6조 제2항의 규정에 따른 품명 등의 변경신고를 기간 이내에 하지 아니하거나 허위로 한 자
4. 제10조 제3항의 규정에 따른 지위승계신고를 기간 이내에 하지 아니하거나 허위로 한 자
5. 제11조의 규정에 따른 제조소등의 폐지신고 또는 제15조 제3항의 규정에 따른 안전관리자의 선임신고를 기간 이내에 하지 아니하거나 허위로 한 자
5의2. 제11조의2 제2항을 위반하여 사용 중지신고 또는 재개신고를 기간 이내에 하지 아니하거나 거짓으로 한 자
6. 제16조 제3항의 규정을 위반하여 등록사항의 변경신고를 기간 이내에 하지 아니하거나 허위로 한 자
6의2. 제17조 제3항을 위반하여 예방규정을 준수하지 아니한 자
7. 제18조 제1항의 규정을 위반하여 점검결과를 기록·보존하지 아니한 자

> 7의2. 제18조 제2항을 위반하여 기간 이내에 점검결과를 제출하지 아니한 자
> 7의3. 제19조의2 제1항(* 제조소등에서의 흡연 금지)을 위반하여 흡연을 한 자
> 7의4. 제19조의2 제3항(* 제조소등에서의 금연구역임을 알리는 표지 설치)에 따른 시정명령을 따르지 아니한 자
> 8. 제20조 제1항 제2호의 규정에 따른 위험물의 운반에 관한 세부기준을 위반한 자
> 9. 제21조 제3항의 규정을 위반하여 위험물의 운송에 관한 기준을 따르지 아니한 자

제1항의 규정에 따른 과태료는 대통령령이 정하는 바에 따라 시·도지사, 소방본부장 또는 소방서장이 부과·징수한다(제2항).

출제예상문제

01 「위험물안전관리법 시행령」 및 같은 법 시행규칙상 위험물의 성질과 품명이 옳지 않은 것은?

① 가연성 고체 : 적린, 금속분
② 산화성 액체 : 과염소산, 질산
③ 산화성 고체 : 아이오딘산염류, 과아이오딘산
④ 자연발화성 및 금수성 물질 : 황린, 아조화합물

아조화합물은 제5류 위험물인 자기반응성 물질에 해당한다(시행령 [별표 1]).

02 「위험물안전관리법 시행령」상 위험물 지정수량으로 옳은 것은?

① 유기과산화물 : 10kg
② 아염소산염류 : 20kg
③ 황린 : 30kg
④ 황 : 50kg

아염소산염류는 50kg, 황린은 20kg, 유황은 1,000kg이다(시행령 [별표1]).

03 위험물 안전관리법에 의해 위험물의 저장·취급 및 운반에 있어서 적용제외 대상에 해당하지 않는 것은?

① 항공기   ② 선박   ③ 철도   ④ 차량

위험물 안전 관리법 제3조 (적용제외) 이 법은 항공기·선박(선박법 제1조의2제1항의 규정에 따른 선박을 말한다)·철도 및 궤도에 의한 위험물의 저장·취급 및 운반에 있어서는 이를 적용하지 아니한다.

04 「위험물안전관리법 시행규칙」상 제조소등에 설치하는 소방시설 설치에 대한 내용으로 옳지 않은 것은?

① 제조소등에는 화재발생시 소화가 곤란한 정도에 따라 그 소화에 적응성이 있는 소화설비를 설치하여야 한다.
② 제조소등에는 화재발생시 소방공무원이 화재를 진압하거나 인명구조 활동을 할 수 있도록 소화활동설비를 설치하여야 한다.
③ 주유취급소 중 건축물의 2층 이상의 부분을 점포·휴게음식점 또는 전시장의 용도로 사용하는 것과 옥내주유취급소에는 피난설비를 설치하여야 한다.
④ 지정수량의 10배 이상의 위험물을 저장 또는 취급하는 제조소등(이동탱크저장소 제외)에는 화재발생시 이를 알릴 수 있는 경보설비를 설치하여야 한다.

① 시행규칙 제41조 제1항, ③ 제43조 제1항, ④ 제42조 제1항

정답 01.④ 02.① 03.④ 04.②

출제예상문제

05 「위험물안전관리법」상 신고를 하지 아니하고 위험물의 품명·수량 또는 지정수량의 배수를 변경할 수 있는 경우로 옳은 것은?

① 농예용으로 필요한 건조시설을 위한 지정수량 20배 이하의 취급소
② 축산용으로 필요한 난방시설을 위한 지정수량 20배 이하의 저장소
③ 수산용으로 필요한 건조시설을 위한 지정수량 30배 이하의 저장소
④ 공동주택의 중앙난방시설을 위한 지정수량 30배 이하의 취급소

> ① 주택의 난방시설(공동주택의 중앙난방시설을 제외)을 위한 저장소 또는 취급소, ② 농예용·축산용 또는 수산용으로 필요한 난방시설 또는 건조시설을 위한 지정수량 20배 이하의 저장소의 어느 하나에 해당하는 경우이다(법 제6조 제3항).

06 위험물제조소등의 설치를 마쳤거나 그 위치·구조 또는 설비의 변경을 마친 때에는 누구에게 완공검사를 받아야 하는가?

① 시장·군수·구청장
② 소방서장
③ 시·도지사
④ 소방본부장

> 허가를 받은 자가 제조소등의 설치를 마쳤거나 그 위치·구조 또는 설비의 변경을 마친 때에는 당해 제조소등마다 시·도지사가 행하는 완공검사를 받아 기술기준에 적합하다고 인정받은 후가 아니면 이를 사용하여서는 아니된다.

07 「위험물안전관리법」상 위험물안전관리자의 선임 등에 관한 사항이다. ( ) 안에 들어갈 숫자로 옳은 것은?

> • 위험물안전관리자를 선임한 제조소등의 관계인은 그 위험물안전관리자를 해임하거나 위험물안전관리자가 퇴직한 때에는 해임하거나 퇴직한 날부터 (가)일 이내에 다시 위험물안전관리자를 선임하여야 한다.
> • 제조소등의 관계인은 위험물안전관리자를 선임한 경우에는 선임한 날부터 (나)일 이내에 행정안전부령으로 정하는 바에 따라 소방본부장 또는 소방서장에게 신고하여야 한다.

	(가)	(나)		(가)	(나)
①	15	14	②	15	30
③	30	14	④	30	30

> 법 제15조 제2항과 제3항에 규정된 내용이다.

정답 05.② 06.③ 07.③

08 다음 중 관계인이 예방규정을 정하여야 하는 제조소등에 해당되지 않는 것은?

① 지정수량의 10배 이상의 위험물을 취급하는 제조소
② 지정수량의 150배 이상의 위험물을 저장하는 옥내탱크저장소
③ 지정수량의 200배 이상의 위험물을 저장하는 옥외탱크저장소
④ 지정수량의 100배 이상의 위험물을 저장하는 옥외저장소

관계인이 예방규정을 정하여야 하는 제조소등 이라 함은 다음 각호의 1에 해당하는 제조소등을 말한다.
1. 지정수량의 10배 이상의 위험물을 취급하는 제조소
2. 지정수량의 100배 이상의 위험물을 저장하는 옥외저장소
3. 지정수량의 150배 이상의 위험물을 저장하는 옥내저장소
4. 지정수량의 200배 이상의 위험물을 저장하는 옥외탱크저장소
5. 암반탱크저장소
6. 이송취급소
7. 지정수량의 10배 이상의 위험물을 취급하는 일반취급소. 다만, 제4류 위험물(특수인화물을 제외한다)만을 지정수량의 50배 이하로 취급하는 일반취급소(제1석유류·알코올류의 취급량이 지정수량의 10배 이하인 경우에 한한다)로서 다음 각목의 어느 하나에 해당하는 것을 제외한다.
   가. 보일러·버너 또는 이와 비슷한 것으로서 위험물을 소비하는 장치로 이루어진 일반취급소
   나. 위험물을 용기에 옮겨 담거나 차량에 고정된 탱크에 주입하는 일반취급소

09 「위험물안전관리법 시행령」상 다량의 위험물을 저장·취급하는 제조소등에서 자체소방대를 설치하여야 하는 사업소로 옳지 않은 것은?

① 최대수량의 합이 지정수량의 3천배 이상인 제4류 위험물을 취급하는 제조소
② 최대수량의 합이 지정수량의 3천배 이상인 제4류 위험물을 취급하는 일반취급소
③ 최대수량이 지정수량의 50만배 이상인 제4류 위험물을 저장하는 옥내탱크저장소
④ 최대수량이 지정수량의 50만배 이상인 제4류 위험물을 저장하는 옥외탱크저장소

제조소 또는 일반취급소에서 취급하는 제4류 위험물의 최대수량의 합이 지정수량의 3천배 이상인 경우와 옥외탱크저장소에 저장하는 제4류 위험물의 최대수량이 지정수량의 50만배 이상인 경우이다(시행령 제18조 제2항).

정답 08.② 09.③

출제예상문제

10 위험물안전관리법령에 따라 지정 수량 10배의 위험물을 운반할 때 혼재가 가능한 것은?

① 제1류 위험물과 제2류 위험물
② 제2류 위험물과 제3류 위험물
③ 제3류 위험물과 제5류 위험물
④ 제4류 위험물과 제5류 위험물

[운반시 위험물의 혼재 가능]

위험물의 구분	제1류	제2류	제3류	제4류	제5류	제6류
제1류						○
제2류				○	○	
제3류				○		
제4류		○	○		○	
제5류		○		○		
제6류	○					

1. "×"표시는 혼재할 수 없음을 표시한다.
2. "○"표시는 혼재할 수 있음을 표시한다.
3. 이 표는 지정수량의 $\frac{1}{10}$ 이하의 위험물에 대하여는 적용하지 아니한다.

정답 10.④

Part 04

소방전기시설의 구조 및 원리

Chapter 01. 경보 설비
Chapter 02. 피난 구조 설비
Chapter 03. 소화 활동 설비

Chapter 01 경보 설비

01절 비상 경보 설비

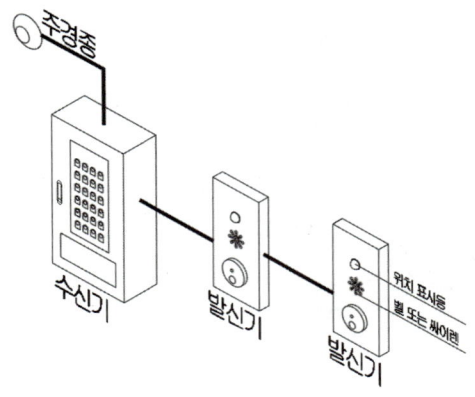

1. 개요

(1) 분류 기준

경보 설비 중에는 음성과 경보를 울리는 설비로 나뉘는데, 비상 경보 설비와 단독 경보형 설비는 경보를 울려 화재를 알리는 설비에 해당한다. (자동 화재 탐지 설비는 화재의 탐지를 목적으로 감지기를 설치하고 있으며, 기본적인 경보 기능을 포함한다.)

(2) '비상벨 설비 또는 자동식 사이렌 설비'란?

발신기 버튼을 누르는 수동 발신 기능과 감지기를 통해 화재 신호를 알리는 능동 발신 기능으로 나눠진다.

(3) '단독 경보형 감지기'란?

단독으로 경보와 감지를 동시에 수행하는 설비를 말한다. '연기식'과 '정온식'으로 크게 나누고 있으며 버튼을 통해 작동 점검이 가능하며, 대부분 배터리를 내장하고 있다.

2. 비상 경보 설비의 설치 기준

(1) 비상 경보 설비의 설치 대상

① 연면적 400㎡ 이상인 것은 모든 층(단, 지하가 중 터널, 사람이 거주하지 않거나 벽이 없는 축사 등 동, 식물 관련 시설은 제외)
② 지하층 또는 무창층의 바닥 면적이 150㎡(공연장의 경우 100㎡) 이상인 것은 모든 층
③ 지하가 중 터널로서 길이가 500m 이상인 층
④ 50명 이상의 근로자가 작업하는 옥내 작업장

암기팁 50system

50System	설치 대상	내용
50×1	50[명]	50명 이상의 근로자가 작업하는 옥내 작업장
50×2 = 100	100[㎡]	지하층 또는 무창층의 바닥면적이 100[㎡] 이상인 것은 모든층 (공연장의 경우)
50×3 = 150	150[㎡]	지하층 또는 무창층의 바닥면적이 150[㎡] 이상인 것은 모든층
50×8 = 400	400[㎡]	연면적 400[㎡] 이상인 것은 모든 층
50×10 = 500	500[m]	지하가 중 터널로서 길이가 500[m] 이상인 층

(2) 비상 경보 설비의 설치 제외 대상

① 모래, 석재 등 불연재료 공장 및 창고 시설
② 위험물 저장 및 처리 시설 중 가스시설
③ 사람이 거주하지 않거나 벽이 없는 축사 등 동물 및 식물 관련 시설 및 지하구

암기팁 비상 방송 설비 설치 제외 대상과 동일하다. (비상 방송 설비 확인)

(3) 설치 면제 대상

① 자동화재탐지설비를 화재 안전 기준에 적합하게 설치한 경우에는 그 설비의 유효 범위에서 설치가 면제
② 단독 경보형 감지기를 2개 이상의 단독 경보형 감지기와 연동하여 설치하는 경우에는 그 설비의 유효 범위에서 설치가 면제된다.

3. 비상 경보 설비의 성능 기준

(1) 발신기

① 위치표시등 성능
- 발신기의 위치표시등은 함의 상부에 설치하되, 그 불빛은 부착 면으로부터 15° 이상의 범위 안에서 부착지점으로부터 10 m 이내의 어느 곳에서도 쉽게 식별할 수 있는 적색등으로 할 것

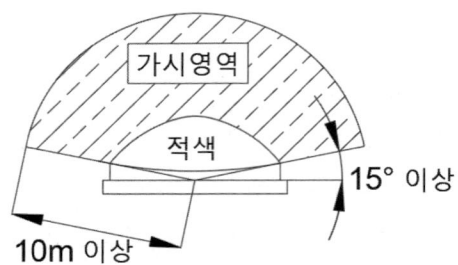

② 음향 장치의 성능
- 음향 장치의 음향의 크기는 부착된 음향장치의 중심으로부터 1m 떨어진 위치에서 음압이 90 [dB] 이상이 되는 것으로 해야 한다.
- 음향장치는 정격전압의 80 % 전압에서도 음향을 발할 수 있도록 해야 한다. 다만, 건전지를 주전원으로 사용하는 음향장치는 그렇지 않다.
- 지구음향장치는 특정 소방대상물의 층마다 설치하되, 해당 층의 각 부분으로부터 하나의 음향 장치까지의 수평거리가 25[m] 이하가 되도록 하고, 해당 층의 각 부분에 유효하게 경보를 발할 수 있도록 설치해야 한다. (다만, 「비상방송설비의 화재안전기술기준(NFTC 202)」에 적합한 방송설비를 비상벨설비 또는 자동식사이렌설비와 연동하여 작동하도록 설치한 경우에는 지구음향장치를 설치하지 않을 수 있다.)

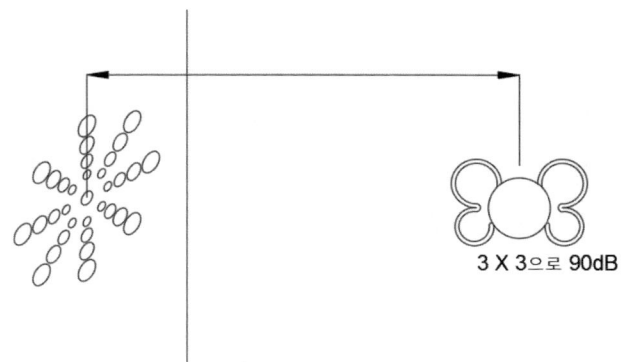

③ 발신기의 설치
- 특정소방대상물의 층마다 설치하되, 해당 층의 각 부분으로부터 하나의 발신기까지의 수평거리가 25[m] 이하가 되도록 할 것. 암기팁 자동화재탐지설비와 같다. (다만, 복도 또는 별도로 구획된 실로서 보행거리가 40[m] 이상일 경우에는 추가로 설치해야 한다.)

(2) 전원

① 비상벨 설비 또는 자동식 사이렌 설비에는 그 설비에 대한 감시상태를 60분간 지속한 후 유효하게 10분 이상 경보할 수 있는 비상 전원으로서 축전지 설비(수신기에 내장하는 경우를 포함한다.) 또는 전기저장장치(외부 전기에너지를 저장해 두었다가 필요한 때 전기를 공급하는 장치)를 설치해야 한다. (다만, 상용전원이 축전지 설비인 경우 또는 건전지를 주전원으로 사용하는 무선식 설비인 경우에는 그렇지 않다.)

② 부속회로의 전로와 대지 사이 및 배선 상호간의 절연저항은 1 경계 구역마다 직류 250[V]의 절연저항측정기를 사용하여 측정한 절연저항이 0.1 [MΩ] 이상이 되도록 할 것. (절연 저항 시험은 별도 모음을 참조한다.)

4. 단독 경보형 감지기의 설치 기준 및 성능 기준

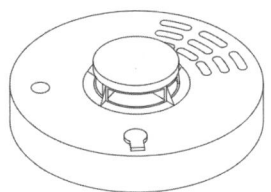

(업체마다 외형이 다르다.)

(1) 설치 대상

① 교육 연구 시설 내에 있는 기숙사 또는 합숙소로서 연면적 2,000[m²] 미만인 것
② 수련 시설 내에 있는 기숙사 또는 합숙소로서 연면적 2,000[m²] 미만인 것

③ 연면적 400[m²] 미만의 유치원
④ 연면적 1000[m²] 미만의 아파트, 기숙사 등(이 경우 단독 경보형 감지기는 연동형으로 설치해야 한다.) 암기팁 단독 경보형 감지기는 단독 행동이 어려운 아이들이 머무는 용도의 특정 소방 대상물에 적용한다. 4살 미만 유치원생, 20살 미만의 학생들을 떠올리자.
⑤ 연면적 6,000[m²] 미만의 숙박 시설

(2) 설치 면제 대상

자동화재탐지설비 또는 화재 알림 설비를 화재 안전 기준에 적합하게 설치한 경우에는 그 설비의 유효 범위에서 설치가 면제된다.

(3) 단독 경보형 감지기의 설치 및 성능 기준(중요!)

① 각 실(이웃하는 실내의 바닥면적이 각각 30[m²] 미만이고 벽체의 상부의 전부 또는 일부가 개방되어 이웃하는 실내와 공기가 상호 유통되는 경우에는 이를 1개의 실로 본다)마다 설치하되, 바닥면적이 150[m²]를 초과하는 경우에는 150[m²]마다 1개 이상 설치해야 한다.
암기팁 추후에 배울 1종 연기 감지기*를 떠올리면 수월하게 확인해볼 수 있다. *'식어~(15)'로 알려준다.
② 계단실은 최상층의 계단실 천장(외기가 상통하는 계단실의 경우를 제외한다)에 설치해야 한다.
③ 건전지를 주전원으로 사용하는 단독 경보형 감지기는 정상적인 작동상태를 유지할 수 있도록 주기적으로 건전지를 교환해야 한다.

02절 비상 방송 설비

1. 개요

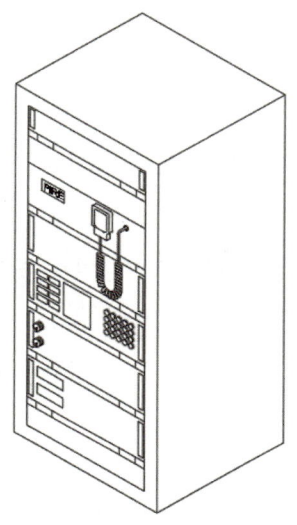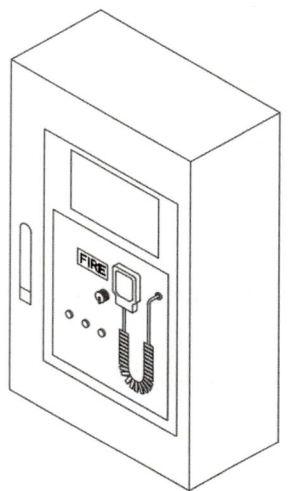

비상 방송 설비의 예

(1) 분류 기준

경보 설비 중에 음성으로 경보하는 설비에 해당한다.

(2) '비상 방송 설비'란?

비상방송설비는 평상시 건물 사용자와 거주자에게 관리자가 일상 내용 전달 용도로 활용하다가 비상 상황이 발생할 시에 감지기를 통해 감지 후에 일반 방송은 차단하고 절체 스위치가 전환되어 확성기를 활용하여 녹음된 음성과 경보음으로 위급한 상황을 안내하는 설비이다.

2. 비상 방송 설비의 설치 기준

(1) 비상 방송 설비의 설치 대상

① 지하층을 제외한 층수가 11층 이상

② 지하 3층 이상

③ 연면적 3,500㎡ 이상

> **암기팁** 1층에서 말한 내용이 지하 3층과 지상 11층에는 잘 들리지 않기 때문에 이를 염두하여 설치하는 것이다. 마찬가지로 대각선 면적인 연면적이 너무 넓으면 음성이 또한 잘 전달되지 않기 때문에 설치가 요구된다. → 두 손을 (11) 입술(3)에 모아서 연달아서 3번, 5번 방송해야 한다.

(2) 비상 방송 설비의 설치 제외(이는 비상 경보설비의 제외 대상과 같다.)
   ① (음성을 못 듣는) 사람이 거주하지 않는 동물, 식물 관련 시설
   ② (음성을 못 듣는) 지하가 중 터널, 축사 및 지하구
   ③ 빈번한 고장을 발생시키는 위험물 저장 및 처리 시설 중 가스 시설
   암기팁 동물과 식물에서 가스가 터지는 곳

(3) 설치 면제 대상
   ① 자동화재탐지설비를 화재안전기준에 적합하게 설치한 경우에는 그 설비의 유효범위에서 설치가 면제
   ② 단독경보형감지기를 2개 이상의 단독 경보형 감지기와 연동하여 설치하는 경우에는 그 설비의 유효범위에서 설치가 면제된다.

3. 비상 방송 설비의 성능 기준

(1) 확성기
   ① 소리를 크게 하여 멀리까지 전달될 수 있도록 하는 장치로서 일명 스피커를 말한다.
   ② 확성기의 음성입력은 3 W(실내에 설치하는 것에 있어서는 1 W) 이상일 것
   ③ 각 층마다 설치하고, 수평거리는 25m 이하가 되어야 한다.
      (그 설치의 반경이 옥내 소화전과 같아서 함께 설치되기도 한다.)

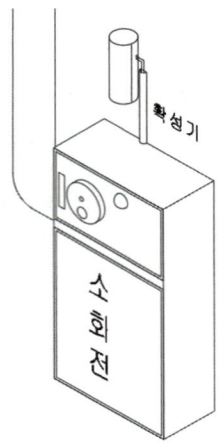

(2) 음량 조절기(ATT)
   ① 가변 저항을 이용하여 전류의 양을 변화시켜 음량을 크게 하거나 작게 조정하는 장치이다.
   ② 반드시 업무용 배선, 긴급용 배선, 공통선으로 3선식 구성을 해야 한다.

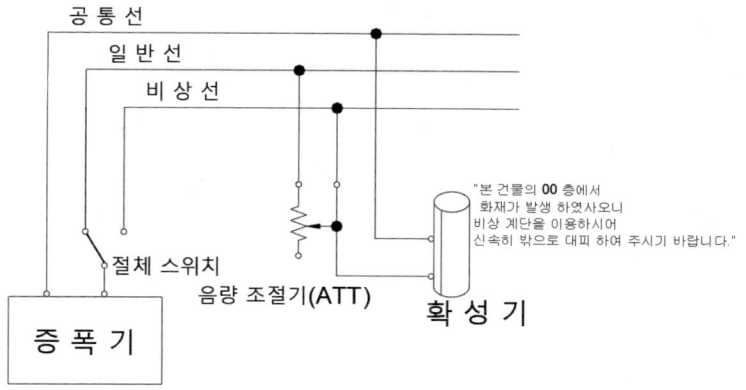

(3) 증폭기

① 마이크로부터 전기 신호로 수신한 신호의 전압과 전류의 진폭을 늘려서 감도를 높이고 소리의 크기도 키우는 장치이다.

② 1층에서 아무리 크게 말하더라도 11층에서 듣기는 쉽지 않다. 따라서 증폭기를 설치하여 소리를 키우고 정제함으로써 전달을 유효하게 한다.

(4) 기동 장치

① 기동 장치는 자동 화재 탐지 설비와의 연동을 통한 자동 기동 방식과 수동으로 조작되어 방송을 시작하는 수동 기동 방식이 있다.

② 기동 장치의 조작부와 증폭기는 0.8[m] 이상 1.5[m] 이하로 상시 사람이 근무하는 장소이면서 점검이 편리하고 방화상 유효한 곳에 설치한다.

> **암기팁** 팔(0.8)이 닿는 곳에 위치하여 이렇게(1.5) 조작할 수 있는 위치

③ 조작부는 기동 장치의 작동 및 구역을 표시할 수 있어야 한다.

4. 우선 경보 방식

(1) 우선 경보란?

① 화재가 발생한 층과 그 직접 접하는 상부 4개 층에 대해 먼저 경보를 발하여 피난을 순차적으로 진행하기 위하여 적용하는 방법이다.

② 대상 : 11층 이상(공동 주택은 16층 이상인 경우)

> **암기팁** 11(일일)히 알려줘야 한다.

(2) 우선 경보 방식

발화층	경보층
2층 이상	발화층 및 직상 4개층
1층	발화층 및 직상 4개층, 지하층
지하층	발화층, 직상층, 지하 전층

5. 배선

(1) 전층 경보를 위한 배선

일제 경보로 되어 있고 화재가 발생했을 때 일괄로 전층에 경보를 울린다.

(2) 우선 경보를 위한 배선

① 1층에서 화재가 발생하였을 때
- 화재가 발생한 1층과 직접 상부에 접하는 4개 층이 우선 경보 대상이다.
- 따라서 2층, 3층, 4층, 5층을 우선 경보한다.

② 1층 화재로 인해 피난로가 막히는 병목 현상이 일어날 수 있으므로 지하층에 대해서도 전체 지하층에 대해 우선 경보해야 한다.

③ 2층 이상에서 화재가 발생하였을 때
- 화재가 발생한 2층과 직접 상부에 접하는 4개 층이 우선 경보 대상이다. 따라서 3층, 4층, 5층, 6층을 우선 경보한다.
- (2층 이상의 화재는 지하층의 피난로를 막지 않기 때문에)1층 화재 시와는 달리 지하층은 우선 경보의 대상이 아니다.

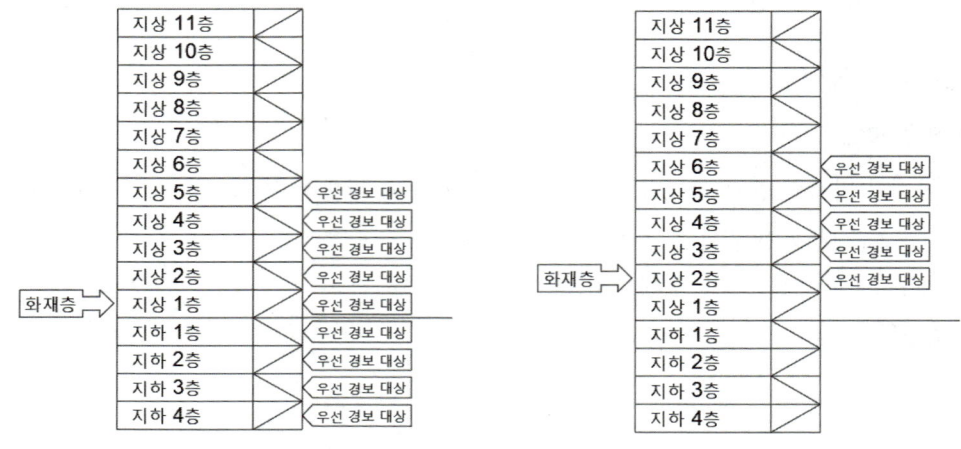

〈 1층에 화재가 발생한 경우 〉   〈 2층에 화재가 발생한 경우 〉

(3) 전원

① 전원의 종류
- 옥내 간선
- 축전지
- 전기 저장 장치

② 비상 전원
- 일반 건축물의 경우 60분 간의 감시 상태를 지속하다고 유효한 경보를 10분 이상 발하여야 한다.
- 30층 이상의 고층 건축물의 경우에는 60분 간의 감시 상태를 지속하고 유효한 경보를 30분 이상 발하여야 한다.

03절 자동 화재 탐지 설비

1. 개요

(1) 분류 기준

- 경보 설비는 음성과 경보를 울리는 설비로 나뉘는데, 자동화재탐지 설비는 경보를 활용하는 설비이다.
- 자동 화재 탐지 설비는 화재의 탐지를 목적으로 감지기를 설치하고 있으며, 기본적인 경보 기능을 포함한다.

(2) 구성 요소

① 발신기 ④ 감지기 ⑧ 전원 등
② 중계기 ⑤ 음향 장치
③ 수신기 ⑥ 표시등

2. 설치 대상

설치대상	기준
• 정신 의료 기관, 의료 재활 시설	• 창살 설치 : 바닥 면적 300㎡ 미만 • 기타 : 바닥 면적 300㎡ 이상
• 노유자 시설	연면적 400㎡ 이상
• 근린 생활 시설, 위락 시설, 의료 시설 • 복합건축물, 장례 시설	연면적 600㎡ 이상
• 목욕탕, 발전시설, 문화 및 집회시설, 운동시설 • 교정 및 군사 시설 중 국방 군사 시설, 종교시설 • 위험물 저장 및 처리 시설, 방송통신시설, 관광휴게시설, 업무시설, 판매 시설 • 항공기 및 자동차 관련 시설, 공장, 창고 시설 • 지하가(터널 제외), 운수시설	연면적 1,000㎡ 이상
• 교육 연구 시설, 동식물 관련 시설 • 자원 순환 관련 시설, 교정 및 군사 시설(국방, 군사 시설 제외), 수련 시설(숙박 시설이 있는 것 제외) • 묘지 관련 시설	연면적 2,000㎡ 이상
• 터널	길이 1,000m 이상
• 특수 가연물 저장, 취급	지정수량 500배 이상
• 수련 시설(숙박시설이 있는 것)	수용 인원 100명 이상

• 발전 시설	전기 저장 시설
• 지하구	전부
• 노유자 생활 시설	
• 전통시장	
• 조산원, 산후조리원	
• 요양 병원(정신 병원, 의료 재활 시설 제외)	
• 공통 주택	
• 숙박 시설	
• 6층 이상의 건축물	

3. 경계 구역

(1) '자동화재탐지설비에서의 경계구역' 이란?

화재 신호를 발신하고 그 신호를 수신 및 유효하게 제어할 수 있는 구역이다.

(2) 경계구역의 조건

① 하나의 경계 구역이 둘 이상의 건축물에 미치지 아니하도록 할 것.

② 하나의 경계 구역이 둘 이상의 층에 미치지 아니할 것.
  • 다만, 500[㎡] 이하의 범위 안에서는 2개의 층을 하나의 경계 구역으로 할 수 있다.)

③ 하나의 경계 구역의 면적은 600[㎡] 이하로 하고 한 변의 길이는 50[m] 이하로 해야 한다.
  • 다만, 해당 특정 소방 대상물의 주된 출입구에서 그 내부 전체가 보이는 것에 있어서는 한 변의 길이가 50[m]의 범위 내에서 1000[㎡] 이하로 할 수 있다.)

④ 계단, 경사로, 엘리베이터 승강로, 린넨슈트, 파이프 피트 및 덕트 기타 이와 유사한 부분에 대하여는 별도로 수직 경계 구역을 설정하되, 수평 경계 구역에선 제외한다. 또한 하나의 경계 구역은 높이 45[m] 이하로 하고, 지하층의 계단 및 경사로는 별도로 하나의 경계 구역으로 하여야 한다. (지하가 1층이면 제외)

⑤ 외기에 면하여 상시 개방된 부분이 있는 차고·주차장·창고 등에 있어서는 외기에 면하는 각 부분으로부터 5[m] 미만의 범위 안에 있는 부분은 경계 구역의 면적에 산입하지 아니한다.

⑥ 스프링클러 설비·물분무등 소화 설비 또는 제연설비의 화재감지장치로서 화재감지기를 설치한 경우의 경계구역은 해당 소화설비의 방호 구역 또는 제연구역과 동일하게 설정할 수 있다.

암기팁 자동화재탐G설비 – G를 6으로 생각하면 600㎡를 볼 수 있다.

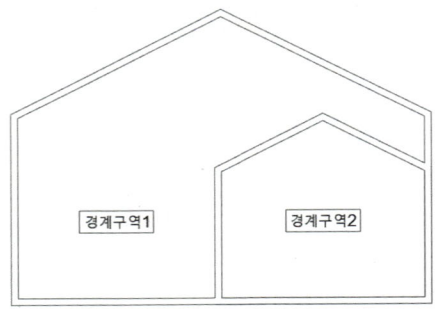
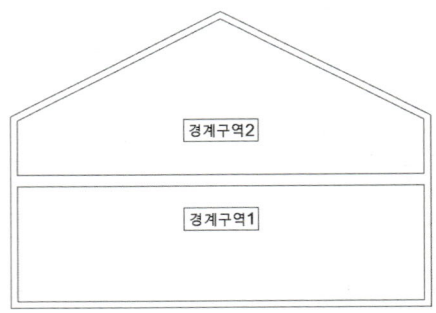

4. 발신기

(1) '발신기'란?

화재를 발견한 관계자 또는 사용자가 수동으로 버튼을 눌러 수신기 또는 중계기에 화재 발생 신고를 발신하는 장치로, 반드시 해당 발신기에서 수동 복귀를 하여야 한다. (수동 조작, 수동 복귀)

(2) 발신기의 설치 기준

① 설치 높이는 0.8m 이상, 1.5m 이하여야 한다.
② 설치 간격은 수평거리 25m 이하여야 하고, 보행 거리 40m 이상일 경우에는 추가로 설치하여야 한다.

> **암기팁** 이는 소화기와도 연관된다. 소형 소화기는 20m마다이고, 소화전은 25m마다, 대형 소화기는 30m마다 배치한다. 옥외형 소화전의 경우 40m를 기준한다.)

5. 중계기

(1) '중계기'란?

감지기 및 발신기에서 접점 신호를 받아 이를 중계기에서 통신 신호로 변환하여 수신기의 제어반에 전송하는 장치이다.

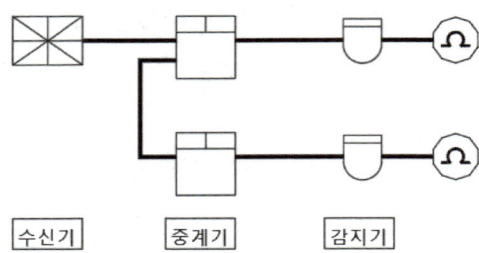

(2) 중계기의 설치 기준

① 수신 개시로부터 발신 개시까지 시간은 5초 이내여야 한다.
② 수신기가 감지기 회로의 도통 시험을 하지 않는 것은 중계기가 도통 시험을 할 수 있도록 감지기와 수신기 사이에 중계기를 설치해야 한다.
③ 집합형과 같이 별도의 전력으로 기동하는 것에 대해 과전류 차단기를 설치하고, 전력 등의 상태를 수신기에 공유해야 한다.
④ 조작 및 점검이 편리하고 화재 및 침수 등의 재해로 인한 피해를 받을 우려가 없는 장소에 설치할 것.

6. 수신기

(1) '수신기'란?

수동(발신기)이나 자동(감지기)으로 발신된 화재 신호를 직접적(P형) 혹은 접적(R형)으로 수신하여 관계자에게 화재를 알리고 연동 설비에 신호를 전달하는 장치이다.

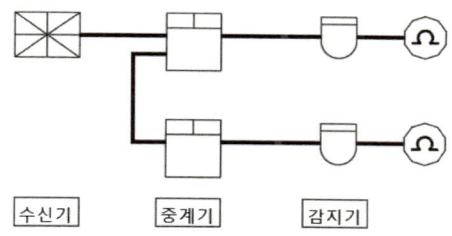

(2) 수신기의 종류

구분	P형	R형
대상	전압 강하 우려가 적은 장소에 설치	거리가 멀어 전압 강하가 우려되는 장소에 설치
신호 전달 방식	개별 신호 방식 (공통 신호)	다중 통신 방식 (고유 신호)
구성	중계기 불필요	중계기 필요
자기 진단 기능	없음.	있음.
배선	전기 배선	중계기 후단 통신 배선
선로수	소요량이 많다.	소요량이 비교적 적다.
배선 길이	짧다.	길다.
배관 배선 공사	복잡하다.	비교적 간단하다.
회로 증설	어렵다.	쉽다.

(3) 수신기의 종류

① 주수신기가 설치된 장소에는 〈경계구역 일람도〉를 비치하여야 한다.
- 화재 신호가 도착한 수신기에서 발신기 위치가 표시되면 해당 경계구역과 감지기 설치를 도면으로 확인하여 빠르게 위치로 이동하여 화재 유무를 판별할 수 있다.

② 수신기 설치는 수위실 등 상시 사람이 근무하는 장소로 하고, 조작부의 높이도 작이 쉽도록 0.8m 이상 1.5m 이하로 하여야 한다.

③ 4층 이상의 소방 대상물의 수신기는 P형 1급 또는 R형 수신기를 설치하여야 한다.

④ 하나의 소방 대상물에 2기 이상의 수신기를 설치할 때 상호 연동되어 각 수신기 모두에서 화재 발생 신호를 확인할 수 있어야 한다.

⑤ 하나의 경계구역은 하나의 표시등 또는 하나의 문자로 표시되도록 해야 한다.

7. 감지기

(1) '감지기'란?

화재 시에 발생하는 열, 연기, 불꽃 등을 자동으로 감지하여 수신기에 발신하는 장치를 말한다.

(2) 감지기 설치 시 유의 사항

① 감지기는 공기 유입구에서 1.5m 이상 떨어진 위치에 설치할 것.

② 천장 또는 반자의 옥내에 면하는 부분에 설치할 것.

③ 보상식 스포트형 감지기는 정온점이 감지기 주위의 평상시 최고 온도보다 20℃ 이상 높은 것으로 설치할 것.

④ 정온식 감지기는 주방, 보일러실 등 다량의 화기를 취급하는 장소에 설치하되, 공칭 작동 온도가 최고 주위 온도보다 20℃ 이상 높은 곳에 설치할 것.

(3) 차동식 스포트형 감지기

급격한 온도 차가 발생하였을 때 공기실 내 공기가 팽창하면서 다이어프램을 밀어 올리고 다이어프램의 상부에 붙어있는 접점이 붙어 신호가 수신반으로 전달된다.

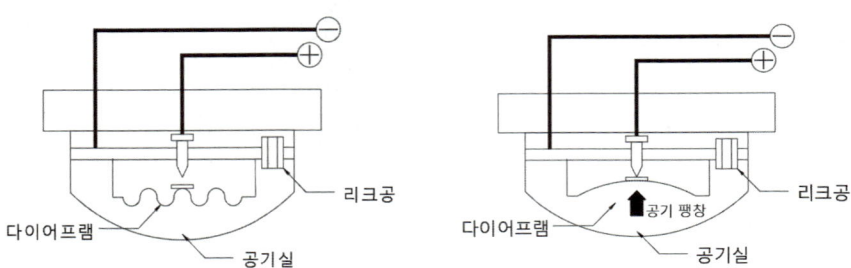

① 지연동작
- 리크공의 구멍이 큰 경우(리크 저항이 기준치보다 작을 때)
- 공기관이나 다이어프램에 추가적인 구멍으로 손상이 있을 때
- 접점수고치가 규정치보다 높을 때

② 비화재보
- 리크공의 구멍이 작은 경우(리크 저항이 기준치보다 클 때)
- 리크 구멍이 막히거나 작아진 경우
- 접점수고치가 규정치보다 낮을 때
* '접점 수고치'란, 다이어프램의 접점 압력을 말한다.
  '다이어프램이 가지는 저항(팽팽한 정도)'으로 생각하면 조금 더 쉽게 이해할 수 있다.

(4) 차동식 분포형 감지기 - 공기관식 감지기

방식에는 공기관식, 열반도체식, 열전대식으로 구분되며, 비교적 넓은 범위에 거쳐서 수열부를 분산하여 설치한다.

① 공기관식 감지기(차동식, 분포형)

공기관식 감지기는 광범위한 지역의 공기 팽창을 이용하는 감지기이다.

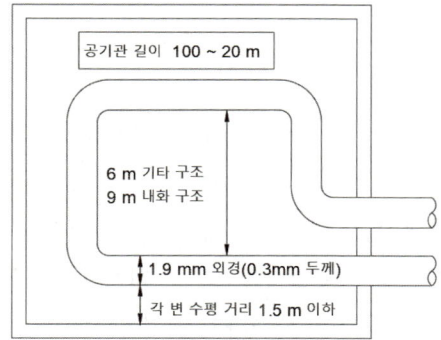

② 공기관식 설치 기준 [수열부 설치 기준]
- 수열부인 100m 이하의 공기관이 다이어프램이 설치된 하나의 검출부와 연결되는 구조이다. (노출 부분은 감지 구역마다 20m 이상이 되도록 해야 한다.)
- 공기관의 두께는 0.3mm 이상, 내경은 1.3mm, 외경은 1.9mm가 되어야 한다.
- 공기관과 감지 구역의 각 변과의 수평거리는 1.5m이하가 되도록 해야 한다.
- 공기관 상호 간의 거리는 6m 이하가 되어야 하고 주요 구조부가 내화 구조일 경우 9m 이하가 되어야 한다.
- 공기관은 분기해선 안된다.

③ 공기관식 설치 기준[검출부 설치 기준]
- 검출부는 0.8 ~ 1.5m 사이의 높이에 위치하여 조작이 편리해야 한다.
- 검출부는 5도 이상 경사가 되지 않도록 부착해야 한다.

④ 공기관식 작동 시험
- 수열부인 공기관의 작동 점검을 위해 **유통 시험**을 한다.
- 검출부의 작동 점검을 위해 화재 작동 시험을 한다.

(5) 차동식 분포형 감지기 - 열반도체식

① 반도체를 이용한 열반도체식 감지기는 최소 2개에서 최대 15개까지 사용이 가능한 감지기이다.

② 부착 높이 및 소방 대상물의 구분

부착 높이 및 소방 대상물의 구분		감지기의 종류	
		1종	2종
8m미만	내화구조	65	36
	기타구조	40	23
8m이상 15m이하	내화구조	50	36
	기타구조	30	23

(6) 차동식 분포형 감지기 - 열전대식

① 다른 종류의 금속 도체를 연결하여 폐회로를 구성한 뒤에 온도 차이를 유지하면 폐회로 내 기전력이 발생하는데 이를 '제백 효과'라고 하며 이러한 효과를 이용한 원리를 '열전대'라고 한다. (열전대에 대해 열을 전기로 대체해준다고 기억하자.)

② 감지기의 바닥 면적은 내화 구조일 경우 22㎡/개이고, 기타 구조일 경우 18㎡/개이다.

③ 최소 설치 개수는 4개이고, 최대 20개까지 설치할 수 있다.

(7) 정온식 감지기 - 스포트형 감지기

① 정온식에는 특종, 1종, 2종의 스포트형 감지기가 존재한다.

> **암기팁** 정온식 감지기도 일반 차동식 감지기처럼 1종과 2종이 있었으나, 감지 높이가 차동식이나 보상식 감지기에 맞추고자 특종을 생성했다고 기억하자.

② 감지 방법에 따라서 바이메탈, 열 반도체, 가용 절연물 등 다양한 방법이 사용되고 있다.

(8) 정온식 감지기 - 감지선형 감지기

① 일국소의 주위 온도가 일정한 온도 이상이 되는 경우에 작동한다.

② 감지 소자는 가용 절연물을 이용한 방식으로 절연한 2개의 전선을 이용하는데, 화재가 발생하면 열에 의해 2가닥의 전선이 접촉되어 화재 신호를 보내게 된다.

(9) 보상식 감지기

① 보상식 감지기의 경우 차동식 스포트형 감지기와 정온식 스포트형의 성능을 동시에 가지고 있다.

② 동시에 작동해야 감지하는 복합식보다 한 가지만 동작해도 동작이 되므로 비교적 예민한 성능을 가지고 있다. 예민한 성능으로 실보는 거의 없으나 오보가 빈번히 발생할 수 있다.

(10) 감지기의 설치 기준(NFTC 203 자동화재탐지설비 중)

열 감지기의 부착 높이와 바닥 감지 면적(스포트형 감지기)

(단위 : m²)

부착 높이 및 특정 소방 대상물의 구분		감지기의 종류						
		차동식		보상식		정온식		
		1종	2종	1종	2종	특종	1종	2종
4m 미만	내화 구조	90	70	90	70	70	60	20
	기타 구조	50	40	50	40	40	30	15
4m 이상 8m 미만	내화 구조	45	35	45	35	35	30	—
	기타 구조	30	25	30	25	25	15	—

① **암기팁** 보상식의 경우는 차동식만 작동해도 동작하므로 차동식과 같다.
② **암기팁** 정온식의 특종은 1, 2종의 성능이 미치지 못하므로 생성된 거라고 가정했었다.
③ **암기팁** 암기를 위해 표를 변경하였다.

부착 높이 및 특정 소방 대상물의 구분		감지기의 종류				
		차동식, 보상식		정온식		
		1종	2종	특종	1종	2종
4m 미만	내화 구조	90	70	70	60	20
	기타 구조	100/2	80/2	80/2	30	15
4m 이상 8m 미만	내화 구조	90/2	70/2	70/2	30	—
	기타 구조	60/2	50/2	50/2	15	—

(11) 연기 감지기 설치 장소

① 계단 경사로와 에스컬레이터 경사로
② 복도(30m 미만)
③ 엘리베이터 승강로

④ 천장의 높이가 15m 이상 20m 미만인 장소

⑤ 다음 어느 하나에 해당하는 특정 소방 대상물의 취침, 숙박, 입원 등 이와 유사한 용도로 사용되는 거실
- 공동주택, 오피스텔, 숙박 시설, 노유자 시설, 수련 시설
- 교육 연구 시설 중 합숙소
- 의료시설, 근린 생활 시설 중 입원실이 있는 의원, 조산원
- 교정 및 군사시설
- 근린생활시설 중 고시원

(12) 연기 감지기 설치 기준

① 복도, 통로 및 계단, 경사로에 설치

구분	1, 2종	3종
복도 통로	보행 거리 30m	보행 거리 20m
계단 경사로	수직 거리 15m	수직 거리 10m
엘리베이터, 린넨슈트 파이프 덕트	최상부에 설치한다.	

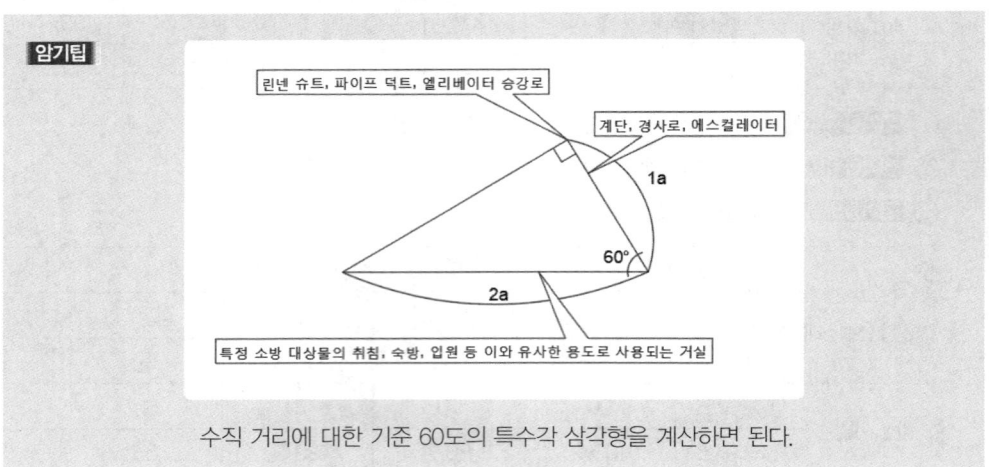

수직 거리에 대한 기준 60도의 특수각 삼각형을 계산하면 된다.

② 벽 또는 보에서 0.6m 이상 떨어진 곳에 설치 (Wall Jet 및 Ceiling Jet Flow를 고려한 설계)

③ 부착 높이에 따른 바닥 면적

부착 높이	1, 2종	3종
4m 미만	150㎡	50㎡
4m 이상 20m 미만	75㎡	-

④ 급기구에서의 이격 거리는 1.5m 이상으로 설치 (Wall Jet 및 Ceiling Jet Flow를 고려한 설계 때문이다.) **암기팁** 급기구에서 바람이 일오(1.5) 나니까 희석될 수 있다고 생각하자.

⑤ 천장, 반자 부근에 배기구가 있을 경우 배기구 부근 설치

⑥ 천장, 반자가 낮은 실내 또는 좁은 실내는 출입구 부근 설치

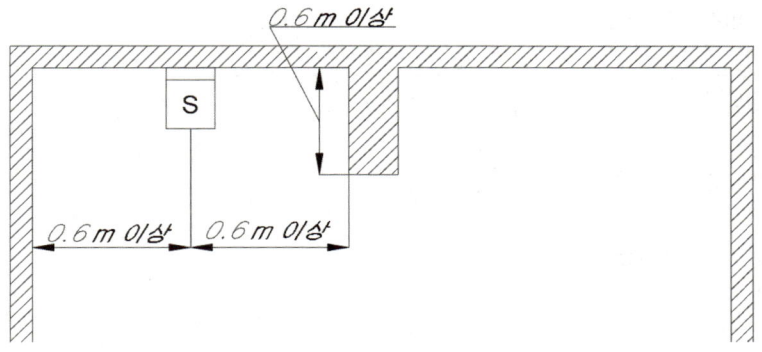

(13) 연기 감지기 - 이온화식 감지기

① 일국소의 연기에 의해 이온 전류가 변화되어 작동하는 연기 감지기의 일종이다.

② 분진이나 압력, 습도까지 영향을 받을 수 있어서 설치 제약이 많다.

(14) 연기 감지기 - 광전식 감지기

① [분리형의 경우] 송광부에서 발한 광원이 광축을 지나 수광부에 도달하는 양이 연기로 인해 감소하면 동작한다. (별도 설치 기준.)

② [공기흡입형의 경우] 수광부와 발광부를 묶어 하나의 감지기 내에 두고, 거름망을 지나 유입된 연기로 인해 빛이 굴절되어 수광부에 도달했을 때 동작한다. (연기 감지기 공통 설치 기준.)

③ [분리형 감지기] 설치 기준

- 광축(송광면과 수광면의 중심을 연결한 선)은 나란한 벽에서 0.6m 이상으로 설치하여야 한다.
- 감지기의 송광부와 수광부는 설치된 뒷벽으로부터 1 m 이내의 위치에 설치하여야 한다.
- 광축의 높이는 천장 등 높이의 80% 이상일 것(Ceiling Jet flow와 Wall jet에 대한 부분을 염두) (천장 등 : 천장의 실내에 면한 부분 또는 상층의 바닥 하부면을 말한다.)
- 감지기의 수광면은 햇빛을 직접 받지 않도록 설치할 것
- 감지기의 광축의 길이는 공칭감시거리 범위 이내일 것

(15) 감지기의 적응성 - GAS 관련 시설

설치 장소 (특징)	적응되는 열 감지기									불꽃 감지 기
	차동식 스포트형		차동식 분포형		보상식 스포트형		정온식		열아 날로 그식	
	1종	2종	1종	2종	1종	2종	특종	1종		
먼지 또는 미분 등이 다량으로 체류하는 장소	○	○	○	○	○	○	○	○	○	○
연기가 다량으로 유입할 우려가 있는 장소	○	○	○	○	○	○	○	○	○	−
배기가스가 다량으로 체류하는 장소	○	○	○	○	○	○	−	−	○	○
부식성 가스가 발생할 우려가 있는 장소	−	−	○	○	○	○	○	○	○	○

(16) 감지기의 적응성 - 물 관련 시설

설치 장소 (특징)	적응되는 열 감지기									불꽃 감지 기
	차동식 스포트형		차동식 분포형		보상식 스포트형		정온식		열아 날로 그식	
	1종	2종	1종	2종	1종	2종	특종	1종		
물방울이 발생하는 장소	−	−	○	○	○	○	○	○	○	○
수증기가 다량으로 머무는 장소	−	−	−	○	−	○	○	○	○	○

(17) 감지기의 적응성 - 고온 관련 시설

설치 장소 (특징)	적응되는 열 감지기									불꽃 감지 기
	차동식 스포트형		차동식 분포형		보상식 스포트형		정온식		열아 날로 그식	
	1종	2종	1종	2종	1종	2종	특종	1종		
주방, 기타 평상시에 연기가 체류하는 장소	−	−	−	−	−	−	○	○	○	○
현저하게 고온이 되거나 불꽃이 노출되는 장소	−	−	−	−	−	−	○	○	○	−

(18) 오동작이 적은 감지기로 교차 회로를 적용하지 않는 감지기

① 감지기 부착된 천장 또는 반자와 실내 바닥과의 거리가 2.3m 이하인 곳

② 지하층 무창층 등으로서 환기가 잘 되지 않는 장소

③ 실내 면적이 40㎡ 미만인 장소로 일시적으로 발생한 열, 연기 또는 먼지 등으로 인하여 화재 신호를 발신할 우려가 있는 장소 (오동작이 적은 감지기로 교차회로도 적용하지 않는다.)
- **광전식 분리형** 감지기
- **분포형** 감지기
- **불꽃** 감지기
- **정온식 감지선형** 감지기
- **축적** 방식의 감지기
- **복합형** 감지기
- **아날로그** 방식의 감지기
- **다신호** 방식의 감지기

> **암기팁** 1에 동작하는 것이 아니라 2, 3, 4 이후에 도착하는 것이라고 기억하자. 2.3m 이하, 40㎡ 미만
> **암기팁** 여러분은 꽃입니다. 정말 감사하고, 축복합니다.

(19) 감지기의 설치 높이

부착 높이	감지기의 종류	
4m 미만	• 차동식(스포트형, 분포형) • 보상식 스포트형 • 정온식(스포트형, 감지선형) • 이온화식 • 광전식(스포트형, 분리형, 공기흡입형)	• 열복합형 • 연기복합형 • 열연기복합형 • 불꽃 감지기
4m 이상 8m 미만	• 차동식(스포트형, 분포형) • 보상식 스포트형 • 정온식(스포트형, 감지선형) 특종 또는 1종 • 이온화식 1종 또는 2종 • 광전식(스포트형, 분리형, 공기흡입형) 1종 또는 2종	• 열복합형 • 연기복합형 • 열연기복합형 • 불꽃 감지기
8m 이상 15m 미만	• 차동식 분포형 • 이온화식 1종 또는 2종 • 광전식(스포트형, 분리형, 공기흡입형) 1종 또는 2종	• 연기복합형 • 불꽃감지기
15m 이상 20m 미만	• 이온화식 1종 • 광전식(스포트형, 분리형, 공기흡입형) 1종	• 연기복합형 • 불꽃감지기
20m 이상	• 광전식(분리형, 공기흡입형) 중 아날로그식	• 불꽃감지기

> **암기팁** 정강이 차이-정은 정온식을, 강은 광전식을, 이는 이온화식을 의미한다. 차는 차동식을 의미한다.

		분포형	넓은 범위 내에서의 열 효과의 누적에 의하여 작동되는 것 (공기관식, 열전대식, 열반도체식)
열감지기	차동식		
	주위 온도가 일정 상승률 이상이 되는 경우에 작동하는 것	스포트형	일국소에서의 열 효과에 의하여 작동되는 것 (공기 팽창식, 열 기전력 식, 반도체식)
	정온식	감지선형	외관이 전선으로 되어 있는 것
	일국소의 주위온도가 일정한 온도 이상으로 되었을 때 작동하는 것	스포트형	외관이 전선으로 되어 있지 아니한 것
	보상식	스포트형	
	차동식 스포트형과 정온식 스포트형 감지기의 성능을 겸비한 것으로서 둘 중 어느 한 기능이 작동되면 신호를 발하는 것		

(20) 감지기의 배선 방식 – 교차 회로 방식

① '교차회로'란? 오동작을 방지하기 위하여 하나의 방호 구역 내에 2개 이상의 감지기 회로를 구성하여 1개 회로 작동 시에 경보를 통해 관계자에게 이를 알리고 2개 회로의 감지기가 동시에 감지될 때에 화재로 인식하여 소방 설비를 작동을 지시하고 이를 근처 사용자와 관계자에게 경보로 알린다.

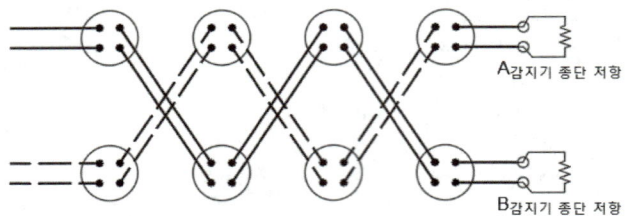

② 적용 대상
- 준비 작동식 스프링클러
- 일제살수식 스프링클러
- 가스계 소화설비(이산화탄소, 할론, 할로겐 화합물 및 불활성기체)
- 분말 소화 설비

  암기팁 교차 회로는 회로를 이분할(이산화탄소, 분말, 할론)하여 일제히(일제살수식) 작동(준비작동식)하면 동작한다.)

(21) 감지기의 배선 방식 – 송배전 방식

① '송배전 방식'이란? 수신기에서 감지기 방향 외부배선의 도통 시험을 용이하게 하기 위해 배선의 도중에서 분기하지 않도록 하는 배선 방식으로 보내기 방식이라고도 하며 자동화재탐지설비에 사용한다.

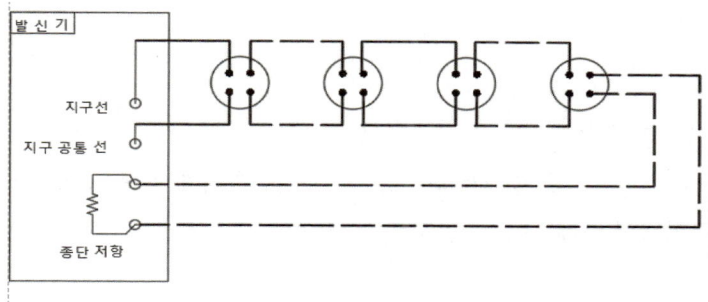

(22) 감지기 설치 제외 장소

① 천장 또는 반자의 높이가 20m 이상인 곳 (감지기의 부착 높이에 따라 적응성이 있는 장소 제외)

② 헛간 등 외부와 기류가 통하는 장소로서 감지기에 따라 화재 발생을 유효하게 감지할 수 없는 장소

③ 부식성 가스가 체류하고 있는 장소

④ 고온도 및 저온도로서 감지기의 기능이 정지되기 쉽거나 감지기의 유지 관리가 어려운 장소

⑤ 목욕실, 욕조나 샤워시설이 있는 화장실, 기타 이와 유사한 장소

⑥ 파이프 덕트 등 그 밖의 이와 비슷한 것으로서 2개 층 마다 방화 구획된 것이나 수평 단면적이 5[㎡] 이하인 것.

⑦ 먼지, 가루 또는 수증기가 다량으로 체류하는 장소 또는 주방 등 평상시 연기가 발생하는 장소(단, 연기 감지기에 한한다.)

⑧ 프레스 공장, 주조 공장 등 화재 발생의 위험이 적은 장소로서 감지기의 유지 관리가 어려운 장소

> **암기팁** 목이 붓고, 가스가 차고, 열나고, 입 천장이 까져서 맛을 감지하지 못함.)
> - 목욕실, 화장실(샤워시설)
> - 부식성 가스 체류 장소
> - 고온도, 저온도
> - 천장 또는 반자의 높이가 20m 이상
> - 헛간, 마굿간 등 외기가 개방된 장소

8. 기타 경보 장치

(1) 시각 경보 장치

① '시각 경보 장치'란?
- 시각적인 점멸 자극을 통해서 화재 사실 등을 유효하게 통보함으로써 청각약자 또는 소음이 큰 시설의 화재 사실을 인지토록 한 설비

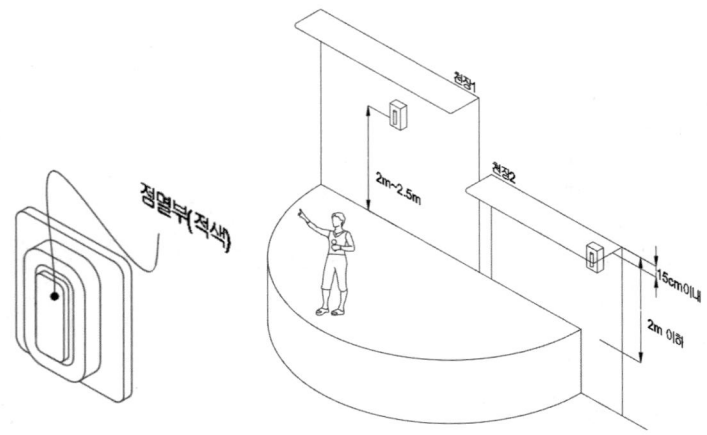

② 설치 기준
- 복도·통로·청각장애인용 객실 및 공용으로 사용하는 거실에 설치
- 공연장·집회장·관람장 또는 이와 유사한 장소에 설치하는 경우에는 시선이 집중되는 무대부 부분 등에 설치할 것
- 설치 높이는 바닥으로부터 2m 이상 2.5m 이하의 장소에 설치할 것.(다만, 천장의 높이가 2m 이하인 경우에는 천장으로부터 0.15m 이내의 장소에 설치해야 한다.)
- 시각경보장치의 광원은 전용의 축전지 설비 또는 전기 저장 장치에 의하여 점등되도록 할 것. (다만, 시각경보기에 작동 전원을 공급할 수 있도록 형식승인을 얻은 수신기를 설치한 경우에는 그렇지 않다.)

암기팁 SEE를 보다. 우리가 정한 것으로 C(축전지), E(전기저장장치)

04절 자동화재속보설비

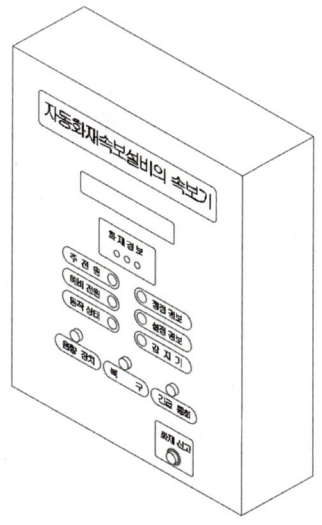

1. 개요

(1) 분류 기준
경보 설비 중에 자동 또는 수동으로 화재의 발생을 소방관서에 알리는 설비에 해당한다.

(2) '자동화재속보설비'란?
자동화재속보설비의 속보기란 수동 작동 및 자동화재탐지설비 수신기의 화재 신호와 연동으로 작동하여 관계인에게 화재 발생을 경보함과 동시에 소방관서에 자동으로 통신망을 통한 해당 화재 발생 및 해당 소방 대상물의 위치 등을 음성으로 통보하여 주는 것을 말한다.

2. 자동화재속보설비 설치 기준

(1) 설치 대상

설치 대상	설치 기준	제외조건
노유자 생활 시설	해당 시설	화재 수신기가 설치된 장소에 사람이 24시간 상시 근무 시에는 예외한다.
노유자 시설	바닥면적이 500㎡ 이상인 층	
수련시설(숙박시설이 있는 건축물만 해당)		
보물 또는 국보로 지정된 목조 건축물	해당 건축물	
근린 생활 시설 (의원, 치과의원 및 한의원으로서 입원실이 있는 시설)	해당 시설	

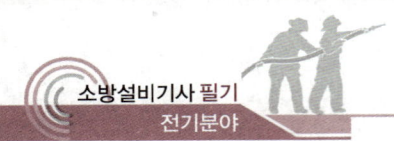

설치 대상	설치 기준	제외조건
근린 생활 시설 (조산원 및 산후 조리원)	해당 시설	화재 수신기가 설치된 장소에 사람이 24시간 상시 근무 시에는 예외한다.
종합병원, 병원, 치과 병원, 한방 병원 및 요양 병원 (의료 재활시설 제외)	해당 병원	
정신 병원 또는 의료 재활 시설	500[㎡] 이상	
판매 시설	전통 시장	

암기팁 원화수목근노일-원은 병원을 의미하며, 수는 수련시설, 목은 목조 건축물, 근은 근린 생활시설, 노는 노유자 생활 시설으로 기억해주세요.

05절 누전 경보기

1. 개요

(1) 분류 기준

앞선 경보는 화재에 대한 음성 경보 및 경종 경보에 해당하였으나, 누전되는 전기와 가스가 누설되는 부분도 화재의 주요 원인이 될 수 있었기 때문에 이를 미리 확인하여 경보하는 설비가 요구되었다.

(2) '누전 경보기'란?

내화구조가 아닌 건축물로서 벽, 바닥 또는 천장의 전부나 일부를 불연재료 또는 준 불연 재료가 아닌 재료에 철망을 넣어 만든 건물의 전기설비로부터 누설 전류를 탐지하여 경보를 발하는 기기이다.

(3) '단독 경보형 감지기'란?

단독으로 경보와 감지를 동시에 수행하는 설비를 말한다. '연기식'과 '정온식'으로 크게 나누고 있으며 버튼을 통해 작동 점검이 가능하며, 대부분 배터리를 내장하고 있다.

2. 누전 경보기의 설치 기준

(1) 설치 대상

① 계약 전류 용량이 100[A]를 초과하는 특정 소방대상물에 설치(내화구조가 아닌 건축물로서 벽·바닥 또는 반자의 전부나 일부를 불연재료 또는 준불연재료가 아닌 재료에 철망을 넣어 만든 것만 해당한다)
② 경계전로의 정격전류가 60[A] 초과하는 전로의 경우는 1급 누전 경보기
③ 경계전로의 정격전류가 60[A] 이하의 전로의 경우는 1급 또는 2급 누전 경보기 (2급 누전 경보기의 경우 60[A] 이하인 경우에만 사용한다.)

(2) 설치 제외 대상

① 위험물 저장 및 처리 시설 중 가스시설
② 지하가 중 터널 및 지하구

암기팁 가스 누설 경보기를 설치하면 되는 요소라고 생각하자. 가스가 터지는 곳

(3) 설치 면제 대상

① 아크경보기(옥내 배전선로의 단선이나 선로 손상 등으로 인해 발생하는 아크를 감지하고 경보하는 장치)를 설치한 경우 그 설비의 유효범위에서의 설치가 면제된다.
② 지락 차단 장치를 설치한 경우 그 설비의 유효범위에서의 설치가 면제된다.

3. 누전 경보기 구성요소

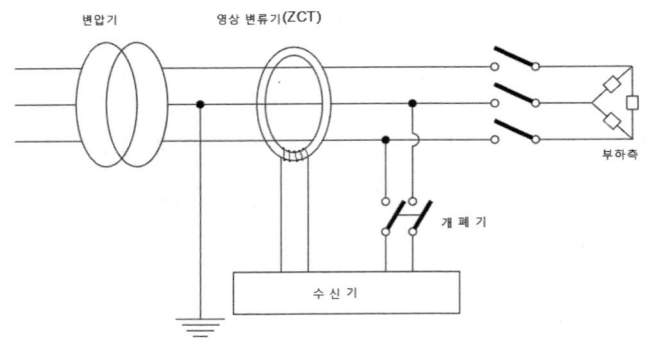

(1) 영상 변류기 : 누설 전류의 검출

(2) 수신기 : 누설 전류 증폭

(3) 음향장치 : 누설 전류 발생 시에 경보

(4) 차단 기구 : 누설 전류가 흐를 때 전원 차단

4. 누전 경보기의 기능 기준

(1) 전원

① 전원은 분전반으로부터 전용 회로로 하고, 각 극에 개폐기 및 15[A] 이하의 과전류 차단기를 설치 할 것. (배선용 차단기에 있어서는 20[A] 이하의 것으로 각 극을 개폐할 수 있는 것)
② 전원을 분기할 때에는 다른 차단기에 따라 전원이 차단되지 아니하도록 할 것
③ 전원의 개폐기에는 누전경보기용임을 표시한 표지를 할 것.

(2) 수신부

① 가연성의 증기·먼지 등이 체류할 우려가 있는 장소의 전기회로에는 해당 부분의 전기회로를 차단할 수 있는 차단기구를 가진 수신부를 설치해야 한다.

② '수신부의 ① 항목'의 경우 차단 기구의 부분은 해당 장소 외의 안전한 장소에 설치해야 한다.
③ 누전경보기의 수신부는 화재, 부식, 폭발의 위험성이 없고, 습도, 온도, 대전류 또는 고주파 등에 의한 영향을 받지 않는 장소에 설치해야 한다.
④ 음향장치는 수위실 등 상시 사람이 근무하는 장소에 설치해야 하며, 그 음량 및 음색은 다른 기기의 소음 등과 명확히 구별할 수 있는 것으로 해야 한다.

(3) 수신부 설치 불가 장소
① 가연성의 증기·먼지·가스 등이나 부식성의 증기·가스 등이 다량으로 체류하는 장소
② 화약류를 제조하거나 저장 또는 취급하는 장소
③ 습도가 높은 장소
④ 온도의 변화가 급격한 장소
⑤ 대전류회로·고주파 발생회로 등에 따른 영향을 받을 우려가 있는 장소
 (다만, 해당 누전경보기에 대하여 방폭·방식·방습·방온·방진 및 정전기 차폐 등의 방호 조치를 한 것은 그렇지 않다.)

암기팁 가부화 고온 대습

출제예상문제

01 감지기의 형식승인 및 제품검사의 기술기준에 따라 단독 경보형감지기를 스위치 조작에 의하여 화재경보를 정지 시킬 경우 화재경보 정지 후 몇 분 이내에 화재경보 정지기능이 자동적으로 해제되어 정상상태로 복귀되어야 하는가?

① 3
② 5
③ 15
④ 20

> 화재 경보 정지 후 15분 이내에 화재 경보 정지 기능이 자동적으로 해제되어 단독경보형 감지기가 정상 상태로 복귀되어야 한다.
> **암기팁** 화재 경보를 15분 동안 식힌 후에 다시 정상이 된다.

02 비상경보설비 및 단독경보형감지기의 화재안전기준(NFSC 201)에 따라 바닥면적이 600[m²]일 경우 단독 경보형 감지기의 최소 설치개수는?

① 1개
② 2개
③ 3개
④ 4개

> 단독경보형 감지기의 설치 기준
> 1) 각실 마다 설치 하되, 바닥 면적이 150[m²]를 초과하는 경우에 150[m²]마다 1개 이상 설치할 것.
> 2) 여기서 '각 실'이라 함은 이웃하는 실내의 바닥 면적이 30[m²] 미만이고 벽체의 상부의 전부 또는 일부가 개방 되어 이웃하는 실내와 공기가 상호 유통되는 경우에는 이를 1개의 실로 본다.
> **암기팁** 이는 연기 감지기의 면적 기준과 같다.
> 계산식 $\frac{600}{150} = 4[EA]$

03 다음 비상경보설비 및 비상방송설비에 사용되는 용어 설명 중 틀린 것은?

① 비상벨설비라 함은 화재발생 상황을 경종으로 경보하는 설비를 말한다.
② 증폭기라 함은 전압전류의 주파수를 늘려 감도를 좋게 하고 소리를 크게 하는 장치를 말한다.
③ 확성기라 함은 소리를 크게 하여 멀리까지 전달될 수 있도록 하는 장치로써 일명 스피커를 말한다.
④ 음량조절기라 함은 가변저항을 이용하여 전류를 변화시켜 음량을 크게 하거나 작게 조절할 수 있는 장치를 말한다.

> 1) 주파수를 늘리면 장비의 작동에 영향을 준다. 진폭을 늘려 감도를 좋게 하고 소리를 크게 하는 장치에 해당한다.
> 2) 나머지 보기도 읽어보자.

정답 01.③ 02.④ 03.②

04
자동화재탐지설비 및 시각경보장치의 화재안전기준(NFSC 203)에 따른 감지기의 설치기준으로 틀린 것은?

① 스포트형 감지기는 45°이상 경사되지 아니하도록 부착할 것
② 감지기(차동분포형의 것을 제외한다.)는 실내로의 공기유입구로부터 1.5[m] 이상 떨어진 위치에 설치할 것
③ 보상식 스포트형 감지기는 정온점이 감지기 주위의 평상시 최고 온도보다 10[°C] 이상 높은 것으로 설치할 것
④ 정온식감지기는 주방·보일러실 등으로서 다량의 화기를 취급하는 장소에 설치하되 공칭작동 온도가 최고주의온도보다 20[°C] 이상 높은 것으로 설치할 것

> 1) 감지기의 설치 기준
>   보상식 스포트형 감지기는 정온점이 감지기 주위의 평상시 최고 온도보다 20[°C] 이상 높은 것으로 설치할 것
> 2) 나머지 보기도 중요하니 읽어보자.

05
비상경보설비 및 단독경보형감지기의 화재안전기준(NFSC 201)에 따라 비상경보설비의 발신기 설치 시 복도 또는 별도로 구획된 실로서 보행거리가 몇 [m] 이상일 경우에는 추가로 설치하여야 하는가?

① 25 ② 30 ③ 40 ④ 50

> 1) 발신기 설치 시의 보행 거리는 40[m] 이상이면 추가로 설치해야 한다.
> 2) 수평 거리는 25[m]에 해당한다.

06
비상경보설비 및 단독경보형감지기의 화재안전기준(NFSC 201)에 따른 비상벨설비 또는 자동식 사이렌설비에 대한 설명이다. 다음 ( )의 A, B에 들어갈 내용으로 옳은 것은?

> 비상벨 설비 또는 자동식 사이렌 설비에는 그 설비에 대한 감시상태를 (A)분 간 지속한 후 유효하게 (B)분 이상 경보할 수 있는 축전지 설비(수신기에 내장하는 경우를 포함한다.) 또는 전기 저장 장치(외부 전기 에너지를 저장해 두었다가 필요한 때 전기를 공급하는 장치)를 설치하여야 한다.

① A 20, B 10
② A 60, B 10
③ A 20, B 20
④ A 30, B 10

정답 04.③ 05.③ 06.②

출제예상문제

1시간 동안 감시하고, 10분 이상 경보하는 것을 말한다.(30층 이상일 경우 30분 이상 경보할 수 있어야 한다.)
a. 음향/음성을 사용하는 설비가 여기에 속한다.(자동식 사이렌 설비, 비상벨 설비, 자동화재탐지설비, 비상 방송 설비)
b. 축전지 설비

07 자동화재속보설비의 속보기의 성능인증 및 제품검사의 기술기준에 따른 자동화재속보설비의 속보기에 대한 설명이다. 다음 (   )의 A와 B에 들어갈 내용으로 옳은 것은?

> 작동 신호를 수신하거나 수동으로 동작시키는 경우 (A)초 이내에 소방관서에 자동적으로 신호를 발하여 통보하되, (B)회 이상 속보할 수 있어야 한다.

① A 20, B 3
② A 20, B 4
③ A 30, B 3
④ A 30, B 4

1[hour] − 10[min]	1시간 감시, 10분 이상 동작
20[sec]×3[회] ≒ 1[min]	20초 이내 3회 이상 속보
10[회]	10회 이상 다이얼링

암기팁 1,2,3으로 구분하여 기억하자.

08 자동화재탐지설비 및 시각경보장치의 화재안전기준(NFSC 203)에 따라 지하층·무창층 등으로서 환기가 잘되지 아니하거나 실내 면적이 40[m²] 미만인 장소에 설치하여야 하는 적응성이 있는 감지기가 아닌 것은?

① 불꽃감지기
② 광전식분리형감지기
③ 정온식스포트형감지기
④ 아날로그방식의 감지기

- 실내 면적이 40[m²] 미만인 장소는 쉽게 연기가 축적이 되어 비화재보가 빈번히 발생할 수 있다. 이에 따라 아래와 같은 축적형 감지기를 설치한다.

분포형 감지기	축적 방식의 감지기
정온식 감지선형 감지기	복합형 감지기
불꽃 감지기	아날로그 방식의 감지기
광전식 분리형 감지기	다신호식 감지기

암기팁 여러분! 정말 감사합니다. 꽃과 축복합니다.

정답 07.① 08.③

09 감지기의 형식승인 및 제품검사의 기술기준에 따른 연기감지기의 종류로 옳은 것은?

① 연복합형
② 공기흡입형
③ 차동식스포트형
④ 보상식스포트형

1) 연기 감지기의 종류

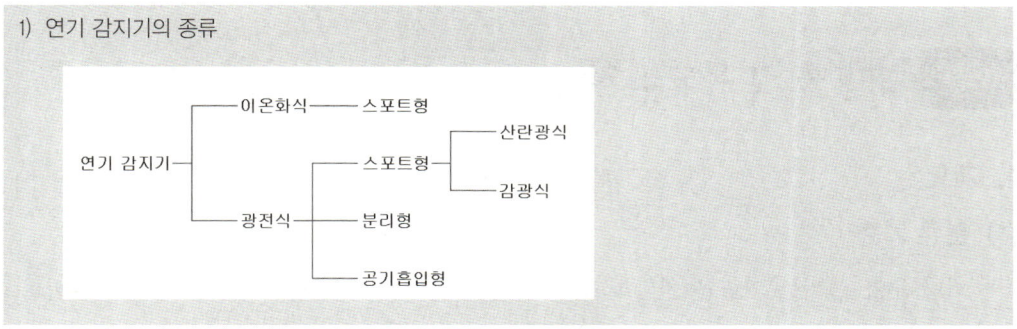

10 누전경보기의 형식승인 및 제품검사의 기술기준에 따라 누전경보기에서 사용되는 표시등에 대한 설명으로 틀린 것은?

① 지구등은 녹색으로 표시되어야 한다.
② 소켓은 접촉이 확실하여야 하며 쉽게 전구를 교체할 수 있도록 부착하여야 한다.
③ 주위의 밝기가 300[lx]인 장소에서 측정하여 앞면으로부터 3[m] 떨어진 곳에서 켜진 등이 확실히 식별되어야 한다.
④ 전구는 사용전압의 130%인 교류전압을 20시간 연속하여 가하는 경우 단선, 현저한 광속변화, 흑화, 전류의 저하 등이 발생하지 아니하여야 한다.

1) 지구등은 적색이어야 한다. 위치를 표시하는 등으로 그 표시가 적색이어야 꺼졌을 때 바로 파악 가능하다.
2) 누전 경보기에서의 전구 기준은 중요하다.
   a. 전구는 2개 이상 병렬로 연결해야 한다.
      (단, 방전등 또는 발광 다이오드 제외.)
   b. 전구에는 적당한 보호 커버를 설치해야 한다.
   c. 전구의 사용 전압의 130(%)인 교류 전압을 20시간 연속하여 가하는 경우 단선, 현저한 광속 변화, 흑화 저류의 저하 등이 발생하지 아니하여야 한다.

정답 09.② 10.①

Chapter 02 피난 구조 설비

01절 유도등 및 유도 표지

1. 개요

(1) 분류 기준

피난 구조 설비는 피난을 원활하게 도와 건물의 사용자 및 관계자를 구조하는 설비로 〈전기 분야〉에서는 유도등, 유도 표지, 비상 조명등이 속한 피난 유도 설비를 다루게 된다.

(2) 유도등 및 유도 표지의 정의

피난 경로인 거실, 객석, 통로와 피난구 등에 설치하여 그 위치와 방향을 안내하고 피난자의 피난을 협조하는 설비이다.

(3) 피난 유도 설비의 이해

유도등은 피난구 유도등, 통로 유도등, 객석 유도등으로 나눈다. 여기에서 통로 유도등은 다시 거실, 복도, 계단 등 설치 장소에 따라 구별된다. (피난구 유도등의 표식이 통로 유도등에 작게 그려져 있다. 이쪽으로 가면 피난구가 있다는 의미를 담고 있고, 동시에 통로 유도등의 백색 바탕은 통로를 비춰 통로의 조도를 높인다.)

피난구 유도등

거실 통로 유도등
복도 통로 유도등

계단 통로 유도등

객석 유도등

(피난구 유도등 – 초록색 바탕, 백색 그림, 통로 유도등 – 백색 바탕, 초록 그림)

2. 피난구 유도등

(1) 개요

① '피난구 유도등'이란? 피난구를 안내하는 유도등으로, 경로에 개방하여야 하는 문이 존재함을 표시하는 유도등이다. (그림도 문을 보여주는 그림이다.)

② 설치 높이 : 이에 따라 설치는 문을 유도하여 줄 수 있어야 하는데, 이 표준 높이를 바닥에서 1.5m 이상으로 지정하고 아래와 같은 경우로 세분화한다.
- 출입구에 이르는 복도 또는 통로로 통하는 출입구
- 옥내로부터 직접 지상으로 통하는 출입구 및 그 부속실의 출입구
- 안전구획된 거실로 통하는 출입구
- 직통 계단, 직통 계단의 계단실 및 그 부속실의 출입구

(2) 설치 제외 장소

유도등은 피난구 유도등, 통로 유도등, 객석 유도등으로 나눈다. 여기에서 통로 유도등은 다시 거실, 복도, 계단 등 설치 장소에 따라 구별된다.

① 대각선 길이가 15m 이내인 구획된 실의 출입구

② 바닥면적이 1,000㎡ 미만인 층으로서 옥내로부터 직접 지상으로 통하는 출입구

③ 거실 각 부분으로부터 하나의 출입구에 이르는 보행거리가 20m 이하이고, 비상 조명등과 유도표지가 설치된 거실의 출입구

④ 출입구가 3 이상 있는 거실로서 그 거실 각 부분으로부터 하나의 출입구에 이르는 보행거리가 30m 이하에 해당하는 경우에는 주된 출입구 2개소 외의 출입구 (단, 공연장, 집회장, 관람장, 전시장, 판매시설, 운수시설, 숙박 시설, 노유자시설, 의료시설, 장례식장은 제외)

(3) 피난구 유도등의 설치 기준

① 해당 출입구마다 설치해야 한다.

② 유도등을 정면으로 볼 수 있게 추가하거나, 입체형으로 설치하여 쉽게 식별할 수 있어야 한다.

3. 거실 통로 유도등

(1) 개요

① '거실 통로 유도등'이란? 거실이 넓을 땐 설정된 피난 동선을 표시 또는 유도하지 않을 시에 피난자끼리 또는 장애물에 부딪힐 수 있다. 이를 예방하면서 피난구까지의 경로를 유도하기 위해 설치하는 유도등이다.

② 설치 높이 : 거실 통로 유도등의 경우 바닥을 보면서 걷게 되면 위험하므로 고개를 들 수 있도록 바닥에서부터 1.5m 이상 높이로 지정하고 있다.
(다만, 거실 통로에 기둥이 설치되었을 때는 기둥 부분의 바닥으로부터 1.5m 이하에 설치할 수 있다.)

(2) 통로 유도등의 설치 기준

① 거실 통로 유도등은 통로의 직선 거리 20[m]마다 설치한다. (이는 소형 수동식 소화기의 설치에서의 보행거리 기준과 같다. 통로에 배치할 때 유도등 하부에 소형 소화기를 설치하기도 한다.)

② 수량 산출을 위한 식

$$구부러진\ 모퉁이 + \frac{직선\ 부분의\ 보행}{20} - 1$$

- 시작하는 지점에서는 조도의 반밖에 확보하지 못하기 때문에 10[m]를 이격하여 설치하게 된다. 이에 따라 -1을 해준다.
- 구부러진 모퉁이의 경우는 경로가 나누어지는 모든 구간을 말한다. 모퉁이임을 인지할 수 있도록 요구되므로 추가해야 한다.

4. 복도 통로 유도등

(1) 개요

① '복도 통로 유도등'이란? 통로를 지나기 위해서 피난구까지의 경로를 표시하고 유도하고자 설치하는 유도등이다.

② 설치 높이 : 복도 통로는 양방향으로 이동하고, 또 통로에 장애물이 없다고 생각하기 때문에 부딪힐 것을 고려하지 않고, 바닥에서 1m 이하로 지정하고 있다.

③ 추가 위치 조정(중앙 부분 바닥) : 복도의 양측 가장자리에 장애물이 배치될 것이 예상되는 지하층, 무창층으로 용도가 지하철 역사, 도매시장, 지하상가, 여객자동차 터미널에 대

하여 중앙에 배치한다. (너무 넓거나 복도에 장애물로 인해 안보일 수 있는 용도에만 바닥 매립형 적용)

④ 거실 통로 유도등은 통로의 직선 거리 20[m]마다 설치한다. (이는 소형 수동식 소화기의 설치에서의 보행거리 기준과 같다. 통로에 배치할 때 유도등 하부에 소형 소화기를 설치하기도 한다.)

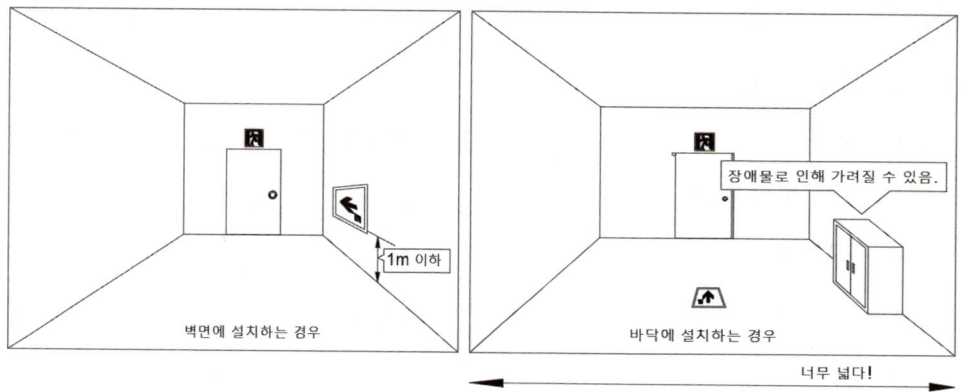

5. 계단 통로 유도등

(1) 개요

① '계단 통로 유도등'이란? 계단 통로 유도등은 계단참마다 설치하여 현재 위치한 층을 표시하고 유도하고자 설치하는 유도등이다.

② 설치 높이 : 계단 통로의 특징도 앞선 복도 통로 유도등처럼 바닥을 보고 걷는다는 점에 따라서 바닥에서 1m 이하로 유도등을 배치하게 된다.

6. 객석 유도등

(1) 개요

① '객석 통로 유도등'이란? 객석 통로 유도등의 특징은 객석의 끝에 있는 통로를 지나는 통로를 표시하고 유도하여 주는 유도등이다.

② 설치 높이 : 설치 높이는 객석의 바닥, 벽, 통로 등에 설치한다.

③ 설치하지 않아도 되는 경우
- 주간에만 사용하는 장소로서 채광이 충분한 객석
- 거실 등의 각 부분으로부터 하나의 거실 출입구에 이르는 보행거리가 20m 이하인 객석의 통로로서 그 통로에 통로 유도등이 설치된 객석

(2) 객석 유도등 설치 대상

① 유흥 주점영업시설

② 문화 및 집회시설

③ 종교 시설

④ 운동 시설

암기팁 객석 또는 암실을 두고 있는 건물들에 해당한다.

(3) 객석 통로 유도등 설치 기준

① 조도가 0.2lx로 5배 차이가 생기는 것과 같이 직선거리에서도 통로 유도등의 20m의 5배 이하인 4m의 기준을 적용한다.

② 수량 산출을 위한 식

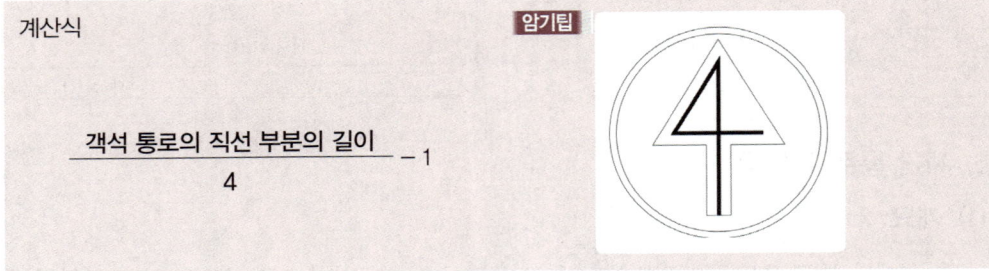

계산식

$$\frac{객석\ 통로의\ 직선\ 부분의\ 길이}{4} - 1$$

- 시작점과 끝점에서 기준의 1/2정도씩만 진행하므로 1개는 빼고 산출하였다.
- 객석 통로는 경로가 횡방향이므로 모퉁이를 가정하지 않는다.

7. 유도등의 조도 기준

(1) 유도등의 형식 승인 및 제품 검사의 기술 기준 중 조도 측정 기준

종류	조도 측정 기준
복도 통로 유도등	바닥면으로부터 높이 1m로 0.5m 떨어진 위치에서 1lx 이상
거실 통로 유도등	바닥면으로부터 높이 2m로 0.5m 떨어진 위치에서 1lx 이상
계단 통로 유도등	바닥면으로부터 높이 2.5m로 10m 떨어진 위치에서 0.5lx 이상
바닥 매립용 유도등	유도등의 바로 윗부분 1m 높이에서 1lx 이상
객석 통로 유도등	바닥면으로부터 높이 0.5m로 0.3m 떨어진 위치에서 0.2lx 이상 (위쪽 유도등과 구별된다.)

8. 피난 유도 설비의 설치 기준(평면 설치 기준)

(1) 설치 공통 사항

① 통로 유도등의 방향에 따라 통로의 우측에 부착한다. (우측 보행 기준) 모퉁이의 추가분도 우회전 시작점에 추가해주면 된다.

② 수량 산출 식이 유도등의 종류마다 각각 달리 존재하여 산출 후에 이격거리에 맞추어 배치하면 된다.

(2) 건축 용도별 유도등 설치 종류

설치 장소	유도등 및 유도표지
큰 홀이 있는 곳 • 공연장, 집회장, 운동시설, 유흥주점 영업시설	• 대형 피난구 유도등 • 통로 유도등 • 객석 유도등
긴 복도가 있는 곳 • 관광 숙박업, 의료시설, 판매시설, 위락시설, 전시장 • 지하상가, 지하역사 • 운수시설, 장례식장	• 대형 피난구 유도등 • 통로 유도등
개별의 실이 있는 곳 • 숙박시설, 오피스텔 • 지하층, 무창층 등 11층 이상의 부분	• 중형 피난구 유도등 • 통로 유도등
건물이 분산되어 있는 곳 • 근린 생활 시설, 업무 시설, 종교 시설, 발전 시설 • 노유자 시설, 교육연구 시설, 수련시설, 기숙사 • 교정 및 군사시설, 공장, 자동차 정비 공장 • 복합 건축물, 아파트	• 소형 피난구 유도등 • 통로 유도등

9. 기능 기준

(1) 전원

① 유도등의 전원은 상용 전원을 전용으로 배선한다.

② 비상 전원의 경우 내장된 배터리를 활용하고 있으며, 비상 전원 동작 후 20분 이상 유지되어야 한다. (단, 지하층을 제외한 층수가 11층 이상이거나 지하층 또는 무창층으로서 용도가 [여객 자동차 터미널], [지하철 역사], [지하 상가], [도매시장] 인 경우 60분 이상 유지되어야 한다.) **암기팁** 대동여지도

③ 유도등은 일반적으로 상시 점등 되어야 한다.(2선식)
- 따라서 유도등 인입선과 옥내 배선은 직접 연결해야 한다.
- 또한 유도등 회로에는 점멸기를 설치해선 안 된다.

④ 유도등에서 아래 해당하는 장소에서는 점멸기 설치가 가능하다.(3선식)
- 외부광에 따라 피난구 또는 피난 방향을 쉽게 식별할 수 있는 장소
- 공연장, 암실 등으로서 어두워야 할 필요가 있는 장소
- 소방 대상물의 관계인 또는 종사원이 주로 사용하는 장소

⑤ 점멸기가 설치된 유도등이 점등되는 상황(3선식)
- 자동화재 탐지 설비의 감지기 또는 발신기가 작동되는 때
- 자동 소화 설비가 작동되는 때
- 비상 경보 설비의 발신기가 작동되는 때
- 상용 전원이 정전되거나 전원선이 단선되었을 때
- 방재 업무를 통제하는 곳 또는 전기실의 배전반에서 수동으로 점등하는 때

암기팁 셋 빨간 정답 (셋은 3선식을 의미하고, 빨간은 발신기와 감지기, 정은 전원선 단선, 답은 비상 경보 설비 동작)

10. 유도 표지

(1) 유도표지의 개요

① '피난구 유도 표지'란? 피난구 또는 피난 경로로 사용되는 출입구를 표시하여 피난을 유도하는 표지

② '통로 유도 표지'란? 피난 통로가 되는 복도, 계단등에 설치하는 것으로서 피난구의 방향을 표시하는 유도표지

③ '피난 유도선'이란? 광원 점등 방식(햇빛이나 전등불에 따라 축광 하거나 전류에 따라 빛을 발하는 유도체)로 어두운 상태에서 피난을 유도할 수 있도록 띠 형태로 설치되는 피난 유도 시설을 말한다.

(2) 유도 표지 설치 기준

① 계단에 설치하는 것을 제외하고는 각 층마다 복도 및 통로의 각 부분으로부터 하나의 유도 표지까지의 보행거리가 15m 이하가 되는 곳과 구부러진 모퉁이의 벽에 설치할 것

암기팁 유도등이 차갑게 식어(15) 유도 표지가 되었다.

② 유도 표지 설치 수량 : 구부러진 모퉁이 수 $+ \dfrac{\text{직선부분의 보행 거리}}{15} - 1$

③ 설치 높이
- 피난구 유도 표지 : 출입구 상단
- 통로 유도 표지 : 바닥으로부터 높이 1m 이하의 위치

④ 주의 사항
- 주위에 이와 유사한 등화, 광고물, 게시물 등을 설치하지 아니할 것
- 부착판 등을 사용하여 쉽게 떨어지지 아니하도록 설치할 것.
- 축광 방식의 유도 표지는 외광 또는 조명 장치에 의해 상시 조명이 제공되거나 비상 조명등에 의한 조명이 제공되도록 설치할 것. (다만, 방사성물질을 사용하는 위치표지는 쉽게 파괴되지 않는 재질로 처리해야 한다.)

(3) 피난 유도선 설치 기준

① 구획된 각 실로부터 주출입구 또는 비상구까지 설치할 것

② [축광 방식의 경우] 설치 높이
- 바닥으로부터 높이 50 ㎝ 이하의 위치 또는 바닥 면에 설치할 것
- 피난유도 표시부는 50 ㎝ 이내의 간격으로 연속되도록 설치
- 외부의 빛 또는 조명장치에 의하여 상시 조명이 제공되거나 비상조명등에 의한 조명이 제공되도록 설치할 것.

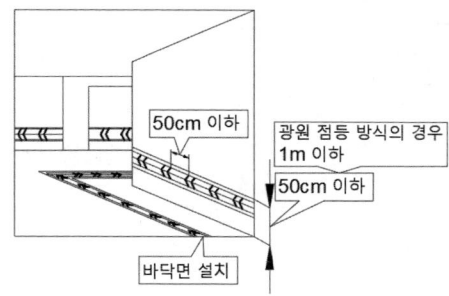

③ [광원 점등 방식의 경우] 설치 높이
- 피난 유도 표시부는 바닥으로부터 높이 1m 이하의 위치 또는 바닥면에 설치
- 바닥에 설치되는 피난 유도 표시부는 매립하는 방식을 사용할 것

④ [광원 점등 방식의 경우] 전원 설치 기준
- 비상 전원이 상시 충전 상태를 유지하도록 설치

⑤ [광원 점등 방식의 경우] 점등 기준
- 수신기로부터의 화재 신호 및 수동 조작에 의하여 광원이 점등되도록 설치

02절 비상 조명등

1. 개요

(1) 분류 기준
피난 보조 설비 중 피난 경로를 유도하는 용도가 아닌 조명을 확보하기 위한 설비를 말한다.

(2) 비상 조명등의 정의
"비상 조명등"이란 화재 발생 등에 따른 정전 시 안전하고 원활한 피난 활동을 할 수 있도록 거실 및 피난 통로 등에 설치되어 자동 점등하는 조명을 말한다.

(3) 휴대용 조명등의 정의
"휴대용 비상 조명등"이란 화재 발생 등으로 정전 시 안전하고 원활한 피난을 위하여 피난자가 휴대할 수 있는 조명등이다.

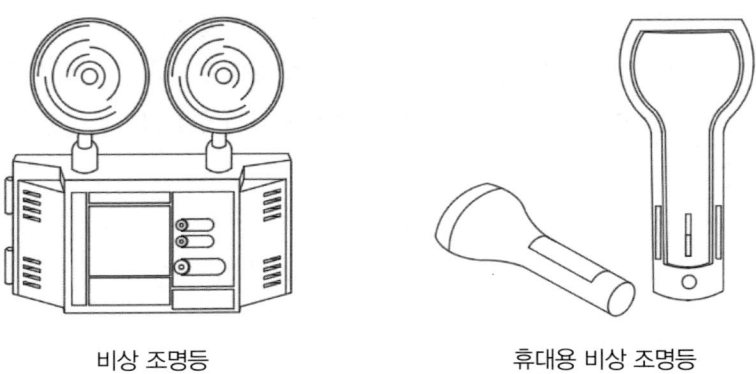

비상 조명등 　　　　　 휴대용 비상 조명등

2. 비상 조명등

(1) 비상 조명등의 설치 기준

① 설치 대상
- 500m 이상의 터널
- 5층 이상이면서 연면적 3,000㎡ 이상
- 지하층 또는 무창층이면서 바닥면적이 450㎡ 이상

② 설치 면제 대상
- 거실의 각 부분으로부터 하나의 출입구에 이르는 보행 거리가 15m 이내인 부분
- 의원, 경기장, 공동주택, 의료시설, 학교의 거실

③ 비상 조명등의 설치 장소

비상 조명등의 경우 거실로부터 지상에 이르는 복도, 계단 및 그 밖의 통로 구간에 설치하고 있으며, 예비 전원이 내장하지 않은 경우에는 점검이 편리하고 화재 및 침수 등의 재해로 인한 피해를 받을 우려가 없는 곳에 설치해야 한다.

(2) 비상 조명등의 성능 기준

① 조명 기준
- 조도는 비상 조명등이 설치된 장소의 각 부분의 바닥에서 1ℓx 이상이 되도록 할 것.
- 유도등의 유효범위(유도등의 조도가 바닥에서 1ℓx에 이상이 되는 범위)에서는 설치를 하지 않아도 된다.

② 작동 시간[20분 이상]
- 예비 전원과 비상 전원은 비상 조명등을 20분 이상 유효하게 작동시킬 수 있는 용량으로 할 것

③ 작동 시간[60분 이상] 다음의 소방 대상물의 경우
- 지하층을 제외한 층수가 11층 이상인 층
- 지하층 또는 무창층으로서 용도가 여객자동차터미널, 지하역사 또는 지하상가, 도매시장(소매시장)

암기팁 대동여지도 - 대피를 하면서 불을 밝혀 대동여지도를 보다!

(3) 비상 조명등의 전원 기준

① 정전 시에 동작하므로 상용전원으로부터 전력의 공급이 중단된 때에는 자동으로 비상 전원으로 전력을 공급받을 수 있도록 해야 한다.

② 비상 전원의 설치
- 비상 전원의 설치 장소는 다른 장소와 방화구획 할 것. 이 경우 그 장소에는 비상 전원의 공급에 필요한 기구나 설비 외의 것을 두어선 안 된다.
- 비상 전원을 실내에 설치할 때는 그 실내에 비상 조명등을 설치할 것.

③ 예비 전원 내장하는 경우
- 평상시 점등 여부를 확인할 수 있는 점검 스위치를 설치하고 해당 조명등을 유효하게 작동시킬 수 있는 용량의 축전지와 예비 전원 충전 장치를 내장할 것.

④ 예비 전원을 내장하지 않은 경우
- 비상 조명등의 비상 전원은 자가발전설비, 축전지 설비 또는 전기저장장치를 다음의 기준에 따라 설치해야 한다.

3. 휴대용 비상 조명등

(1) 휴대용 비상 조명등의 설치 대상과 그 기준

① 설치하는 경우

설치 대상	설치 개수	비고
숙박 시설 또는 다중 이용 업소	1개 이상	객실 또는 영업장 안의 구획된 실마다 잘 보이는 곳
대규모 점포와 영화 상영관	3개 이상	보행 거리 50m 이내 마다 설치
지하상가 및 지하역사	3개 이상	보행 거리 25m 이내 마다 설치

② 설치 면제 형태
- 지상 1층 또는 피난층으로서 복도 및 통로 또는 창문 등의 개구부를 통하여 피난이 용이한 경우
- 숙박시설로서 복도에 비상 조명등을 설치한 경우

(2) 휴대용 비상 조명등의 성능 기준

① 외함 기준
- 어둠 속에서도 위치를 확인할 수 있어야 한다.
- 사용시에 자동으로 점등되는 구조여야 한다.
- 난연 성능이 있어야 한다.

② 전원 기준
- 건전지를 사용하는 경우에는 방전 방지 조치를 해야 하고, 충전식 배터리의 경우에는 상시 충전되도록 해야 한다.
- 건전지 및 충전식 배터리의 용량은 20분 이상 유효하게 사용할 수 있는 것으로 해야 한다.

출제예상문제

01 경사강하식 구조대의 구조 기준 중 틀린 것은?

① 손잡이는 출구 부근에 좌우 각 3개 이상 균일한 간격으로 견고하게 부착하여야 한다.
② 입구틀 및 고정틀의 입구는 지름 30[cm] 이상의 구체가 통과할 수 있어야 한다.
③ 구조대 본체의 활강부는 낙하방지를 위해 포를 2중 구조로 하거나 또는 망목의 변의 길이가 8[cm] 이하인 망을 설치하여야 한다.
④ 구조대 본체의 끝부분에는 길이 4[m] 이상, 지름 4[mm] 이상의 유도선을 부착하여야 하며, 유도선 끝에는 중량 3[N] 이상의 모래 주머니 등을 설치해야 한다.

1) 입구틀 및 고정틀의 입구는 지름 60[cm] 이상의 구체가 통과할 수 있어야 한다. (성인 남자 머리의 둘레 표준이 보통 50~60[cm]이고, 이를 반영한 크기로 볼 수 있다.)
2) 손잡이는 3개 이상 부착되어야 한다.

암기팁 커다란 물고기의 이빨을 상상하자. (너무 과한 공부를 할 필요가 없다. 아래 구조와 앞에 나온 보기 정도만을 확인하자.)

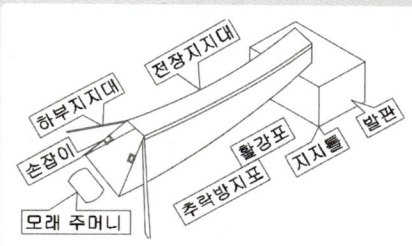

02 휴대용비상조명등 설치 높이는?

① 0.8[m] ~ 1.0[m]
② 0.8[m] ~ 1.5[m]
③ 1.0[m] ~ 1.5[m]
④ 1.0[m] ~ 1.8[m]

휴대용 비상 조명등의 설치 높이는 손에 닿기 좋은 0.8[m] ~ 1.5[m]에 해당한다.

정답 01.② 02.②

출제예상문제

03 비상전원이 비상조명등을 60분 이상 유효하게 작동시킬 수 있는 용량으로 하지 않아도 되는 특정소방대상물은?

① 지하상가
② 숙박시설
③ 무창층으로서 용도가 소매시장
④ 지하층을 제외한 층수가 11층 이상의 층

> 비상 조명등은 아래 조건에서 60분 이상 용량이 필요하다.
> a. 11층 이상
> b. **암기팁** 대동여지도
>   - 대동(지하층 및 무창층 이면서)
>   - 여객자동차터미널
>   - 지하역사, 지하 상가
>   - 도매시장(반대는 '소매시장')

04 유도등 및 유도표지의 화재안전기준(NFSC 303)에 따라 운동시설에 설치하지 아니할 수 있는 유도등은?

① 통로유도등
② 객석유도등
③ 대형피난구유도등
④ 중형피난구유도등

유도등 및 유도 표지의 화재 안전 기준

설치 장소	유도등 및 유도표지
큰 홀이 있는 곳 • 공연장, 집회장, • 운동시설, • 유흥주점 영업시설	• 대형 피난구 유도등 • 통로 유도등 • 객석 유도등
긴 복도가 있는 곳 • 관광 숙박업 • 의료시설 • 판매시설, 위락시설 • 전시장 • 지하상가, 지하역사 • 운수시설, 장례식장	• 대형 피난구 유도등 • 통로 유도등
개별의 실이 있는 곳 • 숙박시설, 오피스텔 • 지하층, 무창층 등 11층 이상의 부분	• 중형 피난구 유도등 • 통로 유도등

정답 03.② 04.④

05 유도등 및 유도표지의 화재안전기준(NFSC 303)에 따라 광원점등방식 피난유도선의 설치기준으로 틀린 것은?

① 구획된 각 실로부터 주출입구 또는 비상구까지 설치할 것
② 피난유도 표시부는 바닥으로부터 높이 1[m] 이하의 위치 또는 바닥 면에 설치할 것
③ 피난유도 제어부는 조작 및 관리가 용이도록 바닥으로부터 0.8[m] 이상 1.5[m] 이하의 높이에 설치할 것
④ 피난유도 표시부는 50[cm] 이내의 간격으로 연속되도록 설치하되 실내장식물 등으로 설치가 곤란할 경우 2[m] 이내로 설치할 것

1) 광원 점등 방식 피난 유도선의 설치 기준의 경우 중 실내 장식물로 인해 가려졌는데 4배나 늘리는 건 말이 안된다. 1[m] 이내로 설치하면 된다.
2) 축광 방식의 경우를 종합한 그림을 참조하기 바란다.

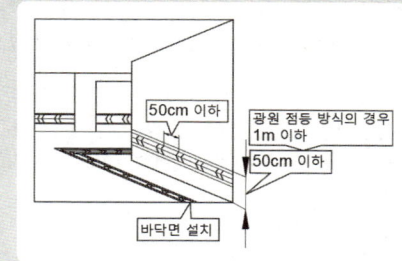

06 유도등의 우수품질인증 기술기준에 따른 유도등의 일반구조에 대한 내용이다. 다음 ( )에 들어갈 내용으로 옳은 것은?

전선의 굵기는 인출선의 경우에는 단면적이 (A)[mm^2] 이상, 인출선 외의 경우에는 면적이 (B)[mm^2] 이상이어야 한다.

① A 0.75, B 0.5
② A 0.75, B 0.75
③ A 1.25, B 0.75
④ A 1.25, B 1.5

1) 전선의 굵기는 인출선 3/4[mm^2] 이상, 기타 1/2[mm^2] 이상
2) 인출선의 길이는 150[mm] 이상으로 선정

정답 05.④ 06.①

출제예상문제

07 비상조명등의 화재안전기준(NFSC 304)에 따른 휴대용비상조명등의 설치기준이다. 다음 ( )에 들어갈 내용으로 옳은 것은?

> 지하상가 및 지하역사에는 보행거리 (A)[m] 이내마다 (B)개 이상 설치할 것.

① A 25, B 2
② A 25, B 3
③ A 25, B 1
④ A 50, B 1

1) 휴대용 조명등은 각 개인의 조도 확보를 목적으로 한다. 구별된 실에서는 추종자가 되는 것이 아닌 각 개인이 피난구를 찾아야 한다.
2) 지하 상가, 역사는 한 사람이 소형 소화기(보행 거리 20m), 한 사람이 휴대용 조명등(보행거리 25m)를 지니고, 한 사람이 대형 소화기(보행거리 30m)를 끌고 이동한다고 생각하자.
3) 대규모 점포와 영화관에서는 1/2배만 배치하면 된다. 따라서 배치의 기준을 보행거리를 2배 늘려 유지한다.
4) 설치 기준

설치 개수	설치 장소
1개 이상	숙박시설 또는 다중 이용 업소에는 객실 또는 영업장 안의 구획된 실마다 잘 보이는 곳 (외부에 설치시 출입문 손잡이로부터 1m 이내)
3개 이상	지하 상가 및 지하 역사의 보행 거리 25m 이내 마다 설치한다. 대규모 점포 및 영화 상영관의 보행거리는 50m 이내 마다 설치한다.

08 유도등 및 유도표지의 화재안전기준(NFSC 303)에 따라 설치하는 유도표지는 계단에 설치하는 것을 제외하고는 각층마다 복도 및 통로의 각 부분으로부터 하나의 유도표지까지의 보행거리가 몇 [m] 이하가 되는 곳과 구부러진 모퉁이의 벽에 설치하여야 하는가?

① 10
② 15
③ 20
④ 25

1) 피난 구조 설비의 보행거리에 대해 유도 표지는 15[m] 이하, 유도등은 20[m] 이하
2) 구부러진 모퉁이의 벽에 설치한다.
3) 주위에 등화, 광고물, 게시물 등을 설치해선 안된다.

정답 07.② 08.②

09 피난구 유도등의 설치 제외 기준 중 틀린 것은?

① 거실 각 부분으로부터 하나의 출입구에 이르는 보행 거리가 20[m] 이하이고 비상 조명등과 유도 표지가 설치된 거실의 출입구
② 바닥 면적이 1000[m²] 미만인 층으로서 옥내로부터 직접 지상으로 하는 출입구(외부의 식별이 용이하지 않은 경우에 한함.)
③ 출입구가 3 이상 있는 거실로서 그 거실 각 부분으로부터 하나의 추입구에 이르는 보행거리가 20[m] 이하인 경우에는 주된 출입구 2개소외의 출입구(유도 표지가 부착된 출입구)
④ 대각선 길이가 15[m] 이내인 구획된 실의 출입구

보행거리는 20[m] 이하가 아닌 30[m] 이하이다. 이는 대형 소화기를 기준으로 생각해야 한다.

10 통로 유도등은 소방 대상물의 각 거실과 그로부터 지상에 이르는 복도 또는 계단의 통로에 설치하여야 한다. 다음 중 설치 기준으로 옳지 않은 것은?

① 계단 통로 유도등은 바닥으로부터 1[m] 이하의 위치에 설치할 것.
② 거실 통로 유도등은 바닥으로부터 높이 1[m] 이하의 위치에 설치할 것.
③ 복도 통로 유도등은 구부러진 모퉁이 및 보행 거리 20[m]마다 설치할 것.
④ 거실 통로 유도등은 구부러진 모퉁이 및 보행 거리 20[m]마다 설치할 것.

1) 거실 통로 유도등은 바닥으로부터 1[m] 이하가 아닌 1.5[m] 이상에 해당한다.
2) 설치 높이 기준
  → 눈을 아래를 보는 상황인 대피 상황에선 1[m] 이하 : 계단 통로 유도등, 복도 통로 유도등, 통로 유도 표지
  → 눈을 위에 두는 상황인 대피 상황에선 1.5[m] 이상 : 피난구 유도등, 거실 통로 유도등 (기둥이 있는 경우 기둥 자체가 시야를 살피게 하므로 1.5[m] 이하에 해당한다.)

정답 09.③ 10.②

Chapter 03 소화 활동 설비

01절 비상 전원 및 비상 콘센트

1. 개요

(1) 분류 기준

소화 활동 설비는 화재 시에 출동한 소방대의 소화 활동에 필요한 설비들이다. 전원을 공급하거나 연기를 제거하거나 통신을 제공하는 설비이며, 그 중에 전원을 공급하는 설비가 비상 콘센트 설비이다.

(2) 비상 콘센트 설비의 정의

비상 콘센트 설비는 화재 시 출동한 소방대의 소화 활동에 필요한 전원을 전용회선으로 공급하는 설비를 말한다. (비상 전원과 구별되기 때문에 혼동하지 않도록 주의하기 바란다.)

(3) 비상 콘센트 설비의 설치

바닥 면적에서 먼저 구분하는데, 수평 이동 반경에 따라 구분하기 때문이다.

① 바닥 면적 1000㎡ 미만인 경우
- 11층 이상의 층에 적용한다.
- 배치는 계단의 출입구에서 5m 이내로 설치한다.
- 2 이상의 계단 중 1개에 설치한다.

② 바닥 면적 1000㎡ 이상인 경우
- 11층 이상과 지하층에 적용한다.
- 배치는 계단의 출입구 또는 부속실에서 5m 이내로 설치한다.
- 3 이상의 계단 중 1개에 설치한다.
- 3000㎡ 이상인 지하층에 대해서는 25m 이내로 적용한다.

③ 지하가 중의 터널
- 길이가 500m 이상일 때 적용한다.
- 차량 주행 방향 측벽 길이 50m 이내에 설치한다.
- 지하 상가에 대해서는 수평 거리는 25m 이내를 적용한다.

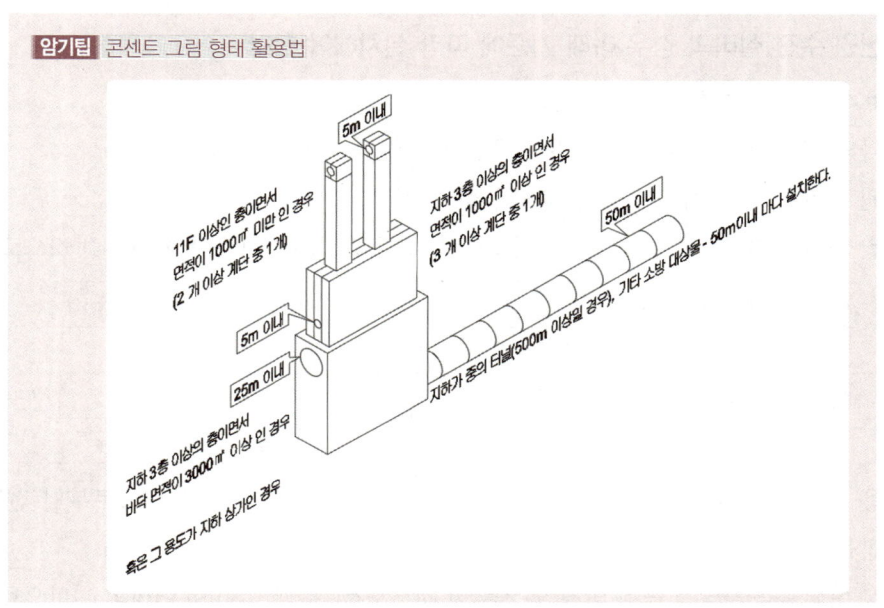

(4) 설치 방법

① 결속 및 조작이 편한 0.8m에서 1.5m의 높이로 설치한다.

② 상용 전원 회로의 배선은 전용 배선으로 하고, 사용 전원의 상시 공급에 지장이 없도록 하여야 한다.

2. 비상 콘센트의 성능 기준

(1) 비상 전원 설치 대상

비상 콘센트 설비에 자가 발전 설비, 전기 저장 장치, 축전지 설비 또는 비상 전원 수전 설비를 비상 전원으로 설치할 것.

① 지하층을 제외한 층수가 7층 이상이면서 연면적 2,000㎡ 이상

② 지하층의 바닥 면적 합계가 3,000㎡ 이상

(2) 비상 전원 설치 면제 대상
① 2 이상의 변전소에서 전력을 동시에 공급받을 수 있는 경우
② 하나의 변전소로부터 전력의 공급이 중단되는 때에는 자동으로 다른 변전소로부터 전력을 공급 받을 수 있도록 상용 전원을 설치한 경우

(3) 비상 전원 수전 설비의 경우 아래 기준에 따라 설치해야 한다.
① 유효하게 20분 이상 작동시킬 수 있는 용량이 있을 것.
② 하나의 전용 회로에 설치하는 비상 콘센트는 10개 이하로 할 것.
③ 전원 회로는 각 층에 2 이상이 되도록 설치할 것.
④ 전원 회로의 단상 교류는 220V인 것으로서, 그 공급 용량은 1.5kVA 이상인 것으로 할 것.

비상 콘센트 수량	공급 용량
1EA	1.5kVA 이상
2EA	3.0kVA 이상
3EA ~ 10EA	4.5kVA 이상

⑤ 상용 전원으로부터 전력의 공급이 중단된 때에는 자동으로 비상 전원으로부터 전원을 공급받을 수 있어야 할 것.
⑥ 비상 콘센트용 풀박스 등은 방청 도장을 한 것으로서, 두께 1.6mm 이상의 철판으로 할 것. (기출문제를 확인하여 전반적인 설비의 두께를 확인하자.)
⑦ 전원 회로는 주배전반에서 전용회로로 할 것.
⑧ 전원회로의 배선은 내화 배선으로, 그 밖의 배선은 내화 배선 또는 내열배선으로 설치할 것.
⑨ 비상 콘센트의 플러그 접속기 공사
- 접지형 2극 플러그 접속기 사용할 것.
- 칼받이의 접지극에는 접지 공사를 할 것.

암기팁 시공을 한다고 생각하면서 각 구성 요소를 확인하여야 이해가 쉽다.

02절 무선통신 보조설비

1. 개요

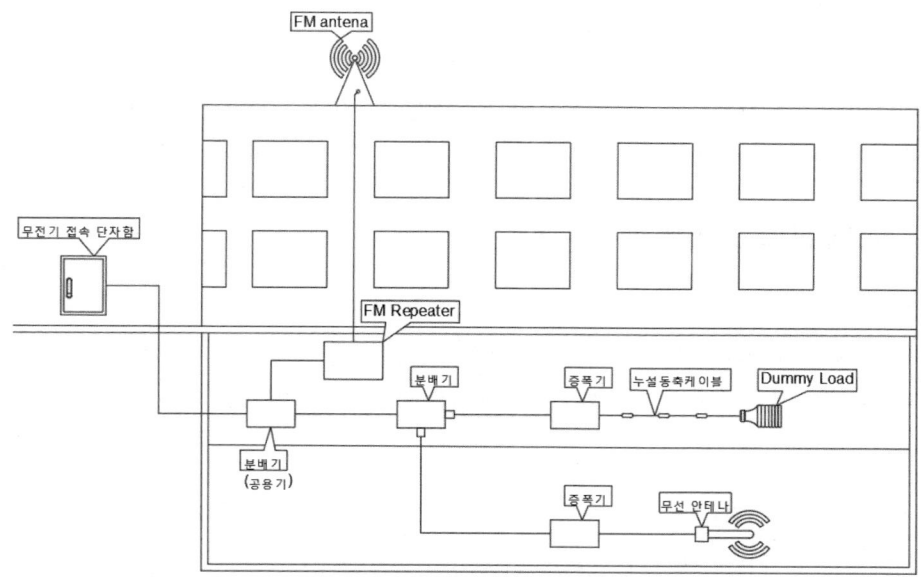

(1) 분류 기준

소화 활동 설비는 화재 시에 출동한 소방대의 소화 활동에 필요한 설비들이다. 전원을 공급하거나 연기를 제거하거나 통신을 제공하는 설비이며, 그 중에 통신을 공급하는 설비가 무선 통신 보조 설비이다.

(2) 무선 통신 보조 설비의 정의

무선 통신 보조 설비는 소방대 상호 간에 모든 부분에서 유효하게 통신이 가능하도록 음영지역을 해소하는 소화 활동 설비이다.

(3) 설치 대상

① 음영지역이 존재하는 건축물
- 터널 500m 이상
- 지하가로 연면적 1000㎡ 이상
- 지하 3층 이상이면서 1000㎡ 이상
- 지하 1층 이상이면서 바닥면적 3,000㎡ 이상

② 지휘소가 멀리 떨어질 우려가 존재하는 곳
- 30층 이상 건축물 중 16층 이상
- 공동구

(4) 설치 예외 대상

① 지하층으로 특정 소방 대상물의 바닥 부분 2면 이상이 지표면과 동일
② 지표면으로부터의 깊이가 1m 이하인 경우에는 해당 층

위 두 가지 조항에 해당할 시 무선 통신 보조 설비를 설치하지 아니할 수 있다.

2. 동축 케이블과 누설 동축 케이블

(1) 개요

① '누설 동축 케이블'이란 동축케이블의 외부 도체에 가느다란 홈을 만들어서 전파가 균일하게 외부로 방사될 수 있도록 한 케이블을 말한다. 터널, 지하철역 등 폭이 좁고 긴 지하가나 건축물에 적합하다.

② '동축 케이블'이란 전기 신호를 전송할 수 있는 데이터 통신에 사용되는 전송선로이며, 직류를 포함한 저주파에서 수십 MHz의 고주파까지의 전기신호를 전송할 수 있다.

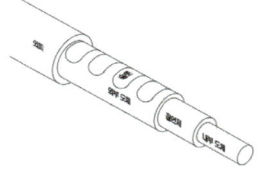

누설 동축 케이블(Radiax Cable 기준)

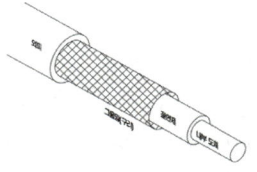

동축 케이블

(2) 연결 방식

① 누설 동축 케이블과 이에 접속하는 안테나
② 동축 케이블과 이에 접속하는 안테나

(3) 케이블 피복

① 불연 또는 난연성의 것으로서 습기 등의 환경 조건에 따라 전기의 특성이 변질되지 않는 것으로 할 것.
② 노출하여 설치한 경우에는 피난 및 통행에 장애가 없도록 해야 한다.

(4) 설치

① 지지물의 경우 4m 이내마다 금속제 또는 자기제 등의 지지 금구로 벽, 천장, 기둥 등에 견고하게 고정 (불연 재료로 구획된 반자 안에 설치하는 경우는 예외)

② 이격 거리 유지 – 고압의 전로로부터 1.5m 이상 떨어진 위치에 설치한다. (다만, 해당 전로에 정전기 차폐장치를 유효하게 설치한 경우 그렇지 않다.)

③ 증폭기의 전면에는 주회로의 전원이 정상인지의 여부를 표시하는 표시등 및 전압계를 설치한다.

④ 전자파의 반사로 인한 전자파 메아리 현상을 방지하고자 무반사 종단 저항을 견고하게 설치한다.

> **암기팁** 2, 3, 4로 기억하자. 4m 이내 지지와 3/2 이상 떨어뜨린다.

⑤ 케이블의 임피던스는 50Ω 으로 하여야 한다. 이에 접속하는 안테나, 분배기 기타의 장치는 해당 임피던스에 적합한 것 선정.(임피던스 매칭을 통한 반사 손실을 최소화하기 위하여 설치한다.)

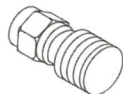

무반사 종단 저항

3. 분파기

(1) '분파기'란, 서로 다른 주파수의 합성된 신호를 분리하기 위해서 사용하는 장치를 말한다. (주파수를 분리 시키는 기계)

(2) 먼지 및 습기, 부식 등에 따라 기능에 이상을 가져오지 않도록 해야 한다.

(3) 점검이 편리하고 화재 등의 재해로 인한 피해의 우려가 없는 장소에 설치해야 한다.

4. 분배기

(1) '분배기'란 '신호의 전송로가 소방 외에도 다양한 설비의 주파수로 인해 송신 장애가 발생할 수 있다.'는 점, 또한 '하나의 Radiax Cable을 설치하여 겸용이 가능하다.'는 점으로 인해 필요한 설비이다. 이러한 다양한 주파수를 간섭없이 분리할 때 사용하게 되는 것으로, 임피던스 매칭과 신호 균등 분배가 가능하다.

(2) 먼지 및 습기, 부식 등에 따라 기능에 이상을 가져오지 않도록 해야 한다.

(3) 점검이 편리하고 화재 등의 재해로 인한 피해의 우려가 없는 장소에 설치해야 한다.
(임피던스 매칭이란? 전기 부하의 입력 임피던스 또는 그와 일치하는 소스의 출력 임피던스를 설계하기 위한 방법이다. 부하의 신호 반사를 최소화하고, 전력 공급을 최대화하기 위해 사용한다.)

5. 혼합기

(1) '혼합기'란 둘 이상의 입력신호를 원하는 비율로 조합한 출력이 발생하도록 하는 장치를 말한다.

(2) 먼지 및 습기, 부식 등에 따라 기능에 이상을 가져오지 않도록 해야 한다.

(3) 점검이 편리하고 화재 등의 재해로 인한 피해의 우려가 없는 장소에 설치해야 한다.

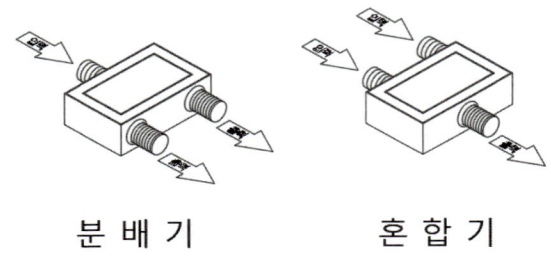

분 배 기   혼 합 기

6. 무선 중계기

안테나를 통하여 수신된 무전기 신호를 증폭한 후 음영지역에 재방사하여 무전기 상호 간 송수신이 가능하도록 하는 장치를 말한다.

7. 옥외안테나

(1) '옥외 안테나'란 감시제어반 등에 설치된 무선 중계기의 입력과 출력 포트에 연결되어 송신, 수신 신호를 원활하게 방사, 수신하기 위해 옥외에 설치하는 장치를 말한다.

(2) 수신기가 설치된 장소 등 사람이 상시 근무하는 장소에는 옥외 안테나의 위치가 모두 표시된 옥외 안테나 [위치 표시도]를 비치해야 한다.

(3) 옥외 안테나는 견고하게 파손의 우려가 없는 곳에 설치하고 그 가까운 곳의 보기 쉬운 곳에 "무선통신보조설비 안테나"라는 표시와 함께 통신 가능거리를 표시한 표지를 설치해야 한다.

(4) 건축물, 지하가, 터널 또는 공동구의 출입구와 출입구 인근에서 통신이 가능한 장소에 설치해야 한다.

8. 설치

(1) 설치 방식

① 동축 케이블과 누설 동축 케이블을 조합한 방식 : 누설 동축 케이블을 이용한 방식으로, 케이블을 노출시켜 설치하는 방식이다.

② 동축 케이블과 공중선을 조합한 방식 : 케이블이 아닌 안테나에서 전파를 송신과 수신을 하는 방식이다.

③ 누설 동축 케이블 및 공중선을 조합한 방식 : 누설 동축 케이블과 안테나 방식을 혼합한 방식이다.

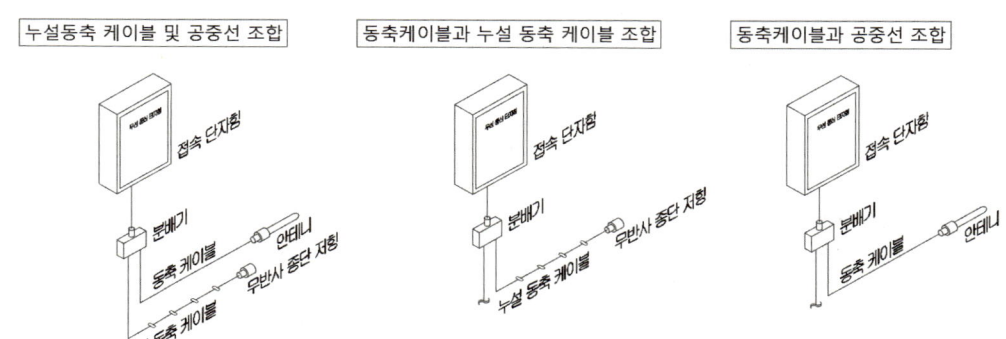

출제예상문제

01 무선통신보조설비의 화재안전기준(NFSC 505)에 따라 금속제 지지금구를 사용하여 무선통신 보조설비의 누설동축케이블을 벽에 고정시키고자 하는 경우 몇 [m] 이내마다 고정시켜야 하는가? (단, 불연재료로 구획된 반자 안에 설치하는 경우는 제외한다.)

① 2   ② 3   ③ 4   ④ 8

> 1) 선이 걸려있으면 4[m], 파이프가 걸려 있으면 8[m] 이는 아래 기준에 따른다.
> 2) 무선통신보조설비의 화재안전기준(NFSC 505) 금속제 지지금구를 사용하여 무선통신 보조설비의 누설 동축케이블을 벽에 고정시키고자 하는 경우 몇 4[m] 이내마다 금속제 또는 자기제 등의 지지금구로 벽, 천장, 기둥 등에 견고하게 고정시켜야 한다.

02 무선통신보조설비의 화재안전기준(NFSC 505)에 따른 무선기기의 접속 단자에 대한 시설기준이다. 다음 (   )에 들어갈 내용으로 옳은 것은?

> 지상에 설치하는 접속단자는 보행거리 (A)[m] 이내마다 설치하고, 다른 용도로 사용되는 접속 단자에서 (B)[m] 이상의 거리를 둘 것.

① A 300, B 3   ② A 300, B 5
③ A 500, B 3   ④ A 500, B 5

> 1) 지상에 설치하는 접속 단자는 보행 거리 300[m] 이내마다 설치하고, 다른 용도로 사용되는 접속 단자에서 5[m] 이상의 거리를 둘 것.
> 2) 이는 전파법에 의거한 내용으로 암기가 요구된다.

03 소방시설용 비상전원수전설비의 화재안전기준(NFSC 602)에 따라 소방시설용 비상전원 수전설비에서 소방회로 및 일반회로 겸용의 것으로서 수전설비, 변전설비 그 밖의 기기 및 배선을 금속제 외함에 수납한 것은?

① 공용 분전반   ② 전용 배전반
③ 공용 큐비클식   ④ 전용 큐비클식

> • 특별고압 또는 고압으로 수전하는 경우 기술 기준
>   a. 비상 전원 수전 설비는 방화 구획형, 옥외 개방형, 큐비클형으로 선정한다.(피해 최소화)
>   b. 전용의 방화구획을 설치한다.
> • 큐비클식 구분
>   a. '전용 큐비클식'은 소방 회로만을 금속 외함에 수납.
>   b. '공용 큐비클실'은 소방과 일반 회로를 모두 함께 금속 외함에 수납한 것이다.

정답 01.③ 02.② 03.③

04 비상콘센트설비의 화재안전기준(NFSC 504) 에 따른 비상콘센트의 시설기준에 적합하지 않은 것은?

① 바닥으로부터 높이 1.45[m]에 움직이지 않게 고정시켜 설치된 경우
② 바닥면적이 800[m^2]인 층의 계단의 출입구로부터 4[m]에 설치된 경우
③ 바닥면적의 합계가 12,000[m^2]인 지하상가의 수평 거리 30[m]마다 추가 설치된 경우
④ 바닥면적의 합계가 2,500[m^2]인 지하층의 수평거리 40m마다 추가로 설치한 경우

1) 비상 콘센트의 수평 거리는 5m, 25[m], 50[m]이다. 이는 발신기의 설치 위치를 떠올리면 이해하기 쉽다. 다만, 아래 법규에서 안내하는 부분과 같이 5[m] 기준과 50[m] 기준이 별도로 개설되어 있다. (릴선 없이 장비를 사용하기 위함이다.)
2) 아파트 또는 바닥면적이 1000[m^2] 미만인 층은 각 계단의 출입구로부터 5m 이내에,(2개 계단이 있으면 1개의 계단) 바닥면적이 1000[m^2] 이상인 층은 각 계단의 출입구 또는 계단 부속실의 출입구로부터 5[m] 이내에 설치하되, 그 비상 콘센트로부터 그 층의 각 부분까지의 거리가 다음의 기준을 초과하는 경우에는 그 기준 이하가 되도록 비상 콘센트를 추가 설치할 것.
  a. 지하상가 또는 지하층의 바닥 면적의 합계가 3000[m^2] 이상인 것은 수평거리 25[m]
  b. (a)에 해당하지 않으면 수평거리 50[m]

05 무선통신보조설비의 화재안전기준(NFSC 505) 에 따라 서로 다른 주파수의 합성된 신호를 분리하기 위하여 사용하는 장치는?

① 분배기　　② 혼합기　　③ 증폭기　　④ 분파기

1) 용어 정리

혼합기	신호의 전송로가 분기되는 장소에 설치하는 장치
분배기	서로 다른 주파수의 합성된 신호를 분리하기 위해사용하는 장치
분파기	서로 다른 주파수의 합성된 신호를 분리하기 위해 사용하는 장치
증폭기	입력 신호의 에너지를 증가시켜 출력 측에 큰 에너지의 변화로 출력하는 장치
옥외 안테나	감시 제어반 등에 설치된 무선중계기의 입력과 출력포트에 연결되어 송수신 신호를 원활하게 방사·수신하기 위해 옥외에 설치하는 장치

06 비상콘센트설비의 화재안전기준(NFSC 504) 에 따라 비상콘센트설비의 전원부와 외함 사이의 절연저항은 전원부와 외함 사이를 500[V] 절연저항계로 측정할 때 몇 [MΩ] 이상 이어야 하는가?

① 0.1　　② 20　　③ 50　　④ 1,000

정답 04.③ 05.④ 06.②

출제예상문제

> 1) 방재실 내부 구성은 500[V]의 직류 시험 전압을 가했을 때 5[MΩ] 이상이어야 한다. (누전 경보기, 가스 누설 경보기, 자동화재속보설비, 유도등, 비상 조명등) + (수신기, 비상경보)
> 2) 발신기 내부 구성은 500[V]의 직류 시험 전압을 가했을 때 20[MΩ] 이상이어야 한다. (경종, 발신기, 중계기, 비상 콘센트) (기기의 절연된 선로 간, 기기의 충전부와 비충전 부 간, 기기의 교류 입력측과 외함 간)
> 3) 감지기는 500[V]의 직류 시험 전압을 가했을 때 50[MΩ] 이상이어야 한다.
> **암기팁** 방재실을 지나서 계단실을 지나고 발신기실을 지나서 감지기를 지난다. 걸음 수를 떠올려보자.
> +) 직류 250[V]로 가하는 1 경계 구역의 절연 저항은 0.1[MΩ] 이상이어야 한다.

07 비상콘센트설비의 화재안전기준(NFSC 504)에 따라 하나의 전용회로에 단상교류 비상콘센트 6개를 연결하는 경우, 전선의 용량은 몇 [kVA] 이상이어야 하는가?

① 1.5   ② 3   ③ 4.5   ④ 9

> 1) 비상 콘센트의 용량은 아래 표에 따른다.
>
> | 설치하는 비상 콘센트 수량 | 단상 전선의 용량 |
> |---|---|
> | 1개 | 1.5[kVA] 이상 |
> | 2개 | 3.0[kVA] 이상 |
> | 3개~10개 | 4.5[kVA] 이상 |
>
> 2) 전원 회로는 각 층에 있어서 2 이상이 되도록 설치할 것.(단, 설치하여야 할 층의 콘센트가 1개인 때에는 하나의 회로로 할 수 있다.) (하나가 고장일 때 다른 콘센트는 사용할 수 있어야 하기 때문이다.)
> 3) 전원으로부터 각 층의 비상 콘센트에 분기되는 경우에는 분기 배선용 차단기를 보호함 안에 설치해야 한다.

08 무선통신보조설비의 화재안전기준(NFSC 505)에 따라 무선통신보조설비의 누설동축케이블 및 동축케이블은 화재에 따라 해당 케이블의 피복이 소실된 경우에 케이블 본체가 떨어지지 아니하도록 몇 [m] 이내마다 금속제 또는 자기제등의 지지금구로 벽·천장·기둥 등에 견고하게 고정시켜야 하는가? (단, 불연재료로 구획된 반자 안에 설치하지 않은 경우이다.)

① 1.5   ② 2.0   ③ 2.5   ④ 4.5

> 1) 고압의 전로로부터 3/2[m] 이상 떨어진 위치에 설치.
> 2) 4[m] 이내 마다 금속제 또는 자기제 등의 지지금구로 벽, 천장, 기둥 등에 견고하게 고정시킬 것.
> 3) 임피던스는 50[Ω]의 것이어야 한다.

정답 07.③ 08.②

09 비상 콘센트 설비의 성능인증 및 제품검사의 기술기준에 따라 절연저항 시험부위의 절연내력은 정격전압 150[V] 이하의 경우 60[Hz]의 정현파에 가까운 실효전압 1000[V] 교류전압을 가하는 시험에서 몇 분간 견디는 것이어야 하는가?

① 1   ② 10   ③ 30   ④ 60

> 1) 절연 내력 시험
>   ㅁ. 측정 방법 : 전원부와 외함 사이에 실효 전압을 가하고 1분 이상 견디는지를 확인한다.
>   a. 150V 이하 - 1000[V]의 실효 전압
>   b. 150V 이상 - $2V_n + 1000$[V]의 실효 전압
> 2) 절연 저항 시험
>   ㅁ. 전원부와 외함 사이를 500[V] 절연 저항계로 측정하여 20[MΩ] 이상일 것.

10 비상콘센트설비의 성능인증 및 제품검사의 기술기준에 따른 표시등의 구조 및 기능에 대한 내용이다. 다음 (   )에 들어갈 내용으로 옳은 것은?

> 적색으로 표시되어야 하며 주위의 밝기가 (A)[lx] 이상인 장소에서 측정하여 앞면으로부터 (B)[m] 떨어진 곳에서 켜진 등이 확실히 식별되어야 한다.

① A 100,   B 1
② A 300,   B 3
③ A 500,   B 5
④ A 1000, B 10

> 비상 콘센트 설비 표시등 성능 기준
> a. 적색이며 300[lx] 이상인 장소에서 측정하여 앞면으로부터 3[m]떨어진 곳에서 켜진등이 확실히 식별되어야 한다.
> b. 전구는 사용전압의 130%인 교류 전압을 20시간 연속으로 가하는 경우 단선, 현저한 광속변화, 흑화, 전류의 저하 등이 발생해서는 안된다.
>
> 암기팁

정답 09.① 10.②

Part 05

과년도 기출문제

2023년 1회, 2회, 4회 소방설비기사(전기분야) CBT 복원
2024년 1회, 2회, 3회 소방설비기사(전기분야) CBT 복원
2025년 1회, 2회, 3회 소방설비기사(전기분야) CBT 복원

※ 2022년부터 시험방식이 CBT 방식으로 변경된 이후 과년도 기출문제는 유출이 어려워진 관계로 2022년 이후 과년도 문제들은 회원 수험생분들의 기억을 바탕으로 복원한 문제로 구성되어 있습니다. 일부 타 교재와 다른 문제가 있을 수 있는데 그 점은 수험생분들의 기억의 한계에서 오는 문제이니 오해 없으시길 바라며, 수험생의 기억과 과년도 문제를 종합적으로 분석하여 최대한 유사한 문제로 복원하여 구성하였으니, 교재를 믿고 공부해 주시면 좋은 성과가 있을 것으로 생각합니다.

2023년 1회 소방설비기사(전기분야) CBT 복원

【1과목】 소방원론

01 연소에 관한 설명으로 옳은 것은?

① 작열연소 : 화염이 없는 표면연소이다.
② 분해연소 : 유황이나 나프탈렌이 열분해되면서 일어나는 연소이다.
③ 증발연소 : 액체에서만 발생하는 연소형태로서 액면에서 비등하는 기체에서 발생한다.
④ 자기연소 : 제3류 위험물과 같이 물질 자체 내의 산소를 소모하는 연소로서 연소속도가 빠르다.

> **고체가연물의 연소**
> ① 분해연소
>   고체 가연물에 가열을 통한 열분해로 생성된 다양한 가연성 가스(기체)가 연소하는 형태이다.
>   **예** 목재, 종이, 섬유, 플라스틱 등 고분자물질 등
> ② 표면연소
>   고체의 표면에서 가연성 기체가 발생되지 않아 고체 표면에서 불꽃을 내지 않고 연소하는 형태이다. 불꽃연소에 비해 연소열량이 적고 연소속도가 느려 화재에 대한 위험성은 크지 않다.
>   **예** 목탄, 코크스, 금속분, 숯, 향, 담배 등
> ③ 증발연소
>   고체 가연물을 가열 할 때 열분해를 하지 않고 그대로 승화하여 연소하거나 액화 후 발생하는 가연성 증기가 연소하는 형태이다. 열분해 온도보다 융점온도가 더 낮은 물질의 경우에 해당한다.
>   **예** 유황, 나프탈렌, 파라핀(양초), 왁스류 등
> ④ 자기연소
>   가연물이면서 그 분자 내에 연소에 필요한 충분한 양의 산소 공급원을 함유하고 있는 물질의 연소형태이다. 외부의 산소 공급 없이도 연소가 진행될 수 있어 연소 속도가 매우 빨라 폭발적으로 연소한다.
>   **예** 질산에스테르류, 유기과산화물, 니트로화합물류 등 제5류 위험물

02 블레비(BLEVE)에 관한 설명으로 옳지 않은 것은?

① 가연물이 비점 이상으로 가열될 때 발생한다.
② 저장탱크의 기계적 강도 이상의 압력이 형성될 때 발생한다.
③ 저장탱크 균열로 인한 액상, 기상의 동적 평형 상태가 유지된다.
④ 저장탱크의 외부 표면에 열전도성이 작은 물질로 단열 조치하여 예방한다.

> **블레비 현상 (Boiling Liquid Expanding Vapor Explosion, BLEVE)**
> 액화가스를 저장하는 용기 주변에 화재 등의 발생으로 용기를 가열하는 경우 액화가스의 비등으로 압력이 급격히 상승한다. 이때 안전장치(안전밸브)를 통하여 이루어지는 압력의 완화율보다 **내부의 압력증가율이 큰 경우 용기의 균열, 파괴되는 현상**을 블레비 현상이라 한다(물리적 폭발). 또한 폭발 시 외부 화염에 의해 착화되어 거대한 화구를 형성하여 화염의 덩어리가 만들어지는데 이것을 화이어 볼(Fire ball)이라 한다(화학적 폭발). (참고 – 용기에 액체가 1/2에서 3/4까지 차 있을 때 많이 발생)

정답 01.① 02.③

1) BLEVE 현상 메카니즘

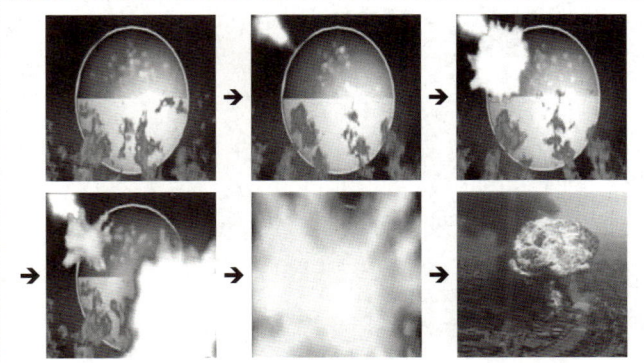

① 옥외 액화가스저장탱크 주위에 화재 발생
② 화재로 인한 열이 탱크를 가열(탱크 내 온도 상승)
③ 탱크 하부 액화가스를 가열 하여 증기 압력 상승(액온상승)
④ 액체가 없는 탱크 상부는 직접적인 열에 의해 강도가 떨어져 균열이 발생하여 외부로 가스 유출되어 탱크 내의 압력이 급격히 감소(연성파괴)
⑤ 과열된 액화가스는 격렬하게 인화성 액체를 비산시켜 탱크 내벽에 강한 충격을 줌(액격현상)
⑥ 체적의 약 200배 이상의 강한 팽창력에 의해 탱크 파열(취성파괴)
⑦ 외부로 분출된 대량의 가스는 외부 화염과 만나 큰 폭발을 일으키며 화이어 볼(Fire ball) 발생

2) BLEVE 현상 방지대책
① 탱크의 안쪽 벽면에 열전도율이 좋은 알루미늄 합금박판을 설치한다.
② 탱크 주위에 고정식 살수설비를(물분무설비 등) 설치하여 탱크의 온도 상승을 억제시킨다.
③ 탱크를 2중관(진공상태)으로 한다.
④ 탱크를 설치하는 지반에 경사도를 준다.
⑤ 탱크를 지하에 설치한다.

03 실내 일반화재 진행 과정에 관한 설명으로 옳은 것은?

① 화재 초기에는 실내 온도가 급격하게 상승하기 시작한다.
② 성장기에는 급속한 연소 진행으로 환기지배형 화재 양상이 나타난다.
③ 최성기에는 실내 화염이 최고조에 도달하나 실내 산소 부족으로 연소속도가 느려진다.
④ 감쇠기에는 화염의 급격한 소멸로 훈소 상태가 되어 백드래프트(back draft)의 위험이 없다.

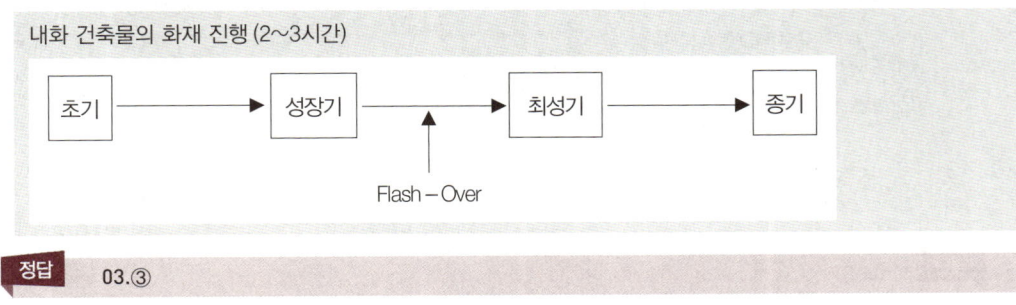

정답 03.③

1) 초기
   ① 목조에 비해 **기밀성(기밀도)**이 우수하여 완만한 연소 상태를 띤다.
   ② 산소량의 감소로 **불완전연소의 형태**를 띤다.
   ③ 다량의 연기가 실내를 채운다.
2) 성장기
   ① 화세가 점차 성장하여 실내의 온도가 상승하고(약 800[℃] 정도) 개구부가 파괴되는 시기이다.
   ② **연기가 백색에서 흑색으로 변한다.**
   ③ 실내에 순간적으로 화염이 충만하는 **플래시 오버(F·O)**가 발생하는 시기이다.

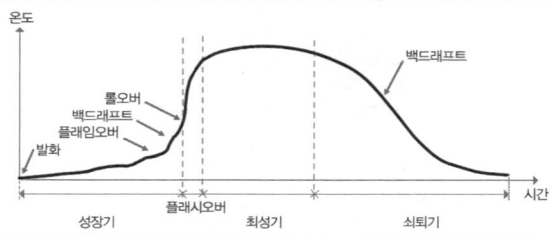

3) 최성기
   ① 화재실의 **최고온도가 약 1,000[℃]** 정도에 이른다.
   ② 목조에 비해 장시간 연소한다.
   ③ 건축 구조물이 무너져 내린다.(콘크리트 폭렬현상 발생)
   ④ 화재의 특징은 목조에 비해 **저온장기형**이다. (내화구조 자체의 화재의 특징은 **고온장기형**이다.)
4) 종기
   ① 화세가 약해지고, 연기의 양도 점차 줄어들며, 실내의 온도가 서서히 줄어드는 시기이다.
   ② 화염의 급격한 소멸로 훈소 상태가 되어 백드래프트(back draft)의 위험이 있다.

04 불완전연소에 관한 설명으로 옳지 않은 것은?

① 산소 과잉 상태에서 발생한다.
② 불꽃이 저온 물체와 접촉하여 온도가 내려갈 때 발생한다.
③ 일산화탄소, 그을음과 같은 연소생성물이 발생한다.
④ 연소실 내 배기가스의 배출이 불량할 때 발생한다.

산화정도에 의한 분류
1) 완전연소 : 공기 및 산소의 공급이 충분하여 불꽃의 온도가 높으며 가연성 가스가 완전히 산화되어 이산화탄소 등의 연소생성물이 발생되는 연소
2) 불완전연소 : 공기 및 산소의 공급이 불충분하여 불꽃의 온도가 낮으며 가연성 가스가 완전히 산화되지 못하여 일산화탄소, 그을음 등의 연소생성물이 발생되는 연소

정답 04.①

05 「위험물안전관리법」 및 같은 법 시행령, 시행규칙상 위험물의 지정수량과 위험등급의 연결이 옳지 않은 것은?

① 황린 - 20kg - Ⅰ등급
② 마그네슘 - 500kg - Ⅲ등급
③ 유기과산화물 - 10kg - Ⅰ등급
④ 과염소산 - 300kg - Ⅱ등급

> **품명 및 지정수량**
> - 제3류 위험물 : 황린 - 20kg
> - 제2류 위험물 : 마그네슘 - 500kg
> - 제5류 위험물 : 유기과산화물 - 10kg
> - 제6류 위험물 : 과염소산 - 300kg
>
> ※ **위험물의 위험등급**
> 1) 위험등급 Ⅰ 의 위험물
>   ① 제1류 위험물 중 아염소산염류, 염소산염류, 과염소산염류, 무기과산화물, 그 밖에 지정수량이 50㎏인 위험물
>   ② 제3류 위험물 중 칼륨, 나트륨, 알킬알루미늄, 알킬리튬, 황린, 그 밖에 지정수량이 10㎏ 또는 20㎏인 위험물
>   ③ 제4류 위험물 중 특수인화물
>   ④ 제5류 위험물 중 유기과산화물, 질산에스터류, 그 밖에 지정수량이 10㎏인 위험물
>   ⑤ 제6류 위험물
> 2) 위험등급 Ⅱ 의 위험물
>   ① 제1류 위험물 중 브로민산염류, 질산염류, 아이오딘산염류 그 밖에 지정수량이 300㎏인 위험물
>   ② 제2류 위험물 중 황화인, 적린, 황, 그 밖에 지정수량이 100㎏인 위험물
>   ③ 제3류 위험물 중 알칼리금속(칼륨 및 나트륨을 제외한다) 및 알칼리토금속, 유기금속화합물(알킬알루미늄 및 알킬리튬을 제외한다), 그 밖에 지정수량이 50㎏인 위험물
>   ④ 제4류 위험물 중 제1석유류 및 알코올류
>   ⑤ 제5류 위험물 중 제1호 라목에 정하는 위험물 외의 것
> 3) 위험등급 Ⅲ 의 위험물 : 제1호 및 제2호에 정하지 아니한 위험물

06 가연물의 발화온도와 발화에너지에 관한 설명으로 옳은 것은?

① 점화원에 의해서 가연물이 발화하기 시작하는 최저 온도를 발화점(ignition point)이라고 한다.
② 점화원을 제거해도 자력으로 연소를 지속할 수 있는 최저 온도를 연소점(fire point)이라고 한다.
③ 가연물의 최소발화에너지가 클수록 더 위험하다.
④ 가연물의 연소점은 발화점보다 높다.

> **인화점, 연소점, 발화점**
> 1) 인화점(유도발화점, Flash Point)
>   가연성 기체와 공기가 혼합된 상태에서 외부의 직접적인 점화원의 접촉에 의해 순간적으로 발화가 일어날 수 있는 최저온도를 인화점 또는 유도 발화점이라 한다. 특히 휘발성 물질의 경우 점화원을 접하여 발화될 수 있는 최저온도를 말하며 인화성 액체의 위험성을 나타내는 척도이다.

정답 05.④ 06.②

2) 연소점(Fire Point)
인화점 이후 점화원을 제거한 후에도 지속적으로 연소상태를 유지시킬 수 있는 최저온도를 연소점이라 한다. 특히 고체가연물의 경우 인화점에 도달하여도 점화원을 제거하면 연소상태가 그칠 수 있다. 하지만 인화점보다 약간 높은 온도에서는 연소상태를 유지할 수 있다. 이는 인화점보다는 약 10℃정도 높은 온도이며 5~10초 이상 연소를 지속할 수 있는 상태이다.

3) 자동발화점(착화점, Ignition Point)
외부의 직접적인 점화원 접촉 없이 발화가 일어나기 시작할 때의 최저온도를 자동발화점 또는 착화점이라 한다. 즉, 공기 중에서 가연물을 가열할 경우 가열된 열만을 가지고 스스로 연소가 시작되는 최저온도를 말하며, 화재 시 발생하는 복사열로 인해 인접 가연물에 발화가 되는 경우나 화재 진압 후에도 계속해서 주수를 하는 이유도 바로 주위온도를 발화점 이하로 낮추어 가연물의 재 발화를 방지하기 위함이다.

07 백드래프트(back draft)의 발생 징후로 옳지 않은 것은?

① 유리창 안쪽에 타르와 유사한 물질이 흘러내려 얼룩진 경우
② 창문을 통해 보았을 때 건물 내에서 연기가 소용돌이치는 경우
③ 화염은 보이지 않지만 창문과 문손잡이가 뜨거운 경우
④ 균열된 틈이나 작은 구멍을 통하여 건물 밖으로 연기가 밀려 나오는 경우

백 드래프트(Back Draft, B·D) 현상
1) 정의
화재로 인하여 **밀폐된 실내의 상층부는 고열의 기체가 축적되고 산소가 부족한 상태에서 연소가 계속 진행 되는 도중 새로운 산소가 유입**되면 축적되어 있던 고열가스가 폭발하면서 연소하는 현상을 말한다. 급격한 압력 상승으로 건물이 붕괴될 수 있다.
  • 산소의 공급에 의해 발생한다.
  • 화재의 진행 단계 중 백 드래프트(B·D)는 **감쇠기에서 주로 발생**한다.(최성기 후)
  • 충격파를 발생한다.

2) 백 드래프트의 징후
① 화염이 없는 상태에서 창문이나 문이 뜨거운 경우
② 실내의 연기가 소용돌이 치고 있는 경우
③ 연기가 작은 틈 등으로 특이한 소리를 내며 빨려 들어가는 경우
④ 훈소 상태에 있는 경우(훈소란 가연물이 불꽃 없이 불기운이나 열기만으로 타들어가는 연소현상)
⑤ 유리창 안쪽에 물질이 녹아 검게 흘러내리고 있거나 흔적이 있는 경우
⑥ 짙고 검은색의 연기가 밖으로 많은 양이 분출되고 있을 때

3) 대처법
① 배연법 : 화재실 내에 가득한 뜨거운 연기와 가연성 가스를 상층부로 배출시키는 방법
② 급냉법 : 화재실의 문을 천천히 개방함과 동시에 신속하게 주수를 함으로써 밖으로 밀려나오는 화염이나 열기를 급냉시키는 방법
③ 측면공격법 : 화재실의 문을 천천히 개방하여 백드래프트 현상을 발생시킨 후에 측면에서 공격하는 방법

 07.④

08 다음은 폭연에서 폭굉으로 전이되는 과정이다. ( ) 안에 들어갈 단계로 옳은 것은?

착화 → (ㄱ) → (ㄴ) → (ㄷ) → 폭굉파

	ㄱ	ㄴ	ㄷ
①	화염전파	압축파	충격파
②	화염전파	충격파	압축파
③	압축파	화염전파	충격파
④	압축파	충격파	화염전파

폭연과 폭굉
1) 폭연(Deflagration)
   ① 화염의 전파속도가 음속보다 느리다. 약 0.1~10[m/sec] 이하이다.(아음속)
   ② 폭발반응은 열전달(전도, 대류, 복사)에 의한 전파에 원인을 두고 있다.
   ③ 충격파의 압력은 정압이다. 수기압[MPa] 정도이며 폭굉으로 전이될 수 있다.
   ④ 온도, 압력, 밀도 등이 화염면에서 연속적으로 나타난다.
2) 폭굉(Detonation)
   ① 화염의 전파속도가 음속보다 빠르다. 약 1,000~3,500[m/sec] 이하이다.(초음속)
   ② 폭발반응은 충격파의 압력에 원인을 두고 있다.
   ③ 충격파의 압력은 정압 + 동압이다. 약 100[MPa] 정도이며 폭연의 10배 이상이다.
   ④ 온도, 압력, 밀도 등이 화염면에서 불연속적으로 나타난다.

09 일반화재에 해당하는 것만을 〈보기〉에서 있는 대로 고른 것은?

〈 보기 〉
ㄱ. 통전 중인 배전반에서 불이 난 경우
ㄴ. 외출 시 전원이 차단된 콘센트에서 불이 난 경우
ㄷ. 실외 난로가 넘어지면서 새어 나온 석유에 불이 붙은 경우
ㄹ. 실험실 시험대 위 나트륨 분말에서 불이 난 경우

① ㄱ
② ㄴ
③ ㄴ, ㄹ
④ ㄱ, ㄷ, ㄹ

정답 08.① 09.②

화재의 종류(일반, 유류, 전기, 금속, 가스)와 종류별 기본 소화 방법

종류	급수	표시색	내용
일반화재	A급화재	백색	나무, 섬유, 종이, 고무, 플라스틱류와 같은 일반 가연물이 타고 나서 재가 남는 화재
유류화재	B급화재	황색	인화성 액체, 가연성 액체, 석유 그리스, 타르, 오일, 유성도료, 솔벤트, 래커, 알코올 및 인화성 가스와 같은 유류가 타고 나서 재가 남지 않는 화재
전기화재	C급화재	청색	전류가 흐르고 있는 전기기기, 배선과 관련된 화재
금속화재	D급화재	무색	가연성이 강한 금속류의 화재
주방화재	K급화재	무색	주방에서 동·식물유를 취급하는 조리기구에서 일어나는 화재
가스화재	E급화재	황색	LNG, LPG 등 가스누설로 인한 연소·폭발

10 유류저장탱크 내 유류 표면에 화재 발생 시 뜨거운 열류층이 형성되고 그 열파가 장시간에 걸쳐 바닥까지 전달되어 하부의 물이 비점 이상으로 가열되면서 부피가 팽창해 저장된 유류가 탱크 외부로 분출되었다. 이에 해당하는 현상으로 옳은 것은?

① 보일오버(boil over) ② 슬롭오버(slop over)
③ 프로스오버(froth over) ④ 오일오버(oil over)

유류저장탱크 연소 시 발생될 수 있는 현상
① 보일오버(Boil over)
   유류저장탱크 화재 시 상부에 열유층을 형성하고 장시간 연소 시 열유층이 점차 하부로 내려가 탱크 바닥에 도달되면 탱크 저부의 물 또는 에멀전(물과 기름이 함께하는 상태, 유화[乳化])이 비점 이상으로 되면 수증기로 부피가 팽창하면서 유류를 탱크 밖으로 분출시켜 화재를 확대 시키는 현상
② 슬롭오버(Slop over)
   유류 화재 시 화재의 계속 진행에 의해 유류표면이 가열된 상태에서 물이 포함된 소화약제를 방사할 경우 고온에 의해 물이 튀면서 수증기로 부피가 팽창하면서 유류를 탱크 밖으로 비산시켜 화재를 확대 시키는 현상
③ 프로스오버(Froth over)
   화재를 수반하지 않고 유류를 탱크 밖으로 분출시키는 현상으로 점도가 높은 유류를 저장하는 탱크 내의 수분이 어떤 원인에 의해 수증기로 부피가 팽창하면서 유류를 분출시키는 현상
④ 링파이어(Ring fire, 윤화)
   일반적으로 부상식 지붕방식(Floating roof)의 화재 시 포를 방출하는 경우 가열된 벽면부분에서 포가 열화되어 안정성이 저하되면 이때 증발된 유류 가스가 거품층을 뚫고 상승하면서 불이 붙는 현상으로 마치 불길이 링(Ring) 처럼 보인다하여 링파이어 라고 한다.
⑤ 오일오버(Oil over)
   탱크 내의 유류가 50% 미만 저장된 경우 화재로 인한 탱크 내부의 압력 상승으로 탱크가 폭발하는 현상을 말한다. 가장 격렬한 현상이라고 할 수 있다.

정답 10.①

11 구획실 화재에 관한 설명으로 옳은 것은?

① 플래시오버(flash over)는 최성기와 감쇠기 사이에서 발생하며 충격파를 수반한다.
② 굴뚝효과가 발생할 때는 개구부에 형성된 중성대 상부에서 공기가 유입되고, 중성대 하부에서 연기가 유출된다.
③ 연료지배형 화재는 환기지배형 화재보다 산소 공급이 원활하고 연소속도가 빠르다.
④ 화재플룸(fire plume)은 실내 공기의 압력 차이로 가연성 가스가 천장을 따라 화재가 발생하지 않은 복도 쪽으로 굴러다니는 것처럼 뿜어져 나오는 현상이다.

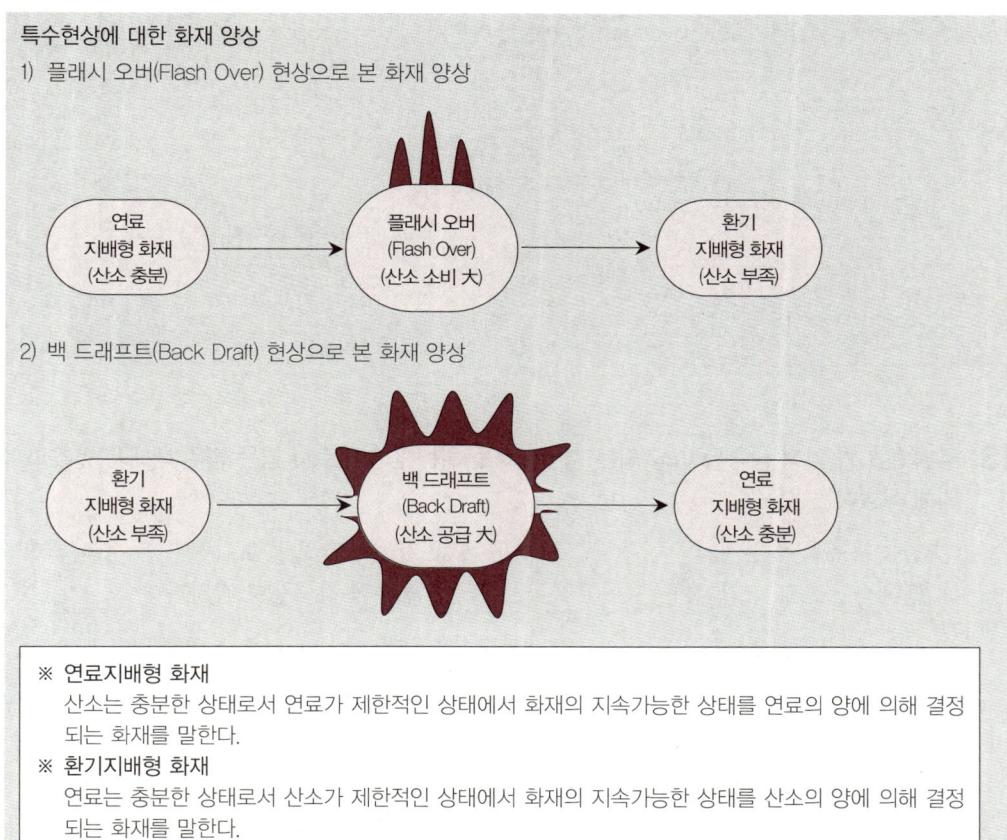

※ 연료지배형 화재
 산소는 충분한 상태로서 연료가 제한적인 상태에서 화재의 지속가능한 상태를 연료의 양에 의해 결정되는 화재를 말한다.
※ 환기지배형 화재
 연료는 충분한 상태로서 산소가 제한적인 상태에서 화재의 지속가능한 상태를 산소의 양에 의해 결정되는 화재를 말한다.

정답 11.③

12 다음의 가연성 가스(A, B, C) 중 위험도가 낮은 것에서 높은 순서로 옳게 나열한 것은?

> A : 연소하한계 = 2 vol%, 연소상한계 = 22 vol%
> B : 연소하한계 = 4 vol%, 연소상한계 = 75 vol%
> C : 연소하한계 = 1 vol%, 연소상한계 = 44 vol%

① A, B, C   ② A, C, B   ③ B, A, C   ④ C, B, A

위험도
폭발범위를 이용하여 가연물의 위험성을 갈음할 수 있는 계산 값으로 위험도가 클수록 연소 위험성이 크다.

$$H = \frac{U-L}{L}$$

H : 위험도
U : 연소상한계(%)
L : 연소하한계(%)

A 가스의 위험도 $= \frac{22-2}{2} = 10 \text{vol}\%$
B 가스의 위험도 $= \frac{75-4}{4} = 17.75 \text{vol}\%$
C 가스의 위험도 $= \frac{44-1}{1} = 43 \text{vol}\%$

13 주위 온도가 일정 상승률 이상 되는 경우에 작동하는 감지기로서 넓은 범위 내에서 열효과 누적에 의해 작동하는 것은?

① 차동식 분포형 감지기   ② 차동식 스포트형 감지기
③ 정온식 스포트형 감지기   ④ 정온식 감지선형 감지기

감지기의 종류				
열 감지기	차동식	주위온도가 일정상승률 이상이 되는 경우에 작동하는 것	넓은 범위 내에서의 열효과의 누적에 의하여 작동되는 것	분포형	• 공기관식 • 열전대식 • 열반도체식
			일국소에서의 열효과에 의하여 작동되는 것	스포트형	• 공기팽창에 의한 것 • 열기전력에 의한 것 • 반도체를 이용한 것
	정온식	일국소의 주위온도가 일정한 온도이상으로 되었을 때 작동하는 것	외관이 전선으로 되어 있는 것	감지선형	
			외관이 전선으로 되어있지 아니한 것	스포트형	
	보상식	차동식 스포트형과 정온식 스포트형 감지기의 성능을 겸비한 것으로서 둘 중 어느 한 기능이 작동되면 신호를 발하는 것		스포트형	

정답 12.① 13.①

연기 감지기	이온화식	공기가 일정한 농도의 연기를 포함하게 되는 경우에 작동하는 것으로서 일국소의 연기에 의하여 **이온전류가 변화하여 작동**하는 것
	광전식	공기가 일정한 농도의 연기를 포함하게 되는 경우에 작동하는 것으로서 일국소의 연기에 의하여 광전소자에 접하는 **광량의 변화로 작동**하는 것

14 소방시설 중 경보설비에 관한 설명으로 옳지 않은 것은?

① 시각경보기는 청각장애인에게 점멸 형태로 시각경보를 하는 장치이다.
② R형 수신기는 감지기 또는 발신기에서 1 : 1 접점방식으로 전송된 신호를 수신한다.
③ 비상방송설비는 수신기에 화재신호가 도달하면 방송으로 화재 사실을 알리는 설비이다.
④ 이온화식 감지기와 광전식 감지기는 연기를 감지하여 화재신호를 발하는 장치이다.

경보설비
- **청각장애인용 시각경보장치** : 복도·통로·청각장애인용 객실 및 공용으로 사용하는 거실(로비, 회의실, 강의실, 식당, 휴게실 등을 말한다)에 설치하며, 각 부분으로부터 유효하게 경보를 발할 수 있는 위치에 설치하여야 한다.
- **비상방송설비** : 사람·화재감지기 또는 자동화재탐지설비 등에 의해 감지된 화재발생 사실을 소방대상물 내의 사람들에게 음성으로 알리는 기계·기구 또는 설비를 말한다.
- **연기감지기** : 연기를 감지하여 화재신호를 발하는 장치이다.(이온화식 감지기, 광전식 감지기)

항 목	R형 수신기
구조와 기능	• 기록장치, 지구등 또는 적당한 표시장치 • 화재표시 작동시험 장치 • 외부배선(수신기와 중계기 사이의) 단락, 단선, 도통 시험 장치 • 상용전원과 예비전원 자동 절환 장치 • 예비전원 양부 시험 장치
특 징	• 선로수가 적어 경제적이다. • 증설 또는 이설이 쉽다. • 신호전달이 확실하다. • 발생지구를 숫자로 선명하게 표시 가능하다.
신호전달방식(전송)	다중전송방식(고유신호)
적용	다수동·대형 및 대단위단지
중계기	반드시 필요하다.
신뢰성	특정 중계기가 고장나도 다른 중계기는 정상 동작하므로 시스템은 정상 가동된다.
수신반가격	가격이 비싸다.

정답 14.②

15 위험물의 소화방법에 관한 내용으로 옳은 것만을 〈보기〉에서 있는 대로 고른 것은?

〈 보기 〉
ㄱ. 황린 : 물을 이용한 냉각소화
ㄴ. 황 : 물을 이용한 냉각소화
ㄷ. 경유, 휘발유 : 포 소화약제를 이용한 질식소화
ㄹ. 탄화알루미늄, 알킬알루미늄 : 건조사, 팽창질석을 이용한 질식소화

① ㄱ, ㄷ
② ㄴ, ㄹ
③ ㄱ, ㄷ, ㄹ
④ ㄱ, ㄴ, ㄷ, ㄹ

각 위험물의 소화방법
- 제3류 위험물 – 황린 : 물을 이용한 냉각소화
- 제2류 위험물 – 황 : 물을 이용한 냉각소화
- 제4류 위험물 – 경유, 휘발유 : 포 소화약제를 이용한 질식소화
- 제3류 위험물 – 탄화알루미늄, 알킬알루미늄 : 건조사, 팽창질석을 이용한 질식소화

16 이산화탄소 소화약제의 특징으로 옳은 것은?

① 무색, 무취로 전도성이며 독성이 있다.
② 질식소화 효과와 기화열 흡수에 의한 냉각효과가 있다.
③ 제3류 위험물, 제5류 위험물의 소화에 사용한다.
④ 자체 증기압이 매우 낮아 별도의 가압원이 필요하다.

이산화탄소의 특성
1) 장점
  ① 무색, 무취, 무독성의 기체로 소화 후 잔유물이 없고 증거보존 및 화재조사가 용이하다.
  ② 불연성이며 공기보다 약 1.52배 무겁다.
  ③ 약제의 변질이 없어 영구보존이 가능하다.
  ④ 유류화재(B급)에 적합하고, 전기의 부도체이므로 전기화재(C급)에도 적합하다.
  ⑤ 임계온도가 높아 액체 상태로 저장·취급한다.(임계온도 : 31.25[℃])
  ⑥ 고압의 자체 압력을 가지고 있으므로 다른 압력원이 필요 없다.
2) 단점
  ① 방사 시 운무현상이 발생한다.(고체탄산=드라이아이스)
  ② 방사 시 소음이 크다.(고압)
  ③ 동상의 우려가 있다.
  ④ 산소 농도 저하에 따른 질식의 우려가 있다.
  ⑤ 지하층, 무창층, 거실로서 바닥면적 20[m²] 미만인 장소는 설치 제외 장소이다.

정답 15.④ 16.②

※ 이산화탄소의 소화효과
① **질식효과** : 이산화탄소 소화약제의 방사 시 공기 중 산소 농도를 15[%] 이하로 낮추어 소화할 수 있다.
② **냉각효과** : 고압의 탄산가스를 방출 시 주위의 온도가 급격히 낮아져 드라이아이스를 생성하게 되어 화재실의 온도를 낮추어 소화할 수 있다.
③ **피복효과** : 이산화탄소는 공기보다 약 1.52배 정도 무겁기 때문에 가연물을 피복하여 공기와의 접촉을 차단하여 소화할 수 있다.

17 다음 설명에 해당하는 연소가스는?

㉮ 황을 함유한 가연물의 불완전연소 시 발생하며 무색의 가스이다.
㉯ 달걀 썩는 냄새가 나고, 후각을 마비시킨다.
㉰ 독성허용농도는 10ppm이다.

① 암모니아(NH_3)
② 황화수소(H_2S)
③ 이산화황(SO_2)
④ 일산화탄소(CO)

[황화수소(H_2S, 유화수소)]
㉮ 황을 함유한 가연물의 불완전연소 시 발생하며 무색의 가스이다.
㉯ 달걀 썩는 냄새가 나고, 후각을 마비시킨다.
㉰ 독성허용농도는 10ppm이다.

18 포 소화약제에 관한 설명으로 옳지 않은 것은?

① 불화단백포 소화약제는 불소계 계면활성제를 첨가하여 단백포 소화약제의 단점인 유동성을 보완하였다.
② 알콜형포 소화약제는 케톤류, 알데히드류, 아민류 등 수용성용제의 소화에 사용할 수 있다.
③ 단백포 소화약제는 단백질을 가수분해 한 것을 주원료로 하며 내유성이 뛰어나 소화속도가 빠르다.
④ 합성계면활성제포 소화약제는 유동성과 저장성이 우수하며 저팽창포부터 고팽창포까지 사용할 수 있다.

정답 17.② 18.③

포 소화약제의 종류

① 화학포 소화약제 (화학포의 포핵은 이산화탄소(CO_2)이다.)
　　탄산수소나트륨(A제, $NaHCO_3$)과 황산알루미늄 수용액(B제, $Al_2(SO_4)_3 \cdot 18H_2O$)에 포안정제(카세인, 샤포닝, 젤라틴 등)를 첨가하여 화학반응에 의해 거품을 생성한다.

$$6NaHCO_3 + Al_2(SO_4)_3 \cdot 18H_2O \rightarrow 3Na_2SO_4 + 2Al(OH)_3 + 6CO_2 + 18H_2O$$

② 기계포(공기포) 소화약제 (기계포(공기포)의 포핵은 공기이다.)
　기계적인 동력으로 흡입된 공기에 의해서 발생된 거품을 방사하는 형태이다.
　종류로는 단백포, 합성계면활성제포, 수성막포, 불화단백포, (내)알코올포가 있다.

　㉠ 단백포 소화약제 (3%, 6%형 - 저발포)
　　동·식물성 단백질을 추출하고 이를 가수분해를 통해 아미노산을 얻는 공정으로 제조된다. 포안정제(제일철염)를 첨가하여 내화성과 내유성은 우수하나 부패·변질의 우려가 있어 보관성이 떨어진다. 또한 동결의 우려가 있어 보온조치가 필요하다. 유동성이 작아 소화시간이 오래 걸린다.

19 가연성 가스 3종이 다음과 같이 혼합되어 있을 때 르샤틀리에(Le Chatelier)식에 따라 부피비로 계산된 혼합가스의 연소하한계[vol%]는?

- 혼합가스 내 각 성분의 체적(V) : $V_A = 20$ vol%, $V_B = 40$ vol%, $V_C = 40$ vol%
- 각 성분의 연소하한계(L) : $L_A = 4$ vol%, $L_B = 20$ vol%, $L_C = 10$ vol%

① 약 4.3　　　　　　　　　　② 약 9.1
③ 약 11.0　　　　　　　　　 ④ 약 12.8

혼합가스의 연소하한계 계산(르 샤틀리에의 법칙)
- 2가지 이상의 가연성 가스가 혼합되어 있을 때 연소하한계를 구하는 식

$$L = \frac{V_1 + V_2 + V_3 + \cdots}{\frac{V_1}{L_1} + \frac{V_2}{L_2} + \frac{V_3}{L_3} + \cdots} \quad \begin{array}{l} L : \text{혼합가스의 연소하한계}(\%) \\ V_1, V_2, V_3 : \text{각 가연성 가스의 농도}(\%) \\ L_1, L_2, L_3 : \text{각 가연성 가스의 연소하한계}(\%) \end{array}$$

$$L = \frac{20 + 40 + 40}{\frac{20}{4} + \frac{40}{20} + \frac{40}{10}} = \frac{100}{5 + 2 + 4} = 9.09 \fallingdotseq 9.1 \,\text{vol\%}$$

정답 19.②

20 물과 반응하여 산소를 발생시키는 위험물로 옳은 것은?

① 칼륨 ② 탄화칼슘
③ 과산화나트륨 ④ 오황화인

각 위험물과 물과의 반응
- 칼륨 : $2K + 2H_2O \rightarrow 2KOH + H_2\uparrow$
- 탄화칼슘 : $CaC_2 + 2H_2O \rightarrow Ca(OH)_2 + C_2H_2\uparrow$
- 과산화나트륨 : $2Na_2O_2 + 2H_2O \rightarrow 4NaOH + O_2\uparrow +$ 발열
- 오황화인 : $P_2S_5 + 8H_2O \rightarrow 5H_2S + 2H_3PO_4$

[2과목] 소방전기일반

21 제어요소는 동작신호를 무엇으로 변환하는 요소인가?

① 조작량 ② 비교량
③ 검출량 ④ 제어량

1) 제어계 기본 구성

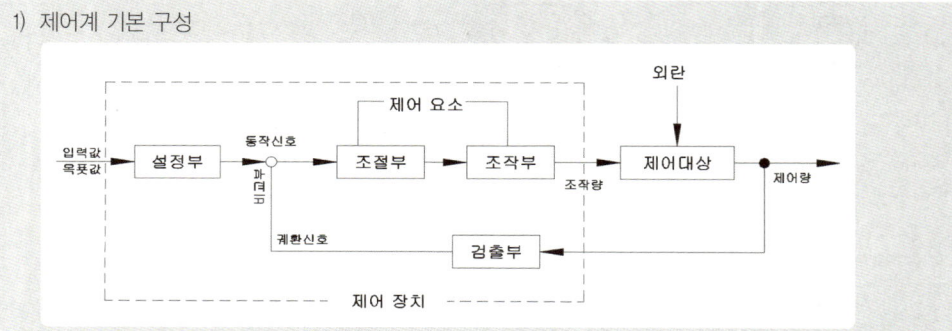

2) 피드백 제어 용어
- 조작량 : 제어 요소에서 제어 대상으로 전달되는 양
- 제어량 : 제어 대상을 제어하는 것을 목적으로 하는 물리량
- 제어장치 : 설정부, 조절부, 조작부, 검출부가 속함.

정답 20.③ 21.③

22 어떤 측정계기의 지시값을 M, 참값을 T라 할 때 보정률(%)은?

① $\dfrac{T-M}{M}\times 100\%$ ② $\dfrac{M-T}{T}\times 100\%$

③ $\dfrac{T-M}{T}\times 100\%$ ④ $\dfrac{M-T}{M}\times 100\%$

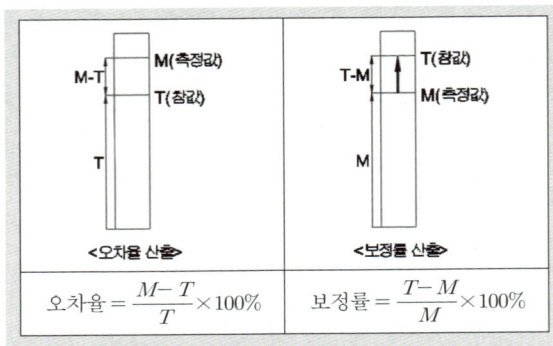

보정률을 측정값에 곱하여 보정량을 산출할 수 있다.

23 그림과 같이 접속된 회로에서 a, b 사이의 합성저항은 몇 Ω인가?

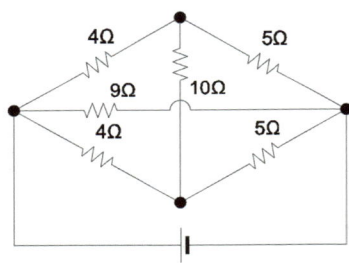

① 1   ② 2   ③ 3   ④ 4

1) 휘스톤 브릿지

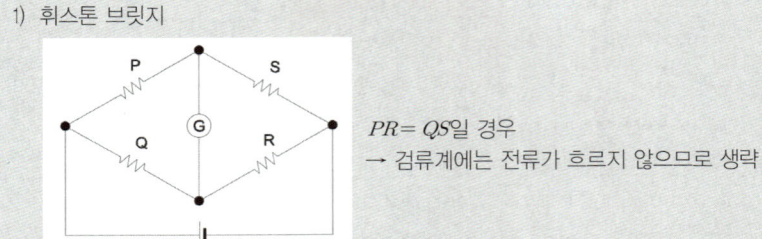

$PR=QS$일 경우
→ 검류계에는 전류가 흐르지 않으므로 생략 가능

정답 22.① 23.③

2) 휘스톤 브릿지

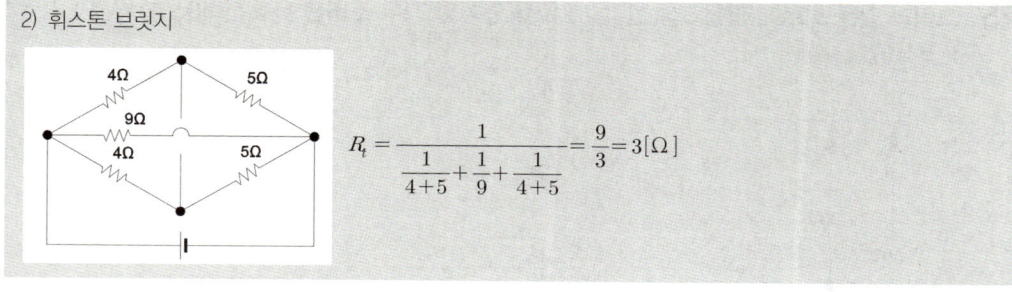

24 회로에서 a, b 간의 합성저항(Ω)은? (단, $R_y = 6\,\Omega$, $R_d = 9\,\Omega$ 이다.)

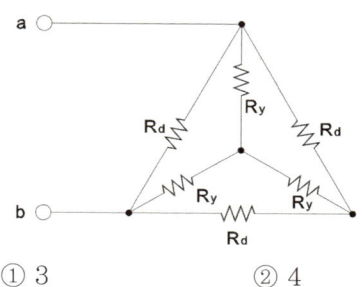

① 3　　　　② 4　　　　③ 5　　　　④ 6

1) △→Y 변환

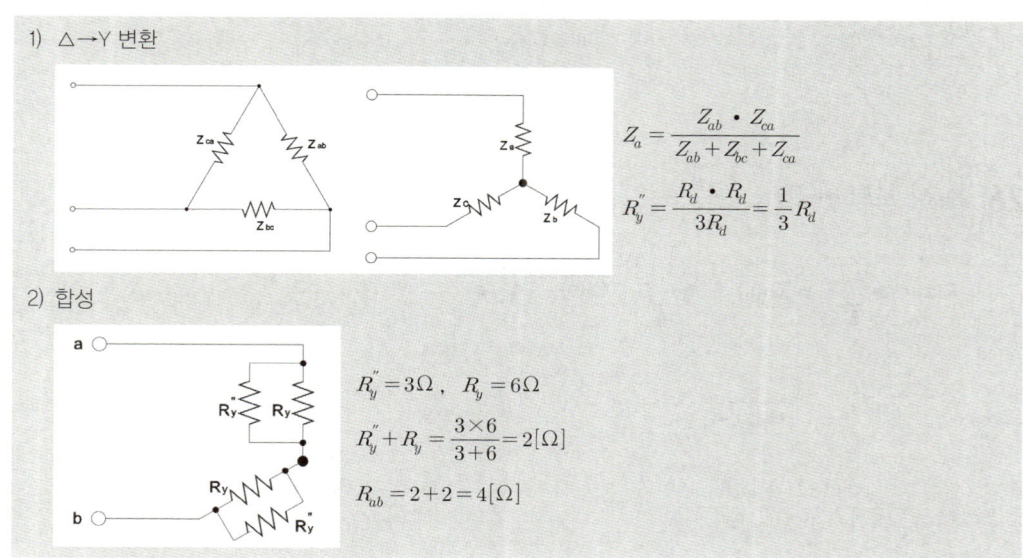

2) 합성

정답　24.②

25 그림과 같은 회로에 평형 3상 전압 200V를 인가한 경우 소비된 유효전력(kW)은? (단, R = 30Ω, X = 40Ω)

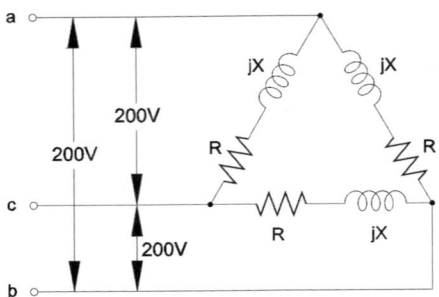

① 1.44
② 2.52
③ 3.81
④ 4.81

1) 유효전력의 산출 $P = 3I_p^2 R$
2) △결선에 대한 크기 산출 $I_l = \sqrt{3} I_p$, $V_p = V_l$

$$I_l = \sqrt{3} I_p = \frac{\sqrt{3} V_l}{Z}$$

$$I_l = \sqrt{3} I_p = \frac{\sqrt{3} \times 200}{30 + j40} = \frac{200\sqrt{3}}{\sqrt{30^2 + 40^2}} = 4\sqrt{3}$$

3) $P = 3I_p^2 R = 3 \times 4^2 \times 30 = 1440[W] = 1.44[kW]$

26 블록선도의 전달함수 $\dfrac{C(s)}{R(s)}$ 는?

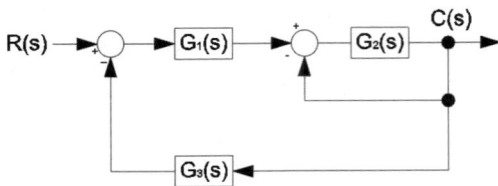

① $\dfrac{G_1(s)G_2(s)}{1 + G_1(s)G_2(s)G_3(s)}$

② $\dfrac{G_1(s)G_2(s)}{1 + G_1(s) + G_2(s)G_3(s)}$

③ $\dfrac{G_1(s)G_2(s)}{1 + G_2(s) + G_1(s)G_2(s)G_3(s)}$

④ $\dfrac{G_1(s)G_2(s)}{1 + G_3(s) + G_1(s)G_2(s)G_3(s)}$

정답 25.① 26.③

$$C(s) = R(s)G_1(s)G_2(s) - C(s)G_2(s)$$
$$C(s)G_3(s)G_1(s)G_2(s)$$

위 식을 $C(s)$를 가진 항을 좌변으로 넘기고, $R(s)$를 그대로 두고 묶는다. 전달함수로 변환한다.

$$\frac{C(s)}{R(s)} = \frac{G_1(s)G_2(s)}{1+G_2(s)+G_1(s)G_2(s)G_3(s)}$$

27 3상 유도전동기의 특성에서 토크, 2차 입력, 동기속도의 관계로 옳은 것은?

① 토크는 2차 입력과 동기속도에 비례한다
② 토크는 2차 입력에 비례하고 동기속도에 반비례한다
③ 토크는 2차 입력에 반비례하고 동기속도에 비례한다
④ 토크는 2차 입력의 제곱에 비례하고 동기속도의 제곱에 반비례한다

1) $P = 9.8\omega\tau = 9.8(2\pi f)\tau$, $f = \frac{N}{60}$
   P: 출력[W], ω: 각속도[rad/s] τ: 토크[kg·m] N: 동기속도[rpm]

2) $\tau = \frac{60P}{9.8 \times 2\pi N}$

28 어떤 회로에 $V(t) = 120\sin\omega t$의 전압을 가하니 $I(t) = 12\sin(\omega t - 30°)$의 전류가 흘렀다. 이 회로의 소비전력(유효 전력)은 약 몇 [W]인가?

① 481
② 624
③ 523
④ 638

1) sin→cos전환
   이를 위해선 $\sin 0° = \cos 90° = 1$을 활용한다.
   $V(t) = 120\cos(\omega t - 90°)$, $I(t) = 12\cos(\omega t - 120°)$

2) $P = VI\cos\theta$
   $P = \frac{120}{\sqrt{2}} \frac{12}{\sqrt{2}} \cos(-90+120)$
   $P = \frac{120}{\sqrt{2}} \frac{12}{\sqrt{2}} \cos 30° = 623.538 ≒ 624[W]$

정답 27.② 28.②

29 그림 (a)와 그림 (b)의 각 블록선도가 등가인 경우 전달함수 G(s)는?

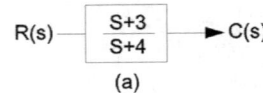

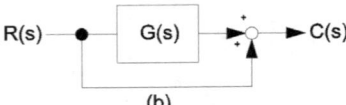

① $\dfrac{1}{S+4}$ ② $\dfrac{2}{S+4}$ ③ $\dfrac{3}{S+4}$ ④ $\dfrac{-1}{S+4}$

1) (a)그림에선 아래와 같다.
$R(s) \cdot \dfrac{S+3}{S+4} = C(s)$, $\dfrac{S+3}{S+4} = \dfrac{C(s)}{R(s)}$

2) (b)그림에선 아래와 같다.
$R(s) \cdot G(s) + R(s) = C(s)$, $G(s) + 1 = \dfrac{C(s)}{R(s)}$

3) 두 그림이 등가인 경우
$G(s) = \dfrac{S+3}{S+4} - \dfrac{S+4}{S+4} = \dfrac{-1}{S+4}$

30 100[V]의 교류전압에서 60[A]의 전류가 흐르는 부하가 4.8[kW]의 유효전력을 소비하고 있을 때 이 부하의 리액턴스[Ω]는?

① 1.0 ② 1.2 ③ 2.0 ④ 2.2

1) $P_a = \sqrt{P^2 + P_r^2}$, $P_r = \sqrt{P_a^2 - P^2}$
$P_a = VI = 100 \cdot 60 = 6000[VA]$
$P_r = \sqrt{6000^2 - 4800^2} = 3600[Var]$

2) $P_r = I^2 X$, $X = \dfrac{P_r}{I^2} = \dfrac{3600}{60^2} = 1[\Omega]$

31 정전용량이 0.01[μF]인 커패시터 2개와 정전용량이 0.02[μF]인 커패시터 1개를 모두 병렬로 접속하여 24V의 전압을 가하였다. 이 병렬 회로의 합성 정전 용량[μF]과 0.01[μF]의 커패시터에 축적되는 전하량(C)은?

① 0.04, 0.12×10^{-6} ② 0.04, 0.24×10^{-6}
③ 0.03, 0.12×10^{-6} ④ 0.03, 0.24×10^{-6}

정답 29.④ 30.① 31.②

1) 콘덴서의 병렬 접속

   $C_t = C_1 + C_2 + C_3 = 0.01 + 0.01 + 0.02 = 0.04[\mu F]$

2) 전하량

   $Q = CV$, $Q_{0.01} = (0.01 \times 10^{-6}) \times 24$

32 입력이 r(t)이고, 출력이 c(t)인 제어시스템이 다음의 식과 같이 표현될 때 이 제어시스템의 전달함수 $G(s) = \dfrac{C(s)}{R(s)}$ 는? (단, 초깃값은 0이다.)

$$3\frac{d^2c(t)}{dt^2} + 3\frac{dc(t)}{dt} + c(t) = 3\frac{dr(t)}{dt} + r(t)$$

① $\dfrac{3s+1}{3s^2+3s+1}$

② $\dfrac{3s+1}{1s^2+3s+3}$

③ $\dfrac{3s^2+3s+1}{3s+1}$

④ $\dfrac{1s^2+3s+3}{3s+1}$

라플라스 변환 후 전달함수 확인

$C(s)(3s^2+3s+1) = (3s+1)R(s)$

$\dfrac{C(s)}{R(s)} = \dfrac{3s+1}{3s^2+3s+1}$

정답 32.①

33 테브난의 정리를 이용하여 그림 (a)의 회로를 그림 (b)와 같은 등가회로로 만들고자 할 때 $V_{th}[V]$ 와 $R_{th}[\Omega]$은?

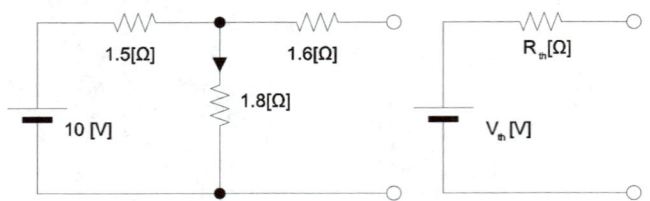

① $5.35[V], 2.62[\Omega]$
② $5.45[V], 2.42[\Omega]$
③ $5.45[V], 2.62[\Omega]$
④ $5.35[V], 2.42[\Omega]$

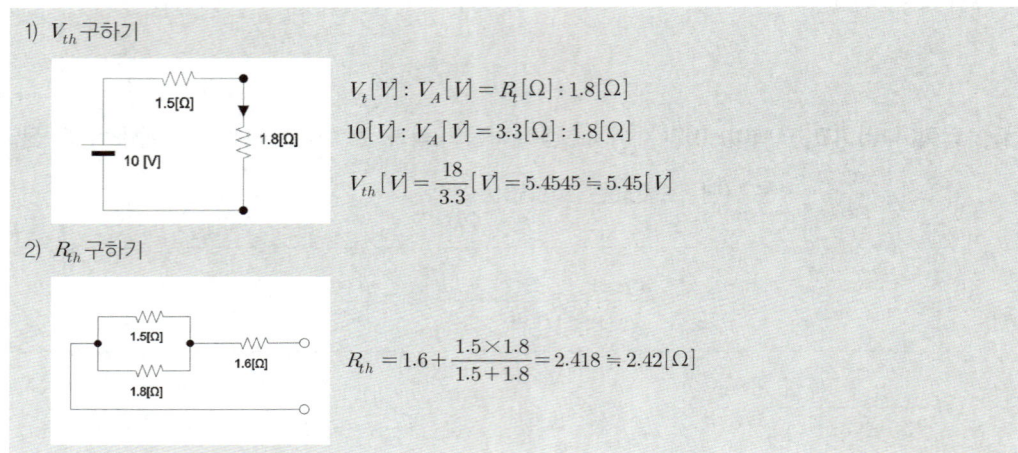

34 50Hz, 4극 3상 유도전동기가 정격 출력일 때 슬립이 8%이다. 이 전동기의 동기속도(rpm)는?

① 1,200　② 1,500　③ 1,800　④ 2,100

동기속도 산출
$N_s = \dfrac{120f}{P} = \dfrac{120 \times 50}{4} = 1500[rpm]$

35 논리식 $A(A+B)$를 간단히 표현하면?

① A　② B　③ A · B　④ A + B

$A \cap (A \cup B)$를 떠올리면 손쉽게 A임을 알 수 있다.

정답　33.②　34.②　35.①

36 변위를 압력으로 변환하는 장치로 옳은 것은?

① 다이어프램
② 가변 저항기
③ 벨로우즈
④ 노즐 플래퍼

> 변위는 '위치의 변화'를 의미한다. 위치가 변함에 따라서 압력으로 전환되는 것은 노즐 플래퍼에 해당한다. 다이어프램, 벨로우즈, 신축이음은 압력을 변위로 변환하는 장치이다. 가변 저항기는 위치의 변화에 따라 저항값이 변하므로 변위가 임피던스로 변환되는 장치이다.

37 저항 $R_1(\Omega)$, 저항 $R_2(\Omega)$, 인덕턴스 $L(H)$의 직렬회로가 있다. 이 회로의 시정수(s)는?

① $-\dfrac{R_1+R_2}{L}$

② $\dfrac{R_1+R_2}{L}$

③ $-\dfrac{R_1+R_2}{L}$

④ $\dfrac{L}{R_1+R_2}$

> $\tau(\text{시정수}) = \dfrac{L}{R_1+R_2}[s]$
>
> **암기팁** 시정수 = Left/Right

38 자기 인덕턴스 L_1, L_2가 각각 4mH, 25mH인 두 코일이 이상적인 결합이 되었다면 상호 인덕턴스는 몇 mH인가?

① 4
② 6
③ 8
④ 10

> 상호 인덕턴스에 관련된 요소이다.
> 이상적인 결합에 대해선 결합계수는 '1'에 해당한다.
> $M = K\sqrt{L_1 L_2} = 1\sqrt{4\times 25} = 10[mH]$

정답 36.① 37.④ 38.④

39 최대 눈금이 120[V]이고, 내부저항이 30[kΩ]인 전압계가 있다. 이 전압계로 1200[V] 까지 측정하기 위해 필요한 배율기의 저항[kΩ]은?

① 120
② 150
③ 270
④ 800

$V_1 : V_2 = R_1 : R_t$, $R_t = R_1 + R_s$ (비례식을 활용하여 산출하도록 하자.)
$120 : 1200 = 30 : 30 + R_s$
$R_s = \dfrac{1200 \times 30}{120} - 30 = 270 [\text{k}\Omega]$

40 내압이 1.0[kV]이고 정전용량이 각각 0.02[μF], 0.03[μF], 0.06[μF]F인 3개의 커패시터를 직렬로 연결했을 때 전체 내압은 몇 [V] 인가?

① 1,500
② 1,750
③ 2,000
④ 2,200

1) 각각의 카페시터의 내전압은 1000[V]에 해당 정전용량은 0.02[μF], 0.03[μF], 0.06[μF] 전체 내압에 대한 것을 구하는 것이기 때문에 가장 전하량을 적게 갖게 되는 커패시터를 기준한다.
$Q = CV$ 최저는 C가 가장 적은 값인 것을 택한다.

2) C_1을 기준으로 산출하는 내전압
$Q = CV$이므로 $C \propto \dfrac{1}{V}$

$V_t : V_1 = \dfrac{1}{C_t} : \dfrac{1}{C_1}$

$C_t = \dfrac{1}{\dfrac{1}{C_1} + \dfrac{1}{C_2} + \dfrac{1}{C_3}} \cdot \dfrac{1}{C_t} = \dfrac{1}{C_1} + \dfrac{1}{C_2} + \dfrac{1}{C_3}$

$V_t = \dfrac{C_1 V_1}{C_t}$

3) 산출
$\dfrac{1}{C_t} = \dfrac{1}{0.02} + \dfrac{1}{0.03} + \dfrac{1}{0.06} = \dfrac{6}{0.06} = 100 [\mu F]$

$V_t : 1000 = 100 : \dfrac{1}{0.02}$

$V_t = 100 \times 1000 \times 0.02 = 2000 [V]$

정답 39.③ 40.③

[3과목] 소방관계법규

41 「소방기본법」상 소방력의 동원에 관한 설명으로 옳지 않은 것은?

① 소방청장은 특별히 국가적 차원에서 소방활동을 수행할 필요가 인정될 때에는 각 시·도지사에게 소방력을 동원할 것을 요청할 수 있다.
② 소방청장은 시·도지사에게 동원된 소방력을 화재, 재난·재해 등이 발생한 지역에 지원·파견하여 줄 것을 요청하거나 필요한 경우 직접 소방대를 편성하여 화재진압 및 인명구조 등 소방에 필요한 활동을 하게 할 수 있다.
③ 동원된 소방대원이 다른 시·도에 파견·지원되어 소방활동을 수행할 때에는 특별한 사정이 없으면 소방청장의 지휘에 따라야 한다.
④ 소방활동을 수행하는 과정에서 발생하는 경비 부담에 관한 사항, 제3항 및 제4항에 따라 소방활동을 수행한 민간 소방 인력이 사망하거나 부상을 입었을 경우의 보상주체·보상기준 등에 관한 사항, 그 밖에 동원된 소방력의 운용과 관련하여 필요한 사항은 대통령령으로 정한다.

> **소방기본법 제11조의2(소방력의 동원)**
> ① <u>소방청장</u>은 해당 시·도의 소방력만으로는 소방활동을 효율적으로 수행하기 어려운 화재, 재난·재해, 그 밖의 구조·구급이 필요한 상황이 발생하거나 특별히 국가적 차원에서 소방활동을 수행할 필요가 인정될 때에는 각 <u>시·도지사에게</u> 행정안전부령으로 정하는 바에 따라 <u>소방력을 동원할 것을 요청할 수 있다.</u>
> ② 제1항에 따라 동원 요청을 받은 시·도지사는 정당한 사유 없이 요청을 거절하여서는 아니 된다.
> ③ <u>소방청장</u>은 시·도지사에게 제1항에 따라 동원된 소방력을 화재, 재난·재해 등이 발생한 지역에 지원·파견하여 줄 것을 요청하거나 필요한 경우 직접 소방대를 편성하여 화재진압 및 인명구조 등 소방에 필요한 <u>활동을 하게 할 수 있다.</u>
> ④ 제1항에 따라 동원된 소방대원이 다른 시·도에 파견·지원되어 소방활동을 수행할 때에는 특별한 사정이 없으면 화재, 재난·재해 등이 발생한 지역을 관할하는 <u>소방본부장 또는 소방서장의 지휘에 따라야 한다.</u> 다만, 소방청장이 직접 소방대를 편성하여 소방활동을 하게 하는 경우에는 소방청장의 지휘에 따라야 한다.
> ⑤ 제3항 및 제4항에 따른 소방활동을 수행하는 과정에서 발생하는 경비 부담에 관한 사항, 제3항 및 제4항에 따라 소방활동을 수행한 민간 소방 인력이 사망하거나 부상을 입었을 경우의 보상주체·보상기준 등에 관한 사항, 그 밖에 동원된 소방력의 운용과 관련하여 필요한 사항은 <u>대통령령</u>으로 정한다.

42 「소방기본법 시행령」상 국고보조 대상사업의 범위에 속하는 것은?

| ㄱ. 소방전용통신설비 | ㄴ. 소방정 |
| ㄷ. 소방용수시설 | ㄹ. 소방관서용 청사의 대수선 |

① ㄱ, ㄴ   ② ㄷ, ㄹ   ③ ㄴ, ㄹ   ④ ㄱ, ㄷ

정답 41.③ 42.①

소방기본법 시행령 제2조(국고보조 대상사업의 범위와 기준보조율)
① 법 제9조 제2항에 따른 국고보조 대상사업의 범위는 다음 각 호와 같다.
　1. 다음 각 목의 소방활동장비와 설비의 구입 및 설치
　　가. 소방자동차
　　나. 소방헬리콥터 및 **소방정**
　　다. **소방전용통신설비** 및 전산설비
　　라. 그 밖에 방화복 등 소방활동에 필요한 소방장비
　2. 소방관서용 청사의 건축[「건축법」 제2조 제1항 제8호에 따른 건축(註 : 건축물을 **신축 · 증축 · 개축 · 재축(再築)하거나 건축물을 이전**하는 것)을 말한다]

43 「소방기본법」상 한국119청소년단에 대한 설명으로 옳지 않은 것은?

① 청소년에게 소방안전에 관한 올바른 이해와 안전의식을 함양시키기 위하여 한국119청소년단을 설립한다.
② 국가나 지방자치단체는 한국119청소년단에 그 조직 및 활동에 필요한 시설 · 장비를 지원할 수 있으며, 운영경비와 시설비 및 국내외 행사에 필요한 경비를 보조할 수 있다.
③ 한국119청소년단에 관하여 이 법에서 규정한 것을 제외하고는 「민법」 중 재단법인에 관한 규정을 준용한다.
④ 한국119청소년단 또는 이와 유사한 명칭을 사용한 자에게는 200만원 이하의 과태료를 부과한다.

소방기본법 제17조의6(한국119청소년단)
① 청소년에게 **소방안전에 관한 올바른 이해와 안전의식을 함양**시키기 위하여 한국119청소년단을 설립한다.
② 한국119청소년단은 법인으로 하고, 그 주된 사무소의 소재지에 설립등기를 함으로써 성립한다.
③ **국가나 지방자치단체**는 한국119청소년단에 그 조직 및 활동에 필요한 시설 · 장비를 지원할 수 있으며, 운영경비와 시설비 및 국내외 행사에 필요한 경비를 보조할 수 있다.
④ 개인 · 법인 또는 단체는 한국119청소년단의 시설 및 운영 등을 지원하기 위하여 금전이나 그 밖의 재산을 기부할 수 있다.
⑤ 이 법에 따른 한국119청소년단이 아닌 자는 한국119청소년단 또는 이와 유사한 명칭을 사용할 수 없다.
⑥ 한국119청소년단의 정관 또는 사업의 범위 · 지도 · 감독 및 지원에 필요한 사항은 행정안전부령으로 정한다.
⑦ 한국119청소년단에 관하여 이 법에서 규정한 것을 제외하고는 「민법」 중 **사단법인**에 관한 규정을 준용한다.

제56조(과태료)
② 다음 각 호의 어느 하나에 해당하는 자에게는 **200만원 이하의 과태료**를 부과한다.
　2의2. 제17조의6 제5항을 위반하여 한국119청소년단 또는 이와 유사한 명칭을 사용한 자

정답 43. ③

44 「소방시설공사업법 시행령」상 하도급계약과 관련된 내용으로서 다음의 (   )에 적절한 것은?

> 발주자는 법 제22조의2 제2항에 따라 하수급인 또는 하도급계약 내용의 변경을 요구하려는 경우에는 하도급에 관한 사항을 통보받은 날 또는 그 사유가 있음을 안 날부터 (   ) 이내에 서면으로 하여야 한다.

① 7일   ② 10일   ③ 20일   ④ 30일

> 소방시설공사업법 시행령 제12조의2(하도급계약의 적정성 심사 등)
> ④ 발주자는 법 제22조의2 제2항에 따라 하수급인 또는 하도급계약 내용의 변경을 요구하려는 경우에는 법 제21조의3 제4항에 따라 하도급에 관한 사항을 통보받은 날 또는 그 사유가 있음을 안 날부터 30일 이내에 서면으로 하여야 한다.

45 「소방시설공사업법 시행규칙」상 소방시설업자의 대표자가 변경된 경우 변경신고서에 첨부해야 하는 서류가 아닌 것은?

① 기술인력 증빙서류
② 소방시설업 등록증 및 등록수첩
③ 변경된 대표자의 성명, 주민등록번호 및 주소지 등의 인적사항이 적힌 서류
④ 대표자가 외국인인 경우 해당 국가의 정부나 공증인, 그 밖의 권한이 있는 기관이 발행한 서류로서 해당 국가에 주재하는 우리나라 영사가 확인한 서류

> 소방시설공사업법 시행규칙 제6조(등록사항의 변경신고 등)
> ① 법 제6조에 따라 소방시설업자는 제5조 각 호의 어느 하나에 해당하는 등록사항이 변경된 경우에는 변경일부터 30일 이내에 별지 제7호 서식의 소방시설업 등록사항 변경신고서(전자문서로 된 소방시설업 등록사항 변경신고서를 포함한다)에 변경사항별로 다음 각 호의 구분에 따른 서류(전자문서를 포함한다)를 첨부하여 협회에 제출하여야 한다. 다만, 「전자정부법」제36조 제1항에 따른 행정정보의 공동이용을 통하여 첨부서류에 대한 정보를 확인할 수 있는 경우에는 그 확인으로 첨부서류를 갈음할 수 있다.
> 1. 상호(명칭) 또는 영업소 소재지가 변경된 경우 : 소방시설업 등록증 및 등록수첩
> 2. 대표자가 변경된 경우 : 다음 각 목의 서류
>   가. 소방시설업 등록증 및 등록수첩
>   나. 변경된 대표자의 성명, 주민등록번호 및 주소지 등의 인적사항이 적힌 서류
>   다. 외국인인 경우에는 제2조 제1항 제5호 각 목의 어느 하나에 해당하는 서류
>   ※ 제2조 제1항 제5호 : ⅰ) 해당 국가의 정부나 공증인(법률에 따른 공증인의 자격을 가진 자만 해당한다), 그 밖의 권한이 있는 기관이 발행한 서류로서 해당 국가에 주재하는 우리나라 영사가 확인한 서류, ⅱ)「외국공문서에 대한 인증의 요구를 폐지하는 협약」을 체결한 국가의 경우에는 해당 국가의 정부나 공증인(법률에 따른 공증인의 자격을 가진 자만 해당), 그 밖의 권한이 있는 기관이 발행한 서류로서 해당 국가의 아포스티유(Apostille : 외국 공문서에 대한 인증 요구 폐지 협약) 확인서 발급 권한이 있는 기관이 그 확인서를 발급한 서류
> 3. 기술인력이 변경된 경우 : 다음 각 목의 서류
>   가. 소방시설업 등록수첩   나. 기술인력 증빙서류

정답 44.④ 45.①

46 「소방시설공사업법 시행규칙」상 소방청장이 자격수첩 또는 경력수첩을 발급받은 사람의 그 자격을 취소하여야 하는 경우는?

> ㄱ. 거짓이나 그 밖의 부정한 방법으로 자격수첩 또는 경력수첩을 발급받은 경우
> ㄴ. 자격수첩 또는 경력수첩을 다른 사람에게 빌려준 경우
> ㄷ. 동시에 둘 이상의 업체에 취업한 경우
> ㄹ. 소방시설공사업법에 따른 명령을 위반한 경우

① ㄱ, ㄴ
② ㄷ, ㄹ
③ ㄱ, ㄴ, ㄷ
④ ㄱ, ㄴ, ㄹ

> **소방시설공사업법 제28조(소방기술 경력 등의 인정 등)**
> ④ 소방청장은 제2항에 따라 자격수첩 또는 경력수첩을 발급받은 사람이 다음 각 호의 어느 하나에 해당하는 경우에는 행정안전부령으로 정하는 바에 따라 그 자격을 취소하거나 6개월 이상 2년 이하의 기간을 정하여 그 자격을 정지시킬 수 있다. 다만, 제1호와 제2호에 해당하는 경우에는 그 **자격을 취소하여야** 한다.
> 1. 거짓이나 그 밖의 부정한 방법으로 자격수첩 또는 경력수첩을 발급받은 경우
> 2. 제27조 제2항을 위반하여 **자격수첩 또는 경력수첩을 다른 사람에게 빌려준 경우**
> 3. 제27조 제3항을 위반하여 동시에 둘 이상의 업체에 취업한 경우
> 4. 이 법 또는 이 법에 따른 명령을 위반한 경우

47 「소방시설공사업법」및 같은 법 시행령상 소방시설공사의 시공에 대한 설명으로 옳지 않은 것은?

① 공사업자는 소방시설공사업법이나 소방시설공사업법에 따른 명령과 화재안전기준에 맞게 시공하여야 한다.
② 중앙소방기술심의위원회의 심의를 거쳐 소방시설의 구조와 원리 등에서 공법이 특수한 시공으로 인정된 경우는 화재안전기준을 따르지 아니할 수 있다.
③ 연면적 3만제곱미터 이상 20만제곱미터 미만인 특정소방대상물(아파트는 제외)의 공사 현장에는 고급기술자 이상의 소방기술자를 배치하여야 한다.
④ 지하층을 제외한 층수가 40층 이상인 특정소방대상물의 공사 현장에는 특급기술자인 소방기술자를 배치하여야 한다.

> **소방시설공사업법 제12조(시공)**
> ① 제4조 제1항에 따라 소방시설공사업을 등록한 자(이하 "공사업자"라 한다)는 이 법이나 이 법에 따른 명령과 화재안전기준에 맞게 시공하여야 한다. 이 경우 소방시설의 구조와 원리 등에서 그 공법이 특수한 시공에 관하여는 제11조 제1항 단서를 준용한다.
> ※ 제11조 제1항 단서 : 다만, 「소방시설 설치 및 관리에 관한 법률」제18조 제1항에 따른 중앙소방기술심의위원회의 심의를 거쳐 소방시설의 구조와 원리 등에서 특수한 설계로 인정된 경우는 화재안전기준을 따르지 아니할 수 있다.

정답 46.① 47.④

② 공사업자는 소방시설공사의 책임시공 및 기술관리를 위하여 대통령령으로 정하는 바에 따라 소속 소방기술자를 공사 현장에 배치하여야 한다.

소방기술자의 배치기준 및 배치기간 (시행령 [별표 2])

소방기술자의 배치기준	소방시설공사 현장의 기준
가. 행정안전부령으로 정하는 **특급기술자**인 소방기술자(기계분야 및 전기분야)	1) 연면적 20만제곱미터 이상인 특정소방대상물의 공사 현장 2) **지하층을 포함**한 층수가 **40층 이상**인 특정소방대상물의 공사 현장
나. 행정안전부령으로 정하는 고급기술자 이상의 소방기술자(기계분야 및 전기분야)	1) **연면적 3만제곱미터 이상 20만제곱미터 미만**인 특정소방대상물(**아파트는 제외**)의 공사 현장 2) 지하층을 포함한 층수가 16층 이상 40층 미만인 특정소방대상물의 공사 현장

48 「소방시설공사업법 시행령」상 방염처리업의 업종별 구분에 해당하지 않는 것은?

① 일반 방염업
② 섬유류 방염업
③ 합성수지류 방염업
④ 합판·목재류 방염업

섬유류 방염업, 합성수지류 방염업, 합판·목재류 방염업으로 구분된다(소방시설공사업법 시행령 [별표 1]).

49 「화재의 예방 및 안전관리에 관한 법률」 및 같은 법 시행규칙상 실태조사에 대한 설명으로 옳은 것은?

① 시·도지사는 기본계획 및 시행계획의 수립·시행에 필요한 기초자료를 확보하기 위하여 실태조사를 할 수 있다. 이 경우 관계 중앙행정기관의 장의 요청이 있는 때에는 합동으로 실태조사를 할 수 있다.
② 실태조사는 통계조사, 문헌조사 또는 현장조사의 방법으로 하며, 특별한 사정이 없는 한 전자적인 방식을 사용할 수 없다.
③ 실태조사를 실시하려는 경우 실태조사 시작 7일 전까지 조사 일시, 조사 사유 및 조사 내용 등을 포함한 조사계획을 조사대상자에게 서면 또는 전자우편 등의 방법으로 미리 알려야 한다.
④ 실태조사를 전문연구기관·단체나 관계 전문가에게 의뢰하여 실시하여야 하며, 그 결과를 인터넷 홈페이지 등에 공표하여야 한다.

화재예방법 제5조(실태조사)
① **소방청장**은 기본계획 및 시행계획의 수립·시행에 필요한 기초자료를 확보하기 위하여 다음 각 호의 사항에 대하여 실태조사를 할 수 있다. 이 경우 관계 중앙행정기관의 장의 요청이 있는 때에는 합동으로 실태조사를 할 수 있다. (각 호 생략)

정답 48.① 49.③

시행규칙 제2조(실태조사의 방법 및 절차 등)
① 「화재의 예방 및 안전관리에 관한 법률」(이하 "법"이라 한다) 제5조 제1항에 따른 실태조사는 <u>통계조사, 문헌조사 또는 현장조사</u>의 방법으로 하며, <u>정보통신망 또는 전자적인 방식</u>을 사용할 수 있다.
② 소방청장은 제1항에 따른 실태조사를 실시하려는 경우 실태조사 시작 <u>7일 전</u>까지 조사 일시, 조사 사유 및 조사 내용 등을 포함한 조사계획을 조사대상자에게 서면 또는 전자우편 등의 방법으로 미리 알려야 한다.
③ 관계 공무원 및 제4항에 따라 실태조사를 의뢰받은 관계 전문가 등이 실태조사를 위하여 소방대상물에 출입할 때에는 그 권한 또는 자격을 표시하는 증표를 지니고 이를 관계인에게 내보여야 한다.
④ 소방청장은 실태조사를 <u>전문연구기관·단체나 관계 전문가</u>에게 의뢰하여 <u>실시할 수 있다.</u>
⑤ 소방청장은 실태조사의 결과를 <u>인터넷 홈페이지</u> 등에 <u>공표할 수 있다.</u>

50 「화재의 예방 및 안전관리에 관한 법률」 및 같은 법 시행령과 시행규칙상 소방안전관리자 등 종합정보망의 구축·운영에 대한 설명으로 옳지 않은 것은?

① 종합정보망의 구축·운영자는 소방청장이다.
② 소방안전관리자 자격시험 합격자 및 자격증의 발급 현황, 소방안전관리자 및 소방안전관리보조자의 교육 실시현황 등의 정보를 효율적으로 관리하기 위하여 종합정보망을 구축·운영할 수 있다.
③ 소방청장은 종합정보망의 효율적인 운영을 위해 필요한 경우 종합정보망과 유관 정보시스템의 연계·운영 업무를 수행할 수 있다.
④ 소방본부장 또는 소방서장은 소방안전관리자의 선임신고를 접수하거나 해임 사실을 확인한 경우에는 시·도지사를 경유하여 종합정보망에 입력해야 한다.

화재예방법 제33조(소방안전관리자 등 종합정보망의 구축·운영)
① <u>소방청장</u>은 소방안전관리자 및 소방안전관리보조자에 대한 다음 각 호의 정보를 효율적으로 관리하기 위하여 종합정보망을 구축·운영할 수 있다.
  1. 제26조 제1항에 따른 소방안전관리자 및 소방안전관리보조자의 선임신고 현황
  2. 제26조 제2항에 따른 소방안전관리자 및 소방안전관리보조자의 해임 사실의 확인 현황
  3. 제29조 제1항에 따른 건설현장 소방안전관리자 선임신고 현황
  4. 제30조 제1항 및 제2항에 따른 <u>소방안전관리자 자격시험 합격자 및 자격증의 발급 현황</u>
  5. 제31조 제1항에 따른 소방안전관리자 자격증의 정지·취소 처분 현황
  6. 제34조에 따른 <u>소방안전관리자 및 소방안전관리보조자의 교육 실시현황</u>

시행령 제32조(종합정보망의 구축·운영)
<u>소방청장</u>은 법 제33조 제1항에 따른 종합정보망(이하 "종합정보망"이라 한다)의 효율적인 운영을 위해 필요한 경우 다음 각 호의 업무를 수행할 수 있다.
1. <u>종합정보망과 유관 정보시스템의 연계·운영</u>
2. 법 제33조 제1항 각 호의 정보를 저장·가공 및 제공하기 위한 시스템의 구축·운영

시행규칙 제14조(소방안전관리자의 선임신고 등)
⑦ 소방본부장 또는 소방서장은 소방안전관리자의 선임신고를 접수하거나 해임 사실을 확인한 경우에는 <u>지체 없이</u> 관련 사실을 <u>종합정보망에 입력해야 한다.</u>

정답 50.④

51 「화재의 예방 및 안전관리에 관한 법률 시행령」상 소방안전관리대상물의 소방안전관리자가 작성하는 소방계획서의 내용으로 옳지 않은 것은?

① 관리의 권원이 분리된 특정소방대상물의 소방안전관리에 관한 사항
② 소방안전관리대상물의 근무자 및 거주자의 자위소방대 조직과 대원의 임무(화재안전취약자의 피난 보조 임무를 포함한다)에 관한 사항
③ 방화구획, 제연구획, 건축물의 내부 마감재료 및 방염대상물품의 사용 현황과 그 밖의 방화구조 및 설비의 유지·관리계획
④ 위험물의 저장·취급에 관한 사항(「위험물안전관리법」 제17조에 따라 예방규정을 정하는 제조소등을 포함한다)

> 화재예방법 시행령 제27조(소방안전관리대상물의 소방계획서 작성 등)
> ① 법 제24조 제5항 제1호에서 "대통령령으로 정하는 사항"이란 다음 각 호의 사항을 말한다.
>   1. 소방안전관리대상물의 위치·구조·연면적(「건축법 시행령」 제119조 제1항 제4호에 따라 산정된 면적을 말한다. 이하 같다)·용도 및 수용인원 등 일반 현황
>   2. 소방안전관리대상물에 설치한 소방시설, 방화시설, 전기시설, 가스시설 및 위험물시설의 현황
>   3. 화재 예방을 위한 자체점검계획 및 대응대책
>   4. 소방시설·피난시설 및 방화시설의 점검·정비계획
>   5. 피난층 및 피난시설의 위치와 피난경로의 설정, 화재안전취약자의 피난계획 등을 포함한 피난계획
>   6. <u>방화구획, 제연구획(除煙區劃), 건축물의 내부 마감재료 및 방염대상물품의 사용 현황과 그 밖의 방화구조 및 설비의 유지·관리계획</u>
>   7. 법 제35조 제1항에 따른 <u>관리의 권원이 분리된 특정소방대상물의 소방안전관리</u>에 관한 사항
>   8. 소방훈련·교육에 관한 계획
>   9. 법 제37조를 적용받는 <u>소방안전관리대상물의 근무자 및 거주자의 자위소방대 조직과 대원의 임무(화재안전취약자의 피난 보조 임무를 포함한다)</u>에 관한 사항
>   10. 화기 취급 작업에 대한 사전 안전조치 및 감독 등 공사 중 소방안전관리에 관한 사항
>   11. 소화에 관한 사항과 연소 방지에 관한 사항
>   12. <u>위험물의 저장·취급에 관한 사항</u>(「위험물안전관리법」 제17조에 따라 예방규정을 정하는 <u>제조소등은 제외</u>한다)
>   13. 소방안전관리에 대한 업무수행에 관한 기록 및 유지에 관한 사항
>   14. 화재발생 시 화재경보, 초기소화 및 피난유도 등 초기대응에 관한 사항
>   15. 그 밖에 소방본부장 또는 소방서장이 소방안전관리대상물의 위치·구조·설비 또는 관리 상황 등을 고려하여 소방안전관리에 필요하여 요청하는 사항

정답 51.④

52 「화재의 예방 및 안전관리에 관한 법률 시행규칙」상 한국소방안전원이 갖추어야 하는 시설기준이다. ( )에 적절한 것은?

> - 사무실 : 바닥면적 (ㄱ)제곱미터 이상일 것
> - 강의실 : 바닥면적 (ㄴ)제곱미터 이상이고 책상·의자, 음향시설, 컴퓨터 및 빔프로젝터 등 교육에 필요한 비품을 갖출 것
> - 실습실 : 바닥면적 (ㄷ)제곱미터 이상이고, 교육과정별 실습·평가를 위한 교육기자재 등을 갖출 것

	ㄱ	ㄴ	ㄷ		ㄱ	ㄴ	ㄷ
①	60	60	60	②	60	100	100
③	100	60	100	④	100	100	60

한국소방안전원이 갖추어야 하는 시설기준 (화재예방법 시행규칙 [별표 10])
1. 사무실 : 바닥면적 **60제곱미터** 이상일 것
2. 강의실 : 바닥면적 **100제곱미터** 이상이고 책상·의자, 음향시설, 컴퓨터 및 빔프로젝터 등 교육에 필요한 비품을 갖출 것
3. 실습실 : 바닥면적 **100제곱미터** 이상이고, 교육과정별 실습·평가를 위한 교육기자재 등을 갖출 것
4. 교육용기자재 등 (생략)

53 「소방시설 설치 및 관리에 관한 법률 시행규칙」상 작동점검의 실시 횟수와 종합점검의 실시 횟수(특급 소방안전관리대상물의 경우)를 순서대로 바르게 나열한 것은?

① 반기별 1회 이상, 반기별 1회 이상
② 반기별 1회 이상, 연 1회 이상
③ 연 1회 이상, 반기별 1회 이상
④ 연 1회 이상, 연 1회 이상

소방시설등 자체점검의 구분 및 대상, 점검자의 자격, 점검 장비, 점검 방법 및 횟수 등 자체점검 시 준수해야할 사항 (소방시설법 시행규칙 [별표 4])
- **작동점검**은 **연 1회 이상** 실시한다.
- **종합점검**의 점검 횟수는 다음과 같다.
1) **연 1회 이상**(「화재의 예방 및 안전에 관한 법률 시행령」별표 4 제1호 가목의 **특급 소방안전관리대상물**은 **반기에 1회 이상**) 실시한다.
2) 1)에도 불구하고 소방본부장 또는 소방서장은 소방청장이 소방안전관리가 우수하다고 인정한 특정소방대상물에 대해서는 3년의 범위에서 소방청장이 고시하거나 정한 기간 동안 종합점검을 면제할 수 있다. 다만, 면제기간 중 화재가 발생한 경우는 제외한다.

정답 52.② 53.③

54 「소방시설 설치 및 관리에 관한 법률 시행령」상 물분무등소화설비를 설치해야 하는 특정소방대상물에 대한 설명으로 옳지 않은 것은? (위험물 저장 및 처리 시설 중 가스시설 및 지하구는 제외)

① 지하가 중 예상 교통량, 경사도 등 터널의 특성을 고려하여 행정안전부령으로 정하는 터널에 설치해야 하되, 이 시설에는 물분무소화설비 외의 물분무등소화설비를 설치한다.
② 문화재 중 「문화재보호법」상 지정문화재로서 소방청장이 문화재청장과 협의하여 정하는 것에 설치해야 한다.
③ 차고, 주차용 건축물 또는 철골 조립식 주차시설로서 연면적 800㎡ 이상인 것에 설치해야 한다.
④ 특정소방대상물에 설치된 전기실·발전실·변전실·축전지실·통신기기실 또는 전산실, 그 밖에 이와 비슷한 것으로서 바닥면적이 300㎡ 이상인 것에 설치해야 한다.

> 특정소방대상물의 관계인이 특정소방대상물에 설치·관리해야 하는 소방시설의 종류 (소방시설법 시행령 [별표 4])
> 1. 소화설비
>   바. 물분무등소화설비를 설치해야 하는 특정소방대상물(위험물 저장 및 처리 시설 중 가스시설 및 지하구는 제외)은 다음의 어느 하나에 해당하는 것으로 한다.
>   1) 항공기 및 자동차 관련 시설 중 항공기 격납고
>   2) **차고, 주차용 건축물 또는 철골 조립식 주차시설**. 이 경우 **연면적 800㎡ 이상**인 것만 해당한다.
>   3) 건축물의 내부에 설치된 차고·주차장으로서 차고 또는 주차의 용도로 사용되는 면적이 200㎡ 이상인 경우 해당 부분(50세대 미만 연립주택 및 다세대주택은 제외)
>   4) 기계장치에 의한 주차시설을 이용하여 20대 이상의 차량을 주차할 수 있는 시설
>   5) 특정소방대상물에 설치된 **전기실·발전실·변전실·축전지실·통신기기실 또는 전산실, 그 밖에 이와 비슷한 것**으로서 **바닥면적이 300㎡ 이상**인 것
>   6) 소화수를 수집·처리하는 설비가 설치되어 있지 않은 중·저준위방사성폐기물의 저장시설. 이 시설에는 이산화탄소소화설비, 할론소화설비 또는 할로겐화합물 및 불활성기체 소화설비를 설치해야 한다.
>   7) **지하가** 중 예상 교통량, 경사도 등 터널의 특성을 고려하여 행정안전부령으로 정하는 터널. 이 시설에는 **물분무소화설비**를 설치해야 한다.
>   8) **문화재** 중 「문화재보호법」 제2조 제3항 제1호 또는 제2호에 따른 **지정문화재로서 소방청장이 문화재청장과 협의**하여 정하는 것

55 「소방시설 설치 및 관리에 관한 법률 시행령」 제12조에 소방시설정보관리시스템 구축·운영 대상으로 명시되어 있지 않은 것은?

① 노유자 시설
② 운수시설
③ 문화 및 집회시설
④ 위험물 저장 및 처리 시설

> 소방시설법 제12조(소방시설정보관리시스템 구축·운영 대상 등)
> ① 소방청장, 소방본부장 또는 소방서장이 법 제12조 제4항에 따라 소방시설의 작동정보 등을 실시간으로 수집·분석할 수 있는 시스템(이하 "소방시설정보관리시스템"이라 한다)을 구축·운영하는 경우 그 구축·운영의 대상은 「화재의 예방 및 안전관리에 관한 법률」 제24조 제1항 전단에 따른 소방안전관리대상물 중 다음 각 호의 특정소방대상물로 한다.

정답 54.① 55.②

1. <u>문화 및 집회시설</u>	2. 종교시설
3. 판매시설	4. 의료시설
5. <u>노유자 시설</u>	6. 숙박이 가능한 수련시설
7. 업무시설	8. 숙박시설
9. 공장	10. 창고시설
11. <u>위험물 저장 및 처리 시설</u>	12. 지하가(地下街)
13. 지하구	
14. 그 밖에 소방청장, 소방본부장 또는 소방서장이 소방안전관리의 취약성과 화재위험성을 고려하여 필요하다고 인정하는 특정소방대상물	

56 「소방시설 설치 및 관리에 관한 법률 시행령」상 방염성능기준 이상의 실내장식물 등을 설치해야 하는 특정소방대상물을 모두 고른 것은?

> ㄱ. 방송통신시설 중 촬영소
> ㄴ. 근린생활시설 중 치과의원, 한의원
> ㄷ. 교육연구시설 중 계량계측소
> ㄹ. 다중이용업소
> ㅁ. 건축물의 옥외에 있는 시설로서 종교시설
> ㅂ. 신문사 용도로 사용되는 층수가 11층인 업무시설

① ㄴ, ㄷ, ㅁ
② ㄱ, ㄹ, ㅂ
③ ㄴ, ㄷ, ㄹ, ㅁ
④ ㄱ, ㄴ, ㄷ, ㅂ

소방시설법 시행령 제30조(방염성능기준 이상의 실내장식물 등을 설치해야 하는 특정소방대상물)
법 제20조 제1항에서 "대통령령으로 정하는 특정소방대상물"이란 다음 각 호의 것을 말한다.
1. 근린생활시설 중 의원, 조산원, 산후조리원, 체력단련장, 공연장 및 종교집회장
2. 건축물의 옥내에 있는 다음 각 목의 시설
   가. 문화 및 집회시설
   나. 종교시설
   다. 운동시설(수영장은 제외한다)
3. 의료시설
4. 교육연구시설 중 합숙소
5. 노유자 시설
6. 숙박이 가능한 수련시설
7. 숙박시설
8. **방송통신시설 중 방송국 및 촬영소**
9. 「다중이용업소의 안전관리에 관한 특별법」 제2조 제1항 제1호에 따른 다중이용업의 영업소(이하 "<u>다중이용업소</u>"라 한다)
10. 제1호부터 제9호까지의 시설에 해당하지 않는 것으로서 **층수가 11층 이상**인 것(아파트등은 제외한다)

정답 56.②

57 「소방시설 설치 및 관리에 관한 법률」 시행령 및 시행규칙상 성능위주설계에 대한 설명으로 옳은 것은?

① 연면적·높이·층수 등이 일정 규모 이상인 대통령령으로 정하는 특정소방대상물(신축과 증축하는 경우)에 소방시설을 설치하려는 자는 성능위주설계를 하여야 한다.
② 소방시설을 설치하려는 자가 성능위주설계를 한 경우에는 건축허가를 신청한 후에 해당 특정소방대상물의 시공지 또는 소재지를 관할하는 소방서장에게 신고하여야 한다.
③ 소방서장은 성능위주설계 신고서를 받은 경우 성능위주설계 대상 및 자격 여부 등을 확인하고, 첨부서류의 보완이 필요한 경우에는 7일 이내의 기간을 정하여 성능위주설계를 한 자에게 보완을 요청할 수 있다.
④ 성능위주설계의 신고 또는 변경신고를 하려는 자는 해당 특정소방대상물이 건축위원회의 심의를 받아야 하는 건축물인 경우에는 그 심의를 신청하기 전에 성능위주설계의 기본설계도서 등에 대해서 해당 특정소방대상물의 시공지 또는 소재지를 관할하는 소방서장 또는 소방본부장의 사전검토를 받아야 한다.

소방시설법 제8조(성능위주설계)
① 연면적·높이·층수 등이 일정 규모 이상인 대통령령으로 정하는 특정소방대상물(신축하는 것만 해당한다)에 소방시설을 설치하려는 자는 성능위주설계를 하여야 한다.
② 제1항에 따라 소방시설을 설치하려는 자가 성능위주설계를 한 경우에는 「건축법」 제11조에 따른 건축허가를 신청하기 전에 해당 특정소방대상물의 시공지 또는 소재지를 관할하는 소방서장에게 신고하여야 한다. 해당 특정소방대상물의 연면적·높이·층수의 변경 등 행정안전부령으로 정하는 사유로 신고한 성능위주설계를 변경하려는 경우에도 또한 같다.
③ 소방서장은 제2항에 따른 신고 또는 변경신고를 받은 경우 그 내용을 검토하여 이 법에 적합하면 신고를 수리하여야 한다.
④ 제2항에 따라 성능위주설계의 신고 또는 변경신고를 하려는 자는 해당 특정소방대상물이 「건축법」 제4조의2에 따른 건축위원회의 심의를 받아야 하는 건축물인 경우에는 그 심의를 신청하기 전에 성능위주설계의 기본설계도서(基本設計圖書) 등에 대해서 해당 특정소방대상물의 시공지 또는 소재지를 관할하는 소방서장의 사전검토를 받아야 한다.
⑤ 소방서장은 제2항 또는 제4항에 따라 성능위주설계의 신고, 변경신고 또는 사전검토 신청을 받은 경우에는 소방청 또는 관할 소방본부에 설치된 제9조제1항에 따른 성능위주설계평가단의 검토·평가를 거쳐야 한다. 다만, 소방서장은 신기술·신공법 등 검토·평가에 고도의 기술이 필요한 경우에는 제18조제1항에 따른 중앙소방기술심의위원회에 심의를 요청할 수 있다.
⑥ 소방서장은 제5항에 따른 검토·평가 결과 성능위주설계의 수정 또는 보완이 필요하다고 인정되는 경우에는 성능위주설계를 한 자에게 그 수정 또는 보완을 요청할 수 있으며, 수정 또는 보완 요청을 받은 자는 정당한 사유가 없으면 그 요청에 따라야 한다.

제4조(성능위주설계의 신고)
② 소방서장은 제1항에 따라 성능위주설계 신고서를 받은 경우 성능위주설계 대상 및 자격 여부 등을 확인하고, 첨부서류의 보완이 필요한 경우에는 7일 이내의 기간을 정하여 성능위주설계를 한 자에게 보완을 요청할 수 있다.

정답 57.③

58 「위험물안전관리법 시행령」상 용어에 대한 설명으로 옳지 않은 것은?

① 제1석유류는 아세톤, 휘발유 그 밖에 1기압에서 인화점이 섭씨 21도 이상 70도 미만인 것을 말한다.
② 제3석유류는 중유, 클레오소트유 그 밖에 1기압에서 인화점이 섭씨 70도 이상 섭씨 200도 미만인 것을 말한다.
③ 황은 순도가 60중량퍼센트 이상인 것을 말한다. 이 경우 순도측정에 있어서 불순물은 활석 등 불연성물질과 수분에 한한다.
④ 특수인화물은 이황화탄소, 디에틸에테르 그 밖에 1기압에서 발화점이 섭씨 100도 이하인 것 또는 인화점이 섭씨 영하 20도 이하이고 비점이 섭씨 40도 이하인 것을 말한다.

① (×) "제1석유류"라 함은 아세톤, 휘발유 그 밖에 1기압에서 인화점이 섭씨 21도 미만인 것을 말한다.

59 「위험물안전관리법 시행규칙」상 특수인화물, 제1석유류 및 알코올류를 저장 또는 취급하는 탱크의 용량이 1,000만리터 이상인 옥외탱크저장소에 설치해야 하는 경보설비로 옳은 것은?

① 자동화재탐지설비, 비상경보설비
② 자동화재탐지설비, 자동화재속보설비
③ 확성장치, 비상방송설비
④ 자동화재속보설비, 비상방송설비

소화설비, 경보설비 및 피난설비의 기준 (위험물안전관리법 시행규칙 [별표 17])		
제조소등의 구분	제조소등의 규모, 저장 또는 취급하는 위험물의 종류 및 최대수량 등	경보설비
마. 옥외탱크저장소	특수인화물, 제1석유류 및 알코올류를 저장 또는 취급하는 탱크의 용량이 1,000만리터 이상인 것	• 자동화재탐지설비 • 자동화재속보설비

정답 58.① 59.②

60 「위험물안전관리법 시행규칙」상 자체소방대에 대한 설명으로 옳지 않은 것은?

① 이동저장탱크 그 밖에 이와 유사한 것에 위험물을 주입하는 일반취급소에는 자체소방대를 두어야 한다.
② 2 이상의 사업소가 상호응원에 관한 협정을 체결하고 있는 경우에는 당해 모든 사업소를 하나의 사업소로 본다.
③ 2 이상의 사업소가 상호응원에 관한 협정을 체결하고 있는 경우 제조소 또는 취급소에서 취급하는 제4류 위험물을 합산한 양을 하나의 사업소에서 취급하는 제4류 위험물의 최대수량으로 간주하여 화학소방자동차의 대수 및 자체소방대원을 정할 수 있다.
④ 상호응원에 관한 협정을 체결하고 있는 각 사업소의 자체소방대에는 법령 규정에 의한 화학소방차 대수의 2분의 1 이상의 대수와 화학소방자동차마다 5인 이상의 자체소방대원을 두어야 한다.

위험물안전관리법 시행규칙 제73조(자체소방대의 설치 제외대상인 일반취급소)
영 제18조 제1항 제1호 단서에서 "행정안전부령으로 정하는 일반취급소"란 다음 각 호의 어느 하나에 해당하는 일반취급소를 말한다.
1. 보일러, 버너 그 밖에 이와 유사한 장치로 위험물을 소비하는 일반취급소
2. 이동저장탱크 그 밖에 이와 유사한 것에 위험물을 주입하는 일반취급소
3. 용기에 위험물을 옮겨 담는 일반취급소
4. 유압장치, 윤활유순환장치 그 밖에 이와 유사한 장치로 위험물을 취급하는 일반취급소
5. 「광산안전법」의 적용을 받는 일반취급소

제74조(자체소방대 편성의 특례)
영 제18조 제3항 단서의 규정에 의하여 2 이상의 사업소가 상호응원에 관한 협정을 체결하고 있는 경우에는 당해 모든 사업소를 하나의 사업소로 보고 제조소 또는 취급소에서 취급하는 제4류 위험물을 합산한 양을 하나의 사업소에서 취급하는 제4류 위험물의 최대수량으로 간주하여 동항 본문의 규정에 의한 화학소방자동차의 대수 및 자체소방대원을 정할 수 있다. 이 경우 상호응원에 관한 협정을 체결하고 있는 각 사업소의 자체소방대에는 영 제18조제3항 본문의 규정에 의한 화학소방차 대수의 2분의 1 이상의 대수와 화학소방자동차마다 5인 이상의 자체소방대원을 두어야 한다.

정답 60.①

【4과목】 소방전기시설의 구조 및 원리

61 누전 경보기의 형식 승인 및 제품 검사의 기술 기준에서 정하는 누전 경보기의 공칭 작동 전류치(누전 경보기를 작동시키기 위하여 필요한 누설 전류의 값으로서 제조자에 의하여 표시된 값을 말한다.)는 몇 mA 이하이어야 하는가?

① 50
② 150
③ 200
④ 300

> 누전 경보기의 공칭 작동 전류치
> → 누전 경보기의 작동 전류치는 200[mA]에 해당(누전 차단기는 150[mA](물기 있는 경우), 300[mA](물기 없는 경우)이며, 작동시간은 0.03초 내로 동작해야 한다.)

62 누전 경보기의 화재 안전 기준 중 누전 경보기의 설치 방법 및 전원 기준으로 틀린 것은?

① 경계전로의 정격 전류가 60A를 초과하는 전로에 있어서는 1급 누전 경보기를 설치할 것
② 경계전로의 정격 전류가 60A이하의 전로에 있어서는 1급 또는 2급 누전 경보기를 설치할 것
③ 전원은 분전반으로부터 전용 회로로 하고, 각 극에 개폐기 및 20A 이하의 과전류 차단기를 설치
④ 전원을 분기할 때에는 다른 차단기에 따라 전원이 차단되지 아니하도록 할 것

> 1) 누전 경보기의 경우 60[A]를 기준하여 초과할 경우
>   1급 누전 경보기를 설치하고, 이하인 경우는 1급 또는 2급의 누전 경보기를 설치한다.
> 2) 각 극에 개폐기 및 15A 이하의 과전류 차단기를 설치해야 한다.(배선용 차단기는 20A 이하로 설치.)
>   **암기팁** 60A를 기준하여 3을 나누면 배선용, 4를 나누면 과전류 차단기인 점을 유념하여 기억하자.

63 발신기의 외함을 합성수지를 사용하는 경우 외함의 최소 두께는 몇[mm] 이상이어야 하는가?

① 1.2
② 1.6
③ 2.3
④ 3.0

> 축전지와 속보기의 외함 두께
> → 강판일 경우 1.2[mm] 이상, PVC일 때 3.0[mm] 이상이다.

정답 61.③ 62.③ 63.④

64 비상 경보 설비 및 단독 경보형 감지기의 화재 안전 기준에 따라 비상벨설비 또는 자동식 사이렌 설비의 전원 회로 배선 중 내열 배선에 사용하는 전선의 종류가 아닌 것은?

① 버스 덕트
② 600V 1종 비닐 절연 전선
③ 0.6/1[kV] EP 고무절연 클로로프렌 시스 케이블
④ 450/750[V] 저독성난연 가교폴리올레핀 절연 전선

이 문제는 내열 배선, 내화 배선을 외우라는 문제가 절대 아니다. 가볍게 읽고 단순히 본 걸 기억하자.

65 자동화재탐지설비 및 시각 경보 장치의 화재 안전 기준에 따른 공기관식 차동식 분포형 감지기의 설치 기준으로 틀린 것은?

① 검출부는 45도 이상 경사되지 아니하도록 부착할 것.
② 공기관의 노출 부분은 감지구역마다 20[m] 이상이 되도록 할 것.
③ 하나의 검출 부분에 접속하는 공기관의 길이는 100[m] 이하로 할 것.
④ 공기관과 감지 구역의 각 변과의 수평 거리는 1.5[m] 이하가 되도록 할 것.

45도 이상이 아니라 5도 이상에 해당한다.
암기팁 공기관식은 손5공~! 45도는 정스포트식 45정!

66 노유자 시설로서 바닥면적이 몇 [m²] 이상인 층이 있는 경우에 자동화재 속보 설비를 설치해야 하는가?

① 200　　② 300　　③ 400　　④ 500

수업 중에 재밌게 웃었던 내용이다. 자동화재속보설비에 해당하며, 노유자 생활 시설이 아닌 부분은 바닥면적 500[m²] 이상에 설치한다.
암기팁 "속보입니다. 5시 정각의 노~~수!" 정신병원, 의료시설, 노유자 시설, 수련시설 500

67 비상 방송 설비의 화재 안전 기준에 따라 기동 장치에 따른 화재 신고를 수신한 후 필요한 음량으로 화재 발생 상황 및 피난에 유효한 방송이 자동으로 개시될 때까지의 소요 시간은 몇 초 이하로 하여야 하는가?

① 3　　② 5　　③ 7　　④ 10

비상 방송 설비의 수신 후 자동 개시까지의 소요시간은 10[SEC]이다. 감시는 1[hour]를 한다.

정답　64.② 65.① 66.④ 67.④

68 비상 콘센트의 플러그 접속기는 단상 교류 220[V]의 것에 있어서 접지형 몇 극 플러그 접속기를 사용하여야 하는가?

① 1   ② 2
③ 3   ④ 4

비상 콘센트의 플러그 접속기는 접지형 2극을 쓴다.

69 피난구 유도등의 설치 제외 기준 중 틀린 것은?

① 거실 각 부분으로부터 하나의 출입구에 이르는 보행 거리가 20[m] 이하이고 비상 조명등과 유도 표지가 설치된 거실의 출입구
② 바닥 면적이 1000[m²] 미만인 층으로서 옥내로부터 직접 지상으로 하는 출입구(외부의 식별이 용이하지 않은 경우에 한함.)
③ 출입구가 3 이상 있는 거실로서 그 거실 각 부분으로부터 하나의 추입구에 이르는 보행거리가 20[m] 이하인 경우에는 주된 출입구 2개소외의 출입구(유도 표지가 부착된 출입구)
④ 대각선 길이가 15[m] 이내인 구획된 실의 출입구

보행거리는 20[m] 이하가 아닌 30[m] 이하이다. 이는 대형 소화기를 기준으로 생각해야 한다.

70 누전 경보기의 형식 승인 및 제품 검사의 기술 기준에 따라 누전 경보기의 변류기(단, 경계 전로의 전선을 그 변류기에 관통시키는 것은 제외한다.)는 경계 전로에 정격 전류를 흘리는 경우, 그 경계 전로의 전압 강하는 몇 [V] 이하가 되어야 하는가?

① 0.3   ② 0.5
③ 1.0   ④ 3.0

누전 경보기의 경계 전로 전압 강하는 0.5[V] 이하여야 한다.

정답 68.② 69.③ 70.②

71 자동화재탐지설비의 화재 안전 기준에서 사용하는 용어의 정의를 설명한 것이다. 다음 중 옳지 않은 것은?

① [경계구역]이란, 특정 소방대상물 중 화재신호를 발신하고 그 신호를 수신 및 유효하게 제어할 수 있는 구역을 말한다.
② [중계기]란, 감지기, 발신기 또는 전기적 접점 등의 작동에 따른 신호를 받아 이를 수신기의 제어반에 전송하는 장치를 말한다.
③ [감지기]란, 화재시 발생하는 열, 연기, 불꽃 또는 연소생성물을 자동적으로 감지하여 수신기에 발신하는 장치를 말한다.
④ [시각경보장치]란, 자동화재탐지설비에서 발하는 화재신호를 시각 경보기에 전달하여 시각장애인에게 경보를 하는 것을 말한다.

시각 경보 장치는 '청각 장애인'을 위한 설비이다.

72 무선통신보조설비의 화재안전기준에 따른 옥외 안테나의 설치 기준으로 옳지 않은 것은?

① 건축물, 지하가, 터널 또는 공동구의 출입구 및 출입구 인근에서 통신이 가능한 장소에 설치할 것
② 다른 용도로 사용되는 안테나로 인한 통신 장애가 발생하지 않도록 설치할 것
③ 옥외 안테나는 견고하게 설치하며 파손의 우려가 없는 곳에 설치하고 그 가까운 곳의 보기 쉬운 곳에 [옥외 안테나]라는 표시와 함께 통신 가능 거리를 표시한 표시를 설치할 것
④ 수신기가 설치된 장소 등 사람이 상시 근무하는 장소에는 옥외 안테나의 위치가 모두 표시된 옥외 안테나 위치 표시도를 비치할 것

표시는 옥외 안테나가 아니라 [무선 통신 보조 – 설비 안테나]로 해야 한다.

73 통로 유도등은 소방 대상물의 각 거실과 그로부터 지상에 이르는 복도 또는 계단의 통로에 설치하여야 한다. 다음 중 설치 기준으로 옳지 않은 것은?

① 계단 통로 유도등은 바닥으로부터 1[m] 이하의 위치에 설치할 것.
② 거실 통로 유도등은 바닥으로부터 높이 1[m] 이하의 위치에 설치할 것.
③ 복도 통로 유도등은 구부러진 모퉁이 및 보행 거리 20[m]마다 설치할 것.
④ 거실 통로 유도등은 구부러진 모퉁이 및 보행 거리 20[m]마다 설치할 것.

1) 거실 통로 유도등은 바닥으로부터 1[m] 이하가 아닌 1.5[m] 이상에 해당한다.
2) 설치 높이 기준
→ 눈을 아래를 보는 상황인 대피 상황에선 1[m] 이하 : 계단 통로 유도등, 복도 통로 유도등, 통로 유도 표지
→ 눈을 위에 두는 상황인 대피 상황에선 1.5[m] 이상 : 피난구 유도등, 거실 통로 유도등
(기둥이 있는 경우 기둥 자체가 시야를 살피게 하므로 1.5[m] 이하에 해당한다.)

 71.④ 72.③ 73.②

74 누전 경보기의 화재 안전 기준에 따라 누전 경보기의 수신부를 설치할 수 있는 장소는? (단, 해당 누전 경보기에 대해 방폭, 방식, 방습, 방온, 방진 및 정전기 차폐 등의 방호 조치를 하지 않은 경우에 해당한다.)

① 옥내의 건조한 장소
② 화약류를 제조하거나 저장 또는 취급하는 장소
③ 부식성의 증기, 가스 등이 다량으로 체류하는 장소
④ 온도의 변화가 급격한 장소

> 누전경보기의 수신부를 설치할 수 없는 장소
> **암기팁** 과(가)부하(화) 고온 대습 지역
> a. 가연성의 증기 가스 등이 다량 체류하는 장소
> b. 부식성의 증기, 가스 등이 다량 체류하는 장소
> c. 고주파 발생회로 등의 영향을 받을 우려가 있는 장소
> d. 화약류 제조, 저장, 취급 장소
> e. 온도 변화가 급격한 장소
> f. 대전류 회로 등의 영향을 받을 우려가 있는 장소
> g. 습도가 높은 장소

75 비상콘센트 설비의 성능 인증 및 제품 검사의 기술 기준에 따른 비상 콘센트설비의 구조 및 기능에 대한 설명으로 틀린 것은?

① 보수 및 부속품의 교체가 쉬워야 한다.
② 기기 내의 비상 전원 공급용 배선은 내열 배선으로 하여야 한다.
③ 부품의 부착은 기능에 이상을 일으키지 아니하고 쉽게 풀리지 아니하도록 하여야 한다.
④ 충전부는 노출되지 아니하도록 하여야 한다.

> 비상 전원 공급용 배선의 경우는 [내열배선]이 아닌 [내화배선]으로 시공해야 한다.

76 자동화재탐지설비 및 시각경보장치의 화재안전기준에 따른 열전대식 차동식 분포형 감지기의 시설 기준이다. 다음 빈 칸에 들어갈 내용으로 옳은 것은? (단, 주요 구조부가 내화 구조가 아닌 경우이다.)

> 열전대부는 감지 구역의 바닥면적 (A)[m²]마다 1개 이상으로 할 것. 다만, 바닥면적이 (B)[m²] 이하인 특정소방대상물에 있어서는 (C)[개] 이상으로 하여야 한다.

① A 18, B 70, C 4
② A 22, B 72, C 4
③ A 18, B 72, C 4
④ A 22, B 72, C 5

정답 74.① 75.① 76.③

열전대식 감지기의 경우
1) 하나의 검출부에 접속하는 열전대부는 4개에서 20개 이하로 해야 한다.
2) 바닥 면적은 내화 구조일 때 22[m²/개], 기타 구조는 18[m²/개]
암기팁 조합하여 18, 20, 22 순으로 기억하자.

77 비상 조명등의 화재 안전 기준에 따른 휴대용 비상 조명등의 설치 기준이다. 다음 빈칸에 들어갈 내용으로 옳은 것은?

| 지하상가 및 지하 역사에는 보행 거리 (A)[m] 이내마다 (B)개 이상 설치할 것 |

① A 25, B 1   ② A 25, B 3   ③ A 50, B 1   ④ A 50, B 3

1) 휴대용 조명등은 각 개인의 조도 확보를 목적으로 한다. 구별된 실에서는 추종자가 되는 것이 아닌 각 개인이 피난구를 찾아야 한다.
2) 지하 상가, 역사는 한 사람이 소형 소화기(보행 거리 20m), 한 사람이 휴대용 조명등(보행거리 25m)를 지니고, 한 사람이 대형 소화기(보행거리 30m)를 끌고 이동한다고 생각하자.
3) 대규모 점포와 영화관에서는 1/2배만 배치하면 된다. 따라서 배치의 기준을 보행거리를 2배 늘려 유지한다.
4) 설치 기준

설치 개수	설치 장소
1개 이상	숙박시설 또는 다중 이용 업소에는 객실 또는 영업장 안의 구획된 실마다 잘 보이는 곳(외부에 설치시 출입문 손잡이로부터 1m 이내)
3개 이상	• 지하 상가 및 지하 역사의 보행 거리 25m 이내 마다 설치한다. • 대규모 점포 및 영화 상영관의 보행거리는 50m 이내 마다 설치한다.

78 부착 높이 3[m], 바닥면적 60[m²]인 주요구조부를 내화 구조로 한 소방대상물에 1종 열반도체식 차동식 분포형 감지기를 설치하고자 할 때 감지부의 최소 설치 개수는?

① 1개   ② 2개   ③ 3개   ④ 4개

1) 열반도체식은 자주 나오는 부분이 아니었다.

부착높이 및 소방 대상물의 구분		감지기의 종류	
		1종	2종
8[m] 미만	내화 구조	65	36
	기타 구조	40	23
15[m] 미만	내화 구조	50	36
	기타 구조	30	23

정답 77.② 78.①

2) 반도체식은 65,5,4,3,2 순서로 이어진다. 많은 수를 쓰지 않는다.

$\frac{60}{65} = 0.923 ≒ 1[EA]$

79 감지기의 형식 승인 및 제품 검사의 기술 기준에 따라 단독경보형 감지기가 작동할 때 화재를 경보하여 유선 및 무선으로 주위의 다른 감지기에 신호를 발신하고 신호를 수신한 감지기도 화재를 경보하며 다른 감지기에 신호를 발신하는 방식은?

① 아날로그식
② 무선식
③ 연동식
④ 다신호식

단독 경보형 감지기를 연동하여 사용하는 경우에 해당한다.

80 비상 콘센트 설비의 화재안전기준에 따른 용어의 정의중 옳은 것은?

① [저압]이란, 직류는 1.5[kV] 이하, 교류는 1[kV] 이하인 것을 말한다.
② [저압]이란, 직류는 1.0[kV] 이하, 교류는 0.5[kV] 이하인 것을 말한다.
③ [고압]이란, 직류는 1.0[kV] 초과, 교류는 0.5[kV] 초과인 것을 말한다.
④ [고압]이란, 직류는 1.5[kV] 초과, 교류는 1.0[kV] 이상인 것을 말한다.

1) [저압]이란, 직류는 1.5[kV] 이하, 교류는 1[kV] 이하
2) [고압]이란, 직류는 1.5[kV] 초과, 교류는 1[kV] 초과 직류, 교류 모두 7[kV] 이하
3) [특고압]이란, 직류, 교류 모두 7[kV] 초과

정답 79.③ 80.①

2023년 2회 소방설비기사 (전기분야) CBT 복원

[1과목] 소방원론

01 가연성 혼합기의 최소발화(점화)에너지(MIE, Minimum Ignition Energy)에 영향을 주는 요인에 관한 설명으로 옳지 않은 것은?

① 온도가 상승하면 최소발화에너지는 작아진다.
② 압력이 상승하면 최소발화에너지는 작아진다.
③ 열전도율이 낮아지면 최소발화에너지는 커진다.
④ 화학양론비 부근에서 최소발화에너지는 최저가 된다.

> **최소발화(착화)에너지(Minimum Ignition Energy)**
> ① 정의 : 연소범위 내에 있는 가스 등을 발화시키는데 필요한 최소한의 에너지를 말한다. 이는 온도, 압력, 산소농도, 연소속도 등에 따라 영향을 받는다.
> ② 측정방법은 구형의 안전용기 가연성가스와 공기를 혼합시킨 상태에서 콘덴서를 두고 그 사이에 방전(전기적 에너지)을 일으켜 다음의 식에 의해 구한다.
>
> $$MIE = \frac{1}{2}CV^2$$
>
> MIE : 최소발화에너지[J]   C : 콘덴서 용량[F]   V : 전압[V]
>
> ③ 최소발화에너지에 영향을 주는 인자
> • 온도, 압력이 높을수록 MIE가 작아진다.
> • 산소농도가 높을수록 MIE가 작아진다.
> • 연소속도가 클수록 MIE가 작아진다.
> • 가스농도가 많을수록 MIE가 작아진다.
> • 가연성가스의 조성이 화학적양론 농도(완전연소 농도)에서 MIE가 최저가 된다.
> ※ 열전도율이 낮으면 열의 축적이 용이하므로 최소발화에너지(MIE)는 작아진다.

02 가연성 액체의 연소현상에 관한 설명으로 옳지 않은 것은?

① 가연성 액체의 연소와 관련된 온도는 발화점, 연소점, 인화점 순으로 높다.
② 인화점과 발화점이 가까운 액체일수록 재점화가 어렵고 냉각에 의한 소화활동이 용이하다.
③ 인화점과 연소점의 차이는 외부 점화원을 제거했을 경우 화염 전파의 지속성 여부에 따라 구분된다.
④ 연소반응은 열생성률(heat production rate)이 외부로의 열손실률(heat loss rate)보다 큰 조건에서 지속된다.

> 인화점과 발화점이 가까운 액체일수록 재점화가 쉽고 냉각에 의한 소화활동이 쉽지 않다.

정답 01.③ 02.②

03 소방펌프 및 관로에서 발생되는 수격현상(water hammering)의 방지책으로 옳지 않은 것은?

① 수격을 흡수하는 수격방지기를 설치한다.
② 관로에 서지 탱크(surge tank)를 설치한다.
③ 플라이휠(flywheel)을 부착하여 펌프의 급격한 속도 변화를 억제한다.
④ 관경의 축소를 통해 유체의 유속을 증가시켜 압력 변동치를 감소시킨다.

> 펌프에서 발생되는 이상현상
> ② 수격현상(Water Hammering)
>   배관 내를 흐르던 유체가 밸브의 갑작스런 차단이나 관로의 변경에 의해 운동에너지가 압력에너지로 변해 유체 내의 고압이 발생하여 벽면을 타격하는 현상을 말한다.
>   ㉠ 수격현상(Water Hammering)의 발생원인
>   ⓐ 펌프를 갑자기 정지시킬 때
>   ⓑ 정상운전일 때 유체의 압력변동이 생길 때
>   ⓒ 밸브를 급격히 개폐할 때
>   ⓓ 관로가 갑자기 변경될 때
>   ㉡ 수격현상(Water Hammering)의 방지대책
>   ⓐ 관경을 크게 한다.
>   ⓑ 관내 유체의 유속을 낮게 한다.
>   ⓒ 펌프의 급격한 속도 변화를 방지하기 위해 플라이 휠(fly wheel)을 설치한다.
>   ⓓ 수격방지기(Water Hammer Cusion, WHC)를 설치한다.
>   ⓔ 관로에 서지탱크(Surge tank)를 설치한다.

04 화재 시 연소생성물에 관한 설명으로 옳지 않은 것은?

① 황화수소는 썩은 달걀과 비슷한 냄새가 난다.
② 연기로 인한 빛의 감소를 나타내는 감광계수는 가시거리와 반비례한다.
③ 일산화탄소는 산소와 헤모글로빈의 결합을 방해하여 질식에 이르게 할 수 있다.
④ TLV(Threshold Limit Value)로 측정한 독성가스의 허용 농도는 불화수소, 시안화수소, 암모니아, 포스겐 순으로 높다.

TLV(Threshold Limit Value, 독성가스의 허용 농도)

	암모니아	시안화수소	불화수소	포스겐
TLV	25ppm	10ppm	3ppm	0.1ppm

정답 03.④ 04.④

05 폭발에 관한 설명으로 옳은 것만을 〈보기〉에서 있는 대로 고른 것은?

〈 보기 〉
ㄱ. 증기폭발은 액체의 급속한 기화로 인해 체적이 팽창 되어 발생하는 현상이다.
ㄴ. 가스폭발은 분진폭발보다 최소발화에너지가 크다.
ㄷ. 분해폭발은 공기나 산소와 섞이지 않더라도 가연성 가스 자체의 분해 반응열에 의해 폭발하는 현상이다.
ㄹ. 폭발(연소)범위는 초기온도 및 압력이 상승할수록 분자 간 유효충돌 할 가능성이 높아지기 때문에 넓어진다.

① ㄱ, ㄴ   ② ㄷ, ㄹ   ③ ㄱ, ㄴ, ㄹ   ④ ㄱ, ㄷ, ㄹ

가스폭발은 분진폭발보다 최소발화에너지가 작다.

06 폭연(deflagration)과 폭굉(detonation)에 관한 설명으로 옳은 것은?

① 예혼합가스의 초기압력이 높을수록 폭굉유도거리가 길어진다.
② 화염전파속도는 폭연의 경우 음속보다 느리며, 폭굉의 경우 음속보다 빠르다.
③ 폭연은 폭굉으로 전이될 수 없으나 폭굉은 폭연으로 전이 될 수 있다.
④ 폭연은 화염면에서 온도, 압력, 밀도의 변화가 불연속적으로 나타난다.

- 예혼합가스의 초기압력이 높을수록 폭굉유도거리가 짧아진다.
- 화염전파속도는 폭연의 경우 음속보다 느리며, 폭굉의 경우 음속보다 빠르다.
- 폭연은 폭굉으로 전이될 수 있으나 폭굉은 폭연으로 전이 될 수 없다.
- 폭연은 화염면에서 온도, 압력, 밀도의 변화가 연속적으로 나타난다.

07 분진폭발에 영향을 미치는 인자에 관한 설명으로 옳지 않은 것은?

① 분진의 발열량이 클수록 폭발하기 쉽다.
② 분진의 부유성이 클수록 폭발이 용이해진다.
③ 분진폭발은 분진의 입자직경에 영향을 받는다.
④ 분진의 단위체적당 표면적이 작아지면 폭발이 용이해진다.

분진의 단위체적당 표면적이 커지면 폭발이 용이해진다.

정답 05.④ 06.② 07.④

08 전기화재(C급화재) 및 주방화재(K급화재)에 관한 설명으로 옳지 않은 것은?

① 주방화재의 가연물 중 하나인 식용유의 발화점은 비점 보다 낮다.
② 도체 주위의 자기장 변화에 의해 발생된 유도전류는 전기 화재의 점화원으로 작용할 수 있다.
③ 식용유로 인한 화재 시 유면상의 화염을 제거하면 복사열에 의한 기화를 차단하여 재발화를 방지할 수 있다.
④ 전기화재의 발생 원인 중 누전은 전류가 전선이나 기구에서 절연 불량 등의 원인으로 정해진 전로(배선) 밖으로 흐르는 현상이다.

> **주방화재 - K급, 무색**
> 1) 가연물의 종류 : 주방에서 사용하는 동·식물유
> 2) 특징
>   ① 동물성기름 또는 식물성기름을 사용하여 대량의 음식을 조리하는 식당 또는 식품가공공장 등에서 예상치 못하게 화재가 발생하는 경우가 있다.
>   ② 인화성 또는 가연성액체 화재에 사용되는 소화기를 주방화재에도 사용하고 있다. 하지만 주방화재를 진압하고 재발화를 방지하는 데는 부족하다. 따라서 주방화재를 소화하기 위하여 비누화 반응이 일어나는 물질을 사용한다.
>   ③ 주방화재용 소화약제를 사용하여 기름의 표면온도를 낮추는 냉각효과와 비누화 반응에 의한 질식효과를 이용하여 소화를 한다.

09 화재 시 구획실에서 발생하는 현상에 관한 설명으로 옳은 것은?

① 개구부의 크기는 플래시오버 발생과 관련이 없다.
② 구획실의 창문과 문손잡이의 온도로 백드래프트의 발생 가능성을 예측할 수 없다.
③ 준불연성이나 불연성의 내장재를 사용할 경우 플래시오버 발생까지의 소요시간이 길어진다.
④ 구획실 내의 산소가 부족하여 훈소 상태에서 공기가 갑자기 다량 공급될 때 가연성 가스가 순간적으로 폭발하듯 발화 하는 현상은 플래시오버이다.

> **플래시 오버 지연 대책**
> ① 화원의 위치와 크기 : 화원의 크기가 소형일수록 지연된다.
> ② 내장재의 종류, 열전도율 및 불연화 순서
>   • 종류 : 불연재료, 준불연재료
>   • 열전도율이 큰 재료일수록 지연된다.
>   • 불연화 순서 : 천장 → 벽 → 바닥 순으로 불연화 한다.
> ③ 개구율 : 개구율이 작을수록 산소 부족으로 연소가 원활하게 일어나지 않으므로 실내의 열축적이 적어 플래시오버가 지연될 수 있고, 개구율이 아주 클수록 실내에 축적되는 열보다 외부로 유출되는 열이 많으므로 플래시오버가 지연될 수 있다.

정답 08.③ 09.③

10 그림은 구획실의 크기가 가로 10,000mm, 세로 8,000mm, 높이 3,000mm이며 가연물 A와 가연물 B가 놓여 있는 상태를 나타낸다. 다음과 같은 조건일 때 구획실의 화재하중[kg/m²]은? (단, 주어지지 않은 조건은 무시하고, 소수점 셋째 자리에서 반올림한다.)

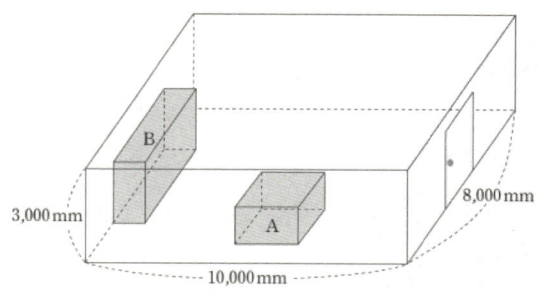

	단위발열량[kcal/kg]	질량[kg]
목재	4,500	-
가연물 A	2,000	200
가연물 B	9,000	100

① 1.20 ② 2.41 ③ 3.61 ④ 7.22

화재하중(Fuel Load)

$$Q = \frac{\Sigma(G_t \times H_t)}{H \times A} = \frac{\Sigma Q_t}{4,500 \times A}$$

Q : 화재하중[kg/m²], G_t : 가연물의 양[kg], H_t : 가연물의 단위 발열량[kcal/kg]

Q_t : 가연물의 전체 발열량[kcal], H : 목재 단위 발열량(4,500[kcal/kg]), A : 화재실 바닥면적[m²]

$$Q = \frac{(200 \times 2,000) + (100 \times 9,000)}{4,500 \times (10 \times 8)} = 3.611 ≒ 3.61 \,[kg/m^2]$$

11 구획실 화재에 관한 설명으로 옳지 않은 것은?

① 플래시오버 이후에는 연료지배형 화재보다 환기지배형 화재가 지배적이다.
② 환기가 잘되지 않으면 환기지배형 화재에서 연료지배형 화재로 바뀌며 연기 발생이 줄어든다.
③ 연료지배형 화재는 구획실 내 가연물의 연소에 필요한 산소가 충분히 공급되는 조건의 화재이다.
④ 성장기에는 천장 부분에서 축적된 뜨거운 가스층이 발화원으로 부터 떨어져 있는 가연성 물질에 복사열을 공급하여 플래시오버를 초래할 수 있다.

환기가 잘되지 않으면 환기지배형 화재로서 연기 발생이 많아진다.

정답 10.③ 11.②

12 위험물의 유별 특성 중 옳은 것만을 〈보기〉에서 있는 대로고른 것은?

〈 보기 〉
ㄱ. 아염소산나트륨은 불연성, 조해성, 수용성이며, 무색 또는 백색의 결정성 분말 형태이다.
ㄴ. 마그네슘은 끓는 물과 접촉 시 수소가스를 발생시킨다.
ㄷ. 황린은 공기 중 상온에 노출되면 액화되면서 자연발화를 일으킨다.

① ㄱ, ㄴ   ② ㄱ, ㄷ   ③ ㄴ, ㄷ   ④ ㄱ, ㄴ, ㄷ

- 아염소산나트륨(제1류 위험물) : 불연성, 조해성, 수용성이며, 무색 또는 백색의 결정성 분말 형태
- 마그네슘(제2류 위험물) : 물과 접촉 시 수소가스를 발생
- 황린(제3류 위험물) : 발화점이 매우 낮고 산소와 결합 시 산화열이 크며, 공기 중에 방치하면 액화되면서 자연발화를 일으킨다.[황린은 발화점(착화점)이 낮기 때문에 자연발화를 일으킨다.]

13 위험물의 유별 소화방법으로 옳지 않은 것은?

① 탄화칼슘 화재 시 다량의 물로 냉각소화할 수 있다.
② 수용성 메틸알코올 화재에는 내알코올포를 사용한다.
③ 알킬알루미늄은 마른모래, 팽창질석, 팽창진주암으로 소화한다.
④ 적린은 다량의 물로 냉각소화하며, 소량의 적린인 경우에는 마른모래나 이산화탄소 소화약제도 일시적인 효과가 있다.

탄화칼슘
㉠ 카바이드라고 하며, 분자식 CaC_2, 융점은 2,300[℃]이다.
㉡ 순수한 것은 무색, 투명하나 보통은 회백색의 덩어리 상태이다.
㉢ 공기 중에서 안정하지만 350[℃] 이상에서는 산화된다.
㉣ 습기가 없는 밀폐용기에 저장하고, 용기에는 질소가스 등 불연성 가스를 봉입시킬 것.

탄화칼슘의 반응식
$CaC_2 + 2H_2O \rightarrow \underline{Ca(OH)_2} + \underline{C_2H_2}\uparrow + 27.8[kcal]$
    (소석회, 수산화칼슘) (아세틸렌)
- 약 700[℃] 이상에서 반응 $CaC_2 + N_2 \rightarrow CaCN_2 + C + 74.6[kcal]$
                                    (석회질소) (탄소)
- 아세틸렌가스와 금속과 반응 $C_2H_2 + 2Ag \rightarrow Ag_2C_2 + H_2\uparrow$
                              (금속아세틸레이트 : 폭발물질)

정답 12.④ 13.①

14 소화방법에 관한 설명으로 옳은 것만을 〈보기〉에서 있는 대로 고른 것은?

> ㄱ. 산림화재 시 화재 진행방향의 나무를 벌목하는 것은 제거소화의 방법 중 하나이다.
> ㄴ. 물은 비열, 증발잠열의 값이 작아서 주로 냉각소화에 사용된다.
> ㄷ. 부촉매 소화는 화학적 소화에 해당한다.
> ㄹ. 유류화재는 포 소화약제를 방사하여 유류 표면에 얇은 층을 형성함으로써 공기 공급을 차단해 소화한다.
> ㅁ. 물에 침투제를 첨가하는 이유는 표면장력을 증가시켜 소화능력을 향상하기 위함이다.

① ㄱ, ㄷ, ㄹ   ② ㄴ, ㄹ, ㅁ   ③ ㄱ, ㄴ, ㄷ, ㄹ   ④ ㄱ, ㄷ, ㄹ, ㅁ

- 물은 비열, 증발잠열의 값이 커서 주로 냉각소화에 사용된다.
- 물에 침투제를 첨가하는 이유는 표면장력을 감소시켜 침투성을 강화해 소화능력을 향상하기 위함이다.

15 분말소화약제에 관한 설명으로 옳지 않은 것은?

① 제2종 분말소화약제의 주성분은 $KHCO_3$이다.
② 제1·2·3종 분말소화약제는 열분해 반응에서 CO_2가 생성된다.
③ $NaHCO_3$이 주된 성분인 분말소화약제는 B·C급 화재에 사용하고 분말 색상은 백색이다.
④ $NH_4H_2PO_4$이 주된 성분인 분말소화약제는 A·B·C급 화재에 유효하고 비누화현상이 일어나지 않는다.

제3종 분말소화약제 열분해 반응식 (CO_2는 생성되지 않는다.)

190[℃]	$NH_4H_2PO_4$	→	H_3PO_4(올트인산) + NH_3
215[℃]	$2H_3PO_4$	→	$H_4P_2O_7$(피로인산) + H_2O
300[℃] 이상	$H_4P_2O_7$	→	$2HPO_3$(메타인산) + H_2O
(250[℃] 이상)	$2HPO_3$	→	P_2O_5(오산화인) + H_2O

16 할로겐화합물 및 불활성기체 소화약제에 관한 설명으로 옳지 않은 것은?

① IG-01, IG-55, IG-100, IG-541 중 질소를 포함하지 않은 약제는 IG-100이다.
② 할로겐화합물 소화약제 중 HFC-23(트리플루오르메탄)의 화학식은 CHF_3이다.
③ 부촉매 소화효과는 불활성기체 소화약제에는 없으나 할로겐 화합물 소화약제는 있다.
④ 할로겐화합물 소화약제는 불소, 염소, 브롬 또는 요오드 중 하나 이상의 원소를 포함하고 있는 유기화합물을 기본 성분으로 하는 소화약제를 말한다.

정답 14.① 15.② 16.①

> **불활성기체 소화약제 명명법**
> IG – ABC 세 자리로 구성되며, 성분 함량을 표시한다. Inergen(불연성 · 불활성 기체 혼합가스)
> A = 질소(N_2)의 함량
> B = 아르곤(Ar)의 함량
> C = 이산화탄소(CO_2)의 함량
> ① IG – 100 → N_2 : 100%
> ② IG – 01 → Ar : 100%
> ③ IG – 55 → N_2 : 50%, Ar : 50%
> ④ IG – 541 → N_2 : 52%, Ar : 40%, CO_2 : 8%

17 다음 그림의 주입 방식에 가장 적합한 포 소화약제로만 짝지어진 것은?

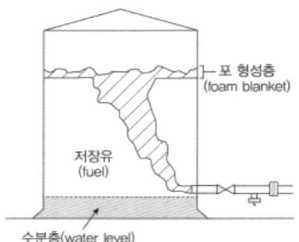

① 단백포, 불화단백포
② 수성막포, 불화단백포
③ 합성계면활성제포, 수성막포
④ 단백포, 수성막포

> **Ⅲ형 고정포방출구**
> 콘루프 탱크(Cone roof tank)에서 사용하는 방식으로 표면하 주입방식 이라고 하며 약제가 탱크 하부에서 방출하여 유류를 거쳐 부상해야 하므로 내유성과 내화학성이 요구되는 약제만 가능하다. (**수성막포, 불화단백포**)
>
>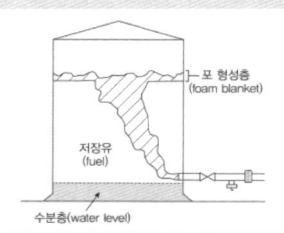

18 차동식 분포형 감지기의 종류에 해당하지 않는 것은?

① 공기관식
② 열전대식
③ 열반도체식
④ 광전식

정답 17.② 18.④

감지기의 종류

열 감지기	차동식	주위온도가 일정상승률 이상이 되는 경우에 작동하는 것	넓은 범위 내에서의 열효과의 누적에 의하여 작동되는 것	분포형	• 공기관식 • 열전대식 • 열반도체식
			일국소에서의 열효과에 의하여 작동되는 것	스포트형	• 공기팽창에 의한 것 • 열기전력에 의한 것 • 반도체를 이용한 것
	정온식	일국소의 주위온도가 일정한 온도이상으로 되었을 때 작동하는 것	외관이 전선으로 되어 있는 것		감지선형
			외관이 전선으로 되어 있지 아니한 것		스포트형
	보상식	차동식 스포트형과 정온식 스포트형 감지기의 성능을 겸비한 것으로서 둘 중 어느 한 기능이 작동되면 신호를 발하는 것			스포트형
연기 감지기	이온화식	공기가 일정한 농도의 연기를 포함하게 되는 경우에 작동하는 것으로서 일국소의 연기에 의하여 **이온전류가 변화하여 작동**하는 것			
	광전식	공기가 일정한 농도의 연기를 포함하게 되는 경우에 작동하는 것으로서 일국소의 연기에 의하여 광전소자에 접하는 **광량의 변화로 작동**하는 것			

19 소방시설은 소화설비, 경보설비, 피난구조설비, 소화용수설비, 소화활동설비로 분류된다. 다음 정의로 분류되는 소방시설로 옳지 않은 것은?

화재를 진압하거나 인명구조활동을 위하여 사용하는 설비

① 제연설비 ② 인명구조설비
③ 연결살수설비 ④ 무선통신보조설비

		화재가 발생할 경우 피난하기 위하여 사용하는 기구 또는 설비
Ⅲ. 피난구조 설비	1. 피난기구	① 피난사다리
		② 구조대
		③ 완강기
		④ 그 밖에 소방청장이 정하여 고시하는 화재안전기준으로 정하는 것 (미끄럼대·피난교·피난용트랩·간이완강기·공기안전매트·다수인 피난장비·승강식피난기 등)
	2. 인명구조기구	① 방열복, 방화복(안전모, 보호장갑 및 안전화를 포함한다)
		② 공기호흡기
		③ 인공소생기

정답 19.②

		① 피난유도선
Ⅲ. 피난구조 설비	3. 유도등	② 피난구유도등
		③ 통로유도등
		④ 객석유도등
		⑤ 유도표지
	4. 비상조명등 및 휴대용비상조명등	

	화재를 진압하거나 인명구조활동을 위하여 사용하는 설비
	1. 제연설비
	2. 연결송수관설비
Ⅴ. 소화활동 설비	3. 연결살수설비
	4. 비상콘센트설비
	5. 무선통신보조설비
	6. 연소방지설비

20 포소화설비에 관한 설명으로 옳지 않은 것은?

① 팽창비란 최종 발생한 포 수용액 체적을 원래 포 체적으로 나눈 값을 말한다.
② 연성계란 대기압 이상의 압력과 대기압 이하의 압력을 측정할 수 있는 계측기를 말한다.
③ 국소방출방식이란 소화약제 공급장치에 배관 및 분사 헤드 등을 설치하여 직접 화점에 소화약제를 방출하는 방식을 말한다.
④ 프레셔사이드 프로포셔너방식이란 펌프의 토출관에 압입기를 설치하여 포 소화약제 압입용 펌프로 포 소화약제를 압입시켜 혼합하는 방식을 말한다.

> 팽창비 : 최종 발생한 포의 체적[L]을 발포전의 포 수용액의 체적[L]으로 나눈 값을 말한다.
>
> $$\text{팽창비} = \frac{\text{발포 후 포의 체적[L]}}{\text{발포 전 포 수용액(물 + 원액)의 체적[L]}} = \frac{\frac{\text{발포 후 포의 체적[L]}}{\text{포 소화약제의 체적[L]}}}{\text{원액의 농도}}$$

정답 20.①

【2과목】 소방전기일반

21 최대눈금이 200[mA], 내부저항이 5[Ω]인 전류계가 있다. 5[Ω]의 분류기를 사용하여 전류계의 측정범위를 넓히면 몇 [A]까지 측정할 수 있는가?

① 0.4 ② 0.5 ③ 0.6 ④ 0.8

1) $I_1 : I_2 = \dfrac{1}{R_t} : \dfrac{1}{R_s}$, $R_t = \dfrac{R_1 R_s}{R_1 + R_s}$

$R_t = \dfrac{5 \times 5}{5 + 5} = 2.5[\Omega]$

2) $I_2 = \dfrac{I_1}{R_t} R_1$

$I_2 = \dfrac{200 \times 10^{-3}}{2.5} \times 5 = 400 \times 10^{-3}$

22 20[F]의 콘덴서 2개를 직렬로 연결하면 합성 정전용량은 몇 [F]인가?

① 10 ② 20 ③ 40 ④ 80

콘덴서를 직렬 접속했을 때 아래와 같다.

$C_t = \dfrac{C_1 C_2}{C_1 + C_2} = \dfrac{20 \times 20}{20 + 20} = 10[F]$

23 전기기기에서 생기는 손실 중 권선의 저항에 의하여 생기는 손실은?

① 철손 ② 동손 ③ 포유부하손 ④ 히스테리시스손

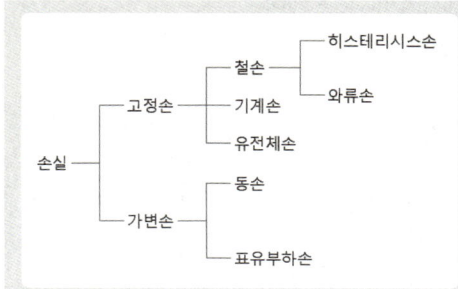

정답 21.① 22.① 23.②

24 변압기의 내부 보호에 사용되는 계전기는?

① 비율 차동 계전기 ② 부족 전압 계전기
③ 역전류 계전기   ④ 온도 계전기

> 변압기를 보호하는 장치는 아래와 같다.
> → 비율차동계전기 → 유면계
> → 부흐홀쯔계전기 → 권선 온도계
> → 충격압력계전기 → 방압장치

25 개루프 제어와 비교하여 폐루프 제어에서 반드시 필요한 장치는?

① 안정도를 좋게 하는 장치
② 제어요소를 조작하는 장치
③ 동작신호를 조절하는 장치
④ 기준입력신호와 주궤환신호를 비교하는 장치

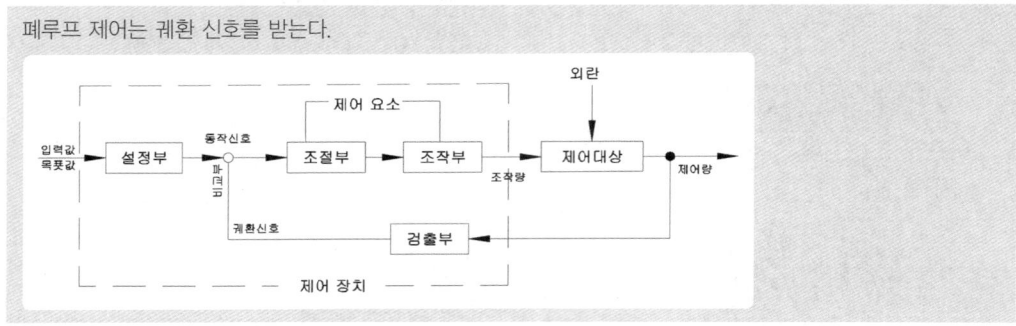

폐루프 제어는 궤환 신호를 받는다.

26 자동제어계를 제어목적에 의해 분류한 경우, 틀린 것은?

① 정치제어 : 제어량을 주어진 일정목표로 유지시키기 위한 제어
② 추종제어 : 목표치가 시간에 따라 변화하는 제어
③ 프로그램제어 : 목표치가 프로그램대로 변하는 제어
④ 서보제어 : 선박의 방향제어계인 서보제어는 정치제어와 같은 성질

> 1) 정치제어는 일정한 값을 유지하는 것을 의미하며, 온도, 압력 등을 일정히 유지하는 프로세스 제어가 대표적이다.
> 2) 서보제어는 목표값에 제어량을 추종시키는 추종제어에 해당한다.

정답 24.① 25.④ 26.④

27 전압이득이 60dB인 증폭기와 궤환율(β)이 0.01인 궤환회로를 부궤환 증폭기로 구성하였을 때 전체 이득은 약 몇 dB인가?

① 34   ② 44   ③ 54   ④ 64

1) 전압 이득
$G_V[\text{dB}] = 20\log_{10} A_V$, $60 = 20\log_{10} A_V$ (G_V : 전압 이득, A_V : 증폭기 이득)
$A_V = 10^3 = 1,000[\text{dB}]$

2) 부궤환 증폭기 이득
$A_f = \dfrac{A}{1+\beta A}$ (A_f : 부궤환 증폭기 이득, β : 궤환율)
$A_f = \dfrac{1000}{1+0.02\times 1000} = 47.619 \fallingdotseq 47.6[\text{dB}]$

3) 전체 이득
$Av_f = 20\log A_f$
$Av_f = 20\log 47.6 = 33.55 \fallingdotseq 34$

28 정현파 신호 $\sin t$의 전달함수는?

① $\dfrac{1}{S^2-1}$ ② $\dfrac{1}{S^2+1}$ ③ $\dfrac{S}{S^2+1}$ ④ $\dfrac{S}{S^2-1}$

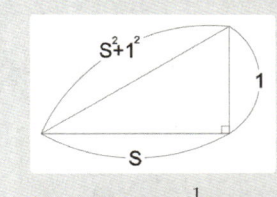
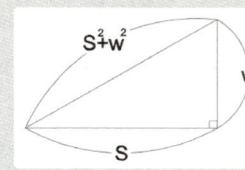

$\sin t = \dfrac{1}{S^2+1}$
$\cos t = \dfrac{S}{S^2+1}$

$\sin wt = \dfrac{w}{S^2+w^2}$
$\cos wt = \dfrac{S}{S^2+w^2}$

29 SCR를 턴온시킨 후 게이트 전류를 0으로 하여도 온(ON)상태를 유지하기 위한 최소의 애노드 전류를 무엇이라 하는가?

① 래칭전류   ② 스탠드온전류   ③ 최대전류   ④ 순시전류

'래칭 전류'라고 한다.
→ Latch는 자물쇠를 의미한다. 이를 떠올리면 SCR을 Turn On 이후 게이트 전류를 0으로 하여도 이를 유지하기 위한 최소의 애노드 전류이다.

정답 27.① 28.② 29.①

30 열팽창식 온도계가 아닌 것은?

① 열전대 온도계　② 압력식 온도계　③ 바이메탈 온도계　④ 유리 온도계

> 1) 바이메탈식 : 온도에 따라 열팽창률이 다른 두 장의 금속판을 붙인 것.
> 2) 열전대식 : 두 종류의 다른 금속으로 만든 장치이다.
> 3) 유리 온도계 : 긴 관이 달린 작은 구의 온도가 상승하면, 공기의 부피가 증가하여 밀도가 감소한다.
> 4) 압력식 온도계 : 압력이 온도에 따라 바뀌는 원리를 이용한 온도계

31 3상 유도전동기를 Y결선으로 기동할 때 전류의 크기($|I_Y|$)와 △결선으로 기동할 때 전류의 크기 ($|I_\triangle|$)의 관계로 옳은 것은?

① $|I_Y| = \dfrac{1}{3}|I_\triangle|$　　② $|I_Y| = \sqrt{3}|I_\triangle|$

③ $|I_Y| = \dfrac{1}{\sqrt{3}}|I_\triangle|$　　④ $|I_Y| = \dfrac{2}{\sqrt{3}}|I_\triangle|$

> $|I_Y| = \dfrac{1}{3}|I_\triangle|$
>
> 기동을 할 때는 전류를 줄여야 한다. Y는 기어 모양, 운전을 할 때는 △의 모양을 바퀴로 생각하자.

32 그림과 같은 회로에서 분류기의 배율은? (단, 전류계 A의 내부저항은 RA이며 RS는 분류기 저항이다.)

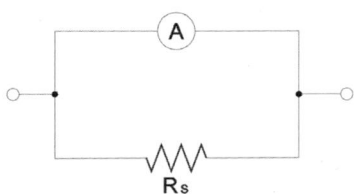

① $\dfrac{R_A}{R_A + R_S}$　② $\dfrac{R_S}{R_A + R_S}$　③ $\dfrac{R_A + R_S}{R_S}$　④ $\dfrac{R_A + R_S}{R_A}$

> 1) $I_1 : I_2 = \dfrac{1}{R_A} : \dfrac{R_A + R_s}{R_A R_s}$
>
> $I_2 \dfrac{1}{R_A} = I_1 \dfrac{R_A + R_s}{R_A R_s}$
>
> $\dfrac{I_2}{I_1} = a = \dfrac{R_A + R_s}{R_s}$

정답　30.①　31.①　32.③

33 다음 중 강자성체에 속하지 않는 것은?

① 니켈　　　② 구리　　　③ 코발트　　　④ 철

> 강자성체에는 '철, 니켈, 코발트, 망간'이 있다. 구리는 반자성체에 해당한다. 반자성체에는 '금, 은, 아연, 구리, 탄소'가 있다.

34 변류기에 결선된 전류계가 고장이 나서 교체하는 경우 옳은 방법은?

① 변류기의 2차를 개방시키고 전류계를 교체한다.
② 변류기의 2차를 단락시키고 전류계를 교체한다.
③ 변류기의 1차를 개방시키고 전류계를 교체한다.
④ 변류기의 1차를 단락시키고 전류계를 교체한다.

> 변류기는 CT이며, 2차측을 단락시키고 교체해야하고, 변압기 PT이며, 2차측을 개방시키고 교체해야 한다.
> **암기팁** OPEN TWO, CLOSE TWO

35 3상 농형 유도전동기의 기동법이 아닌 것은?

① Y-△ 기동법　　　② 기동 보상기법
③ 비례추이　　　　　④ 리액터 기동법

> 3상 농형 유도 전동기의 기동법은 '전기요리'를 기억하자. **전**전압 기동, **기**동 보상기법, **요**(Y-△) 기동, **리**엑터 기동

36 논리식 $\overline{X} + XY$를 간략화 한 것은?

① $\overline{X} + Y$　　② $\overline{Y} + X$　　③ $\overline{X}\,Y$　　④ $\overline{Y}\,X$

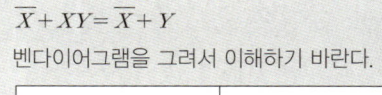
벤다이어그램을 그려서 이해하기 바란다.

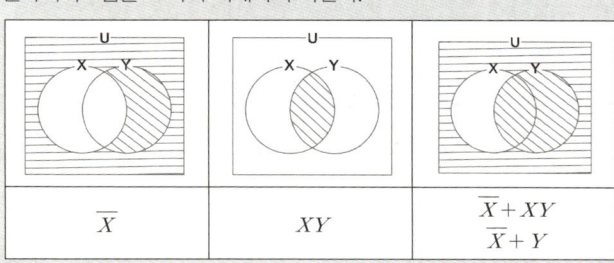

정답 33.② 34.② 35.③ 36.①

37 그림과 같은 논리회로의 출력 Y는?

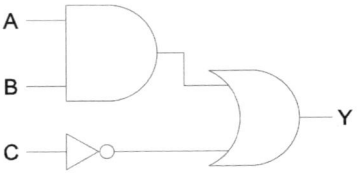

① $AB+\overline{C}$ ② $A\overline{B}C$ ③ $A+B\overline{C}$ ④ $AB\overline{C}$

38 단상변압기 3대를 △결선하여 부하에 전력을 공급하고 있는 중 변압기 1대가 고장 나서 V결선으로 바꾼 경우에 고장 전과 비교하여 몇 % 출력을 낼 수 있는가?

① 57.7   ② 60.6   ③ 70.7   ④ 86.6

$$\frac{P_V}{P_\triangle}=\frac{\sqrt{3}\,VI\cos\theta}{3VI\cos\theta}=57.7[\%]$$

39 100[V], 1[kW]의 니크롬선을 4/5의 길이로 잘라서 사용할 때 소비전력은 약 몇 [W]인가?

① 1,000   ② 1,250   ③ 1,430   ④ 2,000

1) $P=VI=I^2R=\dfrac{V^2}{R}$

전압이 일정하게 100[V]로 주어짐으로 $P\propto\dfrac{1}{R}$

2) $P_1:P_2=\dfrac{1}{R_1}:\dfrac{1}{\frac{4}{5}R_1}$

$P_2=1000\times\dfrac{5}{4}=1,250[W]$

40 공기중에서 5[kW] 방사 전력이 안테나에서 사방으로 균일하게 방사될 때, 안테나에서 0.5[km] 거리에 있는 점에서의 전계의 실효값은 약 몇 [V/m] 인가?

① 0.77   ② 1.22   ③ 1.73   ④ 3.98

정답   37.①   38.①   39.②   40.①

구의 단위 면적 당 전력
$W = \dfrac{E^2}{377} = \dfrac{P}{4\pi r^2}$ P:전력[W], E:전계의 세기[V/m] W:구의 단위 면적당 전력[W/㎡]

$E = \sqrt{\dfrac{P}{4\pi r^2} \times 377}$ ($4\pi \times 30 ≒ 377$이다.)

$E = \sqrt{\dfrac{5000}{4\pi (500)^2} \times 377} = 0.77 [V/m]$

【3과목】 소방관계법규

41 「소방기본법」상 한국소방안전원의 업무에 해당하는 것은?

① 소방안전에 관한 국제협력
② 소방기술과 안전관리에 관한 인허가 업무
③ 소방산업의 발전 및 소방기술의 향상을 위한 지원
④ 소방장비의 품질 확보, 품질 인증 및 신기술·신제품에 관한 인증 업무

소방기본법 제41조(안전원의 업무) 안전원은 다음 각 호의 업무를 수행한다.
1. 소방기술과 안전관리에 관한 교육 및 조사 · 연구
2. 소방기술과 안전관리에 관한 각종 간행물 발간
3. 화재 예방과 안전관리의식 고취를 위한 대국민 홍보
4. 소방업무에 관하여 행정기관이 위탁하는 업무
5. 소방안전에 관한 국제협력
6. 그 밖에 회원에 대한 기술지원 등 정관으로 정하는 사항

42 「소방기본법」및 같은 법 시행규칙상 소방박물관 및 소방체험관에 대한 내용으로 옳지 않은 것은?

① 소방박물관에 소방박물관장 1인과 부관장 1인을 두되, 소방박물관장은 소방공무원중에서 소방청장이 임명한다.
② 소방박물관에는 그 운영에 관한 중요한 사항을 심의하기 위하여 7인 이내의 위원으로 구성된 운영위원회를 둔다.
③ 소방체험관의 설립과 운영에 필요한 사항은 행정안전부령으로 정하는 기준에 따라 시·도의 조례로 정한다.
④ 소방체험관에는 교통안전 분야로 보행안전 체험실, 자동차안전 체험실, 지하철안전 체험실을 모두 갖추어야 하고, 이 경우 체험실별 바닥면적은 100제곱미터 이상이어야 한다.

정답 41.① 42.④

④ (×) 소방체험관에는 교통안전 분야로 <u>보행안전 체험실, 자동차안전 체험실을 모두 갖추어야 하고</u>, 소방체험관의 규모 및 지역 여건 등을 고려하여 <u>버스안전 체험실, 이륜차안전 체험실, 지하철안전 체험실을 갖출 수 있다.</u> 이 경우 체험실별 바닥면적은 100제곱미터 이상이어야 한다.

43 「소방기본법」상 피난 명령에 관한 설명으로 옳은 것은?

① 소방청장이 피난 명령을 발동할 수 있다.
② 화재, 재난·재해, 그 밖의 위급한 상황이 발생하여 사람의 생명에 대한 침해가 발생한 때에 명령한다.
③ 일정한 구역을 지정하여 그 구역에 있는 사람에게 그 구역 밖으로 피난할 것을 명할 수 있다.
④ 피난 명령을 할 때 필요하면 관할 경찰서장 또는 자치경찰단장에게 협조를 요청해야 한다.

> 소방기본법 제26조(피난 명령)
> ① <u>소방본부장, 소방서장 또는 소방대장</u>은 화재, 재난·재해, 그 밖의 위급한 상황이 발생하여 <u>사람의 생명을 위험하게 할 것으로 인정할 때에는 일정한 구역을 지정하여 그 구역에 있는 사람에게 그 구역 밖으로 피난할 것을</u> 명할 수 있다.
> ② 소방본부장, 소방서장 또는 소방대장은 제1항에 따른 명령을 할 때 필요하면 관할 경찰서장 또는 자치경찰단장에게 <u>협조를 요청할 수 있다.</u>

44 「소방시설공사업법」 및 같은 법 시행령상 시공의 경우에는 대통령령으로 정하는 바에 따라 도급받은 소방시설공사의 일부를 다른 공사업자에게 하도급할 수 있다. 이에 해당하지 않는 경우는?

① 소방시설공사업과 주택건설사업을 함께 하는 공사자가 소방시설공사와 해당 사업의 공사를 함께 도급받은 경우
② 소방시설공사업과 문화재수리업을 함께 하는 공사자가 소방시설공사와 해당 사업의 공사를 함께 도급받은 경우
③ 소방시설공사업과 정보통신공사업을 함께 하는 공사자가 소방시설공사와 해당 사업의 공사를 함께 도급받은 경우
④ 소방시설공사업과 전기공사업을 함께 하는 공사자가 소방시설공사와 해당 사업의 공사를 함께 도급받은 경우

> 소방시설공사업법 제22조(하도급의 제한)
> ① 제21조에 따라 도급을 받은 자는 소방시설의 설계, 시공, 감리를 제3자에게 하도급할 수 없다. 다만, 시공의 경우에는 대통령령으로 정하는 바에 따라 도급받은 소방시설공사의 일부를 다른 공사업자에게 하도급할 수 있다.

정답 43.③ 44.②

> 시행령 제12조(소방시설공사의 시공을 하도급할 수 있는 경우)
> ① 소방시설공사업과 다음 각 호의 어느 하나에 해당하는 사업을 함께 하는 공사업자가 소방시설공사와 해당 사업의 공사를 함께 도급받은 경우에는 법 제22조 제1항 단서에 따라 도급받은 소방시설공사의 일부를 다른 공사업자에게 하도급할 수 있다.
> 1. 「주택법」 제4조에 따른 주택건설사업
> 2. 「건설산업기본법」 제9조에 따른 건설업
> 3. 「전기공사업법」 제4조에 따른 전기공사업
> 4. 「정보통신공사업법」 제14조에 따른 정보통신공사업

45 「소방시설공사업법 시행령」상 중급기술자 이상의 소방기술자(기계분야 및 전기분야)를 배치하는 소방시설공사 현장의 기준으로 옳지 않은 것은?

① 물분무등소화설비(호스릴 방식의 소화설비는 제외) 또는 제연설비가 설치되는 특정소방대상물의 공사 현장
② 지하층을 포함한 층수가 16층인 특정소방대상물의 공사 현장
③ 연면적 5천제곱미터 이상 3만제곱미터 미만인 특정소방대상물(아파트는 제외)의 공사 현장
④ 연면적 1만제곱미터 이상 20만제곱미터 미만인 아파트의 공사 현장

소방기술자의 배치기준 (소방시설공사업법 시행령 [별표 2])	
소방기술자의 배치기준	소방시설공사 현장의 기준
다. 행정안전부령으로 정하는 중급기술자 이상의 소방기술자(기계분야 및 전기분야)	1) 물분무등소화설비(호스릴 방식의 소화설비는 제외) 또는 제연설비가 설치되는 특정소방대상물의 공사 현장 2) 연면적 5천제곱미터 이상 3만제곱미터 미만인 특정소방대상물(아파트는 제외)의 공사 현장 3) 연면적 1만제곱미터 이상 20만제곱미터 미만인 아파트의 공사 현장

46 「소방시설공사업법」상 소방서장은 소방시설업의 감독을 위하여 필요할 때에는 관계 공무원으로 하여금 소방시설업체에 출입하여 관계 서류와 시설 등을 검사하거나 소방시설업자 및 관계인에게 질문하게 할 수 있다. 이때 정당한 사유 없이 관계 공무원의 출입 또는 검사·조사를 거부·방해 또는 기피한 자에 대한 벌칙은?

① 100만원 이하의 벌금
② 300만원 이하의 벌금
③ 1년 이하의 징역 또는 1천만원 이하의 벌금
④ 3년 이하의 징역 또는 3천만원 이하의 벌금

정답 45.② 46.①

소방시설공사업법 제31조(감독)
① 시·도지사, 소방본부장 또는 소방서장은 소방시설업의 감독을 위하여 필요할 때에는 소방시설업자나 관계인에게 필요한 보고나 자료 제출을 명할 수 있고, 관계 공무원으로 하여금 소방시설업체나 특정소방대상물에 출입하여 관계 서류와 시설 등을 검사하거나 소방시설업자 및 관계인에게 질문하게 할 수 있다.

제38조(벌칙)
다음 각 호의 어느 하나에 해당하는 자는 <u>100만원 이하의 벌금</u>에 처한다.
2. 제31조 제1항 및 제2항을 위반하여 <u>정당한 사유 없이 관계 공무원의 출입 또는 검사·조사를 거부·방해 또는 기피</u>한 자

47 「소방시설공사업법」상 소방시설업자가 소방시설공사등을 맡긴 특정소방대상물의 관계인에게 지체 없이 그 사실을 알려야 하는 경우는?

① 소방시설업자가 과징금부과처분을 받은 경우
② 소방시설의 착공신고가 수리된 경우
③ 소방시설업자의 지위를 승계한 경우
④ 소방시설에 하자가 있을 경우

소방시설공사업법 제8조(소방시설업의 운영)
③ 소방시설업자는 다음 각 호의 어느 하나에 해당하는 경우에는 소방시설공사등을 맡긴 특정소방대상물의 <u>관계인에게 지체 없이 그 사실을 알려야</u> 한다.
  1. 제7조에 따라 <u>소방시설업자의 지위를 승계한 경우</u>
  2. 제9조 제1항에 따라 <u>소방시설업의 등록취소처분 또는 영업정지처분을 받은 경우</u>
  3. <u>휴업하거나 폐업한 경우</u>

제15조(공사의 하자보수 등)
① 공사업자는 소방시설공사 결과 자동화재탐지설비 등 대통령령으로 정하는 소방시설에 하자<u>가 있을 때에는</u> 대통령령으로 정하는 기간 동안 그 <u>하자를 보수하여야 한다.</u>

48 「화재의 예방 및 안전관리에 관한 법률」 및 같은 법 시행령상 화재안전조사 결과 공개에 대한 설명으로 옳은 것은?

① 소방관서장은 화재안전조사 결과를 공개하는 경우 20일 이상 해당 소방관서 인터넷 홈페이지나 같은 조 제3항에 따른 전산시스템을 통해 공개해야 한다.
② 소방대상물의 관계인은 소방관서장으로부터 공개 내용 등을 통보받은 날부터 7일 이내에 소방관서장에게 이의신청을 할 수 있다.
③ 소방관서장은 이의신청을 받은 날부터 10일 이내에 심사·결정하여 그 결과를 지체 없이 신청인에게 알려야 한다.
④ 화재안전조사 결과의 공개가 제3자의 법익을 침해하는 경우에는 시·도지사의 승인을 받아 제3자와 관련된 사실을 공개할 수 있다.

정답 47.③ 48.③

화재예방법 시행령 제15조(화재안전조사 결과 공개)
② 소방관서장은 법 제16조 제1항에 따라 화재안전조사 결과를 공개하는 경우 30일 이상 해당 소방관서 인터넷 홈페이지나 같은 조 제3항에 따른 전산시스템을 통해 공개해야 한다.
③ 소방관서장은 제2항에 따라 화재안전조사 결과를 공개하려는 경우 공개 기간, 공개 내용 및 공개 방법을 해당 소방대상물의 관계인에게 미리 알려야 한다.
④ 소방대상물의 관계인은 제3항에 따른 공개 내용 등을 통보받은 날부터 10일 이내에 소방관서장에게 이의신청을 할 수 있다.
⑤ 소방관서장은 제4항에 따라 이의신청을 받은 날부터 10일 이내에 심사·결정하여 그 결과를 지체 없이 신청인에게 알려야 한다.
⑥ 화재안전조사 결과의 공개가 제3자의 법익을 침해하는 경우에는 제3자와 관련된 사실을 제외하고 공개해야 한다.

49 「화재의 예방 및 안전관리에 관한 법률」상 화재의 예방조치 등에 관한 설명으로 옳지 않은 것은?

① 시·도지사는 「기상법」에 따른 기상현상 및 기상영향에 대한 예보·특보·태풍예보에 따라 화재의 발생 위험이 높다고 분석·판단되는 경우에는 화재에 관한 위험경보를 발령하고 그에 따른 필요한 조치를 할 수 있다.
② 소방관서장은 화재안전조사를 한 결과 화재의 예방강화를 위하여 필요하다고 인정할 때에는 관계인에게 소화기구, 소방용수시설 또는 그 밖에 소방에 필요한 설비의 설치(보수, 보강을 포함한다)를 명할 수 있다.
③ 소방청장은 위 ②에 따라 소방설비등의 설치를 명하는 경우 해당 관계인에게 소방설비등의 설치에 필요한 지원을 할 수 있다.
④ 시·도지사는 화재예방강화지구 안의 소방대상물의 화재안전성능 향상을 위하여 필요한 경우 시·도의 조례로 정하는 바에 따라 소방설비등의 설치에 필요한 비용을 지원할 수 있다.

화재예방법 제18조(화재예방강화지구의 지정 등)
④ 소방관서장은 제3항에 따른 화재안전조사를 한 결과 화재의 예방강화를 위하여 필요하다고 인정할 때에는 관계인에게 소화기구, 소방용수시설 또는 그 밖에 소방에 필요한 설비(이하 "소방설비등"이라 한다)의 설치(보수, 보강을 포함한다)를 명할 수 있다.

제19조(화재의 예방 등에 대한 지원)
① 소방청장은 제18조 제4항에 따라 소방설비등의 설치를 명하는 경우 해당 관계인에게 소방설비등의 설치에 필요한 지원을 할 수 있다.
② 소방청장은 관계 중앙행정기관의 장 및 시·도지사에게 제1항에 따른 지원에 필요한 협조를 요청할 수 있다.
③ 시·도지사는 제2항에 따라 소방청장의 요청이 있거나 화재예방강화지구 안의 소방대상물의 화재안전성능 향상을 위하여 필요한 경우 특별시·광역시·특별자치시·도 또는 특별자치도(이하 "시·도"라 한다)의 조례로 정하는 바에 따라 소방설비등의 설치에 필요한 비용을 지원할 수 있다.

제20조(화재 위험경보)
소방관서장은 「기상법」 제13조, 제13조의2 및 제13조의4에 따른 기상현상 및 기상영향에 대한 예보·특보·태풍예보에 따라 화재의 발생 위험이 높다고 분석·판단되는 경우에는 행정안전부령으로 정하는 바에 따라 화재에 관한 위험경보를 발령하고 그에 따른 필요한 조치를 할 수 있다.

정답 49.①

50 「화재의 예방 및 안전관리에 관한 법률」 및 같은 법 시행규칙상 소방안전관리대상물의 관계인이 소방안전관리자 또는 소방안전관리보조자를 선임한 경우 소방안전관리대상물의 출입자가 쉽게 알 수 있도록 게시하여야 하는 사항에 해당하지 않는 것은?

① 소방안전관리대상물의 명칭 및 등급
② 소방안전관리대상물의 소유자 및 점유자
③ 소방안전관리자의 성명, 선임일자, 연락처
④ 소방안전관리자의 근무 위치(화재 수신기 또는 종합방재실을 말한다)

> 화재예방법 제26조(소방안전관리자 선임신고 등)
> ① 소방안전관리대상물의 관계인이 제24조에 따라 소방안전관리자 또는 소방안전관리보조자를 선임한 경우에는 행정안전부령으로 정하는 바에 따라 선임한 날부터 14일 이내에 소방본부장 또는 소방서장에게 신고하고, 소방안전관리대상물의 출입자가 쉽게 알 수 있도록 <u>소방안전관리자의 성명</u>과 그 밖에 행정안전부령으로 정하는 사항을 게시하여야 한다.
>
> 시행규칙 제15조(소방안전관리자 정보의 게시)
> ① 법 제26조 제1항에서 "행정안전부령으로 정하는 사항"이란 다음 각 호의 사항을 말한다.
>   1. <u>소방안전관리대상물의 명칭 및 등급</u>
>   2. <u>소방안전관리자의 성명 및 선임일자</u>
>   3. <u>소방안전관리자의 연락처</u>
>   4. <u>소방안전관리자의 근무 위치(화재 수신기 또는 종합방재실을 말한다)</u>

51 「화재의 예방 및 안전관리에 관한 법률」상 관리의 권원이 분리된 특정소방대상물의 소방안전관리에 대한 설명으로 옳은 것은?

① 시·도지사는 관리의 권원이 많아 효율적인 소방안전관리가 이루어지지 아니한다고 판단되는 경우 대통령령으로 정하는 바에 따라 관리의 권원을 조정하여 소방안전관리자를 선임하도록 할 수 있다.
② 복합건축물(지하층을 제외한 층수가 11층 이상 또는 연면적 3만제곱미터 이상인 건축물)인 특정소방대상물로서 관리의 권원(權原)이 분리되어 있는 경우 관리의 권원에 따라 각각 소방안전관리자를 선임해야 한다
③ 관리의 권원별 관계인은 상호 협의하여, 특정소방대상물의 전체에 걸쳐 소방안전관리상 필요한 업무를 총괄하는 소방안전관리자("총괄소방안전관리자")를 선임된 소방안전관리자와 동일인이 아닌 자로 선임하여야 한다.
④ 선임된 소방안전관리자 및 총괄소방안전관리자는 해당 특정소방대상물의 소방안전관리를 효율적으로 수행하기 위하여 공동소방안전관리협의회를 구성할 수 있다.

정답 50.② 51.②

화재예방법 제35조(관리의 권원이 분리된 특정소방대상물의 소방안전관리)

① 다음 각 호의 어느 하나에 해당하는 특정소방대상물로서 그 관리의 권원(權原)이 분리되어 있는 특정소방대상물의 경우 그 관리의 권원별 관계인은 대통령령으로 정하는 바에 따라 제24조 제1항에 따른 소방안전관리자를 선임하여야 한다. 다만, 소방본부장 또는 소방서장은 관리의 권원이 많아 효율적인 소방안전관리가 이루어지지 아니한다고 판단되는 경우 대통령령으로 정하는 바에 따라 관리의 권원을 조정하여 소방안전관리자를 선임하도록 할 수 있다.
  1. 복합건축물(지하층을 제외한 층수가 11층 이상 또는 연면적 3만제곱미터 이상인 건축물)
  2. 지하가(지하의 인공구조물 안에 설치된 상점 및 사무실, 그 밖에 이와 비슷한 시설이 연속하여 지하도에 접하여 설치된 것과 그 지하도를 합한 것을 말한다)
  3. 그 밖에 대통령령으로 정하는 특정소방대상물
② 제1항에 따른 관리의 권원별 관계인은 상호 협의하여 특정소방대상물의 전체에 걸쳐 소방안전관리상 필요한 업무를 총괄하는 소방안전관리자(이하 "총괄소방안전관리자"라 한다)를 제1항에 따라 선임된 소방안전관리자 중에서 선임하거나 별도로 선임하여야 한다. 이 경우 총괄소방안전관리자의 자격은 대통령령으로 정하고 업무수행 등에 필요한 사항은 행정안전부령으로 정한다.
③ 제2항에 따른 총괄소방안전관리자에 대하여는 제24조, 제26조부터 제28조까지 및 제30조부터 제34조까지에서 규정한 사항 중 소방안전관리자에 관한 사항을 준용한다.
④ 제1항 및 제2항에 따라 선임된 소방안전관리자 및 총괄소방안전관리자는 해당 특정소방대상물의 소방안전관리를 효율적으로 수행하기 위하여 공동소방안전관리협의회를 구성하고, 해당 특정소방대상물에 대한 소방안전관리를 공동으로 수행하여야 한다. 이 경우 공동소방안전관리협의회의 구성·운영 및 공동소방안전관리의 수행 등에 필요한 사항은 대통령령으로 정한다.

52 「소방시설 설치 및 관리에 관한 법률」 및 같은 법 시행령상 용어의 정의로 옳지 않은 것은?

① "소방시설등" - 소방시설과 비상구(非常口), 그 밖에 소방 관련 시설로서 대통령령으로 정하는 것
② "성능기준" - 화재안전기준을 충족하는 상세한 규격, 특정한 수치 및 시험방법 등에 관한 기준으로서 행정안전부령으로 정하는 절차에 따라 소방청장의 승인을 받은 기준
③ "소화활동설비" - 화재를 진압하거나 인명구조활동을 위하여 사용하는 설비
④ "소화설비" - 물 또는 그 밖의 소화약제를 사용하여 소화하는 기계·기구 또는 설비

소방시설법 제2조(정의)
① 이 법에서 사용하는 용어의 뜻은 다음과 같다.
  6. "화재안전기준"이란 소방시설 설치 및 관리를 위한 다음 각 목의 기준을 말한다.
    가. 성능기준 : 화재안전 확보를 위하여 재료, 공간 및 설비 등에 요구되는 안전성능으로서 소방청장이 고시로 정하는 기준
    나. 기술기준 : 가목에 따른 성능기준을 충족하는 상세한 규격, 특정한 수치 및 시험방법 등에 관한 기준으로서 행정안전부령으로 정하는 절차에 따라 소방청장의 승인을 받은 기준

정답 52.②

53 「소방시설 설치 및 관리에 관한 법률 시행령」상 스프링클러설비를 설치해야 하는 특정소방대상물로서 옳은 것은?

① 지하가(터널은 제외)로서 연면적 5백㎡인 것
② 복합건축물로서 연면적 3천㎡인 경우에 모든 층
③ 창고시설(물류터미널은 제외)로서 바닥면적 합계가 3천㎡인 경우에 모든 층
④ 운수시설로서 바닥면적의 합계가 3천㎡이고 수용인원이 500명인 경우에 모든 층

> 특정소방대상물의 관계인이 특정소방대상물에 설치·관리해야 하는 소방시설의 종류 (소방시설법 시행령 [별표 4])
> ① (×) 지하가(터널은 제외)로서 연면적 1천㎡ 이상인 것
> ② (×) 기숙사(교육연구시설·수련시설 내에 있는 학생 수용을 위한 것) 또는 복합건축물로서 연면적 5천㎡ 이상인 경우에는 모든 층
> ③ (×) 창고시설(물류터미널은 제외)로서 바닥면적 합계가 5천㎡ 이상인 경우에는 모든 층
> ④ (○) 판매시설, 운수시설 및 창고시설(물류터미널로 한정)로서 바닥면적의 합계가 5천㎡ 이상이거나 수용인원이 500명 이상인 경우에는 모든 층

54 「소방시설 설치 및 관리에 관한 법률」 및 같은 법 시행규칙상 등록사항의 변경신고에 대한 내용으로 옳지 않은 것은?

① 관리업자는 등록한 사항 중 행정안전부령으로 정하는 중요 사항이 변경되었을 때에는 시·도지사에게 변경사항을 신고하여야 한다.
② 등록사항의 변경신고 사항은 명칭·상호 또는 영업소 소재지, 대표자, 기술인력이다.
③ 관리업자는 변경일부터 10일 이내에 소방시설관리업 등록사항 변경신고서에 관련 서류를 첨부하여 시·도지사에게 제출해야 한다.
④ 시·도지사는 변경신고를 받은 경우 5일 이내에 소방시설관리업 등록증 및 등록수첩을 새로 발급하거나, 제출된 소방시설관리업 등록증 및 등록수첩과 기술인력의 기술자격증에 그 변경된 사항을 적은 후 내주어야 한다.

> 소방시설법 제31조(등록사항의 변경신고)
> 관리업자(관리업의 등록을 한 자를 말한다. 이하 같다)는 제29조에 따라 등록한 사항 중 행정안전부령으로 정하는 중요 사항이 변경되었을 때에는 행정안전부령으로 정하는 바에 따라 시·도지사에게 변경사항을 신고하여야 한다.
>
> 시행규칙 제33조(등록사항의 변경신고 사항)
> 법 제31조에서 "행정안전부령으로 정하는 중요 사항"이란 다음 각 호의 어느 하나에 해당하는 사항을 말한다.
> 1. 명칭·상호 또는 영업소 소재지
> 2. 대표자
> 3. 기술인력

정답 53.④ 54.③

> 시행규칙 제34조(등록사항의 변경신고 등)
> ① <u>관리업자</u>는 등록사항 중 제33조 각 호의 사항이 변경됐을 때에는 법 제31조에 따라 변경일부터 <u>30일 이내</u>에 별지 제26호 서식의 소방시설관리업 등록사항 변경신고서(전자문서로 된 신고서를 포함한다)에 그 변경사항별로 다음 각 호의 구분에 따른 서류(전자문서를 포함한다)를 첨부하여 <u>시·도지사에게 제출</u>해야 한다. (각호 생략)
> ③ <u>시·도지사</u>는 제1항에 따라 변경신고를 받은 경우 <u>5일 이내</u>에 소방시설관리업 등록증 및 등록수첩을 새로 <u>발급</u>하거나 제1항에 따라 제출된 소방시설관리업 등록증 및 등록수첩과 기술인력의 기술자격증(경력수첩을 포함한다)에 그 변경된 사항을 적은 후 내주어야 한다. 이 경우 별지 제24호 서식의 소방시설관리업 등록대장에 변경사항을 기록하고 관리해야 한다.

55 「소방시설 설치 및 관리에 관한 법률 시행령」상 건축허가 등의 동의 대상물에 해당하는 것은?

① 차고·주차장으로 사용되는 바닥면적이 150제곱미터 이상인 층이 있는 건축물이나 주차시설
② 지하층 또는 무창층이 있는 건축물로서 바닥면적이 100제곱미터 이상인 층이 있는 것
③ 「정신건강증진 및 정신질환자 복지서비스 지원에 관한 법률」에 따른 정신의료기관으로서 300제곱미터 이상인 건축물
④ 가스시설로서 지상에 노출된 탱크의 저장용량의 합계가 50톤 이상인 것

> ① (×) 차고·주차장으로 사용되는 바닥면적이 200제곱미터 이상인 층이 있는 건축물이나 주차시설
> ② (×) 지하층 또는 무창층이 있는 건축물로서 바닥면적이 150제곱미터(공연장의 경우에는 100제곱미터) 이상인 층이 있는 것
> ③ (○) 「정신건강증진 및 정신질환자 복지서비스 지원에 관한 법률」 제3조 제5호에 따른 정신의료기관(입원실이 없는 정신건강의학과 의원은 제외) : 300제곱미터 이상인 건축물이나 시설
> ④ (×) [별표 2] 제17호 나목에 따른 가스시설로서 지상에 노출된 탱크의 저장용량의 합계가 100톤 이상인 것

56 「소방시설 설치 및 관리에 관한 법률 시행령」 제31조에서 소방청장의 고시에 위임한 방염성능기준의 범위로 옳은 것은?

① 버너의 불꽃을 제거한 때부터 불꽃을 올리며 연소하는 상태가 그칠 때까지 시간은 30초 이내일 것
② 탄화(炭化)한 면적은 50제곱센티미터 이내, 탄화한 길이는 30센티미터 이내일 것
③ 불꽃에 의하여 완전히 녹을 때까지 불꽃의 접촉 횟수는 2회 이상일 것
④ 발연량(發煙量)을 측정하는 경우 최대연기밀도는 400 이하일 것

정답 55.③ 56.④

소방시설법 시행령 제31조(방염대상물품 및 방염성능기준)
② 법 제20조 제3항에 따른 방염성능기준은 다음 각 호의 기준에 따르되, 제1항에 따른 방염대상물품의 종류에 따른 구체적인 방염성능기준은 다음 각 호의 기준의 범위에서 소방청장이 정하여 고시하는 바에 따른다.
1. 버너의 불꽃을 제거한 때부터 불꽃을 올리며 연소하는 상태가 그칠 때까지 시간은 <u>20초 이내</u>일 것
2. 버너의 불꽃을 제거한 때부터 불꽃을 올리지 않고 연소하는 상태가 그칠 때까지 시간은 30초 이내일 것
3. 탄화(炭化)한 면적은 <u>50제곱센티미터 이내</u>, 탄화한 길이는 <u>20센티미터 이내</u>일 것
4. 불꽃에 의하여 완전히 녹을 때까지 불꽃의 접촉 횟수는 <u>3회 이상</u>일 것
5. 소방청장이 정하여 고시한 방법으로 발연량(發煙量)을 측정하는 경우 최대연기밀도는 <u>400 이하</u>일 것

57 「소방시설 설치 및 관리에 관한 법령」상 옥외소화전설비를 설치해야 하는 특정소방대상물에 있어서 같은 구(區) 내의 둘 이상의 특정소방대상물이 행정안전부령으로 정하는 연소(延燒) 우려가 있는 구조인 경우에는 이를 하나의 특정소방대상물로 본다. 이때 "연소우려가 있는 구조"에 대하여 다음의 (   )에 적절한 것은? (대지경계선 안에 둘 이상의 건축물이 있고, 개구부가 다른 건축물을 향하여 설치되어 있는 경우를 전제함)

> 각각의 건축물이 다른 건축물의 외벽으로부터 수평거리가 1층의 경우에는 (ㄱ)미터 이하, 2층 이상의 층의 경우에는 (ㄴ)미터 이하인 경우

	ㄱ	ㄴ		ㄱ	ㄴ
①	6	10	②	6	8
③	5	10	④	5	8

소방시설법 제17조(연소 우려가 있는 건축물의 구조)
영 별표 4 제1호 사목1) 후단에서 "행정안전부령으로 정하는 연소(延燒) 우려가 있는 구조"란 다음 각 호의 기준에 모두 해당하는 구조를 말한다.
1. 건축물대장의 건축물 현황도에 표시된 대지경계선 안에 둘 이상의 건축물이 있는 경우
2. 각각의 건축물이 다른 건축물의 외벽으로부터 수평거리가 <u>1층의 경우에는 6미터 이하</u>, <u>2층 이상의 층의 경우에는 10미터 이하</u>인 경우
3. 개구부(영 제2조 제1호 각 목 외의 부분에 따른 개구부를 말한다)가 다른 건축물을 향하여 설치되어 있는 경우

58 「위험물안전관리법 시행령」상 탱크시험자의 기술능력 가운데 필수인력으로 옳지 않은 것은?

① 위험물기능사 1명, 비파괴검사기술사 1명
② 위험물기능장 1명, 초음파비파괴검사기사 1명
③ 자기비파괴검사산업기사 1명, 위험물산업기사 1명
④ 비파괴검사기술사 1명, 침투비파괴검사기사 1명

정답 57.① 58.④

> 탱크시험자의 기술능력 · 시설 및 장비 (위험물안전관리법 시행령 [별표 7])
> 1. 기술능력
>   가. 필수인력
>   1) 위험물기능장 · 위험물산업기사 또는 위험물기능사 중 1명 이상
>   2) 비파괴검사기술사 1명 이상 또는 초음파비파괴검사 · 자기비파괴검사 및 침투비파괴검사별로 기사 또는 산업기사 각 1명 이상

59 「위험물안전관리법」상 제조소등의 사용 중지에 대한 내용이다. ( ) 안에 알맞은 것은?

> 제조소등의 관계인은 제조소등의 사용을 중지[경영상 형편, 대규모 공사 등의 사유로 (ㄱ) 이상 위험물을 저장하지 아니하거나 취급하지 아니하는 것을 말한다]하려는 경우에는 (ㄴ) 및 제조소등에의 출입통제 등 행정안전부령으로 정하는 안전조치를 하여야 한다. 다만, 제조소등의 사용을 중지하는 기간에도 위험물안전관리자가 계속하여 직무를 수행하는 경우에는 안전조치를 아니할 수 있다.

	ㄱ	ㄴ		ㄱ	ㄴ
①	3개월	설비의 관리	②	6개월	설비의 관리
③	3개월	위험물의 제거	④	6개월	위험물의 제거

> 위험물안전관리법 제11조의2(제조소등의 사용 중지 등)
> ① 제조소등의 관계인은 제조소등의 사용을 중지(경영상 형편, 대규모 공사 등의 사유로 **3개월 이상** 위험물을 저장하지 아니하거나 취급하지 아니하는 것을 말한다. 이하 같다)하려는 경우에는 **위험물의 제거 및 제조소등에의 출입통제 등 행정안전부령으로 정하는 안전조치**를 하여야 한다. 다만, 제조소등의 사용을 중지하는 기간에도 제15조 제1항 본문에 따른 위험물안전관리자가 계속하여 직무를 수행하는 경우에는 안전조치를 아니할 수 있다.

60 「위험물안전관리법」상 제조소등의 설치허가를 받지 아니하고 제조소등을 설치한 자에 대한 벌칙은?

① 3년 이하의 징역 또는 5천만원 이하의 벌금
② 5년 이하의 징역 또는 5천만원 이하의 벌금
③ 5년 이하의 징역 또는 1억원 이하의 벌금
④ 7년 이하의 징역 또는 1억원 이하의 벌금

> 위험물안전관리법 제34조의2(벌칙)
> 제6조 제1항 전단을 위반하여 **제조소등의 설치허가를 받지 아니하고 제조소등을 설치한 자**는 **5년 이하의 징역 또는 1억원 이하의 벌금**에 처한다.

정답 59.③ 60.③

[4과목] 소방전기시설의 구조 및 원리

61 비상방송설비의 화재안전기준(NFSC 202)에 따라 다음 ( )의 A, B에 들어갈 내용으로 옳은 것은?

> 비상방송설비에는 그 설비에 대한 감시 상태를 (A)분간 지속한 후 유효하게 (B)분 이상 경보할 수 있는 축전지 설비(수신기에 내장하는 경우를 포함한다.)를 설치하여야 한다.

① A 30, B 5
② A 30, B 10
③ A 60, B 5
④ A 60, B 10

> 비상 방송 설비의 수신 후 자동 개시까지의 소요 시간은 10[SEC]이다. 감시는 1[hour]를 한다.

62 비상방송설비의 배선에 대한 설치 기준으로 틀린 것은?

① 배선은 다른 용도의 전선과 동일한 관, 덕트, 몰드 또는 풀박스 등에 설치할 것
② 전원 회로의 배선은 옥내 소화전 설비의 화재 안전 기준에 따른 내화 배선으로 설치할 것
③ 화재로 인하여 하나의 층의 확성기 또는 배선이 단락 또는 단선되어도 다른 층의 화재 통보에 지장이 없도록 할 것
④ 부속 회로의 전로와 대지 사이 및 배선 상호 간의 절연저항은 1경계 구역마다 직류 250[V]의 절연 저항 측정기를 사용하여 측정한 절연저항이 0.1[MΩ] 이상이 되도록 할 것

> • 절연 저항 시험
> 1) 방재실 내부 구성은 500[V]의 직류 시험 전압을 가했을 때 5[MΩ] 이상이어야 한다.(누전 경보기, 가스 누설 경보기, 자동화재속보설비, 유도등, 비상 조명등)+(수신기, 비상경보)
> 2) 발신기 내부 구성은 500[V]의 직류 시험 전압을 가했을 때 20[MΩ] 이상이어야 한다. (경종, 발신기, 중계기, 비상 콘센트) (기기의 절연된 선로 간, 기기의 충전부와 비충전 부 간, 기기의 교류 입력측과 외함 간)
> 3) 감지기는 500[V]의 직류 시험 전압을 가했을 때 50[MΩ] 이상이어야 한다.
> **암기팁** 방재실을 지나서 계단실을 지나고 발신기실을 지나서 감지기를 지난다. 걸음 수를 떠올려보자.
> +) 직류 250[V]로 가하는 1 경계 구역의 절연 저항은 0.1[MΩ] 이상이어야 한다.
> • 시공 확인 사항
> 5) 동일한 관이 아닌 별도의 관으로 소방과 일반 배선을 구분해야 한다.

정답 61.④ 62.①

63 비상 콘센트 설비의 성능인증 및 제품검사의 기술기준에 따라 절연저항 시험부위의 절연내력은 정격전압 150[V] 이하의 경우 60[Hz]의 정현파에 가까운 실효전압 1000[V] 교류전압을 가하는 시험에서 몇 분간 견디는 것이어야 하는가?

① 1   ② 10   ③ 30   ④ 60

1) 절연 내력 시험
   측정 방법 : 전원부와 외함 사이에 실효 전압을 가하고 1분 이상 견디는지를 확인한다.
   a. 150V이하 - $1000[V]$의 실효 전압
   b. 150V이상 - $2V_n + 1000[V]$의 실효 전압
2) 절연 저항 시험
   전원부와 외함 사이를 500[V] 절연 저항계로 측정하여 20[MΩ] 이상일 것.

64 다음은 누전경보기의 형식승인 및 제품검사의 기술기준에 따른 표시등에 대한 내용이다. ( )에 들어갈 내용으로 옳은 것은?

주위의 밝기가 (A)[lx]인 장소에서 측정하여 앞면으로부터 (B)[m] 떨어진 곳에서 켜진등이 확실히 식별되어야 한다.

① A 150, B 3   ② A 300, B 3   ③ A 150, B 5   ④ A 300, B 5

누전 경보기의 형식 승인 및 제품 검사의 기술 기준
1) 주위의 밝기가 300[lx] 이상인 장소에서 측정하여 앞면으로부터 3[m] 떨어진 곳에서 켜진 등이 확실하게 식별되어야 한다.(밝기 기준)
   암기팁 ELD에서의 'E'를 뒤집은 모양이 '3'
2) 전구는 사용 전압의 130(%)인 교류 전압을 20시간 연속하여 가하는 경우 단선, 현저한 광속변화, 흑화, 전류의 저하 등이 발생하지 아니해야 한다.
3) 전구는 2개 이상 별렬로 접속해야 한다. 하나가 차단되어도 다른 것 하나에 영향 없도록. (단, 방전등과 발광다이오드는 제외)

65 무선통신보조설비의 화재안전기준(NFSC 505)에 따라 무선통신보조설비의 누설동축케이블 및 동축케이블은 화재에 따라 해당 케이블의 피복이 소실된 경우에 케이블 본체가 떨어지지 아니하도록 몇 [m] 이내마다 금속제 또는 자기제등의 지지금구로 벽·천장·기둥 등에 견고하게 고정시켜야 하는가? (단, 불연재료로 구획된 반자 안에 설치하지 않은 경우이다.)

① 1.5   ② 2.0   ③ 2.5   ④ 4.0

1) 고압의 전로로부터 3/2[m] 이상 떨어진 위치에 설치.
2) 4[m] 이내마다 금속제 또는 자기제 등의 지지금구로 벽, 천장, 기둥 등에 견고하게 고정시킬 것.
3) 임피던스는 50[Ω]의 것이어야 한다.

정답 63.① 64.② 65.④

66 누전경보기의 형식승인 및 제품검사의 기술기준에 따라 누전경보기의 경보기구에 내장하는 음향장치는 사용전압의 몇 %인 전압에서 소리를 내어야 하는가?

① 40　　　　② 60　　　　③ 80　　　　④ 100

> 정격 전압의 80%에서도 음향을 발할 수 있어야 한다.

67 자동화재탐지설비 및 시각경보장치의 화재안전기준(NFSC 203)에서 정하는 불꽃감지기의 시설기준으로 틀린 것은?

① 폭발의 우려가 있는 장소에는 방폭형으로 설치할 것
② 공칭감시거리 및 공칭시야각은 형식승인 내용에 따를 것
③ 감지기를 천장에 설치하는 경우에는 감지기는 바닥을 향하여 설치할 것
④ 감지기는 화재감지를 유효하게 감지할 수 있는 모서리 또는 벽 등에 설치할 것

> 불꽃 감지기의 설치 기준
> 1) 불꽃 감지기는 자외선 또는 적외선 센서에 의해 일정대의 파장이 들어오면 광전자 발생에 센서에 전기가 흐르면서 신호를 전달한다.
> 2) 방폭형으로 설치할 필요는 없다.
> 3) 공칭 감시거리와 공칭 시야각 기준(형식 승인)
>   a. 감시거리가 20m 미만인 경우에는 1m 간격
>   b. 감시거리가 20m 이상인 경우에는 5m 간격
>   c. 공칭 시야각은 5도 간격

68 다음은 비상조명등의 우수품질인증 기술기준에서 정하는 비상조명등의 상태를 자동적으로 점검하는 기능에 대한 내용이다. (　)에 들어갈 내용으로 옳은 것은?

> 자가점검시간은 (　A　)초 이상 (　B　)분 이하로 (　C　)일 마다 최소 한번 이상 자동으로 수행하여야 한다.

① A 15, B 15, C 15
② A 20, B 20, C 20
③ A 30, B 30, C 30
④ A 15, B 20, C 30

> 한 달마다 30분 이하로 최소 1번 이상 30초 이상 수행한다.(30min/1달, 30sec/1회)

정답 66.③ 67.① 68.③

69 자동화재탐지설비 및 시각경보장치의 화재안전기준(NFSC 203)에 따라 부착 높이가 4[m] 미만으로 연기감지기 3종을 설치할 때, 바닥면적 몇 [m²]마다 1개 이상 설치하여야 하는가?

① 25 ② 50 ③ 75 ④ 150

연기 감지기의 바닥 면적		
부착높이	감지기의 종류	
	1종 및 2종	3종
4[m] 미만	150[m²] = $\frac{150}{1}$[m²]	50[m²] = $\frac{150}{3}$[m²]
4[m] 미만 20[m] 이하	150[m²] = $\frac{150}{2}$[m²]	설치 불가

70 비상방송설비와 자동화재탐지설비의 연동 시 동작 순서로 옳은 것은?

① 기동장치 → 증폭기 → 수신기 → 조작부 → 확성기
② 기동장치 → 조작부 → 증폭기 → 수신기 → 확성기
③ 기동장치 → 수신기 → 증폭기 → 조작부 → 확성기
④ 기동장치 → 조절부 → 조작부 → 수신기 → 확성기

작동 순서
a. 기동 장치, 감지기에 의해 동작
b. 수신기에 신호가 전달
c. 신호는 증폭기를 통해 증폭
d. 증폭된 신호는 조작 장치를 통하여 확성기로 전달 (단, 업무용 작동시에만 조작 장치를 지난다.)

71 비상경보설비의 축전지 설비의 구조에 대한 설명으로 틀린 것은?

① 예비전원을 병렬로 접속하는 경우에는 역충전 방지 등의 조치를 하여야 한다.
② 내부에 주전원의 양극을 동시에 개폐할 수 있는 전원스위치를 설치하여야 한다.
③ 축전지 설비는 접지전극에 교류전류를 통하는 회로 방식을 사용하여서는 아니된다.
④ 예비전원은 축전지설비용 예비전원과 외부부하 공급용 예비전원을 별도로 설치하여야 한다.

1) 축전지 설비는 접지전극에 직류 전류를 통하게 하는 회로 방식을 사용하여서는 아니된다.
2) 나머지 보기도 중요하다.

정답 69.② 70.③ 71.③

72 신호의 전송로가 분기되는 장소에 설치하는 것으로 임피던스 매칭과 신호 균등분배를 위해 사용되는 장치는?

① 혼합기 ② 분배기 ③ 증폭기 ④ 분파기

용어 정리	
혼합기	신호의 전송로가 분기되는 장소에 설치하는 장치
분배기	서로 다른 주파수의 합성된 신호를 분리하기 위해사용하는 장치(임피던스 매칭과 신호 균등분배)
분파기	서로 다른 주파수의 합성된 신호를 분리하기 위해 사용하는 장치
증폭기	입력 신호의 에너지를 증가시켜 출력 측에 큰 에너지의 변화로 출력하는 장치
옥외 안테나	감시 제어반 등에 설치된 무선중계기의 입력과 출력포트에 연결되어 송수신 신호를 원활하게 방사·수신하기 위해 옥외에 설치하는 장치

73 시각경보장치의 성능인증 및 제품검사의 기술기준에 따라 시각 경보장치의 전원부 양단자 또는 양선을 단락시킨 부분과 비충전부를 DC 500[V]의 절연저항계로 측정하는 경우 절연저항이 몇 [MΩ] 이상이어야 하는가?

① 0.1 ② 5 ③ 10 ④ 20

1) 방재실 내부 구성은 500[V]의 직류 시험 전압을 가했을 때 5[MΩ] 이상이어야 한다. (누전 경보기, 가스 누설 경보기, 자동화재속보설비, 시각 경보, 유도, 비상 조명등) + (수신기, 비상경보)
2) 발신기 내부 구성은 500[V]의 직류 시험 전압을 가했을 때 20[MΩ] 이상이어야 한다. (경종, 발신기, 중계기, 비상 콘센트) (기기의 절연된 선로 간, 기기의 충전부와 비충전 부 간, 기기의 교류 입력측과 외함 간)
3) 감지기는 500[V]의 직류 시험 전압을 가했을 때 50[MΩ] 이상이어야 한다.
암기팁 방재실을 지나서 계단실을 지나고 발신기실을 지나서 감지기를 지난다. 걸음 수를 떠올려보자.

74 누전경보기의 형식승인 및 제품검사의 기술기준에서 정하는 누전경보기의 공칭작동전류치(누전경보기를 작동시키기 위하여 필요한 누설전류의 값으로서 제조자에 의하여 표시된 값을 말한다.)는 몇 [mA] 이하이어야 하는가?

① 10 ② 100 ③ 200 ④ 1000

누전 경보기의 공칭작동 전류치는 200[mA] 이하여야 한다.

정답 72.② 73.② 74.③

75 다음은 자동 화재 속보 설비의 속보기의 성능 인증 및 제품검사의 기술기준에 따른 속보기에 대한 내용이다. 빈 칸에 들어갈 내용으로 옳은 것은?

> 속보기는 연동 또는 수동 작동에 의한 다이얼링 후 소방관서와 전화접속이 이루어지지 않을 경우에 최초 다이얼링을 포함하여 (A)회 이상 반복적으로 접속을 위한 다이얼링이 이루어져야 한다. 이 경우 매회 다이얼링 완료 후 호출은 (B)초 이상 지속되어야 한다.

① A 10, B 30
② A 15, B 30
③ A 10, B 60
④ A 15, B 60

속보기의 기준 암기팁

$1[hour] - 10[min]$	1시간 감시, 10분 이상 동작
$20[sec] \times 3[회] ≒ 1[min]$	20초 이내 3회 이상 속보
$10[회]$	10회 이상 다이얼링

• 추가 호출은 30초 이상 지속되어야 한다.

76 단독 경보형 감지기에 대한 설명으로 틀린 것은?

① 단독 경보형 감지기는 감지부, 경보장치, 전원이 개별로 구성되어 있다.
② 화재경보음은 감지기로부터 1[m] 떨어진 위치에서 85[dB] 이상으로 10분 이상 계속하여 경보할 수 있어야 한다.
③ 단독 경보형 감지기는 수동으로 작동시험을 하고 자동 복귀형 스위치에 의하여 자동으로 정위치에 복귀하여야 한다.
④ 작동되는 감지기는 작동표시등에 의하여 화재의 발생을 표시하고, 내장된 음향장치의 명동에 의하여 화재경보음을 발하여야 한다.

1) 단독 경보형 감지기는 감지부, 경보장치, 전원이 통합되어 구성되어 있다.
2) 화재 경보음이 '단 똑바로(85)' 10분 이상 경보되어야 한다. 암기팁
3) 단독 경보형 감지기는 주기적으로 섬광하여 전원을 감시할 수 있어야 한다.
4) 수동 작동 시험이 가능한 자동 복귀형 스위치가 있다.(감지 동작 아닌 경우 10분 뒤 자동 종료)

정답 75.① 76.①

77 유도등의 형식승인 및 제품검사의 기술기준에 따라 객석 유도등은 바닥면 또는 디딤 바닥면에서 높이 0.5[m]의 위치에 설치하고 그 유도등의 바로 밑에서 0.3[m] 떨어진 위치에서의 수평 조도가 몇 [lx] 이상이어야 하는가?

① 0.1　　　　　　　　　　　② 0.2
③ 0.5　　　　　　　　　　　④ 1

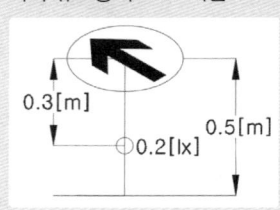

객석 유도등의 조도 시험

객석 유도등은 바닥면 또는 디딤 바닥면에서 높이 0.5[m]의 위치에 설치하고, 그 유도등의 바로 밑에서 0.3[m] 떨어진 위치에서의 수평 조도가 0.2[lx] 이상

78 소방시설용 비상전원수전설비의 화재안전기준(NFSC 602)에 따라 소방회로배선은 일반회로배선과 불연성 벽으로 구획하여야 하나, 소방회로배선과 일반회로배선을 몇 [cm] 이상 떨어져 설치한 경우에는 그러하지 아니하는가?

① 5　　　　　　　　　　　② 7.5
③ 15　　　　　　　　　　　④ 150

1) 15[cm] 이상 이격해야 한다.
2) 또는 굵기가 가장 큰 배선 지름의 1.5배 이상의 불연성 격벽을 설치한다.(굴러가지 않도록.)

79 경종의 우수품질인증 기술기준에 따라 경종에 정격전압을 인가한 경우 경종의 소비전류는 몇 [mA] 이하이어야 하는가?

① 10　　　　　　　　　　　② 30
③ 50　　　　　　　　　　　④ 100

경종의 기능 시험
1) 경종의 소비 전류는 50[mA] 이하
2) 경종의 중심으로부터 1[m] 떨어진 위치에서 90[dB] 이상이어야 한다. 최소 청취 거리에서 110[dB]을 초과하지 아니할 것.

정답　77.② 78.③ 79.③

암기팁

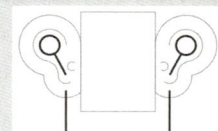
귀 모양이 90 모양
귀걸이가 110 모양

80 비상방송설비의 화재안전기준에 따른 비상방송설비의 음향장치에 대한 내용이다. 다음 ( )에 들어갈 내용으로 옳은 것은?

> 확성기는 각 층마다 설치하되, 그 층의 각 부분으로부터 하나의 확성기까지의 수평거리가 (A)[m] 이하가 되도록 하고, 해당 층의 각 부분에 유효하게 경보를 발할 수 있도록 설치할 것

① 10
② 15
③ 20
④ 25

확성기는 옥내 소화전과 같은 수평 거리를 가진다.

거리 종류	거리	대상
보행 거리	20m	소형 소화기
수평 거리	25m	옥내 소화전(발신기) 확성기
보행 거리	30m	대형 소화기
수평 거리	40m	옥외 소화전

정답 80.④

2023년 4회 소방설비기사(전기분야) CBT 복원

> **[1과목] 소방원론**

01 그림에서 'A'에 대한 설명으로 옳지 않은 것은?

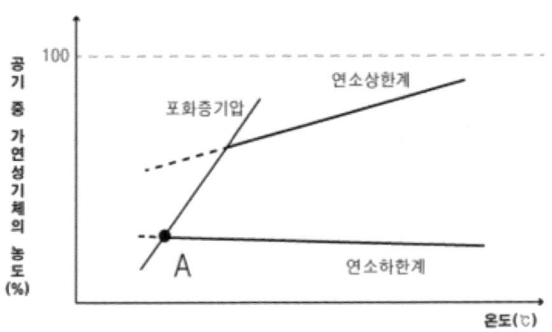

① 외부에너지에 의해 발화하기 시작하는 최저연소온도이다.
② 물질적 조건과 에너지 조건이 만나는 최저연소온도이다.
③ 화학양론비(stoichiometric ratio)에서의 최저연소온도이다.
④ 가연성 혼합기를 형성하는 최저연소온도이다

> **화학양론** : 화학반응에서 반응물과 생성물의 양적 관계에 대한 이론으로서 화학반응 전후 원자의 개수와 양이 보존된다는 것을 의미한다.

02 화재가혹도(fire severity)에 대한 설명으로 옳지 않은 것은? (A는 개구부의 면적, H 는 개구부의 높이이다.)

① 화재가혹도의 크기는 화재강도와 화재하중의 영향을 받는다.
② 화재실의 최고온도와 지속시간은 화재가혹도를 판단하는 중요한 인자이다.
③ 화재실의 환기요소($A\sqrt{H}$)는 화재가혹도에 영향을 준다.
④ 화재가혹도는 화재실이나 화재구획의 단열성에 영향을 받지 않는다.

> **화재가혹도(Fire Severity)**
> 화재발생으로 당해 건물과 내부 수용재산 등을 파괴하거나 손상을 입히는 정도를 말한다. 최고온도(화재강도) × 화재지속시간의 개념으로 판단하며, 최고온도는 화재가혹도의 질적 개념으로 화재강도와 관련이 있고, 지속시간은 화재가혹도의 양적 개념으로 화재하중과 관련이 있다. 화재가혹도에 영향을 미치는 환기요소는 개구부 면적에 비례하고 개구부 높이의 제곱근에 비례한다.

정답 01.③ 02.④

03 메틸알코올(CH_3OH)의 최소산소농도(MOC : Minimum Oxygen Concentration, %)로 옳은 것은? (CH_3OH의 연소 상한계는 37%, 연소범위의 상·하한 폭은 30%이다.)

① 5.0 ② 8.5 ③ 10.5 ④ 14.0

> MOC = 산소몰수(mol) × 연소하한계(%)
> 메틸알코올(CH_3OH)의 완전연소 산소몰수(mol)
> $2CH_3OH + 3O_2 \rightarrow 2CO_2 + 4H_2O$
> 메틸알코올 2mol 일 때 산소는 3mol 이므로 메틸알코올 1mol 일 경우 산소는 1.5mol 이다.
> 또한, 연소 하한계 = 연소 상한계 - 연소범위의 상·하한 폭
> = 37% - 30
> = 7%
> ∴ MOC = 1.5 × 7 = 10.5%

04 폭발에 대한 일반적인 설명으로 옳은 것은?

① 아세틸렌과 산화에틸렌은 분해폭발을 일으키기 쉬운 물질이다.
② 상온에서 탱크에 저장된 중유가 유출되면 자유공간 증기운폭발이 일어난다.
③ 밀폐공간에서 조연성가스가 폭발범위를 형성하면 점화원에 의해 가스폭발이 일어난다.
④ 다량의 고온물질이 물속에 투입되었을 때 물의 갑작스러운 상변화에 의한 폭발현상을 반응폭주라 한다.

> 분해폭발
> 아세틸렌, 에틸렌, 산화에틸렌 등과 같은 물질이 주위의 온도나 압력의 영향을 받아 분해되면서 만들어지는 열에 의해 폭발하는 것을 말한다. 분해폭발은 물질이 분해 도중 폭발하는 현상이므로 산소의 공급이 없어도 발생할 수 있는 현상이다.

05 가연성 물질의 화재 시 소화방법으로 옳은 것은?

① 탄화칼슘은 물을 분무하여 소화한다.
② 아세톤은 알콜형포 소화약제로 소화한다.
③ 나트륨은 할론 소화약제로 소화한다.
④ 마그네슘은 이산화탄소 소화약제로 소화한다

> 내알코올포 소화약제 (3%, 6%형 - 저발포)
> 알코올과 같은 수용성 액체가연물의 화재에 사용이 가능하다.

정답 03.③ 04.① 05.②

06 위험물에 대한 일반적인 설명으로 옳은 것은?

① 제1류 위험물 중 질산염류는 연소속도가 빨라 폭발적으로 연소한다.
② 제3류 위험물 중 황린은 가열, 충격, 마찰에 의해 분해되어 산소가 발생하므로 가연물과의 접촉을 피한다.
③ 제4류 위험물 중 제1석유류는 인화점 및 연소하한계가 낮아 적은 양으로도 화재의 위험이 있다.
④ 제5류 위험물 중 유기과산화물은 공기 중에 노출되거나 수분과 접촉하면 발화의 위험이 있다.

> **제4류 위험물의 위험성**
> ① 인화위험이 높아 화기의 접근을 피해야 한다.
> ② 증기는 공기와 약간만 혼합되어도 연소한다.
> ③ 연소범위의 하한이 낮다.
> ④ 발화점이 낮다.
> ⑤ 전기부도체이므로 정전기 발생에 주의한다.

07 자동기동방식의 펌프가 수원의 수위보다 높은 곳에 설치된 옥내소화전설비의 구성요소를 있는 대로 모두 고른 것은?

ㄱ. 기동용수압개폐장치	ㄴ. 릴리프밸브
ㄷ. 동력제어반	ㄹ. 솔레노이드밸브
ㅁ. 물올림장치	

① ㄱ, ㄴ, ㅁ
② ㄷ, ㄹ, ㅁ
③ ㄱ, ㄴ, ㄷ, ㄹ
④ ㄱ, ㄴ, ㄷ, ㅁ

> **옥내소화전설비**
> • 기동용수압개폐장치(압력챔버) : 소화설비의 배관 내 압력변동을 검지하여 자동적으로 펌프를 기동 및 정지시키는 것으로서 압력챔버 또는 기동용압력스위치 등을 말한다.
> • 물올림장치(호수조, Priming tank) : 수원의 수위가 펌프보다 낮은 위치에 있는 가압송수장치에는 흡입 측 배관에서의 공동현상 발생방지 및 펌프의 원활한 운전을 위하여 물올림장치를 설치하여야 한다.
> • 순환배관 : 펌프의 토출 측 체크밸브 이전에서 분기시켜 20mm 이상의 배관으로 설치하며 배관상에는 개폐밸브를 하여서는 안 된다. 체절운전 시 체절압력 미만에서 개방되는 릴리프밸브(Relief valve)를 설치한다.
> • 동력제어반 : 앞면은 적색으로 하고 "옥내소화전설비용 동력제어반"이라고 표시한 표지를 설치하여야 한다.

정답 06.③ 07.④

08 위험물과 물이 반응할 때 발생하는 가스로 옳지 않은 것은?

	위험물	가스
①	탄화알루미늄	아세틸렌
②	인화칼슘	포스핀
③	수소화알루미늄리튬	수소
④	트리에틸알루미늄	에테인

- 탄화알루미늄의 반응식 $Al_4C_3 + 12H_2O \rightarrow 4Al(OH)_3 + 3CH_4\uparrow$(메탄)
- 인화칼슘과 물과의 반응식 $Ca_3P_2 + 6HCl \rightarrow 3CaCl_2 + 2PH_3\uparrow$(포스핀)
- 수소화알루미늄리튬의 반응식 $LiAlH_2 + 4H_2O \rightarrow LiOH + Al(OH)_3 + 3H_2\uparrow$
- 트리에틸알루미늄의 반응식 $(C_2H_5)_3Al + 3H_2O \rightarrow Al(OH)_3 + 3C_2H_6\uparrow$(에테인=에탄)

09 800℃, 1기압에서 황(S) 1 kg이 공기 중에서 완전 연소할 때 발생되는 이산화황의 발생량(㎥)은? (단, 황(S)의 원자량은 32, 산소(O)의 원자량은 16이며, 이상기체로 가정한다.)

① 2.00　　② 2.35　　③ 2.50　　④ 2.75

이상기체 상태방정식 : 모든 기체의 상태(체적, 온도, 압력, 무게, 밀도 등)를 계산할 때 사용하는 방정식이다.

$$PV = nRT$$
$$PV = \frac{W}{M}RT \quad (n = \frac{W}{M})$$

P : 압력[atm]　　V : 체적[L]　　n : 몰수[mol]　　W : 질량[g]
M : 분자량[g]　　T : 절대온도[K]　　R : 기체상수[atm·L/mol·K](R = 0.082)

$$V = \frac{WRT}{PM} = \frac{1,000[g] \times 0.082[atm \cdot L/mol \cdot K] \times (273 + 800)[K]}{1[atm] \times 32[g]} = 2,749.56[L]$$

$$V = 2,749.56[L] \times \frac{1[m^3]}{1,000[L]} = 2.749[m^3] \fallingdotseq 2.75[m^3]$$

10 중질유화재 시 무상주수를 함으로써 기대할 수 있는 소화효과로 올바르게 묶인 것은?

① 질식소화, 부촉매소화　　② 질식소화, 유화소화
③ 유화소화, 타격소화　　④ 피복소화, 타격소화

중유탱크 화재 시 고압의 분무상 주수(무상주수)로 유화막을 형성(유화(乳化)소화)하여 산소의 공급을 차단(질식소화)하여 소화하는 방법을 말한다.

정답　08.① 09.④ 10.②

11 가연성 물질의 화재 위험성에 대한 설명으로 옳은 것은?

① 비열, 연소열, 비점이 작거나 낮을수록 위험하다.
② 증발열, 연소열, 연소속도가 크거나 빠를수록 위험하다.
③ 표면장력, 인화점, 발화점이 작거나 낮을수록 위험하다.
④ 비중, 압력, 융점이 크거나 높을수록 위험하다.

- 비열, 비점, 표면장력, 인화점, 발화점, 비중, 융점 : 작거나 낮을수록 위험하다.
- 온도, 압력, 연소속도, 연소열, 위험도, 연소범위 : 크거나 높거나 빠를수록 위험하다.

12 기체상 연료노즐에서의 연소에 대한 일반적인 설명으로 옳은 것을 있는 대로 모두 고른 것은?

ㄱ. 역화는 연료의 연소속도가 분출속도보다 빠를 때 불꽃이 연료노즐 속으로 빨려 들어가 연료노즐 속에서 연소하는 현상이다.
ㄴ. 선화는 불꽃이 연료노즐 위에 들뜨는 현상으로 연료노즐에서 연료기체의 연소속도가 분출속도보다 느릴 때 발생하는 현상이다.
ㄷ. 황염은 분출하는 기체연료와 공기의 화학양론비에서 공기량이 적을 때 발생한다.
ㄹ. 연료노즐에서 흐름이 난류(turbulent)인 경우, 확산연소에서 화염의 높이는 분출 속도에 비례한다.

① ㄱ, ㄴ
② ㄷ, ㄹ
③ ㄱ, ㄴ, ㄷ
④ ㄱ, ㄴ, ㄷ, ㄹ

- 역화는 연료의 연소속도가 분출속도보다 빠를 때 불꽃이 연료노즐 속으로 빨려 들어가 연료노즐 속에서 연소하는 현상이다.
- 선화는 불꽃이 연료노즐 위에 들뜨는 현상으로 연료노즐에서 연료기체의 연소속도가 분출속도보다 느릴 때 발생하는 현상이다.
- 황염(Yellow tip)은 분출하는 기체연료와 공기의 화학양론비에서 공기량이 적을 때 발생한다.
- 층류(Laminar flow)일 때 보다 난류(Turbulent flow)인 경우, 확산연소에서 분출 속도에 대한 화염의 높이는 줄어든다.

13 할로겐화합물 소화약제가 갖추어야 할 일반적인 조건으로 옳지 않은 것은?

① 독성이 적을수록 좋다.
② 지구 온난화에 끼치는 영향이 적을수록 좋다.
③ 대기 중에 잔존 시간이 길수록 좋다.
④ 오존층 파괴에 끼치는 영향이 적을수록 좋다.

정답 11.③ 12.③ 13.③

할로겐화합물 및 불활성기체 소화약제의 구비조건
① 오존층파괴지수(ODP)가 0일 것
② 지구온난화지수(GWP)가 낮을 것
③ 가격이 저렴할 것
④ 소화능력이 우수할 것
⑤ 독성이 낮을 것
⑥ 오랜 기간(장기간) 저장이 가능할 것
⑦ 피연소물에 대해 변화를 주지 않을 것
⑧ 소화 후 잔여물을 남기지 않고 깨끗한 약제로 증거보존이 가능할 것

14 포(foam)에 대한 일반적인 설명으로 옳은 것은?

① 불화단백포 및 수성막포는 표면하 주입방식에 사용할 수 있다.
② 불소를 함유하고 있는 합성계면활성제포는 친수성이므로 유동성과 내유성이 좋다.
③ 단백포는 유동성은 좋으나, 내화성은 나쁘다.
④ 알콜형포 사용 시 비누화현상이 일어나면 소화능력이 떨어진다.

수성막포 소화약제 (3%, 6%형 - 저발포)
불소계 계면활성제가 주성분으로 AFFF(Aqueous Flim Foaming Foam)라고 부른다. (불소계 계면 활성제포라고도 부른다). 유류표면에 수성막을 형성하여 액체의 증발을 억제함으로써 다른 포에 비해 소화성능이 우수하다. 다만, 고온에서는 수성막을 형성하기 어렵다. 수성막포 소화약제는 일명 Lighting Water라고도 하며, 단백포에 비해 약 5배 정도의 소화 능력을 가지고 있으며, 또한 CDC분말(드라이케미컬)과 혼합하여 사용하면 약 7~8배 정도의 소화능력을 가질 수 있다. 유류저장탱크, 비행기격납고 등에 적합하다. 고정포 방출방식 중 표면하 주입방식이 가능하다.

불화단백포 소화약제 (3%, 6%형 - 저발포)
불소계 계면활성제를 단백포에 첨가하여 제조한 소화약제로 안정도가 높고 열에 잘 견디는 내구력이 강한 소화약제이다. 가격이 비싸 잘 사용하지 않는다. 고정포 방출방식 중 표면하 주입방식이 가능하다.

15 이산화탄소소화설비에 대한 일반적인 설명으로 옳지 않은 것은?

① 기동용기의 가스는 압력스위치 및 자동폐쇄장치를 작동시키는 역할을 한다.
② 저장용기는 직사광선 및 빗물이 침투할 우려가 없는 곳에 설치한다.
③ 전역방출방식에서 환기장치는 이산화탄소가 방사되기 전에 정지되어야 한다.
④ 전역방출방식에서는 음향경보장치와 방출표시등이 필요하다.

기동용기의 가스는 선택밸브 및 자동폐쇄장치를 작동시키는 역할을 한다.

정답 14. ① 15. ①

16 화재 시 발생하는 연기(smoke)에 대한 설명으로 옳지 않은 것은?

① 연기의 수직 이동속도는 수평 이동속도보다 빠르다.
② 연기의 감광계수가 증가할수록 가시거리는 짧아진다.
③ 중성대는 실내 화재 시 실내와 실외의 온도가 같은 면을 의미한다.
④ 굴뚝효과는 건축물의 내부와 외부의 온도차에 의해 내부의 더운 공기가 상승하는 현상이다.

> **중성대 의의**
> 건축물에서 화재가 발생하면 실내온도가 상승하여 부력에 의해 고온의 기체가 상부에 축적 되어 실내 상부의 압력은 실외의 압력보다 높아지고 하부의 압력은 실외의 압력보다 낮아진다. 따라서 실내의 상부와 하부 사이의 어느 지점에 **실내의 압력과 실외의 압력이 같아지는 면**이 생기는데 이를 **중성대**라고 한다. 그러므로 중성대의 위쪽은 기체가 외부로 유출(배기)되고, 중성대의 아래쪽은 내부로 유입(급기)된다.

17 소화설비에 대한 설명으로 옳은 것은?

① 산·알칼리 소화기는 가스계 소화기로 분류된다.
② CO_2 소화설비는 화재감지기, 선택밸브, 방출표시등, 압력스위치 등으로 구성된다.
③ 슈퍼바이저리패널(supervisory panel)은 습식스프링클러설비의 구성요소이다.
④ 순환배관은 옥내소화전설비의 펌프 체절운전 시 수온 하강 방지를 위해 설치한다.

> • 산·알칼리 소화기는 수계 소화기로 분류된다.
> • 슈퍼바이저리패널(supervisory panel)은 준비작동식 스프링클러설비의 구성요소이다.
> • 순환배관은 옥내소화전설비의 펌프 체절운전 시 수온 상승 방지를 위해 설치한다.

18 백드래프트(back draft)에 대한 설명으로 옳은 것은?

① 불완전 연소에 의해 발생된 일산화탄소가 가연물로 작용하여 폭발하는 현상이다.
② 화재 진압 시 지붕 등 상부를 개방하는 것보다 출입문을 먼저 개방하는 것이 효과적인 전술이다.
③ 밀폐된 실내에서 발생되는 현상으로, 출입문을 한 번에 완전히 개방하여 연기를 일순간에 배출해야 폭발력을 억제할 수 있다.
④ 연료지배형화재가 진행되고 있는 공간에 산소가 일시적으로 다량 공급됨에 따라 가연성가스가 폭발적으로 연소하는 현상이다.

> **백드래프트(back draft)**
> 화재로 인하여 밀폐된 실내의 상층부는 고열의 기체가 축적되고 산소가 부족한 상태에서 연소가 계속 진행 되는 도중 새로운 산소가 유입되면 축적되어 있던 고열가스가 폭발하면서 연소하는 현상을 말한다. 급격한 압력 상승으로 건물이 붕괴될 수 있다.

정답 16.③ 17.② 18.①

- 산소의 공급에 의해 발생한다.
- 화재의 진행 단계 중 백 드래프트(B·D)는 감쇠기에서 주로 발생한다.(최성기 후)
- 충격파를 발생한다.

19 위험물의 종류에 따른 소화 방법으로 옳지 않은 것은?

① 제1류 위험물인 알칼리금속의 과산화물은 물을 사용한다.
② 제2류 위험물인 마그네슘은 건조사를 사용한다.
③ 제3류 위험물인 알킬알루미늄은 건조사를 사용한다.
④ 제4류 위험물인 알코올은 내알코올포(泡, foam)를 사용한다.

제1류 위험물의 소화방법
① 제1류 위험물 : 물에 의한 냉각소화
② 알칼리금속의 과산화물 : 마른모래, 탄산수소염류 분말약제, 팽창질석, 팽창진주암에 의한 질식소화

20 포혼합장치 중 펌프 프로포셔너(pump proportioner) 방식에 해당하는 것은?

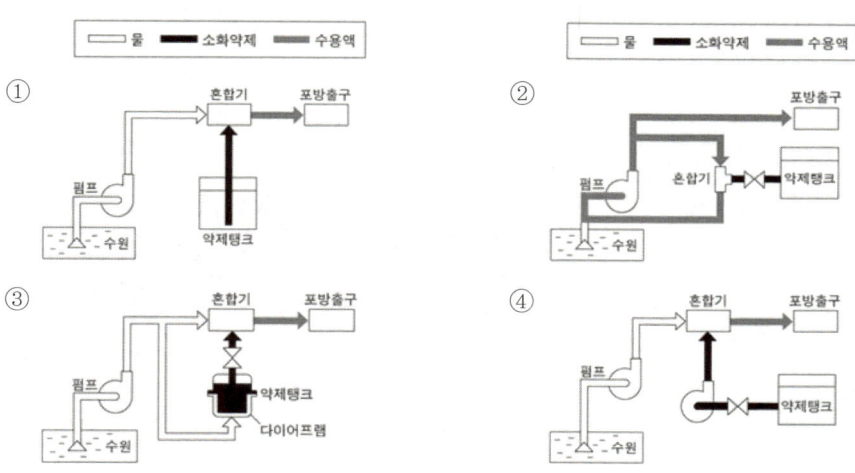

번호	포소화약제 혼합방식 종류	포소화약제 혼합방식 설명
①	라인 프로포셔너방식 (Line Proportioner)	펌프와 발포기의 중간에 설치된 벤츄리관의 벤츄리작용에 따라 포 소화약제를 흡입·혼합하는 방식
②	펌프 프로포셔너방식 (Pump Proportioner)	펌프의 토출관과 흡입관 사이의 배관도중에 설치한 흡입기에 펌프에서 토출된 물의 일부를 보내고, 농도 조절밸브에서 조정된 포 소화약제의 필요량을 포 소화약제 탱크에서 펌프 흡입측으로 보내어 이를 혼합하는 방식

정답 19.① 20.②

번호	포소화약제 혼합방식 종류	포소화약제 혼합방식 설명
③	프레져 프로포셔너방식 (Pressure Proportioner)	펌프와 발포기의 중간에 설치된 **벤츄리관의 벤츄리작용과 펌프 가압수의 포 소화약제 저장탱크에 대한 압력**에 따라 포 소화약제를 흡입·혼합하는 방식
④	프레져사이드 프로포셔너방식 (Pressure Side Proportioner)	펌프의 토출관에 압입기를 설치하여 **포 소화약제 압입용펌프**로 포 소화약제를 압입시켜 혼합하는 방식

【2과목】 소방전기일반

21 그림과 같은 회로에서 A-B 단자에 나타나는 전압은 몇 V 인가?

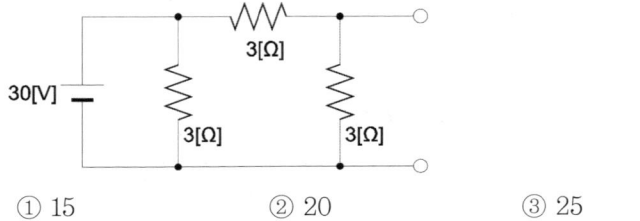

① 15 　　② 20 　　③ 25 　　④ 35

1) 식을 아래와 같이 변경할 수 있다.
$R_A = 3+3 = 6[\Omega]$, $R_B = 3[\Omega]$
$R_t = \dfrac{R_A R_B}{R_A + R_B} = \dfrac{3 \cdot 3}{6+3} = 2[\Omega]$

2) 전류 산출
$I = \dfrac{V}{R} = \dfrac{30}{2} = 15[A]$

3) 전류 분배
$I_t : I_A = \dfrac{1}{R_t} : \dfrac{1}{R_A}$, $I_A \dfrac{1}{R_t} = \dfrac{I_t}{R_A}$

$I_A = \dfrac{I_t}{R_A} R_t = \dfrac{15}{6} \cdot 2 = 5[A]$

4) 3[Ω]에 흐르는 전압
$V_3 = 3 \cdot 5 = 15[V]$

정답 21.①

22. 다음과 같은 블록선도의 전체 전달함수는?

R(s) →+ ⊖ → G(s) → C(s)

① $\dfrac{C(s)}{R(s)} = \dfrac{G(s)}{1+G(s)}$
② $\dfrac{C(s)}{R(s)} = \dfrac{1+G(s)}{G(s)}$
③ $\dfrac{C(s)}{R(s)} = 1 - G(s)$
④ $\dfrac{C(s)}{R(s)} = 1 + G(s)$

$C(s) = R(s)G(s) - C(s)G(s)$
$C(s) + C(s)G(s) = R(s)G(s)$
$C(s)(1+G(s)) = R(s)G(s)$
$\dfrac{C(s)}{R(s)} = \dfrac{G(s)}{1+G(s)}$

23. SCR(silicon-controlled rectifier)에 대한 설명으로 틀린 것은?

① PNPN 소자이다.
② 교류의 전력제어용으로 사용된다.
③ 양방향 사이리스터이다.
④ 스위칭 반도체 소자이다.

SCR의 특징
- 단방향성 사이리스터에 해당한다.(사이리스터는 4층 반도체를 말한다. TRIAC, GTO, DIAC 등)
- PNPN 순서로 접합되어 있다.
- 스위칭 소자이다.

24. 50Hz의 3상 전압을 반파 정류하였을 때 리플(맥동) 주파수(Hz)는?

① 50
② 100
③ 150
④ 300

1) '리플 주파수'란, 리프 전압 또는 전류의 주파수에 해당한다. 평활 회로를 쓰지 않고 60Hz 교류를 정류해서 얻은 직류의 리플 주파수는 반파 정류인 경우 60Hz, 전파 정류인 경우 120Hz가 된다.
2) 단상일 때는 그대로 60[Hz], 3상일 때는 120[Hz]이다.
3) 3상이며, 반파 정류하였으므로 반파이므로 1배, 3상이므로 3배가 되어 답은 150[Hz]가 된다.

정답 22.① 23.③ 24.③

25 2차 제어시스템에서 무제동으로 무한 진동이 일어나는 감쇠율(damping ratio) δ 는?

① $\delta = 0$
② $\delta > 1$
③ $\delta = 1$
④ $0 < \delta < 1$

- δ를 자동차 브레이크로 생각하자.
- δ가 1보다 큰 것은 과제동이고, 1은 임계제동이다.
- δ가 0이면 무제동으로 계속 앞으로 간다. 무한 진동

26 논리식 $Y = A\overline{B}\,\overline{C} + \overline{A}\,\overline{B}\,C + A\overline{B}\,C$ 을 간단히 표현한 것은?

① $\overline{B}(A+C)$
② $\overline{C}(A+B)$
③ $\overline{A}(B+C)$
④ $C(A+B)$

$Y = A\overline{B}\,\overline{C} + \overline{A}\,\overline{B}\,C + A\overline{B}\,C$
$= \overline{B}(A\overline{C} + \overline{A}C + AC)$
$= \overline{B}(A\overline{C} + AC + \overline{A}C)$
$= \overline{B}(A + \overline{A}C)$
$= \overline{B}(A + C)$

27 그림의 논리회로와 등가인 논리게이트는?

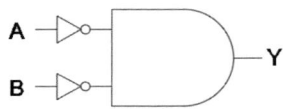

① NOR
② NAND
③ NOT
④ OR

NOT은 서로 상쇄되며 아래는 모두 같은 논리회로에 해당한다.

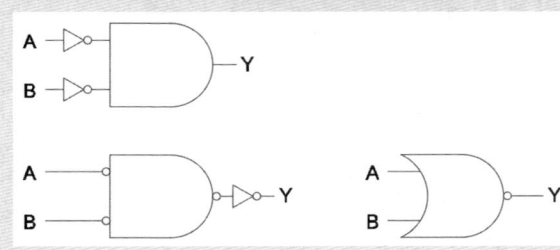

정답 25.① 26.① 27.①

28 정현파 교류전압의 최댓값이 $V_m[V]$ 이고, 평균값이 $V_{av}[V]$일 때 이 전압의 실횻값 $V_r[V]$는?

① $V_r[V] = \dfrac{\pi}{\sqrt{2}} V_m$ ② $V_r[V] = \dfrac{\pi}{2\sqrt{2}} V_{av}$

③ $V_r[V] = \dfrac{\pi}{2\sqrt{2}} V_m$ ④ $V_r[V] = \dfrac{1}{\pi} V_m$

1) 최댓값과 실횻값, 평균값 관계

파형	최댓값	실횻값	평균값
정현파 전파 정류파	V_m	$\dfrac{1}{\sqrt{2}} V_m$	$\dfrac{2}{\pi} V_m$
반파 정류파	V_m	$\dfrac{1}{2} V_m$	$\dfrac{1}{\pi} V_m$
구형파	V_m	V_m	V_m
반구형파	V_m	$\dfrac{1}{\sqrt{2}} V_m$	$\dfrac{1}{2} V_m$
삼각파	V_m	$\dfrac{1}{\sqrt{3}} V_m$	$\dfrac{1}{2} V_m$

2) $V_r = \dfrac{1}{\sqrt{2}} V_m$, $V_{av} = \dfrac{2}{\pi} V_m$

$V_r = \dfrac{1}{\sqrt{2}} \times \dfrac{\pi}{2} \times V_{av}$

29 그림 (a)와 그림 (b)의 각 블록선도가 등가인 경우 전달함수 G(s)는?

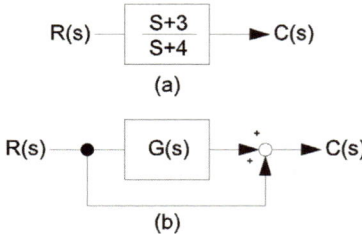

① $\dfrac{1}{S+4}$ ② $\dfrac{2}{S+4}$

③ $\dfrac{-1}{S+4}$ ④ $\dfrac{1}{S-4}$

정답 28.② 29.③

1) (a)그림에선 아래와 같다.

$$R(s) \cdot \frac{S+3}{S+4} = C(s), \quad \frac{S+3}{S+4} = \frac{C(s)}{R(s)}$$

2) (b)그림에선 아래와 같다.

$$R(s) \cdot G(s) + R(s) = C(s), \quad G(s) + 1 = \frac{C(s)}{R(s)}$$

3) 두 그림이 등가인 경우

$$G(s) = \frac{S+3}{S+4} - \frac{S+4}{S+4} = \frac{-1}{S+4}$$

30 그림의 회로에서 a-b 간에 $V_{ab}[V]$를 인가했을 때 c-d 간의 전압이 300V이었다. 이 때 a-b 간에 인가한 전압 V_{ab}는 몇 [V]인가?

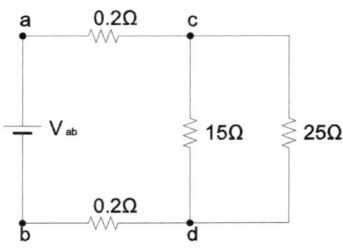

① 312.8[V] ② 315[V]
③ 306.4[V] ④ 302.8[V]

A, B, C에 흐르는 전류를 산출하면 아래와 같다.

c-d간에 흐르는 전압이 300V였으므로 B지점에서의 전류를 산출할 수 있다.

$$I = \frac{300[V]}{\frac{15 \times 25}{15+25}} = \frac{300 \times (15+25)}{15 \times 25} = 32[A]$$

흐르는 전류는 통합된 저항에 동일하게 흐른다.

$$R_A, R_B = 0.2[\Omega] \quad R_B = \frac{1525}{15+25} = 9.375$$

$$32(0.4 + 9.375) = 312.8[V]$$

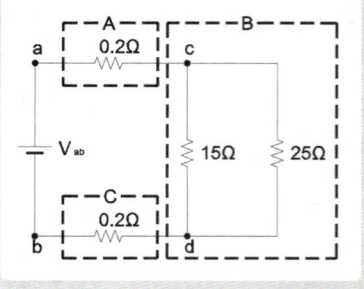

정답 30.①

31 두 개의 코일 a, b가 있다. 두 개를 직렬로 접속하였더니 합성 인덕턴스가 96[mH]이었고, 극성을 반대로 접속하였더니 합성 인덕턴스가 80[mH]였다. 코일 a의 자기 인덕턴스 24[mH]라면 결합계수는?

① 0.25
② 0.50
③ 0.75
④ 1.0

> 1) 코일의 합성은 아래와 같다.
> $L_f = L_a + L_b + 2M$
> $L_r = L_a + L_b - 2M$
> L_f, L_r를 각각 96[mH], 80[mH]로 알고 있으므로 이를 식에 대입하여 계산하면 아래와 같다.
> $96 = L_a + L_b + 2M$
> $80 = L_a + L_b - 2M$
> $16 = 4M, M = 4[mH]$
> 2) 상호 인덕턴스
> $L_b = 96 - 24 - 8$
> $L_b = 64[mH]$
> 결합계수를 산출하기 위한 모든 식을 산출하였으므로 대입하면 아래와 같다.
> $M = K\sqrt{L_A L_B}$
> $4 = K\sqrt{4*64}$
> $K = \frac{1}{4} = 0.25$

32 제어량에 따른 제어 방식의 분류 중 온도, 유량, 압력 등을 제어량으로 하는 제어계이며, 외부적인 요인을 억제하여 설정치의 유지를 목표로 하는 제어 방식은 어떤 방식인가?

① 추종제어
② 프로세스 제어
③ 프로그램 제어
④ 비율제어

> 공정 제어를 '프로세스 제어'라하며, 이는 설정치를 유지하기 위한 피드백 제어를 받는다. 제어의 종류에는 아래와 같은 종류가 있다.
>
> | 종류 | 설명 |
> | --- | --- |
> | 추종제어 | 시간적 변화를 하는 목푯값에 제어량을 추종시키기 위한 제어로 서보 기구가 대표적이다. |
> | 프로그램 제어 | 목푯값이 미리 정해진 시간적 변화를 하는 경우 제어량을 그것에 추종시키기 위한 제어 |
> | 정치제어 | 일정한 목푯값을 유지하는 것으로 프로세스, 자동조정이 해당 한다. |

정답 31.① 32.②

33 다음 회로에서 V_A, V_B는 몇 V인가?

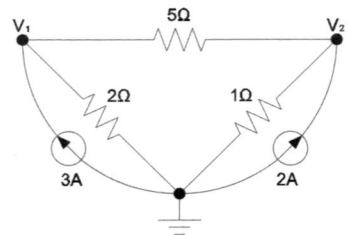

① $V_A = 5[V]$, $V_B = 2.5[V]$
② $V_A = 2.5[V]$, $V_B = 5[V]$
③ $V_A = 10[V]$, $V_B = 5[V]$
④ $V_A = 5[V]$, $V_B = 10[V]$

> 키르히호프의 1법칙에 따라서 한 노드에서의 전류 합은 0이 된다.
>
>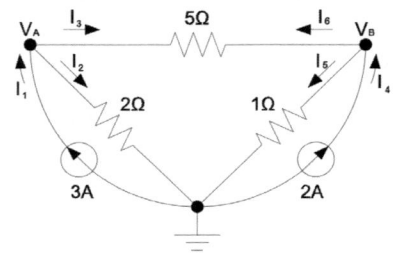
>
> 1) V_A노드에서 키르히호프 1법칙에 따라서 들어온 전류와 나간 전류는 같다. 이에 따라 아래와 같은 식을 세울 수 있다.
>
> $I_1 = 3[A] = I_2 + I_3 = \dfrac{V_A}{2} + \dfrac{V_A - V_B}{5}$
>
> $\dfrac{5V_A}{10} + \dfrac{2V_A - 2V_B}{10} = 3$
>
> $7V_A - 2V_B = 30[A]$
>
> 2) V_B노드에서도 키르히호프 1법칙에 따라서 들어온 전류와 나간 전류는 같다. 이에 따라 아래와 같은 식을 세울 수 있다.
>
> $I_4 = 2[A] = I_5 + I_6 = \dfrac{V_B}{1} + \dfrac{V_B - V_A}{5}$
>
> $\dfrac{5V_B}{5} + \dfrac{V_B - V_A}{5} = 2$
>
> $6V_A - V_B = 10[A]$
>
> 3) 각각에서 산출한 식을 연립하였을 때 $V_A = 5[V]$, $V_B = 2.5[V]$

정답 33.①

34 다음 단상 유도 전동기 중 기동 토크가 가장 큰 것은?

① 반발 기동형
② 분상 기동형
③ 콘덴서 기동형
④ 셰이딩 코일형

> 기동 토크 크기 비교
> 반발 기동형 > 반발 유도형 > 콘덴서 기동형 > 분상 기동형 > 셰이딩 코일형

35 반도체를 이용한 화재 감지기 중 서미스터는 무엇을 측정하는가?

① 온도
② RGB-색상
③ 연기
④ 가스 농도

> 서미스터는 온도를 측정하는 반도체 소자에 해당한다.

36 교류 전압계의 지침이 지시하는 전압은 다음 중 어느 것인가?

① 실횻값
② 평균값
③ 최댓값
④ 순싯값

> 교류 전압계의 지시는 실횻값을 측정한다.

정답 34.① 35.① 36.①

37 아날로그와 디지털 통신에서 데시벨의 단위로 나타내는 SN비를 바르게 풀어쓴 것을 고르시오.

① Signal To Noise Ratio
② Sound To Noise Level
③ Sound And Noise Ratio
④ Signal To Noise Level

> SN비 또는 SNR비
> 아날로그와 디지털 통신에서, 즉 신호 대 잡음의 상대적인 크기를 나타내는 것으로, 단위는 데시벨이다.

38 블록선도에서 외란 $D(s)$의 입력에 대한 출력 $C(s)$의 전달함수 $\dfrac{C(s)}{D(s)}$는?

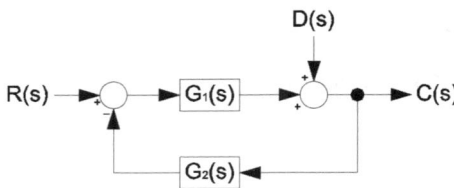

① $\dfrac{G_1(s)}{G_2(s)}$
② $\dfrac{1}{1+G_1(s)G_2(s)}$
③ $\dfrac{G_2(s)}{G_1(s)}$
④ $\dfrac{G_1(s)}{1+G_1(s)G_2(s)}$

> 아래 형태의 식에 해당한다. 입력이 출력으로 나타나며 이는 곧 회귀하는 피드백 제어를 받기 때문이다.
> $D(s) - C(s)G_2(s)G_1(s) = C(s)$
> $D(s) = C(s) + C(s)G_2(s)G_1(s)$
> $\quad\;\; = C(s)(1 + G_2(s)G_1(s))$
> $\dfrac{C(s)}{D(s)} = \dfrac{1}{1+G_1(s)G_2(s)}$

39 최대 눈금이 120[V]이고, 내부저항이 30[kΩ]인 전압계가 있다. 이 전압계로 1200[V]까지 측정하기 위해 필요한 배율기의 저항[kΩ]은?

① 120
② 150
③ 270
④ 800

> $V_1 : V_2 = R_1 : R_t,\; R_t = R_1 + R_s$ (비례식을 활용하여 산출하도록 하자.)
> $120 : 1200 = 30 : 30 + R_s$
> $R_s = \dfrac{1200 \times 30}{120} - 30 = 270[\text{k}\Omega]$

정답 37.① 38.② 39.③

40 직류 전원이 연결된 코일에 10[A]의 전류가 흐르고 있다. 이 코일에 연결된 전원을 제거하는 즉시 저항을 연결하여 폐회로를 구성하였을 때 저항에서 소비된 열량이 48[cal]이었다. 이 코일의 인덕턴스는 약 몇 [H]인가?

① 1[H]　　② 2[H]　　③ 3[H]　　④ 4[H]

$$W = \frac{1}{2}L^2I$$

$W[J] = \frac{1}{2}LI^2$, $1[J] = 0.24[cal]$, $48[cal] \times \frac{1[J]}{0.24[cal]} = 200[J]$

$L = \frac{2W}{I^2} = \frac{2 \times 200}{10^2} = 4[H]$

【3과목】 소방관계법규

41 「소방기본법」상 소방지원활동에 대한 설명으로 옳지 않은 것은?

① 자연재해에 따른 급수·배수 및 제설 등 지원활동을 포함한다.
② 단전사고 시 비상전원 또는 조명의 공급활동을 포함한다.
③ 소방지원활동은 소방활동 수행에 지장을 주지 아니하는 범위에서 할 수 있다.
④ 유관기관·단체 등의 요청에 따른 소방지원활동에 드는 비용은 지원요청을 한 유관기관·단체 등에게 부담하게 할 수 있다.

> ②(X) 단전사고 시 비상전원 또는 조명의 공급활동은 생활안전활동에 속한다(소방기본법 제16조의3).
>
> **소방기본법 제16조의2(소방지원활동)**
> ① 소방청장·소방본부장 또는 소방서장은 공공의 안녕질서 유지 또는 복리증진을 위하여 필요한 경우 소방활동 외에 다음 각 호의 활동(이하 "소방지원활동"이라 한다)을 하게 할 수 있다
> 　1. 산불에 대한 예방·진압 등 지원활동
> 　2. **자연재해에 따른 급수·배수 및 제설 등 지원활동**
> 　3. 집회·공연 등 각종 행사 시 사고에 대비한 근접대기 등 지원활동
> 　4. 화재, 재난·재해로 인한 피해복구 지원활동
> 　5. 삭제
> 　6. 그 밖에 행정안전부령으로 정하는 활동
> ② 소방지원활동은 제16조의 소방활동 수행에 지장을 주지 아니하는 범위에서 할 수 있다.
> ③ 유관기관·단체 등의 요청에 따른 소방지원활동에 드는 비용은 지원요청을 한 유관기관·단체 등에게 부담하게 할 수 있다. 다만, 부담금액 및 부담방법에 관하여는 지원요청을 한 유관기관·단체 등과 협의하여 결정한다.

정답 40.④ 41.②

42 「소방기본법 시행규칙」상 소방신호의 종류 및 방법에 대한 설명으로 옳은 것은?

① 소방신호의 종류로 경계신호, 화재신호, 해제신호, 훈련신호가 있다.
② 경계신호는 난타하는 타종신고, 5초 간격을 두고 30초씩 3회의 사이렌신고 방법으로 한다.
③ 해제신호는 상당한 간격을 두고 1타씩 반복하는 타종신고, 30초간 1회의 사이렌신고 방법으로 한다.
④ 소방대의 비상소집을 하는 경우에는 훈련신호를 사용할 수 있다.

소방신호의 방법 (소방기본법 시행규칙 [별표 4])

종별 \ 신호방법	타종신호	싸이렌신호
경계신호	1타와 연2타를 반복	5초 간격을 두고 30초씩 3회
발화신호	난타	5초 간격을 두고 5초씩 3회
해제신호	상당한 간격을 두고 1타씩 반복	1분간 1회
훈련신호	연3타 반복	10초 간격을 두고 1분씩 3회

■ 비고
1. 소방신호의 방법은 그 전부 또는 일부를 함께 사용할 수 있다.
2. 게시판을 철거하거나 통풍대 또는 기를 내리는 것으로 소방활동이 해제되었음을 알린다.
3. 소방대의 비상소집을 하는 경우에는 훈련신호를 사용할 수 있다.

43 「소방기본법」상 과태료 부과대상인 것은?

① 정당한 사유 없이 소방대의 생활안전활동을 방해한 자
② 강제처분을 방해한 자 또는 정당한 사유 없이 그 처분에 따르지 아니한 자
③ 전용구역에 차를 주차하거나 전용구역에의 진입을 가로막는 등의 방해행위를 한 자
④ 정당한 사유 없이 소방대가 현장에 도착할 때까지 사람을 구출하는 조치 또는 불을 끄거나 불이 번지지 아니하도록 하는 조치를 하지 아니한 사람

① (×) 정당한 사유 없이 소방대의 생활안전활동을 방해한 자 ☞ 100만원 이하의 **벌금**
② (×) 강제처분을 방해한 자 또는 정당한 사유 없이 그 처분에 따르지 아니한 자 ☞ 300만원 이하의 **벌금**
③ (○) 전용구역에 차를 주차하거나 전용구역에의 진입을 가로막는 등의 방해행위를 한 자 ☞ 100만원 이하의 **과태료**
④ (×) 정당한 사유 없이 소방대가 현장에 도착할 때까지 사람을 구출하는 조치 또는 불을 끄거나 불이 번지지 아니하도록 하는 조치를 하지 아니한 사람 ☞ 100만원 이하의 **벌금**

정답 42.④ 43.③

44 「소방시설공사업법」상 도급계약의 해지 사유로 옳지 않은 것은?

① 정당한 사유 없이 20일 이상 소방시설공사를 계속하지 아니하는 경우
② 정당한 사유 없이 하수급인 또는 하도급 계약내용의 변경요구에 따르지 아니한 경우
③ 소방시설업이 등록취소되거나 영업정지된 경우
④ 소방시설업을 휴업하거나 폐업한 경우

> **소방시설공사업법 제23조(도급계약의 해지)**
> 특정소방대상물의 관계인 또는 발주자는 해당 도급계약의 수급인이 다음 각 호의 어느 하나에 해당하는 경우에는 도급계약을 해지할 수 있다.
> 1. <u>소방시설업이 등록취소되거나 영업정지된 경우</u>
> 2. <u>소방시설업을 휴업하거나 폐업한 경우</u>
> 3. 정당한 사유 없이 <u>30일</u> 이상 소방시설공사를 계속하지 아니하는 경우
> 4. 제22조의2 제2항에 따른 요구에 <u>정당한 사유 없이 따르지 아니하는 경우</u>
>
> **제22조의2(하도급계약의 적정성 심사 등)**
> ② 발주자는 제1항에 따라 심사한 결과 하수급인의 시공 및 수행능력 또는 하도급계약 내용이 적정하지 아니한 경우에는 그 사유를 분명하게 밝혀 수급인에게 <u>하수급인 또는 하도급계약 내용의 변경을 요구</u>할 수 있다. 이 경우 제1항 후단에 따라 적정성 심사를 하였을 때에는 하수급인 또는 하도급계약 내용의 변경을 요구하여야 한다.

45 「소방시설공사업법」상 소방시설공사등에 있어서 설계에 대한 설명으로 옳지 않은 것은?

① 소방시설설계업을 등록한 자는 소방시설공사업법이나 소방시설공사업법에 따른 명령과 화재안전기준에 맞게 소방시설을 설계하여야 한다.
② 「소방시설 설치 및 관리에 관한 법률」에 따른 지방소방기술심의위원회의 심의를 거쳐 소방시설의 구조와 원리 등에서 특수한 설계로 인정된 경우는 화재안전기준을 따르지 아니할 수 있다.
③ 「소방시설 설치 및 관리에 관한 법률」에 따른 특정소방대상물(신축하는 것만 해당한다)에 대해서는 그 용도, 위치, 구조, 수용 인원, 가연물(可燃物)의 종류 및 양 등을 고려하여 설계(성능위주설계)하여야 한다.
④ 성능위주설계를 할 수 있는 자의 자격, 기술인력 및 자격에 따른 설계의 범위와 그 밖에 필요한 사항은 대통령령으로 정한다.

> **소방시설공사업법 제11조(설계)**
> ① 제4조 제1항에 따라 소방시설설계업을 등록한 자(이하 "설계업자"라 한다)는 이 법이나 이 법에 따른 명령과 화재안전기준에 맞게 소방시설을 설계하여야 한다. 다만, 「소방시설 설치 및 관리에 관한 법률」제18조 제1항에 따른 <u>중앙소방기술심의위원회의 심의</u>를 거쳐 소방시설의 구조와 원리 등에서 특수한 설계로 인정된 경우는 화재안전기준을 따르지 아니할 수 있다.
> ② 제1항 본문에도 불구하고 「소방시설 설치 및 관리에 관한 법률」제8조 제1항에 따른 특정소방대상물(신축하는 것만 해당한다)에 대해서는 그 용도, 위치, 구조, 수용 인원, 가연물(可燃物)의 종류 및 양 등을 고려하여 설계(이하 "성능위주설계"라 한다)하여야 한다.

정답 44.① 45.②

③ 성능위주설계를 할 수 있는 자의 자격, 기술인력 및 자격에 따른 설계의 범위와 그 밖에 필요한 사항은 대통령령으로 정한다.

46 「소방시설공사업법」상 소방시설업자협회의 업무로 옳지 않은 것은?

① 소방시설업의 기술발전과 관련된 국제교류·활동 및 행사의 유치
② 소방시설업의 기술발전과 소방기술의 진흥을 위한 조사·연구·분석 및 평가
③ 소방기술과 안전관리에 관한 각종 간행물 발간
④ 소방산업의 발전 및 소방기술의 향상을 위한 지원

③ (×) 소방기술과 안전관리에 관한 각종 간행물 발간은 한국소방안전원의 업무이다.

소방시설공사업법 제30조의3(협회의 업무) 협회의 업무는 다음 각 호와 같다.
1. 소방시설업의 기술발전과 소방기술의 진흥을 위한 조사·연구·분석 및 평가
2. 소방산업의 발전 및 소방기술의 향상을 위한 지원
3. 소방시설업의 기술발전과 관련된 국제교류·활동 및 행사의 유치
4. 이 법에 따른 위탁 업무의 수행

47 「소방시설공사업법」상 감리에 대한 설명으로 옳지 않은 것은?

① 감리업자는 공사업자가 한 소방시설등의 시공이 설계도서와 화재안전기준에 맞는지에 대한 지도·감독 업무를 수행한다.
② 감리업자는 소방용품의 위치·규격 및 사용 자재의 적합성 검토 업무를 수행한다.
③ 감리업자는 공사기간 동안 소방시설공사 현장에 소속 감리원을 배치하고 업무수행 내용을 감리일지에 기록해야 한다.
④ 용도와 구조에서 특별히 안전성과 보안성이 요구되는 소방대상물로서 대통령령으로 정하는 장소에서 시공되는 소방시설물에 대한 감리는 반드시 감리업자가 해야 한다.

소방시설공사업법 제16조(감리)
① 제4조 제1항에 따라 소방공사감리업을 등록한 자(이하 "감리업자"라 한다)는 소방공사를 감리할 때 다음 각 호의 업무를 수행하여야 한다.
  1. 소방시설등의 설치계획표의 적법성 검토
  2. 소방시설등 설계도서의 적합성(적법성과 기술상의 합리성을 말한다. 이하 같다) 검토
  3. 소방시설등 설계 변경 사항의 적합성 검토
  4. 「소방시설 설치 및 관리에 관한 법률」 제2조제1항제7호의 소방용품의 위치·규격 및 사용 자재의 적합성 검토
  5. 공사업자가 한 소방시설등의 시공이 설계도서와 화재안전기준에 맞는지에 대한 지도·감독

정답 46.③ 47.④

6. 완공된 소방시설등의 성능시험
7. 공사업자가 작성한 시공 상세 도면의 적합성 검토
8. 피난시설 및 방화시설의 적법성 검토
9. 실내장식물의 불연화(不燃化)와 방염 물품의 적법성 검토
② 용도와 구조에서 특별히 안전성과 보안성이 요구되는 소방대상물로서 대통령령으로 정하는 장소에서 시공되는 소방시설물에 대한 감리는 감리업자가 아닌 자도 할 수 있다.
③ 감리업자는 제1항 각 호의 업무를 수행할 때에는 대통령령으로 정하는 감리의 종류 및 대상에 따라 공사기간 동안 소방시설공사 현장에 소속 감리원을 배치하고 업무수행 내용을 감리일지에 기록하는 등 대통령령으로 정하는 감리의 방법에 따라야 한다.

48 「화재의 예방 및 안전관리에 관한 법률 시행규칙」상 소방안전관리대상물의 관계인이 그 장소에 근무하거나 거주 또는 출입하는 사람들이 화재가 발생한 경우에 안전하게 피난할 수 있도록 수립·시행하여야 하는 피난계획에 포함되어야 하는 사항은 다음 중 모두 몇 개인가?

ㄱ. 층별, 구역별 피난대상 인원의 연령별·성별 현황
ㄴ. 소방시설의 변경 전후 현황
ㄷ. 화재경보의 수단 및 방식
ㄹ. 피난약자 및 피난약자를 동반한 사람의 피난동선과 피난방법
ㅁ. 각 거실에서 옥외(옥상 또는 피난안전구역을 포함한다)로 이르는 피난경로

① 1개   ② 2개
③ 3개   ④ 4개

ㄱ, ㄷ, ㄹ, ㅁ의 4개이다.

화재예방법 제36조(피난계획의 수립 및 시행)
① 소방안전관리대상물의 관계인은 그 장소에 근무하거나 거주 또는 출입하는 사람들이 화재가 발생한 경우에 안전하게 피난할 수 있도록 피난계획을 수립·시행하여야 한다.

시행규칙 제34조(피난계획의 수립·시행)
① 법 제36조 제1항에 따른 피난계획에는 다음 각 호의 사항이 포함되어야 한다.
 1. 화재경보의 수단 및 방식
 2. 층별, 구역별 피난대상 인원의 연령별·성별 현황
 3. 피난약자의 현황
 4. 각 거실에서 옥외(옥상 또는 피난안전구역을 포함한다)로 이르는 피난경로
 5. 피난약자 및 피난약자를 동반한 사람의 피난동선과 피난방법
 6. 피난시설, 방화구획, 그 밖에 피난에 영향을 줄 수 있는 제반 사항

정답 48.④

49 「화재의 예방 및 안전관리에 관한 법률」상 화재안전조사의 정의이다. (   ) 안에 적절한 것은?

> "화재안전조사"란 (ㄱ)이 소방대상물, 관계지역 또는 관계인에 대하여 소방시설등이 소방 관계 법령에 적합하게 설치·관리되고 있는지, 소방대상물에 화재의 발생 위험이 있는지 등을 확인하기 위하여 실시하는 (ㄴ) 등을 하는 활동을 말한다.

	ㄱ	ㄴ
①	소방청장, 소방본부장 또는 소방서장	현장조사, 문서열람, 보고요구
②	소방청장, 소방본부장	현장조사, 문서열람, 보고요구
③	소방청장, 소방본부장 또는 소방서장	현장조사, 감식 및 감정, 문서열람
④	소방본부장 또는 소방서장	현장조사, 감식 및 감정, 문서열람

> 화재예방법 2조(정의)
> ① 이 법에서 사용하는 용어의 뜻은 다음과 같다.
>   3. "화재안전조사"란 <u>소방청장, 소방본부장 또는 소방서장</u>(이하 "소방관서장"이라 한다)이 소방대상물, 관계지역 또는 관계인에 대하여 소방시설등(「소방시설 설치 및 관리에 관한 법률」 제2조제1항제2호에 따른 소방시설등을 말한다. 이하 같다)이 소방 관계 법령에 적합하게 설치·관리되고 있는지, 소방대상물에 화재의 발생 위험이 있는지 등을 확인하기 위하여 실시하는 <u>현장조사·문서열람·보고요구</u> 등을 하는 활동을 말한다.

50 「화재의 예방 및 안전관리에 관한 법률」 및 같은 법 시행령상, 다른 법령에 따라 전기·가스·위험물 등의 안전관리 업무에 종사하는 자는 소방안전관리업무의 전담이 필요한 소방안전관리대상물의 소방안전관리자를 겸할 수 없다. 이에 해당하는 소방안전관리대상물이 아닌 것은?

① 30층(지하층은 제외)인 아파트
② 가연성 가스를 800톤 저장·취급하는 시설
③ 연면적 2만제곱미터인 판매시설
④ 지상층의 층수가 11층인 복합건축물

> ②(×) 가연성 가스를 <u>1천톤 이상</u> 저장·취급하는 시설 ☞ 1급 소방안전관리대상물
>
> 화재예방법 제24조(특정소방대상물의 소방안전관리)
> ② 다른 안전관리자(다른 법령에 따라 전기·가스·위험물 등의 안전관리 업무에 종사하는 자를 말한다. 이하 같다)는 소방안전관리대상물 중 소방안전관리업무의 전담이 필요한 대통령령으로 정하는 소방안전관리대상물의 소방안전관리자를 겸할 수 없다. 다만, 다른 법령에 특별한 규정이 있는 경우에는 그러하지 아니하다.
>
> 시행령 제26조(소방안전관리업무 전담 대상물)
> 법 제24조 제2항 본문에서 "대통령령으로 정하는 소방안전관리대상물"이란 다음 각 호의 소방안전관리대상물을 말한다.
> 1. 별표 4 제1호에 따른 <u>특급 소방안전관리대상물</u>
> 2. 별표 4 제2호에 따른 <u>1급 소방안전관리대상물</u>

정답 49.① 50.②

51 「화재의 예방 및 안전관리에 관한 법률 시행규칙」상 소방안전관리자 등에 대한 실무교육의 설명으로 옳은 것은?

① 시·도지사는 실무교육의 대상·일정·횟수 등을 포함한 실무교육의 실시 계획을 매년 수립·시행해야 한다.
② 실무교육을 실시하려는 경우에는 실무교육 실시 2주 전까지 일시·장소, 그 밖에 실무교육 실시에 필요한 사항을 인터넷 홈페이지에 공고하고 교육대상자에게 통보해야 한다.
③ 소방안전관리자는 소방안전관리자로 선임된 날부터 6개월 이내에 실무교육을 받아야 하며, 그 이후에는 2년마다 1회 이상 실무교육을 받아야 한다.
④ 소방안전관리자 강습교육 또는 실무교육이나 소방안전관리보조자 실무교육을 받은 후 2년 이내에 소방안전관리보조자로 선임된 사람은 해당 강습교육을 수료하거나 실무교육을 이수한 날에 실무교육을 이수한 것으로 본다.

> 화재예방법 시행규칙 제29조(실무교육의 실시)
> ① **소방청장**은 법 제34조 제1항 제2호에 따른 실무교육(이하 "실무교육"이라 한다)의 대상·일정·횟수 등을 포함한 실무교육의 실시 계획을 **매년** 수립·시행해야 한다.
> ② 소방청장은 실무교육을 실시하려는 경우에는 실무교육 실시 **30일 전**까지 일시·장소, 그 밖에 실무교육 실시에 필요한 사항을 인터넷 홈페이지에 공고하고 교육대상자에게 통보해야 한다.
> ③ 소방안전관리자는 소방안전관리자로 선임된 날부터 **6개월 이내**에 실무교육을 받아야 하며, 그 이후에는 **2년마다**(최초 실무교육을 받은 날을 기준일로 하여 매 2년이 되는 해의 기준일과 같은 날 전까지를 말한다) **1회 이상** 실무교육을 받아야 한다. 다만, 소방안전관리 강습교육 또는 실무교육을 받은 후 1년 이내에 소방안전관리자로 선임된 사람은 해당 강습교육을 수료하거나 실무교육을 이수한 날에 실무교육을 이수한 것으로 본다.
> ④ 소방안전관리보조자는 그 선임된 날부터 6개월(영 별표 5 제2호마목에 따라 소방안전관리보조자로 지정된 사람의 경우 3개월을 말한다) 이내에 실무교육을 받아야 하며, 그 이후에는 2년마다(최초 실무교육을 받은 날을 기준일로 하여 매 2년이 되는 해의 기준일과 같은 날 전까지를 말한다) 1회 이상 실무교육을 받아야 한다. 다만, 소방안전관리자 강습교육 또는 실무교육이나 소방안전관리보조자 실무교육을 받은 후 **1년 이내**에 소방안전관리보조자로 선임된 사람은 해당 강습교육을 수료하거나 실무교육을 이수한 날에 실무교육을 이수한 것으로 본다.

52 「소방시설의 설치 및 관리에 관한 법률 시행령」상 둘 이상의 특정소방대상물이 복도 또는 통로로 연결된 경우에 이를 하나의 특정소방대상물로 보지 않는 것은?

① 내화구조로 된 연결통로가 벽이 없는 구조로서 그 길이가 10m 이하인 경우
② 컨베이어로 연결되거나 플랜트설비의 배관 등으로 연결되어 있는 경우
③ 지하보도, 지하상가, 지하가로 연결된 경우
④ 자동방화셔터 또는 60분+ 방화문이 설치되지 않은 피트로 연결된 경우

정답 51.③ 52.①

특정소방대상물 (소방시설법 시행령 [별표 2])

■ 비고
2. 둘 이상의 특정소방대상물이 다음 각 목의 어느 하나에 해당되는 구조의 복도 또는 통로(이하 이 표에서 "연결통로")로 연결된 경우에는 이를 하나의 특정소방대상물로 본다.
   가. 내화구조로 된 연결통로가 다음의 어느 하나에 해당되는 경우
      1) 벽이 없는 구조로서 그 길이가 6m 이하인 경우
      2) 벽이 있는 구조로서 그 길이가 10m 이하인 경우. 다만, 벽 높이가 바닥에서 천장까지의 높이의 2분의 1 이상인 경우에는 벽이 있는 구조로 보고, 벽 높이가 바닥에서 천장까지의 높이의 2분의 1 미만인 경우에는 벽이 없는 구조로 본다.
   나. 내화구조가 아닌 연결통로로 연결된 경우
   다. 컨베이어로 연결되거나 플랜트설비의 배관 등으로 연결되어 있는 경우
   라. 지하보도, 지하상가, 지하가로 연결된 경우
   마. 자동방화셔터 또는 60분+ 방화문이 설치되지 않은 피트(전기설비 또는 배관설비 등이 설치되는 공간을 말한다)로 연결된 경우
   바. 지하구로 연결된 경우

53 「소방시설의 설치 및 관리에 관한 법률 시행령」상 스프링클러설비를 설치해야 하는 특정소방대상물에 대한 설명이다. (   ) 안에 적절한 것은?

> 판매시설, 운수시설 및 창고시설(물류터미널로 한정)로서 바닥면적의 합계가 (ㄱ) 이상이거나 수용인원이 (ㄴ) 이상인 경우에는 모든 층

	ㄱ	ㄴ
①	3천㎡	500명
②	3천㎡	300명
③	5천㎡	500명
④	5천㎡	300명

특정소방대상물의 관계인이 특정소방대상물에 설치·관리해야 하는 소방시설의 종류 (소방시설법 시행령 [별표 4])
1. 소화설비
   라. 스프링클러설비를 설치해야 하는 특정소방대상물(위험물 저장 및 처리 시설 중 가스시설 및 지하구는 제외)은 다음의 어느 하나에 해당하는 것으로 한다.
      4) 판매시설, 운수시설 및 창고시설(물류터미널로 한정)로서 바닥면적의 합계가 **5천㎡** 이상이거나 수용인원이 **500명** 이상인 경우에는 모든 층

정답 53.③

54 「소방시설의 설치 및 관리에 관한 법률」 및 같은 법 시행령상 특정소방대상물의 관계인은 내용연수가 경과한 소방용품을 교체하여야 한다. 다음의 ( )에 알맞은 것은?

> - 내용연수를 설정해야 하는 소방용품은 (ㄱ)형태의 소화약제를 사용하는 소화기로 한다.
> - 소방용품의 내용연수는 (ㄴ)으로 한다.

	ㄱ	ㄴ		ㄱ	ㄴ
①	분말	5년	②	분말	10년
③	액체	5년	④	액체	10년

> **소방시설법 제17조(소방용품의 내용연수 등)**
> ① 특정소방대상물의 관계인은 내용연수가 경과한 소방용품을 교체하여야 한다. 이 경우 내용연수를 설정하여야 하는 소방용품의 종류 및 그 내용연수 연한에 필요한 사항은 대통령령으로 정한다
>
> **시행령 제19조(내용연수 설정대상 소방용품)**
> ① 법 제17조 제1항 후단에 따라 내용연수를 설정해야 하는 소방용품은 <u>분말형태의 소화약제를 사용하는 소화기</u>로 한다.
> ② 제1항에 따른 소방용품의 내용연수는 <u>10년</u>으로 한다.

55 「소방시설의 설치 및 관리에 관한 법률 시행령」상 내진설계기준에 맞게 설치하여야 하는 소방시설에 해당하지 않는 것은?

① 스프링클러설비 ② 옥내소화전설비
③ 물분무등소화설비 ④ 연결살수설비

> **소방시설법 제7조(소방시설의 내진설계기준)**
> 「지진·화산재해대책법」 제14조 제1항 각 호의 시설 중 대통령령으로 정하는 특정소방대상물에 대통령령으로 정하는 소방시설을 설치하려는 자는 지진이 발생할 경우 소방시설이 정상적으로 작동될 수 있도록 소방청장이 정하는 내진설계기준에 맞게 소방시설을 설치하여야 한다.
>
> **시행령 제8조(소방시설의 내진설계)**
> ① 법 제7조에서 "대통령령으로 정하는 특정소방대상물"이란 「건축법」 제2조 제1항 제2호에 따른 건축물로서 「지진·화산재해대책법 시행령」 제10조 제1항 각 호에 해당하는 시설을 말한다.
> ② 법 제7조에서 "대통령령으로 정하는 소방시설"이란 소방시설 중 <u>옥내소화전설비, 스프링클러설비 및 물분무등소화설비</u>를 말한다.

정답 54.② 55.④

56 「위험물안전관리법 시행령」상 자체소방대를 설치하여야 하는 제조소등에 해당하는 것은? (단, 보일러로 위험물을 소비하는 일반취급소 등 행정안전부령으로 정하는 일반취급소는 제외)

① 제4류 위험물을 취급하는 제조소 또는 일반취급소, 제4류 위험물을 저장하는 옥외탱크저장소
② 제2류 위험물을 취급하는 제조소 또는 일반취급소, 제5류 위험물을 저장하는 옥외탱크저장소
③ 제3류 위험물을 취급하는 제조소 또는 일반취급소
④ 제3류 위험물을 저장하는 옥외탱크저장소

> 위험물안전관리법 시행령 제18조(자체소방대를 설치하여야 하는 사업소)
> ① 법 제19조에서 "대통령령이 정하는 제조소등"이란 다음 각 호의 어느 하나에 해당하는 제조소등을 말한다.
>   1. **제4류 위험물을 취급하는 제조소 또는 일반취급소**. 다만, 보일러로 위험물을 소비하는 일반취급소 등 행정안전부령으로 정하는 일반취급소는 제외한다.
>   2. **제4류 위험물을 저장하는 옥외탱크저장소**

57 「위험물안전관리법 시행령」상 소방청장이 실시하는 안전관리자교육을 이수한 자가 취급할 수 있는 위험물은?

① 제2류 위험물 ② 제3류 위험물 ③ 제4류 위험물 ④ 제6류 위험물

> 위험물취급자격자의 자격 (위험물안전관리법 시행령 [별표 5])

위험물취급자격자의 구분	취급할 수 있는 위험물
1. 「국가기술자격법」에 따라 위험물기능장, 위험물산업기사, 위험물기능사의 자격을 취득한 사람	[별표 1]의 모든 위험물
2. **안전관리자교육이수자**(법 28조 제1항에 따라 소방청장이 실시하는 안전관리자교육을 이수한 자를 말한다)	[별표 1]의 위험물 중 **제4류 위험물**
3. 소방공무원 경력자(소방공무원으로 근무한 경력이 3년 이상인 자를 말한다. 이하 별표 6에서 같다)	[별표 1]의 위험물 중 제4류 위험물

58 「위험물안전관리법 시행규칙」상 주유취급소에 설치하는 건축물 등의 구조에 대한 내용으로 옳지 않은 것은?

① 건축물의 벽·기둥·바닥·보 및 지붕을 내화구조 또는 불연재료로 할 것
② 사무실 그 밖의 화기를 사용하는 곳의 출입구는 건축물의 안에서 밖으로 수시로 개방할 수 있는 자동폐쇄식의 것으로 할 것
③ 사무실 그 밖의 화기를 사용하는 곳의 높이 1m 이하의 부분에 있는 창 등은 밀폐시킬 것
④ 주유공지 및 급유공지 외의 장소에 설치하는 주유원간이대기실은 바닥면적이 3m^2 이하일 것.

정답 56.① 57.③ 58.④

④ (×) 주유취급소의 위치·구조 및 설비의 기준 (위험물안전관리법 시행규칙 [별표 13])
Ⅵ. 건축물 등의 구조
사. 주유원간이대기실은 다음의 기준에 적합할 것
  1) 불연재료로 할 것
  2) 바퀴가 부착되지 아니한 고정식일 것
  3) 차량의 출입 및 주유작업에 장애를 주지 아니하는 위치에 설치할 것
  4) **바닥면적이 2.5㎡ 이하**일 것. 다만, 주유공지 및 급유공지 외의 장소에 설치하는 것은 그러하지 아니하다.

59 「위험물안전관리법」상 제조소등의 설치자의 지위를 승계한 자가 행정안전부령이 정하는 바에 따라 시·도지사에게 그 승계한 사실을 신고하여야 하는 기한은?

① 승계한 날부터 3일 이내
② 승계한 날부터 7일 이내
③ 승계한 날부터 14일 이내
④ 승계한 날부터 30일 이내

위험물안전관리법 제10조(제조소등 설치자의 지위승계)
  ③ 제1항 또는 제2항의 규정에 따라 제조소등의 설치자의 지위를 승계한 자는 행정안전부령이 정하는 바에 따라 승계한 날부터 <u>30일 이내</u>에 시·도지사에게 그 사실을 신고하여야 한다.

60 「위험물안전관리법 시행령」상 위험물 용어의 정의이다. (   )에 적절한 것은?

- 특수인화물이라 함은 이황화탄소, 디에틸에테르 그 밖에 1기압에서 발화점이 섭씨 100도 이하인 것 또는 인화점이 섭씨 영하 (ㄱ) 이하이고 비점이 섭씨 40도 이하인 것을 말한다.
- 제1석유류라 함은 아세톤, 휘발유 그 밖에 1기압에서 인화점이 섭씨 (ㄴ) 미만인 것을 말한다.

	ㄱ	ㄴ		ㄱ	ㄴ
①	21도	20도	②	20도	21도
③	21도	40도	④	20도	40도

위험물 및 지정수량 (위험물관리법 시행령 [별표 1])
- 비고
  12. "특수인화물"이라 함은 이황화탄소, 디에틸에테르 그 밖에 1기압에서 발화점이 섭씨 100도 이하인 것 또는 인화점이 섭씨 영하 <u>20도 이하</u>이고 비점이 섭씨 40도 이하인 것을 말한다.
  13. "제석유류"라 함은 아세톤, 휘발유 그 밖에 1기압에서 인화점이 섭씨 <u>21도 미만</u>인 것을 말한다.

정답 59.④ 60.②

[4과목] 소방전기시설의 구조 및 원리

61 감지기의 형식승인 및 제품검사의 기술기준에 따라 단독 경보형감지기를 스위치 조작에 의하여 화재경보를 정지 시킬 경우 화재경보 정지 후 몇 분 이내에 화재경보 정지기능이 자동적으로 해제되어 정상상태로 복귀되어야 하는가?

① 3 ② 5
③ 15 ④ 20

> 화재 경보 정지 후 15분 이내에 화재 경보 정지 기능이 자동적으로 해제되어 단독경보형 감지기가 정상 상태로 복귀되어야 한다.
> **암기팁** 화재 경보를 15분 동안 식힌 후에 다시 정상이 된다.

62 무선통신보조설비의 화재안전기준(NFSC 505)에서 정하는 분배기·분파기 및 혼합기 등의 임피던스는 몇 [Ω]의 것으로 하여야 하는가?

① 10 ② 30
③ 50 ④ 100

> 1) 고압의 전로로부터 3/2[m] 이상 떨어진 위치에 설치.
> 2) 4[m] 이내 마다 금속제 또는 자기제 등의 지지금구로 벽, 천장, 기둥 등에 견고하게 고정시킬 것.
> 3) 임피던스는 50[Ω]의 것이어야 한다.

63 자동화재속보설비의 속보기의 성능인증 및 제품검사의 기술기준에 따라 속보기는 작동신호를 수신하거나 수동으로 동작시키는 경우 20초 이내에 소방관서에 자동적으로 신호를 발하여 통보하되, 몇 회 이상 속보할 수 있어야 하는가?

① 1 ② 2
③ 3 ④ 4

> **암기팁**
>
> | | |
> |---|---|
> | $1[hour] - 10[min]$ | 1시간 감시, 10분 이상 동작 |
> | $20[sec] \times 3[회] ≒ 1[min]$ | 20초 이내 3회 이상 속보 |
> | $10[회]$ | 10회 이상 다이얼링 |

정답 61.③ 62.③ 63.③

64 다음은 누전경보기의 형식승인 및 제품검사의 기술기준에 따른 표시등에 대한 내용이다. ( )에 들어갈 내용으로 옳은 것은?

> 주위의 밝기가 (A)[lx]인 장소에서 측정하여 앞면으로부터 (B)[m] 떨어진 곳에서 켜진등이 확실히 식별되어야 한다.

① A 150, B 3
② A 300, B 3
③ A 150, B 5
④ A 300, B 5

누전 경보기의 형식 승인 및 제품 검사의 기술 기준
1) 주위의 밝기가 300[lx] 이상인 장소에서 측정하여 앞면으로부터 3[m] 떨어진 곳에서 켜진 등이 확실하게 식별되어야 한다.(밝기 기준) **암기팁** ELD에서의 'E'를 뒤집은 모양이 '3'.
2) 전구는 사용 전압의 130(%)인 교류 전압을 20시간 연속하여 가하는 경우 단선, 현저한 광속변화, 흑화, 전류의 저하 등이 발생하지 아니해야 한다.
3) 전구는 2개 이상 별렬로 접속해야 한다. 하나가 차단되어도 다른 것 하나에 영향 없도록. (단, 방전등과 발광다이오드는 제외)

65 비상조명등의 화재안전기준(NFSC 304)에 따른 휴대용비상조명등의 설치기준이다. 다음 ( )에 들어갈 내용으로 옳은 것은?

> 지하상가 및 지하역사에는 보행거리 (A)[m] 이내마다 (B)개 이상 설치할 것.

① A 25, B 2
② A 25, B 3
③ A 25, B 1
④ A 50, B 1

1) 휴대용 조명등은 각 개인의 조도 확보를 목적으로 한다. 구별된 실에서는 추종자가 되는 것이 아닌 각 개인이 피난구를 찾아야 한다.
2) 지하 상가, 역사는 한 사람이 소형 소화기(보행 거리 20m), 한 사람이 휴대용 조명등(보행거리 25m)를 지니고, 한 사람이 대형 소화기(보행거리 30m)를 끌고 이동한다고 생각하자.
3) 대규모 점포와 영화관에서는 1/2배만 배치하면 된다. 따라서 배치의 기준을 보행거리를 2배 늘려 유지한다.
4) 설치 기준

설치 개수	설치 장소
1개 이상	숙박시설 또는 다중 이용 업소에는 객실 또는 영업장 안의 구획된 실마다 잘 보이는 곳 (외부에 설치시 출입문 손잡이로부터 1m 이내)
3개 이상	• 지하 상가 및 지하 역사의 보행 거리 25m 이내 마다 설치한다. • 대규모 점포 및 영화 상영관의 보행거리는 50m 이내 마다 설치한다.

정답 64.② 65.②

66 비상경보설비 및 단독경보형감지기의 화재안전기준(NFSC 201)에 따라 바닥면적이 600[m²]일 경우 단독 경보형 감지기의 최소 설치개수는?

① 1개 ② 2개 ③ 3개 ④ 4개

> **단독경보형 감지기의 설치 기준**
> 1) 각실 마다 설치 하되, 바닥 면적이 150[m²]를 초과하는 경우에 150[m²]마다 1개 이상 설치할 것.
> 2) 여기서 '각 실'이라 함은 이웃하는 실내의 바닥 면적이 30[m²] 미만이고 벽체의 상부의 전부 또는 일부가 개방되어 이웃하는 실내와 공기가 상호 유통되는 경우에는 이를 1개의 실로 본다.
>
> **암기팁** 이는 연기 감지기의 면적 기준과 같다.
>
> • 계산식 $\frac{600}{150} = 4[EA]$

67 자동화재탐지설비 및 시각경보장치의 화재안전기준(NFSC 203)에서 정하는 불꽃감지기의 시설기준으로 틀린 것은?

① 폭발의 우려가 있는 장소에는 방폭형으로 설치할 것
② 공칭감시거리 및 공칭시야각은 형식승인 내용에 따를 것
③ 감지기를 천장에 설치하는 경우에는 감지기는 바닥을 향하여 설치할 것
④ 감지기는 화재감지를 유효하게 감지할 수 있는 모서리 또는 벽 등에 설치할 것

> **불꽃 감지기의 설치 기준**
> 1) 불꽃 감지기는 자외선 또는 적외선 센서에 의해 일정대의 파장이 들어오면 광전자 발생에 센서에 전기가 흐르면서 신호를 전달한다.
> 2) 방폭형으로 설치할 필요는 없다.
> 3) 공칭 감시거리와 공칭 시야각 기준(형식 승인)
>   a. 감시거리가 20m 미만인 경우에는 1m 간격
>   b. 감시거리가 20m 이상인 경우에는 5m 간격
>   c. 공칭 시야각은 5도 간격

68 다음은 비상조명등의 우수품질인증 기술기준에서 정하는 비상조명등의 상태를 자동적으로 점검하는 기능에 대한 내용이다. ( )에 들어갈 내용으로 옳은 것은?

> 자가점검시간은 (A)초 이상 (B)분 이하로 (C)일 마다 최소 한번 이상 자동으로 수행하여야 한다.

① A 15, B 15, C 15
② A 20, B 20, C 20
③ A 30, B 30, C 30
④ A 15, B 20, C 30

> 한 달마다 30분 이하로 최소 1번 이상 30초 이상 수행한다.(30min/1달, 30sec/1회)

정답 66.④ 67.① 68.③

69 자동화재탐지설비 및 시각경보장치의 화재안전기준(NFSC 203)에 따라 부착 높이가 4[m] 미만으로 연기감지기 3종을 설치할 때, 바닥면적 몇 [m²]마다 1개 이상 설치하여야 하는가?

① 25 ② 50 ③ 75 ④ 150

연기 감지기의 바닥 면적

부착높이	감지기의 종류	
	1종 및 2종	3종
4[m] 미만	$150[m^2] = \frac{150}{1}[m^2]$	$50[m^2] = \frac{150}{3}[m^2]$
4[m] 미만 20[m] 이하	$150[m^2] = \frac{150}{2}[m^2]$	설치 불가

70 비상방송설비와 자동화재탐지설비의 연동 시 동작 순서로 옳은 것은?

① 기동장치 → 증폭기 → 수신기 → 조작부 → 확성기
② 기동장치 → 조작부 → 증폭기 → 수신기 → 확성기
③ 기동장치 → 수신기 → 증폭기 → 조작부 → 확성기
④ 기동장치 → 조절부 → 조작부 → 수신기 → 확성기

작동 순서
a. 기동 장치, 감지기에 의해 동작
b. 수신기에 신호가 전달
c. 신호는 증폭기를 통해 증폭
d. 증폭된 신호는 조작 장치를 통하여 확성기로 전달 (단, 업무용 작동시에만 조작 장치를 지난다.)

71 유도등의 우수품질인증 기술기준에서 정하는 유도등의 일반구조에 적합하지 않은 것은?

① 축전지에 배선 등은 직접 납땜하여야 한다.
② 충전부가 노출되지 아니한 것은 사용전압이 300[V]를 초과할 수 있다.
③ 외함은 기기 내의 온도 상승에 의하여 변형, 변색 또는 변질되지 아니하여야 한다.
④ 전선의 굵기는 인출선인 경우에는 단면적이 0.75[mm²] 이상, 인출선 외의 경우에는 단면적이 0.5[mm²] 이상이어야 한다.

1) 축전지 배선은 납땜하지 않는다.(교체가 빈번.)
2) 노출되었을 때는 300[V]를 초과해선 안된다. 하지만 노출되지 않을 경우 허용된다.
3) 전선의 굵기는 3/4[mm²] 이상, 1/2[mm²] 이상
4) 외함은 기기 내의 온도 상승에 변질되면 당연히 안된다.

정답 69.② 70.③ 71.①

72 누전경보기의 형식승인 및 제품검사의 기술 기준에 따라 누전경보기의 수신부는 그 정격전압에서 몇 회의 누전작동시험을 실시하는가?

① 1,000회
② 5,000회
③ 10,000회
④ 20,000회

> 1) 반복 시험 횟수에 [원]을 붙여보자.
> 2) 1,000원 - 감지기, 속보기(만원으로 10개 구매)
>   2,000원 - 중계기(만원으로 5개 구매)
>   2,500원 - 유도등(만원으로 4개 구매)
>   5,000원 - 전원스위치, 발신기(만원으로 2개 구매)
>   10,000원 - 비상 조명등, 스위치 접점, 기타(1개 구매)

73 시각경보장치의 성능인증 및 제품검사의 기술기준에 따라 시각 경보장치의 전원부 양단자 또는 양 선을 단락시킨 부분과 비충전부를 DC 500[V]의 절연저항계로 측정하는 경우 절연저항이 몇 [MΩ] 이상이어야 하는가?

① 0.1
② 5
③ 10
④ 20

> 1) 방재실 내부 구성은 500[V]의 직류 시험 전압을 가했을 때 5[MΩ] 이상이어야 한다. (누전 경보기, 가스 누설 경보기, 자동화재속보설비, 시각 경보, 유도등, 비상 조명등) + (수신기, 비상경보)
> 2) 발신기 내부 구성은 500[V]의 직류 시험 전압을 가했을 때 20[MΩ] 이상이어야 한다. (경종, 발신기, 중계기, 비상 콘센트) (기기의 절연된 선로 간, 기기의 충전부와 비충전 부 간, 기기의 교류 입력측과 외함 간)
> 3) 감지기는 500[V]의 직류 시험 전압을 가했을 때 50[MΩ] 이상이어야 한다.
>   **암기팁** 방재실을 지나서 계단실을 지나고 발신기실을 지나서 감지기를 지난다. 걸음 수를 떠올려보자.

74 누전경보기의 형식승인 및 제품검사의 기술기준에서 정하는 누전경보기의 공칭작동전류치(누전경보기를 작동시키기 위하여 필요한 누설전류의 값으로서 제조자에 의하여 표시된 값을 말한다.)는 몇 [mA] 이하이어야 하는가?

① 10
② 100
③ 200
④ 1000

> 누전 경보기의 공칭작동 전류치는 200[mA] 이하여야 한다.

정답 72.③ 73.② 74.③

75 다음은 자동 화재 속보 설비의 속보기의 성능 인증 및 제품검사의 기술기준에 따른 속보기에 대한 내용이다. 빈 칸에 들어갈 내용으로 옳은 것은?

> 속보기는 연동 또는 수동 작동에 의한 다이얼링 후 소방관서와 전화접속이 이루어지지 않을 경우에 최초 다이얼링을 포함하여 (A)회 이상 반복적으로 접속을 위한 다이얼링이 이루어져야 한다. 이 경우 매회 다이얼링 완료 후 호출은 (B)초 이상 지속되어야 한다.

① A 10, B 30
② A 15, B 30
③ A 10, B 60
④ A 15, B 60

속보기의 기준 **암기팁**

$1[hour] - 10[min]$	1시간 감시, 10분 이상 동작
$20[sec] \times 3[회] ≒ 1[min]$	20초 이내 3회 이상 속보
$10[회]$	10회 이상 다이얼링

• 추가! 호출은 30초 이상 지속되어야 한다.

76 비상 경보 설비 및 단독 경보형 감지기의 화재안전기준(NFSC 201)에 따른 발신기의 시설기준으로 틀린 것은?

① 발신기의 위치 표시등은 함의 하부에 설치한다.
② 조작 스위치는 바닥으로부터 0.8[m] 이상 1.5[m] 이하의 높이에 설치할 것
③ 복도 또는 별도로 구획된 실로서 보행 거리가 40[m] 이상일 경우에는 추가로 설치하여야 한다.
④ 특정소방대상물의 층마다 설치하되, 해당 특정소방대상물의 각 부분으로부터 하나의 발신기까지의 수평 거리가 25[m] 이하가 되도록 할 것

1) 발신기 설치 기준에 대한 내용이며, 나머지 보기가 모두 중요하다. 꼭 기억하자.
2) 발신기의 위치 표시등이 함의 하부일 경우 인지하기 힘들다. 함의 상부에 설치한다.

77 유도등의 형식승인 및 제품검사의 기술기준에 따른 유도등의 일반구조에 대한 설명으로 틀린 것은?

① 축전지에 배선 등을 직접 납땜하지 아니하여야 한다.
② 충전부가 노출되지 아니한 것은 300[V]를 초과할 수 있다.
③ 예비전원을 직렬로 접속하는 경우는 역충전 방지 등의 조치를 강구하여야 한다.
④ 유도등에는 점멸, 음성 또는 이와 유사한 방식 등에 의한 유도장치를 설치할 수 있다.

정답 75.① 76.① 77.③

1) 축전지 등은 교체가 이뤄져야 하기 때문에 납땜하지 않는다.
2) 예비 전원을 직렬로 연결하면 순환 전류는 생기지 않는다. 따라서 역충전 방지 조치도 요구되지 않는다.
3) 사용 전압은 220[V]를 보통 사용하기 때문에 300[V] 이하이면 충분하다. 다만, 충전부를 매설하면 더 높여도 된다.

78 소방시설용 비상전원수전설비의 화재안전기준(NFSC 602)에 따라 소방회로배선은 일반회로배선과 불연성 벽으로 구획하여야 하나, 소방회로배선과 일반회로배선을 몇 [cm] 이상 떨어져 설치한 경우에는 그러하지 아니하는가?

① 5 ② 7.5 ③ 15 ④ 150

1) 15[cm] 이상 이격해야 한다.
2) 또는 굵기가 가장 큰 배선 지름의 1.5배 이상의 불연성 격벽을 설치한다.(굴러가지 않도록.)

79 자동화재탐지설비 및 시각경보장치의 화재안전기준(NFSC 203)에 따라 지하층·무창층 등으로서 환기가 잘되지 아니하거나 실내 면적이 40[m²] 미만인 장소에 설치하여야 하는 적응성이 있는 감지기가 아닌 것은?

① 불꽃감지기
② 광전식분리형감지기
③ 정온식스포트형감지기
④ 아날로그방식의 감지기

실내 면적이 40[m²] 미만인 장소는 쉽게 연기가 축적이 되어 비화재보가 빈번히 발생할 수 있다. 이에 따라 아래와 같은 축적형 감지기를 설치한다.

분포형 감지기	축적 방식의 감지기
정온식 감지선형 감지기	복합형 감지기
불꽃 감지기	아날로그 방식의 감지기
광전식 분리형 감지기	다신호식 감지기

암기팁 여러분! 정말 감사합니다. 꽃과 축복합니다.

80 유도등 및 유도표지의 화재안전기준(NFSC 303)에 따른 피난구유도등의 설치장소로 틀린 것은?

① 직통계단
② 직통계단의 계단실
③ 안전구획된 거실로 통하는 출입구
④ 옥외로부터 직접 지하로 통하는 출입구

1) 옥외로부터 직접 지하로 통하는 출입구에는 설치할 필요가 없다. 지하로 들어가는 건 피난구로 볼 수 없다.
2) 직통 계단, 직통 계단의 계단실, 안전 구획된 거실로 통하는 출입구 모두 피난구로 볼 수 있다.

정답 78.③ 79.③ 80.④

2024년 1회 소방설비기사(전기분야) CBT 복원

【1과목】 소방원론

01 다음 중 나이트로화합물 화재 시 소화방법으로 가장 올바른 것은?

① 질식소화 ② 냉각소화
③ 제거소화 ④ 억제소화

> 제5류 위험물의 소화방법(나이트로화합물 - 제5류 위험물)
> ① 물질자체에 산소를 함유하고 있어 이산화탄소 소화약제, 분말, 할론, 포 등에 의한 질식소화는 효과가 없다. 다량 주수에 의한 냉각소화가 효과적이다.
> ② 분말로 일시적인 소화효과는 있으나 재착화의 위험이 있으므로 물로 냉각소화 하여야 한다.

02 소화방법 중 제거소화와 관련이 가장 먼 것은?

① 산림 화재 시는 불의 진행방향을 앞질러가서 벌목하여 진화한다.
② 촛불을 입김으로 불어서 소화한다.
③ 타고 있는 고체나 액체의 표면의 온도를 인화점 이하로 낮추어 소화한다.
④ 유전지대 화재 시 질소폭탄을 투하하여 소화한다.

> 제거소화
> 연소의 3요소 중 가연물을 다른 곳으로 이동 또는 제거하여 소화하는 방법을 말한다.
> ① 산불화재 시 진행방향의 나무를 벌목하는 방법(방화선 구축)
> ② 촛불을 입으로 불어 소화하는 방법
> ③ 가스나 유류화재 시 밸브를 폐쇄시키는 방법
> ④ 유전화재 시 질소폭탄을 투하하는 방법

03 플래시 오버 발생시간(F·O·T)에 대한 설명으로 틀린 것은?

① 내장재는 난연재료보다 가연재료가 빨리 발생한다.
② 화원의 크기가 크면 발생 및 진행 시간이 빠르다.
③ 개구부의 크기가 작을 때 보다 클수록 빨리 발생한다.
④ 열전도율이 큰 내장재보다 작은 내장재가 천천히 발생한다.

정답 01.② 02.③ 03.④

플래시 오버 지연 대책
① 화원의 위치와 크기 : 화원의 크기가 소형일수록 지연된다.
② 내장재의 종류, 열전도율 및 불연화 순서
  • 종류 : 불연재료, 준불연재료
  • 열전도율이 큰 재료일수록, 두께는 두꺼울수록 지연된다.
  • 불연화 순서 : 천장 → 벽 → 바닥 순으로 불연화 한다.
③ 개구율 : 개구율이 작을수록 산소 부족으로 연소가 원활하게 일어나지 않으므로 실내의 열축적이 적어 플래시 오버가 지연될 수 있고, 개구율이 아주 클수록 실내에 축적되는 열보다 외부로 유출되는 열이 많으므로 플래시 오버가 지연될 수 있다.

04 다음 기체 가연물 중 위험도가 가장 큰 것은?

① 수소(4 ~ 75%)　　　　　② 아세틸렌(2.5 ~ 81%)
③ 부탄(1.8 ~ 8.4%)　　　　④ 일산화탄소(12.5 ~ 74%)

위험도 = $\dfrac{\text{연소상한계} - \text{연소하한계}}{\text{연소하한계}}$

① 수소 = $\dfrac{75-4}{4} = 17.8$

② 아세틸렌 = $\dfrac{81-2.5}{2.5} = 31.4$

③ 부탄 = $\dfrac{8.4-1.8}{1.8} = 3.7$

④ 일산화탄소 = $\dfrac{74-12.5}{12.5} = 4.9$

05 혼합기체가 연소 시 가스의 공급 압력이 연소속도 보다 느리고, 노즐이 커지면 나타날 수 있는 이상현상은?

① Back fire　　② Lifting　　③ Blow-off　　④ Yellow Tip

역화(백화이어, Back fire) : 가연성 기체의 분출 속도가 연소 속도보다 느리면 불꽃이 버너의 염공 속으로 진입하는 현상

역화의 원인
① 가스의 분출속도가 느려진 경우
② 가스의 공급량이 감소된 경우
③ 노즐이 뜨거워진 경우
④ 관경이 넓어진 경우

정답 04.② 05.①

06 다음 폭발과 관련된 내용 중 틀리게 설명한 것은?

① 폭굉은 충격파에 의한 반응으로서 연소의 전파속도가 음속보다 빠른 폭발현상이다.
② 다른 공기나 가연성 가스와 혼합되지 않더라도 일정한 조건이 충족되면 발열을 동반한 급격한 압력팽창으로 인한 폭발을 분해폭발이라 한다.
③ 증기운 폭발은 밀폐 공간 내에 가연성 혼합기체가 점화원에 의한 폭발하며, 거대한 화구를 동반한다.
④ 분진폭발은 가스폭발에 비해 연소시간이 길고 발생에너지가 크기 때문에 파괴력과 그을음이 크다.

> 증기운폭발(VCE)
> 대기중에 대량의 가연성 가스가 유출되거나 대량의 가연성 액체가 유출하여 발생하는 증기와 공기와의 혼합기의 폭발

07 가압송수장치에서 유수검지장치 1차 측까지 배관 내에 항상 물이 가압되어 있고, 2차 측에서 폐쇄형 스프링클러헤드까지 대기압으로 있다가 화재발생 시 감지기의 작동으로 유수검지장치가 작동하여 스프링클러헤드까지 소화용수가 송수되어 스프링클러헤드가 열에 따라 개방되는 방식을 말하는 스프링클러설비의 종류는?

① 습식 스프링클러설비　　　② 건식 스프링클러설비
③ 준비작동식 스프링클러설비　　④ 일제살수식 스프링클러설비

> 준비작동식 스프링클러설비
> 가압송수장치에서 준비작동식 유수검지장치 1차 측까지 배관 내에 항상 물이 가압되어 있고 2차 측에서 폐쇄형 스프링클러헤드까지 대기압 또는 저압으로 있다가 화재발생 시 감지기의 작동으로 준비작동식 유수검지장치가 작동하여 폐쇄형 스프링클러헤드까지 소화용수가 송수되어 폐쇄형 스프링클러헤드가 열에 따라 개방되는 방식의 스프링클러설비를 말한다.

08 건물 내에서 화재가 발생하여 실내온도가 20[℃]에서 600[℃]까지 상승했다면 온도상승만으로 건물 내의 공기 부피는 처음의 약 몇 배 정도 팽창하는가?(단, 화재로 인하여 압력의 변화는 없다고 가정한다.)

① 3　　　　　　　　　　② 9
③ 15　　　　　　　　　④ 30

정답　06.③　07.③　08.①

샤를의 법칙

$\dfrac{V_1}{T_1} = \dfrac{V_2}{T_2}$ 에 의하여 부피가 절대온도에 반비례하므로 절대온도 값으로 나타내면 T_1은 273+20=293[K]가 되고, T_2은 273+600=873[K]이 된다.

- 부피(V_2)는 $V_2 = \dfrac{V_1}{T_1} \times T_2$

$V_2 = \dfrac{V_1}{293[K]} \times 873[K] = 2.98 ≒ 3배$

---

09 최소산소농도(MOC : Minimum Oxygen Concentration)에 대한 설명으로 옳지 않은 것은?

① 연소상한계에 의해 최소산소농도가 결정된다.
② 연소할 때 화염이 전파되는 데 필요한 임계산소농도를 말한다.
③ 완전연소반응식의 산소 몰수에 의해 최소산소농도가 결정된다.
④ 프로판(C_3H_8) 1몰(mol)이 완전 연소하는 데 필요한 최소산소농도는 10.5%이다.

최소산소농도(MOC;Minimum Oxygen Concentration)
- 화염이 전파되는 한계산소농도를 MOC라고 한다. MOC 아래의 산소농도에서는 화염의 전파반응이 진행되지 않는다. 이는 화학반응에 참여하는 산소의 농도가 부족하기 때문이다.
- MOC의 산출 : 산소의 몰수×연소하한계
  $C_3H_8 + 5O_2 \rightarrow 3CO_2 + 4H_2O$
  위 식에서 프로판이 완전연소 하기 위해서는 5몰의 산소가 필요한 것을 알 수 있다. 따라서, 프로판의 연소하한계 값이 2.1%이므로 최소산소농도(MOC) = 5×2.1 = 10.5% 이다.

---

10 연소속도에 영향을 미치는 요인을 모두 고른 것은?

| ㄱ. 가연성 물질의 종류 | ㄴ. 촉매의 존재 유무와 농도 |
| ㄷ. 공기 중 산소량 | ㄹ. 가연성 물질과 산화제의 당량비 |

① ㄱ, ㄴ   ② ㄱ, ㄴ, ㄷ   ③ ㄴ, ㄷ, ㄹ   ④ ㄱ, ㄴ, ㄷ, ㄹ

연소속도에 영향을 미치는 요인
- 가연물의 종류
- 촉매의 존재 유무와 농도
- 공기 중 산소량
- 가연물과 산소의 반응의 정도
- 압력

정답 09.① 10.④

11 1기압, 20℃인 조건에서 메탄(CH_4) $2m^3$가 완전 연소하는 데 필요한 산소 부피는 몇 m^3인가?

① 2
② 3
③ 4
④ 5

> 메탄(CH_4)의 완전연소
> $CH_4 + 2O_2 \rightarrow CO_2 + 2H_2O + Q[kcal]$
> 메탄 1몰의 완전연소 시 산소는 2몰이 필요하므로 몰수비는 부피비와 같다.
> 따라서, 메탄 $2m^3$이 완전연소 하려면 산소는 $4m^3$가 필요하다.

12 블레비(BLEVE : Boiling Liquid Expanding Vapor Explosion)현상의 특징으로 옳지 않은 것은?

① 액화가스 저장탱크에서 일어날 수 있다는 점에서는 증기운 폭발과 같다.
② 액화가스 저장탱크에서 물리적 폭발이 순간적으로 화학적 폭발로 이어지는 현상이다.
③ 블레비의 규모는 파열 시 액체의 기화량에는 차이가 있으나 탱크의 용량에 따른 차이는 없다.
④ 직접 열을 받은 부분이 액화가스 저장탱크의 인장 강도를 초과할 경우 기상부에 면하는 지점에서 파열하게 된다.

> 블레비 현상(Boiling Liquid Expanding Vapor Explosion, BLEVE)
> 액화가스를 저장하는 용기 주변에 화재 등의 발생으로 용기를 가열하는 경우 액화가스의 비등으로 압력이 급격히 상승한다. 이때 안전장치(안전밸브)를 통하여 이루어지는 압력의 완화율보다 내부의 압력증가율이 큰 경우 용기의 균열, 파괴되는 현상을 블레비 현상이라 한다.(물리적 폭발) 또한 폭발 시 외부 화염에 의해 착화되어 거대한 화구를 형성하여 화염의 덩어리가 만들어지는데 이것을 화이어 볼(Fire ball)이라 한다.(화학적 폭발)
> (참고 – 용기에 액체가 1/2에서 3/4까지 차 있을 때 많이 발생)

13 소화 방법에 대해 옳은 설명만을 모두 고른 것은?

> ㄱ. 질식소화는 일반적으로 공기 중 산소 농도를 낮추어 소화하는 방법을 말한다.
> ㄴ. 냉각소화가 가능한 약제로는 물, 강화액, CO_2, 할론 등이 있다.
> ㄷ. 피복소화는 비중이 물보다 큰 비수용성 유류화재 시 무상주수하여 소화하는 방법을 말한다.
> ㄹ. 부촉매소화는 가스화재 시 가스공급을 차단하여 소화하는 방법을 말한다.

① ㄱ, ㄴ
② ㄱ, ㄴ, ㄷ
③ ㄴ, ㄷ, ㄹ
④ ㄱ, ㄴ, ㄷ, ㄹ

정답 11.③ 12.③ 13.①

소화방법
- 질식소화 : 일반적으로 공기 중 산소 농도를 낮추어 소화하는 방법
- 물 : 냉각소화, 질식소화, 희석소화, 유화소화
- 강화액 : 냉각소화, 질식소화, 유화소화, 부촉매소화
- CO_2 : 질식소화, 냉각소화, 피복소화
- 할론 : 부촉매소화, 질식소화, 냉각소화
- 유화소화 : 비중이 물보다 큰 비수용성 유류화재 시 무상주수하여 소화하는 방법
- 제거소화 : 가스화재 시 가스공급을 차단하여 소화하는 방법

14 어떤 기체가 0[℃], 1[atm]에서 부피가 10[L]일 때 질량이 22[g]이었다면 이 기체의 분자량(M)은 얼마인가?(R : 기체상수(0.082[atm·L/mol·K])

① 44　　　　　　② 49　　　　　　③ 54　　　　　　④ 58

이상기체상태방정식에 적용하면 다음과 같다.

$$PV = \frac{W}{M}RT$$

여기서, P : 압력[atm], V : 부피[L], W : 물질의 질량[g], M : 물질의 분자량[g/mol],
　　　　R : 기체상수(0.082[atm·L/mol·K], T : 절대온도[K]

$$1 \times 10 = \frac{22}{M} \times 0.082 \times (0+273)$$

$$M = \frac{22 \times 0.082 \times 273}{1 \times 10} = 49.2492 = 49.25 [g/mol]$$

15 다음 내화구조 건축물 화재 시 화재 성장기 내용과 관련이 없는 것은?

① 화세가 점차 성장하여 실내의 온도가 상승하고(약 800[℃]정도) 개구부가 파괴 되는 시기이다.
② 연기가 백색에서 흑색으로 변한다.
③ 실내에 순간적으로 화염이 충만 하는 플래시 오버(F·O)가 발생하는 시기이다.
④ 화재 시 최고온도가 나타나는 단계다.

내화구조 건축물 화재 진행
1) 초기
　① 목조에 비해 기밀성(기밀도)이 우수하여 완만한 연소 상태를 띤다.
　② 산소량의 감소로 불완전연소의 형태를 띤다.
　③ 다량의 연기가 실내를 채운다.

정답　14.② 15.④

2) 성장기
   ① 화세가 점차 성장하여 실내의 온도가 상승하고(약 800[℃] 정도) 개구부가 파괴되는 시기이다.
   ② 연기가 백색에서 흑색으로 변한다.
   ③ 실내에 순간적으로 화염이 충만하는 플래시 오버(F·O)가 발생하는 시기이다.
3) 최성기
   ① 화재실의 최고온도가 약 1,000[℃] 정도에 이른다.
   ② 목조에 비해 장시간 연소한다.
   ③ 건축 구조물이 무너져 내린다.(콘크리트 폭렬현상 발생)
   ④ 화재의 특징은 목조에 비해 저온장기형이다. (내화구조 자체의 화재의 특징은 고온장기형이다.)
4) 종기
   화세가 약해지고, 연기의 양도 점차 줄어들며, 실내의 온도가 서서히 줄어드는 시기이다.

16 피난구조설비 중 피난구 또는 피난 경로를 알려주기 위해 사용되는 설비 중 출입구를 표시하는 기구는?

① 피난구유도등　　　　　　　② 통로 유도등
③ 객석유도등　　　　　　　　④ 휴대용 비상조명등

> **용어의 정의**
> ① "유도등"이란 화재 시에 피난을 유도하기 위한 등으로서 정상상태에서는 상용전원에 따라 켜지고 상용전원이 정전되는 경우에는 비상전원으로 자동전환되어 켜지는 등을 말한다.
> ② "피난구유도등"이란 피난구 또는 피난경로로 사용되는 출입구를 표시하여 피난을 유도하는 등을 말한다.
> ③ "통로유도등"이란 피난통로를 안내하기 위한 유도등으로 복도통로유도등, 거실통로유도등, 계단통로유도등을 말한다.
> ④ "복도통로유도등"이란 피난통로가 되는 복도에 설치하는 통로유도등으로서 피난구의 방향을 명시하는 것을 말한다.
> ⑤ "거실통로유도등"이란 거주, 집무, 작업, 집회, 오락 그 밖에 이와 유사한 목적을 위하여 계속적으로 사용하는 거실, 주차장 등 개방된 통로에 설치하는 유도등으로 피난의 방향을 명시하는 것을 말한다.
> ⑥ "계단통로유도등"이란 피난통로가 되는 계단이나 경사로에 설치하는 통로유도등으로 바닥면 및 디딤 바닥면을 비추는 것을 말한다
> ⑦ "객석유도등"이란 객석의 통로, 바닥 또는 벽에 설치하는 유도등을 말한다.

17 화재 시 이산화탄소를 사용하여 화재를 진압하려고 할 때 실내 이산화탄소의 농도를 35[vol%]로 하여 화재를 진압하면 공기 중의 산소의 농도는 약 몇[vol%]인가?(공기 중의 산소 농도[%]는 20%로 한다.)

① 10　　　　　　　　　　　② 11
③ 12　　　　　　　　　　　④ 13

정답　16.①　17.④

공기 중의 산소 농도
$$O_2(\%) = 20 - \left(\frac{20 \times CO_2(\%)}{100}\right)$$
$$= 20 - \left(\frac{20 \times 35}{100}\right)$$
$$= 20 - 7$$
$$= 13(\%)$$

여기서, CO_2 : 최소 소화이론농도[%], O_2 : 약제 방출로 인한 산소농도[%](공기중산소농도[%]는 20%로 한다.)

18 펌프와 발포기의 중간에 설치된 벤추리관의 벤추리작용과 펌프 가압수의 포소화약제 저장탱크에 대한 압력에 따라 포소화약제를 흡입·혼합하는 방식은?

① 프레져사이드 프로포셔너방식
② 라인 프로포셔너방식
③ 프레져 프로포셔너방식
④ 펌프 프로포셔너방식

> **포 소화약제 혼합방식**
> - "펌프 프로포셔너방식"이란 펌프의 토출관과 흡입관 사이의 배관 도중에 설치한 흡입기에 펌프에서 토출된 물의 일부를 보내고, 농도 조절밸브에서 조정된 포 소화약제의 필요량을 포 소화약제 탱크에서 펌프 흡입 측으로 보내어 이를 혼합하는 방식을 말한다.
> - "라인 프로포셔너방식"이란 펌프와 발포기의 중간에 설치된 벤추리관의 벤추리작용에 따라 포 소화약제를 흡입·혼합하는 방식을 말한다.
> - "프레져 프로포셔너방식"이란 펌프와 발포기의 중간에 설치된 벤추리관의 벤추리작용과 펌프 가압수의 포 소화약제 저장탱크에 대한 압력에 따라 포 소화약제를 흡입·혼합하는 방식을 말한다.
> - "프레져사이드 프로포셔너방식"이란 펌프의 토출관에 압입기를 설치하여 포 소화약제 압입용 펌프로 포 소화약제를 압입시켜 혼합하는 방식을 말한다.

19 이산화탄소 소화약제에 관한 설명으로 틀린 것은?

① 전기의 부도체(불량도체)이므로 전기화재에 적합하다.
② 인체의 질식이 우려된다.
③ 소화약제의 방출시 소리가 거의 없으므로 주의를 요한다.
④ 장기간 저장하여도 변질·부패 또는 분해를 일으키지 않는다.

정답 18.③ 19.③

이산화탄소의 특성
① 무색, 무취, 무독성의 기체로 소화 후 잔유물이 없고 증거보존 및 화재조사가 용이하다.
② 불연성이며 공기보다 약 1.52배 무겁다.
③ 약제의 변질이 없어 영구보존이 가능하다.
④ 유류화재(B급)에 적합하고, 전기의 부도체이므로 전기화재(C급)에도 적합하다.
⑤ 임계온도가 높아 액체 상태로 저장·취급한다.(임계온도 : 31.25[℃])
⑥ 고압의 자체 압력을 가지고 있으므로 다른 압력원이 필요 없다.
⑦ 방사 시 운무현상이 발생한다.(고체탄산=드라이아이스)
⑧ 방사 시 소음이 크다.(고압)
⑨ 동상의 우려가 있다.
⑩ 산소 농도 저하에 따른 질식의 우려가 있다.
⑪ 지하층, 무창층, 거실로서 바닥면적 20[m²] 미만인 장소는 설치 제외 장소이다.

20 할론가스 45[kg]과 함께 기동가스로 질소(N_2) 2[kg]을 충전하였다. 이 때 질소(N_2)의 몰분율은 약 얼마인가?(단, 질소(N)의 원자량은 14, 할론가스의 분자량은 149이다.)

① 0.19
② 0.24
③ 0.31
④ 0.39

- 몰분율 = $\dfrac{어떤 성분의 몰수}{전체 성분의 몰수}$
- 할론가스의 몰수 = $\dfrac{질량[kg]}{분자량[kg/mol]} = \dfrac{45[kg]}{149[kg/mol]} = 0.30몰$
- 질소가스의 몰수 = $\dfrac{질량[kg]}{분자량[kg/mol]} = \dfrac{2[kg]}{28[kg/mol]} = 0.07몰$
- 몰분율 = $\dfrac{0.07}{0.3+0.07} = 0.19$

정답 20.①

[2과목] 소방전기일반

21 그림과 같은 논리회로의 출력 Y는?

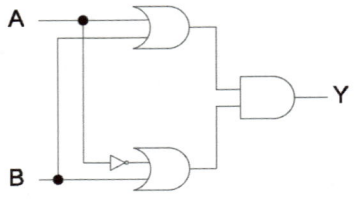

① AB   ② A+B   ③ A   ④ B

1) 단순히 식을 정리한다.
   $(A+B)(\overline{A}+B)$
2) 식을 풀어 계산하면 아래와 같다.
   $A\overline{A}+AB+B\overline{A}+BB$
   $= AB+B+B\overline{A}$
   $= B(A+1)+B\overline{A}$
   $= B(1+\overline{A})$
   $= B$

22 어떤 측정계기의 지시값을 M, 참값을 T라 할 때 보정률(%)은?

① $\dfrac{T-M}{M} \times 100\%$ ② $\dfrac{M-T}{T} \times 100\%$

③ $\dfrac{T-M}{T} \times 100\%$ ④ $\dfrac{M-T}{M} \times 100\%$

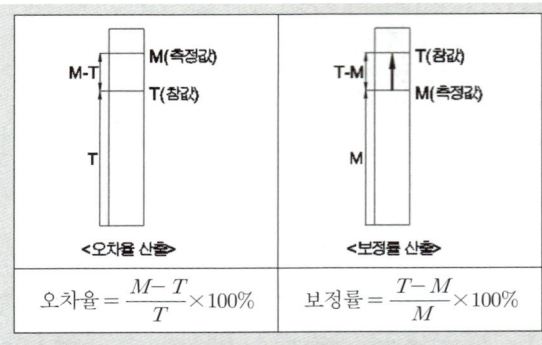

보정률을 측정값에 곱하여 보정량을 산출할 수 있다.

정답 21.④ 22.①

23 유도전동기의 슬립이 5.6%이고 회전자 속도가 1700[rpm]일 때, 이 유도전동기의 동기속도는 약 몇 [rpm] 인가?

① 1000
② 1200
③ 1500
④ 1800

$$N_S = \frac{N}{1-s}, \ N_S = \frac{1700}{1-0.056} \fallingdotseq 1800[rpm]$$

24 회로에서 a, b 간의 합성저항(Ω)은? (단, $R_y = 6\,\Omega$, $R_d = 9\,\Omega$ 이다.)

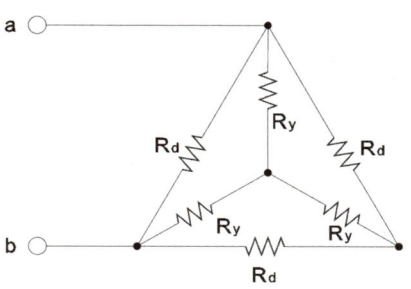

① 3
② 4
③ 5
④ 6

1) △→Y 변환

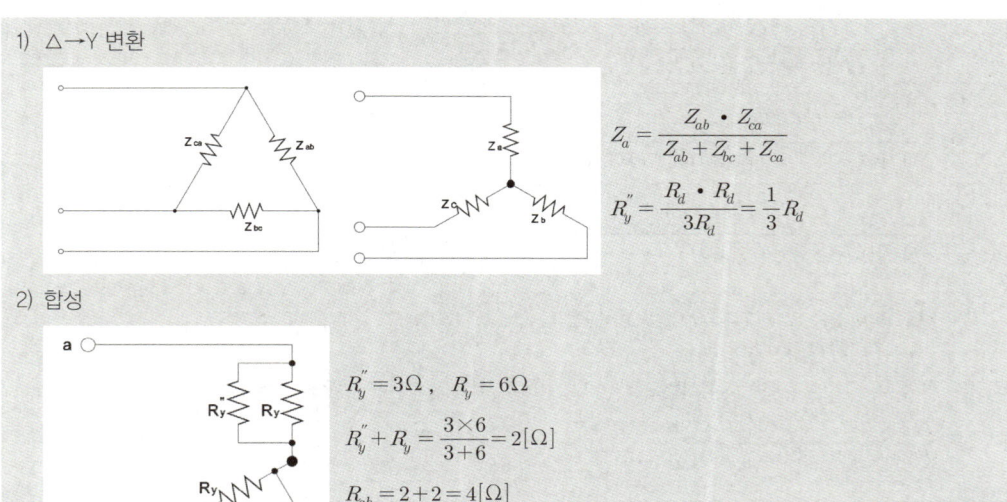

$$Z_a = \frac{Z_{ab} \cdot Z_{ca}}{Z_{ab} + Z_{bc} + Z_{ca}}$$

$$R_y'' = \frac{R_d \cdot R_d}{3R_d} = \frac{1}{3}R_d$$

2) 합성

$$R_y'' = 3\Omega, \ R_y = 6\Omega$$

$$R_y'' + R_y = \frac{3\times 6}{3+6} = 2[\Omega]$$

$$R_{ab} = 2+2 = 4[\Omega]$$

정답 23.④ 24.②

25 SCR를 턴온시킨 후 게이트 전류를 0으로 하여도 온(ON)상태를 유지하기 위한 최소의 애노드 전류를 무엇이라 하는가?

① 래칭전류
② 스텐드온전류
③ 최대전류
④ 순시전류

'래칭 전류'라고 한다.
→ Latch는 자물쇠를 의미한다. 이를 떠올리면 SCR을 Turn On 이후 게이트 전류를 0으로 하여도 이를 유지하기 위한 최소의 애노드 전류이다.

26 블록선도의 전달함수 $\dfrac{C(s)}{R(s)}$ 는?

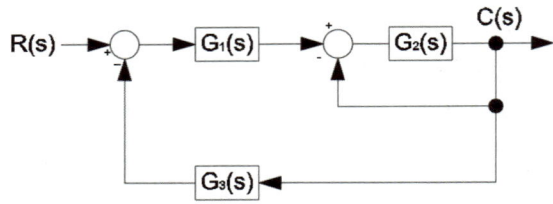

① $\dfrac{G_1(s)G_2(s)}{1+G_1(s)G_2(s)G_3(s)}$

② $\dfrac{G_1(s)G_2(s)}{1+G_1(s)+G_2(s)G_3(s)}$

③ $\dfrac{G_1(s)G_2(s)}{1+G_2(s)+G_1(s)G_2(s)G_3(s)}$

④ $\dfrac{G_1(s)G_2(s)}{1+G_3(s)+G_1(s)G_2(s)G_3(s)}$

$C(s) = R(s)G_1(s)G_2(s) - C(s)G_2(s)$
$\qquad\ \ C(s)G_3(s)G_1(s)G_2(s)$

위 식을 $C(s)$를 가진 항을 좌변으로 넘기고, $R(s)$를 그대로 두고 묶는다. 전달함수로 변환한다.

$\dfrac{C(s)}{R(s)} = \dfrac{G_1(s)G_2(s)}{1+G_2(s)+G_1(s)G_2(s)G_3(s)}$

정답   25.① 26.③

27 진공 중 대전된 도체의 표면에 면전하밀도 σ (C/m²)가 균일하게 분포되어 있을 때, 이 도체 표면에서의 전계의 세기 E(V/m)는? (단, ε_0는 진공의 유전율이다.)

① $E = \dfrac{\sigma}{\varepsilon_0}$ ② $E = \dfrac{\sigma}{2\varepsilon_0}$ ③ $E = \dfrac{\sigma}{2\pi\varepsilon_0}$ ④ $E = \dfrac{\sigma}{4\pi\varepsilon_0}$

1) 전하의 밀도를 산출할 때 기본은 아래와 같다. $D = E\varepsilon$이를 기반으로 볼 때 $\varepsilon_s = 1$일 때 D는 σ로 본다.
2) 도체는 한 면에서만 작용한다.

28 어떤 회로에 $V(t) = 120\sin\omega t$의 전압을 가하니 $I(t) = 12\sin(\omega t - 30°)$의 전류가 흘렀다. 이 회로의 소비전력(유효 전력)은 약 몇 [W]인가?

① 481 ② 624 ③ 523 ④ 638

1) sin → cos전환이를 위해선 $\sin 90° = \cos 0° = 1$을 활용한다.
   $V(t) = 120\cos(\omega t - 90°)$, $I(t) = 12\cos(\omega t - 120°)$
2) $P = VI\cos\theta$
   $P = \dfrac{120}{\sqrt{2}} \dfrac{12}{\sqrt{2}} \cos(-90 + 120)$
   $P = \dfrac{120}{\sqrt{2}} \dfrac{12}{\sqrt{2}} \cos 30° = 623.538 ≒ 624[W]$

29 평행한 두 도선 사이의 거리가 r이고, 각 도선에 흐르는 전류에 의해 두 도선 간의 작용력이 F_1일 때, 두 도선 사이의 거리를 2r로 하면 두 도선 간의 작용력 F_2는?

① $F_2 = \dfrac{1}{2}F_1$ ② $F_2 = \dfrac{1}{4}F_1$ ③ $F_2 = 2F_1$ ④ $F_2 = 4F_1$

1) 평행 도체에 작용하는 힘의 크기
   $F = \dfrac{\mu_0 I_1 I_2}{2\pi r}$ (r : 간격, I_1, I_2 : 각각의 도선의 전류)
   (μ_0 : 진공투자율, $4\pi \times 10^{-7}[H/m]$)
2) 힘의 크기 비교
   $F = \dfrac{\mu_0 I_1 I_2}{2\pi r} = \dfrac{2 I_1 I_2}{r} \times 10^{-7}$, $F \propto \dfrac{1}{r}$
   $\dfrac{F_2}{F_1} = \dfrac{1/2r}{1/r} = \dfrac{1}{2}$, $F_2 = \dfrac{1}{2}F_1$

정답 27.① 28.② 29.①

30 공기 중에 40[μC]과 30[μC]인 두 개의 점전하를 1m 간격으로 놓았을 때 발생되는 정전기력은 몇 N인가?

① 10.2　　② 10.8　　③ 20.4　　④ 30.0

1) $F = \dfrac{Q_1 Q_2}{4\pi\varepsilon r^2}$ (쿨롱의 법칙)
→ $4\pi\varepsilon r^2$을 '사파이어'로 기억하자.
2) $F = \dfrac{(40\times 10^{-6})(30\times 10^{-6})}{4\pi\times(8.855\times 10^{-12})\times(1)^2} = 10.784 ≒ 10.8[N]$

31 정전용량이 0.01[μF]인 커패시터 2개와 정전용량이 0.02[μF]인 커패시터 1개를 모두 병렬로 접속하여 24V의 전압을 가하였다. 이 병렬 회로의 합성 정전 용량[μF]과 0.01[μF]의 커패시터에 축적되는 전하량(C)은?

① 0.04, 0.12×10⁻⁶　　② 0.04, 0.24×10⁻⁶
③ 0.03, 0.12×10⁻⁶　　④ 0.03, 0.24×10⁻⁶

1) 콘덴서의 병렬 접속

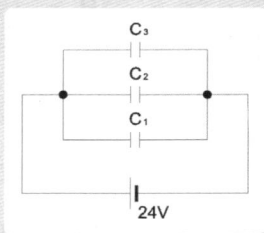

$C_t = C_1 + C_2 + C_3 = 0.01 + 0.01 + 0.02 = 0.04[\mu F]$

2) 전하량
$Q = CV$, $Q_{0.01} = (0.01\times 10^{-6})\times 24$

32 동기발전기의 병렬운전 조건으로 틀린 것은?

① 기전력의 크기가 같을 것　　② 기전력의 위상이 같을 것
③ 기전력의 주파수가 같을 것　　④ 극수가 같을 것

동기 발전기의 병렬 운전 조건은 아래를 참고하여 암기!
$\underline{V(t)} = \underline{\pm}\ \underline{V_m}\ \underline{\sin}\ \underline{(2\pi ft}\ \underline{+\ \theta)}$
　　　방향　크기　파형　주파수　　위상

정답 30.② 31.② 32.④

33 테브난의 정리를 이용하여 그림 (a)의 회로를 그림 (b)와 같은 등가회로로 만들고자 할 때 $V_{th}[V]$ 와 $R_{th}[\Omega]$은?

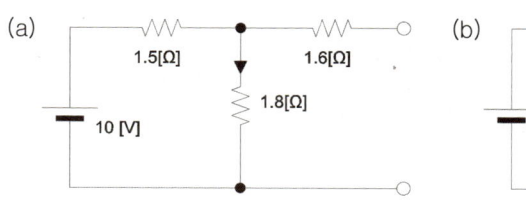

① $5.35[V], 2.62[\Omega]$ ② $5.45[V], 2.42[\Omega]$
③ $5.45[V], 2.62[\Omega]$ ④ $5.35[V], 2.42[\Omega]$

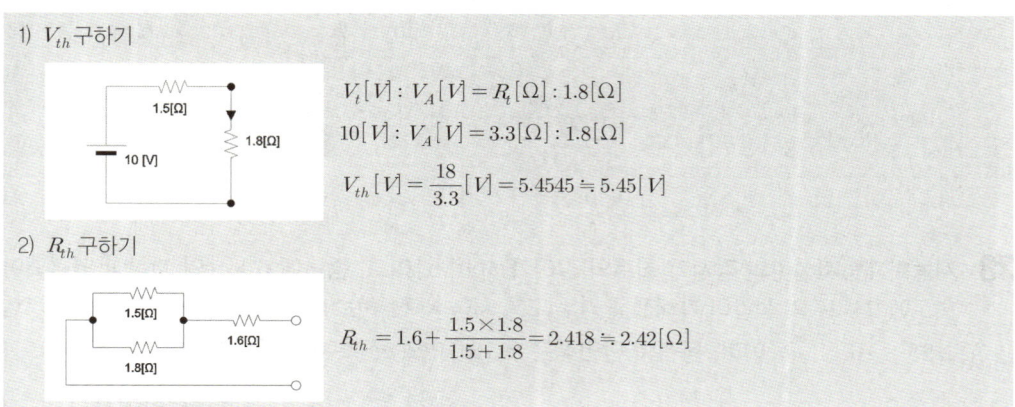

1) V_{th} 구하기

$V_t[V] : V_A[V] = R_t[\Omega] : 1.8[\Omega]$
$10[V] : V_A[V] = 3.3[\Omega] : 1.8[\Omega]$
$V_{th}[V] = \dfrac{18}{3.3}[V] = 5.4545 ≒ 5.45[V]$

2) R_{th} 구하기

$R_{th} = 1.6 + \dfrac{1.5 \times 1.8}{1.5 + 1.8} = 2.418 ≒ 2.42[\Omega]$

34 반지름 20cm, 권수 50회인 원형코일에 2A의 전류를 흘려주었을 때 코일 중심에서 자계(자기장)의 세기[AT/m]는?

① 70   ② 100   ③ 125   ④ 250

$H = \dfrac{NI}{2a}[AT/m]$ 원형 코일의 중심 자계 (a: 반지름, N: 코일의 권수, H: 자계의 세기[AT/m])

$H = \dfrac{50 \times 2}{2 \times 0.2} = 250[AT/m]$

35 다음 소자 중에서 온도 보상용으로 쓰이는 것은?

① 서미스터   ② 바리스터   ③ 제너다이오드   ④ 터널다이오드

서미스터(Thermistor)가 가장 많이 나온다. 기출에 나온 정도만 숙지하도록 하자.

정답 33.② 34.④ 35.①

36 변위를 압력으로 변환하는 장치로 옳은 것은?

① 다이어프램   ② 가변 저항기   ③ 벨로우즈   ④ 노즐 플래퍼

> 변위는 '위치의 변화'를 의미한다. 위치가 변함에 따라서 압력으로 전환되는 것은 노즐 플래퍼에 해당한다. 다이어프램, 벨로우즈, 신축이음은 압력을 변위로 변환하는 장치이다. 가변 저항기는 위치의 변화에 따라 저항값이 변하므로 변위가 임피던스로 변환되는 장치이다.

37 저항 $R_1(\Omega)$, 저항 $R_2(\Omega)$, 인덕턴스 L(H)의 직렬회로가 있다. 이 회로의 시정수(s)는?

① $-\dfrac{R_1+R_2}{L}$ ② $\dfrac{R_1+R_2}{L}$ ③ $\dfrac{-L}{R_1+R_2}$ ④ $\dfrac{L}{R_1+R_2}$

> $i(t)=\dfrac{E}{R_1+R_2}(1-e^{-\frac{R_1+R_2}{L}t})$, 특성근 $p=-\dfrac{R_1+R_2}{L}$, 시정수 $\tau=\dfrac{L}{R_1+R_2}$

38 자동화재탐지설비의 감지기 회로의 길이가 $500[m]$이고, 종단에 $5[k\Omega]$의 저항이 연결되어 있는 회로에 $24[V]$의 전압이 가해졌을 경우 도통 시험 시 전류는 약 몇 $[mA]$인가? (단, 동선의 저항률은 $1.25\times 10^{-8}\,\Omega m$이며, 동선의 단면적은 $2.5\,mm^2$이고, 접촉저항 등은 없다고 본다.)

① 2.4   ② 3.0   ③ 4.8   ④ 6.0

> 1) 도통 시험 전류
> $I=\dfrac{V}{R_1+R_2}$ (R_1 : 종단 저항, R_2 : 배선저항)
> 2) 배선 저항을 산출 후 계산
> $R_2=\rho\dfrac{l}{A}=1.25\times 10^{-8}\times \dfrac{500}{2.5\times 10^{-6}}=2.5[\Omega]$
> $I=\dfrac{24}{5000+2.5}=4.7976\times 10^{-3}\fallingdotseq 4.8[mA]$

39 분류기를 사용하여 내부저항이 R_A인 전류계의 배율을 9로 하기 위한 분류기의 저항 $R_S(\Omega)$은?

① $R_s=\dfrac{1}{8}R_A$ ② $R_s=\dfrac{1}{9}R_A$ ③ $R_s=8R_A$ ④ $R_s=9R_A$

> $m=1+\dfrac{R_A}{R_S}$, $(9-1)R_s=R_A$ $R_s=\dfrac{1}{8}R_A$

정답   36.④ 37.④ 38.③ 39.①

40 변위를 전압으로 변환시키는 장치를 고른 것은?

① 전위차계
② 정온식 감지선형 감지기
③ 광전지
④ 유압 분사관

1) 전위차계(potentiometer)란, 바늘 또는 다이얼을 돌려 전압값을 변경한다.
2) 차동 변압기(differential transformer)란, 감은 정도에 따라 전압의 크기가 달라진다.
3) 광전지는 빛을 전압으로 전환하고, 정온식 감지선형 감지기는 온도를 임피던스로 전환한다.
4) 유압 분사관은 변위를 압력으로 전환한다.

【3과목】 소방관계법규

41 「소방기본법 시행규칙」상 원활한 소방활동을 위하여 실시하는 소방용수시설 및 지리조사에 대한 설명으로 옳지 않은 것은?

① 소방본부장 또는 소방서장은 원활한 소방활동을 위하여 소방용수시설 및 지리조사를 2개월 마다 1회 이상 실시하여야 한다.
② 소방대상물에 인접한 도로의 폭·교통상황, 도로주변의 토지의 고저·건축물의 개황에 대한 조사를 포함한다.
③ 조사결과는 전자적 처리가 불가능한 특별한 사유가 없으면 전자적 처리가 가능한 방법으로 작성·관리하여야 한다.
④ 지리조사의 결과를 2년간 보관하여야 한다.

제7조(소방용수시설 및 지리조사)
① 소방본부장 또는 소방서장은 원활한 소방활동을 위하여 다음 각호의 조사를 **월 1회 이상** 실시하여야 한다.
  1. 법 제10조의 규정에 의하여 설치된 소방용수시설에 대한 조사
  2. **소방대상물에 인접한 도로의 폭·교통상황, 도로주변의 토지의 고저·건축물의 개황** 그 밖의 소방활동에 필요한 지리에 대한 조사
② 제1항의 조사결과는 전자적 처리가 불가능한 특별한 사유가 없으면 **전자적 처리가 가능한 방법**으로 작성·관리 하여야 한다.
③ 제1항 제1호의 조사는 별지 제2호 서식에 의하고, 제1항 제2호의 조사는 별지 제3호서식에 의하되, 그 조사결과를 **2년간 보관**하여야 한다.

정답 40.① 41.①

42 「소방기본법 시행규칙」상 소방차 전용구역의 설치 방법으로 옳지 않은 것은?

① 전용구역 노면표지의 외곽선은 빗금무늬로 표시한다.
② 빗금은 두께를 30센티미터로 하여 50센티미터 간격으로 표시한다.
③ 전용구역 노면표지 도료의 색채는 황색을 기본으로 한다.
④ 문자(P, 소방차 전용)는 적색으로 표시한다.

> 소방차 전용구역의 설치 방법 (소방기본법 시행령 [별표 2의5])
> ■ 비고
> 1. 전용구역 노면표지의 외곽선은 빗금무늬로 표시하되, 빗금은 두께를 30센티미터로 하여 50센티미터 간격으로 표시한다.
> 2. 전용구역 노면표지 도료의 색채는 황색을 기본으로 하되, 문자(P, 소방차 전용)는 백색으로 표시한다.

43 「소방기본법」상 공장·창고가 밀집한 지역에서 화재로 오인할 만한 우려가 있는 불을 피우거나 연막 소독을 하려는 자는 신고하여야 한다. 이 경우 신고를 하지 아니하여 소방자동차를 출동하게 한 자에게 부과하는 과태료의 부과·징수권자로 옳은 것은?

① 시·도지사
② 소방본부장 또는 소방서장
③ 시·도지사, 소방본부장 또는 소방서장
④ 소방청장

> 소방기본법 제57조(과태료)
> ① 제19조 제2항에 따른 신고를 하지 아니하여 소방자동차를 출동하게 한 자에게는 20만원 이하의 과태료를 부과한다.
> ② 제1항에 따른 과태료는 조례로 정하는 바에 따라 관할 소방본부장 또는 소방서장이 부과·징수한다.

44 「소방기본법 시행규칙」상 소방용수시설 및 비상소화장치의 설치기준으로 옳지 않은 것은?

① 소방청장은 설치된 소방용수시설에 대하여 소방용수표지를 보기 쉬운 곳에 설치하여야 한다.
② 비상소화장치는 비상소화장치함, 소화전, 소방호스, 관창을 포함하여 구성한다.
③ 소방호스 및 관창은 소방청장이 정하여 고시하는 형식승인 및 제품검사의 기술기준에 적합한 것으로 설치한다.
④ 비상소화장치의 설치기준에 관한 세부 사항은 소방청장이 정한다.

정답 42.④ 43.② 44.①

소방기본법 시행규칙 제6조(소방용수시설 및 비상소화장치의 설치기준)
① 특별시장·광역시장·특별자치시장·도지사 또는 특별자치도지사(이하 "시·도지사"라 한다)는 법 제10조 제1항의 규정에 의하여 설치된 소방용수시설에 대하여 별표 2의 소방용수표지를 보기 쉬운 곳에 설치하여야 한다.
③ 법 제10조 제2항에 따른 비상소화장치의 설치기준은 다음 각 호와 같다.
  1. 비상소화장치는 **비상소화장치함, 소화전, 소방호스**(소화전의 방수구에 연결하여 소화용수를 방수하기 위한 도관으로서 호스와 연결금속구로 구성되어 있는 소방용릴호스 또는 소방용고무내장호스를 말한다), **관창**(소방호스용 연결금속구 또는 중간연결금속구 등의 끝에 연결하여 소화용수를 방수하기 위한 나사식 또는 차입식 토출기구를 말한다)을 포함하여 구성할 것
  2. **소방호스 및 관창**은 「소방시설 설치 및 관리에 관한 법률」 제37조 제5항에 따라 소방청장이 정하여 고시하는 **형식승인 및 제품검사의 기술기준에 적합**한 것으로 설치할 것
  3. 비상소화장치함은 「소방시설 설치 및 관리에 관한 법률」 제40조 제4항에 따라 소방청장이 정하여 고시하는 성능인증 및 제품검사의 기술기준에 적합한 것으로 설치할 것
④ 제3항에서 규정한 사항 외에 비상소화장치의 설치기준에 관한 세부 사항은 **소방청장**이 정한다.

45 「소방시설공사업법 시행령」상 소화활동설비의 감리를 위하여 감리업자를 공사감리자로 지정하여야 하는 경우에 해당하지 않는 것은?

① 무선통신보조설비를 신설 또는 개설할 때
② 비상콘센트설비를 신설·개설하거나 전용회로를 증설할 때
③ 연결송수관설비를 신설 또는 증설하거나 송수구역을 증설할 때
④ 제연설비를 신설·개설하거나 제연구역을 증설할 때

소방시설공사업법 시행령 제10조(공사감리자 지정대상 특정소방대상물의 범위)
② 법 제17조 제1항에서 "자동화재탐지설비, 옥내소화전설비 등 대통령령으로 정하는 소방시설을 시공할 때"란 다음 각 호의 어느 하나에 해당하는 소방시설을 시공할 때를 말한다.
  1. 옥내소화전설비를 신설·개설 또는 증설할 때
  2. 스프링클러설비등(캐비닛형 간이스프링클러설비는 제외한다)을 신설·개설하거나 방호·방수 구역을 증설할 때
  3. 물분무등소화설비(호스릴 방식의 소화설비는 제외한다)를 신설·개설하거나 방호·방수 구역을 증설할 때
  4. 옥외소화전설비를 신설·개설 또는 증설할 때
  5. 자동화재탐지설비를 신설 또는 개설할 때
  5의2. 비상방송설비를 신설 또는 개설할 때
  6. 통합감시시설을 신설 또는 개설할 때
  7. 소화용수설비를 신설 또는 개설할 때
  8. 다음 각 목에 따른 **소화활동설비**에 대하여 각 목에 따른 시공을 할 때
    가. 제연설비를 신설·개설하거나 제연구역을 증설할 때
    나. 연결송수관설비를 신설 또는 개설할 때
    다. 연결살수설비를 신설·개설하거나 송수구역을 증설할 때
    라. 비상콘센트설비를 신설·개설하거나 전용회로를 증설할 때
    마. 무선통신보조설비를 신설 또는 개설할 때
    바. 연소방지설비를 신설·개설하거나 살수구역을 증설할 때

정답 45. ③

46 「소방시설공사업법 시행령」상 하도급계약 자료의 공개에 관한 설명이다. ( )에 알맞은 것은?

- 소방시설공사등의 하도급계약 자료의 공개대상 계약규모는 하도급계약금액이 (ㄱ) 이상인 경우로 한다.
- 소방시설공사등의 하도급계약 자료의 공개는 하도급에 관한 사항을 통보받은 날부터 (ㄴ) 일 이내에 해당 소방시설공사등을 발주한 기관의 인터넷 홈페이지에 게재하는 방법으로 하여야 한다.

	ㄱ	ㄴ		ㄱ	ㄴ
①	1천만원	30	②	1천만원	15
③	2천만원	30	④	1천만원	15

> **소방시설공사업법 시행령 제12조의5(하도급계약 자료의 공개)**
> ② 법 제22조의4 제1항에 따른 소방시설공사등의 하도급계약 자료의 공개는 법 제21조의3 제4항에 따라 하도급에 관한 사항을 통보받은 날부터 **30일 이내**에 해당 소방시설공사등을 발주한 기관의 인터넷 홈페이지에 게재하는 방법으로 하여야 한다.
> ③ 법 제22조의4 제1항에 따른 소방시설공사등의 하도급계약 자료의 공개대상 계약규모는 하도급계약금액[하수급인의 하도급금액 산출내역서의 계약단가(직접·간접 노무비, 재료비 및 경비를 포함한다)를 기준으로 산출한 금액에 일반관리비, 이윤 및 부가가치세를 포함한 금액을 말하며, 수급인이 하수급인에게 직접 지급하는 자재의 비용 등 관계 법령에 따라 수급인이 부담하는 금액은 제외한다]이 **1천만원 이상**인 경우로 한다.

47 「소방시설공사업법」상 감독에 대한 설명으로 옳지 않은 것은?

① 소방청장은 소방시설업의 감독을 위하여 필요할 때에는 관계 공무원으로 하여금 소방시설업체나 특정소방대상물에 출입하여 관계 서류와 시설 등을 검사하거나 소방시설업자 및 관계인에게 질문하게 할 수 있다.
② 소방청장은 소방청장의 업무를 위탁받은 실무교육기관 또는 한국소방안전원, 협회, 법인 또는 단체에 필요한 보고나 자료 제출을 명할 수 있다.
③ 출입·검사를 하는 관계 공무원은 그 권한을 표시하는 증표를 지니고 이를 관계인에게 보여주어야 한다.
④ 출입·검사업무를 수행하는 관계 공무원은 관계인의 정당한 업무를 방해하거나 출입·검사업무를 수행하면서 알게 된 비밀을 다른 자에게 누설하여서는 아니 된다.

> **소방시설공사업법 제31조(감독)**
> ① **시·도지사, 소방본부장 또는 소방서장**은 소방시설업의 감독을 위하여 필요할 때에는 소방시설업자나 관계인에게 필요한 보고나 자료 제출을 명할 수 있고, 관계 공무원으로 하여금 소방시설업체나 특정소방대상물에 출입하여 관계 서류와 시설 등을 검사하거나 소방시설업자 및 관계인에게 질문하게 할 수 있다.

정답 46.① 47.①

② <u>소방청장</u>은 제33조 제2항부터 제4항까지의 규정에 따라 소방청장의 업무를 위탁받은 제29조 제3항에 따른 실무교육기관(이하 "실무교육기관"이라 한다) 또는 「소방기본법」 제40조에 따른 한국소방안전원, 협회, 법인 또는 단체에 필요한 보고나 자료 제출을 명할 수 있고, 관계 공무원으로 하여금 실무교육기관, 한국소방안전원, 협회, 법인 또는 단체의 사무실에 출입하여 관계 서류 등을 검사하거나 관계인에게 질문하게 할 수 있다.
③ 제1항과 제2항에 따라 출입·검사를 하는 관계 공무원은 그 <u>권한을 표시하는 증표</u>를 지니고 이를 관계인에게 보여주어야 한다.
④ 제1항과 제2항에 따라 출입·검사업무를 수행하는 관계 공무원은 관계인의 정당한 업무를 방해하거나 출입·검사업무를 수행하면서 알게 된 비밀을 다른 자에게 누설하여서는 아니 된다.

48 「소방시설공사업법」상 소방시설별 하자보수 보증기간이 2년인 것을 바르게 묶은 것은?

① 자동소화장치, 옥내소화전설비, 스프링클러설비
② 피난기구, 유도등, 자동화재탐지설비
③ 옥내소화전설비, 스프링클러설비, 무선통신보조설비
④ 비상경보설비, 비상조명등, 비상방송설비

소방시설공사업법 제6조(하자보수 대상 소방시설과 하자보수 보증기간)
법 제15조 제1항에 따라 하자를 보수하여야 하는 소방시설과 소방시설별 하자보수 보증기간은 다음 각 호의 구분과 같다.
1. 피난기구, 유도등, 유도표지, 비상경보설비, 비상조명등, 비상방송설비 및 무선통신보조설비 : <u>2년</u>
2. 자동소화장치, 옥내소화전설비, 스프링클러설비, 간이스프링클러설비, 물분무등소화설비, 옥외소화전설비, 자동화재탐지설비, 상수도소화용수설비 및 소화활동설비(무선통신보조설비는 제외한다) : <u>3년</u>

49 「화재의 예방 및 안전관리에 관한 법률 시행령」상 소방안전 특별관리시설물에 해당하지 않는 것은?

① 수용인원 1천명 이상인 영화상영관
② 점포가 300개 이상인 전통시장
③ 연면적 10만제곱미터 이상인 물류창고
④ 전력용 및 통신용 지하구

② (×) 「전통시장 및 상점가 육성을 위한 특별법」 제2조 제1호의 전통시장(* 자연발생적으로 또는 사회적·경제적 필요에 의하여 조성되고, 상품이나 용역의 거래가 상호신뢰에 기초하여 주로 전통적 방식으로 이루어지는 장소)으로서 대통령령으로 정하는 <u>전통시장</u>(* <u>점포가 500개 이상</u>)

정답 48.④ 49.②

50 「화재의 예방 및 안전관리에 관한 법률」및 같은 법 시행령, 시행규칙상 통계의 작성 및 관리에 대한 설명으로 옳지 않은 것은?

① 소방청장은 화재의 예방 및 안전관리에 관한 통계를 3년마다 작성·관리하여야 한다.
② 소방청장은 통계를 체계적으로 작성·관리하고 분석하기 위하여 전산시스템을 구축·운영할 수 있으며, 빅데이터를 활용하여 화재발생 동향 분석 및 전망 등을 할 수 있다.
③ 소방청장은 통계자료를 작성·관리하기 위하여 관계 중앙행정기관의 장, 지방자치단체의 장, 공공기관의 장 또는 관계인 등에게 필요한 자료와 정보의 제공을 요청할 수 있다.
④ 소방청장은 한국소방안전원으로 하여금 통계자료의 작성·관리에 관한 업무를 수행하게 할 수 있다.

> 화재예방법 제6조(통계의 작성 및 관리)
> ① 소방청장은 화재의 예방 및 안전관리에 관한 통계를 **매년** 작성·관리하여야 한다.
> ② **소방청장**은 제1항의 통계자료를 작성·관리하기 위하여 **관계 중앙행정기관의 장, 지방자치단체의 장, 공공기관의 장 또는 관계인 등에게** 필요한 자료와 정보의 제공을 요청할 수 있다. 이 경우 자료와 정보의 제공을 요청받은 자는 특별한 사정이 없으면 이에 따라야 한다.
>
> 시행령 제6조(통계의 작성·관리)
> ③ 소방청장은 제2항에 따른 전산시스템을 구축·운영하는 경우 **빅데이터**(대용량의 정형 또는 비정형의 데이터 세트를 말한다. 이하 같다)**를 활용**하여 화재발생 동향 분석 및 전망 등을 할 수 있다.
>
> 시행규칙 제3조(통계의 작성·관리)
> 소방청장은 법 제6조 제3항에 따라 다음 각 호의 기관으로 하여금 통계자료의 작성·관리에 관한 업무를 수행하게 할 수 있다.
> 1. 「소방기본법」 제40조 제1항에 따라 설립된 **한국소방안전원**
> 2. 「정부출연연구기관 등의 설립·운영 및 육성에 관한 법률」 제8조에 따라 설립된 정부출연연구기관
> 3. 「통계법」 제15조에 따라 지정된 통계작성지정기관

51 「화재의 예방 및 안전관리에 관한 법률 시행령」상 옮긴 물건 등의 보관기간 및 보관기간 경과 후 처리에 관한 내용으로 옳은 것은?

① 소방관서장은 옮긴 물건 등을 보관하는 경우에는 그날부터 10일 동안 해당 소방관서의 인터넷 홈페이지에 그 사실을 공고해야 한다.
② 옮긴 물건 등의 보관기간은 공고기간의 종료일 다음 날부터 7일까지로 한다.
③ 소방관서장은 보관기간이 종료된 때에는 보관하고 있는 옮긴 물건 등을 매각할 수 있다.
④ 보관하고 있는 옮긴 물건 등이 부패·파손 또는 이와 유사한 사유로 정해진 용도로 계속 사용할 수 없는 경우에는 폐기해야 한다.

정답 50.① 51.②

> **화재예방법 시행령 제17조(옮긴 물건 등의 보관기간 및 보관기간 경과 후 처리)**
> ① 소방관서장은 법 제17조 제2항 각 호 외의 부분 단서에 따라 옮긴 물건 등(이하 "옮긴물건등"이라 한다)을 보관하는 경우에는 그날부터 **14일** 동안 해당 소방관서의 **인터넷 홈페이지에 그 사실을 공고**해야 한다.
> ② 옮긴물건등의 보관기간은 제1항에 따른 **공고기간의 종료일 다음 날부터 7일**까지로 한다.
> ③ 소방관서장은 제2항에 따른 보관기간이 종료된 때에는 보관하고 있는 옮긴물건등을 **매각해야 한다.** 다만, 보관하고 있는 옮긴물건등이 부패·파손 또는 이와 유사한 사유로 정해진 용도로 계속 사용할 수 없는 경우에는 **폐기할 수 있다.**
> ④ 소방관서장은 보관하던 옮긴물건등을 제3항 본문에 따라 매각한 경우에는 지체 없이 「국가재정법」에 따라 세입 조치를 해야 한다.
> ⑤ 소방관서장은 제3항에 따라 매각되거나 폐기된 옮긴물건등의 소유자가 보상을 요구하는 경우에는 보상금액에 대하여 소유자와의 협의를 거쳐 이를 보상해야 한다.

52 「화재의 예방 및 안전관리에 관한 법률 시행령」제28조에 따른 소방안전관리 업무의 대행 대상 및 업무에 대하여 옳지 않은 것은?

① 지상층의 층수가 11층 이상인 1급 소방안전관리대상물(연면적 1만5천제곱미터 이상인 특정소방대상물과 아파트는 제외)은 대행 대상이 될 수 있다.
② 3급 소방안전관리대상물은 대행 대상이 될 수 있다.
③ 피난시설, 방화구획 및 방화시설의 관리는 대행 업무가 될 수 있다.
④ 소방훈련 및 교육은 대행 업무가 될 수 있다.

> **화재예방법 시행령 제28조(소방안전관리 업무의 대행 대상 및 업무)**
> ① 법 제25조 제1항 전단에서 "대통령령으로 정하는 소방안전관리대상물"이란 다음 각 호의 소방안전관리대상물을 말한다.
> 1. 별표 4 제2호 가목3)에 따른 **지상층의 층수가 11층 이상인 1급 소방안전관리대상물**(연면적 1만5천제곱미터 이상인 특정소방대상물과 아파트는 제외)한다)
> 2. 별표 4 제3호에 따른 **2급** 소방안전관리대상물
> 3. 별표 4 제4호에 따른 **3급** 소방안전관리대상물
> ② 법 제25조 제1항 전단에서 "대통령령으로 정하는 업무"란 다음 각 호의 업무를 말한다.
> 1. 법 제24조 제5항 제3호에 따른 **피난시설, 방화구획 및 방화시설의 관리**
> 2. 법 제24조 제5항 제4호에 따른 **소방시설이나 그 밖의 소방 관련 시설의 관리**

53 「소방시설의 설치 및 관리에 관한 법률 시행령」상 정수장, 수영장, 목욕장과 같이 화재안전기준을 적용하기 어려운 특정소방대상물에 대하여 설치하지 않을 수 있는 소방시설은?

① 연결송수관설비 ② 자동화재탐지설비
③ 옥외소화전 ④ 비상경보설비

정답 52.④ 53.②

소방시설을 설치하지 않을 수 있는 특정소방대상물 및 소방시설의 범위 (소방시설법 시행령 [별표 6])

구분	특정소방대상물	설치하지 않을 수 있는 소방시설
1. 화재 위험도가 낮은 특정소방대상물	석재, 불연성금속, 불연성 건축재료 등의 가공공장·기계조립공장 또는 불연성 물품을 저장하는 창고	옥외소화전 및 연결살수설비
2. 화재안전기준을 적용하기 어려운 특정소방대상물	펄프공장의 작업장, 음료수 공장의 세정 또는 충전을 하는 작업장, 그 밖에 이와 비슷한 용도로 사용하는 것	스프링클러설비, 상수도소화용수설비 및 연결살수설비
	정수장, 수영장, 목욕장, 농예·축산·어류양식용 시설, 그 밖에 이와 비슷한 용도로 사용되는 것	자동화재탐지설비, 상수도소화용수설비 및 연결살수설비
3. 화재안전기준을 달리 적용해야 하는 특수한 용도 또는 구조를 가진 특정소방대상물	원자력발전소, 중·저준위방사성폐기물의 저장시설	연결송수관설비 및 연결살수설비
4. 「위험물 안전관리법」 제19조에 따른 자체소방대가 설치된 특정소방대상물	자체소방대가 설치된 제조소등에 부속된 사무실	옥내소화전설비, 소화용수설비, 연결살수설비 및 연결송수관설비

54 「소방시설의 설치 및 관리에 관한 법률」상 특정소방대상물별로 설치하여야 하는 소방시설의 정비 등에 관한 내용이다. ( ) 안에 알맞은 것은?

> 소방청장은 건축 환경 및 화재위험특성 변화사항을 효과적으로 반영할 수 있도록 소방시설 규정을 ( )에 1회 이상 정비하여야 한다.

① 6개월 ② 1년
③ 2년 ④ 3년

소방시설법 제14조(특정소방대상물별로 설치하여야 하는 소방시설의 정비 등)
① 제12조 제1항에 따라 대통령령으로 소방시설을 정할 때에는 특정소방대상물의 규모·용도·수용인원 및 이용자 특성 등을 고려하여야 한다.
② 소방청장은 건축 환경 및 화재위험특성 변화사항을 효과적으로 반영할 수 있도록 제1항에 따른 소방시설 규정을 <u>3년에 1회 이상</u> 정비하여야 한다. (이하 생략)

정답 54.④

55 「소방시설의 설치 및 관리에 관한 법률 시행령」상 피난층 및 무창층에 대한 설명으로 옳지 않은 것은?

① "피난층"이란 곧바로 지상으로 갈 수 있는 출입구가 있는 층을 말한다.
② "무창층"이란 지상층 중 개구부(건축물에서 채광·환기·통풍 또는 출입 등을 위하여 만든 창·출입구, 그 밖에 이와 비슷한 것을 말한다)의 면적의 합계가 해당 층의 바닥면적의 30분의 1 이하가 되는 층을 말한다.
③ 무창층의 개구부 요건으로 내부 또는 외부에서 쉽게 부수거나 열 수 없어야 한다.
④ 무창층의 개구부 요건으로 해당 층의 바닥면으로부터 개구부 밑부분까지의 높이가 1.2미터 이내이어야 한다.

> **소방시설법 제2조(정의)**
> 이 영에서 사용하는 용어의 뜻은 다음과 같다.
> 1. "무창층"(無窓層)이란 지상층 중 다음 각 목의 요건을 모두 갖춘 개구부(건축물에서 채광 · 환기 · 통풍 또는 출입 등을 위하여 만든 창 · 출입구, 그 밖에 이와 비슷한 것을 말한다. 이하 같다)의 면적의 합계가 해당 층의 바닥면적(「건축법 시행령」 제119조 제1항 제3호에 따라 산정된 면적을 말한다. 이하 같다)의 30분의 1 이하가 되는 층을 말한다.
>   가. 크기는 지름 50센티미터 이상의 원이 통과할 수 있을 것
>   나. 해당 층의 바닥면으로부터 개구부 밑부분까지의 높이가 1.2미터 이내일 것
>   다. 도로 또는 차량이 진입할 수 있는 빈터를 향할 것
>   라. 화재 시 건축물로부터 쉽게 피난할 수 있도록 창살이나 그 밖의 장애물이 설치되지 않을 것
>   마. 내부 또는 외부에서 쉽게 부수거나 열 수 있을 것
> 2. "피난층"이란 곧바로 지상으로 갈 수 있는 출입구가 있는 층을 말한다.

56 「소방시설의 설치 및 관리에 관한 법률 시행령」상 화재안전기준에 따라 옥내소화전설비를 설치하여야 하는 특정소방대상물에 대한 설명이다. (   ) 안에 옳은 것은? (위험물 저장 및 처리 시설 중 가스시설, 지하구 및 업무시설 중 무인변전소은 제외)

> 다음의 어느 하나에 해당하는 경우에는 모든 층
> • 연면적 (ㄱ)㎡ 이상인 것(지하가 중 터널은 제외)
> • 지하층·무창층(축사는 제외)으로서 바닥면적이 (ㄴ)㎡ 이상인 층이 있는 것
> • 층수가 4층 이상인 것 중 바닥면적이 (ㄷ)㎡ 이상인 층이 있는 것

	ㄱ	ㄴ	ㄷ		ㄱ	ㄴ	ㄷ
①	3천	600	600	②	1천5백	600	600
③	3천	600	500	④	1천5백	600	500

정답 55. ③ 56. ①

특정소방대상물의 관계인이 특정소방대상물에 설치·관리해야 하는 소방시설의 종류 (소방시설법 시행령 [별표 4])

1. 소화설비
   다. 옥내소화전설비를 설치해야 하는 특정소방대상물은 다음의 어느 하나에 해당하는 것으로 한다. 다만, 위험물 저장 및 처리 시설 중 가스시설, 지하구 및 업무시설 중 무인변전소(방재실 등에서 스프링클러설비 또는 물분무등소화설비를 원격으로 조정할 수 있는 무인변전소로 한정)은 제외한다.
   1) 다음의 어느 하나에 해당하는 경우에는 모든 층
      가) 연면적 **3천㎡** 이상인 것(지하가 중 터널은 제외)
      나) 지하층·무창층(축사는 제외)으로서 바닥면적이 **600㎡** 이상인 층이 있는 것
      다) 층수가 4층 이상인 것 중 바닥면적이 **600㎡** 이상인 층이 있는 것
   2) ~ 5) 생략

57 「위험물안전관리법」의 총칙의 내용으로 옳은 것은?

① 위험물안전관리법은 위험물의 제조·저장·취급 및 운반과 이에 따른 안전관리에 관한 사항을 규정함으로써 위험물로 인한 위해를 방지하여 공공의 안전을 확보함을 목적으로 한다.
② 지정수량이라 함은 위험물의 종류별로 위험성을 고려하여 대통령령이 정하는 수량으로서 제조소등의 설치허가 등에 있어서 최대의 기준이 되는 수량을 말한다.
③ 취급소라 함은 지정수량 이상의 위험물을 제조외의 목적으로 취급하기 위한 대통령령이 정하는 장소로서 시·도지사의 허가를 받은 장소를 말한다.
④ 국가는 지방자치단체가 위험물에 의한 사고의 예방·대비 및 대응을 위한 시책을 추진하는 데에 필요한 행정적·재정적 지원을 할 수 있다.

① (×) 위험물안전관리법 제1조(목적) 이 법은 위험물의 **저장·취급 및 운반**과 이에 따른 안전관리에 관한 사항을 규정함으로써 위험물로 인한 위해를 방지하여 공공의 안전을 확보함을 목적으로 한다.
② (×), ③ (○) 제2조(정의) ① 이 법에서 사용하는 용어의 정의는 다음과 같다.
  2. "지정수량"이라 함은 위험물의 종류별로 위험성을 고려하여 대통령령이 정하는 수량으로서 제6호의 규정에 의한 제조소등의 설치허가 등에 있어서 **최저의 기준**이 되는 수량을 말한다.
  5. "취급소"라 함은 지정수량 이상의 위험물을 제조외의 목적으로 취급하기 위한 대통령령이 정하는 장소로서 제6조 제1항의 규정에 따른 허가(註 : 시·도지사의 허가)를 받은 장소를 말한다.
④ (×) 제3조의2(국가의 책무) ② 국가는 지방자치단체가 위험물에 의한 사고의 예방·대비 및 대응을 위한 시책을 추진하는 데에 필요한 행정적·재정적 지원을 **하여야 한다.**

정답 57.③

58 「위험물안전관리법 시행규칙」상 옥내저장창고의 바닥면적을 1,000㎡ 이하로 해야 할 제4류 위험물을 모두 고르면?

| ㄱ. 특수인화물 | ㄴ. 알코올류 | ㄷ. 제1석유류 |
| ㄹ. 제2석유류 | ㅁ. 제3석유류 | ㅂ. 제4석유류 |

① ㄱ, ㄴ, ㄷ　　② ㄹ, ㅁ, ㅂ　　③ ㄱ, ㄷ, ㄹ　　④ ㄴ, ㄹ, ㅂ

> 옥내저장소의 위치·구조 및 설비의 기준 (위험물관리법 시행규칙 [별표 5])
> Ⅰ. 옥내저장소의 기준
> 　6. 하나의 저장창고의 바닥면적(2 이상의 구획된 실이 있는 경우에는 각 실의 바닥면적의 합계)은 다음 각목의 구분에 의한 <u>면적 이하</u>로 하여야 한다. 이 경우 가목의 위험물과 나목의 위험물을 같은 저장창고에 저장하는 때에는 가목의 위험물을 저장하는 것으로 보아 그에 따른 바닥면적을 적용한다.
> 　가. 다음의 위험물을 저장하는 창고 : <u>1,000㎡</u>
> 　　1) 제1류 위험물 중 아염소산염류, 염소산염류, 과염소산염류, 무기과산화물 그 밖에 지정수량이 50㎏인 위험물
> 　　2) 제3류 위험물 중 칼륨, 나트륨, 알킬알루미늄, 알킬리튬 그 밖에 지정수량이 10㎏인 위험물 및 황린
> 　　3) <u>제4류 위험물 중 특수인화물, 제1석유류 및 알코올류</u>
> 　　4) 제5류 위험물 중 유기과산화물, 질산에스테르류 그 밖에 지정수량이 10㎏인 위험물
> 　　5) 제6류 위험물
> 　나. 가목의 위험물 외의 위험물을 저장하는 창고 : 2,000㎡
> 　다. 가목의 위험물과 나목의 위험물을 내화구조의 격벽으로 완전히 구획된 실에 각각 저장하는 창고
> 　　　: 1,500㎡(가목의 위험물을 저장하는 실의 면적은 500㎡를 초과할 수 없다)

59 「위험물안전관리법 시행규칙」상 제조소의 보기 쉬운 곳에 게시판을 설치하는 기준으로 옳지 않은 것은?

① 한변의 길이가 0.3m 이상, 다른 한변의 길이가 0.6m 이상인 직사각형의 "위험물 제조소"라는 표시를 한 표지를 설치할 것
② 제4류 위험물은 "화기주의"를 표시한 게시판을 설치할 것
③ 방화에 관하여 필요한 사항을 게시한 게시판의 바탕은 백색으로, 문자는 흑색으로 할 것
④ "물기엄금"을 표시하는 것에 있어서 게시판은 청색바탕에 백색문자로 할 것

> 제조소의 위치·구조 및 설비의 기준 (위험물안전관리법 시행규칙 [별표 4])
> Ⅲ. 표지 및 게시판
> 　1. 제조소에는 보기 쉬운 곳에 다음 각목의 기준에 따라 "<u>위험물 제조소</u>"라는 표시를 한 표지를 설치하여야 한다.
> 　　가. 표지는 <u>한변의 길이가 0.3m 이상, 다른 한변의 길이가 0.6m 이상인 직사각형</u>으로 할 것
> 　　나. 표지의 바탕은 백색으로, 문자는 흑색으로 할 것

정답 58.① 59.②

2. 제조소에는 보기 쉬운 곳에 다음 각목의 기준에 따라 방화에 관하여 필요한 사항을 게시한 **게시판**을 설치하여야 한다.
   가. 게시판은 한변의 길이가 0.3m 이상, 다른 한변의 길이가 0.6m 이상인 직사각형으로 할 것
   나. 게시판에는 저장 또는 취급하는 위험물의 유별·품명 및 저장최대수량 또는 취급최대수량, 지정수량의 배수 및 안전관리자의 성명 또는 직명을 기재할 것
   다. 나목의 게시판의 **바탕은** 백색으로, **문자는** 흑색으로 할 것
   라. 나목의 게시판 외에 저장 또는 취급하는 위험물에 따라 다음의 규정에 의한 주의사항을 표시한 게시판을 설치할 것
      1) 제1류 위험물 중 알칼리금속의 과산화물과 이를 함유한 것 또는 제3류 위험물 중 금수성물질에 있어서는 "물기엄금"
      2) 제2류 위험물(인화성고체를 제외)에 있어서는 "화기주의"
      3) 제2류 위험물 중 인화성고체, 제3류 위험물 중 자연발화성물질, **제4류 위험물 또는 제5류 위험물**에 있어서는 "**화기엄금**"
   마. 라목의 게시판의 색은 "**물기엄금**"을 표시하는 것에 있어서는 **청색바탕에 백색문자**로, "화기주의" 또는 "화기엄금"을 표시하는 것에 있어서는 적색바탕에 백색문자로 할 것

60. 「위험물안전관리법 시행규칙」상 환기설비의 기준으로 옳지 않은 것은?

① 환기는 자연배기방식으로 한다.
② 급기구는 당해 급기구가 설치된 실의 바닥면적이 120㎡ 이상 150㎡ 미만인 경우 600㎠ 이상의 면적으로 한다.
③ 급기구는 낮은 곳에 설치하고 가는 눈의 구리망 등으로 인화방지망을 설치한다.
④ 환기구는 지붕위 또는 지상 3m 이상의 높이에 회전식 고정벤티레이터 또는 루프팬 방식으로 설치한다.

제조소의 위치·구조 및 설비의 기준 (위험물안전관리법 시행규칙 [별표 4])
Ⅴ. 채광·조명 및 환기설비
 1. 위험물을 취급하는 건축물에는 다음 각목의 기준에 의하여 위험물을 취급하는데 필요한 채광·조명 및 환기의 설비를 설치하여야 한다.
    다. 환기설비는 다음의 기준에 의할 것
       1) 환기는 **자연배기방식**으로 할 것
       2) 급기구는 당해 급기구가 설치된 실의 바닥면적 150㎡마다 1개 이상으로 하되, 급기구의 크기는 800㎠ 이상으로 할 것. 다만 바닥면적이 150㎡ 미만인 경우에는 다음의 크기로 하여야 한다.

바닥면적	급기구의 면적
60㎡ 미만	150㎠ 이상
60㎡ 이상 90㎡ 미만	300㎠ 이상
90㎡ 이상 120㎡ 미만	450㎠ 이상
120㎡ 이상 150㎡ 미만	**600㎠ 이상**

       3) **급기구는 낮은 곳에 설치하고 가는 눈의 구리망 등으로 인화방지망을 설치할 것**
       4) 환기구는 지붕위 또는 지상 **2m 이상의 높이**에 회전식 고정벤티레이터 또는 루프팬 방식(roof fan : 지붕에 설치하는 배기장치)으로 설치할 것

정답 60.④

[4과목] 소방전기시설의 구조 및 원리

61 감지기의 설치 기준 중 옳은 것은?

① 보상식 스포트형 감지기는 정온점이 감지기 주위의 평상시 최고 온도보다 20℃ 이상 높은 것으로 설치할 것
② 정온식 감지기는 주방, 보일러실 등으로서 다량의 화기를 취급하는 장소에 설치하되, 공칭 작동 온도가 최고 주위 온도 보다 30℃ 이상 높은 것으로 설치할 것
③ 스포트형 감지기는 15도 이상 경사되지 않도록 부착할 것
④ 공기관식 차동식 분포형 감지기의 검출부는 45도 이상 경사되지 아니하도록 부착할 것

> 1) 보상식 감지기 또한 정온식 감지기의 특성을 가지고 있기 때문에 동일하게 평상시 최고 온도보다 20℃ 이상 높은 것으로 설치해야 한다.
> 2) 스포트형 감지기는 45도 이상 경사되지 않도록 부착해야 하고, 공기관식 차동식 분포형 감지기의 검출부는 45도 이상 경사되지 아니하도록 해야 한다.
> **암기팁** 손5공(공기관식), 45정(정온식 스포트형)

62 무선통신보조설비의 화재안전기준(NFSC 505)에서 정하는 분배기·분파기 및 혼합기 등의 임피던스는 몇 [Ω]의 것으로 하여야 하는가?

① 10 ② 30 ③ 50 ④ 100

> 1) 고압의 전로로부터 3/2[m] 이상 떨어진 위치에 설치.
> 2) 4[m] 이내 마다 금속제 또는 자기제 등의 지지금구로 벽, 천장, 기둥 등에 견고하게 고정시킬 것.
> 3) 임피던스는 50[Ω]의 것이어야 한다.

63 비상방송설비의 배선에 대한 설치 기준으로 틀린 것은?

① 배선은 다른 용도의 전선과 동일한 관, 덕트, 몰드 또는 풀박스 등에 설치할 것
② 전원 회로의 배선은 옥내 소화전 설비의 화재 안전 기준에 따른 내화 배선으로 설치할 것
③ 화재로 인하여 하나의 층의 확성기 또는 배선이 단락 또는 단선되어도 다른 층의 화재 통보에 지장이 없도록 할 것
④ 부속 회로의 전로와 대지 사이 및 배선 상호 간의 절연저항은 1경계 구역마다 직류 250[V]의 절연 저항 측정기를 사용하여 측정한 절연저항이 0.1[MΩ] 이상이 되도록 할 것

정답 61.① 62.③ 63.①

절연 저항 시험
1) **방재실 내부 구성**은 500[V]의 직류 시험 전압을 가했을 때 **5[MΩ] 이상**이어야 한다. (누전 경보기, 가스 누설 경보기, 자동화재속보설비, 유도등, 비상 조명등)+(수신기, 비상경보)
2) **발신기 내부 구성**은 500[V]의 직류 시험 전압을 가했을 때 **20[MΩ] 이상**이어야 한다. (경종, 발신기, 중계기, 비상 콘센트) (기기의 절연된 선로 간, 기기의 충전부와 비충전 부 간, 기기의 교류 입력측과 외함 간)
3) **감지기**는 500[V]의 직류 시험 전압을 가했을 때 **50[MΩ] 이상**이어야 한다.
   암기팁 방재실을 지나서 계단실을 지나고 발신기실을 지나서 감지기를 지난다. 걸음 수를 떠올려보자.
   +) 직류 250[V]로 가하는 1 경계 구역의 절연 저항은 0.1[MΩ] 이상이어야 한다.

시공 확인 사항
5) 동일한 관이 아닌 별도의 관으로 소방과 일반 배선을 구분해야 한다.

64 비상경보설비 및 단독경보형감지기의 화재안전기준(NFSC 201)에 따라 바닥면적이 900[m²]일 경우 단독 경보형 감지기의 최소 설치개수는?

① 2개　　　　② 4개　　　　③ 5개　　　　④ 6개

단독경보형 감지기의 설치 기준
1) 각실 마다 설치 하되, 바닥 면적이 150[m²]를 초과하는 경우에 150[m²]마다 1개 이상 설치할 것.
2) 여기서 '각 실'이라 함은 이웃하는 실내의 바닥 면적이 30[m²] 미만이고 벽체의 상부의 전부 또는 일부가 개방되어 이웃하는 실내와 공기가 상호 유통되는 경우에는 이를 1개의 실로 본다.
   암기팁 이는 연기 감지기의 면적 기준과 같다.
- 계산식 $\frac{900}{150} = 6[EA]$

65 누전경보기의 형식승인 및 제품검사의 기술 기준에 따라 누전경보기의 수신부는 그 정격전압에서 몇 회의 누전작동시험을 실시하는가?

① 1,000회　　　② 5,000회　　　③ 10,000회　　　④ 20,000회

1) 반복 시험 횟수에 [원]을 붙여보자.
2) 1,000원 - 감지기, 속보기(만원으로 10개 구매)
   2,000원 - 중계기(만원으로 5개 구매)
   2,500원 - 유도등(만원으로 4개 구매)
   5,000원 - 전원스위치, 발신기(만원으로 2개 구매)
   10,000원 - 비상 조명등, 스위치 접점, 기타(1개 구매)

정답　64.④　65.③

66 노유자 시설로서 바닥면적이 몇 [m²] 이상인 층이 있는 경우에 자동화재 속보 설비를 설치해야 하는가?

① 200 ② 300
③ 400 ④ 500

수업 중에 재밌게 웃었던 내용이다.
자동화재속보설비에 해당하며, 노유자 생활 시설이 아닌 부분은 바닥면적 500[m²] 이상에 설치한다.
암기팁 "속보입니다. 5시 정각의 노~~수!" 정신병원, 의료시설, 노유자 시설, 수련시설 500

67 비상 방송 설비의 화재 안전 기준에 따라 기동 장치에 따른 화재 신고를 수신한 후 필요한 음량으로 화재 발생 상황 및 피난에 유효한 방송이 자동으로 개시될 때까지의 소요 시간은 몇 초 이하로 하여야 하는가?

① 3 ② 5
③ 7 ④ 10

비상 방송 설비의 수신 후 자동 개시까지의 소요시간은 10[SEC]이다. 감시는 1[hour]를 한다.

68 무선통신보조설비의 화재안전기준(NFSC 505) 에 따라 서로 다른 주파수의 합성된 신호를 분리하기 위하여 사용하는 장치는?

① 분배기 ② 혼합기
③ 증폭기 ④ 분파기

용어 정리	
혼합기	신호의 전송로가 분기되는 장소에 설치하는 장치
분배기	서로 다른 주파수의 합성된 신호를 분리하기 위해사용하는 장치
분파기	서로 다른 주파수의 합성된 신호를 분리하기 위해 사용하는 장치
증폭기	입력 신호의 에너지를 증가시켜 출력 측에 큰 에너지의 변화로 출력하는 장치
옥외 안테나	감시 제어반 등에 설치된 무선중계기의 입력과 출력포트에 연결되어 송수신 신호를 원활하게 방사·수신하기 위해 옥외에 설치하는 장치

정답 66.④ 67.④ 68.④

69 피난구 유도등의 설치 제외 기준 중 틀린 것은?

① 거실 각 부분으로부터 하나의 출입구에 이르는 보행 거리가 20[m] 이하이고 비상 조명등과 유도 표지가 설치된 거실의 출입구
② 바닥 면적이 1000[m²] 미만인 층으로서 옥내로부터 직접 지상으로 하는 출입구(외부의 식별이 용이하지 않은 경우에 한함.)
③ 출입구가 3 이상 있는 거실로서 그 거실 각 부분으로부터 하나의 추입구에 이르는 보행거리가 20[m] 이하인 경우에는 주된 출입구 2개소외의 출입구(유도 표지가 부착된 출입구)
④ 대각선 길이가 15[m] 이내인 구획된 실의 출입구

> 보행거리는 20[m] 이하가 아닌 30[m] 이하이다. 이는 대형 소화기를 기준으로 생각해야 한다.

70 비상콘센트설비의 화재안전기준(NFSC 504)에 따라 비상콘센트용의 풀박스 등은 방청도장을 한 것으로서, 두께 몇 [mm] 이상의 철판으로 하여야 하는가?

① 1.2 ② 1.6 ③ 2.0 ④ 2.3

> 1) 축전지 외함, 속보기 외함의 두께
>   Fe(강판) 1.2[mm], PVC(합성수지) 3.0[mm]
> 2) 배전반 및 분전반의 외함 두께와 문 두께(전원용)
>   외함 1.6[mm], 문(또는 전면부) : 2.3[mm]
>   **암기팁** 두께는 1,2,3 안에 있다. 1.2×3=1.6

71 자동화재탐지설비의 화재 안전 기준에서 사용하는 용어의 정의를 설명한 것이다. 다음 중 옳지 않은 것은?

① [경계구역]이란, 특정 소방대상물 중 화재신호를 발신하고 그 신호를 수신 및 유효하게 제어할 수 있는 구역을 말한다.
② [중계기]란, 감지기, 발신기 또는 전기적 접점 등의 작동에 따른 신호를 받아 이를 수신기의 제어반에 전송하는 장치를 말한다.
③ [감지기]란, 화재시 발생하는 열, 연기, 불꽃 또는 연소생성물을 자동적으로 감지하여 수신기에 발신하는 장치를 말한다.
④ [시각경보장치]란, 자동화재탐지설비에서 발하는 화재신호를 시각 경보기에 전달하여 시각 장애인에게 경보를 하는 것을 말한다.

> 시각 경보 장치는 '청각 장애인'을 위한 설비이다.

정답 69.③ 70.② 71.④

72 무선통신보조설비의 화재안전기준에 따른 옥외 안테나의 설치 기준으로 옳지 않은 것은?

① 건축물, 지하가, 터널 또는 공동구의 출입구 및 출입구 인근에서 통신이 가능한 장소에 설치할 것.
② 다른 용도로 사용되는 안테나로 인한 통신 장애가 발생하지 않도록 설치할 것.
③ 옥외 안테나는 견고하게 설치하며 파손의 우려가 없는 곳에 설치하고 그 가까운 곳의 보기 쉬운 곳에 [옥외 안테나]라는 표시와 함께 통신 가능 거리를 표시한 표시를 설치할 것.
④ 수신기가 설치된 장소 등 사람이 상시 근무하는 장소에는 옥외 안테나의 위치가 모두 표시된 옥외 안테나 위치 표시도를 비치할 것.

표시는 옥외 안테나가 아니라 [무선 통신 보조 – 설비 안테나]로 해야 한다.

73 비상콘센트설비의 성능인증 및 제품검사의 기술기준에 따라 비상콘센트설비에 사용되는 부품에 대한 설명으로 틀린 것은?

① 진공차단기는 KS C 8321(진공차단기)에 적합하여야 한다.
② 접속기는 KS C 8305(배선용 꽂음 접속기)에 적합하여야 한다.
③ 표시등의 소켓은 접속이 확실하여야 하며 쉽게 전구를 교체할 수 있도록 부착하여야 한다.
④ 단자는 충분한 전류용량을 갖는 것으로 하여야 하며 단자의 접속이 정확하고 확실하여야 한다.

1) 진공 차단기는 특고압에서 사용하는 큰 차단기이다. 저압용으로 사용하기에는 배선용 차단기가 적합하다.
2) 나머지는 가볍게 읽어보자.

74 누전 경보기의 화재 안전 기준에 따라 누전 경보기의 수신부를 설치할 수 있는 장소는? (단, 해당 누전 경보기에 대해 방폭, 방식, 방습, 방온, 방진 및 정전기 차폐 등의 방호 조치를 하지 않은 경우에 해당한다.)

① 옥내의 건조한 장소
② 화약류를 제조하거나 저장 또는 취급하는 장소
③ 부식성의 증기, 가스 등이 다량으로 체류하는 장소
④ 온도의 변화가 급격한 장소

정답 72.③ 73.① 74.①

누전경보기의 수신부를 설치할 수 없는 장소 **암기팁** 과(가)부하(화) 고온 대습 지역
a. 가연성의 증기 가스 등이 다량 체류하는 장소
b. 부식성의 증기, 가스 등이 다량 체류하는 장소
c. 고주파 발생회로 등의 영향을 받을 우려가 있는 장소
d. 화약류 제조, 저장, 취급 장소
e. 온도 변화가 급격한 장소
f. 대전류 회로 등의 영향을 받을 우려가 있는 장소
g. 습도가 높은 장소

75 비상콘센트 설비의 성능 인증 및 제품 검사의 기술 기준에 따른 비상 콘센트설비의 구조 및 기능에 대한 설명으로 틀린 것은?

① 보수 및 부속품의 교체가 쉬워야 한다.
② 기기 내의 비상 전원 공급용 배선은 내열 배선으로 하여야 한다.
③ 부품의 부착은 기능에 이상을 일으키지 아니하고 쉽게 풀리지 아니하도록 하여야 한다.
④ 충전부는 노출되지 아니하도록 하여야 한다.

비상 전원 공급용 배선의 경우는 [내열배선]이 아닌 [내화배선]으로 시공해야 한다.

76 자동화재탐지설비 및 시각경보장치의 화재안전기준에 따른 열전대식 차동식 분포형 감지기의 시설 기준이다. 다음 빈 칸에 들어갈 내용으로 옳은 것은?(단, 주요 구조부가 내화 구조가 아닌 경우이다.)

열전대부는 감지 구역의 바닥면적 (A)[m^2]마다 1개 이상으로 할 것. 다만, 바닥면적이 (B) [m^2] 이하인 특정소방대상물에 있어서는 (C)[개] 이상으로 하여야 한다.

① A 18, B 70, C 4
② A 22, B 72, C 4
③ A 18, B 72, C 4
④ A 22, B 72, C 5

열전대식 감지기의 경우
1) 하나의 검출부에 접속하는 열전대부는 4개에서 20개 이하로 해야 한다.
2) 바닥 면적은 내화 구조일 때 22[m^2/개], 기타 구조는 18[m^2/개]
암기팁 조합하여 18, 20, 22 순으로 기억하자.

정답 75.② 76.③

77 비상 조명등의 화재 안전 기준에 따른 휴대용 비상 조명등의 설치 기준이다. 다음 빈칸에 들어갈 내용으로 옳은 것은?

> 지하상가 및 지하 역사에는 보행 거리 (A)[m] 이내마다 (B)개 이상 설치할 것

① A 25 B 1
② A 25 B 3
③ A 50 B 1
④ A 50 B 3

1) 휴대용 조명등은 각 개인의 조도 확보를 목적으로 한다. 구별된 실에서는 추종자가 되는 것이 아닌 각 개인이 피난구를 찾아야 한다.
2) 지하 상가, 역사는 한 사람이 소형 소화기(보행 거리 20m), 한 사람이 휴대용 조명등(보행거리 25m)를 지니고, 한 사람이 대형 소화기(보행거리 30m)를 끌고 이동한다고 생각하자.
3) 대규모 점포와 영화관에서는 1/2배만 배치하면 된다. 따라서 배치의 기준을 보행거리를 2배 늘려 유지한다.
4) 설치 기준

설치 개수	설치 장소
1개 이상	숙박시설 또는 다중 이용 업소에는 객실 또는 영업장 안의 구획된 실마다 잘 보이는 곳 (외부에 설치시 출입문 손잡이로부터 1m이내)
3개 이상	• 지하 상가 및 지하 역사의 보행 거리 25m이내 마다 설치한다. • 대규모 점포 및 영화 상영관의 보행거리는 50m이내 마다 설치한다.

78 부착 높이 3[m], 바닥면적 60[m²]인 주요구조부를 내화 구조로 한 소방대상물에 1종 열반도체식 차동식 분포형 감지기를 설치하고자 할 때 감지부의 최소 설치 개수는?

① 1개
② 2개
③ 3개
④ 4개

1) 열반도체식은 자주 나오는 부분이 아니었다.

부착높이 및 소방 대상물의 구분		감지기의 종류	
		1종	2종
8[m] 미만	내화 구조	65	36
	기타 구조	40	23
15[m] 미만	내화 구조	50	36
	기타 구조	30	23

2) 반도체식은 65, 5, 4, 3, 2 순서로 이어진다. 많은 수를 쓰지 않는다.

$\frac{60}{65} = 0.923 ≒ 1[EA]$

정답 77.② 78.①

79 비상 콘센트 설비의 화재안전기준에 따른 용어의 정의중 옳은 것은?

① [저압]이란, 직류는 1.5[kV] 이하, 교류는 1[kV] 이하인 것을 말한다.
② [저압]이란, 직류는 1.0[kV] 이하, 교류는 0.5[kV] 이하인 것을 말한다.
③ [고압]이란, 직류는 1.0[kV] 초과, 교류는 0.5[kV] 초과인 것을 말한다.
④ [고압]이란, 직류는 1.5[kV] 초과, 교류는 1.0[kV] 이상인 것을 말한다.

1) [저압]이란, 직류는 1.5[kV] 이하, 교류는 1[kV] 이하
2) [고압]이란, 직류는 1.5[kV] 초과, 교류는 1[kV] 초과 직류, 교류 모두 7[kV] 이하
3) [특고압]이란, 직류, 교류 모두 7[kV] 초과

80 자동화재탐지설비 및 시각경보장치의 화재안전기준(NFSC 203)에 따라 자동화재탐지설비의 감지기 설치에 있어서 부착높이가 20[m] 이상일 때 적합한 감지기 종류는?

① 불꽃감지기 ② 연기복합형
③ 차동식 분포형 ④ 이온화식 1종

1) 20[m] 이상인 곳에서는 불꽃 감지기와 광전식 아날로그 방식 감지기가 적합하다.
2) 아래를 참고하여 부착 높이별로 설치가 가능한 감지기를 볼 수 있다.
   a. 불꽃 감지기와 연기 감지기는 가장 높은 범주의 높이까지 설치가 가능하다.
   b. 광전식 아날로그 감지기는 스폿형을 포함하지 않는다.
   c. 열 감지기는 8[m] 미만까지 사용한다.
   d. 높이 올라갈수록 특종, 1종, 2종을 구분한다.

부착 높이	차동	보상	정온	연기	열 (연기) 복합	연기 복합	불꽃
4[m] 미만	스폿, 분포	스폿	스폿, 감지선	이온화, 광전식	열 (연기) 복합	연기 복합	불꽃
8[m] 미만	스폿, 분포	스폿	스폿, 감지선 (특,1)	이온화, 광전식 (1,2)	열 (연기) 복합	연기 복합	불꽃
15[m] 미만	분포	–	–	이온화, 광전식 (1,2)		연기 복합	불꽃
20[m] 미만	–	–	–	이온화, 광전식 (1)	–	연기 복합	불꽃
20[m] 이상	–			이온화, 광전식 (A)	–		불꽃

정답 79.① 80.①

2024년 2회 소방설비기사(전기분야) CBT 복원

> **【1과목】 소방원론**

01 다음 설명에 해당하는 연소가스는?

> ㉮ 황을 함유한 가연물의 불완전연소 시 발생하며 무색의 가스이다.
> ㉯ 달걀 썩는 냄새가 나고, 후각을 마비시킨다.
> ㉰ 독성허용농도는 10ppm이다.

① 암모니아(NH_3) ② 황화수소(H_2S)
③ 이산화황(SO_2) ④ 일산화탄소(CO)

황화수소(H_2S, 유화수소)
㉮ 황을 함유한 가연물의 불완전연소 시 발생하며 무색의 가스이다.
㉯ 달걀 썩는 냄새가 나고, 후각을 마비시킨다.
㉰ 독성허용농도는 10ppm이다.

02 주성분이 인산염류인 제3종 분말소화약제가 다른 분말소화약제와 다르게 A급 화재에 적용할 수 있는 이유는?

① 열분해 생성물인 CO_2가 열을 흡수하므로 냉각에 의하여 소화된다.
② 열분해 생성물인 수증기가 산소를 차단하여 탈수작용을 한다.
③ 열분해 생성물인 메타인산(HPO_3)이 산소의 차단 역할을 하므로 소화가 된다.
④ 열분해 생성물인 암모니아가 부촉매작용을 하므로 소화가 된다.

제3종 분말의 메타인산의 산소를 차단하는 방진작용 때문에 A급 화재에도 적응성을 가지고 있어서 A, B, C급에 적용이 가능하다.

03 연료지배형화재와 환기지배형화재에 대한 설명으로 옳지 않은 것은?

① 환기지배형화재는 공기공급이 충분하지 않으므로 불완전연소가 심하다.
② 연료지배형화재는 공기공급이 충분한 조건에서 발생한 화재가 일반적이다.
③ 연료지배형화재는 주로 큰 창문이나 개방된 공간에서, 환기지배형화재는 내화구조 및 콘크리트 지하층에서 발생하기 쉽다.
④ 일반적으로 플래시오버 전에는 환기지배형화재가, 이후에는 연료지배형화재가 지배적이다.

정답 01.② 02.③ 03.④

플래시 오버(Flash Over, F·O) 현상

1) 정의
건축물 내에서 화재가 발생하면 실외 화재에 비해 열의 축적이 용이하다. 이로 인해 실내의 온도 상승으로 가연물의 열분해 또는 증발을 촉진하게 되어 어느 순간 실내 전체로 화염이 확대되는 현상을 말한다. 이는 굉장히 순간적인(폭발적인) 착화현상이다.
  - 열의 공급에 의해 발생한다.(발생 시 실내의 온도가 800~900[℃]정도 상승)
  - 순간적인 착화현상이다.
  - 화재의 진행 단계 중 플래시 오버(F·O)는 성장기에서 발생한다.(최성기 직전)
  - 충격파는 발생하지 않는다.
  - 플래시 오버 발생 시간을 F·O·T 라고 하며 이는 피난허용시간을 의미한다.

2) 플래시 오버 지연 대책
  ① 화원의 위치와 크기 : 화원의 크기가 소형일수록 지연된다.
  ② 내장재의 종류, 열전도율 및 불연화 순서
   - 종류 : 불연재료, 준불연재료
   - 열전도율이 큰 재료일수록 지연된다.
   - 불연화 순서 : 천장 → 벽 → 바닥 순으로 불연화 한다.
  ③ 개구율 : 개구율이 작을수록 산소 부족으로 연소가 원활하게 일어나지 않으므로 실내의 열축적이 적어 플래시 오버가 지연될 수 있고, 개구율이 클수록 실내에 축적되는 열보다 외부로 유출되는 열이 많으므로 플래시 오버가 지연될 수 있다.

3) 플래시 오버의 전후 화재양상
  - 플래시 오버 전 : 산소가 충분한 상태의 연료지배형화재
  - 플래시 오버 후 : 산소가 부족한 상태의 환기지배형화재

04 화재 용어 중 화재실의 단위면적당 목재 환산 등가 가연물의 양을 의미하는 것은?

① 훈소　　　　　　　　　　　② 화재하중
③ 화재강도　　　　　　　　　④ 화재가혹도

- 훈소 : 가연물이 불꽃 없이 불기운이나 열기만으로 타 들어가는 연소현상)
- 화재하중(Fire Load) : 화재하중이란 단위면적당 목재 환산 등가 가연물의 양을 말한다. 즉, 일정구역 안에 있는 가연물 전체 발열량을 목재의 단위질량당 발열량으로 나누면 목재의 양으로 환산된다. 이를 다시 그 구역의 바닥면적으로 나누면 단위면적당 가연물(목재)의 양이 되는데. 이를 화재하중이라 하고 주수시간을 결정하는 주요인이 된다.
- 화재강도(Fire Intensity) : 화재실의 단위 시간당 축적되는 열의 양
- 화재가혹도(Fire Severity) : 화재 시 최고온도(화재강도)와 지속시간은 화재의 피해정도를 판단하는 중요한 요소가 된다. 화재가혹도는 최고온도 × 지속시간으로 표현되며 화재로 인한 피해의 정도를 판단할 수 있는 척도가 된다.

정답　04.②

05 화재진압 시 주수소화에 적응성 있는 위험물로 옳은 것은?

① 황화린
② 질산에스테르류
③ 유기금속화합물
④ 알칼리금속의 과산화물

> 위험물의 소화대책
> • 황화린 : 제2류 위험물(질식소화)
> • 질산에스테르류 : 제5류 위험물(냉각소화)
> • 유기금속화합물 : 제3류 위험물(질식소화)
> • 알칼리금속의 과산화물 : 제1류 위험물(질식소화)

06 다음 중 포 소화약제의 혼합방식을 설명한 것이다. 해당하는 것은 어느 것인가?

> 펌프 토출측 배관에 설치된 벤추리관의 벤추리작용에 의하여 포소화약제를 혼합하는 방식

① 펌프 프로포셔너방식
② 라인 프로포셔너방식
③ 프레져 프로포셔너방식
④ 프레져사이드 프로포셔너방식

> 라인프로포셔너방식(관로혼합방식)
> 펌프의 토출측 배관에 설치된 벤추리관의 벤추리작용에 의하여 포소화약제를 혼합하는 방식이다.

07 다음 중 공동현상(Cavitation) 방지대책에 해당하는 것을 모두 고른 것은?

> ㄱ. 펌프의 흡입 측 관경이 확대한다.
> ㄴ. 펌프의 회전속도를 크게 한다.
> ㄷ. 유체(물)의 온도를 낮춘다.
> ㄹ. 펌프의 흡입압력을 유체(물)의 증기압보다 높게 한다.
> ㅁ. 펌프의 설치위치를 수원보다 높게 한다.

① ㄱ, ㄴ, ㄷ
② ㄱ, ㄷ, ㄹ
③ ㄴ, ㄷ, ㄹ
④ ㄷ, ㄹ, ㅁ

> 공동현상(Cavitation) : 펌프의 흡입 측 배관 내의 수온상승으로 물이 증발하여 증기가 발생되어 물이 펌프로 흡입되지 않는 현상을 말한다.
> ① 공동현상(Cavitation)의 발생원인
>   ㉮ 펌프의 흡입 측 관경이 적을 때
>   ㉯ 펌프의 흡입 측 마찰손실이 클 때

정답 05.② 06.② 07.②

ⓒ 펌프의 회전속도가 클 때(임펠러속도가 클 때)
　　ⓓ 펌프의 흡입 측 수두가 클 때
　　ⓔ 펌프의 설치위치가 수원보다 높을 때
　　ⓕ 유체(물)가 고온일 때
　　ⓖ 펌프의 흡입압력이 유체(물)의 증기압보다 낮을 때
② 공동현상(Cavitation)의 방지대책
　　ⓐ 펌프의 흡입 측 관경이 확대한다.
　　ⓑ 펌프의 흡입 측 마찰손실을 적게 한다.
　　ⓒ 펌프의 회전속도를 적게 한다.(임펠러속도를 적게 한다.)
　　ⓓ 펌프의 흡입 측 수두를 적게 한다.
　　ⓔ 펌프의 설치위치를 수원보다 낮게 한다.
　　ⓕ 유체(물)의 온도를 낮춘다.
　　ⓖ 펌프의 흡입압력을 유체(물)의 증기압보다 높게 한다.

08 건물의 피난동선에 대한 설명으로 옳지 않은 것은?

① 피난동선은 가급적 단순한 형태가 좋다.
② 피난동선은 가급적 상호 반대방향으로 다수의 출구와 연결되는 것이 좋다.
③ 피난동선은 수평동선과 수직동선으로 구분한다.
④ 피난동선은 복도, 계단을 제외한 엘리베이터와 같은 피난전용 통행구조를 말한다.

피난계획의 기본원칙
① 피난수단은 원시적인 방법으로 한다.
② 피난통로는 2방향 이상으로 한다.
③ 피난설비는 고정적인 시설로 한다.
④ 피난계단 및 특별피난계단 등은 **가급적 분산 배치**한다.
⑤ 피난통로의 종단에는 **충분한 안전공간을 확보**한다.
⑥ 피난경로는 간단명료해야 한다.
⑦ 인간의 피난특성을 고려한다.
⑧ Fool – Proof원칙과 Fail – Safe의 원칙에 따른다.

※ 참고
- Fool – Proof 원칙 : 피난설비는 원시적이고 간단명료하게 설치하고, 피난대책은 누구나 알기 쉬운 방법을 선택하라는 원칙을 말한다. 즉, 문자보다는 색과 형태를 이용하라는 의미이다.
- Fail – Safe 원칙 : 피난 시 하나의 수단이 고장 등으로 사용이 불가능하다 하더라도 다른 수단과 방법을 이용하여 피난할 수 있도록 하라는 원칙을 말한다. 명백한 2방향 이상의 피난통로를 확보하는 피난대책이 이에 속한다.

정답 08.④

09 포소화약제가 갖추어야 할 조건이 아닌 것은?

① 부착성이 있을 것
② 유동성과 내열성이 있을 것
③ 응집성과 안정성이 있을 것
④ 소포성이 있고 기화가 용이할 것

포소화약제의 구비조건
① 내열성이 좋을 것
② 포를 장기보관하기 위해서는 부패 및 변질이 없을 것
③ 유동성이 좋아야 한다.
④ 팽창비가 클 것
⑤ 소포성이 적어야 한다.
⑥ 내유성이 강할 것
⑦ 부착성이 강할 것
⑧ 포의 안정성이 좋아야 한다.

10 대두유가 침적된 기름걸레를 쓰레기통에 장시간 방치한 결과 자연발화에 의하여 화재가 발생한 경우 그 이유로 옳은 것은?

① 분해열 축적
② 산화열 축적
③ 흡착열 축적
④ 발효열 축적

자연발화의 형태와 물질
① 산화열에 의한 자연발화 (산화반응에 의한 발열 → 축적 → 발화)
  물질 : 유지류[건성유(들기름, 아마인유, 해바라기유 등), 반건성유(참기름, 콩기름 등)], 석탄분, 원면, 고무조각, 금속분류, 기름걸레 등
② 분해열에 의한 자연발화 (자연분해 시 발열 → 축적 → 발화)
  물질 : 셀룰로이드, 니트로셀룰로오스(질화면), 니트로글리세린, 산화에틸렌 등
③ 흡착열에 의한 자연발화 (주위의 기체를 흡착 시 발열 → 축적 → 발화)
  물질 : 활성탄, 목탄분말, 유연탄 등
④ 발효열에 의한 자연발화 (미생물의 발효열 → 축적 → 발화)
  물질 : 퇴비, 먼지 등
⑤ 중합열에 의한 자연발화 (중합 반응열 → 축적 → 발화)
  물질 : 액화시안화수소, 산화에틸렌 등

11 보통 연소에서 주황색의 불꽃온도는 약 몇 [℃] 정도인가?

① 525
② 750
③ 950
④ 1,075

온도에 따른 불꽃의 색상 (담 → 암 → 적 → 휘 → 황 → 백 → 휘)

온도(℃)	520	700	850	950	1,100	1,300	1,500 이상
색 상	담암적색	암적색	적색	휘적색(주황색)	황적색	백적색(백색)	휘백색

정답 09.④ 10.② 11.③

12 다음 중 화재의 정의라고 할 수 없는 것은?

① 인간이 이를 제어하여 인류의 문화, 문명의 발달을 가져오게 한 근본적인 존재를 말한다.
② 자연적이거나 인위적인 원인에 의하여 발생된 불이 물체를 연소시키고 인명과 재산의 손해를 주는 현상을 말한다.
③ 사람의 의도에 반(反)하여 출화(出火) 또는 고의에 의해 불이 발생하고 확대하는 현상을 말한다.
④ 불이 사용목적을 넘어 또 다른 곳으로 연소가 확대되어 예상치 못한 경제적인 손해를 발생시킨 현상을 말한다.

불의 정의 : 인간이 이를 제어하여 인류의 문화, 문명의 발달을 가져오게 한 근본적인 존재를 말한다.

13 나트륨, 칼륨 등의 금속화재 시 물과 반응하면 주로 발행하는 가스는 무엇인가?

① 수소　　　　② 질소　　　　③ 산소　　　　④ 이산화탄소

금수성 물질의 물과의 반응식
- $2Na + 2H_2O \rightarrow 2NaOH + H_2\uparrow$
- $2K + 2H_2O \rightarrow 2KOH + H_2\uparrow$

14 이산화탄소에 의한 질식소화를 시킬 때 소화를 위한 한계 산소량은 몇 [%] 이하 인가?

① 6　　　　② 8　　　　③ 10　　　　④ 14

이산화탄소의 설계농도를 34[%]로 하여 질식소화를 시킨다면 이때 산소의 농도는 14[%] 이하가 된다.

15 질소의 유량이 8.48[L/min], 산소의 유량이 2.12[L/min]일 때 한계산소지수(LOI)는?

① 10[%]　　　　② 20[%]　　　　③ 30[%]　　　　④ 40[%]

산소한계지수(LOI)

$$LOI = \frac{O_2}{O_2 + N_2} \times 100 = \frac{2.12}{2.12 + 8.48} \times 100 = 20[\%]$$

정답　12.①　13.①　14.④　15.②

16 다음 중 화재의 원인에 대한 설명으로 옳지 않은 것은?

① 열전도율이 좋을수록 화재가 잘 일어난다.
② 온도가 높을수록 화재가 잘 일어난다.
③ 산소의 농도가 높을수록 화재가 잘 일어난다.
④ 화학적 친화력이 좋을수록 화재가 잘 일어난다.

열전도율이 좋을수록 열의 축적이 좋지 않아 화재가 잘 이어나지 않는다.

17 제1류 위험물에 대한 일반적인 화재예방 방법으로 옳지 못한 것은?

① 반응성이 크므로 가열, 충격, 마찰 등에 주의한다.
② 불연성이므로 화기의 접촉은 전혀 관계없다.
③ 가연물과의 접촉이나 혼합을 피한다.
④ 질식소화는 효과가 없다.

제1류 위험물은 산화성 고체로서 불연성이지만 화기의 접촉으로 산소를 방출할 우려가 있으므로 화기의 접촉은 주의가 필요하다.

18 대형소화기에 충전된 소화약제의 양이 잘못된 것은?

① 물소화기 : 80[L] 이상
② 포 소화기 : 20[L] 이상
③ 분말 소화기 : 20[kg] 이상
④ 이산화탄소 소화기 : 45[kg] 이상

대형소화기 소화약제 충전량

약제종류	물	강화액	포	분말	할로겐화물	이산화탄소
충전량	80[L]	60[L]	20[L]	20[kg]	30[kg]	50[kg]

19 폭연에서 폭굉으로 전이되기 위한 조건에 대한 설명으로 틀린 것은?

① 정상연소속도가 작은 가스일수록 폭굉으로 전이가 용이하다.
② 배관내에 장애물이 존재할 경우 폭굉으로 전이가 용이하다.
③ 배관의 관경이 가늘수록 폭굉으로 전이가 용이하다.
④ 배관내 압력이 높을수록 폭굉으로 전이가 용이하다.

정상연소속도가 큰 가스일수록 폭굉으로 전이가 용이하다.

정답 16.① 17.② 18.④ 19.①

20 다음 원소 중 수소와의 결합력이 가장 큰 것은?

① 플루오르(F) ② 클로라이드(Cl)
③ 브로민(Br) ④ 아이오딘(I)

결합력은 소화효과와 반대(I < Br < Cl < F)이다. 따라서 플루오르(F)가 가장 결합력이 크다.

【2과목】 소방전기일반

21 제어요소는 동작신호를 무엇으로 변환하는 요소인가?

① 조작량 ② 비교량 ③ 검출량 ④ 제어량

1) 제어계 기본 구성

2) 피드백 제어 용어
 • 조작량 : 제어 요소에서 제어 대상으로 전달되는 양
 • 제어량 : 제어 대상을 제어하는 것을 목적으로 하는 물리량
 • 제어장치 : 설정부, 조절부, 조작부, 검출부가 속함

22 최고 눈금 50[mV], 내부 저항이 100[Ω]인 직류 전압계에 1.2[kΩ]의 배율기를 접속하면 측정할 수 있는 최대 전압은 약 몇 [mV]인가?

① 3 ② 60 ③ 650 ④ 1300

1) 전후 관계 $V_1 : V_2 = R_1 : R_1 + R_s$
 (V_1 : 배율기 적용 전 전압, V_2 : 적용 후 전압, R_1 : 내부 저항, R_s : 배율기 저항)
2) 적용 0.05 : $V_2 = 100 : 100 + 1.2 \times 10^3$

$$V_2 = \frac{(100 + 1.2 \times 10^3) \times 0.05}{100} = 650[\text{mV}]$$

정답 20.① 21.① 22.③

23 변위를 전압으로 변환시키는 장치를 고른 것은?

① 전위차계
② 정온식 감지선형 감지기
③ 광전지
④ 유압 분사관

1) 전위차계(potentiometer)란, 바늘 또는 다이얼을 돌려 전압값을 변경한다.
2) 차동 변압기(differential transformer)란, 감은 정도에 따라 전압의 크기가 달라진다.
3) 광전지는 빛을 전압으로 전환하고, 정온식 감지선형 감지기는 온도를 임피던스로 전환한다.
4) 유압 분사관은 변위를 압력으로 전환한다.

24 회로에서 저항 5Ω의 양단 전압 VR(V)은?

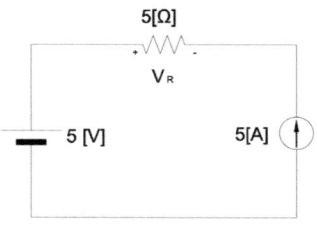

① 25
② 5
③ −25
④ −5

1) 중첩의 정리

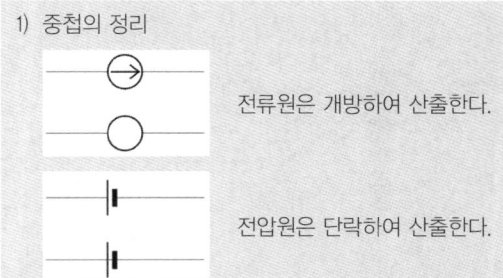

전류원은 개방하여 산출한다.

전압원은 단락하여 산출한다.

2) 전류원 개방
→ 개방 시에는 전압이 걸리지 않는다. 따라서 0[V]
3) 전압원 단락
→ 전압원을 단락하면 5[A]는 5[Ω]에 그대로 걸린다.
$5 \times 5 = 25[V]$
단, 전류의 방향이 저항의 극과 다르다. 역방향

정답 23.① 24.③

25 평형 3상 부하의 선간전압이 100[V], 전류가 10[A], 역률이 60(%)일 때 무효전력은 약 몇 [var]인가?

① 1386
② 1416
③ 3386
④ 2416

1) $P_{var} = 3V_P I_P \sin\theta = \sqrt{3} V_l I_l \sin\theta$
   $\cos^2\theta + \sin^2\theta = 1$, $\sin^2\theta = 1 - 0.6^2 = 0.64$
2) $P_{var} = \sqrt{3} \times 100 \times 10 \times 0.8$
   $= 1385.64[Var]$

26 자기용량이 10kVA인 단권변압기를 그림과 같이 접속하였을 때 역률 80%의 부하에 몇 kW의 전력을 공급할 수 있는가?

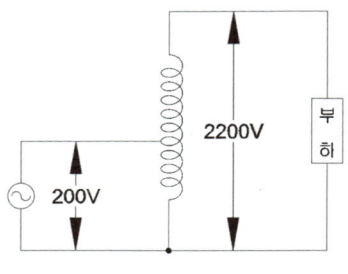

① 8.0
② 8.8
③ 88
④ 880

1) $P = I_2 V_2 \cos\theta$ 산출
2) 자기용량을 통해 I_2 산출
   $P = (V_2 - V_1)I_2$
   $I_2 = \dfrac{10000}{2200 - 200} = 5[A]$
3) $P = 2200 \times 5 \times 0.8 = 8800[W] = 8.8[kW]$

27 자동화재탐지설비의 감지기 회로의 길이가 $500[m]$이고, 종단에 $5[k\Omega]$의 저항이 연결되어 있는 회로에 $24[V]$의 전압이 가해졌을 경우 도통 시험 시 전류는 약 몇 [mA]인가? (단, 동선의 저항률은 $1.25 \times 10^{-8} \Omega m$이며, 동선의 단면적은 $2.5 mm^2$이고, 접촉저항 등은 없다고 본다.)

① 2.4
② 3.0
③ 4.8
④ 6.0

정답 25.① 26.② 27.③

1) 도통 시험 전류

$$I = \frac{V}{R_1 + R_2} \quad (R_1: \text{종단 저항}, R_2: \text{배선저항})$$

2) 배선 저항을 산출 후 계산

$$R_2 = \rho \frac{l}{A} = 1.25 \times 10^{-8} \times \frac{500}{2.5 \times 10^{-6}} = 2.5 [\Omega]$$

$$I = \frac{24}{5000 + 2.5} = 4.7976 \times 10^{-3} \fallingdotseq 4.8 [\text{mA}]$$

28 정현파 교류전압의 최댓값이 $V_m[V]$ 이고, 평균값이 $V_{av}[V]$일 때 이 전압의 실횻값 $V_r[V]$는?

① $V_r[V] = \dfrac{\pi}{\sqrt{2}} V_m$

② $V_r[V] = \dfrac{\pi}{2\sqrt{2}} V_{av}$

③ $V_r[V] = \dfrac{\pi}{2\sqrt{2}} V_m$

④ $V_r[V] = \dfrac{1}{\pi} V_m$

1) 최댓값과 실횻값, 평균값 관계

파형	최댓값	실횻값	평균값
정현파 전파 정류파	V_m	$\dfrac{1}{\sqrt{2}} V_m$	$\dfrac{2}{\pi} V_m$
반파 정류파	V_m	$\dfrac{1}{2} V_m$	$\dfrac{1}{\pi} V_m$
구형파	V_m	V_m	V_m
반구형파	V_m	$\dfrac{1}{\sqrt{2}} V_m$	$\dfrac{1}{2} V_m$
삼각파	V_m	$\dfrac{1}{\sqrt{3}} V_m$	$\dfrac{1}{2} V_m$

2) $V_r = \dfrac{1}{\sqrt{2}} V_m, \ V_{av} = \dfrac{2}{\pi} V_m$

$V_r = \dfrac{1}{\sqrt{2}} \times \dfrac{\pi}{2} \times V_{av}$

정답 28.②

29 그림 (a)와 그림 (b)의 각 블록선도가 등가인 경우 전달함수 G(s)는?

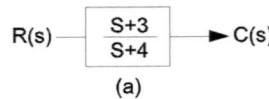

(a)

R(s) — • — G(s) — ⊕ → C(s)
(b)

① $\dfrac{-1}{S+4}$ ② $\dfrac{2}{S+4}$ ③ $\dfrac{1}{S+4}$ ④ $\dfrac{1}{S+4}$

1) (a)그림에선 아래와 같다.
$R(s) \cdot \dfrac{S+3}{S+4} = C(s)$, $\dfrac{S+3}{S+4} = \dfrac{C(s)}{R(s)}$

2) (b)그림에선 아래와 같다.
$R(s) \cdot G(s) + R(s) = C(s)$, $G(s) + 1 = \dfrac{C(s)}{R(s)}$

3) 두 그림이 등가인 경우
$G(s) = \dfrac{S+3}{S+4} - \dfrac{S+4}{S+4} = \dfrac{-1}{S+4}$

30 회로에서 a와 b 사이에 나타나는 전압 Vab(V)는?

① 10 ② 13 ③ 16 ④ 18

밀만의 정리에 해당한다.

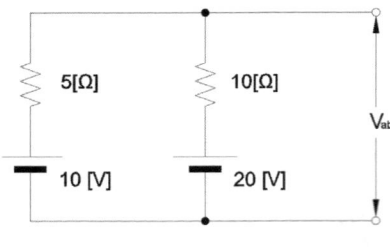

$V_{ab} = \dfrac{\dfrac{V_1}{R_1} + \dfrac{V_2}{R_2}}{\dfrac{1}{R_1} + \dfrac{1}{R_2}} = \dfrac{\dfrac{10}{5} + \dfrac{20}{10}}{\dfrac{1}{5} + \dfrac{1}{10}} = 13.333$

정답 29.① 30.②

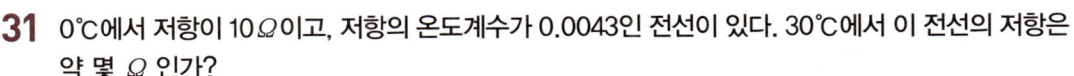

31 0℃에서 저항이 10Ω이고, 저항의 온도계수가 0.0043인 전선이 있다. 30℃에서 이 전선의 저항은 약 몇 Ω 인가?

① 0.013　② 0.68　③ 1.4　④ 11

> 온도에 따른 전선의 변화
> - $R_2 = R_1[1+\alpha(t_2-t_1)]$
> - (R_2 : 이후 저항, R_1 : 이전 저항, α : 온도계수 t_2 : 이후 온도, t_1 : 이전 온도)
> - $R_2 = 10[1+0.005(30-10)] = 11[\Omega]$

32 입력이 r(t)이고, 출력이 c(t)인 제어시스템이 다음의 식과 같이 표현될 때 이 제어시스템의 전달함수 $G(s) = \dfrac{C(s)}{R(s)}$ 는? (단, 초깃값은 0이다.)

$$3\frac{d^2c(t)}{dt^2}+3\frac{dc(t)}{dt}+c(t)=3\frac{dr(t)}{dt}+r(t)$$

① $\dfrac{3s+1}{3s^2+3s+1}$　② $\dfrac{3s+1}{1s^2+3s+3}$

③ $\dfrac{3s^2+3s+1}{3s+1}$　④ $\dfrac{1s^2+3s+3}{3s+1}$

> 라플라스 변환 후 전달함수 확인
> $C(s)(3s^2+3s+1) = (3s+1)R(s)$
> $\dfrac{C(s)}{R(s)} = \dfrac{3s+1}{3s^2+3s+1}$

33 직류전원이 연결된 코일에 5[A]의 전류가 흐르고 있다. 이 코일에 연결된 전원을 제거하는 즉시 저항을 연결하여 폐회로를 구성하였을 때 저항에서 소비된 열량이 48[cal]이었다. 이 코일의 인덕턴스는 약 몇 [H] 인가?

① 2　② 4　③ 8　④ 16

> 1) 자기 인덕턴스 산출
> $W = \dfrac{1}{2}LI^2$, $L = \dfrac{2W}{I^2}$

정답　31.④　32.①　33.④

2) 식 대입

$$W: 48[cal] \times \frac{100[J]}{24[cal]} = 200[J]$$

$$L = \frac{2 \times 200}{5^2} = 16[H]$$

34 50Hz, 4극 3상 유도전동기가 정격 출력일 때 슬립이 8%이다. 이 전동기의 동기속도(rpm)는?

① 1,200   ② 1,500   ③ 1,800   ④ 2,100

동기속도 산출

$$N_s = \frac{120f}{P} = \frac{120 \times 50}{4} = 1500[rpm]$$

35 논리식 $A(A+B)$를 간단히 표현하면?

① A   ② B   ③ A · B   ④ A + B

$A \cap (A \cup B)$를 떠올리면 손쉽게 A임을 알 수 있다.

36 직류발전기의 자극수 4, 전기자 도체수 300, 각 자극의 유효 작속수 0.01Wb, 회전수1800rpm인 경우 유기 기전력은 얼마인가? (단, 전기자 권선은 파권이다.)

① 150[V]   ② 180[V]   ③ 200[V]   ④ 240[V]

유기 기전력 계산식

$$V = \frac{PZ\Phi N}{60a} = \frac{4 \times 300 \times 0.01 \times 1800}{60 \times 2} = 180[V]$$

(Φ : 자속[Wb], N : 회전수[rpm], Z : 전기자 도체수, a : 병렬 회로수)

37 길이 5[cm]마다 감은 권선수가 50회인 무한장 솔레노이드에 50[mA]의 전류를 흘릴 때 솔레노이드 내부에서의 자계의 세기는 몇 [AT/m] 인가?

① 50   ② 500   ③ 5,000   ④ 50,000

정답 34.② 35.① 36.② 37.①

$H_i = nI[AT/m]$ (내부 자계)

$n : \dfrac{50[회]}{5[cm]} \times \dfrac{100[cm]}{1[m]} = 1000[회/m]$

$H_i = 1,000 \times 0.05 = 50[AT/m]$

38 회로의 전압과 전류를 측정하기 위한 계측기의 연결방법으로 옳은 것은?

① 전압계 : 부하와 직렬, 전류계 : 부하와 직렬
② 전압계 : 부하와 직렬, 전류계 : 부하와 병렬
③ 전압계 : 부하와 병렬, 전류계 : 부하와 직렬
④ 전압계 : 부하와 병렬, 전류계 : 부하와 병렬

- 저항을 병렬로 연결하였을 때 두 저항에는 모두 같은 전압이 흐른다.
- 저항을 직렬로 연결하였을 때 두 저항에는 모두 같은 직류가 흐른다.

39 와전류에 의해 도체 중에 생기는 손실 및 부하 전류에 의한 자속의 일그러짐에 의해 생기는 철심 내의 부가적 손실은?

① 히스테리시스손   ② 와류손   ③ 표유부하손   ④ 유전체손

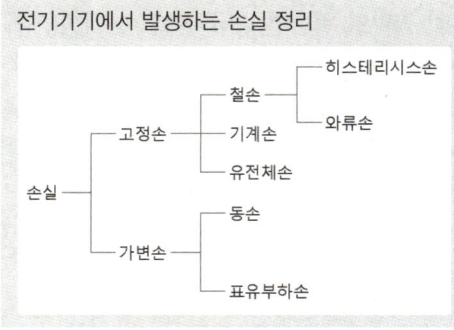

전기기기에서 발생하는 손실 정리

40 직류 전압계의 내부 저항이 $400[\Omega]$, 최대 눈금이 $30[V]$라면 이 전압계에 $2[k\Omega]$의 배율기를 접속하여 전압을 측정할 때 최대 측정치는 몇 $[V]$인가?

① 150[V]   ② 180[V]   ③ 200[V]   ④ 240[V]

정답 38.③ 39.② 40.②

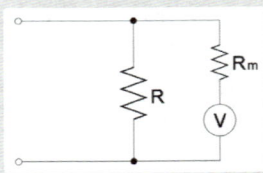

$V_전 : V_후 = R_V : R_t$ (R_V : (배율기×)전압계 저항,
$V_후 R_V = \dfrac{V_전 R_t}{R_V}$ R_t : (배율기)전압계 저항)

$R_t = 400 + 2000 = 2400[\Omega]$

$V_전 : V_후 = 400 : 2400$

$V_후 = \dfrac{30 \cdot 2400}{400} = 180\,V$

【3과목】 소방관계법규

41 「소방기본법」상 강제처분에 대한 내용으로 옳지 않은 것은?

① 소방대장은 사람을 구출하거나 불이 번지는 것을 막기 위하여 필요할 때에는 화재가 발생하거나 불이 번질 우려가 있는 소방대상물 및 토지를 일시적으로 사용할 수 있다.
② 소방서장은 사람을 구출하거나 불이 번지는 것을 막기 위하여 긴급하다고 인정할 때에는 소방대상물과 토지에 대하여 그 사용의 제한 또는 소방활동에 필요한 처분을 할 수 있다.
③ 소방본부장은 소방활동을 위하여 긴급하게 출동할 때에는 소방자동차의 통행과 소방활동에 방해가 되는 주차 또는 정차된 차량 및 물건 등을 제거하거나 이동시킬 수 있다.
④ 소방본부장은 소방활동에 방해가 되는 주차 또는 정차된 차량의 제거나 이동을 위하여 관할 지방자치단체 등 관련 기관에 견인차량과 인력 등에 대한 지원을 요청할 수 있고, 소방청장은 견인차량과 인력 등을 지원한 자에게 비용을 지급할 수 있다.

> 소방기본법 제25조(강제처분 등)
> ① <u>소방본부장, 소방서장 또는 소방대장</u>은 사람을 구출하거나 불이 번지는 것을 막기 위하여 필요할 때에는 화재가 발생하거나 불이 번질 우려가 있는 소방대상물 및 토지를 일시적으로 사용하거나 그 사용의 제한 또는 소방활동에 필요한 처분을 할 수 있다.
> ② <u>소방본부장, 소방서장 또는 소방대장</u>은 사람을 구출하거나 불이 번지는 것을 막기 위하여 긴급하다고 인정할 때에는 제1항에 따른 소방대상물 또는 토지 외의 소방대상물과 토지에 대하여 제1항에 따른 처분을 할 수 있다.
> ③ <u>소방본부장, 소방서장 또는 소방대장</u>은 소방활동을 위하여 긴급하게 출동할 때에는 소방자동차의 통행과 소방활동에 방해가 되는 주차 또는 정차된 차량 및 물건 등을 제거하거나 이동시킬 수 있다.

정답 41.④

④ <u>소방본부장, 소방서장 또는 소방대장</u>은 제3항에 따른 소방활동에 방해가 되는 주차 또는 정차된 차량의 제거나 이동을 위하여 관할 지방자치단체 등 관련 기관에 견인차량과 인력 등에 대한 지원을 요청할 수 있고, 요청을 받은 관련 기관의 장은 정당한 사유가 없으면 이에 협조하여야 한다.
⑤ <u>시·도지사</u>는 제4항에 따라 견인차량과 인력 등을 지원한 자에게 시·도의 조례로 정하는 바에 따라 비용을 지급할 수 있다.

42 「소방기본법」상 화재 등의 통지에 대한 설명으로 옳지 않은 것은?

① 화재 현장 또는 구조·구급이 필요한 사고 현장을 발견한 사람은 그 현장의 상황을 소방본부, 소방서 또는 관계 행정기관에 지체 없이 알려야 한다.
② 목조건물이 밀집한 지역에서 화재로 오인할 만한 우려가 있는 불을 피우려는 자는 관할 소방본부장 또는 소방서장에게 신고하여야 한다.
③ 창고가 밀집한 지역에서 연막 소독을 하려는 자는 관할 소방본부장 또는 소방서장에게 신고하여야 한다.
④ 석유화학제품을 생산하는 공장이 있는 지역에서 연막 소독을 하려는 자가 신고를 하지 아니하여 소방자동차를 출동하게 한 경우 200만원 이하의 과태료를 부과한다.

소방기본법 제19조(화재 등의 통지)
① 화재 현장 또는 구조·구급이 필요한 사고 현장을 발견한 사람은 그 현장의 상황을 소방본부, 소방서 또는 관계 행정기관에 지체 없이 알려야 한다.
② 다음 각 호의 어느 하나에 해당하는 지역 또는 장소에서 화재로 오인할 만한 우려가 있는 불을 피우거나 연막(煙幕) 소독을 하려는 자는 시·도의 조례로 정하는 바에 따라 관할 소방본부장 또는 <u>소방서장에게 신고</u>하여야 한다.
  1. 시장지역
  2. 공장·창고가 밀집한 지역
  3. 목조건물이 밀집한 지역
  4. 위험물의 저장 및 처리시설이 밀집한 지역
  5. 석유화학제품을 생산하는 공장이 있는 지역
  6. 그 밖에 시·도의 조례로 정하는 지역 또는 장소

제57조(과태료)
① 제19조 제2항에 따른 신고를 하지 아니하여 소방자동차를 출동하게 한 자에게는 <u>20만원 이하의 과태료</u>를 부과한다.

정답 42.④

43 「소방기본법」상 소방자동차의 보험 가입 등에 관한 내용이다. ( ) 안에 적절한 것은?

> - (ㄱ)는 소방자동차의 공무상 운행 중 교통사고가 발생한 경우 그 운전자의 법률상 분쟁에 소요되는 비용을 지원할 수 있는 보험에 가입하여야 한다.
> - (ㄴ)는 위에 따른 보험 가입비용의 일부를 지원할 수 있다.

	ㄱ	ㄴ
①	시·도지사	국가
②	소방청장	시·도지사
③	소방본부장 또는 소방서장	시·도지사
④	소방청장	국가

> 소방기본법 제16조의4(소방자동차의 보험 가입 등)
> ① **시·도지사**는 소방자동차의 공무상 운행 중 교통사고가 발생한 경우 그 운전자의 법률상 분쟁에 소요되는 비용을 지원할 수 있는 보험에 가입하여야 한다.
> ② **국가**는 제1항에 따른 보험 가입비용의 일부를 지원할 수 있다.

44 「소방기본법」 및 같은 법 시행규칙상 소방안전교육훈련에 관한 설명으로 옳지 않은 것은?

① 소방청장, 소방본부장 또는 소방서장은 노인복지시설의 노인을 대상으로 소방안전교육훈련을 실시할 수 있다.
② 소방안전교육훈련은 이론교육과 실습(체험)교육을 병행하여 실시하되, 실습(체험)교육이 전체 교육시간의 100분의 30 이상이 되어야 한다.
③ 실습(체험)교육 인원은 특별한 경우가 아니면 강사 1명당 30명을 넘지 않아야 한다.
④ 소방청장, 소방본부장 또는 소방서장은 소방안전교육훈련의 실시결과, 만족도 조사결과 등을 기록하고 이를 3년간 보관하여야 한다.

> ①(×) 소방안전교육훈련의 대상은 어린이집의 영유아, 유치원의 유아, 학교의 학생, 장애인복지시설에 거주하거나 해당 시설을 이용하는 장애인이다.
> ②(○), ③(○), ④(○) 소방안전교육훈련의 시설, 장비, 강사자격 및 교육방법 등의 기준 (소방기본법 시행규칙 [별표 3의3])

정답 43.① 44.①

45 「소방시설공사업법」상 소방기술자에 대한 정의이다. 밑줄 친 부분에 해당하지 않는 사람은?

> "소방기술자"란 소방청장으로부터 소방기술 경력 등을 인정받은 사람과 <u>다음의 어느 하나에 해당하는 사람</u>으로서 소방시설업과 「소방시설 설치 및 관리에 관한 법률」에 따른 소방시설관리업의 기술인력으로 등록된 사람을 말한다.

① 소방시설관리사
② 소방기술사
③ 건설안전산업기사
④ 위험물기능장

> **소방시설공사업법 제2조(정의)**
> ① 이 법에서 사용하는 용어의 뜻은 다음과 같다.
>   4. "소방기술자"란 제28조에 따라 소방기술 경력 등을 인정받은 사람과 다음 각 목의 어느 하나에 해당하는 사람으로서 소방시설업과 「소방시설 설치 및 관리에 관한 법률」에 따른 소방시설관리업의 기술인력으로 등록된 사람을 말한다.
>   가. 「소방시설 설치 및 관리에 관한 법률」에 따른 <u>소방시설관리사</u>
>   나. 국가기술자격 법령에 따른 <u>소방기술사, 소방설비기사, 소방설비산업기사, 위험물기능장, 위험물산업기사, 위험물기능사</u>

46 「소방시설공사업법 시행규칙」상 소방시설업에 대한 행정처분기준으로 옳지 않은 것은?

① 위반행위가 동시에 둘 이상 발생한 경우에는 그 중 중한 처분기준에 따르되, 둘 이상의 처분기준이 동일한 영업정지인 경우에는 중한 처분의 2분의 1까지 가중하여 처분할 수 있다.
② 영업정지 처분기간 중 영업정지에 해당하는 위반사항이 있는 경우에는 종전의 처분기간 만료일의 다음날부터 새로운 위반사항에 대한 영업정지의 행정처분을 한다.
③ 위반행위의 차수에 따른 행정처분기준은 최근 6개월간 같은 위반행위로 행정처분을 받은 경우에 적용한다. 이 경우 기준 적용일은 위반사항에 대한 행정처분일과 그 처분 후 다시 적발한 날을 기준으로 한다.
④ 영업정지 등에 해당하는 위반사항으로서 위반행위의 동기·내용·횟수·사유 또는 그 결과를 고려하여 그 처분을 가중하거나 감경할 수 있다. 이 경우 그 처분이 영업정지일 때에는 그 처분기준의 2분의 1의 범위에서 가중하거나 감경할 수 있다.

> ③ (×) 위반행위의 차수에 따른 행정처분기준은 <u>최근 1년간</u> 같은 위반행위로 행정처분을 받은 경우에 적용한다. 이 경우 기준 적용일은 위반사항에 대한 행정처분일과 그 처분 후 다시 적발한 날을 기준으로 한다. 〈소방시설업에 대한 행정처분기준〉 (소방시설공사업법 시행규칙 [별표 1])

정답 45.③ 46.③

47 「소방시설공사업법 시행령」상 전문소방시설설계업 등록기준인 기술인력으로 옳은 것은?

	주된 기술인력	보조기술인력
①	소방기술사 1명 이상	1명 이상
②	소방설비기사 1명 이상	1명 이상
③	소방기술사 1명 이상	2명 이상
④	소방설비기사 1명 이상	2명 이상

소방시설업의 업종별 등록기준 (소방시설공사업법 시행령 [별표 1])
1. 소방시설설계업

업종별	항목	기술인력
전문소방시설 설계업		가. <u>주된 기술인력 : 소방기술사 1명 이상</u> 나. <u>보조기술인력 : 1명 이상</u>
일반 소방 시설 설계업	기계 분야	가. 주된 기술인력 : 소방기술사 또는 기계분야 소방설비기사 1명 이상 나. 보조기술인력 : 1명 이상
	전기 분야	가. 주된 기술인력 : 소방기술사 또는 전기분야 소방설비기사 1명 이상 나. 보조기술인력 : 1명 이상

48 「소방시설공사업법 시행령」상 상주 공사감리의 방법으로 옳지 않은 것은?

① 감리원은 행정안전부령으로 정하는 기간 동안 공사 현장에 상주하여 감리업무를 수행하고 감리일지에 기록해야 한다.
② 감리원이 행정안전부령으로 정하는 기간 중 부득이한 사유로 1일 이상 현장을 이탈하는 경우에는 감리일지 등에 기록하여 발주청 또는 발주자의 확인을 받아야 한다.
③ 감리원이 행정안전부령으로 정하는 기간 중 부득이한 사유로 1일 이상 현장을 이탈하는 경우 감리업자는 감리원의 업무를 대행할 사람을 감리현장에 배치하여 감리업무에 지장이 없도록 해야 한다.
④ 감리업자는 감리원이 행정안전부령으로 정하는 기간 중 「근로기준법」에 따른 유급휴가로 현장을 이탈하게 되는 경우, 시공관리와 품질 및 안전에 지장이 없는 경우에는 감리원을 공사현장에 배치하지 않을 수 있다.

④ (×) 감리업자는 감리원이 행정안전부령으로 정하는 기간 중 <u>법에 따른 교육이나 「민방위기본법」 또는 「예비군법」에 따른 교육을 받는 경우나 「근로기준법」에 따른 유급휴가로 현장을 이탈</u>하게 되는 경우에는 <u>감리업무에 지장이 없도록 감리원의 업무를 대행할 사람을 감리현장에 배치해야 한다.</u> 이 경우 감리원은 새로 배치되는 업무대행자에게 업무 인수·인계 등의 필요한 조치를 해야 한다. 〈소방공사 감리의 종류, 방법 및 대상〉 (소방시설공사업법 시행령 [별표 3])

정답 47.① 48.④

49 「화재의 예방 및 안전관리에 관한 법률 시행령」상 특수가연물의 품명과 수량의 기준으로 옳지 않은 것은?

① 나무껍질 및 대팻밥 – 400킬로그램 이상
② 석탄·목탄류 – 10,000킬로그램 이상
③ 가연성 액체류 – 1세제곱미터 이상
④ 면화류 – 200킬로그램 이상

특수가연물 (화재예방법 시행령 [별표 2])

품명		수량
면화류		200킬로그램 이상
나무껍질 및 대팻밥		400킬로그램 이상
넝마 및 종이부스러기		1,000킬로그램 이상
사류(絲類)		1,000킬로그램 이상
볏짚류		1,000킬로그램 이상
가연성 고체류		3,000킬로그램 이상
석탄·목탄류		10,000킬로그램 이상
가연성 액체류		2세제곱미터 이상
목재가공품 및 나무부스러기		10세제곱미터 이상
고무류·플라스틱류	발포시킨 것	20세제곱미터 이상
	그 밖의 것	3,000킬로그램 이상

50 「화재의 예방 및 안전관리에 관한 법률 시행령」상 특급 소방안전관리대상물의 범위에 대한 설명이다. ( )에 적절한 것은?

- (ㄱ)층 이상(지하층은 제외)이거나 지상으로부터 높이가 (ㄴ)미터 이상인 아파트
- (ㄷ)층 이상(지하층을 포함)이거나 지상으로부터 높이가 (ㄹ)미터 이상인 특정소방대상물(아파트는 제외)

	ㄱ	ㄴ	ㄷ	ㄹ		ㄱ	ㄴ	ㄷ	ㄹ
①	50	100	50	120	②	50	200	30	120
③	30	100	30	150	④	30	200	50	150

특급 소방안전관리대상물의 범위 (화재예방법 시행령 [별표 4])
「소방시설 설치 및 관리에 관한 법률 시행령」 [별표 2]의 특정소방대상물 중 다음의 어느 하나에 해당하는 것
1) 50층 이상(지하층은 제외)이거나 지상으로부터 높이가 200미터 이상인 아파트
2) 30층 이상(지하층을 포함)이거나 지상으로부터 높이가 120미터 이상인 특정소방대상물(아파트는 제외)
3) 2)에 해당하지 않는 특정소방대상물로서 연면적이 10만제곱미터 이상인 특정소방대상물(아파트는 제외)

정답 49.③ 50.②

51 「화재의 예방 및 안전관리에 관한 법률 시행령」상 특정소방대상물의 근무자등에게 불시에 소방훈련과 교육을 실시할 수 있는 경우로 규정되어 있지 아니한 것은?

① 노유자 시설
② 교육연구시설
③ 종교시설
④ 의료시설

> 화재예방법 제37조(소방안전관리대상물 근무자 및 거주자 등에 대한 소방훈련 등)
> ④ 소방본부장 또는 소방서장은 소방안전관리대상물 중 불특정 다수인이 이용하는 대통령령으로 정하는 특정소방대상물의 근무자등에게 불시에 소방훈련과 교육을 실시할 수 있다. 이 경우 소방본부장 또는 소방서장은 그 특정소방대상물 근무자등의 불편을 최소화하고 안전 등을 확보하는 대책을 마련하여야 하며, 소방훈련과 교육의 내용, 방법 및 절차 등은 행정안전부령으로 정하는 바에 따라 관계인에게 사전에 통지하여야 한다.
>
> 시행령 제39조(불시 소방훈련·교육의 대상)
> 법 제37조 제4항에서 "대통령령으로 정하는 특정소방대상물"이란 소방안전관리대상물 중 다음 각 호의 특정소방대상물을 말한다.
> 1. 「소방시설 설치 및 관리에 관한 법률 시행령」 별표 2 제7호에 따른 <u>의료시설</u>
> 2. 「소방시설 설치 및 관리에 관한 법률 시행령」 별표 2 제8호에 따른 <u>교육연구시설</u>
> 3. 「소방시설 설치 및 관리에 관한 법률 시행령」 별표 2 제9호에 따른 <u>노유자 시설</u>
> 4. 그 밖에 화재 발생 시 불특정 다수의 인명피해가 예상되어 <u>소방본부장 또는 소방서장이 소방훈련·교육이 필요하다고 인정하는 특정소방대상물</u>

52 「화재의 예방 및 안전관리에 관한 법률 시행령」상 화재안전취약자 지원 대상으로 가장 적절한 것은?

① 「국민기초생활 보장법」 제2조 제2호에 따른 수급자
② 「장애인복지법」 제6조에 따른 장애인
③ 「노인복지법」 제27조의2에 따른 노인
④ 「다문화가족지원법」 제2조 제1호에 따른 귀화허가 청구인

> 화재예방법 시행령 제24조(화재안전취약자 지원 대상 및 방법 등)
> ① 법 제23조 제1항에 따른 어린이, 노인, 장애인 등 화재의 예방 및 안전관리에 취약한 자(이하 "화재안전취약자"라 한다)에 대한 지원의 대상은 다음 각 호와 같다.
> 1. 「국민기초생활 보장법」 제2조 제2호에 따른 <u>수급자</u>
> 2. 「장애인복지법」 제6조에 따른 <u>중증장애인</u>
> 3. 「한부모가족지원법」 제5조에 따른 지원대상자
> 4. 「노인복지법」 제27조의2에 따른 <u>홀로 사는 노인</u>
> 5. 「다문화가족지원법」 제2조 제1호에 따른 <u>다문화가족의 구성원</u>
> 6. 그 밖에 화재안전에 취약하다고 소방관서장이 인정하는 사람

정답 51.③ 52.①

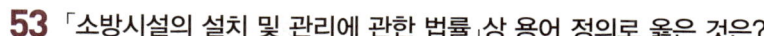

53 「소방시설의 설치 및 관리에 관한 법률」상 용어 정의로 옳은 것은?

① "성능위주설계"란 건축물 등의 재료, 공간, 이용자, 화재 특성 등을 종합적으로 고려하여 공학적 방법으로 화재 위험성을 평가하고 그 결과에 따라 화재안전성능이 확보될 수 있도록 특정소방대상물을 설계하는 것을 말한다.
② "화재안전성능"이란 화재안전 확보를 위하여 소방대상물의 재료, 공간 및 설비 등에 요구되는 안전성능을 말한다.
③ "소방용품"이란 소방장비등을 구성하거나 소방용으로 사용되는 제품 또는 기기로서 대통령령으로 정하는 것을 말한다.
④ "특정소방대상물"이란 건축물 등의 규모·용도 및 수용인원 등을 고려하여 소방시설을 설치하여야 하는 소방대상물로서 행정안전부령으로 정하는 것을 말한다.

> ① (○) "성능위주설계"란 건축물 등의 재료, 공간, 이용자, 화재 특성 등을 종합적으로 고려하여 공학적 방법으로 화재 위험성을 평가하고 그 결과에 따라 화재안전성능이 확보될 수 있도록 특정소방대상물을 설계하는 것을 말한다.
> ② (×) "화재안전성능"이란 <u>화재를 예방하고 화재발생 시 피해를 최소화하기 위하여</u> 소방대상물의 재료, 공간 및 설비 등에 요구되는 안전성능을 말한다.
> ③ (×) "소방용품"이란 <u>소방시설등</u>을 구성하거나 소방용으로 사용되는 제품 또는 기기로서 대통령령으로 정하는 것을 말한다.
> ④ (×) "특정소방대상물"이란 건축물 등의 규모·용도 및 수용인원 등을 고려하여 소방시설을 설치하여야 하는 소방대상물로서 <u>대통령령</u>으로 정하는 것을 말한다.

54 「소방시설의 설치 및 관리에 관한 법률」상 소방시설 등의 자체점검에 대한 설명으로 옳은 것은?

① 소방시설등이 신설된 경우 사용승인에 따라 건축물을 사용할 수 있게 된 날부터 90일 이내에 자체점검을 하여야 한다.
② 자체점검의 구분 및 대상, 점검인력의 배치기준, 점검자의 자격, 점검 장비, 점검 방법 및 횟수 등 자체점검 시 준수하여야 할 사항은 대통령령으로 정한다.
③ 관계인은 자체점검 결과를 소방시설등에 대한 수리·교체·정비에 관한 이행계획을 첨부하여 소방청장에게 보고하여야 한다.
④ 관계인은 천재지변이나 그 밖에 대통령령으로 정하는 사유로 자체점검을 실시하기 곤란한 경우에는 대통령령으로 정하는 바에 따라 소방본부장 또는 소방서장에게 면제 또는 연기 신청을 할 수 있다.

정답 53.① 54.④

① (×) 소방시설법 제22조(소방시설등의 자체점검) ① 특정소방대상물의 관계인은 그 대상물에 설치되어 있는 소방시설등이 이 법이나 이 법에 따른 명령 등에 적합하게 설치·관리되고 있는지에 대하여 다음 각 호의 구분에 따른 기간 내에 스스로 점검하거나 제34조에 따른 점검능력 평가를 받은 관리업자 또는 행정안전부령으로 정하는 기술자격자(이하 "관리업자등"이라 한다)로 하여금 정기적으로 점검(이하 "자체점검"이라 한다)하게 하여야 한다. 이 경우 관리업자등이 점검한 경우에는 그 점검 결과를 행정안전부령으로 정하는 바에 따라 관계인에게 제출하여야 한다.
  1. 해당 특정소방대상물의 소방시설등이 신설된 경우 :「건축법」제22조에 따라 건축물을 사용할 수 있게 된 날부터 **60일**
  2. 제1호 외의 경우 : 행정안전부령으로 정하는 기간
② (×) 법 제22조(소방시설등의 자체점검) ② 자체점검의 구분 및 대상, 점검인력의 배치기준, 점검자의 자격, 점검장비, 점검 방법 및 횟수 등 자체점검 시 준수하여야 할 사항은 **행정안전부령**으로 정한다.
③ (×) 법 제23조(소방시설등의 자체점검 결과의 조치 등) ③ 특정소방대상물의 관계인은 제22조제1항에 따라 자체점검을 한 경우에는 그 점검 결과를 행정안전부령으로 정하는 바에 따라 소방시설등에 대한 수리·교체·정비에 관한 이행계획(중대위반사항에 대한 조치사항을 포함)을 첨부하여 **소방본부장 또는 소방서장**에게 보고하여야 한다. (이하 생략)
④ (○) 법 제22조(소방시설등의 자체점검) ⑥ 관계인은 천재지변이나 그 밖에 대통령령으로 정하는 사유로 자체점검을 실시하기 곤란한 경우에는 대통령령으로 정하는 바에 따라 **소방본부장 또는 소방서장**에게 면제 또는 연기 신청을 할 수 있다. (이하 생략)

55 「소방시설의 설치 및 관리에 관한 법률」상 소방기술심의위원회에 대한 내용으로 옳은 것은?

① 중앙소방기술심의위원회는 소방시설에 하자가 있는지의 판단에 관한 사항을 심의한다.
② 소방본부에 지방소방기술심의위원회를 둔다.
③ 지방소방기술심의위원회는 소방시설의 설계 및 공사감리의 방법에 관한 사항을 심의한다.
④ 중앙소방기술심의위원회 및 지방소방기술심의위원회의 구성·운영 등에 필요한 사항은 대통령령으로 정한다.

소방시설법 제18조(소방기술심의위원회)
① 다음 각 호의 사항을 심의하기 위하여 **소방청**에 **중앙소방기술심의위원회**(이하 "중앙위원회"라 한다)를 둔다.
  1. 화재안전기준에 관한 사항
  2. 소방시설의 구조 및 원리 등에서 공법이 특수한 설계 및 시공에 관한 사항
  3. **소방시설의 설계 및 공사감리의 방법에 관한 사항**
  4. **소방시설공사의 하자를 판단하는 기준에 관한 사항**
  5. 제8조 제5항 단서에 따라 신기술·신공법 등 검토·평가에 고도의 기술이 필요한 경우로서 중앙위원회에 심의를 요청한 사항
  6. 그 밖에 소방기술 등에 관하여 대통령령으로 정하는 사항
② 다음 각 호의 사항을 심의하기 위하여 **시·도**에 **지방소방기술심의위원회**(이하 "지방위원회"라 한다)를 둔다.
  1. **소방시설에 하자가 있는지의 판단에 관한 사항**
  2. 그 밖에 소방기술 등에 관하여 대통령령으로 정하는 사항
③ 중앙위원회 및 지방위원회의 구성·운영 등에 필요한 사항은 **대통령령**으로 정한다.

정답 55.④

56 「소방시설의 설치 및 관리에 관한 법률 시행령」상 간이스프링클러설비를 설치해야 하는 특정소방대상물에 대한 내용이다. ( ) 안에 옳은 것은?

- 종합병원, 병원, 치과병원, 한방병원 및 요양병원(의료재활시설은 제외)으로 사용되는 바닥면적의 합계가 (ㄱ) 미만인 시설
- 정신의료기관 또는 의료재활시설로 사용되는 바닥면적의 합계가 (ㄴ) 미만인 시설
- 정신의료기관 또는 의료재활시설로 사용되는 바닥면적의 합계가 (ㄷ) 미만이고, 창살(철재·플라스틱 또는 목재 등으로 사람의 탈출 등을 막기 위하여 설치한 것을 말하며, 화재 시 자동으로 열리는 구조로 되어 있는 창살은 제외)이 설치된 시설

	ㄱ	ㄴ	ㄷ		ㄱ	ㄴ	ㄷ
①	600㎡	600㎡	600㎡	②	600㎡	300㎡ 이상 600㎡	300㎡
③	300㎡	300㎡ 이상 600㎡	600㎡	④	300㎡	600㎡	300㎡

> 특정소방대상물의 관계인이 특정소방대상물에 설치·관리해야 하는 소방시설의 종류 (소방시설법 시행령 [별표 4])
> 간이스프링클러설비를 설치해야 하는 특정소방대상물은 다음의 어느 하나에 해당하는 것으로 한다.
> 3) 의료시설 중 다음의 어느 하나에 해당하는 시설
>   가) 종합병원, 병원, 치과병원, 한방병원 및 요양병원(의료재활시설은 제외)으로 사용되는 바닥면적의 합계가 <u>600㎡ 미만</u>인 시설
>   나) 정신의료기관 또는 의료재활시설로 사용되는 바닥면적의 합계가 <u>300㎡ 이상 600㎡ 미만</u>인 시설
>   다) 정신의료기관 또는 의료재활시설로 사용되는 바닥면적의 합계가 <u>300㎡ 미만</u>이고, 창살(철재·플라스틱 또는 목재 등으로 사람의 탈출 등을 막기 위하여 설치한 것을 말하며, 화재 시 자동으로 열리는 구조로 되어 있는 창살은 제외)이 설치된 시설

57 「위험물안전관리법」상 위험물안전관리자에 대한 설명으로 옳지 않은 것은?

① 제조소등의 관계인은 제1항 및 제2항에 따라 안전관리자를 선임한 경우에는 선임한 날부터 14일 이내에 행정안전부령으로 정하는 바에 따라 소방본부장 또는 소방서장에게 신고하여야 한다
② 안전관리자를 선임한 제조소등의 관계인은 그 안전관리자를 해임하거나 안전관리자가 퇴직한 때에는 해임하거나 퇴직한 날부터 20일 이내에 다시 안전관리자를 선임하여야 한다.
③ 제조소등의 관계인이 안전관리자를 해임하거나 안전관리자가 퇴직한 경우 그 관계인 또는 안전관리자는 소방본부장이나 소방서장에게 그 사실을 알려 해임되거나 퇴직한 사실을 확인받을 수 있다.
④ 안전관리자를 선임한 제조소등의 관계인은 안전관리자가 여행·질병 그 밖의 사유로 인하여 일시적으로 직무를 수행할 수 없는 경우 행정안전부령이 정하는 자를 대리자로 지정하여 그 직무를 대행하게 하여야 한다. 이 경우 대리자가 안전관리자의 직무를 대행하는 기간은 30일을 초과할 수 없다.

정답 56.② 57.②

> **위험물안전관리법 제15조(위험물안전관리자)**
> ② 제1항의 규정에 따라 안전관리자를 선임한 제조소등의 관계인은 그 안전관리자를 해임하거나 안전관리자가 퇴직한 때에는 해임하거나 퇴직한 날부터 <u>30일 이내</u>에 다시 안전관리자를 선임하여야 한다.
> ③ 제조소등의 관계인은 제1항 및 제2항에 따라 안전관리자를 선임한 경우에는 선임한 날부터 <u>14일 이내</u>에 행정안전부령으로 정하는 바에 따라 소방본부장 또는 소방서장에게 신고하여야 한다.
> ④ 제조소등의 관계인이 안전관리자를 해임하거나 안전관리자가 퇴직한 경우 그 관계인 또는 안전관리자는 소방본부장이나 소방서장에게 그 사실을 알려 해임되거나 퇴직한 사실을 확인받을 수 있다.
> ⑤ 제1항의 규정에 따라 안전관리자를 선임한 제조소등의 관계인은 안전관리자가 여행·질병 그 밖의 사유로 인하여 일시적으로 직무를 수행할 수 없거나 안전관리자의 해임 또는 퇴직과 동시에 다른 안전관리자를 선임하지 못하는 경우에는 국가기술자격법에 따른 위험물의 취급에 관한 자격취득자 또는 위험물안전에 관한 기본지식과 경험이 있는 자로서 행정안전부령이 정하는 자를 대리자(代理者)로 지정하여 그 직무를 대행하게 하여야 한다. 이 경우 대리자가 안전관리자의 직무를 대행하는 기간은 <u>30일을 초과할 수 없다</u>.

58 「위험물안전관리법」상 탱크시험자로 등록하거나 탱크시험자의 업무에 종사할 수 있는 자는?

① 피성년후견인
② 탱크시험자의 등록이 취소된 날부터 1년이 지난 자
③ 「소방시설 설치 및 관리에 관한 법률」에 따른 금고 이상의 형의 집행유예 선고를 받고 그 유예기간 중에 있는 자
④ 법인으로서 그 대표자가 「소방시설공사업법」에 따른 금고 이상의 실형의 선고를 받고 그 집행이 종료된 날부터 2년이 지난 자

> **위험물관리법 제16조(탱크시험자의 등록 등)**
> ④ 다음 각 호의 어느 하나에 해당하는 자는 탱크시험자로 등록하거나 탱크시험자의 업무에 종사할 수 없다.
>   1. <u>피성년후견인</u>
>   2. 삭제
>   3. 이 법,「소방기본법」,「화재의 예방 및 안전관리에 관한 법률」,「소방시설 설치 및 관리에 관한 법률」 또는 「소방시설공사업법」에 따른 금고 이상의 실형의 선고를 받고 그 집행이 종료(집행이 종료된 것으로 보는 경우를 포함한다)되거나 집행이 면제된 날부터 <u>2년</u>이 지나지 아니한 자
>   4. 이 법,「소방기본법」,「화재의 예방 및 안전관리에 관한 법률」,「소방시설 설치 및 관리에 관한 법률」 또는 「소방시설공사업법」에 따른 금고 이상의 형의 집행유예 선고를 받고 그 <u>유예기간 중</u>에 있는 자
>   5. 제5항의 규정에 따라 탱크시험자의 등록이 취소(제1호에 해당하여 자격이 취소된 경우는 제외한다)된 날부터 <u>2년</u>이 지나지 아니한 자
>   6. <u>법인으로서 그 대표자가 제1호 내지 제5호의 1에 해당하는 경우</u>

정답 58.④

59 「위험물안전관리법 시행령」상 제조소등의 관계인이 제조소등에 대하여 기술기준에 적합한지의 여부를 정기적으로 점검하고 점검결과를 기록하여 보존하여야 하는 것은?

① 옥내탱크저장소
② 지정수량의 200배 이상의 위험물을 저장하는 옥외탱크저장소
③ 지정수량의 10배 이상의 위험물을 저장하는 옥외저장소
④ 위험물을 취급하는 탱크로서 지상에 매설된 탱크가 있는 제조소·주유취급소 또는 일반취급소

> 위험물안전관리법 시행령 제16조(정기점검의 대상인 제조소등)
> 법 제18조 제1항에서 "대통령령이 정하는 제조소등"이라 함은 다음 각호의 1에 해당하는 제조소등을 말한다.
> 1. 제15조 각호의 1에 해당하는 제조소등(註 : 예방규정을 정하여야 하는 제조소등)
> 2. 지하탱크저장소
> 3. 이동탱크저장소
> 4. 위험물을 취급하는 탱크로서 <u>지하</u>에 매설된 탱크가 있는 제조소·주유취급소 또는 일반취급소
>
> 시행령 제15조(관계인이 예방규정을 정하여야 하는 제조소등) 법 제17조 제1항에서 "대통령령이 정하는 제조소등"이라 함은 다음 각호의 1에 해당하는 제조소등을 말한다.
> 1. 지정수량의 10배 이상의 위험물을 취급하는 제조소
> 2. <u>지정수량의 100배 이상의 위험물을 저장하는 옥외저장소</u>
> 3. 지정수량의 150배 이상의 위험물을 저장하는 옥내저장소
> 4. <u>지정수량의 200배 이상의 위험물을 저장하는 옥외탱크저장소</u>
> 5. 암반탱크저장소
> 6. 이송취급소
> 7. 지정수량의 10배 이상의 위험물을 취급하는 일반취급소. 다만, 제4류 위험물(특수인화물을 제외한다)만을 지정수량의 50배 이하로 취급하는 일반취급소(제1석유류·알코올류의 취급량이 지정수량의 10배 이하인 경우에 한한다)로서 다음 각목의 어느 하나에 해당하는 것을 제외한다.
> 　가. 보일러·버너 또는 이와 비슷한 것으로서 위험물을 소비하는 장치로 이루어진 일반취급소
> 　나. 위험물을 용기에 옮겨 담거나 차량에 고정된 탱크에 주입하는 일반취급소

60 「위험물안전관리법 시행령」상 위험물에 대한 설명이다. ( ) 안에 적절한 것은?

> • "철분"이라 함은 철의 분말로서 (ㄱ)마이크로미터의 표준체를 통과하는 것이 50중량퍼센트 미만인 것은 제외한다.
> • "금속분"이라 함은 알칼리금속·알칼리토류금속·철 및 마그네슘 외의 금속의 분말을 말하고, 구리분·니켈분 및 (ㄴ)마이크로미터의 체를 통과하는 것이 50중량퍼센트 미만인 것은 제외한다.

	ㄱ	ㄴ			ㄱ	ㄴ
①	150	53		②	53	150
③	170	40		④	40	170

정답 59.② 60.②

위험물 및 지정수량 (위험물관리법 시행령 [별표 1])
- 비고
  4. "철분"이라 함은 철의 분말로서 **53마이크로미터**의 표준체를 통과하는 것이 **50중량퍼센트** 미만인 것은 제외한다.
  5. "금속분"이라 함은 알칼리금속·알칼리토류금속·철 및 마그네슘외의 금속의 분말을 말하고, 구리분·니켈분 및 **150마이크로미터**의 체를 통과하는 것이 **50중량퍼센트** 미만인 것은 제외한다.

【4과목】 소방전기시설의 구조 및 원리

61 누전경보기의 형식승인 및 제품검사의 기술기준에 따라 누전경보기에서 사용되는 표시등에 대한 설명으로 틀린 것은?

① 지구등은 녹색으로 표시되어야 한다.
② 소켓은 접촉이 확실하여야 하며 쉽게 전구를 교체할 수 있도록 부착하여야 한다.
③ 주위의 밝기가 300[lx]인 장소에서 측정하여 앞면으로부터 3[m] 떨어진 곳에서 켜진 등이 확실히 식별되어야 한다.
④ 전구는 사용전압의 130%인 교류전압을 20시간 연속하여 가하는 경우 단선, 현저한 광속변화, 흑화, 전류의 저하 등이 발생하지 아니하여야 한다.

> 1) 지구등은 적색이어야 한다. 위치를 표시하는 등으로 그 표시가 적색이어야 꺼졌을 때 바로 파악 가능하다.
> 2) 누전 경보기에서의 전구 기준은 중요하다.
>   a. 전구는 2개 이상 병렬로 연결해야 한다. (단, 방전등 또는 발광 다이오드 제외.)
>   b. 전구에는 적당한 보호 커버를 설치해야 한다.
>   c. 전구의 사용 전압의 130(%)인 교류 전압을 20시간 연속하여 가하는 경우 단선, 현저한 광속 변화, 흑화 저류의 저하 등이 발생하지 아니하여야 한다.

62 감지기의 형식승인 및 제품검사의 기술기준에 따른 연기감지기의 종류로 옳은 것은?

① 연복합형　② 공기흡입형　③ 차동식스포트형　④ 보상식스포트형

정답　61.①　62.②

63. 비상방송설비의 화재안전기준(NFSC 202)에 따라 부속회로의 전로와 대지 사이 및 배선 상호 간의 절연저항은 1경계구역마다 직류 250V의 절연저항측정기를 사용하여 측정한 절연저항이 몇 MΩ 이상이 되도록 하여야 하는가?

① 0.1 ② 0.2 ③ 10 ④ 20

> 1) 방재실 내부 구성은 500[V]의 직류 시험 전압을 가했을 때 5[MΩ] 이상이어야 한다. (누전 경보기, 가스 누설 경보기, 자동화재속보설비, 유도등, 비상 조명등) + (수신기, 비상경보)
> 2) 발신기 내부 구성은 500[V]의 직류 시험 전압을 가했을 때 20[MΩ] 이상이어야 한다. (경종, 발신기, 중계기, 비상 콘센트) (기기의 절연된 선로 간, 기기의 충전부와 비충전 부 간, 기기의 교류 입력측과 외함 간)
> 3) 감지기는 500[V]의 직류 시험 전압을 가했을 때 50[MΩ] 이상이어야 한다.
>   **암기팁** 방재실을 지나서 계단실을 지나고 발신기실을 지나서 감지기를 지난다. 걸음 수를 떠올려보자.
>   +) 직류 250[V]로 가하는 1 경계 구역의 절연 저항은 0.1[MΩ] 이상이어야 한다.

64. 소방시설용 비상전원수전설비의 화재안전기준(NFSC 602)에 따라 큐비클형의 시설기준으로 틀린 것은?

① 전용큐비클 또는 공용큐비클식으로 설치할 것
② 외함은 건축물의 바닥 등에 견고하게 고정할 것
③ 자연환기구에 따라 충분히 환기할 수 없는 경우에는 환기설비를 설치할 것
④ 공용큐비클식의 소방회로와 일반회로에 사용되는 배선 및 배선용기기는 난연재료로 구획할 것

> 1) 공용 큐비클식은 난연 재료가 아닌 불연 재료로 구획한다.
> 2) 나머지도 중요한 부분이니, 확인해보자.

65. 자동화재속보설비의 속보기의 성능인증 및 제품검사의 기술기준에서 정하는 데이터 및 코드전송방식 신고부분 프로토콜 정의서에 대한 내용이다. 다음의 (   )에 들어갈 내용으로 옳은 것은?

> 119서버로부터 처리 결과 메시지를 (A)초 이내 수신받지 못할 경우에는 (B)회 이상 재전송할 수 있어야 한다.

① ㉠ 10, ㉡ 5   ② ㉠ 10, ㉡ 10   ③ ㉠ 20, ㉡ 10   ④ ㉠ 20, ㉡ 20

> 1) 속보 설비의 기준 **암기팁**
>
> | | |
> |---|---|
> | $1[hour] - 10[min]$ | 1시간 감시, 10분 이상 동작 |
> | $20[sec] \times 3[회] ≒ 1[min]$ | 20초 이내 3회 이상 속보 |
> | 10[회] | 10회 이상 다이얼링 |
>
> 2) 20초 이내 10회 이상 재전송이 필요하다.

정답 63.① 64.④ 65.③

66 유도등 및 유도표지의 화재안전기준(NFSC 303)에 따른 객석유도등의 설치기준이다. 다음 (   )에 들어갈 내용으로 옳은 것은?

> 객석유도등은 객석의 (A), (B) 또는 (C)에 설치하여야 한다.

① A 통로, B 바닥, C 벽
② A 바닥, B 천장, C 벽
③ A 통로, B 바닥, C 천장
④ A 바닥, B 통로, C 출입구

객석 통로 유도등의 설치 위치는 객석의 통로, 바닥, 벽에 해당한다.(천장을 보고 피난하지 않는다.)

67 누전경보기의 형식승인 및 제품검사의 기술기준에 따라 외함은 불연성 또는 난연성 재질로 만들어져야 하며, 누전경보기의 외함의 두께는 몇 mm 이상이어야 하는가? (단, 직접 벽면에 접하여 벽속에 매립되는 외함의 부분은 제외한다.)

① 1.0   ② 1.6   ③ 2.3   ④ 3.0

1) 축전지 외함, 속보기 외함의 두께
   Fe(강판) 1.2[mm]
   PVC(합성수지) 3.0[mm]
2) 배전반 및 분전반의 외함 두께와 문 두께
   외함 1.6[mm]
   문(또는 전면부) : 2.3[mm]
암기팁 두께는 1,2,3 안에 있다. 1.2×3=1.6

68 비상콘센트설비의 화재안전기준(NFSC 504)에 따라 비상콘센트설비의 전원부와 외함 사이의 절연저항은 전원부와 외함 사이를 500[V] 절연저항계로 측정할 때 몇 [MΩ] 이상이어야 하는가?

① 10   ② 20   ③ 30   ④ 50

1) 방재실 내부 구성은 500[V]의 직류 시험 전압을 가했을 때 5[MΩ] 이상이어야 한다. (누전 경보기, 가스 누설 경보기, 자동화재속보설비, 유도등, 비상 조명등) + (수신기, 비상경보)
2) 발신기 내부 구성은 500[V]의 직류 시험 전압을 가했을 때 20[MΩ] 이상이어야 한다. (경종, 발신기, 중계기, 비상 콘센트) (기기의 절연된 선로 간, 기기의 충전부와 비충전 부 간, 기기의 교류 입력측과 외함 간)
3) 감지기는 500[V]의 직류 시험 전압을 가했을 때 50[MΩ] 이상이어야 한다.
암기팁 방재실을 지나서 계단실을 지나고 발신기실을 지나서 감지기를 지난다. 걸음 수를 떠올려보자.
+) 직류 250[V]로 가하는 1 경계 구역의 절연 저항은 0.1[MΩ] 이상이어야 한다.

정답 66.① 67.① 68.②

69 비상경보설비 및 단독경보형감지기의 화재안전기준(NFSC 201)에 따른 단독경보형감지기에 대한 내용이다. 다음 (　)에 들어갈 내용으로 옳은 것은?

> 이웃하는 실내의 바닥면적이 각각 (　)[m²] 미만이고 벽체의 상부의 전부 또는 일부가 개방되어 이웃하는 실내와 공기가 상호 유통되는 경우에는 이를 1개의 실로 본다.

① 30　　② 50　　③ 100　　④ 150

단독 경보형 감지기의 화재 안전 기준(NFSC 201)
→ 비상 경보 설비의 실 기준은 30[m²] 미만이면서 동시에 벽체의 상부가 조금이라도 개방되어 유통되면 이것을 1개의 실로 본다.

70 유도등 및 유도표지의 화재안전기준(NFSC 303)에 따라 설치하는 유도표지는 계단에 설치하는 것을 제외하고는 각층마다 복도 및 통로의 각 부분으로부터 하나의 유도표지까지의 보행거리가 몇 [m] 이하가 되는 곳과 구부러진 모퉁이의 벽에 설치하여야 하는가?

① 10　　② 15　　③ 20　　④ 25

1) 피난 구조 설비의 보행거리에 대해 유도 표지는 15[m] 이하, 유도등은 20[m] 이하
2) 구부러진 모퉁이의 벽에 설치한다.
3) 주위에 등화, 광고물, 게시물 등을 설치해선 안된다.

71 소방시설용 비상전원수전설비의 화재안전기준(NFSC 602)에 따른 용어의 정의에서 소방부하에 전원을 공급하는 전기회로를 말하는 것은?

① 수전 설비　　② 일반 회로　　③ 소방 회로　　④ 변전 설비

소방 회로는 소방 부하에 전원을 공급하는 전기회로를 말한다.(결과적으로 소방(전용)회로를 의미한다.)

72 누전경보기의 형식승인 및 제품검사의 기술기준에 따라 감도 조정 장치를 갖는 누전경보기에 있어서 감도 조정 장치의 조정범위는 최대치가 몇 [A]이어야 하는가?

① 0.2　　② 1.0　　③ 0.3　　④ 3.0

- 공칭작동 전류치는 200[mA] 이하에 해당한다.
- 감도조정장치의 조정범위는 1000[mA] 이하이다.

암기팁 아라비아 숫자로 Ⅰ, Ⅱ 구분하도록 하자.

정답 69.① 70.② 71.③ 72.②

73 자동화재탐지설비 및 시각경보장치의 화재안전기준(NFSC 203)에 따른 배선의 시설기준으로 틀린 것은?

① 감지기 사이의 회로의 배선은 송배전식으로 할 것
② 감지기회로의 도통시험을 위한 종단저항은 감지기회로의 끝 부분에 설치할 것
③ 피(P)형 수신기의 감지기 회로의 배선에 있어서 하나의 공통선에 접속할 수 있는 경계구역은 5개 이하로 할 것
④ 수신기의 각 회로별 종단에 설치되는 감지기에 접속되는 배선의 전압은 감지기 정격전압의 80% 이상이어야 할 것

1) 공통선에는 7개 회로까지 연결 할 수 있다.
2) 나머지 보기도 매우 중요하니 읽어두자.

74 무선통신보조설비의 화재안전기준(NFSC 505)에 따른 용어의 정의로 옳은 것은?

① "혼합기"는 신호의 전송로가 분기되는 장소에 설치하는 장치를 말한다.
② "분배기"는 서로 다른 주파수의 합성된 신호를 분리하기 위해서 사용하는 장치를 말한다.
③ "증폭기"는 두 개 이상의 입력신호를 원하는 비율로 조합한 출력이 발생되도록 하는 장치를 말한다.
④ "누설동축케이블"은 동축케이블의 외부도체에 가느다란 홈을 만들어서 전파가 외부로 새어 나갈 수 있도록 한 케이블을 말한다.

무선 통신 보조 설비 용어	
혼합기	신호의 전송로가 분기되는 장소에 설치하는 장치
분배기	서로 다른 주파수의 합성된 신호를 분리하기 위해사용하는 장치
분파기	서로 다른 주파수의 합성된 신호를 분리하기 위해 사용하는 장치
증폭기	입력 신호의 에너지를 증가시켜 출력 측에 큰 에너지의 변화로 출력하는 장치
옥외 안테나	감시 제어반 등에 설치된 무선중계기의 입력과 출력포트에 연결되어 송수신 신호를 원활하게 방사·수신하기 위해 옥외에 설치하는 장치

75 비상조명등의 형식승인 및 제품검사의 기술기준에 따라 비상조명등의 일반구조로 광원과 전원부를 별도로 수납하는 구조에 대한 설명으로 틀린 것은?

① 전원함은 방폭 구조로 할 것
② 배선은 충분히 견고한 것을 사용할 것
③ 광원과 전원부 사이의 배선 길이는 1[m] 이하로 할 것
④ 전원함은 불연재료 또는 난연재료의 재질을 사용할 것

정답 73.③ 74.④ 75.①

1) 방폭 구조는 폭발성을 지닌 설비에 설치한다.
   → 화염으로부터 보호 수납만 하면 되므로 불연 재료 또는 난연 재료의 재질을 사용한다.
2) 배선은 견고하여 화염에 끊어지면 안된다.
3) 광원과 전원부 사이에 배선 길이는 1m 이하로 한다. → 전압 강하를 최소화하기 위함이다.

76 「유통산업발전법」 제2조 제3호에 따른 대규모점포(지하상가 및 지하역사는 제외한다)와 영화상영관에는 보행거리 몇 [m] 이내마다 휴대용비상조명등을 3개 이상 설치하여야 하는가? (단, 비상조명등의 화재안전기준(NFSC 304)에 따른다.)

① 20 ② 25 ③ 30 ④ 50

1) 보행 거리 기준에 대해선 소화기를 생각하는 것이 좋다. 20m는 소화기, 25m는 소화전, 30m는 대형 소화기, 40m는 옥외 소화전
2) 휴대용 비상 조명등의 설치가 1개일 때는 숙박시설, 또는 다중 이용 업소에서 객실 또는 영업장 안의 구획된 실마다 잘 보이는 곳에 설치한다.
3) 3개 이상일 때는 25m마다(지하상가, 지하 역사), 50m마다(대규모점포, 영화상영관)설치한다.

77 비상경보설비 및 단독경보형감지기의 화재안전기준(NFSC 201)에 따른 단독경보형감지기의 시설 기준에 대한 내용이다. 다음 (   )에 들어갈 내용으로 옳은 것은?

단독경보형감지기는 바닥면적이 (A)[㎡]를 초과하는 경우에는 (B)[㎡]마다 1개 이상 설치하여야 한다.

① A 100, B 100
② A 100, B 150
③ A 150, B 150
④ A 150, B 200

단독경보형 감지기의 설치 기준
1) 각실 마다 설치 하되, 바닥 면적이 150[㎡]를 초과하는 경우에 150[㎡]마다 1개 이상 설치할 것.
2) 여기서 '각 실'이라 함은 이웃하는 실내의 바닥 면적이 30[㎡] 미만이고 벽체의 상부의 전부 또는 일부가 개방되어 이웃하는 실내와 공기가 상호 유통되는 경우에는 이를 1개의 실로 본다.
암기팁 이는 연기 감지기의 면적 기준과 같다.

정답 76.④ 77.③

78 무선통신보조설비의 화재안전기준(NFSC 505)에 따라 무선통신보조설비의 누설동축케이블 및 안테나는 고압의 전로로부터 1.5[m] 이상 떨어진 위치에 설치해야 하나 그렇게 하지 않아도 되는 경우는?

① 끝부분에 무반사 종단저항을 설치한 경우
② 불연재료로 구획된 반자 안에 설치한 경우
③ 해당 전로에 정전기 차폐장치를 유효하게 설치한 경우
④ 금속제 등의 지지금구로 일정한 간격으로 고정한 경우

1) 고압의 전로에 의한 유도 전류를 피하기 위해 1.5[m]의 거리를 둔다. 정전기를 차폐할 경우 필요가 없다.
2) 나머지는 일반적인 설치 조건이다.
   a. 지지금구류는 4[m]간격으로 설치한다. (불연재료로 구획된 반자 내에선 예외된다.)
   b. 무반사 종단 저항은 전자파 메아리 현상을 방지한다.

79 비상경보설비의 축전지의 성능인증 및 제품검사의 기술기준에 따른 축전지설비의 외함 두께는 강판인 경우 몇 mm 이상이어야 하는가?

① 1.2   ② 1.6   ③ 2.3   ④ 3.0

1) 축전지 외함, 속보기 외함의 두께
   Fe(강판) 1.2[mm], PVC(합성수지) 3.0[mm]
2) 배전반 및 분전반의 외함 두께와 문 두께
   외함 1.6[mm], 문(또는 전면부) : 2.3[mm]
   암기팁 두께는 1,2,3 안에 있다. 1.2×3=1.6

80 유도등 및 유도표지의 화재안전기준(NFSC 303)에 따라 객석 내 통로의 직선부분 길이가 44[m]인 경우 객석유도등을 몇 개 설치하여야 하는가?

① 6개   ② 10개   ③ 12개   ④ 14개

객석유도등 설치 수량
$\left(\dfrac{객석통로의\ 직선부분의\ 길이}{4} - 1\right)[EA]$

암기팁

객석유도등 표지에 '4'가 있다.

$\dfrac{44}{4} - 1 = 10[EA]$

정답 78.③ 79.① 80.②

2024년 3회 소방설비기사(전기분야) CBT 복원

[1과목] 소방원론

01 펌프의 체절운전 시 수온상승을 방지하기 위하여 설치하는 것은 무엇인가?
① 펌프성능시험배관
② 순환배관
③ 물올림장치
④ 수직배관

> 가압송수장치의 체절운전 시 수온의 상승을 방지하기 위하여 체크밸브와 펌프사이에서 분기한 구경 20mm 이상의 배관에 체절압력 미만에서 개방되는 릴리프밸브를 설치하여야 한다.

02 소화방법에 관한 설명으로 옳은 것만을 〈보기〉에서 있는 대로 고른 것은?

〈 보기 〉
ㄱ. 산림화재 시 화재 진행방향의 나무를 벌목하는 것은 제거소화의 방법 중 하나이다.
ㄴ. 물은 비열, 증발잠열의 값이 작아서 주로 냉각소화에 사용된다.
ㄷ. 부촉매 소화는 화학적 소화에 해당한다.
ㄹ. 유류화재는 포 소화약제를 방사하여 유류 표면에 얇은 층을 형성함으로써 공기 공급을 차단해 소화한다.
ㅁ. 물에 침투제를 첨가하는 이유는 표면장력을 증가시켜 소화능력을 향상하기 위함이다.

① ㄱ, ㄷ, ㄹ
② ㄴ, ㄹ, ㅁ
③ ㄱ, ㄴ, ㄷ, ㄹ
④ ㄱ, ㄷ, ㄹ, ㅁ

> • 물은 비열, 증발잠열의 값이 커서 주로 냉각소화에 사용된다.
> • 물에 침투제를 첨가하는 이유는 표면장력을 감소시켜 침투성을 강화해 소화능력을 향상하기 위함이다.

03 폭발에 대한 일반적인 설명으로 옳은 것은?
① 아세틸렌과 산화에틸렌은 분해폭발을 일으키기 쉬운 물질이다.
② 상온에서 탱크에 저장된 중유가 유출되면 자유공간 증기운폭발이 일어난다.
③ 밀폐공간에서 조연성가스가 폭발범위를 형성하면 점화원에 의해 가스폭발이 일어난다.
④ 다량의 고온물질이 물속에 투입되었을 때 물의 갑작스러운 상변화에 의한 폭발현상을 반응폭주라 한다.

정답 01.② 02.① 03.①

분해폭발
아세틸렌, 에틸렌, 산화에틸렌 등과 같은 물질이 주위의 온도나 압력의 영향을 받아 분해되면서 만들어지는 열에 의해 폭발하는 것을 말한다. 분해폭발은 물질이 분해 도중 폭발하는 현상이므로 산소의 공급이 없어도 발생할 수 있는 현상이다.

04 물 소화약제 첨가제 중 주요 기능이 물의 표면장력을 작게 하여 심부화재에 대한 적응성을 높여 주는 것은?

① 부동제　　② 증점제　　③ 침투제　　④ 유화제

물 소화약제의 첨가제
물소화약제의 침투능력·분산능력·유화능력 등을 증시키기 위하여 첨가하는 물질을 총칭하여 첨가제라 한다.
① 부동제(Antifreeze Agent) : 동결방지제, 부동액
　㉠ 물의 빙점(0℃) 하에서 동파 및 물의 응고현상을 방지하기 위하여 물에 첨가하는 물질이다.
　㉡ 부동제 종류 : 에틸렌글리콜, 프로필렌글리콜, 디에틸렌글리콜, 글리세린, 염화나트륨, 염화칼슘등이 사용되며, 동결방지제로 에틸렌글리콜을 가장 많이 사용되고 있다.
② 침투제(Wetting Agent)
　㉠ 물에 계면활성제 계통의 물질을 첨가시켜 물이 가지고 있는 표면장력을 낮추어 침투성을 강화시킨 물질이다.
　㉡ 유수(Wet Water) : 물의 표면장력을 감소시켜서 물의 침투성을 증가시키는 침투제(Wetting Agent)를 혼합시킨 수용액을 말한다.
③ 증점제(Viscosity Agent) : 가연물질에 한 물소화약제의 부착성(접착성)을 증가시키기 위 한 첨가 물질을 증점제라 한다. 이는 많은 열을 발생하는 화재, 즉 산림화재 등에 매우 효과 적이다.

05 가연물의 화학적 연쇄반응 속도를 줄여 소화하는 방법으로 옳은 것은?

① 다량의 물을 주수하여 소화한다.
② 할로겐화합물 소화약제를 사용하여 소화한다.
③ 연소물이나 화원을 제거하여 소화한다.
④ 에멀션(emulsion) 효과를 이용하여 소화한다.

억제소화(부촉매소화)
연소의 4요소 중 순조로운 연쇄반응을 억제하여 소화하는 방법을 말한다.
① 할론 소화약제를 이용하여 소화하는 방법
② 할로겐화합물 및 불활성기체를 이용하여 소화하는 방법
③ 분말 소화약제를 이용하여 소화하는 방법

정답 04.③ 05.②

06 다음 중 인화점, 연소점, 발화점 등에 관한 내용이다. 가장 적합하지 않은 것은?

① 발화점과 인화점은 반비례 관계이다.
② 인화점과 위험성은 반비례 관계이다.
③ 연소점과 위험성은 반비례 관계이다.
④ 발화점과 위험성은 반비례 관계이다.

> 인화점, 연소점, 발화점
> - 발화점(착화점, Ignition Point) : 외부의 직접적인 점화원 없이 연소가 일어나기 시작할 때의 최저온도를 발화점 또는 착화점 이라한다. 즉, 공기 중에서 가연물을 가열할 경우 가열된 열만을 가지고 스스로 연소가 시작되는 최저온도를 말하며, 화재 시 발생하는 복사열로 인해 인접 가연물에 발화가 되는 경우나 화재 진압 후에도 계속해서 주수를 하는 이유도 바로 주위온도를 발화점 이하로 낮추어 가연물의 재 발화를 방지하기 위함이다.
> - 인화점(Flash Point) : 가연성 기체와 공기가 혼합된 상태에서 외부의 직접적인 점화원에 의해 순간적으로 연소가 일어날 수 있는 최저온도를 인화점이라 한다. 특히 휘발성 물질의 경우 점화원을 접하여 발화될 수 있는 최저온도를 말하며 인화성 액체의 위험성을 나타내는 척도이다.
> - 연소점(Fire Point) : 인화점 이후 점화원을 제거한 후에도 지속적으로 연소상태를 유지시킬 수 있는 최저온도를 연소점이라 한다. 특히 고체가연물의 경우 인화점에 도달 하여도 점화원을 제거하면 연소상태가 그칠 수 있다. 하지만 인화점보다 약간 높은 온도에서는 연소상태를 유지할 수 있다. 이는 인화점보다는 약 10℃정도 높은 온도이며 5~10초 이상 연소를 지속할 수 있는 상태이다.
> - 인화점, 연소점, 발화점은 모두 위험성과는 반비례 관계이다.

07 자연발화에 영향을 미치는 열과 가장 관계가 없는 것은?

① 산화열 축적에 의한 발화
② 응고열 축적에 의한 발화
③ 분해열 축적에 의한 발화
④ 흡착열 축적에 의한 변화

> 자연발화에 영향을 미치는 열원은 산화열, 흡착열, 분해열, 발효열, 중합열로 구분한다.

08 화재를 진압하거나 인명구조를 위해 사용하는 설비에 해당하지 않는 것은?

① 비상조명등
② 연소방지설비
③ 비상콘센트
④ 연결살수설비

> 소화활동설비 – 화재를 진압하거나 인명구조를 위해 사용하는 설비
> ① 제연설비 ② 연결송수관설비 ③ 결살수설비
> ④ 비상콘센트 ⑤ 무선통신보조설비 ⑥ 연소방지설비

정답 06.① 07.② 08.①

09 건축물에서 화재가 발생하면 실내온도가 상승하여 부력에 의해 고온의 기체가 상부에 축적 되어 실내 상부의 압력은 실외의 압력보다 높아지고 하부의 압력은 실외의 압력보다 낮아진다. 따라서 실내의 상부와 하부 사이의 어느 지점에 실내의 압력과 실외의 압력이 같아지는 면이 생기는데 이를 중성대 라고 한다. 이때 실내의 하부에 개구부가 생기면 어떻게 되는지 바르게 설명한 것은?

① 중성대는 상부로 올라간다.　　② 중성대는 하부로 내려온다.
③ 중성대의 위치는 변화가 없다.　④ 넓은 시야 확보로 구조작업이 쉬워진다.

> **중성대 활용**
> 화재 시 중성대의 형성위치를 파악하는 것은 소방 활동에 대단히 중요하다. 특히 배연을 할 경우에는 중성대 위쪽으로 해야 효과적이다.
> 예를 들어 밀폐된 실내에서 화재가 발생하면 공기의 유입이 없으므로 연소 확대는 없지만 실내의 하부에 개구부가 생기면 신선한 공기의 유입으로 연소의 확대와 동시에 발연량의 증가로 연기층은 실내의 하부로 급속히 확대되면서 중성대는 아래로 내려오게 된다.
> 반대로 실내의 상부에 개구부가 생기면 마찬가지로 연소는 확대 되지만 그 때 발생한 연기는 상승하여 상부의 개구부를 통해 빠르게 실외로 유출되므로 중성대는 위로 올라가게 되어 중성대 아래쪽의 공간이 커지게 된다.
> 그럼 대원과 대피자의 활동 공간과 시야의 확보가 용이하여 신속히 대피할 수 있다. 따라서 배연은 중성대의 위쪽으로 행해야 한다.

10 활성화 에너지의 종류에는 화학적 에너지, 전기적 에너지, 기계적 에너지가 있다. 다음에서 설명하는 내용과 관련된 에너지는 무엇인가?

> 도체 주위에 변화하는 자장이 존재하면 전위차를 발생하고 이 전위차로 인하여 전류의 흐름이 일어난다. 이 전류에 대한 저항으로 발열이 일어나지만 발열의 원인이 자장의 변화에 의한 것이므로 (　　)이라 한다.

① 저항열　　② 유도열　　③ 유전열　　④ 아아크열

> **전기적 에너지(Electrical Heat Energy)**
> ① 저항열(Resistance Heatiion) : 도체에 전류가 흐를 때 도체 물질의 전기저항으로 인하여 전기에너지가 열에너지로 전환되면서 발생되는 열을 말한다. (예 – 백열전구의 발열)
> ② 유도열(Induction Heation) : 도체 주위에 변화하는 자장이 존재하면 전위차를 발생하고 이 전위차로 인하여 전류의 흐름이 일어난다. 이 전류에 대한 저항으로 발열이 일어나지만 발열의 원인이 자장의 변화에 의한 것이므로 유도가열로 구분한다.
> ③ 유전열(Dielectric Heation) : 전기절연물이라 할지라도 실제로는 완전한 절연능력을 갖지 못하므로 절연 불량으로 인하여 미약한 전류가 흐르는데 이러한 누설전류에 의한 발열을 말한다.
> ④ 아아크열(Heat from Arcing) : 보통 전류가 흐르는 회로나 개폐기 등의 우발적인 접촉 혹은 접점이 느슨해져 전류가 끊길 때 발생하는 열이다. 아크의 온도는 매우 높기 때문에 방출되는 열이 가연성 또는 인화성 물질을 점화시킬 수 있다.

정답　09.② 10.②

⑤ 정전기열(Static Electricity Heation) : 일명 마찰전기라고도 하며 두 물질이 접촉되었다가 떨어질 때 그 물질 표면에 축적된 전하가 양(+)이고 다른 물질의 표면이 음(-)으로 대전될 때 발생된다.
⑥ 낙뢰에 의한 발열(Heat Generated by Lightning) : 번개가 나무나 돌과 같은 저항이 큰 물질에 부딪치게 되면 열이 발생된다.

11 「위험물 안전관리법」상 위험물 운반 시 혼재가 가능한 것으로 바르게 짝지어진 것만 고른 것은?

> ㄱ. 염소산염류 - 황린 ㄴ. 마그네슘 - 나이트로화합물
> ㄷ. 금속의 인화물 - 클레오소트유 ㄹ. 질산에스터류 - 과산화수소
> ㅁ. 다이크로뮴산염류 - 과염소산

① ㄱ, ㄴ, ㄷ   ② ㄴ, ㄷ, ㄹ   ③ ㄴ, ㄷ, ㅁ   ④ ㄷ, ㄹ, ㅁ

위험물 운반 시 혼재가능 여부

위험물의 구분	제1류	제2류	제3류	제4류	제5류	제6류
제1류 위험물		×	×	×	×	○
제2류 위험물	×		×	○	○	×
제3류 위험물	×	×		○	×	×
제4류 위험물	×	○	○		○	×
제5류 위험물	×	○	×	○		×
제6류 위험물	○	×	×	×	×	

1. "×"표시는 혼재할 수 없음을 표시한다.
2. "○"표시는 혼재할 수 있음을 표시한다.
3. 이 표는 지정수량의 $\frac{1}{10}$ 이하의 위험물에 대하여는 적용하지 아니한다.

12 다음에서 설명하는 현상은 무엇인가?

> 대기 중으로 대량의 가연성 기체 또는 액체가 유출되어 그로부터 발생한 가연성 증기가 공기와 혼합하여 구름과 같은 가연성 혼합기체를 형성한 후 점화원에 의하여 발생한 폭발을 말한다.

① Flash over   ② Back draft   ③ VCE   ④ BLEVE

증기운 폭발(Vapor Cloud Explosion, VCE)
대기 중으로 대량의 가연성 기체 또는 액체가 유출되어 그로부터 발생한 가연성 증기가 공기와 혼합하여 구름과 같은 가연성 혼합기체를 형성한 후 점화원에 의하여 발생한 폭발을 증기운 폭발이라 한다. (Vapor Cloud Explosion)이라고 하며 줄여서 VCE 라고 한다.

정답 11.③ 12.③

13 다음 피난방향 및 피난경로의 유형 중 중앙코어방식으로 피난자가 몰려서 중앙으로 집중되어 패닉현상이 일어날 우려가 있는 피난경로의 형태는 어느 것인가?

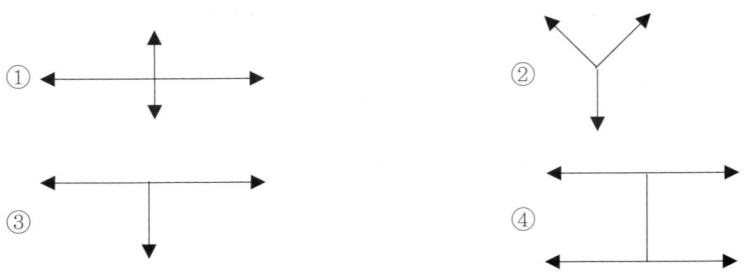

구 분	피난방향의 종류	피난로의 방향	
X형			확실한 피난로가 보장된다.
Y형			
T형			방향이 확실하여 분간하기 쉽다.
I형			
Z형			중앙복도형에서 core 식 중앙호하다.
ZZ형			
H형			중앙 코어 식으로 피난자들의 집중으로 패닉(panic)현상이 일어날 우려가 있다.
CO형			

피난방향 및 피난경로의 유형

정답 13.④

14 다음 중 가연물의 구비조건에 관한 설명 중 틀린 것은?

① 화학적 활성도가 커야한다.
② 열전도율이 커야한다.
③ 표면적이 커야한다.
④ 열의 축적이 용이해야한다.

> 열전도율이 작아야 지속적으로 연소할 수 있는 열에너지를 유지할 수 있다.

15 「위험물 안전관리법」상 제6류 위험물에 관한 설명으로 틀린 것은?

① 대표적인 성질은 산화성 액체이다.
② 과산화수소는 그 농도가 36 용량% 이상인 것을 말한다.
③ 분해 시 부식성이 강하여 피부의 점막을 부식시키기도 한다.
④ 지정수량은 모두 300kg 이다.

> 과산화수소는 그 농도가 36 중량% 이상인 것을 말한다.

16 분말 소화약제의 입자의 미세도와 소화능력과의 관계를 바르게 설명한 것은 어느 것인가?

① 분말 입자의 크기와 소화능력은 아무 관계없다.
② 분말 입자가 크기가 클수록 소화효과가 증대된다.
③ 분말 입자의 크기가 미세할수록 소화효과가 증대된다.
④ 분말 입자의 크기가 너무 미세하거나 너무 클수록 소화효과가 떨어진다.

> **분말 입자의 크기와 소화능력**
> 분말은 미세할수록 표면적이 커져서 화염과 접촉면이 커지고 반응속도도 빨라지므로 소화능력이 향상된다. 하지만 너무 미세할수록 방사거리는 짧아지므로 화원으로 침투가 곤란하게 된다. 따라서 너무 미세하거나 너무 클수록 소화능력은 떨어진다. 적당한 크기는 20~25㎛이다.

17 「위험물 안전관리법」상 위험물의 종류에 따른 소화 방법으로 옳지 않은 것은?

① 제1류 위험물인 알칼리금속의 과산화물은 물을 사용한다.
② 제2류 위험물인 마그네슘은 건조사를 사용한다.
③ 제3류 위험물인 알킬알루미늄은 건조사를 사용한다.
④ 제4류 위험물인 알코올은 내알코올포(泡, foam)를 사용한다.

정답 14.② 15.② 16.④ 17.①

제1류 위험물의 소화방법
① 제1류 위험물 : 물에 의한 냉각소화
② 알칼리금속의 과산화물 : 마른모래, 탄산수소염류 분말약제, 팽창질석, 팽창진주암에 의한 질식소화

18 다음의 가연성 가스(A, B, C) 중 위험도가 낮은 것에서 높은 순서로 옳게 나열한 것은?

A : 연소하한계 = 2 vol%, 연소상한계 = 22 vol%
B : 연소하한계 = 4 vol%, 연소상한계 = 75 vol%
C : 연소하한계 = 1 vol%, 연소상한계 = 44 vol%

① A, B, C   ② A, C, B   ③ B, A, C   ④ C, B, A

위험도
폭발범위를 이용하여 가연물의 위험성을 갈음할 수 있는 계산 값으로 위험도가 클수록 연소 위험성이 크다.

$$H = \frac{U-L}{L} \quad \begin{array}{l} H : 위험도 \\ U : 연소상한계(\%) \\ L : 연소하한계(\%) \end{array}$$

A 가스의 위험도 $= \frac{22-2}{2} = 10\,\text{vol}\%$

B 가스의 위험도 $= \frac{75-4}{4} = 17.75\,\text{vol}\%$

C 가스의 위험도 $= \frac{44-1}{1} = 43\,\text{vol}\%$

19 경보설비 중 자동화재탐지설비의 경계구역 설정기준에서 하나의 경계구역의 면적은 몇 m² 이하 인가?

① 500m² 이하   ② 600m² 이하   ③ 700m² 이하   ④ 1,000m² 이하

자동화재탐지설비의 경계구역 설정기준
① 하나의 경계구역이 2개 이상의 건축물에 미치지 아니하도록 하여야 한다.
② 하나의 경계구역이 2개 이상의 층에 미치지 아니하도록 하여야 한다. 다만, 500m² 이하의 범위 안에서는 2개의 층을 하나의 경계구역으로 할 수 있다.
③ 하나의 경계구역의 면적은 600m² 이하로 하고 한변의 길이는 50m 이하로 하여야 한다. 다만, 해당 특정소방대상물의 주된 출입구에서 그 내부 전체가 보이는 것에 있어서는 한 변의 길이가 50m의 범위 내에서 1,000m² 이하로 할 수 있다.

정답   18.① 19.②

20 플래시 오버 지연대책으로 잘못된 것은?

① 내장재를 불연화하는 순서는 천정, 벽, 바닥 순이다.
② 열전도율이 작은 내장재료를 사용한다.
③ 개구율을 작게 할수록 지연된다.
④ 개구율을 아주 크게 할수록 지연시킬 수 있다.

> 플래시 오버 지연대책
> • 내장재의 종류는 불연재로 하고 천장, 벽, 바닥 순으로 한다.
> • 열전도율이 클수록 지연된다.
> • 개구율이 작을수록 또는 아주 클수록 지연된다.
> • 화원의 크기는 소형일수록 지연된다.

【2과목】 소방전기일반

21 균등 눈금을 사용하며 소비 전력이 적게 소요되고 정확도가 높은 지시계기는?

① 가동코일형 계기   ② 전류력계형 계기
③ 정전형 계기   ④ 열전형 계기

> 지시전기계기의 종류
> a. **가동 코일형(L)**: 영구 자석에 의한 자계 속에 가동 코일을 설치하고 이것에 측정하고자 하는 전류를 흐르게 하여 지침을 측정한다.
>   → 정확도가 높다.
>   → 균등 눈금을 사용하여 소비 전력 소모가 적다.
> b. **정전형(C)**: 정전력을 이용한다.
>   → 눈금이 균일하다.
>   → 고전압계기에 적합하다.
> c. **가동 철편형(Z)**: 고정 코일에 흐르는 전류에 의해서 생기는 자계와 가동 철편 사이의 전자력, 또는 코일 내에 부착된 고정 철편과 가동 철편 사이의 자력을 이용
>   → 구조가 간단하다.
>   → 가격이 저렴하다.
> d. **열전대형(R)**: 금속선의 팽창을 활용한다.
>   → 과전류에 약하다.
>   → 주파수의 변화에 의한 오차가 적다.
>
> **암기팁** Z, R, L, C를 기반으로 최소 요소만 기억하자.

정답 20.④ 21.①

22 시퀀스회로를 논리식으로 표현하면?

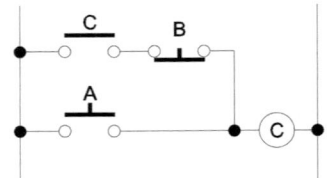

① $C = A + \overline{B} \cdot C$
② $C = C + \overline{B} \cdot A$
③ $C = B + \overline{A} \cdot C$
④ $C = C + \overline{A} \cdot B$

> 병렬과 직렬을 연결하여 단순히 산출할 수 있다.

23 제어량에 따른 제어방식의 분류 중 온도, 유량, 압력 등의 공업 프로세스의 상태량을 제어량으로 하는 제어계로서 외란의 억제를 주목적으로 하는 제어방식은?

① 서보기구
② 자동조정
③ 추종제어
④ 프로세스제어

> - 공정 제어를 '프로세스 제어'라하며, 이는 설정치를 유지하기 위한 피드백 제어를 받는다.
> - 제어의 종류에는 아래와 같은 종류가 있다.
>
> | 종류 | 설명 |
> |---|---|
> | 추종제어 | 시간적 변화를 하는 목푯값에 제어량을 추종시키기 위한 제어로 서보 기구가 대표적이다. |
> | 프로그램 제어 | 목푯값이 미리 정해진 시간적 변화를 하는 경우 제어량을 그것에 추종시키기 위한 제어 |
> | 정치제어 | 일정한 목푯값을 유지하는 것으로 프로세스, 자동조정이 해당 한다. |

24 50[Hz]의 주파수에서 유도성 리액턴스가 6[Ω]인 인덕터와 용량성 리액턴스가 3[Ω]인 커패시터와 4[Ω]의 저항이 모두 직렬로 연결되어 있다. 이 회로에 100[V], 50[Hz]의 교류전압을 인가할 때 무효 전력[Var]은?

① 1100
② 1200
③ 1300
④ 2200

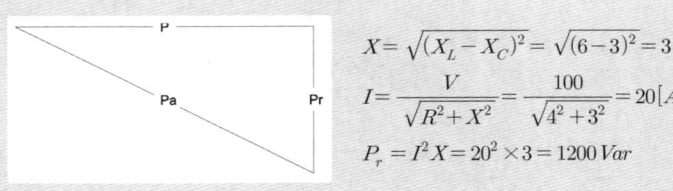

정답 22.① 23.④ 24.②

25 분류기를 사용하여 전류를 측정하는 경우에 전류계의 내부저항이 0.21Ω 이고 분류기의 저항이 0.07Ω 이라면, 이 분류기의 배율은?

① 4
② 5
③ 6
④ 7

1) 분류기는 전류계와 병렬로 연결하여 사용한다.
$R_1 = 0.21[\Omega]$
$R_2 = \dfrac{0.21 \times 0.07}{0.21 + 0.07} = 0.0525[\Omega]$
2) 전류는 저항에 '반비례'한다.
$\dfrac{I_2}{I_1} = \dfrac{R_1}{R_2} = \dfrac{0.21}{0.0525} = 4(배)$

26 3상 직권 정류자 전동기에서 고정자 권선과 회전자 권선 사이에 중간 변압기를 사용하는 주된 이유가 아닌 것은?

① 경부하 시 속도의 이상 상승 방지
② 철심을 포화시켜 회전자 상수를 감소
③ 중간 변압기의 권수비를 바꾸어서 전동기 특성을 조정
④ 전원전압의 크기에 관계없이 정류에 알맞은 회전자전압 선택

1) 중간 변압기의 장점
　ⓐ 경부하 시 속도 이상 상승 방지
　ⓑ 철심을 포화시켜 **회전자 상수 증가**
　ⓒ 실효 권수비 선정 조정
　ⓓ 전원 전압의 크기에 관계없이 **정류자 전압 조정**
2) 3상 직권 정류자 전동기의 중간 변압기는 고정자 권선과 권선 사이에 직렬로 접속

27 정현파 신호 $\sin t$의 전달함수는?

① $\dfrac{1}{S^2-1}$
② $\dfrac{1}{S^2+1}$
③ $\dfrac{S}{S^2+1}$
④ $\dfrac{S}{S^2-1}$

정답 25.① 26.② 27.②

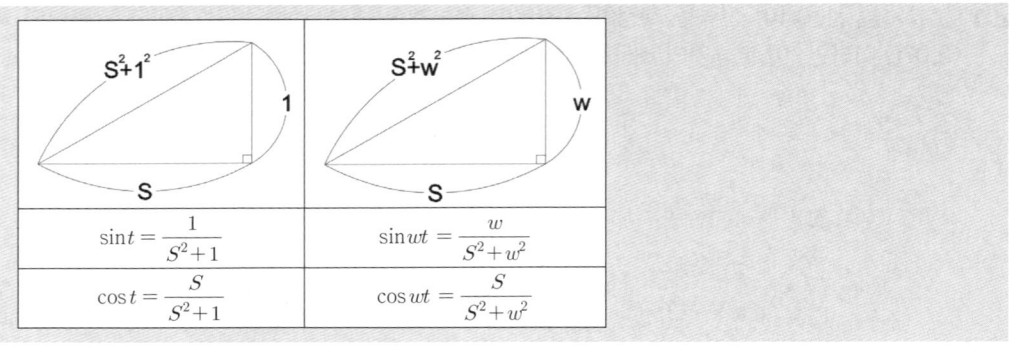

28 회로에서 저항 10[Ω]에 흐르는 전류(A)는?

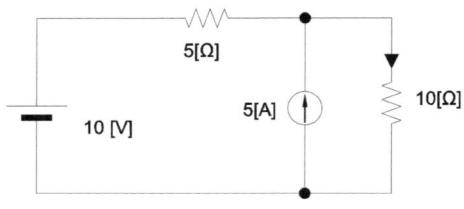

① 0.8　　② 1.0　　③ 1.8　　④ 3.2

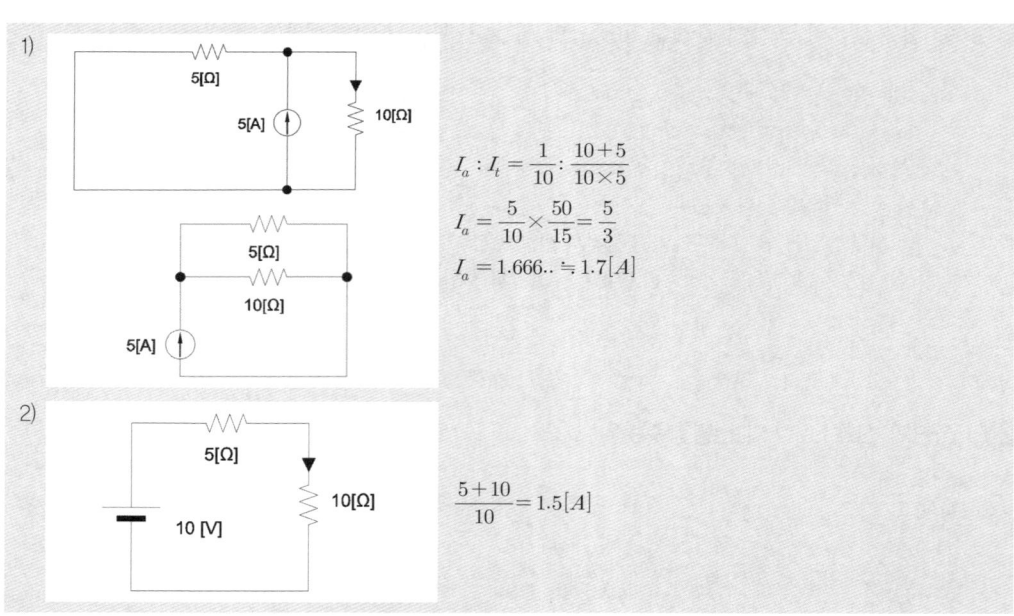

$I_a : I_t = \dfrac{1}{10} : \dfrac{10+5}{10 \times 5}$

$I_a = \dfrac{5}{10} \times \dfrac{50}{15} = \dfrac{5}{3}$

$I_a = 1.666.. \fallingdotseq 1.7[A]$

$\dfrac{5+10}{10} = 1.5[A]$

정답 28.④

29 평행한 왕복 전선에 10A의 전류가 흐를 때 전선 사이에 작용하는 전자력[N/m]은? (단, 전선의 간격은 50cm이다.)

① 4×10^{-5} N/m, 서로 반발하는 힘
② 4×10^{-5} N/m, 서로 흡인하는 힘
③ 5×10^{-5} N/m, 서로 반발하는 힘
④ 5×10^{-5} N/m, 서로 흡인하는 힘

1) $F = \dfrac{\mu_0 I_1 I_2}{2\pi r} [N/m]$

(평행도체 사이에 작용하는 힘)(μ_0 : 진공의 투자율($4\pi \times 10^{-7}[H/m]$), F : 평행 전류의 힘[N/m], r : 거리[m])

$F = \dfrac{4\pi \times 10^{-7} \times 10 \times 10}{2\pi \times 0.5} [N/m] = 4 \times 10^{-5} [N/m]$

2) 앙페르의 오른 나사의 법칙에 따라 반발력이 생긴다.

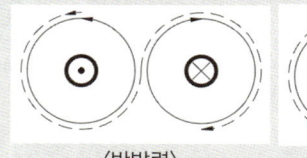

⟨반발력⟩   ⟨흡인력⟩

30 논리식 $\overline{X} + XY$를 간략화 한 것은?

① $\overline{X} + Y$ ② $\overline{Y} + X$ ③ $\overline{X}\,Y$ ④ $\overline{Y}\,X$

$\overline{X} + XY = \overline{X} + Y$
벤다이어그램을 그려서 이해하기 바란다.

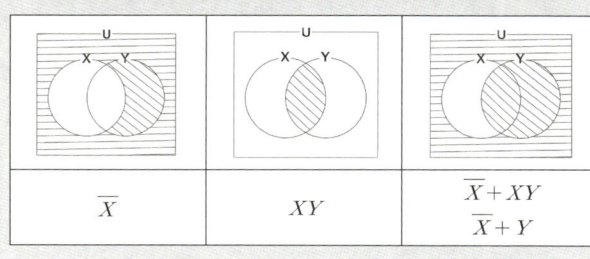

| $\overline{X}$ | XY | $\overline{X} + XY$ $\overline{X} + Y$ |

31 줄의 법칙에 관한 수식으로 틀린 것은?

① $H = I^2 Rt [J]$
② $H = 0.24 I^2 Rt [cal]$
③ $H = 0.12 VIt [J]$
④ $H = \dfrac{1}{4.2} I^2 Rt [cal]$

정답 29.① 30.① 31.③

줄의 법칙

$H = 0.24 I^2 Rt \text{[cal]}$
$= \dfrac{1}{4.2} I^2 Rt \text{[cal]}$

H : 발열량[cal]
P : 전력[W]
t : 시간[s]

$1J = \dfrac{1}{4.2} = 0.24 \text{[cal]}$

암기팁 하루는 24시간

32 블록선도에서 외란 $D(s)$의 입력에 대한 출력 $C(s)$의 전달함수 $\left(\dfrac{C(s)}{D(s)}\right)$는?

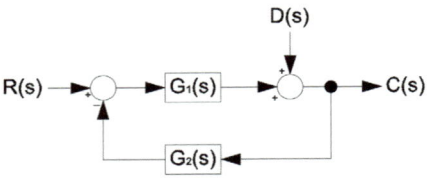

① $\left(\dfrac{G_2(s)}{G_1(s)}\right)$

② $\left(\dfrac{1}{1+G_1(s)G_2(s)}\right)$

③ $\left(\dfrac{G_1(s)}{G_2(s)}\right)$

④ $\left(\dfrac{G_1(s)}{1+G_1(s)G_2(s)}\right)$

아래 형태의 식에 해당한다. 입력이 출력으로 나타나며 이는 곧 회귀하는 피드백 제어를 받기 때문이다.
$D(s) - C(s) G_2(s) G_1(s) = C(s)$
$D(s) = C(s) + C(s) G_2(s) G_1(s)$
$\quad\quad = C(s)(1 + G_2(s) G_1(s))$
$\dfrac{C(s)}{D(s)} = \dfrac{1}{1 + G_1(s) G_2(s)}$

33 회로에서 전압계 Ⓥ가 지시하는 전압의 크기는 몇 V 인가?

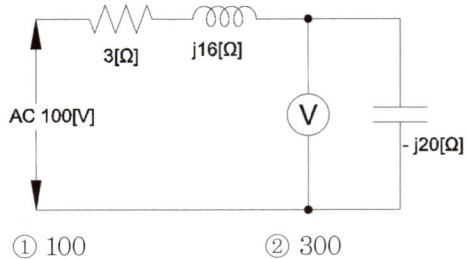

① 100　　② 300　　③ 200　　④ 400

정답 32.② 33.④

1) 임피던스 산출
$$Z = 3 + j(16-20) = 3 - j4$$
$$Z = \sqrt{3^2 + (-4)^2} = \sqrt{25} = 5[\Omega]$$
2) $Z_1 = 3 + j16$과 $Z_2 = -j20$으로 구분 (현행 문제에서는 불필요하나, 구분 연습 필요!)
3) 직렬이므로 전류 산출
$$I_s = \frac{100[V]}{5[\Omega]} = 20[A]$$
4) ⓥ = 콘덴서에 흐르는 전압 확인
$$V_c = I \times X_c$$
$$V_c = 20[A] \times 20[\Omega] = 400[V]$$

34 공기중에서 5[kW] 방사 전력이 안테나에서 사방으로 균일하게 방사될 때, 안테나에서 0.5[km] 거리에 있는 점에서의 전계의 실효값은 약 몇 [V/m] 인가?

① 0.77 ② 1.22 ③ 1.73 ④ 3.98

구의 단위 면적 당 전력
$$W = \frac{E^2}{377} = \frac{P}{4\pi r^2}$$
P:전력[W], E:전계의 세기[V/m]
W:구의 단위 면적당 전력[W/㎡]
$$E = \sqrt{\frac{P}{4\pi r^2} \times 377}$$
($4\pi \times 30 ≒ 377$이다.)
$$E = \sqrt{\frac{5000}{4\pi (500)^2} \times 377} = 0.77[V/m]$$

35 R = 10[Ω], C = 33[μF], L = 20[mH]인 RLC 직렬회로의 공진주파수는 약 몇 [Hz]인가?

① 169 ② 176 ③ 194 ④ 206

공진 주파수 공식
$$f_0 = \frac{1}{2\pi\sqrt{LC}} \quad f_0: \text{공진 주파수[Hz]}, \ L: \text{인덕턴스[H]}, \ C: \text{정전용량[F]}$$
$$f_0 = \frac{1}{2\pi\sqrt{(28 \times 10^{-3})(24 \times 10^{-6})}} ≒ 194[Hz]$$

정답 34.① 35.③

36 그림과 같은 회로에서 분류기의 배율은? (단, 전류계 A의 내부저항은 RA이며 RS는 분류기 저항이다.)

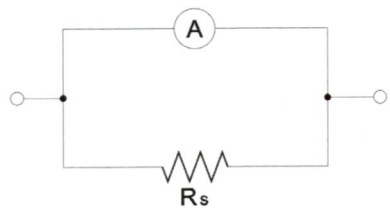

① $\dfrac{R_A}{R_A + R_S}$ ② $\dfrac{R_S}{R_A + R_S}$ ③ $\dfrac{R_A + R_S}{R_S}$ ④ $\dfrac{R_A + R_S}{R_A}$

$I_1 : I_2 = \dfrac{1}{R_A} : \dfrac{R_A + R_s}{R_A R_s}$

$I_2 \dfrac{1}{R_A} = I_1 \dfrac{R_A + R_s}{R_A R_s}$

$\dfrac{I_2}{I_1} = a = \dfrac{R_A + R_s}{R_s}$

37 단상전력을 간접적으로 측정하기 위해 3전압계법을 사용하는 경우 단상 교류전력 P(W)는?

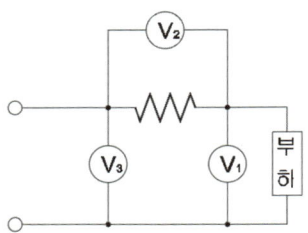

① $P = \dfrac{1}{2R}(V_3 - V_2 - V_1)^2$ ② $P = \dfrac{1}{R}(V_3^2 - V_2^2 - V_1^2)$

③ $P = \dfrac{1}{2R}(V_3^2 - V_2^2 - V_1^2)$ ④ $P = V_3 I \cos\theta$

$P = \dfrac{V^2}{R}$ 이 기본식에 해당한다. 쉽게 기억하기 위해서 아래와 같이 생각하자.

$P_3 = \dfrac{V_3^2}{R}$, $P_2 = \dfrac{V_2^2}{R}$, $P_1 = \dfrac{V_1^2}{R}$

$\dfrac{1}{2}(P_3 - P_2 - P_1) = \dfrac{1}{2}(\dfrac{V_3^2}{R} - \dfrac{V_2^2}{R} - \dfrac{V_1^2}{R})$

정답 36.③ 37.③

38 다음의 단상 유도전동기 중 기동 토크가 가장 큰 것은?

① 세이딩 코일형   ② 콘덴서 기동형
③ 분상 기동형   ④ 반발 기동형

> 기동 토크가 큰 순서
>
> 반발 기동형 > 반발 유도형 > 콘덴서 기동형 > 분상 기동형 > 세이딩 코일형

39 자동화재탐지설비의 감지기 회로의 길이가 500[m]이고, 종단에 5[kΩ]의 저항이 연결되어 있는 회로에 24[V]의 전압이 가해졌을 경우 도통 시험 시 전류는 약 몇 [mA]인가? (단, 동선의 저항률은 $1.25 \times 10^{-8} \Omega m$이며, 동선의 단면적은 2.5[mm^2]이고, 접촉저항 등은 없다고 본다.)

① 2.4   ② 3.0
③ 4.8   ④ 6.0

> 1) 도통 시험 전류
>
> $I = \dfrac{V}{R_1 + R_2}$ (R_1 :종단 저항, R_2 : 배선저항)
>
> 2) 배선 저항을 산출 후 계산
>
> $R_2 = \rho \dfrac{l}{A} = 1.25 \times 10^{-8} \times \dfrac{500}{2.5 \times 10^{-6}} = 2.5[\Omega]$
>
> $I = \dfrac{24}{5000 + 2.5} = 4.7976 \times 10^{-3} \fallingdotseq 4.8[mA]$

40 인덕턴스가 0.5H인 코일의 리액턴스가 753.6Ω 일 때 주파수는 약 몇 Hz인가?

① 120   ② 240
③ 300   ④ 480

> $X_L = wL = 2\pi fL$, $f = \dfrac{X_L}{2\pi L}$
>
> $f = \dfrac{753.6}{2\pi \times 0.5} \fallingdotseq 240 Hz$

정답 38.④ 39.③ 40.②

[3과목] 소방관계법규

41 「소방기본법」상 용어의 정의에 대한 설명으로 적합하지 <u>않은</u> 것은?

① 특정소방대상물이란 건축물, 차량, 항구에 매어둔 선박, 선박 건조 구조물, 산림, 그 밖의 인공 구조물 또는 물건을 말한다.
② 관계지역이란 소방대상물이 있는 장소 및 그 이웃 지역으로서 화재의 예방·경계·진압, 구조·구급 등의 활동에 필요한 지역을 말한다.
③ 소방본부장이란 특별시·광역시·특별자치시·도 또는 특별자치도에서 화재의 예방·경계·진압·조사 및 구조·구급 등의 업무를 담당하는 부서의 장을 말한다.
④ 소방대장이란 소방본부장 또는 소방서장 등 화재, 재난·재해, 그 밖의 위급한 상황이 발생한 현장에서 소방대를 지휘하는 사람을 말한다.

①(×) "<u>소방대상물</u>"이란 <u>건축물, 차량, 선박(「선박법」 제1조의2 제1항에 따른 선박으로서 항구에 매어둔 선박만 해당한다), 선박 건조 구조물, 산림, 그 밖의 인공 구조물 또는 물건</u>을 말한다.
②(○) "<u>관계지역</u>"이란 소방대상물이 있는 장소 및 그 이웃 지역으로서 화재의 예방 · 경계 · 진압, 구조 · 구급 등의 활동에 필요한 지역을 말한다.
③(○) "<u>소방본부장</u>"이란 특별시·광역시·특별자치시·도 또는 특별자치도(이하 "시·도"라 한다)에서 화재의 예방·경계·진압·조사 및 구조·구급 등의 업무를 담당하는 부서의 장을 말한다.
④(○) "<u>소방대장</u>"(消防隊長)이란 소방본부장 또는 소방서장 등 화재, 재난·재해, 그 밖의 위급한 상황이 발생한 현장에서 소방대를 지휘하는 사람을 말한다.

42 「소방기본법」상 소방안전교육사의 결격사유로 옳지 <u>않은</u> 것은?

① 피성년후견인 또는 피한정후견인
② 금고 이상의 형의 집행유예를 선고받고 그 유예기간 중에 있는 사람
③ 법원의 판결 또는 다른 법률에 따라 자격이 정지되거나 상실된 사람
④ 금고 이상의 실형을 선고받고 그 집행이 끝나거나(집행이 끝난 것으로 보는 경우를 포함한다) 집행이 면제된 날부터 2년이 지나지 아니한 사람

①(×) '피성년후견인 또는 피한정후견인'이었던 것을 2021. 1. 12. '피성년후견인'으로 개정하였다.
소방기본법 제17조의3(소방안전교육사의 결격사유)
다음 각 호의 어느 하나에 해당하는 사람은 소방안전교육사가 될 수 없다.
1. <u>피성년후견인</u>
2. <u>금고 이상의 실형을 선고받고 그 집행이 끝나거나(집행이 끝난 것으로 보는 경우를 포함한다) 집행이 면제된 날부터 2년이 지나지 아니한 사람</u>
3. <u>금고 이상의 형의 집행유예를 선고받고 그 유예기간 중에 있는 사람</u>
4. <u>법원의 판결 또는 다른 법률에 따라 자격이 정지되거나 상실된 사람</u>

정답 41.① 42.①

43 「소방기본법」상 소방대의 긴급통행에 관한 설명으로 옳은 것은?

① 모든 차와 사람은 소방자동차(지휘를 위한 자동차와 구조·구급차를 포함한다)가 화재진압 및 구조·구급 활동을 위하여 출동을 할 때에는 이를 방해하여서는 아니 된다.
② 모든 차와 사람은 소방자동차가 화재진압 및 구조·구급 활동을 위하여 사이렌을 사용하여 출동하는 경우에는 앞에 끼어들거나 가로막는 행위를 하여서는 아니 된다.
③ 우선 통행에 관하여는 「도로교통법」에서 정하는 바에 따른다.
④ 화재, 재난·재해, 그 밖의 위급한 상황이 발생한 현장에 신속하게 출동하기 위하여 긴급할 때에는 일반적인 통행에 쓰이지 아니하는 도로·빈터 또는 물 위로 통행할 수 있다.

④를 제외한 나머지는 소방자동차의 <u>우선통행</u> 등(소방기본법 제21조)의 내용이다.
소방기본법 제22조(소방대의 긴급통행)
<u>소방대</u>는 화재, 재난·재해, 그 밖의 위급한 상황이 발생한 현장에 신속하게 출동하기 위하여 긴급할 때에는 일반적인 통행에 쓰이지 아니하는 도로·빈터 또는 물 위로 통행할 수 있다.

44 「소방기본법」상 소방공무원이 소방활동, 소방지원활동, 생활안전활동으로 인하여 민·형사상 책임과 관련된 소송을 수행할 경우 변호인 선임 등 소송수행에 필요한 지원을 할 수 있는 자를 모두 열거하면?

① 소방청장, 소방본부장 또는 소방서장　　② 소방청장, 시·도지사
③ 시·도지사　　④ 소방청장

소방기본법 제16조의6(소송지원)
<u>소방청장, 소방본부장 또는 소방서장</u>은 소방공무원이 제16조제1항에 따른 소방활동, 제16조의2제1항에 따른 소방지원활동, 제16조의3제1항에 따른 생활안전활동으로 인하여 민·형사상 책임과 관련된 소송을 수행할 경우 <u>변호인 선임 등 소송수행에 필요한 지원</u>을 할 수 있다.

45 「소방시설공사업법」상 소방시설업의 등록에 관한 내용으로 옳은 것은?

> 특정소방대상물의 소방시설공사등을 하려는 자는 (ㄱ)로 자본금(개인인 경우에는 자산 평가액을 말한다), 기술인력 등 (ㄴ)으로/가/이 정하는 요건을 갖추어 특별시장·광역시장·특별자치시장·도지사 또는 특별자치도지사에게 소방시설업을 등록하여야 한다.

	ㄱ	ㄴ		ㄱ	ㄴ
①	업종별	대통령령	②	업종별	행정안전부장관
③	등급별	소방청장	④	등급별	시·도지사

정답 43.④　44.①　45.①

소방시설공사업법 제4조(소방시설업의 등록)
① 특정소방대상물의 소방시설공사등을 하려는 자는 **업종별**로 자본금(개인인 경우에는 자산 평가액을 말한다), 기술인력 등 **대통령령**으로 정하는 요건을 갖추어 특별시장·광역시장·특별자치시장·도지사 또는 특별자치도지사(이하 "시·도지사"라 한다)에게 소방시설업을 등록하여야 한다.

46 「소방시설공사업법 시행령」상 소방시설설계업에서 전기분야의 대상이 되는 소방시설의 범위에 해당하는 것은?

① 제연설비
② 통합감시시설
③ 소화수조·저수조, 그 밖의 소화용수설비
④ 연결살수설비

소방시설설계업에서 기계분야 및 전기분야의 대상이 되는 소방시설의 범위
가. **기계분야**
 1) 소화기구, 자동소화장치, 옥내소화전설비, 스프링클러설비등, 물분무등소화설비, 옥외소화전설비, 피난기구, 인명구조기구, 상수도소화용수설비, **소화수조·저수조, 그 밖의 소화용수설비**, **제연설비**, 연결송수관설비, **연결살수설비** 및 연소방지설비
 2) 기계분야 소방시설에 부설되는 전기시설. 다만, 비상전원, 동력회로, 제어회로, 기계분야 소방시설을 작동하기 위하여 설치하는 화재감지기에 의한 화재감지장치 및 전기신호에 의한 소방시설의 작동장치는 제외한다.
나. **전기분야**
 1) 단독경보형감지기, 비상경보설비, 비상방송설비, 누전경보기, 자동화재탐지설비, 시각경보기, 자동화재속보설비, 가스누설경보기, **통합감시시설**, 유도등, 비상조명등, 휴대용비상조명등, 비상콘센트설비 및 무선통신보조설비
 2) 기계분야 소방시설에 부설되는 전기시설 중 가목2) 단서의 전기시설

47 「소방시설공사업법 시행규칙」상 소방시설공사업자가 하자보수 보증기간 동안 보관하여야 하는 관계서류로 옳은 것은?

① 소방시설공사 기록부
② 소방시설의 완공 당시 설계도서, 소방시설공사 기록부
③ 소방공사 감리기록부, 소방시설 설계도서
④ 소방공사 감리기록부, 소방시설의 완공 당시 설계도서

소방시설공사업법 제8조(소방시설업의 운영)
④ 소방시설업자는 행정안전부령으로 정하는 관계 서류를 제15조 제1항에 따른 **하자보수 보증기간 동안 보**관하여야 한다.

정답 46.② 47.①

> 시행규칙 제8조(소방시설업자가 보관하여야 하는 관계 서류)
> 법 제8조 제4항에서 "행정안전부령으로 정하는 관계 서류"란 다음 각 호의 구분에 따른 해당 서류(전자문서를 포함한다)를 말한다.
> 1. **소방시설설계업** : 별지 제10호 서식의 **소방시설 설계기록부 및 소방시설 설계도서**
> 2. **소방시설공사업** : 별지 제11호 서식의 **소방시설공사 기록부**
> 3. **소방공사감리업** : 별지 제12호 서식의 **소방공사 감리기록부**, 별지 제13호 서식의 **소방공사 감리일지** 및 **소방시설의 완공 당시 설계도서**

48 「소방시설공사업법 시행령」상 소방시설공사의 착공신고 대상에 해당하지 않는 것은?

① 자동화재탐지설비를 신설하는 공사
② 비상경보설비의 경계구역을 증설하는 공사
③ 옥내・옥외소화전설비를 증설하는 공사
④ 소화펌프를 이전하는 공사

> **착공신고 대상인 소방시설공사 (소방시설공사업법 시행령 제4조)**
> 1. 특정소방대상물(「위험물 안전관리법」제2조 제1항 제6호에 따른 제조소등은 제외. 이하 제2호 및 제3호에서 같다)에 다음의 어느 하나에 해당하는 설비를 **신설하는 공사**
>   가. 옥내소화전설비(호스릴옥내소화전설비를 포함), 옥외소화전설비, 스프링클러설비・간이스프링클러설비(캐비닛형 간이스프링클러설비를 포함) 및 화재조기진압용 스프링클러설비(이하 "스프링클러설비등"), 물분무소화설비・포소화설비・이산화탄소소화설비・할론소화설비・할로겐화합물 및 불활성기체 소화설비・미분무소화설비・강화액소화설비 및 분말소화설비(이하 "물분무등소화설비"), 연결송수관설비, 연결살수설비, 제연설비(소방용 외의 용도와 겸용되는 제연설비를 「건설산업기본법 시행령」[별표 1]에 따른 기계설비・가스공사업자가 공사하는 경우는 제외), 소화용수설비(소화용수설비를 「건설산업기본법 시행령」[별표 1]에 따른 기계설비・가스공사업자 또는 상・하수도설비공사업자가 공사하는 경우는 제외) 또는 연소방지설비
>   나. **자동화재탐지설비**, **비상경보설비**, 비상방송설비(소방용 외의 용도와 겸용되는 비상방송설비를 「정보통신공사업법」에 따른 정보통신공사업자가 공사하는 경우는 제외), 비상콘센트설비(비상콘센트설비를 「전기공사업법」에 따른 전기공사업자가 공사하는 경우는 제외) 또는 무선통신보조설비(소방용 외의 용도와 겸용되는 무선통신보조설비를 「정보통신공사업법」에 따른 정보통신공사업자가 공사하는 경우는 제외)
> 2. 특정소방대상물에 다음의 어느 하나에 해당하는 설비 또는 구역 등을 **증설하는 공사**
>   가. **옥내・옥외소화전설비**
>   나. 스프링클러설비・간이스프링클러설비 또는 물분무등소화설비의 방호구역, 자동화재탐지설비의 경계구역, 제연설비의 제연구역(소방용 외의 용도와 겸용되는 제연설비를 「건설산업기본법 시행령」[별표 1]에 따른 기계설비・가스공사업자가 공사하는 경우는 제외), 연결살수설비의 살수구역, 연결송수관설비의 송수구역, 비상콘센트설비의 전용회로, 연소방지설비의 살수구역
> 3. 특정소방대상물에 설치된 소방시설등을 구성하는 다음의 어느 하나에 해당하는 것의 전부 또는 일부를 **개설(改設), 이전(移轉) 또는 정비(整備)하는 공사**. 다만, 고장 또는 파손 등으로 인하여 작동시킬 수 없는 소방시설을 긴급히 교체하거나 보수하여야 하는 경우에는 신고하지 않을 수 있다.
>   가. 수신반(受信盤)
>   나. **소화펌프**
>   다. 동력(감시)제어반

정답 48.②

49 「화재의 예방 및 안전관리에 관한 법률 시행령」상 화재의 예방 및 안전관리에 관한 기본계획 등의 수립·시행에 관한 설명으로 옳지 않은 것은?

① 소방청장은 화재의 예방 및 안전관리에 관한 기본계획을 계획 시행 전년도 8월 31일까지 관계 중앙행정기관의 장과 협의한 후 계획 시행 전년도 9월 30일까지 수립해야 한다.
② 소방청장은 기본계획을 시행하기 위한 계획을 계획 시행 전년도 10월 31일까지 수립해야 한다.
③ 소방청장은 관계 중앙행정기관의 장과 특별시장·광역시장·특별자치시장·도지사 또는 특별자치도지사에게 기본계획 및 시행계획을 각각 계획 시행 전년도 11월 31일까지 통보해야 한다.
④ 관계 중앙행정기관의 장 및 시·도지사는 세부시행계획을 수립하여 계획 시행 전년도 12월 31일까지 소방청장에게 통보해야 한다.

> 화재예방법 시행령 제2조(화재의 예방 및 안전관리 기본계획의 협의 및 수립)
> 소방청장은 「화재의 예방 및 안전관리에 관한 법률」 제4조 제1항에 따른 화재의 예방 및 안전관리에 관한 <u>기본계획</u>을 <u>계획 시행 전년도 8월 31일까지 관계 중앙행정기관의 장과 협의한 후 계획 시행 전년도 9월 30일까지 수립</u>해야 한다.
>
> 제4조(시행계획의 수립·시행)
> ① <u>소방청장</u>은 법 제4조 제4항에 따라 기본계획을 시행하기 위한 계획(이하 "<u>시행계획</u>"이라 한다)을 <u>계획 시행 전년도 10월 31일까지 수립</u>해야 한다.
>
> 제5조(세부시행계획의 수립·시행)
> ① <u>소방청장</u>은 법 제4조 제5항에 따라 <u>관계 중앙행정기관의 장과 특별시장·광역시장·특별자치시장·도지사 또는 특별자치도지사에게 기본계획 및 시행계획을 각각 계획 시행 전년도 10월 31일까지 통보</u>해야 한다.
> ② 제1항에 따라 통보를 받은 관계 <u>중앙행정기관의 장 및 시·도지사</u>는 법 제4조 제6항에 따른 <u>세부시행계획</u>을 수립하여 <u>계획 시행 전년도 12월 31일까지 소방청장에게 통보</u>해야 한다.

50 「화재의 예방 및 안전관리에 관한 법률 시행령」상 이동식난로를 사용할 수 없는 장소에 해당하지 않는 것은? (난로가 쓰러지지 않도록 받침대를 두어 고정시키거나 쓰러지는 경우 즉시 소화되고 연료의 누출을 차단할 수 있는 장치가 부착된 경우는 제외)

① 한방병원　　　　　　　　② 도서관
③ 가설건축물　　　　　　　④ 공연장

> 보일러 등의 설비 또는 기구 등의 위치·구조 및 관리와 화재예방을 위하여 불을 사용할 때 지켜야 하는 사항 (화재예방법 시행령 [별표 1])
> 이동식난로는 다음의 장소에서 사용해서는 안 된다. 다만, 난로가 쓰러지지 않도록 받침대를 두어 고정시키거나 쓰러지는 경우 즉시 소화되고 연료의 누출을 차단할 수 있는 장치가 부착된 경우에는 그렇지 않다.
> 1) 「다중이용업소의 안전관리에 관한 특별법」 제2조 제1항 제4호에 따른 다중이용업소
> 2) 「학원의 설립·운영 및 과외교습에 관한 법률」 제2조 제1호에 따른 학원
> 3) 「학원의 설립·운영 및 과외교습에 관한 법률 시행령」 제2조 제1항 제4호에 따른 <u>독서실</u>

정답 49.③ 50.②

4) 「공중위생관리법」 제2조 제1항 제2호에 따른 숙박업, 같은 항 제3호에 따른 목욕장업 및 같은 항 제6호에 따른 세탁업의 영업장
5) 「의료법」 제3조 제2항 제1호에 따른 의원·치과의원·한의원, 같은 항 제2호에 따른 조산원 및 같은 항 제3호에 따른 병원·치과병원·**한방병원**·요양병원·정신병원·종합병원
6) 「식품위생법 시행령」 제21조 제8호에 따른 식품접객업의 영업장
7) 「영화 및 비디오물의 진흥에 관한 법률」 제2조 제10호에 따른 영화상영관
8) 「공연법」 제2조 제4호에 따른 **공연장**
9) 「박물관 및 미술관 진흥법」 제2조 제1호에 따른 박물관 및 같은 조 제2호에 따른 미술관
10) 「유통산업발전법」 제2조 제7호에 따른 상점가
11) 「건축법」 제20조에 따른 **가설건축물**
12) 역·터미널

51 「화재의 예방 및 안전관리에 관한 법률 시행령」상 소방청장은 소방안전관리자 자격의 정지 및 취소에 관한 업무를 누구에게 위임하는가?

① 시·도지사　　　　　　　　　② 소방본부장
③ 소방서장　　　　　　　　　　④ 화재안전조사위원회 위원장

> 화재예방법 시행령 제48조(권한의 위임·위탁 등)
> <u>소방청장</u>은 법 제48조 제1항에 따라 법 제31조에 따른 소방안전관리자 자격의 정지 및 취소에 관한 업무를 <u>소방서장에게 위임</u>한다.

52 「화재의 예방 및 안전관리에 관한 법률 시행령」상 소방안전관리대상물의 관계인이 관리업자로 하여금 소방안전관리업무를 대행하게 할 수 있는 경우이다. (　) 안에 적절한 것은?

- 지상층의 층수가 (ㄱ)층 이상인 1급 소방안전관리대상물[연면적 (ㄴ) 제곱미터 이상인 특정소방대상물과 아파트는 제외한다]
- 2급 소방안전관리대상물
- 3급 소방안전관리대상물

	ㄱ	ㄴ
①	6	2만
②	6	1만5천
③	11	2만
④	11	1만5천

정답　51. ③　52. ④

> 화재예방법 제25조(소방안전관리업무의 대행)
> ① 소방안전관리대상물 중 연면적 등이 일정규모 미만인 대통령령으로 정하는 **소방안전관리대상물의 관계인**은 제24조 제1항에도 불구하고 **관리업자로 하여금 같은 조 제5항에 따른 소방안전관리업무 중 대통령령으로 정하는 업무를 대행하게 할 수 있다.** (이하 생략)
>
> 시행령 제28조(소방안전관리 업무의 대행 대상 및 업무)
> ① 법 제25조 제1항 전단에서 "대통령령으로 정하는 소방안전관리대상물"이란 다음 각 호의 소방안전관리대상물을 말한다.
>   1. 별표 4 제2호 가목3)에 따른 지상층의 층수가 **11층 이상인 1급** 소방안전관리대상물(연면적 **1만5천제곱미터 이상인 특정소방대상물과 아파트는 제외**한다)
>   2. 별표 4 제3호에 따른 **2급** 소방안전관리대상물
>   3. 별표 4 제4호에 따른 **3급** 소방안전관리대상물

53 「소방시설 설치 및 관리에 관한 법률」 및 같은 법 시행령상 자체점검 결과 중대위반사항이 발견된 경우에 특정소방대상물의 관계인이 지체 없이 수리 등 필요한 조치를 하여야 하는 것으로 규정되어 있지 않은 것은?

① 소화펌프, 동력·감시 제어반 또는 소방시설용 전원의 고장으로 소방시설이 작동되지 않는 경우
② 가스누설경보기의 전원표시등에 점등이 되지 않거나 화재탐지기의 작동시 점멸이 되지 않는 경우
③ 소화배관 등이 폐쇄·차단되어 소화수(消火水) 또는 소화약제가 자동 방출되지 않는 경우
④ 방화문 또는 자동방화셔터가 훼손되거나 철거되어 본래의 기능을 못하는 경우

> 소방시설법 제23조(소방시설등의 자체점검 결과의 조치 등)
> ① **특정소방대상물의 관계인**은 제22조 제1항에 따른 자체점검 결과 소화펌프 고장 등 대통령령으로 정하는 **중대위반사항**(이하 이 조에서 "중대위반사항"이라 한다)이 발견된 경우에는 지체 없이 수리 등 필요한 조치를 하여야 한다.
>
> 시행령 제34조(소방시설등의 자체점검 결과의 조치 등)
> 법 제23조 제1항에서 "소화펌프 고장 등 대통령령으로 정하는 중대위반사항"이란 다음 각 호의 어느 하나에 해당하는 경우를 말한다.
>   1. 소화펌프(가압송수장치를 포함한다. 이하 같다), 동력·감시 제어반 또는 소방시설용 전원(비상전원을 포함한다)의 고장으로 소방시설이 작동되지 않는 경우
>   2. 화재 수신기의 고장으로 화재경보음이 자동으로 울리지 않거나 화재 수신기와 연동된 소방시설의 작동이 불가능한 경우
>   3. 소화배관 등이 폐쇄·차단되어 소화수(消火水) 또는 소화약제가 자동 방출되지 않는 경우
>   4. 방화문 또는 자동방화셔터가 훼손되거나 철거되어 본래의 기능을 못하는 경우

53. ②

54 「소방시설 설치 및 관리에 관한 법률 시행령」상 특정소방대상물의 소방시설 설치의 면제 기준으로 옳지 않은 것은?

① 스프링클러설비를 설치해야 하는 전기저장시설에 소화설비를 소방청장이 정하여 고시하는 방법에 따라 설치한 경우에는 그 설비의 유효범위에서 설치가 면제된다.

② 비상경보설비 또는 단독경보형 감지기를 설치해야 하는 특정소방대상물에 자동화재탐지설비 또는 화재알림설비를 화재안전기준에 적합하게 설치한 경우에는 그 설비의 유효범위에서 설치가 면제된다.

③ 누전경보기를 설치해야 하는 특정소방대상물에 화재알림설비를 화재안전기준에 적합하게 설치한 경우에는 그 설비의 유효범위에서 설치가 면제된다.

④ 연소방지설비를 설치해야 하는 특정소방대상물에 스프링클러설비, 물분무소화설비 또는 미분무소화설비를 화재안전기준에 적합하게 설치한 경우에는 그 설비의 유효범위에서 설치가 면제된다.

특정소방대상물의 소방시설 설치의 면제 기준 (소방시설법 시행령 [별표 5])

설치가 면제되는 소방시설	설치가 면제되는 기준
3. 스프링클러설비	가. 스프링클러설비를 설치해야 하는 특정소방대상물(발전시설 중 전기저장시설은 제외)에 적응성 있는 자동소화장치 또는 물분무등소화설비를 화재안전기준에 적합하게 설치한 경우에는 그 설비의 유효범위에서 설치가 면제된다. 나. <u>스프링클러설비를 설치해야 하는 전기저장시설에 소화설비를 소방청장이 정하여 고시하는 방법에 따라 설치한 경우에는 그 설비의 유효범위에서 설치가 면제된다.</u>
8. 비상경보설비 또는 단독경보형 감지기	비상경보설비 또는 단독경보형 감지기를 설치해야 하는 특정소방대상물에 자동화재탐지설비 또는 화재알림설비를 화재안전기준에 적합하게 설치한 경우에는 그 설비의 유효범위에서 설치가 면제된다.
12. 자동화재속보설비	자동화재속보설비를 설치해야 하는 특정소방대상물에 화재알림설비를 화재안전기준에 적합하게 설치한 경우에는 그 설비의 유효범위에서 설치가 면제된다.
13. 누전경보기	누전경보기를 설치해야 하는 특정소방대상물 또는 그 부분에 아크경보기(옥내 배전선로의 단선이나 선로 손상 등으로 인하여 발생하는 아크를 감지하고 경보하는 장치) 또는 전기 관련 법령에 따른 지락차단장치를 설치한 경우에는 그 설비의 유효범위에서 설치가 면제된다.
21. 연소방지설비	연소방지설비를 설치해야 하는 특정소방대상물에 스프링클러설비, 물분무소화설비 또는 미분무소화설비를 화재안전기준에 적합하게 설치한 경우에는 그 설비의 유효범위에서 설치가 면제된다.

정답 54. ③

55 「소방시설 설치 및 관리에 관한 법률 시행령」상의 특정소방대상물 중 근린생활시설을 설명한 것으로 옳지 않은 것은?

① 인터넷컴퓨터게임시설제공업의 시설로서 같은 건축물에 해당 용도로 쓰는 바닥면적의 합계가 500㎡ 미만인 것
② 종교집회장으로서 같은 건축물에 해당 용도로 쓰는 바닥면적의 합계가 300㎡ 미만인 것
③ 골프연습장, 물놀이형 시설(안전성검사의 대상이 되는 물놀이형 시설)로서 같은 건축물에 해당 용도로 쓰는 바닥면적의 합계가 500㎡ 미만인 것
④ 단란주점으로서 같은 건축물에 해당 용도로 쓰는 바닥면적의 합계가 200㎡ 미만인 것

④ (×) 단란주점은 같은 건축물에 해당 용도로 쓰는 바닥면적의 합계가 150㎡ 미만인 것만 해당

56 「소방시설 설치 및 관리에 관한 법률 시행규칙」상 건축허가등의 동의 절차이다. ( )에 들어갈 적절한 숫자는?

- 동의 요구를 받은 소방본부장 또는 소방서장은 건축허가등의 동의 요구서류를 접수한 날부터 (ㄱ)일[허가를 신청한 건축물 등이 특급 소방안전관리대상물인 경우에는 (ㄴ)일] 이내에 건축허가등의 동의 여부를 회신해야 한다.
- 소방본부장 또는 소방서장은 동의요구서 및 첨부서류의 보완이 필요한 경우에는 (ㄷ)일 이내의 기간을 정하여 보완을 요구할 수 있다.

	ㄱ	ㄴ	ㄷ
①	7	14	5
②	10	14	3
③	5	10	4
④	3	5	3

소방시설법 시행규칙 제3조(건축허가등의 동의 요구)
③ 제1항에 따른 동의 요구를 받은 소방본부장 또는 소방서장은 법 제6조제4항에 따라 건축허가등의 동의 요구서류를 접수한 날부터 5일[허가를 신청한 건축물 등이 「화재의 예방 및 안전관리에 관한 법률 시행령」 별표 4 제1호 가목(註: 특급 소방안전관리대상물)의 어느 하나에 해당하는 경우에는 10일] 이내에 건축허가등의 동의 여부를 회신해야 한다.
④ 소방본부장 또는 소방서장은 제3항에도 불구하고 제2항에 따른 동의요구서 및 첨부서류의 보완이 필요한 경우에는 4일 이내의 기간을 정하여 보완을 요구할 수 있다. 이 경우 보완 기간은 제3항에 따른 회신 기간에 산입하지 않으며 보완 기간 내에 보완하지 않는 경우에는 동의요구서를 반려해야 한다.

정답 55.④ 56.③

57 「위험물안전관리법」의 적용제외에 관한 내용이다. (   )에 들어갈 수 없는 것은?

> 위험물안전관리법 (   )에 의한 위험물의 저장·취급 및 운반에 있어서는 이를 적용하지 아니한다.

① 차량　　　　② 궤도　　　　③ 항공기　　　　④ 선박

위험물안전관리법 제3조(적용제외)
이 법은 항공기·선박(선박법 제1조의2제1항의 규정에 따른 선박을 말한다)·철도 및 궤도에 의한 위험물의 저장·취급 및 운반에 있어서는 이를 적용하지 아니한다.

58 「위험물안전관리법」상 위험물시설의 설치 및 변경 등에 관한 설명으로 옳지 않은 것은?
① 제조소등을 설치하고자 하는 자는 대통령령이 정하는 바에 따라 그 설치장소를 관할하는 시·도지사의 허가를 받아야 한다.
② 제조소등의 위치·구조 또는 설비의 변경없이 당해 제조소등에서 저장하거나 취급하는 위험물의 품명·수량 또는 지정수량의 배수를 변경하고자 하는 자는 변경하고자 하는 날의 1일 전까지 행정안전부령이 정하는 바에 따라 시·도지사에게 신고하여야 한다.
③ 주택의 난방시설(공동주택의 중앙난방시설을 제외한다)을 위한 저장소 또는 취급소는 위험물의 품명·수량 또는 지정수량의 배수를 변경하고자 하는 경우에 시·도지사에게 신고하여야 한다.
④ 축산용으로 필요한 난방시설 또는 건조시설을 위한 지정수량 20배 이하의 저장소는 신고를 하지 아니하고 위험물의 품명·수량 또는 지정수량의 배수를 변경할 수 있다.

위험물안전관리법 제6조(위험물시설의 설치 및 변경 등)
① 제조소등을 설치하고자 하는 자는 대통령령이 정하는 바에 따라 그 설치장소를 관할하는 특별시장·광역시장·특별자치시장·도지사 또는 특별자치도지사(이하 "시·도지사"라 한다)의 허가를 받아야 한다. 제조소등의 위치·구조 또는 설비 가운데 행정안전부령이 정하는 사항을 변경하고자 하는 때에도 또한 같다.
② 제조소등의 위치·구조 또는 설비의 변경없이 당해 제조소등에서 저장하거나 취급하는 위험물의 품명·수량 또는 지정수량의 배수를 변경하고자 하는 자는 변경하고자 하는 날의 1일 전까지 행정안전부령이 정하는 바에 따라 시·도지사에게 신고하여야 한다.
③ 제1항 및 제2항의 규정에 불구하고 다음 각 호의 어느 하나에 해당하는 제조소등의 경우에는 허가를 받지 아니하고 당해 제조소등을 설치하거나 그 위치·구조 또는 설비를 변경할 수 있으며, 신고를 하지 아니하고 위험물의 품명·수량 또는 지정수량의 배수를 변경할 수 있다.
  1. 주택의 난방시설(공동주택의 중앙난방시설을 제외한다)을 위한 저장소 또는 취급소
  2. 농예용·축산용 또는 수산용으로 필요한 난방시설 또는 건조시설을 위한 지정수량 20배 이하의 저장소

정답　57.①　58.③

59 「위험물안전관리법 시행령」상 정기검사 대상인 제조소등으로 옳은 것은?

① 고체위험물을 저장 또는 취급하는 100만리터 이상의 옥내저장소
② 액체위험물을 저장 또는 취급하는 50만리터 이상의 옥외탱크저장소
③ 액체위험물을 저장 또는 취급하는 50만리터 이상의 옥내저장소
④ 고체위험물을 저장 또는 취급하는 100만리터 이상의 옥외탱크저장소

> 위험물안전관리법 제18조(정기점검 및 정기검사)
> ③ 제1항에 따른 정기점검의 대상이 되는 제조소등의 관계인 가운데 대통령령으로 정하는 제조소등의 관계인은 행정안전부령으로 정하는 바에 따라 소방본부장 또는 소방서장으로부터 해당 제조소등이 제5조 제4항에 따른 <u>기술기준에 적합하게 유지되고 있는지의 여부에 대하여 정기적으로 검사</u>를 받아야 한다.
>
> 시행령 제17조(정기검사의 대상인 제조소등)
> 법 제18조 제3항에서 "대통령령으로 정하는 제조소등"이란 <u>액체위험물을 저장 또는 취급하는 50만리터 이상의 옥외탱크저장소</u>를 말한다.

60 「위험물안전관리법 시행규칙」상 히드록실아민등을 취급하는 제조소의 특례로서 담 도는 토제(土堤)에 대한 기준으로 옳지 않은 것은?

① 담 또는 토제는 당해 제조소의 외벽 또는 이에 상당하는 공작물의 외측으로부터 1m 이상 떨어진 장소에 설치할 것
② 담 또는 토제의 높이는 당해 제조소에 있어서 히드록실아민등을 취급하는 부분의 높이 이상으로 할 것
③ 담은 두께 15㎝ 이상의 철근콘크리트조·철골철근콘크리트조 또는 두께 20㎝ 이상의 보강콘크리트블록조로 할 것
④ 토제의 경사면의 경사도는 60도 미만으로 할 것

> 제조소의 위치·구조 및 설비의 기준 (시행규칙 [별표 4])
> XII. 위험물의 성질에 따른 제조소의 특례
> 4. 히드록실아민등을 취급하는 제조소의 특례는 다음 각목과 같다.
>   나. 가목의 제조소의 주위에는 다음에 정하는 기준에 적합한 담 도는 토제(土堤)를 설치할 것
>   1) 담 또는 토제는 당해 <u>제조소의 외벽 또는 이에 상당하는 공작물의 외측으로부터 2m 이상 떨어진 장소</u>에 설치할 것
>   2) 담 또는 토제의 높이는 당해 제조소에 있어서 히드록실아민등을 <u>취급하는 부분의 높이 이상</u>으로 할 것
>   3) 담은 <u>두께 15㎝ 이상의 철근콘크리트조·철골철근콘크리트조 또는 두께 20㎝ 이상의 보강콘크리트블록</u>조로 할 것
>   4) 토제의 경사면의 경사도는 <u>60도 미만</u>으로 할 것

정답 59.② 60.①

[4과목] 소방전기시설의 구조 및 원리

61 경사강하식 구조대의 구조 기준 중 틀린 것은?

① 손잡이는 출구 부근에 좌우 각 3개 이상 균일한 간격으로 견고하게 부착하여야 한다.
② 입구틀 및 고정틀의 입구는 지름 30[cm] 이상의 구체가 통과할 수 있어야 한다.
③ 구조대 본체의 활강부는 낙하방지를 위해 포를 2중 구조로 하거나 또는 망목의 변의 길이가 8[cm] 이하인 망을 설치하여야 한다.
④ 구조대 본체의 끝부분에는 길이 4[m] 이상, 지름 4[mm] 이상의 유도선을 부착하여야 하며, 유도선 끝에는 중량 3[N] 이상의 모래 주머니 등을 설치해야 한다.

1) 입구틀 및 고정틀의 입구는 지름 60[cm] 이상의 구체가 통과할 수 있어야 한다.
   (성인 남자 머리의 둘레 표준이 보통 50~60[cm]이고, 이를 반영한 크기로 볼 수 있다.)
2) 손잡이는 3개 이상 부착되어야 한다. **암기팁** 커다란 물고기의 이빨을 상상하자.
   (너무 과한 공부를 할 필요가 없다. 아래 구조와 앞에 나온 보기 정도만을 확인하자.)

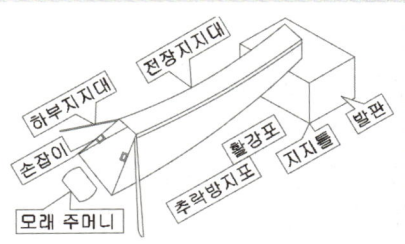

62 경계전로의 누설전류를 자동적으로 검출하여 이를 누전경보기의 수신부에 송신하는 것을 무엇이라고 하는가?

① 수신부
② 확성기
③ 변류기
④ 증폭기

정답 61.② 62.③

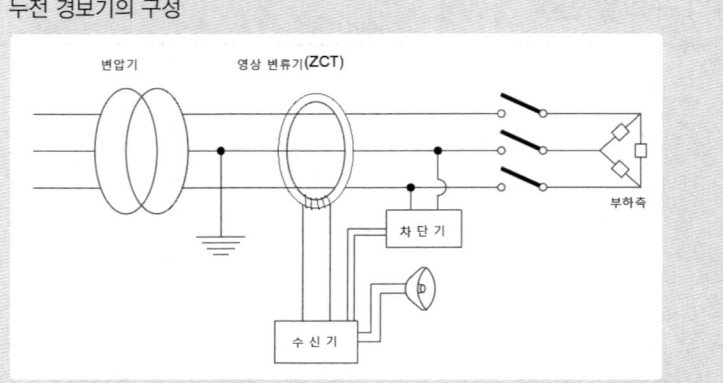

→ '누전 경보기'는 변류기, 수신기, 차단기, 음향 장치로 구성되어 있다. 자동적으로 검출하여 이를 누전경보기의 수신부에 송신하는 것 변류기에 해당한다.

63 정온식 감지선형 감지기에 관한 설명으로 옳은 것은?

① 일국소의 주위온도 변화에 따라서 차동 및 정온식의 성능을 갖는 것을 말한다.
② 일국소의 주위온도가 일정한 온도 이상이 되었을 때 작동하는 것으로서 외관이 전선으로 되어 있는 것을 말한다.
③ 그 주위온도가 일정한 온도상승률 이상이 되었을 때 작동하는 것을 말한다.
④ 그 주위온도가 일정한 온도상승률 이상이 되었을 때 작동하는 것으로서 광범위한 열효과의 누적에 의하여 동작하는 것을 말한다.

1) 일국소의(스폿) 주위온도 변화에 따라 차동 및 정온(보상)
2) 정온식 감지선형에 대한 설명
3) 그 주위 온도(스폿) 일정한 온도 상승률 이상(차동)
4) 광범위한(분호형) 일정한 온도 상승률 이상(차동)

64 자동화재탐지설비 및 시각경보장치의 화재안전기준(NFSC 203)에 따른 감지기의 설치 제외 장소가 아닌 것은?

① 실내의 용적이 20[m³] 이하인 장소
② 부식성가스가 체류하고 있는 장소
③ 목욕실·욕조나 샤워시설이 있는 화장실·기타 이와 유사한 장소
④ 고온도 및 저온도로서 감지기의 기능이 정지되기 쉽거나 감지기의 유지관리가 어려운 장소

정답 63.② 64.①

감지기 설치 제외 장소 **암기팁**
- 목욕실, 욕조나 샤워시설이 있는 화장실, 기타 이와 유사한 장소
- 부식성 가스가 체류하고 있는 장소
- 고온도 및 저온도로서 감지기의 기능이 정지되기 쉽거나 감지기의 유지 관리가 어려운 장소
- 천장 또는 반자의 높이가 20[m] 이상인 장소
- 파이프 덕트 등 2개 층마다 방화 구획된 것이나 수평 단면적이 5[m²] 이하인 장소

(목이 붓고, 입 천장이 아파)

65 무선통신보조설비의 누설 동축 케이블의 설치 기준으로 틀린 것은?

① 끝부분에는 반사 종단저항을 견고하게 설치할 것
② 고압의 전로로부터 1.5[m] 이상 떨어진 위치에 설치할 것
③ 금속판 등에 따라 전파의 복사 또는 특성이 현저하게 저하되지 아니하는 위치에 설치할 것
④ 불연 또는 난연성의 것으로서 습기에 따라 전기의 특성이 변질 되지 아니하는 것으로 설치할 것

1) 고압의 전로에 의한 유도 전류를 피하기 위해 1.5[m]의 거리를 둔다. 정전기를 차폐할 경우 필요가 없다.
2) 나머지는 일반적인 설치 조건이다.
  a. 지지금구류는 4[m]간격으로 설치한다. (불연재료로 구획된 반자 내에선 예외된다.)
  b. 무반사 종단 저항은 전자파 메아리 현상을 방지한다.
3) 누설 동축 케이블의 종단에는 무반사 종단 저항을 설치한다.(전파 메아리 현상 방지 목적)

66 자동화재탐지설비 및 시각경보장치의 화재안전기준(NFSC 203)에 따라 제2종 연기감지기를 부착 높이가 4[m] 미만인 장소에 설치 시 기준 바닥면적은?

① 150[m²]   ② 50[m²]
③ 75[m²]   ④ 90[m²]

- 연기 감지기의 1개의 유효 바닥 면적을 묻고 있다.
- 150/1(4[m] 미만), 150/2(20[m] 미만), 150/3(4[m] 미만), 3종

정답 65.① 66.①

67 비상경보설비를 설치하여야 할 특정소방대상물로 옳은 것은? (단, 지하구, 모래·석재 등 불연재료 창고 및 위험물 저장·처리 시설 중 가스시설은 제외한다.)

① 지하가 중 터널로서 길이가 400[m] 이상인 것
② 30명 이상의 근로자가 작업하는 옥내작업장
③ 지하층 또는 무창층의 바닥면적이 150[m^2](공연장의 경우 100[m^2] 이상인 것
④ 연면적 300[m^2](지하가 중 터널 또는 사람이 거주하지 않거나 벽이 없는 축사 등 동·식물 관련시설은 제외) 이상인 것

1) 비상 경보 설비는 경보를 통해 사람들을 긴급히 대피시키기 위한 설비이다. 이해보단 우선 암기를 하자.
2) 비상 경보 설비의 설치 대상

50×1(명)	옥내 작업장의 작업 인원
50×2(m^2)(바)	지하층, 무창층이면서 공연장
50×3(m^2)(바)	지하층, 무창층
50×8(m^2)(연)	연면적 기준
50×10(m)	터널의 길이

68 비상방송설비의 화재안전기준(NFSC 202)에 따라 비상방송설비 음향장치의 설치기준 중 다음 ( ) 에 들어갈 내용으로 옳은 것은?

> 층수가 ( )층 이상(공동 주택은 16층 이상) 특정 소방 대상물의 1층에서 발화한 때에는 발화층, 그 직상 4개 층 및 지하층에 경보를 발할 수 있도록 하여야 한다.

① 11층   ② 12층   ③ 15층   ④ 16층

1) 층수가 11층 이상(공동주택 16층 이상)일 때 우선경보하여야 한다.
2) 우선 경보는 발화층, 직상 4개층이며, 발화층이 1층인 경우 지하층을 포함하고, 직상 4개층이며, 발화층이 지하층인 경우 지하층을 전층, 1층에 우선 경보한다. 이는 지하층이 대피 인원으로부터 병목될 수 있기 때문이다.

69 유도등의 형식승인 및 제품검사의 기술기준에 따른 용어의 정의에서 "유도등에 있어서 표시면외 조명에 사용되는 면"을 말하는 것은?

① 조사면   ② 휘도면   ③ 광도면   ④ 광속면

1) 통로 유도등의 경우 바탕 배경이 흰색으로 이는 조명으로 사용이 가능하다. 이처럼 조명에 사용되는 부분을 '조사면'이라 한다.
2) '투광면'은 그림의 형상을 인쇄하는 방식을 말한다.
3) 피난구의 방향을 표시하는 부등호가 있는 곳을 '표시면'이라 한다.

정답 67.③ 68.① 69.①

70 자동화재탐지설비 및 시각경보장치의 화재안전기준(NFSC 203)에 따라 부착높이 20[m] 이상에 설치되는 광전식 분 아날로그방식의 감지기는 공칭감지농도 하한값이 감광율 몇 %/[m] 미만인 것으로 하는가?

① 4   ② 5   ③ 6   ④ 12

> 공칭 감지 농도 하한값이 감광률 5%/m 미만인 것으로 선정한다.

71 비상조명등의 우수품질인증 기술기준에 따라 인출선인 경우 전선의 굵기는 몇 [mm²] 이상이어야 하는가?

① 0.25   ② 0.75   ③ 1.5   ④ 1.25

> 1) 전선의 굵기는 인출선 3/4[mm²] 이상, 기타 1/2[mm²] 이상
> 2) 인출선의 길이는 150[mm] 이상으로 선정

72 유도등의 우수품질인증 기술기준에 따른 유도등의 일반구조에 대한 내용이다. 다음 ( )에 들어갈 내용으로 옳은 것은?

> 전선의 굵기는 인출선의 경우에는 단면적이 (A)[mm²] 이상, 인출선 외의 경우에는 면적이 (B)[mm²] 이상이어야 한다.

① A 0.75, B 0.5   ② A 0.75, B 0.75   ③ A 1.25, B 0.75   ④ A 1.25, B 1.5

> 1) 전선의 굵기는 인출선 3/4[mm²] 이상, 기타 1/2[mm²] 이상
> 2) 인출선의 길이는 150[mm] 이상으로 선정

73 비상방송설비의 화재안전기준(NFSC 202)에 따른 비상방송설비의 음향장치에 대한 설치기준으로 틀린 것은?

① 다른 전기회로에 따라 유도장애가 생기지 아니하도록 할 것
② 음향장치는 자동화재속보설비의 작동과 연동하여 작동할 수 있는 것으로 할 것
③ 다른 방송설비와 고용하는 것에 있어서는 화재 시 비상경보외의 방송을 차단할 수 있는 구조로 할 것
④ 증폭기 및 조작부는 수위실 등 상시 사람이 근무하는 장소로서 점검이 편리하고 방화상 유효한 곳에 설치할 것

정답 70.② 71.② 72.① 73.②

자동화재속보설비는 119에 자동 신고하는 것이 목적이다.

74 무선통신보조설비의 화재안전기준(NFSC 505)에 따른 용어의 정의 중 감시 제어반 등에 설치된 무선중계기의 입력과 출력포트에 연결되어 송수신 신호를 원활하게 방사·수신하기 위해 옥외에 설치하는 장치를 말하는 것은?

① 혼합기
② 분파기
③ 증폭기
④ 옥외안테나

위 내용은 '옥외 안테나'에 대한 설명이다.

혼합기	신호의 전송로가 분기되는 장소에 설치하는 장치
분배기	서로 다른 주파수의 합성된 신호를 분리하기 위해사용하는 장치
분파기	서로 다른 주파수의 합성된 신호를 분리하기 위해 사용하는 장치
증폭기	입력 신호의 에너지를 증가시켜 출력 측에 큰 에너지의 변화로 출력하는 장치
옥외 안테나	감시 제어반 등에 설치된 무선중계기의 입력과 출력포트에 연결되어 송수신 신호를 원활하게 방사·수신하기 위해 옥외에 설치하는 장치

75 비상조명등의 화재안저기준(NFSC 304)에 따라 비상조명등의 비상전원을 설치하는데 있어서 어떤 특정소방대상물의 경우에는 그 부분에서 피난층에 이르는 부분의 비상조명등을 60분 이상 유효하게 작동시킬 수 있는 용량으로 하여야 한다. 이 특정소방물에 해당하지 않는 것은?

① 무창층인 지하역사
② 무창층인 소매시장
③ 지하층인 관람시설
④ 지하층을 제외한 층수가 11층 이상의 층

비상 조명등은 아래 조건에서 60분 이상 용량이 필요하다.
a. 11층 이상
b. **암기팁** 대동여지도
   대동(지하층 및 무창층 이면서)
   여객자동차터미널
   지하역사, 지하 상가
   도매시장(반대는 '소매시장')

정답 74.④ 75.③

76 비상경보설비 및 단독경보형감지기의 화재안전기준(NFSC 201)에 따라 비상벨설비 또는 자동식사이렌설비의 지구음향장치는 특정소방대상물의 층마다 설치하되, 해당 특정소방대상물의 각 부분으로부터 하나의 음향장치까지의 수평거리가 몇 [m] 이하가 되도록 하여야 하는가?

① 5
② 15
③ 25
④ 40

1) 음향 장비의 수평 거리는 25[m]로, 자동화재탐지 설비의 수평 거리와 같다.
2) 설치가 되어 있는 기준점은 실제로 빈번히 만나는 소화기, 옥내 소화전 등이 되는 것이 좋다.

77 소방시설용 비상전원수전설비의 화재안전기준(NFSC 602)에 따른 용어의 정의에서 소방부하에 전원을 공급하는 전기회로를 말하는 것은?

① 수전 설비
② 일반 회로
③ 소방 회로
④ 변전 설비

소방 회로는 소방 부하에 전원을 공급하는 전기회로를 말한다.(결과적으로 소방(전용)회로를 의미한다.)

78 누전경보기의 형식승인 및 제품검사의 기술기준에 따라 누전경보기의 변류기는 직류 500[V]의 절연저항계로 절연된 1차 권선과 2차 권선 간의 절연저항 시험을 할 때 몇 [MΩ] 이상이어야 하는가?

① 0.1
② 5
③ 10
④ 20

1) 방재실 내부 구성은 500[V]의 직류 시험 전압을 가했을 때 5[MΩ] 이상이어야 한다. (누전 경보기, 가스 누설 경보기, 자동화재속보설비, 시각 경보, 유도등, 비상 조명등) + (수신기, 비상경보)
2) 발신기 내부 구성은 500[V]의 직류 시험 전압을 가했을 때 20[MΩ] 이상이어야 한다. (경종, 발신기, 중계기, 비상 콘센트) (기기의 절연된 선로 간, 기기의 충전부와 비충전 부 간, 기기의 교류 입력측과 외함 간)
3) 감지기는 500[V]의 직류 시험 전압을 가했을 때 50[MΩ] 이상이어야 한다.

암기팁 방재실을 지나서 계단실을 지나고 발신기실을 지나서 감지기를 지난다. 걸음 수를 떠올려보자.)

정답 76.③ 77.③ 78.②

79 차동식분포형감지기의 동작방식이 아닌 것은?

① 공기관식
② 열전대식
③ 열반도체식
④ 불꽃 자외선식

차동식 분포형 감지기의 동작 방식
- 공기관식
- 열전대식
- 열반도체식

80 유도등 및 유도표지의 화재안전기준(NFSC 303)에 따라 설치하는 유도표지는 계단에 설치하는 것을 제외하고는 각층마다 복도 및 통로의 각 부분으로부터 하나의 유도표지까지의 보행거리가 몇 [m] 이하가 되는 곳과 구부러진 모퉁이의 벽에 설치하여야 하는가?

① 10
② 15
③ 20
④ 25

1) 피난 구조 설비의 보행거리에 대해 유도 표지는 15[m] 이하, 유도등은 20[m] 이하
2) 구부러진 모퉁이의 벽에 설치한다.
3) 주위에 등화, 광고물, 게시물 등을 설치해선 안된다.

정답 79.④ 80.②

2025년 1회 소방설비기사(전기분야) CBT 복원

【1과목】 소방원론

01 가연성 혼합기의 최소발화(점화)에너지(MIE, Minimum Ignition Energy)에 영향을 주는 요인에 관한 설명으로 옳지 않은 것은?

① 온도가 상승하면 최소발화에너지는 작아진다.
② 압력이 상승하면 최소발화에너지는 작아진다.
③ 열전도율이 낮아지면 최소발화에너지는 커진다.
④ 화학양론비 부근에서 최소발화에너지는 최저가 된다.

> **최소발화(착화)에너지(Minimum Ignition Energy)**
> ① 정의 : 연소범위 내에 있는 가스 등을 발화시키는데 필요한 최소한의 에너지를 말한다. 이는 온도, 압력, 산소농도, 연소속도 등에 따라 영향을 받는다.
> ② 측정방법은 구형의 안전용기 가연성가스와 공기를 혼합시킨 상태에서 콘덴서를 두고 그 사이에 방전(전기적 에너지)을 일으켜 다음의 식에 의해 구한다.
>
> $$MIE = \frac{1}{2}CV^2$$
>
> MIE : 최소발화에너지[J]   C : 콘덴서 용량[F]   V : 전압[V]
>
> ③ 최소발화에너지에 영향을 주는 인자
> - 온도, 압력이 높을수록 MIE가 작아진다.
> - 산소농도가 높을수록 MIE가 작아진다.
> - 연소속도가 클수록 MIE가 작아진다.
> - 가스농도가 많을수록 MIE가 작아진다.
> - 가연성가스의 조성이 화학적양론 농도(완전연소 농도)에서 MIE가 최저가 된다.
> ※ 열전도율이 낮으면 열의 축적이 용이하므로 최소발화에너지(MIE)는 작아진다.

02 가연성 액체의 연소현상에 관한 설명으로 옳지 않은 것은?

① 가연성 액체의 연소와 관련된 온도는 발화점, 연소점, 인화점 순으로 높다.
② 인화점과 발화점이 가까운 액체일수록 재점화가 어렵고 냉각에 의한 소화활동이 용이하다.
③ 인화점과 연소점의 차이는 외부 점화원을 제거했을 경우 화염 전파의 지속성 여부에 따라 구분된다.
④ 연소반응은 열생성률(heat production rate)이 외부로의 열손실률(heat loss rate)보다 큰 조건에서 지속된다.

> 인화점과 발화점이 가까운 액체일수록 재점화가 쉽고 냉각에 의한 소화활동이 쉽지 않다.

정답 01.③ 02.②

03 소방펌프 및 관로에서 발생되는 수격현상(water hammering) 의 방지책으로 옳지 않은 것은?

① 수격을 흡수하는 수격방지기를 설치한다.
② 관로에 서지 탱크(surge tank)를 설치한다.
③ 플라이휠(flywheel)을 부착하여 펌프의 급격한 속도 변화를 억제한다.
④ 관경의 축소를 통해 유체의 유속을 증가시켜 압력 변동치를 감소시킨다.

> **펌프에서 발생되는 이상현상**
> ② 수격현상(Water Hammering)
>   배관 내를 흐르던 유체가 밸브의 갑작스런 차단이나 관로의 변경에 의해 운동에너지가 압력에너지로 변해 유체 내의 고압이 발생하여 벽면을 타격하는 현상을 말한다.
>   ㉠ 수격현상(Water Hammering)의 발생원인
>   ⓐ 펌프를 갑자기 정지시킬 때
>   ⓑ 정상운전일 때 유체의 압력변동이 생길 때
>   ⓒ 밸브를 급격히 개폐할 때
>   ⓓ 관로가 갑자기 변경될 때
>   ㉡ 수격현상(Water Hammering)의 방지대책
>   ⓐ 관경을 크게 한다.
>   ⓑ 관내 유체의 유속을 낮게 한다.
>   ⓒ 펌프의 급격한 속도 변화를 방지하기 위해 플라이 휠(fly wheel)을 설치한다.
>   ⓓ 수격방지기(Water Hammer Cusion, WHC)를 설치한다.
>   ⓔ 관로에 서지탱크(Surge tank)를 설치한다.

04 화재 시 연소생성물에 관한 설명으로 옳지 않은 것은?

① 황화수소는 썩은 달걀과 비슷한 냄새가 난다.
② 연기로 인한 빛의 감소를 나타내는 감광계수는 가시거리와 반비례한다.
③ 일산화탄소는 산소와 헤모글로빈의 결합을 방해하여 질식에 이르게 할 수 있다.
④ TLV(Threshold Limit Value)로 측정한 독성가스의 허용 농도는 불화수소, 시안화수소, 암모니아, 포스겐 순으로 높다.

TLV(Threshold Limit Value, 독성가스의 허용 농도)

	암모니아	시안화수소	불화수소	포스겐
TLV	25ppm	10ppm	3ppm	0.1ppm

정답 03.④ 04.④

05 폭발에 관한 설명으로 옳은 것만을 〈보기〉에서 있는 대로 고른 것은?

> ㄱ. 증기폭발은 액체의 급속한 기화로 인해 체적이 팽창 되어 발생하는 현상이다.
> ㄴ. 가스폭발은 분진폭발보다 최소발화에너지가 크다.
> ㄷ. 분해폭발은 공기나 산소와 섞이지 않더라도 가연성 가스 자체의 분해 반응열에 의해 폭발하는 현상이다.
> ㄹ. 폭발(연소)범위는 초기온도 및 압력이 상승할수록 분자 간 유효충돌 할 가능성이 높아지기 때문에 넓어진다.

① ㄱ, ㄴ
② ㄷ, ㄹ
③ ㄱ, ㄴ, ㄹ
④ ㄱ, ㄷ, ㄹ

가스폭발은 분진폭발보다 최소발화에너지가 작다.

06 폭연(deflagration)과 폭굉(detonation)에 관한 설명으로 옳은 것은?

① 예혼합가스의 초기압력이 높을수록 폭굉유도거리가 길어진다.
② 화염전파속도는 폭연의 경우 음속보다 느리며, 폭굉의 경우 음속보다 빠르다.
③ 폭연은 폭굉으로 전이될 수 없으나 폭굉은 폭연으로 전이 될 수 있다.
④ 폭연은 화염면에서 온도, 압력, 밀도의 변화가 불연속적으로 나타난다.

- 예혼합가스의 초기압력이 높을수록 폭굉유도거리가 짧아진다.
- 화염전파속도는 폭연의 경우 음속보다 느리며, 폭굉의 경우 음속보다 빠르다.
- 폭연은 폭굉으로 전이될 수 있으나 폭굉은 폭연으로 전이 될 수 없다.
- 폭연은 화염면에서 온도, 압력, 밀도의 변화가 연속적으로 나타난다.

07 분진폭발에 영향을 미치는 인자에 관한 설명으로 옳지 않은 것은?

① 분진의 발열량이 클수록 폭발하기 쉽다.
② 분진의 부유성이 클수록 폭발이 용이해진다.
③ 분진폭발은 분진의 입자직경에 영향을 받는다.
④ 분진의 단위체적당 표면적이 작아지면 폭발이 용이해진다.

분진의 단위체적당 표면적이 커지면 폭발이 용이해진다.

정답 05.④ 06.② 07.④

08 전기화재(C급화재) 및 주방화재(K급화재)에 관한 설명으로 옳지 않은 것은?

① 주방화재의 가연물 중 하나인 식용유의 발화점은 비점 보다 낮다.
② 도체 주위의 자기장 변화에 의해 발생된 유도전류는 전기 화재의 점화원으로 작용할 수 있다.
③ 식용유로 인한 화재 시 유면상의 화염을 제거하면 복사열에 의한 기화를 차단하여 재발화를 방지할 수 있다.
④ 전기화재의 발생 원인 중 누전은 전류가 전선이나 기구 에서 절연 불량 등의 원인으로 정해진 전로(배선) 밖으로 흐르는 현상이다.

> **주방화재 – K급, 무색**
> 1) 가연물의 종류 : 주방에서 사용하는 동·식물유
> 2) 특징
>   ① 동물성기름 또는 식물성기름을 사용하여 대량의 음식을 조리하는 식당 또는 식품가공공장 등에서 예상치 못하게 화재가 발생하는 경우가 있다.
>   ② 인화성 또는 가연성액체 화재에 사용되는 소화기를 주방화재에도 사용하고 있다. 하지만 주방화재를 진압하고 재발화를 방지하는 데는 부족하다. 따라서 주방화재를 소화하기 위하여 비누화 반응이 일어나는 물질을 사용한다.
>   ③ 주방화재용 소화약제를 사용하여 기름의 표면온도를 낮추는 냉각효과와 비누화 반응에 의한 질식효과를 이용하여 소화를 한다.

09 화재 시 구획실에서 발생하는 현상에 관한 설명으로 옳은 것은?

① 개구부의 크기는 플래시오버 발생과 관련이 없다.
② 구획실의 창문과 문손잡이의 온도로 백드래프트의 발생 가능성을 예측할 수 없다.
③ 준불연성이나 불연성의 내장재를 사용할 경우 플래시오버 발생까지의 소요시간이 길어진다.
④ 구획실 내의 산소가 부족하여 훈소 상태에서 공기가 갑자기 다량 공급될 때 가연성 가스가 순간적으로 폭발하듯 발화 하는 현상은 플래시오버이다.

> **플래시 오버 지연 대책**
> ① 화원의 위치와 크기 : 화원의 크기가 소형일수록 지연된다.
> ② 내장재의 종류, 열전도율 및 불연화 순서
>   • 종류 : 불연재료, 준불연재료
>   • 열전도율이 큰 재료일수록 지연된다.
>   • 불연화 순서 : 천장 → 벽 → 바닥 순으로 불연화 한다.
> ③ 개구율 : 개구율이 작을수록 산소 부족으로 연소가 원활하게 일어나지 않으므로 실내의 열축적이 적어 플래시오버가 지연될 수 있고, 개구율이 아주 클수록 실내에 축적되는 열보다 외부로 유출되는 열이 많으므로 플래시오버가 지연될 수 있다.

정답 08.③ 09.③

10 그림은 구획실의 크기가 가로 10,000mm, 세로 8,000mm, 높이 3,000mm이며 가연물 A와 가연물 B가 놓여 있는 상태를 나타낸다. 다음과 같은 조건일 때 구획실의 화재하중[kg/m²]은? (단, 주어지지 않은 조건은 무시하고, 소수점 셋째 자리에서 반올림한다.)

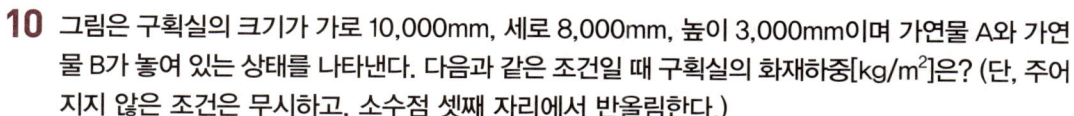

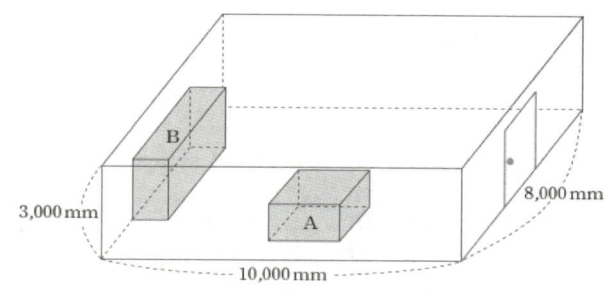

	단위발열량 [kcal/kg]	질량 [kg]
목재	4,500	-
가연물 A	2,000	200
가연물 B	9,000	100

① 1.20　　② 2.41　　③ 3.61　　④ 7.22

화재하중(Fuel Load)

$$Q = \frac{\Sigma(G_t \times H_t)}{H \times A} = \frac{\Sigma Q_t}{4,500 \times A}$$

Q : 화재하중[kg/m²], G_t : 가연물의 양[kg], H_t : 가연물의 단위 발열량[kcal/kg]
Q_t : 가연물의 전체 발열량[kcal], H : 목재 단위 발열량(4,500[kcal/kg]), A : 화재실 바닥면적[m²]

$$Q = \frac{(200 \times 2,000) + (100 \times 9,000)}{4,500 \times (10 \times 8)} = 3.611 ≒ 3.61 \,[kg/m^2]$$

11 구획실 화재에 관한 설명으로 옳지 않은 것은?

① 플래시오버 이후에는 연료지배형 화재보다 환기지배형 화재가 지배적이다.
② 환기가 잘되지 않으면 환기지배형 화재에서 연료지배형 화재로 바뀌며 연기 발생이 줄어든다.
③ 연료지배형 화재는 구획실 내 가연물의 연소에 필요한 산소가 충분히 공급되는 조건의 화재이다.
④ 성장기에는 천장 부분에서 축적된 뜨거운 가스층이 발화원으로 부터 떨어져 있는 가연성 물질에 복사열을 공급하여 플래시오버를 초래할 수 있다.

환기가 잘되지 않으면 환기지배형 화재로서 연기 발생이 많아진다.

정답　10.③　11.②

12 위험물의 유별 특성 중 옳은 것만을 〈보기〉에서 있는 대로 고른 것은?

> ㄱ. 아염소산나트륨은 불연성, 조해성, 수용성이며, 무색 또는 백색의 결정성 분말 형태이다.
> ㄴ. 마그네슘은 끓는 물과 접촉 시 수소가스를 발생시킨다.
> ㄷ. 황린은 공기 중 상온에 노출되면 액화되면서 자연발화를 일으킨다.

① ㄱ, ㄴ
② ㄱ, ㄷ
③ ㄴ, ㄷ
④ ㄱ, ㄴ, ㄷ

- 아염소산나트륨(제1류 위험물) : 불연성, 조해성, 수용성이며, 무색 또는 백색의 결정성 분말 형태
- 마그네슘(제2류 위험물) : 물과 접촉 시 수소가스를 발생
- 황린(제3류 위험물) : 발화점이 매우 낮고 산소와 결합 시 산화열이 크며, 공기 중에 방치하면 액화되면서 자연발화를 일으킨다.[황린은 발화점(착화점)이 낮기 때문에 자연발화를 일으킨다.]

13 위험물의 유별 소화방법으로 옳지 않은 것은?

① 탄화칼슘 화재 시 다량의 물로 냉각소화할 수 있다.
② 수용성 메틸알코올 화재에는 내알코올포를 사용한다.
③ 알킬알루미늄은 마른모래, 팽창질석, 팽창진주암으로 소화한다.
④ 적린은 다량의 물로 냉각소화하며, 소량의 적린인 경우에는 마른모래나 이산화탄소 소화약제도 일시적인 효과가 있다.

탄화칼슘

㉠ 카바이드라고 하며, 분자식 CaC_2, 융점은 2,300[℃]이다.
㉡ 순수한 것은 무색, 투명하나 보통은 회백색의 덩어리 상태이다.
㉢ 공기 중에서 안정하지만 350[℃] 이상에서는 산화된다.
㉣ 습기가 없는 밀폐용기에 저장하고, 용기에는 질소가스 등 불연성 가스를 봉입시킬 것

탄화칼슘의 반응식

$CaC_2 + 2H_2O \rightarrow Ca(OH)_2 + C_2H_2\uparrow + 27.8[kcal]$
           (소석회, 수산화칼슘) (아세틸렌)

- 약 700[℃] 이상에서 반응 $CaC_2 + N_2 \rightarrow CaCN_2 + C + 74.6[kcal]$
                                              (석회질소) (탄소)
- 아세틸렌가스와 금속과 반응 $C_2H_2 + 2Ag \rightarrow Ag_2C_2 + H_2\uparrow$
                                              (금속아세틸레이트 : 폭발물질)

정답 12.④ 13.①

14 소화방법에 관한 설명으로 옳은 것만을 〈보기〉에서 있는 대로 고른 것은?

> ㄱ. 산림화재 시 화재 진행방향의 나무를 벌목하는 것은 제거소화의 방법 중 하나이다.
> ㄴ. 물은 비열, 증발잠열의 값이 작아서 주로 냉각소화에 사용된다.
> ㄷ. 부촉매 소화는 화학적 소화에 해당한다.
> ㄹ. 유류화재는 포 소화약제를 방사하여 유류 표면에 얇은 층을 형성함으로써 공기 공급을 차단해 소화한다.
> ㅁ. 물에 침투제를 첨가하는 이유는 표면장력을 증가시켜 소화능력을 향상하기 위함이다.

① ㄱ, ㄷ, ㄹ
② ㄴ, ㄹ, ㅁ
③ ㄱ, ㄴ, ㄷ, ㄹ
④ ㄱ, ㄷ, ㄹ, ㅁ

- 물은 비열, 증발잠열의 값이 커서 주로 냉각소화에 사용된다.
- 물에 침투제를 첨가하는 이유는 표면장력을 감소시켜 침투성을 강화해 소화능력을 향상하기 위함이다.

15 분말소화약제에 관한 설명으로 옳지 않은 것은?

① 제2종 분말소화약제의 주성분은 $KHCO_3$이다.
② 제1·2·3종 분말소화약제는 열분해 반응에서 CO_2가 생성된다.
③ $NaHCO_3$이 주된 성분인 분말소화약제는 B·C급 화재에 사용하고 분말 색상은 백색이다.
④ $NH_4H_2PO_4$이 주된 성분인 분말소화약제는 A·B·C급 화재에 유효하고 비누화현상이 일어나지 않는다.

제3종 분말소화약제 열분해 반응식 (CO_2는 생성되지 않는다.)

190[℃] $NH_4H_2PO_4 \rightarrow H_3PO_4$(올트인산) $+ NH_3$
215[℃] $2H_3PO_4 \rightarrow H_4P_2O_7$(피로인산) $+ H_2O$
300[℃] 이상 $H_4P_2O_7 \rightarrow 2HPO_3$(메타인산) $+ H_2O$
(250[℃] 이상) $2HPO_3 \rightarrow P_2O_5$(오산화인) $+ H_2O$

16 할로겐화합물 및 불활성기체 소화약제에 관한 설명으로 옳지 않은 것은?

① IG-01, IG-55, IG-100, IG-541 중 질소를 포함하지 않은 약제는 IG-100이다.
② 할로겐화합물 소화약제 중 HFC-23(트리플루오르메탄)의 화학식은 CHF_3이다.
③ 부촉매 소화효과는 불활성기체 소화약제에는 없으나 할로겐 화합물 소화약제는 있다.
④ 할로겐화합물 소화약제는 불소, 염소, 브롬 또는 요오드 중 하나 이상의 원소를 포함하고 있는 유기화합물을 기본 성분으로 하는 소화약제를 말한다.

정답 14.① 15.② 16.①

불활성기체 소화약제 명명법
IG – ABC 세 자리로 구성되며, 성분 함량을 표시한다. Inergen(불연성·불활성 기체 혼합가스)
A = 질소(N_2)의 함량
B = 아르곤(Ar)의 함량
C = 이산화탄소(CO_2)의 함량
① IG – 100 → N_2 : 100%
② IG – 01 → Ar : 100%
③ IG – 55 → N_2 : 50%, Ar : 50%
④ IG – 541 → N_2 : 52%, Ar : 40%, CO_2 : 8%

17 소방시설은 소화설비, 경보설비, 피난구조설비, 소화용수설비, 소화활동설비로 분류된다. 다음 정의로 분류되는 소방시설로 옳지 않은 것은?

화재를 진압하거나 인명구조활동을 위하여 사용하는 설비

① 제연설비 ② 인명구조설비
③ 연결살수설비 ④ 무선통신보조설비

		화재가 발생할 경우 피난하기 위하여 사용하는 기구 또는 설비
Ⅲ. 피난구조 설비	1. 피난기구	① 피난사다리 ② 구조대 ③ 완강기 ④ 그 밖에 소방청장이 정하여 고시하는 화재안전기준으로 정하는 것 (미끄럼대·피난교·피난용트랩·간이완강기·공기안전매트·다수인 피난장비·승강식피난기 등)
	2. 인명구조기구	① 방열복, 방화복(안전모, 보호장갑 및 안전화를 포함한다) ② 공기호흡기 ③ 인공소생기
	3. 유도등	① 피난유도선 ② 피난구유도등 ③ 통로유도등 ④ 객석유도등 ⑤ 유도표지
	4. 비상조명등 및 휴대용비상조명등	

정답 17.②

	화재를 진압하거나 인명구조활동을 위하여 사용하는 설비
V. 소화활동설비	1. 제연설비
	2. 연결송수관설비
	3. 연결살수설비
	4. 비상콘센트설비
	5. 무선통신보조설비
	6. 연소방지설비

18 포소화설비에 관한 설명으로 옳지 않은 것은?

① 팽창비란 최종 발생한 포 수용액 체적을 원래 포 체적으로 나눈 값을 말한다.
② 연성계란 대기압 이상의 압력과 대기압 이하의 압력을 측정할 수 있는 계측기를 말한다.
③ 국소방출방식이란 소화약제 공급장치에 배관 및 분사 헤드 등을 설치하여 직접 화점에 소화약제를 방출하는 방식을 말한다.
④ 프레셔사이드 프로포셔너방식이란 펌프의 토출관에 압입 기를 설치하여 포 소화약제 압입용 펌프로 포 소화약제를 압입시켜 혼합하는 방식을 말한다.

팽창비 : 최종 발생한 포의 체적[L]을 발포전의 포 수용액의 체적[L]으로 나눈 값을 말한다.

$$\text{팽창비} = \frac{\text{발포 후 포의 체적[L]}}{\text{발포 전 포 수용액(물 + 원액)의 체적[L]}} = \frac{\text{발포 후 포의 체적[L]}}{\frac{\text{포 소화약제의 체적[L]}}{\text{원액의 농도}}}$$

19 건물화재 시 계단실 내에서 연기의 상승속도는?

① 약 0.5 ~ 1[m/s] ② 약 1 ~ 2[m/s]
③ 약 3 ~ 5[m/s] ④ 약 5 ~ 7[m/s]

연기의 유동속도
- 수평속도 : 0.5~1.0[m/s]
- 수직속도 : 2~3[m/s]
- 계단실 : 3~5[m/s]

정답 18.① 19.③

20 문틈으로 연기가 새어 들어오는 화재를 발견했을 때 안전대책으로 잘못된 것은?

① 문을 열지 않고 젖은 수건이나 옷으로 문틈을 완전히 밀폐한다.
② 바닥에 엎드려 짧게 숨을 쉬면서 대비책을 강구한다.
③ 문을 열고 대피한다.
④ 창문으로 가서 외부에 자신의 위치를 알린다.

연기가 새어 들어올 때는 문을 열면 안 된다. 가장 위험한 행동이다.

【2과목】 소방전기일반

21 기인덕턴스 50[mH]인 코일에 흐르는 전류가 0.3초동안에 12[A]가 변화했다. 코일에 유기되는 기전력은 몇 [V]인가?

① 1　　　　　　　　　　　　② 2
③ 3　　　　　　　　　　　　④ 4

1) 기전력 계산
$e = -L\dfrac{di}{dt}$ (인덕턴스와 전류 변화율의 곱)

2) 적용하기
$e = -(50 \times 10^{-3})\dfrac{12[A]}{0.3[s]} = 2[V]$

22 전자유도현상에 의하여 생기는 유도기전력의 크기를 정의하는 법칙은?

① 렌쯔의 법칙　　　　　　　② 페러데이의 법칙
③ 앙페에르의 법칙　　　　　④ 플레밍의 오른손법칙

1) 페러데이의 전자기 유도 법칙
$e = -N\dfrac{\Delta \Phi}{\Delta T}$
자기선속의 시간적 변화율과 코일의 감은 수에 비례한다는 것을 설명한다.

정답 20.③ 21.② 22.②

23 절연체가 아닌 물질은?

① 규소 ② 유리
③ 페놀수지 ④ 고무

> 1) 절연체가 아닌 물질
>   규소는 전기가 잘 통하지 않는 비금속에 해당한다.
>   단, 불순물을 첨가하면 전기 전도도를 조절할 수 있는 반도체에 해당한다.
> 2) 나머지는 절연체에 해당한다.

24 제어량이 변화하는 물체의 위치, 방향, 자세 등일 경우의 제어는?

① 프로세스제어 ② 시이퀀제어
③ 서어보제어 ④ 정치제어

> 1) 나머지 제어 방식을 확인해보자.
>   ① 프로세스제어 (Process control) : 온도, 압력, 유량, 농도 등과 같은 공업 공정의 물리화학적 양을 제어량으로 합니다.
>   ② 시퀀스제어 (Sequence control) : 미리 정해진 순서나 논리에 따라 제어의 각 단계를 순차적으로 진행하는 제어입니다.
>   ③ 정치제어 (Fixed-value control) : 목표값이 항상 일정한 제어입니다. 제어량이 목표값에서 벗어나면 원래의 목표값으로 되돌리는 방식입니다.

25 여러 개의 기전력을 포함하는 선형회로망 내의 전류 분포는 각 기전력이 단독으로 그 위치에 있을 때 흐르는 전류분포의 합과 같다는 것은?

① 키르히호프의 법칙이다.
② 중첩의 원리이다.
③ 노튼의 정리이다.
④ 데브난의 정리이다.

> 1) 법칙과 원리의 정리
>   전류 분포의 합으로 인해 키르히호프의 1법칙을 고민할 수 있으나, 여러 개의 기전력을 포함하는 것이며 이는 중첩의 원리에 해당한다.

정답   23.① 24.③ 25.②

26 A, B의 두 코일이 있다. 여기에 동일 주파수, 동일 전압을 가하면 두 코일의 전류는 같고 A는 역률이 0.77, B는 역률이 0.65 이라고 한다. 두 코일의 저항비 $(\frac{R_A}{R_B})$는?

① 0.72
② 0.85
③ 0.96
④ 1.18

1) 역률과 저항의 관계
 - $\cos\theta = \frac{R}{Z}$, $R = Z\cos\theta$
2) 적용하기
 ① $R = Z\cos\theta$이며, 동일 주파수, 동일 전압이며,
 ② 전류가 같으므로 임피던스는 동일하다.
 ③ $R_A = Z\cos\theta_A = Z \cdot 0.77$,
    $R_B = Z\cos\theta_B = Z \cdot 0.65$
 ④ $\frac{R_A}{R_B} = \frac{0.77}{0.65} = 1.1846$

27 전압의 구분이 잘못된 것은?

① 직류 1,500[V]는 고압이다.
② 교류 1,500[V]는 고압이다.
③ 직류 7,000[V]를 초과하면 특별 고압이다.
④ 교류 7,000[V]를 초과하면 특별 고압이다.

1) 전압의 종류별 구분 기준

구분	교류	직류
저압	1,000[V]이하	1,500[V]이하
고압	1,000[V]초과 7,000[V]이하	1,500[V]초과 7,000[V]이하
특고압	7,000[V]초과	7,000[V]초과

28 단상변압기(용량 100kVA) 3대를 △결선으로 운전하던중 한대가 고장이 생겨 V 결선하였다면 출력은 몇 [kVA] 인가?

① 200
② 300
③ $100\sqrt{3}$
④ $200\sqrt{3}$

정답 26.④ 27.① 28.③

1) V결선 산출
- $P_V = \sqrt{3}\, P_1$

2) 적용하기
- $P_V = 100\sqrt{3}\,[kVA]$

29 6[V]의 전지에 2.7[Ω]의 저항을 접속할 때 단자전압이 5.4[V]이다. 단자를 단락했을 때 흐르는 전류[A]는?

① 20   ② 22
③ 25   ④ 30

1) 정리하기
  ① 내부에서 전압 강하가 0.6[V] 생기고 있다.
  ② 단락시에 저항은 '0'이 된다.
2) 적용하기
  ① 전류 산출
  $I = \dfrac{5.4}{2.7} = 2\,[A]$
  ② 내부 저항 산출
  $r = \dfrac{0.6}{2} = 0.3\,[\Omega]$
  ③ 단락시에 저항은 '0'이 된다.
  $I_s = 6/0.3 = 20\,[A]$

30 최대눈금 200[mA], 내부저항 0.8[Ω]인 전류계가 있다. 8[mΩ]의 분류기를 사용하여 전류계의 측정 범위를 넓히면 몇 [A]까지 측정이 가능한가?

① 19.6   ② 22.8
③ 21.4   ④ 20.2

1) 전류계의 측정 범위 확장
$I_1 : I_2 = \dfrac{1}{R_1} : \dfrac{1}{R_t},\ R_t = \dfrac{R_1 R_s}{R_1 + R_s},\ I_2 = R_1 \dfrac{I_1}{R_t}$

전류와 저항의 비는 위와 같고 이를 정리하여 식을 단순화할 수 있다.

2) 적용하기
$I_2 = 0.2 \dfrac{0.808}{0.008} = 20.2\,[A]$

정답   29.①   30.④

31 그림과 같은 회로에서 전압계 ⓥ의 지시값은 몇 V 인가?

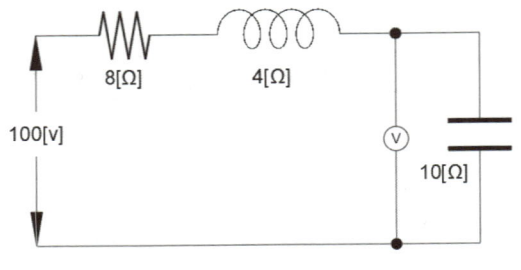

① 40
② 50
③ 80
④ 100

> 1) 회로 정리
> ① $Z = 8 + j(4-10) = 8 - j6$
> ② $I = V/Z = 100/\sqrt{8^2 + 6^2} = 10[A]$
> 2) 적용하기
> ① $V = iX_C = 10 \times 10 = 100[V]$

32 옥내간선을 보호하기 위한 과전류차단기의 용량은 그 간선에 전동기만이 접속된 경우, 전동기들의 정격전류 합계의 몇 배 이하로 하는가?

① 1.1
② 1.25
③ 2.5
④ 3

> 1) 전동기는 시동 시 정격전류보다 훨씬 큰 기동 전류가 흐르기 때문에 이를 고려해 일반 부하와 다른 기준이 적용된다.
> ① 전동기만 접속 : 정격전류의 총합에 3배를 곱한 값
> ② 전동기와 일반 부하가 함께 접속 : 정격 전류의 총합에 3배를 곱한 값에 일반 부하 정격 전류 합계를 더한 값이하로 합니다.

33 교류전력변환장치로 사용되는 인버터회로에 대한 설명중 틀린 것은?

① 직류전력을 교류전력으로 변환하는 장치를 인버터라고 한다.
② 전류형인버터와 전압형인버터로 구분할 수 있다.
③ 전류방식에 따라서 타려식과 자려식으로 구분할 수 있다.
④ 인버터의 부하장치에는 직류직권동기를 사용할 수 있다.

정답 31.④ 32.④ 33.④

1) 인버터의 부하 장치에는 직류 직권 전동기를 사용할 수 없다. (인버터는 직류를 교류로 변환하는 장치)
   → 주로 교류 전동기 속도 제어에 사용한다.
2) [옳은 보기 확인] 전류 방식에 따른 구분
   ① 타려식 인버터 : 스위칭 소자를 끄기 위해 별도의 회로(외부 전압)를 사용하는 방식이다.(SCR 등)
   ② 자려식 인버터 : 스위칭 소자 자체의 제어 능력으로 전류를 차단하는 방식이다. (IGBT, MOSFET 등)
   ③ 전압형 인버터를 VSI, 전류형 인버터를 CSI라고 한다.

34 그림과 같은 회로에서 교류전압 100V, 역률 80%일 때 이 부하가 3시간 소비하는 전력량은 몇 kWh 인가?

① 0.3　　　　　　　　　② 0.6
③ 1.2　　　　　　　　　④ 1.5

1) 전력량 산출
   $P[W] = VI\cos\theta$
2) 적용하기
   $P = 100 \times 5 \times 0.8 \times 3 \times 10^{-3} = 1.2[kWh]$

35 $i = 50\sin\omega t$인 교류전류의 평균값은 약 몇 A 인가?

① 25　　　　　　　　　② 50
③ 35.9　　　　　　　　　④ 31.8

1) 평균값 산출

종류	실횻값	평균값
정현파	$V_m = \sqrt{2}\, V_r$	$V_m = \dfrac{\pi}{2} V_a$

2) 적용하기
   $I_{av} = \dfrac{2}{\pi} I_m = \dfrac{2}{\pi} \times 50 = 31.8[A]$

정답　34.③　35.④

36 자동화재탐지설비의 감지기회로 단선 여부를 시험할 수 없는 것은 ?

① 동시작동시험
② 유통시험
③ 화재표시작동시험
④ 회로도통시험

- 유통 시험은 보통 유체의 흐름이나 통로를 확인하는 실험으로 자동화재탐지설비의 감지기 회로 시험과는 거리가 멀다.
- 나머지 시험의 경우는 단선 여부를 직접적으로 확인하는 시험은 아니다.

37 전류 측정 범위를 확대시키기 위하여 전류계와 병렬로 연결해야만 되는 것은?

① 배율기 ② 분류기
③ 중계기 ④ CT

전류계의 측정 범위를 넓히기 위해서는 분류기를 전류계와 병렬로 연결한다.

38 그림과 같은 회로에 전압 $v(t) = 2\,V sinwt\,[V]$를 인가하였을 때 옳은 것은 ?

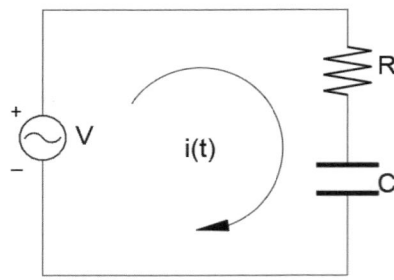

① 역률 : $\cos\theta = \dfrac{R}{\sqrt{R^2 + wC^2}}$

② 전압평형방정식 : $Ri + \dfrac{1}{C}\displaystyle\int i dt = \sqrt{2}\,V sinwt$

③ 전압과 전류의 위상차 : $\theta = \tan^{-1}\dfrac{R}{wC}$

④ i의 실효값 : $I = \dfrac{V}{\sqrt{R^2 + wC^2}}$

정답 36.② 37.② 38.②

1) RLC 직렬 회로에 대한 설명이다.
$$Z = R - j\frac{1}{wC}$$
2) 적용하기
   ① 역률의 산출
   $$\cos\theta = \frac{R}{Z} = \frac{R}{\sqrt{R^2 + (1/wC)^2}}$$
   ② 전압 평형의 경우 키르히호프 2법칙에 따라 정리
   $$v_R = Ri(t),\ v_c = (1/C)\int i(t)dt$$
   $$v(t) = 2Vsinwt$$
   $$\rightarrow Ri(t) + (1/C)\int i(t)dt = 2Vsinwt$$
   ③ 전력 삼각형을 기반하여 생각해야 한다.
   $$\tan\theta = \frac{wC}{R},\ \theta = \tan^{-1}\frac{wC}{R}$$

39. 전해액에서 도전율은 어느 것에 의하여 증가 되는가?

① 전해액의 농도
② 전해액의 색깔
③ 전해액의 체적
④ 전해액의 용기

전해액에서 도전율은 이온의 농도가 증가함에 따라 증가한다.

40. 교류회로에서 역률이란 무엇을 말하는가?

① 전압과 전류의 위상차의 정현
② 전압과 전류의 위상차의 여현
③ 임피던스와 리액턴스의 위상차의 여현
④ 임피던스와 저항의 위상차의 정현

여현은 Cos을 생각하면 된다. 전압과 전류의 위상차는 역률에 해당한다.

정답 39.① 40.②

[3과목] 소방관계법규

41 「소방기본법」상 벌칙 중 벌금의 상한이 나머지 셋과 다른 것은?

① 정당한 사유 없이 소방대의 생활안전활동을 방해한 자
② 화재진압 및 구조·구급 활동을 위하여 출동하는 소방자동차의 출동을 방해한 사람
③ 정당한 사유 없이 화재진압 등 소방활동을 위하여 필요할 때 물의 사용이나 수도의 개폐장치의 사용 또는 조작을 하지 못하게 하거나 방해한 자
④ 정당한 사유 없이 소방대가 현장에 도착할 때까지 사람을 구출하는 조치 또는 불을 끄거나 불이 번지지 아니하도록 하는 조치를 하지 아니한 관계인

②번은 5년 이하의 징역 또는 5천만 원 이하의 벌금이고, 나머지는 100만원 이하의 벌금에 해당한다.

42 「소방기본법 시행규칙」상 소방용수시설 및 지리조사에 관한 내용으로 옳지 않은 것은?

① 소방본부장 또는 소방서장은 원활한 소방활동을 위하여 소방용수시설 및 지리조사를 월 1회 이상 실시하여야 한다.
② 지리조사는 소방대상물에 인접한 도로의 폭·교통상황, 도로주변의 토지의 고저·건축물의 개황을 제외한 소방활동에 필요한 사항이다.
③ 조사결과는 전자적 처리가 불가능한 특별한 사유가 없으면 전자적 처리가 가능한 방법으로 작성·관리하여야 한다.
④ 소방용수시설 및 지리조사는 소방용수조사부 및 지리조사부 서식에 의하되, 그 조사결과를 2년간 보관하여야 한다.

「소방기본법 시행규칙」 제7조(소방용수시설 및 지리조사)
① 소방본부장 또는 소방서장은 원활한 소방활동을 위하여 다음 각 호의 조사를 월 1회 이상 실시하여야 한다.
  1. 법 제10조의 규정에 의하여 설치된 소방용수시설에 대한 조사
  2. 소방대상물에 인접한 도로의 폭·교통상황, 도로주변의 토지의 고저·건축물의 개황, 그 밖의 소방활동에 필요한 지리에 대한 조사
② 제1항의 조사결과는 전자적 처리가 불가능한 특별한 사유가 없으면 전자적 처리가 가능한 방법으로 작성·관리하여야 한다.
③ 제1항제1호의 조사는 별지 제2호서식에 의하고, 제1항제2호의 조사는 별지 제3호서식에 의하되, 그 조사결과를 2년간 보관하여야 한다.

정답 41.② 42.②

43 「소방기본법 시행규칙」상 국고보조의 대상이 되는 소방활동 장비의 종류와 규격으로 옳지 않은 것은?

① 구조정 : 90마력 이상
② 배연차(중형) : 170마력 이상
③ 구급차(특수) : 90마력 이상
④ 소방헬리콥터 : 5~17인승

「소방기본법 시행규칙」[별표 1의2] 국고보조의 대상이 되는 소방활동장비 및 설비의 종류와 규격

구분	종류			규격
소방활동장비	소방자동차	펌프차	대형	240마력 이상
			중형	170마력 이상 240마력 미만
			소형	120마력 이상 170마력 미만
		물탱크소방차	대형	240마력 이상
			중형	170마력 이상 240마력 미만
		화학소방차	비활성가스를 이용한 소방차	
			고성능	340마력 이상
			내폭	340마력 이상
			일반 대형	240마력 이상
			일반 중형	170마력 이상 240마력 미만
		사다리소방차	고가(사다리의 길이가 33m 이상인 것에 한한다)	330마력 이상
			굴절 27m 이상급	330마력 이상
			굴절 18m 이상 27m 미만급	240마력 이상
		조명차	중형	170마력
		배연차	중형	170마력 이상
		구조차	대형	240마력 이상
			중형	170마력 이상 240마력 미만
		구급차	특수	90마력 이상
			일반	85마력 이상 90마력 미만
	소방정		소방정	100톤 이상급, 50톤급
			구조정	30톤급
	소방헬리콥터			5~17인승

정답 43.①

44 「소방기본법 시행령」상 소방자동차 전용구역의 설치 방법에 관한 내용이다. (   ) 안에 들어갈 내용으로 옳은 것은?

> • 전용구역 노면표지의 외곽선은 빗금무늬로 표시하되, 빗금은 두께를 (ㄱ)센티미터로 하여 (ㄴ)센티미터 간격으로 표시한다.
> • 전용구역 노면표지 도료의 색채는 (ㄷ)을 기본으로 하되, 문자(P, 소방차 전용)는 백색으로 표시한다.

	ㄱ	ㄴ	ㄷ
①	20	40	황색
②	20	40	적색
③	30	50	황색
④	30	50	적색

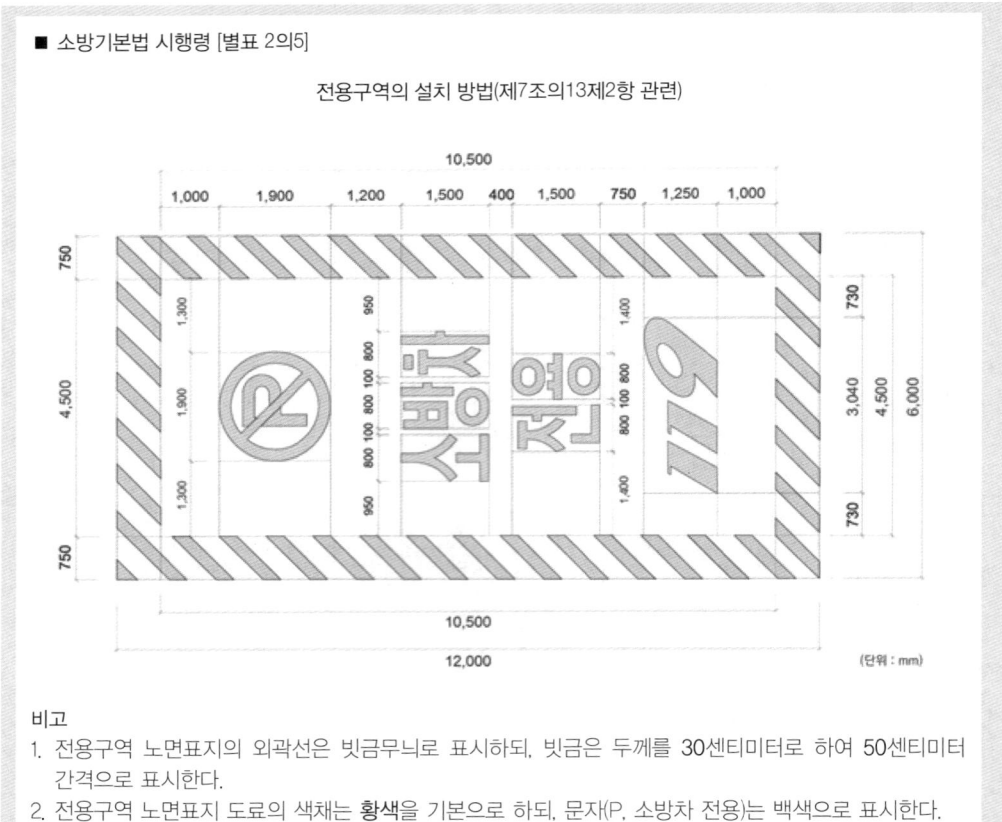

■ 소방기본법 시행령 [별표 2의5]

전용구역의 설치 방법(제7조의13제2항 관련)

비고
1. 전용구역 노면표지의 외곽선은 빗금무늬로 표시하되, 빗금은 두께를 **30**센티미터로 하여 **50**센티미터 간격으로 표시한다.
2. 전용구역 노면표지 도료의 색채는 **황색**을 기본으로 하되, 문자(P, 소방차 전용)는 백색으로 표시한다.

정답 44.③

45 「소방기본법 시행규칙」상 지하에 설치하는 소화전 또는 저수조의 경우 소방용수표지는 다음 기준에 따라 설치하여야 한다. ( ) 안에 들어갈 내용으로 옳은 것은?

- 맨홀 뚜껑은 지름 (ㄱ)밀리미터 이상의 것으로 할 것. 다만, 승하강식 소화전의 경우에는 이를 적용하지 않는다.
- 맨홀 뚜껑 부근에는 (ㄴ) 반사도료로 폭 (ㄷ)센티미터 의 선을 그 둘레를 따라 칠할 것

	ㄱ	ㄴ	ㄷ
①	648	노란색	15
②	678	붉은색	15
③	648	붉은색	25
④	678	노란색	25

「소방기본법 시행규칙」

별표 2

소방용수표지(제6조제1항 관련)

1. 지하에 설치하는 소화전 또는 저수조의 경우 소방용수표지는 다음 각 목의 기준에 의한다.
   가. 맨홀 뚜껑은 지름 648밀리미터 이상의 것으로 할 것. 다만, 승하강식 소화전의 경우에는 이를 적용하지 않는다.
   나. 맨홀 뚜껑에는 "소화전·주정차금지" 또는 "저수조·주정차금지"의 표시를 할 것
   다. 맨홀 뚜껑 부근에는 노란색 반사도료로 폭 15센티미터의 선을 그 둘레를 따라 칠할 것
2. 지상에 설치하는 소화전·저수조 및 급수탑의 경우 소방용수표지는 다음과 같다.
   가. 규격

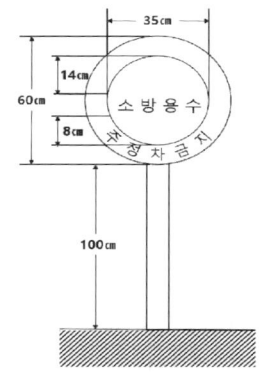

   나. 안쪽 문자는 흰색, 바깥쪽 문자는 노란색으로, 안쪽 바탕은 붉은색, 바깥쪽 바탕은 파란색으로 하고, 반사재료를 사용해야 한다.
   다. 가목의 규격에 따른 소방용수표지를 세우는 것이 매우 어렵거나 부적당한 경우에는 그 규격 등을 다르게 할 수 있다.

정답 45.①

46 「소방기본법 시행령」상 소방자동차 전용구역 방해행위의 기준에 관한 내용으로 옳지 않은 것은?

① 전용구역의 앞면, 뒷면 또는 양 측면에 물건 등을 쌓거나 주차하는 행위
② 「주차장법」 제19조에 따른 부설주차장의 주차구획 내에 주차하는 행위
③ 전용구역 진입로에 물건 등을 쌓거나 주차하여 전용구역으로의 진입을 가로막는 행위
④ 전용구역 노면표지를 지우거나 훼손하는 행위

> 「소방기본법 시행령」제7조의14(전용구역 방해행위의 기준)
> 법 제21조의2제2항에 따른 방해행위의 기준은 다음 각 호와 같다.
> 1. 전용구역에 물건 등을 쌓거나 주차하는 행위
> 2. 전용구역의 앞면, 뒷면 또는 양 측면에 물건 등을 쌓거나 주차하는 행위. 다만, 「주차장법」 제19조에 따른 부설주차장의 주차구획 내에 주차하는 경우는 제외한다.
> 3. 전용구역 진입로에 물건 등을 쌓거나 주차하여 전용구역으로의 진입을 가로막는 행위
> 4. 전용구역 노면표지를 지우거나 훼손하는 행위
> 5. 그 밖의 방법으로 소방자동차가 전용구역에 주차하는 것을 방해하거나 전용구역으로 진입하는 것을 방해하는 행위

47 「소방시설공사업법」상 소방기술 경력 등의 인정 등에 관한 내용으로 옳은 것은?

① 소방본부장, 소방서장은 소방기술의 효율적인 활용과 소방 기술의 향상을 위하여 소방기술과 관련된 자격·학력 및 경력을 가진 사람을 소방기술자로 인정할 수 있다.
② 소방본부장, 소방서장은 소방기술과 관련된 자격·학력 및 경력을 인정받은 사람에게 소방기술 인정 자격수첩과 경력 수첩을 발급할 수 있다.
③ 소방기술과 관련된 자격·학력 및 경력의 인정 범위와 자격 수첩 및 경력수첩의 발급 절차 등에 관하여 필요한 사항은 대통령령으로 정한다.
④ 소방청장은 자격수첩 또는 경력수첩을 발급받은 사람이 거짓이나 그 밖의 부정한 방법으로 자격수첩 또는 경력 수첩을 발급받은 경우에 그 자격을 취소하여야 한다.

> 「소방시설공사업법」제28조(소방기술 경력 등의 인정 등)
> ① 소방청장은 소방기술의 효율적인 활용과 소방기술의 향상을 위하여 소방기술과 관련된 자격·학력 및 경력을 가진 사람을 소방기술자로 인정할 수 있다.
> ② 소방청장은 제1항에 따라 자격·학력 및 경력을 인정받은 사람에게 소방기술 인정 자격수첩과 경력수첩을 발급할 수 있다.
> ③ 제1항에 따른 소방기술과 관련된 자격·학력 및 경력의 인정 범위와 제2항에 따른 자격수첩 및 경력수첩의 발급 절차 등에 관하여 필요한 사항은 행정안전부령으로 정한다.
> ④ 소방청장은 제2항에 따라 자격수첩 또는 경력수첩을 발급받은 사람이 다음 각 호의 어느 하나에 해당하는 경우에는 행정안전부령으로 정하는 바에 따라 그 자격을 취소하거나 6개월 이상 2년 이하의 기간을 정하여 그 자격을 정지시킬 수 있다. 다만, 제1호와 제2호에 해당하는 경우에는 그 자격을 취소하여야 한다.

정답 46.② 47.④

1. 거짓이나 그 밖의 부정한 방법으로 자격수첩 또는 경력수첩을 발급받은 경우
2. 제27조제2항을 위반하여 자격수첩 또는 경력수첩을 다른 사람에게 빌려준 경우
3. 제27조제3항을 위반하여 동시에 둘 이상의 업체에 취업한 경우
4. 이 법 또는 이 법에 따른 명령을 위반한 경우
⑤ 제4항에 따라 자격이 취소된 사람은 취소된 날부터 2년간 자격수첩 또는 경력수첩을 발급받을 수 없다.

48 「소방시설공사업법 시행규칙」상 감리업자가 소방공사의 감리를 마쳤을 때 소방공사감리 결과보고(통보)서에 첨부하는 서류가 아닌 것은?

① 착공신고 후 변경된 건축설계도면 1부
② 소방청장이 정하여 고시하는 소방시설 성능시험조사표 1부
③ 소방공사 감리일지(소방본부장 또는 소방서장에게 보고 하는 경우에만 첨부) 1부
④ 특정소방대상물의 사용승인 신청서 등 사용승인 신청을 증빙할 수 있는 서류 1부

「소방시설공사업법 시행규칙」 제19조(감리결과의 통보 등)
법 제20조에 따라 감리업자가 소방공사의 감리를 마쳤을 때에는 별지 제29호서식의 소방공사감리 결과보고(통보)서[전자문서로 된 소방공사감리 결과보고(통보)서를 포함한다]에 다음 각 호의 서류(전자문서를 포함한다)를 첨부하여 공사가 완료된 날부터 7일 이내에 특정소방대상물의 관계인, 소방시설공사의 도급인 및 특정소방대상물의 공사를 감리한 건축사에게 알리고, 소방본부장 또는 소방서장에게 보고해야 한다.
1. 소방청장이 정하여 고시하는 소방시설 성능시험조사표 1부
2. 착공신고 후 변경된 소방시설설계도면(변경사항이 있는 경우에만 첨부하되, 법 제11조에 따른 설계업자가 설계한 도면만 해당된다) 1부
3. 별지 제13호서식의 소방공사 감리일지(소방본부장 또는 소방서장에게 보고하는 경우에만 첨부한다)1부
4. 특정소방대상물의 사용승인(「건축법」 제22조에 따른 사용승인으로서 「주택법」 제49조에 따른 사용검사 또는 「학교시설사업 촉진법」 제13조에 따른 사용승인을 포함한다. 이하 같다) 신청서 등 사용승인 신청을 증빙할 수 있는 서류 1부

49 「소방시설공사업법 시행령」상 하자보수 대상 소방시설과 하자보수 보증기간으로 옳지 않은 것은?

① 피난기구, 유도등, 비상조명등 : 2년
② 비상경보설비, 비상방송설비, 무선통신보조설비 : 2년
③ 옥내소화전설비, 스프링클러설비, 간이스프링클러설비, 자동화재탐지설비 : 3년
④ 상수도소화용수설비 및 소화활동설비(무선통신보조설비는 제외한다) : 4년

「소방시설공사업법 시행령」 제6조(하자보수 대상 소방시설과 하자보수 보증기간)
법 제15조제1항에 따라 하자를 보수하여야 하는 소방시설과 소방시설별 하자보수 보증기간은 다음 각 호의 구분과 같다.
1. 비상경보설비, 비상방송설비, 피난기구, 유도등, 비상조명등 및 무선통신보조설비 : 2년
2. 자동소화장치, 옥내소화전설비, 스프링클러설비등, 물분무등소화설비, 옥외소화전설비, 자동화재탐지설비, 화재알림설비, 소화용수설비 및 소화활동설비(무선통신보조설비는 제외한다) : 3년

정답 48.① 49.④

50 「소방시설공사업법 시행령」상 상주 공사감리 대상을 설명한 것이다. ( ) 안에 들어갈 내용으로 옳은 것은?

> - 연면적 (ㄱ) 이상의 특정소방대상물(아파트는 제외한다)에 대한 소방시설의 공사
> - 지하층을 포함한 층수가 (ㄴ) 이상인 아파트에 대한 소방시설의 공사

	ㄱ	ㄴ
①	3만제곱미터	16층 이상으로서 300세대
②	3만제곱미터	16층 이상으로서 500세대
③	5만제곱미터	16층 이상으로서 300세대
④	5만제곱미터	16층 이상으로서 500세대

「소방시설공사업법 시행령」[별표 3] 소방공사 감리의 종류, 방법 및 대상

종류	대상
상주공사감리	1. 연면적 3만제곱미터 이상의 특정소방대상물(아파트는 제외한다)에 대한 소방시설의 공사 2. 지하층을 포함한 층수가 16층 이상으로서 500세대 이상인 아파트에 대한 소방시설의 공사

51 「소방시설공사업법 시행규칙」상 소방기술자 양성·인정 교육훈련기관의 지정 요건으로 옳지 않은 것은?

① 교육과목별 교재 및 강사 매뉴얼을 갖출 것
② 소방기술자 양성·인정 교육훈련을 실시할 수 있는 전담 인력을 6명 이상 갖출 것
③ 전국 2개 이상의 시·도에 이론교육과 실습교육이 가능한 교육·훈련장을 갖출 것
④ 교육훈련의 신청·수료, 성과측정, 경력관리 등에 필요한 교육훈련 관리시스템을 구축·운영할 것

「소방시설공사업법 시행규칙」제25조의2(소방기술자 양성·인정 교육훈련의 실시 등)
① 법 제28조의2제2항에 따른 소방기술자 양성·인정 교육훈련기관(이하 "소방기술자 양성·인정 교육훈련기관"이라 한다)의 지정 요건은 다음 각 호와 같다.
  1. 전국 4개 이상의 시·도에 이론교육과 실습교육이 가능한 교육·훈련장을 갖출 것
  2. 소방기술자 양성·인정 교육훈련을 실시할 수 있는 전담인력을 6명 이상 갖출 것
  3. 교육과목별 교재 및 강사 매뉴얼을 갖출 것
  4. 교육훈련의 신청·수료, 성과측정, 경력관리 등에 필요한 교육훈련 관리시스템을 구축·운영할 것
② 소방기술자 양성·인정 교육훈련기관은 다음 각 호의 사항이 포함된 다음 연도 교육훈련계획을 수립하여 해당 연도 11월 30일까지 소방청장의 승인을 받아야 한다.
  1. 교육운영계획

정답 50.② 51.③

2. 교육 과정 및 과목
3. 교육방법
4. 그 밖에 소방기술자 양성·인정 교육훈련의 실시에 필요한 사항
③ 소방기술자 양성·인정 교육훈련기관은 교육 이수 사항을 기록·관리해야 한다.

52 「소방시설공사업법 시행령」상 소방시설공사 분리 도급의 예외에 해당하는 것만을 〈보기〉에서 고른 것은?

> ㄱ. 「재난 및 안전관리 기본법」에 따른 재난의 발생으로 긴급하게 착공해야 하는 공사인 경우
> ㄴ. 국방 및 국가안보 등과 관련하여 기밀을 유지해야 하는 공사인 경우
> ㄷ. 연면적이 3천제곱미터 이하인 특정소방대상물에 비상 경보설비를 설치하는 공사인 경우
> ㄹ. 「국가를 당사자로 하는 계약에 관한 법률 시행령」 및 「지방자치단체를 당사자로 하는 계약에 관한 법률 시행령」에 따른 원안입찰 또는 일부입찰
> ㅁ. 「국가를 당사자로 하는 계약에 관한 법률 시행령」 및 「지방자치단체를 당사자로 하는 계약에 관한 법률 시행령」에 따른 실시설계 기술제안입찰 또는 기본설계 기술제안입찰
> ㅂ. 국가유산수리 및 재개발·재건축 등의 공사로서 공사의 성질상 분리하여 도급하는 것이 곤란하다고 시·도 지사가 인정하는 경우

① ㄱ, ㄴ, ㄷ ② ㄱ, ㄴ, ㅁ
③ ㄴ, ㄷ, ㅁ ④ ㄹ, ㅁ, ㅂ

「소방시설공사업법 시행령」 제11조의2(소방시설공사 분리 도급의 예외)
법 제21조제2항 단서에서 "대통령령으로 정하는 경우"란 다음 각 호의 어느 하나에 해당하는 경우를 말한다.
1. 「재난 및 안전관리 기본법」 제3조제1호에 따른 재난의 발생으로 긴급하게 착공해야 하는 공사인 경우
2. 국방 및 국가안보 등과 관련하여 기밀을 유지해야 하는 공사인 경우
3. 제4조 각 호에 따른 소방시설공사에 해당하지 않는 공사인 경우
4. 연면적이 1천제곱미터 이하인 특정소방대상물에 비상경보설비를 설치하는 공사인 경우
5. 다음 각 목의 어느 하나에 해당하는 입찰로 시행되는 공사인 경우
   가. 「국가를 당사자로 하는 계약에 관한 법률 시행령」 제79조제1항제4호 또는 제5호 및 「지방자치단체를 당사자로 하는 계약에 관한 법률 시행령」 제95조제4호 또는 제5호에 따른 대안입찰 또는 일괄입찰
   나. 「국가를 당사자로 하는 계약에 관한 법률 시행령」 제98조제2호 또는 제3호 및 「지방자치단체를 당사자로 하는 계약에 관한 법률 시행령」 제127조제2호 또는 제3호에 따른 실시설계 기술제안입찰 또는 기본설계 기술제안입찰
6. 그 밖에 국가유산수리 및 재개발·재건축 등의 공사로서 공사의 성질상 분리하여 도급하는 것이 곤란하다고 소방청장이 인정하는 경우

정답 52.②

53 「소방시설공사업법 시행령」상 소방기술자의 배치기준을 설명한 것으로 옳지 않은 것은?

① 연면적 20만제곱미터 이상인 특정소방대상물의 공사 현장에는 행정안전부령으로 정하는 특급기술자인 소방기술자 (기계분야 및 전기분야)를 배치하여야 한다.
② 지하층을 포함한 층수가 16층 이상 40층 미만인 특정소방 대상물의 공사 현장에는 행정안전부령으로 정하는 고급 기술자 이상의 소방기술자(기계분야 및 전기분야)를 배치 하여야 한다.
③ 연면적 5천제곱미터 이상 3만제곱미터 미만인 특정소방 대상물(아파트는 제외)의 공사 현장에는 행정안전부령으로 정하는 중급기술자 이상의 소방기술자(기계분야 및 전기 분야)를 배치하여야 한다.
④ 물분무등소화설비(호스릴 방식의 소화설비는 제외) 또는 제연설비가 설치되는 특정소방대상물의 공사 현장에는 행정안전부령으로 정하는 초급기술자 이상의 소방기술자 (기계분야 및 전기분야)를 배치하여야 한다.

「소방시설공사업법 시행령」[별표 2] 소방기술자의 배치기준 및 배치기간

소방기술자의 배치기준	소방시설공사 현장의 기준
가. 행정안전부령으로 정하는 특급기술자인 소방기술자(기계분야 및 전기분야)	1) 연면적 20만 제곱미터 이상인 특정소방대상물의 공사 현장 2) 지하층을 포함한 층수가 40층 이상인 특정소방대상물의 공사 현장
나. 행정안전부령으로 정하는 고급기술자 이상의 소방기술자 (기계분야 및 전기분야)	1) 연면적 3만 제곱미터 이상 20만 제곱미터 미만인 특정소방대상물(아파트는 제외한다)의 공사 현장 2) 지하층을 포함한 층수가 16층 이상 40층 미만인 특정소방대상물의 공사 현장
다. 행정안전부령으로 정하는 중급기술자 이상의 소방기술자 (기계분야 및 전기분야)	1) 물분무등소화설비(호스릴 방식의 소화설비는 제외한다) 또는 제연설비가 설치되는 특정소방대상물의 공사 현장 2) 연면적 5천제곱미터 이상 3만제곱미터 미만인 특정소방대상물(아파트는 제외한다)의 공사 현장 3) 연면적 1만제곱미터 이상 20만제곱미터 미만인 아파트의 공사 현장
라. 행정안전부령으로 정하는 초급기술자 이상의 소방기술자 (기계분야 및 전기분야)	1) 연면적 1천 제곱미터 이상 5천 제곱미터 미만인 특정소방대상물(아파트는 제외한다)의 공사 현장 2) 연면적 1천제곱미터 이상 1만제곱미터 미만인 아파트의 공사 현장 3) 지하구(地下溝)의 공사 현장
마. 법 제28조제2항에 따라 자격수첩을 발급받은 소방기술자	연면적 1천 제곱미터 미만인 특정소방대상물의 공사 현장

정답 53.④

54 「화재의 예방 및 안전관리에 관한 법률」상 건설현장 소방안전관리대상물의 소방안전관리자의 업무에 관한 내용으로 옳지 않은 것은?

① 건설현장의 소방계획서의 작성
② 화기취급의 감독, 화재위험작업의 허가 및 관리
③ 공사진행 단계별 피난안전구역, 피난로 등의 확보와 관리
④ 건설현장 작업자를 제외한 책임자에 대한 소방안전 교육 및 훈련

「화재의 예방 및 안전관리에 관한 법률」 제29조(건설현장 소방안전관리)

① 「소방시설 설치 및 관리에 관한 법률」 제15조제1항에 따른 공사시공자가 화재발생 및 화재피해의 우려가 큰 대통령령으로 정하는 특정소방대상물(이하 "건설현장 소방안전관리대상물"이라 한다)을 신축 · 증축 · 개축 · 재축 · 이전 · 용도변경 또는 대수선 하는 경우에는 제24조제1항에 따른 소방안전관리자로서 제34조에 따른 교육을 받은 사람을 소방시설공사 착공 신고일부터 건축물 사용승인일(「건축법」 제22조에 따라 건축물을 사용할 수 있게 된 날을 말한다)까지 소방안전관리자로 선임하고 행정안전부령으로 정하는 바에 따라 소방본부장 또는 소방서장에게 신고하여야 한다.
② 제1항에 따른 건설현장 소방안전관리대상물의 소방안전관리자의 업무는 다음 각 호와 같다.
 1. 건설현장의 소방계획서의 작성
 2. 「소방시설 설치 및 관리에 관한 법률」 제15조제1항에 따른 임시소방시설의 설치 및 관리에 대한 감독
 3. 공사진행 단계별 피난안전구역, 피난로 등의 확보와 관리
 4. 건설현장의 작업자에 대한 소방안전 교육 및 훈련
 5. 초기대응체계의 구성 · 운영 및 교육
 6. 화기취급의 감독, 화재위험작업의 허가 및 관리
 7. 그 밖에 건설현장의 소방안전관리와 관련하여 소방청장이 고시하는 업무
③ 그 밖에 건설현장 소방안전관리대상물의 소방안전관리에 관하여는 제26조부터 제28조까지의 규정을 준용한다. 이 경우 "소방안전관리대상물의 관계인" 또는 "특정소방대상물의 관계인"은 "공사시공자"로 본다.

---

55 「화재의 예방 및 안전관리에 관한 법률 시행령」상 특수가연물의 저장 및 취급 기준에서 특수가연물 표지에 관한 내용으로 옳지 않은 것은?

① 특수가연물 표지 중 화기엄금 표시 부분의 바탕은 붉은색으로, 문자는 백색으로 할 것
② 특수가연물 표지는 한 변의 길이가 0.3미터 이상, 다른 한 변의 길이가 0.6미터 이상인 직사각형으로 할 것
③ 특수가연물 표지의 바탕은 검은색으로, 문자는 흰색으로 할 것. 다만, "화기엄금" 표시 부분은 제외한다.
④ 특수가연물을 저장 또는 취급하는 장소에는 품명, 최대저장수량, 단위부피당 질량 또는 단위체적당 질량, 관리 책임자 성명·직책, 연락처 및 화기취급의 금지표시가 포함된 특수가연물 표지를 설치해야 한다.

정답 54.④ 55.③

2. 특수가연물의 표지

특수가연물	
화기엄금	
품명	합성수지류
최대수량(배수)	000톤(00배)
단위체적당질량	000kg/㎥
관리책임자	홍길동 팀장
연락처	02-000-0000

비고
1. 특수가연물을 저장 또는 취급하는 장소에는 다음 각목의 기준에 따라 "특수가연물"이라는 표시를 한 표지를 설치하여야 한다.
   가. 표지는 한변의 길이가 0.3미터 이상, 다른 한변의 길이가 0.6미터 이상인 직사각형으로 할 것
   나. 표지에는 "화기엄금", 저장 또는 취급하는 특수가연물의 품명, 최대수량(배수), 단위체적당 질량, 관리책임자 성명 및 직책, 관리책임자의 연락처를 기재할 것
   다. 나목의 표지의 바탕은 백색으로, 문자는 흑색으로 할 것(단, "화기엄금" 표시부분은 제외한다)
   라. 나목의 표지 중 화기엄금 표시부분의 바탕은 붉은색으로, 문자는 백색으로 할 것
2. 제1호의 표지는 특수가연물을 저장 또는 취급하는 장소 중 보기 쉬운 곳에 설치하여야 한다.

56 「화재의 예방 및 안전관리에 관한 법률」 및 같은 법 시행령 상 소방안전관리자를 선임해야 하는 건설현장 소방안전관리 대상물에 해당하지 않는 것은?

① 신축을 하려는 부분의 연면적이 5천제곱미터인 냉동·냉장창고
② 신축을 하려는 부분의 연면적의 합계가 2만제곱미터인 복합건축물
③ 증축을 하려는 부분의 연면적의 합계가 3만제곱미터인 업무시설
④ 증축을 하려는 부분의 연면적이 5천제곱미터이고, 지상층의 층수가 10층인 업무시설

「화재의 예방 및 안전관리에 관한 법률 시행령」 제30조(건설현장 소방안전관리대상물)
법 제29조제1항에 따른 "화재발생 및 화재피해의 우려가 큰 대통령령으로 정하는 특정소방대상물"이란 다음 각 호의 어느 하나에 해당하는 특정소방대상물을 말한다.
1. 연면적 1만5천제곱미터 이상인 것
2. 지하 2층 이하이거나 지상 11층 이상인 특정소방대상물로서 연면적 5천제곱미터 이상인 것
3. 냉동 또는 냉장 창고로서 연면적 5천제곱미터 이상인 것

정답 56.④

57 「화재의 예방 및 안전관리에 관한 법률 시행령」상 불을 사용하는 설비의 관리기준 등에 관한 내용으로 옳지 않은 것은?

① 보일러 : 가연성 벽·바닥 또는 천장과 접촉하는 증기기관 또는 연통의 부분은 규조토 등 난연성 또는 불연성 단열재로 덮어씌워야 한다.
② 난로 : 가연성 벽·바닥 또는 천장과 접촉하는 연통의 부분은 규조토 등 난연성 또는 불연성 단열재로 덮어씌워야 한다.
③ 건조설비 : 실내에 설치하는 경우에 벽·천장 및 바닥은 준불연재료로 해야 한다.
④ 노·화덕설비 : 노 또는 화덕을 설치하는 장소의 벽·천장은 불연재료로 된 것이어야 한다.

「화재의 예방 및 안전관리에 관한 법률 시행령」 제18조(불을 사용하는 설비의 관리기준 등)
① 법 제17조제4항에 따른 보일러, 난로, 건조설비, 가스·전기시설, 그 밖에 화재발생의 우려가 있는 설비 또는 기구 등의 위치·구조 및 관리와 화재예방을 위하여 불을 사용할 때 지켜야 하는 사항은 [별표 1]과 같다.
② 제1항에 규정된 것 외에 불을 사용하는 설비의 종류와 세부관리기준은 시·도의 조례로 정한다.

[별표 1]
보일러 등의 위치·구조 및 관리와 화재예방을 위하여 불의 사용에 있어서 지켜야 하는 사항(제18조제1항 관련)

종류	내용
보일러	1. 가연성 벽·바닥 또는 천장과 접촉하는 증기기관 또는 연통의 부분은 규조토 등 난연성 단열재로 덮어씌워야 한다. 2. 경유·등유 등 액체연료를 사용하는 경우에는 다음 각목의 사항을 지켜야 한다. 　가. 연료탱크는 보일러본체로부터 수평거리 1미터 이상의 간격을 두어 설치할 것 　나. 연료탱크에는 화재 등 긴급상황이 발생하는 경우 연료를 차단 할 수 있는 개폐밸브를 연료탱크로부터 0.5미터 이내에 설치할 것 　다. 연료탱크 또는 연료를 공급하는 배관에는 여과장치를 설치할 것 　라. 사용이 허용된 연료 외의 것을 사용하지 아니할 것 　마. 연료탱크에는 불연재료(「건축법 시행령」 제2조제10호의 규정에 의한 것을 말한다. 이하 이 표에서 같다)로 된 받침대를 설치하여 연료탱크가 넘어지지 아니하도록 할 것 3. 기체연료를 사용하는 경우에는 다음 각목에 의한다. 　가. 보일러를 설치하는 장소에는 환기구를 설치하는 등 가연성가스 가 머무르지아니하도록 할 것 　나. 연료를 공급하는 배관은 금속관으로 할 것 　다. 화재 등 긴급시 연료를 차단할 수 있는 개폐밸브를 연료용기 등으로부터 0.5미터 이내에 설치할 것 　라. 보일러가 설치된 장소에는 가스누설경보기를 설치할 것 4. 화목 등 고체연료를 사용하는 경우에는 다음 각목에 의한다. 　가. 고체연료는 별도의 실 또는 보일러와 수평거리 2미터 이상 이격하여 보관할 것. 　나. 연통은 천장으로부터 0.6미터 이상, 건물 밖으로 0.6미터 이상 나오도록 설치 할 것. 　다. 연통은 보일러보다 2미터 이상 높게 연장하여 설치할 것. 　라. 연통이 관통하는 벽면, 지붕 등은 불연재료로 처리할 것. 　마. 연통재질은 불연재료로 사용하고 연결부에 청소구를 설치할 것. 5. 보일러와 벽·천장 사이의 거리는 0.6미터 이상 되도록 하여야 한다. 6. 보일러를 실내에 설치하는 경우에는 콘크리트바닥 또는 금속 외의 불연재료로 된 바닥 위에 설치하여야 한다.

정답 57. ③

난로	1. 연통은 천장으로부터 0.6미터 이상 떨어지고, 건물 밖으로 0.6미터 이상 나오게 설치하여야 한다.
	2. **가연성 벽·바닥 또는 천장과 접촉하는 연통의 부분은 규조토 등 난연성 단열재로 덮어씌워야 한다.**
	3. 이동식난로는 다음 각목의 장소에서 사용하여서는 아니된다. 다만, 난로가 쓰러지지 아니하도록 받침대를 두어 고정시키거나 쓰러지는 경우 즉시 소화되고 연료의 누출을 차단할 수 있는 장치가 부착된 경우에는 그러하지 아니하다.
	  가.「다중이용업소의 안전관리에 관한 특별법」제2조제1항제1호에 따른 다중이용업의 영업소
	  나.「학원의 설립·운영 및 과외교습에 관한 법률」제2조제1호의 규정에 의한 학원
	  다.「학원의 설립·운영 및 과외교습에 관한 법률 시행령」제2조제1항제4호의 규정에 의한 독서실
	  라.「공중위생관리법」제2조제1항제2호·제3호 및 제6호의 규정에 의한 숙박업·목욕장업·세탁업의 영업장
	  마.「의료법」제3조제2항의 규정에 따른 종합병원·병원·정신병원·치과병원·한방병원·요양병원·의원·치과의원·한의원 및 조산원
	  바.「식품위생법 시행령」제21조제8호에 따른 휴게음식점영업, 일반음식점영업, 단란주점영업, 유흥주점영업 및 제과점영업의 영업장
	  사.「영화 및 비디오물의 진흥에 관한 법률」제2조제10호에 따른 영화상영관
	  아.「공연법」제2조제4호의 규정에 의한 공연장
	  자.「박물관 및 미술관 진흥법」제2조제1호 및 제2호의 규정에 의한 박물관 및 미술관
	  차.「유통산업발전법」제2조제7호의 규정에 의한 상점가
	  카.「건축법」제20조에 따른 가설건축물
	  타. 역·터미널

건조설비	1. 건조설비와 벽·천장 사이의 거리는 0.5미터 이상 되도록 하여야 한다. 2. 건조물품이 열원과 직접 접촉하지 아니하도록 하여야 한다. 3. **실내에 설치하는 경우에 벽·천장 또는 바닥은 불연재료로 하여야 한다.**

노·화덕
설비
	1. 실내에 설치하는 경우에는 흙바닥 또는 금속 외의 불연재료로 된 바닥이나 흙바닥에 설치하여야 한다.
	2. **노 또는 화덕을 설치하는 장소의 벽·천장은 불연재료로 된 것이어야 한다.**
	3. 노 또는 화덕의 주위에는 녹는 물질이 확산되지 아니하도록 높이 0.1미터 이상의 턱을 설치하여야 한다.
	4. 시간당 열량이 30만킬로칼로리 이상인 노를 설치하는 경우에는 다음 각목의 사항을 지켜야 한다.
	  가. 주요구조부(「건축법」제2조제1항제7호에 따른 것을 말한다. 이하 이 표에서 같다)는 불연재료로 할 것
	  나. 창문과 출입구는「건축법 시행령」제64조의 규정에 의한 60+방화문 또는 60분 방화문으로 설치할 것
	  다. 노 주위에는 1미터 이상 공간을 확보할 것

비고
1. "보일러"라 함은 사업장 또는 영업장 등에서 사용하는 것을 말하며 공동주택 등 세대 내에설치된 "가정용 보일러"는 제외한다.
2. "건조설비"라 함은 산업용 건조설비를 말하며,「산업안전보건기준에 관한 규칙」제280조에서 정하고 있는 산업용 건조설비를 말한다.
3. "불꽃을 사용하는 용접·용단기구"의 내용은 사업장(작업장)의 공사감독 또는 소방안전관리자가 조치한다.
4. "노·화덕설비"라 함은 제조업, 가공업에서 사용되는 것을 말하며, 조리용으로 사용되는화덕은 제외한다.
5. 보일러, 난로, 건조설비, 불꽃을 사용하는 용접·용단기구 및 노·화덕설비가 설치된 장소에는 소화기 1개 (능력단위 3단위 이상) 이상을 비치하여야 한다.

58 「위험물안전관리법 시행규칙」상 제조소등에서의 위험물의 저장 및 취급에 관한 기준 중 위험물의 유별 저장·취급의 공통기준으로 옳은 것은?

① 제1류 위험물은 가연물과의 접촉·혼합이나 분해를 촉진 하는 물품과의 접근 또는 과열·충격·마찰 등을 피하는 한편, 알카리금속의 과산화물 및 이를 함유한 것에 있어 서는 물과의 접촉을 피하여야 한다.

② 제2류 위험물 중 자연발화성물질에 있어서는 불티·불꽃 또는 고온체와의 접근·과열 또는 공기와의 접촉을 피하고, 금수성물질에 있어서는 물과의 접촉을 피하여야 한다.

③ 제3류 위험물은 산화제와의 접촉·혼합이나 불티·불꽃·고온체와의 접근 또는 과열을 피하는 한편, 철분·금속분·마그네슘 및 이를 함유한 것에 있어서는 물이나 산과의 접촉을 피하고 인화성 고체에 있어서는 함부로 증기를 발생시키지 아니하여야 한다.

④ 제4류 위험물은 가연물과의 접촉·혼합이나 분해를 촉진 하는 물품과의 접근 또는 과열을 피하여야 한다.

「위험물안전관리법 시행규칙」 [별표 18]제조소등에서의 위험물의 저장 및 취급에 관한 기준
Ⅱ. 위험물의 유별 저장·취급의 공통기준(중요기준)

1. 제1류 위험물은 가연물과의 접촉·혼합이나 분해를 촉진하는 물품과의 접근 또는 과열·충격·마찰 등을 피하는 한편, 알카리금속의 과산화물 및 이를 함유한 것에 있어서는 물과의 접촉을 피하여야 한다.
2. 제2류 위험물은 산화제와의 접촉·혼합이나 불티·불꽃·고온체와의 접근 또는 과열을 피하는 한편, 철분·금속분·마그네슘 및 이를 함유한 것에 있어서는 물이나 산과의 접촉을 피하고 인화성 고체에 있어서는 함부로 증기를 발생시키지 아니하여야 한다.
3. 제3류 위험물 중 자연발화성물질에 있어서는 불티·불꽃 또는 고온체와의 접근·과열 또는 공기와의 접촉을 피하고, 금수성물질에 있어서는 물과의 접촉을 피하여야 한다.
4. 제4류 위험물은 불티·불꽃·고온체와의 접근 또는 과열을 피하고, 함부로 증기를 발생시키지 아니하여야 한다.
5. 제5류 위험물은 불티·불꽃·고온체와의 접근이나 과열·충격 또는 마찰을 피 하여야 한다.
6. 제6류 위험물은 가연물과의 접촉·혼합이나 분해를 촉진하는 물품과의 접근 또는 과열을 피하여야 한다.

정답 58.①

59 「위험물안전관리법」 및 같은 법 시행령상 관계인이 예방 규정을 정하여야 하는 제조소등에 해당하지 않는 것은?

① 4,000 L의 알코올류를 취급하는 제조소
② 30,000 kg의 유황을 저장하는 옥외저장소
③ 2,500 kg의 질산에스터류를 저장하는 옥내저장소
④ 150,000 L의 경유를 저장하는 옥외탱크저장소

> 「위험물안전관리법 시행령」 제15조 (관계인이 예방규정을 정하여야 하는 제조소 등)
> 법 제17조제1항에서 "대통령령이 정하는 제조소 등"이라 함은 다음 각 호의 1에 해당하는 제조소 등을 말한다.
> 1. 지정수량의 10배 이상의 위험물을 취급하는 제조소
> 2. 지정수량의 100배 이상의 위험물을 저장하는 옥외저장소
> 3. 지정수량의 150배 이상의 위험물을 저장하는 옥내저장소
> 4. 지정수량의 200배 이상의 위험물을 저장하는 옥외탱크저장소
> 5. 암반탱크저장소
> 6. 이송취급소
> 7. 지정수량의 10배 이상의 위험물을 취급하는 일반취급소. 다만, 제4류 위험물(특수인화물을 제외한다)만을 지정수량의 50배 이하로 취급하는 일반취급소(제1석유류·알코올류의 취급량이 지정수량의 10배 이하인 경우에 한한다)로서 다음 각 목의 어느 하나에 해당하는 것을 제외한다.
>   가. 보일러·버너 또는 이와 비슷한 것으로서 위험물을 소비하는 장치로 이루어진 일반취급소
>   나. 위험물을 용기에 옮겨 담거나 차량에 고정된 탱크에 주입하는 일반취급소
> - 알코올의 지정수량 : 400 L
> - 유황의 지정수량 : 100 kg
> - 질산에스터류의 지정수량 : 10 kg
> - 경유의 지정수량 : 1,000 L

정답 59.④

60 「위험물안전관리법 시행령」상 지정수량 이상의 위험물을 옥외저장소에 저장할 수 있는 것으로 옳지 않은 것은? (다만, 「국제해사기구에 관한 협약」에 의하여 설치된 국제해사기구가 채택한 「국제해상위험물규칙」(IMDG Code)에 적합한 용기에 수납된 위험물은 제외한다.)

① 제1류 위험물 중 염소산염류
② 제2류 위험물 중 유황
③ 제4류 위험물 중 알코올류
④ 제6류 위험물

> 「위험물안전관리법 시행령」[별표 2]지정수량 이상의 위험물을 저장하기 위한 장소와 그에 따른 저장소의 구분
> 7. 옥외에 다음 각 목의 1에 해당하는 위험물을 저장하는 장소. 다만, 제2호의 장소를 제외한다.
>   가. 제2류 위험물 중 유황 또는 인화성고체(인화점이 섭씨 0도 이상인 것에 한한다)
>   나. 제4류 위험물 중 제1석유류(인화점이 섭씨 0도 이상인 것에 한한다)·알코올류·제2석유류·제3석유류·제4석유류 및 동식물유류
>   다. 제6류 위험물
>   라. 제2류 위험물 및 제4류 위험물중 특별시·광역시 또는 도의 조례에서 정하는 위험물(「관세법」 제154조의 규정에 의한 보세구역안에 저장하는 경우에 한한다)
>   마. 「국제해사기구에 관한 협약」에 의하여 설치된 국제해사기구가 채택한 「국제해상위험물규칙」(IMDG Code)에 적합한 용기에 수납된 위험물

정답 60.①

【4과목】 소방전기시설의 구조 및 원리

61 자동화재탐지설비의 배선상태가 잘못된 것은?

① 스포트형감지기의 감지기 사이의 회로배선은 송배전식으로 하였다.
② 도통시험용 종단저항은 감지기회로의 끝부분에 설치하고 배선은 합성수지관공사로 하였다.
③ GP형수신기의 감지기회로 배선에 있어서 하나의 공통선에 접속한 경계구역은 6개로 하였다.
④ P형수신기의 감지기회로의 전로저항을 100[Ω]으로 하였다.

> **P형수신기의 감지기회로 전로저항**
> P형수신기 감지기회로의 전로저항은 50[Ω] 이하여야 한다. 100[Ω]은 이 기준을 초과하므로 잘못된 배선 상태에 해당한다.

62 주위온도가 일정한 온도상승율 이상으로 되었을때 작동하는 감지기는?

① 정온식 스포트형 감지기
② 차동식 분포형 감지기
③ 이온화식 감지기
④ 광전식 감지기

> **감지기의 종류별 작동 원리**
> ① 차동식 감지기 : 일정한 온도 상승률 이상이 될 때 작동하는 감지기이다.
> ② 이온화식 감지기 : 연기 입자가 감지기 내부 이온화 전류를 방해할 때 작동한다.

63 감도조정장치를 갖는 누전경보기에서 감도조정장치의 조정범위는 최대 몇 [A] 이어야 하는가?

① 0.3　　　　　　　　　② 0.5
③ 0.8　　　　　　　　　④ 1

> **누전 경보기 감도 조정 장치**
> → 감도조정장치를 갖는 누전경보기에 있어서 감도조정장치의 조정범위는 최대치가 1[A]이어야 한다.

정답 61.④ 62.② 63.④

64 방송에 의한 비상경보설비중 확성기는 각 층마다 설치하되 그 층의 각 부분으로부터 다른 확성기까지의 수평거리는 몇 m 이하이어야 하는가?

① 25
② 30
③ 35
④ 40

소방설비설치 기준	
거리	설비
20[m]	[보행]소화기(소), [보행]복도통로유도등
25[m]	[수평]옥내소화전
30[m]	소화전(대)
40[m]	[수평]옥외소화전, [보행]옥내소화전
50[m]	[수평]연결송수관-방수구

65 자동화재탐지설비의 음향장치는 정격전압의 몇 퍼센트 전압에서 음향을 발할 수 있는 것으로 하는가?

① 80
② 70
③ 60
④ 50

모든 음향 장치에 대해서는 80%에서 음향을 발할 수 있어야 한다.

66 수신기에서 직접 감지기회로의 도통시험을 행하지 아니하는 자동화재탐지설비의 중계기는 어디에 설치하여야 하는가?

① 수신기에 직접 설치
② 종단저항에 설치
③ 수신기와 발신기사이에 설치
④ 수신기와 감지기사이에 설치

중계기의 설치
① 수신기에서 직접 감지기회로의 도통시험을 하지 않는 것에 있어서는 **수신기와 감지기 사이**에 설치할 것
② 조작 및 점검에 편리하고 화재 및 침수 등의 재해로 인한 피해를 받을 우려가 없는 장소에 설치할 것
③ 수신기에 따라 감시되지 않는 배선을 통하여 전력을 공급받는 것에 있어서는 **전원입력측의 배선에 과전류 차단기를 설치**하고 해당 전원의 정전이 즉시 수신기에 표시되는 것으로 하며, 상용전원 및 예비전원의 시험을 할 수 있도록 할 것

정답 64.① 65.① 66.④

67 열전대식 차동식 분포형감지기에서 하나의 검출부에 접속하는 열전대부는 몇 개이하로 하여야 하는가?

① 20
② 25
③ 30
④ 35

> **열전대식 차동식 분포형 감지기**
> ① 열전대부는 감지구역의 바닥면적 18[㎡](주요구조부가 내화구조로 된 특정소방대상물에 있어서는 22[㎡])마다 1개 이상으로 할 것.
> ② 바닥면적이 72[㎡](주요구조부가 내화구조로 된 특정소방대상물에 있어서는 88[㎡]) 이하인 특정소방대상물에 있어서는 4개 이상으로 할 것.
> ③ 하나의 검출부에 접속하는 열전대부는 20개 이하

68 비상콘센트설비에 대한 설명으로 틀린 것은?

① 비상콘센트설비는 소화활동상 필요한 설비이다.
② 비상콘센트설비의 전원회로는 교류 380[V]인 것으로서, 그 공급용량은 1.5[kVA]이상인 것으로 해야 한다.
③ 비상콘센트의 보호함에는 쉽게 개폐할 수 있는 문을 설치한다.
④ 비상콘센트용의 풀박스는 두께 1.6[mm]이상의 철판을 사용한다.

> 비상콘센트설비의 전원회로는 단상교류 220[v]인 것으로서, 그 공급용량은 1.5[kVA] 이상인 것으로 할 것

69 누전경보기의 공칭 작동전류값은 몇[mA]이하이어야 하는가?

① 200
② 300
③ 500
④ 800

> **누전경보기의 공칭 작동 전류치**
> 누전경보기의 공칭작동전류치(누전경보기를 작동시키기 위하여 필요한 누설전류의 값)는 200[mA] 이하이어야 한다.

정답 67.① 68.② 69.①

70 옥내소화전설비의 비상전원의 설치기준으로 옳지 않은 것은?

① 점검이 편리한 곳에 설치한다.
② 비상전원을 실내에 설치하는 때에는 그 실내에 비상조명등을 설치한다.
③ 상용전원으로부터 전력의 공급이 중단된 때에는 자동으로 비상전원으로부터 전력을 공급받도록 한다.
④ 옥내소화전설비를 유효하게 120분이상 작동할 수 있어야 한다.

> 옥내소화전설비 비상 전원 설비
> ① 옥내소화전설비를 유효하게 20분 이상 작동할 수 있어야 할 것
> ② 상용전원으로부터 전력의 공급이 중단된 때에는 자동으로 비상전원으로부터 전력을 공급받을 수 있도록 할 것

71 제연설비의 비상전원은 옥내소화전 설비를 유효하게 몇 분이상 작동할 수 있어야 하는가?

① 10 ② 20
③ 30 ④ 60

> 제연설비 비상 전원 설비
> ① 제연설비를 유효하게 20분 이상 작동할 수 있도록 할 것
> ② 제연설비의 작동은 해당 제연구역에 설치된 화재감지기와 연동되어야 하며, 예상제연구역(또는 인접장소)마다 설치된 수동기동장치 및 제어반에서 수동으로 기동이 가능하도록 해야 한다

72 공기팽창과 금속팽창을 병행한 방식으로 동작하는 감지기는?

① 정온식 감지선형감지기
② 차동식 분포형감지기
③ 보상식 스포트형감지기
④ 정온식 스포트형감지기

> 옥내소화전설비 비상 전원 설비
> 보상식 감지기는 차동식(공기 팽창)과 정온식(금속 팽창)의 작동방식을 병행한 복합형 감지기이다. 온도가 일정한 상승률 이상으로 올라가거나 일정 온도 이상 도달하면 둘 중 어느 하나라도 충족될 때 작동하여 화재 신호를 보낸다.

정답 70.④ 71.② 72.③

73 누전경보기에 관한 내용중 옳지 않은 것은?

① 집합형 누전경보기는 2개의 경계전로에서 누설전류가 동시에 발생하는 경우 이상이 없어야 한다.
② 감도 조정장치를 제외하고 감도조정부는 외함의 바깥쪽에 노출 되지 않아야 한다.
③ 음향장치의 음압은 1m 떨어진 곳에서 60[dB]이상 이어야 한다.(단,고장표시장치는 제외)
④ 경보기구에 내장하는 음향장치는 사용전압 80[%]인 전압에서 동작하여야 한다.

> 누전경보기의 경보기구에 내장하는 음향장치
> ① 사용전압의 80 %인 전압에서 소리를 내어야 한다.
> ② 사용전압에서의 음압은 무향실내에서 정위치에 부착된 음향장치의 중심으로부터 1[m] 떨어진 지점에서 누전경보기는 70[dB]이상이어야 한다.
> ③ 고장표시장치용 등의 음압은 60[dB]이상이어야 한다.

74 적외선 불꽃감지기의 감지소자로 사용되는 초전재료의 특성에서 PZT의 큐리온도는 다음중 어느 것인가?

① 200 ~ 270[℃]　　② 49[℃]
③ 115[℃]　　　　　④ 470[℃]

> 초전재료
> ① 초전재료는 온도 변화에 따라 자발적인 분극이 변하여 전하가 발생하는 특성을 가진 재료를 말한다.
> ② PZT(티탄산지르콘산납)의 큐리온도는 대략 200~270도이다. 이 이상에서는 초전성을 잃게 된다.
> (** 큐리온도는 강유전체 물질이 초전성을 잃고 상유전체로 변하는 온도를 말한다.)

75 누전경보기의 설치방법으로 옳지 않은 것은?

① 경계전로의 정격전류가 60[A]를 초과하는 전로에 있어서는 1급을 설치한다.
② 경계전로의 정격전류가 60[A]이하의 전로에 있어서는 1급 또는 2급을 설치한다.
③ 정격전류가 60[A]를 초과하는 경계전로에서 분기되어 각 분기회로의 정격전류가 60[A]이하로 되는 경우에는 각 분기회로마다 2급을 설치해도 당해 경계전로에 1급을 설치한 것으로 본다.
④ 누전 경보기는 변류기와의 호환 유무로 구분할 때 옥내형과 옥외형으로 구분한다.

정답　73.③　74.①　75.④

누전경보기의 설치방법
① 수신기 구분

정격전류	종류
60[A]이하	2급 수신기 또는 1급 수신기
60[A]초과	1급 수신기

- 설치 장소에 따른 구분 : 옥내형과 옥외형으로 구분
- 변류기와의 호환 유무 : 호환형과 비호환형으로 구분

76 프리액션밸브와 소화설비반이 200m떨어진 곳에 각각 설치 되어 있다. 소화설비반에서 전원을 공급하여 프리액션밸브를 기동시킬 경우, 선로에서의 전압강하는 몇 V 인가? (단, 프리액션밸브 구동 솔레노이드밸브의 정격전류는 1.5A, 선로의 전선은 5.5[㎟]이다.)

① 0.94　　　② 1.49
③ 1.94　　　④ 2.49

1) 전압 강하의 산출
$$E = \frac{35.6 \times L \times I}{1000 \times A}$$
A : 전선단면적[mm^2]
L : 전선의 길이[m]

2) 적용하기
$$E = \frac{35.6 \times 200 \times 1.5}{1000 \times 5.5} = 1.942[V]$$

77 복도통로유도등은 구부러진 모퉁이 및 보행거리 몇 [m] 마다 설치하는가?

① 5　　　② 10
③ 15　　　④ 20

복도 통로 유도등 설치 기준
복도통로유도등은 20[m]마다 설치한다.

정답　76.③　77.④

78 비상콘센트설비의 전원회로는 각 층에 있어서 전압별로 몇 개 이상이 되도록 설치하여야 하는가?

① 1
② 2
③ 3
④ 5

> **비상콘센트설비의 설치 기준**
> 각층에 2 이상이 되도록 설치할 것. 다만, 설치해야 할 층의 비상콘센트가 1개인 때에는 하나의 회로로 할 수 있다.

79 옥외탱크저장소의 방유제의 높이는 0.5[m] 이상 몇[m]이하로 하여야 하는가?

① 3
② 4
③ 5
④ 6

> **옥외탱크저장소 방유제의 높이**
> ① 옥외탱크저장소에 설치하는 방유제의 높이는 0.5[m]이상 3[m]이하여야 한다.
> ② 방유제 내부의 면적은 80,000[㎡] 이하로 해야 한다.
> ③ 방유제 내부 탱크의 용량 중 최대 용량을 가진 탱크 용량의 110%이상이 되어야 한다.

80 다음중 열반도체식 감지기의 검출부는?

① 미터릴레이(Meter relay)
② 열반도체소자
③ 열전대
④ 전류계

> **열반도체식 감지기 구성**
> ① 검출부 – 미터릴레이
> ② 동니켈선
> ③ 감열부 – 열반도체 소자
> (* 감열부는 열을 직접 감지하는 부분, 수열부는 열에너지를 받아 들이는 부분이다.)

정답 78.② 79.① 80.①

2025년 2회 소방설비기사(전기분야) CBT 복원

【1과목】 소방원론

01 연소에 관한 설명으로 옳은 것은?

① 작열연소 : 화염이 없는 표면연소이다.
② 분해연소 : 유황이나 나프탈렌이 열분해되면서 일어나는 연소이다.
③ 증발연소 : 액체에서만 발생하는 연소형태로서 액면에서 비등하는 기체에서 발생한다.
④ 자기연소 : 제3류 위험물과 같이 물질 자체 내의 산소를 소모하는 연소로서 연소속도가 빠르다.

> **고체가연물의 연소**
> ① 분해연소
>   고체 가연물에 가열을 통한 열분해로 생성된 다양한 가연성 가스(기체)가 연소하는 형태이다.
>   ex) 목재, 종이, 섬유, 플라스틱 등 고분자물질 등
> ② 표면연소
>   고체의 표면에서 가연성 기체가 발생되지 않아 고체 표면에서 불꽃을 내지 않고 연소하는 형태이다. 불꽃연소에 비해 연소열량이 적고 연소속도가 느려 화재에 대한 위험성은 크지 않다.
>   ex) 목탄, 코크스, 금속분, 숯, 향, 담배 등
> ③ 증발연소
>   고체 가연물을 가열 할 때 열분해를 하지 않고 그대로 승화하여 연소하거나 액화 후 발생하는 가연성 증기가 연소하는 형태이다. 열분해 온도보다 융점온도가 더 낮은 물질의 경우에 해당한다.
>   ex) 유황, 나프탈렌, 파라핀(양초), 왁스류 등
> ④ 자기연소
>   가연물이면서 그 분자 내에 연소에 필요한 충분한 양의 산소 공급원을 함유하고 있는 물질의 연소형태이다. 외부의 산소 공급 없이도 연소가 진행될 수 있어 연소 속도가 매우 빨라 폭발적으로 연소한다.
>   ex) 질산에스테르류, 유기과산화물, 니트로화합물류 등 제5류 위험물

02 블레비(BLEVE)에 관한 설명으로 옳지 않은 것은?

① 가연물이 비점 이상으로 가열될 때 발생한다.
② 저장탱크의 기계적 강도 이상의 압력이 형성될 때 발생한다.
③ 저장탱크 균열로 인한 액상, 기상의 동적 평형 상태가 유지된다.
④ 저장탱크의 외부 표면에 열전도성이 작은 물질로 단열 조치하여 예방한다.

> **블레비 현상 (Boiling Liquid Expanding Vapor Explosion, BLEVE)**
> 액화가스를 저장하는 용기 주변에 화재 등의 발생으로 용기를 가열하는 경우 액화가스의 비등으로 압력이 급격히 상승한다. 이때 안전장치(안전밸브)를 통하여 이루어지는 압력의 완화율보다 내부의 압력증가율이 큰 경우 용기의 균열, 파괴되는 현상을 블레비 현상이라 한다(물리적 폭발). 또한 폭발 시 외부 화염에 의해 착화되어 거대한 화구를 형성하여 화염의 덩어리가 만들어지는데 이것을 화이어 볼(Fire ball)이라 한다(화학적 폭발). (참고 – 용기에 액체가 1/2에서 3/4까지 차 있을 때 많이 발생)

정답 01.① 02.③

1) BLEVE 현상 메카니즘

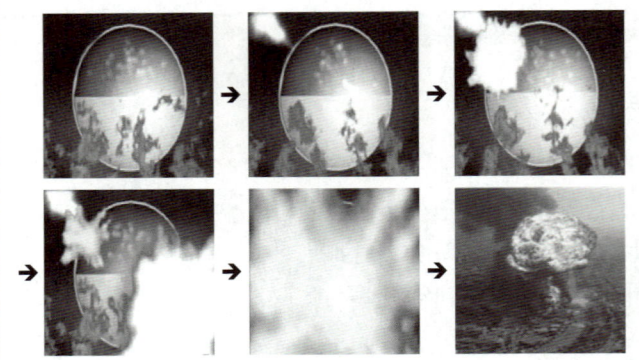

① 옥외 액화가스저장탱크 주위에 화재 발생
② 화재로 인한 열이 탱크를 가열(탱크 내 온도 상승)
③ 탱크 하부 액화가스를 가열 하여 증기 압력 상승(액온상승)
④ 액체가 없는 탱크 상부는 직접적인 열에 의해 강도가 떨어져 균열이 발생하여 외부로 가스 유출되어 탱크 내의 압력이 급격히 감소(연성파괴)
⑤ 과열된 액화가스는 격렬하게 인화성 액체를 비산시켜 탱크 내벽에 강한 충격을 줌(액격현상)
⑥ 체적의 약 200배 이상의 강한 팽창력에 의해 탱크 파열(취성파괴)
⑦ 외부로 분출된 대량의 가스는 외부 화염과 만나 큰 폭발을 일으키며 화이어 볼(Fire ball) 발생

2) BLEVE 현상 방지대책
① 탱크의 안쪽 벽면에 열전도율이 좋은 알루미늄 합금박판을 설치한다.
② 탱크 주위에 고정식 살수설비를(물분무설비 등) 설치하여 탱크의 온도 상승을 억제시킨다.
③ 탱크를 2중관(진공상태)으로 한다.
④ 탱크를 설치하는 지반에 경사도를 준다.
⑤ 탱크를 지하에 설치한다.

03 실내 일반화재 진행 과정에 관한 설명으로 옳은 것은?

① 화재 초기에는 실내 온도가 급격하게 상승하기 시작한다.
② 성장기에는 급속한 연소 진행으로 환기지배형 화재 양상이 나타난다.
③ 최성기에는 실내 화염이 최고조에 도달하나 실내 산소 부족으로 연소속도가 느려진다.
④ 감쇠기에는 화염의 급격한 소멸로 훈소 상태가 되어 백드래프트(back draft)의 위험이 없다.

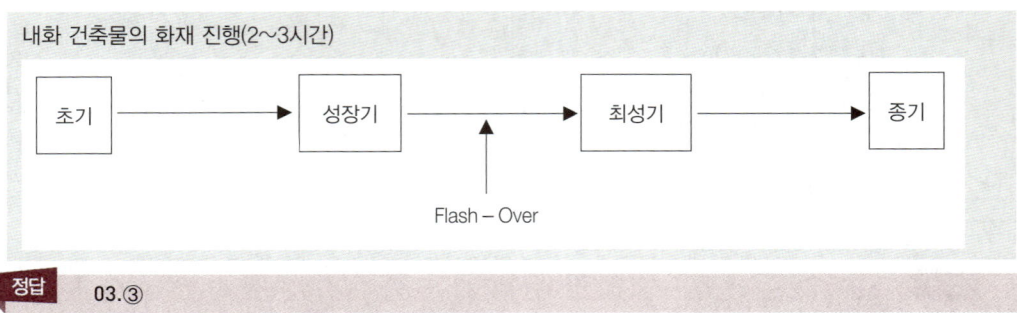

정답 03.③

1) 초기
   ① 목조에 비해 기밀성(기밀도)이 우수하여 완만한 연소 상태를 띤다.
   ② 산소량의 감소로 불완전연소의 형태를 띤다.
   ③ 다량의 연기가 실내를 채운다.
2) 성장기
   ① 화세가 점차 성장하여 실내의 온도가 상승하고(약 800[℃] 정도) 개구부가 파괴되는 시기이다.
   ② 연기가 백색에서 흑색으로 변한다.
   ③ 실내에 순간적으로 화염이 충만하는 플래시 오버(F·O)가 발생하는 시기이다.

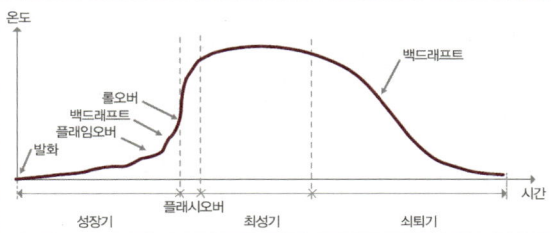

3) 최성기
   ① 화재실의 최고온도가 약 1,000[℃] 정도에 이른다.
   ② 목조에 비해 장시간 연소한다.
   ③ 건축 구조물이 무너져 내린다.(콘크리트 폭렬현상 발생)
   ④ 화재의 특징은 목조에 비해 저온장기형이다. (내화구조 자체의 화재의 특징은 고온장기형이다.)
4) 종기
   화세가 약해지고, 연기의 양도 점차 줄어들며, 실내의 온도가 서서히 줄어드는 시기이다.
   화염의 급격한 소멸로 훈소 상태가 되어 백드래프트(back draft)의 위험이 있다.

04 불완전연소에 관한 설명으로 옳지 않은 것은?

① 산소 과잉 상태에서 발생한다.
② 불꽃이 저온 물체와 접촉하여 온도가 내려갈 때 발생한다.
③ 일산화탄소, 그을음과 같은 연소생성물이 발생한다.
④ 연소실 내 배기가스의 배출이 불량할 때 발생한다.

산화정도에 의한 분류
1) 완전연소 : 공기 및 산소의 공급이 충분하여 불꽃의 온도가 높으며 가연성 가스가 완전히 산화되어 이산화탄소 등의 연소생성물이 발생되는 연소
2) 불완전연소 : 공기 및 산소의 공급이 불충분하여 불꽃의 온도가 낮으며 가연성 가스가 완전히 산화되지 못하여 일산화탄소, 그을음 등의 연소생성물이 발생되는 연소

정답 04.①

05 「위험물안전관리법」 및 같은 법 시행령, 시행규칙상 위험물의 지정수량과 위험등급의 연결이 옳지 않은 것은?

① 황린 − 20kg − Ⅰ등급

② 마그네슘 − 500kg − Ⅲ등급

③ 유기과산화물 − 10kg − Ⅰ등급

④ 과염소산 − 300kg − Ⅱ등급

> 품명 및 지정수량(기본서 666 ~ 668 페이지)
> - 제3류 위험물 : 황린 ━ 20kg
> - 제2류 위험물 : 마그네슘 ━ 500kg
> - 제5류 위험물 : 유기과산화물 ━ 10kg
> - 제6류 위험물 : 과염소산 ━ 300kg
>
> ※ 위험물의 위험등급
>   1) 위험등급Ⅰ의 위험물
>   ① 제1류 위험물 중 아염소산염류, 염소산염류, 과염소산염류, 무기과산화물, 그 밖에 지정수량이 50kg인 위험물
>   ② 제3류 위험물 중 칼륨, 나트륨, 알킬알루미늄, 알킬리튬, 황린, 그 밖에 지정수량이 10kg 또는 20kg인 위험물
>   ③ 제4류 위험물 중 특수인화물
>   ④ 제5류 위험물 중 유기과산화물, 질산에스터류, 그 밖에 지정수량이 10kg인 위험물
>   ⑤ 제6류 위험물
>   2) 위험등급Ⅱ의 위험물
>   ① 제1류 위험물 중 브로민산염류, 질산염류, 아이오딘산염류 그 밖에 지정수량이 300kg인 위험물
>   ② 제2류 위험물 중 황화린, 적린, 황, 그 밖에 지정수량이 100kg인 위험물
>   ③ 제3류 위험물 중 알칼리금속(칼륨 및 나트륨을 제외한다) 및 알칼리토금속, 유기금속화합물(알킬알루미늄 및 알킬리튬을 제외한다), 그 밖에 지정수량이 50kg인 위험물
>   ④ 제4류 위험물 중 제1석유류 및 알코올류
>   ⑤ 제5류 위험물 중 제1호 라목에 정하는 위험물 외의 것
>   3) 위험등급Ⅲ의 위험물 : 제1호 및 제2호에 정하지 아니한 위험물

정답 05.④

06 가연물의 발화온도와 발화에너지에 관한 설명으로 옳은 것은?

① 점화원에 의해서 가연물이 발화하기 시작하는 최저 온도를 발화점(ignition point)이라고 한다.
② 점화원을 제거해도 자력으로 연소를 지속할 수 있는 최저 온도를 연소점(fire point)이라고 한다.
③ 가연물의 최소발화에너지가 클수록 더 위험하다.
④ 가연물의 연소점은 발화점보다 높다.

> **인화점, 연소점, 발화점**
> 1) 인화점(유도발화점, Flash Point)
>   가연성 기체와 공기가 혼합된 상태에서 외부의 직접적인 점화원의 접촉에 의해 순간적으로 발화가 일어날 수 있는 최저온도를 인화점 또는 유도 발화점이라 한다. 특히 휘발성 물질의 경우 점화원을 접하여 발화될 수 있는 최저온도를 말하며 인화성 액체의 위험성을 나타내는 척도이다.
> 2) 연소점(Fire Point)
>   인화점 이후 점화원을 제거한 후에도 지속적으로 연소상태를 유지시킬 수 있는 최저온도를 연소점이라 한다. 특히 고체가연물의 경우 인화점에 도달하여도 점화원을 제거하면 연소상태가 그칠 수 있다. 하지만 인화점보다 약간 높은 온도에서는 연소상태를 유지할 수 있다. 이는 인화점보다는 약 10℃정도 높은 온도이며 5~10초 이상 연소를 지속할 수 있는 상태이다.
> 3) 자동발화점(착화점, Ignition Point)
>   외부의 직접적인 점화원 접촉 없이 발화가 일어나기 시작할 때의 최저온도를 자동발화점 또는 착화점이라 한다. 즉, 공기 중에서 가연물을 가열할 경우 가열된 열만을 가지고 스스로 연소가 시작되는 최저온도를 말하며, 화재 시 발생하는 복사열로 인해 인접 가연물에 발화가 되는 경우나 화재 진압 후에도 계속해서 주수를 하는 이유도 바로 주위온도를 발화점 이하로 낮추어 가연물의 재 발화를 방지하기 위함이다.

정답 06.②

07 백드래프트(back draft)의 발생 징후로 옳지 않은 것은?

① 유리창 안쪽에 타르와 유사한 물질이 흘러내려 얼룩진 경우
② 창문을 통해 보았을 때 건물 내에서 연기가 소용돌이치는 경우
③ 화염은 보이지 않지만 창문과 문손잡이가 뜨거운 경우
④ 균열된 틈이나 작은 구멍을 통하여 건물 밖으로 연기가 밀려 나오는 경우

백 드래프트(Back Draft, B·D) 현상

1) 정의
   화재로 인하여 밀폐된 실내의 상층부는 고열의 기체가 축적되고 산소가 부족한 상태에서 연소가 계속 진행 되는 도중 새로운 산소가 유입되면 축적되어 있던 고열가스가 폭발하면서 연소하는 현상을 말한다. 급격한 압력 상승으로 건물이 붕괴될 수 있다.
   - 산소의 공급에 의해 발생한다.
   - 화재의 진행 단계 중 백 드래프트(B·D)는 감쇠기에서 주로 발생한다.(최성기 후)
   - 충격파를 발생한다.

2) 백 드래프트의 징후
   ① 화염이 없는 상태에서 창문이나 문이 뜨거운 경우
   ② 실내의 연기가 소용돌이 치고 있는 경우
   ③ 연기가 작은 틈 등으로 특이한 소리를 내며 빨려 들어가는 경우
   ④ 훈소 상태에 있는 경우(훈소란 가연물이 불꽃 없이 불기운이나 열기만으로 타들어가는 연소현상)
   ⑤ 유리창 안쪽에 물질이 녹아 검게 흘러내리고 있거나 흔적이 있는 경우
   ⑥ 짙고 검은색의 연기가 밖으로 많은 양이 분출되고 있을 때

3) 대처법
   ① 배연법 : 화재실 내에 가득한 뜨거운 연기와 가연성 가스를 상층부로 배출시키는 방법
   ② 급냉법 : 화재실의 문을 천천히 개방함과 동시에 신속하게 주수를 함으로써 밖으로 밀려나오는 화염이나 열기를 급냉시키는 방법
   ③ 측면공격법 : 화재실의 문을 천천히 개방하여 백드래프트 현상을 발생시킨 후에 측면에서 공격하는 방법

---

08 다음은 폭연에서 폭굉으로 전이되는 과정이다. ( ) 안에 들어갈 단계로 옳은 것은?

착화 → (ㄱ) → (ㄴ) → (ㄷ) → 폭굉파

	ㄱ	ㄴ	ㄷ
①	화염전파	압축파	충격파
②	화염전파	충격파	압축파
③	압축파	화염전파	충격파
④	압축파	충격파	화염전파

정답 07.④ 08.①

폭연과 폭굉

1) 폭연(Deflagration)
   ① 화염의 전파속도가 음속보다 느리다. 약 0.1~10[m/sec] 이하이다.(아음속)
   ② 폭발반응은 열전달(전도, 대류, 복사)에 의한 전파에 원인을 두고 있다.
   ③ 충격파의 압력은 정압이다. 수기압[MPa] 정도이며 폭굉으로 전이될 수 있다.
   ④ 온도, 압력, 밀도 등이 화염면에서 연속적으로 나타난다.

2) 폭굉(Detonation)
   ① 화염의 전파속도가 음속보다 빠르다. 약 1,000~3,500[m/sec] 이하이다.(초음속)
   ② 폭발반응은 충격파의 압력에 원인을 두고 있다.
   ③ 충격파의 압력은 정압 + 동압이다. 약 100[MPa] 정도이며 폭연의 10배 이상이다.
   ④ 온도, 압력, 밀도 등이 화염면에서 불연속적으로 나타난다.

09 일반화재에 해당하는 것만을 〈보기〉에서 있는 대로 고른 것은?

> ㄱ. 통전 중인 배전반에서 불이 난 경우
> ㄴ. 외출 시 전원이 차단된 콘센트에서 불이 난 경우
> ㄷ. 실외 난로가 넘어지면서 새어 나온 석유에 불이 붙은 경우
> ㄹ. 실험실 시험대 위 나트륨 분말에서 불이 난 경우

① ㄱ　　　　　　　　　　　② ㄴ
③ ㄴ, ㄹ　　　　　　　　　④ ㄱ, ㄷ, ㄹ

화재의 종류(일반, 유류, 전기, 금속, 가스)와 종류별 기본 소화 방법

종류	급수	표시색	내용
일반화재	A급화재	백색	나무, 섬유, 종이, 고무, 플라스틱류와 같은 일반 가연물이 타고 나서 재가 남는 화재
유류화재	B급화재	황색	인화성 액체, 가연성 액체, 석유 그리스, 타르, 오일, 유성도료, 솔벤트, 래커, 알코올 및 인화성 가스와 같은 유류가 타고 나서 재가 남지 않는 화재
전기화재	C급화재	청색	전류가 흐르고 있는 전기기기, 배선과 관련된 화재
금속화재	D급화재	무색	가연성이 강한 금속류의 화재
주방화재	K급화재	무색	주방에서 동·식물유를 취급하는 조리기구에서 일어나는 화재
가스화재	E급화재	황색	LNG, LPG 등 가스누설로 인한 연소·폭발

정답　09.②

10 유류저장탱크 내 유류 표면에 화재 발생 시 뜨거운 열류층이 형성되고 그 열파가 장시간에 걸쳐 바닥까지 전달되어 하부의 물이 비점 이상으로 가열되면서 부피가 팽창해 저장된 유류가 탱크 외부로 분출되었다. 이에 해당하는 현상으로 옳은 것은?

① 보일오버(boil over)
② 슬롭오버(slop over)
③ 프로스오버(froth over)
④ 오일오버(oil over)

> **유류저장탱크 연소 시 발생될 수 있는 현상**
> ① 보일오버(Boil over)
>   유류저장탱크 화재 시 상부에 **열유층을 형성**하고 장시간 연소 시 열유층이 점차 하부로 내려가 탱크 바닥에 도달되면 **탱크 저부의 물** 또는 에멀전(물과 기름이 함께하는 상태, 유화[乳化])이 비점 이상으로 되면 수증기로 부피가 팽창하면서 유류를 탱크 밖으로 분출시켜 화재를 확대 시키는 현상
> ② 슬롭오버(Slop over)
>   유류 화재 시 화재의 계속 진행에 의해 **유류표면이 가열된 상태에서 물이 포함된 소화약제를 방사**할 경우 고온에 의해 물이 튀면서 **수증기로 부피가 팽창**하면서 유류를 탱크 밖으로 비산시켜 화재를 확대 시키는 현상
> ③ 프로스오버(Froth over)
>   화재를 수반하지 않고 유류를 탱크 밖으로 분출시키는 현상으로 점도가 높은 유류를 저장하는 **탱크 내의 수분**이 어떤 원인에 의해 **수증기로 부피가 팽창**하면서 유류를 분출시키는 현상
> ④ 링파이어(Ring fire, 윤화)
>   일반적으로 부상식 지붕방식(Floating roof)의 화재 시 포를 방출하는 경우 가열된 벽면부분에서 포가 열화되어 안정성이 저하되면 이때 증발된 유류 가스가 거품층을 뚫고 상승하면서 불이 붙는 현상으로 마치 불길이 링(Ring) 처럼 보인다하여 링파이어 라고 한다.
> ⑤ 오일오버(Oil over)
>   **탱크 내의 유류가 50% 미만 저장된 경우 화재로 인한 탱크 내부의 압력 상승으로 탱크가 폭발하는 현상**을 말한다. 가장 격렬한 현상이라고 할 수 있다.

11 구획실 화재에 관한 설명으로 옳은 것은?

① 플래시오버(flash over)는 최성기와 감쇠기 사이에서 발생하며 충격파를 수반한다.
② 굴뚝효과가 발생할 때는 개구부에 형성된 중성대 상부에서 공기가 유입되고, 중성대 하부에서 연기가 유출된다.
③ 연료지배형 화재는 환기지배형 화재보다 산소 공급이 원활하고 연소속도가 빠르다.
④ 화재플룸(fire plume)은 실내 공기의 압력 차이로 가연성 가스가 천장을 따라 화재가 발생하지 않은 복도 쪽으로 굴러다니는 것처럼 뿜어져 나오는 현상이다.

정답 10.① 11.③

특수현상에 대한 화재 양상
1) 플래시 오버(Flash Over) 현상으로 본 화재 양상

2) 백 드래프트(Back Draft) 현상으로 본 화재 양상

※ 연료지배형 화재
　산소는 충분한 상태로서 연료가 제한적인 상태에서 화재의 지속가능한 상태를 연료의 양에 의해 결정되는 화재를 말한다.
※ 환기지배형 화재
　연료는 충분한 상태로서 산소가 제한적인 상태에서 화재의 지속가능한 상태를 산소의 양에 의해 결정되는 화재를 말한다.

12 다음의 가연성 가스(A, B, C) 중 위험도가 낮은 것에서 높은 순서로 옳게 나열한 것은?

> A : 연소하한계 = 2 vol%, 연소상한계 = 22 vol%
> B : 연소하한계 = 4 vol%, 연소상한계 = 75 vol%
> C : 연소하한계 = 1 vol%, 연소상한계 = 44 vol%

① A, B, C
② A, C, B
③ B, A, C
④ C, B, A

위험도(H)
폭발범위를 이용하여 가연물의 위험성을 갈음할 수 있는 계산 값으로 위험도가 클수록 연소 위험성이 크다.

$$H = \frac{U-L}{L} \quad \begin{array}{l} H : 위험도 \\ U : 연소상한계(\%) \\ L : 연소하한계(\%) \end{array}$$

정답 12. ①

A 가스의 위험도 = $\frac{22-2}{2}$ = 10 vol%

B 가스의 위험도 = $\frac{75-4}{4}$ = 17.75 vol%

C 가스의 위험도 = $\frac{44-1}{1}$ = 43 vol%

13 위험물의 소화방법에 관한 내용으로 옳은 것만을 〈보기〉에서 있는 대로 고른 것은?

> ㄱ. 황린 : 물을 이용한 냉각소화
> ㄴ. 황 : 물을 이용한 냉각소화
> ㄷ. 경유, 휘발유 : 포 소화약제를 이용한 질식소화
> ㄹ. 탄화알루미늄, 알킬알루미늄 : 건조사, 팽창질석을 이용한 질식소화

① ㄱ, ㄷ
② ㄴ, ㄹ
③ ㄱ, ㄷ, ㄹ
④ ㄱ, ㄴ, ㄷ, ㄹ

각 위험물의 소화방법
- 제3류 위험물 – 황린 : 물을 이용한 냉각소화
- 제2류 위험물 – 황 : 물을 이용한 냉각소화
- 제4류 위험물 – 경유, 휘발유 : 포 소화약제를 이용한 질식소화
- 제3류 위험물 – 탄화알루미늄, 알킬알루미늄 : 건조사, 팽창질석을 이용한 질식소화

14 이산화탄소 소화약제의 특징으로 옳은 것은?

① 무색, 무취로 전도성이며 독성이 있다.
② 질식소화 효과와 기화열 흡수에 의한 냉각효과가 있다.
③ 제3류 위험물, 제5류 위험물의 소화에 사용한다.
④ 자체 증기압이 매우 낮아 별도의 가압원이 필요하다.

이산화탄소의 특성
1) 장점
  ① 무색, 무취, 무독성의 기체로 소화 후 잔유물이 없고 증거보존 및 화재조사가 용이하다.
  ② 불연성이며 공기보다 약 1.52배 무겁다.
  ③ 약제의 변질이 없어 영구보존이 가능하다.

정답 13.④ 14.②

④ 유류화재(B급)에 적합하고, 전기의 부도체이므로 전기화재(C급)에도 적합하다.
⑤ 임계온도가 높아 액체 상태로 저장·취급한다.(임계온도 : 31.25[℃])
⑥ 고압의 자체 압력을 가지고 있으므로 다른 압력원이 필요 없다.

2) 단점
① 방사 시 운무현상이 발생한다.(고체탄산=드라이아이스)
② 방사 시 소음이 크다.(고압)
③ 동상의 우려가 있다.
④ 산소 농도 저하에 따른 질식의 우려가 있다.
⑤ 지하층, 무창층, 거실로서 바닥면적 20[㎡] 미만인 장소는 설치 제외 장소이다.

※ 이산화탄소의 소화효과
① 질식효과 : 이산화탄소 소화약제의 방사 시 공기 중 산소 농도를 15[%] 이하로 낮추어 소화할 수 있다.
② 냉각효과 : 고압의 탄산가스를 방출 시 주위의 온도가 급격히 낮아져 드라이아이스를 생성하게 되어 화재실의 온도를 낮추어 소화할 수 있다.
③ 피복효과 : 이산화탄소는 공기보다 약 1.52배 정도 무겁기 때문에 가연물을 피복하여 공기와의 접촉을 차단하여 소화할 수 있다.

15 할론(Halon) 소화약제에 관한 설명으로 옳은 것은?

① 지방족 탄화수소, 메테인, 에테인 등의 수소 원자 일부 또는 전부가 할로젠 원소(F, Cl, Br, I)로 치환된 화합물이며 메테인, 에테인과 물리·화학적 성질이 비슷하다.
② Halon 1301과 Halon 1211은 모두 상온, 상압에서 기체로 존재하며 유류화재, 전기화재, 금속의 수소화합물, 유기과산화물에 적응성이 있다.
③ Halon 2402는 상온, 상압에서 액체로 존재하며 자체적인 독성은 없지만 열분해 시 독성가스를 발생시킨다.
④ Halon 1211은 자체 증기압이 낮아 저장용기에 저장할 때 소화약제의 원활한 방출을 위해 질소가스로 가압한다.

> 할론(Halon) 소화약제
> - 알칸(alkane)계 탄화수소에 할로겐족(원소주기율표의 7족)원소인 불소(F), 염소(Cl), 브롬(Br, 취소), 요오드(I, 옥소)를 부분적으로 치환하여 만든 할로겐화합물을 주성분으로 하며, 부촉매 효과가 뛰어나 적은 양의 약제로도 충분한 소화능력을 발휘할 수 있는 소화약제이다.
> - 할론 1301(CF_3Br) : 할론 소화약제 중 독성이 가장 적고, 소화성능이 가장 우수하나, 오존파괴지수(ODP)가 가장 높다.
> - 할론 1211(CF_2ClBr) : 할론 소화약제 중 오존파괴지수(ODP)가 가장 낮다. 소화기용 소화약제로 사용 시 일반화재(A급), 유류화재(B급), 전기화재(C급), 가스화재(E급)에 적응되는 유일한 소화약제이다.
> - 할론 2402($C_2F_4Br_2$) : 할론 소화약제 중 유일한 에탄의 유도체로 무색, 투명한 액체이며 독성은 할론 1301, 할론 1211보다 높다.
> - 축압식 저장용기의 압력은 온도 20℃에서 할론 1211을 저장하는 것은 1.1MPa 또는 2.5MPa, 할론 1301을 저장하는 것은 2.5MPa 또는 4.2MPa이 되도록 질소가스로 축압하여야 한다.

정답 15.④

16 포 소화약제에 관한 설명으로 옳지 않은 것은?

① 불화단백포 소화약제는 불소계 계면활성제를 첨가하여 단백포 소화약제의 단점인 유동성을 보완하였다.
② 알콜형포 소화약제는 케톤류, 알데히드류, 아민류 등 수용성용제의 소화에 사용할 수 있다.
③ 단백포 소화약제는 단백질을 가수분해 한 것을 주원료로 하며 내유성이 뛰어나 소화속도가 빠르다.
④ 합성계면활성제포 소화약제는 유동성과 저장성이 우수하며 저팽창포부터 고팽창포까지 사용할 수 있다.

포 소화약제의 종류

① 화학포 소화약제 (화학포의 포핵은 이산화탄소(CO_2)이다.)
 탄산수소나트륨(A제, $NaHCO_3$)과 황산알루미늄 수용액(B제, $Al_2(SO_4)_3 \cdot 18H_2O$)에 포안정제(카세인, 샤포닝, 젤라틴 등)를 첨가하여 화학반응에 의해 거품을 생성한다.

$$6NaHCO_3 + Al_2(SO_4)_3 \cdot 18H_2O \rightarrow 3Na_2SO_4 + 2Al(OH)_3 + 6CO_2 + 18H_2O$$

② 기계포(공기포) 소화약제 (기계포(공기포)의 포핵은 공기이다.)
 기계적인 동력으로 흡입된 공기에 의해서 발생된 거품을 방사하는 형태이다. 종류로는 단백포, 합성계면활성제포, 수성막포, 불화단백포, (내)알코올포가 있다.

 ㉠ 단백포 소화약제 (3%, 6%형 - 저발포)
  동·식물성 단백질을 추출하고 이를 가수분해를 통해 아미노산을 얻는 공정으로 제조된다. 포안정제(제일철염)를 첨가하여 내화성과 내열성은 우수하나 부패·변질의 우려가 있어 보관성이 떨어진다. 또한 동결의 우려가 있어 보온조치가 필요하다. 유동성이 작아 소화시간이 오래 걸린다.

 ㉡ 합성계면활성제포 소화약제 (3%, 6%형 - 저발포와 1%, 1.5%, 2%형 - 고발포)
  가장 오래된 기계포 소화약제이다. 다양한 발포율이 가능하다.(저발포, 고발포) 차고, 주차장 및 일반 유류화재에 적합하다. 또한 고팽창포로 사용 시 화학플랜트화재, 지하가, 저유탱크 등의 화재에 적합하다.

 ㉢ 수성막포 소화약제 (3%, 6%형 - 저발포)
  불소계 계면활성제가 주성분으로 AFFF(Aqueous Flim Foaming Foam)라고 부른다(불소계 계면 활성제포라고도 부른다). 내열성은 약해 윤화(Ring Fire)현상이 일어날 수 있으나 유류표면에 수성막을 형성하여 액체의 증발을 억제함으로써 다른 포에 비해 소화성능이 우수하다. 수성막포 소화약제는 일명 Lighting Water라고도 하며, 단백포에 비해 약 5배 정도의 소화 능력을 가지고 있으며, 또한 CDC분말(드라이케미칼)과 혼합하여 사용가능하며 약 7~8배 정도의 소화능력을 가질 수 있다. 유류저장탱크, 비행기격납고 등에 적합하다. 고정포 방출방식 중 표면하 주입방식이 가능하다.

 ㉣ 불화단백포 소화약제 (3%, 6%형 - 저발포)
  불소계 계면활성제를 단백포에 첨가하여 제조한 소화약제로 안정도가 높고 열에 잘 견디는 내구력이 강한 소화약제이다. 가격이 비싸 잘 사용하지 않는다. 고정포 방출방식 중 표면하 주입방식이 가능하다.

 ㉤ 내알코올포 소화약제 (3%, 6%형 - 저발포)
  알코올과 같은 수용성 액체가연물의 화재에 사용이 가능하다. 일반적으로 포의 주성분은 물이므로 수용성 액체가연물의 경우 포가 소멸되어 소화 기능을 상실하기 때문에 이러한 소포성(파포성)을 방지하기 위해 만들어진 포 소화약제이다.

정답 16.③

17 화염의 직경이 0.1m 인 화원의 중심으로부터 1m 떨어진 물체에 전달되는 복사열유속[kW/m²]은? (단, 화염의 열방출률은 120kW, 총 열방출에너지 중 복사된 열에너지 분율은 0.5, 원주율은 3으로 계산한다.)

① 3.5 ② 4.0
③ 4.5 ④ 5.0

복사열유속[kW/m²] : 화원의 중심으로부터 어느 거리가 떨어진 물체에 작용하는 복사에너지에 의한 열유속으로 거리가 가까울수록 많은 양의 열이 작용할 수 있다.

$$q'' = \frac{Qx_r}{4\pi R^2}$$

q'' : 복사열유속[kW/m^2], Q : 열방출률[kW], x_r : 복사된 에너지 분율
R : 화원의 중심으로부터 물체까지 떨어진 거리[m]

따라서, $q'' = \dfrac{120 \times 0.5}{4 \times 3 \times 1^2} = 5.0[kW/m^2]$

18 가연성 가스 3종이 다음과 같이 혼합되어 있을 때 르샤틀리에(Le Chatelier)식에 따라 부피비로 계산된 혼합가스의 연소하한계[vol%]는?

- 혼합가스 내 각 성분의 체적(V) : V_A = 20 vol%, V_B = 40 vol%, V_C = 40 vol%
- 각 성분의 연소하한계(L) : L_A = 4 vol%, L_B = 20 vol%, L_C = 10 vol%

① 약 4.3 ② 약 9.1
③ 약 11.0 ④ 약 12.8

혼합가스의 연소하한계 계산(르 샤틀리에의 법칙)
2가지 이상의 가연성 가스가 혼합되어 있을 때 연소하한계를 구하는 식

$L = \dfrac{V_1 + V_2 + V_3 + \ldots}{\dfrac{V_1}{L_1} + \dfrac{V_2}{L_2} + \dfrac{V_3}{L_3} + \ldots}$ L : 혼합가스의 연소하한계(%)
V_1, V_2, V_3 : 각 가연성 가스의 농도(%)
L_1, L_2, L_3 : 각 가연성 가스의 연소하한계(%)

$L = \dfrac{20 + 40 + 40}{\dfrac{20}{4} + \dfrac{40}{20} + \dfrac{40}{10}} = \dfrac{100}{5+2+4} = 9.09 ≒ 9.1\,vol\%$

정답 17.④ 18.②

19 물과 반응하여 산소를 발생시키는 위험물로 옳은 것은?

① 칼륨
② 탄화칼슘
③ 과산화나트륨
④ 오황화인

> 각 위험물과 물과의 반응(찍기특강)
> - 칼륨 : $2K + 2H_2O \rightarrow 2KOH + H_2\uparrow$
> - 탄화칼슘 : $CaC_2 + 2H_2O \rightarrow Ca(OH)_2 + C_2H_2\uparrow$
> - 과산화나트륨 : $2Na_2O_2 + 2H_2O \rightarrow 4NaOH + O_2\uparrow + 발열$
> - 오황화인 : $P_2S_5 + 8H_2O \rightarrow 5H_2S + 2H_3PO_4$

20 자연발화를 방지하고자 한다. 이에 대한 설명으로 옳지 않은 것은?

① 습도가 높은 것을 피한다.
② 저장실의 온도를 높인다.
③ 통풍을 잘 시킨다.
④ 열이 쌓이지 않게 퇴적방법에 주의한다.

> 자연발화방지법
> - 습도를 낮춘다.
> - 저장실 온도를 낮춘다.
> - 통풍을 잘 시킨다.
> - 열의 축적을 방지한다.

정답 19.③ 20.②

【2과목】 소방전기일반

21 주 자극 간의 거리를 2배로 하면 자극 사이에 작용하는 힘은 어떻게 되는가?

① 2배로 된다.
② 4배로 된다.
③ 1/2로 된다.
④ 1/4로 된다.

1) 쿨롱의 법칙

$$F = \frac{Q_1 Q_2}{4\pi\varepsilon r^2}$$

F : 두 전하 사이에 작용하는 힘
k : 쿨롱 상수
Q_1, Q_2 : 두 전하의 크기
r : 두 전하 사이의 거리

2) 적용하기
① r이 2배가 되면 $2r$을 대입하면 된다.
② $F = \frac{Q_1 Q_2}{4\pi\varepsilon (2r)^2} = \frac{Q_1 Q_2}{4\pi\varepsilon (4r^2)}$ 이므로 따라서 1/4가 된다.

22 역률을 개선하기 위한 진상용 콘덴서의 설치 개소로 가장 알맞은 것은?

① 수전점
② 고압모선
③ 변압기 2차측
④ 부하와 병렬

전기 기초에서의 콘덴서는 2가지가 나온다. 진상 콘덴서(전력용 콘덴서)와 직렬 콘덴서이다. (실기까지 가져가야 하는 중요한 부분이다. 이 외에도 다양한 콘덴서에 대한 질의가 나오고 있으니 숙지바란다.)

1) 전력용 콘덴서는 부하와 병렬로 연결하여 역률 개선에 사용한다. 유도성 부하의 무효전력을 보상하여 전력 효율을 높이고 선로 손실과 전압 강하를 줄인다.
2) 용량 산출 $Q_c = P(\tan\theta_1 - \tan\theta_2)$
3) 직렬 콘덴서는 송전선로와 직렬로 연결하여 유도성 리액턴스를 보상하여 전압 강하를 줄이고, 계통의 안정도를 향상시킨다.

정답 21.④ 22.④

23 두 코일을 직렬로 하여 합성인덕턴스를 측정하였더니 95[mH]이었고, 한쪽 코일만 반대로 단자를 바꾸어 접속하고 합성인덕턴스를 측정하였더니 15[mH]가 되었다고 한다. 두 코일간의 상호인덕턴스는 몇 [mH] 인가?

① 10
② 20
③ 40
④ 80

1) 가동접속과 차동접속
   ① $L_1 + L_2 + 2M$(가동접속)
   ② $L_1 + L_2 - 2M$(차동접속)
2) 적용하기
   ① $L_1 + L_2 + 2M = 95[mH]$
   ② $L_1 + L_2 - 2M = 15[mH]$
   ③ 빼주면 $4M = 80[mH]$가 되어 $M = 20[mH]$

24 R = 10[Ω], C = 33[μF], L = 20[mL]인 R-L-C 직렬회로의 공진 주파수는?

① 19.6[Hz]
② 24.1[Hz]
③ 196[Hz]
④ 241[Hz]

1) 공진 주파수 산출 공식
   $$f_0 = \frac{1}{2\pi\sqrt{LC}}$$
2) 적용하기
   $$f_0 = \frac{1}{2\pi\sqrt{(20 \times 10^{-3})(33 \times 10^{-6})}}$$
   $$f_0 = 196.4[Hz]$$

25 0.2[H]인 코일의 리액턴스가 628[Ω]일 때 주파수는 약 몇 [Hz] 인가?

① 200
② 300
③ 400
④ 500

1) 유도성 리액턴스
   $X_L = \omega L = 2\pi f L$
2) 적용하기
   $$f = \frac{628}{2\pi(0.2)} = 500[Hz]$$

정답 23.② 24.③ 25.④

26 어떤 회로에 전압 V(t)=Vm cosω t를 가했더니 회로에 흐르는 전류가 I(t)=Im sinω t 이었다. 이 회로가 한개의 회로소자로 구성되어 있다면 이 소자의 종류는? (단, Vm〉0, Im〉0 이다.)

① 저항
② 인덕터
③ 콘덴서
④ 다이오드

> 1) 회로 소자별 위상 관계
>   ① 저항은 전압과 전류의 위상이 동상이다.
>   ② 인덕터는 전류의 위상이 전압의 위상보다 90도 늦는다.
>   ③ 콘덴서는 전류의 위상이 전압의 위상보다 90도 앞선다.
> 2) 적용하기
> $I(t) = I_m \sin(wt) = I_m \cos(wt - 90°)$
>   이에 따라 전압의 위상보다 전류의 위상이 90도 늦음을 알 수 있다. 따라서 인덕터를 선정할 수 있다.

27 다음 회로에서 출력전압은 몇 [V] 인가? (단, A = 5V, B = 0V 인 경우임)

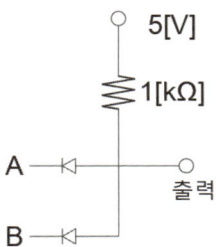

① 0
② 5
③ 10
④ 15

> 1) AND 게이트
>   해당 논리회로는 AND 게이트를 의미한다. 다이오드 자체는 순방향으로 전압이 걸리면 도통되고, 역방향으로 전압이 걸리면 전류가 흐르지 않는다.
> 2) 적용하기
>   ① A입력은 5[V]였고, B입력은 0[V]였다.
>   ② 두 입력이 상이하므로 0[V]이다.

정답 26.② 27.①

28 정속도 운전의 직류발전기로 작은 전력의 변화를 큰 전력의 변화로 증폭하는 발전기는?

① 앰플리다인 ② 로젠베르그발전기
③ 솔레노이드 ④ 서보전동기

> **증폭기**
> - 엠플리다인은 직류발전기의 일종이다. 작은 입력 전력의 변화를 수백 배에서 수만 배에 이르는 큰 출력 전력의 변화로 증폭시키는 초고이득 직류 증폭기이다.
> - 로젠베르그 발전기는 전기자에 두 개의 자속을 발생시키지만 주로 무효 전력 제어나 자동 전압 조정에 사용된다.
> - 서보 전동기는 제어 신호에 따라 정확한 위치, 속도, 가속도를 제어하는 전동기이다.

29 3상 유도전동기의 출력이 10[HP]이고, 전압이 200[V]이며, 효율이 90%, 역률이 85%일 때, 이 전동기에 유입되는 선전류는 약 몇 [A]인가?

① 16 ② 18
③ 20 ④ 28

> 1) 3상 교류 전동기 전력
> $P = \sqrt{3}\, V_l I_l \cos\theta\, \eta$
> 2) 적용하기
> ① $1[HP] = 746[W]$, $10[HP] = 7,460[W]$
> ② $7,460 = \sqrt{3}(200)I(0.85)(0.9)$
> ③ $I = \dfrac{7,460}{\sqrt{3}(200)(0.85)(0.90)} = 28.151[A]$

30 $v = 20\sqrt{2}\sin\left(wt + \dfrac{\pi}{3}\right)[V]$를 복소수로 표시하면?

① $V = 10(\sqrt{3} + j1)[V]$
② $V = 10(1 + j\sqrt{3})[V]$
③ $V = 10(1 + j0.5)[V]$
④ $V = 10(1 + j2)[V]$

> 복소수로 표시

정답 28.① 29.④ 30.②

31 전지의 자기 장전을 보충함과 동시에 상용 부하에 대한 전력 공급은 충전기가 부담하도록 하되, 충전기가 부담하기 어려운 일시적인 대전류 부하는 축전기로 하여금 부담하게 하는 충전방식은?

① 급속충전
② 부동충전
③ 균등충전
④ 세류충전

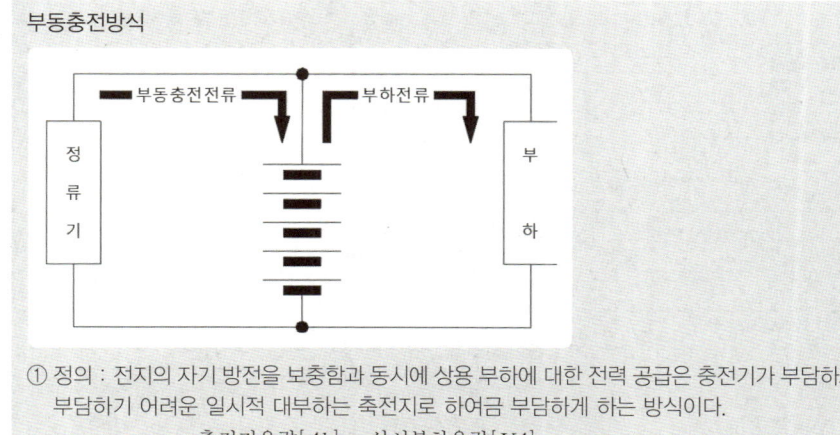

① 정의 : 전지의 자기 방전을 보충함과 동시에 상용 부하에 대한 전력 공급은 충전기가 부담하도록 하되 충전기가 부담하기 어려운 일시적 대부하는 축전지로 하여금 부담하게 하는 방식이다.

② 2차 충전전류 = $\dfrac{축전지용량[Ah]}{정격방전율[h]} + \dfrac{상시부하용량[VA]}{표준전압[V]}$

(도면, 정의, 충전전류 산출이 모두 중요하다.)

32 100,000[cal]의 열량은 전력량으로 환산하면 약 몇 [kWh]인가?

① 0.116
② 1.16
③ 116
④ 1160

1) 단위 전환
$1[cal] = 4.2[J]$, $1[kWh] = 1,000[J/s] \times 3,600[s]$

암기팁 1칼로리가 빠지면 싸이즈(4.2)가 줄(J)어든다.

2) 적용하기
① $100,000 \times 4.2[J/cal] = 420,000[J]$
② 식을 정리하면 아래와 같다.
$\dfrac{420,000}{3,600 \times 1,000} = 0.1167[kWh]$

정답 31.② 32.①

33 최대눈금 100[mV], 내부저항 20[Ω]의 직류전압계에 10[kΩ]의 배율기를 접속하면 약 몇 [V]까지 측정할 수 있는가?

① 50
② 60
③ 500
④ 600

1) 배율기이므로 전압계와는 직렬로 연결된다.

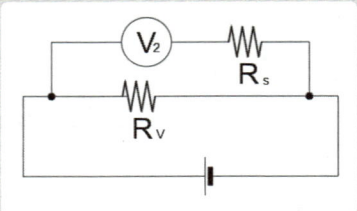

우리는 비례식으로 풀 것이다.
$V_1 : R_V = V_t : R_t$, $R_t = 10,020[\Omega]$(계산기 사용할 것)

2) 적용하기

$0.1 : 20 = x : 10,020$, $x = \dfrac{10,020 \times 0.1}{20} = 50.1[V]$

34 그림과 같은 계통의 전달함수는?

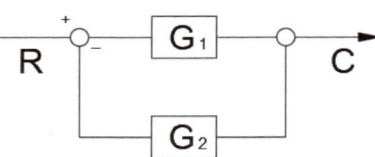

① $\dfrac{G_1}{1+G_2}$
② $\dfrac{G_2}{1+G_1}$
③ $\dfrac{G_1}{1+G_1 G_2}$
④ $\dfrac{G_2}{1+G_1 G_2}$

$C(s) = R(s)G_1 - C(s)G_2 G_1$
$C(s)(1+G_1 G_2) = R(s)G_1$
$\dfrac{C(s)}{R(s)} = \dfrac{G_1}{1+G_1 G_2}$

정답 33.① 34.③

35 그림과 같은 이상변압기의 권선비가 n1 : n2=1 : 3일 때 a, b 단자에서 본 임피던스는 몇 [Ω] 인가? (단, 그림에서 저항의 단위는 Ω 이다.)

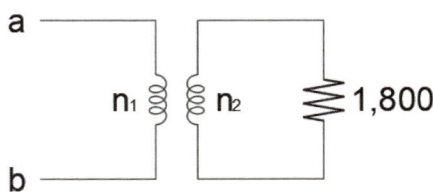

① 50
② 100
③ 200
④ 400

1) 단자측에서 본 임피던스를 산출해야 한다.
   권선비는 아래 식을 갖는다.
   $$a = \frac{n_1}{n_2} = \frac{v_1}{v_2} = \frac{I_2}{I_1} = \sqrt{\frac{R_1}{R_2}} = \sqrt{\frac{Z_1}{Z_2}}$$

2) 적용하기
   $$a = \frac{1}{3} = \sqrt{\frac{Z_1}{1,800}}$$
   $9Z_1 = 1,800$, $Z_1 = 200$

36 미지의 임의 시간적 변화를 하는 목표 값에 제어량을 추종 시키는 것을 목적으로 하는 제어는?

① 추종제어
② 정치제어
③ 비율제어
④ 프로그래밍제어

1) 추종 제어에 대한 설명이다. 대표적으로 유도 목표값이 고정되지 않고 실시간 변동하는 시스템에 적용한다.
2) 정치제어는 목표값이 고정되어 외란에도 불구하고 목표치를 유지하는 데 중점을 둔다.

정답 35.③ 36.①

37 그림과 같이 전압계 V₁, V₂, V₃ 와 5[Ω]의 저항 R을 접속 하였다. 전압계의 지시가 $V_1 = 20$[V], $V_2 = 40$[V], $V_3 = 50$[V]라면 부하전력은 몇 [W] 인가?

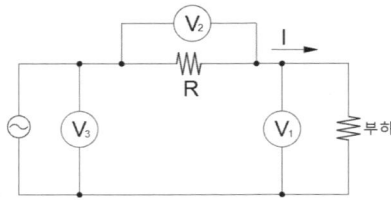

① 50
② 100
③ 150
④ 200

1) 3전압계법
$$P = \frac{1}{2R}(V_3^2 - V_2^2 - V_1^2), \cos\theta = \frac{(V_3^2 - V_2^2 - V_1^2)}{2V_1V_2}$$

암기팁 12321로 기억하자.

2) 적용하기
$$P = \frac{1}{2 \times 5}(50^2 - 40^2 - 20^2) = 50[W]$$

38 220[V], 32[W] 전등 2개를 매일 5시간씩 점등하고, 600[W] 전열기 1개를 매일 1시간씩 사용할 경우 1개월1(30일)간 소비되는 전력량은[kWh] 은?

① 27.6[kWh]
② 55.2[kWh]
③ 110.4[kWh]
④ 220.8[kWh]

소비 전력의 산출
① 전등 사용 전력 : $32[W] \times 2 \times 5 \times 30 = 9,600[Wh]$
② 전열 사용 전력 : $600[W] \times 1 \times 30 = 18,000[Wh]$
③ 총 사용 전력 : $18,000 + 9,600 = 27,600[Wh] = 27.6[kWh]$

39 SCR의 애노드 전류가 5[A]일 때 게이트 전류를 2배로 증가시키면 애노드 전류는?

① 2.5[A]
② 5[A]
③ 10[A]
④ 20[A]

SCR의 애노드 전류는 5[A]로 변하지 않는다.

정답 37.① 38.① 39.②

40 동선의 저항이 20[℃]일 때 0.8[Ω]이라 하면 60[℃]일 때의 저항은 약 몇 [Ω] 인가? (단, 동선의 20[℃]의 온도계수는 0.0039 이다.)

① 0.034
② 0.925
③ 0.644
④ 2.4

1) 온도 변화에 따른 저항값
$R_t = R_0[1+\alpha_0(t-t_0)]$
2) 적용하기
$R_{60} = 0.8[1+0.0039(60-20)] = 0.9248[\Omega]$

[3과목] 소방관계법규

41 「소방기본법 시행규칙」상 소방신호의 종류 및 방법에 관한 내용으로 옳은 것은?

① 해제신호의 타종신호 방법은 난타이다.
② 훈련신호의 타종신호 방법은 연3타 반복이다.
③ 발화신호의 싸이렌신호 방법은 5초 간격을 두고 30초씩 3회이다.
④ 경계신호의 싸이렌신호 방법은 10초 간격을 두고 30초씩 3회이다.

「소방기본법 시행규칙」[별표 4]

신호방법 종별	타종신호	싸이렌신호	그 밖의 신호
경계신호	1타와 연2타를 반복	5초 간격을 두고 30초씩 3회	"통풍대" "게시판" 화재경보발령중 (적색/백색)
발화신호	난타	5초 간격을 두고 5초씩 3회	
해제신호	상당한 간격을 두고 1타씩 반복	1분간 1회	"기" 적색/백색
훈련신호	연3타반복	10초 간격을 두고 1분씩 3회	

■ 비고
1. 소방신호의 방법은 그 전부 또는 일부를 함께 사용할 수 있다.
2. 게시판을 철거하거나 통풍대 또는 기를 내리는 것으로 소방활동이 해제되었음을 알린다.
3. 소방대의 비상소집을 하는 경우에는 훈련신호를 사용할 수 있다.

정답 40.② 41.②

42 「소방기본법」 및 같은 법 시행령 상 과태료 부과기준으로 옳은 것은?

① 정당한 사유 없이 관계인의 소방활동 등에 따른 법을 위반하여 화재, 재난·재해, 그 밖의 위급한 상황을 소방본부, 소방서 또는 관계 행정기관에 알리지 아니한 관계인에게는 200만원 이하의 과태료를 부과한다.
② 소방자동차 전용구역에 차를 주차하거나 전용구역에의 진입을 가로막는 등의 방해행위를 한 자에게는 100만원 이하의 과태료를 부과한다.
③ 위반행위의 횟수에 따른 과태료의 가중된 부과기준은 최근 2년간 같은 위반행위로 과태료 부과처분을 받은 경우에 적용한다.
④ 위반행위자가 법 위반상태를 시정하거나 해소하기 위하여 노력한 사실이 인정되는 경우, 부과권자는 개별기준에 따른 과태료의 3분의 1 범위에서 그 금액을 줄여 부과할 수 있다.

「소방기본법」법 제56조 제2항 200만원 이하의 과태료

1. 제17조의6 제5항을 위반하여 한국119청소년단 또는 이와 유사한 명칭을 사용한 자
2. 제21조 제3항을 위반하여 소방자동차의 출동에 지장을 준 자
3. 제23조 제1항을 위반하여 소방활동구역을 출입한 사람
4. 제44조의3을 위반하여 한국소방안전원 또는 이와 유사한 명칭을 사용한 자

「소방기본법」법 제57조 100만원 이하의 과태료

제21조의2 제2항을 위반하여 전용구역에 차를 주차하거나 전용구역에의 진입을 가로막는 등의 방해행위를 한 자

「소방기본법 시행령」[별표 3] 일부

1. 일반기준
   가. 과태료 부과권자는 위반행위자가 다음 중 어느 하나에 해당하는 경우에는 제2호 각 목의 과태료 금액의 100분의 50의 범위에서 그 금액을 감경하여 부과할 수 있다. 다만, 감경할 사유가 여러 개 있는 경우라도 「질서위반행위규제법」제18조에 따른 감경을 제외하고는 감경의 범위는 100분의 50을 넘을 수 없다.
      1) 위반행위자가 화재 등 재난으로 재산에 현저한 손실이 발생한 경우 또는 사업의 부도·경매 또는 소송 계속 등 사업여건이 악화된 경우로서 과태료 부과권자가 자체위원회의 의결을 거쳐 감경하는 것이 타당하다고 인정하는 경우[위반행위자가 최근 1년 이내에 소방 관계 법령(「소방기본법」,「화재의 예방 및 안전관리에 관한 법률」,「소방시설 설치 및 관리에 관한 법률」,「소방시설공사업법」,「위험물안전관리법」,「다중이용업소의 안전관리에 관한 특별법」및 그 하위법령)을 2회 이상 위반한 자는 제외]
      2) 위반행위자가 위반행위로 인한 결과를 시정하거나 해소한 경우
   나. 위반행위의 횟수에 따른 과태료의 가중된 부과기준은 최근 1년간 같은 위반행위로 과태료 부과처분을 받은 경우에 적용한다. 이 경우 기간의 계산은 위반행위에 대하여 과태료 부과처분을 받은 날과 그 처분 후 다시 같은 위반행위를 하여 적발된 날을 기준으로 한다.
   다. 나목에 따라 가중된 부과처분을 하는 경우 가중처분의 적용 차수는 그 위반행위 전 부과처분 차수(나목에 따른 기간 내에 과태료 부과처분이 둘 이상 있었던 경우에는 높은 차수)의 다음 차수로 한다.

정답 42.②

43 「소방기본법」상 화재로 오인할 만한 우려가 있는 불을 피우거나 연막(煙幕) 소독을 하려는 자가 시·도의 조례로 정하는 바에 따라 관할 소방본부장 또는 소방서장에게 신고해야 하는 지역으로 옳지 않은 것은? (단, 각 시·도에서 별도로 정하는 지역은 제외한다.)

① 공장·창고가 밀집한 지역
② 노후·불량 건축물이 밀집한 지역
③ 위험물의 저장 및 처리시설이 밀집한 지역
④ 석유화학제품을 생산하는 공장이 있는 지역

> 「소방기본법」제19조(화재 등의 통지)
> ① 화재 현장 또는 구조·구급이 필요한 사고 현장을 발견한 사람은 그 현장의 상황을 소방본부, 소방서 또는 관계 행정기관에 지체 없이 알려야 한다.
> ② 다음 각 호의 어느 하나에 해당하는 지역 또는 장소에서 화재로 오인할 만한 우려가 있는 불을 피우거나 연막(煙幕) 소독을 하려는 자는 시·도의 조례로 정하는 바에 따라 관할 소방본부장 또는 소방서장에게 신고하여야 한다.
>   1. 시장지역
>   2. 공장·창고가 밀집한 지역
>   3. 목조건물이 밀집한 지역
>   4. 위험물의 저장 및 처리시설이 밀집한 지역
>   5. 석유화학제품을 생산하는 공장이 있는 지역
>   6. 그 밖에 시·도의 조례로 정하는 지역 또는 장소

44 「소방기본법」상 소방박물관 등의 설립과 운영에 관한 내용이다. ( ) 안에 들어갈 내용으로 옳은 것은?

> • 소방의 역사와 안전문화를 발전시키고 국민의 안전의식을 높이기 위하여 (ㄱ)은/는 소방박물관을, (ㄴ)은/는 소방체험관을 설립하여 운영할 수 있다.
> • 소방박물관의 설립과 운영에 필요한 사항은 (ㄷ)(으)로 정하고, 소방체험관의 설립과 운영에 필요한 사항은 (ㄷ)(으)로 정하는 기준에 따라 (ㄹ)(으)로 정한다.

	ㄱ	ㄴ	ㄷ	ㄹ
①	시·도지사	소방청장	행정안전부령	시·도의 조례
②	시·도지사	소방청장	시·도의 조례	행정안전부령
③	소방청장	시·도지사	시·도의 조례	행정안전부령
④	소방청장	시·도지사	행정안전부령	시·도의 조례

정답 43.② 44.④

「소방기본법」제5조(소방박물관 등의 설립과 운영)
① 소방의 역사와 안전문화를 발전시키고 국민의 안전의식을 높이기 위하여 소방청장은 소방박물관을, 시·도지사는 소방체험관(화재 현장에서의 피난 등을 체험할 수 있는 체험관을 말한다. 이하 이 조에서 같다)을 설립하여 운영할 수 있다.
② 제1항에 따른 소방박물관의 설립과 운영에 필요한 사항은 행정안전부령으로 정하고, 소방체험관의 설립과 운영에 필요한 사항은 행정안전부령으로 정하는 기준에 따라 시·도의 조례로 정한다.

45 「소방기본법」 및 같은 법 시행규칙상 소방지원활동으로 옳지 않은 것은?

① 소방시설 오작동 신고에 따른 조치활동
② 낙하 등이 우려되는 고드름 등의 제거활동
③ 자연재해에 따른 제설 등 지원활동
④ 공연 등 각종 행사 시 사고에 대비한 근접대기 등 지원활동

「소방기본법」제16조의2(소방지원활동)
① 소방청장·소방본부장 또는 소방서장은 공공의 안녕질서 유지 또는 복리증진을 위하여 필요한 경우 소방활동 외에 다음 각 호의 활동(이하 "소방지원활동"이라 한다)을 하게 할 수 있다.
  1. 산불에 대한 예방·진압 등 지원활동
  2. 자연재해에 따른 급수·배수 및 제설 등 지원활동
  3. 집회·공연 등 각종 행사 시 사고에 대비한 근접대기 등 지원활동
  4. 화재, 재난·재해로 인한 피해복구 지원활동
  5. 삭제 〈2015. 7. 24.〉
  6. 그 밖에 행정안전부령으로 정하는 활동

> 「소방기본법 시행규칙」제8조의4(소방지원활동)
> 법 제16조의2제1항제6호에서 "그 밖에 행정안전부령으로 정하는 활동"이란 다음 각 호의 어느 하나에 해당하는 활동을 말한다.
>   1. 군·경찰 등 유관기관에서 실시하는 훈련지원 활동
>   2. 소방시설 오작동 신고에 따른 조치활동
>   3. 방송제작 또는 촬영 관련 지원활동

「소방기본법」제16조의3(생활안전활동)
① 소방청장·소방본부장 또는 소방서장은 신고가 접수된 생활안전 및 위험제거 활동(화재, 재난·재해, 그 밖의 위급한 상황에 해당하는 것은 제외한다)에 대응하기 위하여 소방대를 출동시켜 다음 각 호의 활동(이하 "생활안전활동"이라 한다)을 하게 하여야 한다.
  1. 붕괴, 낙하 등이 우려되는 고드름, 나무, 위험 구조물 등의 제거활동
  2. 위해동물, 벌 등의 포획 및 퇴치 활동
  3. 끼임, 고립 등에 따른 위험제거 및 구출 활동
  4. 단전사고 시 비상전원 또는 조명의 공급
  5. 그 밖에 방치하면 급박해질 우려가 있는 위험을 예방하기 위한 활동

정답 45.②

46 「소방기본법 시행규칙」상 현장지휘훈련을 받아야 할 소방공무원의 계급으로 옳은 것은?

① 소방장
② 소방위
③ 소방준감
④ 소방총감

「소방기본법 시행규칙」[별표 3의2]

소방대원에게 실시할 교육·훈련의 종류 등(제9조제1항 관련)

1. 교육·훈련의 종류 및 교육·훈련을 받아야 할 대상자

종류	교육·훈련을 받아야 할 대상자
가. 화재진압훈련	1) 화재진압업무를 담당하는 소방공무원 2) 「의무소방대설치법 시행령」 제20조제1항제1호에 따른 임무를 수행하는 의무소방원 3) 「의용소방대 설치 및 운영에 관한 법률」 제3조에 따라 임명된 의용소방대원
나. 인명구조훈련	1) 구조업무를 담당하는 소방공무원 2) 「의무소방대설치법 시행령」 제20조제1항제1호에 따른 임무를 수행하는 의무소방원 3) 「의용소방대 설치 및 운영에 관한 법률」 제3조에 따라 임명된 의용소방대원
다. 응급처치훈련	1) 구급업무를 담당하는 소방공무원 2) 「의무소방대설치법」 제3조에 따라 임용된 의무소방원 3) 「의용소방대 설치 및 운영에 관한 법률」 제3조에 따라 임명된 의용소방대원
라. 인명대피훈련	1) 소방공무원 2) 「의무소방대설치법」 제3조에 따라 임용된 의무소방원 3) 「의용소방대 설치 및 운영에 관한 법률」 제3조에 따라 임명된 의용소방대원
마. 현장지휘훈련	소방공무원 중 다음의 계급에 있는 사람 1) 소방정 2) 소방령 3) 소방경 4) 소방위

2. 교육·훈련 횟수 및 기간

횟수	기간
2년마다 1회	2주 이상

3. 제1호 및 제2호에서 규정한 사항 외에 소방대원의 교육·훈련에 필요한 사항은 소방청장이 정한다.

정답 46.②

47 「소방시설공사업법 시행령」상 완공검사를 위한 현장확인 대상 특정소방대상물의 범위로 옳지 않은 것은?

① 스프링클러설비등이 설치되는 특정소방대상물
② 지하상가 및 「다중이용업소의 안전관리에 관한 특별법」에 따른 다중이용업소
③ 물분무등소화설비(호스릴 방식의 소화설비 제외)가 설치되는 특정소방대상물
④ 연면적 5천 제곱미터 이상이거나 10층 이상인 특정소방대상물(아파트는 제외)

> 「소방시설공사업법 시행령」 제5조(완공검사를 위한 현장확인 대상 특정소방대상물의 범위)
> 법 제14조제1항 단서에서 "대통령령으로 정하는 특정소방대상물"이란 특정소방대상물 중 다음 각 호의 대상물을 말한다.
> 1. 문화 및 집회시설, 종교시설, 판매시설, 노유자(老幼者)시설, 수련시설, 운동시설, 숙박시설, 창고시설, 지하상가 및 「다중이용업소의 안전관리에 관한 특별법」에 따른 다중이용업소
> 2. 다음 각 목의 어느 하나에 해당하는 설비가 설치되는 특정소방대상물
>   가. 스프링클러설비등
>   나. 물분무등소화설비(호스릴 방식의 소화설비는 제외한다)
> 3. 연면적 1만제곱미터 이상이거나 11층 이상인 특정소방대상물(아파트는 제외한다)
> 4. 가연성가스를 제조·저장 또는 취급하는 시설 중 지상에 노출된 가연성가스탱크의 저장용량 합계가 1천톤 이상인 시설

48 「소방시설공사업법 시행령」상 시·도지사가 소방시설업자협회에 위탁하는 업무로 옳은 것만을 〈보기〉에서 고른 것은?

〈보 기〉
ㄱ. 소방시설업 등록신청의 접수 및 신청내용의 확인
ㄴ. 소방시설업 등록사항 변경신고의 접수 및 신고내용의 확인
ㄷ. 시공능력 평가 및 공시에 관한 업무
ㄹ. 소방시설업자의 지위승계 신고의 접수 및 신고내용의 확인
ㅁ. 소방시설업 휴업·폐업 또는 재개업 신고의 접수 및 신고내용의 확인
ㅂ. 방염처리능력 평가 및 공시에 관한 업무

① ㄱ, ㄴ, ㄹ, ㅁ
② ㄱ, ㄴ, ㅁ, ㅂ
③ ㄱ, ㄷ, ㄹ, ㅁ
④ ㄴ, ㄷ, ㄹ, ㅂ

정답 47.④ 48.①

「소방시설공사업법 시행령」제20조(업무의 위탁)
① 소방청장은 법 제33조제2항에 따라 법 제29조에 따른 소방기술자 실무교육에 관한 업무를 법 제29조제3항에 따라 소방청장이 지정하는 실무교육기관 또는 「소방기본법」제40조에 따른 한국소방안전원에 위탁한다.
② 소방청장은 법 제33조제3항에 따라 다음 각 호의 업무를 협회에 위탁한다.
  1. 법 제20조의3에 따른 방염처리능력 평가 및 공시에 관한 업무
  2. 법 제26조에 따른 시공능력 평가 및 공시에 관한 업무
  3. 법 제26조의3제1항에 따른 소방시설업 종합정보시스템의 구축·운영
③ 시·도지사는 법 제33조제3항에 따라 다음 각 호의 업무를 협회에 위탁한다.
  1. 법 제4조제1항에 따른 소방시설업 등록신청의 접수 및 신청내용의 확인
  2. 법 제6조에 따른 소방시설업 등록사항 변경신고의 접수 및 신고내용의 확인
  2의2. 법 제6조의2에 따른 소방시설업 휴업·폐업 또는 재개업 신고의 접수 및 신고내용의 확인
  3. 법 제7조제3항에 따른 소방시설업자의 지위승계 신고의 접수 및 신고내용의 확인
④ 소방청장은 법 제33조제4항에 따라 다음 각 호의 업무를 협회, 소방기술과 관련된 법인 또는 단체에 위탁한다. 이 경우 소방청장은 수탁기관을 지정하여 고시해야 한다.
  1. 법 제28조에 따른 소방기술과 관련된 자격·학력 및 경력의 인정 업무
  2. 법 제28조의2에 따른 소방기술자 양성·인정 교육훈련 업무

49 「소방시설공사업법」 및 같은 법 시행령 상 소방시설설계에 관한 내용으로 옳지 않은 것은?

① 소방시설설계업을 등록한 자는 이 법이나 이 법에 따른 명령과 화재안전기준에 맞게 소방시설을 설계하여야 한다.
② 지방소방기술심의위원회의 심의를 거쳐 소방시설의 구조와 원리 등에서 특수한 특정소방대상물로 인정된 경우는 화재안전기준을 따르지 아니할 수 있다.
③ 소방기술사 2명을 기술인력으로 보유한 전문소방시설설계업을 등록한 자는 성능위주설계를 할 수 있다.
④ 일반소방시설설계업(기계분야)을 등록한 자는 위험물제조소등에 설치되는 기계분야 소방시설을 설계할 수 있다.

「소방시설공사업법」제11조(설계)
① 제4조제1항에 따라 소방시설설계업을 등록한 자(이하 "설계업자"라 한다)는 이 법이나 이 법에 따른 명령과 화재안전기준에 맞게 소방시설을 설계하여야 한다. 다만, 「소방시설 설치 및 관리에 관한 법률」제18조제1항에 따른 중앙소방기술심의위원회의 심의를 거쳐 소방시설의 구조와 원리 등에서 특수한 설계로 인정된 경우는 화재안전기준을 따르지 아니할 수 있다.
② 제1항 본문에도 불구하고 「소방시설 설치 및 관리에 관한 법률」제8조제1항에 따른 특정소방대상물(신축하는 것만 해당한다)에 대해서는 그 용도, 위치, 구조, 수용 인원, 가연물(可燃物)의 종류 및 양 등을 고려하여 설계(이하 "성능위주설계"라 한다)하여야 한다.
③ 성능위주설계를 할 수 있는 자의 자격, 기술인력 및 자격에 따른 설계의 범위와 그 밖에 필요한 사항은 대통령령으로 정한다.

정답 49. ②

「소방시설공사업법 시행령」[별표 1]

일반 소방시설 설계업	기계 분야	가. 주된 기술인력 : 소방기술사 또는 기계분야 소방설비기사 1명 이상 나. 보조기술인력 : 1명 이상	가. 아파트에 설치되는 기계분야 소방시설(제연설비는 제외한다)의 설계 나. 연면적 3만제곱미터(공장의 경우에는 1만제곱미터) 미만의 특정소방대상물(제연설비가 설치되는 특정소방대상물은 제외한다)에 설치되는 기계분야 소방시설의 설계 다. 위험물제조소등에 설치되는 기계분야 소방시설의 설계

「소방시설공사업법 시행령」[별표 1의2]

성능위주설계를 할 수 있는 자의 자격·기술인력 및 자격에 따른 설계범위(제2조의3 관련)		
성능위주설계자의 자격	기술인력	설계범위
1. 법 제4조에 따라 전문 소방시설설계업을 등록한 자 2. 전문 소방시설설계업 등록기준에 따른 기술인력을 갖춘 자로서 소방청장이 정하여 고시하는 연구기관 또는 단체	소방기술사 2명 이상	「소방시설 설치 및 관리에 관한 법률 시행령」제9조에 따라 성능위주설계를 하여야 하는 특정소방대상물

50 「소방시설공사업법」상 소방시설공사의 하자보수에 관한 설명이다. ( ) 안에 들어갈 내용으로 옳은 것은?

> (ㄱ)은/는 정해진 기간에 소방시설의 하자가 발생하였을 때에는 공사업자에게 그 사실을 알려야 하며, 통보를 받은 공사업자는 (ㄴ)일 이내에 하자를 보수하거나 보수 일정을 기록한 하자보수계획을 (ㄱ)에게 (ㄷ)(으)로 알려야 한다.

	ㄱ	ㄴ	ㄷ
①	소방본부장 또는 소방서장	5	서면
②	감리업자	3	서면
③	관계인	5	구두
④	관계인	3	서면

「소방시설공사업법」제15조(공사의 하자보수 등)
① 공사업자는 소방시설공사 결과 자동화재탐지설비 등 대통령령으로 정하는 소방시설에 하자가 있을 때에는 대통령령으로 정하는 기간 동안 그 하자를 보수하여야 한다.
② 삭제 〈2015. 7. 20.〉
③ 관계인은 제1항에 따른 기간에 소방시설의 하자가 발생하였을 때에는 공사업자에게 그 사실을 알려야 하며, 통보를 받은 공사업자는 3일 이내에 하자를 보수하거나 보수 일정을 기록한 하자보수계획을 관계인에게 서면으로 알려야 한다.

 50.④

④ 관계인은 공사업자가 다음 각 호의 어느 하나에 해당하는 경우에는 소방본부장이나 소방서장에게 그 사실을 알릴 수 있다.
  1. 제3항에 따른 기간에 하자보수를 이행하지 아니한 경우
  2. 제3항에 따른 기간에 하자보수계획을 서면으로 알리지 아니한 경우
  3. 하자보수계획이 불합리하다고 인정되는 경우

51 「소방시설공사업법 시행령」상 상주 공사감리를 해야 하는 대상으로 옳은 것만을 〈보기〉에서 고른 것은?

〈보 기〉
ㄱ. 연면적 3만 제곱미터인 의료시설
ㄴ. 지하층을 포함한 층수가 20층이고 1,000세대인 아파트
ㄷ. 연면적 1만 제곱미터인 복합건축물
ㄹ. 연면적 2만 제곱미터인 판매시설

① ㄱ, ㄴ
② ㄱ, ㄷ
③ ㄴ, ㄹ
④ ㄷ, ㄹ

「소방시설공사업법 시행령」[별표 3]

종류	대상
상주공사감리	1. 연면적 3만제곱미터 이상의 특정소방대상물(아파트는 제외한다)에 대한 소방시설의 공사 2. 지하층을 포함한 층수가 16층 이상으로서 500세대 이상인 아파트에 대한 소방시설의 공사

정답 51. ①

52 「화재의 예방 및 안전관리에 관한 법률」상 화재예방강화지구로 지정할 수 있는 지역으로 옳은 것만을 〈보기〉에서 있는 대로 고른 것은? (단, 소방관서장이 화재예방강화지구로 지정할 필요가 있다고 인정하는 지역은 제외한다.)

〈보 기〉
ㄱ. 시장지역
ㄴ. 목조건물이 밀집한 지역
ㄷ. 전력용 및 통신용 지하구가 있는 지역
ㄹ. 소방시설·소방용수시설 또는 소방출동로가 없는 지역
ㅁ. 「물류시설의 개발 및 운영에 관한 법률」 제2조 제6호에 따른 물류단지

① ㄱ, ㄴ, ㄷ
② ㄱ, ㄷ, ㄹ
③ ㄱ, ㄴ, ㄹ, ㅁ
④ ㄴ, ㄷ, ㄹ, ㅁ

「화재의 예방 및 안전관리에 관한 법률」제18조(화재예방강화지구의 지정 등)
① 시·도지사는 다음 각 호의 어느 하나에 해당하는 지역을 화재예방강화지구로 지정하여 관리할 수 있다.
  1. 시장지역
  2. 공장·창고가 밀집한 지역
  3. 목조건물이 밀집한 지역
  4. 노후·불량건축물이 밀집한 지역
  5. 위험물의 저장 및 처리 시설이 밀집한 지역
  6. 석유화학제품을 생산하는 공장이 있는 지역
  7. 「산업입지 및 개발에 관한 법률」 제2조제8호에 따른 산업단지
  8. 소방시설·소방용수시설 또는 소방출동로가 없는 지역
  9. 「물류시설의 개발 및 운영에 관한 법률」 제2조제6호에 따른 물류단지
  10. 그 밖에 제1호부터 제8호까지에 준하는 지역으로서 소방관서장이 화재예방강화지구로 지정할 필요가 있다고 인정하는 지역

정답 52.③

53 「화재의 예방 및 안전관리에 관한 법률 시행령」상 화재예방안전진단 대상의 시설기준으로 옳지 않은 것은?

① 발전소 중 연면적이 5천 제곱미터 이상인 발전소
② 항만시설 중 여객이용시설 및 지원시설의 연면적이 5천 제곱미터 이상인 항만시설
③ 철도시설 중 역 시설의 연면적이 5천 제곱미터 이상인 철도시설
④ 가스공급시설 중 가연성 가스 탱크의 저장용량의 합계가 30톤 이상이거나 저장용량이 10톤 이상인 가연성 가스 탱크가 있는 가스공급시설

> 「화재의 예방 및 안전관리에 관한 법률 시행령」제43조(화재예방안전진단의 대상)
> 법 제41조제1항에서 "대통령령으로 정하는 소방안전 특별관리시설물"이란 다음 각 호의 시설을 말한다.
> 1. 법 제40조제1항제1호에 따른 공항시설 중 여객터미널의 연면적이 1천제곱미터 이상인 공항시설
> 2. 법 제40조제1항제2호에 따른 철도시설 중 역 시설의 연면적이 5천제곱미터 이상인 철도시설
> 3. 법 제40조제1항제3호에 따른 도시철도시설 중 역사 및 역 시설의 연면적이 5천제곱미터 이상인 도시철도시설
> 4. 법 제40조제1항제4호에 따른 항만시설 중 여객이용시설 및 지원시설의 연면적이 5천제곱미터 이상인 항만시설
> 5. 법 제40조제1항제10호에 따른 전력용 및 통신용 지하구 중 「국토의 계획 및 이용에 관한 법률」제2조제9호에 따른 공동구
> 6. 법 제40조제1항제12호에 따른 천연가스 인수기지 및 공급망 중 「소방시설 설치 및 관리에 관한 법률 시행령」별표 2 제17호나목에 따른 가스시설
> 7. 제41조제2항제1호에 따른 발전소 중 연면적이 5천제곱미터 이상인 발전소
> 8. 제41조제2항제3호에 따른 가스공급시설 중 가연성 가스 탱크의 저장용량의 합계가 100톤 이상이거나 저장용량이 30톤 이상인 가연성 가스 탱크가 있는 가스공급시설

54 「화재의 예방 및 안전관리에 관한 법률」상 용어의 정의로 옳지 않은 것은?

① "예방"이란 화재의 위험으로부터 사람의 생명·신체 및 재산을 보호하기 위하여 화재발생을 사전에 제거하거나 방지하기 위한 모든 활동을 말한다.
② "안전관리"란 화재로 인한 피해를 최소화하기 위한 예방, 대비, 대응 등의 활동을 말한다.
③ "화재예방안전진단"이란 화재가 발생할 경우 사회·경제적으로 피해 규모가 클 것으로 예상되는 소방대상물에 대하여 화재위험요인을 조사하고 그 위험성을 평가하여 개선대책을 수립하는 것을 말한다.
④ "화재안전조사"란 소방청장, 소방본부장 또는 소방서장이 화재원인, 피해상황, 대응활동 등을 파악하기 위하여 자료의 수집, 관계인등에 대한 질문, 현장 확인, 감식, 감정 및 실험 등을 하는 일련의 행위를 말한다.

정답 53.④ 54.④

「화재의 예방 및 안전관리에 관한 법률」제2조(정의)
① 이 법에서 사용하는 용어의 뜻은 다음과 같다.
1. "예방"이란 화재의 위험으로부터 사람의 생명·신체 및 재산을 보호하기 위하여 화재발생을 사전에 제거하거나 방지하기 위한 모든 활동을 말한다.
2. "안전관리"란 화재로 인한 피해를 최소화하기 위한 예방, 대비, 대응 등의 활동을 말한다.
3. "화재안전조사"란 소방청장, 소방본부장 또는 소방서장(이하 "소방관서장"이라 한다)이 소방대상물, 관계지역 또는 관계인에 대하여 소방시설등(「소방시설 설치 및 관리에 관한 법률」제2조제1항제2호에 따른 소방시설등을 말한다. 이하 같다)이 소방 관계 법령에 적합하게 설치·관리되고 있는지, 소방대상물에 화재의 발생위험이 있는지 등을 확인하기 위하여 실시하는 현장조사·문서열람·보고요구 등을 하는 활동을 말한다.
4. "화재예방강화지구"란 특별시장·광역시장·특별자치시장·도지사 또는 특별자치도지사(이하 "시·도지사"라 한다)가 화재발생 우려가 크거나 화재가 발생할 경우 피해가 클 것으로 예상되는 지역에 대하여 화재의 예방 및 안전관리를 강화하기 위해 지정·관리하는 지역을 말한다.
5. "화재예방안전진단"이란 화재가 발생할 경우 사회·경제적으로 피해 규모가 클 것으로 예상되는 소방대상물에 대하여 화재위험요인을 조사하고 그 위험성을 평가하여 개선대책을 수립하는 것을 말한다.

55 「위험물안전관리법 시행규칙」상 위험물의 저장기준에 관한 내용으로 옳지 않은 것은?

① 제3류 위험물 중 황린 그 밖에 물속에 저장하는 물품과 금수성물질은 동일한 저장소에서 저장하지 아니하여야 한다.
② 옥내저장소에서는 용기에 수납하여 저장하는 위험물의 온도가 55℃를 넘지 아니하도록 필요한 조치를 강구하여야 한다.
③ 옥외저장소에서 위험물을 수납한 용기를 선반에 저장하는 경우에는 10m 이하의 높이로 저장하여야 한다.
④ 보냉장치가 있는 이동저장탱크에 저장하는 아세트알데히드등 또는 디에틸에테르등의 온도는 당해 위험물의 비점 이하로 유지하여야 한다.

「위험물안전관리법 시행규칙」[별표 18]
Ⅲ. 저장의 기준
3. 제3류 위험물 중 황린 그 밖에 물속에 저장하는 물품과 금수성물질은 동일한 저장소에서 저장하지 아니하여야 한다(중요기준).
7. 옥내저장소에서는 용기에 수납하여 저장하는 위험물의 온도가 55℃를 넘지 아니하도록 필요한 조치를 강구하여야 한다(중요기준).
19. 옥외저장소에서 위험물을 수납한 용기를 선반에 저장하는 경우에는 6m를 초과하여 저장하지 아니하여야 한다.
21. 알킬알루미늄등, 아세트알데히드등 및 디에틸에테르등(디에틸에테르 또는 이를 함유한 것을 말한다. 이하 같다)의 저장기준은 제1호 내지 제20호의 규정에 의하는 외에 다음 각목과 같다(중요기준).
자. 보냉장치가 있는 이동저장탱크에 저장하는 아세트알데히드등 또는 디에틸에테르등의 온도는 당해 위험물의 비점 이하로 유지할 것

정답 55. ③

56 「위험물안전관리법 시행규칙」상 소화설비의 설치기준으로 옳지 않은 것은?

① 위험물은 지정수량의 10배를 1소요단위로 할 것
② 저장소의 건축물은 외벽이 내화구조인 것은 연면적 100㎡를 1소요단위로 할 것
③ 제조소등에 전기설비(전기배선, 조명기구 등은 제외한다)가 설치된 경우에는 당해 장소의 면적 100㎡마다 소형수동식소화기를 1개 이상 설치할 것
④ 옥내소화전은 제조소등의 건축물의 층마다 당해 층의 각 부분에서 하나의 호스접속구까지의 수평거리가 25m 이하가 되도록 설치할 것

「위험물안전관리법 시행규칙」[별표 17]

Ⅰ. 소화설비

  5. 소화설비의 설치기준

    가. 전기설비의 소화설비

      제조소등에 전기설비(전기배선, 조명기구 등은 제외)가 설치된 경우에는 당해 장소의 면적 100㎡마다 소형수동식소화기를 1개 이상 설치할 것

    나. 소요단위 및 능력단위

      1) 소요단위 : 소화설비의 설치대상이 되는 건축물 그 밖의 공작물의 규모 또는 위험물의 양의 기준단위

      2) 능력단위 : 1)의 소요단위에 대응하는 소화설비의 소화능력의 기준단위

    다. 소요단위의 계산방법

      건축물 그 밖의 공작물 또는 위험물의 소요단위의 계산방법은 다음의 기준에 의할 것

      1) 제조소 또는 취급소의 건축물은 외벽이 내화구조인 것은 연면적(제조소등의 용도로 사용되는 부분 외의 부분이 있는 건축물에 설치된 제조소등에 있어서는 당해 건축물중 제조소등에 사용되는 부분의 바닥면적의 합계를 말한다. 이하 같다) 100㎡를 1소요단위로 하며, 외벽이 내화구조가 아닌 것은 연면적 50㎡를 1소요단위로 할 것

      2) 저장소의 건축물은 외벽이 내화구조인 것은 연면적 150㎡를 1소요단위로 하고, 외벽이 내화구조가 아닌 것은 연면적 75㎡를 1소요단위로 할 것

      3) 제조소등의 옥외에 설치된 공작물은 외벽이 내화구조인 것으로 간주하고 공작물의 최대수평투영면적을 연면적으로 간주하여 1) 및 2)의 규정에 의하여 소요단위를 산정할 것

      4) 위험물은 지정수량의 10배를 1소요단위로 할 것

    마. 옥내소화전설비의 설치기준은 다음의 기준에 의할 것

      1) 옥내소화전은 제조소등의 건축물의 층마다 당해 층의 각 부분에서 하나의 호스접속구까지의 수평거리가 25m 이하가 되도록 설치할 것. 이 경우 옥내소화전은 각층의 출입구 부근에 1개 이상 설치하여야 한다.

정답 56.②

57 「위험물안전관리법」 및 같은 법 시행령상 운송책임자의 감독 및 지원을 받아 운송해야 하는 위험물로 옳은 것은?

① 아세트알데히드
② 유기과산화물
③ 알킬리튬
④ 질산염류

「위험물안전관리법」제21조(위험물의 운송)
① 이동탱크저장소에 의하여 위험물을 운송하는 자(운송책임자 및 이동탱크저장소운전자를 말하며, 이하 "위험물운송자"라 한다)는 제20조제2항 각 호의 어느 하나에 해당하는 요건을 갖추어야 한다.
② 대통령령이 정하는 위험물의 운송에 있어서는 운송책임자(위험물 운송의 감독 또는 지원을 하는 자를 말한다. 이하 같다)의 감독 또는 지원을 받아 이를 운송하여야 한다. 운송책임자의 범위, 감독 또는 지원의 방법 등에 관한 구체적인 기준은 행정안전부령으로 정한다.

58 「소방시설 설치 및 관리에 관한 법률」 및 같은 법 시행령 상 소방청장의 형식승인을 받아야 하는 소방용품으로 옳지 않은 것은?

① 분말자동소화장치
② 주거용 주방자동소화장치
③ 상업용 주방자동소화장치
④ 캐비닛형 자동소화장치

「소방시설 설치 및 관리에 관한 법률」제37조(소방용품의 형식승인 등)
① 대통령령으로 정하는 소방용품을 제조하거나 수입하려는 자는 소방청장의 형식승인을 받아야 한다. 다만, 연구개발 목적으로 제조하거나 수입하는 소방용품은 그러하지 아니하다.

「소방시설 설치 및 관리에 관한 법률 시행령」제46조(형식승인 대상 소방용품)
법 제37조제1항 본문에서 "대통령령으로 정하는 소방용품"이란 별표 3의 소방용품(같은 표 제1호나목의 자동소화장치 중 상업용 주방자동소화장치는 제외한다)을 말한다.

소방용품(제6조 관련)
1. 소화설비를 구성하는 제품 또는 기기 　가. 별표 1 제1호가목의 소화기구(소화약제 외의 것을 이용한 간이소화용구는 제외한다) 　나. 별표 1 제1호나목의 자동소화장치(상업용 주방자동소화장치는 제외) 　다. 소화설비를 구성하는 소화전, 관창(菅槍), 소방호스, 스프링클러헤드, 기동용 수압개폐장치, 유수제어밸브 및 가스관선택밸브 2. 경보설비를 구성하는 제품 또는 기기 　가. 누전경보기 및 가스누설경보기 　나. 경보설비를 구성하는 발신기, 수신기, 중계기, 감지기 및 음향장치(경종만 해당한다)

정답 57.③ 58.③

3. 피난구조설비를 구성하는 제품 또는 기기
   가. 피난사다리, 구조대, 완강기(지지대를 포함한다) 및 간이완강기(지지대를 포함한다)
   나. 공기호흡기(충전기를 포함한다)
   다. 피난구유도등, 통로유도등, 객석유도등 및 예비 전원이 내장된 비상조명등
4. 소화용으로 사용하는 제품 또는 기기
   가. 소화약제[별표 1 제1호나목2) 및 3)의 자동소화장치와 같은 호 마목3)부터 9)까지의 소화설비용만 해당한다]
   나. 방염제(방염액·방염도료 및 방염성물질을 말한다)
5. 그 밖에 행정안전부령으로 정하는 소방 관련 제품 또는 기기

59 「소방시설 설치 및 관리에 관한 법률」 및 같은 법 시행령상 내용연수 설정대상 소방용품에 관한 설명이다. ( ) 안에 들어갈 내용으로 옳은 것은?

> 특정소방대상물의 관계인은 내용연수가 경과한 소방용품을 교체해야 한다. 이 경우 내용연수를 설정해야 하는 소방용품은 (ㄱ)를 사용하는 소화기로 하며, 내용연수는 (ㄴ)년으로 한다.

	ㄱ	ㄴ
①	분말형태의 소화약제	10
②	강화액 소화약제	10
③	분말형태의 소화약제	7
④	강화액 소화약제	7

「소방시설 설치 및 관리에 관한 법률」 제17조(소방용품의 내용연수 등)
① 특정소방대상물의 관계인은 내용연수가 경과한 소방용품을 교체하여야 한다. 이 경우 내용연수를 설정하여야 하는 소방용품의 종류 및 그 내용연수 연한에 필요한 사항은 대통령령으로 정한다.
② 제1항에도 불구하고 행정안전부령으로 정하는 절차 및 방법 등에 따라 소방용품의 성능을 확인받은 경우에는 그 사용기한을 연장할 수 있다.

「소방시설 설치 및 관리에 관한 법률 시행령」 제19조(내용연수 설정대상 소방용품)
① 법 제17조제1항 후단에 따라 내용연수를 설정해야 하는 소방용품은 분말형태의 소화약제를 사용하는 소화기로 한다.
② 제1항에 따른 소방용품의 내용연수는 10년으로 한다.

정답 59.①

60 「소방시설 설치 및 관리에 관한 법률 시행령」상 특정소방대상물의 간이스프링클러설비 설치면제 기준이다. ( ) 안에 들어갈 설비에 해당하지 않는 것은?

> 간이스프링클러설비를 설치해야 하는 특정소방대상물에 ( ), ( ) 또는 ( )를 화재안전기준에 적합하게 설치한 경우에는 그 설비의 유효범위에서 설치가 면제된다.

① 옥내소화전설비
② 스프링클러설비
③ 물분무소화설비
④ 미분무소화설비

「소방시설 설치 및 관리에 관한 법률 시행령」제14조(유사한 소방시설의 설치 면제의 기준)
법 제13조제2항에 따라 소방본부장 또는 소방서장은 특정소방대상물에 설치해야 하는 소방시설 가운데 기능과 성능이 유사한 소방시설의 설치를 면제하려는 경우에는 별표 5의 기준에 따른다.

특정소방대상물의 소방시설 설치의 면제 기준(제14조 관련)	
설치가 면제되는 소방시설	설치가 면제되는 기준
4. 간이스프링클러 설비	간이스프링클러설비를 설치해야 하는 특정소방대상물에 스프링클러설비, 물분무소화설비 또는 미분무소화설비를 화재안전기준에 적합하게 설치한 경우에는 그 설비의 유효범위에서 설치가 면제된다.

정답 60.①

[4과목] 소방전기시설의 구조 및 원리

61 자동화재탐지설비의 감지기 배선방식은 송배전(보내기배선)방식으로 설치하는 목적으로 가장 알맞은 것은?

① 도통시험을 하기 위함
② 작동시험을 하기 위함
③ 비상전원 상태를 확인하기 위함
④ 상용전원 상태를 확인하기 위함

> 자동화재탐지설비의 감지기 배선방식
> ① 감지기 사이의 회로의 배선은 송배선식으로 해야 한다.
> ② 송배전 방식을 적용하며 감지기 회로의 도통시험을 위한 종단저항을 함께 설치한다.

62 누전경보기의 변류기는 경계전로에 정격전류를 흘리는 경우 그 경계전로의 전압강하는 몇 [V] 이하이어야 하는가?

① 0.1[V]   ② 0.5[V]
③ 1[V]   ④ 5[V]

> 누전경보기 변류기 설치 기준
> ① 누전경보기의 변류기는 경계전로에 정격 전류를 흘리는 경우 그 경계전로의 전압 강하가 0.5[V]이하가 되도록 설치해야 한다.
> ② 누설전류를 정확하게 감지하여 오작동 방지하기 위함이다.

63 누전경보기의 수신부는 그 정격전압에서 몇 회의 누전작동 반복시험을 실시하는 경우 구조 및 기능에 이상이 생기지 않아야 하는가?

① 1만회   ② 2만회
③ 3만회   ④ 5만회

> 누전경보기 형식승인 및 제품검사의 기술기준
> 수신부는 그 정격전압에서 **1만회의 누전작동시험**을 실시하는 경우 그 구조 또는 기능에 이상이 생기지 아니하여야 한다.

정답 61.① 62.② 63.①

64 유도표지의 설치기준으로서 잘못된 것은?

① 부착판 등을 사용하여 쉽게 떨어지지 아니하도록 설치할 것
② 통로유도표지는 출입구 상단에 설치할 것
③ 주위에는 이와 유사한 등화·광고물·게시물 등을 설치하지 아니할 것
④ 축광방식의 유도표지는 외광 또는 조명장치에 의하여 상시 조명이 제공되거나 비상조명등에 의한 조명이 제공되도록 설치할 것

> **유도표지 설치 기준**
> ① 피난구유도표지는 출입구 상단에 설치하고, 통로유도 표지는 바닥으로부터 높이 1[m] 이하의 위치에 설치할 것
> ② 각 층마다 복도 및 통로의 각 부분으로부터 하나의 유도 표지까지의 보행거리가 15[m] 이하가 되는 곳과 구부러진 모퉁이의 벽에 설치할 것

65 수신기의 외부배선 연결용 단자에 있어서 7개회로마다 1개 이상 설치하여야 하는 단자는?

① 공통신호선용
② 경계구역구분용
③ 지구경종신호용
④ 동시작동시험용

> **공통 신호선**
> P형 수신기 및 G.P형 수신기의 감지기 회로의 배선에 있어서 하나의 공통선에 접속할 수 있는 경계구역은 7개 이하로 할 것
> ☆ 실기에서 집중할 부분이지만, 실기에서 출제가 줄었으므로 필기에서도 가볍게 볼 필요가 있다.

66 일반적으로 부착높이가 15m 이상 20m 미만에 부착하는 감지기에 속하지 않는 것은?

① 이온화식 1종 감지기
② 연기복합형감지기
③ 불꽃감지기
④ 차동식분포형감지기

> **감지기의 종류**
> P형 수신기 및 G.P형 수신기의 감지기 회로의 배선에 있어서 하나의 공통선에 접속할 수 있는 경계구역은 7개 이하로 할 것
> ☆ 실기에서 집중할 부분이지만, 실기에서 출제가 줄었으므로 필기에서도 가볍게 볼 필요가 있다.

정답 64.② 65.① 66.④

67 다음이 설명하고 있는 기능의 감지기는?

> 작동되는 경우 작동표시등의 점등에 의하여 화재의 발생을 표시하고, 내장된 음향장치의 명동에 의하여 화재경보음을 발 할 수 있는 기능이 있어야 한다.

① 보상식감지기
② 불꽃감지기
③ 광전식분리형감지기
④ 단독경보형감지기

> 감지기의 종류
> 단독경보형감지기 : 화재발생 상황을 단독으로 감지하여 자체에 내장된 음향장치로 경보하는 감지기를 말한다.

68 비상발송설비에서 기동장치에 따른 화재신고를 수신한 후 필요한 음량으로 화재발생상황 및 피난에 유효한 방송이 자동으로 개시될 때까지 소요시간은 얼마로 하여야 하는가?

① 5초 이하
② 10초 이하
③ 20초 이하
④ 30초 이하

> 비상방송설비의 화재안전기술기준
> 기동장치에 따른 화재신호를 수신한 후 필요한 음량으로 화재발생상황 및 피난에 유효한 방송이 자동으로 개시될 때까지의 소요시간은 10초 이내로 할 것

69 자동식사이렌설비는 그 설비에 대한 감시상태를 몇 분간 지속한 후 유효하게 10분 이상 경보할 수 있는 축전지설비를 설치하여야 하는가?

① 10분
② 30분
③ 60분
④ 120분

> 비상 경보 설비의 성능 기준 - 전원
> 비상벨 설비 또는 자동식 사이렌 설비에는 그 설비에 대한 감시상태를 60분간 지속한 후 유효하게 10분 이상 경보할 수 있는 비상 전원으로서 축전지 설비(수신기에 내장하는 경 우를 포함한다.) 또는 전기저장장치(외부 전기에너지를 저장해 두었다가 필요한 때 전기를 공급하는 장치)를 설치해야 한다

정답 67.④ 68.② 69.③

70 차동식분포형 감지기는 그 기판면을 부착한 정 위치로부터 몇 [°]를 경사시킨 경우 그 기능에 이상이 생기지 아니하여야 하는가?

① 5[°]   ② 15[°]   ③ 30[°]   ④ 45[°]

> 공기관식 차동식 분포형 감지기 설치 기준
> **암기팁** 검출부 기울기는 공기관식은 손5공, 정온식 스포트식은 45정이라고 기억하였다.

71 비상조명등은 비상전원으로 전환되는 경우 비상점등회로로 정격전류의 몇 배 이상의 전류가 흐르는 경우 예비전원으로부터의 비상전원의 공급을 차단하여야 하는가?

① 1.1배   ② 1.2배   ③ 1.5배   ④ 2.0배

> 비상점등 회로의 보호
> 비상조명등은 비상점등을 위하여 비상전원으로 전환되는 경우 비상점등 회로로 **정격전류의 1.2배 이상**의 전류가 흐르거나 램프가 없는 경우에는 3초 이내에 예비전원으로부터의 비상전원 공급을 차단하여야 한다.

72 보행거리가 50m인 지하상가에 휴대용 비상조명등을 설치하고자 한다. 최소 설치 갯수는?

① 1개   ② 2개   ③ 3개   ④ 6개

> 휴대용비상조명등은 다음의 기준
> ① 대규모점포(지하상가 및 지하역사는 제외한다)와 영화상영관에는 보행거리 50[m] 이내마다 3개 이상 설치
> ② 지하상가 및 지하역사에는 보행거리 25[m] 이내마다 3개 이상 설치
> → $(50[m]/25[m]) \times 3 = 6[EA]$

73 비상 콘센트설비에 있어서 하나의 전용회로에 설치하는 비상콘센트는 몇 개 이하로 하여야 하는가?

① 2개   ② 10개
③ 20개   ④ 50개

> 비상콘센트설비 설치 기준
> ① 하나의 전용회로에 설치하는 비상콘센트는 10개 이하로 할 것
> ② 개폐기에는 "비상콘센트"라고 표시한 표지를 할 것
> ③ 풀박스 등은 방청도장을 한 것으로서, 두께 1.6[mm] 이상의 철판으로 할 것

정답 70.① 71.② 72.④ 73.②

74 유도등에 있어서 표시면외 조명에 사용되는 면은?

① 조사면　　　　　　② 피난면
③ 조도면　　　　　　④ 광속면

> 조명 용어 기준
> ① 조사면은 조명 기구에서 빛이 나오는 면
> ② 조도면은 조명 기구의 빛이 도달하는 면
> ③ 피난면은 사람들이 안전하게 대피하는 데 필요한 조명이 확보되어야 하는 면

75 무선통신보조설비에 사용되는 각종 장치 등에 대한 설명으로 틀린 것은?

① 분파기 – 임피던스 매칭과 신호 균등분배를 위해 사용하는 장치
② 혼합기 – 두 개 이상의 입력신호를 원하는 비율로 조합한 출력이 발생하도록 하는 장치
③ 증폭기 – 신호 전송시 신호가 약해져 수신이 불가능 해지는 것을 방지하기 위해서 증폭하는 장치
④ 누설동축케이블 – 동축케이블의 외부도체에 가느다란 홈을 만들어서 전파가 외부로 새어나갈 수 있도록 한 케이블

> 무선통신보조설비에 사용되는 각종 장치
> ① "분파기"란 서로 다른 주파수의 합성된 신호를 분리하기 위해서 사용하는 장치
> ② "분배기"란 신호의 전송로가 분기되는 장소에 설치하는 것으로 임피던스 매칭(Matching)과 신호 균등분배를 위해 사용하는 장치를 말한다.
> ③ "증폭기"란 전압·전류의 진폭을 늘려 감도 등을 개선하는 장치를 말한다.
> ④ "혼합기"란 2 이상의 입력신호를 원하는 비율로 조합한 출력이 발생하도록 하는 장치를 말한다.

76 무선통신보도설비의 누설동축케이블 및 공중선은 고압의 전로로부터 몇 [m]이상 떨어진 위치에 설치하여야 하는가?

① 1.5m　　　　　　② 4.0m
③ 100m　　　　　　④ 300m

> 누설동축케이블
> ① "누설동축케이블 및 안테나는 고압의 전로로부터 1.5 m 이상 떨어진 위치에 설치할 것
> ② 해당 전로에 정전기 차폐장치를 유효하게 설치한 경우에는 그렇지 않다.

정답　74.① 75.① 76.①

77 전원3상교류 380V인 하나의 전용회로에 비상콘센트가 7개 설치되어 있다면 전선의 용량은 몇 [kVA] 이상이어야 하는가?

① 4.5kVA ② 9kVA
③ 21kVA ④ 30kVA

> 비상콘센트설비 설치 용량 기준
> ① 하나의 전용회로에 설치하는 비상콘센트는 10개 이하
> ② 이 경우 전선의 용량은 각 비상콘센트(비상콘센트가 3개 이상인 경우에는 3개)의 공급용량을 합한 용량 이상의 것으로 해야 한다.
> ③ 비상콘센트설비의 전원회로는 단상교류 220 V인 것으로 그 공급용량은 1.5 kVA 이상인 것으로 할 것

78 연기감지기를 천장 또는 반자가 낮은 실내 또는 좁은 실내에 설치하는 경우 그 설치 개소로 알맞은 것은?

① 천장의 중앙부분
② 모서리부분
③ 출입구의 가까운 부분
④ 벽 또는 보로부터 1.5m 이상 떨어진 부분

> 자동화재탐지설 및 시각경보장치의 화재안전기준
> 천장 또는 반자가 낮은 실내 또는 좁은 실내에 있어서는 출입구의 가까운 부분에 설치할것

79 다음 중 경계구역을 별도로 설정하여야 하는 것으로 옳은 것은?

① 파이프덕트 ② 복도
③ 통로 ④ 거실

> 수직 경계구역
> 경사로(에스컬레이터경사로 포함)·엘리베이터 승강로(권상기실이 있는 경우에는 권상기실)·린넨슈트·파이프 피트 및 덕트 기타 이와 유사한 부분에 대하여는 별도로 경계구역을 설정
> ① 계단 및 경사로는 하나의 경계구역은 높이 45 m 이하
> ② 지하층의 계단 및 경사로(지하층의 층수가 한 개 층일 경우는 제외한다)는 별도로 하나의 경계구역으로 해야 한다.

정답 77.① 78.③ 79.①

80 자동화재속보설비의 속보기는 자동화재탐지설비로부터 작동신호를 수신하거나 수동으로 동작시키는 경우 20초이내에 소방관서에 자동적으로 신호를 발하여 통보하되, 몇 회 이상 속보할 수 있어야 하는가?

① 2회 ② 3회
③ 4회 ④ 5회

> **자동화재속보설비의 속보기**
> 속보기는 작동신호를 수신하거나 수동으로 동작시키는 경우 20초 이내에 소방관서에 자동적으로 신호를 발하여 알리되, 3회 이상 속보할 수 있어야 한다.

정답 80.②

2025년 3회 소방설비기사 (전기분야) CBT 복원

【1과목】 소방원론

01 〈보기〉에서 설명하는 물소화약제의 첨가제로 옳지 않은 것은?

〈보 기〉
물의 어는점(1기압, 0℃) 이하에서 동파 및 응고현상을 방지하기 위하여 첨가하는 물질

① 염화칼슘(Calcium Chloride)
② 글리세린(Glycerin)
③ 프로필렌글리콜(Propylene Glycol)
④ 폴리에틸렌옥사이드(Polyethylene Oxide)

부동제(Antifreeze Agent) : 동결방지제, 부동액
㉠ 물의 빙점(0℃) 하에서 동파 및 물의 응고현상을 방지하기 위하여 물에 첨가하는 물질이다.
㉡ 부동제 종류 : 에틸렌글리콜, 프로필렌글리콜, 디에틸렌글리콜, 글리세린, 염화나트륨, 염화칼슘등이 사용되며, 동결방지제로 에틸렌글리콜을 가장 많이 사용되고 있다.

02 인화성 액체에 의한 화재는 액체 가연물이 바닥에서 흐르거나, 살포된 부위가 집중적으로 소훼되고 탄화경계가 뚜렷이 나타나는 특징이 있다. 〈보기〉에서 설명하는 화재패턴으로 옳은 것은?

〈보 기〉
인화성 액체가 쏟아지면서 주변으로 튀거나, 연소되면서 발생하는 열에 의해 가열되어 액면에서 끓고, 주변으로 튄 액체가 포어패턴(Pour pattern)의 미연소 부분에서 국부적으로 점처럼 연소된 흔적

① 도넛패턴(Doughnut pattern)
② 스플래시패턴(Splash pattern)
③ 원형패턴(Circular shaped pattern)
④ 틈새연소패턴(Seam burn pattern)

정답 01.④ 02.②

가연성 액체 화재에 나타나는 연소패턴

화재패턴	연소특성
포어패턴(Pour pattern)	인화성 액체 가연물이 바닥에 뿌려졌을 때 쏟아진 부분과 쏟아지지 않은 부분의 탄화경계 흔적
스플래시패턴(Splash pattern)	쏟아진 가연성 액체가 연소하면서 열에 의해 스스로 가열되어 액면이 끓으면서 주변으로 튄 액체가 국부적으로 점처럼 연소된 흔적
틈새연소패턴(Seam burn pattern)	벽과 바닥의 틈새 또는 목재마루 바닥면 사이의 틈새 등에 가연성 액체가 뿌려진 경우 틈새를 따라 액체가 고임으로써 다른 곳보다 강하게 오래 연소하여 나타나는 연소 흔적
도넛패턴(Doughnut pattern)	고리모양으로 연소된 부분이 덜 연소된 부분을 둘러싸고 있는 도넛모양 형태로 가연성 액체가 웅덩이처럼 고여 있을 경우 발생한다. 주변부나 얕은 곳에서는 화염이 바닥이나 바닥재를 탄화시키는 반면에 깊은 중심부는 액체가 증발하면서 증발잠열에 의해 웅덩이 중심부를 냉각시키는 현상

03 에테인(C_2H_6)이 완전연소한다고 가정했을 때 존스(Jones) 식에 따라 산출된 연소하한계(LFL)는? (단, 계산 결과는 소수점 둘째 자리에서 반올림한다.)

① 1.7
② 2.2
③ 3.1
④ 5.2

존스(Jones) 식
- 하한계 LFL = 0.55Cst (참고 : 상한계 UFL = 3.5Cst)
- 완전연소 반응식을 이용하여 먼저 산소의 몰수를 구한 후 화학양론 농도(Cst)를 구한다.
  $C_2H_6 + 3.5O_2 \rightarrow 2CO_2 + 3H_2O$
  $$Cst = \frac{연료몰수}{(연료몰수 + 공기몰수)} \times 100 = \frac{1}{(1 + \frac{3.5}{0.21})} \times 100 = 5.66$$

따라서, 연소하한계(LFL) = 0.55 × 5.66 = 3.11 vol%

정답 03.③

04 위험도(H) 값이 옳은 것만을 〈보기〉에서 모두 고른 것은? (단, 계산 결과는 소수점 둘째 자리에서 반올림한다.)

〈보 기〉
ㄱ. 수소(H_2) : 17.8
ㄴ. 프로페인(C_3H_8) : 3.5
ㄷ. 일산화탄소(CO) : 4.9
ㄹ. 아세틸렌(C_2H_2) : 31.4

① ㄱ, ㄹ
② ㄴ, ㄷ
③ ㄱ, ㄷ, ㄹ
④ ㄱ, ㄴ, ㄷ, ㄹ

위험도(Hazard)
폭발범위를 이용하여 가연물의 위험성을 갈음할 수 있는 계산 값으로 위험도가 클수록 연소 위험성이 크다.

$$H = \frac{U-L}{L} \quad \begin{array}{l} H : 위험도 \\ U : 연소상한계(\%) \\ L : 연소하한계(\%) \end{array}$$

가연성물질	연소범위(V%)		위험도(H)	가연성물질	연소범위(V%)		위험도(H)
	하한계	상한계	(U−L)/L		하한계	상한계	(U−L)/L
아세틸렌	2.5	81	31.4	일산화탄소	12.5	74	4.9
수소	4	75	17.8	프로페인	2.1	9.5	3.5

05 고체 가연물인 피크르산(Picric Acid)의 연소 형태로 옳은 것은?
① 훈소
② 자기연소
③ 표면연소
④ 증발연소

나이트로화합물 – 제5류 위험물
트리나이트로 페놀(TriNitro Phenol, 피크린산, 피크르산)
㉠ 물성

화학식	비점	융점	착화점	비중	폭발온도	폭발속도
$C_6H_2(OH)(NO_2)_3$	255[℃]	122.5[℃]	300[℃]	1.8	3,320[℃]	7,359[m/s]

㉡ 광택 있는 황색의 침상결정이고, 찬물에는 미량 녹고 알코올, 에테르 온수에는 잘 녹는다.
㉢ 쓴맛과 독성이 있다.
㉣ 단독으로 가열, 마찰 충격에 안정하고 연소 시 검은 연기를 내지만 폭발은 하지 않는다.
㉤ 금속염과 혼합은 폭발이 심하며 가솔린, 알코올, 요오드, 황과 혼합하면 마찰, 충격에 의하여 심하게 폭발한다.
㉥ 황색염료와 폭약으로 사용한다.

정답 04.④ 05.②

06 푸리에(Fourier)의 열전도법칙에 따라 물질을 통해 전달되는 열량에 대한 설명으로 옳지 않은 것은?

① 물질의 두께에 비례한다.
② 물질의 전열면적에 비례한다.
③ 물질 양면의 온도차에 비례한다.
④ 물질의 열전도율에 비례한다.

> 푸리에(Fourier) 법칙
>
> $$\dot{q} = \frac{K}{\ell} A (T_2 - T_1)$$
>
> $\dot{q}$: 전도에 의한 이동 열량 [W]   K : 각 물질의 열전도율 [W/m·K]
> A : 접촉된 단면적 [m²] ℓ : 물체의 두께 [m]
> T_2 : 고온[K] T_1 : 저온[K]
>
> 기체 < 액체 < 고체
> 물질에 따른 열전도율

07 연소 시 발생하는 황화수소(H_2S)에 대한 설명으로 옳은 것은?

① 계란 썩는 냄새가 나는 가연성가스이다.
② 폴리염화비닐 등이 연소할 때 발생되는 맹독성가스이다.
③ 청산가스라고도 하며 동물의 털이 불완전연소할 때 발생 한다.
④ 황(S)을 포함하고 있는 유기화합물이 완전연소할 때 발생 한다.

> 연소가스
> ① 황화수소(H_2S, 유화수소)
>   • 황을 함유한 가연물의 불완전연소 시 발생하며 무색의 가연성 가스이다.
>   • 계란 썩는 냄새가 나는 자극성가스. 후각을 마비시킨다.
>   • 독성허용농도는 10ppm이다.
> ② 포스겐($COCl_2$)
>   • 폴리염화비닐(PVC)과 같은 염소를 함유한 가연물의 연소 시 발생하는 맹독성 가스이다. (세계 2차대전 당시 유태인 학살에 이용)
>   • 소화약제인 할론104(사염화탄소, CCl_4)를 이용하여 소화 시에도 발생한다.
>   • 독성허용농도는 0.1ppm이다.

정답   06.① 07.①

③ 시안화수소(HCN)
- 질소를 함유한 가연물의 불완전연소 시 발생하는 가스로 청산가스라고 한다.
- 폴리우레탄(polyurethane)의 불완전연소 시에도 극미량 발생하는 가스이다.
- 헤모글로빈과 결합력은 없으나 세포조직의 산소 사용을 방해하여 일산화탄소에 비해 약 20배정도 독성이 빠르게 작용한다.
- 독성허용농도는 10ppm이다.

④ 아황산가스(SO_2, 이산화황)
- 황을 함유한 가연물의 완전연소 시 발생하며 무색의 가스이다. 공기보다 2배 무겁다.
- 눈이나 호흡기 계통에 자극이 큰 자극성 가스이며 점막을 상하게 하고 산성비의 원인이 되며, 금속에 대한 부식성이 있다.
- 독성허용농도는 5ppm이다.

08 표준상태에서 메테인(CH_4) 2mole이 완전연소할 때 필요한 산소의 부피[L]는?

① 11.2
② 22.4
③ 44.8
④ 89.6

메테인(CH_4)의 완전연소 반응식

$$CH_4 + 2O_2 \rightarrow CO_2 + 2H_2O$$

표준상태(0℃, 1기압)에서 모든 기체 1mole 이 차지하는 체적은 22.4L 이므로 산소의 부피는 2 × 22.4L = 89.6L 이다.

09 내화구조물의 화재가혹도 판단을 위한 주요 요소 중 화재 지속시간을 산정하기 위한 인자로 옳지 않은 것은? (단, 환기 지배형 화재로 가정한다.)

① 화재실의 바닥면적
② 화재실의 최고온도
③ 화재실의 개구부 높이
④ 화재실의 개구부 면적

화재가혹도에서 화재 지속시간에 영향을 주는 인자는 화재하중의 인자인 화재실의 바닥면적, 가연물의 양, 가연물의 단위발열량 등이 있고, 특히 문제는 환기 지배형 화재로 가정하였으므로 개구부의 높이와 개구부의 면적 [$A\sqrt{H}$ (A : 개구부면적, H : 개구부 높이)] 역시 영향인자라고 볼 수 있다.

정답 08.④ 09.②

10 건축물의 지하층에서 화재가 발생한 경우, 화재하중 산정 시 필요하지 않은 항목을 〈보기〉에서 있는 대로 모두 고른 것은?

〈보 기〉
ㄱ. 각 가연물의 양 [kg]
ㄴ. 건축물의 연면적 [m²]
ㄷ. 목재의 화재하중 [4,500 kg/m²]
ㄹ. 가연물의 단위 발열량 [kcal/kg]

① ㄱ, ㄴ
② ㄱ, ㄹ
③ ㄴ, ㄷ
④ ㄴ, ㄷ, ㄹ

화재하중(Fuel Load)
화재하중이란 가연물(내부마감재와 실내장식물을 포함)의 총량(무게)을 목재로 환산 후 그 구역의 바닥면적으로 나누어 나온 값을 말한다. 이는 화재 시 발생하는 에너지의 총량을 알 수 있으며, 화재하중이 크면 화재지속시간이 길다는 것을 알 수 있다. 또한 화재하중은 주수시간(량)을 결정하는 중요 인자이다. 화재하중은 화재의 양적개념이다. 따라서, 내장재 또는 실내장식의 불연화 및 가연성 물질을 보관할 때 불연재의 용기에 보관하는 것이 화재하중을 감소하는 대책에 해당한다.

$$Q = \frac{\Sigma(G_t \times H_t)}{H \times A} = \frac{\Sigma Q_t}{4,500 \times A}$$

Q : 화재하중$[kg/m^2]$, G_t : 가연물의 양$[kg]$, H_t : 가연물의 단위 발열량$[kcal/kg]$
Q_t : 가연물의 전체 발열량$[kcal]$, H : 목재 단위 발열량$(4,500[kcal/kg])$
A : 화재실 바닥면적$[m^2]$

11 위험물의 성질 및 품명의 정의로 옳지 않은 것은?

① "인화성고체"라 함은 고형알코올 그 밖에 1기압에서 인화 점이 섭씨 40도 미만인 고체를 말한다.
② "제1석유류"라 함은 아세톤, 휘발유 그 밖에 1기압에서 인화점이 섭씨 21도 미만인 것을 말한다.
③ "특수인화물"이라 함은 이황화탄소, 디에틸에테르 그 밖에 1기압에서 발화점이 섭씨 100도 이하인 것 또는 인화점이 섭씨 영하 20도 이하이고 비점이 섭씨 40도 이하인 것을 말한다.
④ "자연발화성물질 및 금수성물질"이라 함은 고체 또는 액체 로서 공기 중에서 발화의 위험성이 있거나 산과 접촉하여 발화하거나 고압 수증기를 발생하는 위험성이 있는 것을 말한다.

"자연발화성물질 및 금수성물질"이라 함은 고체 또는 액체 로서 공기 중에서 발화의 위험성이 있거나 물과 접촉하여 발화하거나 가연성 가스를 발생하는 위험성이 있는 것을 말한다.

정답 10.③ 11.④

12 제6류 위험물의 취급 시 유의 사항으로 옳지 않은 것은?

① 유출사고 시에는 건조사 및 중화제를 사용한다.
② 불연성 물질로 분해 시 산소가 발생하며 대부분 염기성이다.
③ 저장하고 있는 용기는 파손되거나 액체가 누설되지 않도록 한다.
④ 소량 화재 시에는 다량의 물로 희석하는 소화방법을 사용 할 수 있다.

제6류 위험물
1) 제6류 위험물의 일반적인 성질
   ① 산화성 액체이며, 무기화합물로 이루어져 형성된다.
   ② 무색, 투명하며 비중은 1보다 크고, 표준상태에서는 모두가 액체이다.
   ③ 과산화수소를 제외하고 강산성 물질이며, 모두 물에 녹기 쉽다.
   ④ 불연성 물질이며, 가연물, 유기물 등과의 혼합으로 발화한다.
   ⑤ 증기는 유독하며 피부와 접촉시 점막을 부식시킨다.
2) 제6류 위험물의 위험성
   ① 자신은 불연성 물질이지만 산화성이 커 다른 물질의 연소를 돕는다.
   ② 강환원제, 일반 가연물과 혼합한 것은 접촉발화하거나 가열 등에 의해 위험한 상태로 된다.
   ③ 과산화수소를 제외하고 물과 접촉하면 심하게 발열한다.
3) 제6류 위험물의 저장 및 취급방법
   ① 염, 물과의 접촉을 피한다.
   ② 직사광선 차단, 강환원제, 유기물질, 가연성 위험물과 접촉을 피한다.
   ③ 가열에 의한 유독성 가스의 발생을 방지시킨다.
   ④ 저장용기는 내산성 용기를 사용하여야 한다.(과산화 수소는 구멍이 있는 마개사용)
4) 소화방법
   ① 다량주수에 의한 냉각소화
   ② 과산화수소 – 다량주수에 의한 희석소화
   ③ 질산, 과염소산
      ㉠ 소량존재 시 : 다량주수에 의한 냉각소화
      ㉡ 다량존재 시 : 건조사, 팽창질석, 이산화탄소 소화약제에 의한 질식소화

정답 12.②

13 〈보기〉는 위험물과 해당 물질의 화재진압에 적응성이 있는 소화 방법을 연결한 것이다. 바르게 연결된 것만 모두 고른 것은?

〈보 기〉
- ㄱ. 황린(P_4) – 물을 사용한 냉각소화
- ㄴ. 과산화나트륨(Na_2O_2) – 물을 사용한 냉각소화
- ㄷ. 삼황화인(P_4S_3) – 팽창질석 등을 사용한 질식소화
- ㄹ. 아세톤(CH_3COCH_3) – 알코올포소화약제에 의한 질식소화
- ㅁ. 하이드록실아민(NH_2OH) – 이산화탄소소화약제에 의한 질식소화
- ㅂ. 과염소산($HClO_4$) – 다량의 물에 의한 희석소화(소량 화재 제외)

① ㄱ, ㄷ, ㄹ
② ㄱ, ㄹ, ㅁ
③ ㄴ, ㄷ, ㅂ
④ ㄴ, ㄷ, ㄹ, ㅂ

각 위험물의 소화방법
- ㄱ. 황린(P_4) – 물을 사용한 냉각소화
- ㄴ. 과산화나트륨(Na_2O_2) – 무기과산화물의 한 종류로 마른모래, 탄산수소염류 분말약제, 팽창질석, 팽창진주암에 의한 질식소화
- ㄷ. 삼황화인(P_4S_3) – 팽창질석 등을 사용한 질식소화
- ㄹ. 아세톤(CH_3COCH_3) – 알코올포소화약제에 의한 질식소화
- ㅁ. 하이드록실아민(NH_2OH) – 물을 사용한 냉각소화
- ㅂ. 과염소산($HClO_4$) – 건조사, 팽창질석, 이산화탄소 소화약제에 의한 질식소화(소량 화재 제외)

14 연소생성물 중 CO_2, N_2 등의 농도가 높아질수록 연소속도에 미치는 영향은 어떠한가?

① 연소속도가 빨라진다.
② 연소속도가 느려진다.
③ 연소속도에는 변화가 없다.
④ 처음에는 느려지나 나중에는 빨라진다.

불연성 기체(CO_2, N_2)의 농도가 높아질수록 산소의 농도가 줄어들어 연소속도는 느려진다.

정답 13.① 14.②

15 제3종 분말소화약제의 열분해 결과로 생성되는 물질의 소화효과로 옳지 않은 것은?

① H_2O : 냉각작용
② HPO_3 : 방진작용
③ NH_3 : 부촉매작용
④ H_3PO_4 : 탈수탄화작용

제3종 분말 : 부촉매효과(NH_4^+), 질식효과, 냉각효과, 방진효과(메타인산 : HPO_3), 탈수효과(올트인산 : H_3PO_4)

16 블레비(BLEVE)에 관한 설명으로 옳지 않은 것은?

① 가연물이 비점 이상으로 가열될 때 발생한다.
② 저장탱크의 기계적 강도 이상의 압력이 형성될 때 발생한다.
③ 저장탱크 균열로 인한 액상, 기상의 동적 평형 상태가 유지된다.
④ 저장탱크의 외부 표면에 열전도성이 작은 물질로 단열 조치하여 예방한다.

블레비 현상 (Boiling Liquid Expanding Vapor Explosion, BLEVE)
액화가스를 저장하는 용기 주변에 화재 등의 발생으로 용기를 가열하는 경우 액화가스의 비등으로 압력이 급격히 상승한다. 이때 안전장치(안전밸브)를 통하여 이루어지는 압력의 완화율보다 내부의 압력증가율이 큰 경우 용기의 균열, 파괴되는 현상을 블레비 현상이라 한다(물리적 폭발). 또한 폭발 시 외부 화염에 의해 착화되어 거대한 화구를 형성하여 화염의 덩어리가 만들어지는데 이것을 화이어 볼(Fire ball)이라 한다(화학적 폭발). (참고 – 용기에 액체가 1/2에서 3/4까지 차 있을 때 많이 발생)
1) BLEVE 현상 메카니즘

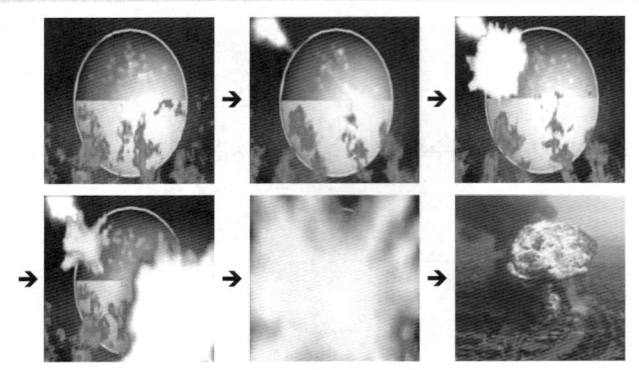

① 옥외 액화가스저장탱크 주위에 화재 발생
② 화재로 인한 열이 탱크를 가열(탱크 내 온도 상승)
③ 탱크 하부 액화가스를 가열 하여 증기 압력 상승(액온상승)
④ 액체가 없는 탱크 상부는 직접적인 열에 의해 강도가 떨어져 균열이 발생하여 외부로 가스 유출되어 탱크 내의 압력이 급격히 감소(연성파괴)

정답 15.③ 16.③

⑤ 과열된 액화가스는 격렬하게 인화성 액체를 비산시켜 탱크 내벽에 강한 충격을 줌(액격현상)
⑥ 체적의 약 200배 이상의 강한 팽창력에 의해 탱크 파열(취성파괴)
⑦ 외부로 분출된 대량의 가스는 외부 화염과 만나 큰 폭발을 일으키며 화이어 볼(Fire ball) 발생
2) BLEVE 현상 방지대책
① 탱크의 안쪽 벽면에 열전도율이 좋은 알루미늄 합금박판을 설치한다.
② 탱크 주위에 고정식 살수설비를(물분무설비 등) 설치하여 탱크의 온도 상승을 억제시킨다.
③ 탱크를 2중관(진공상태)으로 한다.
④ 탱크를 설치하는 지반에 경사도를 준다.
⑤ 탱크를 지하에 설치한다.

17 가연물의 발화온도와 발화에너지에 관한 설명으로 옳은 것은?

① 점화원에 의해서 가연물이 발화하기 시작하는 최저 온도를 발화점(ignition point)이라고 한다.
② 점화원을 제거해도 자력으로 연소를 지속할 수 있는 최저 온도를 연소점(fire point)이라고 한다.
③ 가연물의 최소발화에너지가 클수록 더 위험하다.
④ 가연물의 연소점은 발화점보다 높다.

인화점, 연소점, 발화점

1) 인화점(유도발화점, Flash Point)
   가연성 기체와 공기가 혼합된 상태에서 외부의 직접적인 점화원의 접촉에 의해 순간적으로 발화가 일어날 수 있는 최저온도를 인화점 또는 유도 발화점이라 한다. 특히 휘발성 물질의 경우 점화원을 접하여 발화될 수 있는 최저온도를 말하며 인화성 액체의 위험성을 나타내는 척도이다.
2) 연소점(Fire Point)
   인화점 이후 점화원을 제거한 후에도 지속적으로 연소상태를 유지시킬 수 있는 최저온도를 연소점이라 한다. 특히 고체가연물의 경우 인화점에 도달하여도 점화원을 제거하면 연소상태가 그칠 수 있다. 하지만 인화점보다 약간 높은 온도에서는 연소상태를 유지할 수 있다. 이는 인화점보다는 약 10℃정도 높은 온도이며 5~10초 이상 연소를 지속할 수 있는 상태이다.
3) 자동발화점(착화점, Ignition Point)
   외부의 직접적인 점화원 접촉 없이 발화가 일어나기 시작할 때의 최저온도를 자동발화점 또는 착화점이라 한다. 즉, 공기 중에서 가연물을 가열할 경우 가열된 열만을 가지고 스스로 연소가 시작되는 최저온도를 말하며, 화재 시 발생하는 복사열로 인해 인접 가연물에 발화가 되는 경우나 화재 진압 후에도 계속해서 주수를 하는 이유도 바로 주위온도를 발화점 이하로 낮추어 가연물의 재 발화를 방지하기 위함이다.
4) 최소발화(착화)에너지(Minimum Ignition Energy)
   ① 정의 : **연소범위 내에 있는 가스 등을 발화시키는데 필요한 최소한의 에너지**를 말한다. 이는 온도, 압력, 산소농도, 연소속도 등에 따라 영향을 받는다.
   ② 측정방법은 구형의 안전용기 가연성가스와 공기를 혼합시킨 상태에서 콘덴서를 두고 그 사이에 방전(전기적 에너지)을 일으켜 다음의 식에 의해 구한다.

정답 17.②

$$MIE = \frac{1}{2}CV^2$$

MIE : 최소발화에너지[J]   C : 콘덴서 용량[F]   V : 전압[V]

③ 최소발화에너지에 영향을 주는 인자
- 온도, 압력이 높을수록 MIE가 작아진다.
- 산소농도가 높을수록 MIE가 작아진다.
- 연소속도가 클수록 MIE가 작아진다.
- 가스농도가 많을수록 MIE가 작아진다.
- 열전도율이 낮을수록 MIE가 작아진다.
- 가연성가스의 조성이 화학적양론 농도(완전연소 농도)에서 MIE가 최저가 된다.

18 일반화재에 해당하는 것만을 〈보기〉에서 있는 대로 고른 것은?

〈보 기〉
ㄱ. 통전 중인 배전반에서 불이 난 경우
ㄴ. 외출 시 전원이 차단된 콘센트에서 불이 난 경우
ㄷ. 실외 난로가 넘어지면서 새어 나온 석유에 불이 붙은 경우
ㄹ. 실험실 시험대 위 나트륨 분말에서 불이 난 경우

① ㄱ
② ㄴ
③ ㄴ, ㄹ
④ ㄱ, ㄷ, ㄹ

화재의 종류(일반, 유류, 전기, 금속, 가스)와 종류별 기본 소화 방법

종류	급수	표시색	내용
일반화재	A급화재	백색	나무, 섬유, 종이, 고무, 플라스틱류와 같은 일반 가연물이 타고 나서 재가 남는 화재
유류화재	B급화재	황색	인화성 액체, 가연성 액체, 석유 그리스, 타르, 오일, 유성도료, 솔벤트, 래커, 알코올 및 인화성 가스와 같은 유류가 타고 나서 재가 남지 않는 화재
전기화재	C급화재	청색	전류가 흐르고 있는 전기기기, 배선과 관련된 화재
금속화재	D급화재	무색	가연성이 강한 금속류의 화재
주방화재	K급화재	무색	주방에서 동·식물유를 취급하는 조리기구에서 일어나는 화재
가스화재	E급화재	황색	LNG, LPG 등 가스누설로 인한 연소 · 폭발

정답 18.②

19 불완전연소에 관한 설명으로 옳지 않은 것은?

① 산소 과잉 상태에서 발생한다.
② 불꽃이 저온 물체와 접촉하여 온도가 내려갈 때 발생한다.
③ 일산화탄소, 그을음과 같은 연소생성물이 발생한다.
④ 연소실 내 배기가스의 배출이 불량할 때 발생한다.

산화정도에 의한 분류
1) 완전연소 : 공기 및 산소의 공급이 충분하여 불꽃의 온도가 높으며 가연성 가스가 완전히 산화되어 이산화탄소 등의 연소생성물이 발생되는 연소
2) 불완전연소 : 공기 및 산소의 공급이 불충분하여 불꽃의 온도가 낮으며 가연성 가스가 완전히 산화되지 못하여 일산화탄소, 그을음 등의 연소생성물이 발생되는 연소

---

20 다음의 가연성 가스(A, B, C) 중 위험도가 낮은 것에서 높은 순서로 옳게 나열한 것은?

A : 연소하한계 = 2 vol%, 연소상한계 = 22 vol%
B : 연소하한계 = 4 vol%, 연소상한계 = 75 vol%
C : 연소하한계 = 1 vol%, 연소상한계 = 44 vol%

① A, B, C   ② A, C, B
③ B, A, C   ④ C, B, A

위험도
폭발범위를 이용하여 가연물의 위험성을 갈음할 수 있는 계산 값으로 위험도가 클수록 연소 위험성이 크다.

$$H = \frac{U-L}{L}$$

H : 위험도
U : 연소상한계(%)
L : 연소하한계(%)

A 가스의 위험도 = $\frac{22-2}{2}$ = 10 vol%

B 가스의 위험도 = $\frac{75-4}{4}$ = 17.75 vol%

C 가스의 위험도 = $\frac{44-1}{1}$ = 43 vol%

정답 19.① 20.①

【2과목】 소방전기일반

21 궤환제어계에서 제어요소에 대한 설명으로 옳은 것은?

① 조작부와 검출부로 구성되어 있다.
② 제어량을 검출하는 작용을 한다.
③ 목표값에 비례하는 신호를 발생하는 제어이다.
④ 동작신호를 조작량으로 변화시키는 요소이다.

> 궤환 제어계에서 제어요소는 동작신호를 조작량으로 변화시키는 요소이다.
>
> • 제어요소에 속하는 조절부와 조작부는 동작신호를 조작량으로 변화시킨다.

22 코일의 권수가 1250회인 공심 환상솔레노이드의 평균길이가 50[cm]이며, 단면적이 20[cm2]이고, 코일에 흐르는 전류가 1[A]일 때 솔레노이드의 내부 자속은?

① $2\pi \times 10^{-6}$[Wb]
② $2\pi \times 10^{-8}$[Wb]
③ $\pi \times 10^{-6}$[Wb]
④ $\pi \times 10^{-8}$[Wb]

1) 솔레노이드 내부 자속

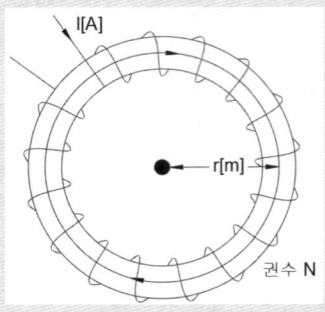

$\Phi =$ 코일의 권수 × 전류 × μ(공심투자율) $\dfrac{S(단면적)}{l(평균길이)}$

정답 21.④ 22.①

2) 적용하기

$$\Phi = \frac{4\pi \times 10^{-7} \times 1250}{0.5}(20 \times 10^{-4}) = 2\pi \times 10^{-6}\,[wb]$$

23 3상 유도전동기의 기동법이 아닌 것은?

① Y-△ 기동법 ② 기동 보상기법
③ 1차 저항 기동법 ④ 전전압 기동법

1) 3상 유도전동기 기동법
전전압 기동법, 기동 보상기법(콘드로퍼), Y-△기동법, 리엑터 기동법
암기팁 전기요(Y-△)리
2) 3상 유도전동기 제동법
역상제동, 회생제동, 발전제동
암기팁 단자 교체, 발전기 회생

24 그림과 같은 계전기 접점회로의 논리식은?

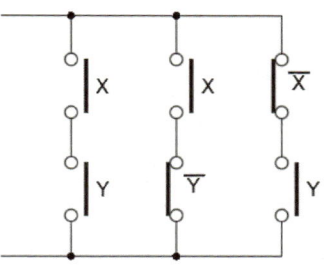

① $(X+Y)(X+\overline{Y})(\overline{X}+Y)$
② $(X+Y)(X+\overline{Y})+(\overline{X}+Y)$
③ $(XY)+(X\overline{Y})+(\overline{X}Y)$
④ $(XY)(X\overline{Y})(\overline{X}Y)$

식에 대한 표현을 묻는 것이다.

정답 23.③ 24.③

25 그림과 같은 브리지 회로가 평형이 되기 위한 Z의 값은 몇 [Ω] 인가? (단, 그림의 임피던스 단위는 모두 [Ω]이다.)

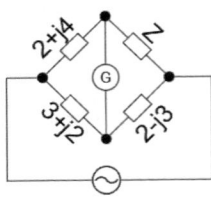

① 4 − j2
③ −2 + j4
② 2 − j4
④ 4 + j2

휘스톤브릿지 정리에 따라 아래 식과 같다.
$(2+j4)(2-j3) = (Z)(3+j2)$
$Z = \dfrac{(2+j4)(2-j3)}{(3+j2)} = 4-j2$

26 직류 발전기의 자극수 4, 전기자 도체 수 500, 각 자극의 유효자속 수 0.01[Wb], 회전수 1800[rpm] 인 경우 유기 기전력은 얼마인가? (단, 전기자 권선은 파권이다.)

① 100[V]
③ 200[V]
② 150[V]
④ 300[V]

1) 직류 발전기 유기기전력

$E = \dfrac{PZ\Phi N}{60a}$

E : 유기기전력[V], P : 극수
Φ : 극당자속[Wb]
N : 회전수[rpm]

2) 적용하기

$E = \dfrac{4 \times 500 \times 0.01 \times 1,800}{60(2)} = 300[V]$

정답 25.① 26.④

27 3상 유도전동기에 있어서 권선형 회전자에 비교한 농형회전자의 장점이 아닌 것은?

① 구조가 간단하고 튼튼하다.
② 취급이 쉽고 효율도 좋다.
③ 보수가 용이한 이점이 있다.
④ 속도조정이 용이하고 기동토크가 크다.

농형과 권선형 비교

비교	권선형	농형
회잔자 구조	3상권선(복잡)	도체봉(간단)
기동토크	크고, 조절 가능	작다, 조절 불가
속도제어	속도 조정 가능	속도 제어 곤란
효율, 역률	낮음	높음

암기팁 장비를 생각해보자. 권선형은 크레인에 주로 쓰인다. 강력한 힘이 특징적이다. 농형은 단순하다. 버튼이 없이 전원 제어만 한다고 생각해보자.

28 전압 $v = 50\sqrt{2}\sin(wt+\theta)[V]$, 전류 $i = 10\sqrt{2}\sin(wt+\theta-\frac{\pi}{6})[A]$일 때 무효전력은?

① 100[Var]   ② 150[Var]
③ 200[Var]   ④ 250[Var]

1) 무효전력의 산출
   $P_r = VI\sin\theta$
2) 적용하기
   $P_r = VI\sin(\frac{\pi}{6}) = 50 \times 10 \times (1/2) = 250[Var]$

정답 27.④ 28.④

29 그림과 같은 무접점회로는 어떤 논리회로인가?

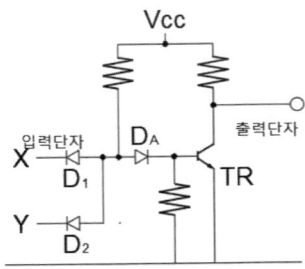

① NOR
② OR
③ NAND
④ AND

> 다이오드-트랜지스터 논리(DTL) 회로의 형태이며, 암기한 구조를 조합하여 AND와 NOT의 혼합형임을 파악할 수 있다.

30 입력신호와 출력신호가 모두 직류(DC)로서 출력이 최대 5[KW]까지로 견고성이 좋고 토크가 에너지원이 되는 전기식 증폭기기는?

① 계전기
② SCR
③ 자기증폭기
④ 앰플리다인

> 1) '앰플리다인'은 직류 전압 및 전류를 증폭하는데 사용하는 직류 증폭기에 해당한다. 높은 이득과 빠른 응답 특성을 갖고 있다.
> • 입력/출력 신호는 모두 직류이고, 회전기기의 토크를 조절하여 출력을 증폭한다.

31 동일한 저항을 가진 감지기배선 2가닥을 병렬로 접속하였을 때의 합성저항은?

① 한 가닥 배선의 2배가 된다.
② 한 가닥 배선의 1/2로 된다.
③ 한 가닥 배선의 1/3로 된다.
④ 한 가닥 배선과 동일하다.

> 감지기 배선 2가닥을 병렬로 접속 시 저항은 1/2로 감소한다.
> $R = \rho \dfrac{l}{A}$, $R_t = \dfrac{1}{1/R_1 + 1/R_1} = \dfrac{R_1}{2}$

정답 29.③ 30.④ 31.②

32 그림과 같은 회로에서 단자 a, b 사이에 주파수 f[Hz]의 정형파 전압을 가했을 때 전류계 A1, A2의 값이 같았다. 이 경우 f, L, C 사이의 관계로 옳은 것은?

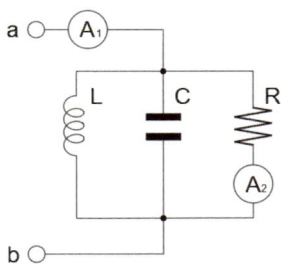

① $f = \dfrac{1}{2\pi LC}$

② $f = \dfrac{1}{2\pi\sqrt{LC}}$

③ $f = \dfrac{1}{\sqrt{2\pi LC}}$

④ $f = \dfrac{1}{\sqrt{LC}}$

> 전류계의 값이 같다.
> → 공진 주파수에 대한 설명이다.
> $wL = \dfrac{1}{wC}$, $w = 2\pi f = \sqrt{\dfrac{1}{LC}}$

33 공업공정이 상태량을 제어량으로 하는 제어를 어떤 제어라 하는가?

① 프로세스제어
② 프로그램제어
③ 비율제어
④ 정치제어

> 공정에서의 상태량이며, 압력, 온도, 유량 따위를 제어하는 방식에 해당한다. 이를 일정히 유지시키는 정치 제어가 대표적이다.

정답 32.② 33.①

34 그림과 같은 회로에서 a-b간의 합성저항은?

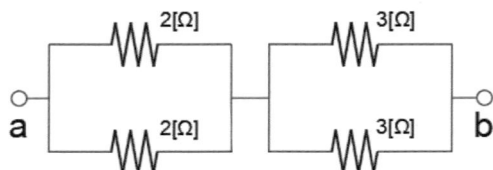

① 2.5[Ω] ② 5[Ω]
③ 7.5[Ω] ④ 10[Ω]

합성 저항 산출

$$R_t = \frac{1}{\frac{1}{2}+\frac{1}{2}} + \frac{1}{\frac{1}{3}+\frac{1}{3}} = 1 + 1.5 = 2.5[\Omega]$$

35 건물내 부하 설비용량이 700[kVA]이며, 수용률이 95[%]인 경우 자가 발전기의 용량은?

① 620[kVA] ② 665[kVA]
③ 737[kVA] ④ 770[kVA]

1) 수용률

$$수용률 = \frac{최대수용전력}{총설비용량} \times 100\%$$

2) 적용하기
  $700 \times 0.95 = 665[kVA]$

36 단상 변압기 3대를 △결선하여 부하에 전력을 공급하고 있는데, 변압기 1대의 고장으로 V결선을 한 경우 고장전의 몇 % 출력을 낼 수 있는가?

① 50% ② 57.7%
③ 66.7% ④ 86.6%

1) V결선
  ① 이용률 : $\sqrt{3}/2 = 86.666$
  ② 출력비 : $\sqrt{3}/3 = 57.77$
2) 출력비에 대한 질의에 해당한다.

정답 34.① 35.② 36.②

37 코일의 감긴 수와 전류와의 곱을 무엇이라 하는가?

① 기전력 ② 전자력
③ 기자력 ④ 보자력

> 자기 회로의 옴의 법칙
> ① 기자력 : $F = N_1 I = R_m(\text{자기저항})\Phi(\text{자속})$
> ② 자기저항 : $R_m = F(\text{기자력})/\Phi(\text{자속})$
> ③ 자속 : $\Phi = F(\text{기자력})/R_m(\text{자기저항})$

38 SCR의 동작상태 중 래칭전류(Latching Current)에 대한 설명으로 옳은 것은?

① 사이리스터의 게이트를 개방한 상태에서 전압을 상승하면 급히 증가하게 되는 순전류
② 트리거 신호가 제거된 직후에 사이리스터를 ON상태로 유지하는데 필요로 하는 최소한의 주 전류
③ 사이리스터가 ON상태를 유지하다가 OFF상태로 전환하는데 필요로 하는 최소한의 전류
④ 게이트를 개방한 상태에서 사이리스터가 도통상태를 차단하기 위한 최소의 순전류

> 래칭 전류는 사이리스터가 off상태에서 On상태로 전환될 때, 게이트 신호가 제거된 직후에도 사이리스터가 on상태(도통)으로 계속 유지하는 데 필요한 최소한의 주(애노드) 전류를 말한다.
> ① 게이트가 개방된 상태에서 순방향 브레이크 오버 전압이상의 전압을 인가할 때 발생하는 현상이다.
> ② 래칭 전류의 정확한 정리에 해당한다.
> ③ 해당 내용은 유지 전류에 대한 설명이다. 이하로 감소될 때 off 상태로 전환된다.
> ④ 유지 전류에 대한 설명이다. 도통 상태를 차단하기 위한 조건은 주 전류가 유지전류 이하로 감소하는 것이다.

39 어떤 전압계의 측정 범위를 10배로 하자면 배율기의 저항은 내부저항 보다 어떻게 하여야 하는가?

① 9배로 한다. ② 10배로 한다.
③ 1/9로 한다. ④ 1/10로 한다.

> 1) 배율기(전압계)
> $V_1 : R_v = V_2 : (R_v + R_s)$
> 2) 저항 확인
> $R_v V_2 = V_1(R_v + R_s)$
> $a = V_2/V_1 = (R_v + R_s)/R_v = 10$
> $R_s = 9R_v$

정답 37.③ 38.② 39.①

40 자기인덕턴스 L_1, L_2가 각각 4[mH], 9[mH]인 두 코일이 이상적인 결합이 되었다면 상호인덕턴스 M은?

① 4[mH]
② 6[mH]
③ 9[mH]
④ 36[mH]

1) 이상적인 결합일 때 상호 인덕턴스
$M = k\sqrt{L_1 L_2}\,[mH]$
이상적인 결합일 때는 '$k=1$'이다.
2) 적용하기
$M = 1\sqrt{L_1 L_2} = \sqrt{4 \times 9} = 6[mH]$

정답 40.②

[3과목] 소방관계법규

41 「소방기본법」상 용어의 정의에 대한 설명으로 옳은 것은?

① "관계지역"이란 특정소방대상물이 있는 장소로서 화재의 예방·경계·진압, 구조·구급 등의 활동에 필요한 지역을 말한다.
② "현장지휘관"이란 소방본부장 또는 소방서장 등 화재, 재난·재해, 그 밖의 위급한 상황이 발생한 현장에서 소방대를 지휘하는 사람을 말한다.
③ "소방서장"이란 특별시·광역시·특별자치시·도 또는 특별자치도에서 화재의 예방·경계·진압·조사 및 구조·구급 등의 업무를 담당하는 부서의 장을 말한다.
④ "소방대"란 화재를 진압하고 화재, 재난·재해, 그 밖의 위급한 상황에서 구조·구급 활동 등을 하기 위하여 관련 법령에 따라 소방공무원, 의무소방원 등으로 구성된 조직체를 말한다.

> [법 1조]
> ① "관계지역"이란 소방대상물이 있는 장소 및 그 이웃 지역으로서 화재의 예방·경계·진압, 구조·구급 등의 활동에 필요한 지역을 말한다.
> ② "소방대장"이란 소방본부장 또는 소방서장 등 화재, 재난·재해, 그 밖의 위급한 상황이 발생한 현장에서 소방대를 지휘하는 사람을 말한다.
> ③ "소방본부장"이란 특별시·광역시·특별자치시·도 또는 특별자치도(이하 "시·도"라 한다)에서 화재의 예방·경계·진압·조사 및 구조·구급 등의 업무를 담당하는 부서의 장을 말한다.

42 「소방기본법」 및 같은 법 시행규칙상 119종합상황실의 설치·운영에 관한 설명으로 옳은 것은?

① 소방청과 특별시·광역시·특별자치시·도 또는 특별자치도의 소방본부 및 소방서 중 하나 이상 설치·운영하여야 한다.
② 소방청장, 소방본부장 또는 소방서장은 신속한 소방활동을 위한 정보를 수집·전파하기 위하여 119종합상황실에 「소방청 119종합상황실 운영 규정」에 의한 전산·통신요원을 배치하고, 소방청장이 정하는 유·무선통신시설을 갖추어야 한다.
③ 소방본부에 설치하는 119종합상황실에는 「지방자치단체에 두는 국가공무원의 정원에 관한 법률」에도 불구하고 대통령령으로 정하는 바에 따라 경찰공무원을 둘 수 있으며, 119종합상황실의 설치·운영에 필요한 사항은 대통령령으로 정한다.
④ 119종합상황실의 실장은 하급소방기관에 대한 출동지령 또는 동급 이상의 소방기관 및 유관기관에 대한 지원요청, 재난상황의 수습에 필요한 정보수집 및 제공, 재난상황이 발생한 현장에 대한 지휘 및 피해현황의 파악 등의 업무를 행하고, 그에 관한 내용을 기록·관리하여야 한다.

정답 41.④ 42.④

[법 제4조]
① 소방청과 특별시·광역시·특별자치시·도 또는 특별자치도의 소방본부 및 소방서 중 하나 이상 설치·운영하여야 한다.
→ 소방청과 특별시·광역시 또는 도(이하 "시·도"라 한다)의 소방본부 및 소방서에 각각 설치·운영하여야 한다.
② 소방청장, 소방본부장 또는 소방서장은 신속한 소방활동을 위한 정보를 수집·전파하기 위하여 119종합상황실에 「소방청 119종합상황실 운영 규정」에 의한 전산·통신요 원을 배치하고, 소방청장이 정하는 유·무선통신시설을 갖추어야 한다.
→ ~「소방력 기준에 관한 규칙」에 의한~
③ 소방본부에 설치하는 119종합상황실에는 「지방자치단체에 두는 국가공무원의 정원에 관한 법률」에도 불구하고 대통령령으로 정하는 바에 따라 경찰공무원을 둘 수 있으며, 119종합상황실의 설치·운영에 필요한 사항은 대통령령 으로 정한다.
→ ~ 119종합상황실의 설치·운영에 필요한 사항은 행정안전부령 으로 정한다.

43 「소방기본법」 및 같은 법 시행규칙상 소방용수시설 및 비상소화장치의 설치·관리 등에 관한 설명으로 옳지 않은 것은?

① 소방본부장 또는 소방서장은 원활한 소방활동을 위하여 소방용수시설, 소방대상물에 인접한 도로의 폭·교통상황 등에 대한 조사를 월 1회 이상 실시하여야 한다.
② 소방용수시설 조사결과는 전자적 처리가 불가능한 특별한 사유가 없으면 전자적 처리가 가능한 방법으로 작성·관리 하여야 하고, 조사결과는 2년간 보관하여야 한다.
③ 비상소화장치함은 「소방시설 설치 및 관리에 관한 법률」에 따라 소방청장이 정하여 고시하는 형식승인 및 제품검사의 기술기준에 적합한 것으로 설치하여야 한다.
④ 저수조는 지면으로부터의 낙차가 4.5미터 이하로 하고, 흡수관의 투입구가 사각형의 경우에는 한 변의 길이가 60센티미터 이상, 원형의 경우에는 지름이 60센티미터 이상으로 설치하여야 한다.

[법 제10조]
(보기③) 비상소화장치함은 「소방시설 설치 및 관리에 관한 법률」에 따라 소방청장이 정하여 고시하는 형식승인 및 제품검사의 기술기준에 적합한 것으로 설치하여야 한다. → ~ 성능인증 및 제품검사의 기술기준에 적합한 것~

정답 43.③

44 「소방기본법」및 같은 법 시행령, 시행규칙상 소방자동차 교통안전 분석 시스템 구축·운영에 관한 설명으로 옳지 않은 것은?

① 소방청장, 소방본부장 및 소방서장은 소방자동차 운행기록 장치에 기록된 데이터를 6개월 동안 저장·관리해야 한다.
② 소방자동차 교통안전 분석 시스템의 구축·운영, 운행기록 장치 데이터 및 전산자료의 보관·활용 등에 필요한 사항은 행정안전부령으로 정한다.
③ 소방화학차, 소방고가차, 무인방수차, 구조차는 행정안전 부령으로 정하는 기준에 적합한 운행기록장치를 장착하고 운용해야 하는 소방자동차에 해당한다.
④ 소방청장, 소방본부장 및 소방서장은 운행기록장치 데이터 중 과속, 급감속, 급출발 등의 운행기록을 점검·분석해야 하고, 분석 결과를 소방자동차의 안전한 소방활동 수행에 필요한 교통안전정책의 수립, 교육·훈련 등에 활용할 수 있다.

[시행규칙 제13조의3(운행기록장치 데이터의 분석·활용)]
① 소방청장 및 소방본부장은 운행기록장치 데이터 중 과속, 급감속, 급출발 등의 운행기록을 점검·분석해야 한다.
② 소방청장, 소방본부장 및 소방서장은 제1항에 따른 분석 결과를 소방자동차의 안전한 소방활동 수행에 필요한 교통안전정책의 수립, 교육·훈련 등에 활용할 수 있다.

45 「소방기본법」및 같은 법 시행령상 소방활동 종사 사상자의 보상금액 등의 기준에 해당하는 것으로 〈보기〉에서 모두 고른 것은?

〈보 기〉
ㄱ. 보상금의 환수 기준
ㄴ. 의료급여의 지급 기준
ㄷ. 사망자의 보상금액 기준
ㄹ. 부상등급별 보상금액 기준

① ㄱ, ㄷ
② ㄴ, ㄹ
③ ㄱ, ㄷ, ㄹ
④ ㄴ, ㄷ, ㄹ

[소방기본법 시행령 별표 2의 4 소방활동 종사 사상자의 보상금액 등의 기준(제11조제3항 관련)]
1. 사망자의 보상금액 기준
「의사상자 등 예우 및 지원에 관한 법률 시행령」제12조제1항에 따라 보건복지부장관이 결정하여 고시하는 보상금에 따른다.
2. 부상등급의 기준
「의사상자 등 예우 및 지원에 관한 법률 시행령」제2조 및 별표 1에 따른 부상범위 및 등급에 따른다.

정답 44.④ 45.③

3. 부상등급별 보상금액 기준
「의사상자 등 예우 및 지원에 관한 법률 시행령」 제12조제2항 및 별표 2에 따른 의사상자의 부상등급별 보상금에 따른다.
4. 보상금 지급순위의 기준
「의사상자 등 예우 및 지원에 관한 법률」 제10조의 규정을 준용한다.
5. 보상금의 환수 기준
「의사상자 등 예우 및 지원에 관한 법률」 제19조의 규정을 준용한다.

46 「소방기본법」상 벌칙에 관한 설명에서, '가 ~ 라'에 들어갈 내용으로 옳은 것은?

> - 소방대상물에 화재, 재난·재해, 그 밖의 위급한 상황이 발생한 경우에는 소방본부, 소방서 또는 관계 행정기관 에 지체 없이 알려야 하나 이를 위반하여 정당한 사유 없이 화재, 재난·재해, 그 밖의 위급한 상황을 소방본부, 소방서 또는 관계 행정기관에 알리지 아니한 관계인은 (가)만원 이하의 (나)을/를(에) 부과한다(처한다).
> - 소방본부장, 소방서장 또는 소방대장은 화재 진압 등 소방 활동을 위하여 필요할 때에는 소방용수 외에 댐·저수지 또는 수영장 등의 물을 사용하거나 수도의 개폐장치 등 을 조작할 수 있으나 이를 위반하여 정당한 사유 없이 물의 사용이나 수도의 개폐장치의 사용 또는 조작을 하지 못하게 하거나 방해한 자는 (다)만원 이하의 (라)을/를(에) 부과한다(처한다).

	가	나	다	라
①	100	과태료	500	벌금
②	100	벌금	500	과태료
③	500	과태료	100	벌금
④	500	벌금	100	과태료

[법 제56조]
- 소방대상물에 화재, 재난·재해, 그 밖의 위급한 상황이 발생한 경우에는 소방본부, 소방서 또는 관계 행정기관에 지체 없이 알려야 하나 이를 위반하여 정당한 사유 없이 화재, 재난·재해, 그 밖의 위급한 상황을 소방본부, 소방서 또는 관계 행정기관에 알리지 아니한 관계인은 (가 : 500)만원 이하의 (나 : 과태료)을/를(에) 부과한다(처한다).
- 소방본부장, 소방서장 또는 소방대장은 화재 진압 등 소방 활동을 위하여 필요할 때에는 소방용수 외에 댐·저수지 또는 수영장 등의 물을 사용하거나 수도의 개폐장치 등 을 조작할 수 있으나 이를 위반하여 정당한 사유 없이 물의 사용이나 수도의 개폐장치의 사용 또는 조작을 하지 못하게 하거나 방해한 자는 (다 : 100)만원 이하의 (라 : 벌금)을/를(에) 부과한다(처한다).

정답 46.③

47 「소방시설공사업법」 및 같은 법 시행령, 시행규칙상 공사업자가 착공신고 후 변경신고를 하여야 하는 행정안전부령으로 정하는 중요한 사항에 해당하지 않는 것은?

① 시공자
② 소방공사 감리원
③ 설치되는 소방시설의 종류
④ 책임시공 및 기술관리 소방기술자

> 변경신고 해야하는 중요한 사항
> "행정안전부령으로 정하는 중요한 사항"이란 다음 각 호의 어느 하나에 해당하는 사항을 말한다.
> 1. 시공자
> 2. 설치되는 소방시설의 종류
> 3. 책임시공 및 기술관리 소방기술자

48 「소방시설공사업법」 및 같은 법 시행규칙상 소방시설업의 위반사항에 따른 2차 행정처분 기준이 같은 것만을 〈보기〉에서 모두 고른 것은? (단, 일반기준에 따른 처분의 가중 및 감경은 고려하지 않는다.)

〈보 기〉
ㄱ. 도급받은 소방시설의 설계를 하도급한 경우
ㄴ. 동일한 특정소방대상물에 대한 시공과 감리를 함께한 경우
ㄷ. 공사업자가 시공능력 평가에 관한 서류를 거짓으로 제출한 경우
ㄹ. 관계 공무원이 특정소방대상물에 출입하여 시설 등을 검사하고자 할 때 정당한 사유 없이 관계 공무원의 출입을 방해한 경우

① ㄱ, ㄴ
② ㄷ, ㄹ
③ ㄱ, ㄷ, ㄹ
④ ㄴ, ㄷ, ㄹ

> [법 제9조(등록취소와 영업정지 등)]
> ㄱ. 도급받은 소방시설의 설계를 하도급한 경우 (1차 : 영업정지 3개월, 2차 : 영업정지 6개월, 3차 : 등록취소)
> ㄴ. 동일한 특정소방대상물에 대한 시공과 감리를 함께한 경우(1차 : 영업정지 3개월, 2차 : 등록취소)
> ㄷ. 공사업자가 시공능력 평가에 관한 서류를 거짓으로 제출한 경우 (1차 : 영업정지 3개월, 2차 : 영업정지 6개월, 3차 : 등록취소)
> ㄹ. 관계 공무원이 특정소방대상물에 출입하여 시설 등을 검사하고자 할 때 정당한 사유 없이 관계 공무원의 출입을 방해한 경우 (1차 : 영업정지 3개월, 2차 : 영업정지 6개월, 3차 : 등록취소)

정답 47.② 48.③

49 「소방시설공사업법」및 같은 법 시행규칙상 소방시설공사 시공능력평가신청서에 첨부하여야 하는 서류로 옳지 않은 것은?

① 국가 또는 지방자치단체가 발주한 국내 소방시설공사의 경우 : 소득세법령에 따른 계산서(공급자 보관용) 사본
② 공사업자의 자기수요에 따른 소방시설공사의 경우 : 그 공사의 감리자가 확인한 별지 서식에 따른 소방시설공사 실적증명서
③ 주한국제연합군으로부터 도급받은 소방시설공사의 경우 : 거래하는 외국환은행이 발행한 외화입금증명서 및 도급 계약서 사본
④ 해외 소방시설공사의 경우 : 재외공관장이 발행한 해외공사 실적증명서 또는 공사계약서 사본이 첨부된 외국환은행이 발행한 외화입금증명서

> [소방시설법 시행규칙] 제22조 (소방시설공사 시공능력 평가의 신청)
> 1. 소방공사실적을 증명하는 다음 각 목의 구분에 따른 해당 서류(전자문서를 포함한다)
>   가. 국가, 지방자치단체, 공기업·준정부기관 또는 지방공사나 지방공단이 발주한 국내 소방시설공사의 경우 : 해당 발주자가 발행한 소방시설공사 실적증명서
>   나. 가목, 라목 또는 마목 외의 국내 소방시설공사와 하도급공사의 경우 : 해당 소방시설공사의 발주자 또는 수급인이 발행한 별지 제33호서식의 소방시설공사 실적증명서 및 부가가치세법령에 따른 세금계산서(공급자 보관용) 사본이나 소득세법령에 따른 계산서(공급자 보관용) 사본
>   다. 해외 소방시설공사의 경우 : 재외공관장이 발행한 해외공사 실적증명서 또는 공사계약서 사본이 첨부된 외국환은행이 발행한 외화입금증명서
>   라. 주한국제연합군 또는 그 밖의 외국군의 기관으로부터 도급받은 소방시설공사의 경우 : 거래하는 외국환은행이 발행한 외화입금증명서 및 도급계약서 사본
>   마. 공사업자의 자기수요에 따른 소방시설공사의 경우 : 그 공사의 감리자가 확인한 별지 제33호서식의 소방시설공사 실적증명서

50 「화재의 예방 및 안전관리에 관한 법률」및 같은 법 시행령상 화재의 예방 및 안전관리 기본계획 등의 수립·시행에 관한 설명이다. 'ㄱ, ㄴ'에 들어갈 내용으로 옳은 것은?

> • 소방청장은 화재예방정책을 체계적·효율적으로 추진하고 이에 필요한 기반 확충을 위하여 화재의 예방 및 안전 관리에 관한 기본계획을 (ㄱ)년마다 수립·시행하여야 한다.
> • 소방청장은 기본계획을 시행하기 위한 계획을 계획 시행 전년도 (ㄴ)까지 수립해야 한다.

	가	나
①	5	10월 31일
②	5	12월 31일
③	7	10월 31일
④	7	12월 31일

정답 49.① 50.①

[법 제4조]
- 소방청장은 화재예방정책을 체계적·효율적으로 추진하고 이에 필요한 기반 확충을 위하여 화재의 예방 및 안전관리에 관한 기본계획을 (ㄱ : 5)년마다 수립·시행하여야 한다.
- 소방청장은 기본계획을 시행하기 위한 계획을 계획 시행 전년도 (ㄴ : 10월31일)까지 수립해야 한다.

51. 「화재의 예방 및 안전관리에 관한 법률」및 같은 법 시행령상 화재안전조사를 효율적으로 실시하기 위하여 합동으로 조사 반을 편성할 수 있는 기관으로 옳지 않은 것은? (단, 소방청장이 정하여 고시하는 소방 관련 법인 또는 단체는 제외한다.)

① 「소방기본법」에 따른 한국소방안전원
② 「소방시설공사업법」에 따른 한국소방시설협회
③ 「소방산업의 진흥에 관한 법률」에 따른 한국소방산업기술원
④ 「화재로 인한 재해보상과 보험가입에 관한 법률」에 따른 한국화재보험협회

[법 제8조]
소방관서장은 화재안전조사를 효율적으로 실시하기 위하여 필요한 경우 다음 각 호의 기관의 장과 합동으로 조사반을 편성하여 화재안전조사를 할 수 있다.
1. 관계 중앙행정기관 또는 지방자치단체
2. 「소방기본법」 제40조에 따른 한국소방안전원(이하 "안전원"이라 한다)
3. 「소방산업의 진흥에 관한 법률」 제14조에 따른 한국소방산업기술원(이하 "기술원"이라 한다)
4. 「화재로 인한 재해보상과 보험가입에 관한 법률」 제11조에 따른 한국화재보험협회(이하 "화재보험협회"라 한다)
5. 「고압가스 안전관리법」 제28조에 따른 한국가스안전공사(이하 "가스안전공사"라 한다)
6. 「전기안전관리법」 제30조에 따른 한국전기안전공사(이하 "전기안전공사"라 한다)
7. 그 밖에 소방청장이 정하여 고시하는 소방 관련 법인 또는 단체

52 「화재의 예방 및 안전관리에 관한 법률」및 같은 법 시행령상 소방안전관리업무의 전담이 필요한 소방안전관리대상물에 해당하지 않는 것은? (단, 다른 법령에 특별한 규정이 있는 경우는 제외한다.)

① 지상 60층인 아파트
② 지하 3층, 지상 12층인 백화점
③ 연면적 11만제곱미터인 국제공항
④ 가연성 가스 1백톤을 저장·취급하는 공장

[시행령 제26조(소방안전관리업무 전담 대상물)]
법 제24조제2항 본문에서 "대통령령으로 정하는 소방안전관리대상물"이란 다음 각 호의 소방안전관리대상물을 말한다.
1. 별표 4 제1호에 따른 특급 소방안전관리대상물
2. 별표 4 제2호에 따른 1급 소방안전관리대상물

정답 51. ② 52. ④

53 「화재의 예방 및 안전관리에 관한 법률」및 같은 법 시행령상 불특정 다수인이 이용하는 특정소방대상물의 근무자등에게 불시에 소방훈련과 교육을 실시할 수 있는 소방안전관리대상 물을 〈보기〉에서 고른 것은? (단, 소방본부장 또는 소방서장이 소방훈련·교육이 필요하다고 인정하는 특정소방대상물은 제외한다.)

〈보 기〉
ㄱ. 「소방시설 설치 및 관리에 관한 법률 시행령」에 따른 의료시설 중 한방병원
ㄴ. 「소방시설 설치 및 관리에 관한 법률 시행령」에 따른 수련시설 중 유스호스텔
ㄷ. 「소방시설 설치 및 관리에 관한 법률 시행령」에 따른 교육연구시설 중 특수학교
ㄹ. 「소방시설 설치 및 관리에 관한 법률 시행령」에 따른 교정시설 및 군사시설 중 교도소

① ㄱ, ㄷ
② ㄱ, ㄹ
③ ㄴ, ㄷ
④ ㄴ, ㄹ

[시행령 제39조(불시 소방훈련·교육의 대상)]
법 제37조제4항에서 "대통령령으로 정하는 특정소방대상물"이란 소방안전관리대상물 중 다음 각 호의 특정소방대상물을 말한다.
1. 「소방시설 설치 및 관리에 관한 법률 시행령」 별표 2 제7호에 따른 의료시설
2. 「소방시설 설치 및 관리에 관한 법률 시행령」 별표 2 제8호에 따른 교육연구시설
3. 「소방시설 설치 및 관리에 관한 법률 시행령」 별표 2 제9호에 따른 노유자 시설
4. 그 밖에 화재 발생 시 불특정 다수의 인명피해가 예상되어 소방본부장 또는 소방서장이 소방훈련·교육이 필요하다고 인정하는 특정소방대상물

54 「화재의 예방 및 안전관리에 관한 법률」및 같은 법 시행령상 화재 등 재난이 발생할 경우 사회·경제적으로 피해가 큰 시설에 대하여 소방안전 특별관리를 하여야 하는 시설물 기준에 해당 하지 않는 것은?

① 「도시가스사업법」에 따른 가스공급시설
② 「전통시장 및 상점가 육성을 위한 특별법」에 따른 전통 시장으로서 점포가 500개 이상인 것
③ 「물류시설의 개발 및 운영에 관한 법률」에 따른 물류창고 로서 연면적 1만5천제곱미터 이상인 것
④ 「영화 및 비디오물의 진흥에 관한 법률」에 따른 영화상영 관 중 수용인원 1천명 이상인 영화상영관

물류창고로서 연면적 10만제곱미터 이상인 것이 해당한다.

정답 53.① 54.③

55. 「소방시설 설치 및 관리에 관한 법률」 및 같은 법 시행규칙상 관리업자가 점검하는 경우 50층 이상 또는 성능위주설계를 한 특정소방대상물의 규모 등에 따른 점검인력의 배치로 옳은 것만을 〈보기〉에서 고른 것은?

〈보 기〉
ㄱ. 주된 점검인력 : 소방시설관리사 경력 5년인 특급점검자 1명
ㄴ. 주된 점검인력 : 소방시설관리사 경력 3년인 특급점검자 1명
ㄷ. 보조 점검인력 : 고급점검자 1명 및 중급점검자 1명
ㄹ. 보조 점검인력 : 고급점검자 1명 및 초급점검자 1명

① ㄱ, ㄷ
② ㄱ, ㄹ
③ ㄴ, ㄷ
④ ㄴ, ㄹ

구분	주된 점검인력	보조 점검인력
가. <u>50층 이상 또는 성능위주설계</u>를 한 특정소방대상물	<u>소방시설관리사 경력 5년 이상</u>인 <u>특급점검자 1명 이상</u>	고급점검자 이상의 기술인력 1명 이상 및 중급점검자 이상의 기술인력 1명 이상
나. 「화재의 예방 및 안전관리에 관한 법률 시행령」 별표 4 제1호에 따른 <u>특급 소방안전관리대상물</u>(가목의 특정소방대상물은 제외한다)	<u>소방시설관리사 경력 3년 이상</u>인 <u>특급점검자 1명 이상</u>	고급점검자 이상의 기술인력 1명 이상 및 초급점검자 이상의 기술인력 1명 이상
다. 「화재의 예방 및 안전관리에 관한 법률 시행령」 별표 4 제2호 및 제3호에 따른 <u>1급 또는 2급 소방안전관리대상물</u>	<u>소방시설관리사 경력 1년 이상</u>인 <u>특급점검자 1명 이상</u>	중급점검자 이상의 기술인력 1명 이상 및 초급점검자 이상의 기술인력 1명 이상
라. 「화재의 예방 및 안전관리에 관한 법률 시행령」 별표 4 제4호에 따른 <u>3급 소방안전관리대상물</u>	특급점검자 1명 이상	초급점검자 이상의 기술인력 2명 이상

56. 「소방시설 설치 및 관리에 관한 법률」 및 같은 법 시행령상 임시소방시설의 종류와 설치기준으로 옳은 것은?

① 간이소화장치는 연면적 2천제곱미터 이상인 공사의 화재 위험작업현장에 설치한다.
② 가스누설경보기는 바닥면적이 100제곱미터 이상인 지하층 또는 무창층의 화재위험작업현장에 설치한다.
③ 비상경보장치는 연면적 300제곱미터 이상인 공사의 화재 위험작업현장에 설치한다.
④ 방화포는 용접·용단 등의 작업 시 발생하는 불티로부터 가연물이 점화되는 것을 방지해주는 천 또는 불연성 물품 으로서 소방청장이 정하는 성능을 갖추고 있어야 한다.

정답 55. ① 56. ④

① 간이소화장치는 연면적 2천(3천)제곱미터 이상인 공사의 화재 위험작업현장에 설치한다.
② 가스누설경보기는 바닥면적이 100(150)제곱미터 이상인 지하층 또는 무창층의 화재위험작업현장에 설치한다.
③ 비상경보장치는 연면적 300(400)제곱미터 이상인 공사의 화재 위험작업현장에 설치한다.

57 「소방시설 설치 및 관리에 관한 법률」및 같은 법 시행령상 방염성능기준으로 옳은 것은? (단, 소방청장이 정하여 고시 하는 구체적인 방염성능기준은 제외한다.)

① 불꽃에 의하여 완전히 녹을 때까지 불꽃의 접촉 횟수는 2회 이상일 것
② 탄화한 면적은 50제곱센티미터 이내, 탄화한 길이는 30센티미터 이내일 것
③ 소방청장이 정하여 고시한 방법으로 발연량을 측정하는 경우 최대연기밀도는 500 이하일 것
④ 버너의 불꽃을 제거한 때부터 불꽃을 올리며 연소하는 상태가 그칠 때까지 시간은 20초 이내일 것

① 불꽃에 의하여 완전히 녹을 때까지 불꽃의 접촉 횟수는 2회(3회) 이상일 것
② 탄화한 면적은 50제곱센티미터 이내, 탄화한 길이는 30(20)센티미터 이내일 것
③ 소방청장이 정하여 고시한 방법으로 발연량을 측정하는 경우 최대연기밀도는 500(400) 이하일 것

58 「위험물안전관리법」상 제조소등의 위치·구조 또는 설비의 변경없이 취급하는 위험물의 품명을 변경하고자 할 때 시·도지사 에게 신고하여야 하는 기준으로 옳은 것은?

① 변경한 날부터 14일 이내
② 변경한 날부터 30일 이내
③ 변경하고자 하는 날의 1일 전까지
④ 변경하고자 하는 날의 14일 전까지

변경하고자 하는 날의 1일 전까지 신고한다.

정답 57.④ 58.③

59 「위험물안전관리법」및 같은 법 시행령, 시행규칙상 〈보기〉의 옥외저장탱크의 주위에 보유하여야 하는 최소 공지의 너비로 옳은 것은?

〈 보 기 〉
- 위험물의 종류 : 제4류 위험물 중 제1석유류(비수용성)
- 저장하는 위험물의 최대수량 : 400,000리터
- 기준에 적합한 물분무설비에 의한 방호조치 여부 : 있음

① 2.5미터
② 3.0미터
③ 4.5미터
④ 9.0미터

1석유류 비수용성의 지정수량은 200리터 이므로 지정수량의 2,000배가 저장되어 있으므로 보유공지의 너비는 9m 이상이지만 물분무소화설비 설치시 1/2을 감소한다.

60 「위험물안전관리법」및 같은 법 시행령상 정기점검을 하여야 하는 제조소등에 해당하지 않는 것은?

① 지정수량의 10배의 위험물을 취급하는 제조소
② 지정수량의 100배의 위험물을 저장하는 옥내저장소
③ 지정수량의 150배의 위험물을 저장하는 옥외저장소
④ 지정수량의 5배의 위험물을 저장하는 이동탱크저장소

1. 제15조제1항 각 호의 어느 하나에 해당하는 제조소등(예방규정 대상)
2. 지하탱크저장소
3. 이동탱크저장소
4. 위험물을 취급하는 탱크로서 지하에 매설된 탱크가 있는 제조소·주유취급소 또는 일반취급소

정답 59.③ 60.②

[4과목] 소방전기시설의 구조 및 원리

61 유도등 및 유도표지의 화재안전기준(NFSC 303)에 따라 객석 내 통로의 직선부분 길이가 44[m]인 경우 객석유도등을 몇 개 설치하여야 하는가?

① 6개　　　　　　　　　　　② 10개
③ 12개　　　　　　　　　　　④ 14개

객석유도등 설치 수량

① $\left(\dfrac{\text{객석통로의 직선부분의 길이}}{4} - 1\right)[EA]$

② $\dfrac{44}{4} - 1 = 10[EA]$

62 부착 높이 3[m], 바닥면적 60[m2]인 주요구조부를 내화 구조로 한 소방대상물에 1종 열반도체식 차동식 분포형 감지기를 설치하고자 할 때 감지부의 최소 설치 개수는?

① 1개　　　　　　　　　　　② 2개
③ 3개　　　　　　　　　　　④ 4개

1) 열반도체식은 자주 나오는 부분이 아니었다.

부착높이 및 소방 대상물의 구분		감지기의 종류	
		1종	2종
8[m] 미만	내화 구조	65	36
	기타 구조	40	23
15[m] 미만	내화 구조	50	36
	기타 구조	30	23

2) 반도체식은 65,5,4,3,2 순서로 이어진다.
　많은 수를 쓰지 않는다.
　$\dfrac{60}{65} = 0.923 ≒ 1[EA]$

정답　61.②　62.①

63 자동화재탐지설비 및 시각경보장치의 화재안전기준에 따른 열전대식 차동식 분포형 감지기의 시설 기준이다. 다음 빈 칸에 들어갈 내용으로 옳은 것은? (단, 주요 구조부가 내화 구조가 아닌 경우이다.)

> 열전대부는 감지 구역의 바닥면적 (A)[m²]마다 1개 이상으로 할 것. 다만, 바닥면적이 (B)[m²] 이하인 특정소방대상물에 있어서는 (B)[개] 이상으로 하여야 한다.

① A 18, B 70, C 4
② A 22, B 72, C 4
③ A 18, B 72, C 4
④ A 22, B 72, C 5

> 열전대식 감지기의 경우
> 1) 하나의 검출부에 접속하는 열전대부는 4개에서 20개 이하로 해야 한다.
> 2) 바닥 면적은 내화 구조일 때 22[m²/개], 기타 구조는 18[m²/개]
> **암기팁** 조합하여 18, 20, 22 순으로 기억하자.

64 무선통신보조설비의 화재안전기준(NFSC 505)에 따라 무선통신보조설비의 누설동축케이블 및 동축케이블은 화재에 따라 해당 케이블의 피복이 소실된 경우에 케이블 본체가 떨어지지 아니하도록 몇 [m] 이내마다 금속제 또는 자기제등의 지지금구로 벽·천장·기둥 등에 견고하게 고정시켜야 하는가? (단, 불연재료로 구획된 반자 안에 설치하지 않은 경우이다.)

① 1.5
② 2.0
③ 2.5
④ 4

> 유도등 설치 기준
> ① 고압의 전로로부터 3/2[m]이상 떨어진 위치에 설치.
> ② 4[m]이내 마다 금속제 또는 자기제 등의 지지금구로 벽, 천장, 기둥 등에 견고하게 고정시킬 것
> ③ 임피던스는 50[Ω]의 것이어야 한다.

65 누전경보기의 화재안전기준(NFSC 205)에 따라 누전경보기의 수신부를 설치할 수 있는 장소는? (단, 해당 누전경보기에 대하여 방폭·방식·방습·방온·방진 및 정전기 차폐등의 방호조치를 하지 않은 경우이다.)

① 습도가 낮은 장소
② 온도의 변화가 급격한 장소
③ 화약류를 제조하거나 저장 또는 취급하는 장소
④ 부식성의 증기·가스 등이 다량으로 체류하는 장소

정답 63.③ 64.④ 65.①

누전경보기의 수신부를 설치할 수 없는 장소
암기팁 (과(가)부하(화) 고온 대습 지역)
a. 가연성의 증기 가스 등이 다량 체류하는 장소
b. 부식성의 증기, 가스 등이 다량 체류하는 장소
c. 고주파 발생회로 등의 영향을 받을 우려가 있는 장소
d. 화약류 제조, 저장, 취급 장소
e. 온도 변화가 급격한 장소
f. 대전류 회로 등의 영향을 받을 우려가 있는 장소
g. 습도가 높은 장소

66 비상방송설비와 자동화재탐지설비의 연동 시 동작 순서로 옳은 것은?

① 기동장치 → 증폭기 → 수신기 → 조작부 → 확성기
② 기동장치 → 조작부 → 증폭기 → 수신기 → 확성기
③ 기동장치 → 수신기 → 증폭기 → 조작부 → 확성기
④ 기동장치 → 조절부 → 조작부 → 수신기 → 확성기

비상방송설비와 자동화재탐지설비 연동 시 순서
a. 기동 장치, 감지기에 의해 동작
b. 수신기에 신호가 전달
c. 신호는 증폭기를 통해 증폭
d. 증폭된 신호는 조작 장치를 통하여 확성기로 전달(단, 업무용 작동시에만 조작 장치를 지난다.)

67 바닥면적이 450m² 일 경우 단독경보형감지기의 최소 설치 갯수는?

① 1개   ② 2개
③ 3개   ④ 4개

단독경보형 감지기의 설치 기준
① 각실 마다 설치 하되, 바닥 면적이 150[㎡]를 초과하는 경우에 150[㎡]마다 1개 이상 설치할 것.
② 여기서 '각 실'이라 함은 이웃하는 실내의 바닥 면적이 30[㎡]미만이고 벽체 상부의 전부 또는 일부가 개방되어 이웃하는 실내와 공기가 상호 유통되는 경우에는 이를 1개의 실로 본다.

정답 66.③ 67.③

68 누전경보기의 형식승인 및 제품검사의 기술기준에 따라 감도 조정 장치를 갖는 누전경보기에 있어서 감도 조정 장치의 조정범위는 최대치가 몇 [A]이어야 하는가?

① 0.2
② 1.0
③ 0.3
④ 3.0

> 1) 공칭작동 전류치는 200[mA]이하에 해당한다.
>   감도조정장치의 조정범위는 1000[mA] 이하이다.

69 다음은 자동 화재 속보 설비의 속보기의 성능 인증 및 제품검사의 기술기준에 따른 속보기에 대한 내용이다. 빈 칸에 들어갈 내용으로 옳은 것은?

> 속보기는 연동 또는 수동 작동에 의한 다이얼링 후 소방관서와 전화접속이 이루어지지 않을 경우에 최초 다이얼링을 포함하여 (A)회 이상 반복적으로 접속을 위한 다이얼링이 이루어져야 한다. 이 경우 매회 다이얼링 완료 후 호출은 (B)초 이상 지속되어야 한다.

① A 10, B 30
② A 15, B 30
③ A 10, B 60
④ A 15, B 60

- 속보기의 기준

1[hour] − 10[min]	1시간 감시, 10분 이상 동작
20[sec]×3[회] ≒ 1[min]	20초 이내 3회 이상 속보
10[회]	10회 이상 다이얼링

- 추가! 호출은 30초 이상 지속되어야 한다.

70 자동화재탐지설비에 있어서 부착높이가 20m 이상에 설치할 수 있는 감지기는?

① 연기복합형
② 불꽃감지기
③ 차동식 분포형
④ 이온화식 1종 또는 2종

> 감지기의 종류
> 20[m]이상인 곳에서는 불꽃 감지기와 광전식 아날로그 방식 감지기가 적합하다.

정답 68.② 69.① 70.②

71 비상콘센트설비의 화재안전기준(NFSC 504)에 따라 비상콘센트설비의 전원부와 외함 사이의 절연저항은 전원부와 외함 사이를 500[V] 절연저항계로 측정할 때 몇 [MΩ] 이상이어야 하는가?

① 10
② 20
③ 30
④ 50

> 1) 방재실 내부 구성은 500[V]의 직류 시험 전압을 가했을 때 5[MΩ]이상이어야 한다.
>   (누전 경보기, 가스 누설 경보기, 자동화재속보설비, 유도등, 비상 조명등)+(수신기, 비상경보)
> 2) 발신기 내부 구성은 500[V]의 직류 시험 전압을 가했을 때 20[MΩ]이상이어야 한다.
>   (경종, 발신기, 중계기, 비상 콘센트)(기기의 절연된 선로 간, 기기의 충전부와 비충전 부 간, 기기의 교류 입력측과 외함 간)
> 3) 감지기는 500[V]의 직류 시험 전압을 가했을 때 50[MΩ]이상이어야 한다.
>   **암기팁** 방재실을 지나서 계단실을 지나고 발신기실을 지나서 감지기를 지난다. 걸음 수를 떠올려보자.
> +) 직류 250[V]로 가하는 1 경계 구역의 절연 저항은 0.1[MΩ]이상이어야 한다.

72 누전경보기의 형식승인 및 제품검사의 기술 기준에 따라 누전경보기의 수신부는 그 정격전압에서 몇 회의 누전작동시험을 실시하는가?

① 1,000회
② 5,000회
③ 10,000회
④ 20,000회

> 1) 반복 시험 횟수에 [원]을 붙여보자.
> 2) 1,000원 - 감지기, 속보기(만원으로 10개 구매)
>   2,000원 - 중계기(만원으로 5개 구매)
>   2,500원 - 유도등(만원으로 4개 구매)
>   5,000원 - 전원스위치, 발신기(만원으로 2개 구매)
>   10,000원 - 비상 조명등, 스위치 접점, 기타(1개 구매)

73 중계기를 나타내는 소방시설 도시기호로 옳은 것은?

정답 71.② 72.③ 73.④

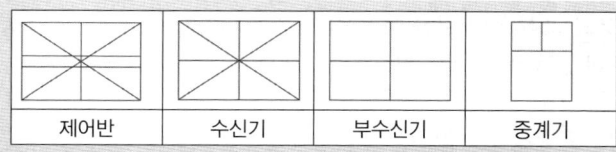

1) 각 항목에서 보듯이 성형(*) 모양을 지닌 수신기와 제어반이 유사하다.
2) 부 수신기는 추가 설치한다는 개념이다.
3) 중계기는 가운데 존재한다.

74 누전경보기의 전원은 분전반으로부터 전용 회로로 하고 각 극에 개폐기와 몇 [A] 이하의 과전류 차단기를 설치하여야 하는가?

① 15
② 20
③ 25
④ 30

1) 각 극에 개폐기 및 아래 차단기 설치할 것.(아래 조건)
   a. 과전류 차단기(Over Current Breaker)는 15[A]이하
   b. 배선용 차단기는 20[A] 이하로 구성
2) 누전 경보기의 조건
   a. 1급 누전 경보기는 비교적 광범위하게 적용
   b. 2급 누전 경보기는 60[A] 이하에 적용이 가능

75 부착높이가 11[m]인 장소에 적응성 있는 감지기는?

① 차동식분포형
② 정온식스포트형
③ 차동식스포트형
④ 정온식감지선형

감지기 종류
부착 높이가 11[m]인 장소에 적응성이 있는 감지기는 연기 감지기와 차동식 분포형 감지기이다.

정답 74.① 75.①

76 유도표지는 각층마다 복도 및 통로의 각 부분으로부터 하나의 유도표지까지의 보행거리가 몇 m 마다 설치하여야 하는가? (단, 계단에 설치하는 것은 제외한다.)

① 5m 이하
② 10m 이하
③ 15m 이하
④ 20m 이하

> 유도 표지의 설치
> 15m 이하를 기준하여 설치한다.

77 비상전원이 비상조명등을 60분 이상 유효하게 작동시킬 수 있는 용량으로 하지 않아도 되는 특정소방대상물은?

① 지하상가
② 숙박시설
③ 무장층으로서 용도가 소매시장
④ 지하층을 제외한 층수가 11층 이상의 층

> 1) 비상 조명등은 아래 조건에서 60분 이상 용량이 필요하다.
>   a. 11층 이상
>   b. [암기팁] 대동여지도
>   • **대동**(지하층 및 무창층 이면서)
>   • **여**객자동차터미널
>   • **지**하역사, 지하 상가
>   • **도**매시장(반대는 '소매시장')

78 비상방송설비 음향장치에 대한 설치기준으로 옳은 것은?

① 다른 전기회로에 따라 유도장애가 생기지 않도록 한다.
② 음량조정기를 설치하는 경우 음량조정기의 배선은 2선식으로 한다.
③ 다른 방송설비와 공용하는 것에 있어서는 화재 시 비상경보 외의 방송을 차단되는 구조가 아니어야 한다.
④ 기동장치에 따른 화재신고를 수신한 후 필요한 음량으로 화재발생 상황 및 피난에 유효한 방송이 자동으로 개시될 때까지의 소요시간은 30초 이하로 한다.

정답 76.③ 77.② 78.①

비상방송설비 음향장치에 대한 설치기준
1) 음량 조절기는 3선식으로 연결해야 한다.
2) 다른 방송설비와 공용하는 것에 있어서는 화재 시 비상 경보 외의 방송을 차단되는 구조여야 한다.
3) 30초가 아니라 10초에 해당한다.

79 비상전원수정설비 중 큐비클형 외함의 두께는?

① 1mm 이상 강판
② 1.2mm 이상 강판
③ 2.3mm 이상 강판
④ 3.2mm 이상 강판

1) 축전지 외함, 속보기 외함의 두께
   Fe(강판) 1.2[mm]
   PVC(합성수지) 3.0[mm]
2) 배전반 및 분전반의 외함 두께와 문 두께
   외함 1.6[mm]
   문(또는 전면부) : 2.3[mm]

80 3선식 배선에 따라 상시 충전되는 유도등의 전기회로에 점멸기를 설치하는 경우 유도등이 점등되어야 할 경우로 관계없는 것은?

① 제연설비가 작동한 때
② 자동소화설비가 작동한 때
③ 비상경보설비의 발신기가 작동한 때
④ 자동화재탐지설비의 감지기가 작동한 때

3선식 배선의 점등이 되는 경우
1) 고장
   • 상용전원이 정전되거나 전원선이 단선되는 때
2) 연동(화재 초기에 작동하는 설비)
   • 자동화재탐지설비의 감지기 또는 발신기가 작동되는 때
   • 비상 경보 설비의 발신기가 작동되는 때
   • 자동 소화 설비가 작동되는 때
3) 시험
   • 방재 업무를 통제하는 곳 또는 전기실의 배전반에서 수동적으로 점등하는 때

정답 79.③ 80.①

|저|자|소|개|

김 진 수

약력
現)
- 이패스소방사관 소방학개론 대표 강사
- 이패스소방사관 소방관계법규 대표 강사
- 이패스소방사관 소방승진 소방법령Ⅱ 대표강사

前)
- 한국폴리텍2대학 화성캠퍼스 산학협력 강사
- 신성대학교 산학협력 강사
- 세명대학교 산학협력 강사
- 인천대산전기소방학원 원장

저서
- 2025 소방학개론 (이패스)
- 2025 소방학개론 단원별 기출 예상문제 (이패스)
- 2025 소방학개론 단원별 최종모의고사 (이패스)
- 2025 소방관계법규 (이패스)
- 2025 소방관계법규 단원별 기출예상문제 (이패스)
- 2025 소방관계법규 단원별 최종모의고사 (이패스)
- 2024 소방승진 소방법령Ⅱ (이패스)

이 재 훈

약력
現)
- 대기업 설비 사무소 재직
- 이패스코리아 소방설비기사 전임교수

前)
- SK실트론 신축 공사－설계(2023)
- 인천 국제 공항 증축 공사－공사 관리(2022)
- 삼성 P3 공사－공사 관리(2021)
- DB하이텍 스크러버 교체 공사－공사 관리 및 설계(2020)
- 삼성 자재동 증축 공사－설계(2019)
- 메카트로닉스전공 학사

보유자격
- 소방설비기사(전기분야)
- 소방설비기사(기계분야)
- 산업위생산업기사
- 전기산업기사
- 사무자동화산업기사)
- 산업안전기사)
- 전기기사
- 위험물 산업기사

2026 소방설비기사 필기(전기분야)

개정 1판 1쇄 인쇄 | 2025년 10월 30일
개정 1판 1쇄 발행 | 2025년 11월 13일

지 은 이 | 김진수, 이재훈
발 행 인 | 이재남
발 행 처 | (주)이패스코리아
　　　　　　 서울시 영등포구 경인로 775 에이스하이테크시티 2동 10층
　　　　　　 전화 1600-0522　팩스 02-6345-6701
　　　　　　 홈페이지 www.epasskorea.com
　　　　　　 이메일 book@epasskorea.com
등록번호 | 제318-2003-000119호(2003년 10월 15일)

※ 잘못된 책은 교환해 드립니다.
※ 이책은 저작권법에 의해 보호를 받는 저작물 이므로 무단전재와 복제를 금합니다.
　 본 교재의 저작권은 이패스코리아에 있습니다.